FUNDAMENTOS EM HEMATOLOGIA DE HOFFBRAND

H698f   Hoffbrand, A. V.
        Fundamentos em hematologia de Hoffbrand / A. V. Hoffbrand, P. A. H. Moss ; tradução e revisão técnica: Renato Failace. – 7. ed. – Porto Alegre : Artmed, 2018.
        xii, 371 p. : il. color. ; 28 cm.

        ISBN 978-85-8271-450-8

        1. Medicina. 2. Hematologia. I. Moss, P. A. H. II. Título.

                                              CDU 616.15

Catalogação na publicação: Poliana Sanchez de Araujo – CRB 10/2094

FUNDAMENTOS EM HEMATOLOGIA DE HOFFBRAND

7ª EDIÇÃO

A. Victor Hoffbrand
MA DM FRCP FRCPath
FRCP(Edin) DSc FMedSci
Emeritus Professor of Haematology
University College London
London, UK

Paul A. H. Moss
PhD MRCP FRCPath
Professor of Haematology
University of Birmingham
Birmingham, UK

Tradução e revisão técnica desta edição:

Renato Failace
Especialista em Hematologia e Patologia Clínica pela Associação Médica Brasileira.
Professor titular (inativo) de Hematologia da Universidade Federal de Ciências da Saúde de Porto Alegre.
Professor adjunto (inativo) da Medicina Interna da Universidade Federal do Rio Grande do Sul.

2018

Obra originalmente publicada sob o título *Hoffbrand's essential haematology*, 7th edition
ISBN 9781118408674/1118408675

All Rights Reserved. Authorised translation from the English language edition published by John Wiley & Sons Limited. Responsibility for the accuracy of the translation rests solely with Artmed Editora Ltda. and is not the responsibility of John Wiley & Sons Limited. No part of this book may be reproduced in any form without written permission of the original copyright holder, John Wiley & Sons Limited.

Gerente editorial: *Letícia Bispo de Lima*

Colaboraram nesta edição:

Editora: *Simone de Fraga*

Arte sobre capa original: *Márcio Monticelli*

Preparação de originais: *Marquieli de Oliveira*

Leitura final: *Daniela de Freitas Louzada*

Editoração: *Estúdio Castellani*

Nota

A medicina é uma ciência em constante evolução. À medida que novas pesquisas e a própria experiência clínica ampliam o nosso conhecimento, são necessárias modificações na terapêutica, em que também se insere o uso de medicamentos. Os autores desta obra consultaram as fontes consideradas confiáveis num esforço para oferecer informações completas e, geralmente, de acordo com os padrões aceitos à época da publicação. Entretanto, tendo em vista a possibilidade de falha humana ou de alterações nas ciências médicas, os leitores devem confirmar estas informações com outras fontes. Por exemplo, e em particular, os leitores são aconselhados a conferir a bula completa de qualquer medicamento que pretendam administrar para se certificar de que a informação contida neste livro está correta e de que não houve alteração na dose recomendada nem nas precauções e contraindicações para o seu uso. Essa recomendação é particularmente importante em relação a medicamentos introduzidos recentemente no mercado farmacêutico ou raramente utilizados.

Reservados todos os direitos de publicação, em língua portuguesa, à
ARTMED EDITORA LTDA., uma empresa do GRUPO A EDUCAÇÃO S.A, Copyright © 2017.
Av. Jerônimo de Ornelas, 670 – Santana
90040-340 Porto Alegre RS
Fone: (51) 3027-7000   Fax: (51) 3027-7070

Unidade São Paulo
Rua Doutor Cesário Mota Jr., 63 – Vila Buarque
01221-020 São Paulo SP
Fone: (11) 3221-9033

SAC 0800 703-3444 – www.grupoa.com.br

É proibida a duplicação ou reprodução deste volume, no todo ou em parte, sob quaisquer formas ou por quaisquer meios (eletrônico, mecânico, gravação, fotocópia, distribuição na Web e outros), sem permissão expressa da Editora.

IMPRESSO NO BRASIL
PRINTED IN BRAZIL

Prefácio à 7ª edição

Desde a 6ª edição de *Fundamentos em hematologia*, publicada em 2011, em inglês, houve avanços notáveis na compreensão da patogênese e no tratamento dos distúrbios do sangue e do sistema linfático. O progresso deveu-se principalmente à introdução de uma nova geração tecnológica no sequenciamento do DNA, que permitiu a detecção de mutações genéticas, herdadas ou adquiridas, que dão origem a muitos entre esses distúrbios. Como exemplos, o sequenciamento revelou a mutação *CARL* como origem de proporção substancial de casos de neoplasias mieloproliferativas, e a mutação *MYD88*, presente na quase totalidade de casos de macroglobulinemia de Waldenström. Foram evidenciadas múltiplas mutações de genes "*driver*", que afetam vias de sinalização e reações epigenéticas envolvidas na proliferação e sobrevida celulares, e são subjacentes a mielodisplasias, leucemias agudas mieloides e linfoblásticas, leucemia linfocítica crônica e linfomas. Está se tornando aparente, também, a complexidade das alterações moleculares subjacentes às doenças malignas e a relevância delas na sensibilidade ou resistência ao tratamento.

Esse novo conhecimento permitiu também uma espetacular melhora na terapêutica. A inibição da via de sinalização do receptor de células B transformou a expectativa de vida de muitos pacientes com leucemia linfocítica crônica e de alguns linfomas B, resistentes aos tratamentos prévios. Os inibidores de *JAK2* estão melhorando a qualidade de vida e a sobrevida de pacientes com mielofibrose primária. A sobrevida no mieloma múltiplo está aumentando notavelmente com os novos fármacos inibidores de proteossomos e imunomoduladores. Com a disseminação mundial do emprego dos agentes quelantes de ferro, a expectativa de vida também está aumentando para pacientes com talassemia maior e outras anemias que exigem reposição transfusional permanente. Novos anticoagulantes, que inibem diretamente a cascata de coagulação de modo pontual e não necessitam de monitoração contínua, estão agora sendo usados preferencialmente aos antagonistas da vitamina K no tratamento e na prevenção dos tromboembolismos arterial e venoso.

Esses progressos no conhecimento foram incorporados à 7ª edição com atualizações, novos diagramas e tabelas. Novas questões de múltipla escolha foram adicionadas ao no site (em inglês) e resumos foram incluídos no final de cada capítulo.

Agradecemos ao Dr. Trevor Baglin por suas sugestões para a seção de coagulação do livro. Agradecemos também à Wiley-Blackwell, ao grupo de pessoas que nos ajudaram na produção desta 7ª edição e especialmente a Jane Fallows pela produção, uma vez mais, de diagramas científicos perfeitos e de impecável clareza. Esperamos que o livro seja amplamente usado por alunos de graduação e por pós-graduados em medicina e ciências relacionadas que queiram se aprofundar em um dos campos mais excitantes e avançados da medicina.

Victor Hoffbrand
Paul Moss

Prefácio da 1ª edição

As grandes mudanças que ocorreram em todos os campos da medicina na última década foram acompanhadas de um aprofundamento na compreensão dos processos bioquímicos, fisiológicos e imunológicos envolvidos na formação e na função das células sanguíneas normais e dos distúrbios que podem ocorrer nas diversas doenças. Ao mesmo tempo, com o progresso de conhecimento dos processos patológicos, ampliou-se substancialmente o alcance do tratamento disponível aos pacientes com doenças do sangue e órgãos hematopoéticos, com o advento de novos fármacos e novos meios de cuidados de suporte.

Esperamos que o presente livro possibilite ao estudante de medicina dos anos 1980 compreender os aspectos essenciais da hematologia clínica e laboratorial moderna e vislumbrar o quanto, dentro das manifestações das doenças do sangue, pode agora ser explicado por esse conhecimento de fisiopatologia.

Agradecemos aos muitos colaboradores e assistentes que nos ajudaram na preparação deste livro – em particular, ao Dr. H. G. Prentice, que cuidou dos pacientes cujas respostas hematológicas estão ilustradas nas Figs. 5.3 e 7.8, ao Dr. J. McLaughlin, que forneceu a Fig. 8.6, e ao Dr. S. Knoules, que revisou criticamente o manuscrito final e fez inúmeras sugestões úteis. Quaisquer erros que persistiram, entretanto, são nossos. Agradecemos, ainda, ao Sr. J. B. Erwin e a R. W. McPhee, que desenharam vários excelentes diagramas, ao Sr. Cedric Gilson, pelo trabalho de perito em fotomicrografia, às Sras. T. Charalambo, B. Elliot e M. Evans e à Srta. J. Allaway pela datilografia do manuscrito, e ao Sr. Tony Russell da Blackwell Scientific Publications por sua grande ajuda e paciência.

AVH, JEP
1980

Como usar este livro

Conheça os aspectos didáticos elaborados especialmente para facilitar a compreensão dos temas abordados.

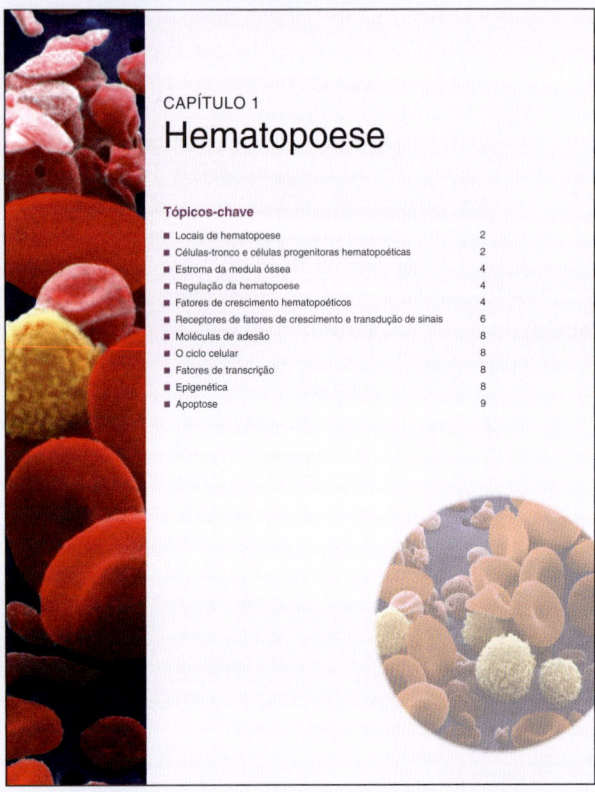

◀ Cada capítulo começa com uma lista de **Tópicos-chave** do capítulo.

▶ Cada capítulo termina com um **Resumo** que pode ser usado para estudo e revisão.

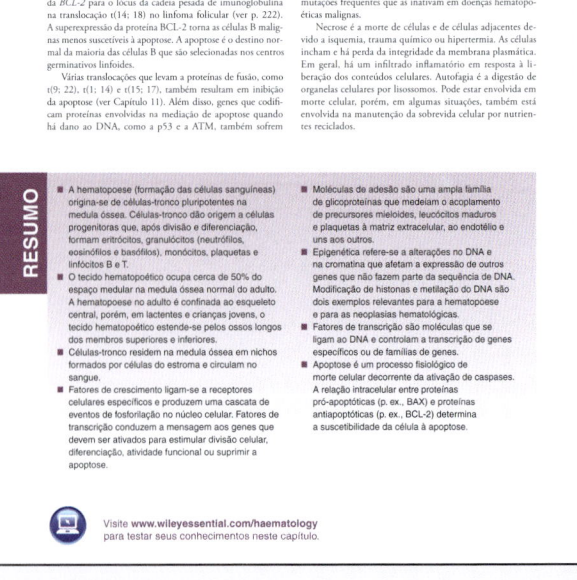

Como usar este livro / **ix**

▶ O livro possui muitas **fotografias**, **ilustrações** e **tabelas**.

 Ícone do site

Indica que você pode encontrar perguntas e respostas de múltipla escolha (disponíveis no site, em inglês) para testar seu conhecimento sobre o que aprendeu no capítulo.

Sobre o site

Visite o site deste livro em

www.wileyessential.com/haematology

Nele você encontrará valioso material (em inglês) para o seu aprendizado, incluindo:

- Questões de múltipla escolha interativas
- Figuras e tabelas do livro

Os materiais disponibilizados no site são de total responsabilidade da editora original. O Grupo A não se responsabiliza por problemas no conteúdo e de download.

 Visite a Área do Professor em **loja.grupoa.com.br** para ter acesso às imagens da obra (em português), em formato PowerPoint®, extremamente úteis como recurso didático em sala de aula.

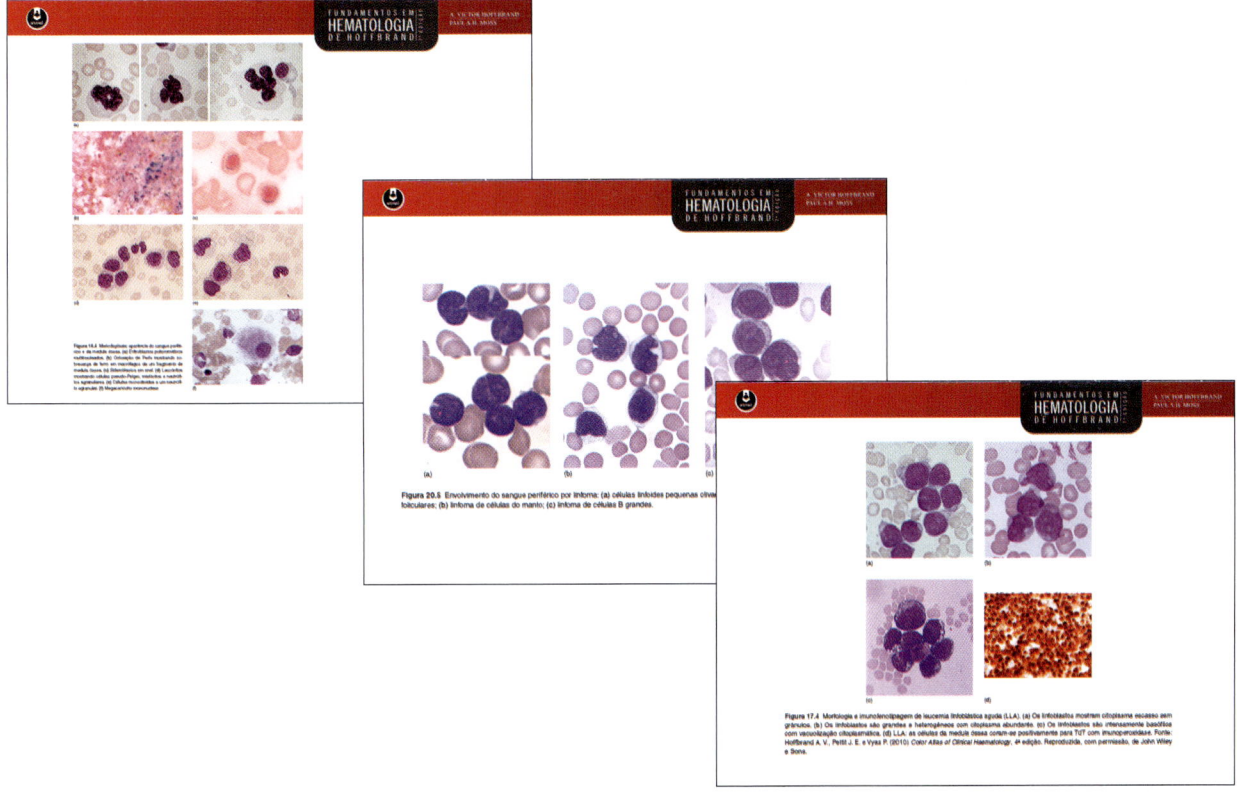

Sumário

1. Hematopoese — 1
2. Eritropoese e aspectos gerais da anemia — 11
3. Anemias hipocrômicas — 27
4. Sobrecarga de ferro — 41
5. Anemias megaloblásticas e outras anemias macrocíticas — 48
6. Anemias hemolíticas — 60
7. Distúrbios genéticos da hemoglobina — 72
8. Leucócitos 1: granulócitos, monócitos e seus distúrbios benignos — 87
9. Leucócitos 2: linfócitos e seus distúrbios benignos — 102
10. O baço — 116
11. Etiologia e genética das hemopatias malignas — 122
12. Tratamento das hemopatias malignas — 135
13. Leucemia mieloide aguda — 145
14. Leucemia mieloide crônica — 156
15. Distúrbios mieloproliferativos — 165
16. Mielodisplasia — 177
17. Leucemia linfoblástica aguda — 186
18. Leucemia linfoide crônica — 197
19. Linfoma de Hodgkin — 205
20. Linfomas não Hodgkin — 213
21. Mieloma múltiplo e distúrbios relacionados — 228
22. Anemia aplástica e insuficiência da medula óssea — 242
23. Transplante de células-tronco — 250
24. Plaquetas, coagulação do sangue e hemostasia — 264
25. Distúrbios hemorrágicos causados por alterações vasculares e plaquetárias — 278
26. Distúrbios da coagulação — 290
27. Trombose 1: patogênese e diagnóstico — 302
28. Trombose 2: tratamento — 311
29. Alterações hematológicas em doenças sistêmicas — 321
30. Transfusão de sangue — 333
31. Hematologia na gestação e no recém-nascido — 346

Apêndice: Classificação da Organização Mundial da Saúde dos Tumores dos Tecidos Hematopoético e Linfoide (2008) — 354

Índice — 357

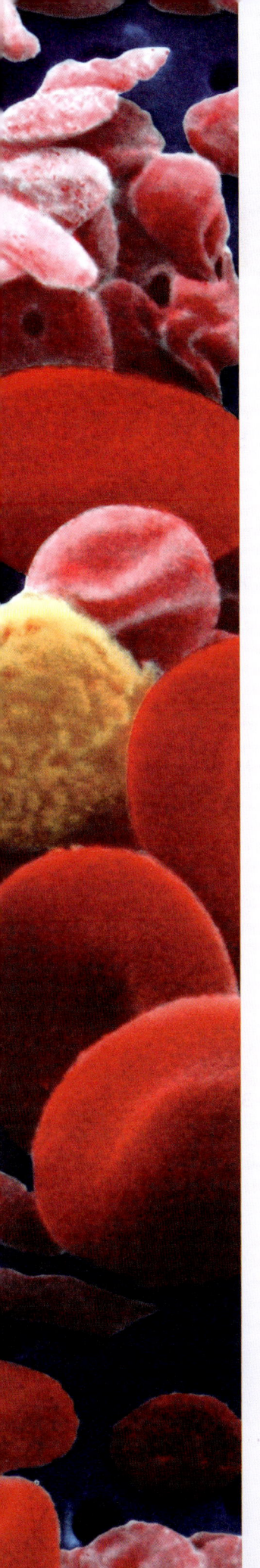

CAPÍTULO 1
Hematopoese

Tópicos-chave

- Locais de hematopoese — 2
- Células-tronco e células progenitoras hematopoéticas — 2
- Estroma da medula óssea — 4
- Regulação da hematopoese — 4
- Fatores de crescimento hematopoéticos — 4
- Receptores de fatores de crescimento e transdução de sinais — 6
- Moléculas de adesão — 8
- O ciclo celular — 8
- Fatores de transcrição — 8
- Epigenética — 8
- Apoptose — 9

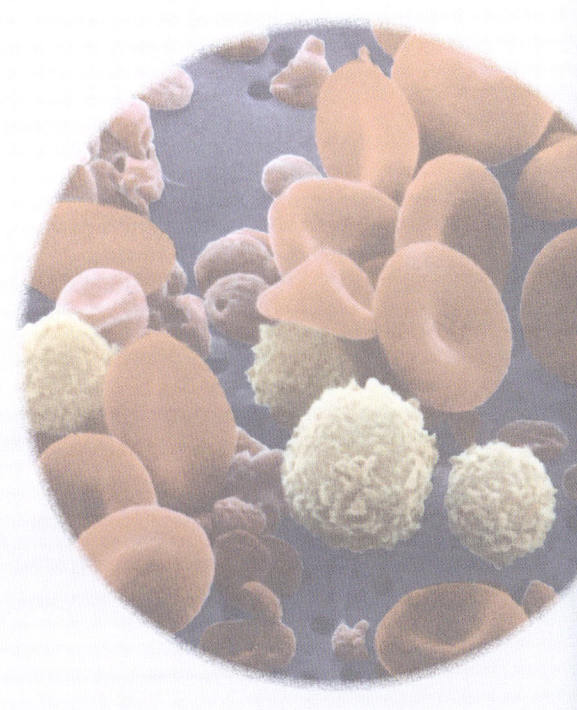

Este primeiro capítulo trata de aspectos gerais da formação de células sanguíneas (hematopoese). São também discutidos os processos que regulam a hematopoese e os estágios iniciais da formação de eritrócitos (eritropoese), de granulócitos e monócitos (mielopoese) e de plaquetas (trombocitopoese).

Locais de hematopoese

Nas primeiras semanas da gestação, o saco vitelino é um local transitório de hematopoese. A hematopoese definitiva, entretanto, deriva de uma população de células-tronco observada, inicialmente, na região AGM (aorta-gônadas-mesonefros). Acredita-se que esses precursores comuns às células endoteliais e hematopoéticas (hemangioblastos) se agrupem no fígado, no baço e na medula óssea; de 6 semanas até 6 a 7 meses de vida fetal, o fígado e o baço são os principais órgãos hematopoéticos e continuam a produzir células sanguíneas até cerca de 2 semanas após o nascimento (Tabela 1.1; ver Figura 7.1b). A placenta também contribui para a hematopoese fetal. A medula óssea é o sítio hematopoético mais importante a partir de 6 a 7 meses de vida fetal e, durante a infância e a vida adulta, é a única fonte de novas células sanguíneas. As células em desenvolvimento situam-se fora dos seios da medula óssea; as maduras são liberadas nos espaços sinusais, na microcirculação medular e, a partir daí, na circulação geral.

Nos dois primeiros anos, toda a medula óssea é hematopoética, porém, durante o resto da infância, há substituição progressiva da medula dos ossos longos por gordura, de modo que a medula hematopoética no adulto é confinada ao esqueleto central e às extremidades proximais do fêmur e do úmero (Tabela 1.1). Mesmo nessas regiões hematopoéticas, cerca de 50% da medula é composta de gordura (Figura 1.1). A medula óssea gordurosa remanescente é capaz de reverter para hematopoética e, em muitas doenças, também pode haver expansão da hematopoese aos ossos longos. Além disso, o fígado e o baço podem retomar seu papel hematopoético fetal ("hematopoese extramedular").

Células-tronco e células progenitoras hematopoéticas

A hematopoese inicia-se com uma célula-tronco pluripotente, que, por divisão assimétrica, tanto pode autorrenovar-se como também dar origem às distintas linhagens celulares. Essas células são capazes de repovoar uma medula cujas células-tronco tenham sido eliminadas por irradiação ou quimioterapia letais.

Tabela 1.1 Locais de hematopoese

Feto	0-2 meses (saco vitelino)
	2-7 meses (fígado, baço)
	5-9 meses (medula óssea)
De 0 a 2 anos	Medula óssea (praticamente todos os ossos)
Adultos	Vértebras, costelas, crânio, esterno, sacro e pelve, extremidades proximais dos fêmures

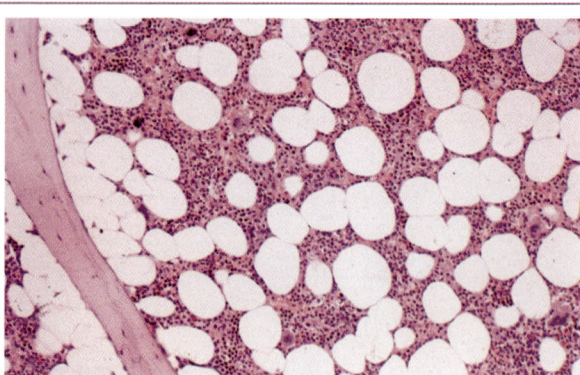

Figura 1.1 Biópsia de medula óssea normal (crista ilíaca posterior). Coloração por hematoxilina-eosina; aproximadamente 50% do tecido intertrabecular é hematopoético, e 50%, gordura.

As **células-tronco hematopoéticas** são escassas, talvez uma em 20 milhões de células nucleadas da medula óssea. Muitas delas são dormentes; em camundongos estimou-se que entrem em ciclo celular aproximadamente a cada 20 semanas. Embora tenham fenótipo exato desconhecido, ao exame imunológico as células-tronco hematopoéticas são CD34+, CD38− e são negativas para marcadores de linhagem (Lin−), têm a aparência de um linfócito de tamanho pequeno ou médio (ver Figura 23.3) e residem em "nichos" especializados, osteoblásticos ou vasculares.

A diferenciação celular a partir da célula-tronco passa por uma etapa de **progenitores hematopoéticos** comprometidos, isto é, com potencial de desenvolvimento restrito (Figura 1.2). A existência de células progenitoras separadas para cada linhagem pode ser demonstrada por técnicas de cultura *in vitro*. As células progenitoras muito precoces devem ser cultivadas a longo prazo em estroma de medula óssea, ao passo que as células progenitoras tardias costumam ser cultivadas em meios semissólidos. Um exemplo é o primeiro precursor mieloide misto detectável, que dá origem a granulócitos, eritrócitos, monócitos e megacariócitos, chamado de CFU (unidade formadora de colônias)-GEMM (Figura 1.2). A medula óssea também é o local primário de origem de linfócitos que se diferenciam de um precursor linfocítico comum. O baço, os linfonodos e o timo são sítios secundários de produção de linfócitos (ver Capítulo 9).

A célula-tronco tem capacidade de **autorrenovação** (Figura 1.3), de modo que a celularidade geral da medula, em condições estáveis de saúde, permanece constante. Há considerável ampliação da proliferação no sistema: uma célula-tronco, depois de 20 divisões celulares, é capaz de produzir cerca de 10^6 células sanguíneas maduras (Figura 1.3). Em seres humanos, as células-tronco são capazes de aproximadamente 50 divisões, com o encurtamento do telômero limitando a viabilidade. Em condições normais, estão em dormência. Com o envelhecimento, elas diminuem de número, e a proporção relativa que dá origem a linfócitos, em vez de células mieloides, também decresce. As células-tronco, com o envelhecimento, também acumulam mutações genéticas, em média dos 8 aos 60 anos, e essas mutações, *driver* ou *passenger*, podem estar presentes

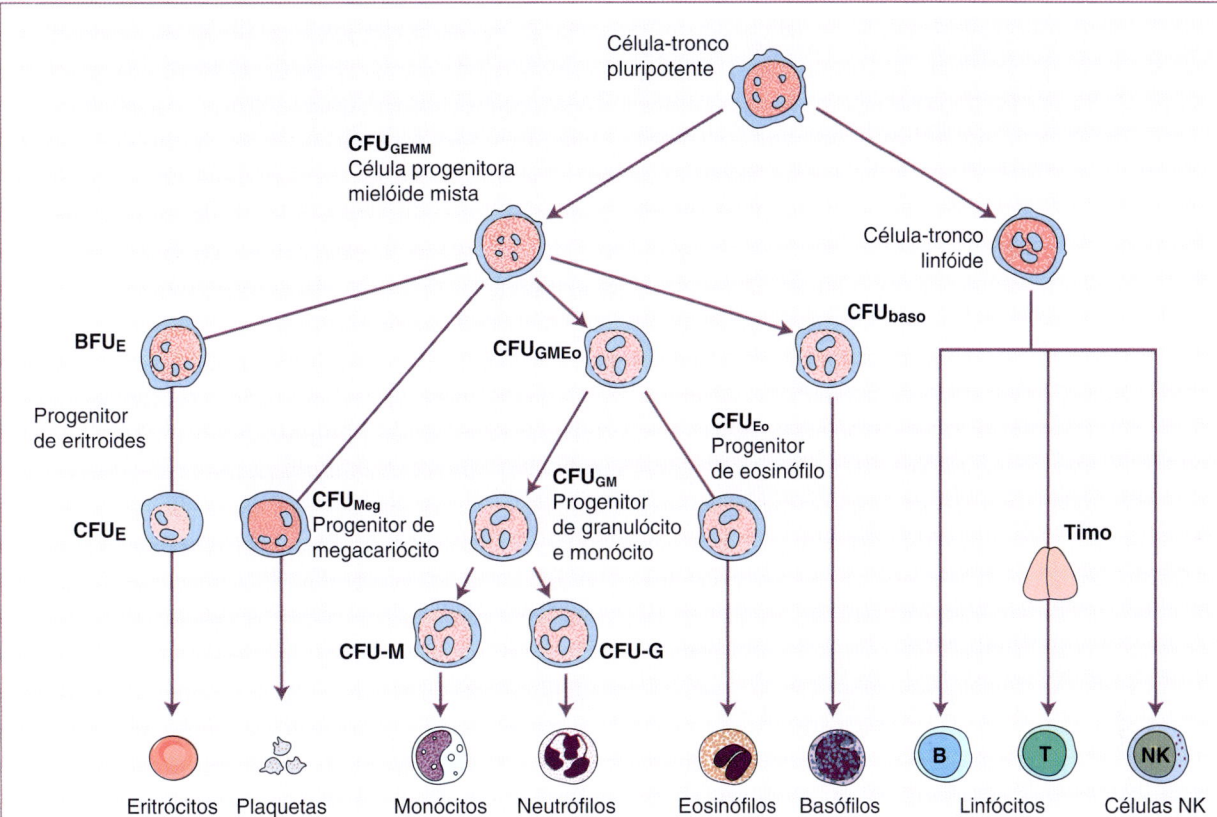

Figura 1.2 Diagrama mostrando a célula-tronco pluripotente da medula óssea e as linhagens celulares que dela se originam. Várias células progenitoras podem ser identificadas por cultura em meio semissólido pelo tipo de colônia que formam. É possível que um progenitor eritroide/megacariocítico seja formado antes de o progenitor linfoide comum divergir do progenitor mieloide misto granulocítico/monocítico/eosinofílico. Baso, basófilo; BFU, unidade formadora explosiva; CFU, unidade formadora de colônia; E, eritroide; Eo, eosinófila; GEMM, granulocítica, eritroide, monocítica e megacariocítica; GM, granulócito, monócito; Meg, megacariócito; NK, *natural killer*.

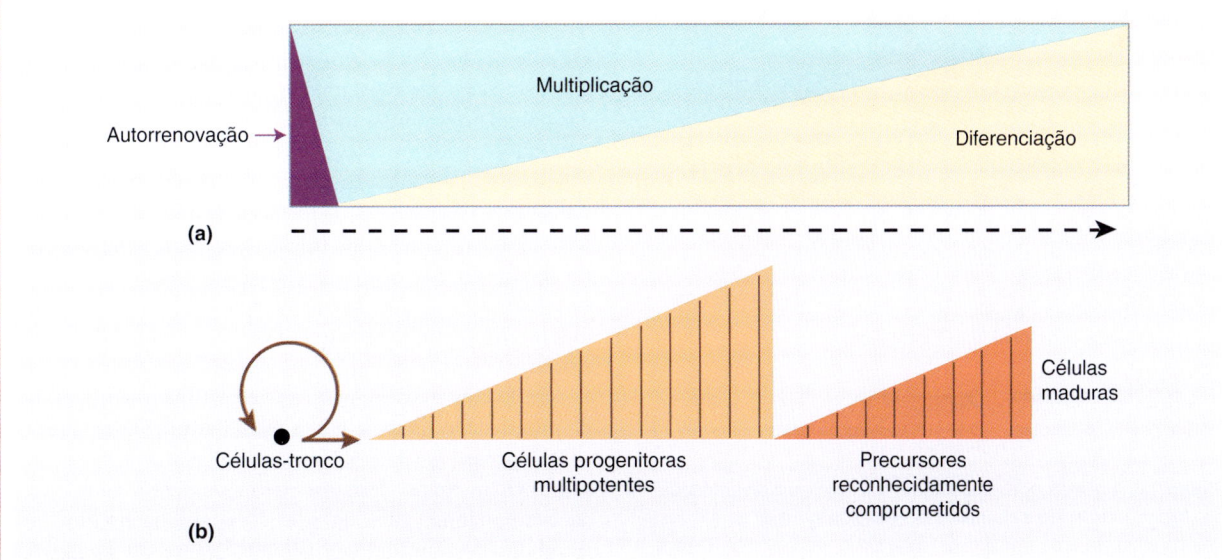

Figura 1.3 (a) As células da medula óssea perdem a capacidade de autorrenovação com a diferenciação crescente, à medida que amadurecem. **(b)** Depois de múltiplas divisões (mostradas pelas linhas verticais), uma única célula-tronco produz >10^6 células maduras.

também em tumores que se originem dessas células-tronco (ver Capítulo 11). As células precursoras, contudo, são capazes de responder a fatores de crescimento hematopoéticos com aumento de produção seletiva de uma ou outra linhagem celular de acordo com as necessidades. O desenvolvimento de **células maduras** (eritrócitos, granulócitos, monócitos, megacariócitos e linfócitos) será abordado em outras seções deste livro.

Estroma da medula óssea

A medula óssea constitui-se em ambiente adequado para sobrevida, autorrenovação e formação de células progenitoras diferenciadas. Esse meio é composto por células do estroma e por uma rede microvascular (Figura 1.4). As células do estroma incluem células-tronco mesenquimais, adipócitos, fibroblastos, osteoblastos, células endoteliais e macrófagos, e secretam moléculas extracelulares, como colágeno, glicoproteínas (fibronectina e trombospondina) e glicosaminoglicanos (ácido hialurônico e derivados condroitínicos) para formar uma matriz extracelular, além de secretarem vários fatores de crescimento necessários à sobrevivência da célula-tronco.

Células-tronco mesenquimais são críticas na formação do estroma. Juntamente com os osteoblastos, elas formam nichos e fornecem os fatores de crescimento, moléculas de adesão e citoquinas que dão suporte às células-tronco, como, por exemplo, a proteína indentada, que permeia as células estromais, liga-se a um receptor NOTCH1 nas células-tronco e, então, torna-se um fator de transcrição envolvido no ciclo celular.

As células-tronco são capazes de circular no organismo e são encontradas em pequeno número no sangue periférico. Para deixar a medula óssea, elas devem atravessar o endotélio vascular, e esse processo de **mobilização** é aumentado pela administração de fatores de crescimento, como o fator estimulador de colônias de granulócitos (G-CSF) (ver p. 91). O processo reverso, de "**volta ao lar**" (*homing*), parece depender de um gradiente quimiocinético, no qual o fator derivado do estroma (SDF-1) que se liga a seu receptor CXCR4 em células-tronco hematopoéticas tem papel crítico. Várias interações críticas suportam a viabilidade das células-tronco e a produção no estroma, incluindo o fator de células-tronco (SCF) e proteínas permeantes estromais e seus respectivos receptores KIT e NOTCH, expressos em células-tronco.

Regulação da hematopoese

A hematopoese começa com a divisão da célula-tronco em duas, das quais uma a substitui (*autorrenovação*), e a outra compromete-se em diferenciação. Essas células progenitoras precocemente comprometidas expressam baixos níveis de fatores de transcrição, que podem as comprometer com linhagens específicas. A seleção da linhagem de diferenciação pode variar tanto por alocação aleatória como por sinais externos recebidos pelas células progenitoras. Vários fatores de transcrição (ver p. 8) regulam a sobrevivência das células-tronco (p. ex., SCL, GATA-2, NOTCH-1), ao passo que outros estão envolvidos na diferenciação ao longo das principais linhagens celulares. Por exemplo, PU.1 e a família CEBP comprometem células para a linhagem mieloide leucocitária, ao passo que GATA-2, depois GATA-1 e, a seguir, FOG-1 têm um papel essencial na diferenciação eritropoética e megacariocítica. Esses fatores de transcrição interagem de modo que o reforço de um programa de transcrição possa suprimir o de outra linhagem. Os fatores de transcrição induzem a síntese de proteínas específicas para cada linhagem celular. Por exemplo, os genes eritroide-específicos para a síntese de globina e heme têm sítios de ligação para GATA-1.

Fatores de crescimento hematopoéticos

Os fatores de crescimento hematopoéticos são hormônios glicoproteicos que regulam a proliferação e a diferenciação das células progenitoras hematopoéticas e a função das células sanguíneas maduras. Eles podem agir no local em que são produzidos, por contato célula a célula, ou podem circular no plasma. Eles também podem ligar-se à matriz extracelular, formando nichos aos quais células-tronco e células progenitoras se aderem. Os fatores de crescimento podem causar não só proliferação celular, mas também estimular diferenciação, maturação, prevenir apoptose e afetar as funções de células maduras (Figura 1.5).

Os fatores de crescimento compartilham certo número de propriedades (Tabela 1.2) e agem em diferentes etapas da hematopoese (Tabela 1.3; Figura 1.6). Células do estroma são as principais fontes de fatores de crescimento, com exceção da eritropoetina, 90% da qual é sintetizada no rim, e da trombopoetina, sintetizada principalmente no fígado. Um aspecto importante da ação dos fatores de crescimento é que eles podem agir sinergicamente no estímulo à proliferação ou à diferenciação de uma célula em particular. Além disso, a

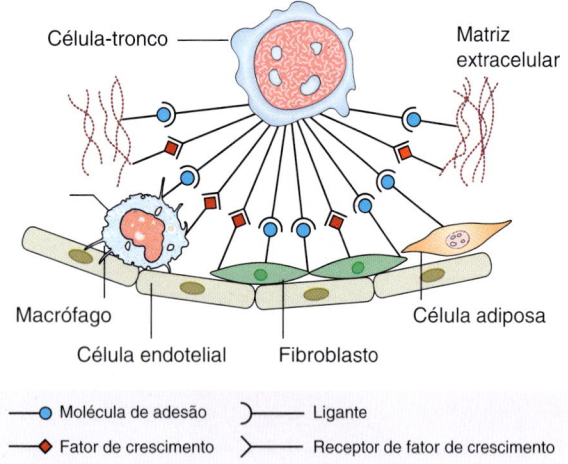

Figura 1.4 A hematopoese ocorre em um microambiente adequado ("nicho") fornecido pela matriz do estroma na qual as células-tronco crescem e se dividem. O nicho pode ser vascular (forrado de endotélio) ou endosteal (cercado de osteoblastos). Há locais de reconhecimento específico e de adesão (ver p. 8); glicoproteínas extracelulares e outros componentes estão envolvidos na ligação.

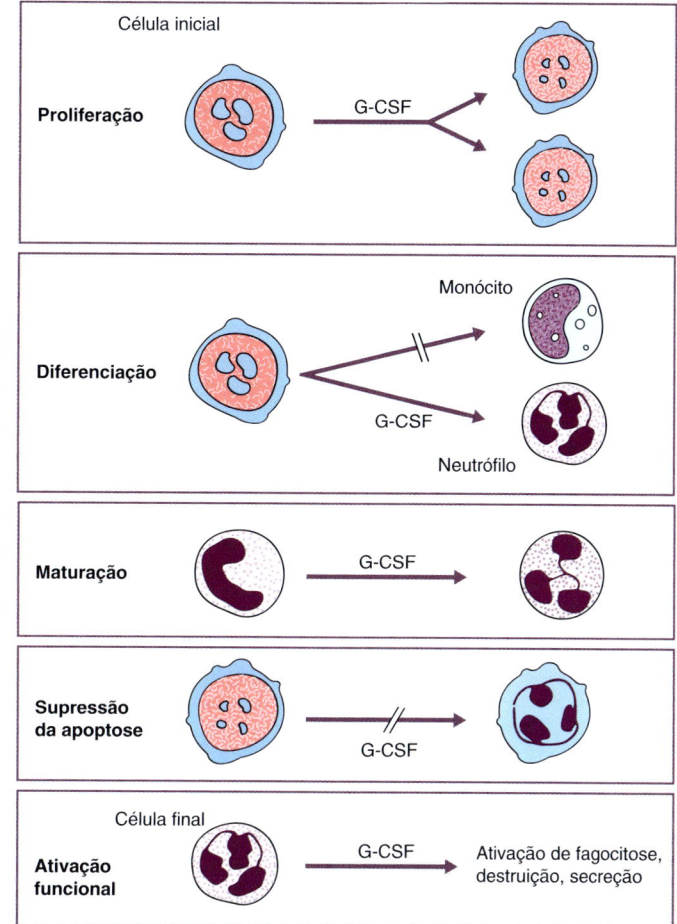

Figura 1.5 Fatores de crescimento podem estimular a proliferação de células primitivas da medula óssea, dirigir a diferenciação para um ou outro tipo de célula, estimular a maturação celular, suprimir a apoptose ou afetar a função de células maduras pós-mitóticas, como ilustrado nesta figura para o fator estimulador de colônias de granulócitos (G-CSF) em relação a um progenitor primitivo mieloide e a um neutrófilo.

Tabela 1.2 Características gerais dos fatores de crescimento mieloides e linfoides
Glicoproteínas que agem em concentrações muito baixas
Atuam hierarquicamente
Em geral, são produzidos por muitos tipos de células
Em geral, afetam mais de uma linhagem
Em geral, ativos nas células-tronco/progenitoras e nas células diferenciadas
Em geral, têm interações sinérgicas ou aditivas com outros fatores de crescimento
Muitas vezes, agem no equivalente neoplásico da célula normal
Ações múltiplas: proliferação, diferenciação, maturação, ativação funcional, prevenção de apoptose de células progenitoras

ação de um fator de crescimento em uma célula pode estimular a produção de outro fator de crescimento ou de um receptor de fator. SCF e FLT-L (ligante de FLT) agem localmente nas células-tronco pluripotentes e nos progenitores primitivos mieloides e linfoides (Figura 1.6). A interleuquina-3 (IL-3) e GM-CSF são fatores de crescimento multipotentes com atividades parcialmente superpostas. O G-CSF e a trombopoetina aumentam os efeitos de SCF, FLT-L, IL-3 e GM-CSF na sobrevida e na diferenciação das células hematopoéticas primitivas.

Esses fatores mantêm um *pool* de células-tronco e células progenitoras hematopoéticas sobre o qual agem os fatores de ação tardia, eritropoetina, G-CSF, M-CSF (fator estimulador de colônias de macrófagos), IL-5 e trombopoetina, para aumentar a produção de uma ou outra linhagem em resposta às necessidades do organismo. A formação de granulócitos e monócitos, por exemplo, pode ser estimulada por infecção ou inflamação por meio da liberação de IL-1 e fator de necrose tumoral (TNF), os quais, por sua vez, estimulam as células do estroma a produzirem fatores de crescimento em uma rede

Tabela 1.3 Fatores de crescimento hematopoéticos
Agem nas células do estroma
IL-1
TNF
Agem nas células-tronco pluripotentes
SCF
FLT3-L
VEGF
Agem nas células progenitoras multipotentes
IL-3
GM-CSF
IL-6
G-CSF
Trombopoetina
Agem em células progenitoras comprometidas
G-CSF*
M-CSF
IL-5 (CSF-eosinófilo)
Eritropoetina
Trombopoetina*

CSF, fator estimulador de colônias; FLT3-L, FLT3 ligante; G-CSF, fator estimulador de colônias de granulócitos; GM-CSF, fator estimulador de colônias de granulócitos e macrófagos; IL, interleuquina; M-CSF, fator estimulador de colônias de macrófagos; SCF, fator de célula-tronco; TNF, fator de necrose tumoral; VEGF, fator de crescimento do endotélio vascular.
*Estes também agem sinergicamente com fatores anteriormente ativos em progenitores pluripotentes.

interativa (ver Figura 8.4). Contrariamente, as citoquinas, como o fator de crescimento transformador-β (TGF-β) e o interferon-γ (IFN-γ) podem exercer um efeito negativo na hematopoese e podem desempenhar algum papel no desenvolvimento de anemia aplástica (ver p. 244).

Receptores de fatores de crescimento e transdução de sinais

Os efeitos biológicos dos fatores de crescimento são mediados por receptores específicos nas células-alvo. Muitos receptores (p. ex., receptor de eritropoetina [EPO-R], GMCSF-R) pertencem à **superfamília dos receptores hematopoéticos**, que dimerizam após conexão com os seus respectivos ligantes.

A dimerização do receptor leva à ativação de uma complexa série de vias de transdução de sinais intracelulares, das quais as três principais são a via JAK/STAT, a via proteinoquinase ativada por mitogênio (MAP) e a via fosfatidil-inositol 3 (PI3) quinase (Figura 1.7; ver Figura 15.2). As proteínas-quinase Janus-associadas (JAK) são uma família de quatro proteínas-quinase específicas à tirosina que se associam aos domínios intracelulares dos receptores de fatores de crescimento (Figura 1.7). Uma molécula de fator de crescimento liga-se simultaneamente ao domínio extracelular de duas ou três moléculas receptoras, causando sua agregação. A agregação dos receptores induz à ativação dos JAKs, que, então, fosforilam membros do transdutor de sinal e do ativador

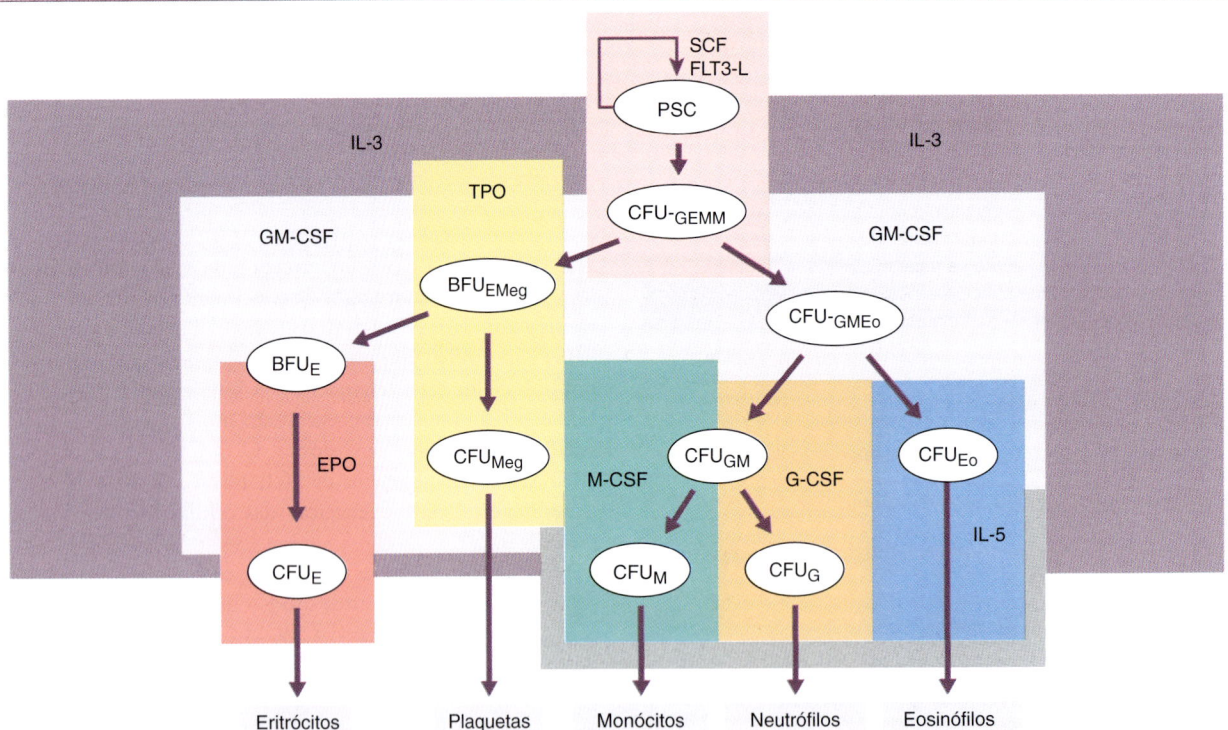

Figura 1.6 Diagrama do papel dos fatores de crescimento na hematopoese normal. Múltiplos fatores de crescimento agem nas células-tronco primitivas e progenitoras da medula óssea. EPO, eritropoetina; PSC, célula-tronco pluripotente; SCF, fator de célula-tronco; TPO, trombopoetina. Para outras abreviaturas, ver Figura 1.2.

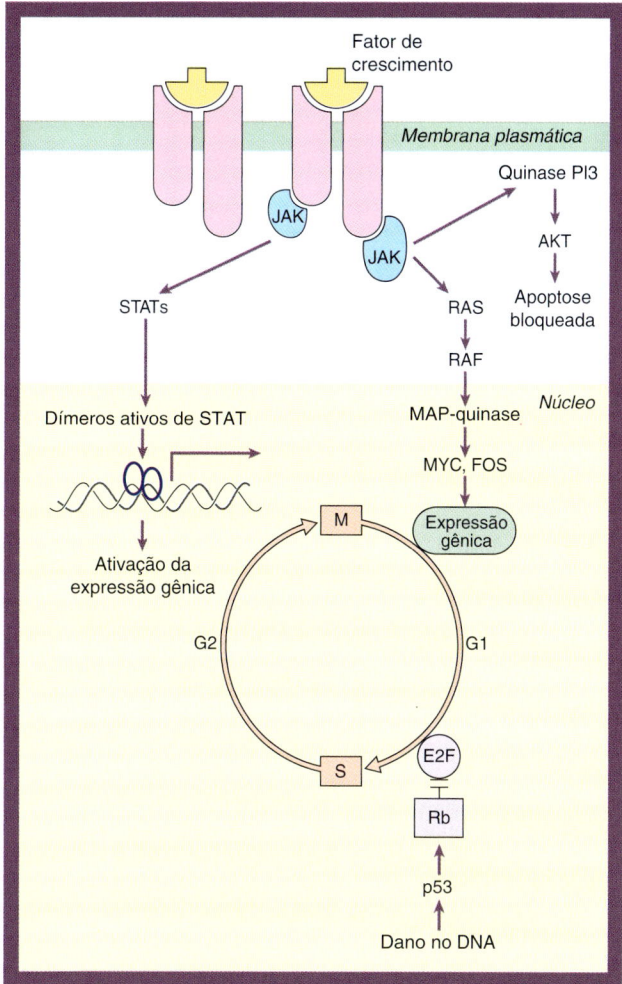

Figura 1.7 Controle da hematopoese por fatores de crescimento. Os fatores agem em células que expressam o receptor correspondente. A ligação de um fator de crescimento a seu receptor ativa as vias JAK/STAT, MAPK e fosfatidilinositol-3-quinase (PI3K) (ver Figura 15.2), o que provoca ativação transcricional de genes específicos. E2F é um fator de transcrição necessário para a transição celular da fase G1 para a fase S. E2F é inibido pelo gene supressor de tumor *Rb* (retinoblastoma), o qual pode ser ativado indiretamente por p53. A síntese e a degradação de diversas ciclinas estimulam a célula a passar pelas diferentes fases do ciclo celular. Os fatores de crescimento também podem suprimir a apoptose pela ativação de AKT (proteína-quinase B).

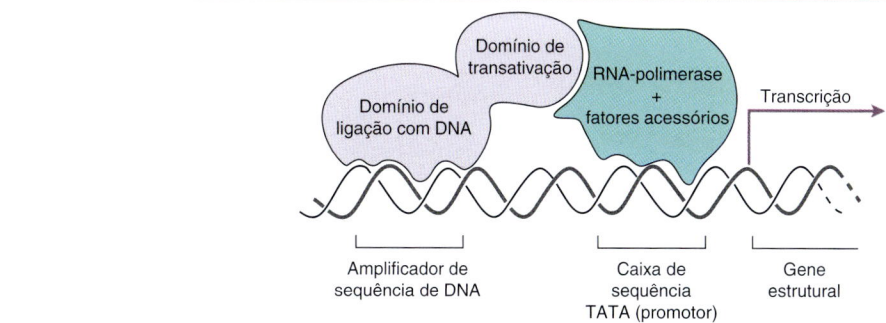

Figura 1.8 Modelo para controle de expressão gênica por um fator de transcrição. O domínio de ligação com DNA de um fator de transcrição liga uma sequência amplificadora específica adjacente a um gene estrutural. O domínio de transativação, então, liga uma molécula de RNA-polimerase, aumentando sua ligação com a TATA *box*. A RNA-polimerase inicia a transcrição do gene estrutural para formar mRNA. A translação do mRNA pelo ribossomo gera a proteína codificada pelo gene.

de transcrição (STAT) da família dos fatores de transcrição. A consequência é a dimerização e a translocação desses, do citoplasma para o núcleo, através da membrana nuclear. Dentro do núcleo, dímeros STAT ativam a transcrição de genes específicos. Um modelo para o controle da expressão gênica por um fator de transcrição é mostrado na Figura 1.8. A importância clínica dessa via foi comprovada pelo achado de uma mutação que ativa o gene *JAK2* como causa da policitemia vera (ver p. 166).

JAK também pode ativar a via MAPK, que é regulada por RAS e controla a proliferação. Quinases PI3 fosforilam lipídios do inositol, os quais têm um amplo espectro de efeitos em sequência, incluindo ativação de AKT, que causa bloqueio de apoptose e outras ações (Figura 1.7; ver Figura 15.2). Domínios diferentes da proteína receptora intracelular podem sinalizar para diferentes processos (p. ex.; proliferação ou supressão de apoptose) mediados por fatores de crescimento.

Um segundo grupo, menor, de fatores de crescimento, incluindo SCF, FLT-3L e M-CSF (Tabela 1.3), liga-se a receptores que têm um domínio extracelular semelhante ao das imunoglobulinas, ligado por uma ponte transmembrana a um domínio tirosinoquinase citoplásmico. A ligação de fatores de crescimento resulta na dimerização desses receptores e na consequente ativação do domínio de tirosinoquinase. A fosforilação de resíduos de tirosina no próprio receptor gera sítios de ligação para proteínas sinalizadoras que iniciam complexas cascatas de eventos bioquímicos, resultando em alterações na expressão gênica, na proliferação celular e na prevenção de apoptose.

Moléculas de adesão

Uma grande família de moléculas de glicoproteínas, chamadas de moléculas de adesão, medeia a ligação de células precursoras da medula, leucócitos e plaquetas a vários componentes da matriz extracelular, ao endotélio, a outras superfícies e umas às outras. As moléculas de adesão na superfície de leucócitos são denominadas receptores e interagem com moléculas (chamadas de ligantes) na superfície de células-alvo potenciais, como, por exemplo, o endotélio. As moléculas de adesão são importantes no desenvolvimento e na manutenção das respostas inflamatória e imunológica, e nas interações de plaquetas e leucócitos com a parede dos vasos.

O padrão de expressão das moléculas de adesão em células tumorais pode determinar seu modo de disseminação e sua localização tecidual (p. ex., o padrão de metástases de células carcinomatosas e o padrão folicular ou difuso de células de linfomas). As moléculas de adesão também podem determinar que as células circulem na corrente sanguínea ou permaneçam fixas no tecido. Há, também, a possibilidade de determinarem parcialmente a suscetibilidade de células tumorais às defesas imunológicas do organismo.

O ciclo celular

O ciclo de divisão celular, geralmente designado simplesmente como *ciclo celular*, é um processo complexo que se situa no centro da hematopoese. A desregulação da proliferação celular também é a chave do desenvolvimento de neoplasias malignas. A duração do ciclo celular varia de tecido para tecido, mas os princípios básicos são comuns a todos. O ciclo é dividido em uma fase mitótica (*fase M*), durante a qual a célula se divide fisicamente, e uma *interfase*, durante a qual os cromossomos se duplicam e a célula cresce antes da divisão (Figura 1.7). A fase M é subdividida em *mitose*, na qual se divide o núcleo, e *citocinese*, em que ocorre a fissão celular.

A interfase é dividida em três estágios principais: *fase G_1*, na qual a célula começa a orientar-se no sentido da replicação; *fase S*, durante a qual o conteúdo de DNA é duplicado e os cromossomos se replicam; e *fase G_2*, na qual as organelas são copiadas, aumentando o volume citoplasmático. Se as células repousarem antes da divisão, elas entram em um estágio G_0, em que podem permanecer por longos períodos. O número de células em cada estágio do ciclo pode ser avaliado pela exposição da célula a um agente químico ou a um marcador radioativo que se incorpore ao DNA recém-formado ou por citometria em fluxo.

O ciclo celular é controlado em dois **checkpoints**, que agem como freios para coordenar o processo de divisão no fim das fases G_1 e G_2. Duas classes principais de moléculas controlam esses *checkpoints*, as **proteinoquinases ciclina-dependentes** (Cdk), que fosforilam alvos proteicos em sequência, e as **ciclinas**, que se ligam às Cdks e regulam sua atividade. Um exemplo da importância desses sistemas é demonstrado pelo linfoma de células do manto que resulta da ativação constitucional da ciclina D1 como resultado de uma translocação cromossômica (ver p. 223).

Fatores de transcrição

Fatores de transcrição regulam a expressão gênica pelo controle da transcrição de genes específicos ou de famílias de genes (Figura 1.8). Eles contêm ao menos dois domínios: um **domínio de ligação ao DNA**, como um zíper de leucina ou hélice-alça-hélice, que se liga a uma sequência específica do DNA, e um **domínio de ativação**, que contribui para a montagem do complexo de transcrição em um gene promotor. Mutação, deleção ou translocação de fatores de transcrição são a causa subjacente de muitos casos de neoplasias hematológicas (ver Capítulo 11).

Epigenética

Diz respeito a alterações no DNA e na cromatina que afetam a expressão de outros genes, não relacionados aos que afetam a sequência de DNA.

O DNA é enrolado ao redor de histonas, um grupo de proteínas nucleares especializadas. Esse complexo – cromatina – é firmemente compactado. Para que o código do DNA possa ser lido, os fatores de transcrição e outras proteínas precisam ligar-se fisicamente ao DNA. As histonas são guardiãs desse acesso e, assim, da expressão dos genes. As histonas podem ser modificadas por metilação, acetilação e fosforilação, que podem ocasionar aumento ou diminuição da expressão de genes e, assim, alterar o fenótipo da célula. A epigenética também diz respeito a alterações no próprio DNA, como metilação, que regula a expressão genética em tecidos normais e tumorais. A metilação de resíduos de citosina para metilcitosina resulta em inibição da transcrição de genes. Os genes *DNMT 3A* e *B* estão envolvidos na metilação, e *TET 1,2,3* e *IDH1* e *2* na hidroxilação com consequente ruptura da metilcitosina e restauração da expressão gênica anterior (ver Figura 16.1). Esses genes estão frequentemente mutados nas neoplasias mieloides (ver Capítulos 13, 15 e 16).

Apoptose

A apoptose (morte celular programada) é um processo regulado de morte celular fisiológica pelo qual células individuais são estimuladas a ativar proteínas intracelulares que as levam à própria morte. Morfologicamente, é caracterizada por encolhimento celular, condensação da cromatina nuclear, fragmentação do núcleo e quebra do DNA em sítios internucleossômicos. É um processo importante de manutenção da homeostasia tecidual na hematopoese e no desenvolvimento dos linfócitos.

A apoptose resulta da ação de cisteínas-protease intracelulares, denominadas **caspases**, que são ativadas depois da clivagem e levam à digestão de DNA por endonuclease e desintegração do esqueleto celular (Figura 1.9). Há duas vias principais pelas quais as caspases são ativadas. A primeira é a sinalização por meio de proteínas da membrana, como Fas ou receptor de TNF, via seu domínio de morte intracelular. Um exemplo desse mecanismo é mostrado por células T citotóxicas ativadas, expressando ligante Fas que induz apoptose em células-alvo. A segunda via faz-se pela liberação de citocromo c das mitocôndrias. O citocromo c liga-se à APAF-1 que, então, ativa as caspases. O dano ao DNA induzido por irradiação ou por quimioterapia pode agir por essa via. A proteína p53 tem um papel importante em "sentir" quando há dano ao DNA. Ela ativa a apoptose, aumentando o nível celular de BAX, que estimula a liberação de citocromo c (Figura 1.9). P53 também suprime o ciclo celular para impedir que a célula lesada se divida (Figura 1.7). O nível celular de p53 é rigidamente controlado por uma segunda proteína, a MDM2. Depois da morte, as células apoptóticas expõem moléculas que levam à ingestão por macrófagos.

Assim como as moléculas que favorecem a apoptose, há várias proteínas intracelulares que protegem as células contra a apoptose. O exemplo mais bem-caracterizado é a BLC-2, protótipo de uma família de proteínas relacionadas, algumas das quais são antiapoptóticas, e outras, como a BAX, são pró-apoptóticas. A proporção intracelular de BAX e BCL-2 determina a suscetibilidade relativa das células à apoptose (p. ex., determina a sobrevida de plaquetas) e pode agir pela regulação da liberação de citocromo c pelas mitocôndrias.

Muitas das alterações genéticas associadas a doenças malignas diminuem a velocidade de apoptose e prolongam a sobrevida celular. O exemplo mais claro é a translocação do gene

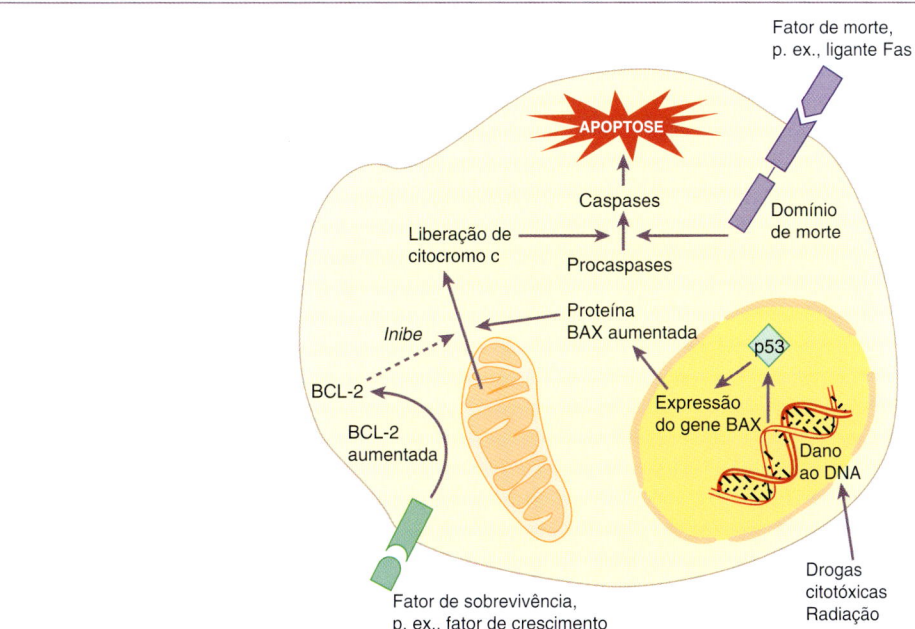

Figura 1.9 Representação da apoptose. A apoptose é iniciada via dois estímulos principais: (i) sinal por meio de receptores da membrana celular, como receptor de Fas ou fator de necrose tumoral (TNF), ou (ii) liberação de citocromo c da mitocôndria. Os receptores de membrana sinalizam apoptose por um domínio intracelular de morte levando à ativação de caspases que digerem DNA. O citocromo c liga-se à proteína citoplasmática Apaf-1, levando à ativação de caspases. A relação intracelular de pró-apoptóticos (p. ex., BAX) e antiapoptóticos (p. ex., BCL-2) da família BCL-2 pode influenciar a liberação de citocromo c. Fatores de crescimento aumentam o nível de BCL-2, inibindo a liberação de citocromo c, ao passo que o dano de DNA, ativando a p53, aumenta o nível de BAX que, por sua vez, aumenta a liberação de citocromo c.

da *BCL-2* para o lócus da cadeia pesada de imunoglobulina na translocação t(14; 18) no linfoma folicular (ver p. 222). A superexpressão da proteína BCL-2 torna as células B malignas menos suscetíveis à apoptose. A apoptose é o destino normal da maioria das células B que são selecionadas nos centros germinativos linfoides.

Várias translocações que levam a proteínas de fusão, como t(9; 22), t(1; 14) e t(15; 17), também resultam em inibição da apoptose (ver Capítulo 11). Além disso, genes que codificam proteínas envolvidas na mediação de apoptose quando há dano ao DNA, como a p53 e a ATM, também sofrem mutações frequentes que as inativam em doenças hematopoéticas malignas.

Necrose é a morte de células e de células adjacentes devido a isquemia, trauma químico ou hipertermia. As células incham e há perda da integridade da membrana plasmática. Em geral, há um infiltrado inflamatório em resposta à liberação dos conteúdos celulares. Autofagia é a digestão de organelas celulares por lisossomos. Pode estar envolvida em morte celular, porém, em algumas situações, também está envolvida na manutenção da sobrevida celular por nutrientes reciclados.

RESUMO

- A hematopoese (formação das células sanguíneas) origina-se de células-tronco pluripotentes na medula óssea. Células-tronco dão origem a células progenitoras que, após divisão e diferenciação, formam eritrócitos, granulócitos (neutrófilos, eosinófilos e basófilos), monócitos, plaquetas e linfócitos B e T.
- O tecido hematopoético ocupa cerca de 50% do espaço medular na medula óssea normal do adulto. A hematopoese no adulto é confinada ao esqueleto central, porém, em lactentes e crianças jovens, o tecido hematopoético estende-se pelos ossos longos dos membros superiores e inferiores.
- Células-tronco residem na medula óssea em nichos formados por células do estroma e circulam no sangue.
- Fatores de crescimento ligam-se a receptores celulares específicos e produzem uma cascata de eventos de fosforilação no núcleo celular. Fatores de transcrição conduzem a mensagem aos genes que devem ser ativados para estimular divisão celular, diferenciação, atividade funcional ou suprimir a apoptose.
- Moléculas de adesão são uma ampla família de glicoproteínas que mediam o acoplamento de precursores mieloides, leucócitos maduros e plaquetas à matriz extracelular, ao endotélio e uns aos outros.
- Epigenética refere-se a alterações no DNA e na cromatina que afetam a expressão de outros genes que não fazem parte da sequência de DNA. Modificação de histonas e metilação do DNA são dois exemplos relevantes para a hematopoese e para as neoplasias hematológicas.
- Fatores de transcrição são moléculas que se ligam ao DNA e controlam a transcrição de genes específicos ou de famílias de genes.
- Apoptose é um processo fisiológico de morte celular decorrente da ativação de caspases. A relação intracelular entre proteínas pró-apoptóticas (p. ex., BAX) e proteínas antiapoptóticas (p. ex., BCL-2) determina a suscetibilidade da célula à apoptose.

Visite **www.wileyessential.com/haematology** para testar seus conhecimentos neste capítulo.

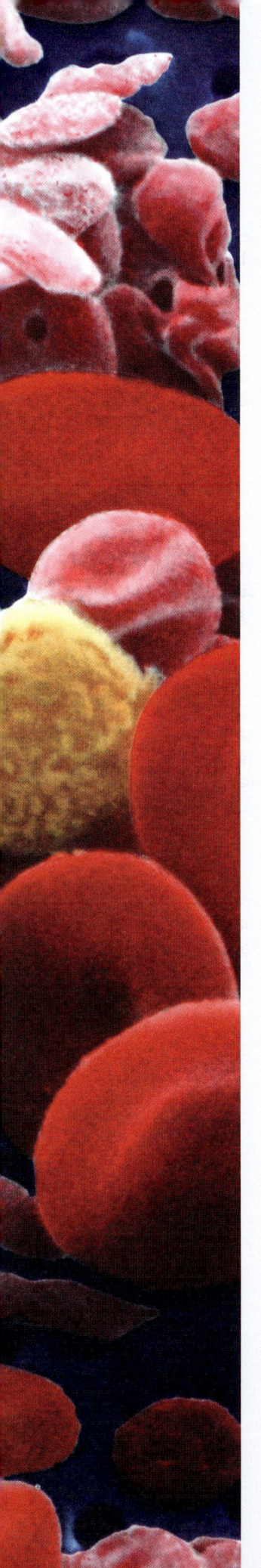

CAPÍTULO 2
Eritropoese e aspectos gerais da anemia

Tópicos-chave

- Células sanguíneas — 12
- Eritropoetina — 13
- Hemoglobina — 16
- Eritrócito — 17
- Anemia — 19
- Aspectos clínicos da anemia — 20
- Classificação e achados laboratoriais da anemia — 21
- Avaliação da eritropoese — 25

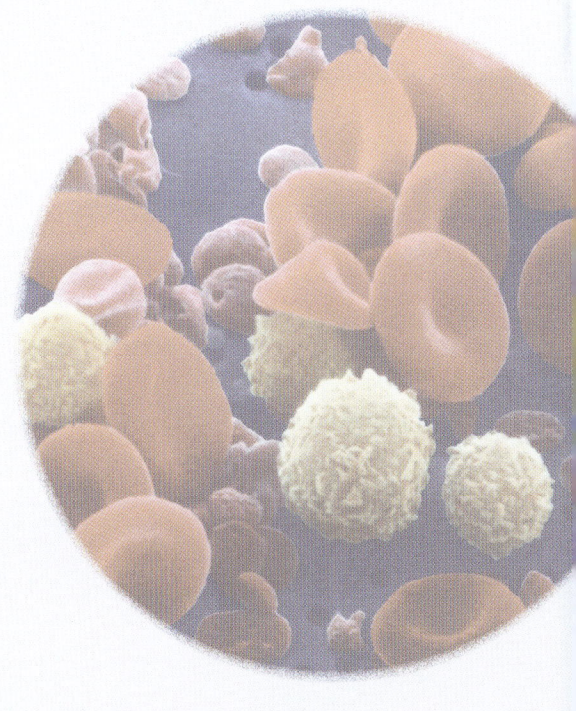

Células sanguíneas

Todas as células circulantes derivam de células-tronco pluripotentes na medula óssea. Elas se dividem em três tipos principais. As mais numerosas são os eritrócitos (glóbulos vermelhos), que são especializados no transporte de oxigênio dos pulmões aos tecidos e do dióxido de carbono no sentido inverso (Tabela 2.1). Os eritrócitos têm uma sobrevida periférica de 4 meses, ao passo que as menores células do sangue, as plaquetas, envolvidas na hemostasia, circulam por apenas 10 dias. Os leucócitos (glóbulos brancos) são compostos por 4 tipos de fagócitos (neutrófilos, eosinófilos, basófilos e monócitos), que protegem contra infecções bacterianas e fúngicas, e por linfócitos, que incluem as células B, envolvidas na produção de anticorpos, e células T (CD4 auxiliares e CD8 supressoras), relacionadas à resposta imune e à proteção contra vírus e células estranhos. Os leucócitos têm uma sobrevida amplamente variada (Tabela 2.1).

Os eritrócitos e as plaquetas são contados e medidos, sob vários parâmetros, por contadores automatizados de células (Figura 2.1). O instrumento também conta os leucócitos, distingue os seus diversos tipos e detecta células anormais.

A cada dia, são produzidos em torno de 10^{12} novos eritrócitos por meio de um processo complexo e finamente

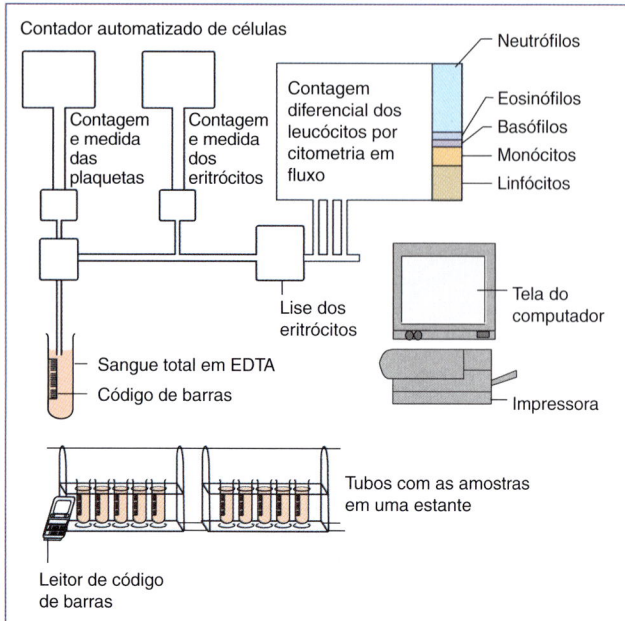

Figura 2.1 Contador eletrônico automatizado de células sanguíneas. *Fonte*: Mehta AB & Hoffbrand AV (2014) Haematology at a Glance, 4th Ed. Reproduzida, com permissão, de John Willey & Sons.

Tabela 2.1 As células sanguíneas

Célula	Diâmetro (μm)	Sobrevida no sangue	Número	Função
Eritrócitos	6-8	120 dias	Homens: 4,5-6,5 × 10^6/μL Mulheres: 3,9-5,6 × 10^6/μL	Transporte de oxigênio e dióxido de carbono
Plaquetas	0,5-3,0	10 dias	140-400 × 10^3/μL	Hemostasia
Fagócitos				
Neutrófilos	12-15	6-10 horas	1,8-7,5 × 10^3/μL	Proteção contra bactérias e fungos
Monócitos	12-20	20-40 horas	0,2-0,8 × 10^3/μL	Proteção contra bactérias e fungos
Eosinófilos	12-15	Dias	0,04-0,44 × 10^3/μL	Proteção contra parasitas
Basófilos	12-15	Dias	0,01-0,1 × 110^3/μL	
Linfócitos B T	7-9 (em repouso) 12-20 (ativos)	De semanas a anos	1,5-3,5 × 10^3/μL	Células B: síntese de imunoglobinas Células T: proteção contra vírus; funções imunes.

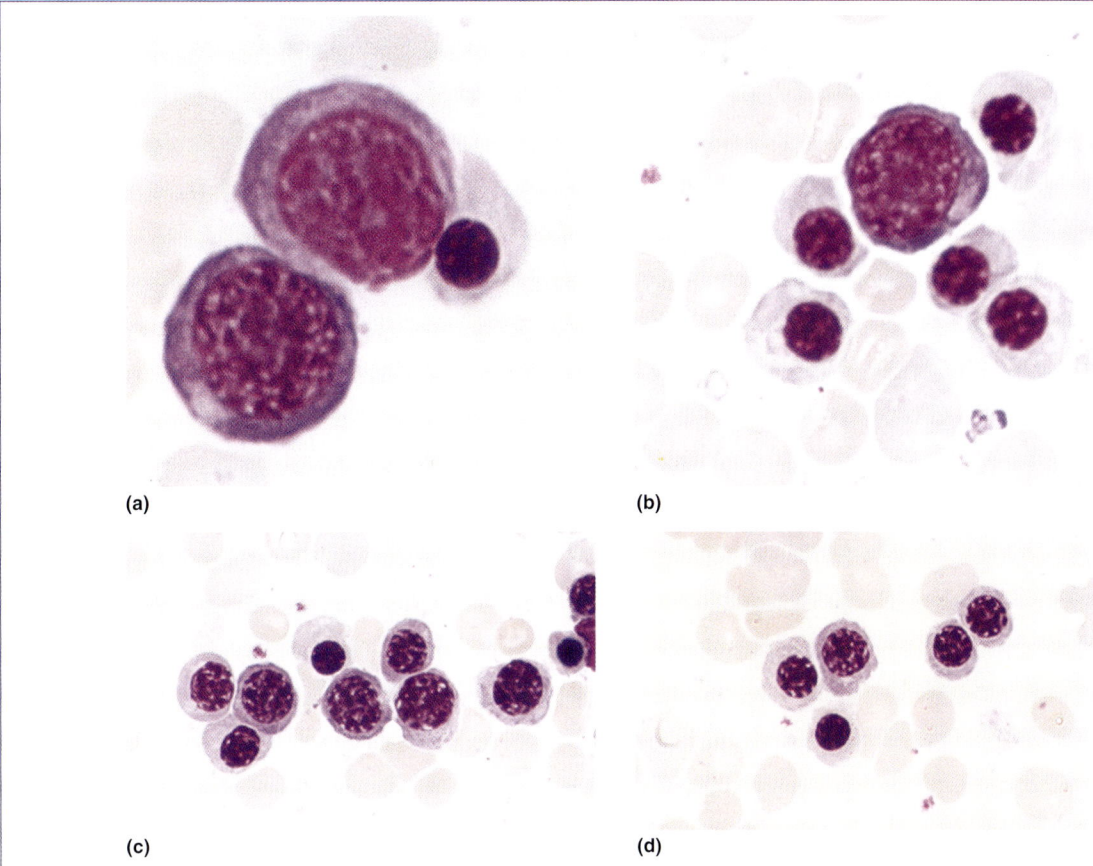

Figura 2.2 Eritroblastos em vários estágios de desenvolvimento. As células iniciais são maiores, com citoplasma mais basofílico e padrão de cromatina nuclear mais aberto. O citoplasma das células mais tardias é mais eosinofílico devido à formação de hemoglobina.

regulado, a eritropoese. A partir da célula-tronco, a eritropoese passa pelas células progenitoras, unidade formadora de colônias granulocíticas, eritroides, monocíticas e megacariocíticas (CFU_{GEMM}), unidade de formação explosiva eritroide (BFU_E) e CFU eritroide (CFU_E) (Figura 2.2), até o primeiro precursor eritroide com estrutura identificável na medula óssea, o proeritroblasto. Esse processo ocorre em um nicho eritroide, no qual cerca de 30 células eritroides em vários estágios de desenvolvimento cercam um macrófago central.

O proeritroblasto é uma célula grande, com citoplasma azul-escuro, núcleo central com nucléolo e cromatina um pouco conglomerada (Figura 2.2). O proeritroblasto, por meio de várias divisões celulares, origina uma série de eritroblastos (ou normoblastos*) progressivamente menores, mas com conteúdo hemoglobínico gradualmente maior no citoplasma (que se cora em cor-de-rosa); o citoplasma vai perdendo sua tonalidade azul-clara à medida que perde seu RNA e o aparelhamento de síntese proteica, ao passo que a cromatina nuclear se torna mais condensada (Figuras 2.2 e 2.3). Por fim,

o núcleo é expelido do eritroblasto maduro na medula óssea, dando origem ao reticulócito, que ainda contém algum RNA ribossômico e é capaz de sintetizar hemoglobina (Figura 2.4). Essa célula é um pouco maior que o eritrócito maduro e circula no sangue periférico durante 1 a 2 dias antes de amadurecer, quando o RNA é totalmente catabolizado. Surge, então, o eritrócito maduro, um disco bicôncavo sem núcleo, de coloração rósea. Em geral, de um único proeritroblasto originam-se 16 eritrócitos maduros (Figura 2.3). Os eritroblastos não estão presentes no sangue periférico normal (Figura 2.4). Eles aparecem no sangue se houver eritropoese fora da medula óssea (eritropoese extramedular) e também em algumas doenças da medula óssea.

Eritropoetina

A eritropoese é regulada pelo hormônio eritropoetina. Eritropoetina é um polipeptídio pesadamente glicosilado. Normalmente, 90% do hormônio é produzido nas células intersticiais peritubulares renais, e 10%, no fígado e em outros locais. Não há reservas pré-formadas, e o estímulo para produção de eritropoetina é a tensão de oxigênio (O_2) nos tecidos do rim (Figura 2.5). A hipoxia induz fatores (HIF-2α e β) que estimulam a produção de eritropoetina, neoformação vascular e

---

*N. de T. O termo "normoblasto" é preferido por autores de língua inglesa por motivo histórico: era utilizado antes da descoberta da vitamina B_{12}, para defini-los como "normais", em oposição aos "megaloblastos" da anemia perniciosa. Atualmente, usa-se "eritroblastos".

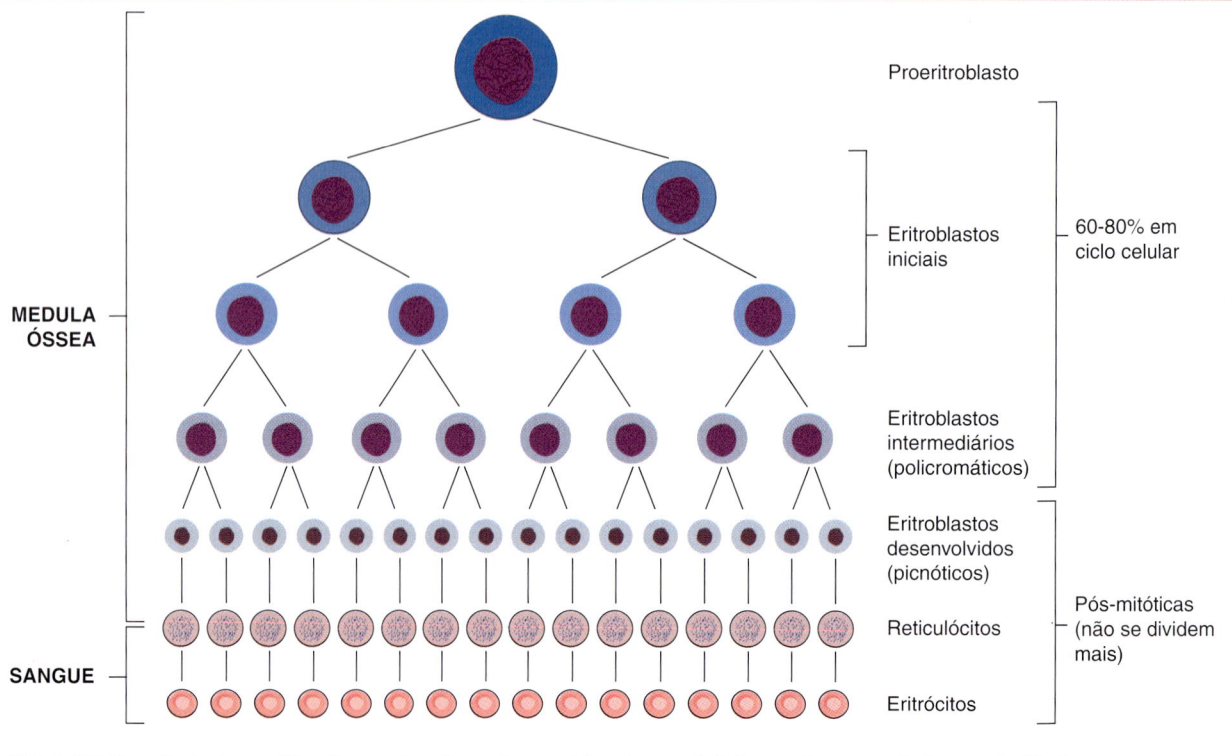

Figura 2.3 Sequência de amplificação e maturação no desenvolvimento de eritrócitos maduros a partir do proeritroblasto.

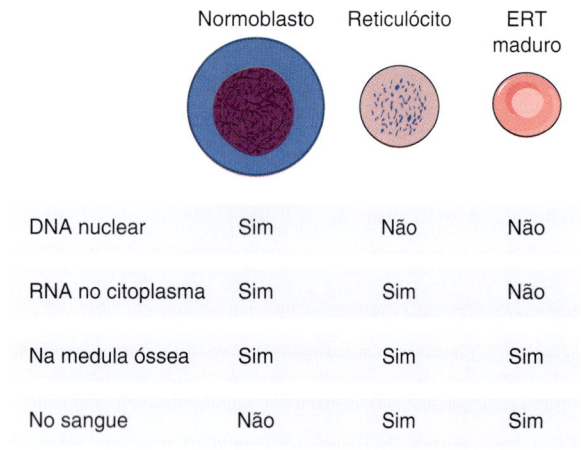

Figura 2.4 Comparação do conteúdo de DNA e RNA e da distribuição na medula e no sangue periférico de eritroblastos, reticulócitos e eritrócitos maduros (ERT).

síntese de receptores de transferrina, e também reduz a síntese hepática de hepcidina, aumentando a absorção de ferro. A proteína de von Hippel-Lindau (VHL) cataboliza HIFs, e a PHD2 (prolil-hidroxilase) hidroxila HIF-1α, permitindo a ligação de VHL (Figura 2.5). Anormalidades nessas proteínas podem causar poliglobulia (ver Capítulo 15).

A produção de eritropoetina, portanto, aumenta na anemia e também quando a hemoglobina é incapaz de liberar O_2 normalmente por motivo metabólico ou estrutural, quando o O_2 atmosférico está baixo ou quando há disfunção cardíaca, pulmonar ou lesão na circulação renal que afete a entrega de O_2 ao rim.

A eritropoetina estimula a eritropoese pelo aumento do número de células progenitoras comprometidas com a eritropoese. O fator de transcrição GATA-2 está envolvido no estímulo inicial à diferenciação eritroide a partir das células pluripotentes. Subsequentemente, os fatores de transcrição GATA-1 e FOG-1 são ativados pelo estímulo ao receptor de eritropoetina e são importantes por intensificarem a expressão de genes eritroides específicos (p. ex., da biossíntese de heme, globina e proteínas da membrana) e também por intensificarem a expressão de genes antiapoptóticos e do receptor da transferrina (CD71). BFU_E e CFU_E tardias, que já têm receptores de eritropoetina, são estimuladas a proliferar, diferenciar-se e produzir hemoglobina. A proporção de células eritroides na medula óssea aumenta e, em estados de estímulo eritropoetínico crônico, há expansão anatômica da eritropoese na medula gordurosa e, às vezes, em sítios extramedulares. Em lactentes, a cavidade da medula pode expandir-se até o osso cortical, causando deformidades com bossa frontal e protrusão dos maxilares (ver p. 78).

Em contrapartida, o aumento de fornecimento de O_2 aos tecidos (por aumento de massa eritroide ou porque a hemoglobina é capaz de liberar O_2 mais prontamente que o normal) diminui o estímulo para a produção de eritropoetina. O nível plasmático de eritropoetina pode ter utilidade diagnóstica e está aumentado na anemia, a menos que esta se deva à insuficiência renal e se houver um tumor secretor de eritropoetina, e baixa em nefropatia grave e na policitemia vera (Figura 2.6).

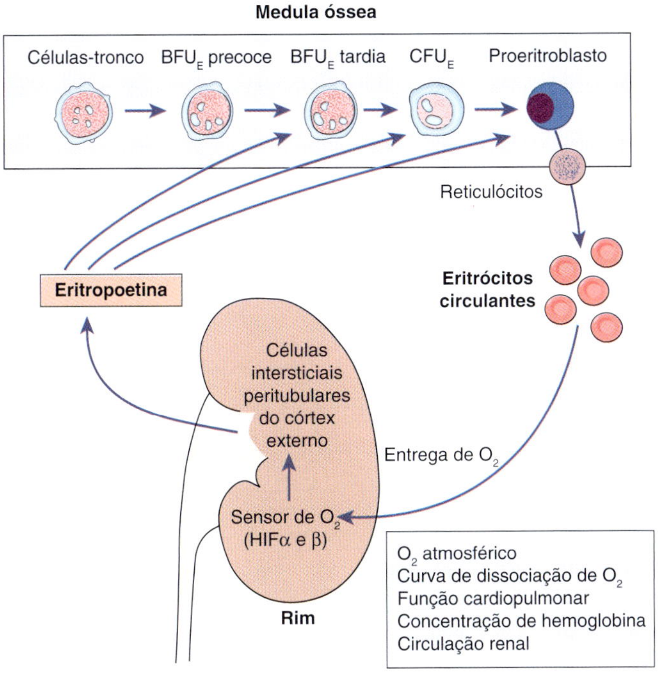

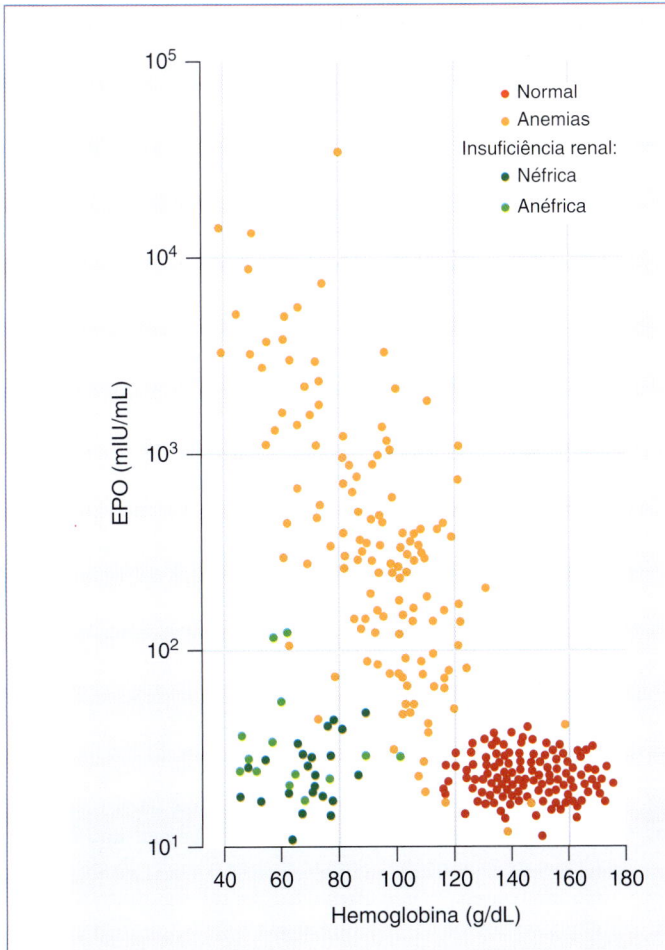

Figura 2.5 Produção de eritropoetina pelo rim em resposta a seu suprimento de oxigênio (O_2). A eritropoetina estimula a eritropoese e, assim, aumenta o aporte de O_2. BFU_E, unidade de formação expansiva eritroide; CFU_E, unidade formadora de colônias eritroides. A hipoxia induz fatores HIF (α e β) que estimulam a produção de eritropoetina. A proteína von-Hippel-Lindau (VHL) destrói HIFs. A PHD2 (propil-hidroxilase) hidroxila o HIF-2α, permitindo ligação de VHL aos HIFs. Mutações em VHL, PHD2 ou HIF-2α são causas de poliglobulia congênita (ver p. 171).

Figura 2.6 Relação entre dosagens de eritropoetina (EPO) no plasma e concentração de hemoglobina. As anemias (pontos em cor de laranja) excluem doenças associadas à diminuição de produção de EPO.
(Fonte: modificada de M. Pippard et al., (1992) B J Haematol 82: 445. Reproduzida, com permissão, de John Wiley & Sons.)

Indicações para tratamento com eritropoetina

A eritropoetina recombinante é necessária para o tratamento de anemia causada por nefropatia e por várias outras causas. É administrada por via subcutânea 3 vezes por semana, ou 1 vez a cada 1 ou 2 semanas, ou a cada 4 semanas, dependendo da indicação e da preparação utilizada: eritropoetina alfa ou beta, darbepoetina alfa (uma forma muito glicosilada, de ação mais longa), ou Micera (a preparação de ação mais longa de todas). A principal indicação é a nefropatia em estágio final (com ou sem diálise). Os pacientes geralmente necessitam de uso simultâneo de ferro oral ou intravenoso. Outros usos estão listados na Tabela 2.2. O tratamento pode aumentar a hemoglobina e melhorar a qualidade de vida dos pacientes. Uma dosagem baixa de eritropoetina sérica antes do tratamento tem relevância na previsão de eficácia da resposta. Efeitos colaterais incluem aumento da tensão arterial, trombose e reação local nos sítios de injeção. O uso de eritropoetina tem sido associado à progressão de certos tumores que expressam receptores de eritropoetina.

A medula óssea necessita de muitos outros precursores para uma eritropoese eficaz, incluindo metais, como ferro e cobalto, vitaminas (principalmente B_{12}, folato, C, E, B_6, tiamina e riboflavina) e hormônios, como androgênios e tiroxina. A deficiência de qualquer um desses pode estar associada à anemia.

Hemoglobina

Síntese de hemoglobina

A principal função dos eritrócitos é o transporte de O_2 aos tecidos e o retorno de dióxido de carbono (CO_2) dos tecidos aos pulmões. Para executar essa troca gasosa, os eritrócitos contêm uma proteína especializada, a hemoglobina. Cada molécula de hemoglobina A (Hb A) normal do adulto, dominante no sangue depois dos 3 a 6 meses de idade, consiste em quatro cadeias polipeptídicas $\alpha_2\beta_2$, cada uma com seu próprio

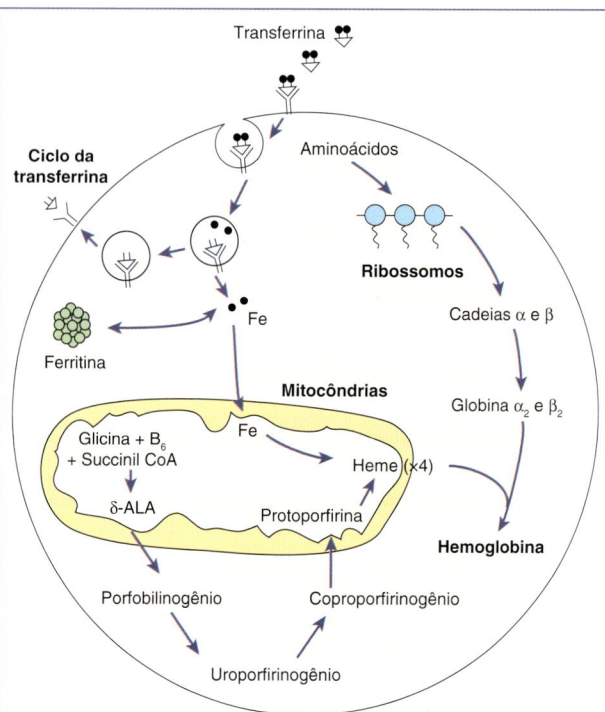

Figura 2.7 Síntese de hemoglobina no eritrócito em desenvolvimento. As mitocôndrias são os principais locais de síntese de protoporfirina; o ferro (Fe) é fornecido pela transferrina circulante, e as cadeias de globina são sintetizadas nos ribossomos. δ-ALA, ácido δ-aminolevulínico; CoA, coenzima A.

grupo heme. O sangue normal do adulto também contém pequenas quantidades de duas outras hemoglobinas – Hb F e Hb A_2 –, as quais contêm cadeias α, mas com cadeias γ e δ, respectivamente, em vez de β (Tabela 2.3). A síntese das várias cadeias de hemoglobina no feto e no adulto é discutida com mais detalhes no Capítulo 7.

A síntese de heme ocorre principalmente nas mitocôndrias por uma série de reações bioquímicas que começam na condensação de glicina e de succinil-coenzima A, por ação do ácido δ-aminolevulínico-sintase (ALA), enzima-chave cuja falta limita o ritmo (Figura 2.7). Piridoxal-fosfato (vitamina B_6) é uma coenzima dessa reação. Ao final, a protoporfirina combina-se com ferro no estado ferroso (Fe^{2+}) para formar heme (Figura 2.8).

Forma-se um tetrâmero de cadeias de globina, cada cadeia com seu próprio núcleo heme agrupado em um "bolso", montando uma molécula de hemoglobina (Figura 2.9).

Função da hemoglobina

Os eritrócitos no sangue arterial sistêmico transportam O_2 dos pulmões aos tecidos e voltam, no sangue venoso, com CO_2 para os pulmões. À medida que a molécula de hemoglobina carrega e descarrega O_2, as cadeias individuais de globina movimentam-se uma sobre a outra (Figura 2.9). O contato de $\alpha_1\beta_1$ e $\alpha_2\beta_2$ estabiliza a molécula. Quando o

Tabela 2.2 Usos clínicos da eritropoetina

Anemia de doença renal crônica

Síndromes mielodisplásicas

Anemia associada a câncer e quimioterapia

Anemia das doenças crônicas (p. ex., artrite reumatoide)

Anemia da prematuridade

Usos perioperatórios

Tabela 2.3 Hemoglobinas normais no sangue adulto

	Hb A	Hb F	Hb A_2
Estrutura	$\alpha_2\beta_2$	$\alpha_2\gamma_2$	$\alpha_2\delta_2$
Normal (%)	96-98	0,5-0,8	1,5-3,2

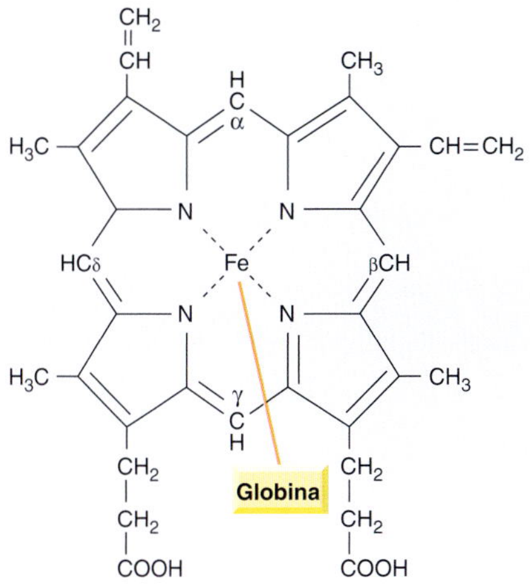

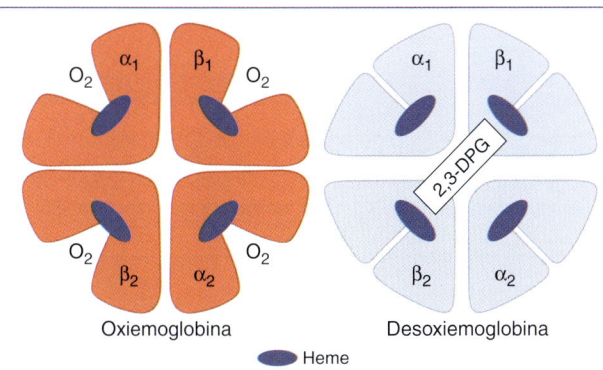

Figura 2.8 Estrutura do heme.

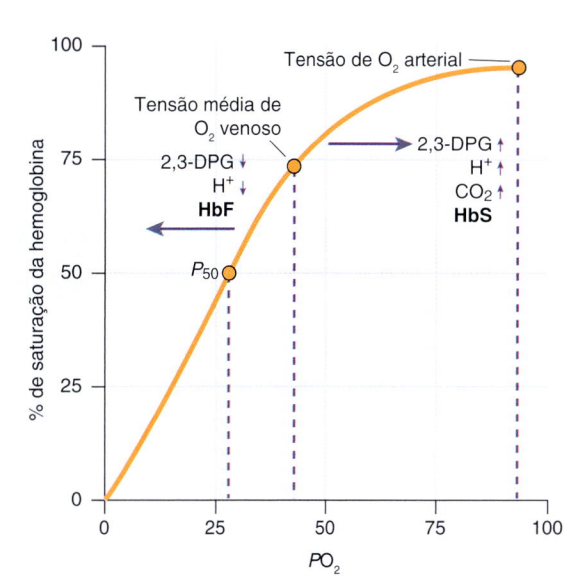

Figura 2.10 Curva de dissociação de oxigênio/hemoglobina. 2,3-DPG, 2,3-difosfoglicerato.

Figura 2.9 Molécula de hemoglobina oxigenada e desoxigenada. α, β, cadeias de globina da hemoglobina normal do adulto (Hb A); 2,3-DPG, 2,3-difosfoglicerato.

O_2 é descarregado, as cadeias β são separadas, permitindo a entrada do metabólito 2,3-difosfoglicerato (2,3-DPG), diminuindo, assim, a afinidade da molécula por O_2. Esse movimento é responsável pela forma sigmoide da curva de dissociação da hemoglobina (Figura 2.10). A P_{50} (pressão parcial de O_2, na qual a hemoglobina está metade saturada com O_2) do sangue normal é de 26,6 mmHg. Com o aumento da afinidade por O_2, a curva desvia para a esquerda (i.e., a P_{50} cai) e, com a diminuição da afinidade por O_2, a curva desvia para a direita (i.e., a P_{50} aumenta).

Em geral, *in vivo*, a troca de O_2 é feita entre saturação de 95% (sangue arterial), com tensão média de O_2 arterial de 95 mmHg, e saturação de 70% (sangue venoso), com tensão média de O_2 venoso de 40 mmHg (Figura 2.10).

A posição normal da curva depende da concentração de 2,3-DPG, de íons H^+ e CO_2 nos eritrócitos e da estrutura da molécula de hemoglobina. Altas concentrações de 2,3-DPG, de H^+ ou de CO_2 e a presença de certas hemoglobinas, como, por exemplo, Hb S (das síndromes falcêmicas), desviam a curva para a direita (o oxigênio é liberado com mais facilidade), ao passo que a hemoglobina F (fetal) – que é incapaz de ligar 2,3-DPG – e certas hemoglobinas anormais raras associadas à poliglobulia desviam a curva para a esquerda, pois liberam O_2 de forma menos imediata que o normal.

Metemoglobinemia

É uma situação clínica na qual a hemoglobina circulante está presente com ferro na forma oxidada (Fe^{3+}), em vez de na forma normal Fe^{2+}. Pode ocorrer devido à deficiência hereditária de metemoglobina-redutase, ou à herança de uma hemoglobina estruturalmente anormal (Hb M). As Hb Ms contêm uma substituição de aminoácido que afeta o "bolso" de heme da cadeia de globina. A metemoglobinemia tóxica (e/ou sulfemoglobinemia) ocorre quando uma droga, ou outra substância tóxica, oxida a hemoglobina. Em todas essas condições, o paciente costuma mostrar-se cianótico.

Eritrócito

Para que a hemoglobina esteja em contato estreito com os tecidos e para que haja sucesso nas trocas gasosas, o eritrócito, com 7,5-8 μm de diâmetro, deve ser capaz de passar repetidamente através da microcirculação, cujo diâmetro mínimo é de 3,5 μm, manter a hemoglobina em forma reduzida (ferrosa) e manter o equilíbrio osmótico, apesar da alta concentração de proteína (hemoglobina) na célula. A viagem completa de um eritrócito pelo corpo leva 20 segundos ao longo de seus 120 dias de sobrevida e foi calculada em 480 km (300 milhas). Para executar essas funções,

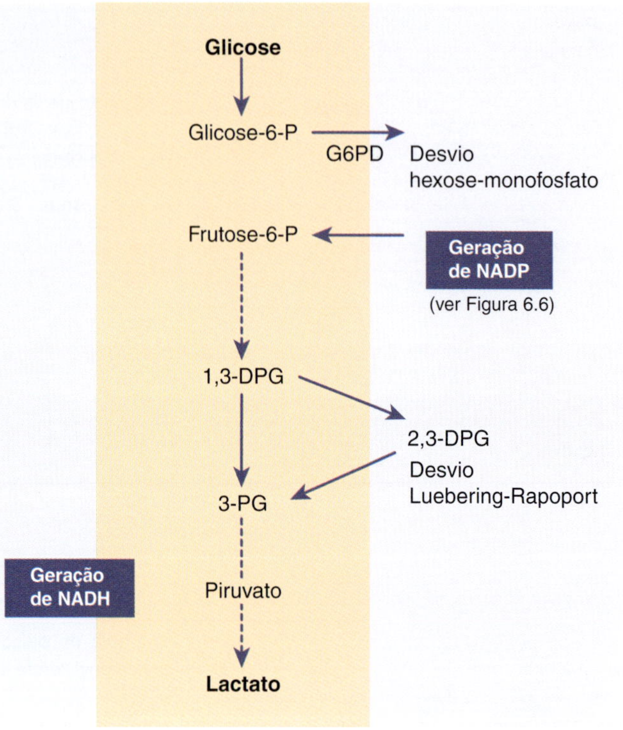

Figura 2.11 Via glicolítica de Embden-Meyerhof. O desvio de Luebering-Rapoport regula a concentração de 2,3-difosfoglicerato (2,3-DPG) no eritrócito. ADP, difosfato de adenosina; ATP, trifosfato de adenosina; Hb, hemoglobina; NAD, NADH, nicotinamida-adenina-dinucleotídio; PG, fosfoglicerato.

a célula é um disco bicôncavo flexível, com capacidade de gerar energia como trifosfato de adenosina (ATP) pela via glicolítica anaeróbia (Embden-Meyerhof) (Figura 2.11) e gerar poder redutor como NADH por essa via e como nicotinamida-adenina-dinucleotídio-fosfato (NADPH) pelo desvio da hexose-monofosfato (ver Figura 6.6).

Metabolismo do eritrócito

Via de Embden-Meyerhof

Nesta série de reações bioquímicas, a glicose do plasma, que entra no eritrócito por transferência facilitada, é metabolizada a lactato (Figura 2.11). Para cada molécula de glicose usada, são geradas duas moléculas de ATP e, portanto, duas ligações fosfato de alta energia. O ATP fornece energia para a manutenção do volume, da forma e da flexibilidade da célula.

A via de Embden-Meyerhof também gera o NADH necessário para a enzima metemoglobina-redutase reduzir a metemoglobina, que contém íon férrico e é funcionalmente morta (produzida pela oxidação de cerca de 3% da hemoglobina por dia), para hemoglobina reduzida, ativa. O desvio de Luebering-Rapoport, braço lateral dessa via (Figura 2.11), gera 2,3-DPG, importante na regulação da afinidade da hemoglobina por oxigênio (Figura 2.9).

Desvio da hexose-monofosfato (pentosefosfato)

Cerca de 10% da glicólise ocorre por essa via oxidativa na qual a glicose-6-fosfato converte-se em 6-fosfogliconato e em ribulose-5-fosfato (ver Figura 6.6). É gerado NADPH, que se liga com glutationa, a qual mantém os grupos sulfidrilas (SH) intactos na célula, incluindo os da hemoglobina e os da membrana do eritrócito. O NADPH também é usado por outra metemoglobina-redutase para manter o ferro da hemoglobina no estado funcionalmente ativo, Fe^{2+}. Em uma das anomalias hereditárias mais comuns do eritrócito, a deficiência de glicose-6-fosfato-desidrogenase (G6PD), os eritrócitos são extremamente suscetíveis a estresse oxidante (ver p. 66).

Membrana do eritrócito

A membrana do eritrócito compreende uma bicamada lipídica, proteínas estruturais da membrana e um esqueleto da membrana (Figura 2.12). Cerca de 50% da membrana são compostos de proteína; 20%, de fosfolipídios; 20%, de colesterol; e até 10%, de carboidrato. Os carboidratos ocorrem somente na superfície externa, ao passo que as proteínas são periféricas ou estruturais, penetrando na bicamada lipídica. Várias proteínas dos eritrócitos foram numeradas de acordo com sua mobilidade na eletroforese de gel de poliacrilamida (PAGE), como a banda 3 e as proteínas 4.1, 4.2 (Figura 2.12).

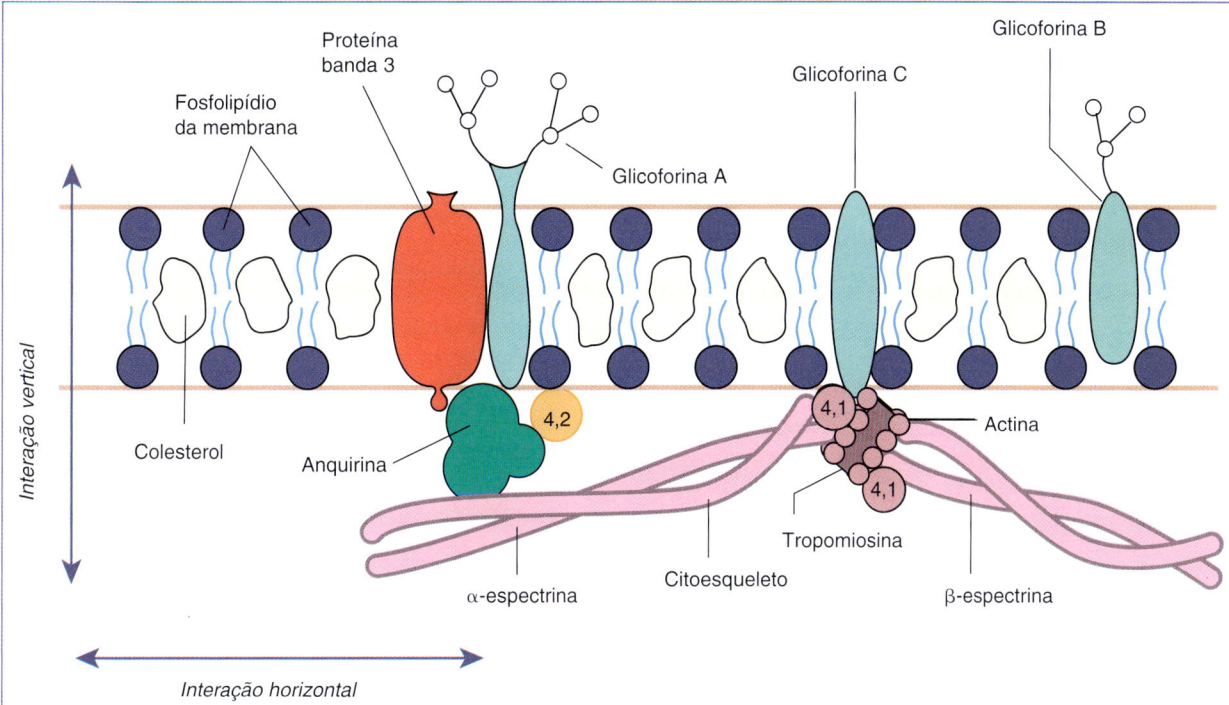

Figura 2.12 Estrutura da membrana do eritrócito. Algumas das proteínas penetrantes e estruturais carregam antígenos carboidratos; outros antígenos são ligados diretamente à camada lipídica.

O esqueleto da membrana é formado por proteínas estruturais que incluem espectrina α e β, anquirina, proteína 4.1 e actina. Essas proteínas formam uma rede horizontal no interior do eritrócito e são importantes na manutenção da forma bicôncava. A espectrina é a mais abundante e consiste em duas cadeias, α e β, enroladas uma à outra para formar heterodímeros que se associam "cabeça a cabeça" para formar tetrâmeros, os quais, por sua vez, são ligados na extremidade caudal com actina e conectados à proteína banda 4.1. Na outra extremidade, as cadeias de β-espectrina ligam-se à anquirina, que se conecta na banda 3, a proteína transmembrana que age como canal iônico ("conexões verticais") (Figura 2.12). A proteína 4.2 intensifica essa interação.

Defeitos das proteínas causam algumas das anomalias na forma da membrana dos eritrócitos, como, por exemplo, esferocitose e eliptocitose (ver Capítulo 6), ao passo que alterações na composição lipídica causadas por anomalias congênitas ou adquiridas do colesterol plasmático ou dos fosfolipídios podem se associar a outras anomalias da membrana (ver Figura 2.16).

Anemia

É definida como diminuição da concentração de hemoglobina do sangue abaixo dos valores de referência para a idade e o sexo (Tabela 2.4). Embora os valores de referência variem entre os laboratórios, valores típicos de hemoglobina para definir anemia seriam abaixo de 13,5 g/dL em homens adultos e abaixo de 11,5 g/dL em mulheres adultas (Figura 2.13). Dos 2 anos de idade até a puberdade, hemoglobina abaixo de 11 g/dL indicaria anemia. Os recém-nascidos têm nível mais alto de hemoglobina; ao nascimento, 14 g/dL é considerado o limite de referência inferior (Figura 2.13).

Alterações no volume total do plasma e da massa total de hemoglobina circulantes é que determinam a concentração de hemoglobina. Diminuição do volume plasmático (como na desidratação) pode mascarar a anemia e até causar aparente poliglobulia (pseudopoliglobulia, ver p. 168); reciprocamente, o aumento do volume plasmático (como na esplenomegalia e na gestação) pode provocar uma aparente anemia mesmo com massa eritroide/hemoglobínica circulante normal.

Logo após uma grande perda de sangue, a anemia não é imediatamente aparente, uma vez que o volume total de sangue fica diminuído. A reposição do volume plasmático pode levar até um dia, e só então o grau de anemia torna-se aparente (ver p. 345). A regeneração da massa hemoglobínica leva muito mais tempo. Os aspectos clínicos iniciais de grande perda de sangue são, portanto, resultantes mais da diminuição do volume sanguíneo do que da anemia.

Incidência global

A OMS define anemia em adultos como hemoglobina abaixo de 13,0 g/dL em homens e 12,0 g/dL em mulheres. Considerada nesses parâmetros, em 2010 estimou-se ocorrer anemia em cerca de 33% da população global. Em todas as idades, a prevalência foi maior em mulheres do que em homens, e

Tabela 2.4 Valores de referência para o hemograma e dosagens bioquímicas relacionadas a anemia

	Homens	Mulheres
Hemoglobina (g/dL)	13,5-17,5	11,5-15,5
Eritrócitos ($\times 10^6/\mu L$)	4,5-6,5	3,9-5,6
Hematócrito (%)	40-52	36-48
Volume corpuscular médio (VCM) (fL)	80-95	
Hemoglobina corpuscular média (HCM) (pg)	27-34	
Reticulócitos ($\times 10^3/\mu L$)	50-150	
Leucócitos		
Total ($\times 10^3/\mu L$)	4,0-11,0	
Neutrófilos ($\times 10^3/\mu L$)	1,8-7,5	
Linfócitos ($\times 10^3/\mu L$)	1,5-3,5	
Monócitos ($\times 10^3/\mu L$)	0,2-0,8	
Eosinófilos ($\times 10^3/\mu L$)	0,04-0,44	
Basófilos ($\times 10^3/\mu L$)	0,01-0,1	
Plaquetas ($\times 10^3/\mu L$)	150-400	
Ferro sérico (mg/dL)	10-30	
Capacidade ferropéxica (mg/dL)	40-75 (2,0-4,0 g/L como transferrina)	
Ferritina sérica** (mg/dL)	40-340	14-150
Vitamina B_{12} sérica** (pg/mL)	160-925 (20-680 pmol/L)	
Folato sérico** (ng/mL)	3,0-15,0 (4-30 nmol/L)	
Folato eritrocitário** (ng/mL)	160-640 (360-1.460 nmol/L)	

*Limite inferior $1,5 \times 10^3/\mu L$ em alguns grupos étnicos, como no Oriente Médio e em negros.
**Valores de referência diferem em diferentes laboratórios.

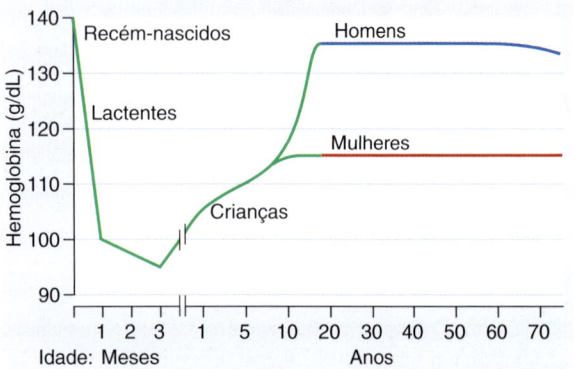

Figura 2.13 Limites de referência inferiores da concentração de hemoglobina em homens, mulheres e crianças de várias idades.

ainda maior em crianças com menos de 5 anos. A anemia foi notada mais frequentemente na Ásia Meridional e na África Subsaariana, tanto Central, como Oriental e Ocidental. As causas principais são deficiência de ferro (por ancilostomose e esquistossomose), anemia de células falciformes, talassemias, malária e anemia de doenças crônicas (ver p. 37).

Aspectos clínicos da anemia

As principais adaptações à anemia ocorrem no sistema circulatório (com aumento do volume sistólico e taquicardia) e na curva de dissociação de O_2 da hemoglobina. Alguns pacientes com anemia severa podem ser quase assintomáticos, enquanto outros, com anemia mais leve, podem sentir-se incapacitados. A presença ou a ausência de sinais clínicos de anemia variam de acordo com quatro fatores principais.

1 ***Velocidade de instalação*** Anemia rapidamente progressiva causa mais sintomas que a anemia de instalação lenta, uma vez que há menos tempo para adaptação do sistema circulatório e da curva de dissociação de O_2 da hemoglobina.
2 ***Severidade da anemia*** Uma anemia leve geralmente não causa sinais e sintomas, mas eles estão presentes quando a hemoglobina está abaixo de 9 g/dL. Mesmo uma anemia severa (hemoglobina da ordem de 6 g/dL) pode causar sintomas discretos quando a instalação for gradual e acometer um indivíduo jovem sem outra doença.
3 ***Idade*** O idoso tolera menos a anemia do que o jovem, pela progressiva diminuição da compensação cardiovascular normal com o avanço da idade.
4 ***Curva de dissociação de O_2 da hemoglobina*** Em geral, a anemia é acompanhada de aumento de 2,3-DPG nos eritrócitos e de desvio para a direita da curva de dissociação de O_2 da hemoglobina, de modo que o oxigênio é liberado de forma mais rápida para os tecidos. Essa adaptação é particularmente marcante em algumas anemias que afetam diretamente o metabolismo do eritrócito (p. ex., na deficiência de piruvatoquinase, que causa aumento na concentração de 2,3-DPG nos eritrócitos) ou nas que são associadas a uma hemoglobina de baixa afinidade (como a Hb S) (ver Figura 2.10).

Sintomas

Se o paciente tiver sintomas, em geral são: dispneia – particularmente durante o esforço –, fraqueza, letargia, palpitações e cefaleia. Em idosos, podem surgir sintomas de insuficiência cardíaca, angina de peito, claudicação intermitente e confusão mental. Distúrbios visuais devidos à hemorragia da retina podem complicar anemias muito severas, sobretudo quando forem de rápida instalação (Figura 2.14).

Sinais

Os sinais podem ser divididos em gerais e específicos. Sinais gerais incluem palidez das mucosas e dos leitos ungueais, que ocorrem se o nível de hemoglobina for menor do que 9 a 10 g/dL (Figura 2.15); a cor da pele, ao contrário, não é um sinal confiável. Pode haver hipercinese circulatória com

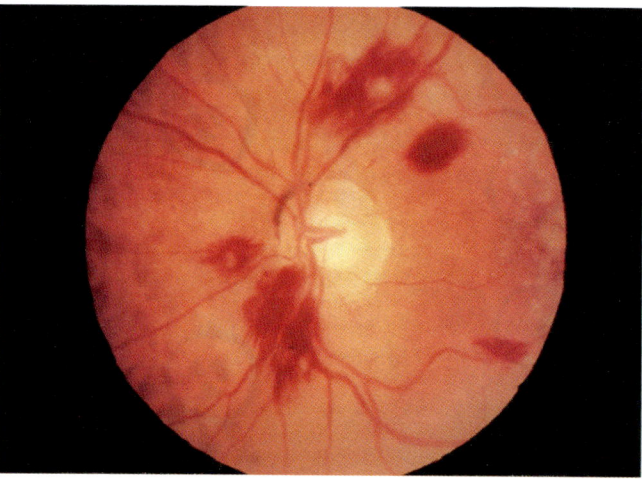

Figura 2.14 Hemorragias retinianas em paciente com anemia severa (hemoglobina 2,5 g/dL) decorrente de hemorragia crônica severa.

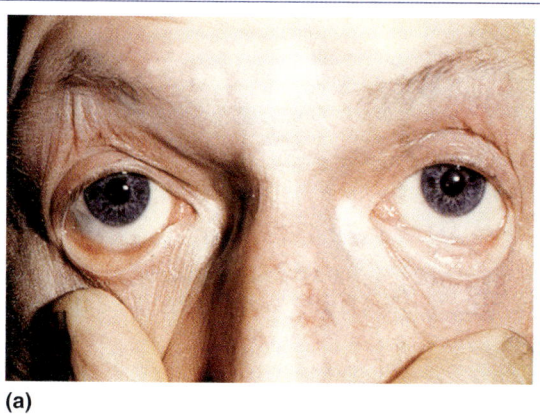
(a)

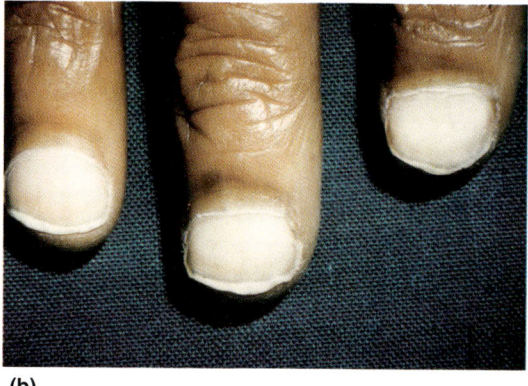
(b)

Figura 2.15 Palidez da mucosa conjuntival **(a)** e do leito ungueal **(b)** em dois pacientes com anemia severa (hemoglobina 6 g/dL).

taquicardia, pulso amplo, cardiomegalia e sopro sistólico, mais audível no ápex. Sinais de insuficiência cardíaca podem estar presentes, sobretudo em idosos.

Sinais específicos são os associados a tipos particulares de anemia – por exemplo, coiloníquia ("unhas em colher") na deficiência de ferro, icterícia nas anemias hemolítica e megaloblástica, úlceras de perna na anemia de células falciformes e em outras anemias hemolíticas, deformidades ósseas na talassemia maior.

A associação das características de anemia com infecções frequentes ou equimoses espontâneas sugere a presença concomitante de neutropenia ou trombocitopenia e é causada possivelmente por insuficiência global da medula óssea.

Classificação e achados laboratoriais da anemia

Índices hematimétricos

A classificação mais útil baseia-se nos índices hematimétricos (valores de referência na Tabela 2.4) e divide as anemias em microcíticas, normocíticas e macrocíticas (Tabela 2.5). Além de sugerir a natureza do defeito primário, a observação dos índices pode inclusive indicar uma anomalia subjacente antes de o desenvolvimento da anemia decorrente se tornar significativo.

Em duas situações fisiológicas comuns, o volume corpuscular médio (VCM) pode estar fora dos limites de referência do adulto. No recém-nascido, o VCM é alto durante poucas semanas e no lactente é baixo (cerca de 70 fL com 1 ano de idade), aumentando lentamente ao longo da infância até os valores normais do adulto. Na gestação há leve aumento do VCM, inclusive na ausência de outras causas de macrocitose, como a deficiência de folato.

Outros achados laboratoriais

Embora os índices hematimétricos indiquem o tipo de anemia, mais informações podem ser obtidas do hemograma inicial.

Tabela 2.5 Classificação da anemia		
Microcítica, hipocrômica	**Normocítica, normocrômica**	**Macrocítica**
VCM < 80 fL	VCM = 80-95 fL	VCM > 95 fL
HCM < 27 pg	HCM ≥ 27 pg	Megaloblástica: deficiências de vitamina B_{12} e folato
		Não megaloblástica: abuso de álcool, hepatopatias, mielodisplasias, anemia aplástica, etc. (ver Tabela 5.10)
Deficiência de ferro	Muitas anemias hemolíticas	
Talassemias	Anemia de doença crônica (alguns casos)	
Anemia de doença crônica (alguns casos)		
Intoxicação por chumbo		
Anemia sideroblástica (alguns casos)		
	Anemia pós-hemorrágica aguda	
	Nefropatias	
	Deficiências mistas	
	Insuficiência da medula óssea (p. ex., pós-quimioterapia, infiltração por carcinoma, etc.)	

HCM, hemoglobina corpuscular média; VCM, volume corpuscular médio.

Contagem de leucócitos e de plaquetas

As contagens fazem a distinção entre "anemia pura" (comprometimento só da série vermelha) e "pancitopenia" (comprometimento das três séries, com diminuição de eritrócitos, granulócitos e plaquetas), que sugere defeito mais amplo da medula óssea (p. ex., causado por hipoplasia medular ou infiltração da medula) ou destruição geral de células (p. ex., hiperesplenismo). Em anemias causadas por hemólise ou hemorragia, as contagens de neutrófilos e de plaquetas quase sempre estão racionalmente aumentadas; em infecções e leucemias, a contagem de leucócitos muitas vezes também está alta e pode haver presença de leucócitos anormais e de precursores de neutrófilos.

Contagem de reticulócitos

A contagem porcentual normal é de 0,5 a 2,5%, e a contagem absoluta, de 25 a 150 × 10^3/μL (Tabela 2.4). A contagem de reticulócitos deve elevar-se na anemia devido ao aumento de eritropoetina, e o aumento costuma ser proporcional à severidade da anemia. O aumento é mais evidente quando houver tempo para desenvolvimento de hiperplasia eritroide na medula óssea, como na hemólise crônica. Depois de hemorragia aguda intensa, há resposta eritropoetínica em seis horas; a contagem de reticulócitos aumenta em 2 a 3 dias, atinge um máximo em 6 a 10 dias e continua alta até que a hemoglobina volte ao nível normal. A falta de elevação da contagem de reticulócitos em pacientes anêmicos sugere diminuição da função da medula óssea ou falta de estímulo eritropoetínico (Tabela 2.6).

Distensão de sangue

É essencial o exame da distensão sanguínea em todos os casos de anemia. Morfologia anormal (Figura 2.16) ou inclusões nos eritrócitos (Figura 2.17) podem, por si sós, sugerir um diagnóstico. Durante a microscopia, atenta-se para alterações leucocitárias, avalia-se o número e a morfologia das plaquetas e anota-se a presença (ou ausência) de células anormais, como eritroblastos, precursores de granulócitos e blastos.

Exame da medula óssea

É necessário quando a causa de anemia ou de outra anormalidade do sangue periférico não ficar esclarecida pelo hemograma,

Tabela 2.6 Fatores que diminuem a resposta reticulocítica normal à anemia
Doenças da medula óssea (p. ex., hipoplasia, infiltração por carcinoma, linfoma, mieloma, leucemia aguda, tuberculose)
Deficiência de ferro, vitamina B_{12} ou folato
Falta de eritropoetina (p. ex., nefropatia)
Diminuição de consumo de O_2 pelos tecidos (p. ex., mixedema, deficiência proteica)
Eritropoese ineficaz (p. ex., talassemia maior, anemia megaloblástica, mielodisplasia, mielofibrose)
Doença inflamatória crônica ou malígna

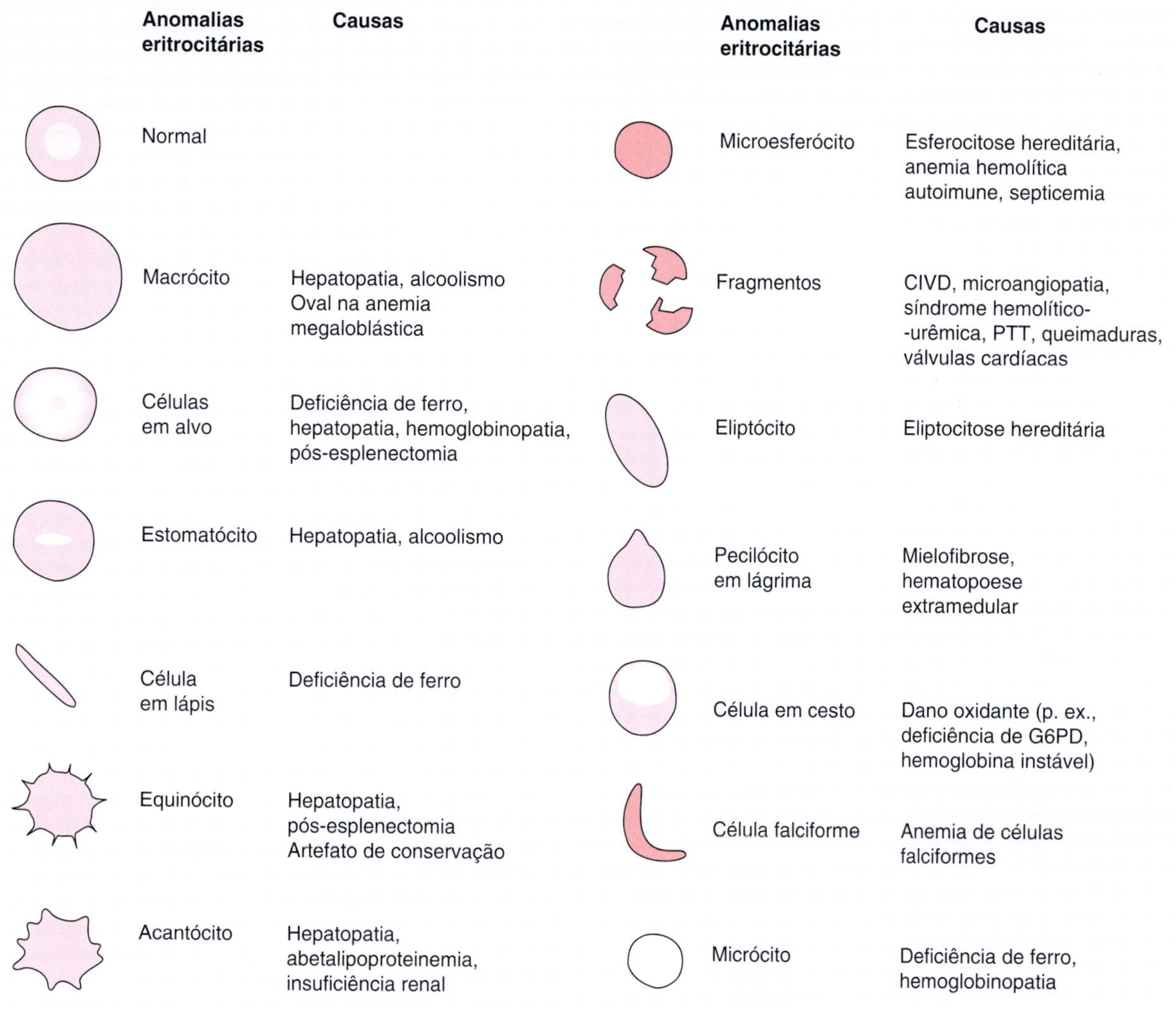

Anomalias eritrocitárias	Causas	Anomalias eritrocitárias	Causas
Normal		Microesferócito	Esferocitose hereditária, anemia hemolítica autoimune, septicemia
Macrócito	Hepatopatia, alcoolismo. Oval na anemia megaloblástica	Fragmentos	CIVD, microangiopatia, síndrome hemolítico-urêmica, PTT, queimaduras, válvulas cardíacas
Células em alvo	Deficiência de ferro, hepatopatia, hemoglobinopatia, pós-esplenectomia	Eliptócito	Eliptocitose hereditária
Estomatócito	Hepatopatia, alcoolismo	Pecilócito em lágrima	Mielofibrose, hematopoese extramedular
Célula em lápis	Deficiência de ferro	Célula em cesto	Dano oxidante (p. ex., deficiência de G6PD, hemoglobina instável)
Equinócito	Hepatopatia, pós-esplenectomia. Artefato de conservação	Célula falciforme	Anemia de células falciformes
Acantócito	Hepatopatia, abetalipoproteinemia, insuficiência renal	Micrócito	Deficiência de ferro, hemoglobinopatia

Figura 2.16 Algumas das variações mais frequentes no tamanho (anisocitose) e na forma (pecilocitose) que podem ser observadas em diferentes anemias. CIVD, coagulação intravascular disseminada; G6PD, glicose-6-fosfato-desidrogenase; PTT, púrpura trombocitopênica trombótica.

pela microscopia apropriada ou por outros exames de sangue. A coleta do material da medula pode ser feita por aspiração (mielograma) ou por biópsia com trefina, ou ambas, em procedimento único (Figura 2.18). Na aspiração, é inserida uma agulha na medula óssea e, aspirando-se com uma seringa, coletam-se algumas gotas do conteúdo. O material é distendido em lâminas para exame microscópico e corado pela técnica de Romanowsky. Podem ser evidenciados detalhes das células em desenvolvimento, distinguindo eritroblastos normais (normoblastos) de megaloblastos. Avalia-se a proporção das diferentes linhagens celulares, determinando a relação mieloide:eritroide (i.e., a proporção entre granulócitos precursores [e maduros] e precursores eritroides, geralmente de 2.5:1 a 12:1), e pesquisa-se a presença de células estranhas à medula óssea (p. ex., metástases de carcinoma). A celularidade global da medula também pode ser estimada, desde que sejam obtidos grumos na aspiração. Rotineiramente, é feita uma coloração para ferro, de modo que a quantidade possa ser avaliada nos depósitos reticuloendoteliais (macrófagos) e, como grânulos finos (grânulos sideróticos), nos eritroblastos em desenvolvimento (ver Figura 3.10).

A amostra aspirada também pode ser utilizada para vários outros exames especializados (Tabela 2.7).

A biópsia com trefina fornece um núcleo sólido de osso, incluindo a medula, e é examinada como amostra histológica

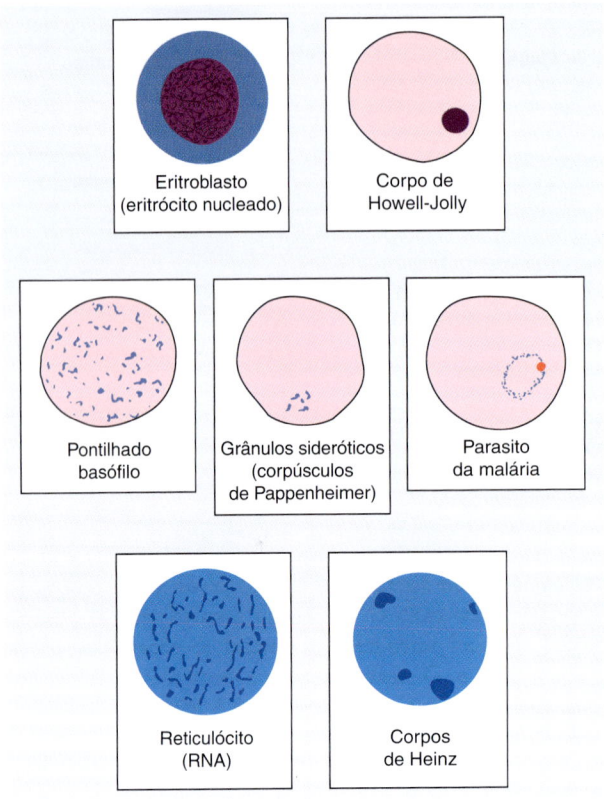

Figura 2.17 Inclusões eritrocíticas que podem ser vistas em distensões de sangue em várias condições. O RNA reticulocítico e os corpos de Heinz (hemoglobina desnaturada oxidada) só são demonstrados com coloração supravital (p. ex., com novo azul de metileno). Grânulos sideróticos (corpúsculos de Pappenheimer) contêm ferro; são roxos à coloração convencional e azuis à coloração de Perls. Corpos de Howell-Jolly são remanescentes de DNA. O pontilhado basófilo é o RNA desnaturado.

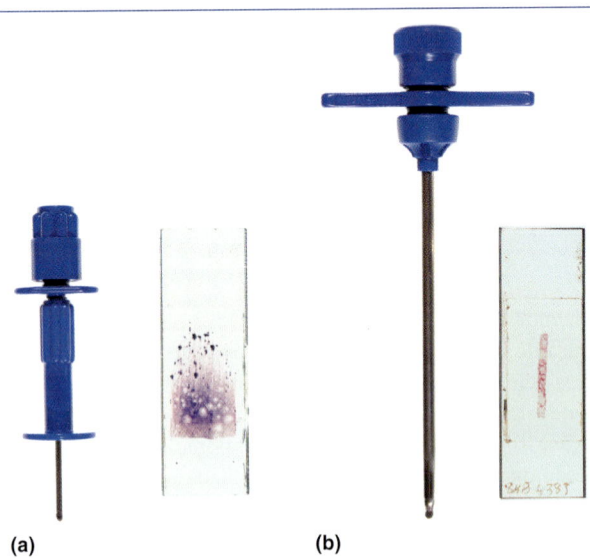

Figura 2.18 (a) Agulha para aspiração da medula óssea e uma distensão feita com material aspirado. **(b)** Trefina para biópsia da medula óssea e um corte histológico do cilindro de medula coletado.

depois de fixação, descalcificação e corte. Será feito um exame imuno-histológico se houver indicação pela suspeita diagnóstica (ver Capítulo 11). A biópsia com trefina é menos eficaz do que a aspiração na apreciação de detalhes citológicos, mas fornece uma visão panorâmica da medula, pela qual se pode determinar com certeza a arquitetura geral, a celularidade e a presença de fibrose ou de infiltrados anormais.

Eritropoese ineficaz

A eritropoese não é totalmente eficaz; estima-se que entre 10 e 15% dos eritroblastos em desenvolvimento morrem na medula antes de produzirem células maduras. Isso é denominada eritropoese ineficaz, e a fração perdida costuma estar significativamente aumentada em várias anemias crônicas (Figura 2.19). Quando a eritropoese ineficaz é acentuada, a bilirrubina sérica não conjugada (derivada do catabolismo da hemoglobina) e a lactato-desidrogenase (LDH, derivada da ruptura de células), costumam elevar-se de forma significativa. A contagem de reticulócitos é baixa em relação ao grau de anemia e à proporção de eritroblastos na medula óssea.

Tabela 2.7 Comparação da aspiração da medula óssea com a biópsia com trefina		
	Aspiração (mielograma)	**Trefina**
Local	Crista ilíaca posterior ou esterno (tíbia em lactentes)	Crista ilíaca posterior
Colorações	Romanowsky; reação de Perls (para ferro)	Hematoxilina e eosina; reticulina (coloração prata)
Disponibilidade do resultado	1-2 horas	1-7 dias (conforme o método de descalcificação)
Indicações	Investigação de anemia inexplicada, neutropenia, trombocitopenia, suspeita de leucemia, distúrbios mieloproliferativos, mielodisplasia, anemia aplástica, linfoma, mieloma, amiloidose, carcinoma metastático, causas de esplenomegalia ou febre de origem obscura	
Exames especiais	Citometria em fluxo, citogenética e testes moleculares, como FISH (ver p. 131) e análise de DNA ou de RNA para anormalidades genéticas. Considerar cultura microbiológica, marcadores citoquímicos e cultura de células progenitoras	Coloração imuno-histológica

FISH, hibridização fluorescente *in situ*.

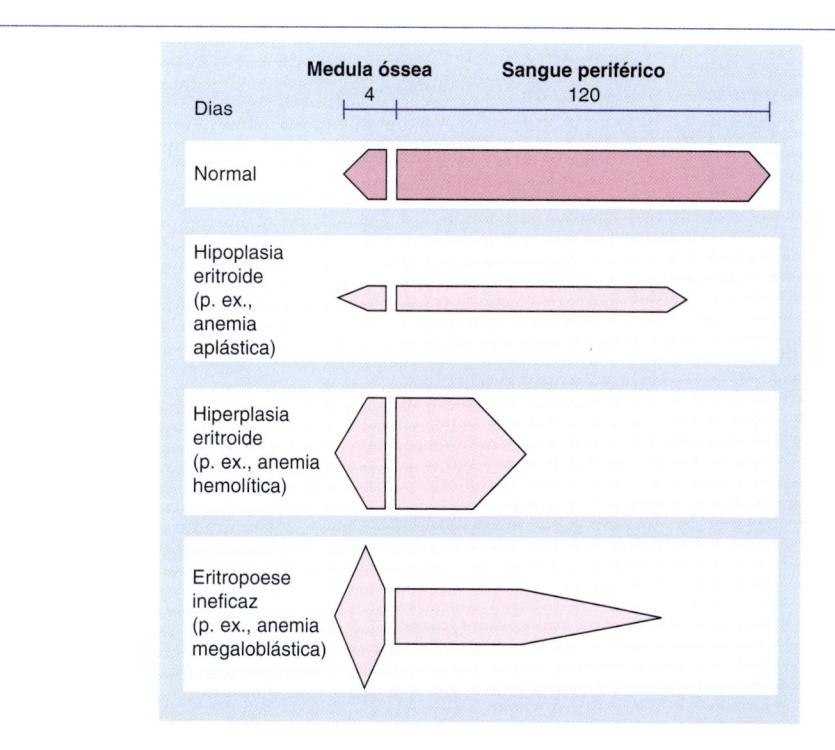

Figura 2.19 Proporções relativas da atividade eritroblástica da medula óssea, da massa eritroide circulante e da sobrevida eritrocitária em indivíduos normais e em três tipos de anemia.

Avaliação da eritropoese

A eritropoese total e a proporção da eritropoese eficaz na produção de eritrócitos circulantes podem ser avaliadas examinando-se a medula óssea, dosando a hemoglobina e contando os reticulócitos.

A eritropoese total é avaliada a partir da celularidade da medula óssea e da relação mieloide:eritroide. Essa relação cai e pode ser invertida quando a eritropoese total aumenta seletivamente.

A eritropoese eficaz é avaliada pela contagem de reticulócitos. A contagem aumenta em proporção ao grau de anemia quando a eritropoese é eficaz, mas diminui quando a eritropoese é ineficaz ou quando há bloqueio da resposta normal da medula óssea (Tabela 2.6).

RESUMO

- A eritropoese (produção de eritrócitos) é regulada pela eritropoetina secretada pelo rim em resposta à hipoxia. A eritropoese ocorre a partir de células progenitoras mistas e evolui por meio de uma série de células precursoras eritroides nucleadas (eritroblastos) até um estágio de reticulócito, contendo RNA, mas não DNA.
- A eritropoetina, em várias apresentações farmacêuticas de curta ou longa ação, é utilizada na clínica no tratamento da anemia da insuficiência renal e de outras anemias.
- Hemoglobina é a principal proteína dos eritrócitos. É composta de quatro cadeias polipeptídicas (globina), nos adultos 2α e 2β, cada uma contendo um átomo de ferro ligado à protoporfirina para formar o heme.
- O eritrócito tem duas vias bioquímicas para metabolizar glicose, a via Embden-Meyerhof, que gera ATP necessário à manutenção da forma bicôncava e da flexibilidade e NADH, que previne a oxidação da hemoglobina, e a via hexosemonofosfato, que gera NADPH, importante na manutenção da glutationa necessária à retenção das proteínas da membrana e da hemoglobina no estado reduzido.
- A membrana do eritrócito consiste em uma bicamada de lipídios e um esqueleto da membrana de proteínas penetrantes e estruturais e antígenos de superfície compostos de carboidratos.
- Define-se anemia como diminuição do nível de hemoglobina abaixo dos valores de referência para idade e sexo. É classificada de acordo com o tamanho dos eritrócitos em macrocítica, normocítica e microcítica. A contagem de reticulócitos, a morfologia dos eritrócitos e a presença ou ausência de alterações nos leucócitos e nas plaquetas ajudam no diagnóstico causal da anemia.
- Os aspectos clínicos da anemia incluem dispneia durante esforços, palidez das mucosas e taquicardia.
- Outros aspectos relacionam-se a tipos particulares de anemia (p. ex., icterícia, úlceras das pernas).
- O exame da medula óssea, coletada por aspiração ou biópsia com trefina, pode ser necessário na investigação da anemia, bem como na investigação de diversas outras doenças hematológicas. Testes especiais (p. ex., imunológicos, citogenéticos) podem ser feitos nas células coletadas.

Visite **www.wileyessential.com/haematology** para testar seus conhecimentos neste capítulo.

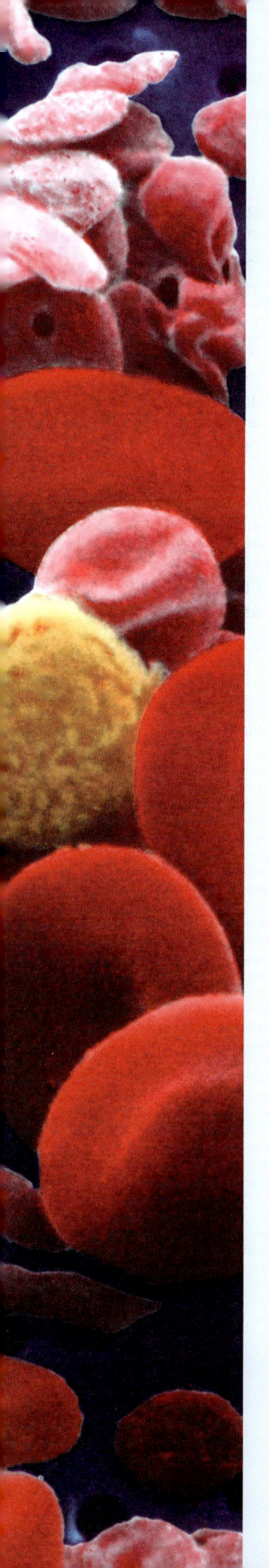

CAPÍTULO 3
Anemias hipocrômicas

Tópicos-chave

- Aspectos nutricionais e metabólicos do ferro — 28
- Absorção de ferro — 30
- Deficiência de ferro — 32
- Causas de deficiência de ferro — 32
- Achados laboratoriais — 33
- Tratamento — 36
- Anemia de doenças crônicas — 37
- Anemia sideroblástica — 38

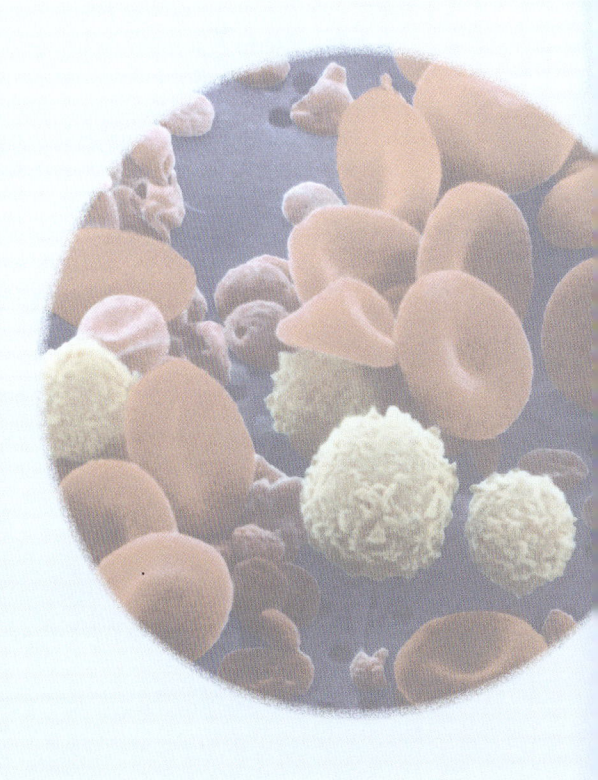

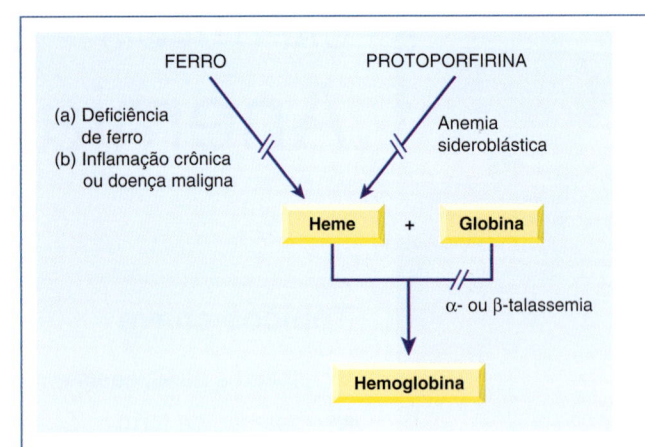

O ferro é um dos elementos mais comuns na crosta terrestre; ainda assim, a **deficiência de ferro é a causa mais comum de anemia, afetando cerca de 500 milhões de pessoas em todo o mundo**. É especialmente frequente em populações de baixa renda, como as da África Subsaariana ou da Ásia Meridional, onde a dieta pode ser pobre e parasitoses (p. ex., ancilostomose ou esquistossomose) são disseminadas, causando perda de ferro por hemorragia crônica. Além disso, o organismo tem limitada habilidade para absorver ferro. **É a causa predominante de anemia microcítica e hipocrômica, na qual os dois índices eritrocitários, volume corpuscular médio (VCM) e hemoglobina corpuscular média (HCM) estão diminuídos, e a microscopia da distensão de sangue mostra eritrócitos pequenos (microcíticos) e pálidos (hipocrômicos)**. Esse aspecto decorre de defeitos na síntese de hemoglobina (Figura 3.1). Os principais diagnósticos diferenciais em casos de anemia microcítica e hipocrômica são a talassemia, abordada no Capítulo 7, e a anemia de doença crônica, discutida neste mesmo capítulo.

Figura 3.1 Causas de anemias hipocrômica e microcítica. Elas incluem deficiência de ferro ou de liberação de ferro dos macrófagos para o plasma (anemia da inflamação crônica ou de doenças malignas), insuficiência de síntese de protoporfirina (anemia sideroblástica) e de globina (α ou β-talassemia). O chumbo também inibe a síntese de heme e de globina.

Aspectos nutricionais e metabólicos do ferro

Distribuição e transporte de ferro no organismo

O transporte e o armazenamento do ferro são mediados por três proteínas: transferrina, receptor 1 de transferrina (TfR1) e ferritina.

A molécula de transferrina pode conter até dois átomos de ferro. Ela conduz e entrega ferro a tecidos que têm receptores de transferrina, principalmente os eritroblastos na medula óssea, que incorporam o ferro na hemoglobina (Figuras 2.7 e 3.2). A transferrina é, então, reutilizada. Os eritrócitos, ao final da sobrevida, são destruídos nos macrófagos do sistema reticuloendotelial, e o ferro é liberado da hemoglobina, entra no plasma e supre a maior parte do ferro da transferrina. Só uma pequena fração do ferro da transferrina plasmática vem da alimentação, sendo absorvida pelo duodeno e pelo jejuno.

Algum ferro é armazenado nas células reticuloendoteliais como ferritina e hemossiderina, em quantidades muito variáveis, conforme o *status* do ferro no organismo. Ferritina é um complexo hidrossolúvel proteína-ferro formado por uma concha proteica externa, a apoferritina, que consiste em 22 subunidades, e um núcleo de hidroxifosfato de ferro. O ferro constitui até 20% de seu peso e não é visível à microscopia óptica.

Hemossiderina é um complexo insolúvel proteína-ferro, de composição variável, contendo cerca de 37% em peso de ferro. É derivada da digestão lisossômica parcial de agregados de moléculas de ferritina e é visível à microscopia óptica nos macrófagos e em outras células após coloração com a reação de azul da prússia de Perls (ver Figura 3.10). O ferro na ferritina e na hemossiderina está na forma férrica. Ele é mobilizado após a redução à forma ferrosa. Uma enzima que contém cobre, a ceruloplasmina, catalisa a oxidação do ferro para a forma férrica para ligação à transferrina plasmática.

Também há ferro nos músculos como mioglobina e na maioria das células do organismo em enzimas (p. ex., citocromos ou catalases) (Tabela 3.1). Em estados de deficiência, o ferro tecidual tem menor probabilidade de ser depletado do que a hemossiderina, a ferritina e a hemoglobina, porém pode ocorrer alguma redução no conteúdo dessas enzimas que contêm heme.

Tabela 3.1 Distribuição do ferro no organismo

Quantidade de ferro no adulto médio	Homens (g)	Mulheres (g)	Porcentagem do total
Hemoglobina	2,4	1,7	65
Ferritina e hemossiderina	1 (0,3-1,5)	0,3 (0-1)	30
Mioglobina	0,15	0,12	3,5
Enzimas heme (p. ex., citocromos, catalase, peroxidases, flavoproteínas)	0,02	0,015	0,5
Ferro ligado à transferrina	0,004	0,003	0,1

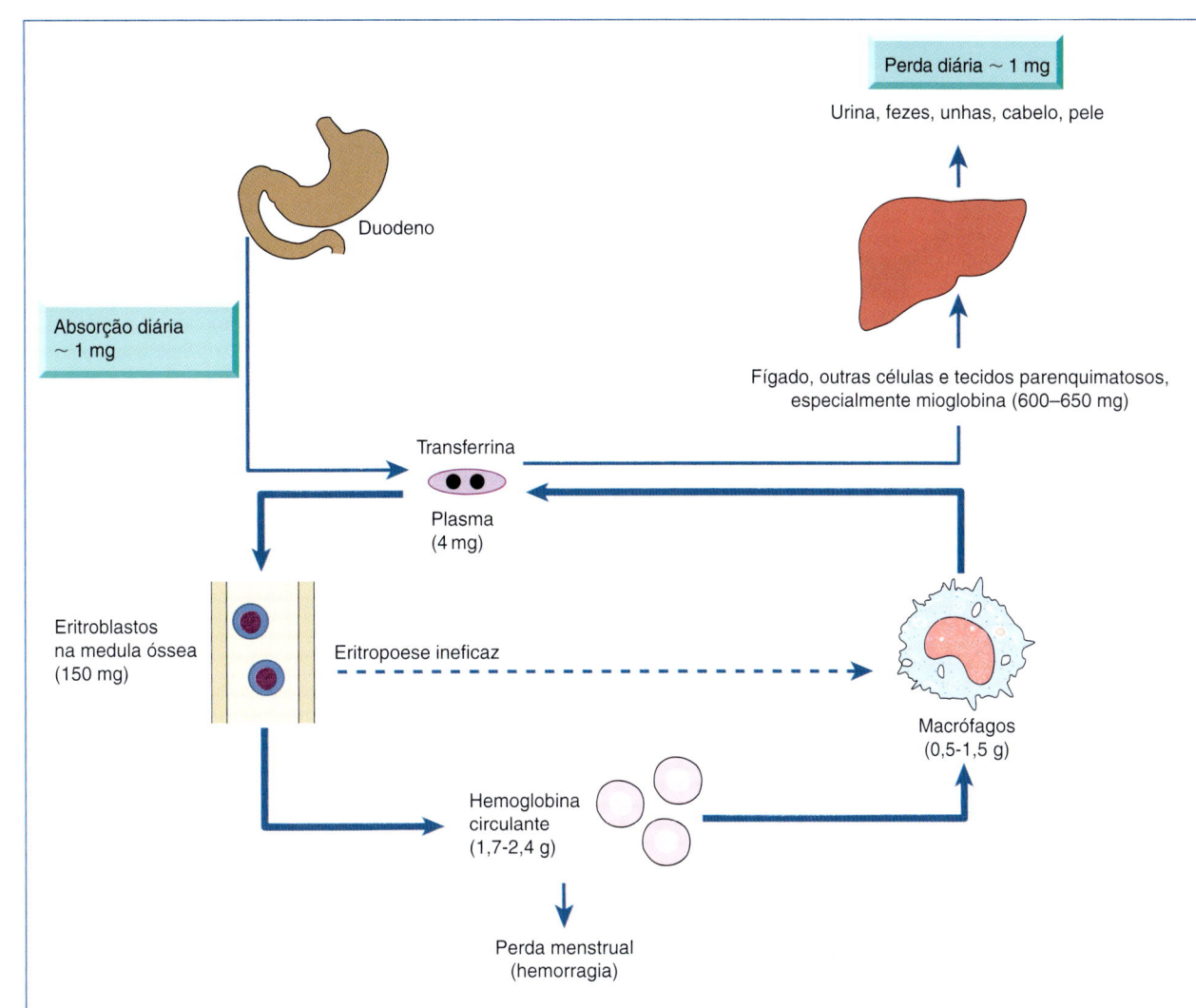

Figura 3.2 Ciclo diário do ferro. A maior parte do ferro presente no organismo localiza-se na hemoglobina circulante (ver Tabela 3.1) e é reutilizada para síntese de hemoglobina após a morte dos eritrócitos. O ferro é transferido dos macrófagos para a transferrina do plasma e depois para os eritroblastos da medula óssea. A absorção do ferro, em geral, é suficiente apenas para compensar a perda. A linha tracejada indica eritropoese ineficaz.

Regulação da síntese de ferritina e do receptor 1 de transferrina

Os níveis séricos de ferritina, TfR1, ácido δ-aminolevulínico-sintase (ALA-S) e transportador divalente de metais 1 (DMT-1) estão ligados ao *status* do ferro, de modo que, na sobrecarga de ferro, há aumento na ferritina tecidual e queda no TfR1 e DMT-1, ao passo que, na deficiência de ferro, a ferritina e o ALA-S estão baixos e o TfR1 aumentado. Essa correlação é intermediada pela ligação de uma proteína reguladora de ferro (IRP) com elementos responsivos ao ferro (IREs) nas moléculas de ferritina, TfR1, ALA-S e DMT-1. A deficiência de ferro aumenta a capacidade da IRP de ligar-se aos IREs, ao passo que a sobrecarga diminui a ligação. O sítio de ligação de IRP em IREs, seja a montante (5′) ou a jusante (3′) do gene codificador, determina se a quantidade de mRNA, e, portanto, da proteína produzida, é aumentada ou diminuída (Figura 3.3). Ligação a montante diminui a transcrição, e a ligação a jusante estabiliza o mRNA, aumentando a transcrição e, em consequência, a síntese proteica.

Quando o ferro plasmático está aumentado e a transferrina está saturada, aumenta a quantidade de ferro transferida às células parenquimatosas (p. ex., do fígado, dos órgãos endócrinos, do pâncreas e do coração). Disso decorrem as alterações patológicas associadas à sobrecarga de ferro. Pode haver, também, ferro livre no plasma, tóxico a diversos órgãos (ver Capítulo 4).

Hepcidina

Hepcidina é um polipeptídio produzido pelas células hepáticas. É o regulador hormonal mais importante da homeostasia do ferro (Figura 3.4a). Ela inibe a liberação de ferro dos macrófagos e das células epiteliais intestinais por sua interação

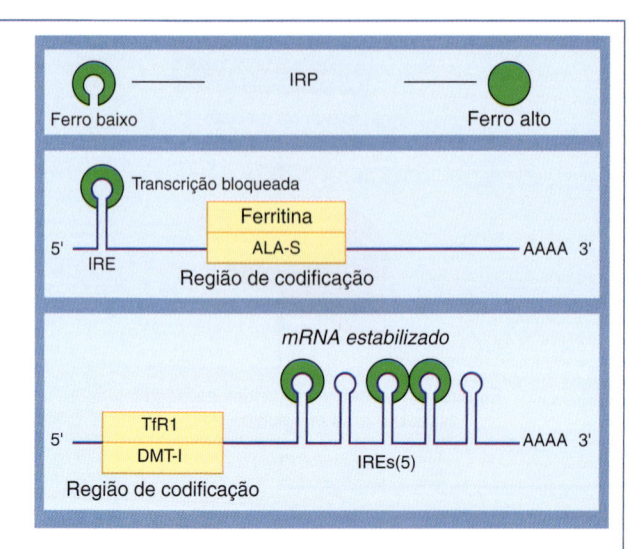

Figura 3.3 Regulação do receptor 1 de transferrina (TfR1), do transportador divalente de metal 1 (DMT-1) e da expressão da ferritina pela sensibilidade da proteína reguladora de ferro (IRP) ao nível de ferro intracelular. IRPs são capazes de se ligarem a estruturas em alça, chamadas de elementos responsivos ao ferro (IREs). A ligação de IRP ao IRE na região não transcrita 3' de TfR1 e DMT-1 provoca a estabilização do mRNA e o aumento da síntese proteica, ao passo que a ligação de IRP ao IRE na região não transcrita 5' do mRNA da ferritina e do ácido δ-aminolevulínico sintase (ALA-S) reduz a transcrição. IRPs podem existir em dois estados: em meios em que há altos níveis de ferro, o IRP liga-se ao ferro e exibe uma baixa afinidade aos IREs, ao passo que, em ocasiões de baixos níveis de ferro, aumenta a ligação de IRP aos IREs. Desse modo, a síntese de TfR ALA-S, DMT-1 e ferritina é coordenada de acordo com as necessidades fisiológicas.

com a ferroportina, exportadora de ferro transmembrana, acelerando a destruição do mRNA da ferroportina. Níveis aumentados de hepcidina, portanto, afetam profundamente o metabolismo do ferro, por reduzir sua absorção e sua liberação dos macrófagos.

Controle da expressão de hepcidina

Hemojuvelina ligada à membrana (HJV) é um correceptor com a proteína morfogenética óssea (BMP), que estimula a expressão de hepcidina (Figura 3.4b). Um complexo entre HFE e o receptor 2 da transferrina (TfR2) promove a ligação da HJV à BMP. A quantidade do complexo HFE-TfR2 é determinada pelo grau de saturação de ferro da transferrina pelo mecanismo descrito a seguir. A transferrina diférrica compete com a TfR1 pela ligação à HFE. Quanto mais transferrina diférrica, menor a quantidade de TfR1 que se liga à HFE*, e mais HFE resta disponível para ligar-se à TfR2, com consequente aumento da síntese de hepcidina. Baixas concentrações de transferrina diférrica, como na deficiência de ferro, permitem a ligação de HFE a TfR1, reduzindo a quantidade de HFE disponível para ligar-se à TfR2, reduzindo, assim, a secreção de hepcidina. A HFE também aumenta a expressão de BMP, aumentado diretamente a síntese de hepcidina.

A matriptase 2 digere a HJV ligada à membrana. Na deficiência de ferro, um aumento de atividade da matriptase resulta em diminuição da síntese de hepcidina. Os eritroblastos secretam duas proteínas, eritroferrona e GDF 15, que suprimem a secreção de hepcidina. Em condições em que há aumento de eritroblastos primitivos na medula (p. ex., condições com eritropoese ineficaz, como a talassemia maior), há supressão da secreção de hepcidina por essas duas proteínas e aumento da absorção de ferro. A hipoxia também suprime a secreção de hepcidina, ao passo que, em estados inflamatórios, a interleuquina-6 (IL-6) e outras citoquinas aumentam a síntese de hepcidina e diminuem a absorção de ferro (Figura 3.4a).

Ferro na dieta

O ferro está presente nos alimentos como hidróxidos férricos, complexos férricoproteicos e complexos heme-proteicos. Tanto o conteúdo de ferro como a proporção absorvida variam de um alimento para outro; em geral, carnes – particularmente fígado – são melhores fontes do que vegetais, ovos e laticínios. A dieta ocidental diária média contém de 10 a 15 mg de ferro, dos quais somente 5 a 10% são normalmente absorvidos. A proporção pode ser aumentada para 20 a 30% na deficiência de ferro ou na gestação (Tabela 3.2), mas, inclusive nessas circunstâncias, a maior parte do ferro da dieta não é absorvida e é perdida nas fezes.

Absorção de ferro

Parte do ferro orgânico da dieta é absorvida como heme e parte é transformada em ferro inorgânico no intestino. A absorção ocorre no duodeno. O heme é absorvido por meio de um receptor ainda não identificado, exposto na membrana apical do enterócito duodenal; ele é, então, digerido para liberar ferro. A absorção de ferro inorgânico é favorecida por fatores como ácidos e agentes redutores que mantêm o ferro

Tabela 3.2 Absorção de ferro

Fatores que favorecem a absorção	Fatores que diminuem a absorção
Ferro heme	Ferro inorgânico
Forma ferrosa (Fe^{2+})	Forma férrica (Fe^{3+})
Ácidos (HCl, vitamina C)	Álcalis – antiácidos, secreções pancreáticas
Agentes solubilizantes (p. ex., açúcares, aminoácidos)	Agentes precipitantes – fitatos, fosfatos, chá
Redução da hepcidina sérica	Aumento da hepcidina sérica
Eritropoese ineficaz	Diminuição da eritropoese
Gestação	Inflamação
Hemocromatose hereditária	

*N. de T. HFE é a proteína codificada pelo gene *HFE*, cuja mutação ocasiona acúmulo de ferro e hemocromatose; a sigla poderia originar-se de **HighFe**.

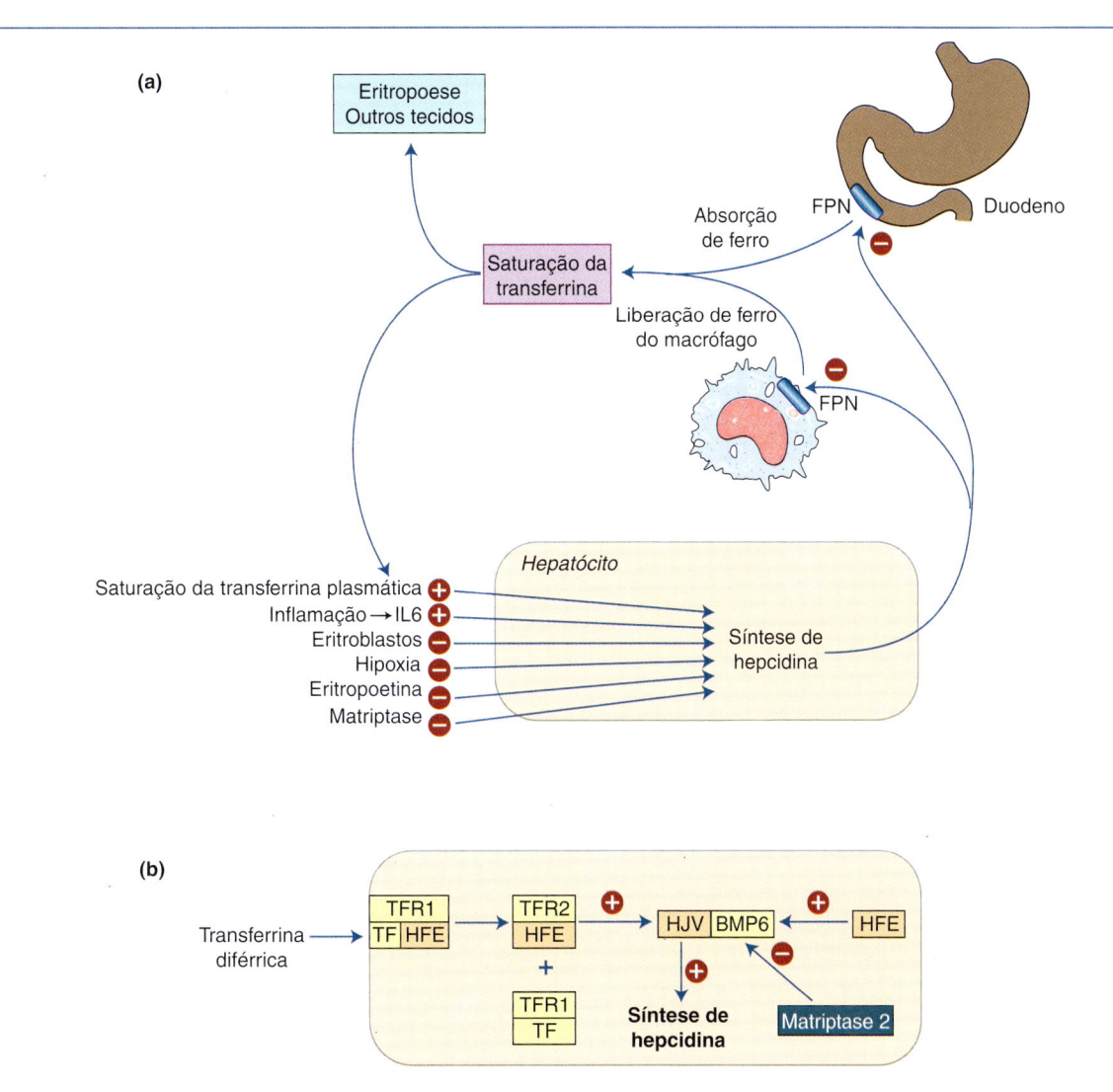

Figura 3.4 (a) Hepcidina reduz a absorção intestinal e a liberação de ferro dos macrócitos por estimular a degradação da ferroportina; sua síntese é aumentada com a saturação da transferrina e o estado inflamatório, e diminuída quando há aumento de eritropoese e de eritropoetina, hipoxia e aumento de matriptase. FPN, ferroportina. **(b)** Mecanismo proposto pelo qual o grau de saturação da transferrina afeta a síntese de hepcidina. BMP, proteína morfogenética óssea; HJV, hemojuvelina; TFR1 e TFR2, receptores de transferrina. A BMP estimula a síntese de hepcidina e esta é ainda aumentada pela ligação da HJV com a BMP. Transferrina diférrica compete com TFR1 pela ligação com HFE. Quanto mais transferrina diférrica, menos TRF1 liga-se a HFE e mais sobra para ligar-se a TFR2. O complexo HFE/TFR2 promove ligação de HJV à BMP e, assim, promove a síntese de hepcidina. Baixas concentrações de transferrina diférrica, como na deficiência de ferro, permite ligação de HFE com TFR1, reduzindo a quantidade de HFE capaz de ligar TFR2 e, assim, reduzindo a ligação de HJV à BMP, diminuindo a secreção de hepcidina. O HFE também aumenta diretamente a expressão de BMP, mas o HFE mutado (ver Capítulo 4) inibe sua expressão.

na luz do intestino na forma Fe^{2+}, em vez de Fe^{3+} (Tabela 3.2). A proteína DMT-1 (transportador divalente de metal 1) é envolvida na transferência do ferro do lúmen intestinal pelas microvilosidades dos enterócitos (Figura 3.5). A ferroportina na superfície basolateral dos enterócitos controla a saída de ferro da célula para o plasma da circulação portal. A quantidade de ferro absorvida é regulada de acordo com as necessidades do organismo por meio de variações nos níveis de DMT-1 e ferroportina. Quanto ao DMT-1, isso ocorre pelo mesmo mecanismo (ligação IRP/IRE) pelo qual aumenta o receptor da transferrina na deficiência de ferro (Figura 3.3); quanto à ferroportina, isso ocorre pela hepcidina (Figura 3.4a).

Ferrirredutase, uma enzima presente na superfície apical dos enterócitos, converte ferro da forma Fe^{3+} para Fe^{2+}, e outra enzima, a hefestina ou ferrioxidase, converte Fe^{2+} em Fe^{3+} na superfície basal, antes da ligação à transferrina.

Necessidades de ferro

A quantidade diária de ferro necessária para compensar as perdas do organismo e para o crescimento varia com a idade e com

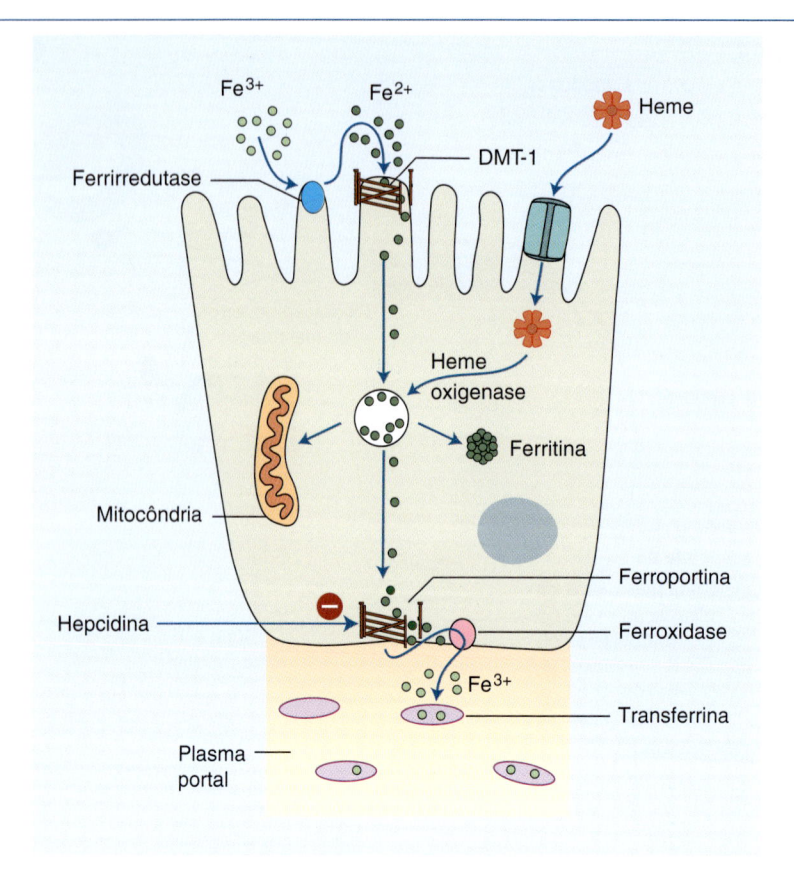

Figura 3.5 Regulação da absorção do ferro. O ferro da dieta (Fe^{3+}) é reduzido a Fe^{2+} e entra no enterócito por meio do ligante de cátions bivalentes DMT-1. Sua exportação ao plasma portal é controlada pela ferroportina. O ferro é oxidado antes de ligar-se à transferrina no plasma. O heme é absorvido após ligação à sua proteína receptora.

o sexo; é máxima na gestação, na adolescência e nas mulheres que menstruam (Tabela 3.3). Esses grupos, portanto, são particularmente suscetíveis a desenvolver deficiência de ferro se houver perda adicional ou diminuição prolongada da ingestão.

Deficiência de ferro

Aspectos clínicos

Quando a deficiência de ferro está se desenvolvendo, só ocorre anemia quando já há depleção completa dos depósitos reticuloendoteliais de hemossiderina e ferritina (Figura 3.6). À medida que a condição evolui, o paciente passa a mostrar sinais e sintomas gerais de anemia (ver p. 20) e desenvolve uma glossite indolor, estomatite angular, unhas frágeis, estriadas ou em colher (coiloníquia) (Figura 3.7) e perversão do apetite (pica). A causa das alterações epiteliais não é clara, mas pode estar relacionada à diminuição de ferro nas enzimas que o contêm. Em crianças, a deficiência de ferro é particularmente significativa porque causa irritabilidade, má função cognitiva e diminuição no desenvolvimento psicomotor. Há evidências de que a administração oral ou parenteral de ferro possa diminuir a fadiga em mulheres ferropênicas (com baixa ferritina sérica) mesmo quando não anêmicas.

Causas de deficiência de ferro

Em países desenvolvidos, a causa dominante é a perda crônica de sangue, sobretudo uterina e no trato gastrintestinal (Tabela 3.4), e a deficiência dietética raramente é a causa única ou predominante. Meio litro de sangue total contém cerca de 250 mg de ferro, e, apesar do aumento da absorção de ferro alimentar na fase inicial da deficiência de ferro, um balanço negativo é comum na perda crônica de sangue.

O aumento das necessidades nos lactentes, na adolescência, na gestação, na lactação e nas mulheres nos anos em que menstruam é responsável pelo alto risco de anemia nesses grupos clínicos particulares. Recém-nascidos têm um depósito de ferro derivado da destruição do excesso de eritrócitos (necessário na vida intrauterina), ainda maior no caso de clampeamento tardio do cordão umbilical. Contudo, passados 3 a 6 meses, há tendência a um balanço negativo de ferro devido ao rápido crescimento. A partir do sexto mês, alimentação com leite de fórmula suplementada e alimentação mista, particularmente com alimentos fortificados com ferro, previnem a deficiência de ferro.

Na gestação, há maior necessidade de ferro pelo aumento da massa eritroide materna – que pode chegar a 35% –, pela

Tabela 3.3 Estimativa das necessidades diárias de ferro (em mg/dia)

	Urina, suor, fezes	Menstruação	Gestação	Crescimento	Total
Homem adulto	0,5-1				0,5-1
Mulher pós-menopáusica	0,5-1				0,5-1
Mulher que menstrua*	0,5-1	0,5-1			1-2
Mulher grávida*	0,5-1		1-2		1,5-3
Criança (média)	0,5			0,6	1,1
Mulher (idade 12-15)*	0,5-1	0,5-1		0,6	1,6-2,6

*Esses grupos têm mais probabilidade de desenvolver deficiência de ferro.

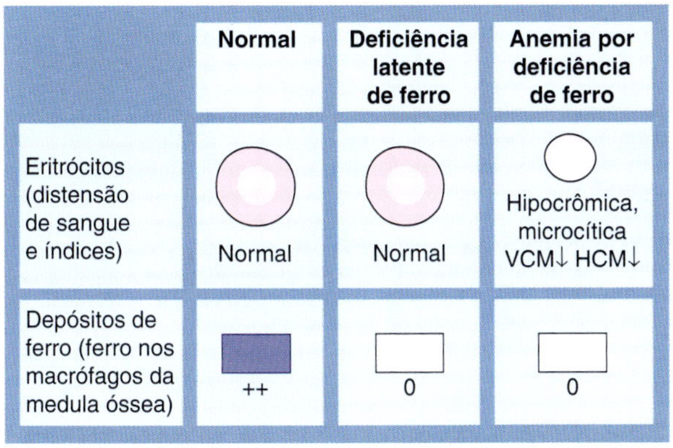

Figura 3.6 Desenvolvimento de anemia por deficiência de ferro. Depósitos reticuloendoteliais (nos macrófagos) de ferro são esvaziados antes do desenvolvimento da anemia. HCM, hemoglobina corpuscular média; VCM, volume corpuscular médio.

Tabela 3.4 Causas de deficiência de ferro

Perda crônica de sangue

Uterina

Gastrintestinal, como por exemplo úlcera péptica, varizes esofágicas, ingestão de ácido acetilsalicílico (ou outro anti-inflamatório não hormonal), gastrectomia, carcinoma de estômago, ceco, colo ou reto, ancilostomose, esquistossomose, angiodisplasia, doença inflamatória intestinal, pólipos, diverticulose

Raramente hematúria, hemoglobinúria, hemossiderose pulmonar, perda de sangue autoinfligida

Aumento de demanda (ver também a Tabela 3.3)

Prematuridade

Crescimento

Gravidez

Tratamento com eritropoetina

Má-absorção

Enteropatia induzida por glúten, gastrectomia (incluindo cirurgia bariátrica), gastrite autoimune

Dieta pobre

Fator relevante em muitos países em desenvolvimento, mas raramente a única causa em países desenvolvidos

---

transferência de 300 mg de ferro para o feto e pela perda de sangue no parto. Embora a absorção aumente, quase sempre há necessidade de tratamento com ferro se a hemoglobina (Hb) cair abaixo de 10 g/dL ou se o VCM for menor que 82 fL no terceiro trimestre.

A menorragia (perda de mais de 80 mL de sangue em cada ciclo) é difícil de ser avaliada clinicamente, embora a eliminação de coágulos, o uso de grande número de absorventes ou tampões e períodos menstruais longos sugiram perda excessiva.

São necessários cerca de 8 anos para um homem normal adulto desenvolver anemia ferropênica somente como resultado de dieta pobre ou defeito absortivo que resultem em absorção zero de ferro. Em países desenvolvidos, a ingestão inadequada ou a má absorção de ferro raramente são causas isoladas de anemia ferropênica. A enteropatia induzida por glúten, a gastrectomia parcial ou total (inclusive por cirurgia bariátrica) e a gastrite atrófica (geralmente autoimune e com infecção por *Helicobacter pylori*) podem, no entanto, desencadear deficiência de ferro. Em países em desenvolvimento, pode ocorrer deficiência de ferro como resultado de uma dieta pobre, consistindo principalmente de cereais e verduras, ao longo de toda a vida. As verminoses (ancilostomose, estrongiloidíase) causam ou agravam a deficiência de ferro, como também podem agravar gestações sucessivas e menorragia em mulheres jovens.

Achados laboratoriais

Os achados laboratoriais estão resumidos e comparados com os de outras anemias hipocrômicas na Tabela 3.7.

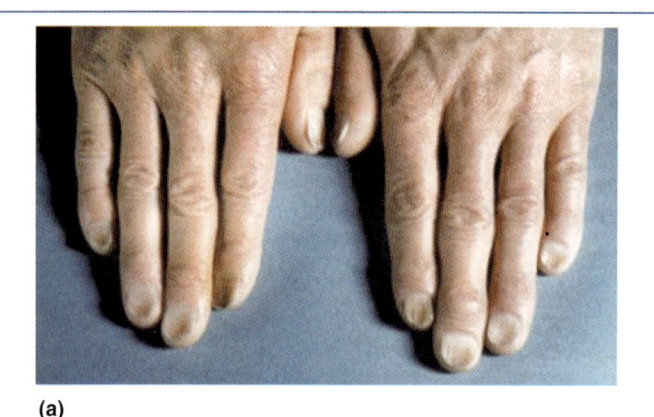

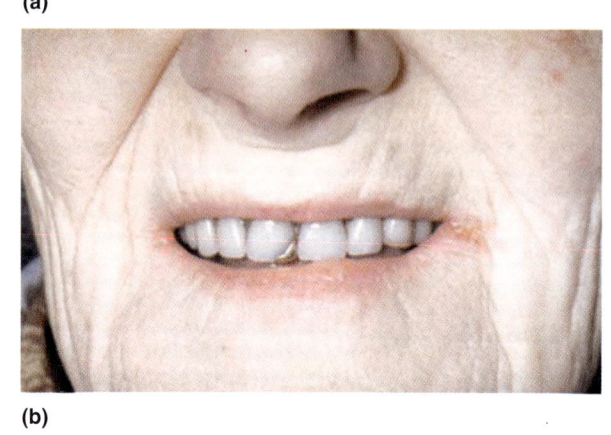

Figura 3.7 Anemia por deficiência de ferro. **(a)** Coiloníquia: unhas típicas em "colher". **(b)** Queilose angular: fissura e ulceração no canto da boca.

Índices hematimétricos e distensão de sangue

Mesmo antes de haver anemia, os índices hematimétricos diminuem, e a queda é progressiva com o progresso da anemia. À microscopia, observam-se eritrócitos hipocrômicos e microcíticos, com raras células-alvo e pecilócitos em forma de lápis (Figura 3.8). A contagem de reticulócitos é baixa em relação ao grau de anemia. Quando a deficiência de ferro é associada à deficiência de folato ou de vitamina B_{12}, surge um aspecto "dimórfico", com dupla população de eritrócitos, uma macrocítica, outra microcítica e hipocrômica; a duplicidade pode corrigir, de forma recíproca, os índices hematimétricos e normalizá-los. Um aspecto dimórfico também é observado em pacientes com anemia ferropênica recentemente tratados com ferro, pela emergência de uma nova população de eritrócitos saturados de hemoglobina e de tamanho normal (Figura 3.9); um aspecto similar pode ser visto quando o paciente recebeu transfusão. A contagem de plaquetas, em geral, é levemente aumentada na deficiência de ferro, particularmente quando há hemorragia continuada.

Ferro na medula óssea

O exame da medula óssea para avaliar os depósitos de ferro não é feito rotineiramente, exceto em casos complexos. Na anemia ferropênica, há ausência de ferro depositado nos macrófagos e também nos eritroblastos em desenvolvimento (Figura 3.10). Os eritroblastos são pequenos e têm falhas no citoplasma.

Ferro sérico e capacidade ferropéxica total

O ferro sérico cai, e a capacidade ferropéxica total (TIBC, do inglês, *total iron-binding capacity*) aumenta, de modo que a

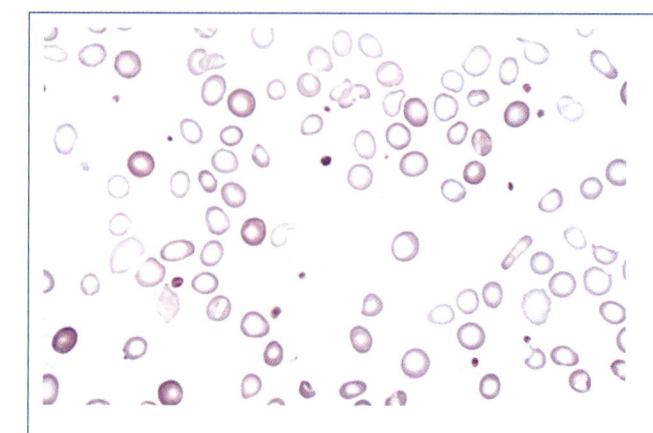

Figura 3.8 Distensão de sangue periférico em anemia ferropênica. As células são microcíticas e hipocrômicas com células-alvo ocasionais.

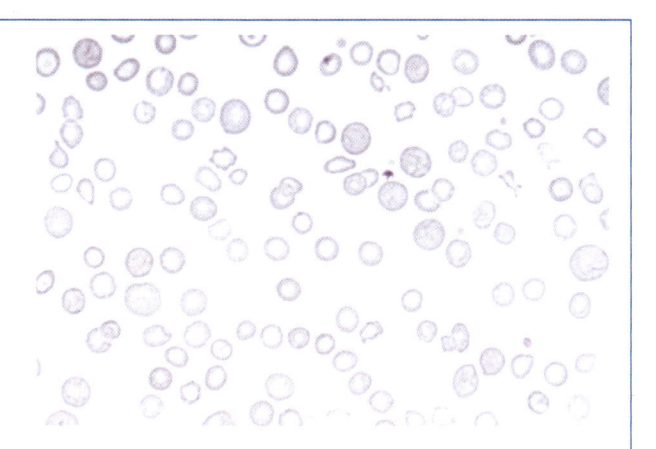

Figura 3.9 Aspecto dimórfico na distensão sanguínea de paciente com anemia ferropênica respondendo a tratamento com ferro. Estão presentes duas populações de eritrócitos, uma microcítica e hipocrômica, outra normocítica e bem hemoglobinizada.

saturação fica abaixo de 20% (Figura 3.11). Isso contrasta tanto com a anemia de doença crônica (ver a seguir), quando o ferro sérico e a TIBC estão diminuídos, como com outras anemias hipocrômicas, nas quais o ferro sérico está normal ou até aumentado.

Ferritina sérica

Uma pequena fração da ferritina circula no plasma, e sua concentração, dosada no soro, é relacionada com os depósitos de ferro dos tecidos, sobretudo o reticuloendotelial. Os valores de referência são mais altos em homens do que em mulheres (Figura 3.11). Na anemia por deficiência de ferro, a ferritina sérica é muito baixa; um aumento da ferritina indica sobrecarga de ferro, liberação excessiva de ferritina de tecidos lesados ou uma resposta de fase aguda (p. ex., na inflamação). Na anemia de doença crônica, a ferritina sérica é normal ou alta.

Investigação da causa de deficiência de ferro (Figura 3.12)

Em mulheres pré-menopáusicas, menorragias e/ou gestações sucessivas são as causas mais comuns da deficiência de ferro. Na ausência destas, outras causas devem ser pesquisadas. Em algumas pacientes com menorragia, há anormalidades de coagulação ou de plaquetas (p. ex., doença de von Willebrand). Em mulheres pós-menopáusicas e em homens, a perda gastrintestinal de sangue é a principal causa de deficiência de ferro, sendo o local exato determinado pela história clínica, pelos exames físico e retal, pelos testes de sangue oculto e pelo uso adequado de endoscopia gastrintestinal alta e baixa e/ou técnicas de imagem, como tomografia computadorizada do pneumocolo e colonoscopia virtual, utilizando o sistema colo 3D (Figuras 3.12 e 3.13). Testes para anticorpos anticélulas parietais, pesquisa de *Helicobacter* e dosagem de gastrina sérica podem ser úteis para diagnosticar gastrite autoimune. Em casos difíceis, uma cápsula endoscópica pode ser engolida, a qual fornece imagens eletrônicas interiores do trato gastrintestinal. Pesquisa de anticorpos antitransglutaminase e biópsia duodenal podem ser necessários ao diagnóstico de enteropatia induzida por glúten. Ovos de ancilostomídios são pesquisados nas fezes de pacientes de regiões onde ocorrem essas infestações. Raramente, há necessidade de angiografia do tronco celíaco para demonstrar angiodisplasia.

(a)   (b)

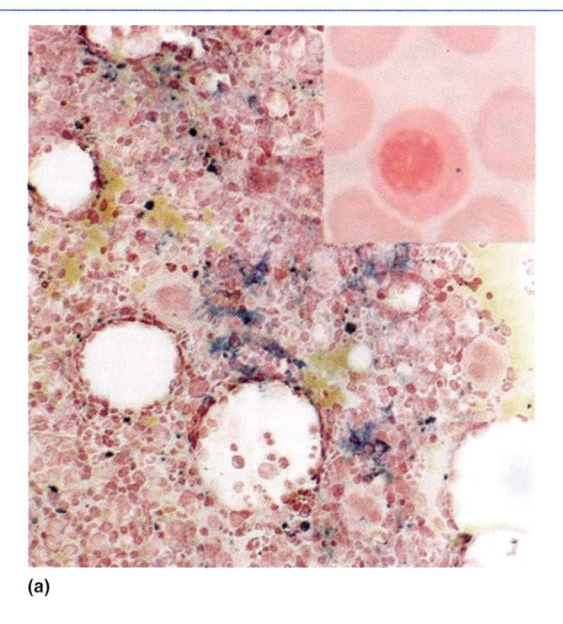

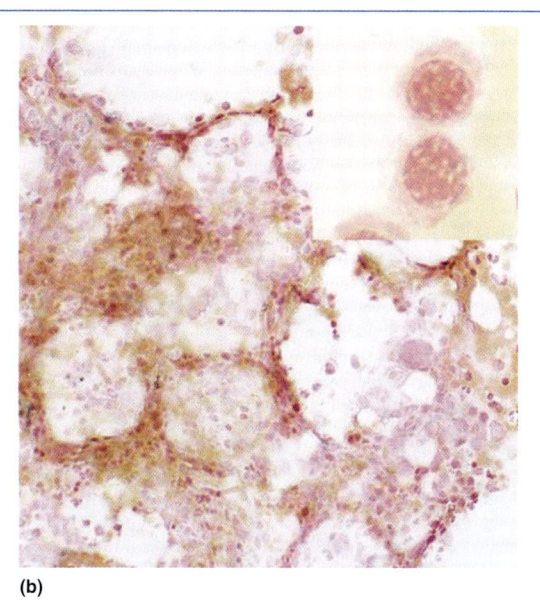

Figura 3.10 Ferro na medula óssea avaliado pela coloração de Perls. **(a)** Depósitos normais de ferro, notados pela coloração azul de prússia nos macrófagos. No destaque: grânulo siderótico em eritroblasto. **(b)** Ausência de coloração azul (ausência de hemossiderina) na deficiência de ferro. No destaque: ausência de grânulos sideróticos em eritroblastos.

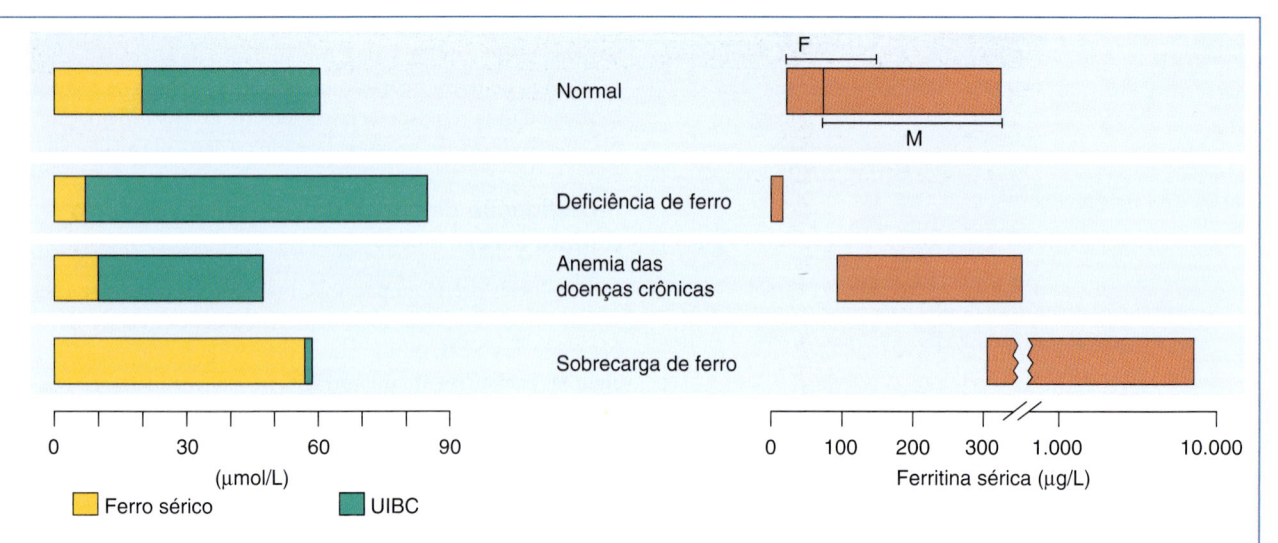

Figura 3.11 Ferro sérico, capacidade ferropéxica insaturada (UIBC) e ferritina sérica em pessoas normais e em pacientes com deficiência de ferro, anemia de doença crônica e sobrecarga de ferro. A capacidade ferropéxica total (TIBC) é a soma do ferro sérico com a UIBC. Em alguns laboratórios, a transferrina sérica é dosada diretamente por imunodifusão, em vez de ser avaliada por sua habilidade de ligar ferro, e é expressa em mg/dL. Soros normais contêm de 200 a 400 gm/dL de transferrina (100 mg/dL de transferrina = 20 μmol/L de capacidade ferropéxica). Valores de referência para o ferro sérico são de 60 a 170 μg/dL (10-30 μmol/L); para TIBC, 230 a 420 μg/dL (40-75 μmol/L); para ferritina sérica, 40 a 340 μg/mL, em homens, e 14 a 150 μg/mL, em mulheres.

Se a perda de sangue gastrintestinal for excluída, deve-se considerar perda de sangue na urina, como hematúria (esta sempre óbvia) ou hemossiderinúria, devida à hemólise intravascular crônica. Radiografia de tórax normal exclui a hemossiderose pulmonar, uma doença rara. Foram descritos casos de pacientes com deficiência de ferro por sangramentos autoinfligidos.

Tratamento

A causa subjacente é tratada sempre que possível. Além disso, é administrado ferro para corrigir a anemia e repor os depósitos.

Ferro por via oral

A melhor preparação é o sulfato ferroso, que tem baixo custo e contém 67 mg de ferro por drágea de 200 mg. Deve ser ingerido com o estômago vazio a intervalos de pelo menos seis horas. O fumarato ferroso é igualmente barato e eficaz.* Se houver

---

*N. de T. No Brasil, usa-se também ferrocarbonila, com eficácia similar.

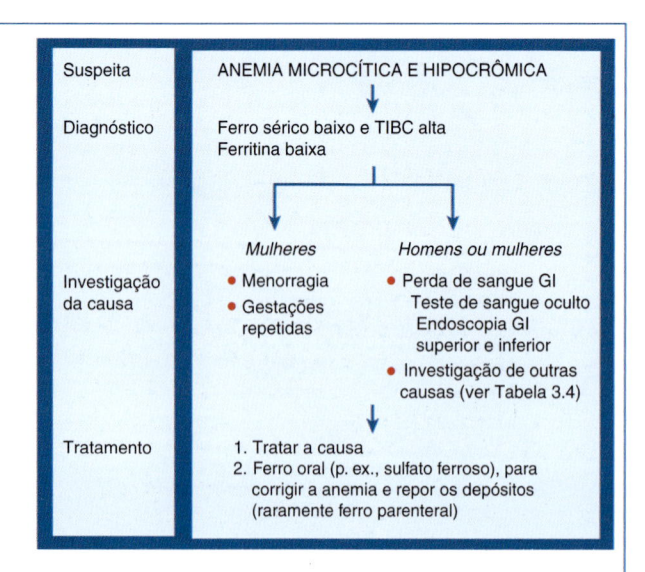

Figura 3.12 Investigação e tratamento de anemia ferropênica. GI, gastrintestinal; TIBC, capacidade ferropéxica total.

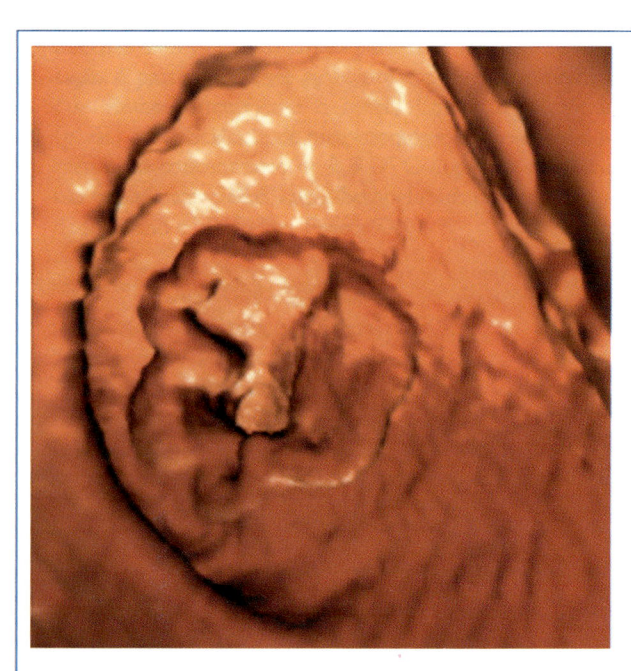

Figura 3.13 A colonoscopia virtual mostra carcinoma do colo causando obstrução colônica e deficiência de ferro.

Tabela 3.5 Falta de resposta ao ferro por via oral
Hemorragia persistente
Falta de ingestão das drágeas
Diagnóstico errado – principalmente traço talassêmico, anemia sideroblástica
Deficiência mista – deficiência associada de folato ou de vitamina B_{12}
Outra causa de anemia (p. ex., tumor maligno, inflamação)
Má absorção – doença celíaca, gastrite atrófica, infecção por *Helicobacter*, cirurgia bariátrica
Uso de preparações de liberação lenta

efeitos colaterais (náusea, dor abdominal, constipação ou diarreia), eles podem ser amenizados administrando-se o ferro com os alimentos ou utilizando-se uma preparação com conteúdo menor de ferro, como o gluconato ferroso (37 mg de ferro por drágea de 300 mg). Um elixir está disponível para crianças. Preparações de liberação lenta não devem ser utilizadas.

O tratamento com ferro oral deve ser mantido durante um período suficiente para corrigir a anemia e repor os depósitos de ferro, o que geralmente significa pelo menos seis meses. A hemoglobina deve subir cerca de 2 g/dL a cada três semanas. Falta de resposta ao ferro por via oral tem várias causas possíveis (Tabela 3.5) e todas deverão ser consideradas antes da indicação de ferro por via parenteral. O enriquecimento do alimento de lactentes com ferro, na África, reduz a incidência de anemia, porém aumenta a suscetibilidade à malária.

Ferro por via parenteral

Várias preparações estão disponíveis com licenciamento diverso em diferentes países. A dose é calculada de acordo com o peso corporal e o grau de anemia. Ferrodextran (CosmoFer®) intravenoso pode ser dado como injeção lenta ou infusão, tanto em pequenas doses como em dose total infundida em um dia. Carboximaltose férrica* (Ferinject®), e isomaltosídio férrico (Monofer®) também podem ser administrados em dose total de 1 g, por injeção intravenosa lenta ou infusão. A hidroxi-sucrose férrica* (Venofer®) pode ser administrada por injeção intravenosa lenta, mas prefere-se infusão de, no máximo, 200 mg de ferro por vez. O ferumoxitol (Feraheme®) está licenciado para pacientes com insuficiência renal crônica. Podem ocorrer reações de hipersensibilidade ou anafilactoides, frequentemente em pacientes que já tiveram reações desses tipos, alergias a múltiplos fármacos e atopia severa. Se a reação é grave, deve ser tratada com hidrocortisona intravenosa e, possivelmente, adrenalina. O ferro parenteral deve ser administrado lentamente e só quando houver imperiosa e imediata necessidade de ferro, como em sangramento gastrintestinal, menorragia severa, hemodiálise crônica sob terapia com eritropoetina, e quando o ferro oral se mostrar ineficaz (p. ex., em casos de má absorção por enteropatia induzida por glúten ou gastrite atrófica) ou difícil (como na doença de Crohn) e, quase sistematicamente, em pacientes que se submeteram à cirurgia bariátrica. A resposta hematológica ao ferro por via parenteral não é mais rápida que a resposta à dosagem adequada de ferro por via oral, mas os depósitos são refeitos com mais rapidez. Ferro intravenoso também tem mostrado resultado no aumento da capacidade funcional e na qualidade de vida em alguns pacientes com insuficiência cardíaca congestiva, inclusive na ausência de anemia (ver p. 326).

Anemia ferropênica refratária ao ferro

Foram descritos raríssimos casos de anemia microcítica e hipocrômica causados pela herança autossômica recessiva de mutações dos genes de matriptase 2, que permite secreção não inibida de hepcidina, ou de DMT-1 (Figuras 3.4 e 3.5). Pode haver resposta a ferro intravenoso, mas, geralmente, não a ferro oral.

Anemia de doenças crônicas

Uma das causas mais comuns de anemia acomete pacientes com várias doenças inflamatórias crônicas e doenças malignas (Tabela 3.6). Os aspectos característicos são:

1 Índices normocrômico, normocíticos ou levemente hipocrômico-microcíticos (VCM raramente < 75 fL) e morfologia inexpressiva dos eritrócitos.
2 Anemia leve e não progressiva (hemoglobina raramente < 9 g/dL) – a severidade da anemia está relacionada à gravidade da doença subjacente.
3 Ferro sérico e TIBC diminuídos.
4 A ferritina sérica normal ou alta.
5 Depósitos normais de ferro (reticuloendotelial) na medula óssea, mas ferro eritroblástico diminuído (Tabela 3.7).

A patogênese desta anemia está relacionada à diminuição de liberação de ferro dos macrófagos ao plasma devido ao aumento dos níveis séricos de hepcidina por moderada diminuição da sobrevida eritrocitária e por resposta eritropoetínica inadequada à anemia, causada por efeito de citocinas, como IL-1, e fator de necrose tumoral na eritropoese.

Tabela 3.6 Causas de anemia de doença crônica
Doenças inflamatórias crônicas
Infecciosas (p. ex., abscesso pulmonar, tuberculose, osteomielite, pneumonia, endocardite bacteriana)
Não infecciosas (p. ex., artrite reumatoide, lúpus eritematoso sistêmico e outras doenças do tecido conectivo, sarcoidose, doença inflamatória intestinal, doença hepática)
Doenças malignas
Carcinoma, linfoma, sarcoma

---

*N. de T. Hidroxi-sucrose férrica (Noripurum®) e Ferinject® são os únicos disponíveis no Brasil.

Tabela 3.7 Diagnóstico laboratorial diferencial de uma anemia hipocrômica

	Deficiência de ferro	Doença inflamatória crônica ou tumor maligno	Traço talassêmico (α ou β)	Anemia sideroblástica
VCM/HCM	Diminuídos proporcionalmente à gravidade da anemia	Normal ou levemente diminuídos	Diminuídos; muito baixos para o grau da anemia	Em geral, diminuídos no tipo congênito, mas o VCM está geralmente aumentado no tipo adquirido
Ferro sérico	Diminuído	Diminuído	Normal	Aumentado
Capacidade ferropéxica total	Aumentada	Diminuída	Normal	Normal
Ferritina sérica	Baixa	Normal ou aumentada	Normal	Aumentada
Depósitos de ferro na medula óssea	Ausentes	Presentes	Presentes	Presentes
Ferro nos eritroblastos	Ausente	Ausente	Presente	Formas em anel
HPLC ou eletroforese da hemoglobina	Normal	Normal	HbA$_2$ aumentada na forma β	Normal

HCM, hemoglobina corpuscular média; VCM, volume corpuscular médio; HPLC, cromatografia líquida de alta resolução da hemoglobina.

A anemia é corrigida se houver sucesso no tratamento da doença basal e não responde ao tratamento com ferro. Injeções de eritropoetina melhoram a anemia em alguns casos. Em muitas condições, ela é complicada com anemia resultante de outras causas, como deficiência de ferro, folato ou B$_{12}$, insuficiência renal, insuficiência da medula óssea, hiperesplenismo, alterações endócrinas, anemia leucoeritroblástica; estas serão discutidas no Capítulo 29.

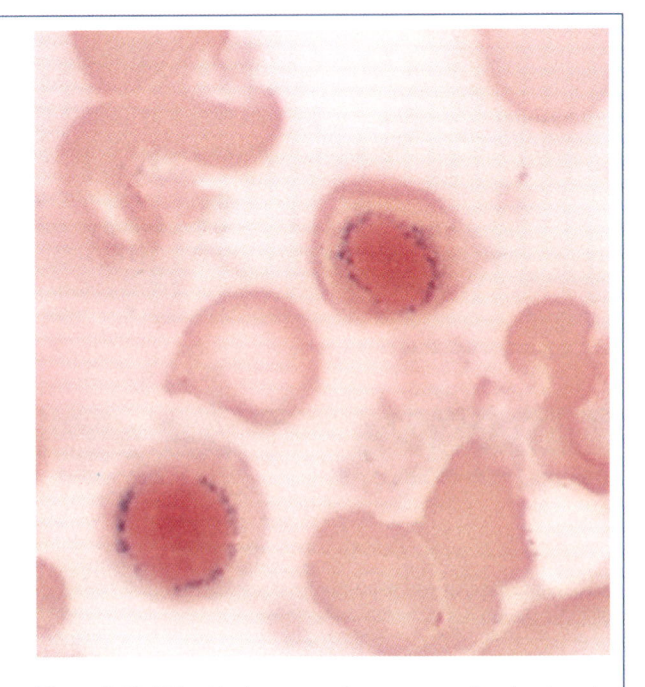

Figura 3.14 Sideroblastos em anel, com um anel perinuclear de grânulos de ferro, na anemia sideroblástica.

Anemia sideroblástica

Trata-se de uma anemia refratária definida pela presença de muitos sideroblastos patológicos – sideroblastos em anel – na medula óssea (Figura 3.14). Esses eritroblastos anormais contêm numerosos grânulos de ferro, dispostos em anel, ou colar, em torno do núcleo, em vez dos poucos grânulos de ferro distribuídos aleatoriamente observados nos eritroblastos normais corados para ferro. Há, também, hiperplasia eritroide com eritropoese ineficaz. A anemia sideroblástica é diagnosticada quando 15% ou mais dos eritroblastos da medula são em anel. Estes podem estar presentes, mas em menor número, em várias condições hematológicas.

A anemia sideroblástica é classificada em diferentes tipos (Tabela 3.8) e o elo comum é um defeito na síntese do heme. Nas **formas hereditárias**, é caracterizada por um quadro hematológico acentuadamente hipocrômico e microcítico. As mutações menos raras ocorrem no gene do ácido δ-aminolevulínico-sintase (*ALA-S*), no cromossomo X. O piridoxal-6-fosfato é uma coenzima do ALA-S. Outros tipos mais raros incluem uma doença ligada ao cromossomo X, com degeneração espinocerebelar e ataxia por defeitos mitocondriais (p. ex., síndrome de Pearson, quando há, também, insuficiência pancreática), anemia responsiva à tiamina e outros defeitos autossômicos. A forma primária adquirida, muito mais comum, é um subtipo de mielodisplasia, a **anemia refratária com sideroblastos em anel** (ver Capítulo 16). Formas adquiridas reversíveis podem dever-se a abuso alcoólico, intoxicação por chumbo e uso de fármacos, como a isoniazida.

Em alguns pacientes, sobretudo com o tipo hereditário, há alguma resposta ao tratamento com piridoxina. É possível ocorrer deficiência de folato, o que justifica associar o

Tabela 3.8 Classificação de anemia sideroblástica
Hereditária
Mutação em ALA-S no cromossomo X ou, raramente, com degeneração espinocerebelar e ataxia
Em geral, ocorre em homens, transmitida por mulheres; também ocorre raramente em mulheres
Outros tipos raros (ver texto)
Adquirida
Primária
Mielodisplasia (anemia refratária com sideroblastos em anel) (ver p. 178)
Secundária
Sideroblastos em anel (< 15% dos eritroblastos na medula óssea) também podem ocorrer em: outras doenças malignas da medula óssea (p. ex., outros tipos de mielodisplasia, mielofibrose, leucemia mieloide, mieloma), uso de fármacos e agentes químicos (p. ex., tuberculostáticos [isoniazida, cicloserina], álcool, chumbo), outras condições benignas (p. ex., anemia hemolítica, anemia megaloblástica, síndromes de má absorção, artrite reumatoide)
ALA-S, ácido δ-aminolevulínico-sintase.

tratamento com ácido fólico. Outros tratamentos, como, por exemplo, eritropoetina, podem ser tentados na forma mielodisplásica (ver Capítulo 16). Em muitos casos graves, no entanto, transfusões repetidas de sangue são o único meio para manter uma concentração satisfatória de hemoglobina, e a sobrecarga transfusional de ferro torna-se um problema importante.

Intoxicação por chumbo

O chumbo inibe a síntese de heme e de globina em vários pontos, além de interferir na quebra de RNA, inibindo a enzima pirimidina-5'-nucleotidase e causando acúmulo de RNA desnaturado nos eritrócitos, o que causa o pontilhado basófilo visto com as colorações de Romanowsky usuais (ver Figura 2.17). A anemia pode ser hipocrômica ou predominantemente hemolítica, e a medula óssea costuma mostrar sideroblastos em anel. A protoporfirina eritrocitária livre está aumentada.

Diagnóstico diferencial de anemia hipocrômica

A Tabela 3.7 relaciona os exames laboratoriais que podem ser necessários. A história clínica é particularmente importante para evidenciar a origem da hemorragia que leva à deficiência de ferro, ou a presença de doença crônica. O país de origem e a história familiar podem sugerir um diagnóstico alternativo de talassemia ou outro defeito genético da hemoglobina. O exame físico também é útil na determinação do local da hemorragia, das características de doença inflamatória crônica ou maligna, de coiloníquia e, em algumas hemoglobinopatias, da presença de esplenomegalia ou deformidades ósseas.

No traço talassêmico, os eritrócitos são pequenos, quase sempre com VCM de 70 fL ou menos, mesmo quando a anemia é leve ou está ausente; a contagem de eritrócitos quase sempre está acima de $5,5 \times 10^6/\mu L$. Na anemia por deficiência de ferro, ao contrário, os índices caem proporcionalmente ao grau de anemia; quando é leve, os índices hematimétricos quase sempre estão logo abaixo do normal (p. ex., VCM de 75-80 fL). Na anemia das doenças crônicas, os índices também não são muito baixos, sendo comum um VCM na faixa de 75 a 82 fL.

É comum usar-se as dosagens de ferritina sérica, ferro sérico e TIBC para confirmar o diagnóstico de deficiência de ferro. Cromatografia de alta resolução da hemoglobina (HPLC) ou eletroforese com dosagem de Hb A_2 e Hb F são feitas em todos os pacientes com suspeita de talassemia ou outra hemoglobinopatia, seja pela história familiar, pelo país de origem, pelos índices hematimétricos ou por aspectos à microscopia da distensão de sangue. Deficiência de ferro e anemia de doença crônica podem também ocorrer simultaneamente nesses pacientes. O traço β-talassêmico é caracterizado por Hb A_2 acima de 3,5%, mas no traço α-talassêmico não há anomalia nos exames rotineiros da hemoglobina, de modo que o diagnóstico, em geral, é feito só pela exclusão de todas as outras causas de eritrócitos hipocrômicos e pela contagem de eritrócitos > $5,5 \times 10^6/\mu L$. Exames de DNA podem ser usados para confirmar o diagnóstico.

O exame da medula óssea é essencial se houver suspeita de anemia sideroblástica, mas, em geral, não é necessário no diagnóstico das demais anemias hipocrômicas.

RESUMO

- O ferro está presente no organismo, na hemoglobina, na mioglobina, na hemossiderina, na ferritina e em algumas enzimas. A transferrina é a principal proteína de transporte no sangue.
- A hepcidina é o principal regulador da absorção do ferro e da liberação do ferro dos macrófagos.
- O metabolismo do ferro é regulado de acordo com o *status* do ferro por proteínas reguladoras intracelulares e pelo controle da síntese de hepcidina. A síntese de hepcidina também é afetada pela eritropoese e por inflamação.
- Deficiência de ferro é a causa mais comum de anemia em todo o mundo. Na anemia ferropênica, a ferritina sérica, o ferro sérico e a saturação da transferrina estão diminuídos.
- Nos países ocidentais, a anemia ferropênica é geralmente causada por hemorragias crônicas no trato gastrintestinal ou no sistema genital feminino.
- A carência da dieta é importante sobretudo nos países subdesenvolvidos, onde ancilostomíase e esquistossomose são causas igualmente relevantes de perda de sangue.
- Na anemia ferropênica, os eritrócitos são hipocrômicos e microcíticos. O tratamento é feito preferencialmente com ferro oral, excepcionalmente com ferro intravenoso, e com eliminação, se possível, da causa subjacente.
- Outras eventualidades frequentes em que há anemia hipocrômico-microcítica são as doenças crônicas, inflamatórias ou malignas e as α e β-talassemias. Causas menos frequentes incluem alguns casos de anemias sideroblásticas e intoxicação por chumbo.
- As anemias sideroblásticas caracterizam-se pela presença significativa de sideroblastos em anel na medula óssea. A anemia mais frequente é um subtipo de mielodisplasia.

Visite **www.wileyessential.com/haematology** para testar seus conhecimentos neste capítulo.

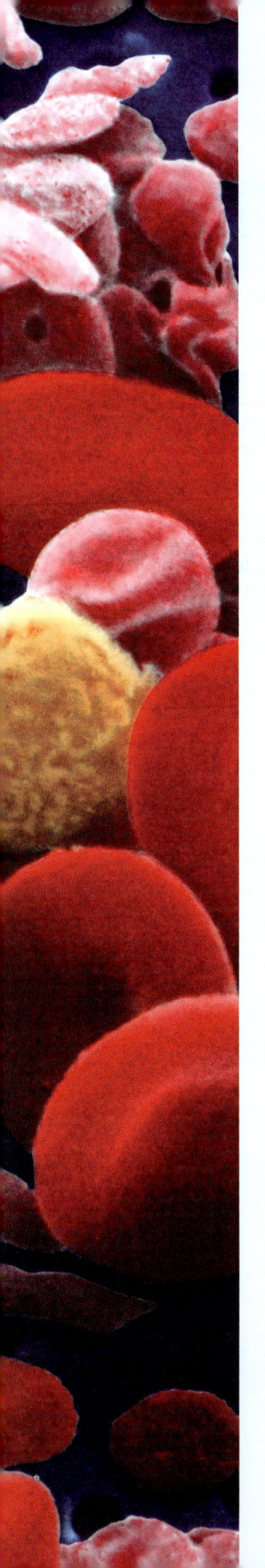

CAPÍTULO 4
Sobrecarga de ferro

Tópicos-chave

- Avaliação do *status* do ferro e do dano tecidual da sobrecarga — 42
- Hemocromatose hereditária (genética ou primária) — 43
- Sobrecarga de ferro transfusional — 44
- Tratamento quelante — 45

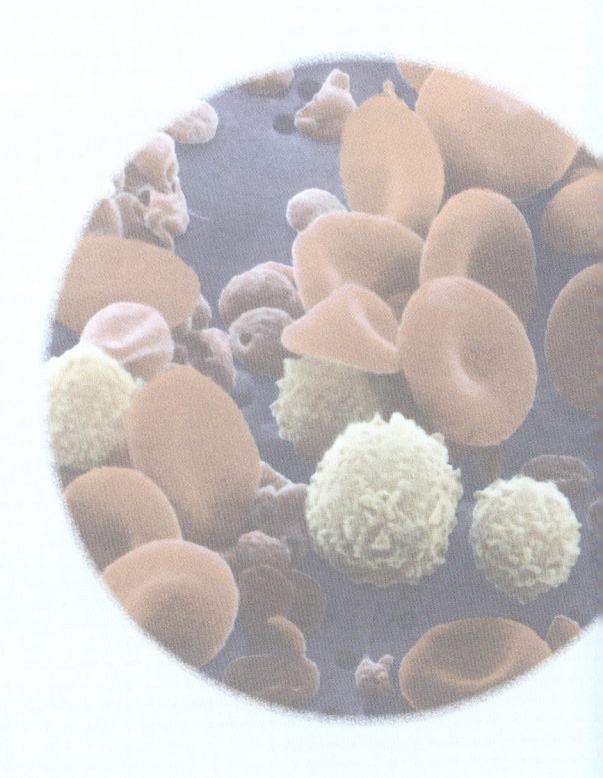

Não há mecanismo fisiológico para eliminação do ferro em excesso no organismo e, assim, a absorção de ferro normalmente é regulada para evitar acúmulo. Sobrecarga de ferro (hemossiderose) ocorre em distúrbios associados com absorção excessiva ou em pacientes com anemias refratárias graves que precisam ser tratados com transfusões de sangue regulares. O ferro em excesso depositado nos tecidos pode causar lesões graves, sobretudo no coração, no fígado e nas glândulas endócrinas. As causas de sobrecarga de ferro estão relacionadas na Tabela 4.1, e as de hemocromatose genética, na Tabela 4.2.

Avaliação do *status* do ferro e do dano tecidual da sobrecarga

Testes disponíveis para avaliar sobrecarga de ferro e o dano parenquimal aos órgãos pelo excesso de ferro estão listados na Tabela 4.3. A dosagem de ferritina sérica é o teste mais amplamente utilizado para avaliar a sobrecarga e monitorar o tratamento. A saturação percentual da transferrina (que é uma medida da capacidade ferropéxica) também é útil.

Tabela 4.1 As causas da sobrecarga de ferro

Aumento da absorção de ferro	Hemocromatose hereditária (primária) Eritropoese ineficaz, como na talassemia intermédia Hepatopatia crônica
Ingestão excessiva de ferro	Siderose africana (dietária e genética)
Transfusões de sangue repetidas	Siderose transfusional

Tabela 4.2 Causas genéticas de hemocromatose e hiperferritinemia

Tipo	Herança	Condição clínica	Defeito genético
I	AR	Hemocromatose hereditária clássica	HFE
II	AR	Hemocromatose juvenil	Hemojuvelina Hepcidina
III	AR	Hemocromatose hereditária	Receptor 2 de transferrina
IV	AD	Grande aumento do ferro reticuloendotelial, menos ferro hepático	Ferroportina 1
	AD	Síndrome da hiperferritinemia hereditária – catarata (sem deposição de ferro)	Ferritina

AD, autossômica dominante; AR, autossômica recessiva.

Tabela 4.3 Avaliação da sobrecarga de ferro

Avaliação das reservas de ferro

Ferritina sérica

Ferro sérico e saturação da transferrina (capacidade ferropéxica)

Ferro sérico não ligado à transferrina

Biópsia da medula óssea (coloração de Perls) para acúmulo reticuloendotelial

Biópsia de fígado para acúmulo parenquimatoso e reticuloendotelial

TC ou IRM do fígado

IRM cardíaca (T_2* ou técnica Ferriscan)

Teste de excreção urinária de ferro com desferroxamina ou deferiprona (avaliação do ferro quelatável, raramente feita)

Avaliação do dano tecidual causado pela sobrecarga de ferro

Cardíaco	Exame clínico; radiografia de tórax; ECG; monitoração 24 horas; ecocardiografia; *scanning* com radionuclídio (MUGA) para avaliar a fração de ejeção do ventrículo esquerdo em repouso e sob estresse
Hepático	Testes de função hepática, alfafetoproteína; biópsia do fígado; TC ou IRM, fibroscan.
Endócrino	Exame clínico (crescimento e desenvolvimento sexual); teste de tolerância à glicose; testes de liberação de gonadotrofina hipofisária; dosagens de hormônios tireóidio, paratireóidio, de função suprarrenal, de crescimento; radiogradia para idade óssea; avaliação isotópica da densidade óssea

ECG, eletrocardiograma; IRM, imagem por ressonância magnética; MUGA, *multiple gated acquisition*; TC, tomografia computadorizada.

O ferro livre no soro, isto é, não ligado à transferrina, é uma forma tóxica de ferro e ocorre particularmente nas sobrecargas transfusionais graves. A biópsia do fígado, com coloração para ferro (Figura 4.1) e análise química para o conteúdo de ferro, é útil para avaliar fibrose e tanto o ferro parenteral (nas células hepáticas) como o ferro reticuloendotelial (nas células de Kupffer). Fibroscan (elastografia transitória hepática) é um método não invasivo de avaliar a fibrose do fígado, e a imagem por ressonância magnética (IRM), medida pela técnica T_2,* é o melhor guia não invasivo para os ferros hepático e cardíaco. Uma técnica comercial, Ferriscan IRM, é amplamente utilizada para avaliação do ferro hepático. Dosagem de alfafetoproteína sérica e ultrassonografia do fígado são utilizados para triagem de carcinoma hepatocelular.

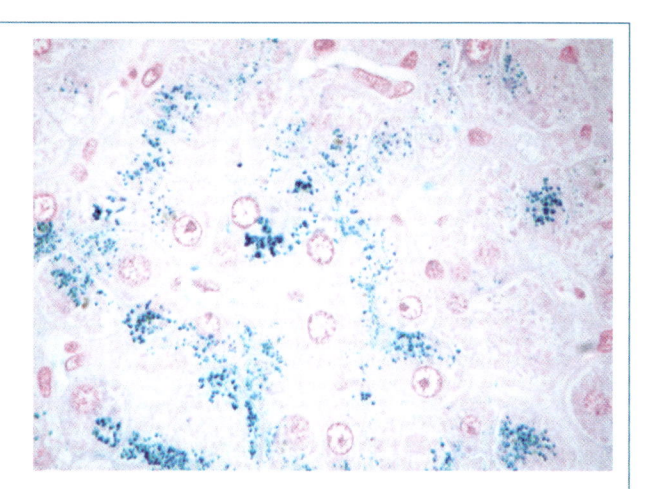

Figura 4.1 Biópsia do fígado. Sobrecarga de ferro nas células parenquimatosas (coloração de Perls). (Fonte: cortesia do Prof. A. P. Dhillon.)

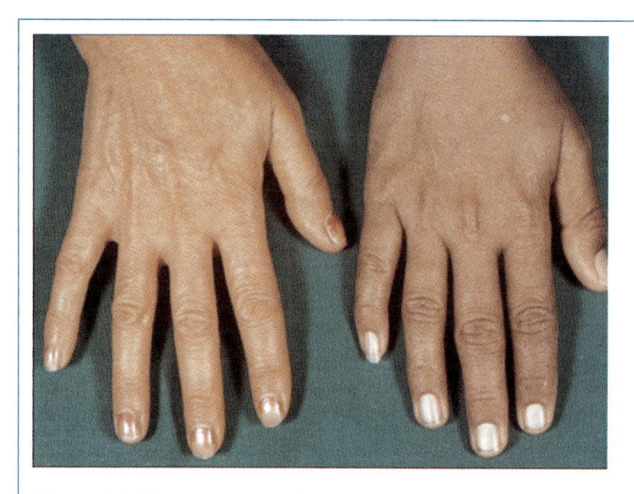

Figura 4.2 Pigmentação melânica da pele. A mão direita é de uma adolescente com sobrecarga de ferro por talassemia maior; a mão esquerda é da mãe, com *status* de ferro normal.

Hemocromatose hereditária

Hemocromatose hereditária (também chamada de hemocromatose genética ou primária) é um grupo de doenças nas quais há absorção excessiva de ferro do trato gastrintestinal, causando sobrecarga nas células parenquimatosas do fígado (Figura 4.1), dos órgãos endócrinos e, em casos graves, do coração.

Os pacientes, em sua maioria, são homozigotos para uma mutação de troca de sentido no gene *HFE*, que leva à inserção de um resíduo de tirosina, em vez de cisteína, na proteína madura (C282Y). Essa mutação em homozigose tem prevalência em torno de 1 em 300 na população branca norte-europeia. Apenas uma pequena fração de pessoas com esses homozigotos apresenta aspectos clínicos da doença e, em geral, elas têm ferritina sérica > 1.000 µg/mL. Uma segunda mutação resultando em uma substituição H63D de histidina por ácido aspártico é encontrada com a mutação C282Y em cerca de 5% dos pacientes, mas os homozigotos para H63D não têm a doença.

A proteína HFE está envolvida na síntese de hepcidina, de modo que a hemocromatose hereditária causada por mutação do gene *HFE* é devida à redução do nível sérico de hepcidina (ver Figura 3.4). Baixos níveis de hepcidina sérica causam níveis elevados de ferroportina, e, portanto, há aumento da absorção de ferro na superfície basolateral dos enterócitos duodenais, e, nos macrófagos, aumento de liberação de ferro. Desse modo, desenvolve-se sobrecarga de ferro com dano às células parenquimatosas, de modo que os pacientes podem se apresentar na vida adulta com hepatopatia (fibrose, cirrose, carcinoma hepatocelular), distúrbios endócrinos, como diabetes melito, hipotireoidismo e impotência, pigmentação melânica da pele (Figura 4.2) e artropatia (devida à deposição de pirofosfato). Em alguns casos graves, há insuficiência cardíaca ou arritmias. O diagnóstico é feito com base no aumento do ferro sérico, na saturação da transferrina sérica e da ferritina, e confirmado pela demonstração da mutação de *HFE*. A biópsia do fígado pode quantificar o grau de sobrecarga de ferro e avaliar o dano hepático. A IRM pode ser utilizada para avaliar os ferros hepático e cardíaco.

O tratamento é feito com sangrias regulares, inicialmente a intervalos de 1 a 2 semanas, com cada unidade de sangue removendo 200 a 250 mg de ferro. Há diferenças de opinião sobre a necessidade de flebotomizar pacientes sem evidência de disfunção de órgãos pela sobrecarga de ferro, porém, se a ferritina estiver muito aumentada, a tendência é indicar o tratamento. As sangrias são monitoradas por determinações periódicas da ferritina sérica, e a finalidade é baixá-la até o valor normal.

Formas mais raras de hemocromatose genética são causadas por mutações nos genes para hemojuvelina, receptor 2 da transferrina e hepcidina (Tabela 4.2). Todas as três mutações estão envolvidas na síntese de hepcidina e são associadas a baixos níveis de hepcidina sérica. Em geral, apresentam-se com sobrecarga grave de ferro, com miocardiopatia em crianças, adolescentes ou adultos jovens. Sobrecargas de ferro em populações asiáticas, em geral, devem-se a essas mutações e não a mutações de *HFE*. A maioria das mutações da ferroportina, por outro lado, costuma causar sobrecarga de ferro reticuloendotelial, mas não parenquimatoso, salvo em casos raros, decorrentes de mutações em outros sítios do gene. As mutações de cadeia leve do gene da ferritina causam o aumento de uma ferritina sérica monoclonal, que ocasiona catarata por se depositar no cristalino, mas sem sobrecarga tecidual de ferro.

Sobrecarga de ferro africana

Ocorre em povos da África subsaariana pela combinação de aumento da absorção de ferro por defeito genético, possivelmente do gene da ferroportina, com uma dieta com grande excesso de ferro pelo consumo de bebidas preparadas pela cocção prolongada em panelas de ferro.

Talassemia intermediária

Formas moderadamente graves podem causar aumento de níveis de ferro mesmo em pacientes que não necessitam de transfusões regulares. Isso se deve ao aumento da absorção de ferro, e pode levar a acúmulo hepático. A quelação de ferro é indicada se a concentração ultrapassar 5 mg/g de peso seco, quando a ferritina alcançar 800 μg/mL ou quando o ferro provocar dano tecidual (ver também Capítulo 7).

Sobrecarga de ferro transfusional

Desenvolve-se sistematicamente em pacientes com anemias crônicas, os quais necessitam de transfusões sanguíneas regulares. **Cada 500 mL de sangue transfundido contém aproximadamente 250 mg de ferro, e a sobrecarga é inevitável, exceto se for instituído tratamento quelante (Tabela 4.4).** Para piorar a situação, há *aumento* da absorção do ferro dos alimentos, tanto em pacientes com β-talassemia maior como com outras anemias decorrentes de eritropoese ineficaz, pela redução inapropriada dos níveis de hepcidina sérica. Acredita-se que isso se deva à liberação, pelos eritroblastos primitivos, de proteínas com efeito inibidor na síntese de hepcidina (ver Figura 3.4b). Ferro não ligado à transferrina pode surgir no plasma, pelo fato de a transferrina estar 100% saturada, e há deposição disseminada de ferro nos tecidos parenquimatosos.

O ferro causa dano ao **fígado** (Figura 4.3) e aos órgãos **endócrinos** como falta de crescimento, puberdade retardada ou ausente, diabetes melito, hipotireoidismo e hipoparatireoidismo. Pigmentação da pele, com um tom acinzentado, resulta do excesso de melanina e hemossiderina, e é precoce na

Tabela 4.4 Anemias refratárias em que pode haver sobrecarga de ferro transfusional

Congênitas	Adquiridas
β-talassemia maior	Mielodisplasia
β-talassemia/hemoglobinopatia E	Aplasia eritroide pura
Anemia de células falciformes (alguns casos)	Anemia aplástica
Aplasia eritroide pura (Blackfan-Diamond)	Mielofibrose primária
Anemia sideroblástica	
Anemias diseritropoéticas	

sobrecarga de ferro. Mais grave é o **dano cardíaco** pelo ferro. Na falta de tratamento quelante, ocorre morte por talassemia maior, na segunda ou terceira décadas de vida, geralmente por insuficiência cardíaca ou arritmias. A IRM T_2^* é uma medida de valor dos ferros cardíaco ou hepático (Figura 4.4). O método detecta excesso de ferro cardíaco antes que os testes sensíveis detectem insuficiência funcional. Quanto mais curto o tempo de relaxamento, maiores são a sobrecarga cardíaca de ferro e o risco de insuficiência cardíaca ou arritmia (Figura 4.5). A ferritina sérica e o ferro hepático mostram fraca correlação com o ferro cardíaco (Figuras 4.4 e 4.5). Além disso, a ferritina

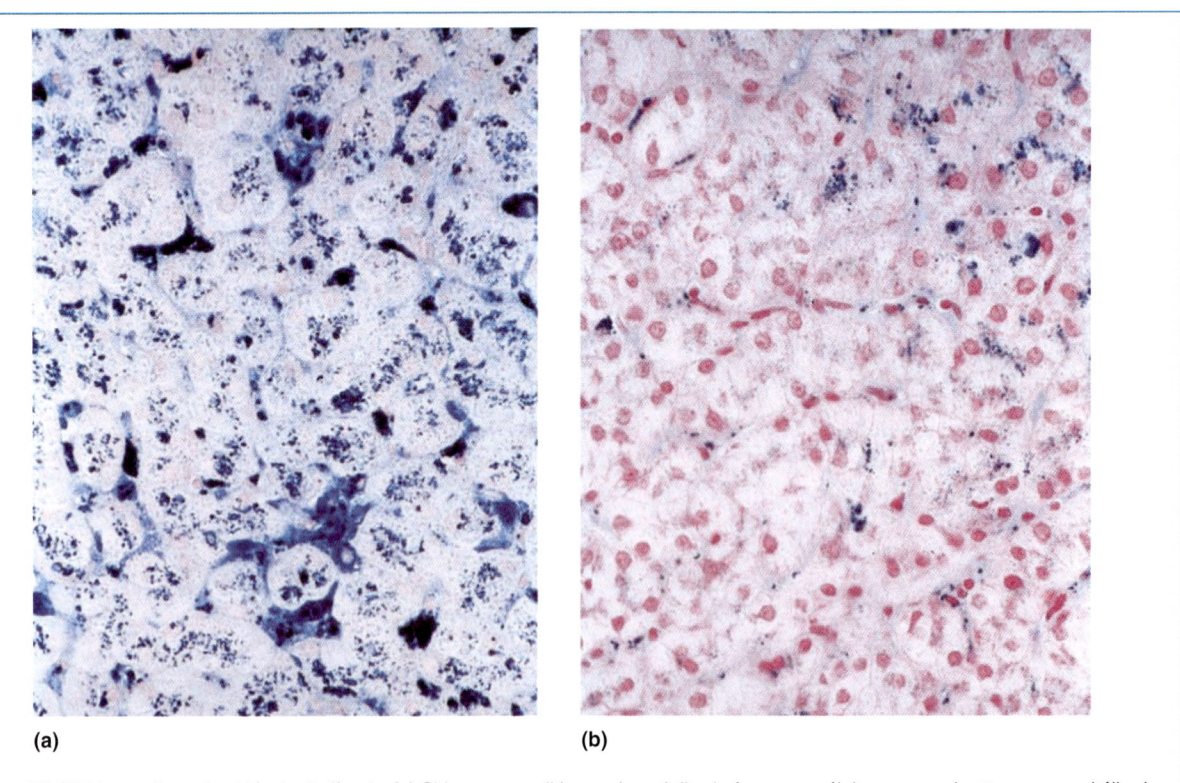

Figura 4.3 β-Talassemia maior: biópsia do fígado. **(a)** Siderose grau IV com deposição de ferro nas células parenquimatosas, no epitélio dos ductos biliares, nos macrófagos e nos fibroblastos (coloração de Perls). **(b)** Redução do excesso de ferro após tratamento quelante intensivo.

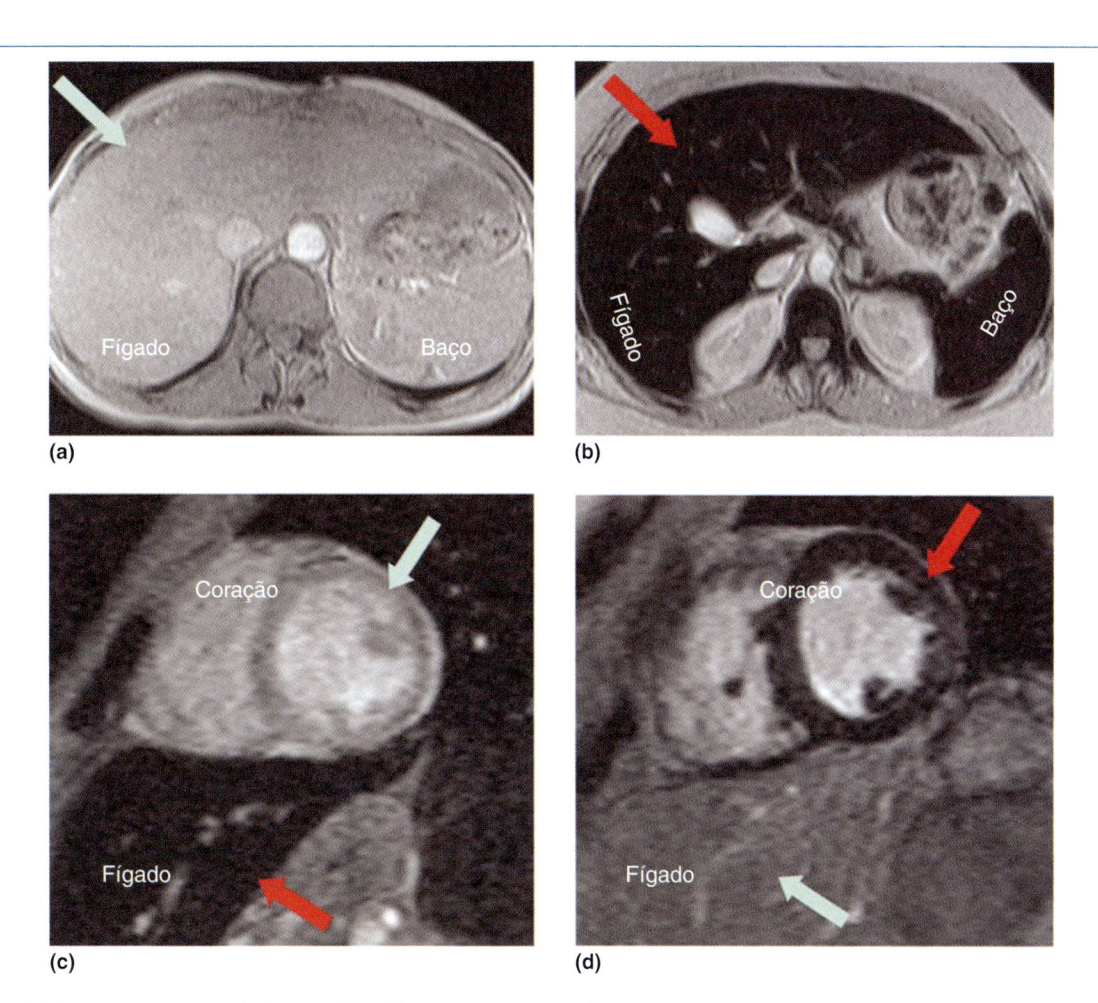

Figura 4.4 Imagens por ressonância magnética T$_2$*, mostrando a aparência de tecidos com sobrecarga de ferro (seta verde, aparência normal; seta vermelha, sobrecarga de ferro): **(a)** voluntário normal; **(b)** sobrecarga grave; **(c)** e **(d)** falta de correlação: ferro no fígado e no coração em dois casos de talassemia maior.

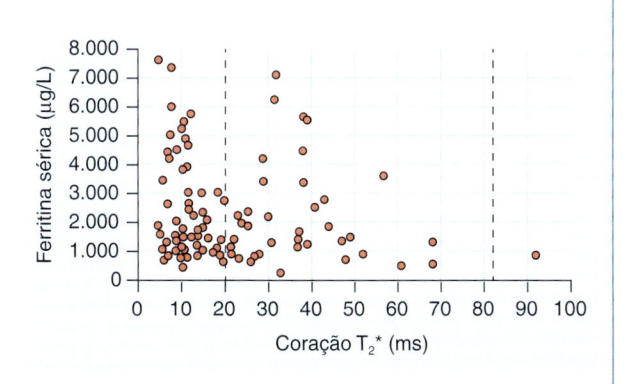

Figura 4.5 Comparação da medida do ferro cardíaco por IRM T$_2$* e da ferritina sérica em pacientes com talassemia maior. Há um número substancial de pacientes com ferritina sérica muito alta (> 3.000 µg/mL), mas ferro cardíaco normal (T$_2$* > 20 milissegundos); reciprocamente, há pacientes com ferritina sérica < 1.000 µg/mL com grave sobrecarga cardíaca de ferro (T$_2$* < 10 milissegundos). Fonte: Anderson et al. (2001) *Eur Heart J* 22:2171-79.

está aumentada na hepatite viral e outros distúrbios inflamatórios, daí a necessidade de interpretá-la em conjunto com testes mais acurados do *status* do ferro, como IRM T$_2$* ou biópsia do fígado.

Tratamento quelante

O tratamento quelante é indicado para a sobrecarga de ferro transfusional e há três fármacos eficazes disponíveis. A talassemia maior é a indicação mais frequente em todo o mundo, mas a quelação também é utilizada em pacientes pesadamente transfundidos por outras anemias, listadas na Tabela 4.4.

Deferasirox (Exjade®) é administrado uma vez ao dia e causa perda fecal de ferro. Os efeitos colaterais incluem erupção cutânea e aumento transitório das enzimas hepáticas e da creatinina. A facilidade de administração e a falta de efeitos colaterais sérios tornaram-no o fármaco quelante mais utilizado e de primeira escolha.

A **deferiprona** também é um quelante oral e causa excreção predominante de ferro pela urina. É geralmente administrada três vezes ao dia. Pode ser utilizada só ou associada

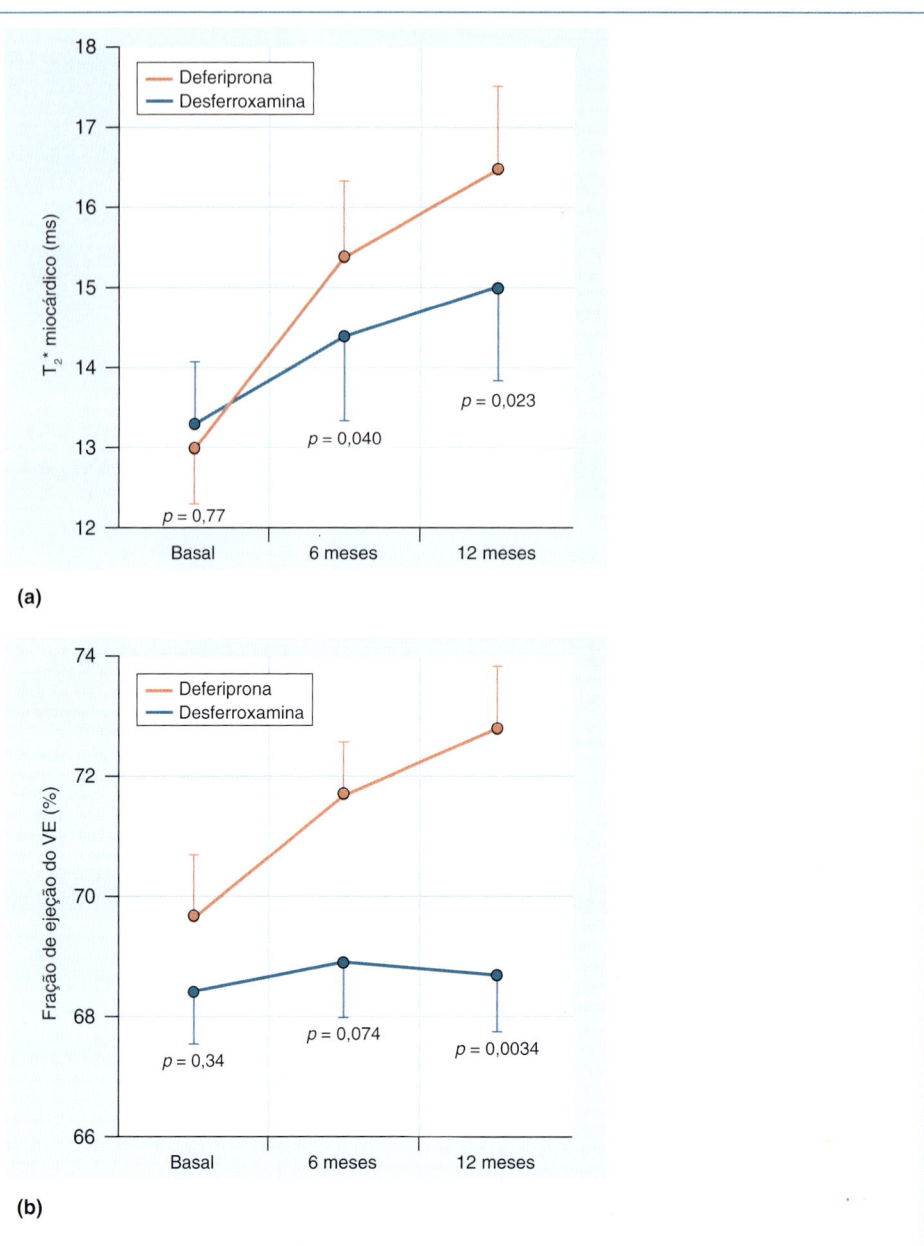

Figura 4.6 (a) A redução do ferro cardíaco avaliado por IRM T_2^* em pacientes tratados com deferiprona é maior do que nos tratados com desferroxamina. **(b)** A melhora na fração de ejeção do ventrículo esquerdo (VE) é maior com deferiprona do que com desferroxamina. Fonte: Pennell, D. J. et al. (2006) *Blood* 107, 3738-44.

à desferroxamina infundida uma ou mais vezes por semana, uma vez que esses fármacos têm efeito aditivo, talvez sinérgico, na excreção de ferro. Usada só, a deferiprona é mais eficaz do que a desferroxamina na remoção do ferro cardíaco (Figura 4.6). Os efeitos colaterais incluem artropatia, agranulocitose (em cerca de 1%), neutropenia, distúrbios gastrintestinais e, em diabéticos, deficiência de zinco. Há necessidade de monitorar o hemograma, inicialmente uma vez por semana, em todos os pacientes recebendo deferiprona.

O terceiro fármaco, a **desferroxamina**, é utilizado há mais de 40 anos, porém é inativo por via oral. A desferroxamina é usada geralmente por infusão subcutânea em 8 a 12 horas, 5 a 7 dias por semana; pode também ser acrescentada vitamina C para aumentar a excreção de ferro. A excreção é principalmente urinária, mas uma fração, no máximo de um terço, é excretada nas fezes. Pela dificuldade de administração, o maior problema é a adesão ao tratamento. Pode ser administrada uma ou mais vezes por semana, em combinação com deferiprona diária e é usada por infusão intravenosa em pacientes com sobrecarga grave de ferro e risco de morte por insuficiência cardíaca. Os efeitos colaterais incluem surdez a sons de alta frequência, dano à retina, anormalidades ósseas e retardo do crescimento.

Os pacientes devem fazer exames de audiometria e fundoscopia em intervalos regulares.

Os três agentes quelantes podem ser utilizados na infância. O deferasirox é o mais usado e há uma formulação líquida disponível.

Na talassemia maior, inicia-se a quelação quando o paciente já necessitou de e recebeu 10 a 15 unidades de sangue.

O tratamento visa manter a ferritina sérica entre 1.000 e 1.500 µg/mL, quando as reservas de ferro estão 5 a 10 vezes acima da normal. A IRM avalia os ferros cardíaco e hepático de modo mais acurado (Figura 4.5), mas a ferritina sérica é útil para estimar alterações nas reservas globais de ferro. São necessários testes seriados das funções cardíaca, hepática e endócrina se já houver sinais de insuficiência (Tabela 4.3)

A expectativa de vida em pacientes com talassemia maior melhorou notavelmente com a introdução do tratamento quelante. A quelação do ferro pode inclusive reverter os danos cardíaco, hepático e endócrino em casos em que se desenvolveram antes do início do tratamento ou por insuficiente tratamento quelante prévio (Figura 4.6).

RESUMO

- A sobrecarga de ferro é causada por absorção excessiva de ferro alimentar (hemocromatose genética) ou por transfusões repetidas em pacientes com anemias refratárias. Cada unidade de sangue contém de 200 a 250 mg de ferro.
- O excesso de ferro absorvido no trato gastrintestinal acumula-se nas células parenquimatosas do fígado, dos órgãos endócrinos e, em casos graves, no coração.
- A sobrecarga transfusional de ferro causa dano a esses órgãos e também acúmulo de ferro nos macrófagos do sistema reticuloendotelial.
- A hemocromatose genética é geralmente decorrente da mutação homozigótica C282Y do gene *HFE*, causando alteração na proteína HFE e um nível baixo de hepcidina sérica. Há formas mais raras causadas por mutações de outros genes codificando proteínas (hemojuvelina, hepcidina, receptor 2 da transferrina e ferroportina). Sangrias repetidas são utilizadas para redução da sobrecarga de ferro.
- A sobrecarga transfusional de ferro ocorre com mais frequência na talassemia maior, mas também ocorre em outras anemias refratárias dependentes de transfusão (p. ex., casos de mielodisplasia, anemia de células falciformes, mielofibrose primária, aplasia eritroide pura e anemia aplástica).
- Insuficiência cardíaca ou arritmias decorrentes de siderose cardíaca, melhor detectadas por IRM, são a causa comum de morte por sobrecarga transfusional de ferro.
- O tratamento é feito com agentes quelantes de ferro: deferasirox e deferiprona, ambos ativos por via oral, ou desferroxamina, por vias subcutânea ou intravenosa.
- A expectativa de vida melhorou consideravelmente na talassemia maior com a quelação de ferro e o uso da IRM para medir acuradamente os ferros cardíaco e hepático.

Visite **www.wileyessential.com/haematology** para testar seus conhecimentos neste capítulo.

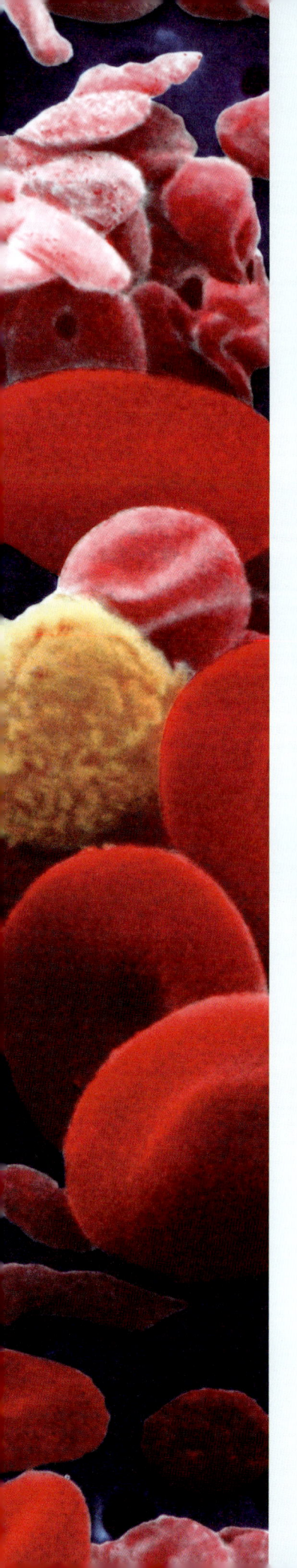

CAPÍTULO 5

Anemias megaloblásticas e outras anemias macrocíticas

Tópicos-chave

- Anemias megaloblásticas — 49
- Vitamina B_{12} — 49
- Folato — 51
- Deficiência de vitamina B_{12} — 52
- Deficiência de folato — 53
- Aspectos clínicos da anemia megaloblástica — 53
- Diagnóstico de deficiência de vitamina B_{12} ou de folato — 56
- Outras anemias megaloblásticas — 58
- Outras anemias macrocíticas — 58

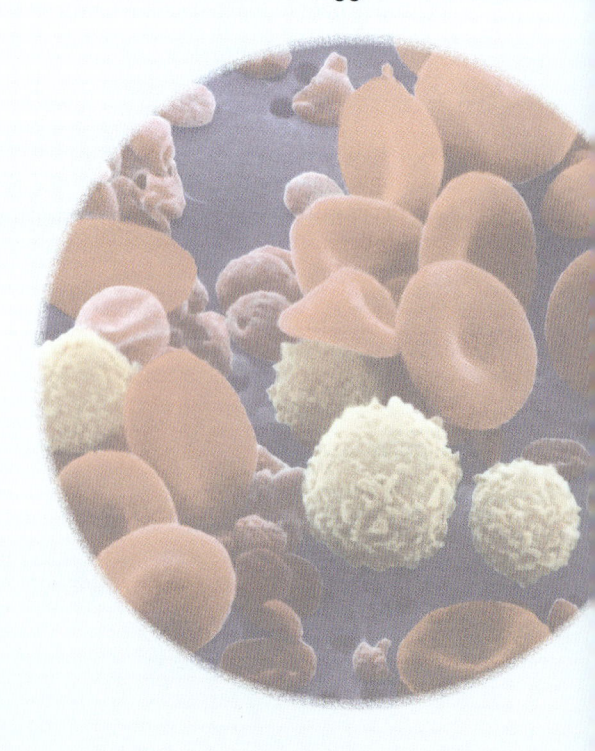

Introdução às anemias macrocíticas

As anemias macrocíticas, caracterizadas por eritrócitos anormalmente grandes (VCM > 98 fL), têm várias causas (ver Tabela 2.5), podendo ser subdivididas em megaloblásticas e não megaloblásticas (Tabela 5.10), de acordo com o aspecto dos eritroblastos em desenvolvimento na medula óssea.

Anemias megaloblásticas

As anemias megaloblásticas constituem um grupo de anemias em que os eritroblastos na medula óssea mostram uma anormalidade característica – atraso da maturação do núcleo em relação à do citoplasma. O defeito básico responsável por essa assincronia é a síntese defeituosa de DNA, geralmente causada por deficiência de vitamina B_{12} ou de folato. Com menor frequência, anomalias do metabolismo dessas vitaminas e outros defeitos na síntese do DNA podem causar aspecto hematológico idêntico (Tabela 5.1).

Vitamina B_{12} (B_{12}, cobalamina)

A vitamina B_{12} é sintetizada na natureza por microrganismos; os animais adquirem-na ingerindo alimentos de origem animal, pela produção interna das bactérias intestinais (o que não ocorre em seres humanos) ou pela ingestão de alimentos contaminados com bactérias. A vitamina consiste em um pequeno grupo de compostos, as cobalaminas, todas com a mesma estrutura básica, com um átomo de cobalto no centro de um anel corrina ligado a uma porção nucleotídica (Figura 5.1). A vitamina é encontrada em alimentos de origem animal, como fígado, carnes em geral, peixe e laticínios, mas não ocorre em frutas, cereais e verduras (Tabela 5.2).

Absorção

Uma dieta normal contém um grande excesso de B_{12} se comparada às necessidades diárias (Tabela 5.2). A B_{12} é liberada das proteínas às quais vem ligada nos alimentos e se combina com a glicoproteína **fator intrínseco** (**FI**), sintetizada pelas células parietais gástricas. O complexo FI-B_{12} liga-se, então, a um receptor de superfície específico para FI, a cubilina. Esta se liga, a seguir, com uma segunda proteína, *amnionless**, que promove endocitose do complexo cubilina/FI-B_{12} nas células do íleo, onde a B_{12} é absorvida e o FI é destruído (Figura 5.2).

Transporte: as transcobalaminas

A vitamina B_{12} é absorvida no sangue portal, onde se liga à proteína plasmática transcobalamina (TC, também chamada de transcobalamina II), que entrega B_{12} à medula óssea e a outros tecidos. Embora a TC seja a proteína plasmática essencial para transferência de B_{12} para as células do organismo, a quantidade de B_{12} na TC, em geral, é muito baixa (< 5 ng/dL). A deficiência de TC causa anemia megaloblástica, uma vez que a B_{12} não entra na medula óssea (e em outras células) a partir do plasma, porém o nível sérico de B_{12} na deficiência de TC é normal. Isso ocorre pelo fato de a maior parte da B_{12} no plasma estar ligada a outra proteína de transporte, a haptocorrina (também chamada de transcobalamina I), uma glicoproteína amplamente sintetizada por granulócitos e macrófagos. Nas doenças mieloproliferativas, nas quais a produção de granulócitos é muito aumentada, os níveis de haptocorrina e B_{12} aumentam de maneira considerável no soro. A B_{12} ligada à haptocorrina não se transfere à medula; ela parece funcionalmente "morta". Glicoproteínas estreitamente relacionadas à haptocorrina plasmática estão presentes no suco gástrico, no leite e em outros líquidos corporais.

*N. de T. Não há nome em português para a proteína *amnionless*, codificada pelo gene *AMN*.

Tabela 5.1 Causas de anemia megaloblástica

Deficiência de vitamina B_{12}

Deficiência de folato

Anomalias do metabolismo de vitamina B_{12} ou de folato (p. ex., deficiência de transcobalamina, exposição a óxido nitroso, uso de fármacos antifólicos)

Outros defeitos da síntese do DNA
  Deficiências enzimáticas congênitas (p. ex., acidúria orótica)
  Deficiências enzimáticas adquiridas (p. ex., abuso de álcool, tratamento com hidroxicarbamida, citarabina)

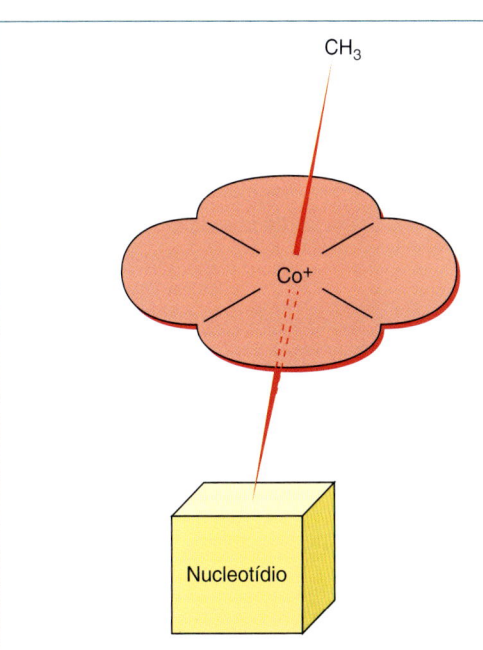

Figura 5.1 Estrutura da metilcobalamina (metil-B_{12}), principal forma da B_{12} no plasma humano. Outras formas incluem a desoxiadenosilcobalamina (ado-B_{12}), principal forma nos tecidos humanos; hidroxocobalamina (hidroxo-B_{12}), principal forma utilizada em terapêutica.

Tabela 5.2 Vitamina B_{12} e folato: aspectos nutricionais

	Vitamina B_{12}	Folato
Ingestão normal diária na dieta	7-30 µg	200-250 µg
Principais alimentos	Somente produtos animais	Na maioria dos alimentos, principalmente fígado, vegetais verdes e levedura
Cozimento	Pouco afetada	Facilmente destruído
Necessidade mínima diária do adulto	1-2 µg	100-150 µg
Depósitos no organismo	2-3 mg (suficiente para 2-4 anos)	10-12 mg (suficiente para 4 meses)

Absorção
  Local
  Mecanismo
  Limite
	
	Íleo
	Fator intrínseco
	2-3 µg por dia
		
		Duodeno e jejuno
		Conversão a metiltetraidrofolato
		50-80% do conteúdo da dieta

Circulação êntero-hepática	5-10 µg /dia	90 µg/dia
Transporte no plasma	Maior parte ligada à haptocorrina; TC essencial para a captação celular	Fracamente ligado à albumina
Principais formas fisiológicas intracelulares	Metil e desoxiadenosilcobalamina	Derivados reduzidos do poliglutamato
Forma terapêutica comum	Hidroxocobalamina	Ácido fólico (pteroilglutâmico)

TC, transcobalamina; haptocorrina, transcobalamina I.

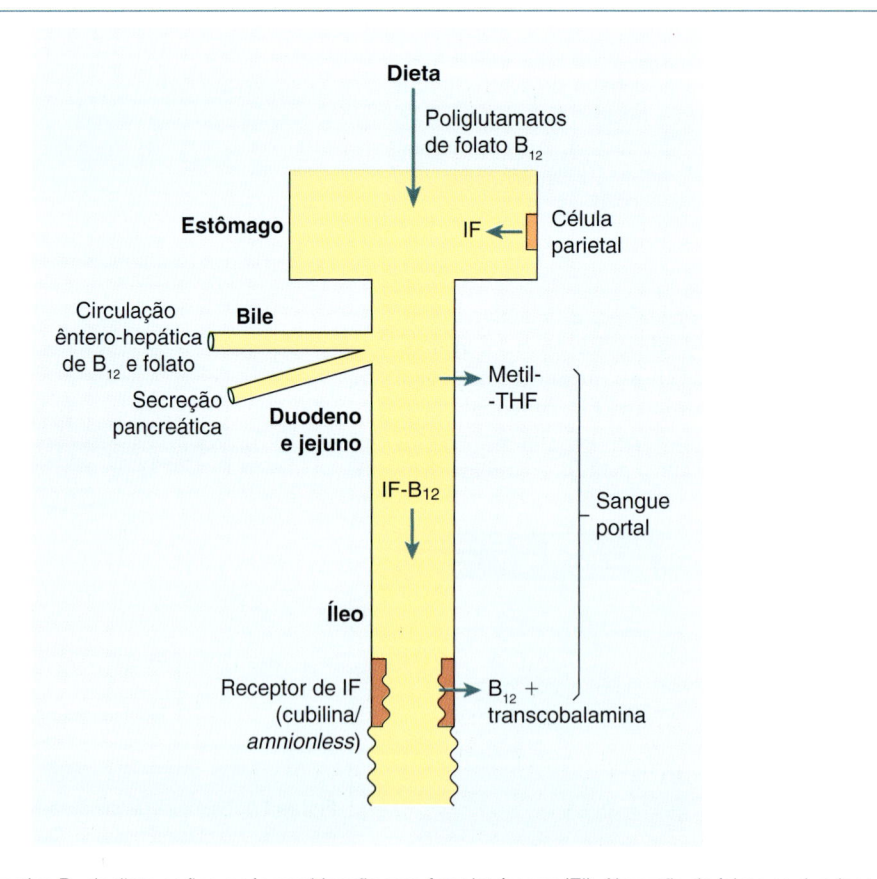

Figura 5.2 Absorção da vitamina B_{12} da dieta no íleo, após combinação com fator intrínseco (FI). Absorção de folato no duodeno e no jejuno após conversão de todas as formas da dieta em metiltetra-hidrofolato (metil-THF). TC, transcobalamina.

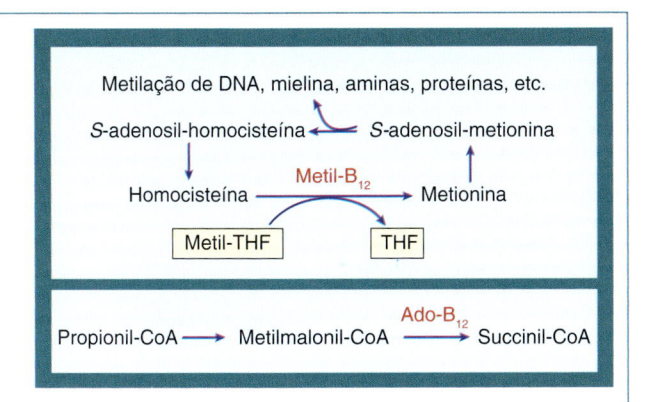

Figura 5.3 Reações bioquímicas da vitamina B_{12} em seres humanos. Ado-B_{12}, desoxiadenosilcobalamina; CoA, coenzima A; THF, tetra-hidrofolato.

Função bioquímica

A vitamina B_{12} é uma coenzima de duas reações bioquímicas: na primeira, como metil-B_{12}, é cofator da metionina-sintase, a enzima responsável pela metilação da homocisteína em metionina, usando metiltetra-hidrofolato (metil-THF) como doador de metila (Figura 5.3); na segunda, como desoxiadenosil B_{12} (ado-B_{12}), auxilia na conversão de metilmalonil--coenzima A (CoA) em succinil-CoA (Figura 5.3).

Folato

O ácido fólico (pteroilglutâmico) é o composto-base de um grande grupo de compostos derivados, os folatos (Figura 5.4).

Absorção, transporte e função

O folato alimentar (uma mistura complexa de folatos variavelmente reduzidos) é convertido em metiltetra-hidrofolato (metil-THF), uma forma reduzida de monoglutamato que circula no plasma. Após entrar nas células, essa forma é convertida em folato poliglutamato, pela adição de 4 a 6 metades glutamato (Figura 5.5)

Os folatos são necessários em várias reações bioquímicas envolvendo transferência de unidades de um carbono, em interconversões de aminoácidos, como na conversão de homocisteína em metionina (Figuras 5.3 e 5.5) e na de serina em glicina, bem como na síntese de precursores purínicos de DNA.

Figura 5.4 Estrutura do ácido fólico (pteroilglutâmico). Os folatos da dieta podem conter: (a) átomos adicionais de hidrogênio nas posições 7 e 8 (di-hidrofolatos) ou 5, 6, 7 e 8 (tetra-hidrofolatos); (b) um grupo formil em N_5 ou N_{10}, um grupo metil em N_5 ou outro grupo 1-carbono; e (c) metades glutamato adicionais ligadas ao grupo γ-carboxil na porção glutamato.

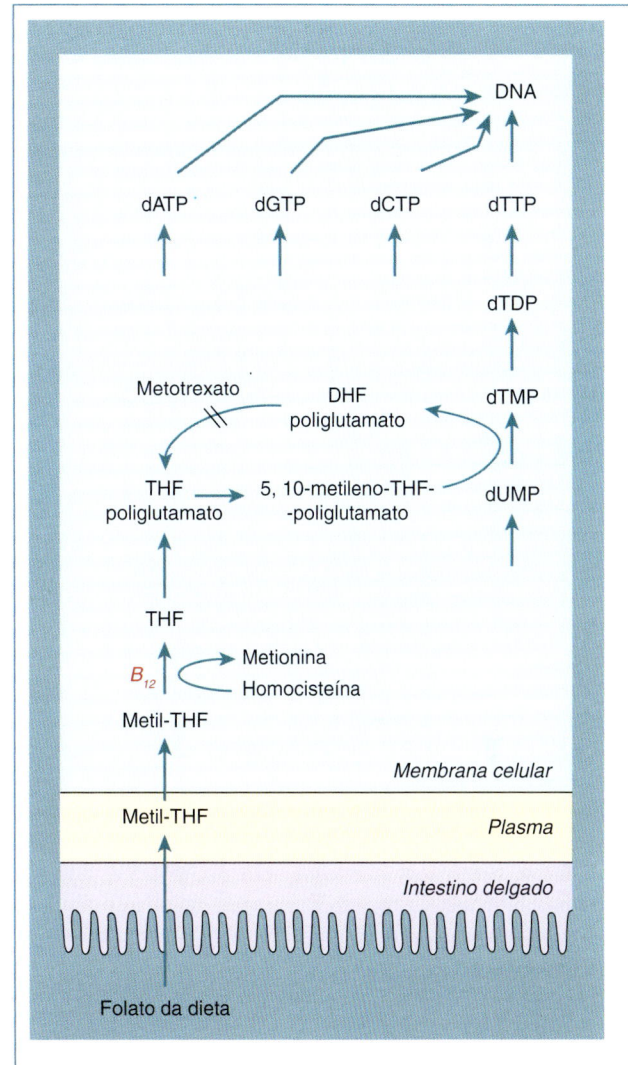

Figura 5.5 Base bioquímica da anemia megaloblástica causada por deficiência de vitamina B_{12} ou de folato. O folato é necessário em forma de uma de suas coenzimas, a 5,10-metileno-tetra--hidrofolato (THF) poliglutamato, na síntese de monofosfato de timidina a partir de seu precursor monofosfato de desoxiuridina. A vitamina B_{12} é necessária à conversão de metil-THF, que penetra nas células a partir do plasma, para o THF, do qual são sintetizadas formas de poliglutamato de folato. Os folatos da dieta são todos convertidos em metil-THF (um monoglutamato) pelo intestino delgado. A, adenina; C, citosina; d, desoxirribose; DHF, di-hidrofolato; DP, difosfato; G, guanina; MP, monofosfato; T, timina; TP, trifosfato; U, uracil.

Base bioquímica da anemia megaloblástica (Figura 5.5)

O DNA é formado pela polimerização dos quatro trifosfatos de desoxirribonucleotídios (adenina, guanina, citosina, timina). Supõe-se que a deficiência de folato provoque anemia megaloblástica por inibir a síntese de timidilato, um passo limitante da síntese de DNA, no qual é sintetizado o monofosfato de timidina (dTMP). Essa reação requer o 5,10-metileno-THF-poliglutamato como coenzima.

O papel da vitamina B_{12} na síntese de DNA é indireto. A B_{12} é necessária à conversão de metil-THF, que entra na medula e nas demais células a partir do plasma, para o THF. O THF (mas não metil-THF) é o substrato para a síntese de poliglutamato de folato no interior das células. Os poliglutamatos de folato, incluindo o 5,10-metileno-THF-poliglutamato, são as coenzimas intracelulares de folato. A deficiência de B_{12}, portanto, reduz indiretamente o suprimento da coenzima crítica do folato envolvida na síntese de timidilase (Figura 5.5). Outras causas congênitas ou adquiridas de anemia megaloblástica (p. ex., tratamento com antimetabólitos) inibem a síntese de purina ou de pirimidina em uma ou outra etapa. O resultado é a diminuição do suprimento de um ou outro dos quatro desoxirribonucleotídios necessários à síntese de DNA.

Redução de folato

Durante a síntese de dTMP, a coenzima de poliglutamato de folato sofre oxidação do estado de THF, transformando-se em di-hidrofolato (DHF) (Figura 5.5). A regeneração do THF ativo exige a enzima DHF-redutase. Os inibidores dessa enzima (p. ex., o metotrexato) inibem todas as reações de coenzima de folato e, assim, a síntese de DNA (Figura 5.5). O metotrexato é um fármaco útil, principalmente no tratamento de doenças malignas (p. ex., leucemia linfoblástica aguda [ver p. 192]) e doenças inflamatórias com excessivo *turnover* celular (p. ex., artrite reumatoide, psoríase). A pirimetamina, o antagonista mais fraco, é utilizada principalmente contra malária. O trimetoprim, ativo contra a DHF-redutase bacteriana, mas com ação muito fraca contra a enzima humana, é utilizado só ou em combinação antibacteriana com uma sulfonamida, como o cotrimoxazol. A toxicidade causada pelo metotrexato e pela pirimetamina é revertida com a administração do folato reduzido, o ácido folínico (5-formil-THF).

Deficiência de vitamina B_{12}

Nos países ocidentais, a deficiência grave de vitamina B_{12} geralmente decorre de anemia perniciosa (adisoniana) (Tabela 5.3). Com menor frequência, pode ser provocada por veganismo (vegetarianismo estrito), no qual falta B_{12} na dieta (mais comum na Índia), na gastrectomia e em doenças do intestino delgado. As causas de deficiência leve de B_{12} estão listadas na Tabela 5.3, e discutidas a seguir. Não há síndrome de deficiência de B_{12} como resultado de consumo excessivo ou perda da vitamina, de modo que a deficiência inevitavelmente leva ao menos dois anos para se desenvolver, isto é, o tempo necessário para que haja depleção dos depósitos ao ritmo de 1 a 2 μg/dia, quando se estabelece grave má absorção de B_{12} da dieta. O óxido nitroso, no entanto, é capaz de inativar rapidamente a B_{12} do organismo (p. 58).

Anemia perniciosa

É causada por agressão autoimune à mucosa gástrica, levando à atrofia do estômago. A parede do estômago torna-se delgada, com infiltrado de linfócitos e plasmócitos na lâmina própria. Pode ocorrer metaplasia intestinal, há acloridria, e a secreção de fator intrínseco (FI) torna-se ausente ou quase ausente. A gastrina sérica aumenta. A infecção por *Helicobacter pylori* pode iniciar uma gastrite autoimune: em pacientes jovens, apresenta-se como anemia ferropênica; em idosos, como anemia perniciosa.

O acometimento é maior no sexo feminino (1,6:1), com pico de ocorrência aos 60 anos, podendo haver doença autoimune associada, particularmente da tireoide (Tabela 5.4). A doença é encontrada em todas as raças, mas é mais comum nos norte-europeus e tem certa incidência familiar. Também há aumento de incidência de carcinoma de estômago (aproximadamente 2-3% de todos os casos de anemia perniciosa).

Anticorpos

Noventa por cento dos pacientes têm, no soro, anticorpos contra células parietais, dirigidos contra a H^+/K^+-ATPase gástrica. A anemia perniciosa distingue-se de gastrite atrófica ou gastrite autoimune simples pela presença no soro de anticorpos ao FI; 50% dos pacientes têm um anticorpo que inibe a ligação do FI à vitamina B_{12}. Um segundo anticorpo, bloqueando

---

Tabela 5.3 Causas de deficiência grave de vitamina B_{12}

Nutricional
Principalmente veganismo

Má absorção

Causas gástricas
Anemia perniciosa
Falta congênita ou anormalidade do fator intrínseco
Gastrectomia parcial ou total

Causas intestinais
Síndrome da alça intestinal estagnante – diverticulose jejunal, alça-cega, estenose, etc.
Espru tropical crônico
Ressecção ileal e doença de Crohn
Má absorção seletiva congênita com proteinúria (anemia megaloblástica recessiva autossômica)
Infestação por tênia de peixes (*Diphilobotrium latus*)

As **causas de deficiência leve de vitamina B_{12}** incluem dieta pobre e outras causas de má absorção de vitamina B_{12} (p. ex., má absorção da B_{12} dos alimentos por gastrite atrófica, particularmente em idosos, tratamento com inibidores da bomba de prótons ou metformina), pancreatite grave, enteropatia induzida por glúten e infecção por HIV. Essas condições geralmente não levam a uma deficiência de vitamina B_{12} suficiente para causar anemia ou neuropatia.

Tabela 5.4 Anemia perniciosa: condições associadas	
Sexo feminino	Vitiligo
Olhos azuis	Mixedema
Encanecimento precoce	Doença de Hashimoto
Europeu do norte	Tireotoxicose
Familiar	Doença de Addison
Grupo sanguíneo A	Hipoparatireoidismo Hipogamaglobulinemia Carcinoma do estômago

Tabela 5.5 Causas de deficiência de folato
Nutricional Principalmente idade avançada, vida em instituições, pobreza, carência extrema de alimento, dietas especiais, anemia do leite de cabra, etc.
Má absorção Espru tropical, enteropatia induzida por glúten (adulto ou criança). Possível fator contribuinte na deficiência de folato em alguns pacientes com gastrectomia parcial, ressecção jejunal extensa ou doença de Crohn
Excesso de utilização *Fisiológica* Gravidez e lactação, prematuridade *Patológica* Doenças hematológicas: anemias hemolíticas, mielofibrose Doenças malignas: carcinoma, linfoma, mieloma Doenças inflamatórias: doença de Crohn, tuberculose, artrite reumatoide, psoríase, dermatite exfoliativa, malária
Perda urinária excessiva de folato Hepatopatia ativa, insuficiência cardíaca congestiva
Fármacos Anticonvulsivantes, sulfassalazina
Mistas Hepatopatia, alcoolismo, tratamento intensivo

a ligação do FI a seu sítio receptor no íleo é menos frequente. Os anticorpos anti-FI também ocorrem no suco gástrico. São praticamente específicos para a anemia perniciosa, porém, como estão presentes no soro apenas na metade dos pacientes, a falta deles não exclui o diagnóstico. O anticorpo mais comum contra células parietais é menos específico, pois é comum em idosos (p. ex., 16% das mulheres normais com idade acima de 60 anos), sem anemia perniciosa.

Outras causas de deficiência de vitamina B_{12}

Ausência congênita ou anormalidades do FI, em geral, são notadas em torno dos 2 anos de idade, quando os estoques de B_{12} derivados da mãe *in utero* foram consumidos. A má absorção específica de B_{12} deve-se à mutação genética do receptor FI-B_{12}, cubilina, ou de *amnionless*. Em geral, apresenta-se na infância e está associada à proteinúria em 90% dos casos.

Graus menores de deficiência de B_{12}, com B_{12} sérica subnormal, mas quase sempre sem anemia megaloblástica, podem resultar de ingestão insuficiente, má absorção da B_{12} alimentar, sobretudo em idosos com gastrite atrófica, e associada ao uso prolongado de fármacos inibidores da bomba de cátions ou metformina. A deficiência leve de B_{12} também pode ocorrer nas demais condições listadas na Tabela 5.3.

Deficiência de folato

Resulta frequentemente de dieta pobre em folato, isolada ou em combinação com uma condição em que haja aumento de utilização ou má absorção de folato (Tabela 5.5). Um *turnover* celular excessivo, de qualquer tipo, incluindo gravidez, é a principal causa de aumento das necessidades de folato, pois mais moléculas de folato se degradam quando há aumento da síntese de DNA e de timidilato. O mecanismo pelo qual os anticonvulsivantes e os barbitúricos causam deficiência ainda é controverso.

Aspectos clínicos de anemia megaloblástica

A instalação, em geral, é insidiosa com sintomas e sinais gradativamente progressivos de anemia (ver Capítulo 2). O paciente pode ter icterícia leve (coloração amarelo-limão) (Figura 5.6) pelo excesso de catabolismo de hemoglobina, resultante do aumento da eritropoese ineficaz na medula óssea. Glossite (língua com aspecto de carne bovina crua, que arde com alimentos ácidos) (Figura 5.7), estomatite angular (Figura 5.8) e sintomas leves de má absorção, com perda de peso, podem estar presentes, causados pelas alterações epiteliais. Púrpura decorrente de trombocitopenia e hiperpigmentação generalizada (cuja causa é incerta) são raras (Tabela 5.6). Muitos pacientes assintomáticos são diagnosticados quando o hemograma, solicitado por outros motivos, mostra macrocitose.

Neuropatia da deficiência de vitamina B_{12} (degeneração subaguda combinada da medula espinal)

A deficiência grave de B_{12} pode causar neuropatia progressiva, que afeta os nervos sensoriais periféricos e os cordões posterior e lateral da medula espinal (Figura 5.9). A neuropatia é simétrica e afeta mais os membros inferiores do que os superiores. O paciente tem formigamento dos pés e dificuldade para deambular; em ambiente escuro, ele pode cair. Raramente, há atrofia óptica ou sintomas psiquiátricos graves. Quando há neuropatia, a anemia pode ser grave, leve e até ausente, mas o hemograma já mostra macrocitose e o aspecto da medula óssea sempre está alterado. A neuropatia periférica geralmente é reversível com o tratamento com B_{12}, porém a recuperação

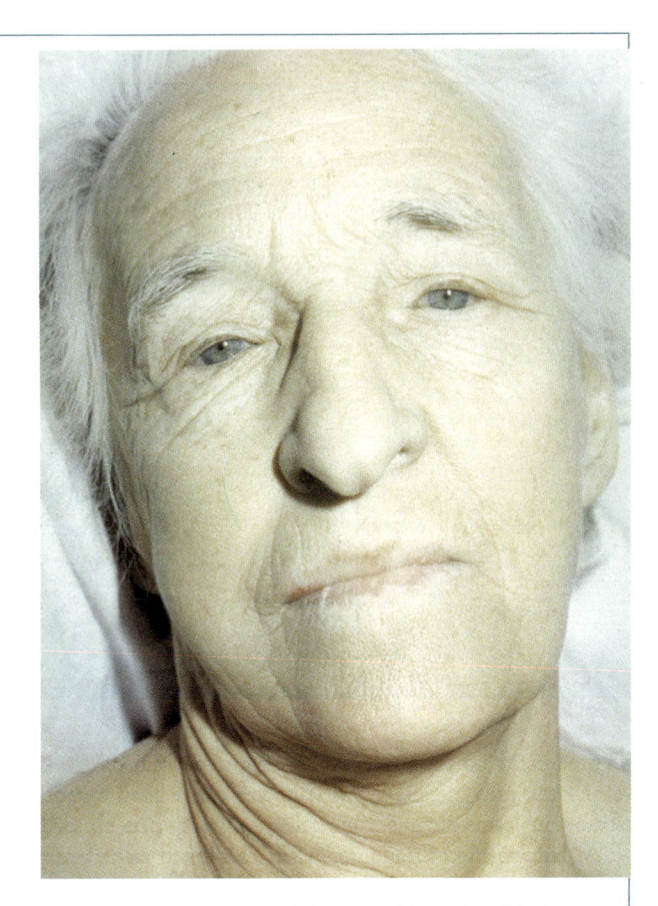

Figura 5.6 Anemia megaloblástica: palidez e icterícia leve em paciente com hemoglobina 7 g/dL e volume corpuscular médio de 132 fL.

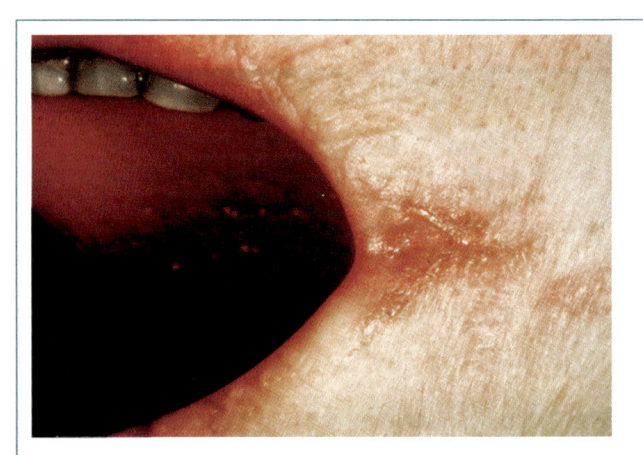

Figura 5.8 Anemia megaloblástica: queilite angular (estomatite).

Tabela 5.6 Efeitos da deficiência de vitamina B_{12} ou de folato

Anemia megaloblástica

Macrocitose das células das superfícies epiteliais

Neuropatia (somente na deficiência de B_{12})

Esterilidade

Raramente, pigmentação melânica cutânea reversível

Diminuição da atividade osteoblástica

Defeitos do tubo neural no feto são relacionados à deficiência de folato ou de B_{12}

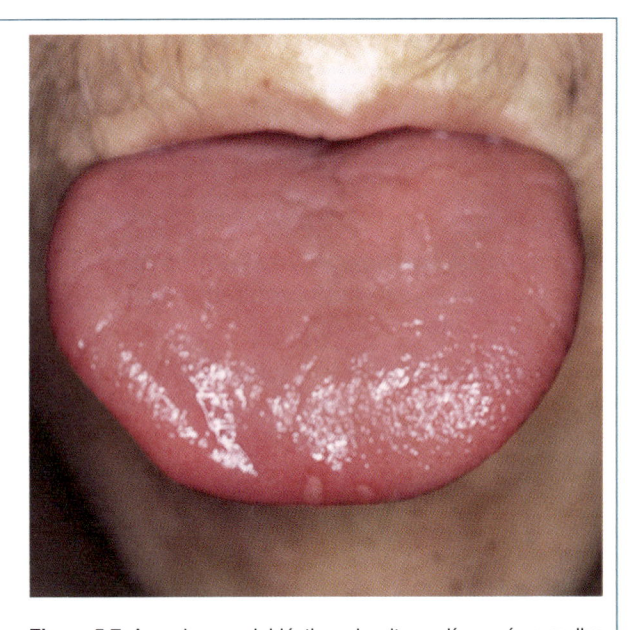

Figura 5.7 Anemia megaloblástica: glossite – a língua é vermelha como carne bovina e dolorosa.

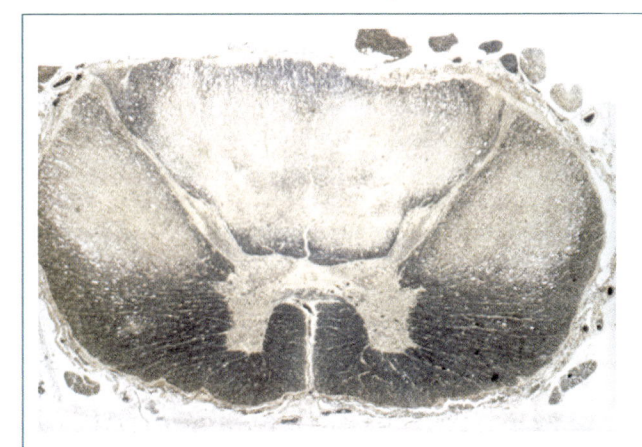

Figura 5.9 Secção transversal da medula espinal em um paciente que morreu com degeneração subaguda combinada da medula (coloração de Weigert-Pal). Há desmielinização dos cordões dorsal e dorsolateral.

da medula espinal é incompleta, principalmente se já estiver presente por mais de algumas semanas ou poucos meses.

A causa da neuropatia provavelmente está relacionada com o acúmulo de *S*-adenosil-homocisteína e diminuição dos níveis de *S*-adenosil-metionina no tecido nervoso, resultando em metilação defeituosa da mielina e de outros substratos. As deficiências de B_{12} e folato têm sido associadas a uma redução da função cognitiva e doença de Alzheimer, mas não se demonstrou benefício pelo uso profilático dessas vitaminas.

Defeito do tubo neural

A deficiência de folato ou de B_{12} na mãe predispõe a defeitos do tubo neural (DTN) no feto: anencefalia, espinha bífida ou encefalocele (Figura 5.10). Quanto mais baixos forem os níveis de folato sérico ou eritrocitário, ou de vitamina B_{12} sérica, maior a incidência de DTNs. No entanto, a suplementação da dieta com ácido fólico na ocasião da concepção e no início da gestação diminui em 75% a incidência de DTN.

O mecanismo exato é incerto, mas supõe-se que esteja relacionado ao defeito na formação de homocisteína e de *S*-adenosil-homocisteína no feto, que pode diminuir a metilação de várias proteínas e lipídios. Um polimorfismo comum (677C $\rightarrow$ T) na enzima 5,10-metileno-tetra-hidrofolato-redutase (5,10-MTHFR), que reduz 5,10-MTHF para metil-THF, resulta em aumento da homocisteína sérica e baixos níveis séricos e eritrocitários de folato em comparação com níveis-controle. A incidência dessa mutação é maior nos pais e nos fetos com DTN do que em controles.

Outras alterações teciduais

Na deficiência grave de B_{12} ou de folato, a esterilidade é frequente em ambos os sexos. Há macrocitose, excesso de apoptose e outras anomalias morfológicas dos epitélios cervical, bucal, vesical e outros. Hiperpigmentação generalizada reversível também pode ocorrer. A deficiência de B_{12} associa-se à diminuição da atividade osteoblástica.

O aumento dos níveis de homocisteína sérica e a redução no folato sérico ou eritrocitário e o polimorfismo na enzima MTHFR (ver anteriormente) têm sido associados com incidência aumentada de doenças cardiovasculares, incluindo infarto do miocárdio, doença vascular periférica, acidente vascular cerebral (AVC) e trombose venosa (ver p. 306). A profilaxia com ácido fólico, entretanto, não reduziu a incidência de doença arterial, exceto, possivelmente, de AVC.

Várias associações entre o *status* de folato e doenças malignas têm sido observadas, mas a metanálise de pacientes randomizados para receber ácido fólico ou placebo, por 2 anos ou mais, não mostrou diferença entre a incidência de câncer entre os dois grupos.

Achados laboratoriais

A anemia é macrocítica (VCM > 98 fL e com frequência tão alto quanto 120-140 fL nos casos graves) e os macrócitos são ovais (Figura 5.11). Se houver concomitância de deficiência de ferro, o VCM pode ser normal. A contagem de reticulócitos é baixa, e as contagens de leucócitos e plaquetas podem

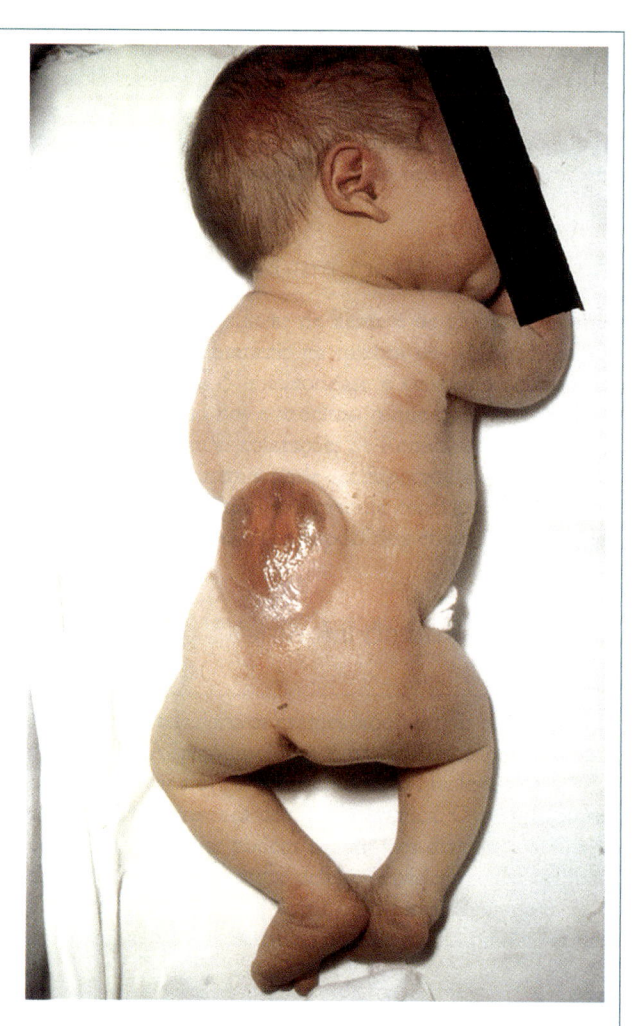

Figura 5.10 Bebê com defeito do tubo neural (espinha bífida). (Cortesia do Prof. C. J. Schorah.)

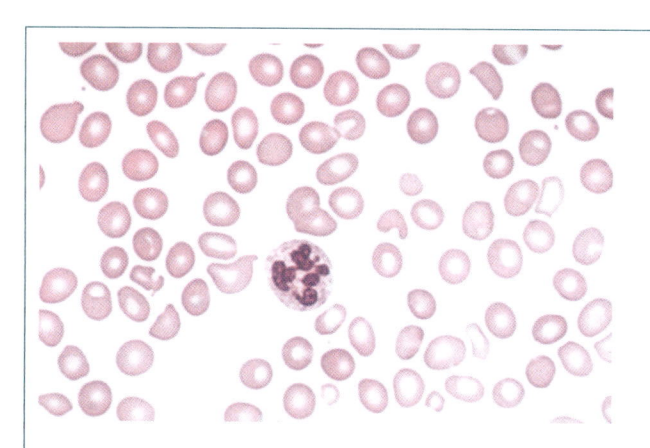

Figura 5.11 Anemia megaloblástica: sangue periférico mostrando macrócitos ovalados e um neutrófilo hipersegmentado.

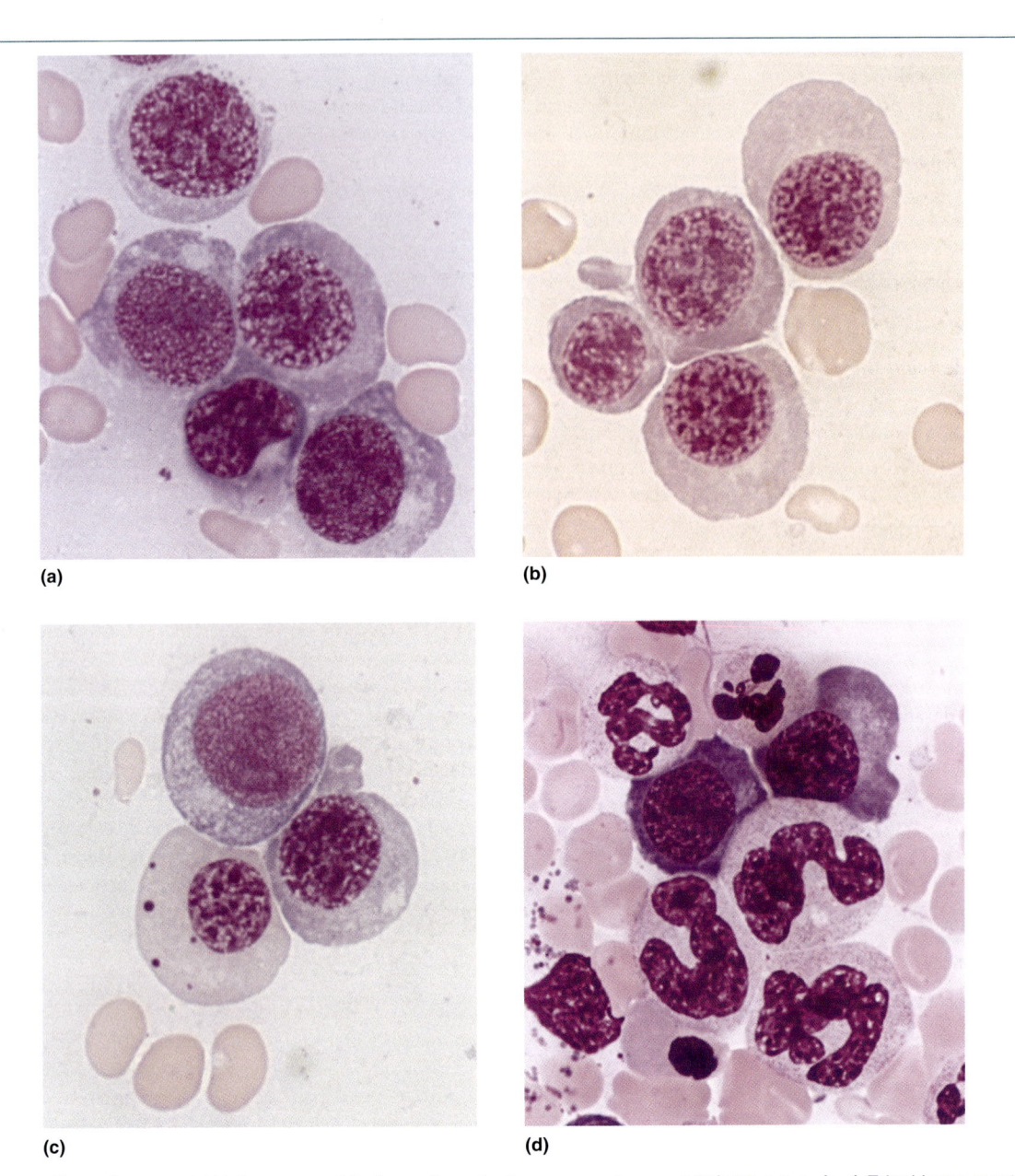

Figura 5.12 Alterações megaloblásticas na medula óssea de paciente com anemia megaloblástica grave. **(a-c)** Eritroblastos mostrando cromatina nuclear com aspecto frouxo (primitivo), com um pontilhado fino, inclusive nas células já diferenciadas (citoplasma pálido com alguma formação de hemoglobina). **(d)** Metamielócitos gigantes e formas em bastonete anormais.

estar moderadamente diminuídas, sobretudo em pacientes muito anêmicos. Vários neutrófilos apresentam núcleo hipersegmentado (com seis ou mais lobos). A medula óssea é, em geral, hipercelular, e os eritroblastos (megaloblastos) são grandes e mostram falta de maturação, mantendo aspecto de cromatina frouxa, primitiva, mas hemoglobinização normal (Figura 5.12). Metamielócitos gigantes e com forma anormal são característicos.

A bilirrubina sérica não conjugada (bilirrubina indireta) e a desidrogenase láctica estão aumentadas, devido à destruição de células na medula óssea (hematopoese ineficaz).

Diagnóstico de deficiência de vitamina B_{12} ou de folato

Dosagens de vitamina B_{12} e de folato séricos são rotineiras (Tabela 5.7). A vitamina B_{12} sérica é baixa na anemia megaloblástica e na neuropatia causada por deficiência de B_{12}. O folato sérico e o eritrocitário estão baixos na anemia megaloblástica causada por deficiência de folato. Na deficiência de B_{12}, o folato sérico tende a aumentar, mas o eritrocitário diminui. Quando não há deficiência de B_{12}, o folato eritrocitário é um guia mais preciso do *status* do folato tecidual do que o folato sérico.

Tabela 5.7 Exames laboratoriais para deficiência de vitamina B_{12} e de folato

Exame	Valores de referência*		Resultado na Deficiência de vitamina B_{12}	Deficiência de folato
Vitamina B_{12} sérica	160-925 pg/mL	120-680 pmol/L	Baixa	Normal ou limítrofe
Folato sérico	3-15 ng/mL	4-30 nmol/L	Normal ou alta	Baixa
Folato eritrocitário	160-640 ng/mL	360-1.460 nmol/L	Normal ou baixa	Baixa

*Os valores de referência divergem nos diferentes *kits* comerciais.

A dosagem de ácido metilmalônico sérico é um teste para a deficiência de B_{12}; a de homocisteína, para a deficiência de folato ou de B_{12}. Não são resultados específicos, há dificuldade no estabelecimento de valores de referência nos diversos grupos etários e não são testes amplamente disponíveis.

Exames para identificação da causa de deficiência de vitamina B_{12} ou de folato

Exames úteis estão relacionados na Tabela 5.8. Eles são principalmente relacionados à avaliação da função gástrica e à pesquisa de anticorpos contra antígenos gástricos. Em todos os casos de anemia perniciosa, deve ser feita endoscopia para confirmação de atrofia gástrica e exclusão de carcinoma do estômago.

Tabela 5.8 Exames para determinar a causa de deficiência de vitamina B_{12} ou de folato

Vitamina B_{12}	Folato
História dietética	História dietética
Gastrina sérica	Testes para má absorção intestinal
Anticorpos contra FI e células parietais	Anticorpos antitransglutaminase e antiendomísio
Endoscopia	Biópsia duodenal Doença de base

FI, fator intrínseco.

Para a deficiência de folato, a história dietética é mais importante, embora seja difícil estimar com precisão a ingestão de folato. Também devem ser consideradas a possibilidade de enteropatia induzida por glúten e a presença de outras doenças subjacentes (ver Tabela 5.5).

Tratamento

A maioria dos casos necessita somente de tratamento com a vitamina apropriada (Tabela 5.9). Doses terapêuticas de ácido fólico (p. ex., 5 mg/dia) dadas a um paciente com deficiência de B_{12} provocam resposta terapêutica da anemia, porém podem agravar a neuropatia. Não devem ser prescritas isoladamente, salvo se a deficiência de B_{12} tiver sido excluída com segurança. Em pacientes com anemia grave que necessitam de tratamento urgente, pode ser mais seguro iniciar o tratamento com ambas as vitaminas, mas depois da coleta de sangue para as dosagens de B_{12} e de folato. O tratamento com B_{12} oral pode ser utilizado; em hemofílicos sempre deve ser preferido, mas inicialmente é difícil suprir as reservas. Altas doses orais diárias são necessárias para garantir absorção o suficiente e para contornar a falta de adesão com o tratamento a longo prazo. O tratamento oral pode ser preferível para pacientes com graus leves de deficiência (p. ex., os que têm má absorção da B_{12} dos alimentos). Em idosos, a presença de insuficiência cardíaca deve ser controlada com diuréticos. Transfusões de sangue devem ser evitadas, se possível, pois podem causar sobrecarga circulatória.

Tabela 5.9 Tratamento da anemia megaloblástica

	Deficiência de vitamina B_{12}	Deficiência de folato
Composto	Hidroxocobalamina	Ácido fólico
Via	Intramuscular*	Oral
Dose	1.000 µg	5 mg
Dose inicial	6 × 1.000 µg em 2-3 semanas	Diariamente por 4 meses
Manutenção	1.000 µg a cada 3 meses	Depende da doença de base; pode ser necessário tratamento durante toda a vida em anemias hemolíticas hereditárias crônicas, mielofibrose e diálise
Uso profilático	Gastrectomia total Ressecção ileal	Gravidez, anemias hemolíticas graves, diálise, prematuridade

*Alguns autores recomendam dose diária por via oral ou sublingual no tratamento de deficiência de vitamina B_{12} (ver texto).

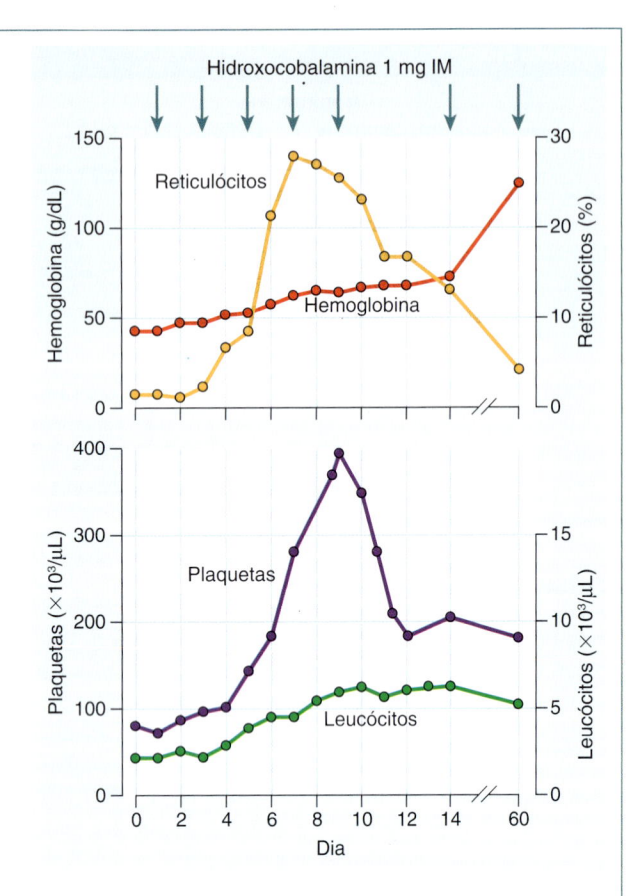

Figura 5.13 Resposta hematológica típica ao tratamento com vitamina B_{12} (hidroxocobalamina) em anemia perniciosa.

Resposta ao tratamento

O paciente sente-se melhor depois de 24 a 48 horas do tratamento com a vitamina correta, com notável aumento de apetite e bem-estar eufórico. A hemoglobina deve aumentar em 2 a 3 g/dL a cada 2 semanas. As contagens de leucócitos e de plaquetas normalizam-se em 7 a 10 dias (Figura 5.13) e a medula perde o aspecto megaloblástico, torna-se normoblástica, em cerca de 48 horas – embora persistam metamielócitos gigantes durante até 12 dias.

Tratamento profilático

A vitamina B_{12} deve ser administrada periodicamente em pacientes com gastrectomia total, cirurgia bariátrica ou ressecção ileal. Na gestação, o ácido fólico é administrado na dose de 400 μg diários, e recomenda-se que todas as mulheres em idade fértil ingiram pelo menos 400 μg de ácido fólico por dia (aumentando a ingestão de alimentos ricos em folatos ou suplementados com folato ou recebendo ácido fólico), para evitar uma primeira ocorrência de DTN no feto.

O ácido fólico também é administrado em pacientes em diálise crônica, com anemia hemolítica grave e com mielofibrose primária e em crianças prematuras. A fortificação de alimentos com ácido fólico (p. ex., farinhas ou grãos) é praticada em mais de 70 países, incluindo os Estados Unidos e o Brasil, para diminuir a incidência de DTNs; não é feita no Reino Unido nem no resto da Europa.

Outras anemias megaloblásticas

Ver Tabela 5.1.

Anomalias do metabolismo de vitamina B_{12} ou de folato

Incluem deficiências de enzimas relacionadas com o metabolismo de B_{12} ou de ácido fólico ou, no caso da B_{12}, com a proteína sérica de transporte, a transcobalamina. A anestesia com óxido nitroso (N_2O) causa rápida inativação da vitamina B_{12} por oxidação do átomo de cobalto reduzido da metil-B_{12}. Alterações megaloblásticas surgem na medula óssea pela administração durante alguns dias de N_2O e podem provocar pancitopenia. A exposição crônica (como em dentistas e em anestesistas) pode causar dano neurológico, semelhante ao da neuropatia por deficiência de B_{12}. Fármacos antifólicos, particularmente os que inibem a DHF-redutase (p. ex., metotrexato e pirimetamina), também podem causar megaloblastose.

Outras anemias macrocíticas

Há muitas causas de anemia macrocítica não megaloblástica (Tabela 5.10). O mecanismo exato da formação de eritrócitos grandes nessas situações não está claro, embora o aumento da deposição de lipídios na membrana dos eritrócitos e alterações no tempo de maturação dos eritroblastos na medula possam estar implicados. O abuso de álcool é a causa mais frequente de aumento do VCM na ausência de anemia. Os reticulócitos são maiores que os eritrócitos maduros, e a anemia hemolítica é uma causa importante de anemia macrocítica. O uso de antimetabólitos, como hidroxicarbamida (ver Tabela 12.2), causa macrocitose, e a medula pode mostrar-se megaloblástica. As outras doenças subjacentes, relacionadas na Tabela 5.10, são fáceis de diagnosticar, desde que

Tabela 5.10 Causas de macrocitose além da anemia megaloblástica
Abuso de álcool
Hepatopatia
Hipotireoidismo
Síndromes mielodisplásicas Uso de antimetabólitos (p. ex., hidroxicarbamida)
Anemia aplástica
Gravidez
Tabagismo
Reticulocitose
Mieloma e paraproteinemia
Neonatal (fisiológica)

sejam consideradas e que sejam feitos os exames adequados para exclusão de deficiências de B_{12} e de folato.

Diagnóstico diferencial das anemias macrocíticas

A história clínica e o exame físico podem sugerir deficiência de B_{12} ou de folato como causa da anemia macrocítica. Dieta, uso de fármacos, ingestão de álcool, história familiar, história sugestiva de má absorção, presença de doenças autoimunes ou outras associações com anemia perniciosa (ver Tabela 5.4) e doenças e cirurgias gastrointestinais prévias são importantes.

Icterícia, glossite ou neuropatia também são indicações valiosas de anemia megaloblástica.

Características laboratoriais de particular importância são a forma dos macrócitos (ovais na anemia megaloblástica), a presença de neutrófilos hipersegmentados, leucopenia e trombocitopenia na anemia megaloblástica e o aspecto da medula óssea. Dosagens séricas de B_{12} e de folato são essenciais. Exclusão de alcoolismo (sobretudo se o paciente não estiver anêmico), provas de função hepática e tireoidiana, exame da medula óssea para mielodisplasia, aplasia ou mieloma são importantes na investigação de macrocitose não causada por deficiência de B_{12} ou de folato.

RESUMO

- Anemias macrocíticas caracterizam-se por volume corpuscular médio aumentado (VCM > 98 fL). As causas incluem deficiências de vitamina B_{12} (cobalamina) ou de folato, abuso de álcool, doença hepática, hipotireoidismo, mielodisplasia, paraproteinemia, fármacos citotóxicos, anemia aplástica, gravidez e período neonatal.
- As deficiências de B_{12} e de folato causam anemia megaloblástica, em que os eritroblastos da medula óssea mostram alterações morfológicas características.
- Os folatos fazem parte das reações bioquímicas da síntese de DNA. A B_{12} tem um papel indireto, pelo seu envolvimento no metabolismo dos folatos.
- A deficiência de B_{12} também pode causar neuropatia, devida a dano à medula espinal e aos nervos periféricos.
- A deficiência de B_{12} geralmente é causada por má absorção; a doença comum é a anemia perniciosa, na qual há gastrite autoimune, que resulta em deficiência grave de fator intrínseco, uma glicoproteína feita no estômago, necessária à absorção de B_{12} no íleo.
- Outras doenças gastrintestinais, bem como dieta vegana, podem causar deficiência de B_{12}.
- A deficiência de folato pode ser causada por uma dieta pobre, má absorção (p. ex., enteropatia induzida por glúten) ou um excessivo *turnover* celular (p. ex., gestação, anemias hemolíticas, tumores malignos).
- O tratamento da deficiência de B_{12} é feito com injeções intramusculares de hidroxocobalamina. e o da deficiência de folato, com ácido fólico (pteroilglutâmico) oral.
- Causas raras de anemia megaloblástica incluem erros congênitos do transporte ou metabolismo da B_{12} ou do folato e defeitos na síntese de DNA não relacionados com essas vitaminas.

Visite **www.wileyessential.com/haematology** para testar seus conhecimentos neste capítulo.

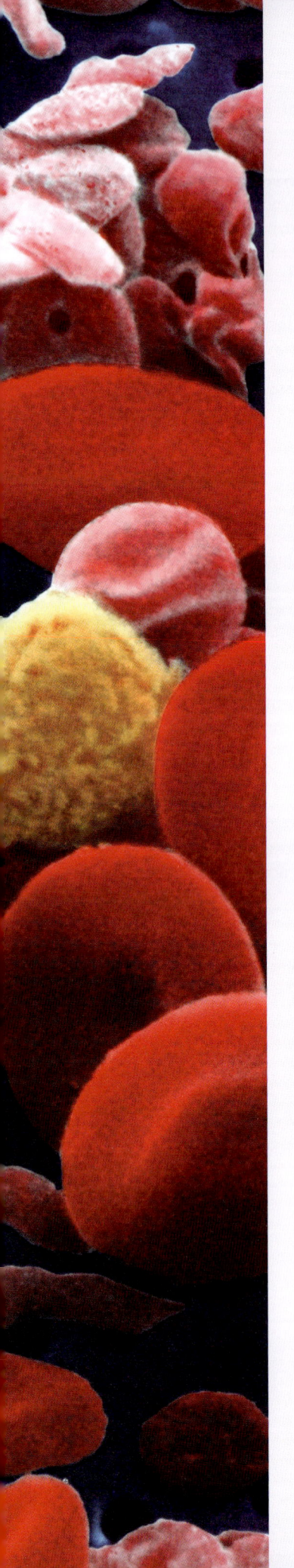

CAPÍTULO 6
Anemias hemolíticas

Tópicos-chave

- Destruição normal dos eritrócitos — 61
- Introdução às anemias hemolíticas — 62
- Hemólises intravascular e extravascular — 63
- Anemias hemolíticas hereditárias — 64
- Anemias hemolíticas adquiridas — 68

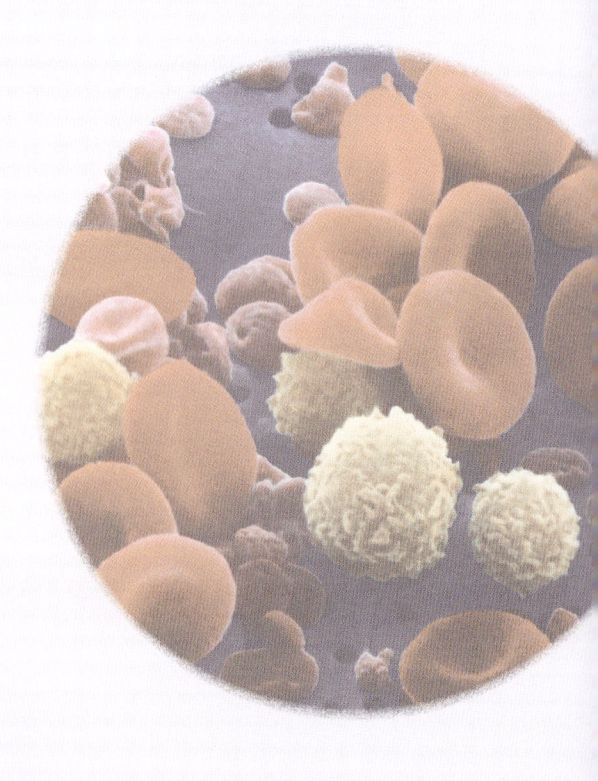

Destruição normal dos eritrócitos

A destruição dos eritrócitos geralmente ocorre depois de uma sobrevida média de 120 dias, quando as células são removidas extravascularmente pelos macrófagos do sistema reticuloendotelial (RE), sobretudo na medula óssea, mas também no fígado e no baço. Como os eritrócitos não têm núcleo, seu metabolismo deteriora-se à medida que as enzimas são degradadas e não são repostas, tornando-os inviáveis. O catabolismo da heme dos eritrócitos libera ferro para recirculação via transferrina plasmática, principalmente para os eritroblastos da medula óssea, e protoporfirina, que é transformada em bilirrubina. Esta circula para o fígado, onde é conjugada com glicuronídios, excretados no duodeno via bile e convertidos em estercobilinogênio e em estercobilina (excretados nas fezes) (Figura 6.1). O estercobilinogênio e a estercobilina são parcialmente reabsorvidos e excretados na urina como urobilinogênio e urobilina. As cadeias de globina são quebradas em aminoácidos, que são reutilizados na síntese geral de proteínas no organismo.

Haptoglobinas são proteínas presentes no plasma normal, capazes de ligar hemoglobina. O complexo hemoglobina-haptoglobina é removido pelo sistema RE. A hemólise intravascular (destruição de eritrócitos dentro dos vasos sanguíneos) desempenha um pequeno ou nenhum papel na destruição normal dos eritrócitos.

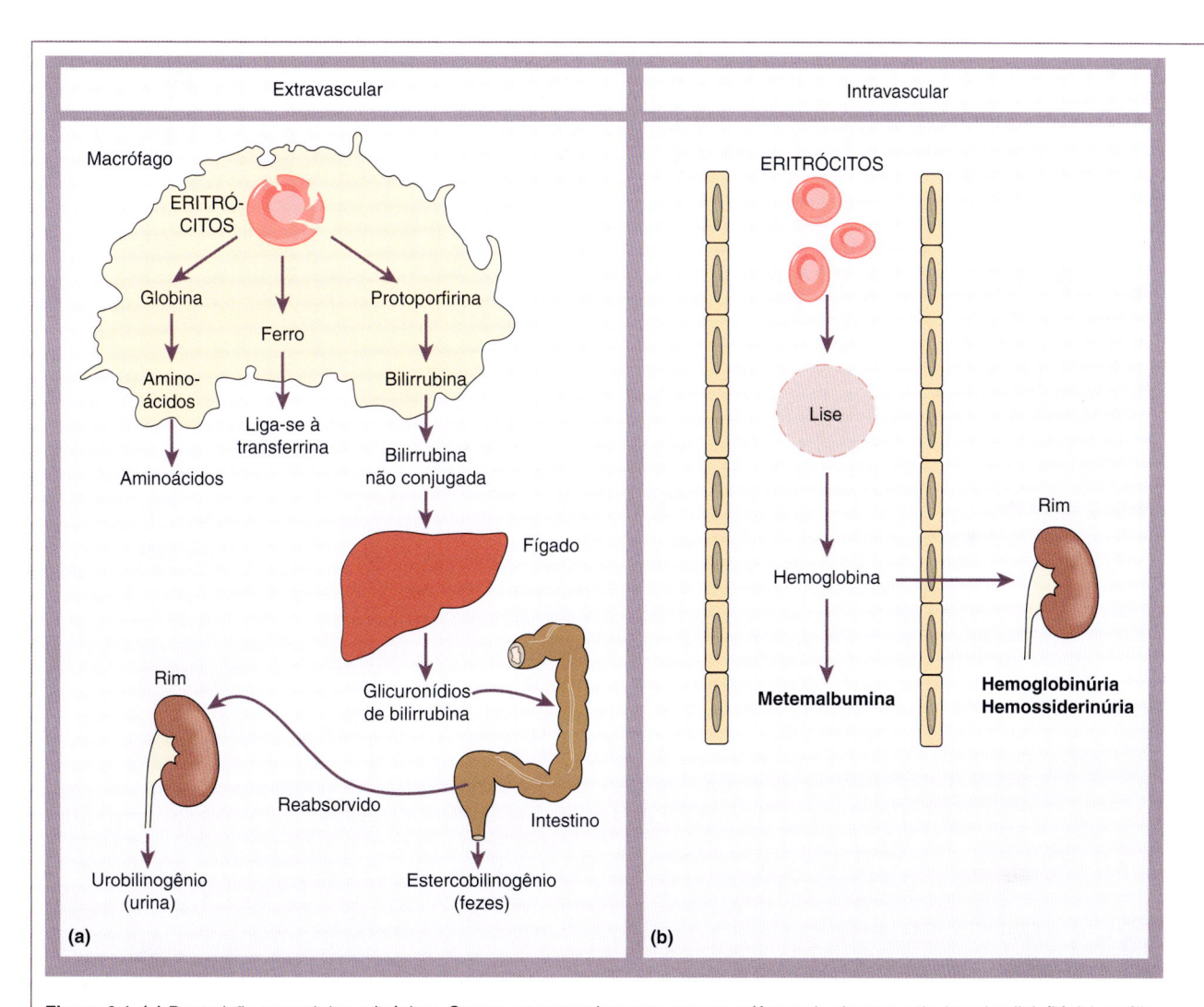

Figura 6.1 (a) Destruição normal dos eritrócitos. Ocorre extravascularmente nos macrófagos do sistema reticuloendotelial. (b) A hemólise intravascular ocorre em algumas situações patológicas.

Introdução às anemias hemolíticas

São ditas hemolíticas as anemias resultantes de aumento do ritmo de destruição dos eritrócitos. Devido à hiperplasia eritropoética e à expansão anatômica da medula óssea, a destruição de eritrócitos pode aumentar muitas vezes antes que o paciente fique anêmico, situação definida como doença hemolítica compensada. A medula óssea normal do adulto, depois de expansão total, é capaz de produzir eritrócitos em ritmo até 6 a 8 vezes maior do que o normal, desde que seja "eficaz". Isso causa acentuada reticulocitose. Esta hiper-regeneração reacional faz a anemia decorrente de hemólise só vir a ser notada quando a sobrevida eritrocitária for inferior a 30 dias.

Classificação

A Tabela 6.1 apresenta uma classificação simplificada das anemias hemolíticas. As anemias hereditárias resultam de defeitos "**intrínsecos**" dos eritrócitos, ao passo que as adquiridas geralmente resultam de uma alteração "**extracorpuscular**" ou "**ambiental**". A hemoglobinúria paroxística noturna (HPN) é uma exceção, porque, embora seja um distúrbio adquirido, os eritrócitos têm um defeito intrínseco. Como a HPN associa-se à hipoplasia da medula óssea, ela será discutida no Capítulo 22.

Aspectos clínicos

O paciente costuma ter palidez de mucosas, icterícia leve flutuante e esplenomegalia. Não há bilirrubina na urina, mas esta pode se tornar escura em conservação pelo excesso de urobilinogênio. Cálculos vesiculares de pigmento (bilirrubina) são uma complicação frequente (Figura 6.2), e alguns pacientes (em particular com anemia de células falciformes) têm úlceras em volta do tornozelo (ver Figura 7.19). Podem ocorrer crises aplásticas, geralmente precipitadas por infecção com parvovírus, que "desligam" a eritropoese, caracterizadas por intensificação súbita da anemia e por queda da contagem de reticulócitos (ver Figura 22.7).

Raramente, uma crise aplástica pode decorrer de deficiência de folato; nesse caso, a medula mostra-se megaloblástica.

Tabela 6.1 Classificação das anemias hemolíticas

Hereditária	Adquirida
Membrana	**Imunológicas**
Esferocitose hereditária, eliptocitose hereditária	*Autoimune*
Metabolismo	Tipo anticorpo quente (ver Tabela **6.5**)
Deficiência de G6PD, deficiência de piruvatoquinase	Tipo anticorpo frio
Hemoglobina	*Aloimune*
Anormalidades genéticas (Hb S, Hb C, Hb instável); ver Capítulo 7	Reações hemolíticas transfusionais
	Doença hemolítica do recém-nascido
	Aloenxertos, principalmente transplante de medula óssea
	Associada com fármacos
	Síndromes de fragmentação eritrocitária
	Ver Tabela 6.6
	Hemoglobinúria da marcha
	Infecções
	Malária, clostrídia
	Agentes químicos e físicos
	Principalmente fármacos, substâncias domésticas/industriais, queimaduras
	Secundária
	Hepatopatias e nefropatias
	Hemoglobinúria paroxística noturna (ver Capítulo 22)

G6PD, glicose-6-fosfato-desidrogenase; Hb, hemoglobina.

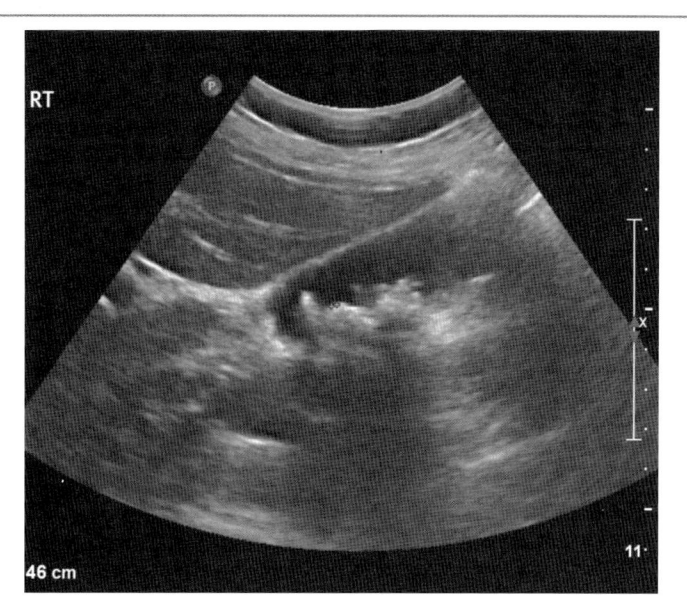

Figura 6.2 Ultrassonografia de múltiplos cálculos biliares típica de pacientes com esferocitose hereditária. (Fonte: cortesia do Dr. P. Wylie.)

Achados laboratoriais

Os achados laboratoriais, por conveniência, são divididos em três grupos.

1. Sinais de aumento da destruição eritroide:
   (a) aumento da bilirrubina sérica, não conjugada e ligada à albumina;
   (b) aumento do urobilinogênio urinário;
   (c) haptoglobinas séricas ausentes, pois ficam saturadas com hemoglobina, e os complexos são removidos pelas células do sistema RE.
2. Sinais de aumento da produção eritroide:
   (a) reticulocitose;
   (b) hiperplasia eritroide da medula óssea; a relação normal mieloide:eritroide de 2:1 a 12:1 diminui para 1:1 ou se inverte.
3. Sinais de dano aos eritrócitos:
   (a) morfologia (p. ex., microesferócitos, eliptócitos, fragmentos);
   (b) fragilidade osmótica;
   (c) testes para enzimas específicas, para proteínas ou de DNA.

Hemólises intravascular e extravascular

Há dois mecanismos de destruição de eritrócitos na anemia hemolítica. Pode haver excesso de remoção de eritrócitos por macrófagos do sistema RE (**hemólise extravascular**) ou destruição direta na circulação (**hemólise intravascular**) (Figura 6.1; Tabela 6.2). O mecanismo predominante depende da fisiopatologia envolvida. Na hemólise intravascular,

Tabela 6.2 Causas de hemólise intravascular

Transfusão de sangue incompatível (em geral, ABO)

Deficiência de G6PD com estresse oxidante

Síndromes de fragmentação eritrocitária

Algumas anemias hemolíticas autoimunes graves

Algumas anemias hemolíticas induzidas por fármacos e infecções

Hemoglobinúria paroxística noturna

Hemoglobinúria da marcha

Hemoglobina instável

G6PD, glicose-6-fosfato-desidrogenase

é liberada hemoglobina, que rapidamente satura as haptoglobinas plasmáticas, e o excesso é filtrado pelos glomérulos. Se o ritmo de hemólise saturar a capacidade de reabsorção tubular renal, o excesso de hemoglobina livre é excretado na urina (Figura 6.3). O ferro liberado da hemoglobina nos túbulos renais é visto como hemossiderina no sedimento urinário. A metemalbumina também se forma no processo de hemólise intravascular.

As principais características laboratoriais da hemólise intravascular são as seguintes (Figura 6.3):

1. hemoglobinemia e hemoglobinúria;
2. hemossiderinúria;
3. metemalbuminemia (detectada por espectrofotometria).

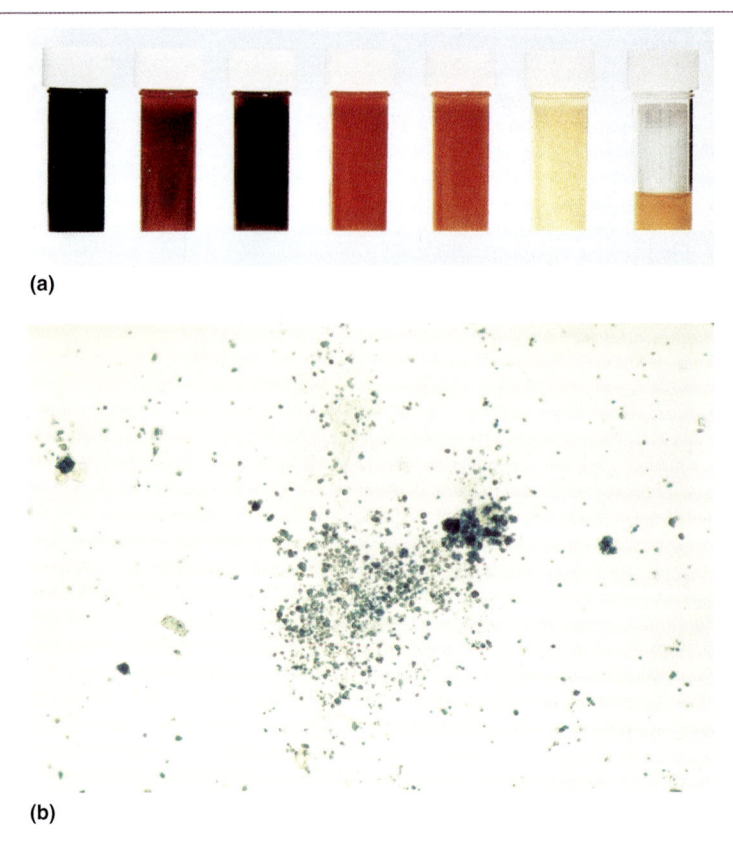

Figura 6.3 (a) Amostras sucessivas de urina em episódio agudo de hemólise intravascular mostrando hemoglobinúria de intensidade decrescente. **(b)** Depósitos de hemossiderina corada em azul da prússia (coloração de Perls) no sedimento de urina centrifugada.

Anemias hemolíticas hereditárias

Defeitos de membrana

Esferocitose hereditária

A esferocitose hereditária (EH) é a anemia hemolítica hereditária mais comum em norte-europeus.

Patogênese

A EH é causada por defeitos nas proteínas envolvidas nas interações verticais entre o esqueleto e a bicamada lipídica da membrana dos eritrócitos (Tabela 6.3; ver Figura 2.12). A medula óssea produz eritrócitos de forma bicôncava normal, mas eles perdem porções de membrana e ficam cada vez mais esféricos (perda de área da superfície em relação ao volume) à medida que circulam pelo baço e pelo resto do sistema RE. A perda de membrana pode ser causada por liberação de partes da bicamada lipídica que não estejam adequadamente sustentadas pelo esqueleto. Por fim, os eritrócitos tornam-se incapazes de passar pela circulação esplênica e morrem prematuramente.

Aspectos clínicos

A herança é autossômica dominante, com expressão variável; raramente, pode ser autossômica recessiva. A anemia pode apresentar-se em qualquer idade, dos primeiros meses à velhice. A icterícia é flutuante e é acentuada se houver concomitância com síndrome de Gilbert (defeito genético da conjugação hepática da bilirrubina); a esplenomegalia ocorre na maioria dos pacientes. Cálculos vesiculares de pigmento são frequentes (Figura 6.2); crises aplásticas, em geral precipitadas por infecção por parvovírus, causam súbita intensificação da anemia (ver Figura 22.7).

Tabela 6.3 Base molecular da esferocitose e da eliptocitose hereditárias

Esferocitose hereditária
Deficiência ou anormalidades da anquirina
Deficiência ou anormalidades da α ou β-espectrina
Anormalidades da banda 3
Anormalidades da palidina (proteína 4.2)

Eliptocitose hereditária
Mutantes da α ou β-espectrina levando à formação de dímero defeituoso da espectrina
Mutantes da α ou β-espectrina levando a associações defeituosas espectrina-anquirina
Deficiência ou anormalidade da proteína 4.1

Ovalocitose do sudeste da Ásia
Deleção da banda 3

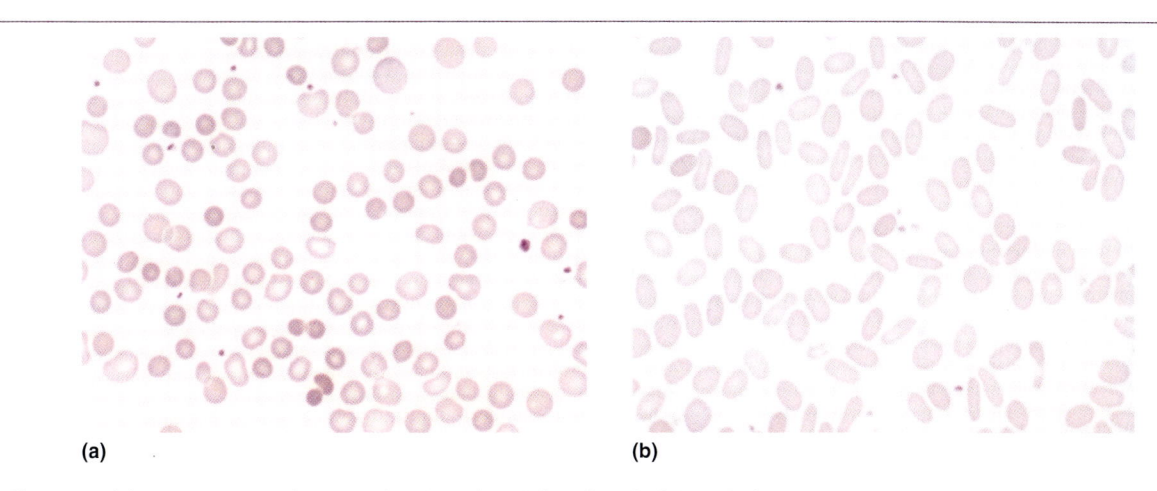

Figura 6.4 (a) Distensão sanguínea na esferocitose hereditária. Os esferócitos são fortemente corados e com diâmetro pequeno. Células maiores policromáticas são reticulócitos (confirmados por coloração supravital). **(b)** Distensão sanguínea na eliptocitose hereditária.

Achados hematológicos

Anemia é comum, mas não invariavelmente presente; a gravidade tende a ser semelhante nos membros da mesma família. Há reticulocitose, em geral de 5 a 20%. A distensão sanguínea mostra microesferócitos (Figura 6.4a), densamente corados, com diâmetro menor que o dos eritrócitos normais.

Investigação e tratamento

Uma rápida análise em citometria de fluxo para eosina-5-maleimida (EMA) ligada aos eritrócitos é usada como teste para a EH e a deficiência de proteína da membrana (Figura 6.5). A identificação exata do defeito não é necessária para o diagnóstico e o tratamento, mas a eletroforese das proteínas de membrana é realizada em casos difíceis. O teste EMA substituiu a clássica determinação da fragilidade osmótica que mostrava que os eritrócitos da EH são excessivamente frágeis em soluções salinas diluídas. O teste direto de antiglobulina (teste de Coombs) é negativo, excluindo uma causa autoimune de esferocitose e hemólise.

A principal forma de tratamento é a esplenectomia, preferentemente laparoscópica, que só deve ser feita se houver indicação clínica, por anemia, litíase biliar, úlceras de perna ou retardo de crescimento. A restrição à esplenectomia nos casos assintomáticos decorre do risco de sepse pós-esplenectomia, sobretudo na infância (p. 121). Deve ser feita colecistectomia simultânea se houver litíase com expressão clínica. A esplenectomia sempre normaliza a hemoglobina, apesar de persistirem esferócitos, formados no resto do sistema RE. Em casos de EH grave convém receitar ácido fólico para prevenir a deficiência de folato.

Eliptocitose hereditária

A eliptocitose hereditária apresenta semelhanças clínicas e laboratoriais com a esferocitose hereditária, exceto pela morfologia dos eritrócitos na distensão sanguínea (Figura 6.4b), mas, em geral, é um distúrbio clinicamente mais leve. Ela é geralmente notada por acaso à microscopia de hemograma, sem haver evidências de hemólise. Somente pacientes ocasionais necessitam de esplenectomia. O defeito básico é uma falha na associação de heterodímeros de espectrina para formar heterotetrâmeros. Várias mutações genéticas que afetam as interações horizontais foram detectadas (Tabela 6.3). Os pacientes homozigóticos ou duplamente heterozigóticos para ovalocitose têm anemia hemolítica grave, denominada piropecilocitose hereditária.

Ovalocitose do sudeste da Ásia

É comum na Melanésia, na Malásia, na Indonésia e nas Filipinas. É causada pela deleção de nove aminoácidos na junção dos domínios citoplasmático e transmembrana da proteína banda 3. As células são rígidas e resistem à invasão por parasitos da malária. A maioria dos casos é assintomática e não ocorre anemia.

Figura 6.5 Coloração da eosina-5-maleimida em esferocitose hereditária (EH) mostrando média diminuída no canal de fluorescência pela deficiência de proteína banda 3 da membrana. (Fonte: cortesia do Sr. G. Ellis.)

Defeitos no metabolismo do eritrócito

Deficiência de glicose-6-fosfato-desidrogenase

A glicose-6-fosfato-desidrogenase (G6PD) reduz a nicotinamida-adenina-dinucleotídio-fosfato (NADP). Ela é a única fonte de NADPH nos eritrócitos e, como o NADPH é necessário para a produção de glutationa reduzida, sua deficiência torna o eritrócito suscetível a estresse oxidante (Figura 6.6).

Epidemiologia

Há muitas variantes normais da enzima G6PD, sendo as mais comuns o tipo B (Ocidental) e o tipo A (em africanos). Além delas, foram caracterizadas mais de 400 variantes, causadas por mutações pontuais ou por deleções da enzima, que mostram atividade menor do que a normal, de modo que se estima haver no mundo mais de 400 milhões de pessoas com deficiência de G6PD (Figura 6.7).

A herança é ligada ao sexo, acometendo homens e sendo carreada por mulheres, as quais têm cerca de metade dos valores médios de G6PD eritrocitária. Essa leve deficiência das heterozigotas atribui-lhes vantagem na resistência ao *P. falciparum*. O grau de deficiência varia de acordo com a etnia afetada, quase sempre é leve (10-60% da atividade normal) em negros africanos, mais grave nos povos do Oriente Médio e do Sul da Ásia e muito grave nos mediterrâneos (< 10% da atividade normal). Casos de deficiência grave ocasionalmente ocorrem em raças brancas.

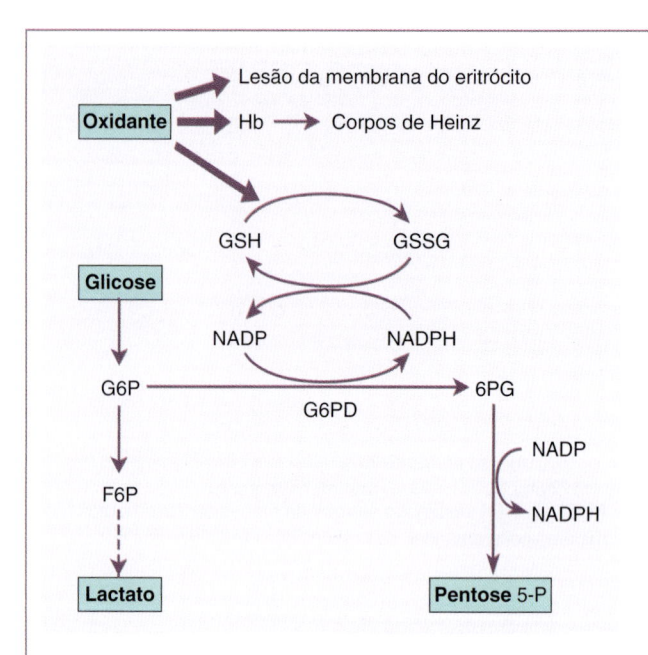

Figura 6.6 A hemoglobina e a membrana dos eritrócitos, em geral, são protegidas de estresse oxidante pela glutationa reduzida (GSH). Na deficiência de G6PD, a síntese de NADPH e de GSH está diminuída. F6P, frutose-6-fosfato; G6P, glicose-6-fosfato; G6PD, glicose-6-fosfato-desidrogenase; GSSG, glutationa (forma oxidada); NADP, nicotinamida-adenina-dinucleotídio-fosfato.

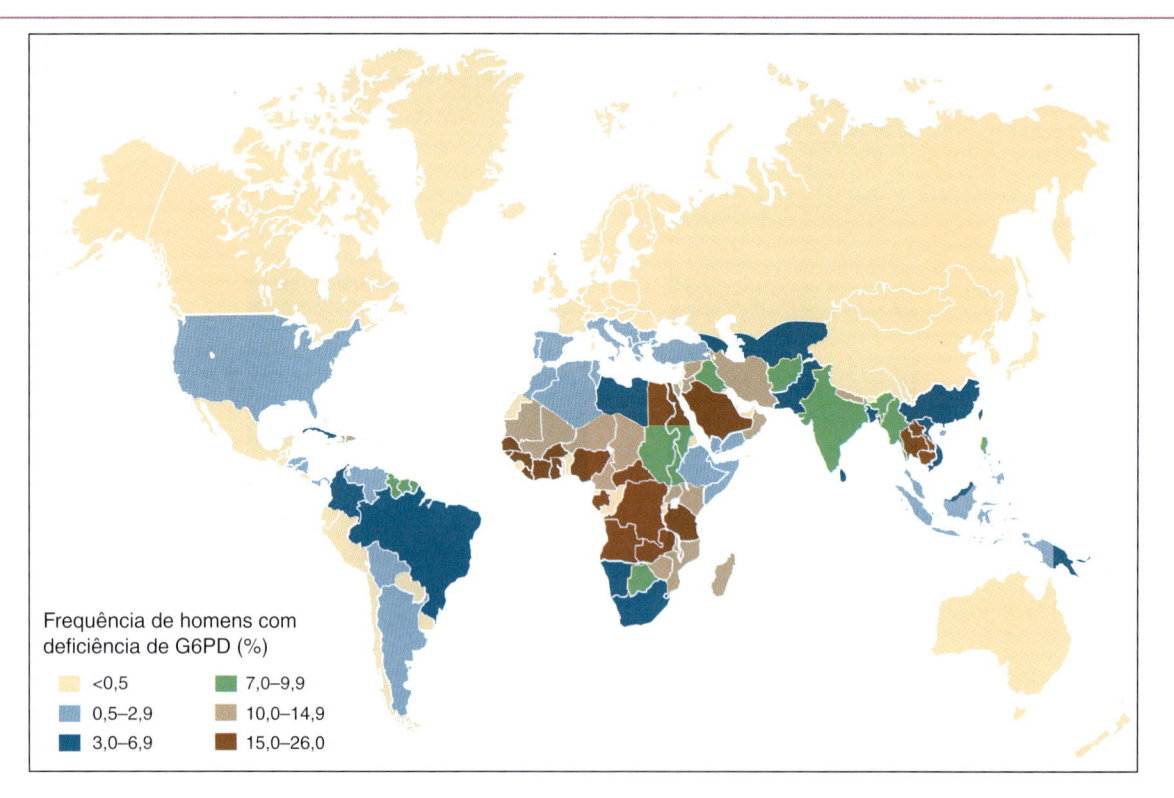

Figura 6.7 Distribuição global das variantes do gene *G6PD* causando deficiência de G6PD. O colorido das áreas indica a prevalência da deficiência de G6PD. (Fonte: adaptada de Luzzatto L. e Notaro R. [2001], *Science* 293:442.)

Tabela 6.4 Agentes que podem causar anemia hemolítica na deficiência de glicose-6-fosfato-desidrogenase (G6PD)

Infecções e outras doenças agudas (p. ex., cetoacidose diabética)

Fármacos

Antimaláricos (p. ex., primaquina, pamaquina, cloroquina, Fansidar®, Maloprim®)

Sulfonamidas e sulfonas (p. ex., cotrimoxazol, sulfanilamida, dapsona, sulfassalazina)

Outros agentes antibacterianos (p. ex., nitrofuranos, cloranfenicol)

Analgésicos (p. ex., ácido acetilsalicílico), doses moderadas são seguras

Anti-helmínticos (p. ex., β-naftol, estibofeno)

Diversos (p. ex., análogos de vitamina K, naftalina, probenecida)

Feijão fava (possivelmente outros vegetais)

Obs.: Muitos fármacos comuns foram identificados como precipitantes de hemólise na deficiência de G6PD em alguns pacientes, como ácido acetilsalicílico, quinina e penicilina, mas não nas doses convencionais.

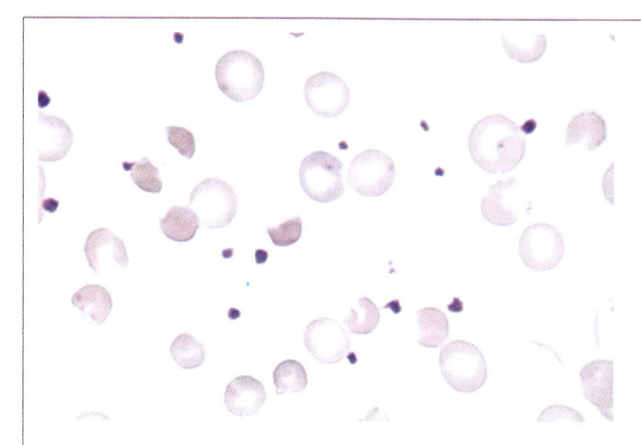

Figura 6.8 Distensão sanguínea em caso de deficiência de G6PD com hemólise aguda depois de estresse oxidante. Alguns eritrócitos mostram perda de citoplasma, com separação da hemoglobina restante da membrana celular (células "vesiculares"). Também há numerosos eritrócitos contraídos e densamente corados. A coloração supravital (como para reticulócitos) mostrou presença de corpúsculos de Heinz (ver Figura 2.17).

Aspectos clínicos

A deficiência de G6PD, em geral, é assintomática, com hemograma normal entre as crises de hemólise. Embora a G6PD esteja presente em todas as células, as principais síndromes clínicas que podem ocorrer são as seguintes.

1. Anemia hemolítica aguda em resposta a estresse oxidante – por exemplo, fármacos, ingestão de favas ou infecções (Tabela 6.4). O feijão fava (*Vica fava*) contém um oxidante químico, a divicina. A anemia aguda é causada por hemólise intravascular rapidamente progressiva com hemoglobinúria (Figura 6.3a). A anemia é autolimitada, pois eritrócitos novos são formados com níveis enzimáticos quase normais.
2. Icterícia neonatal.
3. Raramente, anemia hemolítica congênita não esferocítica.

Essas síndromes resultam de diferentes tipos de deficiência enzimática grave.

Diagnóstico

Entre as crises, o hemograma é normal. A deficiência enzimática é detectada por vários exames de triagem ou por dosagem direta da enzima nos eritrócitos. Durante a crise, a distensão sanguínea pode mostrar células contraídas e fragmentadas, "mordidas" e "vesiculadas" (Figura 6.8), uma vez que tiveram corpúsculos de Heinz removidos pelo baço. Os corpúsculos de Heinz (hemoglobina oxidada desnaturada) podem ser vistos na preparação de reticulócitos, sobretudo em pacientes esplenectomizados. Também há sinais bioquímicos de hemólise intravascular. Devido ao nível mais alto de enzima nos eritrócitos jovens, a dosagem da enzima nos eritrócitos pode fornecer "falso" nível normal na fase aguda da hemólise com grande resposta reticulocítica. A dosagem subsequente, depois da fase aguda, mostra a baixa atividade de G6PD, característica da deficiência, quando a população de eritrócitos volta à distribuição normal de idade.

Tratamento

O fármaco lesivo é suspenso, qualquer infecção subjacente é tratada, o débito urinário é mantido alto e transfusões de glóbulos serão indicadas se necessárias pela gravidade da anemia. Bebês com deficiência de G6PD têm tendência à icterícia neonatal e, em casos graves, pode haver necessidade de fototerapia e exsanguineotransfusão. Em geral, a icterícia não é causada por excesso de hemólise, mas por comprometimento da função normal do fígado neonatal pela deficiência de G6PD.

Deficiência de glutationa e outras síndromes

Foram descritos outros defeitos na via pentose-fosfato, particularmente a deficiência de glutationa, causando síndromes semelhantes às da deficiência de G6PD.

Defeitos da via glicolítica (EmbdenMeyerhof)

São incomuns e causam anemia hemolítica congênita não esferocítica. Em alguns, há defeitos de outros sistemas (p. ex., miopatia). O mais frequente é a deficiência de piruvatoquinase (PK) (ver Figura 2.11).

Deficiência de piruvatoquinase

É autossômica recessiva, e os pacientes acometidos são homozigotos ou duplamente heterozigotos. Há mais de 100 mutações diferentes descritas. Os eritrócitos ficam rígidos devido à diminuição da formação de trifosfato de adenosina (ATP). A gravidade da anemia varia muito (hemoglobina 4-10 g/dL) e provoca sintomas relativamente leves devido ao desvio para a direita da curva de dissociação de oxigênio (O_2) da hemoglobina, causado por aumento do 2,3-difosfoglicerato (2,3-DPG) intracelular. Clinicamente, a icterícia é comum e os cálculos vesiculares são frequentes. Pode haver bossa frontal. A distensão sanguínea mostra pecilocitose e células distorcidas e espiculadas *("prickle" cells)*, particularmente numerosas após esplenectomia. A dosagem direta da enzima é necessária para o diagnóstico. A esplenectomia pode aliviar a anemia, mas não a cura, sendo indicada em pacientes que necessitam de transfusões frequentes. A sobrecarga de ferro é uma complicação comum, devida à baixa da hepcidina sérica resultante da eritropoese aumentada e ineficaz e da necessidade transfusional.

Distúrbios hereditários da síntese de hemoglobina

Diversos distúrbios hereditários da síntese de hemoglobina causam hemólise clínica. Eles serão discutidos no Capítulo 7.

Anemias hemolíticas adquiridas

Anemias hemolíticas imunológicas

Anemias hemolíticas autoimunes

Anemias hemolíticas autoimunes (AHAIs) são causadas por produção de anticorpos contra os eritrócitos do próprio organismo. São caracterizadas por teste direto de antiglobulina (*DAT*, ou teste de Coombs) positivo (ver Figura 30.5) e divididas em dois tipos, "quentes" e "frios" (Tabela 6.5), de acordo com o ótimo térmico dos anticorpos que reagem mais fortemente com os eritrócitos a 37°C ou 4°C.

Anemias hemolíticas autoimunes por anticorpos quentes

Os eritrócitos são cobertos por imunoglobulina (Ig) – em geral imunoglobulina G (IgG) – isolada ou com complemento, e por isso, são ingeridos pelos macrófagos do sistema RE, os quais têm receptores para o fragmento Fc da Ig. Parte da membrana revestida por anticorpo é perdida, de modo que a célula se torna progressivamente mais esférica para manter o mesmo volume e, por fim, é prematuramente destruída, predominantemente no baço. Quando os eritrócitos são revestidos por IgG e complemento (C3d, o fragmento degradado de C3), a destruição é disseminada no sistema RE.

Aspectos clínicos

A doença pode ocorrer em qualquer idade, em ambos os sexos e apresenta-se como anemia hemolítica de gravidade variável. O baço, em geral, está aumentado. A doença tende a regredir e a recidivar. Pode ocorrer de forma isolada ou em associação com outras doenças (Tabela 6.5). Quando associada à púrpura trombocitopênica idiopática (PTI), uma condição autoimune similar que acomete as plaquetas (p. 282), é chamada de síndrome de Evans. Quando secundária ao lúpus eritematoso sistêmico, os eritrócitos são revestidos por imunoglobulina e complemento.

Achados laboratoriais

Os achados hematológicos e bioquímicos são típicos de anemia por hemólise extravascular, com esferocitose e policromatocitose proeminentes à microscopia da distensão sanguínea (Figura 6.9a). O DAT (Coombs direto) é positivo como resultado da fixação de IgG, IgG e complemento ou IgA aos eritrócitos; em alguns casos, o anticorpo mostra especificidade dentro do sistema Rh. Tanto anticorpos livres no plasma (teste indireto de antiglobulina) como na superfície dos eritrócitos (teste direto de antiglobulina) são mais bem detectados a 37°C.

Tratamento

1. Eliminar a causa subjacente, se houver (p. ex., metildopa).
2. Corticosteroides. Em geral, prednisolona é o tratamento de primeira linha; 1 mg/kg/dia é a dosagem comum em adultos, que deve ser diminuída gradativamente. Casos com predominância de IgG nos eritrócitos costumam mostrar boa resposta; casos com complemento quase sempre respondem mal aos corticosteroides e à esplenectomia.

Tabela 6.5 Anemias hemolíticas imunológicas: classificação

Tipo anticorpos quentes	Tipo anticorpos frios
Autoimune	*Idiopática*
Idiopática	*Secundária*
Secundária	Infecções – *Mycoplasma pneumoniae*, mononucleose infecciosa
Lúpus eritematoso sistêmico, outras doenças autoimunes	Linfoma
Leucemia linfocítica crônica, linfomas	Hemoglobinúria paroxística ao frio (rara, às vezes associada a infecções [p. ex., sífilis])
Fármacos (p. ex., metildopa)	
Aloimune	
Induzida por antígenos eritrocíticos	
Reações hemolíticas transfusionais	
Doença hemolítica do recém-nascido	
Após enxerto de células-tronco	
Induzida por fármacos	
Complexos fármaco-membrana do eritrócito	
Imunocomplexos	

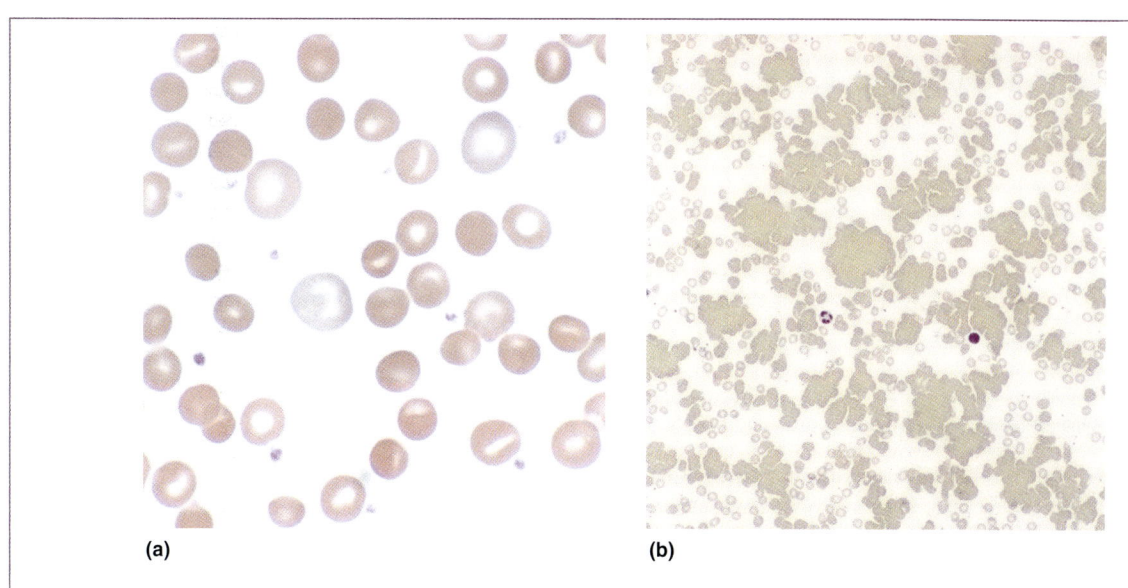

Figura 6.9 (a) Distensão sanguínea em anemia hemolítica com anticorpos quentes. Observam-se numerosos microesferócitos e macrócitos policromáticos (reticulócitos). **(b)** Distensão sanguínea em anemia hemolítica com anticorpos frios (crioaglutininas). Observa-se grosseira autoaglutinação nas distensões feitas à temperatura ambiente; a coloração de fundo deve-se à concentração de globulinas plasmáticas.

3 Anticorpo monoclonal. O anti-CD20 (rituximabe) provoca remissões prolongadas em certa proporção de casos e tem sido usado como terapêutica de primeira linha.
4 A esplenectomia pode ter valor nos casos que não respondem bem ou não mantêm nível satisfatório de hemoglobina com doses aceitavelmente baixas de esteroides ou manutenção com rituximabe.
5 Depois de falharem as medidas anteriores, ou até antes da esplenectomia, pode ser tentada a imunossupressão. Anti-CD52 (alentuzumabe), azatioprina, ciclofosfamida, clorambucil, ciclosporina e micofenolato de mofetil têm sido tentados.
6 Pode ser necessário tratar a doença subjacente (p. ex., leucemia linfocítica crônica ou linfoma).
7 Ácido fólico é administrado para compensar o excesso de consumo em casos com hemólise grave.
8 Se a anemia for grave, com sintomatologia significativa, podem ser necessárias transfusões de sangue. O sangue deve ser o menos incompatível possível; se a especificidade do anticorpo for conhecida, escolhe-se o doador que não tenha os antígenos relevantes. Os pacientes também fabricam prontamente aloanticorpos contra os eritrócitos do doador.
9 Altas doses de imunoglobulina mostram-se menos eficazes do que na PTI (p. 283).

Anemias hemolíticas autoimunes com anticorpos frios (crioaglutininas)

Nessas síndromes, o autoanticorpo IgM liga-se aos eritrócitos, principalmente na circulação periférica, em que a temperatura do sangue é mais baixa (Tabela 6.5). O anticorpo pode ser monoclonal, como na síndrome idiopática de crioaglutininas e quando associado a distúrbios linfoproliferativos, ou pode ser uma resposta policlonal transiente, como depois de infecção (p. ex., mononucleose infecciosa ou pneumonia por *Mycoplasma*). Os anticorpos IgM ligam-se melhor aos eritrócitos a 4°C e são muito eficientes na fixação de complemento, de modo que podem causar hemólise tanto extra como intravascular. Nos eritrócitos, o complemento só é detectado sozinho, pois os anticorpos IgM são eluídos das células ao fluírem pelas áreas mais quentes da circulação. É interessante que, em quase todas as síndromes de AHAI a frio, o anticorpo é dirigido contra o antígeno "I" da superfície dos eritrócitos; na mononucleose infecciosa, é anti-i.

Doença de crioaglutininas primária

O paciente tem uma anemia hemolítica crônica agravada pelo frio e quase sempre associada à hemólise intravascular. Icterícia leve e esplenomegalia podem estar presentes. O paciente pode desenvolver acrocianose (pele arroxeada nas extremidades) na ponta do nariz, nas orelhas, nos dedos e nos artelhos, causada por aglutinação de eritrócitos nos pequenos vasos.

Os achados laboratoriais são semelhantes aos da AHAI quente. Na distensão sanguínea, entretanto, a esferocitose é menos notada, há grosseira crioaglutinação dos eritrócitos (Figura 6.9b) e o DAT revela somente complemento (C3d) na superfície dos eritrócitos. Na maioria dos pacientes, a biópsia de medula óssea mostra nódulos de uma população monoclonal de linfócitos B. A morfologia e o imunofenótipo diferem do linfoma linfoplasmocítico, que também costuma se associar a uma paraproteína IgM; a mutação MYD88, característica deste linfoma, está ausente. Embora a doença de crioaglutininas costume ser indolente, pode haver transformação em um linfoma agressivo.

O tratamento consiste em manter o paciente aquecido. Agentes alquilantes, como clorambucil ou nucleosídios da purina (p. ex., fludarabina), podem ser usados, e o anti-CD20 (rituximabe) pode mostrar-se eficaz. Esplenectomia não é indicada, salvo se houver grande esplenomegalia. Os corticosteroides são ineficazes. Nos casos "idiopáticos", sempre deve ser excluída a presença de um linfoma subjacente.

Hemoglobinúria paroxística ao frio é uma síndrome rara de hemólise intravascular aguda após exposição ao frio. É causada pelo anticorpo de Donath-Landsteiner, um anticorpo IgG com especificidade para antígenos do grupo sanguíneo P, que se liga aos eritrócitos em baixa temperatura, mas provoca lise com complemento em temperatura mais alta. As infecções virais são causas predisponentes, e a doença, em geral, é autolimitada.

Anemias hemolíticas aloimunes

Nessas anemias, o anticorpo produzido por um indivíduo reage com os eritrócitos de outro. Duas situações importantes são: transfusão de sangue com incompatibilidade de grupo ABO e doença hemolítica do recém-nascido. Elas serão discutidas nos Capítulos 30 e 31, respectivamente. O número rapidamente crescente de transplantes alogênicos, feitos em casos de doenças renais, hepáticas, cardíacas e da medula óssea, levou ao reconhecimento de anemia hemolítica aloimune resultante da produção de anticorpos contra eritrócitos do receptor pelos linfócitos do doador, transferidos no transplante, antes de o grupo sanguíneo do receptor tornar-se o do doador.

Anemias hemolíticas imunológicas induzidas por fármacos

Os fármacos podem causar anemia hemolítica imunológica por três mecanismos (Figura 6.10).

1. Anticorpo dirigido contra um complexo fármaco-membrana do eritrócito (p. ex., penicilina e ampicilina); só ocorre com doses muito elevadas do antibiótico.
2. Deposição de complemento via complexo fármaco-proteína (antígeno)-anticorpo na superfície do eritrócito (p. ex., quinidina, rifampicina).
3. Anemia hemolítica autoimune verdadeira, na qual o papel do fármaco não é claro (p. ex., metildopa).

Em todos os casos, a anemia hemolítica desaparece gradativamente quando o fármaco é suspenso.

Tabela 6.6 Síndromes de fragmentação eritrocitária

Hemólise cardíaca	Próteses valvulares cardíacas Materiais prostéticos e enxertos Vazamentos perivalvulares
Malformações arteriovenosas	
Microangiopáticas	Púrpura trombocitopênica trombótica e síndrome hemolítico-urêmica Coagulação intravascular disseminada Doenças malignas Vasculite (p. ex., poliarterite nodosa) Hipertensão maligna Pré-eclâmpsia/HELLP Doenças vasculares renais/síndrome HELLP Tratamento com ciclosporina Rejeição de homoenxerto

HELLP (do inglês, *haemolysis with elevated liver function tests and low platelets*), hemólise com enzimas hepáticas elevadas e baixa contagem de plaquetas.

Síndromes de fragmentação eritrocitária

Síndromes de fragmentação são desencadeados quando há dano físico aos eritrócitos, em superfícies anormais (p. ex., válvulas cardíacas artificiais ou enxertos arteriais), malformações arteriovenosas ou como uma anemia hemolítica microangiopática. Esta é causada pela passagem de eritrócitos através de pequenos vasos anormais. As alterações vasculares causais incluem deposição de filamentos de fibrina, geralmente associada à coagulação intravascular disseminada (CID), aderência de plaquetas (p. ex., púrpura trombocitopênica trombótica – PTT) (p. 285) ou vasculite (p. ex., poliarterite nodosa) (Tabela 6.6). O sangue periférico contém muitos fragmentos de eritrócitos densamente corados (Figura 6.11). Quando a CID é causa da hemólise, há alterações da coagulação (p. 297) e trombocitopenia. A PTT é discutida em detalhes na página 285.

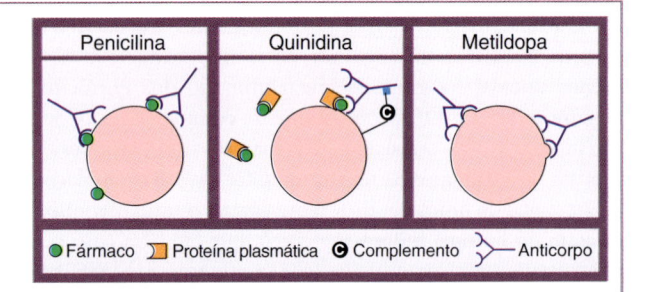

Figura 6.10 Três mecanismos diferentes de anemia hemolítica imunológica induzida por fármaco. Em todos os casos, as células revestidas (opsonizadas) são destruídas no sistema reticuloendotelial.

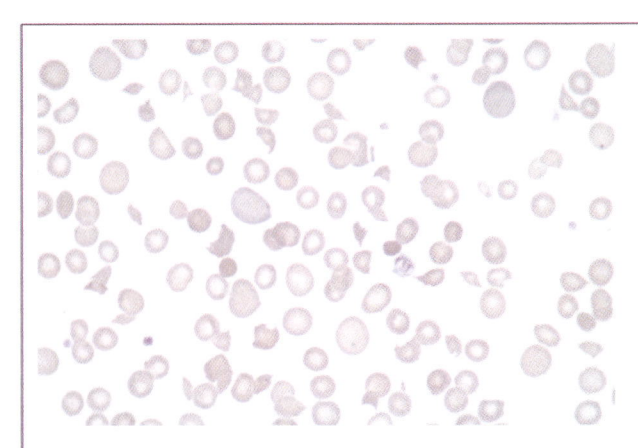

Figura 6.11 Distensão sanguínea em anemia hemolítica microangiopática (neste paciente, septicemia gram-negativa). Estão presentes numerosas células contraídas e fortemente coradas e fragmentos celulares.

Hemoglobinúria da marcha

É causada por dano aos eritrócitos entre os pequenos ossos dos pés, geralmente durante marcha prolongada ou corrida. A distensão sanguínea não mostra fragmentos.

Infecções

As infecções podem causar hemólise por vários mecanismos. Elas podem precipitar crise hemolítica na deficiência de G6PD ou causar anemia hemolítica microangiopática (p. ex., septicemia por pneumonoco ou meningococo). Na malária, há hemólise por destruição extravascular de eritrócitos parasitados e por lise intravascular direta. A "febre da água negra" é uma súbita crise hemolítica intravascular, acompanhada por insuficiência renal aguda, causada por *P. falciparum*. A septicemia por *Clostridium perfringens* pode causar hemólise intravascular com intensa microesferocitose.

Agentes químicos e físicos

Certos fármacos, como dapsona e sulfassalazina, mesmo nas doses terapêuticas usuais, podem causar hemólise intravascular por ação oxidante, com formação de corpos de Heinz em indivíduos normais. Na doença de Wilson, pode ocorrer anemia hemolítica aguda resultante de altos níveis de cobre no sangue. Intoxicação química (p. ex., por chumbo, clorato ou arsina) também pode provocar hemólise grave. Queimaduras graves lesam os eritrócitos, causando acantocitose ou esferocitose.

Anemias hemolíticas secundárias

Em muitas doenças sistêmicas, a vida dos eritrócitos é encurtada, o que pode contribuir para a anemia (ver Capítulo 29).

RESUMO

- Anemias hemolíticas são causadas por encurtamento da sobrevida eritrocitária. Os eritrócitos podem ser destruídos no sistema reticuloendotelial (hemólise extravascular) ou na circulação (hemólise intravascular).
- Anemias hemolíticas podem ser causadas por defeitos genéticos, intrínsecos aos eritrócitos ou por causas adquiridas, geralmente decorrentes de anormalidades do ambiente circundante aos eritrócitos.
- Aspectos de hemólise extravascular incluem icterícia, litíase vesicular e esplenomegalia; há reticulocitose, aumento de bilirrubina não conjugada e ausência de haptoglobinas no soro. Na hemólise intravascular (p. ex., a hemólise causada por transfusão ABO incompatível), há hemoglobinemia livre, metemalbuminemia, hemoglobinúria e hemossiderinúria.
- Defeitos genéticos podem ser da membrana eritrocítica (p. ex., esferocitose hereditária), deficiências enzimáticas (p. ex., deficiência de glicose-6-fosfato-desidrogenase ou da piruvatoquinase) ou defeitos da hemoglobina (p. ex., anemia de células falciformes, ver Capítulo 7).
- Causas adquiridas incluem anticorpos antieritrocitários (que podem ser quentes ou frios), auto ou aloanticorpos, síndromes de fragmentação eritrocitária, infecções, toxinas e hemoglobinúria paroxística noturna (ver Capítulo 22).

Visite **www.wileyessential.com/haematology** para testar seus conhecimentos neste capítulo.

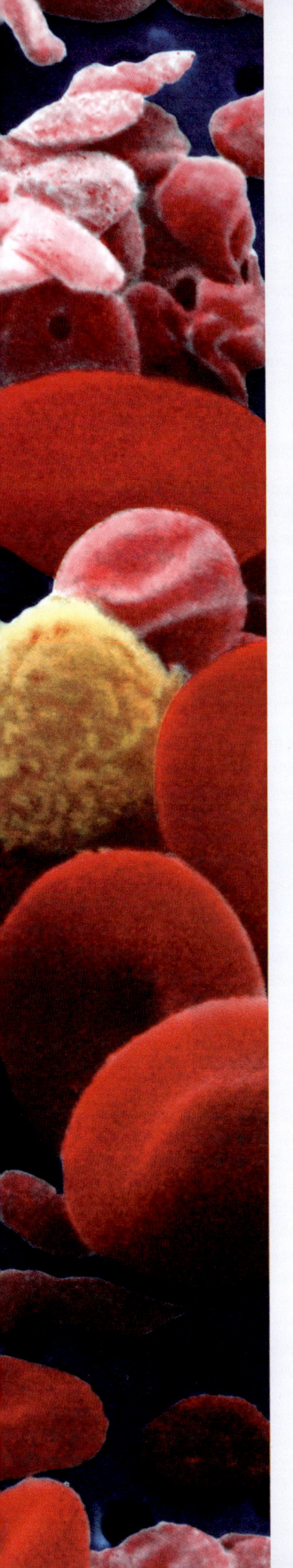

CAPÍTULO 7
Distúrbios genéticos da hemoglobina

Tópicos-chave

- Síntese da hemoglobina — 73
- Anormalidades da hemoglobina — 74
- Talassemias — 75
- Síndrome α-Talassêmicas — 76
- Síndrome β-Talassêmicas — 76
- Talassemia intermédia — 79
- Síndromes falcêmicas — 81
- Diagnóstico pré-natal dos distúrbios genéticos da hemoglobina — 85

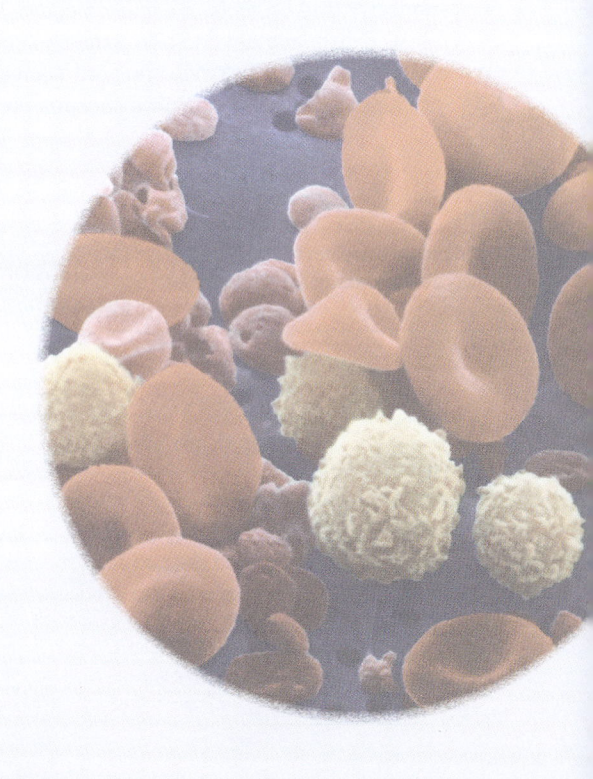

Este capítulo trata das doenças hereditárias causadas por diminuição ou anomalia da síntese de globina. As mutações nos genes das globinas são os distúrbios monogênicos de maior prevalência no mundo, afetando cerca de 7% da população mundial. Será descrita inicialmente a síntese da hemoglobina normal no feto e no adulto.

Síntese da hemoglobina

O sangue do adulto normal contém três tipos de hemoglobina (ver Tabela 2.3). O principal componente é a hemoglobina A, com estrutura molecular $\alpha_2\beta_2$. As hemoglobinas menores contêm cadeias de globina γ (Hb fetal ou Hb F) ou δ (Hb A_2), em vez de β. No embrião e no feto, a hemoglobina fetal Gower 1, a Portland e a Gower 2 dominam em diferentes estágios (Figura 7.1). Os genes das cadeias de hemoglobina ocorrem em dois aglomerados: ϵ, γ, δ e β, no cromossomo 11, e ζ e α, no 16. Ocorrem dois tipos de cadeia γ, G_γ e A_γ, diferindo por glicina ou alanina na posição 136 da cadeia polipeptídica. O gene da cadeia α é duplicado, e ambos os genes α (α_1 e α_2) em cada cromossomo são ativos (Figura 7.1).

Aspectos moleculares

Todos os genes de globina têm três éxons (regiões codificantes) e dois íntrons (regiões não codificantes, cujo DNA não é representado na proteína acabada). O RNA inicial é transcrito de íntrons e de éxons, e, dessa transcrição, é removido o RNA derivado dos íntrons por um processo conhecido como emenda (*splicing*) (Figura 7.2). Os íntrons sempre começam com um dinucleotídio G-T e terminam com um dinucleotídio A-G. A maquinaria de emenda reconhece essas sequências e também as sequências conservadas vizinhas. O mRNA recém-formado também recebe poliadenilato na extremidade 3′ (Figura 7.2), o que o estabiliza. A talassemia pode surgir de mutações ou deleções de qualquer dessas sequências.

Várias outras sequências conservadas são importantes na síntese de globina, e mutações nesses locais também podem causar talassemia. Essas sequências influenciam a transcrição do gene, asseguram sua fidelidade e especificam sítios para início e término da tradução, assim como garantem a estabilidade do mRNA recém-sintetizado. Promotores são encontrados em 5′ do gene (ver Figura 1.8). Amplificadores ocorrem ou em

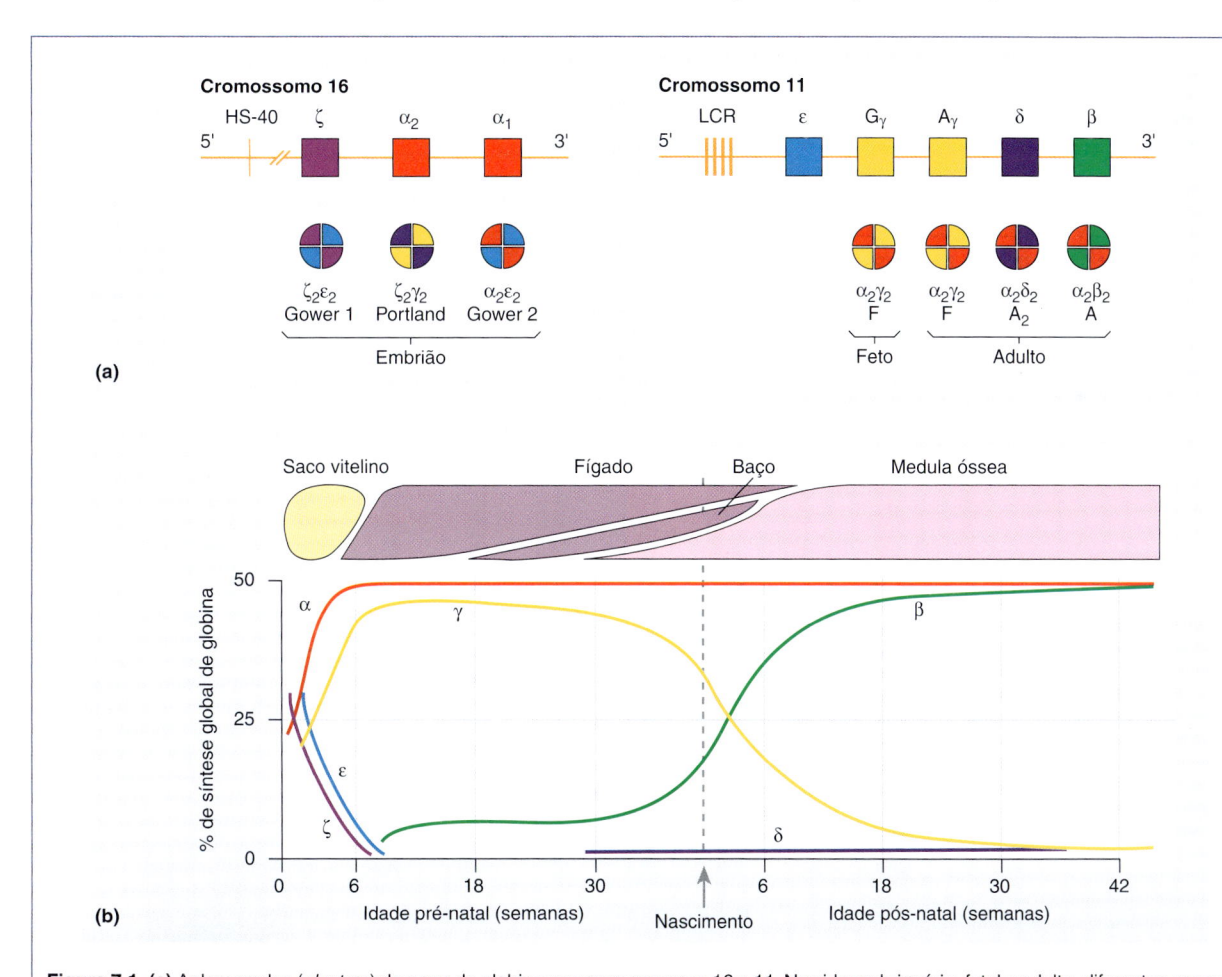

Figura 7.1 (a) Aglomerados (*clusters*) do gene de globina nos cromossomos 16 e 11. Na vida embrionária, fetal e adulta, diferentes genes são ativados ou suprimidos. As distintas cadeias de globina são sintetizadas independentemente e, então, combinam-se entre si para produzir as diferentes hemoglobinas. O gene γ pode ter duas sequências que codificam para resíduo de ácido glutâmico ou alanina na posição 136 (G_γ ou A_γ, respectivamente). LCR, região de controle do *locus*; HS-40, ver texto. **(b)** Síntese de cadeias individuais de globina na vida pré e pós-natal.

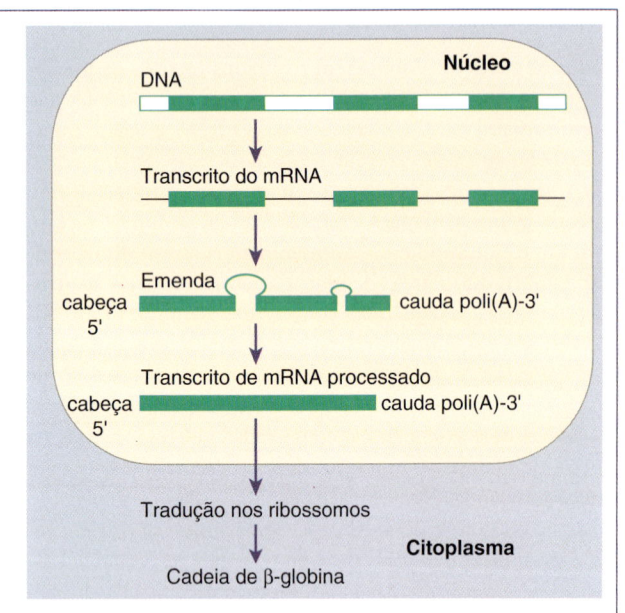

Figura 7.2 Expressão de um gene da globina humana a partir da transcrição, da excisão de íntrons, da emenda (*splicing*) de éxons e da tradução para ribossomos. O transcrito primário é "coroado" (*capped*) na extremidade 5′, sendo, então, adicionada uma cauda poli A.

5′ ou em 3′ do gene e são importantes na regulação específica a tecido da expressão gênica na regulação da síntese de várias cadeias de globina durante a vida fetal e após o nascimento. A região de controle do *locus* (LCR) é um elemento regulador genético, situado longe e a jusante do aglomerado (*cluster*) de β-globina, que controla a atividade genética de cada domínio, provavelmente por interação física com a região promotora e abrindo a cromatina para permitir a ligação dos fatores de transcrição. Uma região similar aplica-se à síntese de α-globina.

Mudança da hemoglobina fetal para a adulta

Os genes da globina são arranjados nos cromossomos 11 e 16 na ordem em que são expressos (Figura 7.1). Certas hemoglobinas embrionárias, em geral, são expressas somente nos eritroblastos do saco vitelino. O gene da β-globina é expresso em baixo nível no início da vida fetal, mas a principal conversão para a hemoglobina do adulto ocorre de 3 a 6 meses após o nascimento, quando a síntese de cadeia γ é substituída por cadeias β. BCL11A é um importante regulador transcricional da conversão; há outros fatores transcricionais nucleares envolvidos. O estado de metilação do gene (genes expressos são hipometilados, e os não expressos, hipermetilados), o estado do empacotamento do cromossomo e as várias sequências amplificadoras desempenham um papel em determinar se um gene particular será transcrito.

Anormalidades da hemoglobina

Resultam dos defeitos genéticos seguintes:
1. Síntese de uma hemoglobina anormal.
2. Diminuição da velocidade de síntese das cadeias normais α ou β da globina (as α ou β-talassemias, Figura 7.3).

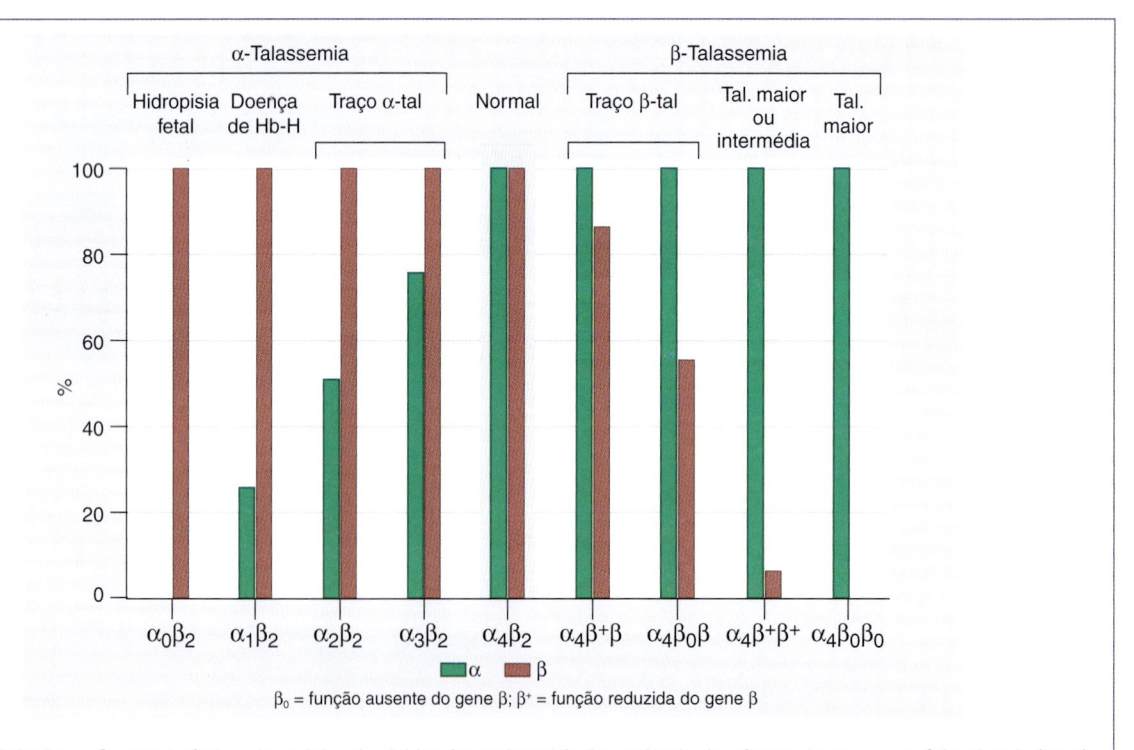

Figura 7.3 Relação α : β entre a síntese de cadeias de globina (na ordenada), dependendo do número de genes α e β funcionais (na abcissa). Fonte: Mehta A.B. e Hoffbrand A.V. (2014) *Haematology at a Glance*, 4ª edição. Reproduzida, com permissão, de John Wiley e Sons.

$β_0$ = função ausente do gene β; $β^+$ = função reduzida do gene β

Tabela 7.1 Síndromes clínicas produzidas por anomalias da hemoglobina	
Síndrome	**Anomalia**
Hemólise	Hemoglobinas cristalinas (Hb S, C, D, E, etc.) Hemoglobina instável
Talassemia	α ou β resultante da síntese reduzida de cadeias de globina
Poliglobulia familiar	Afinidade ao oxigênio alterada
Metemoglobinemia	Falha de redução (Hb Ms)

A Tabela 7.1 mostra algumas das hemoglobinas anormais que resultam da síntese de cadeias α ou β com substituição de um aminoácido. Em muitos casos, no entanto, a anomalia é completamente silenciosa. A anomalia clinicamente mais importante é a anemia de células falciformes. As hemoglobinas (Hb) C, D e E também são comuns e, como a Hb S, são substituições na cadeia β. As hemoglobinas instáveis são raras e causam uma anemia hemolítica crônica de gravidade variável com hemólise intravascular (ver Tabela 6.2). As hemoglobinas anormais também podem causar poliglobulia (familiar) (Capítulo 15) ou metemoglobinemia congênita (Capítulo 2).

Os defeitos genéticos da hemoglobina são as doenças genéticas mais comuns em todo o mundo. Ocorrem nas regiões tropicais e subtropicais (Figura 7.4), e, aparentemente, a maioria foi selecionada porque o estado de portador fornece alguma proteção contra a malária.

Talassemias

Constituem um grupo heterogêneo de doenças genéticas que resultam de diminuição da velocidade de síntese de cadeias α ou β (Figura 7.3; Tabela 7.2). A β-talassemia é mais comum na região do Mediterrâneo, e a α-talassemia, no Extremo Oriente (Figura 7.4).

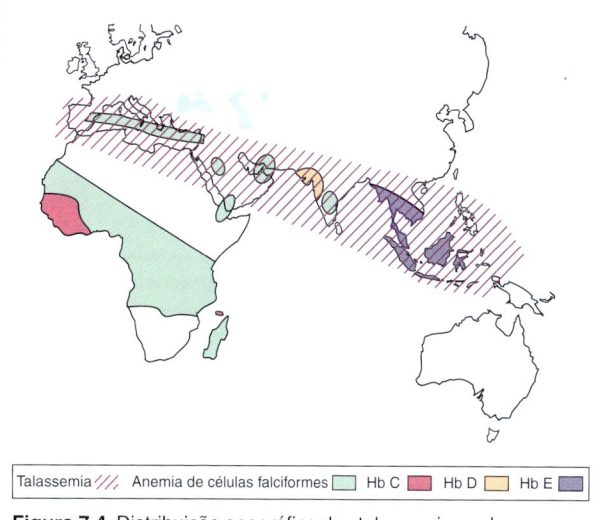

Figura 7.4 Distribuição geográfica das talassemias e das anomalias estruturais hereditárias mais comuns da hemoglobina.

Tabela 7.2 Classificação da talassemia*

Clínica

Hidropsia fetal
α-Talassemia com deleção de quatro genes
Talassemia maior
Dependente de transfusão, homozigótica
β^0-Talassemia ou outras combinações do traço β-talassêmico
Talassemia intermédia (não dependente de transfusão)
Ver Tabela 7.3

Talassemia menor
Traço β^0-talassêmico
Traço β^+-talassêmico

Traço α^0-talassêmico
Traço α^+-talassêmico

Genética

Tipo	Halótipo	Traço talassêmico heterozigótico (menor)*	Homozigótico
α-*Talassemias*[†]			
α^0	--/	VCM, HCM baixos	Hidropsia fetal
α^+	-α/	VCM, HCM minimamente reduzidos	Como α^0-talassemia heterozigótica Heterozigoto composto $\alpha^0\alpha^+$ (--/-α) é a doença da hemoglobina H
β-*Talassemias*			
β^0		VCM, HCM baixos (Hb A_2 > 3,5%)	Talassemia maior (Hb F 98%, Hb A_2 2%)
β^+		VCM, HCM baixos (Hb A_2 > 3,5%)	Talassemia maior ou intermédia (Hb F 70-80%, Hb A 10-20%, Hb A_2 variável)

[†]α^0 = 2 α genes deletados ou mutados; α^+ = um α gene deletado ou mutado.
*Ver texto para as doenças mais raras: δβ-talassemia, Hb Lepore, traço β-talassêmico dominante.

Clinicamente, as principais síndromes são: talassemia dependente de transfusão (**talassemia maior**), talassemia com anemia moderada, não dependente de transfusão (**talassemia intermédia**), devida a defeitos genéticos variados (ver Tabela 7.3) e o estado de portador de α ou β talassemia (**talassemia menor**).

Síndromes α-Talassêmicas

São causadas por deleções, mais raramente por mutações, de genes α-globínicos (Tabela 7.2). Havendo quatro cópias do gene de α-globina, a gravidade clínica é dependente do número de genes que faltam ou estão inativos. A perda de todos os quatro genes suprime por completo a síntese de cadeia α (Figura 7.5), e, como esta é essencial, pois faz parte tanto da hemoglobina fetal como da hemoglobina do adulto, esse defeito é incompatível com a vida e leva à morte *in utero* (**hidropsia fetal**; Figura 7.6). Três deleções do gene α provocam anemia microcítica e hipocrômica moderadamente grave (hemoglobina 7-11 g/dL) (Figura 7.7) com esplenomegalia, que é conhecida como **doença da hemoglobina H**, pois a hemoglobina H ($β_4$) pode ser detectada nos eritrócitos desses pacientes por eletroforese ou em preparações de reticulócitos (Figura 7.7). Na vida fetal, ocorre a Hb Barts ($γ_4$).

Os **traços α-talassêmicos** são causados por perda de um ou dois genes e, em geral, não se associam à anemia, embora o volume corpuscular médio (VCM) e a hemoglobina corpuscular média (HCM) sejam baixos e a contagem de eritrócitos esteja acima de $5,5 \times 10^6/\mu L$. Cromatografia líquida de alta resolução (HPLC) e eletroforese de hemoglobina são normais e é necessária a análise de DNA para a certeza do diagnóstico. Formas incomuns de α-talassemia não delecional são causadas por mutações pontuais que produzem disfunção dos genes ou, raramente, por mutações que afetam a terminação da tradução, resultando em cadeia alongada e instável (p. ex., Hb Constant Spring). Duas formas raras de α-talassemia estão associadas à deficiência intelectual e são causadas por mutação em um gene no cromossomo 16 (ATR-16) ou no cromossomo X (ATR-X), que controlam a transcrição do gene da α-globina e de outros genes.

Síndromes β-Talassêmicas

β-Talassemia maior

A chance de ocorrência em filhos de pai e mãe portadores do traço β-talassêmico é de 1 em 4. Ou não há síntese de cadeia β ($β^0$) ou só é sintetizada uma pequena e insuficiente quantidade de cadeias β ($β^+$) (Figura 7.3). O excesso de cadeias α precipita nos eritroblastos e nos eritrócitos maduros, causando séria eritropoese ineficaz e intensa hemólise, comuns da doença. Quanto maior o excesso de cadeias α, mais grave a anemia. A produção de cadeias γ ajuda a "limpar" o excesso de cadeias α e atenua a doença. Mais de 400 defeitos genéticos já foram detectados (Figura 7.8).

Ao contrário da α-talassemia, as lesões genéticas são, em sua maioria, mutações pontuais, em vez de deleções de genes. Essas mutações podem ocorrer dentro do complexo do próprio gene ou nas regiões promotoras ou amplificadoras. Certas mutações são particularmente frequentes em algumas comunidades, o que pode simplificar o diagnóstico pré-natal dirigido para a detecção de mutações no DNA fetal. A talassemia maior várias vezes resulta de herança de duas mutações diferentes

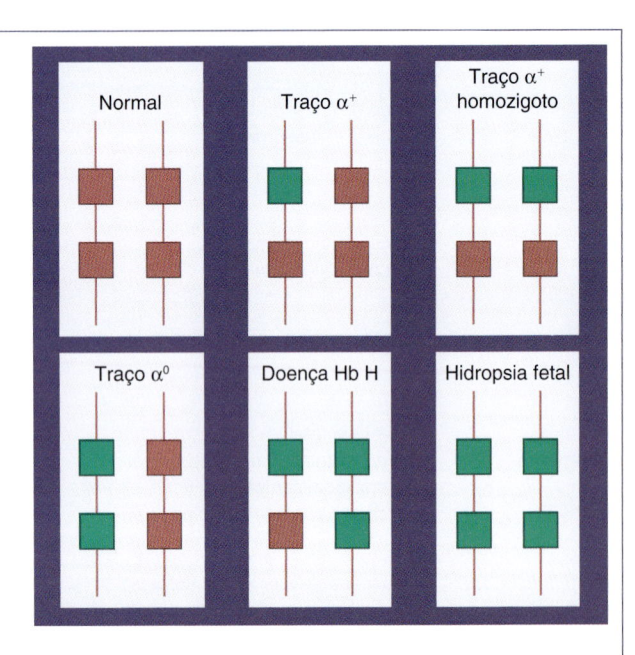

Figura 7.5 Genética da α-talassemia. Cada gene α pode ser deletado ou (com menos frequência) disfuncional. Os quadrados alaranjados representam genes normais, e os verdes, deleções gênicas ou genes disfuncionais.

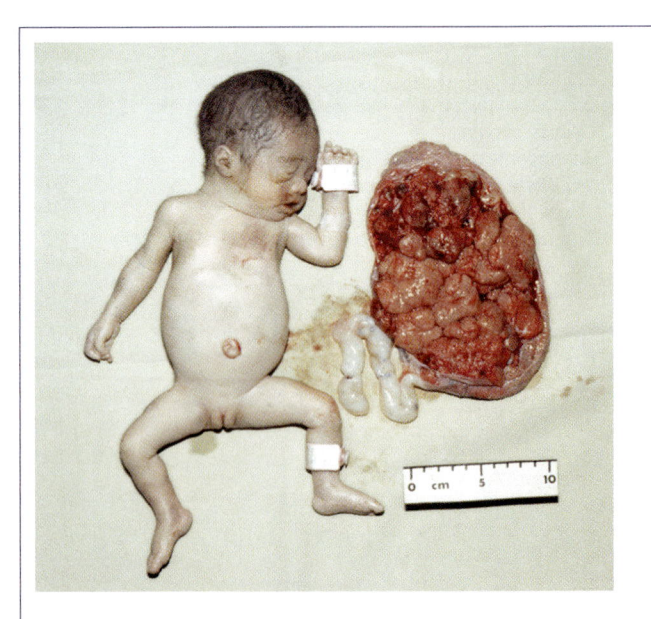

Figura 7.6 α-Talassemia: hidropsia fetal, resultado da supressão dos quatro genes da α-globina (α⁰-talassemia homozigótica). A principal hemoglobina presente é a Hb Barts ($γ_4$). A doença é incompatível com a vida além do estágio fetal.
Fonte: cortesia do Prof. D. Todd.

Capítulo 7: Distúrbios genéticos da hemoglobina / **77**

(a) (b)

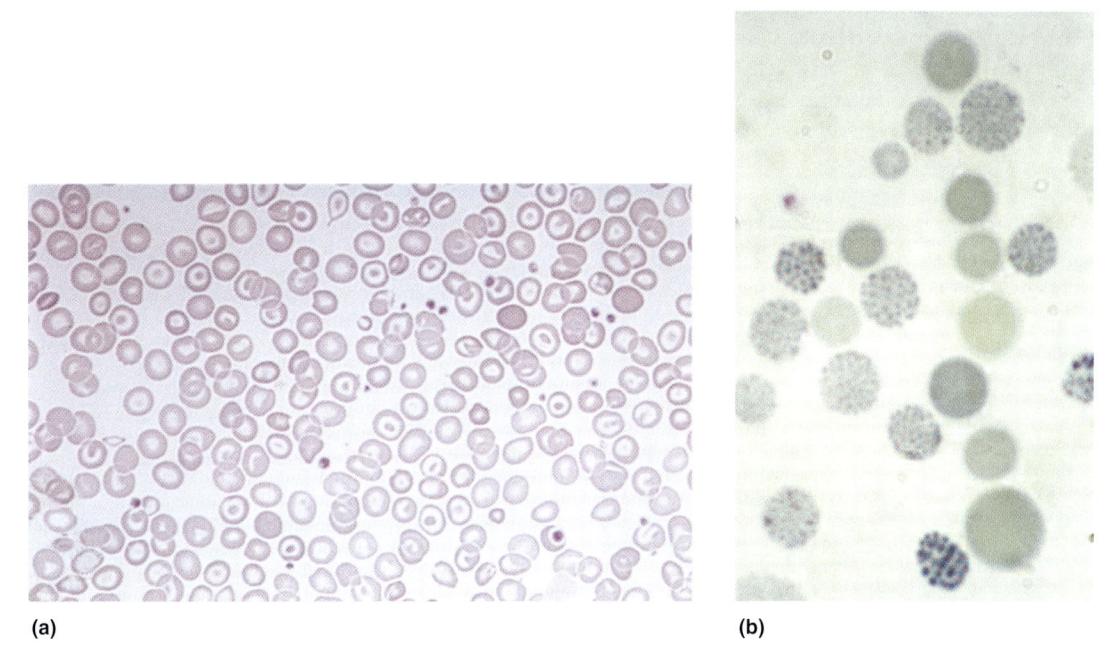

Figura 7.7 **(a)** α-Talassemia: doença da hemoglobina H (α-talassemia com três deleções do gene da α-globina). Distensão sanguínea mostrando microcitose e hipocromia intensas, numerosos eritrócitos em alvo e pecilocitose. **(b)** α-Talassemia: doença da hemoglobina H. Coloração supravital com azul de brilhante cresil, mostrando múltiplos depósitos finos, densamente corados (eritrócitos em "bola de golfe"), causados pela precipitação de agregados de cadeias β-globínicas. A Hb H também pode ser detectada como uma banda de mobilidade rápida na eletroforese da hemoglobina (ver Figura 7.12).

que afetam a síntese de β-globina (heterozigotos compostos). Em alguns casos, ocorre supressão dos genes β, δ e β ou até mesmo β, δ e γ. Em outros, um cruzamento (*crossing-over*) desigual produz fusão dos genes δβ, a chamada síndrome Lepore, assim denominada devido ao sobrenome da primeira família na qual foi diagnosticada (p. 80).

Aspectos clínicos

1 **Anemia grave** começa a ser notada 3 a 6 meses após o nascimento, quando deve ocorrer a mudança de produção de cadeia γ para β. A criança, em geral, passa a apresentar atraso no desenvolvimento, palidez progressiva e abdome inchado.

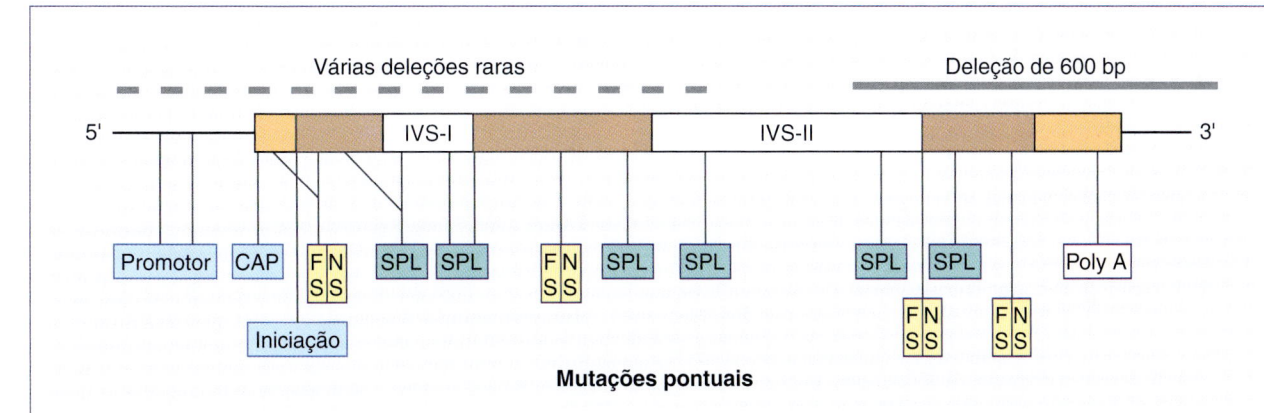

Figura 7.8 Exemplos de mutações que produzem β-talassemia. Elas incluem mudanças de bases únicas, pequenas deleções e inserções de uma ou duas bases, afetando os íntrons, os éxons ou as regiões que flanqueiam os genes da β-globina. FS, "mudanças de moldura": supressão de nucleotídio(s) que tira(m) a moldura de leitura da fase a jusante da lesão; NS, "sem sentido": término prematuro da cadeia como resultado de um novo códon de término de tradução (p. ex., UAA); SPL, "emenda": inativação de emenda ou novos sítios de emenda gerados (emenda aberrante) nos éxons ou nos íntrons; CAP, iniciação: diminuição da transcrição ou da tradução como resultado de uma lesão no promotor, no CAP ou nas regiões de iniciação; poli A, mutações no sinal adicional poli A resultando em falta de adição de poli A e mRNA instável.

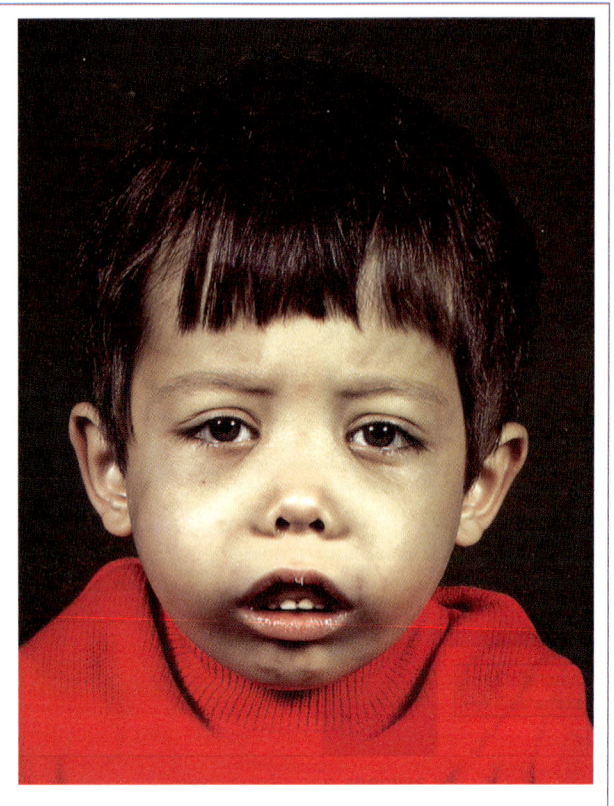

Figura 7.9 Fácies de uma criança com β-talassemia maior. O crânio tem bossas, com proeminência dos ossos frontal e parietal; os maxilares estão aumentados.

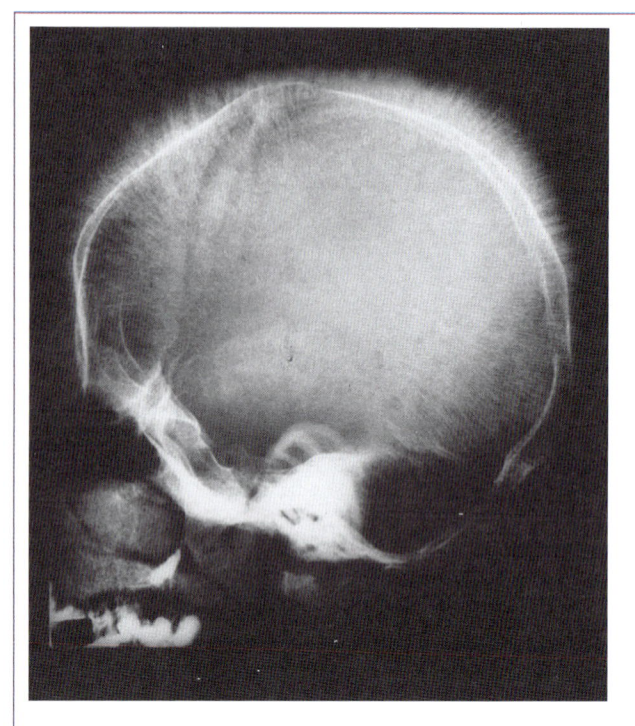

Figura 7.10 Radiografia de crânio na β-talassemia maior. Há aspecto de "fios de escova" como resultado da expansão da medula óssea ao osso cortical.

2. **Aumento do fígado e do baço** ocorre como resultado da destruição excessiva de eritrócitos, de hematopoese extramedular e, posteriormente, da sobrecarga de ferro. O baço grande aumenta as necessidades hemoterápicas, uma vez que a destruição e a sequestração de eritrócitos são maiores, além de causar expansão do volume plasmático.
3. **Expansão dos ossos**, causada pela intensa hiperplasia eritroide da medula óssea, leva a uma "fácies talassêmica" (Figura 7.9) e ao adelgaçamento do córtex de muitos ossos, com tendência a fraturas e à formação de bossas no crânio, com aspecto radiológico de "fios de escova" (Figura 7.10).
4. **A talassemia maior é a doença que causa, com maior frequência, sobrecarga transfusional de ferro.** Há necessidade de transfusões por toda a vida, desde o primeiro ano, salvo se houver cura por transplante de células-tronco. Além disso, a absorção de ferro está aumentada pelo baixo nível de hepcidina dependente da liberação de proteínas, como, por exemplo, a GDF 15 do número aumentado de eritroblastos primitivos na medula óssea. Na infância, são comuns retardos de crescimento e da puberdade; sem tratamento quelante de ferro, há morte por dano cardíaco, precocemente, na adolescência. Os aspectos clínicos, decorrentes da sobrecarga de ferro cardíaca, hepática e endócrina, serão discutidos no Capítulo 4.
5. **Infecções** ocorrem frequentemente. Na primeira infância, sem reposição transfusional adequada, a anemia predispõe a infecções bacterianas. A esplenectomia causa suscetibilidade ao pneumococo, ao *Haemophilus* e ao meningococo. Infecção por *Yersinia enterocolitica* ocorre particularmente em pacientes com sobrecarga de ferro em tratamento com desferroxiamina, e pode causar grave gastrenterite. A sobrecarga de ferro também predispõe a outras infecções bacterianas, como, por exemplo, *Klebsiella,* e a infecções fúngicas. Pode haver contaminação de vírus pelas transfusões. Em decorrência do melhor tratamento quelante atual, as mortes por sobrecarga cardíaca de ferro diminuíram, e as infecções passaram a predominar nas estatísticas de mortalidade da talassemia maior.
6. **Doença hepática** geralmente se deve à hepatite C, mas a hepatite B também é comum em áreas onde o vírus é endêmico. O vírus da imunodeficiência humana (HIV) tem sido transmitido a alguns pacientes por transfusão sanguínea. A sobrecarga de ferro também pode causar dano hepático.
7. **Osteoporose** pode ocorrer em pacientes bem transfundidos. É mais comum em pacientes diabéticos com anomalias endócrinas.
8. O **carcinoma hepatocelular** tem a incidência aumentada em pacientes com sobrecarga de ferro e hepatite crônica B ou C. Ultrassonografia (ecografia abdominal) e dosagem de alfa-fetoproteína sérica são recomendados nesses pacientes a cada 6 meses.

Diagnóstico laboratorial

1 Há uma grave anemia microcítica e hipocrômica, com aumento da contagem de reticulócitos e com eritroblastos, células-alvo e pontilhado basófilo na distensão sanguínea (Figura 7.11).
2 A cromatografia líquida de alta resolução (HPLC) atualmente é o método de primeira linha para diagnosticar distúrbios da hemoglobina (Figura 7.12a). A HPLC ou a eletroforese de hemoglobina (Figura 7.12b) mostram ausência ou diminuição extrema de Hb A; quase toda a hemoglobina circulante é Hb F. A porcentagem de Hb A_2 é normal, baixa ou levemente aumentada. Utiliza-se análise do DNA para identificar o defeito em cada alelo importante no diagnóstico pré-natal.

Tratamento

1 São necessárias transfusões regulares de glóbulos para manter a hemoglobina sempre acima de 10 g/dL. Em geral, são necessárias 2 a 3 unidades a cada 4 a 6 semanas. Sangue fresco, filtrado para remoção de leucócitos, resulta em maior sobrevida dos eritrócitos transfundidos e menos reações adversas. O genótipo dos pacientes deve ser determinado no início do programa de transfusão, para o caso de surgirem anticorpos contra eritrócitos transfundidos.
2 A terapia quelante de ferro é essencial, e a disponibilidade de fármacos aumentou consideravelmente a expectativa de vida (ver Capítulo 4).
3 Ácido fólico (p. ex., 5 mg/dia) é administrado regularmente se a dieta for pobre.
4 Esplenectomia pode ser necessária para diminuir as necessidades de sangue. Deve ser adiada até que o paciente ultrapasse 6 anos de idade, devido ao alto risco de infecções graves após a esplenectomia. As vacinações e os antibióticos a serem administrados serão descritos no Capítulo 10.
5 Tratamento endocrinológico é feito como reposição, por falência dos órgãos periféricos, ou para estimular a hipófise, se a puberdade for retardada. Diabéticos necessitam de tratamento com insulina. Pacientes com osteoporose podem necessitar de tratamento adicional com aumento de cálcio e de vitamina D na dieta, administração de bifosfonato e terapia endócrina adequada.
6 Imunização contra a hepatite B deve ser feita em todos os pacientes não imunes. O tratamento da hepatite C transmitida por transfusão é indicado se forem detectados genomas virais no plasma.
7 Transplante de células-tronco alogênicas oferece uma perspectiva de cura permanente. O índice de sucesso (sobrevida a longo prazo livre de talassemia) em pacientes jovens bem quelados, sem fibrose hepática ou hepatomegalia, é superior a 80%. O doador é um irmão ou, raramente, outro membro da família ou doador voluntário não relacionado com HLA compatível. O fracasso desse tratamento geralmente decorre de recidiva da talassemia, de morte (p. ex., por infecção) ou por doença do enxerto *versus* hospedeiro crônica.

Traço β-talassêmico (talassemia menor)

É uma condição comum, em geral assintomática, caracterizada (como o traço α-talassêmico) por um quadro hematológico microcítico e hipocrômico (VCM e HCM muito baixos), mas com contagem de eritrócitos alta ($> 5,5 \times 10^6/\mu L$) e anemia leve (hemoglobina 10-12 g/dL). Em geral, a anemia é mais grave do que no traço α-talassêmico. O aumento de Hb A_2 ($> 3,5\%$) confirma o diagnóstico. É importante estabelecer e lembrar desse diagnóstico em todos os casos para indicação de aconselhamento pré-natal. Se o parceiro também for portador de traço β-talassêmico, há um risco de 25% de nascer uma criança com talassemia maior.

Talassemia intermédia (talassemia não dependente de tratamento transfusional)

Esta é uma talassemia de gravidade moderada (hemoglobina 7-10 g/dL) sem necessidade de transfusões regulares (Tabela 7.3). Trata-se de uma *síndrome clínica*, pois pode ser

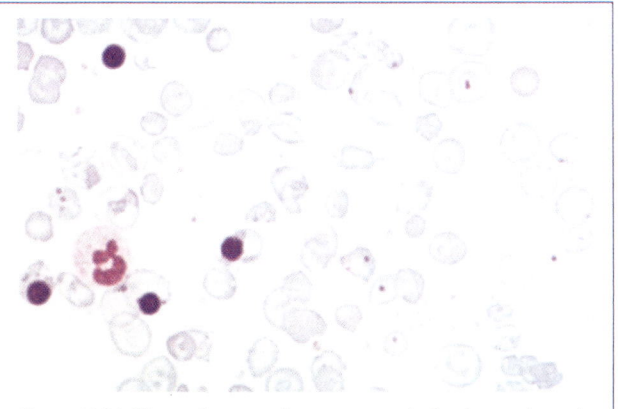

Figura 7.11 Distensão sanguínea em caso de β-talassemia maior após esplenectomia. Há hipocromia, células-alvo e numerosos eritroblastos (normoblastos). Os corpos de Howell-Jolly são vistos nos mesmos eritroblastos.

Tabela 7.3 Talassemia intermédia

β-Talassemia homozigótica
  Homozigotos ou heterozigotos compostos com β+-talassemia homozigótica leve
  Herança concomitante de α-talassemia
  Aumento da capacidade de produzir hemoglobina fetal (produção de cadeia γ)

β-Talassemia heterozigótica
  Herança concomitante de genes adicionais de α-globina (αααα/αα ou αααα/αααα)
  Traço β-talassêmico dominante

δβ-Talassemia e persistência hereditária de hemoglobina fetal
  δβ-Talassemia homozigótica
  δβ-Talassemia heterozigótica/β-talassemia
  Hb Lepore homozigótica (alguns casos)

Hemoglobinopatia H

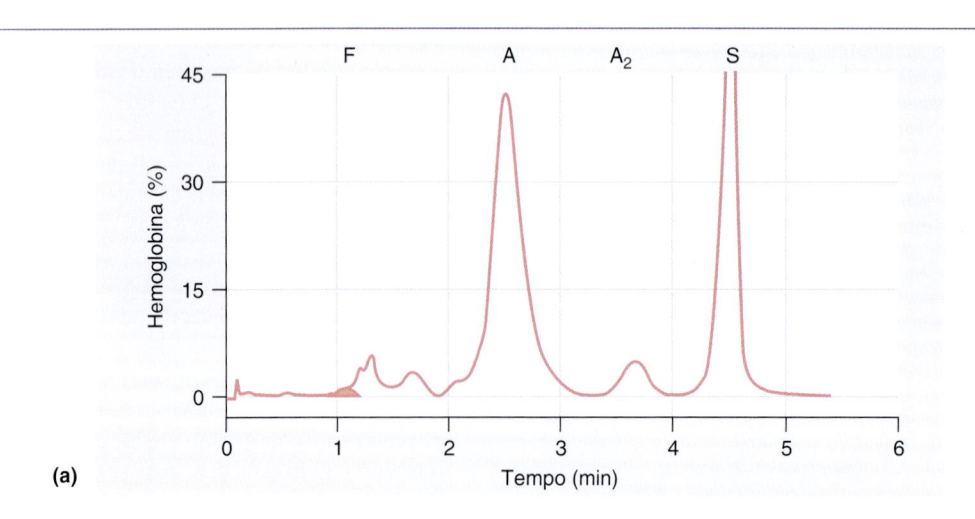

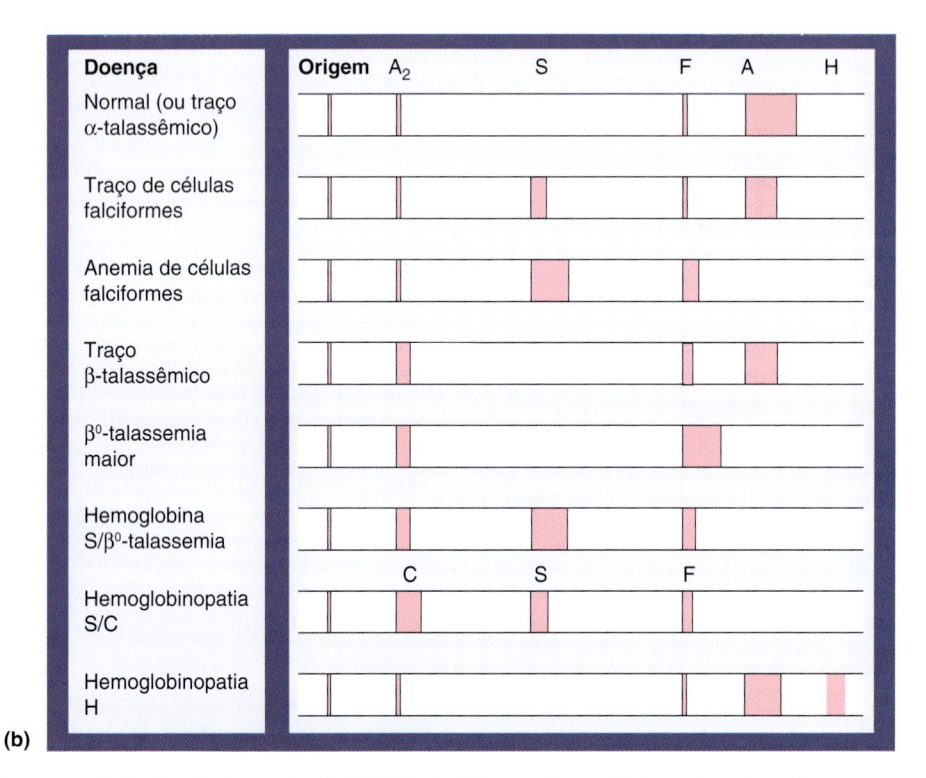

Figura 7.12 (a) Cromatografia líquida de alta resolução (HPLC). As diferentes hemoglobinas eluem da coluna em tempos diferentes e suas concentrações são lidas automaticamente. Neste exemplo, o paciente é portador do traço de células falciformes (Hb AS). **(b)** Padrões eletroforéticos da hemoglobina em sangue humano normal e em pacientes com traço ou anemia de células falciformes (Hb S), traço β-talassêmico, β-talassemia maior, hemoglobina S/β-talassemia ou hemoglobinopatia SC e hemoglobinopatia H.

causada por uma variedade de defeitos genéticos: β-talassemia homozigótica com produção de mais Hb F do que o normal (p. ex., devido a mutações do gene *BCL11A* ou a defeitos leves na síntese de cadeia β), traço β-talassêmico isolado de gravidade incomum (β-talassemia "dominante") ou traço β-talassêmico com leves anomalias na globina, como a Hb Lepore. A coexistência de traço α-talassêmico melhora o nível de hemoglobina na β-talassemia homozigótica pela diminuição do grau de desequilíbrio de cadeias α : β e, assim, de precipitação de cadeias α e da eritropoese ineficaz. Ao contrário, pacientes com traço β-talassêmico e excesso (5 ou 6) de genes α tendem a ser mais anêmicos que o normal.

Pacientes com talassemia intermédia podem apresentar deformidades ósseas, hepatomegalia e esplenomegalia, eritropoese extramedular (Figura 7.13), úlceras de perna, litíase vesicular, osteoporose e tromboses venosas. A sobrecarga de

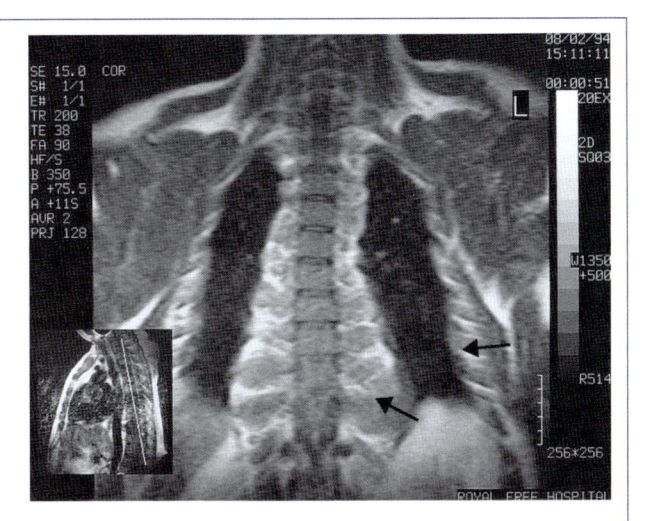

Figura 7.13 β-Talassemia intermédia: imagem por ressonância magnética (IRM) mostrando massa de tecido hematopoético extramedular partindo das costelas (seta) e na região paravertebral (seta), sem comprometer a medula espinal.

ferro é causada por aumento de absorção e transfusões ocasionais de ferro (p. ex., durante gestação ou infecções, ou indicadas para diminuir deformidades ósseas). Quelação de ferro, geralmente com fármacos orais, pode mostrar-se necessária se a ferritina estiver acima de 800 μg/mL ou o ferro hepático acima de 5mg/g. Esplenectomia pode ser útil para evitar a necessidade de transfusões. Hemoglobinopatia H (α-talassemia com deleção de três genes) é um tipo de talassemia intermédia sem sobrecarga de ferro ou hematopoese extramedular.

δβ-Talassemia

Envolve falta de produção de cadeias δ e β. A produção de hemoglobina fetal aumenta a 5 a 20% no estado heterozigótico, que se assemelha hematologicamente à talassemia menor. No estado homozigótico, está presente apenas Hb F, e o quadro hematológico é de talassemia intermédia.

Hemoglobina Lepore

É uma hemoglobina anormal causada pelo cruzamento (*crossing-over*) desigual dos genes δ e β, produzindo uma cadeia polipeptídica que consiste em uma cadeia δ aminoterminal e uma cadeia β carboxiterminal. A cadeia de fusão δβ é sintetizada de maneira ineficiente, e a produção normal de cadeias δ e β é abolida. Os homozigotos apresentam talassemia intermédia, e os heterozigotos, traço talassêmico.

Persistência hereditária da hemoglobina fetal

Trata-se de um grupo heterogêneo de doenças genéticas causadas por deleções ou *crossing-over*, afetando a produção de cadeias β e γ, ou, nas formas sem deleção, por mutações pontuais a jusante dos genes de γ-globina ou no gene *BCL11A* (p. 74).

Associação do traço β-talassêmico com outros distúrbios genéticos da hemoglobina

A combinação do traço β-talassêmico com o traço de Hb E, em geral, provoca uma síndrome de talassemia maior, dependente de transfusão, mas alguns casos apresentam-se como talassemia intermédia. O traço β-talassêmico com o traço de Hb S produz um quadro clínico mais próximo de anemia de células falciformes do que de talassemia (p. 85). O traço β-talassêmico com o traço de Hb D causa anemia microcítica e hipocrômica de gravidade variável.

Síndromes falcêmicas

As síndromes falcêmicas integram um grupo de distúrbios da hemoglobina em que há herança do gene de β-globina S (do inglês, *sickle* [foicinha]). Esta anormalidade genética é causada pela substituição de ácido glutâmico por valina na posição 6 na cadeia β (Figura 7.14). A anemia de células falciformes* (homozigose Hb SS) é a mais comum entre doenças graves que fazem parte da síndrome, ao passo que as doenças duplamente heterozigóticas – hemoglobinopatia SC e Hb S/β-talassemia – também causam anemia com afoiçamento dos eritrócitos. A Hb S (Hb $\alpha_2\beta_2^S$) é insolúvel e forma cristais quando exposta à baixa tensão de oxigênio (Figura 7.15). A hemoglobina desoxigenada polimeriza em fibras longas, formadas por sete fios duplos enrolados com ligações cruzadas (Figura 7.15). Os eritrócitos sofrem deformação falciforme e podem ocluir diferentes regiões da microcirculação ou de grandes vasos, causando infarto de vários órgãos. O estado de portador (heterozigoto) é muito disseminado (Figura 7.4) e é encontrado em até 30% dos africanos do Oeste da África; a prevalência é mantida nesse nível porque confere ao portador uma proteção contra a malária.

Anemia de células falciformes (homozigose para Hb S)
Aspectos clínicos

Os aspectos clínicos são de anemia hemolítica grave pontuada por crises. Os sintomas de anemia costumam ser mais

---

*N. de T. No Brasil, são muito usados os sinônimos "anemia drepanocítica" e "drepanocitose" (do grego, *drepanos* [foicinha]).

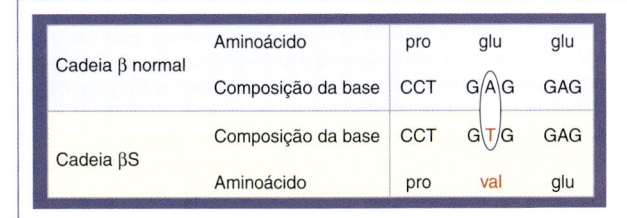

Cadeia β normal	Aminoácido	pro	glu	glu
	Composição da base	CCT	G(A)G	GAG
Cadeia βS	Composição da base	CCT	G(T)G	GAG
	Aminoácido	pro	val	glu

Figura 7.14 Patologia molecular da anemia de células falciformes. Há uma única troca de base no DNA que codifica o aminoácido na sexta posição na cadeia β de globina (adenina é substituída por timina). Isso causa uma troca de aminoácido: ácido glutâmico por valina. A, adenina; C, citosina; G, guanina; glu, ácido glutâmico; pro, prolina; T, timina; val, valina.

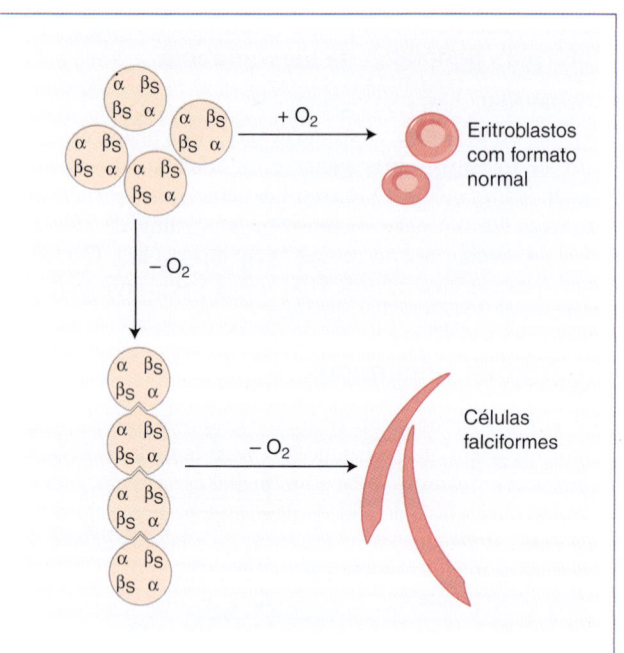

Figura 7.15 Formação do polímero que causa afoiçamento. Fonte: adaptada de Bunn H.F. e Aster J.C. (2011). *Hematologic Pathophysiology*. McGraw Hill.

leves do que o esperado para a gravidade da anemia, uma vez que a Hb S libera oxigênio (O_2) aos tecidos com maior facilidade do que a Hb A, pois sua curva de dissociação é desviada para a direita (ver Figura 2.10). A expressão clínica da Hb SS é muito variável, e alguns pacientes têm vida quase normal, sem crises, ao passo que outros sofrem crises graves desde os primeiros meses de vida, podendo morrer no início da infância ou quando adultos jovens. As crises podem ser vasoclusivas (dolorosas ou viscerais), aplásticas ou hemolíticas. Pode haver sério dano a vários órgãos.

Crises vasoclusivas

Dolorosas

São as mais frequentes e podem ser esporádicas e imprevisíveis, ou precipitadas por fatores como infecção, acidose, desidratação e desoxigenação (p. ex., altitude, cirurgia, parto, estase circulatória, exposição ao frio, exercício violento). Infartos muito dolorosos ocorrem nos ossos (quadril, ombros e vértebras são comumente afetados) (Figura 7.16). A síndrome mão-pé (dactilite dolorosa causada por infartos dos pequenos ossos) frequentemente é a primeira apresentação da doença e pode causar variação do tamanho dos dedos (Figura 7.17).

Viscerais

São causadas por deformação falciforme de eritrócitos e retenção de sangue em órgãos, quase sempre com grave exacerbação da anemia. A **síndrome falcêmica torácica aguda** é a causa mais comum de morte tanto em crianças como em adultos. O paciente apresenta-se com dispneia, queda de PO_2, dor torácica e infiltrados pulmonares à radiografia de tórax. Trata-se

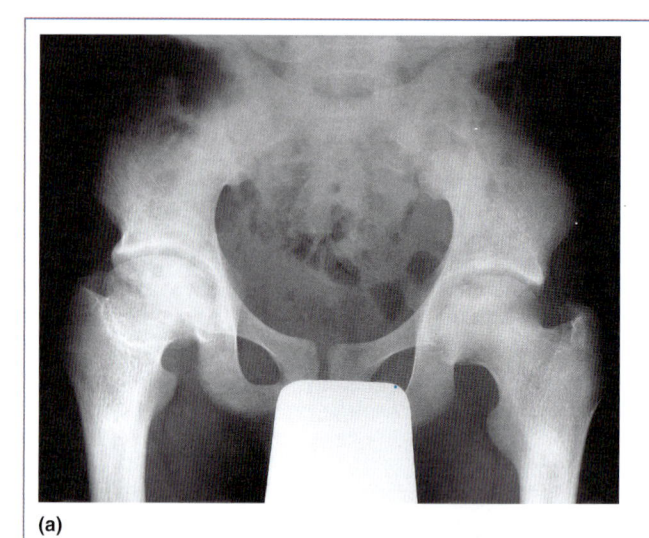

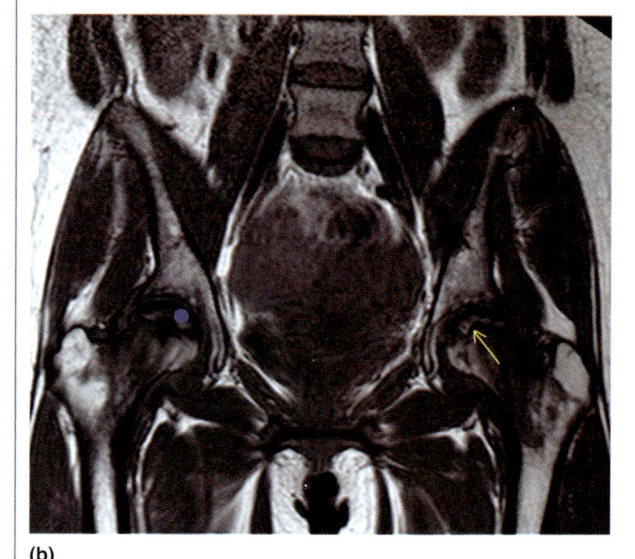

Figura 7.16 Anemia de células falciformes. **(a)** Radiografia da bacia de um jovem oriundo da Índia Ocidental, mostrando necrose avascular com achatamento das cabeças femorais (mais intenso à direita), arquitetura óssea grosseira e áreas císticas no colo femoral direito, causadas por infartos anteriores. **(b)** Imagem por ressonância magnética (IRM) dos quadris, mostrando osteonecrose bilateral das cabeças femorais (seta amarela) e margem esclerótica crescente (ponto azul) como consequência de anemia de células falciformes. (Cortesia do Dr. A. Malhotra.)

com analgesia, oxigênio, exsanguineotransfusão e suporte ventilatório, se necessário. Crises de sequestro no fígado e na bacia e sequestro esplênico podem ser graves e tornar necessária a exsanguineotransfusão. O sequestro esplênico é comumente observado em lactentes e se manifesta com esplenomegalia, queda de hemoglobina e dor abdominal. O tratamento é feito com transfusão. As crises tendem a ser recidivantes e, frequentemente, há necessidade de esplenectomia. Priapismo e danos hepático e renal devido a pequenos infartos repetidos também são complicações comuns.

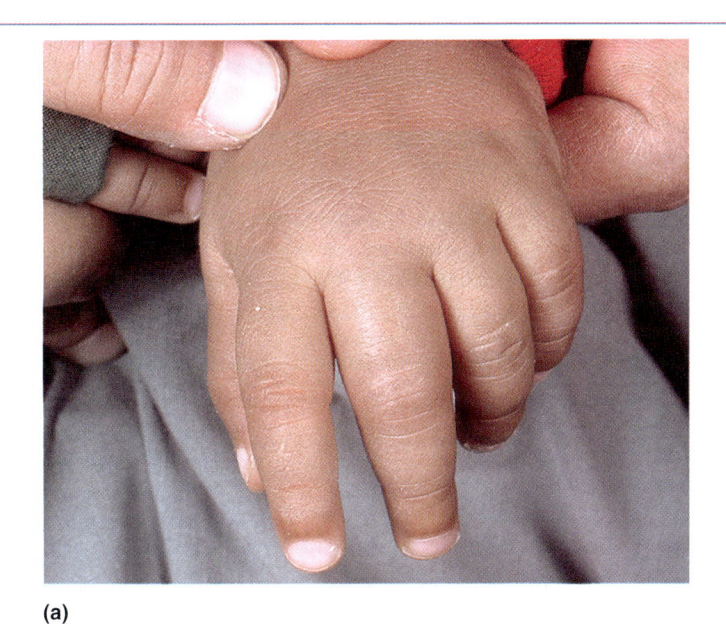

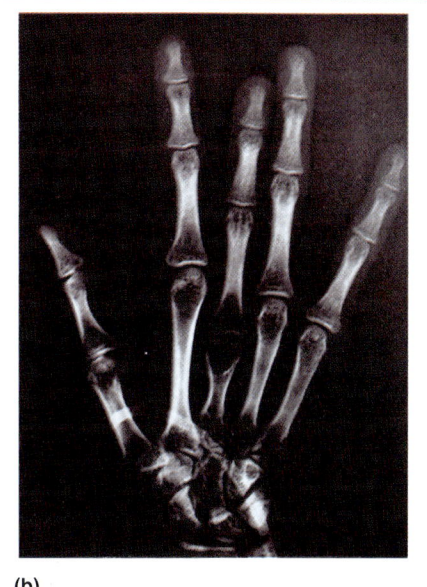

Figura 7.17 Anemia de células falciformes: **(a)** dedos edemaciados dolorosos (dactilite) em uma criança e **(b)** mão de um jovem nigeriano de 18 anos com a síndrome "mão-pé". Há encurtamento do dedo médio direito devido à dactilite na infância, afetando o crescimento da epífise.

Crises aplásticas

Podem ocorrer como resultado de infecção por parvovírus ou por deficiência de folato, sendo caracterizadas por queda súbita da hemoglobina e da contagem de reticulócitos, geralmente exigindo transfusão (ver Figura 22.7).

Crises hemolíticas

São caracterizadas por aumento do ritmo de hemólise com queda da hemoglobina e aumento da reticulocitose e, em geral, acompanham crises dolorosas.

Dano a outros órgãos

As crises vasoclusivas mais graves são a cerebral (acidente vascular cerebral ocorre em 7% dos pacientes) e a da medula espinal. Até um terço das crianças tiveram um infarto cerebral silente antes dos 6 anos (Figura 7.18). A ultrassonografia transcranial com Doppler detecta fluxo sanguíneo cerebral anormal, indicativo de estenose arterial, o que pode estar associado a retardo cognitivo e é preditivo de acidentes vasculares na infância. Essas complicações podem ser amplamente evitadas por um programa de transfusões regulares e estão em progresso estudos para avaliar o valor do tratamento com hidroxicarbamida.

Úlceras nas extremidades das pernas são comuns, causadas por estase vascular e isquemia local (Figura 7.19). O baço está aumentado nos lactentes e no início da infância, porém, posteriormente, quase sempre diminui de tamanho devido a infartos (**autoesplenectomia**). Hipertensão pulmonar detectada por ecocardiografia com Doppler e aumento da velocidade de regurgitação tricúspide são comuns e aumentam o risco de morte. Retinopatia proliferativa e priapismo são outras complicações clínicas. Lesão crônica do fígado pode ocorrer por microinfartos.

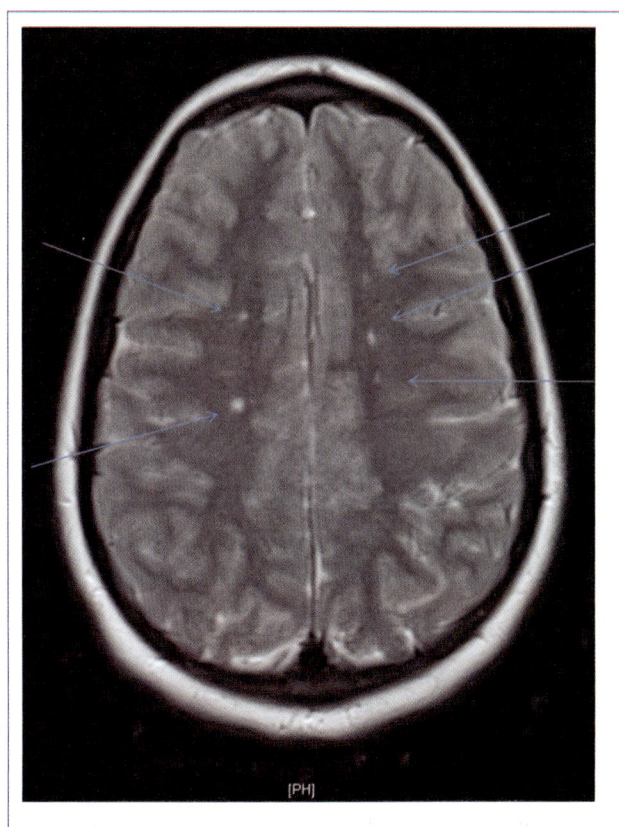

Figura 7.18 Ressonância magnética T_2 de uma menina com anemia de células falciformes, mostrando 5 pontos de hiperintesidade na massa branca (setas), que são infartos cerebrais silentes. Fonte: cortesia do Dr. David Rees, Kings College Hospital.

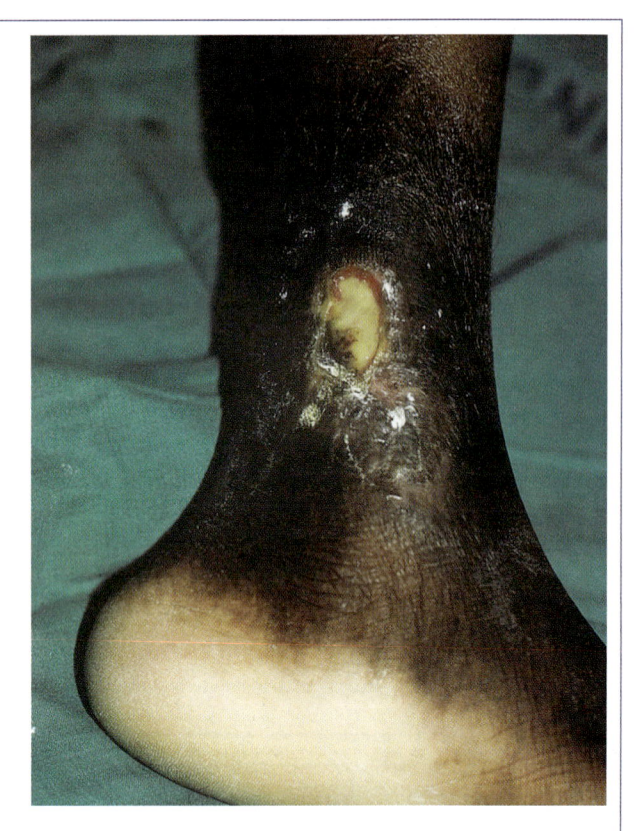

Figura 7.19 Anemia de células falciformes: maléolo interno de um jovem nigeriano com 15 anos de idade com ulceração e necrose.

Cálculos vesiculares de pigmento (bilirrubina) são frequentes. Os rins são vulneráveis a infartos da medula com necrose papilar. Insuficiência da capacidade de concentrar a urina agrava a tendência à desidratação e às crises, e pode desenvolver-se enurese noturna. Infecções são frequentes, em parte pelo hipoesplenismo: pneumonia, infecção urinária e septicemia por gram-negativos são as mais comuns. Osteomielite, que também pode ocorrer, geralmente é causada por *Salmonella* spp.

Achados laboratoriais

1 A hemoglobina geralmente é de 6 a 9 g/dL – baixa, em comparação com a sintomatologia leve da anemia.
2 Eritrócitos falciformes (drepanócitos) e células-alvo ocorrem no sangue (Figura 7.20). Aspectos de atrofia esplênica (p. ex., corpos de Howell-Jolly) também podem estar presentes.
3 Os exames de triagem para deformação falciforme dos eritrócitos são positivos quando o sangue é desoxigenado (p. ex., com ditionato e Na_2HPO_4).
4 HPLC ou eletroforese de hemoglobina (Figura 7.12): na Hb SS, a Hb A não é detectada. A quantidade de Hb F é variável, em geral de 5 a 15%; quantidades maiores são associadas a uma doença mais leve.

Tratamento

1 Profilaxia – evitar fatores conhecidos por precipitar crises, sobretudo desidratação, anoxia, infecções, estase da circulação e resfriamento da pele.
2 Ácido fólico (p. ex., 5 mg uma vez por semana).
3 Boas condições gerais de nutrição e higiene.
4 Vacinação contra pneumococo, *Haemophilus* e meningococo, assim como penicilina regular via oral, são eficazes na diminuição da frequência de infecção com esses microrganismos. A penicilina via oral deve ser iniciada na ocasião do diagnóstico e mantida pelo menos até a puberdade. A vacinação contra hepatite B também é feita, visto que transfusões serão eventualmente necessárias.
5 Crises – tratar com repouso, aquecimento, hidratação por via oral e/ou intravenosa com solução salina normal (3 L em 24 horas) e antibióticos, se houver infecção. Deve ser administrado tratamento analgésico adequado. Os fármacos indicados são paracetamol, um anti-inflamatório não hormonal e opiáceos. Transfusão de sangue é feita somente se a anemia for grave e se houver sintomas óbvios de anemia. Exsanguineotransfusão pode ser necessária, principalmente quando houver dano neurológico, crise de sequestro visceral ou crises dolorosas repetidas. O objetivo é diminuir a porcentagem de Hb S para 30% ou menos e, após acidente vascular cerebral, essa porcentagem deverá ser mantida ao menos por dois anos.
6 Há necessidade de cuidados especiais na gravidez e durante anestesia. Discute-se se os pacientes necessitam ou não de transfusões de glóbulos para diminuir os níveis de Hb S durante a gravidez, antes do parto e em cirurgias de pequeno

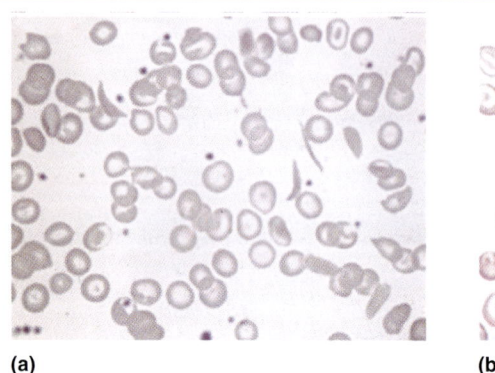

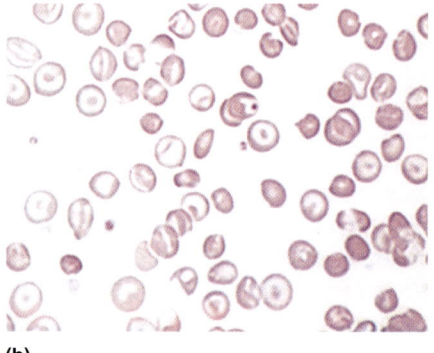

Figura 7.20 (a) Anemia de células falciformes: sangue periférico mostrando células falciformes densamente corados, células-alvo e policromatocitose. **(b)** Hemoglobinopatia C homozigótica: sangue periférico mostrando muitas células-alvo, células romboides e esferocíticas densamente coradas.

porte. Transfusões repetidas durante a gravidez são feitas em casos de história de problemas obstétricos prévios ou de crises frequentes. Anestesia e técnicas de recuperação cuidadosas devem ser empregadas para evitar hipoxemia ou acidose.

7 Transfusões – algumas vezes são feitas repetidamente como profilaxia em pacientes com crises frequentes ou que sofreram lesões orgânicas importantes (p. ex., cerebrais), ou com resultados anormais ao Doppler transcranial. O objetivo é suprimir a produção de Hb S durante um período de vários meses ou até anos. A sobrecarga de ferro, mais bem avaliada pelo total de unidades de sangue transfundido e pelo ferro hepático, pode tornar necessário o tratamento quelante; aloimunização contra os eritrócitos doados é outro problema constante.

8 Hidroxicarbamida (Hydrea®) pode aumentar os níveis de Hb F e melhorar a evolução clínica de crianças e adultos. É indicada para casos de doença grave ou moderada (p. ex., pacientes que vêm desenvolvendo três ou mais crises dolorosas por ano). Não pode ser utilizada durante a gravidez.

9 O transplante de células-tronco pode levar a estado "livre de doença" em 80% dos casos. A mortalidade é inferior a 10%. Há indicação de transplante somente nos casos mais graves, cuja qualidade ou expectativa de vida estejam muito prejudicadas.

10 Pesquisa por outros fármacos, como butiratos, para aumentar a síntese de Hb F ou a solubilidade de Hb S está em andamento.

Traço de células falciformes

É uma condição benigna, sem anemia e com aspecto normal dos eritrócitos na distensão sanguínea. Hematúria é o sintoma mais comum e acredita-se ser causada por pequenos infartos da papila renal. A Hb S varia de 25 a 45% da hemoglobina total (Figura 7.12). Deve-se tomar cuidado com anestesia, gestação e subida a grandes altitudes.

Combinação de hemoglobina S com outros defeitos genéticos da hemoglobina

As mais comuns são Hb S/β-talassemia e hemoglobinopatia SC. Na Hb S/β-talassemia, o hemograma mostra VCM e a HCM mais baixos do que na hemoglobinopatia homozigótica SS, mas o quadro clínico é similar, salvo pela persistência de esplenomegalia. Os pacientes com hemoglobinopatia SC mostram uma particular tendência a tromboses e embolia pulmonar, sobretudo na gestação. Em comparação com a anemia de células falciformes SS, os pacientes têm maior incidência de anomalias da retina e esplenomegalia, mas têm anemia mais leve e expectativa de vida significativamente maior. O diagnóstico é feito pela HPLC ou pela eletroforese de hemoglobina, particularmente com exame dos familiares.

Hemoglobinopatia C

Esse defeito genético da hemoglobina é frequente no Oeste da África, sendo causado por substituição de ácido glutâmico por lisina na cadeia da β-globina, no mesmo ponto de substituição da Hb S. A Hb C tende a formar cristais romboidais nos eritrócitos e, no estado homozigótico (hemoglobinopatia CC), há leve anemia hemolítica, com formação de número considerável de células-alvo, células com forma romboidal e microesferócitos (Figura 7.20b). O baço está aumentado. Nos portadores heterozigotos (Hb AC), a distensão sanguínea mostra apenas algumas células-alvo.

Hemoglobinopatia D

É um grupo de variantes com a mesma mobilidade eletroforética. Os heterozigotos não apresentam anomalias hematológicas, e os homozigotos têm leve anemia hemolítica.

Hemoglobinopatia E

É a variante de hemoglobina mais comum no Sudeste da Ásia. No estado homozigoto, há anemia microcítica e hipocrômica leve. A hemoglobinopatia E/β^0-talassemia, no entanto, parece-se com a β^0-talassemia homozigótica (talassemia maior), clínica e hematologicamente.

Diagnóstico pré-natal dos distúrbios genéticos da hemoglobina

O aconselhamento genético de casais sob risco de ter um filho com defeito sério da hemoglobina é indispensável na medicina pré-natal. Se for evidenciada uma anomalia da hemoglobina em uma mulher grávida, seu parceiro deve ser imediatamente testado para determinar se ele também é portador de um defeito. Se ambos tiverem anomalia e houver risco de defeito grave na prole por homozigose ou dupla heterozigose, sobretudo β-talassemia maior, é importante oferecer-lhes a tecnologia de diagnóstico pré-natal. Várias técnicas estão disponíveis, e a escolha depende do estágio da gestação e da natureza potencial do defeito.

Diagnóstico pelo DNA

As amostras costumam ser obtidas por biópsia de vilosidade coriônica, embora algumas vezes sejam utilizadas células do líquido amniótico. Técnicas para obter células fetais, ou DNA fetal, do sangue materno, estão sendo desenvolvidas. Sangue fetal pode ser coletado diretamente durante o segundo trimestre. O DNA é analisado, após amplificação, pela reação em cadeia da polimerase (PCR). Esta pode ser feita pelo emprego de pares de sondas que amplificam somente alelos individuais ("sondas alelo-específicas") ou pelo uso de sondas de consenso, que ampliam todos os alelos, seguindo-se digestão restritiva para detectar um alelo em particular. Isso é mais bem ilustrado na Hb S, na qual a enzima DdeI detecta a alteração A-T (Figura 7.21).

O diagnóstico genético de pré-implantação, que evita a necessidade de interrupção da gravidez, é feito por meio de fertilização *in vitro*, seguida pela remoção de uma ou duas células dos blastômeros no dia 3. As mutações talassêmicas são detectadas por PCR, de modo que possam ser selecionados blastômeros não afetados para a implantação. A tipificação HLA também pode ser utilizada para selecionar um blastômero HLA compatível que combine com um filho anterior portador de talassemia maior. Considerações éticas são importantes na aplicação dessas técnicas.

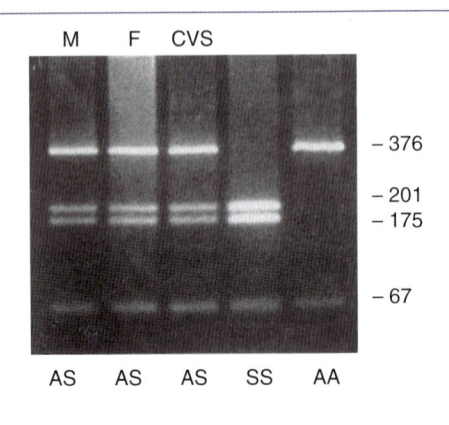

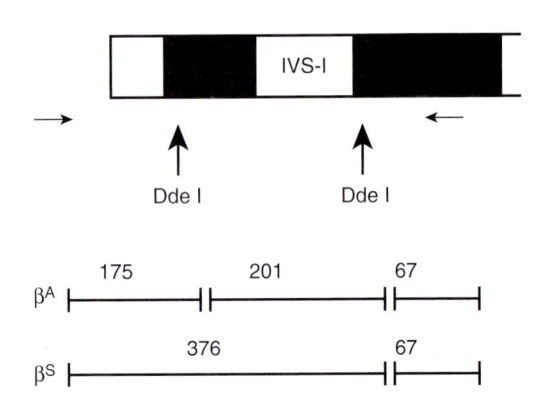

Figura 7.21 Anemia de células falciformes: diagnóstico pré-natal por análise DdeI-PCR. O DNA é amplificado por duas sondas que incluem todo o sítio de mutação do gene da hemoglobina S e produzem um produto de 473 pares de bases (pb) no sítio. O produto é digerido com a enzima de restrição DdeI, e os fragmentos resultantes são analisados por eletroforese em gel de agarose. A substituição de uma base adenina no gene normal da β-globina por timina resulta em Hb S e remove um sítio de restrição normal para DdeI, produzindo no produto digerido amplificado um fragmento de 376 pb, mais longo que os fragmentos normais, de 175 e 201 pb. Neste caso, o DNA do CVS mostra tanto fragmentos normais como um produto mais longo de Hb S, de modo que o feto tem Hb AS. O gel mostra o DNA da mãe (M), o do pai (P), um DNA fetal de uma amostra de vilosidade coriônica (CVS), um DNA de controle normal (AA) e um DNA de controle homozigótico de anemia de células falciformes (SS).
Fonte: cortesia do Dr. J. Old.

RESUMO

- Distúrbios genéticos da hemoglobina são divididos em dois grupos principais:
  1. As talassemias, nas quais a síntese de cadeias α ou β está diminuída.
  2. Distúrbios estruturais, como a anemia de células falciformes, nos quais é produzida uma hemoglobina anormal.
- As α ou β-talassemias ocorrem clinicamente em uma "forma menor", com eritrócitos hipocrômicos, microcíticos e em número aumentado, com ou sem anemia.
- Ausência funcional de todos os quatro genes α-globínicos causa hidropsia fetal.
- Ausência funcional de ambos os genes β-globínicos causa β-talassemia maior, uma anemia em que o portador depende de transfusões, associada à sobrecarga de ferro. Talassemia intermédia é um termo clínico para um grupo de distúrbios que apresenta anemia leve a moderada; em geral, causada por variantes de β-talassemia.
- O defeito estrutural mais frequente da hemoglobina é a mutação falciforme na cadeia da β-globina e, na forma homozigótica, causa uma anemia hemolítica grave, associada a crises vasoclusivas. Essas crises podem ser dolorosas, afetando os ossos ou os tecidos moles (p. ex., tórax, baço ou sistema nervoso central). As crises também podem ser hemolíticas ou aplásticas.
- Ampliação do DNA de vilosidades coriônicas utilizando tecnologia PCR permite um diagnóstico pré-natal para detectar defeitos genéticos graves da hemoglobina, justificando a interrupção da gestação, se apropriado.

Visite **www.wileyessential.com/haematology** para testar seus conhecimentos neste capítulo.

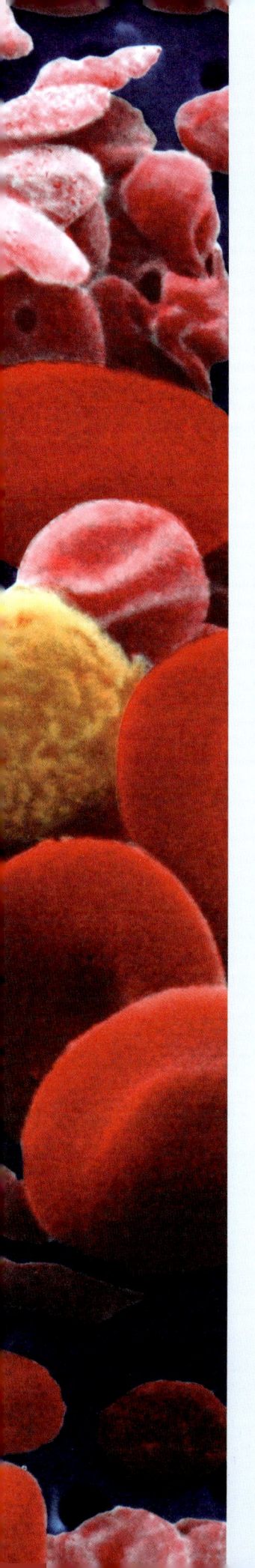

CAPÍTULO 8
Leucócitos 1: granulócitos, monócitos e seus distúrbios benignos

Tópicos-chave

- Granulócitos — 89
- Granulopoese — 90
- Aplicações clínicas de G-CSF — 91
- Monócitos — 92
- Distúrbios funcionais dos neutrófilos e dos monócitos — 92
- Causas de neutrofilia (leucocitose neutrófila) — 94
- Neutropenia — 95
- Causas de monocitose, eosinofilia e basofilia — 96
- Distúrbios de células histiocíticas e dendríticas — 97
- Doenças de armazenamento lisossômico — 99

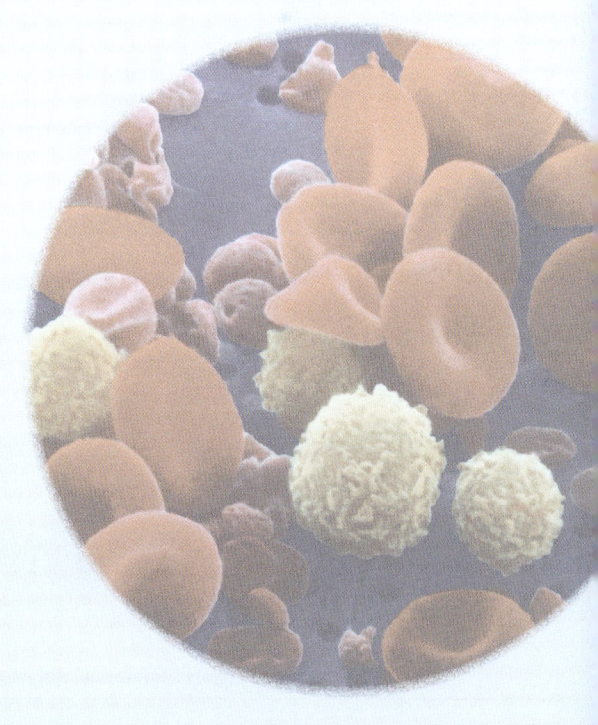

Capítulo 8: Leucócitos 1: granulócitos, monócitos e seus distúrbios benignos

Os leucócitos (glóbulos brancos) podem ser divididos em dois grandes grupos: os **fagócitos** e os **linfócitos**. Os fagócitos incluem as células do sistema imune **inato**, que pode agir rapidamente após uma infecção, ao passo que os linfócitos mediam a resposta imune **adaptativa**, que pode desenvolver memória imunológica, por exemplo, após vacinação. Os fagócitos podem ser subdivididos em granulócitos (que incluem neutrófilos, eosinófilos e basófilos) e monócitos. Este capítulo aborda o desenvolvimento, a função e os distúrbios benignos desses tipos de leucócitos (Tabela 8.1; Figura 8.1). Os linfócitos são abordados no Capítulo 9.

A função dos fagócitos e dos imunócitos na proteção do organismo contra infecções é estreitamente relacionada com dois sistemas de proteínas solúveis: **imunoglobulinas** e **complemento**. Essas proteínas, que também podem estar envolvidas na destruição de células sanguíneas em várias doenças, serão discutidas com os linfócitos, no Capítulo 9.

Tabela 8.1 Leucócitos: contagens sanguíneas normais

Adultos	Contagem sanguínea	Crianças	Contagem sanguínea
Leucócitos totais	4-11 × 10^3/μL*	Leucócitos totais	
Neutrófilos	1,8-7,5 × 10^3/μL*	Recém-nascidos	10-25 × 10^3/μL
Eosinófilos	0,04-0,4 × 10^3/μL	1 ano	6-18 × 10^3/μL
Monócitos	0,2-0,8 × 10^3/μL	4-7 anos	6-15 × 10^3/μL
Basófilos	0,01-0,1 × 10^3/μL	8-12 anos	4,5-13,5 × 10^3/μL
Linfócitos	1,5-3,5 × 10^3/μL		

*Sujeitos negros e do Oriente Médio podem ter contagens mais baixas. Em uma gestação normal, os limites superiores são: leucócitos totais 14,5 × 10^3/μL, neutrófilos 11 × 10^3/μL.

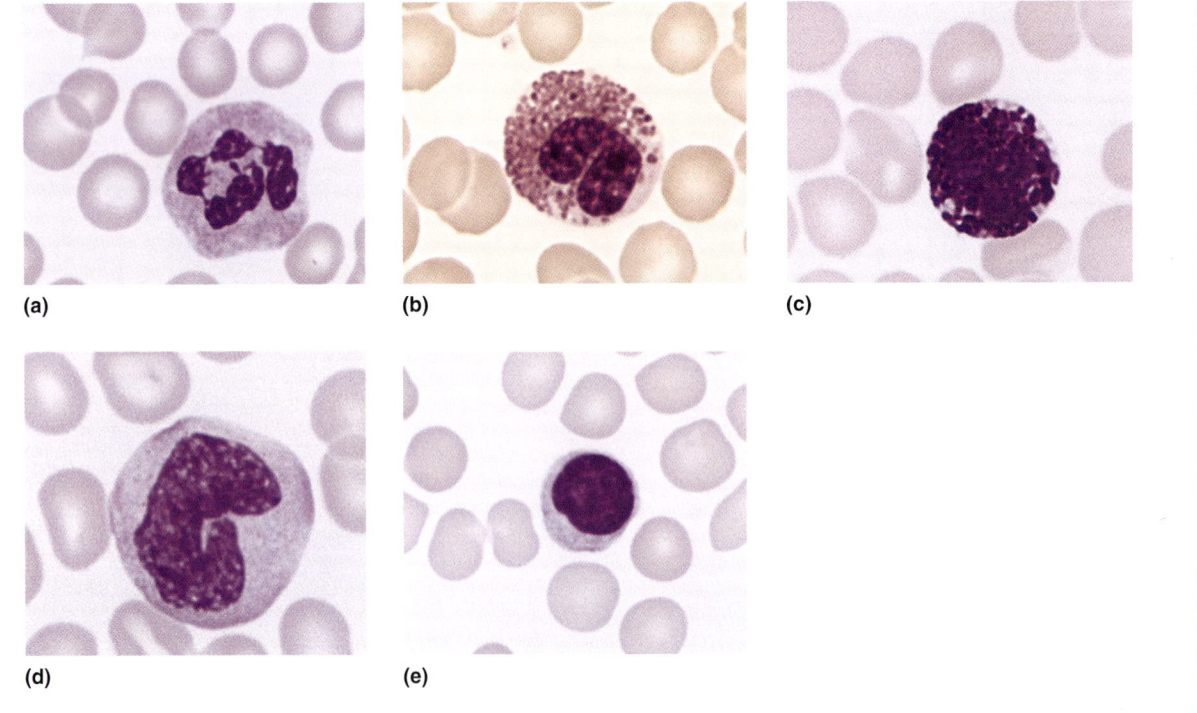

Figura 8.1 Leucócitos (glóbulos brancos): **(a)** neutrófilo; **(b)** eosinófilo; **(c)** basófilo; **(d)** monócito; **(e)** linfócito.

Granulócitos

Neutrófilos

Os neutrófilos têm núcleo denso característico, com dois a cinco lobos, e citoplasma pálido com contorno irregular, contendo muitos grânulos finos rosa-azulados (azurofílicos) ou cinza-azulados (Figura 8.1a). Os grânulos são divididos em primários, que aparecem no estágio de promielócito, e secundários (específicos), que surgem no estágio de mielócito e predominam no neutrófilo maduro (Figura 8.7). Ambos os tipos de grânulos são de origem lisossômica: os primários contêm mieloperoxidase e outras hidrolases ácidas, os secundários, lactoferrina, lisozima e outras enzimas. A sobrevida dos neutrófilos no sangue é de apenas 6 a 10 horas.

Precursores dos neutrófilos

Em geral, eles não aparecem no sangue periférico normal, mas estão presentes na medula óssea (Figura 8.2). O primeiro precursor reconhecível é o **mieloblasto**, uma célula de tamanho variável, com núcleo grande, cromatina fina e que possui de 2 a 5 nucléolos (Figura 8.2). O citoplasma é basófilo e sem grânulos. A medula óssea normal contém até 5% de mieloblastos. Os mieloblastos dão origem a **promielócitos**, células um pouco maiores, com desenvolvimento de grânulos primários no citoplasma. Desses, originam-se **mielócitos**, que têm grânulos secundários ou específicos. A cromatina nuclear é agora mais condensada, e os nucléolos não são visíveis. Podem ser distinguidos os mielócitos das séries neutrófila, eosinófila e basófila. Os mielócitos dão origem a **metamielócitos**, células que não mais se dividem, com núcleo endentado ou em forma de ferradura e citoplasma cheio de grânulos primários e secundários. As formas de neutrófilos entre metamielócito e neutrófilo completamente maduro são chamadas de neutrófilos bastonados, "bastonetes" ou "bastões". Eles estão presentes no sangue periférico e não contêm a separação filamentosa clara entre os lobos nucleares, observada nos neutrófilos maduros.

Monócitos

Em geral, os monócitos são maiores do que os demais leucócitos do sangue periférico e possuem núcleo grande, central, oval ou endentado, com cromatina aglomerada (Figura 8.1d). O citoplasma abundante cora-se em azul e contém vacúolos finos que lhe dão uma aparência de vidro moído. Grânulos citoplasmáticos, em geral, também estão presentes. É difícil a distinção na medula óssea entre precursores de monócitos (monoblastos e promonócitos) e mieloblastos e monócitos.

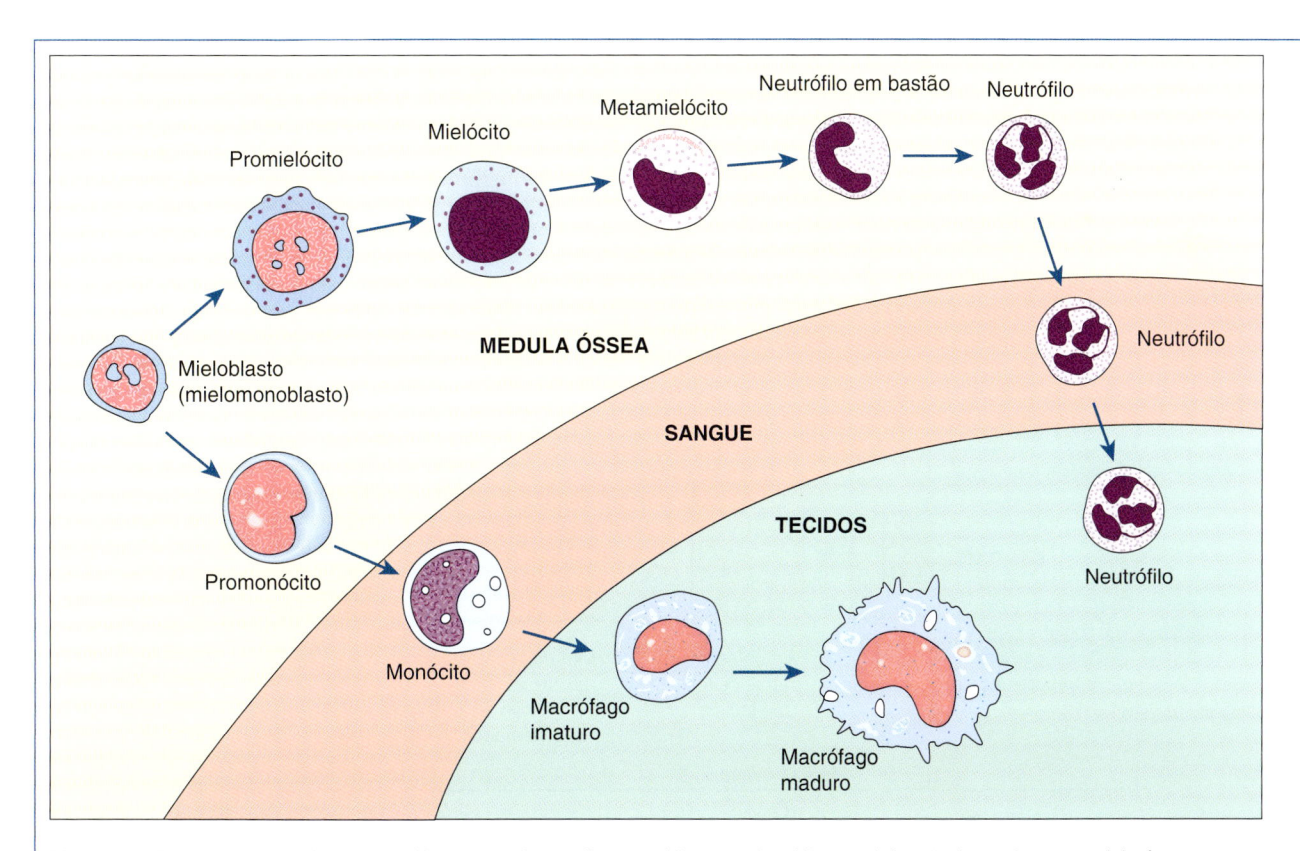

Figura 8.2 Formação de fagócitos neutrófilos e monócitos. Os eosinófilos e os basófilos também são formados na medula óssea por um processo semelhante ao dos neutrófilos.

Eosinófilos

Os eosinófilos assemelham-se aos neutrófilos, exceto pelos grânulos citoplasmáticos, que são bem maiores, coram-se em vermelho-alaranjado intenso e, raramente, têm mais do que três lobos nucleares (Figura 8.1b). Mielócitos eosinófilos podem ser identificados na medula, mas estágios mais primitivos são indistinguíveis dos precursores dos neutrófilos. O tempo de trânsito dos eosinófilos no sangue é maior do que o dos neutrófilos. Eles penetram em exsudatos inflamatórios e têm papel especial nas respostas alérgicas, na defesa contra parasitos e na remoção de fibrina formada durante a inflamação, de modo que desempenham um papel na imunidade local e na reparação tecidual.

Basófilos

Basófilos são escassos no sangue periférico, sendo só ocasionalmente vistos. Eles têm numerosos grânulos citoplasmáticos escuros, que contêm heparina e histamina, encobrindo o núcleo (Figura 8.1c). Nos tecidos, eles transformam-se em mastócitos. Os basófilos têm sítios de ligação de imunoglobulina E (IgE) e sua degranulação libera histamina.

Granulopoese

Os granulócitos e os monócitos são formados na medula óssea a partir de uma célula precursora comum (ver Figura 1.2). Na série de células progenitoras granulopoéticas, mieloblastos, promielócitos e mielócitos constituem um conjunto proliferativo ou mitótico, ao passo que metamielócitos, bastonetes e granulócitos segmentados formam um compartimento pós-mitótico de maturação (Figura 8.3). Um grande número de bastonetes e neutrófilos segmentados (10-15 vezes o número total no sangue) é mantido na medula óssea como uma "reserva granulocítica medular". A medula óssea geralmente contém mais células mieloides do que eritroides, na proporção de 2:1 a 12:1, predominando neutrófilos maduros e metamielócitos. Após a liberação da medula óssea, os granulócitos permanecem somente 6 a 10 horas na circulação antes de migrarem para os tecidos onde desempenham sua função fagocítica. Nos tecidos, eles permanecem 4 a 5 dias em média, até serem destruídos durante uma ação defensiva ou por senescência. Na corrente sanguínea, os neutrófilos distribuem-se em dois compartimentos (*pools*) de tamanho aproximado: *pool* circulante (incluído nas contagens expressas no hemograma) e *pool* marginante (não aparente nas contagens do hemograma).

Controle da granulopoese: fatores de crescimento mieloide

As séries granulocíticas originam-se de células progenitoras da medula óssea com especialização crescente. Muitos fatores de crescimento estão envolvidos nesse processo de maturação, incluindo as interleuquinas IL-1, IL-3, IL-5 (para eosinófilos), IL-6, IL-11 e os fatores estimuladores de colônias granulocítico-macrofágicas (GM-CSF), granulocíticas (G-CSF) e monocíticas (M-CSF) (ver Figura 1.6). Os fatores de crescimento estimulam proliferação e diferenciação, bem como afetam a função das células maduras sobre as quais agem (p. ex., fagocitose, geração de superóxido e citotoxicidade, no caso dos neutrófilos) (ver Figura 1.5), e, além disso, inibem a apoptose.

O aumento na produção de granulócitos e de monócitos como resposta a infecções é induzido pelo aumento da produção de fatores de crescimento de células do estroma e linfócitos T, estimulados por endotoxina, e citoquinas, como IL-1 ou fator de necrose tumoral (TNF) (Figura 8.4).

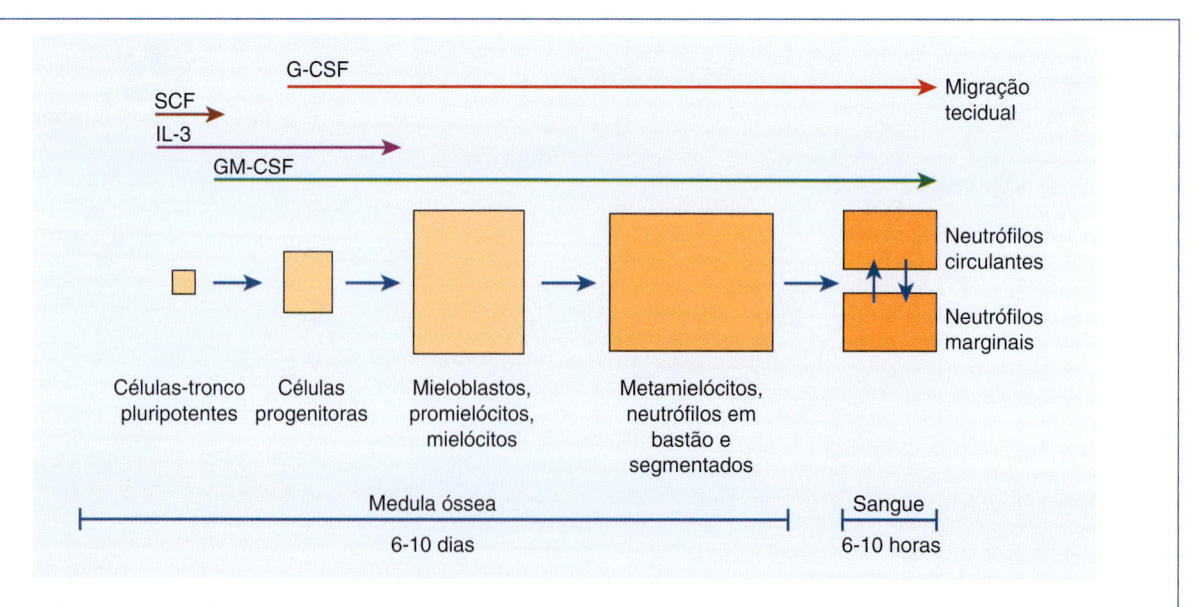

Figura 8.3 Cinética dos neutrófilos. CSF, fator estimulador de colônias; G, granulócito; IL, interleuquina; M, monócito; SCF, fator de célula-tronco.

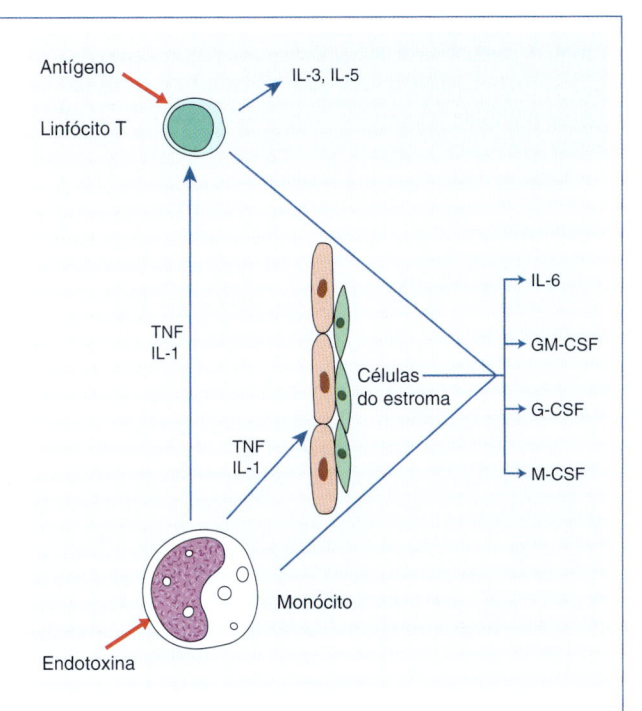

Figura 8.4 Regulação da hematopoese: vias de estímulo leucopoético por endotoxina, por exemplo, originada de infecção. É provável que, em condições normais, as células endoteliais e fibroblásticas liberem uma quantidade basal de fator estimulador de colônias granulocítico-macrofágicas (GM-CSF) e granulocíticas (G-CSF), e que essa produção aumente substancialmente por ação do fator de necrose tumoral (TNF) e da interleuquina-1 (IL-1) dos monócitos.

Aplicações clínicas de G-CSF

A administração clínica de G-CSF por via intravenosa ou subcutânea produz um aumento de neutrófilos circulantes (neutrofilia). A forma de G-CSF de curta ação exige dose diária; há uma forma peguilada de longa ação (PEG) G-CSF, que pode ser dada uma vez a cada 7 a 14 dias. As indicações são as seguintes:

- **Após quimioterapia, radioterapia e transplante de células-tronco (TCT)**. Nessas situações, o G-CSF acelera a recuperação granulocítica e encurta o período de neutropenia (Figura 8.5). Isso se traduz em diminuição do tempo de internação, do uso de antibióticos e da frequência de infecções, porém períodos de extrema neutropenia depois de quimioterapia intensiva não podem ser evitados. As injeções também podem permitir que cursos repetidos de quimioterapia, como, por exemplo, em linfomas, sejam feitos na cronologia mais eficaz, sem atrasá-los pela prolongada neutropenia, problema particularmente comum em idosos.
- **Mielodisplasia e anemia aplástica**. O G-CSF tem sido usado isoladamente ou em conjunto com eritropoetina na tentativa de melhorar a função da medula óssea e a contagem de neutrófilos.
- **Neutropenia benigna grave**. Neutropenias, tanto congênitas como adquiridas, incluindo neutropenia cíclica e neutropenia induzida por fármacos, em geral, respondem bem ao G-CSF.
- **Coleta de células-tronco do sangue periférico**. G-CSF é usado para aumentar o número de progenitores multipotentes circulantes, facilitando a coleta de número suficiente de células-tronco para transplante alogênico ou autólogo.

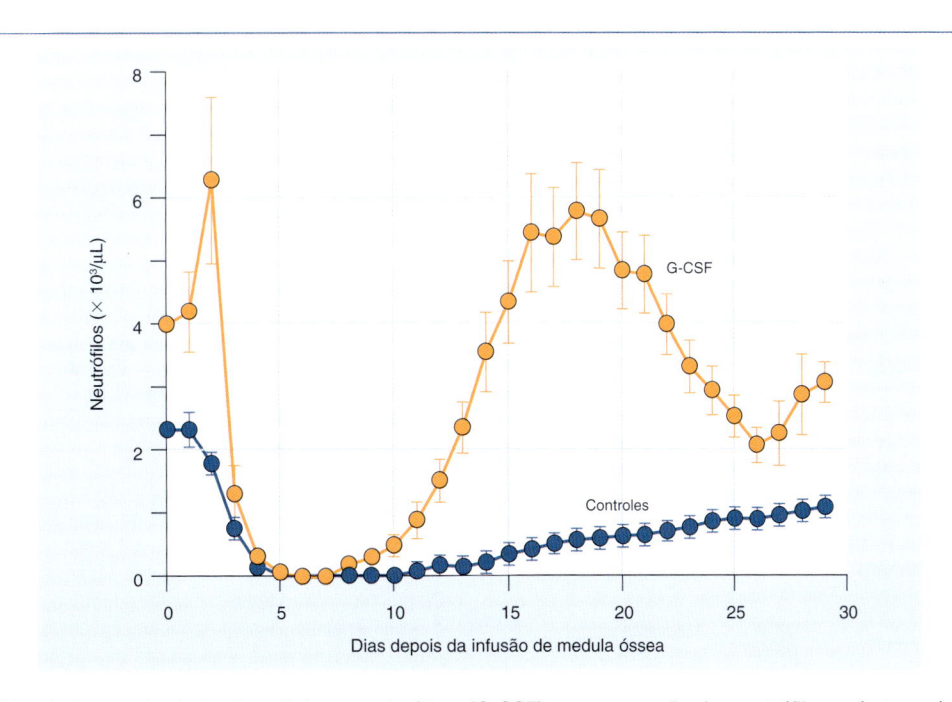

Figura 8.5 Efeito do fator estimulador de colônias granulocíticas (G-CSF) na recuperação dos neutrófilos após transplante autólogo de medula óssea.

Monócitos

Os monócitos permanecem pouco tempo na medula óssea e, depois de circularem por 20 a 40 horas, deixam o sangue para adentrar nos tecidos, nos quais amadurecem e desempenham suas principais funções. A sua sobrevida extravascular, depois da transformação em macrófagos (histiócitos), pode prolongar-se por vários meses ou anos. Nos tecidos, os macrófagos são capazes de multiplicação, sem necessidade de suprimento contínuo a partir dos monócitos do sangue. Eles podem ter funções específicas em distintos tecidos (p. ex., pele, intestino, fígado) (Figura 8.6). Uma linhagem particularmente importante é a das **células dendríticas**, envolvidas na apresentação de antígenos às células T (ver Capítulo 9). GM-CSF e M-CSF participam em sua produção e ativação.

Distúrbios funcionais dos neutrófilos e dos monócitos

A função normal dos neutrófilos e dos monócitos pode ser dividida em três fases.

Quimiotaxia (mobilização e migração celulares)

O fagócito é atraído para as bactérias ou para o local de inflamação por substâncias quimiotáticas, liberadas por tecidos lesados, por componentes do complemento e pela interação de moléculas de adesão de leucócitos com ligantes nos tecidos lesados. As moléculas de adesão também são mediadoras do recrutamento, da migração e da interação com outras células imunes. Além disso, elas também são variavelmente expressas em células endoteliais e em plaquetas (ver Capítulo 1).

Fagocitose

O material estranho (p. ex., bactéria, fungo) ou as células lesadas ou mortas do hospedeiro são fagocitados (Figura 8.7). O reconhecimento de uma partícula estranha é auxiliado por opsonização com imunoglobulina ou complemento, pois os neutrófilos e os monócitos têm receptores Fc e C3b (ver Capítulo 9).

Os macrófagos têm papel central na apresentação de antígeno – processando e apresentando antígenos estranhos nas moléculas dos antígenos leucocitários humanos (HLA) ao sistema imune. Além disso, eles secretam um grande número de fatores de crescimento que regulam as respostas inflamatória e imune.

Quimiocinas são citoquinas quimiotáticas de produção constante que controlam o tráfego de linfócitos sob condições fisiológicas; as quimiocinas inflamatórias são induzidas

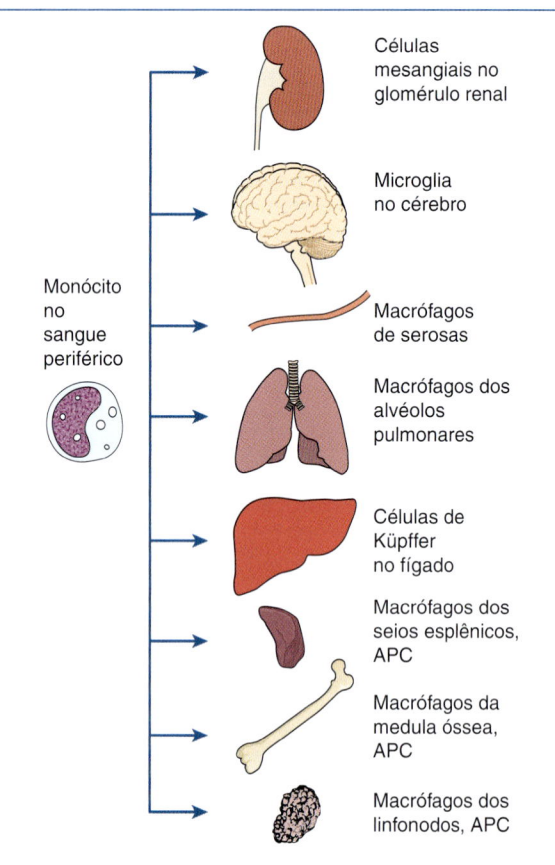

Figura 8.6 Sistema reticuloendotelial: distribuição de macrófagos. APC, células apresentadoras de antígenos.

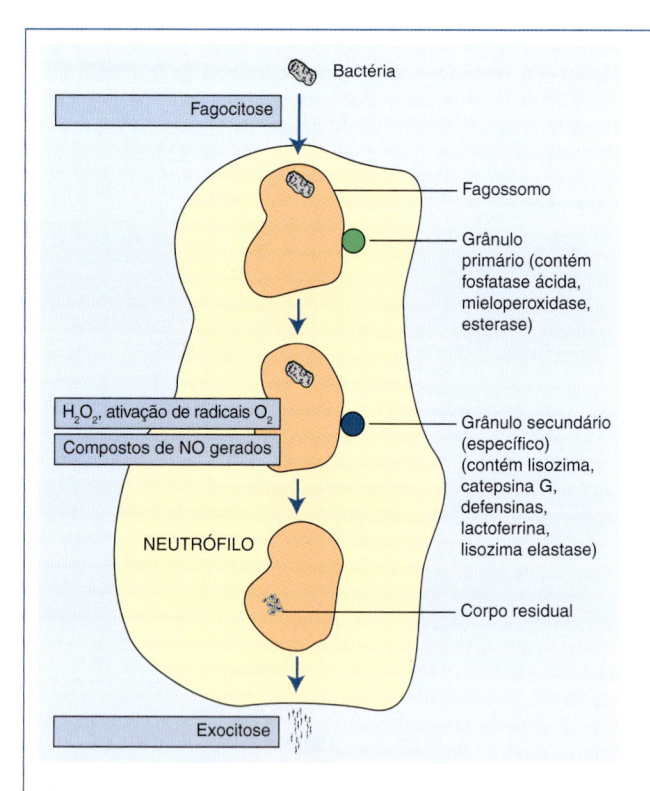

Figura 8.7 Fagocitose e destruição de bactérias. Ao penetrar no neutrófilo, a bactéria é envolvida por uma bainha de membrana invaginada que se funde com um lisossomo primário para formar um fagossomo. As enzimas do lisossomo atacam a bactéria. Os grânulos secundários também se fundem com os fagossomos, e novas enzimas desses grânulos, incluindo a lactoferrina, atacam o microrganismo. Vários tipos de oxigênio ativado, gerados pelo metabolismo da glicose, também ajudam a destruir bactérias. Os produtos residuais bacterianos não digeridos são excretados por exocitose. H_2O_2, peróxido de hidrogênio; NO, óxido nítrico.

ou suprarreguladas por estímulos inflamatórios. Elas se ligam às células e as ativam via receptores de quimiocinas e desempenham um papel importante no recrutamento de células apropriadas nos locais de inflamação.

Eliminação e digestão

A eliminação e a digestão correm por vias **dependentes de oxigênio** e **não dependentes de oxigênio**. Nas reações dependentes de oxigênio, superóxido (O_2^-), peróxido de hidrogênio (H_2O_2) e outros tipos de oxigênio (O_2) ativado são gerados a partir de O_2 e de nicotinamida-adenina-dinucleotídio-fosfato reduzido (NADPH). Nos neutrófilos, o H_2O_2 reage com a mieloperoxidase e a halida intracelular para matar bactérias; o oxigênio ativado também pode estar envolvido. O óxido nítrico (NO), gerado pela sintase NO da l-arginina, é um mecanismo dependente de oxigênio pelo qual os fagócitos também matam micróbios. Os outros mecanismos microbicidas não oxidativos envolvem proteínas microbicidas. Estas podem agir isoladamente (como a catepsina G) ou em conjunto com o H_2O_2 (p. ex., lisozima e elastase). Eles podem também agir por meio de uma queda do pH dentro dos vacúolos fagocíticos, nos quais são liberadas enzimas lisossômicas. Uma proteína ligante de ferro adicional, a lactoferrina, está presente nos grânulos dos neutrófilos e é bacteriostática, uma vez que priva a bactéria de ferro e gera radicais livres (Figura 8.7).

Defeitos da função da célula fagocítica

Quimiotaxia

Defeitos de quimiotaxia ocorrem em raras anomalias congênitas (p. ex., síndrome do "leucócito preguiçoso") e em anormalidades adquiridas mais comuns, tanto do ambiente (p. ex., tratamento com corticosteroides) como dos próprios leucócitos (p. ex., nas leucemias mieloides aguda e crônica, na mielodisplasia e nas neoplasias mieloproliferativas).

Fagocitose

Os defeitos na fagocitose geralmente se originam de falta de opsonização, que pode ser causada por hipogamaglobulinemia adquirida ou congênita ou por falta de componentes do complemento.

Eliminação de microrganismos

Essa anomalia é claramente ilustrada pela doença granulomatosa crônica, uma rara doença recessiva ligada ao cromossomo X, ou autossômica, que resulta de metabolismo oxidativo anormal do leucócito. Há uma anomalia que afeta diferentes elementos da cadeia respiratória de oxidase ou de seus mecanismos ativadores. Os pacientes têm infecções recidivantes, em geral bacterianas, mas, algumas vezes, fúngicas, que costumam se apresentar, na maioria dos casos, nos primeiros meses ou anos de vida.

Outras anomalias congênitas raras também podem causar defeitos na eliminação de bactérias, como a deficiência de mieloperoxidase e a síndrome de Chédiak-Higashi (ver a seguir). As leucemias mieloides aguda e crônica e as síndromes mielodisplásicas também podem se associar a defeitos na destruição de microrganismos ingeridos.

Distúrbios benignos

Várias condições hereditárias podem causar alterações na morfologia dos granulócitos (Figura 8.8).

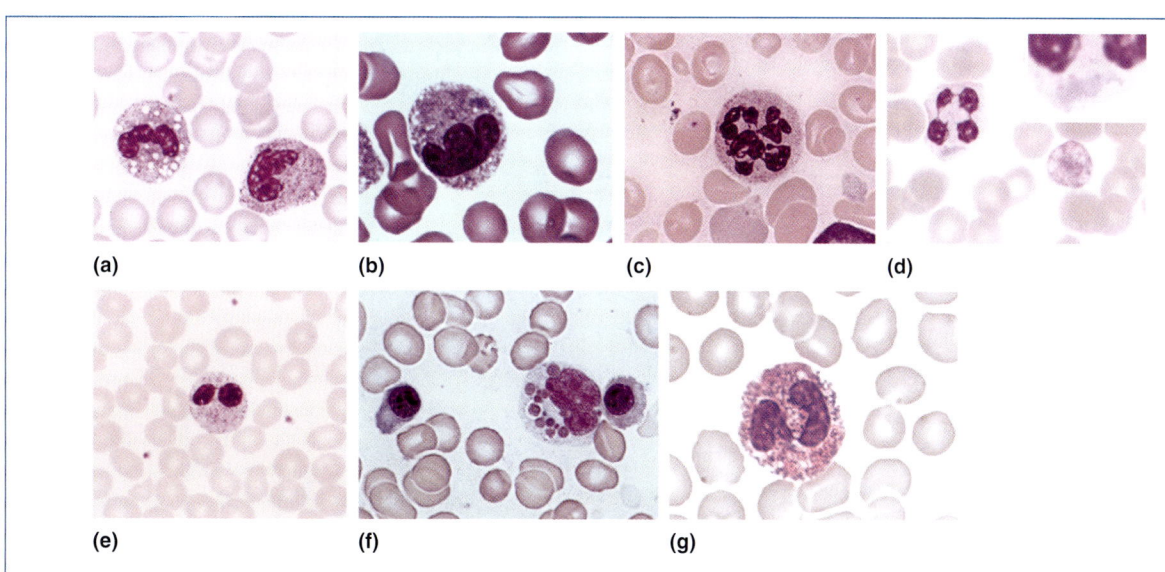

Figura 8.8 Leucócitos anormais. **(a)** Leucocitose neutrófila: alterações tóxicas mostradas pela presença de grânulos vermelho-arroxeados nos neutrófilos bastonados. **(b)** Leucocitose neutrófila: um corpo de Döhle pode ser visto no citoplasma do neutrófilo. **(c)** Anemia megaloblástica: neutrófilo grande hipersegmentado no sangue periférico. **(d)** Anomalia de May-Hegglin: o neutrófilo contém inclusões basófilas com diâmetro de 2 a 5 mm; há trombocitopenia leve, associada a plaquetas gigantes. **(e)** Anomalia de Pelger-Huët: aglomerado grosseiro da cromatina em forma de *pince-nez*. **(f)** Síndrome de Chédiak-Higashi: grânulos gigantes bizarros no citoplasma de um monócito. **(g)** Anomalia de Alder: grânulos violeta grosseiros no citoplasma de um neutrófilo.

Anomalia de Pelger-Huët

Nessa condição assintomática incomum, os neutrófilos bilobados e os bastonetes predominam no sangue periférico. Ocasionalmente, são observados também neutrófilos sem endentação ou segmentação nuclear. A herança é autossômica dominante.

Anomalia de May-Hegglin

Nessa condição rara, os neutrófilos contêm inclusões basófilas de RNA (semelhantes a corpos de Döhle) no citoplasma. Há trombocitopenia leve, associada a plaquetas gigantes. A herança é autossômica dominante.

Outros distúrbios raros

Ao contrário dessas duas anomalias benignas, outros defeitos congênitos raros dos leucócitos podem associar-se a doenças graves. A síndrome de Chédiak-Higashi é herdada de forma autossômica recessiva e há grânulos gigantes nos neutrófilos, nos eosinófilos, nos monócitos e nos linfócitos, acompanhados por neutropenia, trombocitopenia e grande hepatoesplenomegalia. Granulação e vacuolização anormais nos leucócitos também são vistas em pacientes com distúrbios raros de mucopolissacarídios (p. ex., síndrome de Hurler).

Anomalias morfológicas comuns

A Figura 8.8 também mostra algumas das alterações mais comuns da morfologia dos neutrófilos que podem ser observadas no sangue periférico. Ocorrem formas hipersegmentadas na anemia megaloblástica e corpos de Döhle e alterações tóxicas em infecções. A "baqueta de tambor" (corpúsculo de Barr) está presente no núcleo de uma pequena porcentagem de neutrófilos em mulheres normais e é causada pela presença de dois cromossomos X. As células de Pelger são observadas na anomalia congênita benigna, mas também podem surgir em pacientes com leucemia mieloide aguda ou mielodisplasia.

Causas de neutrofilia (leucocitose neutrófila)

O aumento do número de neutrófilos circulantes acima de $7,5 \times 10^3/\mu L$ é uma das alterações mais comuns no hemograma. As causas da neutrofilia estão na Tabela 8.2. A neutrofilia, algumas vezes, é acompanhada de febre, resultante da liberação de pirogênios dos leucócitos. Outros aspectos característicos da neutrofilia reacional podem incluir: (a) "desvio à esquerda" na fórmula leucocitária, isto é, aumento do número de neutrófilos bastonados e presença ocasional de células mais primitivas, como metamielócitos e mielócitos; (b) presença de granulação tóxica e corpos de Döhle no citoplasma dos neutrófilos (Figura 8.8a, b).

Reação leucemoide

É uma leucocitose reacional excessiva, geralmente caracterizada pela presença de células imaturas (p. ex., mieloblastos, promielócitos e mielócitos) no sangue periférico. Condições associadas incluem infecções graves ou crônicas, hemólise intensa e câncer metastático. As reações leucemoides costumam ser muito intensas em crianças.

Reação leucoeritroblástica

Caracteriza-se pela presença de eritroblastos e de precursores granulocíticos no sangue (Figura 8.9). É causada por infiltração metastática da medula óssea ou por certos distúrbios sanguíneos benignos ou neoplásicos (Tabela 8.3).

Tabela 8.2 Causas de neutrofilia

Infecções bacterianas (sobretudo bactérias piogênicas, localizadas ou generalizadas)
Inflamação e necrose tecidual (p. ex., miosite, vasculite, infarto do miocárdio, traumatismo)
Doenças metabólicas (p. ex., uremia, eclâmpsia, acidose, gota)
Gestação
Neoplasias de todos os tipos (p. ex., carcinoma, linfoma, melanoma)
Hemorragia ou hemólise agudas
Fármacos: corticosteroides (inibem a marginação), lítio, tetraciclinas
Leucemia mieloide crônica, neoplasias mieloproliferativas, policitemia vera, mielofibrose, trombocitemia essencial
Tratamento com G-CSF
Distúrbios genéticos raros
Asplenia

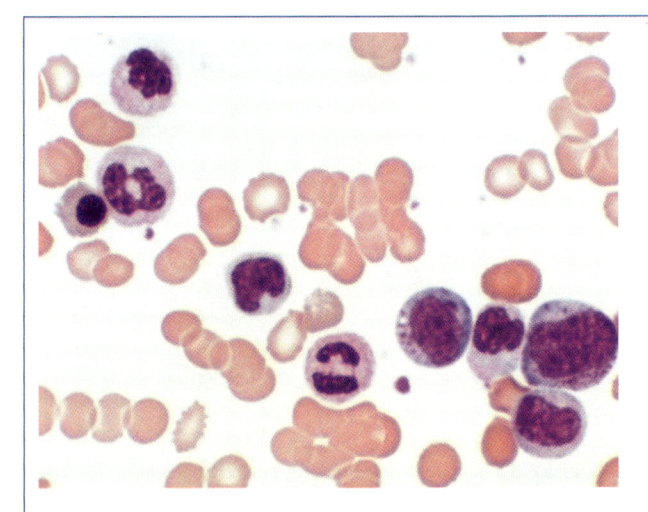

Figura 8.9 Aspecto leucoeritroblástico de distensão sanguínea. São vistos um eritroblasto, um promielócito, um mielócito e metamielócitos em um paciente com metástases de carcinoma de mama na medula óssea.

Tabela 8.3 Causas de reação leucoeritroblástica
Metástases neoplásicas na medula óssea
Mielofibrose primária
Leucemias mieloides aguda e crônica
Mieloma, linfoma
Tuberculose miliar
Anemia megaloblástica grave
Hemólise grave
Osteopetrose

Neutropenia

O limite de referência inferior para a contagem de neutrófilos é de $1,8 \times 10^3/\mu L$, exceto em populações negras e do Oriente Médio, nas quais é aceito um limite inferior de $1,5 \times 10^3/\mu L$. Quando a contagem absoluta de neutrófilos cai a níveis inferiores a $0,5 \times 10^3/\mu L$, o paciente é sujeito a infecções recidivantes; quando cai abaixo de $0,2 \times 10^3/\mu L$, os riscos são muito graves, sobretudo se também houver defeito funcional. A neutropenia pode ser seletiva ou parte de pancitopenia global (Tabela 8.4).

Neutropenia étnica benigna

Vários povos de raça negra têm uma contagem baixa de neutrófilos, denominada neutropenia étnica benigna. Cerca de 98% das pessoas oriundas da África Oriental têm um polimorfismo no gene receptor da quimiocina do antígeno Duffy (*DARC – Duffy antigen/chemokine receptor*) que acarreta perda de expressão DARC nos eritrócitos. Essa característica parece ter sido selecionada durante a evolução porque o parasito da malária, *Plasmodium vivax*, usa DARC como receptor para adentrar nos eritrócitos. DARC é um receptor de quimiocinas, e a perda da expressão de DARC nos leucócitos associa-se a uma baixa da contagem média de neutrófilos da ordem de $0,5 \times 10^3/\mu L$. A redução da contagem de neutrófilos pode resultar de excesso na marginação dos neutrófilos, mas não causa consequências clínicas significativas. Um defeito similar tem sido notado em certas populações do Oriente Médio.

Neutropenia congênita

A neutropenia congênita grave (antes denominada síndrome de Kostmann) geralmente é notada no primeiro ano de vida, com infecções graves, potencialmente fatais. A maioria dos casos tem herança dominante, causada por mutação no gene *ELA2*, que codifica a elastase do neutrófilo. Outros tipos são autossômicos recessivos, ou a neutropenia ocorre como parte de outras síndromes, como a de Wiskott-Aldrich, de Schwachman-Diamond (p. 249) ou Chédiak-Higashi (p. 94). O G-CSF produz resposta clínica. Algumas formas predispõem mielodisplasia ou leucemia mieloide aguda.

Tabela 8.4 Causas de neutropenia
Neutropenia seletiva
Congênita
Adquirida
Induzida por fármacos
Fármacos anti-inflamatórios (fenilbutazona)
Fármacos antibacterianos (cloranfenicol, cotrimoxazol, sulfassalazina, imipenem)
Anticonvulsivantes (fenitoína, carbamazepina)
Antitireóidios (carbimazol)
Hipoglicemiantes (tolbutamida)
Fenotiazinas (clorpromazina, tioridazina)
Psicotrópicos e antidepressivos (clozapina, mianserina, imipramina)
Diversos (rituximabe, ouro, penicilamina, mepacrina, furosemida, deferiprona)
Benigna (racial ou familiar)
Cíclica
Imunológica
Autoimune
Lúpus eritematoso sistêmico
Síndrome de Felty
Hipersensibilidade e anafilaxia
Leucemia de linfócitos grandes e granulares (ver p. 203)
Infecções
Virais (p. ex., hepatite, gripe, infecção por HIV)
Infecção bacteriana fulminante (p. ex., febre tifoide, tuberculose miliar)
Parte de pancitopenia geral (ver Tabela 22.1)
HIV, vírus da imunodeficiência humana.

Neutropenia induzida por fármacos

Um grande número de fármacos foi implicado (Tabela 8.4), podendo induzir neutropenia por toxicidade direta ou dano por mecanismo imunológico.

Neutropenia cíclica

Trata-se de uma síndrome rara com periodicidade de três a quatro semanas. Ocorre neutropenia intensa, mas transitória. Os monócitos tendem a aumentar à medida que diminuem os neutrófilos. Mutação no gene da elastase do neutrófilo é uma condição determinante em alguns casos.

Neutropenia autoimune

Há casos em que a neutropenia crônica pode decorrer de mecanismo autoimune. O anticorpo pode ser dirigido contra um dos antígenos específicos dos neutrófilos (p. ex., NA, NB).

Neutropenia idiopática benigna

O aumento do *pool* neutrofílico marginal com diminuição correspondente do *pool* circulante é uma causa de neutropenia benigna. Pode ter origem étnica (ver anteriormente).

O termo neutropenia crônica idiopática é usado para as neutropenias adquiridas inexplicadas (contagem abaixo do limite de referência inferior para a etnia), sem variações cíclicas e sem doença causal. É mais comum em mulheres e acredita-se que seja devida a desvio da imunidade celular, causando inibição da mielopoese na medula óssea.

Características clínicas

A neutropenia grave é particularmente associada a infecções da boca e da garganta. Úlceras dolorosas e, com frequência, intratáveis podem ocorrer nesses locais (Figura 8.10), na pele e no ânus; seguem-se rapidamente de septicemia. Os microrganismos comensais dos sujeitos sadios, como *Staphylococcus epidermidis* e bactérias gram-negativas do intestino, podem tornar-se patogênicos. Outras características de infecções associadas à neutropenia grave estão descritas na página 138.

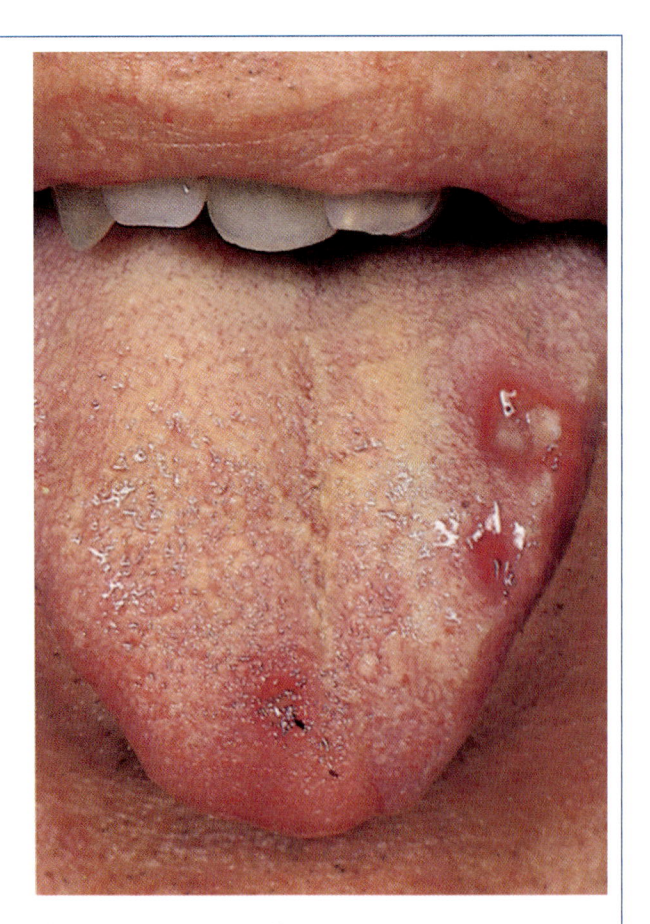

Figura 8.10 Ulceração da língua em neutropenia grave.

Diagnóstico

O exame da medula óssea é útil na determinação da magnitude do dano à granulopoese (i.e., se há também diminuição dos precursores granulocíticos ou somente diminuição dos neutrófilos maduros circulantes e da medula, com permanência de promielócitos e mielócitos). O exame da medula por aspiração e biópsia também serve para excluir as possibilidades alternativas de leucemia, mielodisplasia ou outro processo infiltrativo.

Tratamento

O tratamento de pacientes com neutropenia aguda grave é descrito na página 138. Em muitos pacientes com neutropenia induzida por fármacos ocorre regressão espontânea em uma a duas semanas após a suspensão do fármaco. Os pacientes com neutropenia crônica têm infecções recidivantes, sobretudo bacterianas, embora também possam ocorrer infecções fúngicas e virais (principalmente herpes). Diagnóstico precoce e tratamento rigoroso com antibióticos, antifúngicos e antivirais adequados são essenciais. Antifúngicos profiláticos, como fluconazol, são muitas vezes indicados, e agentes antibacterianos, como ciprofloxacina, podem reduzir o risco, porém aumentam a preocupação com a resistência (ver Capítulo 12). O G-CSF é eficaz para elevar a contagem de neutrófilos em várias neutropenias crônicas benignas. Corticosteroides e esplenectomia mostraram bons resultados em alguns pacientes com neutropenia crônica confirmadamente autoimune. Contudo, os corticosteroides inibem as funções dos neutrófilos e não devem ser usados de maneira indiscriminada em pacientes com neutropenia. O rituximabe (anti-CD20) também pode ser eficaz, embora ele próprio possa ser a causa de neutropenia.

Causas de monocitose, eosinofilia e basofilia

Monocitose

É pouco comum o aumento da contagem de monócitos acima de $0,8 \times 10^3/\mu L$. As condições que causam monocitose estão listadas na Tabela 8.5.

Eosinofilia (leucocitose eosinófila)

As causas de aumento de eosinófilos no sangue (Figura 8.11) acima de $0,4 \times 10^3/\mu L$ estão relacionadas na Tabela 8.6. Algumas vezes não se encontra causa subjacente e, se a contagem se mantiver alta ($> 1,5 \times 10^3/\mu L$) durante mais de seis meses e associar-se a dano tecidual, é diagnosticada síndrome hipereosinofílica. Pode haver dano às válvulas cardíacas, à pele e aos pulmões; o tratamento, em geral, é feito com esteroides ou fármacos citotóxicos. Em 25% dos casos, está presente uma população clonal de células T. A síndrome de Loeffler é uma forma reacional transiente que afeta os pulmões, e a síndrome de Churg-Strauss é uma vasculite com granulomas

Tabela 8.5 Causas de monocitose
Infecções bacterianas crônicas: tuberculose, brucelose, endocardite bacteriana, febre tifoide
Doenças do tecido conectivo: lúpus eritematoso sistêmico, arterite temporal, artrite reumatoide
Infecções por protozoários
Neutropenia crônica
Linfoma de Hodgkin, leucemia mieloide aguda e outras neoplasias malignas
Leucemia mielomonocítica crônica
Tratamento com fator estimulador de colônias granulocítico-macrofágicas (GM-CSF)

Tabela 8.6 Causas de eosinofilia
Doença alérgica, sobretudo hipersensibilidade do tipo atópico (p. ex., asma brônquica, febre do feno, urticária e hipersensibilidade a alimentos)
Doenças parasitárias (p. ex., amebíase, ancilostomose, estrongiloidíase, ascaridíase, teníase, filariose, esquistossomose e triquinose)
Recuperação de infecção aguda
Certas doenças de pele (p. ex., psoríase, pênfigo e dermatite herpetiforme; urticária e angiedema; dermatite atópica)
Sensibilidade a fármacos
Poliarterite nodosa, vasculite, doença do soro
Doença do enxerto *versus* hospedeiro
Linfoma de Hodgkin e alguns outros tumores, principalmente distúrbios clonais de células T
Tumores metastáticos com necrose tumoral
Síndrome hipereosinofílica
Síndromes pulmonares Pneumonia eosinofílica, infiltrados pulmonares transitórios (síndrome de Loeffler), granulomatose alérgica (síndrome de ChurgStrauss), eosinofilia pulmonar tropical
Leucemia eosinofílica crônica
Neoplasias mieloproliferativas, incluindo mastocitose sistêmica

eosinofílicos que afeta o trato respiratório. Em outros casos de eosinofilia crônica, geralmente com aspectos similares, está presente uma anormalidade clonal citogenética ou molecular; devem ser considerados como leucemia eosinofílica crônica (ver p. 164).

Basofilia (leucocitose basófila)

Aumento nos basófilos do sangue acima de $0,1 \times 10^3/\mu L$ é incomum. A causa geralmente é uma neoplasia mieloproliferativa, como leucemia mieloide crônica ou policitemia vera. Basofilia reacional, algumas vezes, é observada no mixedema, na varíola, na varicela e na colite ulcerativa.

Distúrbios de células histiocíticas e dendríticas

Os histiócitos são macrófagos teciduais de origem mieloide. Os distúrbios estão listados na Tabela 8.7.

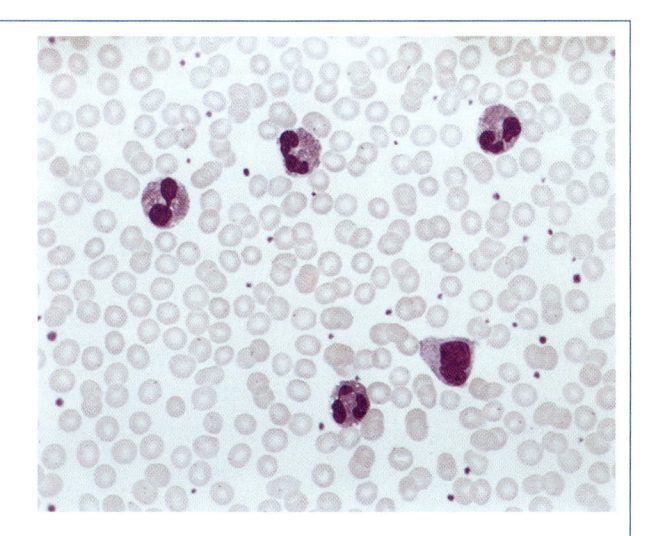

Figura 8.11 Eosinofilia.

Células dendríticas

São células especializadas na apresentação de antígenos, presentes principalmente na pele, nos linfonodos, no baço e no timo. Elas incluem:

1 Células de origem mieloide, incluindo células de Langerhans, presentes na pele e nas mucosas, e caracterizadas pela presença de grânulos de Birbeck, que têm forma de raquete de tênis quando vistos ao microscópio eletrônico, neutrófilos, eosinófilos, macrófagos e linfócitos.
2 Um componente de células derivadas de linfócitos.

O papel primário das células dendríticas é a apresentação de antígenos a linfócitos T e B (p. 109).

Histiocitose de células de Langerhans

A histiocitose de células de Langerhans inclui doenças antes chamadas de histiocitose X, e pertencem a três grupos clínicos: **doença multissistêmica de Letterer-Siwe**, **doença**

Tabela 8.7 Classificação dos distúrbios histiocíticos e dendríticos
Benignos
Relacionados às células dendríticas
Histiocitose de célula de Langerhans
Histiocitoma dendrítico solitário
Relacionados a histiócitos
Linfo-histiocitose hemofagocítica
primária (familiar)
secundária (infecção, fármaco, tumor)
Histiocitose sinusal com grandes linfonodomegalias
(síndrome de Rosai-Dorfman)
Malignos
Sarcomas dendríticos e histiocíticos (localizados ou disseminados)
Leucemia mieloide aguda monocítica e mielomonocítica (p. 146)
Leucemia mielomonocítica crônica (p. 184)

de Hand-Schüller-Christian (uma tríade de lesões ósseas, poliúria devida a envolvimento da neuro-hipófise e exoftalmia) e **granuloma eosinofílico** (uma ou mais lesões ósseas). Assim, a doença pode acometer um único órgão ou ser multissistêmica. Há uma proliferação clonal de células de origem mieloide que se assemelham às células apresentadoras de antígenos da pele. Podem estar presentes mutações dos genes *BRAF* ou *MAP2K1*. A doença multissistêmica acomete crianças nos primeiros três anos de vida com hepatoesplenomegalia, linfonodomegalias e sintomas eczematosos da pele. Podem ocorrer lesões localizadas, principalmente no crânio, nas costelas, nos ossos longos, na neuro-hipófise – causando diabetes insípido –, no sistema nervoso central, no trato gastrintestinal e nos pulmões. As lesões incluem células de Langerhans CD1a-positivas (caracterizadas pelos grânulos de Birbeck), eosinófilos, linfócitos, neutrófilos e macrófagos.

Linfo-histiocitose hemofagocítica (síndrome hemofagocítica)

É uma doença recessiva hereditária rara, ou uma síndrome adquirida (mais frequente), via de regra precipitada por infecção viral (sobretudo vírus de Epstein-Barr), bacteriana ou fúngica, ou ocorrendo associada à imunossupressão ou a tumores. Na forma familiar, demonstram-se mutações em vários genes, como as perforinas. Os pacientes apresentam febre e pancitopenia, frequentemente com esplenomegalia e disfunção hepática. Há aumento de histiócitos na medula óssea, os quais ingerem eritrócitos, leucócitos e plaquetas (Figura 8.12). Os aspectos clínicos incluem febre, pancitopenia e múltipla disfunção de órgãos, geralmente com linfonodomegalias, hepatoesplenomegalia, coagulopatia e sinais neurológicos centrais. O tratamento é o da infecção subjacente, se diagnosticada, com cuidados de suporte. A ativação de células T está implicada na etiologia. Pode ser tentada quimioterapia com etoposido, corticosteroides, ciclosporina ou rituximabe (anti-CD20). A doença muitas vezes é fatal.

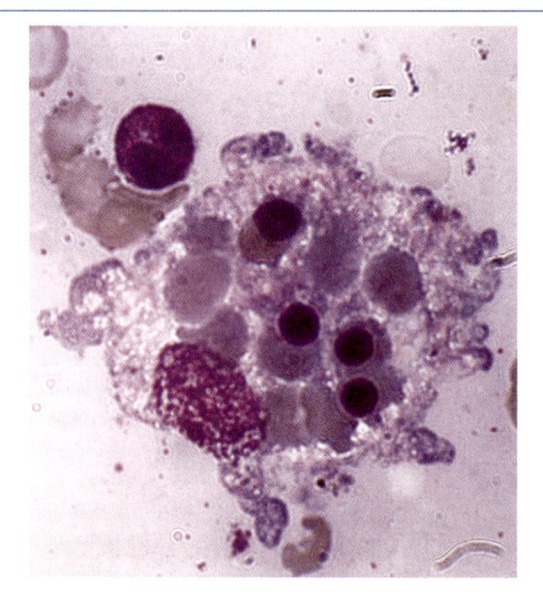

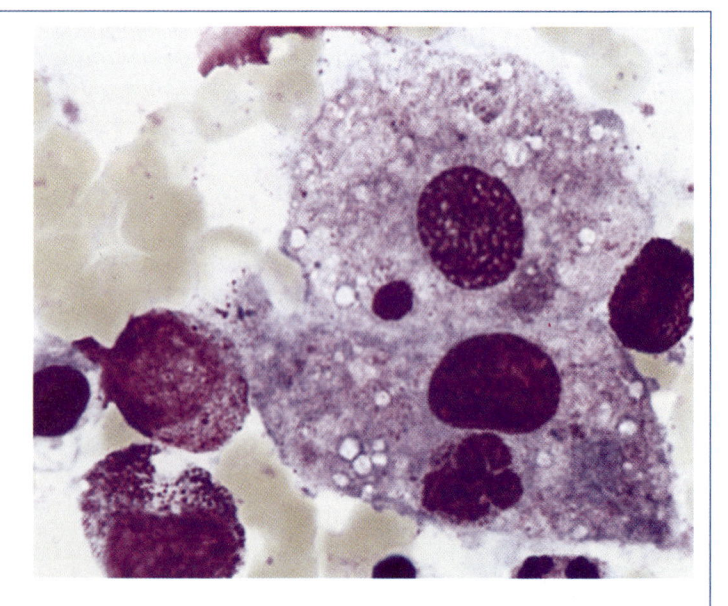

Figura 8.12 Linfo-histiocitose hemofagocítica: aspirado de medula óssea mostrando histiócitos que ingeriram eritrócitos, eritroblastos e neutrófilos.

Histiocitose sinusal com grandes linfonodomegalias

Também é conhecida como síndrome de Rosai-Dorfman. Apresenta-se como linfonodomegalia cervical, crônica e indolor. Pode haver febre e emagrecimento. O aspecto histológico é característico, e a doença regride lentamente, no decurso de meses ou anos.

As doenças malignas dos histiócitos e das células dendríticas incluem sarcomas, leucemia mielomonocítica crônica (ver Capítulo 16) e um tipo raro de leucemia mieloide aguda (ver Capítulo 13).

Doenças de armazenamento lisossômico

Resultam de deficiências hereditárias incomuns de enzimas necessárias ao catabolismo de glicolipídios. As principais são as doenças de Gaucher, de Niemann-Pick e de Tay-Sachs; as duas primeiras são descritas a seguir.

Doença de Gaucher

Esse raro distúrbio autossômico recessivo caracteriza-se pelo acúmulo de glicosilceramida nos lisossomos das células reticuloendoteliais, como resultado da deficiência de glicocerebrosidase (Figura 8.13). **Há três tipos**: um tipo adulto crônico (tipo I); um tipo infantil neuropático agudo (tipo II); e um tipo neuropático subagudo que começa na infância ou na adolescência (tipo III). **O tipo I é causado por uma variedade de mutações no gene da glicocerebrosidase**, uma das quais (a troca simples de um par de bases no códon 444) é particularmente comum em judeus asquenazes, por isso a alta prevalência nesse grupo étnico. No tipo I, o sinal predominante é a grande esplenomegalia. Hepatomegalia moderada e pinguécula (depósitos na conjuntiva) são também achados característicos. Com frequência, o primeiro sintoma é a suscetibilidade a equimoses e sangramento fácil; deve-se à trombocitopenia associada a defeito funcional das plaquetas e da coagulação. Em muitos casos, os depósitos ósseos causam dor óssea e fraturas patológicas. Osteoporose também é frequente. A expansão da extremidade inferior do fêmur causa a deformidade "em frasco de Erlenmeyer" (Figura 8.14c).

As manifestações clínicas são causadas pelo acúmulo de macrófagos carregados de glicocerebrosídio no baço, no fígado e na medula óssea (Figura 8.14). Em todas as idades, a doença é associada com anemia grave, leucopenia e trombocitopenia, isoladas ou em combinação. As células de Gaucher, entretanto, não são contêineres inertes de lipídio; são metabolicamente ativas, secretando proteínas que causam alterações patológicas secundárias (hipertensão pulmonar, fibrose alveolar e cálculos vesiculares de colesterol). Hipergamaglobulinemia policlonal ou gamopatia monoclonal são frequentes; há risco aumentado de mieloma. Os portadores heterozigóticos da mutação de Gaucher também têm uma incidência aumentada e um início precoce de doença de Parkinson.

O diagnóstico é feito pela dosagem de cerebrosidase nos leucócitos e por análise de DNA. Enzimas lisossômicas, citotriosidase e fosfatase ácida estão aumentadas e são úteis na monitoração do tratamento. A quimioquina pulmonar regulada pela ativação (PARC, do inglês *pulmonary activation-regulated cytokine*), a enzima conversora de angiotensina (ACE) e a ferritina também estão elevadas.

O tratamento com reposição de glicocerebrosidase, imigliceralse (Cerezyme®), velagliceralse e taligliceralse, produzidas por tecnologia recombinante, por via intravenosa (uma dose a cada duas semanas), é altamente eficaz. Há diminuição do baço, melhora das contagens sanguíneas e da estrutura óssea (Figura 8.14). Fármacos orais, miglustat ou eliglustat, como tratamento único, são úteis nos casos leves, ou associados à enzima intravenosa nos casos graves. Esses fármacos inibem a glicosilceramida sintase (Figura 8.13) e, assim, reduzem a quantidade de substrato produzido nos lisossomos. A reposição enzimática praticamente eliminou a necessidade de esplenectomia, porém não é capaz de reverter osteonecrose estabelecida, deformidades ósseas e fibrose hepática, esplênica e da medula óssea. O transplante de células-tronco tem sido feito com sucesso em pacientes gravemente afetados, em geral com tipos II ou III da doença.

Doença de Niemann-Pick

A doença tem certa semelhança clínica e anátomo-patológica com a doença de Gaucher. É causada pela deficiência de esfingomielinase. A maioria dos pacientes é constituída por lactentes que morrem nos primeiros anos de vida, embora haja pacientes ocasionais que sobrevivem até a idade adulta. Desenvolve-se enorme esplenomegalia e há envolvimento pulmonar e do sistema nervoso central, com retardo dos desenvolvimentos físico e mental. Costuma haver um ponto vermelho (*cherry-red spot*) visível na retina dos pacientes. A pancitopenia é um aspecto comum e, no aspirado de medula óssea, observam-se "células espumosas" de tamanho similar às da doença de Gaucher. A análise química dos tecidos revela que o distúrbio é causado pelo acúmulo de esfingomielina e por colesterol.

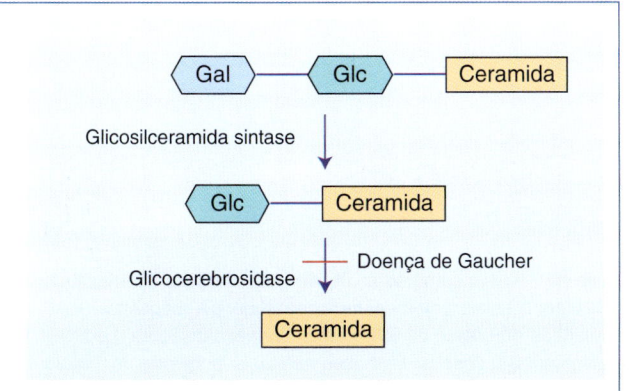

Figura 8.13 A doença de Gaucher resulta de deficiência de glicocerebrosidase. Gal, galactose; Glc, glicose.

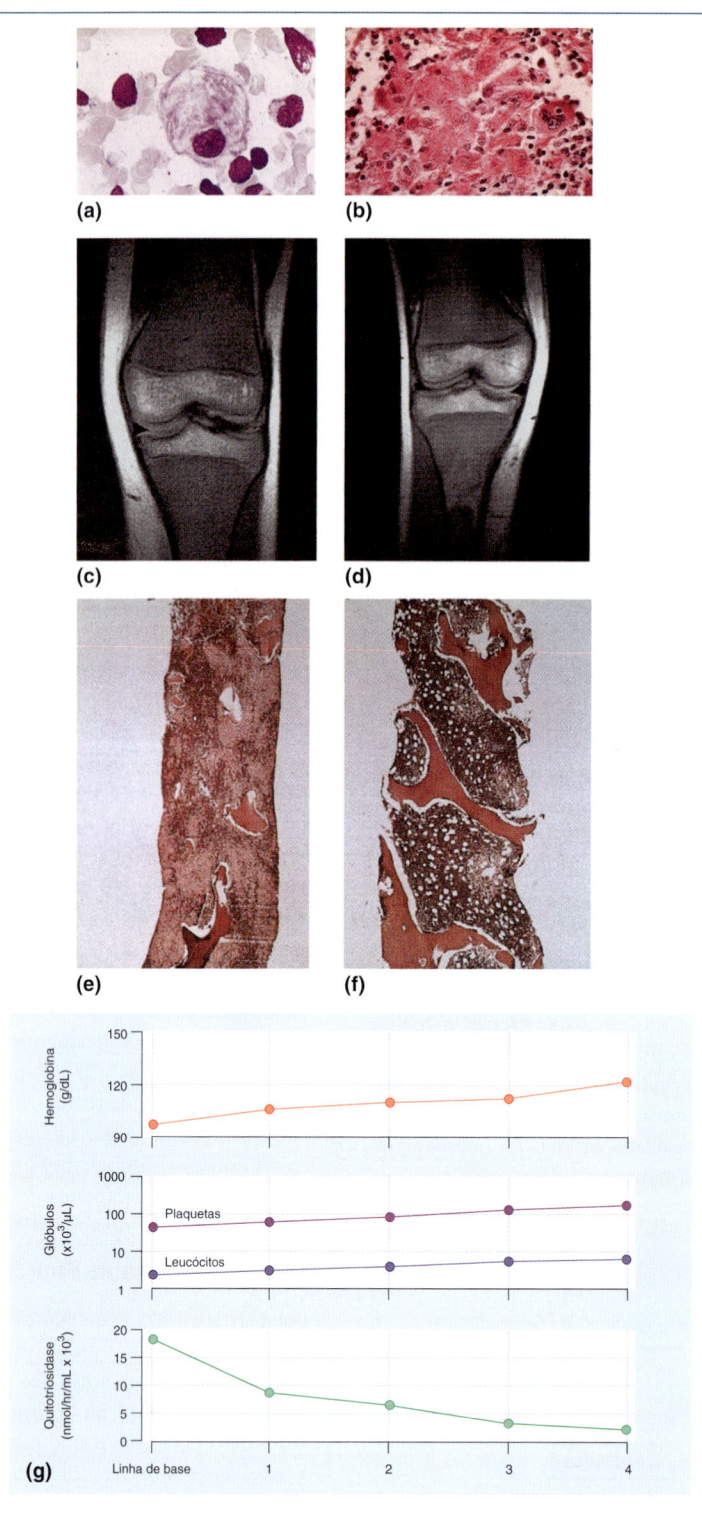

Figura 8.14 Doença de Gaucher: **(a)** aspirado de medula óssea – uma célula de Gaucher com padrão fibrilar citoplasmático; **(b)** histologia do baço – conglomerados pálidos de células de Gaucher nos cordões reticuloendoteliais; **(c)** imagem por ressonância magnética (IRM) do joelho esquerdo de um paciente antes do tratamento, mostrando deformidade em frasco de Erlenmeyer com expansão da medula e estreitamento do osso cortical; **(d)** após um ano de tratamento com glicocerebrosidase, observa-se o osso remodelado; biópsia da medula óssea antes **(e)** e dois anos depois **(f)** do início do tratamento com glicocerebrosidase; **(g)** melhora nas contagens de glóbulos e níveis de quitotriosidase com o tratamento. Fonte: (g) Mehta A.B. e Hughes D.A. Em Hoffbrand A.V. et al. (2016) Postgraduate Haematology, 7ª edição. Reproduzida, com permissão, de John Wiley e Sons, Ltd.

RESUMO

- Granulócitos incluem neutrófilos, eosinófilos e basófilos são produzidos na medula óssea sob o controle de uma variedade de fatores de crescimento. Eles têm uma breve sobrevida na corrente sanguínea antes de passarem aos tecidos.
- Fagócitos (neutrófilos e monócitos) constituem a principal defesa do organismo contra infecções bacterianas. Neutrofilia ocorre como resposta a infecções e em outros tipos de inflamações.
- Neutropenia, quando grave, predispõe a infecções. Pode decorrer de insuficiência da medula óssea, de quimio ou radioterapia, de mecanismos imunológicos ou ser congênita.
- Eosinofilia, em geral, é causada por doenças alérgicas, incluindo doenças da pele, infestações parasitárias e como reação a fármacos. Pode também decorrer de um aumento clonal da produção – a leucemia eosinofílica crônica –, ou de uma condição idiopática, frequentemente associada a dano tecidual.
- Defeitos funcionais de neutrófilos e de monócitos podem afetar a quimiotaxia, a fagocitose ou a capacidade de matar alvos celulares.
- Histiócitos são macrófagos derivados dos monócitos circulantes. Deles pode decorrer uma doença clonal, chamada de histiocitose de células de Langerhans, que afeta um ou múltiplos órgãos.
- Na síndrome hemofagocítica, há destruição generalizada de eritrócitos, granulócitos e plaquetas pelos macrófagos teciduais.
- Doenças de armazenamento lisossômico são causadas por defeitos genéticos nas enzimas responsáveis pelo catabolismo de glicolipídios. A doença de Gaucher deve-se à deficiência de glicocerebrosidase e associa-se a acúmulo de glicolipídios no sistema reticuloendotelial, com esplenomegalia, pancitopenia e lesões ósseas, causando as principais manifestações clínicas. O tratamento é feito com reposição da enzima ou com terapia eficaz na redução do substrato.

Visite **www.wileyessential.com/haematology** para testar seus conhecimentos neste capítulo.

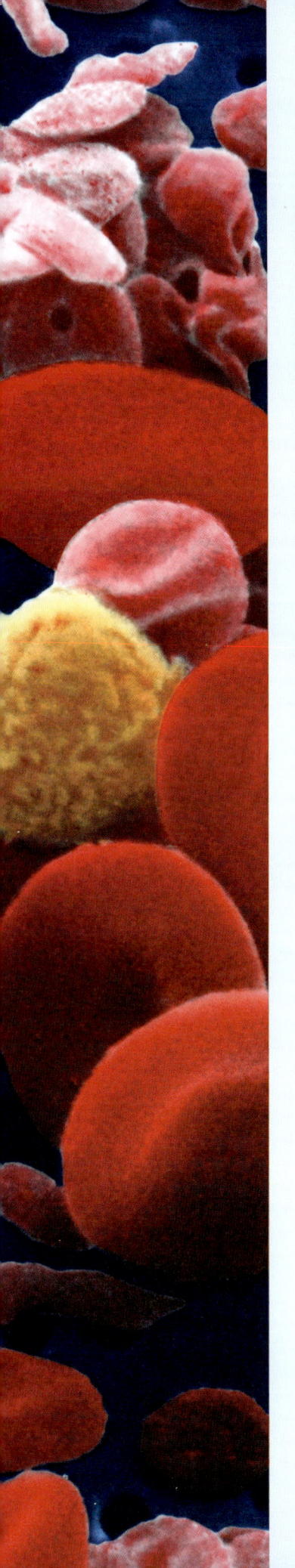

CAPÍTULO 9
Leucócitos 2: linfócitos e seus distúrbios benignos

Tópicos-chave

- Linfócitos — 103
- Células *natural killer* (NK) — 104
- Imunoglobulinas — 106
- Rearranjos do gene do receptor de antígeno — 107
- Complemento — 109
- Resposta imune — 109
- Linfocitose — 111
- Imunodeficiência — 113
- Diagnóstico diferencial das linfonodopatias — 114

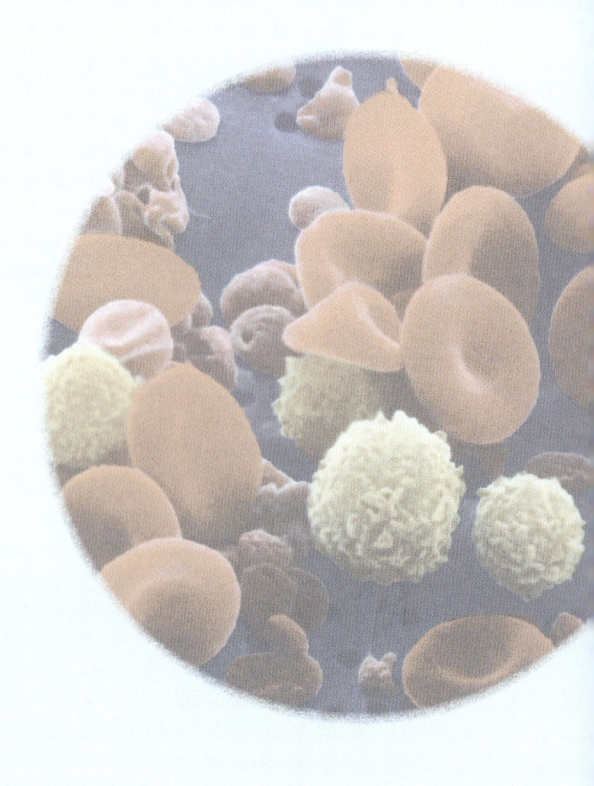

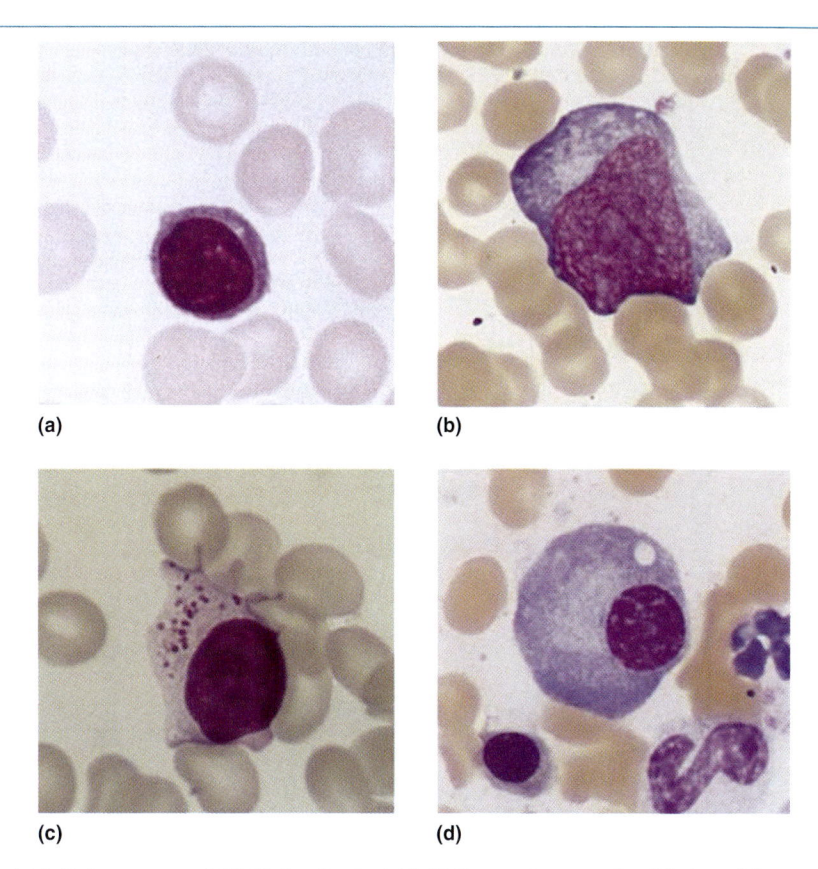

Figura 9.1 Linfócitos: **(a)** linfócito pequeno; **(b)** linfócito ativado; **(c)** linfócito grande e granular; **(d)** plasmócito.

Linfócitos são as células imunologicamente competentes que auxiliam os fagócitos na defesa do organismo contra infecção e outras invasões estranhas (Figura 9.1). Dois aspectos únicos característicos do sistema imune são a capacidade de gerar *especificidade antigênica* e o fenômeno da *memória imunológica*. Uma descrição completa das funções dos linfócitos está além dos objetivos deste livro; todavia, as informações essenciais para a compreensão das doenças do sistema linfoide e do papel desempenhado pelos linfócitos nas doenças hematológicas são aqui incluídas.

Linfócitos

Na vida, após o nascimento, a medula óssea e o timo são os *órgãos linfoides primários* nos quais os linfócitos se desenvolvem (Figura 9.2). Os *órgãos linfoides secundários*, nos quais são geradas as respostas imunes específicas, são os linfonodos, o baço e os tecidos linfoides dos tratos digestório e respiratório.

Linfócitos B e T

A resposta imune depende de dois tipos de linfócitos, as células B e T (Tabela 9.1), que derivam da célula-tronco hematopoética. As células B maturam na medula óssea e circulam no sangue periférico até adquirirem reconhecimento de antígeno. O **receptor de células B (BCR)** é uma imunoglobulina ligada à membrana que se liga a um antígeno específico (Figura 9.3). Isso leva à ativação da fosfoinositídio-3-quinase (PI3K), o que produz um segundo mensageiro (PIP3) (Figura 9.4), e de tirosinoquinase de Bruton, que fosforila outras enzimas na corrente a jusante. O efeito conjunto é induzir a expressão de AKT, que é uma quinase antiapoptótica e pró-sobrevivência. Dois novos fármacos eficazes no tratamento de neoplasias de células B, leucemia linfocítica crônica e linfomas não Hodgkin, inibem a quinase de Bruton (ibrutinibe) e a PI3K (idelalisibe) (ver Capítulo 18). O próprio receptor é secretado como uma globulina livre solúvel (Figura 9.4). A célula B, então, matura para uma célula B de memória ou **plasmócito**. Os plasmócitos regressam e alojam-se na medula óssea e têm uma morfologia característica, apresentando núcleo redondo, excêntrico, com cromatina agregada com aspecto de mostrador de relógio e citoplasma intensamente basófilo (Figura 9.1d). Os plasmócitos expressam imunoglobulina intracelular, mas não de superfície.

As células T desenvolvem-se de células migradas para o timo, onde se diferenciam em células T maduras durante a passagem do córtex para a medula. Durante esse processo, as células T autorreativas são deletadas (seleção negativa), ao passo que as células T com alguma especificidade para moléculas de antígenos leucocitários humanos (HLA) são selecionadas (seleção positiva). As células auxiliares (linfócitos *helper*) maduras expressam CD4, e as citotóxicas, CD8 (Tabela 9.1).

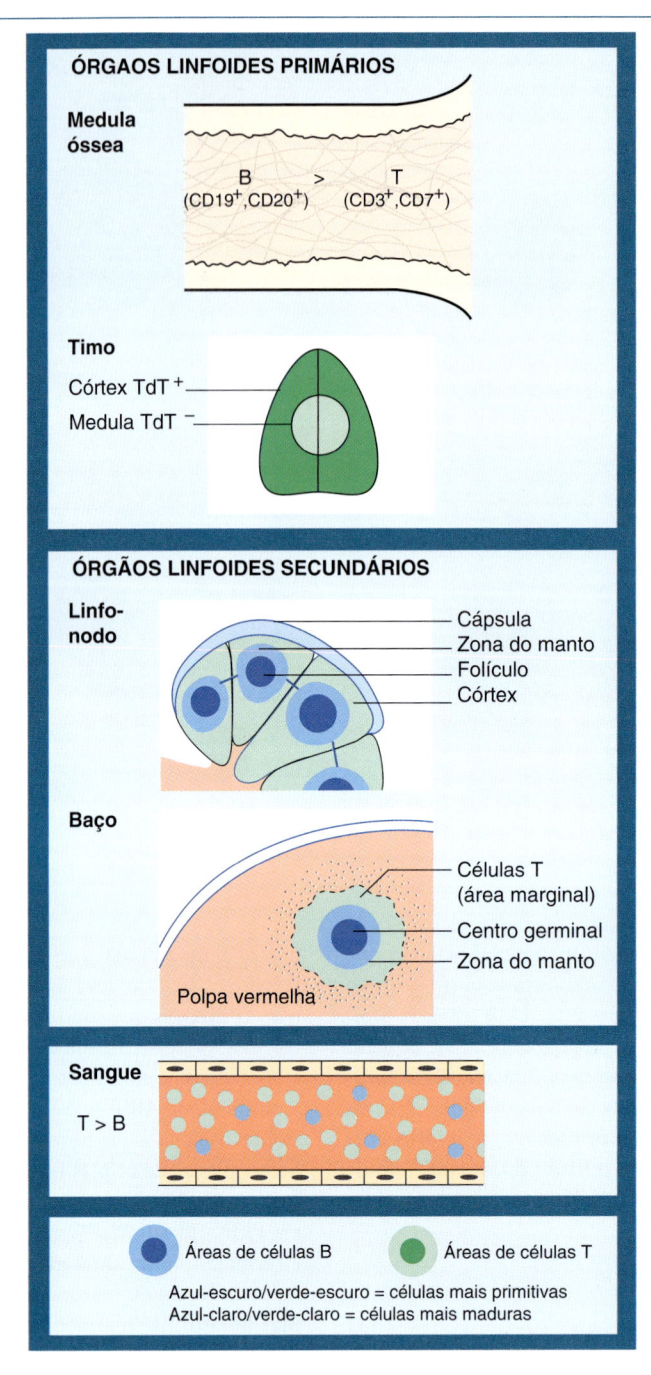

Figura 9.2 Órgãos linfoides primários e secundários e sangue. TdT, terminal desoxinucleotidil-transferase.

As células T também expressam um de dois heterodímeros do receptor de antígeno de célula T (TCR), $\alpha\beta$ (> 90%) ou $\gamma\delta$ (< 10%). Elas reconhecem um antígeno apenas quando este é apresentado à superfície celular (ver a seguir).

Células *natural killer* (NK)

As células *natural killer* (NK) são células CD8+ que não têm receptor de células T (TCR). São células grandes com grânulos no citoplasma e, em geral, expressam moléculas de superfície CD16 (receptor Fc), CD56 e CD57. As células NK são orientadas para matar células-alvo que tenham baixo nível de expressão de moléculas HLA classe I, o que pode ocorrer durante infecção viral ou em células malignas. As células NK desempenham essa função exibindo em sua superfície vários receptores de moléculas HLA. Quando há HLA expresso nas células-alvo, estas enviam um sinal inibidor à célula NK. Quando as moléculas HLA estão ausentes na célula-alvo, esse

Tabela 9.1 Aspectos funcionais das células (linfócitos) T e B		
	Células T	**Células B**
Origem	Timo	Medula óssea
Distribuição tecidual	Regiões parafoliculares do córtex nos linfonodos, periarteriolar no baço	Centros germinativos dos linfonodos, baço, intestino, trato respiratório; também nos cordões subcapsulares e medulares dos linfonodos
Sangue	80% dos linfócitos; CD4 > CD8	20% dos linfócitos
Receptores de membrana	TCR para antígeno	BCR (= imunoglobulina) para antígeno
Função	CD8$^+$: CMI contra microrganismos intracelulares CD4$^+$: célula T auxiliar para produção de anticorpos e geração de CMI	Imunidade humoral por geração de anticorpos
Marcadores de superfície característicos	CD1 CD2 CD3 CD4 ou 8 CD5 CD6 CD7 HLA classe I HLA classe II quando ativados	CD19 CD20 CD22 CD9 (células pré-B) CD10 (células B precursoras) CD79 a e b HLA classes I e II
Genes rearranjados	TCR α, β, γ, δ	IgH, Igκ, Igλ

BCR, receptor de células B; C, complemento; CMI, imunidade celular; HLA, antígenos leucocitários humanos; Ig, imunoglobulina; TCR, receptor de células T.

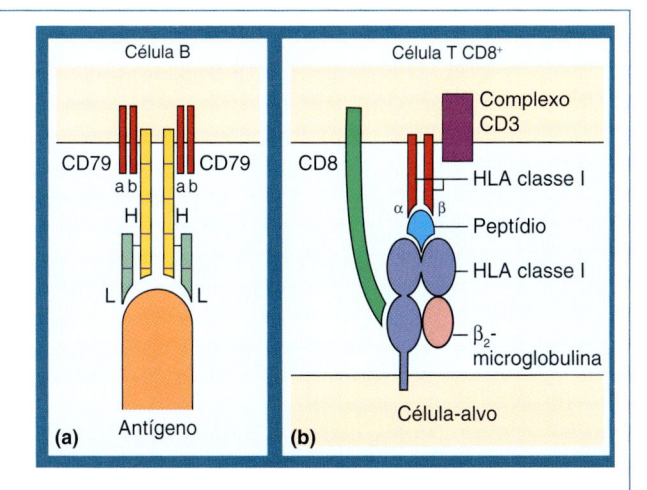

Figura 9.3 Receptores de antígeno nos linfócitos e sua interação com o antígeno. **(a)** O receptor de antígeno da célula B é uma imunoglobulina ligada à membrana (ver Figura 9.4). Essa unidade ligadora de antígeno é associada ao heterodímero CD79, que age como unidade transdutora de sinal. **(b)** O receptor da célula T é formado por vários componentes que, juntos, constituem o complexo CD3. Duas cadeias ligadoras de antígeno (α, β) são associadas a várias proteínas (γ, δ, ϵ, ζ) e medeiam a transdução do sinal. O antígeno é reconhecido na forma de peptídios curtos fixados na superfície das moléculas HLA. As células CD8$^+$ interagem com o peptídio na molécula HLA classe I, e o heterodímero CD8 interage com o domínio α_3 da proteína classe I.

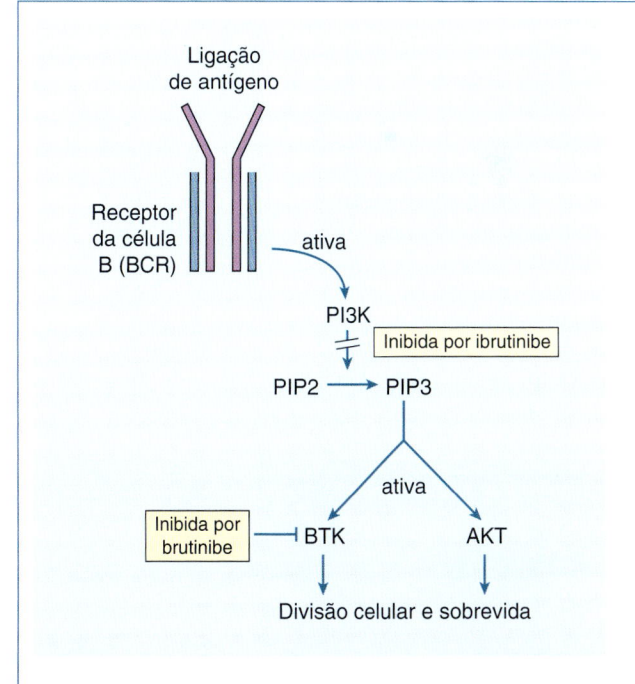

Figura 9.4 Sinalização do receptor da célula B após ligação de antígeno ocorre por meio da fosfoinositídio-3-quinase (PI3K), que produz um segundo mensageiro, o fosfatidil-trifosfato (PIP3), o qual ativa a tirosinoquinase de Bruton (BTK) e a AKT. O idelasibe inibe a PI3K, e o ibrutinibe inibe a BTK.

sinal inibidor é perdido, e a célula NK pode matar seu alvo. Além disso, as células NK exibem citotoxicidade dependente de anticorpos mediada por células (ADCC). Neste processo, o anticorpo liga-se ao antígeno na superfície da célula, e, então, a célula NK liga-se à porção Fc do anticorpo e mata a célula-alvo.

Circulação de linfócitos

Os linfócitos no sangue periférico migram pelas **vênulas pós-capilares** para a substância dos linfonodos ou para o baço ou a medula óssea. As células T alojam-se nas zonas perifoliculares das regiões corticais dos linfonodos (regiões paracorticais) (Figura 9.2) e nas bainhas periarteriolares que circundam as arteríolas centrais do baço. Células B acumulam-se seletivamente nos folículos dos linfonodos e do baço. Os linfócitos voltam para o sangue periférico via corrente linfática eferente e ducto torácico.

Imunoglobulinas

Imunoglobulinas constituem um grupo de proteínas produzidas por plasmócitos e linfócitos B e que reagem a antígenos. Dividem-se em cinco subclasses ou *isótipos*: imunoglobulinas IgG, IgA, IgM, IgD e IgE. A IgG, quantitativamente predominante, representa cerca de 80% das imunoglobulinas normais no plasma e é subdividida em quatro **subclasses**: IgG_1, IgG_2, IgG_3 e IgG_4. A IgA é subdividida em dois tipos. A IgM é geralmente a primeira produzida em resposta a antígeno, e a IgG é produzida subsequentemente, mas durante um período muito mais longo. A mesma célula pode mudar a síntese de IgM para IgG, IgA ou IgE. A IgA é a principal imunoglobulina nas secreções, sobretudo no trato gastrintestinal. A IgD e a IgE (envolvidas nas reações de hipersensibilidade tardia) são frações menores. Algumas propriedades bioquímicas e biológicas importantes das três principais subclasses de imunoglobulinas estão resumidas na Tabela 9.2.

As imunoglobulinas têm uma estrutura básica comum (Figura 9.5), consistindo de **duas cadeias pesadas**, denominadas gama (γ) na IgG, alfa (α) na IgA, mu (μ) na IgM, delta (δ) na IgD e épsilon (ε) na IgE, e de **duas cadeias leves** – capa (*kappa* = κ) ou lambda (λ) – comuns às cinco imunoglobulinas. As cadeias pesadas e leves têm regiões altamente variáveis, que conferem especificidade à imunoglobulina, e regiões – praticamente completa – na sequência de aminoácidos em constantes, nas quais há correspondência todos os anticorpos de um dado isótipo (p. ex., IgA, IgG) ou de uma subclasse de isótipos (p. ex., IgG_1, IgG_2). Anticorpos IgG podem ser quebrados em um fragmento Fc constante e dois fragmentos Fab altamente variáveis. As moléculas de IgM são muito maiores, pois são formadas por cinco subunidades.

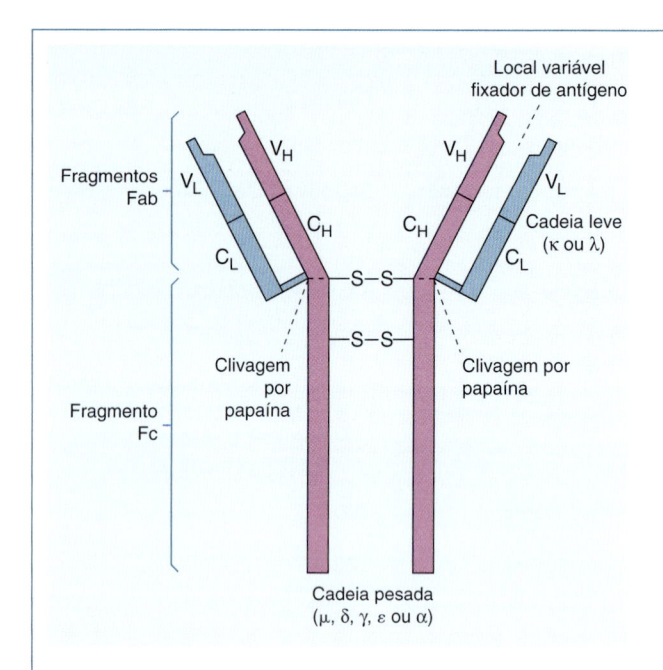

Figura 9.5 Estrutura básica de uma molécula de imunoglobulina. A molécula é constituída de duas cadeias leves (κ ou λ) (em azul) e duas pesadas (em roxo), e cada uma tem regiões variáveis (V) e constantes (C), as regiões V incluindo o local de ligação do antígeno. A cadeia pesada (μ, δ, γ, ε ou α) varia conforme a classe de imunoglobulina. As moléculas de IgA formam dímeros, e as de IgM, um anel de cinco moléculas. A papaína quebra as moléculas em um fragmento Fc e dois fragmentos Fab.

Tabela 9.2 Algumas propriedades das três principais classes de imunoglobulinas (Ig)

	IgG	IgA	IgM
Peso molecular	140.000	140.000	900.000
Nível sérico normal (mg/dL)	600-1.600	150-450	50-150
Presente em	Plasma e líquido extracelular	Plasma e outros fluidos corporais (p. ex., bronquial e intestinal)	Somente plasma
Fixação de complemento	Comum	Sim (via alternativa)	Comum e muito eficiente
Passagem pela placenta	Sim	Não	Não
Cadeia pesada	(γ_{1-4})	α (α_1 ou α_2)	μ

O principal papel das imunoglobulinas é a defesa do organismo contra organismos estranhos, mas elas também têm papel vital na patogenia de vários distúrbios hematológicos. A secreção de uma imunoglobulina específica por uma população monoclonal de linfócitos ou plasmócitos causa *paraproteinemia* (ver p. 229). A proteína de Bence-Jones, encontrada na urina em alguns casos de mieloma, é resultado da secreção monoclonal de cadeias leves ou fragmentos de cadeia leve (κ ou λ). As imunoglobulinas podem se ligar às células sanguíneas em várias doenças imunológicas e causar aglutinação (p. ex., doença de crioaglutininas; p. 69), destruição após lise direta por complemento ou posterior eliminação pelo sistema reticuloendotelial.

Rearranjos do gene do receptor de antígeno

Rearranjos do gene de imunoglobulina

Os genes da cadeia pesada de imunoglobulina e das cadeias leves κ e λ localizam-se nos cromossomos 14, 2 e 22, respectivamente. No estado embrionário germinativo, o gene da cadeia pesada ocorre como segmentos separados de região variável (V), de diversidade (D), de junção (J) e constante (C). Cada uma das regiões V, D e J contém um número *(n)* de diferentes **segmentos gênicos** (Figura 9.6). Em células que não estão comprometidas na síntese de imunoglobulina, esses segmentos gênicos permanecem em seu estado germinativo separado. Durante o início da diferenciação das células B, há rearranjo dos genes de cadeia pesada, de modo que um dos segmentos V da cadeia pesada se combina com um dos segmentos D já combinados com um dos segmentos J. Forma-se, assim, um gene transcricionalmente ativo para a cadeia pesada. Os segmentos da região C do mRNA, que codificam proteínas, são unidos à região V após a separação do RNA interveniente. A classe de imunoglobulina secretada depende de qual das nove regiões constantes (4γ, 2α, 1μ, 1δ e 1ε) é usada. É introduzida diversidade pela variabilidade na ligação do segmento V com o D e do segmento J usado. No exemplo arbitrário, mostrado na Figura 9.6, V_2 une-se com D_1 e J_2. Diversidade adicional é gerada pela enzima terminal desoxinucleotidil-transferase (TdT), que insere um número variável de novas bases no DNA da região D na ocasião do rearranjo gênico. Mutações adicionais dos genes da região V, denominadas *mutações somáticas*, ocorrem nos centros germinativos dos tecidos linfoides secundários (ver adiante).

Na cadeia leve, ocorrem rearranjos semelhantes nos segmentos do gene de cadeia leve (Figura 9.7). Enzimas chamadas de **recombinases** são necessárias, tanto nas células B como nas T, para juntarem as peças adjacentes do DNA após a excisão das sequências intervenientes. Essas enzimas reconhecem certas sequências conservadas de heptâmeros e eneâmeros que flanqueiam os vários segmentos gênicos. Erros na atividade das recombinases desempenham um papel importante em translocações cromossômicas nas neoplasias de células B e T.

Rearranjos do gene do receptor de células T

A grande maioria das células T contém um receptor (TCR) composto por um heterodímero de cadeias α e β. Em uma minoria das células T, o TCR é composto de cadeias γ e δ. Os genes α, β, γ, e δ dos TCRs incluem regiões V, D, J e C. Durante a ontogenia das células T, ocorrem rearranjos desses segmentos de genes de modo semelhante ao dos genes de imunoglobulinas (estes, nas células B), criando células T que expressam uma grande variedade (10^8 ou mais) de estruturas de TCR (Figura 9.8). A TdT está envolvida na criação de diversidade adicional, e as mesmas enzimas recombinases usadas nas células B são envolvidas na junção dos segmentos do gene do TCR.

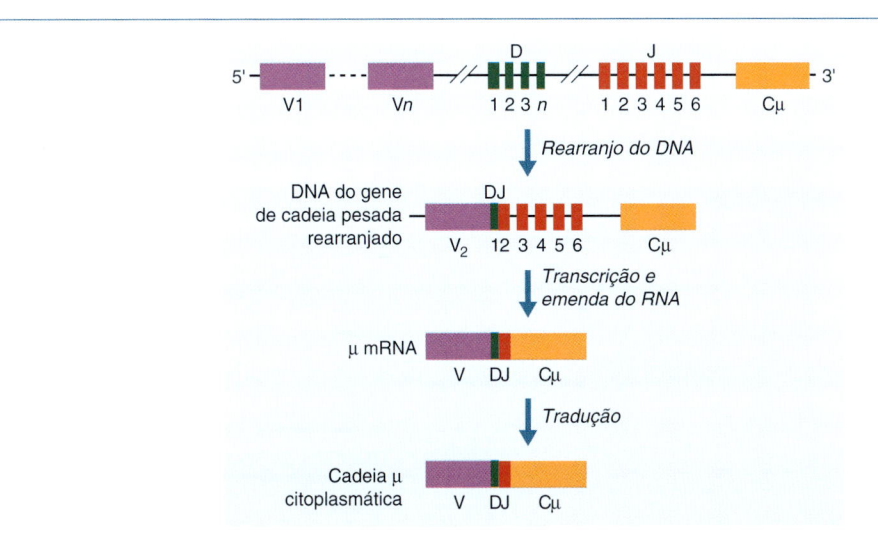

Figura 9.6 Rearranjo de um gene de imunoglobulina de cadeia pesada. Um dos segmentos V é posto em contato com um segmento D, J e C (neste caso, Cμ), formando um gene transcricional do qual é produzido o mRNA correspondente. O arranjo DJ precede a junção VDJ. A classe de imunoglobulina depende de qual das nove regiões constantes (1μ, 1δ, 4γ, 2α, 1ε) é usada.

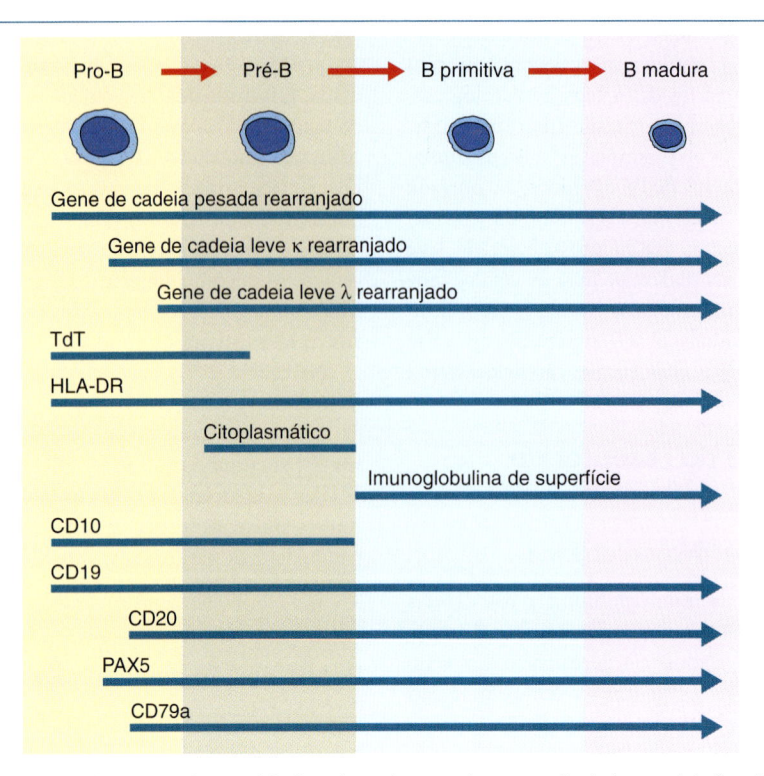

Figura 9.7 Sequência de rearranjo de gene de imunoglobulina, de antígeno e de expressão de imunoglobulina durante o desenvolvimento inicial da célula B. O CD22 intracitoplasmático é uma característica das células B muito primitivas. HLA, antígeno leucocitário humano; TdT, terminal desoxinucleotidil-transferase.

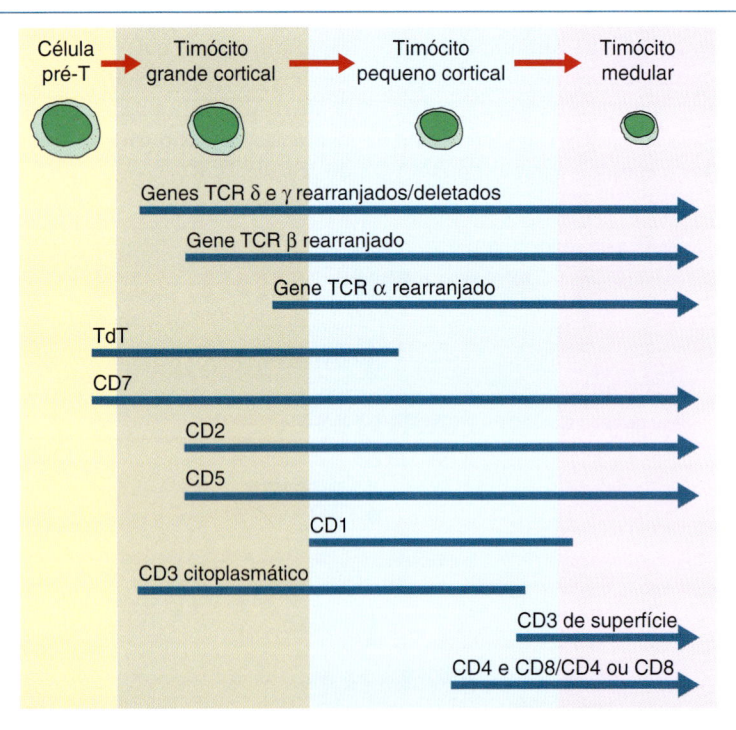

Figura 9.8 Sequência de eventos durante o desenvolvimento inicial das células T. Os primeiros eventos parecem ser a expressão de CD7 superficial, de terminal desoxinucleotidil-transferase (TdT) intranuclear e de CD3 intracitoplasmático, seguidos por rearranjo do gene do receptor de células T (TCR). Timócitos medulares primitivos podem expressar ao mesmo tempo CD4 e CD8, porém, em seguida, perdem uma ou outra dessas estruturas.

Complemento

Sob essa designação inclui-se uma série de proteínas plasmáticas que constituem um ***sistema enzimático de amplificação*** capaz de lisar bactérias (ou células sanguíneas) e "opsonizar" (revestir) bactérias e células, de modo a estimular sua fagocitose. A sequência do complemento consiste em nove componentes principais – C1, C2, etc. – que se ativam um após o outro (então denotado <HLO>C1<EHLO>) e formam uma cascata semelhante à da coagulação (Figura 9.9). A proteína mais abundante e de papel central é a C3, que ocorre no plasma na concentração de cerca de 120 mg/dL. As primeiras fases (opsonizantes) que levam ao revestimento das células com C3b podem ocorrer por duas vias diferentes:

1 ***Via clássica***, geralmente ativada pelo revestimento das células por IgG ou IgM; ou
2 ***Via alternativa***, que é mais rápida, ativada por IgA, endotoxina (de bactérias gram-negativas) e outros fatores (Figura 9.9).

Macrófagos e neutrófilos têm receptores para C3b e fagocitam células revestidas com C3b, o qual é degradado em C3d, que pode ser detectado no teste direto de antiglobulina (Coombs) utilizando-se soro anticomplemento (p. 340). Se a sequência do complemento for até o fim (C9), há geração de uma fosfolipase ativa que faz orifícios na membrana celular (p. ex., do eritrócito ou da bactéria), causando lise direta. A via do complemento também gera os fragmentos biologicamente ativos C3a e C5a, que agem diretamente nos fagócitos, estimulando a explosão respiratória (p. 93). Ambos podem desencadear anafilaxia pela liberação de mediadores dos mastócitos teciduais e dos basófilos, que provocam vasodilatação e aumento de permeabilidade.

Resposta imune

Uma das características mais marcantes do sistema imune é sua capacidade de produzir uma resposta altamente *específica*. A especificidade das células T e B é obtida pela presença de um receptor particular na superfície do linfócito (Figura 9.3). Linfócitos B e T virgens (*naïve*), que deixam a medula e o timo, são células em repouso, fora do ciclo mitótico; eles recirculam no sistema linfático. Macrófagos especializados (p. 92), as "células dendríticas" (DCs), processam antígenos antes de apresentá-los aos linfócitos B e T – por isso são designadas ***células apresentadoras de antígenos*** (APCs). Há considerável variabilidade nos linfócitos do sistema imune: cada um tem um receptor com estrutura distinta da de qualquer outro linfócito e, consequentemente, só se ligará a um número restrito de antígenos. Linfócitos T e B sofrem expansão clonal se encontrarem uma APC que esteja apresentando um antígeno capaz de acionar suas moléculas receptoras de antígeno. Nessa etapa, os linfócitos podem desenvolver-se em células efetoras (como plasmócitos ou células T citotóxicas) ou em células de memória.

As precursoras de DCs normalmente migram, em pequeno número, do sangue para os tecidos, porém a migração é maior em focos inflamatórios. DCs imaturas são eficientes em macropinocitose, o que lhes permite captar antígeno do ambiente.

As células T são incapazes de se ligarem a antígeno livre em solução e necessitam que ele seja apresentado nas APCs na forma de peptídios, fixados na superfície de moléculas HLA (Figura 9.3b). As células T, por conseguinte, reconhecem não apenas o antígeno, mas também as moléculas HLA "próprias" (*self*), razão pela qual são conhecidas como ***HLA-restritas***. A molécula CD4 nas células auxiliares reconhece as moléculas classe II (HLA-DP, DQ e DR), ao passo que a molécula

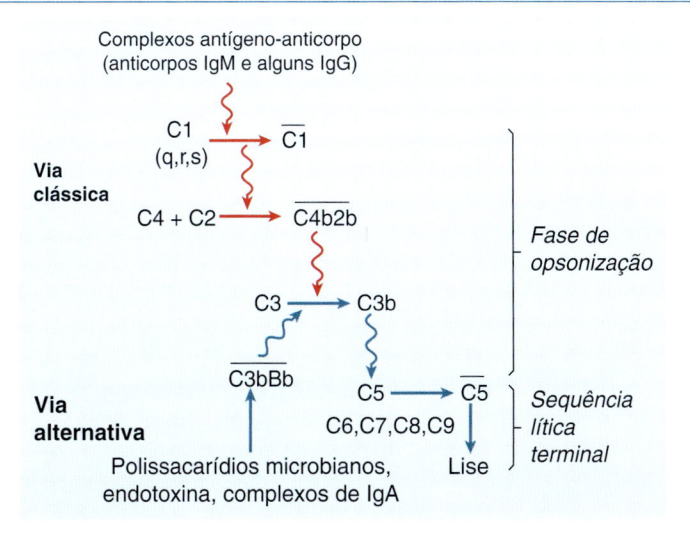

Figura 9.9 Sequência do complemento (C). Os fatores ativados são denotados por uma barra sobre o número. Ambas as vias geram uma C3-convertase. Na via clássica, a convertase é o principal componente (b) de C4 e C2 (C4b2b). Na via alternativa, é a combinação de C3b e o principal fragmento (b) do fator B (C3bBb).

CD8 reconhece moléculas classe I (HLA-A, B e C) (ver Figura 23.5). O local de reconhecimento do antígeno no TCR é ligado a várias outras subunidades no complexo CD3; juntos, eles medeiam a transdução do sinal. Dependendo de sua produção de citoquinas, as células T CD4⁺ podem ser divididas em células T auxiliares (*helper*) tipos 1 e 2 (Th1 e Th2). As células Th1 produzem, sobretudo, IL2, TNF-β e interferon-γ (IFN-γ) e são importantes na intensificação rápida (*boosting*) da imunidade celular (e na formação de granulomas), ao passo que as Th2 produzem IL-4 e IL-10 e são responsáveis por providenciar ajuda para a produção de anticorpos.

As respostas imunes específicas a antígenos são geradas nos **órgãos linfoides secundários** e começam quando o antígeno é levado para dentro de um linfonodo (Figura 9.10) em células dendríticas. As células B reconhecem antígenos por meio de suas imunoglobulinas de superfície e, embora a maioria dos anticorpos requeira ajuda de células T específicas a antígenos, alguns antígenos, como os polissacarídios, podem levar à produção de anticorpos independentemente de células T. No folículo, os centros germinativos surgem como resposta continuada ao estímulo antigênico (Figura 9.11). Estes consistem em células dendríticas foliculares (FDCs), carregadas

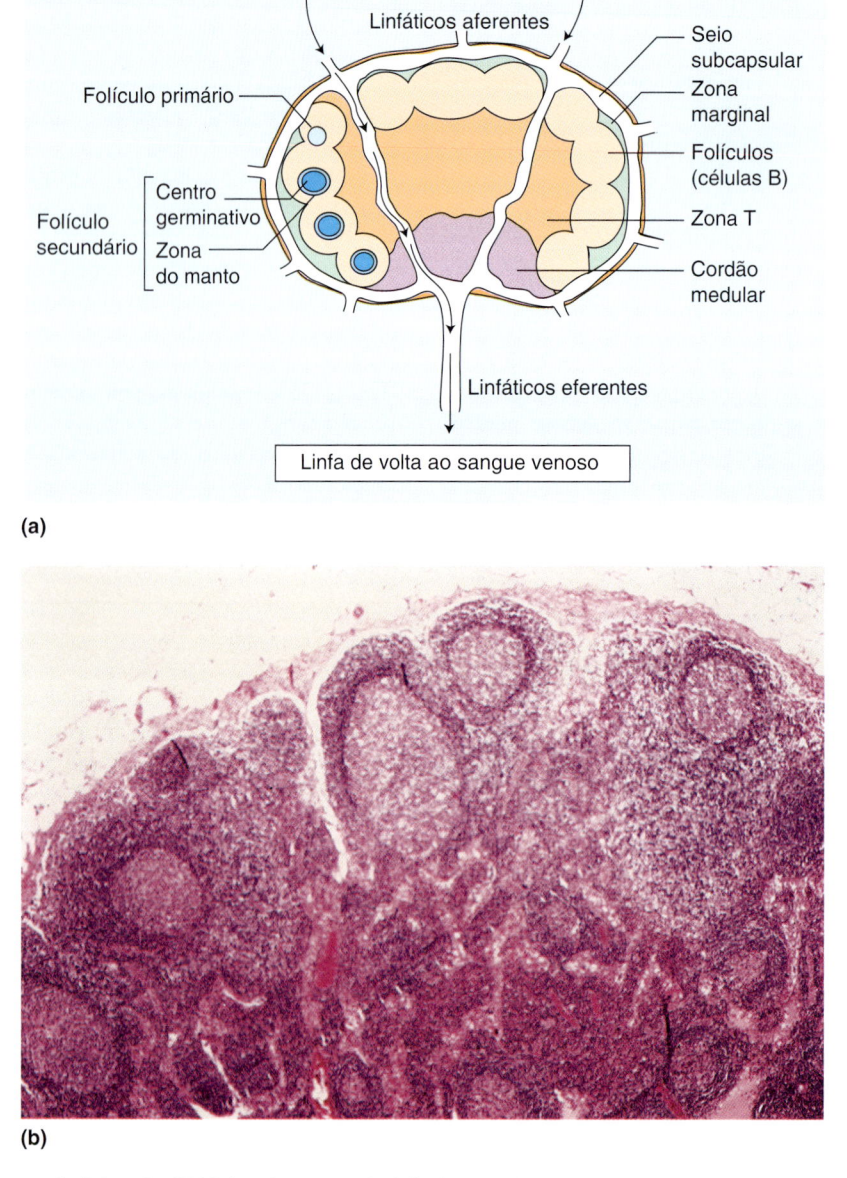

Figura 9.10 (a) Estrutura do linfonodo. **(b)** Linfonodo mostrando folículos germinativos envoltos pela zona do manto, mais escura, e por zonas mais claras, a marginal mais difusa e a zona T.

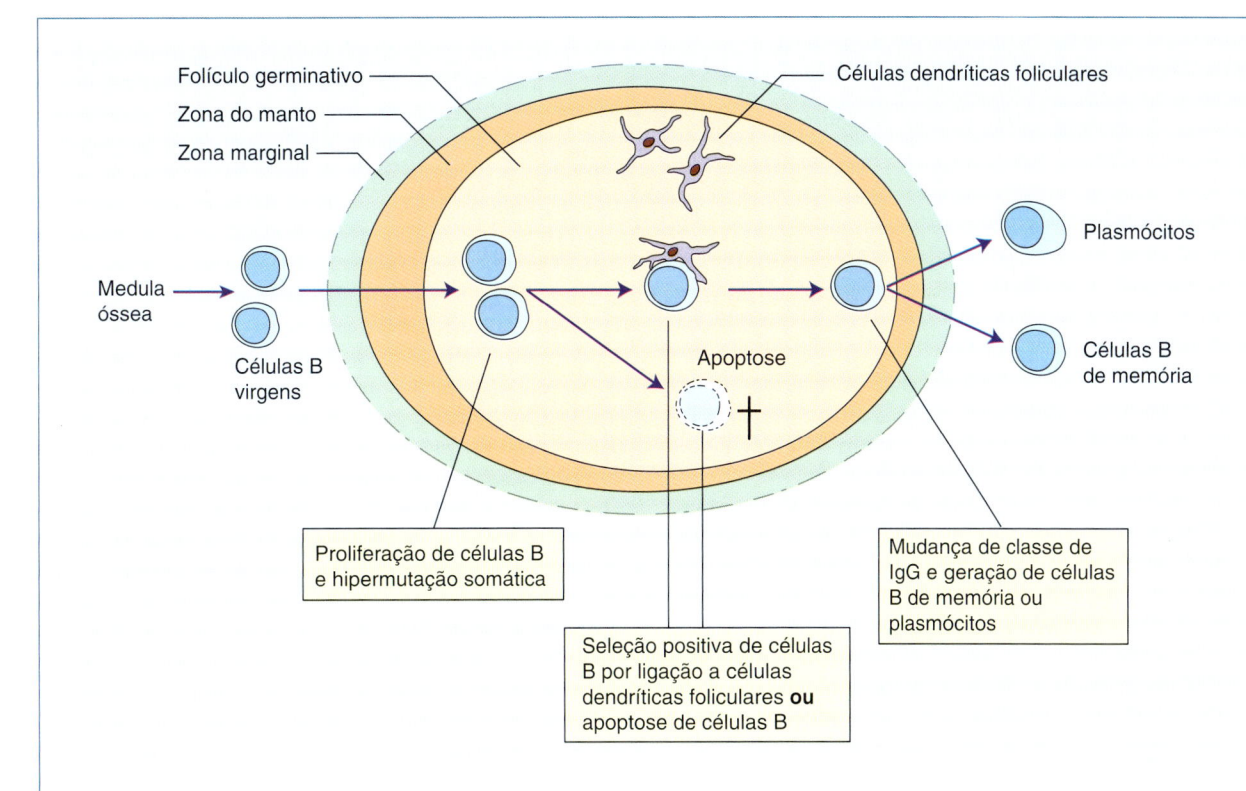

Figura 9.11 Geração de um centro germinativo. As células B ativadas por antígeno migram da zona T para o folículo, onde proliferam maciçamente. As células entram na zona escura como centroblastos e acumulam mutações nos genes V da imunoglobulina. Elas, então, voltam para a zona clara (Figura 9.10) como centrócitos. Somente as células que podem interagir com antígeno sobre as células dendríticas e receber sinal de células T específicas a antígenos (Figura 9.9) são selecionadas e emigram como plasmócitos e células de memória. As células não selecionadas morrem por apoptose.

com antígeno, células B e células T ativadas, que fizeram migração centrífuga a partir da zona T. As células B proliferativas movem-se para a zona escura do centro germinativo como **centroblastos**, enquanto sofrem mutação somática de seus genes da região variável da imunoglobulina (Figura 9.11). A progênie dos centroblastos é chamada de **centrócitos**, os quais devem ser selecionados para sobrevivência por antígeno nas FDCs; caso contrário, eles sofrem apoptose. Se selecionados, eles tornam-se células B de memória ou plasmócitos (Figura 9.11). Os plasmócitos migram para a medula óssea e as áreas no SRE e produzem anticorpos de alta afinidade.

Linfocitose

Linfocitose é comum em lactentes e em crianças jovens em resposta a infecções que produzem reação neutrófila nos adultos. As condições particularmente associadas à linfocitose estão relacionadas na Tabela 9.3.

Febre glandular* é o termo genérico para uma síndrome caracterizada por febre, dor de garganta, linfonodomegalias e linfócitos atípicos no sangue. Pode ser causada pela infecção

*N. de T. No Brasil, é mais comum a utilização de "mononucleose" como termo geral, em vez de "febre glandular", especificando a etiologia quando confirmada (p. ex., mononucleose EBV, mononucleose CMV, etc.).

Tabela 9.3 Causas de linfocitose

Infecções
Agudas: mononucleose infecciosa, rubéola, coqueluche, cachumba, linfocitose infecciosa aguda, hepatite infecciosa, citomegalovirose, HIV, herpes-simples ou zóster
Crônicas: tuberculose, toxoplasmose, brucelose, sífilis
Leucemias linfoides crônicas (ver Capítulo 18)
Leucemia linfoblástica aguda (ver Capítulo 17)
Linfomas não Hodgkin (alguns) (ver Capítulo 20)
Tireotoxicose
HIV, vírus da imunodeficiência humana

primária por vírus Epstein-Barr (EBV), citomegalovírus (CMV), vírus da imunodeficiência humana (HIV) ou *Toxoplasma*. A infecção por EBV, conhecida como mononucleose* infecciosa, é a causa mais comum.

Mononucleose infecciosa

É desencadeada pela infecção primária por EBV e ocorre apenas em uma minoria dos indivíduos infectados – na maioria dos casos, a infecção é subclínica. A doença é caracterizada por linfocitose, oriunda de expansões clonais de células T como reação aos linfócitos B infectados pelo vírus. A doença associa-se a altos títulos de anticorpos heterófilos (i.e., que reagem com células de outras espécies) para eritrócitos de carneiro, cavalo e boi.

Características clínicas

A maioria dos pacientes tem idade entre 15 e 40 anos. Há um período prodrômico de alguns dias com letargia, mal-estar, cefaleia, rigidez do pescoço e tosse seca. A doença estabelecida caracteriza-se clinicamente por:

1 Linfonodomegalia cervical bilateral em 75% dos casos. Ocorre linfonodomegalia generalizada simétrica em 50% dos casos. Os linfonodos são separados (não se fundem) e podem ser sensíveis.
2 Mais da metade dos pacientes têm dor de garganta com inflamação da mucosa oral e faríngea. Frequentemente há amigdalite folicular.
3 Febre, que pode ser baixa ou alta.
4 Exantema morbiliforme, cefaleia intensa e sinais oculares, como fotofobia; conjuntivite e edema periorbital não são raros. O exantema é muito mais frequente se houver tratamento com amoxicilina ou ampicilina.
5 Esplenomegalia palpável em quase metade dos pacientes e hepatomegalia em cerca de 15%. Aproximadamente 5% dos pacientes têm icterícia.
6 Neuropatia periférica, anemia grave (causada por hemólise autoimune) ou púrpura (causada por trombocitopenia) são complicações raras.

Diagnóstico

Linfocitose atípica pleomórfica

É comum aumento na contagem de leucócitos (p. ex., 10-20 × $10^3/\mu L$) com linfocitose absoluta; alguns pacientes têm linfocitose ainda mais acentuada. Grande número de linfócitos atípicos é observado na distensão de sangue periférico (Figura 9.12). As células T têm aspecto variável, mas a maioria apresenta características nucleares e citoplasmáticas similares às observadas durante a transformação linfocítica reacional. O número mais alto de linfócitos atípicos, em geral, é observado entre o sétimo e o décimo dias de doença.

Anticorpos heterófilos

Títulos elevados de anticorpos heterófilos contra eritrócitos de carneiro ou cavalo podem ser encontrados no soro. Os testes atuais de triagem em lâmina, como o **monospot** (ou

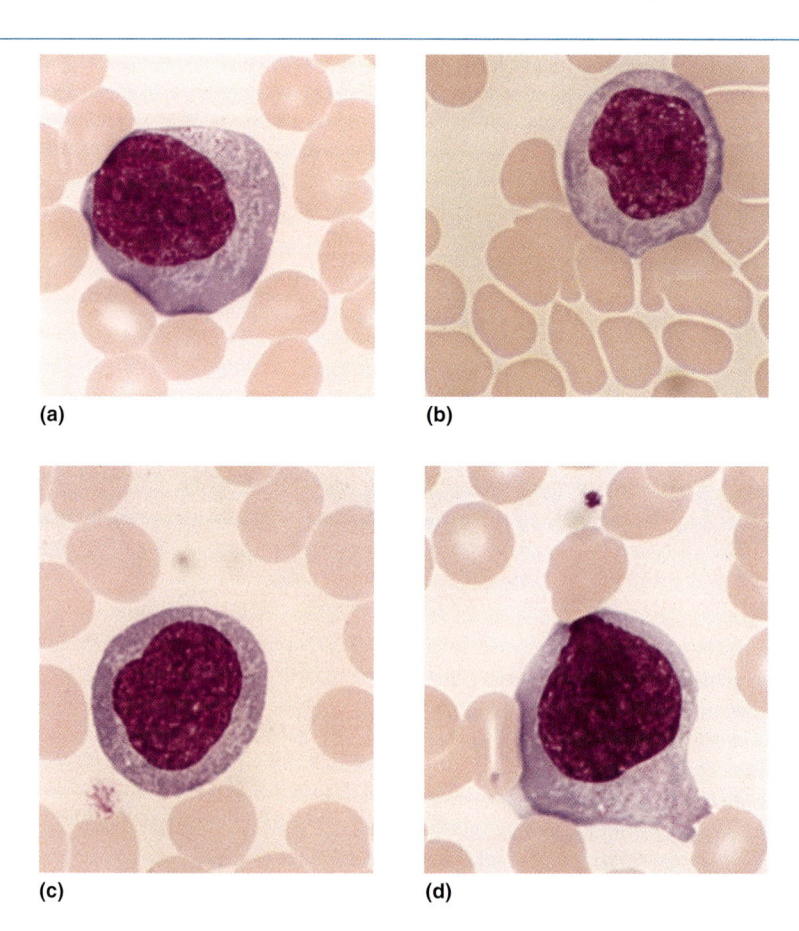

Figura 9.12a-d Linfócitos T reacionais (atípicos), representativos de mononucleose infecciosa, no sangue de paciente de 21 anos (ver também Figura 9.1b).

monoteste), pesquisam a aglutinação de eritrócitos formolizados de cavalo por anticorpos IgM no soro do paciente. Títulos mais altos ocorrem durante a segunda e a terceira semanas; na maioria dos pacientes, os anticorpos IgM persistem durante 6 semanas.

Anticorpo anti-EBV

Se houver disponibilidade laboratorial, pode-se demonstrar aumento no título de anticorpos IgM contra o antígeno do capsídio do EBV (VCA) durante as primeiras 2 ou 3 semanas. Anticorpo específico IgG para antígeno nuclear de EBV (EBNA) e anticorpo VCA IgG desenvolvem-se posteriormente e persistem por toda a vida.

Outras anormalidades hematológicas

São frequentes *alterações hematológicas* além da linfocitose com atipias. Pacientes ocasionais desenvolvem anemia hemolítica autoimune. O anticorpo IgM é geralmente do tipo "frio" e costuma mostrar especificidade para o grupo sanguíneo "i". Trombocitopenia é frequente no período febril da doença; púrpura trombocitopênica autoimune é uma rara complicação tardia.

Diagnóstico diferencial

O diagnóstico diferencial de mononucleose infecciosa inclui infecções por CMV e HIV, leucemia aguda, gripe, rubéola, amigdalite bacteriana e hepatite infecciosa.

Tratamento

Na grande maioria dos pacientes, só é necessário tratamento sintomático. Corticosteroides são indicados em casos com sintomas sistêmicos graves. Em geral, os pacientes desenvolvem exantema eritematoso se for administrada ampicilina. A grande maioria dos pacientes recupera-se totalmente em 4 a 6 semanas após os sintomas iniciais. A convalescença, entretanto, pode ser lenta e associada a mal-estar intenso e letargia.

Linfopenia

Pode ocorrer linfopenia em insuficiência grave da medula óssea, com tratamento com corticosteroides ou outros imunodepressores, no linfoma de Hodgkin avançado e após irradiação sistêmica. Também ocorre durante tratamento com alentuzumabe (anti-CD52) e em várias síndromes de imunodeficiência, das quais a mais importante é a infecção por HIV (ver p. 328).

Imunodeficiência

Um grande número de defeitos, herdados ou adquiridos, de qualquer dos componentes do sistema imune pode causar diminuição das respostas imunes com aumento da suscetibilidade a infecções (Tabela 9.4). A falta primária de células T (como na Aids) causa não apenas infecções por bactérias, mas também por vírus, protozoários, fungos e micobactérias. Em alguns casos, no entanto, a falta de subpopulações específicas de células T, que controlam a maturação de células B, pode levar à falta secundária de função destas, como em muitos casos de imunodeficiência variável comum que pode aparecer em crianças e adultos de ambos os sexos. Em outros, há defeito primário de células B ou de células dendríticas apresentadoras de antígenos. A agamaglobulinemia ligada ao cromossomo X é causada por falta de desenvolvimento de células B; as infecções bacterianas piogênicas dominam a evolução clínica. O tratamento de reposição pode ser feito com administrações mensais de imunoglobulina intravenosa. Síndromes raras incluem aplasia do timo, imunodeficiência combinada grave (T e B), como resultado de deficiência de adenosina-desaminase, e deficiências seletivas de IgA ou IgM. A imunodeficiência adquirida ocorre após quimioterapia citotóxica ou radioterapia, sendo particularmente pronunciada depois do transplante de células-tronco, em que a desregulação do sistema imune persiste durante um ano ou mais. A imunodeficiência também se associa com frequência a tumores do sistema linfático, incluindo leucemia linfocítica crônica e mieloma.

Tabela 9.4 Classificação das imunodeficiências

Primárias	
Células B (deficiência de anticorpos)	Agamaglobulinemia ligada ao cromossomo X, hipogamaglobulinemia comum variável adquirida, deficiências seletivas de subclasses de IgA ou IgG
Células T	Aplasia tímica (síndrome de DiGeorge), deficiência de PNP
Mista de células B e T	Imunodeficiência combinada grave (resultado de deficiência de ADA ou outras causas); síndrome de Bloom; ataxia-teleangiectasia; síndrome de Wiskott-Aldrich
Secundárias	
Células B (deficiência de anticorpos)	Mieloma; síndrome nefrótica, enteropatia com perda de proteína
Células T	Aids; linfomas, inclusive de Hodgkin; fármacos: esteroides, ciclosporina, azatioprina, fludarabina, etc.
Células T e B	Leucemia linfocítica crônica, após transplante de células-tronco, após quimioterapia/radioterapia, tratamento com alentuzumabe (anti-CD52)

ADA, adenosina-desaminase; Aids, síndrome da imunodeficiência adquirida; PNP, purina-nucleosídio-fosforilase.

Diagnóstico diferencial das linfonodopatias

As principais causas de linfonodopatia estão relacionadas na Figura 9.13. História clínica e exame físico fornecem informações essenciais. São importantes: idade do paciente, duração da história, sintomas associados de possível doença infecciosa ou maligna, presença de dor ou sensibilidade nos linfonodos, consistência dos linfonodos e se a **linfonodopatia é generalizada ou localizada**. Avalia-se o tamanho do fígado e do baço. No caso de aumento localizado de gânglios, considera-se no diagnóstico particularmente doença inflamatória ou maligna na região correspondente de drenagem linfática.

Outras investigações dependem do diagnóstico clínico inicial, porém é rotina a inclusão de hemograma e velocidade de hemossedimentação (VHS). Radiografia de tórax, teste *monospot*, títulos de anticorpos contra citomegalovírus e *Toxoplasma*, anti-HIV e teste de Mantoux frequentemente são necessários. Em muitos casos, é essencial o diagnóstico histológico com biópsia de linfonodo, geralmente transcutânea com trocarte, modelo *tru-cut* sob controle radiológico. Os aspirados com agulha fina obtêm pouco material e destroem a arquitetura do linfonodo, por isso estão em desuso. A tomografia computadorizada (TC) é importante para a determinação da presença e da extensão do aumento de linfonodos profundos. Os exames subsequentes dependem do diagnóstico feito e das características particulares do paciente. Em alguns casos de aumento de volume de linfonodos profundos, sem aumento de volume de linfonodos superficiais fáceis de realizar biópsia por meio de cirurgia, biópsias de medula óssea e de fígado e biópsia de linfonodos profundos com trocarte modelo *tru-cut* guiada por TC ou ultrassonografia podem ser necessárias na tentativa de um diagnóstico histológico. Biópsia de baço, ou mesmo punção aspirativa, são inexequíveis e proibidas pelo risco de ruptura do órgão, o que exigiria esplenectomia.

Localizada

Infecção local
- infecção piogênica, faringite, abscesso dentário, otite média, actinomicose
- infecção viral
- doença da arranhadura de gato
- linfogranuloma venéreo
- tuberculose

Linfomas, inclusive de Hodgkin
Carcinoma (secundário)

Generalizada

Infecção
- viral (p. ex., mononucleose infecciosa, sarampo, rubéola, hepatite viral, aids)
- bacteriana (p. ex., sífilis, brucelose, tuberculose, salmonelose, endocardite bacteriana)
- fúngica (p. ex., histoplasmose)
- protozoária (p. ex., toxoplasmose)

Doenças inflamatórias não infecciosas
(p. ex., sarcoidose, artrite reumatoide, LES, outras doenças do tecido conectivo, doença do soro)

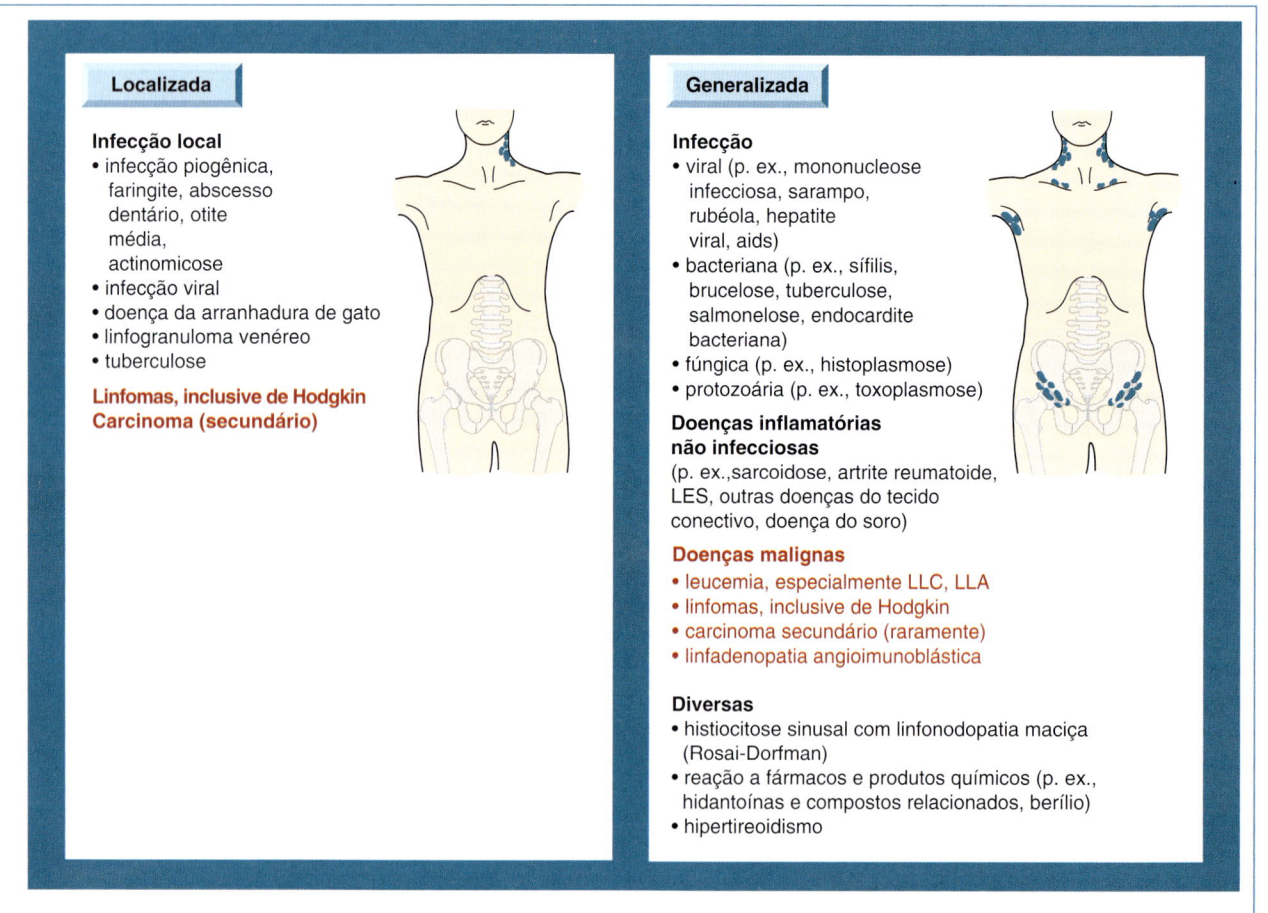

Doenças malignas
- leucemia, especialmente LLC, LLA
- linfomas, inclusive de Hodgkin
- carcinoma secundário (raramente)
- linfadenopatia angioimunoblástica

Diversas
- histiocitose sinusal com linfonodopatia maciça (Rosai-Dorfman)
- reação a fármacos e produtos químicos (p. ex., hidantoínas e compostos relacionados, berílio)
- hipertireoidismo

Figura 9.13 Causas de linfonodopatia. LLA, leucemia linfoblástica aguda; LLC, leucemia linfocítica crônica; LES, lúpus eritematoso sistêmico. As doenças malignas estão listadas em vermelho.

RESUMO

- Linfócitos são leucócitos imunologicamente competentes envolvidos na produção de imunoglobulinas (células B) e nas defesas do organismo contra infecções virais ou outras invasões estranhas (células T).
- Eles originam-se de células-tronco hematopoéticas na medula óssea; as células T são, subsequentemente, processadas no timo.
- Células B secretam anticorpos específicos para antígenos específicos.
- Linfócitos T são ainda divididos em células auxiliares (CD4+) e citotóxicas (CD8+). Eles reconhecem peptídios em antígenos HLA.
- Células *natural killer* são células naturalmente citotóxicas CD8+ que matam célulasalvo que tenham baixa expressão de moléculas HLA.
- A resposta imune ocorre nos centros germinativos dos linfonodos e envolve proliferação de células B e T, mutação somática, seleção de células pelo reconhecimento de antígenos em células apresentadoras de antígenos e formação de plasmócitos (que secretam imunoglobulina) ou células B de memória.
- Há cinco classes ou isótipos de imunoglobulina – IgG, IgA, IgM, IgD e IgE –, todas constituídas de duas cadeias pesadas e de duas cadeias leves (κ ou λ).
- Complemento é uma cascata de proteínas plasmáticas que podem lisar ou cobrir (opsonizar) células para que estas sejam fagocitadas.
- Linfocitose costuma ser causada por infecções agudas ou crônicas, ou pode decorrer de leucemias linfoides e linfomas.
- Linfonodomegalias podem ser localizadas (por infecção ou tumores locais) ou generalizadas devido a infecções sistêmicas, doenças inflamatórias não infecciosas, tumores malignos ou como efeito colateral a fármacos.

Visite **www.wileyessential.com/haematology** para testar seus conhecimentos neste capítulo.

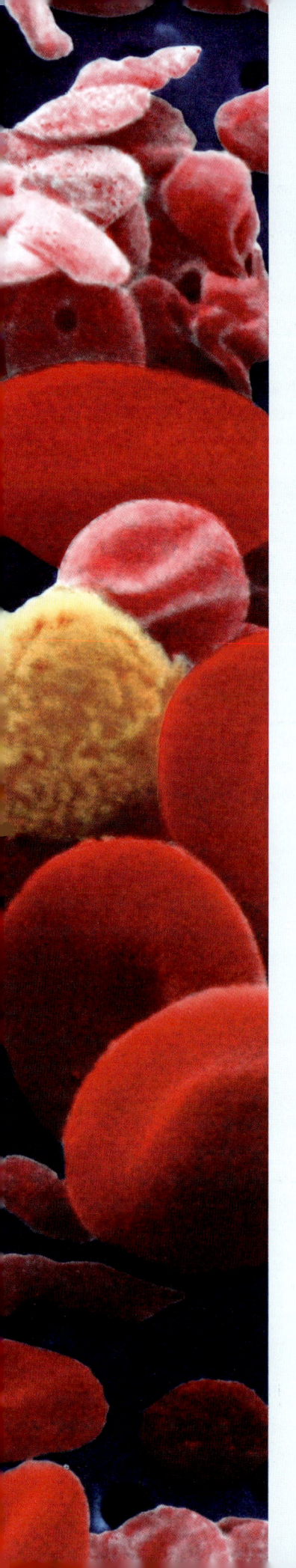

CAPÍTULO 10
O baço

Tópicos-chave

- Anatomia e circulação do baço — 117
- Funções do baço — 117
- Hematopoese extramedular — 118
- Técnicas de imagem para o baço — 118
- Esplenomegalia — 118
- Hiperesplenismo — 119
- Hipoesplenismo — 120
- Esplenectomia — 120
- Prevenção de infecções em pacientes hipoesplênicos — 121

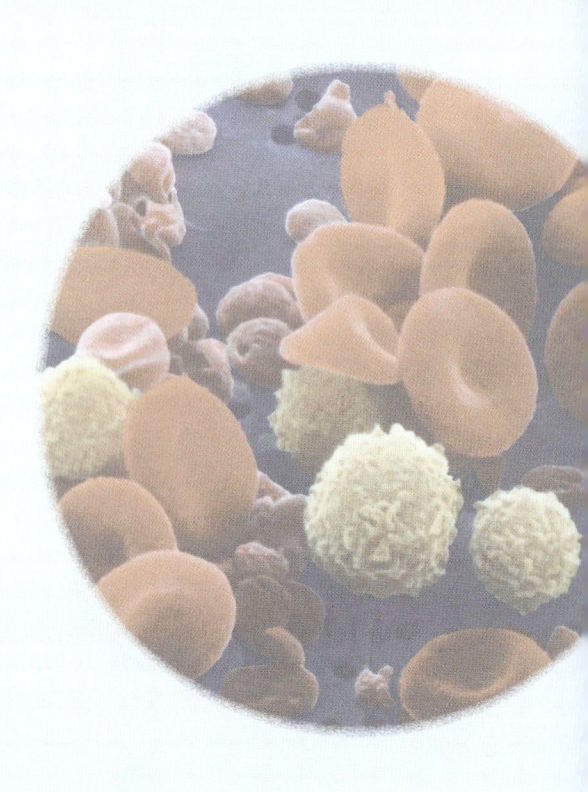

O baço tem um papel importante e único na função dos sistemas hematopoético e imune. Além de estar diretamente envolvido em muitas doenças desses sistemas, há um número significativo de aspectos clínicos associados a estados hiperesplênicos e hipoesplênicos.

Anatomia e circulação do baço

O baço situa-se sob o rebordo costal esquerdo, tem peso normal de 150 a 250 g e comprimento entre 5 e 13 cm. Em geral, não é palpável, porém se torna palpável quando o tamanho ultrapassa 14 cm.

O sangue entra no baço pela artéria esplênica, que se divide em *artérias trabeculares*, as quais permeiam o órgão e dão origem a *arteríolas centrais* (Figura 10.1). A maioria das arteríolas termina em *cordões*, que não têm revestimento endotelial e formam um sistema sanguíneo aberto, que só existe no baço, com uma rede frouxa de tecido conectivo reticular forrada de fibroblastos e macrófagos. O sangue reentra na circulação, passando pelo endotélio dos *seios* venosos, e, então, flui para a veia esplênica e de volta à circulação geral. Os cordões e os seios formam a *polpa vermelha*, que corresponde a 75% do baço e desempenha um papel essencial na monitoração da integridade dos eritrócitos (ver a seguir). Uma minoria da vasculatura esplênica é fechada; nesta, os sistemas arterial e venoso são conectados por capilares com uma superfície endotelial contínua.

As arteríolas centrais são cercadas por um núcleo de tecido linfático, conhecido como *polpa branca*, com estrutura similar à dos linfonodos (Figura 10.1). A *bainha linfática periarteriolar* (BLPA) situa-se diretamente ao redor da arteríola e é equivalente à zona T do linfonodo (p. 104). Os folículos de células B são adjacentes à BLPA e são cercados pelas *zonas marginal* e *perifolicular*, que são ricas em macrófagos e células dendríticas. Os linfócitos migram para a polpa branca a partir dos seios da polpa vermelha ou dos vasos que terminam diretamente nas zonas marginal e perifolicular.

Passando pelo baço, há uma circulação sanguínea rápida (1-2 min) e uma lenta (30-60 min). A circulação lenta tem sua importância intensificada quando há esplenomegalia.

Funções do baço

O baço é o maior filtro sanguíneo no corpo e várias de suas funções derivam disso.

Controle da integridade dos eritrócitos

O baço tem papel essencial no "controle de qualidade" dos eritrócitos. Excesso de DNA, restos nucleares (**corpos de Howell-Jolly**) e **grânulos sideróticos** são removidos (Figura 10.2). No ambiente um tanto hipóxico da polpa vermelha, com o plasma coando-se para os cordões, a flexibilidade da membrana dos eritrócitos velhos e anormais diminui e eles são retidos dentro dos seios, onde são ingeridos por macrófagos.

Função imune

O tecido linfoide no baço está em uma posição única para responder a antígenos filtrados do sangue que entram na polpa branca. Os macrófagos e as células dendríticas na zona marginal iniciam uma resposta imune e apresentam antígeno a células B e T para começar respostas imunes adaptativas. Esse arranjo é altamente eficiente para a iniciação de resposta imune a bactérias encapsuladas, o que explica a suscetibilidade de pacientes hipoesplênicos a esses microrganismos.

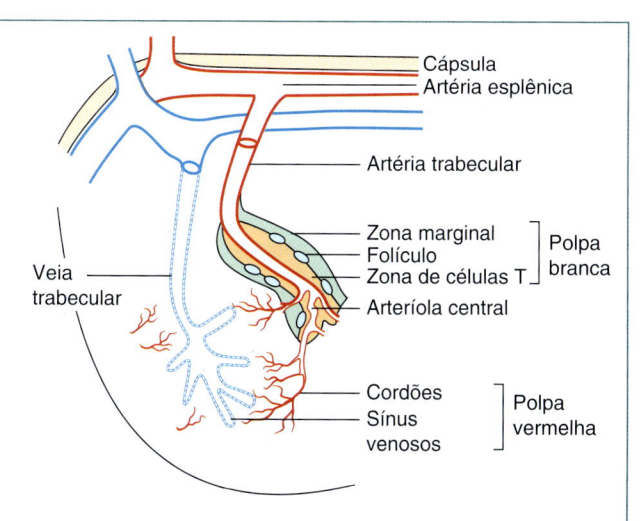

Figura 10.1 Representação esquemática da circulação sanguínea esplênica. A maior parte do sangue flui em uma circulação "aberta" por meio dos cordões e de volta à circulação pelos sínus venosos.

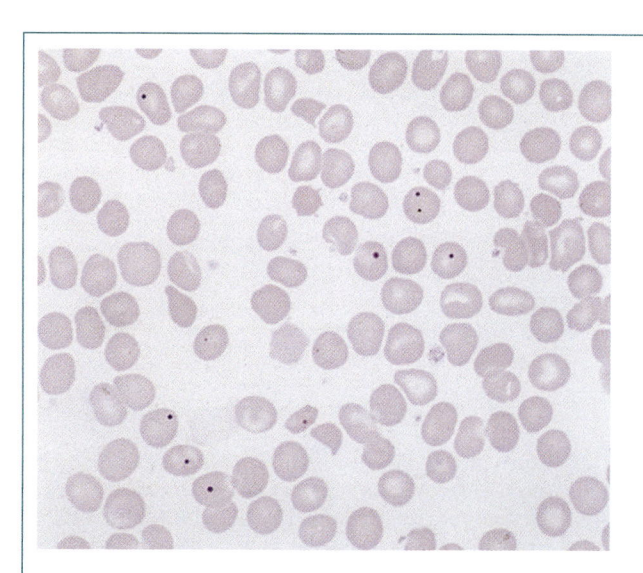

Figura 10.2 Atrofia do baço: distensão de sangue periférico mostrando corpos de Howell-Jolly, corpúsculos de Pappenheimer (grânulos sideróticos; ver Figura 2.17) e eritrócitos de forma anormal.

Hematopoese extramedular

O baço, assim como o fígado, desempenha um período hematopoético transitório, dos 3 aos 7 meses da vida fetal, mas não é sítio hematopoético no adulto. A hematopoese, entretanto, pode restabelecer-se em ambos os órgãos como **hematopoese extramedular**, em distúrbios como mielofibrose primária, anemia hemolítica grave e anemia megaloblástica. Essa hematopoese pode resultar de reativação de células-tronco latentes dentro do baço ou de células-tronco provenientes da medula óssea que se alojam no baço.

Técnicas de imagem para o baço

A técnica mais utilizada para obtenção de imagens do baço é a ecografia (Figura 10.3). Ela também pode evidenciar se a circulação do sangue nas veias esplênica, porta e hepática está normal, bem como conferir as dimensões e a consistência do fígado. A tomografia computadorizada (TC) deve ser preferida para a detecção de detalhes estruturais e linfonodomegalia associada (p. ex., para estadiamento de linfoma). A imagem por ressonância magnética (IRM) também fornece melhor detalhamento da estrutura fina. A tomografia por emissão de pósitrons (PET) é usada particularmente para estadiamento inicial e detecção de doença residual após tratamento de linfoma (Figura 10.4).

Esplenomegalia

O baço aumenta de volume em várias situações (Tabela 10.1). Em geral, palpa-se a esplenomegalia sob a margem costal esquerda, mas grandes esplenomegalias podem se estender até a fossa ilíaca direita (ver Figura 15.10). O baço move-se com a respiração, e uma endentação esplênica central pode ser palpada em alguns casos. Em países desenvolvidos, as causas mais comuns de esplenomegalia são mononucleose infecciosa, doenças hematológicas malignas e hipertensão portal. Em escala mundial, entretanto, a malária e a esquistossomose

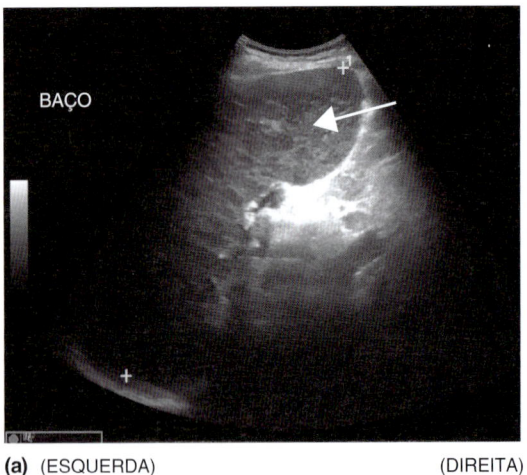

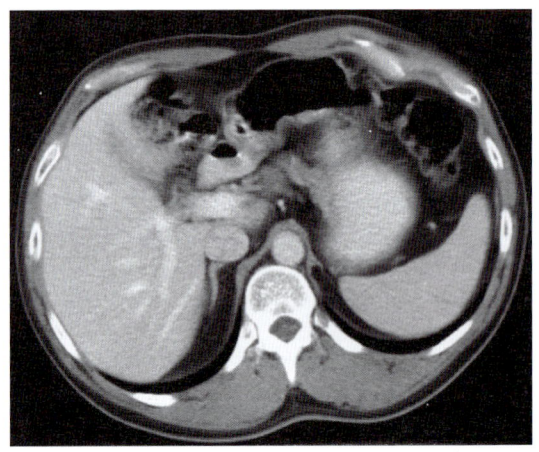

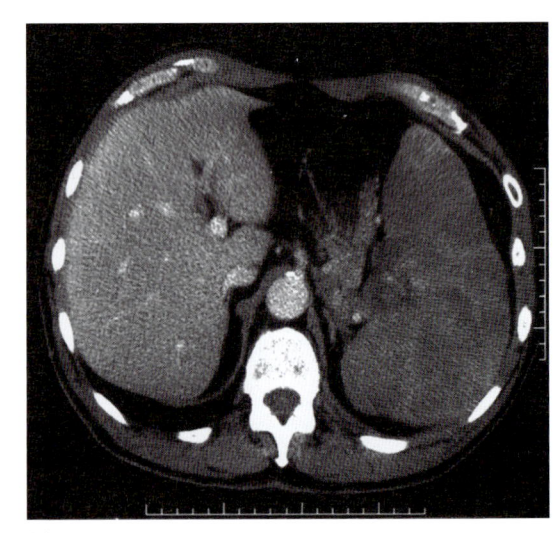

Figura 10.3 Imagens do baço. **(a)** Ultrassonografia mostrando esplenomegalia (15,3 cm). **(b)** Baço normal (10 cm) em tomografia computadorizada (TC). **(c)** TC: o baço está aumentado e mostra múltiplas áreas de baixa densidade. Após a esplenectomia, foi feito diagnóstico histológico de linfoma de células B grandes. Fonte: Figuras (a) e (b) por cortesia do Dr. T. Ogunremi.

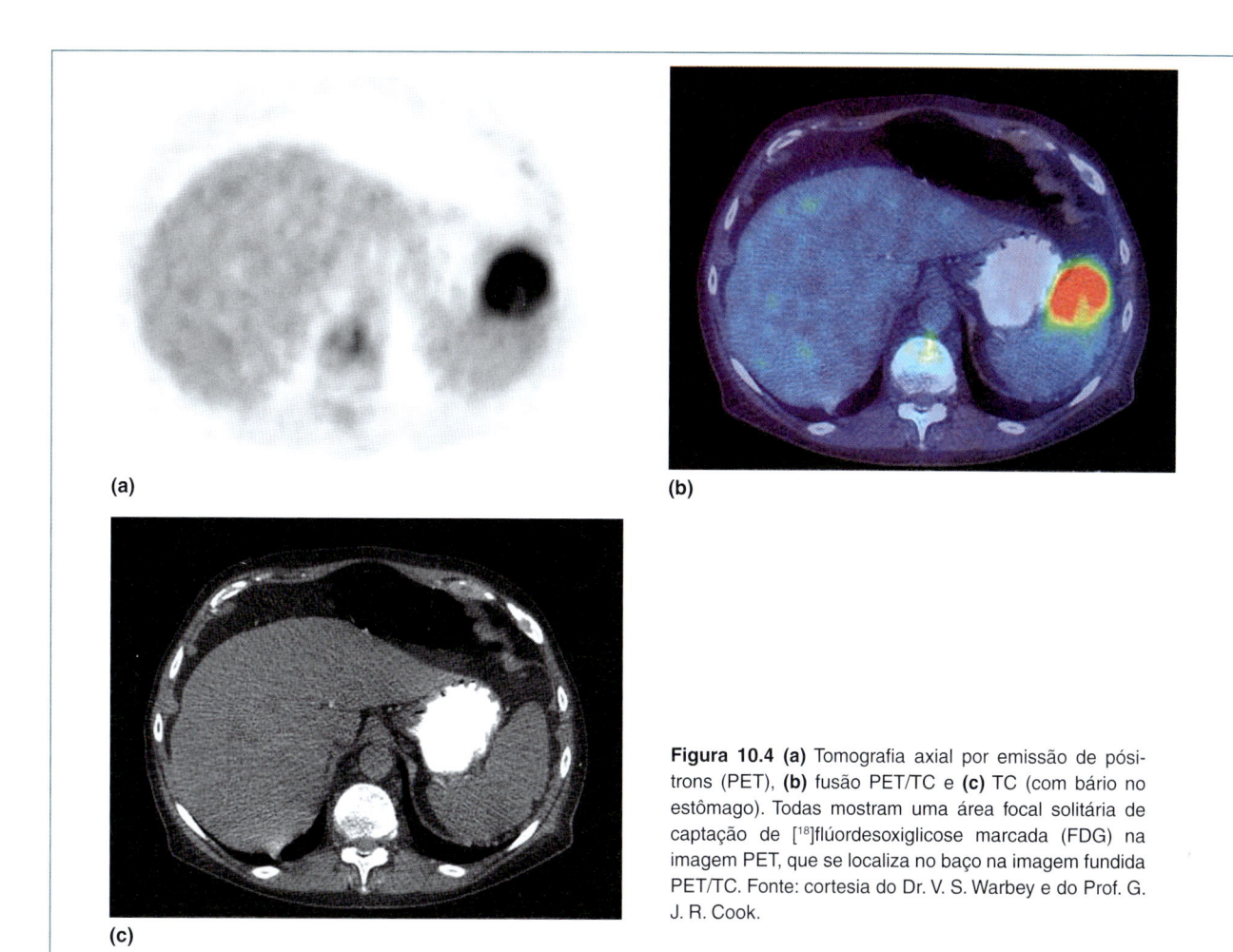

Figura 10.4 (a) Tomografia axial por emissão de pósitrons (PET), **(b)** fusão PET/TC e **(c)** TC (com bário no estômago). Todas mostram uma área focal solitária de captação de [^{18}]flúordesoxiglicose marcada (FDG) na imagem PET, que se localiza no baço na imagem fundida PET/TC. Fonte: cortesia do Dr. V. S. Warbey e do Prof. G. J. R. Cook.

dominam a prevalência global (Tabela 10.1). Leucemia mieloide crônica, mielofibrose primária, linfoma, doença de Gaucher, malária, leishmaniose e esquistossomose são causas potenciais de esplenomegalia volumosa.

Síndrome de esplenomegalia tropical

Uma síndrome de grande esplenomegalia, de etiologia incerta, é encontrada, com frequência, em várias zonas malarígenas dos trópicos, incluindo Uganda, Nigéria, Nova Guiné e Congo. Um número menor de casos é visto no sul da Arábia, no Sudão e na Zâmbia. Previamente, os termos utilizados para designar essa síndrome eram "doença do baço grande", "esplenomegalia criptogenética" e "macroglobulinemia africana".

Embora pareça provável que a malária seja a causa básica da esplenomegalia tropical, é certo que a doença não decorre de infecção malárica ativa, pois a parasitemia é escassa e não se encontra pigmento malárico no material de biópsia hepática e no baço. As evidências disponíveis sugerem que uma resposta imune anormal do hospedeiro à presença contínua do antígeno malárico resulte em um distúrbio linfoproliferativo reacional, relativamente benigno, afetando predominantemente o baço e o fígado.

A esplenomegalia geralmente é volumosa e acompanhada por hepatomegalia. Pode haver hipertensão portal. A anemia costuma ser grave, com baixa da hemoglobina proporcional à magnitude da esplenomegalia. Leucopenia é comum, porém alguns pacientes desenvolvem acentuada linfocitose. A trombocitopenia moderada não costuma causar sangramento espontâneo. Há aumento de IgM sérica e alto título de anticorpo malárico.

A esplenectomia corrige a pancitopenia, mas causa significativo aumento do risco de um ataque fulminante de malária. O tratamento antimalárico tem se mostrado eficaz em muitos pacientes.

Hiperesplenismo

Normalmente, só cerca de 5% (30-70 mL) da massa eritroide total estão presentes no baço em um dado momento, embora quase a metade do *pool* marginal de neutrófilos e um terço da massa plaquetária possam estar alojados no órgão. Quando o baço aumenta, a fração de glóbulos sanguíneos dentro do órgão também aumenta, a ponto de, nas grandes esplenomegalias, haver retenção de até 40% da massa eritroide e de 90% das plaquetas (ver Figura 25.9). ***Hiperesplenismo*** é uma

Tabela 10.1 Causas de esplenomegalia

Hematológicas
Leucemia mieloide crônica*
Leucemia linfocítica crônica
Leucemia aguda
Linfoma*
Mielofibrose primária*
Policitemia vera
Mastocitose sistêmica
Leucemia de células pilosas (*hairy cell leukaemia*)
Talassemia maior ou intermédia*
Anemia de células falciformes (antes de infarto esplênico)
Anemias hemolíticas
Anemia megaloblástica

Hipertensão portal
Cirrose
Tromboses hepática, portal ou da veia esplênica

Doenças de armazenamento
Doença de Gaucher*
Doença de Niemann-Pick
Histiocitose de células de Langerhans

Doenças sistêmicas
Sarcoidose
Amiloidose
Doenças do colágeno – lúpus eritematoso sistêmico, artrite reumatoide

Infecções/infestações
Agudas: septicemia, endocardite bacteriana, febre tifoide, mononucleose infecciosa
Crônicas: tuberculose, brucelose, sífilis, malária,* leishmaniose,* esquistossomose*

*Tropical**
Possivelmente causada por malária

*Possíveis causas de grande esplenomegalia (> 20 cm)

Tabela 10.2 Causas de hipoesplenismo e aspectos no hemograma

Causas	Aspectos no hemograma
Esplenectomia	*Eritrócitos*
Anemia de células falciformes	Células-alvo
	Acantócitos
Trombocitemia essencial	Eritrócitos irregularmente contraídos ou crenados
Enteropatia por glúten em adultos	Corpos de Howell-Jolly (restos de DNA)
Dermatite herpetiforme	
Amiloidose	Grânulos sideróticos (corpúsculos de Pappenheimer)
Raramente:	
Doença inflamatória intestinal	
Trombose arterial esplênica	*Leucócitos*
	± Linfocitose moderada, monocitose
	Plaquetas
	± Trombocitose

síndrome clínica que pode ser encontrada em esplenomegalia de qualquer causa. Caracteriza-se por:
- Aumento do baço (esplenomegalia);
- Diminuição no hemograma de, ao menos, uma das séries de glóbulos, na presença de função normal da medula óssea.

Dependendo da causa subjacente, se o hiperesplenismo causar sintomas e sinais relevantes, pode ser indicada esplenectomia. Segue-se rápida melhora das contagens sanguíneas.

Hipoesplenismo

O hipoesplenismo funcional revela-se no hemograma pela presença de corpos de Howell-Jolly, acantócitos e corpúsculos de Pappenheimer (grânulos sideróticos à coloração de ferro; Figura 10.2). A causa mais óbvia é a esplenectomia cirúrgica prévia (p. ex., após ruptura traumática), mas também pode ocorrer hipoesplenismo na anemia de células falciformes, na enteropatia induzida por glúten, na amiloidose e em outras condições (Tabela 10.2).

Esplenectomia

A remoção cirúrgica do baço pode ser indicada no tratamento de distúrbios hematológicos, em casos de ruptura esplênica ou para remoção de tumores ou cistos (Tabela 10.3). Com os avanços do tratamento com fármacos da púrpura trombocitopênica imunológica, da quimioterapia e imunoterapia de linfomas e de leucemia linfocítica crônica e a introdução de inibidores de JAK2 para o tratamento da mielofibrose primária, a esplenectomia para essas condições agora é indicada com frequência muito menor do que anteriormente. A esplenectomia pode ser feita por laparotomia a céu aberto ou por cirurgia laparoscópica.

A contagem de plaquetas eleva-se consideravelmente no pós-operatório imediato; o pico pode ultrapassar $1.000 \times 10^3/\mu L$ após 1 a 2 semanas. Complicações trombóticas ocorrem em alguns pacientes, de modo que, nesse período, há indicação de prevenção com ácido acetilsalicílico ou heparina. Alterações a longo prazo no hemograma também podem ser vistas, incluindo trombocitose persistente, linfocitose ou monocitose.

Tabela 10.3 Indicações de esplenectomia

Ruptura do baço
Remoção de tumores ou cistos

Alguns casos de:

Trombocitopenia imunológica crônica

Anemia hemolítica (p. ex., esferocitose hereditária, anemia hemolítica autoimune, talassemias maior ou intermédia)

Leucemia linfocítica crônica e linfomas

Mielofibrose primária

Esplenomegalia tropical

Prevenção de infecções em pacientes hipoesplênicos

Pacientes com hipoesplenismo têm, durante toda a vida, um aumento de risco de infecção por diversos microrganismos. O risco é maior em crianças com idade inferior a 5 anos e em casos de anemia de células falciformes. A mais característica é a suscetibilidade a bactérias encapsuladas, como *Streptococcus pneumoniae*, *Haemophilus influenzae* tipo B e *Neisseria meningitidis*. A pneumonia pneumocócica torna-se especialmente perigosa, pois se desencadeia como doença septicêmica fulminante. A malária é mais grave em indivíduos esplenectomizados.

As medidas recomendadas para reduzir o risco de infecções sérias incluem:

1. Informar ao paciente sobre o aumento de suscetibilidade à infecção e fornecer-lhe um cartão, para levar sempre consigo, no qual essa condição é descrita. Os pacientes devem ser aconselhados sobre o risco de viagens ao exterior, principalmente a zonas maláricas e endêmicas para carrapatos, e de mordidas de animais.
2. Recomendar profilaxia com penicilina oral para o resto da vida. Os grupos de maior risco incluem pacientes com idades inferior a 16 e superior a 50 anos, esplenectomizados por doenças hematológicas malignas e com história de doença pneumocócica invasiva prévia. Os pacientes adultos, de baixo risco, se optarem por parar a profilaxia, devem ser instruídos a procurar assistência médica imediata se tiverem febre alta. Para pacientes alérgicos à penicilina, substituí-la por eritromicina. Um suplemento extra do fármaco deve ser fornecido ao paciente, para que tome por sua conta no caso de começar uma febre sem disponibilidade imediata de atendimento médico.
3. Vacinar contra pneumococo, *Haemophilus influenzae*, meningococo e aplicar vacina antigripal anual (Tabela 10.4). Todos os tipos de vacina, inclusive vacinas vivas, podem ser dados com segurança a indivíduos hipoesplênicos, porém a resposta imune pode ser insatisfatória.

Tabela 10.4 Recomendações para vacinação de pacientes com hipoesplenismo

Vacina	Quando vacinar	Esquema de revacinação	Comentários
1 Vacina pneumocócica (23) polivalente (PPV) e/ou vacina pneumocócica conjugada (PCV13)	Se possível, ao menos duas semanas antes da esplenectomia. Alternativamente, as três vacinas juntas, 2 semanas após a esplenectomia	A cada 5 anos	Pode ser útil monitorar a resposta de anticorpos
2 Conjugado *Haemophilus influenzae* tipo B e conjugado meningocócico combinados		Não necessária	Não necessária se houve vacinação prévia
3 Gripe	Logo que estiver disponível para proteção sazonal	Anual	Vacina viva padronizada

A vacina conjugada pneumocócica mais imunogênica, PCV13, cobre menos (13 cepas) do que a PPV (23 cepas) e é utilizada em indivíduos com uma resposta pobre a PPV ou em alguns protocolos assim como a PPV.

RESUMO

- O baço no adulto normal pesa de 150 a 250 g e seu maior diâmetro mede de 5 a 13 cm. Ele tem uma circulação especializada, pois a maioria das arteríolas termina em "cordões" desprovidos de revestimento endotelial. O sangue reentra na circulação via seios venosos. Os cordões e os seios formam a polpa vermelha, que monitora a integridade dos eritrócitos.
- As arteríolas centrais são cercadas por tecido linfoide – a polpa branca – similar em estrutura a um linfonodo.
- O baço remove eritrócitos senescentes ou anormais, além do excesso de DNA e de grânulos sideróticos de eritrócitos intactos. Ele tem, ainda, uma função imune especializada contra bactérias encapsuladas, pneumococos, *Haemophilus influenzae* e meningococos, para os quais os pacientes esplenectomizados devem ser imunizados. A esplenectomia é necessária em caso de ruptura do baço e em alguns distúrbios hematológicos.
- O aumento do baço (esplenomegalia) ocorre em várias doenças hematológicas malignas e benignas, na hipertensão portal e em algumas doenças sistêmicas, incluindo infecções agudas e crônicas.
- O hipoesplenismo pode ocorrer na anemia de células falciformes, na enteropatia induzida por glúten, na amiloidose e, raramente, em outras doenças.
- Vacinação contra organismos encapsulados e profilaxia antibiótica a longo prazo são necessárias para pacientes com ausência de função esplênica.

Visite www.wileyessential.com/haematology para testar seus conhecimentos neste capítulo.

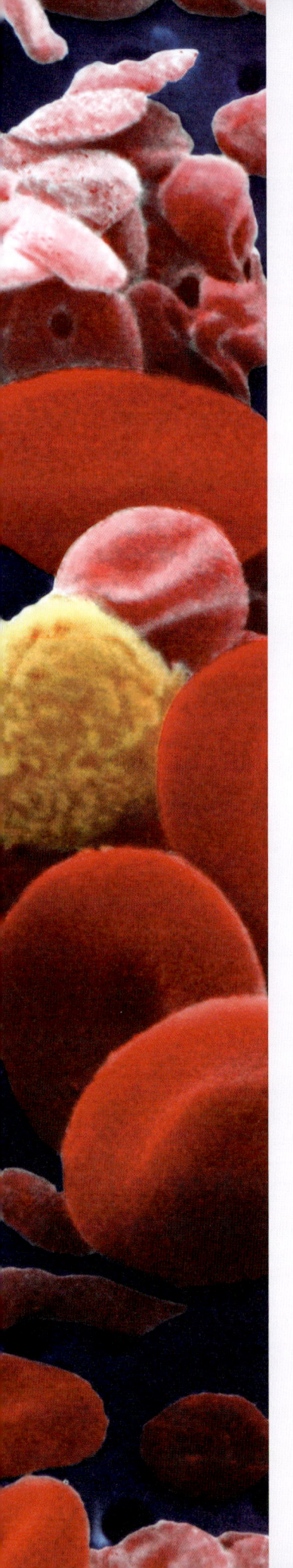

CAPÍTULO 11
Etiologia e genética das hemopatias malignas

Tópicos-chave

- Incidência das neoplasias hematológicas — 123
- Etiologia das hemopatias malignas — 124
- Genética das hemopatias malignas — 125
- Nomenclatura dos cromossomos — 127
- Exemplos específicos de anormalidades genéticas em hemopatias malignas — 129
- Métodos diagnósticos utilizados para estudar células malignas — 131
- Valor dos marcadores genéticos no tratamento das hemopatias malignas — 133

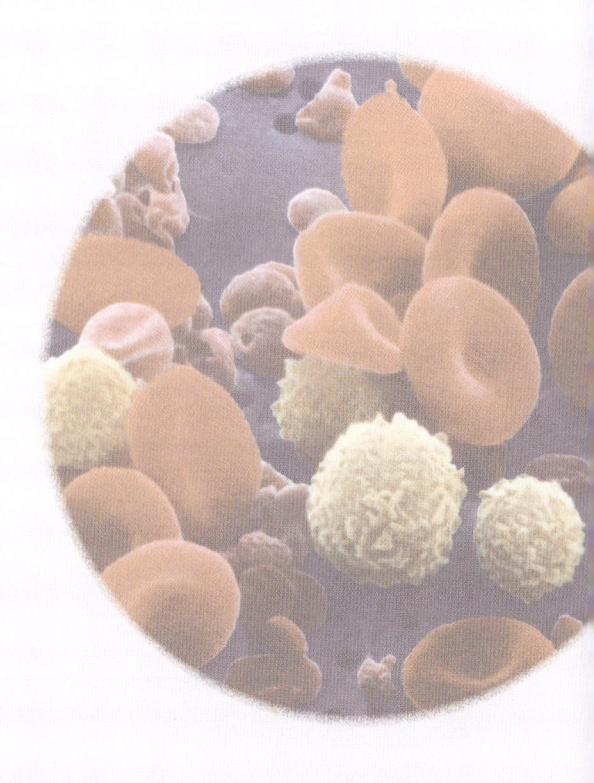

Capítulo 11: Etiologia e genética das hemopatias malignas

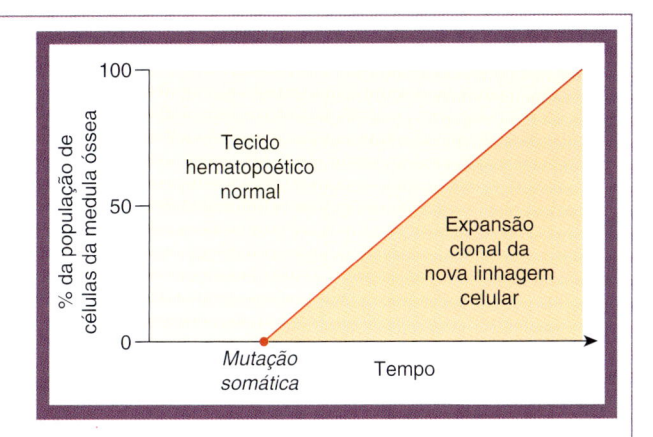

Figura 11.1 Gráfico teórico para mostrar a substituição de células da medula óssea por uma população clonal de células malignas, originadas por sucessivas divisões mitóticas de uma única célula com uma alteração genética adquirida.

Hemopatias malignas (ou neoplasias da hematopoese) são **doenças clonais** que derivam de uma única célula na medula óssea ou no tecido linfoide periférico que tenha sofrido uma alteração genética (Figura 11.1). A etiologia e a base genética das hemopatias malignas são discutidas neste capítulo; nos capítulos subsequentes, serão discutidos individualmente a etiologia, o diagnóstico e o tratamento dessas condições.

Incidência das neoplasias hematológicas

Câncer é uma importante causa de morbidade e mortalidade e aproximadamente 50% da população do Reino Unido desenvolverá algum tipo de câncer durante a vida. A maioria dos tumores malignos são epiteliais, e as hemopatias representam cerca de 7% das neoplasias malignas (Figura 11.2). Há variações geográficas marcantes na ocorrência de algumas dessas doenças, por exemplo, a leucemia linfocítica crônica (LLC) é a leucemia mais comum em populações brancas, mas é rara no Extremo Oriente.

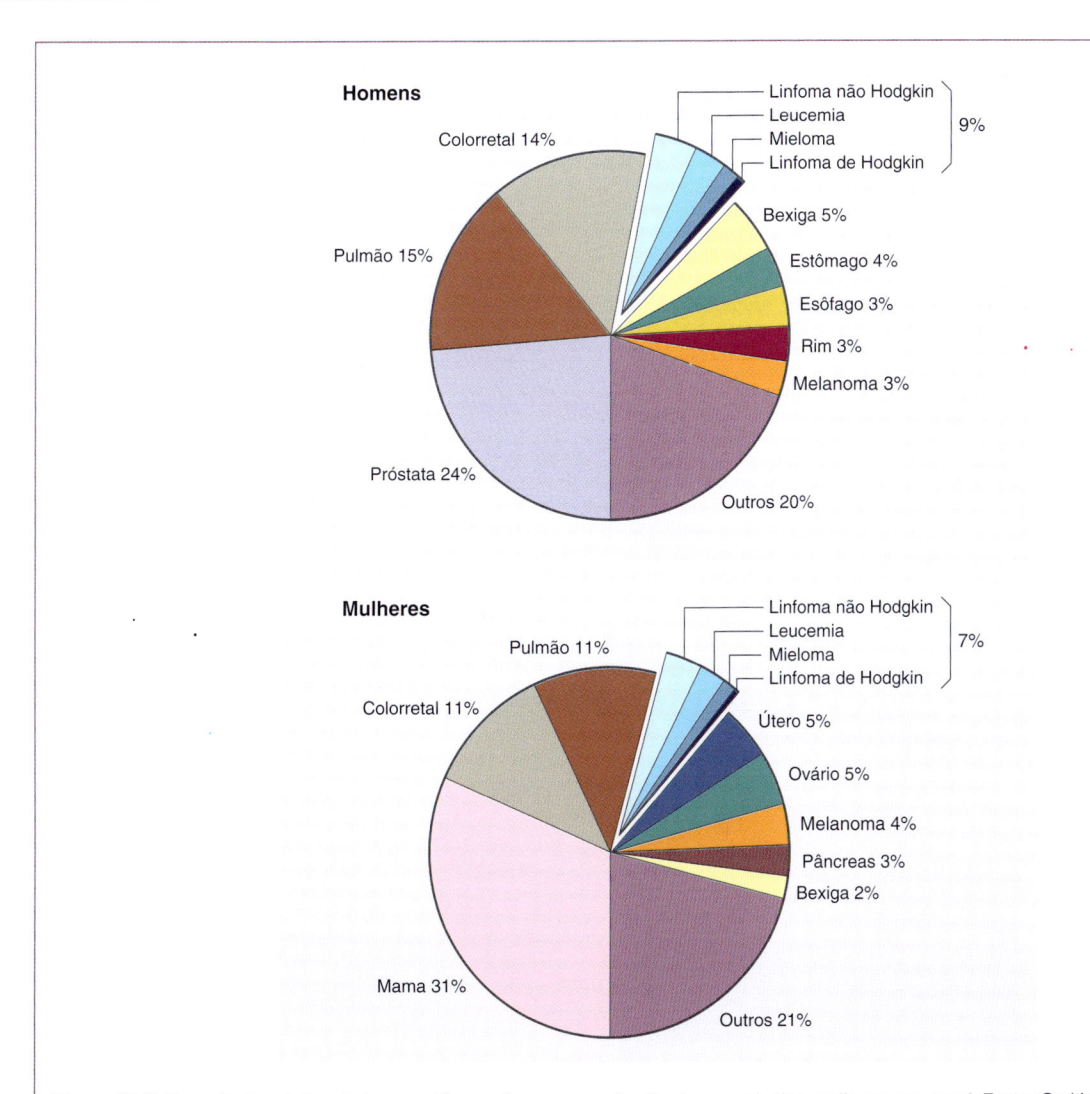

Figura 11.2 Frequência relativa de hemopatias malignas como fração das neoplasias malignas em geral. Fonte: Smith A. et al. (2009) *Br J Haematol* 148: 739-53. Reproduzida, com permissão, de John Wiley e Sons.

Etiologia das hemopatias malignas

Câncer resulta do acúmulo de mutações genéticas dentro de uma célula, e o número presente varia amplamente de mais de 100, em alguns casos, para cerca de 10 na maioria das hemopatias malignas (Figura 11.3). Fatores como herança genética e estilo de vida ambiental influenciarão no risco de desenvolvimento de uma neoplasia maligna, mas a maioria dos casos de leucemia e linfoma parecem resultar simplesmente da aquisição aleatória de uma alteração citogenética crítica.

Fatores herdados

A incidência de leucemia está muito aumentada em algumas doenças genéticas, sobretudo na síndrome de Down (em que ocorre 20 a 30 vezes mais), na síndrome de Bloom, na anemia de Fanconi, na ataxia-telangiectasia, na neurofibromatose, na síndrome de Klinefelter e na síndrome de Wiskott-Aldrich. Há, ainda, uma tendência hereditária menos significativa em doenças como leucemia mieloide aguda (LMA), LLC, linfomas (inclusive de Hodgkin), embora os genes que predispõem a esse risco não sejam conhecidos.

Influências ambientais

Agentes químicos

A exposição crônica ao benzeno é uma causa reconhecida, mas incomum, de mielodisplasia ou LMA.

Fármacos

Agentes alquilantes, como clorambucil ou melfalan, predispõem a desenvolvimento ulterior de LMA, principalmente se combinados com radioterapia. O etoposido associa-se a risco de desenvolvimento de leucemias secundárias, associadas a translocações balanceadas, incluindo a do gene *MLL* em 11q23.

Radiação

A radiação, sobretudo sobre a medula óssea, é leucemogênica. Isso foi demonstrado por um aumento de incidência de leucemia nos sobreviventes das explosões atômicas da Segunda Guerra Mundial no Japão.

Infecção

É responsável por cerca de 18% de todos os cânceres e contribui para uma série de hemopatias malignas.

Vírus

As infecções virais são associadas a vários tipos de neoplasias da hematopoese, sobretudo a alguns subtipos de linfoma (ver Tabela 20.2). O retrovírus linfotrópico T humano tipo 1 é a causa da leucemia/linfoma de células T do adulto (ver p. 204), embora a grande maioria das pessoas infectadas com esse vírus não desenvolva o tumor. O vírus Epstein-Barr

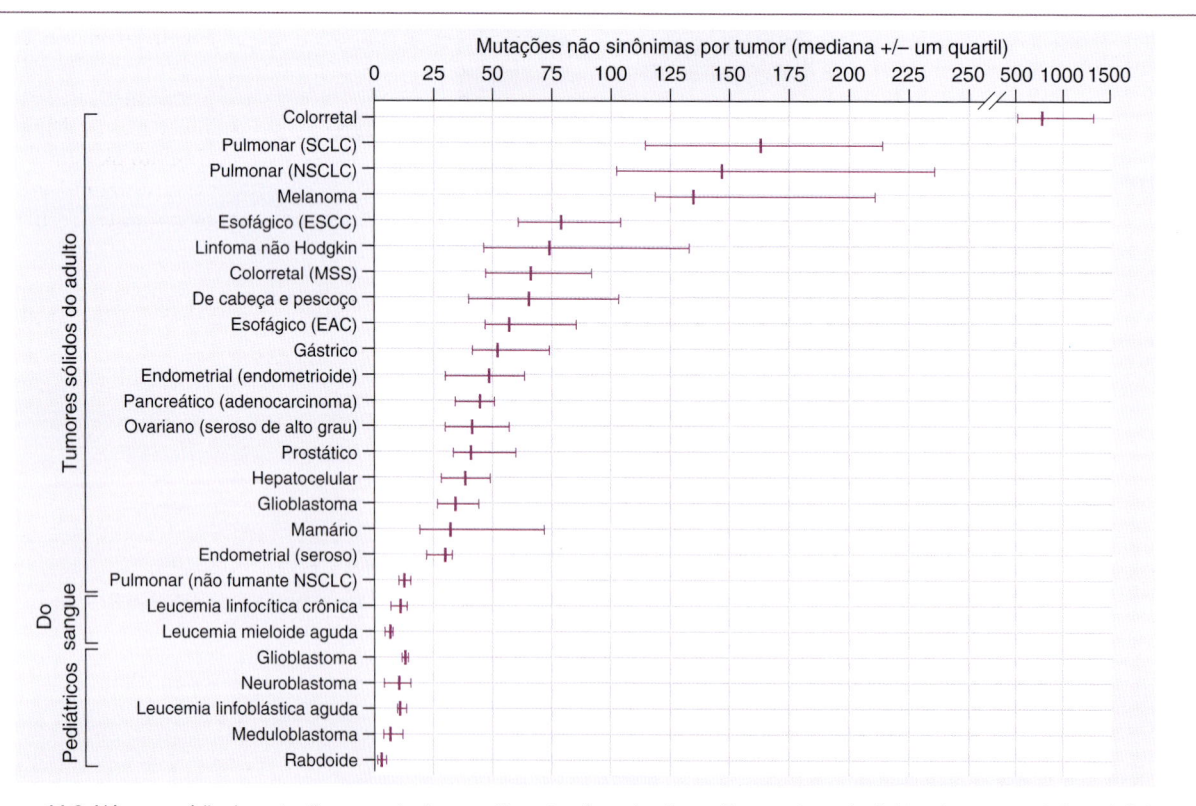

Figura 11.3 Número médio de mutações encontradas em diferentes tipos de câncer. Fonte: adaptada de Vogelstein B et al. (2013) *Science* 339: 1546-58. EAC, adenocarcinoma do esôfago; ESCC, câncer de células descamativas do esôfago; MSI, microssatélites instáveis; MSS, microssatélites estáveis; NSCLC, câncer de pulmão de células grandes; SCLC, câncer de pulmão de células pequenas.

(EBV) está associado a quase todos os casos de linfoma de Burkitt endêmico (africano), à doença linfoproliferativa pós-transplante (ver p. 261) e a uma fração de pacientes com linfoma de Hodgkin. O herpes-vírus humano 8 (herpes-vírus associado ao sarcoma de Kaposi) causa o sarcoma de Kaposi e o linfoma primário de efusões (ver Tabela 20.2).

A infecção por HIV é associada a um aumento de incidência de linfomas em sítios inusitados, como o sistema nervoso central. Esses linfomas costumam ser de origem B e de histologia de alto grau.

Bactérias

A infecção por *Helicobacter pylori* tem sido implicada na patogênese do linfoma de células B associado à mucosa (MALT) gástrica (ver p. 221), e o tratamento antibiótico pode até causar remissão da doença.

Protozoários

O linfoma de Burkitt ocorre nos trópicos, principalmente em áreas malarígenas. Acredita-se que a malária possa alterar a imunidade do hospedeiro e predispor à formação de tumor como resultado da infecção por EBV.

Genética das hemopatias malignas

A transformação maligna ocorre como resultado do acúmulo de mutações genéticas em genes celulares. Os genes envolvidos no desenvolvimento de câncer são, de modo geral, divididos em dois grupos: **oncogenes** e **genes supressores de tumor**.

Oncogenes

Os oncogenes surgem em decorrência de mutações de ganho de função ou de padrões de expressão inapropriada em genes celulares normais, chamados de **proto-oncogenes** (Figura 11.4).

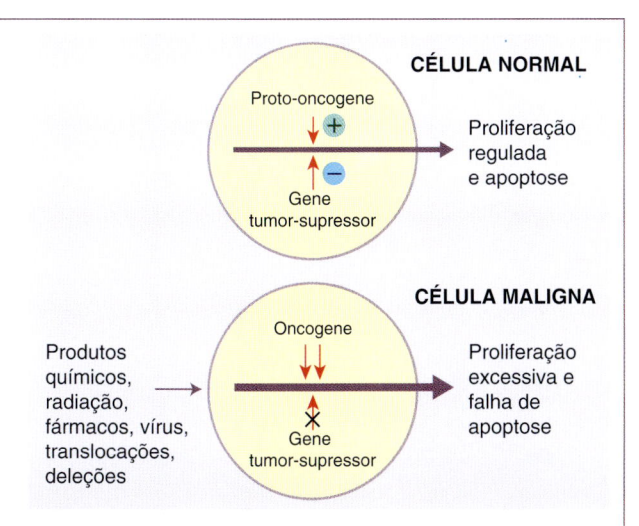

Figura 11.4 A proliferação das células normais depende do balanço entre a ação de proto-oncogenes e de genes supressores de tumor. Na célula maligna, esse balanço é perturbado, levando à divisão celular descontrolada.

Versões oncogênicas são geradas quando a atividade dos proto-oncogenes está aumentada ou quando estes adquirem uma nova função. O fenômeno pode ocorrer de vários modos, incluindo translocação, mutação ou duplicação. Em geral, são afetados os processos de sinalização, diferenciação e sobrevida celulares. Uma das características marcantes das hemopatias malignas, em contraste com a maioria dos tumores sólidos, é a alta frequência de translocações cromossômicas. Vários oncogenes estão envolvidos na supressão de apoptose; o melhor exemplo é o *BCL-2*, que é superexpresso no linfoma folicular (ver p. 222).

Os tipos de mutações detectados em casos de câncer caem em dois amplos grupos. As **mutações condutoras** (*driver mutations*) são aquelas que conferem uma vantagem de crescimento seletiva a uma célula cancerosa. Dados recentes sugerem que uma combinação sequencial, em que diferentes mutações condutoras ocorrem em um tumor, pode afetar os aspectos clínicos da doença resultante. As **mutações conduzidas** (*passenger mutations*) não conferem uma vantagem de crescimento e podem já estar presentes na célula da qual se origina o câncer, ou surgir, como uma alteração genética neutra, na célula em proliferação. É importante, assim, que tratamentos com fármacos de ação especificamente direcionada tenham como alvo a atividade de mutações condutoras.

Tirosinoquinases

São enzimas que fosforilam proteínas em resíduos de tirosina e são importantes na sinalização intracelular. As mutações nas tirosinoquinases são a origem de um grande número de hemopatias malignas e são alvo de inúmeros fármacos recentes, altamente eficazes. Exemplos comuns, discutidos nos capítulos respectivos, são **ABL1** na leucemia mieloide crônica (LMC), **JAK2** nas neoplasias mieloproliferativas, **FLT3** na leucemia mieloide aguda (LMA), **KIT**, tanto na mastocitose sistêmica como na LMA, e **quinase de Bruton** na leucemia linfocítica crônica e em outros distúrbios linfoproliferativos.

Genes supressores de tumor

Os genes supressores de tumor podem adquirir mutações de perda de função, geralmente por mutação pontual ou deleção, que levam à transformação maligna (Figura 11.4). É comum que os genes supressores de tumor ajam como componentes dos mecanismos de controle que regulam a passagem da célula da fase G_1 do ciclo celular para a fase S, ou a passagem por meio da fase S para a fase G_2 e a mitose (ver Figura 1.7). Exemplos de oncogenes e de genes supressores de tumor envolvidos nas hemopatias malignas são mostrados na Tabela 11.1. O gene supressor de tumor mais significativo em câncer humano é o *p53*, que é mutado ou inativado em mais de 50% das doenças malignas, incluindo muitos tumores da hematopoese.

Progressão clonal

Aparentemente, as células malignas surgem em um processo de múltiplos passos com aquisição de mutações em diferentes vias intracelulares. Isso pode ocorrer por uma **evolução linear**, na qual o clone final abarca todas as mutações que surgiram durante a evolução da neoplasia maligna (Figura 11.5a), ou por

Tabela 11.1 Algumas das anormalidades genéticas mais frequentes em tumores hematológicos (ver também capítulos individuais)

Doença	Anormalidade genética	Genes envolvidos
LMA	Translocação t(8;21) Translocação t(15;17) Inserção de nucleotídio Mutação (duplicação interna *tandem*) Mutação	RUNX1-*RUNX1T1* (*CBFα*) *PML, RARA* *NPM* *FLT3* *DNMT3A*
LMA secundária	Translocações 11q23	*MLL*
Mielodisplasia	−5, del(5q) −7, del(7q)	*RPS 14* *N RAS*
LMC	Translocação t(9;22)	*BCR-ABL1*
Neoplasia mieloproliferativa	Mutação pontual	*JAK-2* ou *CALR*
LLA-B	Translocação t(12;21) Translocação t(9;22) Translocações 11q23	*ETV6-RUNX1* *BCR-ABL1* *AF4/MLL*
LLA-T	Mutação	*NOTCH*
Linfoma folicular Linfoma linfoplasmocítico Linfoma de Burkitt Leucemia de células pilosas	Translocação t(14;18) Mutação Translocação t(8;14) Mutação	*BCL2* *MYD88* *MYC* *BRAF*
LLC	Deleção 17p Mutações	*P53* *NOTCH, SF3B1, ATM*

LLA-B, leucemia linfoblástica aguda de células B; LLA-T, leucemia linfoblástica aguda de células T; LMA, leucemia mieloide aguda; LLC, leucemia linfocítica crônica; LMC, leucemia mieloide crônica.

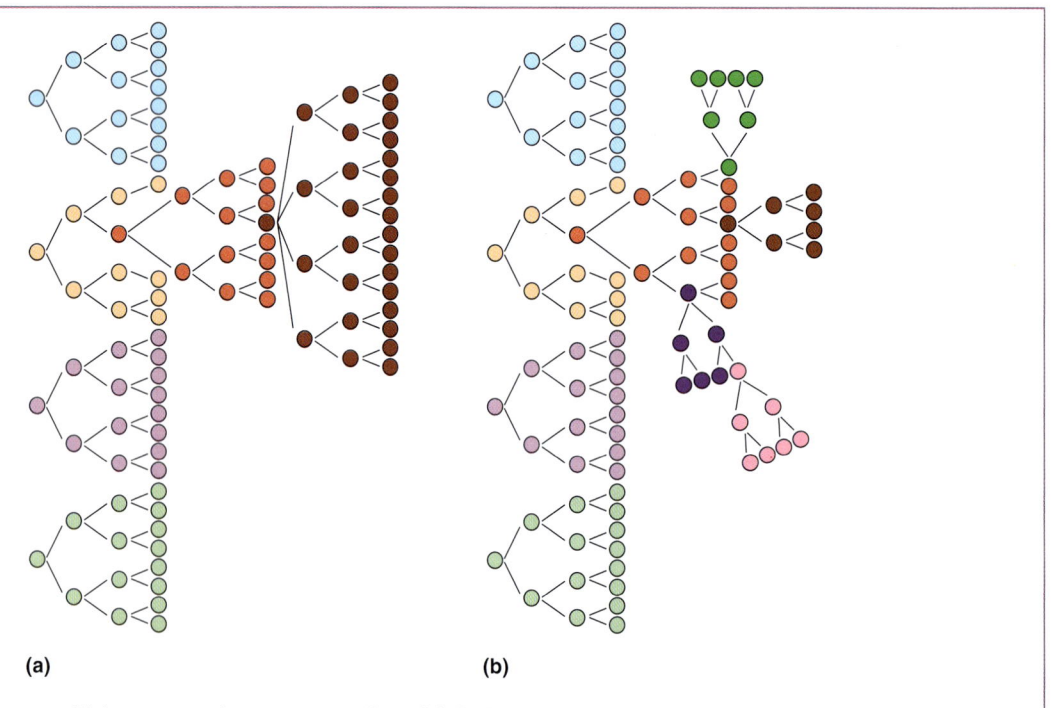

Figura 11.5 Origem, em múltiplos passos, de um tumor maligno. **(a)** Evolução linear: mutações sucessivas ocasionam vantagem de crescimento de um clone. **(b)** Evolução em ramificações: surgem subclones em diferentes estágios da evolução do tumor; estes subclones compartilham ao menos uma mutação original em comum.

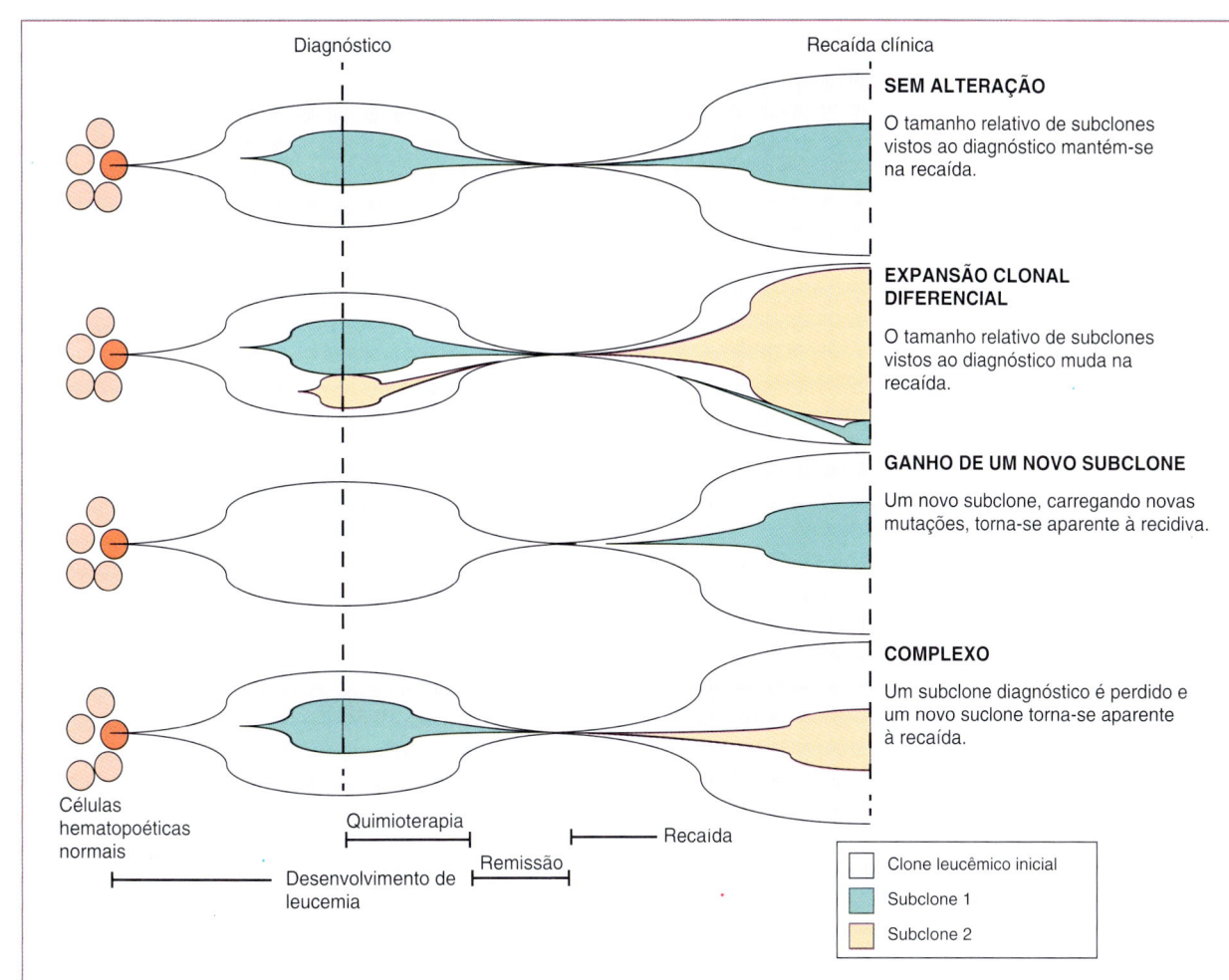

Figura 11.6 Exemplos de diversos padrões potenciais de progressão clonal entre desenvolvimento, tratamento e recaída de leucemia. Fonte: adaptada de Bolli N. e Vassiliou G. Em Hoffbrand A.V. et al. (eds) (2016) *Postgraduate Haematology* 7ª Ed. Reproduzida, com permissão, de John Wiley e Sons.

uma **evolução ramificada**, na qual há mais de um clone de células caracterizadas por diferentes mutações somáticas, mas que apresentam ao menos uma mutação que pode ser traçada retroativamente até uma única célula ancestral (Figura 11.5b). Durante essa progressão da doença, um subclone pode gradualmente adquirir uma vantagem de crescimento. A seleção de subclones também pode ocorrer durante um tratamento que agrida seletivamente alguns subclones, mas que permita sobrevivência de outros e surgimento de novos (Figura 11.6).

Progressão de anormalidades hematológicas clonais subclínicas para doenças clínicas

O uso de testes imunológicos e moleculares sensíveis mostrou que muitos indivíduos sadios albergam clones que sofreram mutações somáticas e dos quais poderão derivar doenças hematológicas clinicamente ativas (Tabela 11.2); isso é particularmente frequente em idosos. Exemplos incluem clones de células idênticas às de leucemia linfocítica crônica, encontradas em indivíduos sem linfocitose, e o achado de clones de células carregando mutações características de mielopatias malignas, como *TET2*, e ainda assim presentes em medulas de aspecto normal em quase 20% de idosos sadios. A progressão de paraproteinemia monoclonal benigna para mieloma é conhecida desde muitas décadas (ver Capítulo 21).

Nomenclatura dos cromossomos

A célula somática normal tem 46 cromossomos e é chamada de *diploide*; o óvulo e o espermatozoide têm 23 cromossomos e são chamados de *haploides*. Os cromossomos ocorrem em pares e são numerados de 1 a 22 em ordem decrescente de tamanho; há dois cromossomos sexuais, XX, em mulheres, e XY, em homens. *Cariótipo* é o termo usado para descrever os cromossomos derivados de uma célula em mitose que foram dispostos em ordem numérica (Figura 11.7). Uma célula somática, com mais ou com menos que 46 cromossomos, é denominada *aneuploide*; com mais de 46 cromossomos, *hiperdiploide*, com menos de 46, *hipodiploide*; com 46 cromossomos rearranjados, *pseudodiploide*.

Tabela 11.2 Exemplos de anormalidades clonais que podem ser detectadas em pessoas sadias e que podem, ou não, evoluir para doença clínica

Normal	Doença (precoce)	Doença
Aumento de incidência, com a idade, de clones CD5+ no sangue periférico normal	Linfocitose B monoclonal	Leucemia linfocítica crônica
Aumento de incidência, com a idade, de clones com mutações (p. ex., DNMT3, IDH1) em medula normal	Mielodisplasia	Leucemia mieloide aguda
Imunoglobulinas policlonais	Gamopatia monoclonal IgG de significado obscuro Gamopatia monoclonal IgM de significado obscuro	Mieloma latente (*smouldering*)/mieloma sintomático Macroglobulinemia de Waldenström
Mutação *in utero* no feto (p. ex., t[12;21])	Leucemia linfoblástica aguda da infância	Leucemia linfoblástica aguda da infância
Presença de clone t(14;18) com baixo nível no sangue periférico	Linfoma folicular *in situ*	Linfoma folicular estadio I-IV
Presença de clone BCR-ABL1 com baixo nível no sangue periférico	Leucemia mieloide crônica	Leucemia mieloide crônica em transformação

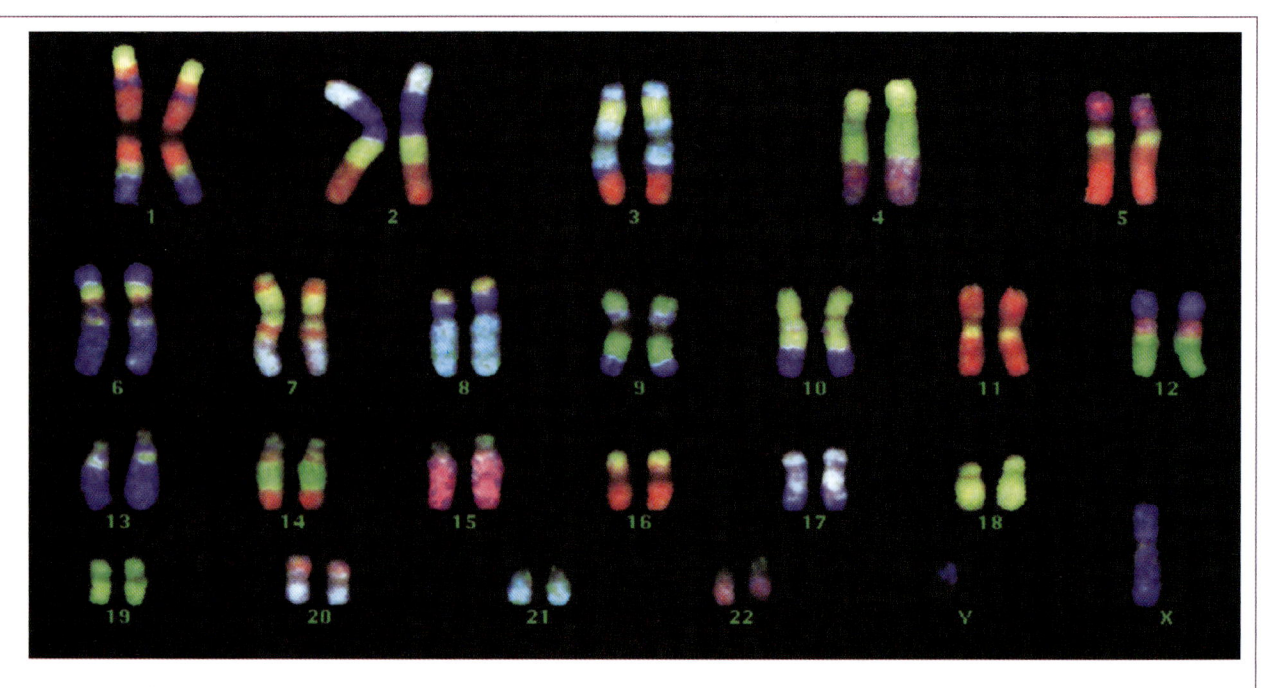

Figura 11.7 Cariótipo com coloração de bandas de homem normal. Cada par de cromossomos mostra um padrão individual de bandas coradas. Há necessidade de uma técnica de coloração policrômica de bandas entre espécies. Conjuntos de sondas desenvolvidas dos cromossomos de gibões são marcados de modo combinatório e hibridizados nos cromossomos humanos. O sucesso do "bandeamento" cruzado entre espécies depende de homologia perfeita entre o DNA do hospedeiro e o humano conservado, de divergência de DNA repetitivo e de alto grau de rearranjo cromossômico no hospedeiro em relação ao cariótipo humano. Fonte: cortesia do Dr. C. J. Harrison.

Cada cromossomo tem dois braços: o mais curto chamado "p", e o mais longo, "q". Eles se unem no *centrômero*, e as extremidades do cromossomo são chamadas de *telômeros*. Na coloração, os braços dividem-se em regiões numeradas a partir do centrômero, cada uma dividida em bandas (Figura 11.8).

Quando um cromossomo total é perdido ou ganho, coloca-se um sinal (– ou +) na frente do seu número. Se parte do cromossomo for perdida, ele recebe o prefixo *del*, para deleção. Se houver material extra substituindo parte do cromossomo, usa-se o prefixo *add*, para material adicionado. Translocações cromossômicas são denotadas com t, sendo os cromossomos envolvidos colocados entre parênteses, com o de menor número primeiro. O prefixo inv descreve inversão, em que parte do cromossomo foi invertida para se dirigir no

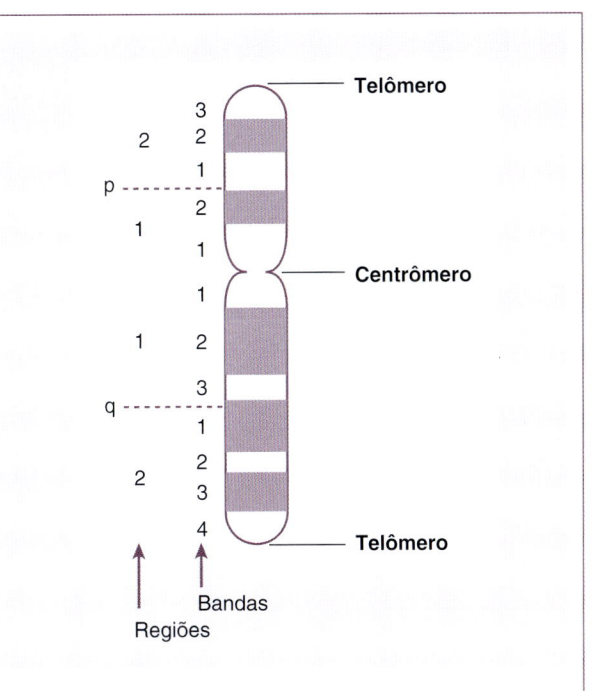

Figura 11.8 Representação esquemática de um cromossomo. As bandas podem ser divididas em sub-bandas conforme o padrão de coloração.

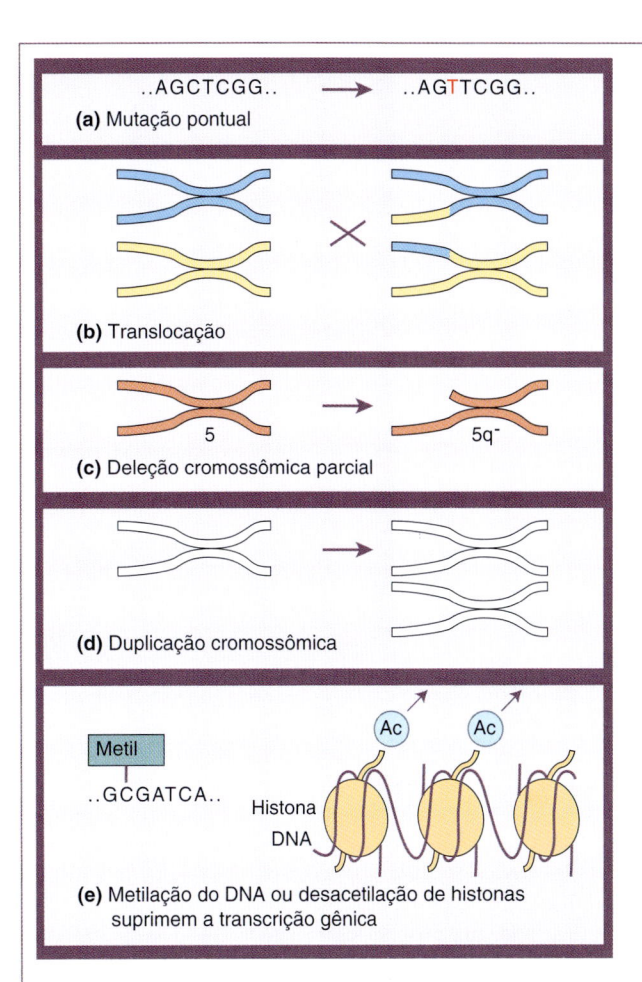

Figura 11.9 Tipos de anormalidades genéticas que podem causar hemopatia maligna. **(a)** Mutação pontual; **(b)** translocação cromossômica; **(c)** deleção ou perda cromossômica; **(d)** duplicação cromossômica; **(e)** metilação do DNA ou desacetilação de caudas de histona suprimem a transcrição gênica.

sentido oposto. Um *isocromossomo*, denotado por i, descreve um cromossomo com braços idênticos em cada extremidade; por exemplo, i(17q) consistiria em duas cópias de 17q unidas no centrômero.

Telômeros

Telômeros são sequências repetitivas nas extremidades dos cromossomos. Eles diminuem em cerca de 200 pares de bases de DNA com cada ciclo de replicação; quando diminuem até um comprimento crítico, a célula sai do ciclo celular. Células germinativas e células-tronco, que necessitam de autorrenovação e têm alto potencial de proliferação, contêm uma enzima, a *telomerase*, que pode acrescentar extensões nas repetições teloméricas e compensar as perdas nas replicações, permitindo, assim, que as células continuem se proliferando. A telomerase, com frequência, também é expressa em células malignas, mas isso provavelmente é consequência da transformação maligna, e não um fator desencadeante.

Exemplos específicos de anormalidades genéticas em hemopatias malignas

As anormalidades genéticas associadas a diferentes tipos de leucemia e linfoma são descritas com as suas doenças respectivas; estas estão sendo cada vez mais definidas pelas alterações genéticas do que pela morfologia. Os tipos de anormalidades gênicas incluem as seguintes (Figura 11.9).

Mutação pontual

É ilustrada pela mutação Val617Phe no gene *JAK2*, que provoca uma ativação constitutiva da proteína JAK2 na maioria dos casos de neoplasias mieloproliferativas (ver Capítulo 15). As mutações dentro dos oncogenes *RAS* ou no gene supressor de tumor p53 são comuns em várias hemopatias malignas. A mutação pontual pode envolver vários pares de bases. Em 35% dos casos de LMA, o gene *nucleofosmina* mostra uma inserção de quatro pares de bases, resultando em uma alteração de moldura. Duplicação interna em série (*tandem*) ou mutações pontuais ocorrem no gene *FLT-3* em 30% dos casos de LMA.

Translocações

São um aspecto característico das hemopatias malignas; há dois mecanismos principais pelos quais as translocações podem contribuir para a alteração maligna (Figura 11.10).

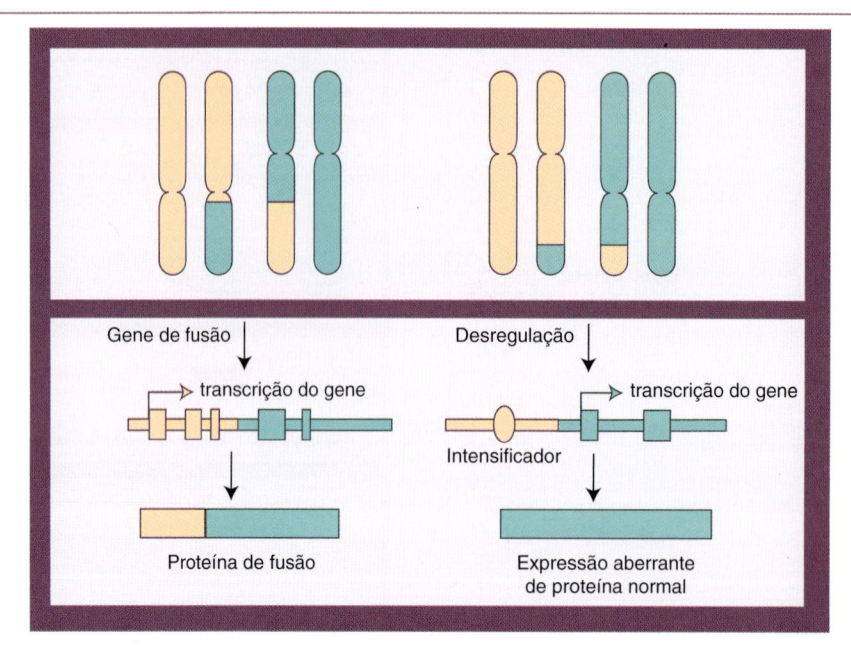

Figura 11.10 Os dois mecanismos possíveis pelos quais translocações cromossômicas podem provocar expressão desregulada de um oncogene.

1 Fusão de partes de dois genes para formar um gene quimérico de fusão que é disfuncional ou codifica uma nova "***proteína de fusão***", por exemplo, *BCR-ABL1* em t(9;22) na LMC (ver Figura 14.1), *RARα-PML* em t(15;17) na leucemia promielocítica aguda (ver Figura 13.7) ou *ETV6-RUNX1* em t(12;21) na LLA-B.
2 Superexpressão de um gene celular normal, por exemplo, *BCL-2* na translocação t(14;18) do linfoma folicular ou de *MYC* no linfoma de Burkitt (Figura 11.11). Essa classe de translocação em geral envolve um *locus* de gene de receptor de células T (*TCR*) ou de imunoglobulina, presumivelmente como resultado de atividade aberrante da enzima recombinase, envolvida no rearranjo gênico da imunoglobulina e do *TCR* em células B ou T imaturas.

Deleções

As deleções cromossômicas podem envolver uma pequena parte de um cromossomo, o braço curto ou o longo (p. ex., 5q–) ou o cromossomo inteiro (p. ex., monossomia 7). O evento crítico provavelmente é a perda de um gene supressor de tumor ou de um microRNA, como na deleção 13q14 na LLC (ver a seguir). A perda de múltiplos cromossomos é denominada hipodiploidia e é vista frequentemente em LLA.

Duplicação ou amplificação

Na duplicação cromossômica (p. ex., trissomia 12 na LLC) ou na amplificação de gene, são comuns os ganhos nos cromossomos 8, 12, 19, 21 e Y. A amplificação gênica está sendo reconhecida com mais frequência em hemopatias malignas; um exemplo é a que envolve o gene *MLL*.

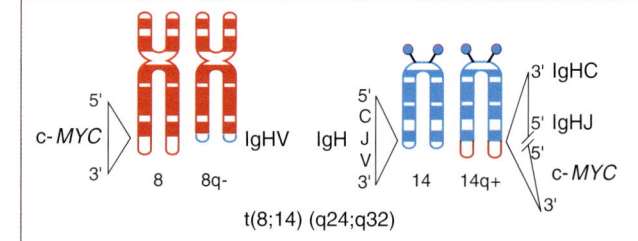

Figura 11.11 Eventos genéticos em uma das três translocações encontradas no linfoma de Burkitt e na leucemia linfoblástica aguda de células B. O oncogene *c-MYC* geralmente está localizado no braço longo (q) do cromossomo 8. Na translocação t(8;14), o *c-MYC* é translocado para uma região muito próxima do gene de cadeia pesada da imunoglobulina no braço longo do cromossomo 14. Parte do gene da cadeia pesada (região V) é reciprocamente translocado para o cromossomo 8. C, região constante; IgH, gene de cadeia pesada da imunoglobulina; J, região de junção; V, região variável.

Alterações epigenéticas

No câncer, a expressão gênica pode ser desregulada não apenas por alterações estruturais nos próprios genes, mas também por alterações no mecanismo pelo qual os genes são transcritos. Essas alterações são chamadas de **epigenéticas** e são herdadas de modo estável com cada divisão celular, de maneira que são passadas adiante cada vez que a célula maligna se divide. Os mecanismos mais importantes são:
1 Metilação de resíduos de citosina no DNA;
2 Alterações enzimáticas, como acetilação ou metilação das proteínas histona, que envolvem o DNA dentro da célula; e
3 Alterações em enzimas que medeiam o mecanismo de *splicing* (ver Figura 16.1).

MicroRNAs

Alterações cromossômicas, tanto deleções como amplificações, podem resultar na perda ou ganho de curtas (micro) sequências de RNA. Estas são normalmente transcritas, mas não traduzidas. Os microRNAs (miRNAs) controlam a expressão de genes adjacentes ou locados distalmente. A deleção do *locus* miR15a/miR16-1 pode ser relevante para o desenvolvimento de LLC com a deleção comum 13q14, e as deleções de outros miRNAs têm sido descritas em LMA e em outras hemopatias malignas.

Métodos diagnósticos utilizados para estudar células malignas

Análise de cariótipo

A análise de cariótipo envolve análise morfológica direta ao microscópio dos cromossomos de células tumorais (ver Figura 14.1), o que exige que as células tumorais estejam em metáfase, por isso a necessidade de cultivá-las para estimular a divisão celular antes da preparação cromossômica.

Análise por hibridização fluorescente *in situ*

A análise por hibridização fluorescente *in situ* (FISH, do inglês, *fluorescence in situ hybridization*) envolve o uso de sondas genéticas fluorescentes que se hibridizam a partes específicas do genoma. É possível marcar cada cromossomo com uma combinação diferente de marcadores fluorescentes (Figura 11.12). Essa é uma técnica sensível que pode identificar cópias extras de material genético de células em metáfase e em interfase (fora de divisão) ou, utilizando-se duas sondas diferentes, revelar translocações cromossômicas (ver Figura 14.1e), ou redução do número de cromossomos.

Sequenciamento de genes

A análise da sequência de genes é usada para detectar mutações que podem causar doença maligna. O **sequenciamento do gene subsequente** (**NGS**, do inglês, *next generation sequencing*) pode ser usada para estudar genes individuais de interesse; o sequenciamento integral do exoma ou do genoma do câncer (6,10^9 pares de bases) pode ser feito por preço moderado. O resultado é, então, comparado à sequência da linha germinativa do paciente para identificar as mutações no tumor. É provável que o tratamento de câncer, em um futuro próximo, seja baseado na avaliação do genoma da linha germinativa do paciente e a do tumor. A análise bioinformática do resultado originado do NGS pode ser difícil de se interpretar, dependendo de programas sofisticados de computador. O sequenciamento de genes identifica mutações pontuais, como *JAK2* nas neoplasias mieloproliferativas, *KIT* na mastocitose sistêmica (ver Capítulo 15) e *FLT3* na LMA (ver Capítulo 13).

Plataformas de microarranjos de DNA

Os microarranjos de DNA permitem análise rápida e abrangente do padrão de transcrição celular dentro de uma célula

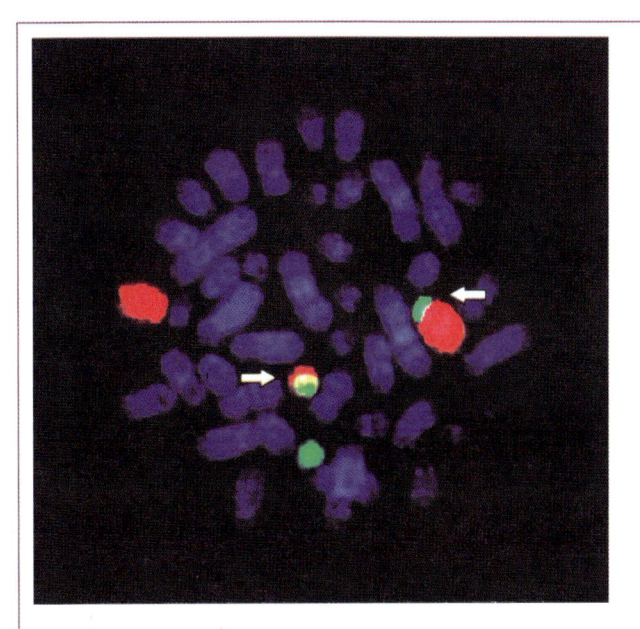

Figura 11.12 Um exemplo de análise FISH mostrando a translocação t(12;21). A sonda verde hibridiza-se à região do gene *ETV6* no cromossomo 12, e a sonda vermelha, à região do gene *RUNX1* no cromossomo 21. As setas apontam para os dois cromossomos derivados dessa translocação recíproca. Fonte: cortesia do Professor C. J. Harrison.

ou tecido, pela hibridização de mRNA celular marcado a sondas de DNA imobilizadas em uma lâmina ou *microchip* (Figura 11.13). Eles são de valor em pesquisa, mas ainda não são usados amplamente para fins diagnósticos. Há uma forma alternativa para avaliar o perfil de DNA dentro de uma célula: usa-se o NSG para sequenciar todos os transcritos de RNA ("RNASeq").

Citometria em fluxo

Nesta técnica, anticorpos marcados com diferentes fluorocromos reconhecem o padrão e a intensidade de expressão de diferentes antígenos na superfície de células normais e leucêmicas (Figura 11.14). Cada célula normal tem um perfil característico, mas as células malignas, com frequência, expressam um fenótipo aberrante, que pode ser útil para permitir sua detecção (ver Figuras 13.6 e 17.8). No caso de neoplasias malignas de células B, como a LLC, a expressão de uma única cadeia leve (κ ou λ) pelas células tumorais distingue-as da população policlonal normal, que expressam ambos os tipos de cadeia, geralmente em uma proporção κ:λ de 2:1 (ver Figura 20.4). Os marcadores comumente usados para diagnóstico das hemopatias malignas estão listados nos capítulos respectivos.

Imuno-histologia (imunocitoquímica)

Os anticorpos também podem ser usados para corar cortes de tecidos. Os cortes fixados são incubados com um anticorpo,

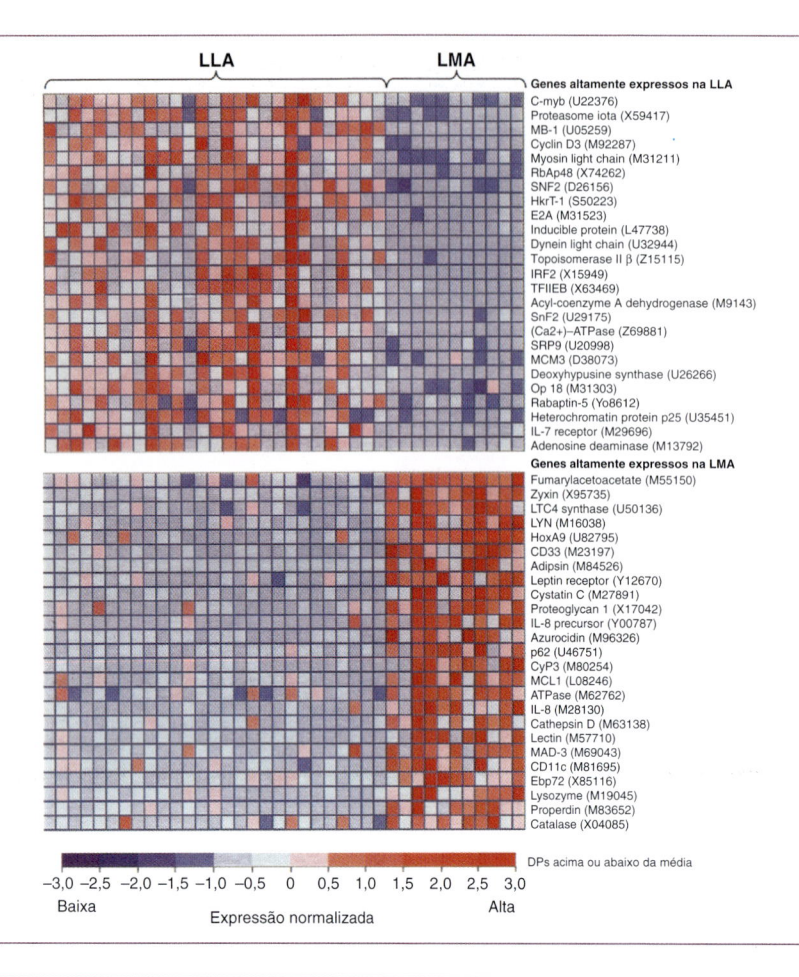

Figura 11.13 Análise do microarranjo de genes distinguindo leucemia linfoblástica aguda (LLA) de leucemia mieloide aguda (LMA). São mostrados os 50 genes mais altamente correlatos na expressão dos genes no microarranjo em cada uma dessas leucemias. As linhas correspondem aos genes; as colunas correspondem ao valor da expressão em uma amostra particular. A expressão de cada gene é normalizada ao longo das amostras, de modo que a média é 0 e o desvio-padrão (DP) é 1. A expressão maior do que a média é sombreada em vermelho e está abaixo da média sombreada em azul. Embora os genes como um grupo pareçam correlacionados com o tipo de leucemia em estudo, nenhum é expresso de maneira uniforme ao longo da classe, ilustrando o valor do método multigênico de previsão. Fonte: reprodução por cortesia de Golub e colaboradores.

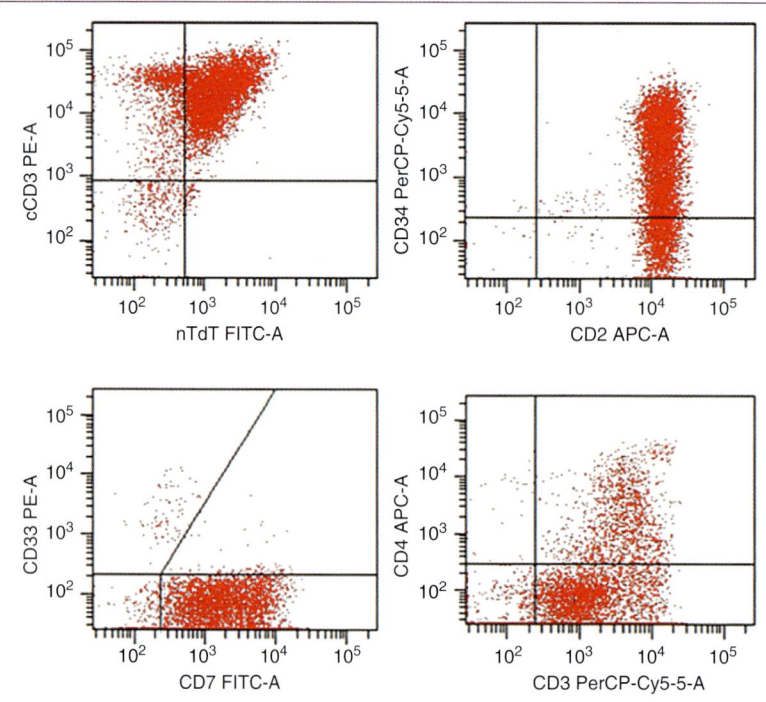

Figura 11.14 Análise FACS de leucemia linfoblástica aguda, linhagem T. Os blastos expressam cCD3, TdT, CD34, CD7 e CD2. Fonte: cortesia do Laboratório de Imunofenotipagem, Royal Free Hospital, Londres.

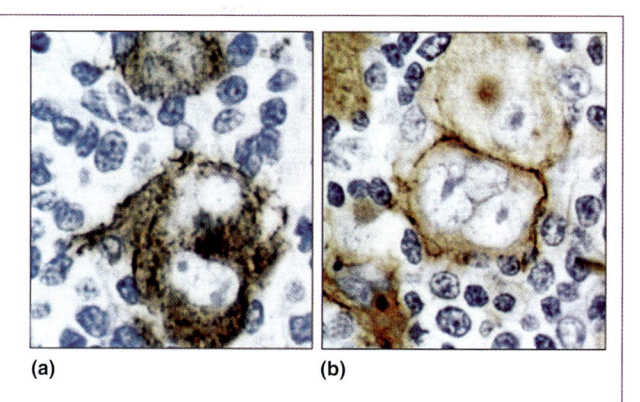

Figura 11.15 Identificação imuno-histoquímica de células de Reed-Sternberg em linfoma de Hodgkin. As células binucleadas coram-se positivamente para **(a)** CD15 e **(b)** CD30.

lavados e incubados com um segundo anticorpo, este ligado a uma enzima, geralmente peroxidase. É adicionado um substrato apropriado à ação da enzima que o converte em um precipitado corado, geralmente marrom. A presença e a arquitetura de células tumorais podem ser identificadas pela observação ao microscópio dos cortes corados (Figura 11.15). A natureza clonal de tumores de células B pode ser vista em cortes de tecidos pela coloração para cadeias κ ou λ. Uma população clonal maligna (p. ex., linfoma de células B) expressará uma ou outra cadeia leve, mas não ambas (ver Figura 20.4).

Valor dos marcadores genéticos no tratamento das hemopatias malignas

A detecção de anormalidades genéticas pode ser importante em vários aspectos do tratamento de pacientes com leucemia ou linfoma.

Diagnóstico inicial

Muitas anormalidades genéticas são tão específicas de uma doença que sua presença confirma o diagnóstico. Um exemplo é a translocação t(11;14) que define o diagnóstico de linfoma de células do manto. Imunoglobulina clonal ou rearranjos do gene do TCR são úteis para estabelecer clonalidade e determinar a linhagem de neoplasias linfoides.

Estabelecimento de um protocolo de tratamento

Cada designação ampla de hemopatia maligna pode ser subdividida com base em informações genéticas detalhadas. O termo LMA, por exemplo, inclui um grupo variado de doenças com genótipos característicos. Os subtipos individuais respondem de modo diferenciado ao tratamento padronizado. Os subgrupos t(8;21) e inv(16) têm prognóstico favorável, ao passo que a monossomia 7 implica mau prognóstico. Em casos com citogenética normal, a análise molecular pode evidenciar duplicação interna em *tandem* de FLT3, um marcador desfavorável, ou mutação NPM1, que é favorável. O padrão de alterações genéticas detectado por estudos moleculares ao diagnóstico de LMA distingue casos precedidos por mielodisplasia (de prognóstico desfavorável) de casos *de novo*, sem mielodisplasia prévia (ver p. 145). A estratégia de tratamento atualmente é adaptada individualmente e, em certos casos, o conhecimento de uma anormalidade genética subjacente pode indicar qual o tratamento mais racional, como, por exemplo, o uso de ácido *all*-transretinóico quando houver t(15;17) (ver p. 149). A informação genética também é valiosa para definir o prognóstico. Por exemplo, hiperdiploidia é um achado favorável em LLA, ao passo que mutações p53 predizem mau prognóstico na maioria das hemopatias malignas.

Monitoração da resposta ao tratamento

A detecção de doença residual mínima (DRM), doença que não pode ser vista pela microscopia convencional do sangue e da medula óssea, quando o paciente está em remissão após quimioterapia ou transplante de células-tronco, pode ser feita utilizando-se as seguintes técnicas (em ordem crescente de sensibilidade; Figura 11.16).
1 Análise citogenética.
2 Separação (*sorting*) de células com fluorescência ativada para detecção de células tumorais, utilizando marcadores imunológicos que detectam combinações de antígenos "específicos de leucemia" (ver Figura 17.8).
3 PCR e/ou análise de sequenciamento para detectar translocações ou mutações específicas a tumores pré-notadas no clone original (Figura 11.17).

Essas abordagens têm papel importante na determinação do tratamento de muitos tipos de hemopatias malignas.

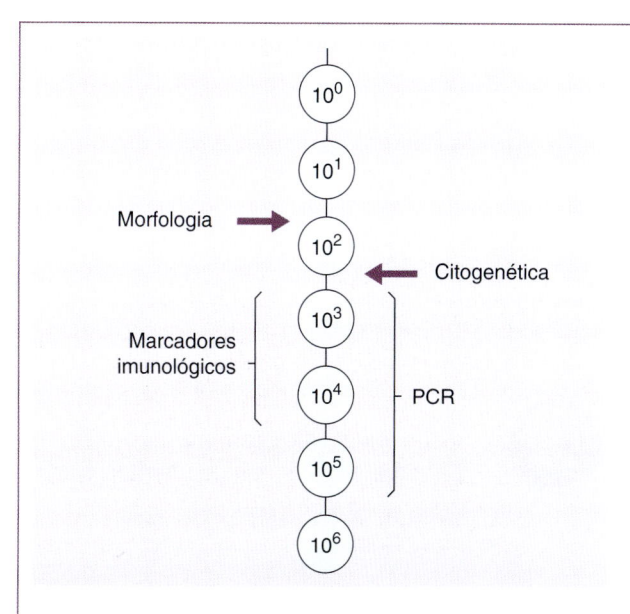

Figura 11.16 Sensibilidade da detecção de células leucêmicas utilizando cinco técnicas diferentes. 10^1 a 10^6 = 1 célula detectada em 10, para 1 célula detectada em 10^6. PCR, reação em cadeia da polimerase.

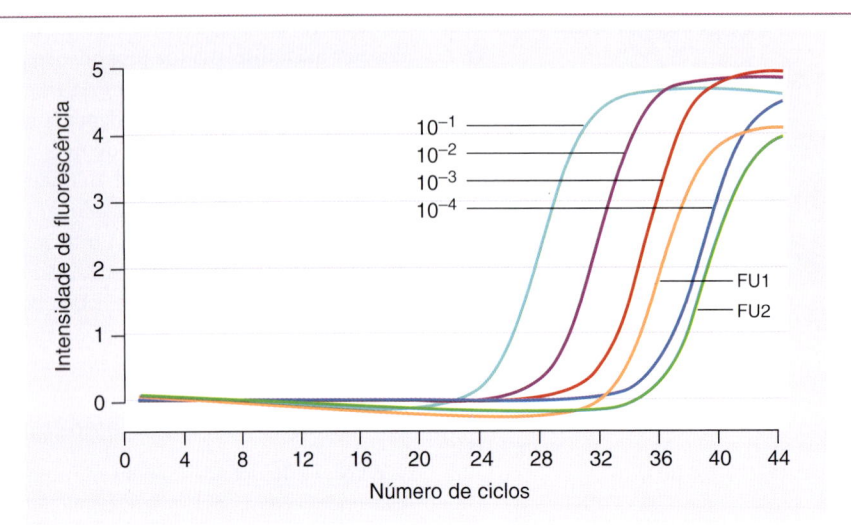

Figura 11.17 Reação em cadeia da polimerase (PCR) quantitativa em tempo real, em leucemia linfoblástica aguda de linhagem B, para pesquisa de doença residual mínima, usando a cadeia pesada de imunoglobulina como alvo. São elaboradas sondas com base no DNA obtido da análise de sequências do clone leucêmico original. As amostras de medula óssea, obtidas durante a remissão, são amplificadas por PCR, utilizando essas sondas, e marcadas com fluorescência, utilizando Sybergreen. A intensidade do sinal mede o total de moléculas de DNA amplificadas em cada ciclo sucessivo. No exemplo da figura, a intensidade de amplificação de DNA de duas amostras de medula óssea (FU1 e FU2), coletadas na evolução, são comparadas com diluições seriais de 10^{-1} a 10^{-4} do DNA da medula óssea inicial, coletada ao diagnóstico. FU1 mostra um nível de doença residual da ordem de 1 em 5.000 (0,02%) e FU2, de 1 em 12.000 (0,008%). Fonte: cortesia do Dr. L. Foroni.

RESUMO

- Hemopatias malignas são doenças clonais que derivam de uma única célula da medula óssea ou dos tecidos linfoides periféricos que tenha sofrido uma alteração genética.
- Representam cerca de 7% dos tumores malignos.
- Fatores genéticos e ambientais predispõem ao desenvolvimento desses tumores, porém a contribuição relativa de cada fator não está clara.
- Infecções (virais e bacterianas), fármacos, radiação e agentes químicos podem aumentar o risco de desenvolvimento de uma neoplasia hematológica.
- Neoplasias hematológicas ocorrem devido a alterações genéticas que provocam ativação aumentada de oncogenes ou diminuição de atividade de genes supressores de tumor. Em geral, elas mostram cerca de 10 mutações genéticas adquiridas e progridem de modo linear ou ramificado.
- Essas alterações genéticas podem ocorrer por meio de uma variedade de mecanismos, como mutações pontuais, translocações cromossômicas ou deleção de genes.
- Investigações importantes incluem estudo cromossômico (análise do cariótipo), genética molecular, FISH, análise de mutações, citometria em fluxo e imuno-histoquímica.
- Esses exames orientam o diagnóstico, o tratamento e a monitoração de doença residual em casos individuais.

Visite **www.wileyessential.com/haematology** para testar seus conhecimentos neste capítulo.

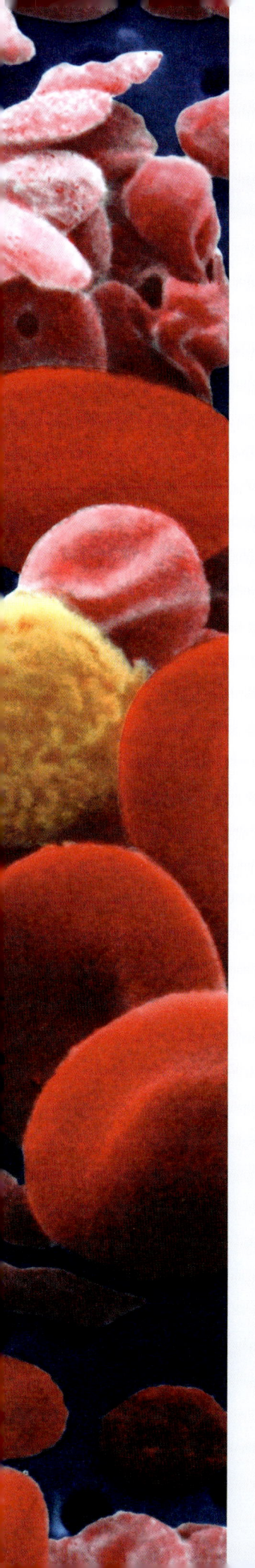

CAPÍTULO 12
Tratamento das hemopatias malignas

Tópicos-chave

- Tratamento de suporte — 136
- Inserção de um cateter venoso central — 136
- Suporte hemoterápico — 136
- Profilaxia e tratamento de infecção — 138
- Tratamentos específicos para as hemopatias malignas — 140
- Fármacos usados no tratamento das hemopatias malignas — 140

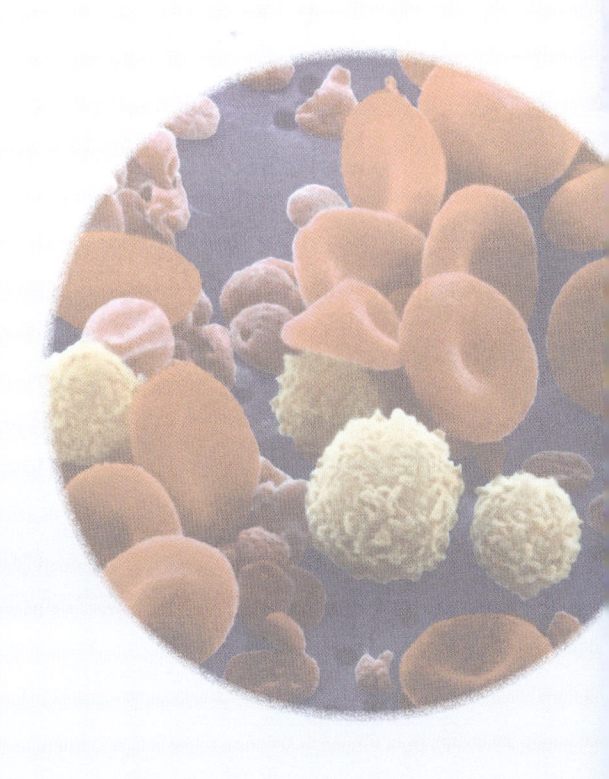

O tratamento das hemopatias malignas foi muito aprimorado nos últimos 40 anos. O progresso decorreu do desenvolvimento tanto no **tratamento de suporte** como no **tratamento específico**. Detalhes do tratamento específico de cada uma das doenças são discutidos nos seus respectivos capítulos. O tratamento de suporte e os aspectos gerais dos agentes terapêuticos são descritos neste capítulo.

Tratamento de suporte

Os pacientes com hemopatias malignas muitas vezes têm problemas médicos relacionados à supressão da hematopoese normal; esses problemas se complicam com o tratamento utilizado para erradicar o tumor. Ao considerar o tratamento, é útil avaliar as condições da vida diária prévia do paciente; para isso o **Performance Status** do **ECOG (Eastern Cooperative Oncology Group)** é de grande valor (Tabela 12.1). Também é importante avaliar se há **comorbidades**, como revisão de funções cardíaca, pulmonar e renal.

As medidas gerais de suporte para pacientes que receberão tratamento intensivo geralmente incluem os itens a seguir.

Inserção de um cateter venoso central

O procedimento é feito antes de se iniciar um tratamento intensivo, através de um túnel da pele do tórax até a veia cava superior (Figura 12.1). O cateter fornece fácil acesso para a administração de quimioterapia, produtos hemoterápicos, antibióticos e alimentação parenteral. Além disso, pode ser utilizado na coleta de sangue para exames.

Suporte hemoterápico (ver Capítulo 30)

As transfusões de concentrados de eritrócitos e de plaquetas são utilizadas no tratamento de anemia e de trombocitopenia. Há várias diretrizes a seguir em relação ao suporte hemoterápico de pacientes com hemopatias malignas:

Tabela 12.1 *Performance Status* (ECOG)

Grau	ECOG
0	Inteiramente ativo, capaz da mesma performance anterior à doença, sem restrições
1	Com restrição para atividades físicas intensas, mas ambulatório e capaz de desempenhar trabalhos leves ou sedentários, como trabalhos domésticos e de escritório
2	Ambulatório e capaz de cuidar de si, mas incapaz para qualquer trabalho. Em pé e ativo mais de 50% das horas em que está desperto
3	Capaz de cuidar-se de modo limitado, confinado ao leito ou à cadeira mais de 50% das horas em que está desperto
4	Completamente incapacitado. Incapaz de cuidar-se. Confinado ao leito ou à cadeira
5	Morto

1 O limiar inferior da hemoglobina, indicativo de necessidade transfusional, dependerá de fatores clínicos, como a presença de sintomas e sinais e a rapidez de instalação da anemia, porém, na maioria das unidades de tratamento, é indicada reposição transfusional suficiente para manter a hemoglobina > 8 g/dL, com limiar um pouco mais alto para pacientes idosos. Havendo necessidade de plaquetas e eritrócitos, as plaquetas devem ser infundidas antes, para evitar intensificação da trombocitopenia após a transfusão de concentrado de eritrócitos. Transfusões de eritrócitos devem ser evitadas, se possível, em pacientes com uma contagem muito alta de leucócitos (> $100 \times 10^3/\mu L$) devido à hiperviscosidade e ao risco de precipitar evento trombótico pela estase leucocitária.

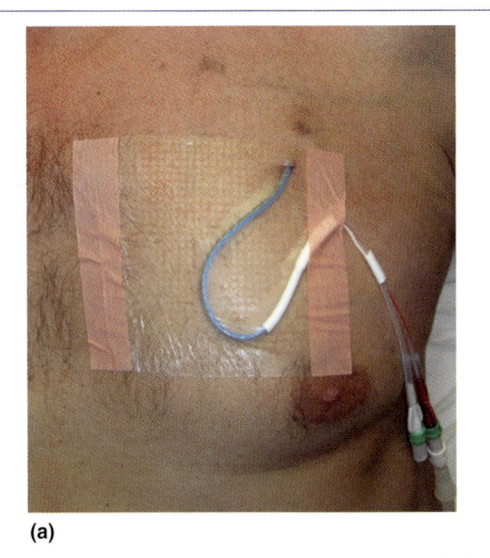

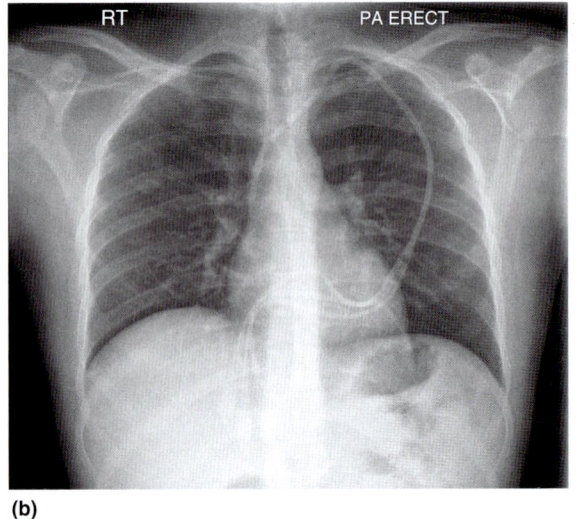

Figura 12.1 (a) Linha venosa central em paciente submetido à quimioterapia intensiva. **(b)** Radiografia de tórax, mostrando a posição correta de uma linha venosa central – neste caso, uma linha de tríplice luz em túnel para a jugular interna esquerda. Fonte: cortesia do Dr. P. Wylie.

2. Transfusões de grande volume, como 3 ou mais unidades de sangue, podem precipitar edema agudo de pulmão, principalmente em pacientes idosos; devem ser feitas lentamente e com monitoração clínica. Diuréticos, como furosemida, às vezes são indicados.
3. O gatilho para transfusão de plaquetas costuma ser uma contagem $< 10 \times 10^3/\mu L$ e, na presença de sangramento ou de infecção, o limiar deve ser duplicado.
4. Plasma fresco congelado pode ser necessário para reverter os defeitos de coagulação.
5. Deve ser utilizado sangue citomegalovírus (CMV) negativo ou depletado de leucócitos em todos os pacientes, até que se comprove serem CMV-positivos e/ou não serem candidatos potenciais a transplante de células-tronco. Esse protocolo serve para prevenir a transmissão de CMV a pacientes não infectados, pois o vírus é um problema significativo em recipientes de transplante de células-tronco (ver p. 259).
6. Reações transfusionais febris são comuns e devem ser tratadas com diminuição da velocidade de infusão e fármacos, como anti-histamínicos, petidina e hidrocortisona. A dose de corticoides deve ser limitada devido à imunossupressão.
7. Transfusões de granulócitos podem ser indicadas para pacientes gravemente neutropênicos e com infecção séria que não tenham respondido a antibióticos. A eficácia, entretanto, não está comprovada.
8. Produtos hemoterápicos administrados a pacientes altamente imunossuprimidos (p. ex., sob quimioterapia com fludarabina ou com anemia aplástica, linfoma de Hodgkin ou após transplante de células-tronco alogênicas) devem ser irradiados antes da infusão para evitar doença do enxerto *versus* hospedeiro (ver p. 257).
9. O uso de eritropoetina recombinante para reduzir a necessidade transfusional e causar sensação de bem-estar aos pacientes (p. ex., em mieloma e em mielodisplasias) foi discutido na página 16.

Suporte hemostático

Devem ser feitos, a intervalos regulares, testes de triagem de coagulabilidade em pacientes sob quimioterapia intensiva e pode haver necessidade de suporte com vitamina K e plasma fresco congelado. Crioprecipitado ou antitrombina são indicados para a deficiência de fibrinogênio, como ocorre durante o uso de asparaginase no tratamento de leucemia linfoblástica aguda (LLA). O uso prévio de fármacos antiplaquetários, como ácido acetilsalicílico e clopidogrel, é suspenso em pacientes sob quimioterapia, e pacientes em uso de varfarina devem ter a medicação trocada para heparina de baixo peso molecular, a qual, por sua vez, deve ser suspensa se houver trombocitopenia $< 50 \times 10^3/\mu L$. São indicadas progesteronas para suprimir a menstruação em mulheres pré-menopausa sob quimioterapia. O ácido tranexâmico pode ser utilizado para diminuir perdas sanguíneas crônicas de pequeno volume.

Tratamento antiemético

Náusea e vômitos são efeitos colaterais usuais da quimioterapia. É fundamental prevenir a náusea no início do tratamento, pois, uma vez estabelecida, é muito mais difícil controlá-la. Antagonistas do receptor da $5-HT_3$ (serotonina), como ondansetrona ou granisetrona, controlam a náusea causada por quimioterapia intensiva em mais de 60% dos casos, e a adição de dexametasona ainda melhora o resultado em mais 20%. Metoclopramida, proclorperazina ou ciclizina, benzoadipinas (p. ex., lorazepam), domperidona ou canabinoides (p. ex., nabilona) também podem ser usados.

Síndrome de lise tumoral

A quimioterapia pode desencadear um aumento súbito nos níveis plasmáticos de ácido úrico, potássio e fosfatos e causar hipocalcemia devida à rápida lise de células tumorais. A síndrome é vista com maior frequência na quimioterapia de tumores com rápida divisão celular, como linfoma linfoblástico e leucemia aguda, e pode causar insuficiência renal aguda. A prevenção e o tratamento são feitos com alopurinol, fluidos intravenosos e reposição de eletrólitos; alcalinização da urina também é utilizada. A rasburicase, enzima que oxida o ácido úrico para alantoína, é altamente eficaz no controle da hiperuricemia.

Suporte psicológico

Os pacientes com diagnóstico de hemopatias malignas preocupam-se com o desconforto e o preço do tratamento, com a sexualidade e com o risco de mortalidade. Mesmo quando entram em remissão clínica, há justa preocupação com a perspectiva de recidiva da doença. O suporte psicológico deve fazer parte integrante do relacionamento médico-paciente e deve-se favorecer aos pacientes, desde o início, a livre expressão de seus temores e preocupações. Muitos pacientes desejam ler algo sobre sua doença e a atual disponibilidade de excelentes livretos e *websites* é bem-vinda. Um trabalho de equipe é fundamental, e enfermeiros e conselheiros treinados têm papel vital no oferecimento continuado de informações durante o tratamento, tanto em internação como em ambulatório. Muitas unidades de tratamento dispõem de acesso à consultoria com psicólogos e psiquiatras, usada quando necessário. Comunicação inadequada é a falha mais comum das equipes médicas. Os familiares imediatos devem ser mantidos informados sobre o progresso do paciente sempre que for possível e apropriado.

Efeitos sobre a fertilidade

A homens que vão se submeter a tratamento citotóxico deve ser oferecida a possibilidade de armazenamento de esperma, a ser feito, de preferência, antes do tratamento ou, se inviável, logo após o início. Problemas éticos relacionados ao armazenamento e ao uso potencial do tecido, no caso de fracasso do tratamento, devem ser considerados. Em mulheres, a infertilidade permanente após quimioterapia é menos comum, embora possa haver menopausa prematura. O armazenamento de óvulos fertilizados, em geral, é impraticável e é recomendável o conselho de especialista nessas circunstâncias.

Suporte nutricional

Em pacientes internados, sob quimioterapia, é inevitável alguma perda de peso, pela combinação de ingestão insuficiente, má-absorção causada pelos fármacos e situação de predomínio catabólico pela doença. Se ocorrer uma perda de peso > 10%, costuma-se fornecer suporte nutricional total, seja enteral, por sonda nasogástrica, seja parenteral, pelo cateter venoso central.

Dor

A dor raramente é um problema sério nas hemopatias malignas, exceto no mieloma múltiplo, embora dor óssea possa ser um sintoma à apresentação. A mucosite decorrente da quimioterapia intensiva pode causar desconforto sério, de modo que a infusão contínua de analgesia com opiáceos pode ser necessária. No mieloma, a dor muitas vezes é um problema considerável, sendo tratada com uma combinação de analgesia e quimioterapia/radioterapia. Pode ser necessária consultoria com equipes especializadas em suporte paliativo ou com especialistas no tratamento da dor.

Profilaxia e tratamento de infecção

Pacientes com hemopatias malignas estão sob grande risco de infecção, que persiste como a maior causa de morbidade e mortalidade. A imunossupressão decorre de neutropenia, de hipogamaglobulinemia e de distúrbios da imunidade celular, todos secundários à doença primária ou ao tratamento. A neutropenia é o problema principal, e, em muitos pacientes, os neutrófilos ficam praticamente ausentes do sangue por períodos de 2 semanas ou mais. O uso de fator estimulador de colônias granulocíticas (G-CSF) para reduzir os períodos de neutropenia é discutido na página 91. Um protocolo para o tratamento de infecção em pacientes imunocomprometidos está ilustrado na Figura 12.2.

Infecção bacteriana

É o problema mais comum e, em geral, origina-se da microbiota bacteriana comensal do próprio paciente. Os **microrganismos gram-positivos** da pele (p. ex., *Staphylococcus* e *Streptococcus*) costumam colonizar linhas venosas centrais, ao passo que as **bactérias gram-negativas intestinais** (p. ex., *Pseudomonas aeruginosa*, *Escherichia coli*, *Proteus*, *Klebsiella* e anaeróbios) podem causar septicemia avassaladora. Mesmo microrganismos considerados não patogênicos, como *Staphylococcus epidermidis*, causam infecções potencialmente letais. Na ausência de neutrófilos, as lesões superficiais locais desencadeiam septicemia grave.

Profilaxia de infecção bacteriana

Os protocolos usados para limitar a infecção bacteriana divergem nos centros de tratamento. Em geral, eles não incluem antibióticos profiláticos para evitar desenvolvimento de resistência. Durante períodos de neutropenia, são recomendados antissépticos tópicos para banho, bochechos de clorexidina e uma "dieta limpa". O paciente, às vezes, é mantido em um quarto com proteção reversa. A gravidade e a extensão da mucosite podem ser reduzidas com tratamento com fator de

---

- Febre ≥ 38°C duas vezes dentro de 1 hora
- Febre ≥ 38°C e acometimento circulatório/respiratório
- Afebril, mas com suspeita de sepse, como hipotensão em paciente sob alta dose de esteroides

↓

Investigações
- Culturas: Sangue – de veia periférica
  – da cânula venosa central
  Urina
  Swab de sítio potencial de sepse
- Hemograma/bioquímica/proteína C-reativa
- Considerar radiografia de tórax

↓

Tratamento
Antibióticos de largo espectro, como meropenem/tazocin
± vancomicina (especialmente se houver linha central)
Suporte circulatório se apropriado, como fluidos IV

↓ ↓

Resolução da febre
Continuar tratamento
por 5-10 dias após
baixar a febre

Febre persiste 48-72 horas

↓

- Antibióticos adicionais?
  p. ex., teicoplanin/vancomicina
- Considerar uso de agentes antifúngicos
- Trocar de antibiótico?

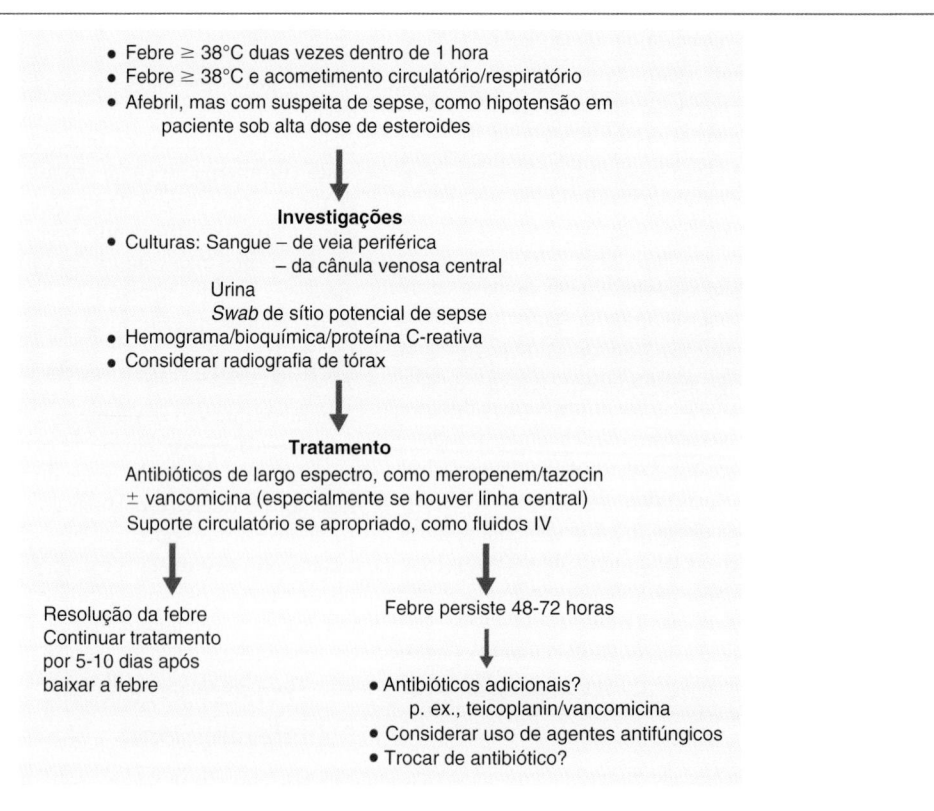

Figura 12.2 Um protocolo para tratamento de febre em paciente neutropênico.

crescimento recombinante de queratinócitos humanos (palifermina), que reduz a gravidade da mucosite oral. Os agentes antimicrobianos orais não absorvíveis, como neomicina e colistina, reduzem a microbiota comensal intestinal, mas muitos centros de tratamento evitam fazê-lo para evitar resistência bacteriana. São coletadas culturas regulares de *surveillance* para documentar a microbiota do paciente e sua sensibilidade.

Tratamento da infecção bacteriana

Febre é a indicação principal da presença de infecção, pois, em neutropenias acentuadas, não se forma pus, e as infecções, em geral, não são localizadas. A febre pode ser causada por reação a componentes hemoterápicos ou a fármacos, porém infecção é a causa mais comum. Febre > 38°C em pacientes neutropênicos deve ser investigada e tratada imediatamente. Devem ser coletadas culturas de todos os sítios prováveis de infecção, incluindo o sangue de linhas venosas centrais e as veias periféricas, a urina e os *swabs* da boca. Boca, garganta, sítios de cateteres profundos e áreas perianal e perineal são sítios especialmente prováveis. Indica-se radiografia de tórax pela frequência de infecções torácicas.

A antibioticoterapia deve ser imediatamente iniciada após a coleta de sangue e de material para as demais culturas; em muitos episódios febris, não se consegue isolar microrganismos causais.

Há muitos regimes diferentes de antibióticos em uso e um relacionamento estreito com a equipe de microbiologia é essencial. Um regime típico baseia-se em um agente único, como uma penicilina de amplo espectro (p. ex., Tazocin®), meropenem ou uma cefalosporina de amplo espectro. *Staphylococcus epidermidis* é uma fonte comum de febre em pacientes com linhas intravenosas, e pode haver necessidade de um agente, como teicoplanin, vancomicina ou linezolida. Se for identificado um agente infectante e sua sensibilidade aos antibióticos for conhecida, são feitas as alterações apropriadas no regime de tratamento. Se não houver resposta favorável dentro de 48 a 72 horas, deve-se considerar a troca do regime antibiótico ou a introdução de tratamento para combater infecção fúngica ou viral.

Infecção viral

Profilaxia e tratamento de infecção viral

Herpes-vírus, como herpes-simples, varicela-zóster, CMV e vírus Epstein-Barr (EBV), conservam-se latentes após as respectivas infecções primárias e nunca são erradicados do hospedeiro. A maioria dos pacientes com hemopatias malignas já foi infectada com esses vírus no passado, de modo que reativação é o principal problema. Aciclovir ou valaciclovir costumam ser usados como profilaxia. Herpes-simples é causa comum de úlceras orais, porém, em geral, é facilmente controlado com aciclovir. O vírus varicela-zóster reativa-se, com frequência, em pacientes com doenças linfoproliferativas, causando herpes-zóster, que requer tratamento com altas doses de aciclovir ou valaciclovir. A infecção primária, geralmente na infância, pode ser muito grave, podendo ser utilizada imunoglobulina para preveni-la em caso de exposição recente. A reativação da infecção por CMV é particularmente importante após transplante de células-tronco (ver Capítulo 23), mas pode ocorrer após quimioterapia intensiva. A falha de controle imunológico sobre o EBV após transplante alogênico pode levar à proliferação tumoral de linfócitos B, conhecida como doença linfoproliferativa pós-transplante (ver p. 261).

Infecção fúngica

Profilaxia e tratamento de infecção fúngica

Devido à intensidade da quimioterapia atual, as infecções fúngicas são causa relevante de morbidade e mortalidade. Os dois principais subtipos são leveduras, como *Candida* sp., e mofos, sendo que o mais comum é o *Aspergillus fumigatus*.

Aspergilose invasiva é causa comum de morte por infecção em pacientes intensamente imunocomprometidos (Figura 12.3). A infecção ocorre pela inalação de esporos de *Aspergillus* (conídias). Para evitá-la, são instalados sistemas de filtração de ar em muitas enfermarias de hematologia. O maior fator de risco é a neutropenia – quase 70% dos pacientes são infectados se persistirem neutropênicos por mais de 34 dias. Outros fatores de risco importantes são: uso de corticoides, idade avançada, quimioterapia e história prévia de uso de antimicrobianos.

O diagnóstico de aspergilose invasiva é difícil. O diagnóstico definitivo exigiria identificação do crescimento do agente em material de biópsia, mas essa evidência raramente se torna disponível. Em geral, são feitos testes de reação em cadeia da polimerase para o DNA fúngico ou testes Elisa (do inglês, *enzyme linked immunosorbent assay*) para o galactomanano ou β-(1,3)-D-glicano do *Aspergillus*. Tomografia computadorizada de alta resolução é um teste de imagem útil e lesões nodulares com aspecto de halo de vidro moído são um dos aspectos precoces. Posteriormente, são vistas as lesões em cunha e o sinal em crescente de ar (Figura 12.4). A suspeita de infecção fúngica deve ser sempre considerada, e o tratamento muitas vezes é iniciado com base empírica, a partir de febre não resolvida por 2 a 4 dias após tratamento com antibióticos.

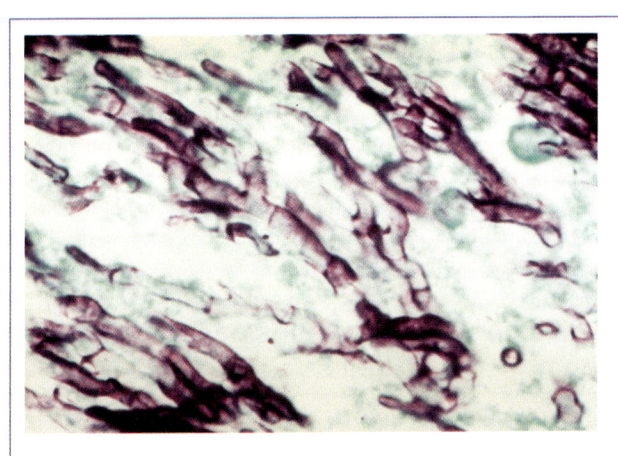

Figura 12.3 Citologia de escarro, ilustrando hifas ramificadas e septadas de *Aspergillus* (coloração de prata-metenamina).

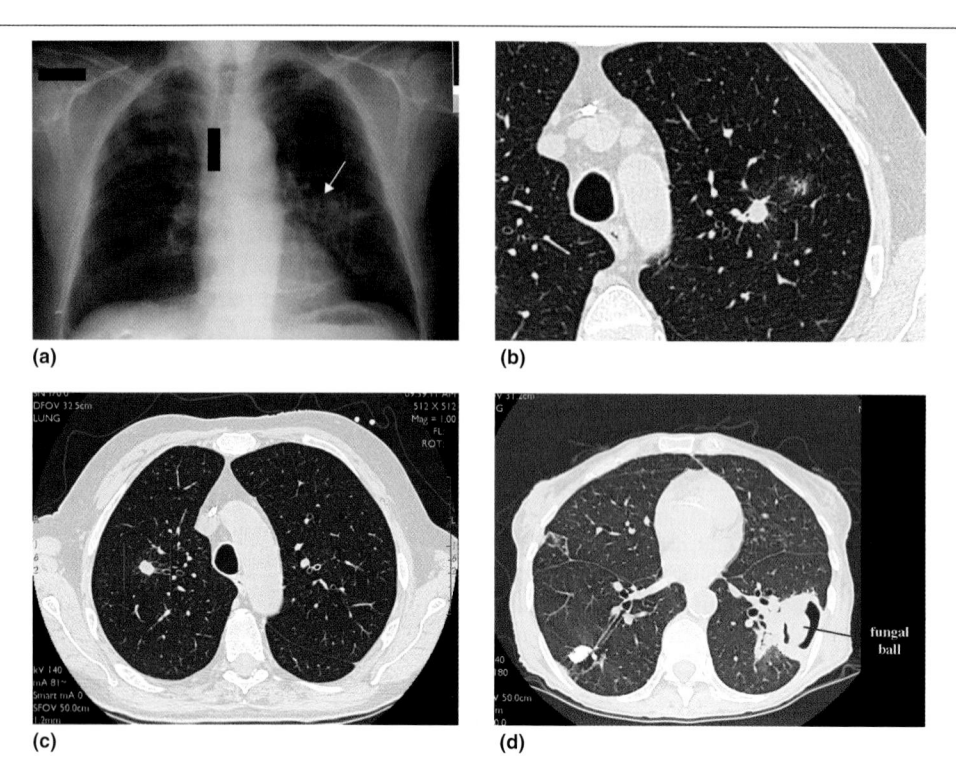

Figura 12.4 (a) Radiografia de tórax de paciente com aspergilose pulmonar, mostrando uma cavidade contendo uma bola fúngica central (seta) que causa o sinal típico de crescente aéreo. Imagens de TC em aspergilose mostram uma sombra difícil de distinguir, com aspecto de vidro moído, com dilatação bronquiolar: **(b)** e **(c)**. São vistos nódulos na aspergilose recente, ao passo que uma bola fúngica cercada de ar é típica de doença mais avançada **(d)**.

A profilaxia para aspergilose em pacientes sob risco é feita com fluconazol, itraconazol, posaconazol ou anfotericina em fórmula lipídica. O tratamento da aspergilose estabelecida deve ser feito com voriconazol, anfotericina em fórmula lipídica, posaconazol ou caspofungina. Pode ser necessária cirurgia para remover a lesão pulmonar.

As espécies de *Candida* constituem-se em patógeno hospitalar comum e causam infecção oral frequente. O isolamento de *Candida* de fluidos corporais geralmente estéreis, como sangue ou urina, pode ser significativo. A profilaxia e o tratamento são feitos com fluconazol, itraconazol ou caspofungina. Anidulafungina e micafungina também estão licenciadas. *Pneumocystis jiroveci* (*carinii*) é uma causa importante de pneumonite. A profilaxia com cotrimoxazol ou pentamidina em nebulização é altamente efetiva, sendo indicada para pacientes que receberam quimioterapia combinada intensiva ou fludarabina. O tratamento é feito com cotrimoxazol em alta dose.

Tratamentos específicos para as hemopatias malignas

O tratamento específico visa a reduzir a massa tumoral por meio de fármacos e/ou radioterapia. A expectativa, em algumas das hemopatias, é a erradicação completa do tumor, e a perspectiva de cura para hemopatias malignas tem melhorado gradualmente. Contudo, a cura é muitas vezes impossível, de modo que os resultados paliativos também são importantes.

Uma ampla variedade de fármacos é utilizada no tratamento específico, e vários deles, agindo em sítios diferentes (Figura 12.5), são combinados em regimes que minimizam o potencial de indução de resistência contra os agentes individuais. Muitos fármacos agem especificamente sobre células em ciclo mitótico, e a seletividade é dependente de alto índice proliferativo dentro do tumor. Nem todas as células tumorais serão mortas por um único curso de tratamento, de modo que sempre são feitos vários cursos para gradualmente erradicar a massa tumoral. Essa hipótese de "morte logarítmica" também fornece às células hematopoéticas normais uma oportunidade de recuperação entre os cursos de tratamento.

Fármacos usados no tratamento de hemopatias malignas

Fármacos citotóxicos (Tabela 12.2)

Agentes alquilantes, como clorambucil, ciclofosfamida e melfalano, são ativados para expor os grupos reativos alquila, que fazem ligações covalentes com moléculas dentro das células. Esses agentes têm especial afinidade por purinas, de modo que fazem ligações cruzadas entre as cadeias de DNA e impedem sua replicação, resultando em bloqueio em G_2 e morte

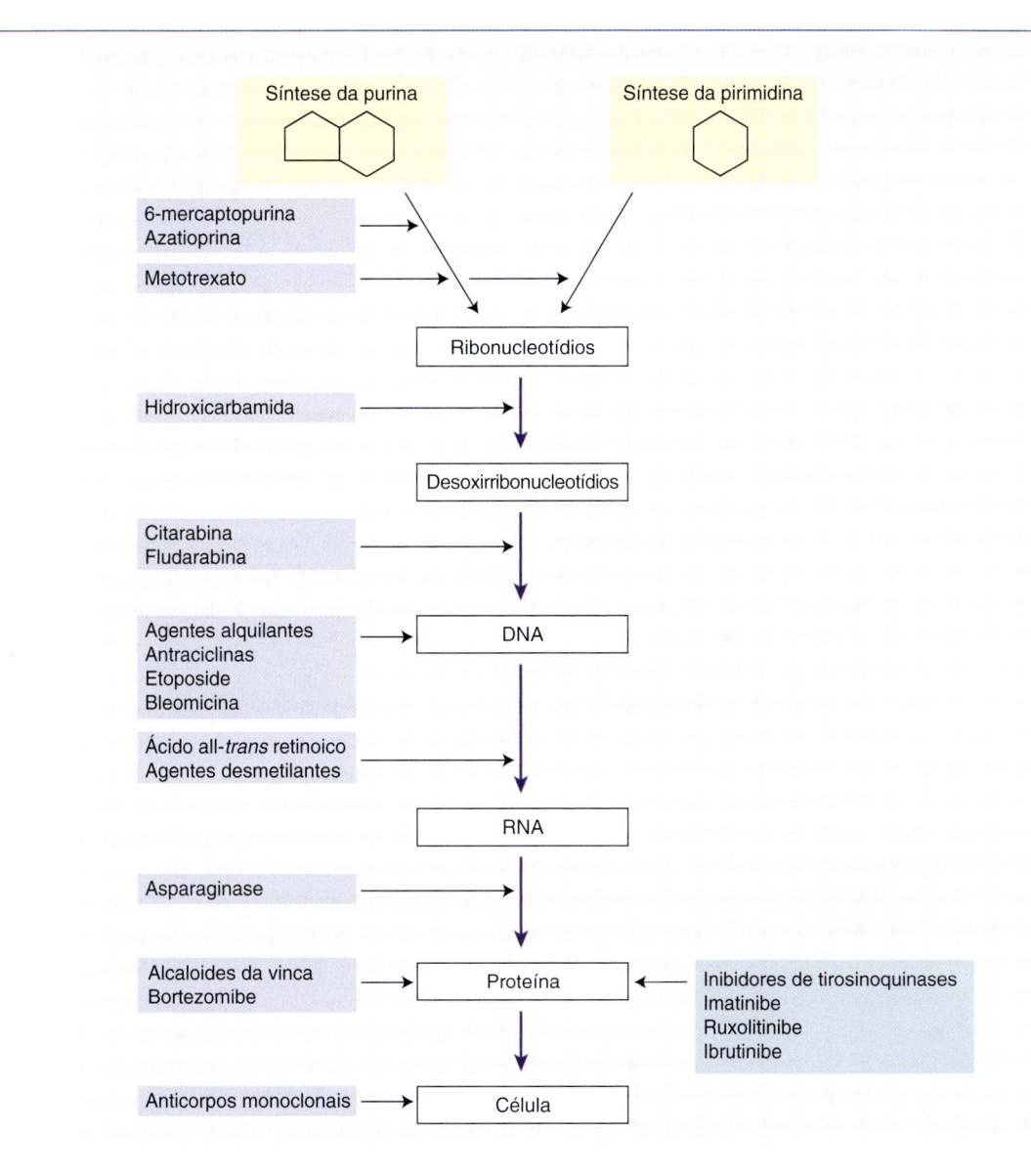

Figura 12.5 Sítio de ação dos fármacos usados no tratamento das hemopatias malignas.

celular por apoptose (ver Figura 1.9). Bendamustine é um fármaco único nesta classe, pois parece também ter atividade associada à função análoga da purina.

Antimetabólitos bloqueiam as vias metabólicas da síntese de DNA. Há quatro grupos principais:

1 Inibidores da síntese *de novo* de DNA. A hidroxicarbamida (hidroxiureia) é amplamente usada no tratamento das neoplasias mieloproliferativas. Ela inibe a enzima ribonucleotídio-redutase, que converte ribonucleotídios em desoxirribonucleotídios. Acredita-se que ela não cause dano permanente ao DNA e também é utilizada em doenças não malignas, como anemia de células falciformes (p. 85).
2 *Antagonistas dos folatos*, como o metotrexato (ver Figura 5.5). O metotrexato é amplamente usado como fármaco único ou em combinação com citarabina como profilaxia intratecal de doença no SNC, em pacientes com LLA, LMA e linfomas de alto grau. Altas doses sistêmicas também penetram no SNC. O ácido folínico é capaz de reverter a atividade do metotrexato e, às vezes, é usado para "resgatar" células normais após altas doses de metotrexato.
3 *Análogos da pirimidina*, os quais incluem a citarabina (citosina arabinosídio ou ara-C), um análogo da 2′-desoxicitidina e incorporada ao DNA, no qual inibe a DNA-polimerase e bloqueia a replicação.
4 *Análogos da purina*, os quais incluem fludarabina (que inibe a síntese do DNA de modo similar ao do ara-C), mercaptopurina, azatioprina, bendamustina, clofarabina e desoxicoformicina (pentostatin).

Tabela 12.2 Fármacos usados no tratamento de leucemia e linfoma

	Mecanismo de ação	Efeitos colaterais*
Agentes alquilantes		
Bendamustina	Agente alquilante e análogo da purina	Mielossupressão
Ciclofosfamida	Causa ligação cruzada de DNA, impede a formação de RNA	Cistite hemorrágica, miocardiopatia, perda de cabelo
Clorambucil		Aplasia da medula, toxicidade hepática, dermatite
Melfalano		Aplasia da medula
Antimetabólitos		
Hidroxicarbamida (hidroxiureia)	Inibe ribonucleotídio-redutase	Pigmentação, distrofia ungueal, hiperceratose da pele, epiteliomas
Metotrexato	Inibe a síntese de pirimidina ou de purina ou incorporação no DNA	Úlceras orais, toxicidade intestinal
Citarabina (citosina arabinosídio)	Inibe a síntese de DNA	Toxicidade sobre o SNC, sobretudo cerebelar, e conjuntivite (em altas doses)
6-Mercaptopurina[†], 6-tioguanina[†]	Análogos da purina	Icterícia, toxicidade intestinal
Clofarabina	Análogo da purina	Mielossupressão
Fludarabina 2-Clorodesoxiadenosina Desoxicoformicina (pentostatin)	Inibem adenosina-desaminase ou outra via purínica	Imunossupressão (baixa de linfócitos CD4), toxicidade renal e neurotoxicidade (em altas doses)
Antibióticos citotóxicos		
Antraciclinas (p. ex., daunorrubicina) Hidroxidaunorrubicina (Adriamicina) Mitoxantrona Idarrubicina	Ligam-se ao DNA e interferem na mitose	Toxicidade cardíaca, perda de cabelo
Bleomicina	Quebras no DNA	Fibrose pulmonar, pigmentação da pele
Derivados de plantas		
Vincristina (Oncovin®), vimblastina	Dano ao fuso mitótico	Neuropatia (periférica, vesical e intestinal)
Etoposido	Inibidor da mitose	Perda de cabelo, ulcerações orais
Agentes desmetilantes		
Azacitidina, decitabina	Inibem a DNA-metiltransferase	Mielossupressão
Inibidores da transdução de sinal		
Imatinibe, desatinibe, nilotinibe, bosutinibe	Inibem a tirosinoquinase BCR-ABL	Mielossupressão, retenção de líquido
Ibrutinibe	Inibe proteína BTK	Sangramento
Idelalisibe	Inibe PI3K-delta	Colite
Ruxolitibe	Inibe JAK2	Mielossupressão
Diversos		
Corticosteroides	Lise de linfoblastos	Diabetes, osteoporose, psicose
Ácido *trans*-retinoico	Induz diferenciação	Hiperceratose cutânea, leucocitose e derrame pleural

Continua

Tabela 12.2 Fármacos usados no tratamento de leucemia e linfoma (Continuação)		
	Mecanismo de ação	**Efeitos colaterais***
Arsênico	Induz diferenciação ou apoptose	Hiperleucocitose, toxicidade cardíaca
Interferon-α	Ativação de RNAase e da atividade *natural killer*	Sintomas gripais, trombocitopenia, leucopenia, perda de peso
Bortezomibe, carfilzomibe	Inibição do proteossomo	Neuropatia
L-Asparaginase	Depriva a célula de asparagina	Hipersensibilidade, baixa da albumina e de fatores de coagulação, pancreatite
Talidomida, lenalidomida, pomalidomida	Imunomodulação	Neuropatia, constipação, trombose
Anticorpos monoclonais		
Rituximabe, ofatumumabe, obinutuzumabe (anti-CD20)	Indução de apoptose	Reações à infusão, imunossupressão
Alentuzumabe (anti-CD52)	Lise da célula-alvo por fixação do complemento	Reações à infusão, imunossupressão
Ibritumomabe (Zevalin®) (antiCD20^{+90}Y)	Toxicidade à célula a que se liga	Mielossupressão, náusea
Mylotarg® (anti-CD33)	Mata células mieloides	Mielossupressão

*A maioria dos fármacos causa náusea, vômitos, mucosite e toxicidade à medula óssea e, em grandes doses, infertilidade. Necrose tecidual é um problema se os fármacos extravasarem durante a infusão.
†O alopurinol potencializa a ação e os efeitos colaterais da 6-mercaptopurina e da 6-tioguanina.

Antibióticos citotóxicos incluem as antraciclinas, como doxorrubicina, hidroxidaunorrubicina, epirrubicina e mitoxantrona. São fármacos capazes de se intercalar dentro do DNA e se ligar firmemente a topoisomerases críticas para aliviar o estresse de torção na replicação do DNA, uma vez que entalham e tornam a acolar as cadeias. Se houver bloqueio da atividade de topoisomerases, a replicação do DNA não ocorre.

Bleomicina é um antibiótico quelante de metais que gera radicais superóxido dentro das células, os quais degradam o DNA pré-formado. É ativa em células fora do ciclo mitótico.

Derivados de plantas incluem os alcaloides derivados da pervinca, como a vincristina. Eles se ligam à tubulina e impedem sua polimerização em microtúbulos. Esse dano ao fuso mitótico bloqueia a divisão celular em metáfase. O etoposide inibe a ação da topoisomerase.

Fármacos de ação direcionada

Uma ampla gama de fármacos direcionados ao bloqueio de proteínas específicas entrou em uso corrente e é provável que, eventualmente, venham a substituir os fármacos citotóxicos descritos anteriormente.

Inibidores de BCR-ABL, como **imatinibe** e **nilotinibe**, ligam-se à proteína de fusão BCR-ABL1. Os fármacos bloqueiam a ligação de trifosfato de adenosina (ATP) e, assim, previnem que a tirosinoquinase cause a fosforilação das proteínas substrato, causando apoptose da célula (ver Figura 14.4). Eles são usados em LMC e LLA BCR-ABL-positiva.

Inibidores da via de sinalização de células B, como **ibrutinibe**, que bloqueia a quinase de Bruton (BTK), e ***idelalisibe***, que inibe a PI3K-delta, são de valor no tratamento de uma série de distúrbios de células B (ver Figura 9.4).

Uma ampla gama de *inibidores de quinases* adicionais está sendo introduzida na terapêutica, como inibidores de JAK2 (ruxolitinibe), eficazes em mielofibrose primária e policitemia vera, crizotinibe, que bloqueia a atividade de AKL, e inibidores da quinase FLT3 para tratamento de LMA.

Bortezomibe e ***carfilzomibe*** são inibidores de proteases usados amplamente no tratamento de mieloma e de alguns linfomas.

Anticorpos monoclonais são altamente eficazes e têm indicação estabelecida contra hemopatias malignas de células B. O rituximabe liga-se a CD20 em células B e intermedeia a morte celular, primariamente por indução direta de apoptose e opsonização (ver p. 221). Estão disponíveis outros anticorpos anti-CD20 e anti-CD22. O alentuzumabe liga-se a CD52 e é altamente eficaz como fixador de complemento, lisando as células-alvo B e T. O brentuximabe, anti-CD30, é eficaz no linfoma de Hodgkin. Os anticorpos também podem carrear toxinas ligadas (p. ex., Mylotarg®, anti-CD33) ou isótopos radioativos (p. ex., Zevalin®, anti-CD20).

Outros agentes

Corticosteroides têm um efeito linfotóxico potente e um papel importante em muitos regimes de quimioterapia, utilizados no tratamento de neoplasias linfoides e do mieloma.

Ácido all-trans retinoico (***ATRA***) é um derivado da vitamina A que age como agente de diferenciação na leucemia promielocítica aguda (LPMA). As células tumorais na LPMA estão bloqueadas no estágio de promielócitos, como decorrência da repressão transcricional resultante da proteína de fusão PML-RARA (ver p. 152). O ATRA libera esse bloqueio e pode inclusive causar uma súbita neutrofilia após alguns dias de tratamento, com efeitos colaterais, o conjunto designado "síndrome ATRA" (ver p. 153).

Agentes desmetilantes (p. ex., azacitidina, decitabina) atuam no aumento da transcrição, reduzindo a metilação nos resíduos citosina dentro do DNA.

Interferon-α é uma substância antiviral e antimitótica produzida em resposta à inflamação. Mostrou-se útil no tratamento de LMC, mieloma e neoplasias mieloproliferativas.

Fármacos imunomoduladores incluem talidomida, lenalidomida e pomalidomida. Eles são eficazes em mieloma e em alguns tipos de mielodisplasia.

Asparaginase é uma enzima derivada de bactérias que destrói o aminoácido asparagina na circulação. As células de LLA carecem de asparagina-sintase, por isso necessitam de um suprimento exógeno de asparagina para a síntese proteica. A asparaginase por via intramuscular é um agente importante no tratamento da LLA, embora reações de hipersensibilidade sejam frequentes e possam causar distúrbios de coagulabilidade.

Derivados platínicos (p. ex., cisplatina) são usados em combinação no tratamento de linfomas.

Arsênico é útil no tratamento de leucemia promielocítica aguda e induz diferenciação e apoptose.

RESUMO

- O progresso alcançado no tratamento das hemopatias malignas resultou de melhorias tanto no tratamento de suporte como no tratamento específico dos tumores.
- A avaliação inicial inclui um escore de performance e testes para a presença de comorbidades.
- O tratamento de suporte geralmente inclui: inserção de cateter venoso central; hemoterapia com uso apropriado de concentrados de eritrócitos e plaquetas; administração imediata de fármacos para tratar infecções; otimização do sistema de coagulação sanguínea; fármacos para reduzir efeitos colaterais como náusea e dor; suporte psicológico.
- Germes gram-positivos da pele, como estafilococos, são causa frequente de infecções e colonizam cateteres venosos centrais.
- Germes gram-negativos geralmente são intestinais e podem causar septicemia grave.
- O uso de filtros de ar, a lavagem das mãos e os antibióticos reduzem a frequência de infecções.
- Pacientes neutropênicos que desenvolvem febre devem ser tratados com urgência com antibióticos de largo espectro.
- Herpes-vírus é uma causa comum de infecção em pacientes significativamente imunodeprimidos.
- Infecções fúngicas são um problema clínico sério em pacientes sob quimioterapia. Fármacos antifúngicos orais e intravenosos podem ser usados tanto para prevenção como para tratamento de doenças.
- Há amplo espectro de fármacos disponíveis para o tratamento específico de neoplasias da hematopoese:
  agentes alquilantes;
  antimetabólitos;
  antraciclinas;
  inibidores da transdução de sinal, incluindo inibidores de tirosinoquinases;
  anticorpos monoclonais;
  imunomoduladores;
  inibidores de proteossomos;
  outros, como corticosteroides, ATRA, agentes desmetilantes, interferon, asparaginase, arsênico, derivados platínicos.

Visite **www.wileyessential.com/haematology** para testar seus conhecimentos neste capítulo.

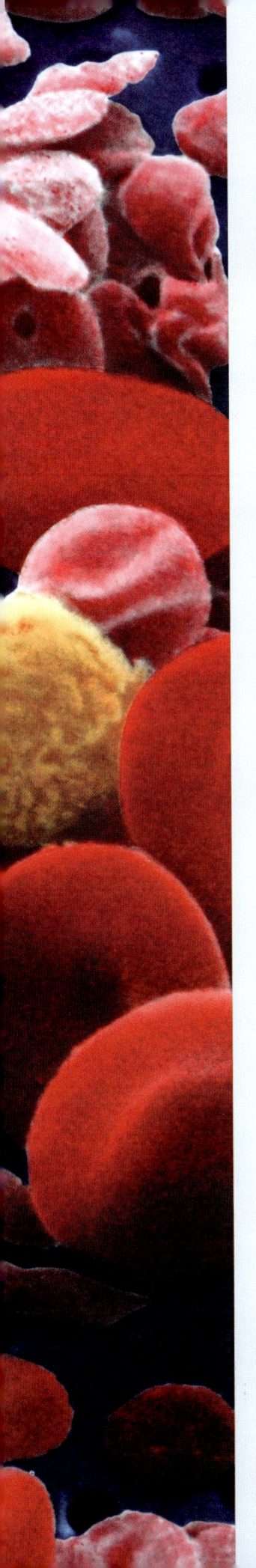

CAPÍTULO 13
Leucemia mieloide aguda

Tópicos-chave

- Classificação das leucemias — 146
- Diagnóstico de leucemia aguda — 146
- Leucemia mieloide aguda — 147
  - Classificação — 147
  - Aspectos clínicos — 148
  - Exames laboratoriais — 148
  - Tratamento — 149
  - Prognóstico — 154

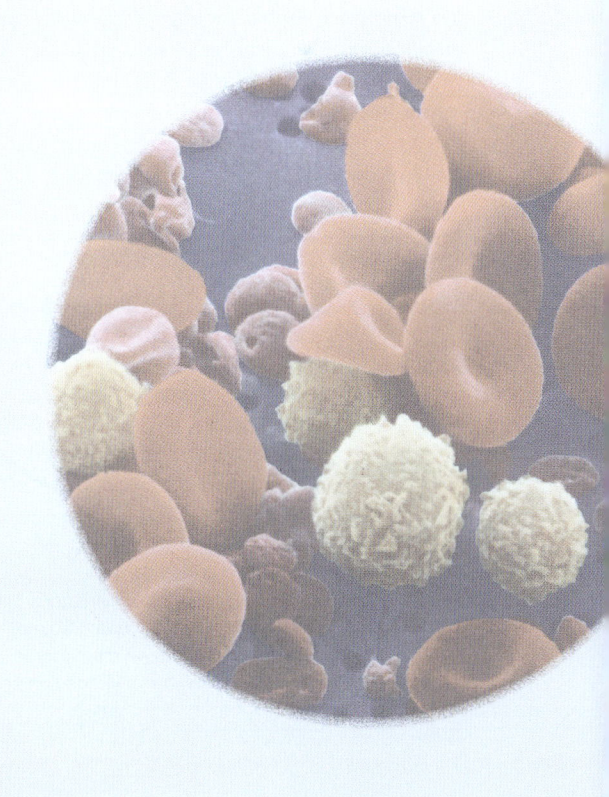

Leucemias são um grupo de doenças caracterizadas pelo acúmulo de leucócitos malignos na medula óssea e no sangue. Essas células anormais causam sintomas por: (i) insuficiência da medula óssea (i.e., anemia, neutropenia, trombocitopenia); e (ii) infiltração de órgãos (p. ex., fígado, baço, linfonodos, meninges, cérebro, pele ou testículos).

Classificação das leucemias

As leucemias são classificadas em quatro tipos – leucemias agudas e crônicas, que, por sua vez, subdividem-se em linfoides ou mieloides.

As leucemias agudas são doenças geralmente agressivas, nas quais a transformação maligna ocorre em células-tronco da hematopoese ou em progenitores primitivos. Acredita-se que o dano genético envolva vários passos bioquímicos básicos, resultando em (i) aumento da velocidade de produção, (ii) diminuição da apoptose e (iii) bloqueio na diferenciação celular. Juntos, esses eventos causam um acúmulo de células hematopoéticas primitivas, chamadas de células blásticas, ou apenas *blastos*. O aspecto clínico dominante da leucemia aguda é a insuficiência da medula óssea, causada pelo acúmulo de blastos, embora também costume ocorrer infiltração tecidual. Se não forem tratadas, as leucemias agudas são, via de regra, rapidamente fatais, porém, com o tratamento moderno, a maioria dos pacientes jovens consegue a cura da doença.

Diagnóstico de leucemia aguda

A leucemia aguda é definida pela presença de mais de 20% de blastos na medula óssea na apresentação clínica. Entretanto, pode ser diagnosticada com menos de 20% de blastos no se houver anormalidades genético-moleculares especificamente associadas à leucemia (Tabela 13.1; ver Tabela 17.1).

A **linhagem dos blastos** é definida por exame ao microscópio (morfologia) (Figura 13.5; ver Figura 17.4), imunofenotipagem (citometria em fluxo) (Figura 13.1), análise citogenética e análise molecular (Tabela 13.2, ver Tabela 11.1).

Tabela 13.1 Classificação das leucemias mieloides agudas (LMA) de acordo com a Organização Mundial da Saúde (OMS) 2008 (modificada; ver também Apêndice)

Leucemia mieloide aguda com anormalidades genéticas recorrentes
LMA com t(8;21)
LMA com inv(16)
LMA com t(15;17)(q22;q12); *PML-RARA*

Leucemia mieloide aguda com alterações relacionadas à mielodisplasia

Neoplasias mieloides (t-LMA) relacionadas à terapia

Leucemia mieloide aguda, não especificada separadamente
LMA com diferenciação mínima
LMA sem diferenciação
LMA com maturação
Leucemia mielomonocítica aguda
Leucemia monoblástica/monocítica aguda
Leucemia eritroide aguda
Leucemia megacarioblástica aguda
Leucemia basofílica aguda
Panmielose aguda com mielofibrose

Sarcoma mieloide

Proliferações mieloides relacionadas à síndrome de Down
Mielopoese anormal transitória
Leucemia mieloide

Isso definirá a origem mieloide ou linfoide dos blastos e localizará o estágio de diferenciação celular (Tabela 13.2). O "imunofenótipo mieloide" típico é CD13$^+$, CD33$^+$ e TdT$^-$ (Tabela 13.2; Figura 13.1). Anticorpos especiais são úteis no diagnóstico dos raros subtipos indiferenciado, eritroide e megacariocítico (Tabela 13.2).

Análises *citogenética* e *molecular* são essenciais e, em geral, são feitas em células da medula óssea, embora possa ser usado

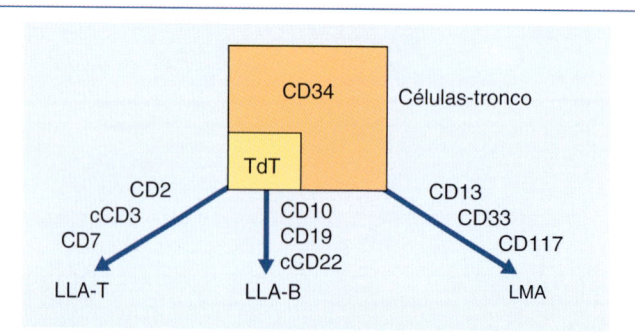

Figura 13.1 Desenvolvimento de três linhagens celulares a partir de células-tronco pluripotentes dando origem às três principais subclasses imunológicas de leucemia aguda. São mostrados os três marcadores que caracterizam as células-tronco primitivas e a caracterização imunológica usando pares de marcadores. LMA, leucemia mieloide aguda; LLA-B, leucemia linfoblástica aguda de células B; c, citoplasmático; HLA, antígenos leucocitários humanos; LLA-T, leucemia linfoblástica aguda de células T; TdT, terminal desoxinucleotidil-transferase.

Tabela 13.2 Testes especializados para leucemia mieloide aguda	
Marcadores imunológicos (citometria em fluxo)	
CD13, CD33, CD117	+
CD11c, 14, 64	+ (monocítico)
Glicoforina (CD235a)	+ (eritroide)
Antígenos plaquetários (p. ex., CD41, CD42, CD61)	+ (megacarioblástica)
Mieloperoxidase	+ (indiferenciada)
Análises cromossômica e genética (ver Tabelas 13.1 e 13.4)	
Citoquímica	
Mieloperoxidase	+ (incluindo bastões de Auer)
Sudan black	+ (incluindo bastões de Auer)
Esterases inespecíficas	+ em M_4, M_5

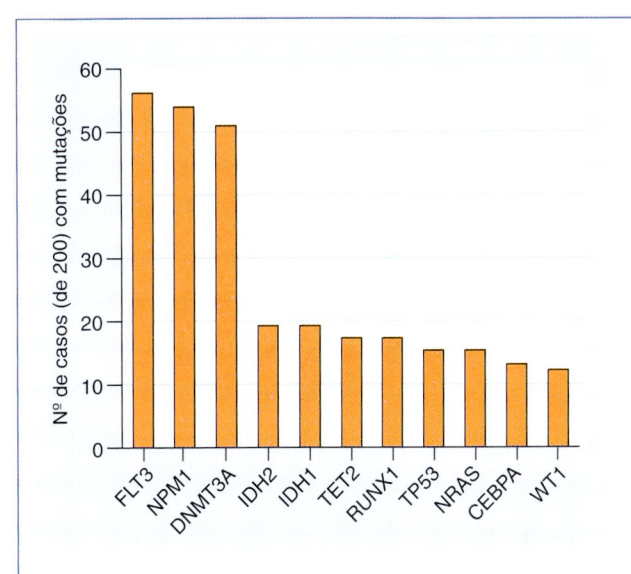

Figura 13.2 Genes mais frequentemente mutados em uma análise de 200 casos de leucemia mieloide aguda. Fonte: adaptada de The Cancer Genome Atlas Research Network, *NEJM* (2013) 368 (22): 2059-74.

o sangue periférico quando houver alta contagem de blastos. A citoquímica pode ser útil na determinação da linhagem dos blastos (Figura 13.6), porém não é mais feita em centros com disponibilidade dos testes mais recentes e definitivos.

Leucemia mieloide aguda

Patogênese

O genoma de LMA contém uma média de 10 mutações dentro dos genes codificadores de proteína, número que está entre os menores nos cânceres do adulto (ver Figura 11.3). Foram identificadas muitas mutações condutoras (*driver*) de LMA; as mais comuns são em *FLT3*, *NPM1* e *DNMT3A* (Figura 13.2). Algumas outras, como em *ASXL1*, são frequentes em mielodisplasia e, quando encontradas em LMA, sugerem que se trate de caso secundário, originado de mielodisplasia. As mutações ocorrem em apenas um dos dois alelos para o gene e podem ser de "perda de função" ou de "ganho de função". A LMA média, à apresentação, contém menos de um evento de fusão de gene, que geralmente surge de translocações; os mais comuns são *PML-RARA*, *CBFB-MYH11*, *RUNX1-RUNX1T1* (ver Tabela 11.1), os quais são encontrados respectivamente em cerca de 15%, 12% e 8% dos casos, respectivamente. A variedade de anormalidades citogenéticas e de mutações moleculares é tão ampla que cada caso de LMA tem, em geral, um padrão único de mutações.

Incidência

A LMA é a forma mais comum de leucemia aguda em adultos e a sua incidência aumenta com a idade, com começo mediano aos 65 anos. Constitui uma fração pequena (10-15%) das leucemias na infância. As anomalias citogenéticas e a resposta ao tratamento inicial têm grande influência no prognóstico (ver Tabela 13.4).

Classificação

A LMA é classificada de acordo com o esquema da Organização Mundial da Saúde (2008). Há um foco progressivo nas anormalidades genéticas das células malignas e é provável que, ao fim, quase todos os casos de LMA sejam classificados por subtipos genéticos específicos. Isso ainda não é possível, mas já há muitos subtipos genéticos determinados. Cerca de 60% dos tumores exibem anormalidades cariotípicas à análise citogenética e muitos casos com cariótipo normal têm mutações em genes, como nucleofosmina *FLT3*, (*NPM1*), *CEBPA*, *DNMT3A* (ver adiante), que têm significação prognóstica, mas que só são detectadas por métodos moleculares.

São reconhecidos seis grupos principais de LMA (Tabela 13.1), discutidos a seguir.

1. A ***LMA com anormalidades genéticas recorrentes*** reúne subtipos com translocações cromossômicas ou mutações genéticas específicas. A detecção dessas anormalidades define o tumor como LMA e, assim, o critério diagnóstico dispensa a necessidade de haver mais de 20% de blastos na medula. Em geral, esses distúrbios têm melhor prognóstico.
2. ***LMA com alterações relacionadas a mielodisplasias***. Neste grupo, há sinais de mielodisplasia à microscopia em mais de 50% das células, ao menos em duas linhagens. O prognóstico desses pacientes é pior do que os do primeiro subgrupo.
3. As ***neoplasias mieloides relacionadas a tratamento*** (***t-LMA***) surgem em pacientes que foram anteriormente tratados com fármacos, como etoposido ou agentes alquilantes. Costumam exibir mutações no gene *MLL*, e a resposta ao tratamento, em geral, é pobre.
4. ***LMA não especificada separadamente***. Este grupo é definido pela ausência de anormalidades citogenéticas e constitui cerca de 30% de todos os casos. As mutações nos genes *NPM1* e *FLT3* são mais frequentes nos que têm citogenética normal.

5 **Sarcoma mieloide**. É uma doença rara que se assemelha a um tumor sólido, mas que é composta por blastos mieloides.
6 **Proliferações mieloides relacionadas à síndrome de Down**. Crianças com síndrome de Down têm um risco de leucemia consideravelmente aumentado. São reconhecidas duas variantes: (i) mielopoese anormal transitória, na qual há uma leucocitose leucemoide autolimitada; e (ii) LMA.

Leucemia aguda de fenótipo misto

Esses raros casos expressam marcadores tanto de diferenciação mieloide como linfoide, ou nos mesmos blastos ou em duas diferentes populações. Em geral, há mau prognóstico.

Aspectos clínicos

Os aspectos clínicos são dominados pelo quadro de insuficiência hematopoética global, causado pelo acúmulo de células malignas na medula óssea (Figura 13.5) Infecções são frequentes, e anemia e trombocitopenia quase sempre são muito acentuadas. Uma tendência a sangramento decorrente de trombocitopenia e coagulação intravascular disseminada (CIVD) é característica da variante promielocítica de LMA. As células tumorais podem infiltrar vários tecidos. Hipertrofia de gengiva (Figura 13.4) e acometimento da pele e do SNC são características dos subtipos mielomonocítico e monocítico.

Exames laboratoriais

Os exames clínicos e laboratoriais iniciais estão listados na Tabela 13.3, feitos ao diagnóstico de cada novo caso de LMA, e um procedimento similar é necessário em todos os novos casos de hemopatias malignas.

Os exames hematológicos mostram, na grande maioria dos casos, anemia normocrômica e normocítica e trombocitopenia. Costuma haver leucocitose, e a microscopia da distensão sanguínea mostra número variável de blastos. A medula óssea é hipercelular por infiltração de blastos leucêmicos (Figura 13.5), caracterizados pela morfologia e por análises imunológica (por citometria em fluxo), citogenética e molecular, indispensáveis para confirmar o diagnóstico, avaliar o prognóstico e desenvolver o plano de tratamento (Tabela 13.4). A citoquímica (Figura 13.6) não é mais usada na maioria dos centros de tratamento.

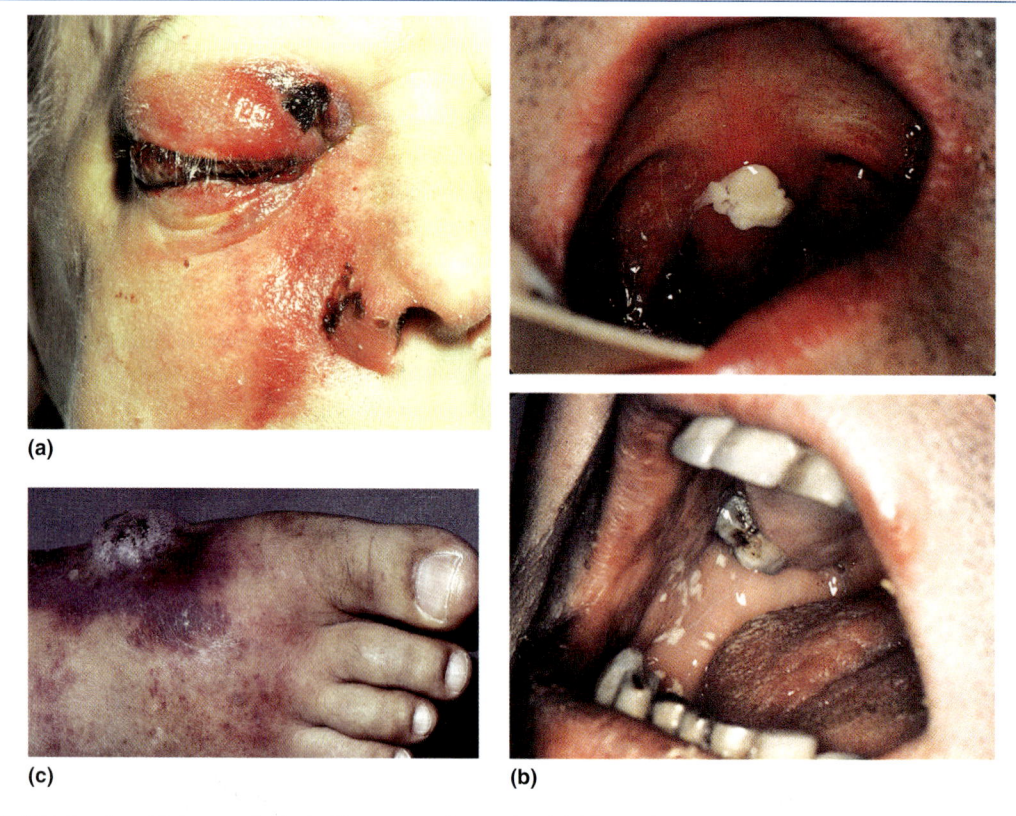

Figura 13.3 (a) Infecção orbital em paciente de 68 anos com leucemia mieloide aguda e neutropenia grave (hemoglobina 8,3 g/dL; leucócitos 15,3 × 10^3/μL; blastos 96%; neutrófilos 1%; plaquetas 30 × 10^3/μL). (b) Leucemia mieloide aguda: imagem superior, placa de *Candida albicans* no palato mole; inferior, placa de *Candida albicans* na boca, com lesões de herpes-simples no lábio superior. (c) Infecção da pele (*Pseudomonas aeruginosa*) em mulher de 33 anos com leucemia linfoblástica aguda submetida à quimioterapia e com neutropenia grave (hemoglobina 10,1 g/dL; leucócitos 0,7 × 10^3/μL; neutrófilos < 0,1 × 10^3/μL; linfócitos 0,6 × 10^3/μL; plaquetas 20 ×10^3/μL).

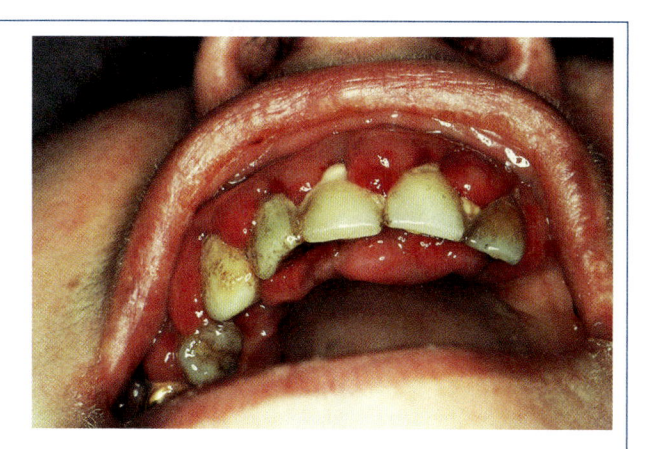

Figura 13.4 Leucemia mieloide aguda monocítica: as gengivas estão inchadas e hemorrágicas pela infiltração local de células leucêmicas.

Exames para CIVD são positivos em pacientes com a variante promielocítica da LMA (ver adiante). Exames bioquímicos são feitos para uso como valores basais antes de ser iniciada a quimioterapia e podem mostrar aumento de ácido úrico e desidrogenase láctica.

Tabela 13.3 Avaliação inicial de paciente diagnosticado com leucemia mieloide aguda

Avaliação de história clínica, exame físico e *performance status* (ver Capítulo 12)
Hemograma completo
Exame da medula óssea por aspiração e biópsia com trefina
Imunofenotipagem da medula óssea (e/ou do sangue, se houver blastos na periferia)
Análise citogenética (cariótipo)
Análise de mutações
Análise citoquímica (feita em alguns países, na falta de imunofenotipagem)
Bioquímica do sangue (testes hepáticos e renais, ácido úrico, cálcio, LDH)
Testes de coagulação
Teste de gravidez
Informação sobre preservação de ovócito ou esperma
Avaliação da perspectiva de transplante de células-tronco
Testes para hepatites B e C e para HIV
Radiografia de tórax com eletrocardiograma e ecocardiograma (em pacientes idosos)

Citogenética e genética molecular

Anormalidades citogenéticas são usadas na classificação da maioria dos casos de LMA (Tabela 13.1). Duas das mais comuns, t(8;21) e inv(16) associam-se a bom prognóstico. A **leucemia promielocítica aguda** é uma variante de LMA que contém a translocação t(15;17), em que o gene *PML*, no cromossomo 15, funde-se com o gene receptor α do ácido retinoico, *RAR*α, no cromossomo 17 (Figura 13.7). A proteína de fusão resultante, PML-RARα, funciona como um repressor transcricional, ao passo que o gene *RAR*α normal (*wild-type*) é um ativador. Em geral, a proteína PML forma homodímeros consigo mesma, ao passo que a RARα forma heterodímeros com a proteína receptora do retinoide X, RXR. A proteína de fusão PML-RARα liga-se a PML e RXR, impedindo-as de ligarem-se com suas parceiras naturais. Isso resulta no fenótipo de término de diferenciação.

As **mutações pontuais** que afetam os genes *FLT3*, *NPM1*, *DNMT3A*, *CEBPA*, *TET2*, *WT1*, *IDH1*, *RUNX1* e outros, são frequentes em LMA, principalmente em casos sem anormalidades citogenéticas (Figura 13.2). Todas podem ser utilizadas para subclassificar a doença (ver Tabela 11.1) e têm significação prognóstica (Tabela 13.4). Alguns desses genes estão envolvidos em metilação ou acetilação do DNA (ver Figura 16.1) e também estão mutados em casos de mielodisplasia e neoplasias mieloproliferativas (ver Capítulos 15 e 16). A presença em LMA *de novo* de uma mutação "específica" de mielodisplasia (p. ex., *ASXL1* ou *SF3B1*) é prognosticamente desfavorável.

Tratamento

O tratamento é tanto de suporte como específico.

1 O *tratamento de suporte* para insuficiência da medula óssea foi descrito no Capítulo 12 e inclui a inserção de um cateter venoso central, suporte hemoterápico e prevenção da síndrome de lise tumoral. A contagem de plaquetas deve ser mantida acima de $10 \times 10^3/\mu L$, e a hemoglobina, acima de 8 g/dL. Qualquer episódio de febre deve ser imediatamente tratado. A leucemia promielocítica exige suporte especial, como será descrito adiante.

2 A *finalidade do tratamento* de leucemia aguda é a indução de remissão completa (< 5% de blastos na medula óssea, hemograma e *status* clínico normais) e, então, consolidá-la com quimioterapia intensiva, na esperança de eliminar a doença (Figura 13.8). O transplante de células-tronco alogênicas é considerado em casos de mau prognóstico (Tabela 13.4) ou em pacientes em que houve recidiva.

3 O *tratamento específico de LMA* é determinado pela idade e a *performance status* do paciente, mas também pelas alterações genéticas das células leucêmicas. Em pacientes mais jovens, o tratamento consiste em quimioterapia intensiva. Costuma ser feito em quatro blocos de aproximadamente uma semana cada, e os fármacos usuais são citarabina e daunorrubicina (ambos em doses convencionais ou em altas doses); idarrubicina, mitoxantrona e etoposido também são usados em vários protocolos (Figuras 13.8 e 13.9).

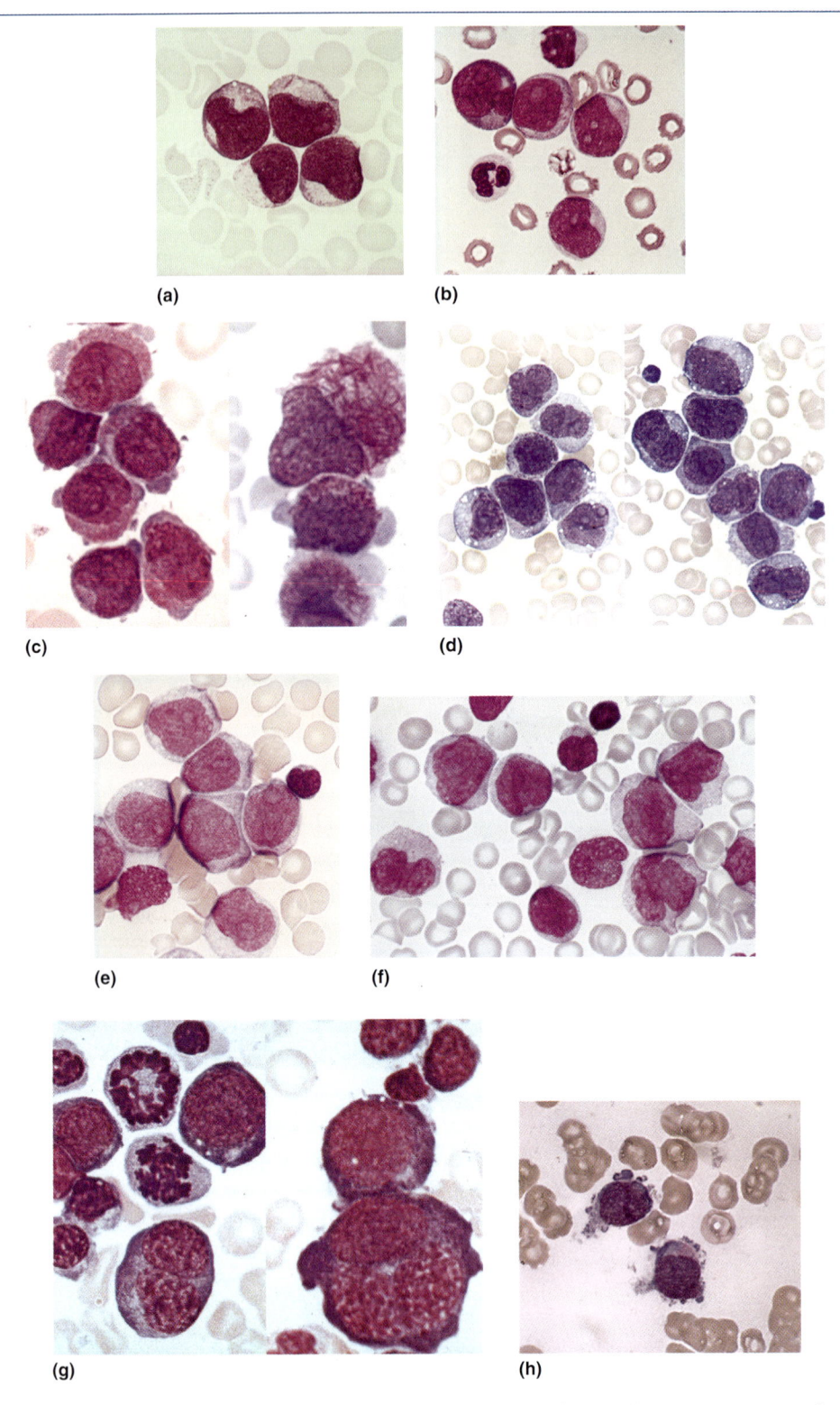

Figura 13.5 Exemplos morfológicos de leucemia mieloide aguda. **(a)** Blastos sem diferenciação mostram poucos grânulos, mas podem apresentar bastões de Auer, como neste caso. **(b)** Células em diferenciação mostram múltiplos grânulos citoplasmáticos. **(c)** Blastos de leucemia promielocítica aguda com grânulos proeminentes ou múltiplos bastões de Auer. **(d)** Os blastos mielomonocíticos têm alguma diferenciação monocitoide. **(e)** Leucemia monoblástica, em que > 80% dos blastos são monoblastos. **(f)** Leucemia monocítica, em que < 80% dos blastos são monoblastos. **(g)** Leucemia eritroide aguda, mostrando preponderância de eritroblastos. **(h)** Leucemia megacarioblástica, mostrando protusões (*blebs*) citoplasmáticas nos blastos.

(a) (b)

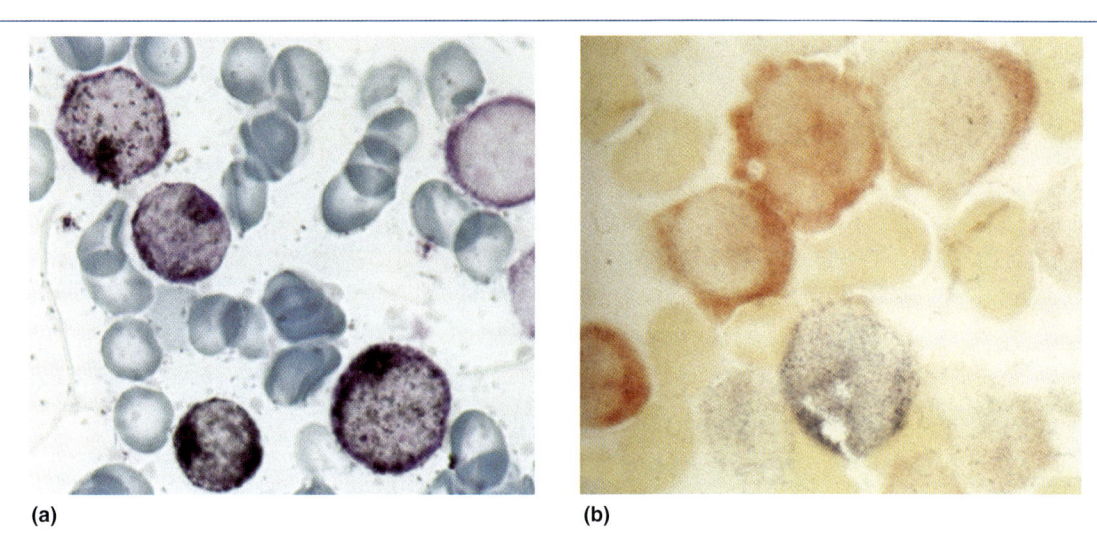

Figura 13.6 Coloração citoquímica em leucemia mieloide aguda. **(a)** *Sudan black*-B, mostrando coloração negra no citoplasma. **(b)** Mielomonocítica: a coloração esterase inespecífica/cloracetato apresenta cor alaranjada no citoplasma dos monoblastos e coloração azul no citoplasma dos mieloblastos.

Uma típica resposta favorável ao tratamento de LMA é mostrada na Figura 13.10. Os fármacos são mielotóxicos com seletividade limitada entre as células leucêmicas e as células medulares normais, de modo que a insuficiência medular decorrente do tratamento é grave, exigindo suporte intensivo e prolongado. O tratamento de manutenção não tem valor, exceto na LMA promielocítica, e a profilaxia ao SNC geralmente não é feita. Fármacos novos estão sendo introduzidos, como inibidores de FLT3 para tumores com mutações *FLT3*. Imunoconjugados monoclonais com alvo em CD33 (p. ex., Mylotarg®) ou em CD45 proporcionam mais uma escolha para terapêutica adicional na indução ou consolidação em LMA.

A leucemia promielocítica aguda (LPMA) tem um protocolo de tratamento próprio. Uma síndrome hemorrágica,

Tabela 13.4 Fatores prognósticos em leucemia mieloide aguda (LMA).

	Favorável	Intermediária	Desfavorável
Citogenética	t(15;17) t(8;21) inv(16)	Normal Outras alterações não complexas	Deleções dos cromossomos 5 ou 7; TP53 mutado Rearranjos complexos (> 3 anormalidades não relacionadas)
Genética molecular	Mutação *NPM* Mutação *CEBPA*	Sem alterações	Repetição interna em *tandem* de *FLT3*
Resposta medular à indução de remissão	< 5% de blastos após o primeiro curso		> 20% de blastos após o primeiro curso
Idade	Criança	< 60 anos	> 60 anos
Performance status	Bom		Mau
Comorbidades	Ausentes		Presentes
Contagem de leucócitos	< 10 × 10³/μL		> 100 × 10³/μL
Leucemia *de novo* ou secundária	Ausente		Presente, por exemplo, à quimioterapia ou à doença da medula óssea prévias
Doença residual mínima na remissão	Ausente		Presente (> 0,1% de células)

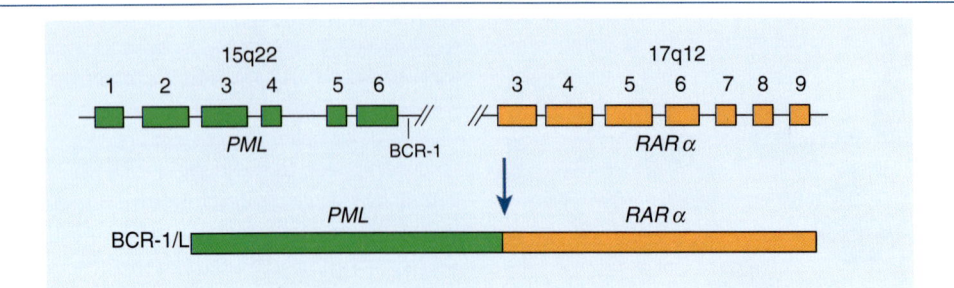

Figura 13.7 Geração da translocação t(15;17). O gene *PML* em 15q22 pode quebrar em um de três pontos de quebra nas regiões BCR-1, 2 e 3 do *cluster* e reunir-se com os éxons 3 a 9 do gene *RAR*α em 17q12. São gerados três diferentes mRNAs de fusão (denominados longo [L], variável [V] e curto [S]), e estes dão origem a proteínas de fusão de tamanhos diferentes. Neste diagrama, só é mostrada a versão longa, resultante da quebra em BCR-1.

capaz de causar hemorragia catastrófica, pode já estar presente ao diagnóstico ou surgir nos primeiros dias de tratamento. É tratada como CIVD, com múltiplas transfusões de plaquetas e reposição de fatores de coagulação com plasma fresco (ver p. 358). Além disso, para essa variante, é feito tratamento com ácido *all-trans* retinoico (ATRA), combinado inicialmente com arsênico ou antraciclina. A combinação com arsênico parece resultar em resposta clínica melhor, com menos efeitos colaterais. A ***síndrome de diferenciação*** (também chamada de síndrome ATRA) é uma complicação específica que pode surgir como decorrência do tratamento com ATRA. Problemas clínicos, que parecem ser devidos à

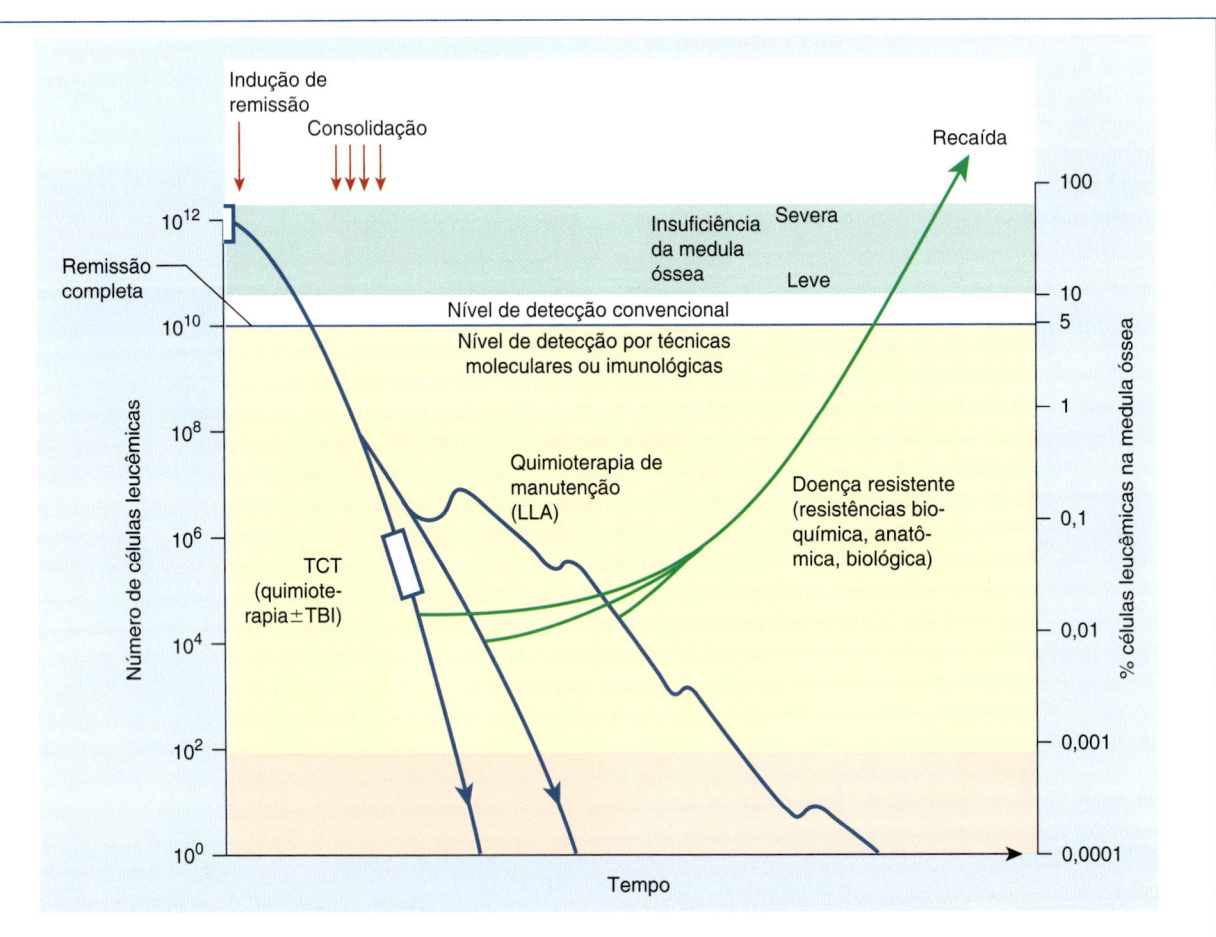

Figura 13.8 Leucemia aguda: princípios de tratamento para LMA ou LLA. LLA, leucemia linfoblástica aguda; TCT, transplante de células-tronco; TBI, irradiação de corpo inteiro. A decisão para TCT em remissão baseia-se nos fatores prognósticos e no resultado dos testes para doença residual mínima.

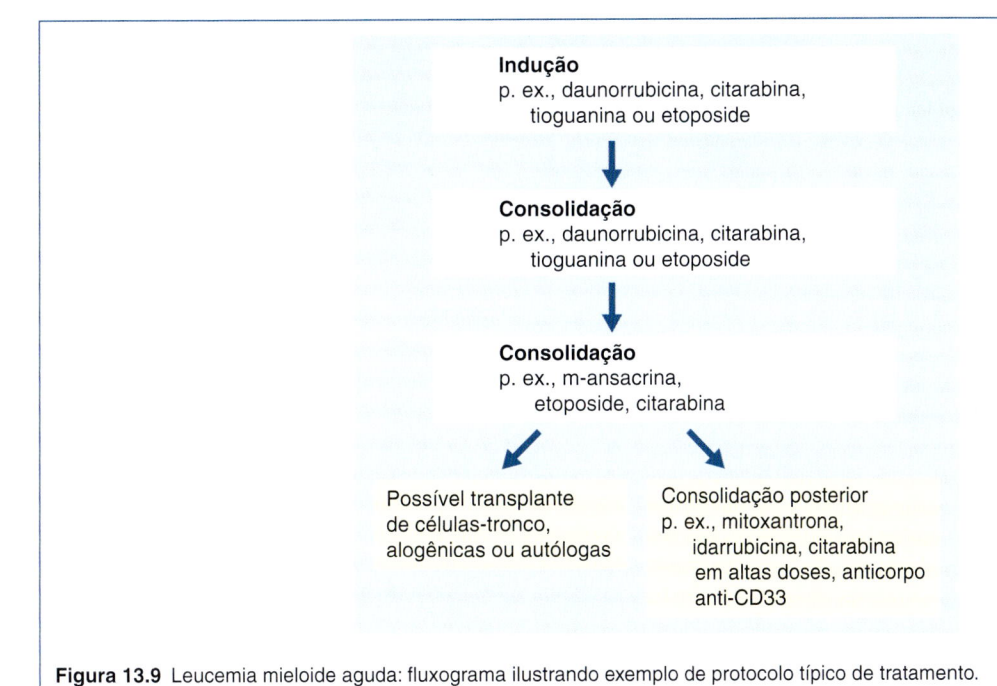

Figura 13.9 Leucemia mieloide aguda: fluxograma ilustrando exemplo de protocolo típico de tratamento.

```
Indução
p. ex., daunorrubicina, citarabina,
tioguanina ou etoposide
        ↓
Consolidação
p. ex., daunorrubicina, citarabina,
tioguanina ou etoposide
        ↓
Consolidação
p. ex., m-ansacrina,
etoposide, citarabina
      ↙        ↘
Possível transplante      Consolidação posterior
de células-tronco,        p. ex., mitoxantrona,
alogênicas ou autólogas   idarrubicina, citarabina
                          em altas doses, anticorpo
                          anti-CD33
```

neutrofilia que surge pela diferenciação dos promielócitos da medula óssea, incluem febre, hipoxia com infiltrados pulmonares e retenção com sobrecarga de líquidos. O tratamento é feito com corticosteroides, e só se suspende a administração de ATRA em casos excepcionalmente graves.

Prognóstico e estratificação do tratamento

O resultado final do tratamento para cada paciente (em particular) de LMA depende de uma série de fatores, incluindo idade e número de leucócitos no hemograma ao diagnóstico (Figura 13.4). Todavia, as anormalidades genéticas do tumor são a determinante de maior importância.

Define-se remissão completa como presença < 5% de blastos (sem bastões de Auer), contagem de neutrófilos > $1,0 \times 10^3/\mu L$, plaquetas > $100 \times 10^3/\mu L$, fim da necessidade de reposição transfusional e ausência de sinais de doença extramedular.

Um importante progresso no tratamento da LMA é o de basear o tratamento individual no **grupo de risco** a que pertence o paciente. Uma citogenética favorável e uma remissão obtida depois de apenas um ciclo de quimioterapia predizem um bom prognóstico. Em contrapartida, monossomia 5 ou anormalidades de 7, blastos com a mutação duplicação interna em *tandem* em *FLT-3* e doença que não responde bem ao tratamento inicial colocam o paciente em grupo de maior risco, exigindo tratamentos mais intensivos (Tabela 13.4).

A monitoração de **doença residual mínima** durante e após a quimioterapia, como, por exemplo, a detecção de mutação FLT3 em paciente em remissão completa, está sendo investigada como meio de guiar apropriadamente o tratamento. Pode ser feita por testes moleculares ou de citogenética ou por citometria em fluxo, pesquisando-se o "imunofenótipo anormal associado à leucemia" do paciente, visto em mais de 90% dos casos.

Transplante de células-tronco

O transplante de células-tronco alogênicas (TCT) reduz a frequência de recidiva da LMA e é oferecido em primeira remissão em casos selecionados de risco intermediário e de alto risco. O TCT implica significativo risco de morbidade e mortalidade, de modo que não é indicado em casos de risco favorável, a menos que tenha havido recidiva. Regimes de condicionamento de intensidade reduzida aumentaram a idade limite para indicação de TCT. Doadores potenciais são discutidos no Capítulo 23. O transplante autólogo não confere benefício superior ao da quimioterapia pós-remissão.

Pacientes com idade superior a 70 anos

A idade mediana de apresentação de LMA é de cerca de 65 anos, e o resultado do tratamento em idosos é pobre devido à resistência primária da doença e à má tolerância a protocolos de tratamento intensivo. Morte por hemorragia, infecção e insuficiência cardíaca, renal e de outros órgãos é mais frequente do que em pacientes mais jovens. Em idosos com doenças graves que acometam outros órgãos, deve-se decidir entre tratamento de suporte com ou sem uma quimioterapia suave, paliativa, com apenas um fármaco (p. ex., citarabina em baixa dose, azacitidina ou hidroxicarbamida). Em idosos em bom estado geral de saúde, entretanto, a quimioterapia combinada, similar à que se usa em pacientes mais jovens, que pode levar a remissões de longo prazo e TCT com condicionamento de intensidade reduzida, tem sido cada vez mais oferecida.

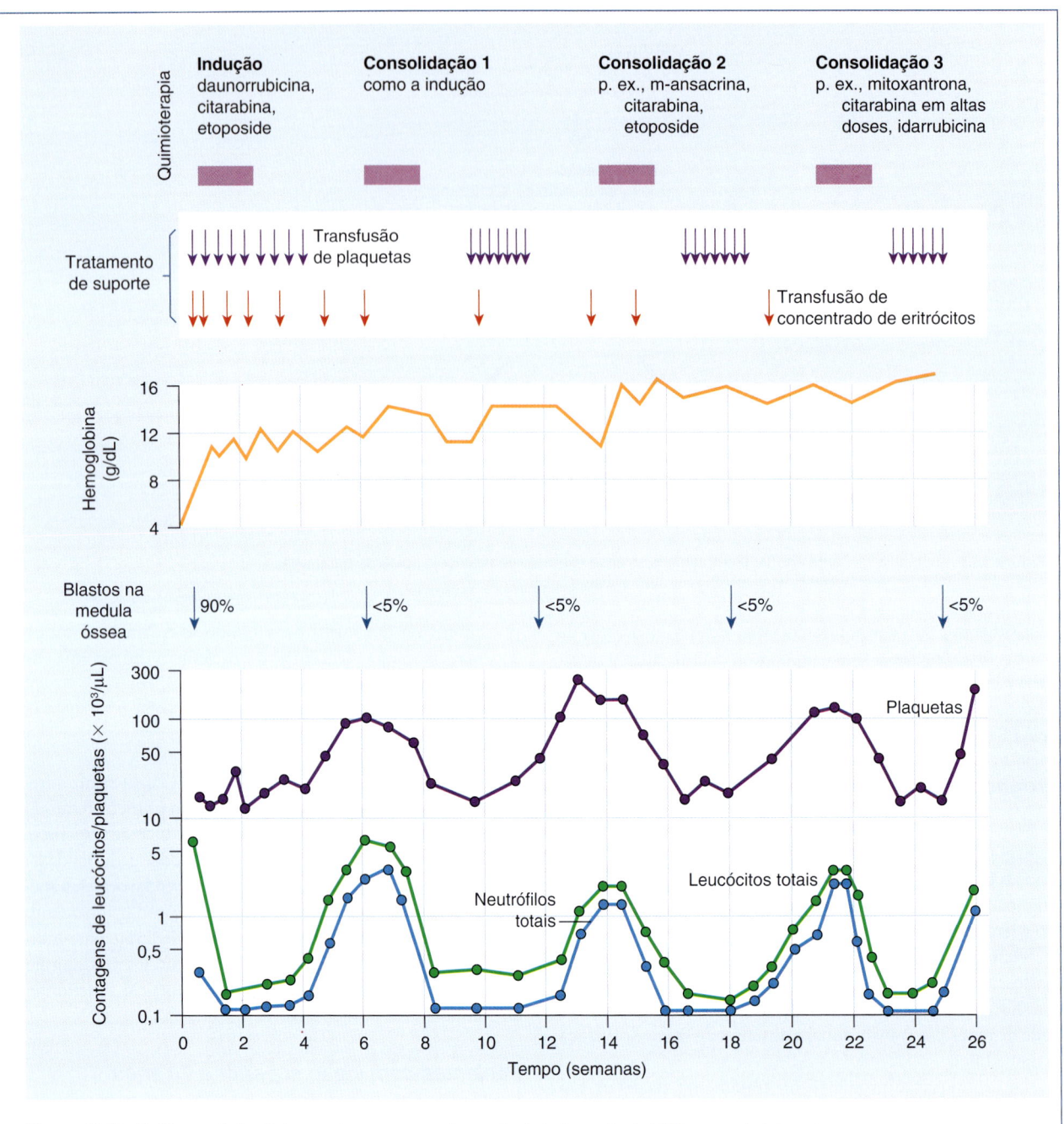

Figura 13.10 Gráfico evolutivo típico usado no acompanhamento de tratamento de LMA com quimioterapia.

Tratamento de recidiva

A maioria dos pacientes sofre recidiva da doença, e o prognóstico dependerá da idade, da duração da primeira remissão e do grupo de risco citogenético. Além de nova quimioterapia, em geral é feito TCT, com condicionamento padrão ou reduzido, em pacientes que possam tolerar o procedimento e que tenham um doador apropriado. O trióxido de arsênio é útil no tratamento de recidiva da variante promielocítica.

Prognóstico

O prognóstico de pacientes com LMA tem melhorado continuamente, sobretudo em pacientes com idade inferior a 60 anos; cerca de um terço deste grupo pode esperar longa remissão ou cura (Figura 13.11a). Para idosos, a situação é muito desfavorável: menos de 10% daqueles com idade superior a 70 anos podem esperar uma remissão a longo prazo (Figura 13.11b).

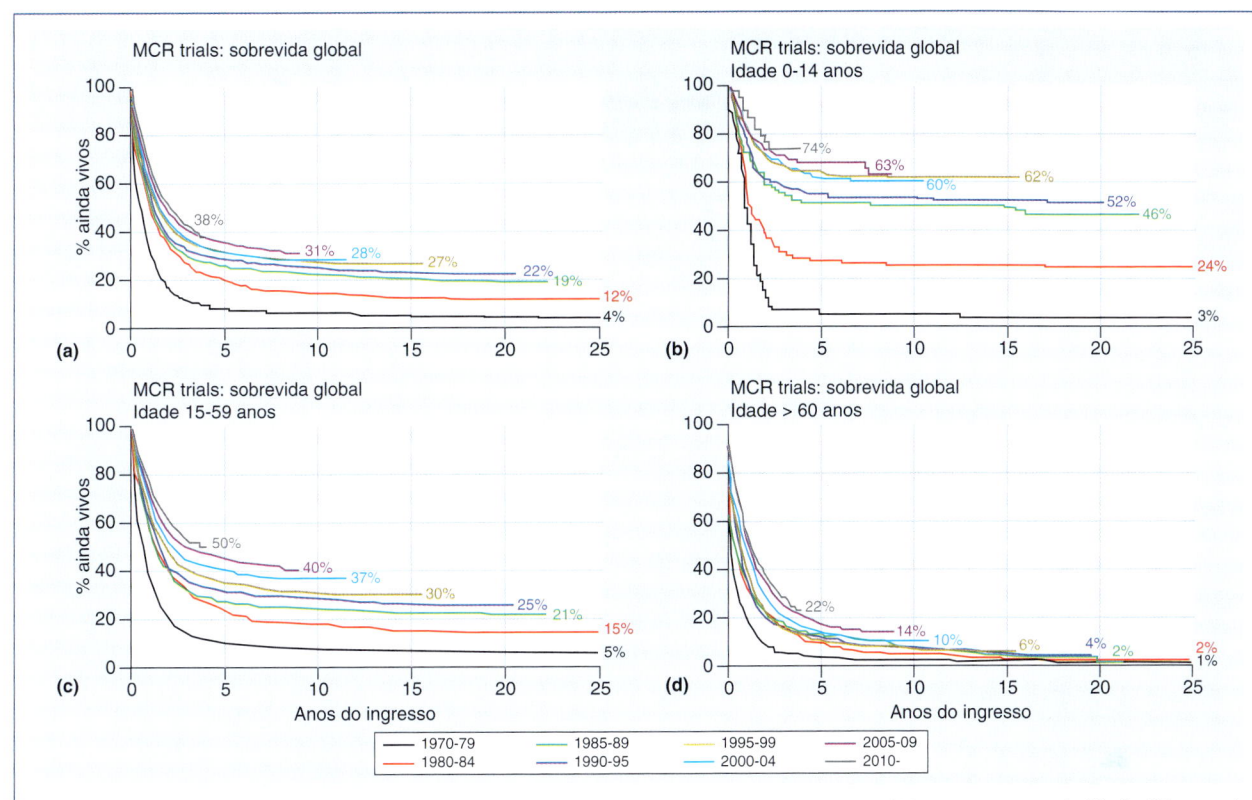

Figura 13.11 Melhora na sobrevida com a evolução dos planos de tratamento de pacientes com LMA, em programas do Medical Research Council (MCR *trials*), no Reino Unido **(a)**, e em relação às idades de 0 a 14 anos **(b)**, 15 a 59 anos **(c)** e > 60 anos **(d)**. Fonte: cortesia do Dr. Robert Hills, University of Cardiff.

RESUMO

- Leucemias são um grupo de doenças caracterizadas pelo acúmulo de leucócitos malignos na medula óssea e no sangue. Podem ser classificadas em quatro subtipos: *agudas* ou *crônicas* e *mieloides* ou *linfoides*.
- Leucemias agudas são doenças agressivas, nas quais a transformação de uma célula-tronco hematopoética leva ao acúmulo de > 20% de blastos na medula óssea.
- Aspectos clínicos da leucemia aguda resultam de insuficiência da medula óssea e incluem anemia, infecção e sangramento. Pode ocorrer infiltração leucêmica tecidual.
- A LMA é rara na infância e torna-se cada vez mais comum com o aumento da idade, com idade mediana de 65 anos ao diagnóstico.
- O diagnóstico é feito por hemograma e exame da medula óssea. Além da microscopia (morfologia), faz-se imunofenotipagem e análises citogenética e molecular.
- Anormalidades citogenéticas e moleculares são usadas como base de classificação e definem o prognóstico na maioria dos casos de LMA.
- Em pacientes jovens, o tratamento é feito com quimioterapia intensiva. É administrado em três ou quatro blocos de aproximadamente 1 semana cada, usando fármacos, como citarabina e daunorrubicina. Deve ser dado tempo entre os blocos para haver certa recuperação das contagens sanguíneas, geralmente de 4 a 6 semanas.
- Leucemia promielocítica aguda é uma variante da LMA que apresenta a translocação cromossômica t(15;17). Costuma apresentar manifestações hemorrágicas iniciais e é tratada com ácido retinoico (ATRA) e arsênico ou quimioterapia.
- O prognóstico da LMA tem melhorado significativamente, sobretudo para pacientes com idade inferior a 60 anos; um terço desse grupo pode esperar remissão a longo prazo ou cura. O resultado do tratamento em pacientes idosos persiste desapontador.
- O transplante de células-tronco alogênicas é útil no tratamento de certos subgrupos de pacientes e pode até ser curativo em pacientes com doença recidivada.

Visite **www.wileyessential.com/haematology** para testar seus conhecimentos neste capítulo.

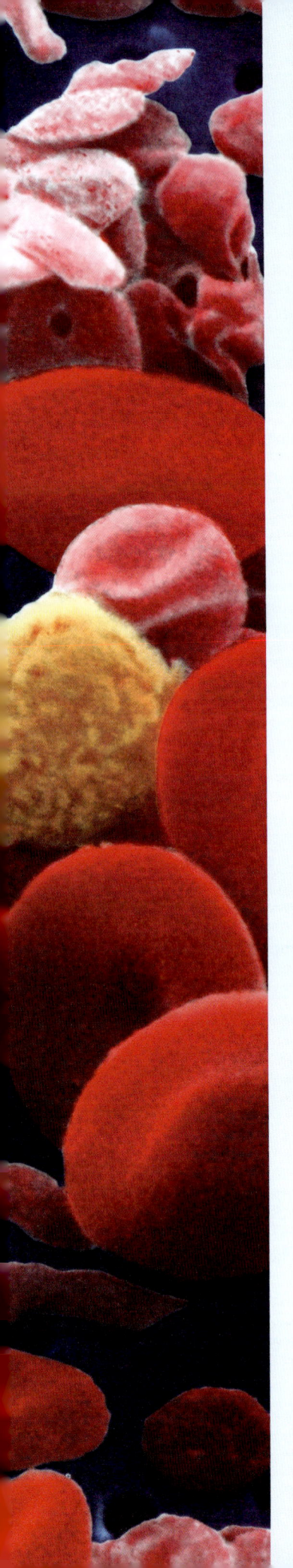

CAPÍTULO 14
Leucemia mieloide crônica

Tópicos-chave

- Leucemia mieloide crônica — 157
  - Aspectos clínicos — 159
  - Achados laboratoriais — 159
  - Tratamento — 160
  - Fase acelerada e transformação blástica — 162
- Leucemia neutrofílica crônica — 164
- Leucemia eosinofílica crônica — 164

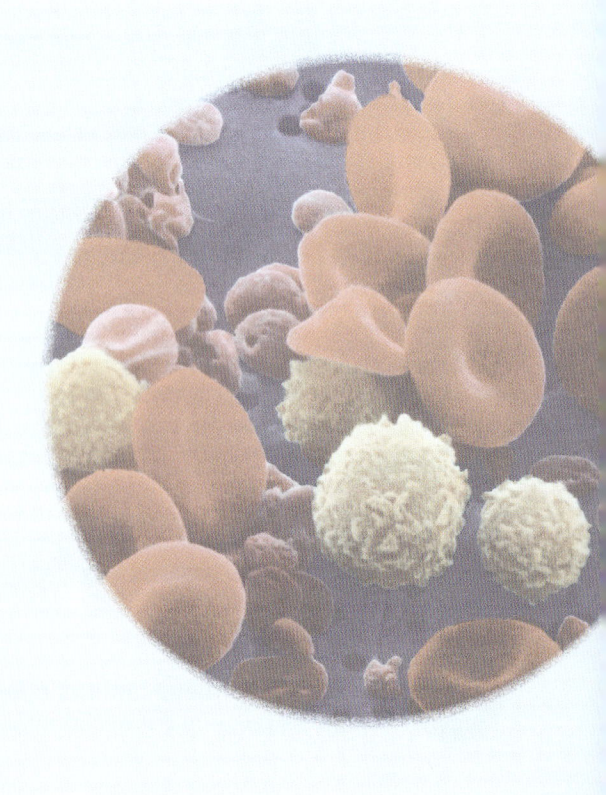

As leucemias crônicas são distintas das leucemias agudas por terem progressão mais lenta. É possível subdividir as leucemias crônicas em mieloide (Tabela 14.1) e linfoide (ver Capítulo 18).

Tabela 14.1 Leucemia mieloide crônica (LMC) e neoplasias mielodisplásicas/mieloproliferativas (ver Capítulo 16; ver também Apêndice)

Tipo
LMC rearranjo *BCR-ABL1* positivo
LMC rearranjo *BCR-ABL1* negativo
Leucemia neutrofílica crônica
Leucemia eosinofílica crônica
Leucemia monocítica crônica
Leucemia mielomonocítica crônica
Leucemia mielomonocítica infantil
Anemia refratária com sideroblastos em anel e trombocitose

Nota: todas as doenças, exceto LMC *BCR-ABL1* positiva, são raras.

Leucemia mieloide crônica

Leucemia mieloide (ou mielocítica) crônica BCR-ABL1+ (LMC) é um distúrbio clonal de uma célula-tronco pluripotente. A doença é responsável por cerca de 15% das leucemias e pode ocorrer em qualquer idade. O diagnóstico de LMC raramente é difícil; é confirmado pela presença característica do **cromossomo Filadélfia** (**Ph**, do inglês, *Philadelphia*). Ele resulta da translocação t(9;22) (q34;q11) entre os cromossomos 9 e 22, em que parte do oncogene *ABL1* é transferida para o gene *BCR* no cromossomo 22 (Figura 14.1a), e parte do cromossomo 22 é transferida para o cromossomo 9. Este cromossomo 22 anormal é o cromossomo Ph. Na translocação Ph, éxons 5′ do *BCR* são fundidos nos éxons 3′ do *ABL1* (Figura 14.1b, c). O gene quimérico resultante, *BCR-ABL1*, codifica uma proteína de fusão de tamanho 210 kDa (p210), com atividade de tirosinoquinase excessiva em relação ao produto normal do ABL1, de 145 kDa. A translocação Ph também é observada em uma minoria de casos de leucemia linfoblástica aguda (LLA) e, em alguns deles, o ponto de ruptura do *BCR* ocorre na mesma região que na LMC. Em outros casos, entretanto, o ponto de ruptura no *BCR* é mais a montante, no íntron entre o primeiro e o segundo éxons, deixando somente o primeiro éxon *BCR* intacto. Este gene *BCR-ABL1* quimérico é expresso como uma proteína p190 que, assim como a p210, tem atividade de tirosinoquinase aumentada.

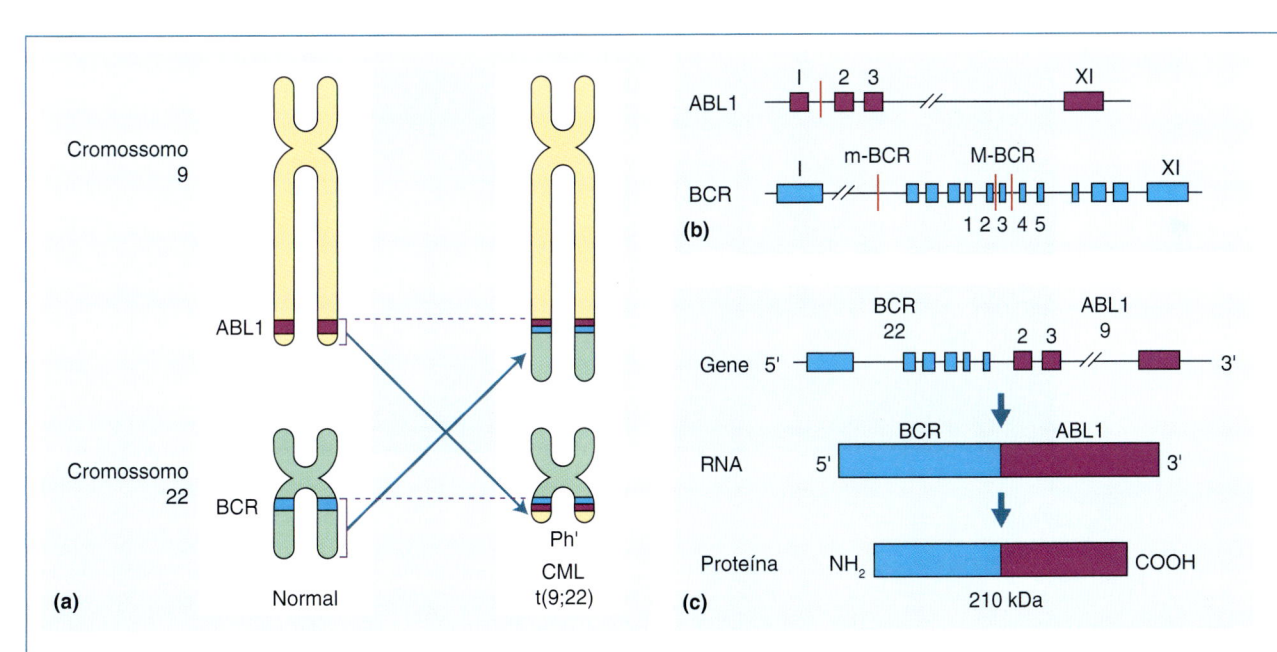

Figura 14.1 O cromossomo Filadélfia (Ph). **(a)** Há translocação de parte do braço longo do cromossomo 22 para o braço longo do cromossomo 9 e translocação recíproca de parte do braço longo do cromossomo 9 para o cromossomo 22 (cromossomo Ph). Essa translocação recíproca traz a maior parte do gene *ABL1* para a região *BCR* do cromossomo 22 (e parte do gene *BCR* em justaposição com a porção remanescente do *ABL* no cromossomo 9). **(b)** O ponto de ruptura no *ABL1* é entre os éxons 1 e 2. O ponto de ruptura no *BCR* é em um de dois pontos na região do principal grupo de ruptura (M-BCR) na LMC ou em alguns casos de LLA Ph+. **(c)** Isso dá origem a uma proteína de fusão, de 210 kDa, derivada do gene de fusão *BCR-ABL1*. Em outros casos de LLA Ph+, o ponto de ruptura em *BCR* é em uma região menor de grupo de ruptura (m-BCR), resultando em um gene de fusão *BCR-ABL* menor e uma proteína de 190 kDa.

(*continua*)

(d)

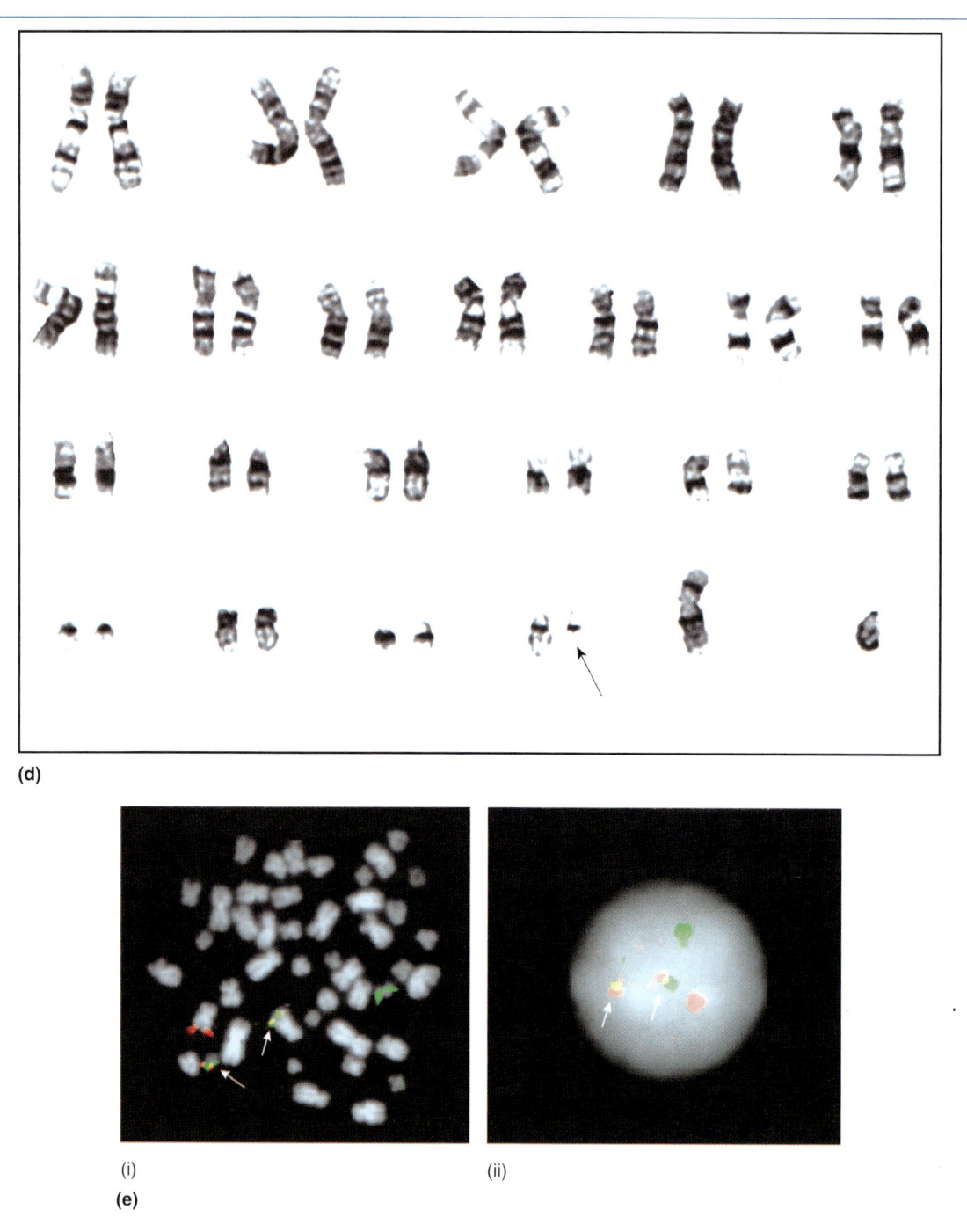

(i)　　　　　　　　　　　　　　(ii)
(e)

Figura 14.1 (*Continuação*) **(d)** Cariótipo exibindo a translocação t(9;22) (q34;q11); a seta mostra o cromossomo Ph. **(e)** Visualização do cromossomo Filadélfia em (i) células em divisão (metáfase) e em (ii) células quiescentes (interfase), por hibridização fluorescente *in situ* (FISH) (sonda ABL em vermelho e sonda BCR em verde) com sinais de fusão (vermelho/verde) nos cromossomos Ph (BCR-ABL1) e der(9) (ABL1-BCR). Fonte: cortesia do Dr. Ellie Nacheva.

Na grande maioria dos pacientes, o cromossomo Ph é visto pela análise do cariótipo das células leucêmicas (Figura 14.1d), porém, em alguns pacientes, a anormalidade Ph não é visível à microscopia, embora o mesmo rearranjo molecular seja detectável por técnicas mais sensíveis: hibridização fluorescente *in situ* (FISH) (Figura 14.1e) ou reação em cadeia da polimerase (RT-PCR) para transcriptos BCR-ABL1. Essa LMC Ph-negativa e *BCR-ABL1* positiva comporta-se clinicamente como a LMC Ph-positiva. Sendo uma anomalia adquirida de células-tronco hematopoéticas, o cromossomo Ph é encontrado em células da linhagem mieloide (granulocítica, eritroide e megacariocítica) e linfoide (células B e T). A principal causa de morte na LMC é a transformação blástica, que pode ser precedida por uma fase acelerada. Isso será discutido adiante, neste capítulo.

A leucemia mieloide crônica BCR-ABL1-negativa é classificada com as neoplasias mielodisplásicas/mieloproliferativas (ver Capítulo 16).

Aspectos clínicos

A doença ocorre em ambos os sexos (relação masculino:feminino de 1,4:1), com mais frequência entre os 40 e 60 anos de idade. No entanto, pode ocorrer em crianças e em recém-nascidos, assim como em pessoas muito idosas. Em cerca de 50% dos casos, o diagnóstico é notado incidentalmente, ao fazer-se um hemograma por outra causa. Nos casos em que a doença já se apresenta com sintomas/sinais clínicos, os aspectos gerais são os seguintes:

1. Sintomas relativos a hipermetabolismo (p. ex., perda de peso, lassidão, anorexia ou suores noturnos).
2. A esplenomegalia está quase sempre presente e pode ser volumosa. Em alguns pacientes, o aumento do baço associa-se a considerável desconforto abdominal, dor ou indigestão.
3. Sintomas de anemia, como palidez, dispneia e taquicardia.
4. Equimoses, epistaxe, menorragia e hemorragia em outros locais devido ao defeito funcional das plaquetas.
5. Gota ou insuficiência renal causadas pela hiperuricemia do catabolismo excessivo de purina.
6. Sintomas raros incluem distúrbios visuais e priapismo.

Achados laboratoriais

1. Leucocitose é o principal aspecto, e pode atingir cifras superiores a $200 \times 10^3/\mu L$ (Figura 14.2). Um espectro completo de células mieloides é visto no sangue periférico. Os níveis de neutrófilos e mielócitos excedem aos de blastos e promielócitos (Figura 14.3).
2. Aumento de basófilos no hemograma é característico.
3. Anemia normocítica normocrômica é comum.
4. Contagem de plaquetas aumentada (mais frequente), normal ou diminuída.
5. Medula óssea hipercelular com predominância granulocitopoética.
6. Presença do gene de fusão *BCR-ABL1* por análise RT-PCR e, em 98% dos casos, cromossomo Ph na análise citogenética (Figura 14.1d).
7. Ácido úrico sérico geralmente aumentado.

Escores de prognóstico (estadiamento)

Foram feitas tentativas de estadiamento da LMC à apresentação, para fins prognósticos. O mais usado é o escore de Sokal, que leva em conta idade, porcentagem de blastos, dimensões do baço e contagem de plaquetas. Atualmente, a medida prognóstica mais relevante é a velocidade de resposta ao tratamento com um inibidor de tirosinoquinase.

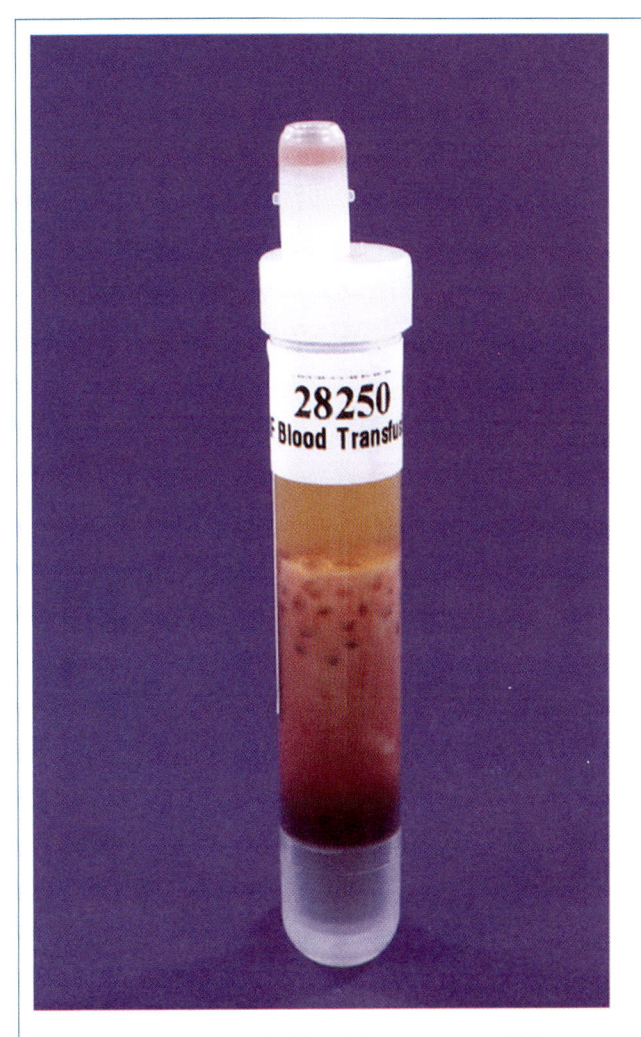

Figura 14.2 Leucemia mieloide crônica: sangue periférico mostrando vasto aumento no creme leucocitário (*buffy coat*). Contagem de leucócitos: $532 \times 10^3/\mu L$.

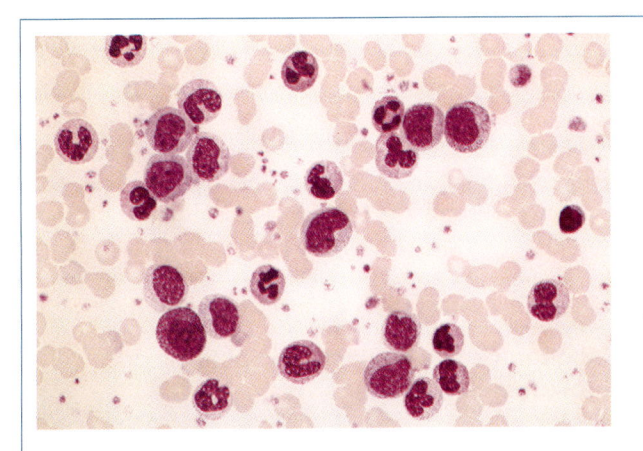

Figura 14.3 Leucemia mieloide crônica: distensão de sangue periférico, mostrando leucocitose com vários estágios da granulocitopoese, incluindo promielócitos, mielócitos, metamielócitos, bastonetes e neutrófilos segmentados.

Tabela 14.2 Inibidores de tirosinoquinases (TKI) usados no tratamento de leucemia mieloide crônica (LMC)

	Ação	Efeitos colaterais	Papel no tratamento
Imatinibe	Primeiro TKI, designado como um inibidor específico para a proteína de fusão BCR-ABL1. Ele bloqueia a atividade de tirosinoquinase, competindo com a ligação do trifosfato de adenosina (ATP)	Exantema, náusea, mielossupressão, retenção de líquido, cãibras	Tratamento de primeira linha. Uso ocasional em intolerância/resistência a outros TKI
Nilotinibe	Inibidor de segunda geração, com afinidade aumentada para BCR-ABL1. Ele alcança remissão molecular mais rápida do que o imatinibe	Mielossupressão, cefaleia, náusea, prolongamento do intervalo QT	Primeira linha *ou* resistência/intolerância ao primeiro TKI usado
Dasatinibe	Inibe BCR-ABL1 e a família de quinases SRC, que tem um papel na condução da progressão da LMC	Cefaleia, derrame pleural, tosse, prolongamento do intervalo QT	Primeira linha *ou* resistência/intolerância ao primeiro TKI usado
Bosutinibe	Inibe BCR-ABL1 com efeito inibidor adicional sobre a família de quinases SRC	Diarreia, náusea, trombocitopenia	Resistência/intolerância ao primeiro TKI usado
Ponatinibe	Inibidor de tirosinoquinases com alvos múltiplos	Trombocitopenia, exantema, pele seca, trombose arterial	Resistência/intolerância ao primeiro TKI usado. Eficaz no tratamento de LMC com mutação T315I

Tratamento

Tratamento da fase crônica

Inibidores de tirosinoquinase (TKI)

Os inibidores de tirosinoquinase (TKI) são a base do tratamento de LMC, e diversos fármacos estão atualmente disponíveis (Tabela 14.2).

O tratamento de primeira linha de pacientes diagnosticados em fase crônica de LMC é feito com um TKI, geralmente imatinibe, nilotinibe ou dasatinibe. A maior experiência se tem com imatinibe (Figura 14.4), que também é o mais barato. Cerca de 60% dos pacientes que recebem imatinibe alcançam uma excelente resposta; os demais 40% passam a um agente de segunda linha devido a intolerância ou resposta insatisfatória.

Nilotinibe e dasatinibe causam resposta mais rápida quando usados em primeira linha, com preferência em certos centros de tratamento, mas os efeitos colaterais são mais frequentes. São também usados como segunda linha, após imatinibe (Figura 14.5). O bosutinibe também é eficaz como tratamento de segunda linha, ao passo que a ponatinibe tem a vantagem única de se mostrar eficaz contra tumores que carreiam a mutação T315I dentro de BCR-ABL1.

Monitoração da resposta a inibidores de tirosinoquinase (TKI)

Os TKI são altamente eficazes na redução do número de células leucêmicas e devem ser monitorados por RT-PCR para transcritos *BCR-ABL1* na medula óssea ou no sangue e/ou por análise cariotípica da medula óssea, aos 3, 6 e 12 meses do começo do tratamento. A resposta molecular é avaliada como a relação de transcritos *BCR-ABL1* para *ABL1* e é expressa como *BCR-ABL1%*, em uma escala logarítmica, em que 10%, 1%, 0,1%, 0,01 e 0,001% correspondem, respectivamente, ao decréscimo de 1, 2, 3, 4 e 5 logs abaixo da linha de base padrão. Uma resposta citogenética completa (CCyR) define-se como ausência de metáfases Ph+ nas células examinadas da medula óssea.

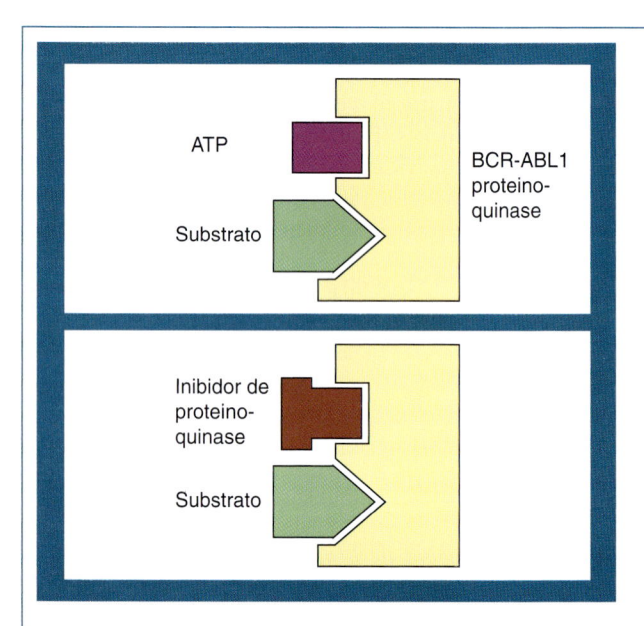

Figura 14.4 Modo de ação do inibidor de tirosinoquinase imatinibe. Ele bloqueia o local de ligação do trifosfato de adenosina (ATP).

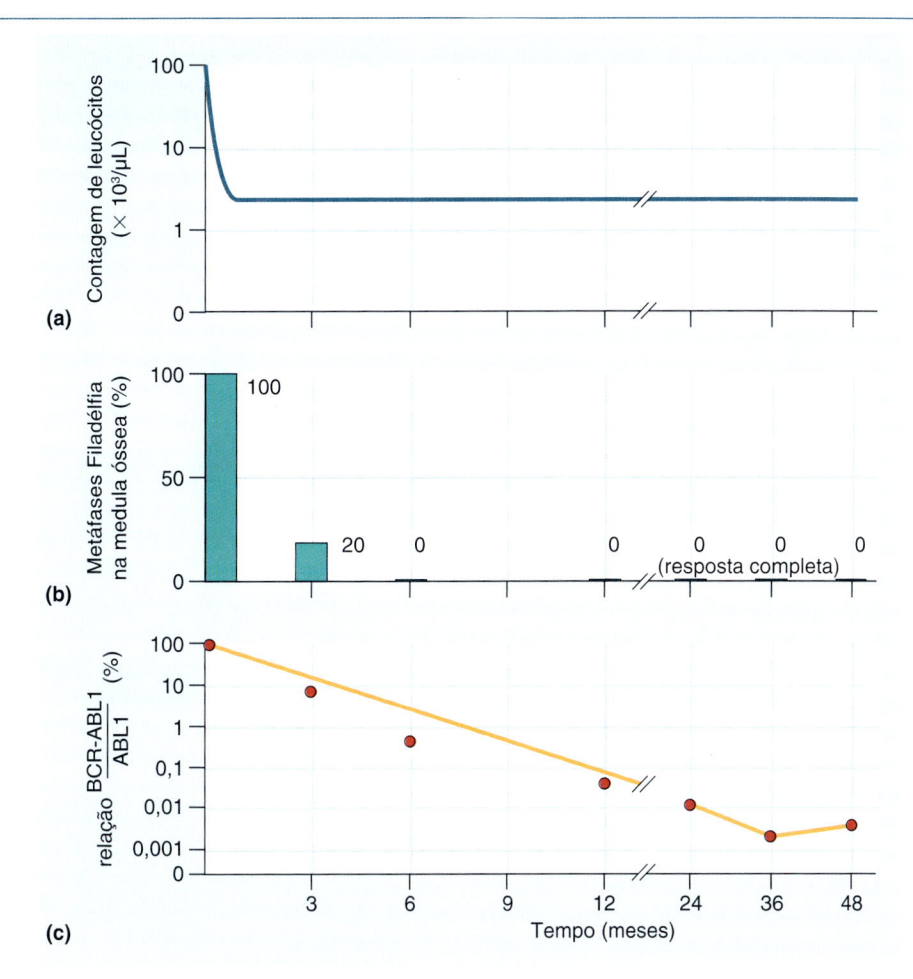

Figura 14.5 Exemplo de resposta hematológica e citogenética em paciente com leucemia mieloide crônica que entrou em remissão completa com tratamento com imatinibe. **(a)** A contagem de leucócitos volta ao normal em alguns dias. **(b)** O exame cariotípico da medula óssea revela uma redução gradual do número de cromossomos Filadélfia durante os primeiros 6 meses. **(c)** Análise da medula ou do sangue por PCR mostra redução do número de transcritos BCR-ABL1 em comparação com o número de transcritos ABL1 normais. Os transcritos BCR-ABL1 continuam a ser detectados em nível muito baixo, mas podem negativar em alguns pacientes. Neste caso, a análise foi feita na medula óssea nos primeiros 6 meses e no sangue periférico daí em diante.

O tratamento pode ter uma *resposta* ótima ou mostrar-se um *fracasso* (falta de resposta); há uma área intermediária com *resposta duvidosa* (Tabela 14.3). Os pacientes com resposta ótima continuam o tratamento original, enquanto em casos em que há fracasso na resposta, passa-se a tratamento com TKI de segunda geração ou transplante de células-tronco (TCT). Os pacientes da área intermediária, de resposta duvidosa, devem ser monitorados mais seguidamente para considerar sobre uma mudança mais precoce de tratamento ou sobre um aumento da dose de imatinibe.

Testes para mutações em *BCR-ABL1*

Um dos mecanismos de resistência ao tratamento com TKI é a seleção de clones de células leucêmicas que contêm mutações dentro do gene de fusão *BCR-ABL1* (p. ex., T315I). Essas mutações podem ser detectadas pelo sequenciamento do gene *BCR-ABL1*. O padrão de mutação é útil para a escolha de qual tratamento de segunda linha a ser preferido.

Resposta ao tratamento com TKI

O tratamento com TKI é altamente eficaz e, após 5 anos de tratamento, a sobrevida livre de progressão da doença é de 85 a 90%, com sobrevida global > 90% (Figura 14.6). Entre os pacientes que se tornam negativos para transcritos BCR-ABL1, cerca de 60% persistem negativos ao suspender-se a medicação ou, ao menos, persistem em remissão com um nível baixo e estável de transcritos. Para os pacientes que se mostram novamente positivos para BCR-ABL1, e com um nível crescente de transcritos, o recomeço de tratamento com TKI geralmente ocasiona o retorno ao *status* BCR-ABL1 negativo. Esses resultados permitem a suposição de que alguns pacientes de LMC sejam efetivamente curados pelo tratamento com TKI.

Tabela 14.3 Definição da resposta a inibidores de tirosinoquinase como primeira linha de tratamento em LMC. Como exemplos, BCR-ABL1 ≤ 10% refere-se ao fato de o nível de transcrito *BCR-ABL1* ter sido reduzido a menos de 10% do nível de *ABL1*. Ph+ ≤ 35% indica que o número de cromossomos Filadélfia-positivos em células da medula óssea é inferior a 35% do número total examinado. Fonte: de Baccarani et al. (2013) *Blood*, 122: 872-884.

Tempo	Resposta ótima	Resposta duvidosa	Fracasso (resistência)
Aos 3 meses	BCR-ABL1 ≤ 10% e/ou Ph+ ≤ 35%	BCR-ABL1 > 10% e/ou Ph+ = 36-95%	Sem resposta hematológica completa e/ou Ph+ > 95%
Aos 6 meses	BCR-ABL1 < 1% e/ou Ph+ 0	BCR-ABL1 = 1-10% e/ou Ph+ = 1-35%	BCR-ABL1 > 10% e/ou Ph+ > 35%
Aos 12 meses	BCR-ABL1 ≤ 0,1%	BCR-ABL1 > 0,1-1%	BCR-ABL1 > 1% e/ou Ph+ > 0
Daí em diante, a qualquer tempo	BCR-ABL1 ≤ 0,1%	Anormalidades citogenéticas complexas/Ph– (–7, ou 7q–)	Perda de resposta hematológica completa Perda de resposta citogenética completa Perda significativa da resposta molecular (expressão de BCR-ABL1 de ≤ 0,1%) Mutações Anormalidades cromossômicas clonais em células Ph+

Formas adicionais de tratamento

Quimioterapia

Tratamento com hidroxicarbamida (antes designada hidroxiureia) pode controlar e manter a contagem de leucócitos na fase crônica, mas não reduz a porcentagem de células *BCR-ABL1* positivas. Esse tratamento foi substituído por TKIs.

Interferon-α

Costumava ser usado após controle da contagem de leucócitos com hidroxicarbamida, mas essa combinação foi substituída pelo imatinibe. Quase todos os pacientes, nos primeiros dias de tratamento, têm sintomas parecidos com os da gripe: respondem ao paracetamol e gradualmente regridem. Complicações mais sérias incluem anorexia, depressão e citopenia (ver Tabela 12.2). Uma minoria (cerca de 15%) dos pacientes pode ter remissão a longo prazo com perda do cromossomo Ph na análise citogenética, embora o gene de fusão *BCR-ABL1* persista detectável por PCR.

Transplante de células-tronco (TCT)

O TCT alogênico é um tratamento potencialmente curativo da LMC, porém, devido à gravidade dos riscos associados ao procedimento, é reservado para o fracasso do imatinibe (Figura 14.7) ou para pacientes que já estão em fase acelerada ou aguda à apresentação. Os resultados, contudo, são melhores quando o procedimento é feito na fase crônica do que quando realizado já em fases avançadas. A sobrevida aos 5 anos é da ordem de 50 a 70%. Recaída de LMC após transplante é um problema significativo, mas infusão de leucócitos do doador (ver p. 261) é um procedimento eficaz de rescaldo, principalmente se a recidiva for diagnosticada precocemente por detecção molecular do transcrito *BCR-ABL1*.

Fase acelerada e transformação blástica

A **transformação aguda** (≥ 20% de blastos no sangue ou na medula óssea) pode ocorrer rapidamente, em dias ou semanas (Figura 14.8), mas é mais comum haver antes uma **fase acelerada**, com anemia, trombocitopenia (plaquetas < 100 × $10^3/\mu L$), basofilia > 20%, blastos no

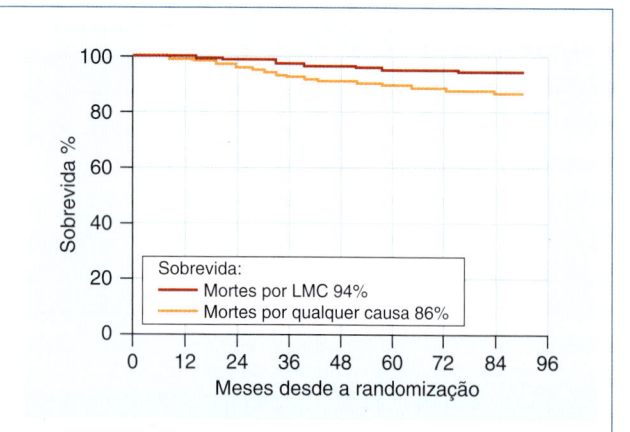

Figura 14.6 Acompanhamento de pacientes em tratamento com imatinibe por LMC em fase crônica. Após 7 anos, apenas 6% dos pacientes morreram devido à LMC, e a sobrevida global foi de 86%. Fonte: O'Brien S. G. et al. (2008) *Blood* 112: 76a, com permissão.

Capítulo 14: Leucemia mieloide crônica / **163**

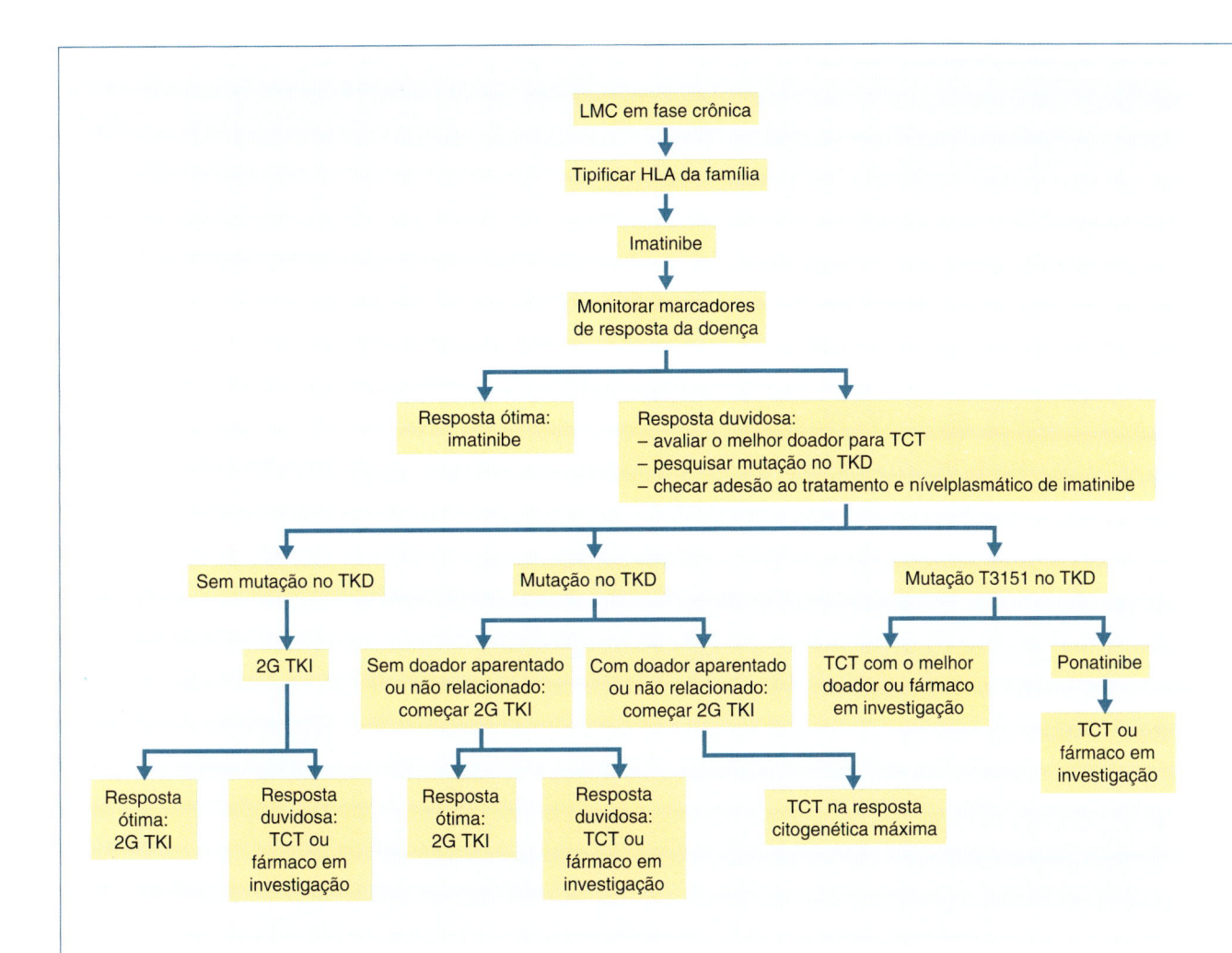

Figura 14.7 Um algoritmo potencial para o tratamento de pacientes jovens com LMC em fase crônica. Imatinibe é sugerido como tratamento de primeira linha. O papel do transplante de células-tronco (TCT) é enfatizado no tratamento de pacientes jovens. Fonte: adaptada de la Fuente et al. (2014) *Br J Haematol,* 167(1): 33-47. 2G TKI, inibidor de tirosinoquinase de 2ª geração; TKD, domínio tirosinoquinase.

sangue e blastos de 10 a 19% na medula óssea. O baço pode estar aumentado, apesar da contagem de leucócitos no sangue estar contida, e a biópsia costuma mostrar fibrose medular. É comum o aparecimento de novas anomalias cromossômicas ou moleculares. Essa fase pode durar vários meses, durante os quais o controle da doença é mais difícil do que na fase crônica. Em cerca de um quinto dos casos, a transformação aguda é linfoblástica, e vários entre esses pacientes, se tratados de modo semelhante ao da LLA, retornam à fase crônica; este resultado favorável dura meses ou até 1 ou 2 anos. Na maioria dos casos, entretanto, a transformação é em LMA ou em tipos mistos. Estes são mais difíceis de tratar, e a sobrevida raramente ultrapassa 1 ano. Os TKIs são úteis no tratamento da transformação blástica, porém surge resistência ao tratamento em algumas semanas. O TCT alogênico, sempre que possível, é uma opção a ser tentada.

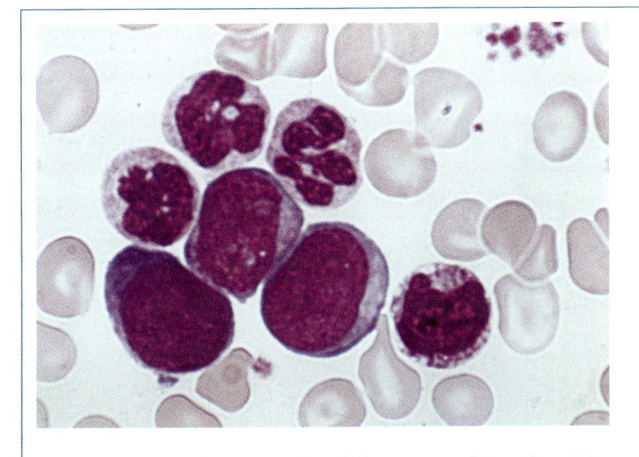

Figura 14.8 Leucemia mieloide crônica em transformação mieloblástica aguda. Distensão de sangue periférico mostrando mieloblastos frequentes.

Leucemia neutrofílica crônica

Os pacientes com essa leucemia não apresentam inflamação ou outras causas de neutrofilia e não mostram evidências de nenhuma das demais neoplasias mieloproliferativas. Pode haver moderada esplenomegalia. Na maioria dos pacientes, podem ser evidenciadas mutações de ativação de função no gene que codifica o fator estimulador de colônias 3 (*CSF3R*), e inibidores de quinases podem ser úteis no tratamento. O prognóstico é variável.

Leucemia eosinofílica crônica

Trata-se de uma eosinofilia (> $1,5 \times 10^3/\mu L$) clonal, crônica e persistente. Em vários casos, há uma lesão intersticial no cromossomo 4, resultando em um gene de fusão *FIP1L1-PDGFRA* (esses pacientes respondem ao tratamento com imatinibe) ou outros defeitos citogenéticos ou moleculares mais raros. Podem estar presentes > 5% (mas < 20%) blastos na medula óssea. Os eosinófilos infiltram vários órgãos, causando dano cardíaco (p. ex., fibrose endomiocárdica), pulmonar, no SNC, na pele e no trato gastrintestinal. Se não puder ser demonstrada clonalidade e os blastos na medula forem < 5%, a condição é designada como síndrome hipereosinofílica (ver p. 96).

RESUMO

- Leucemia mieloide crônica (LMC) é um distúrbio clonal de uma célula-tronco pluripotente. A doença corresponde a cerca de 15% dos casos de leucemia e pode ocorrer em qualquer idade.
- Todos os casos de LMC têm uma translocação entre os cromossomos 9 e 22, na qual o oncogene *ABL1* é transposto para o gene *BCR* no cromossomo 22 e gera o cromossomo Filadélfia (Ph).
- O gene quimérico resultante, *BCR-ABL1*, codifica uma proteína de fusão com uma atividade de tirosinoquinase aumentada.
- Na maioria dos pacientes, o cromossomo Ph é notado à microscopia na cariotipagem das células leucêmicas, porém, raras vezes, o rearranjo molecular só pode ser detectado por FISH ou PCR.
- Embora a doença possa ocorrer em qualquer idade, é muito mais comum entre os 40 e 60 anos.
- Os aspectos clínicos incluem perda de peso, sudoreses, anemia, sangramento e esplenomegalia. O hemograma mostra considerável neutrofilia, com mielócitos, basofilia e algumas células imaturas da mielopoese.
- Pode ocorrer transformação da doença para uma fase acelerada ou de leucemia aguda.
- O tratamento é feito com inibidores de tirosinoquinase, como imatinibe, dasatinibe e nilotinibe. As células leucêmicas podem adquirir resistência aos inibidores, e o tratamento deve ser ajustado apropriadamente.
- O transplante de células-tronco alogênicas pode ser curativo e também utilizado como recurso contra doença avançada.
- Com o tratamento atual, o prognóstico melhorou consideravelmente, com expectativa de controle da doença a longo prazo em cerca de 90% dos pacientes.
- As leucemias neutrofílica e eosinofílica crônicas são doenças muito mais raras do que a LMC.

Visite **www.wileyessential.com/haematology** para testar seus conhecimentos neste capítulo.

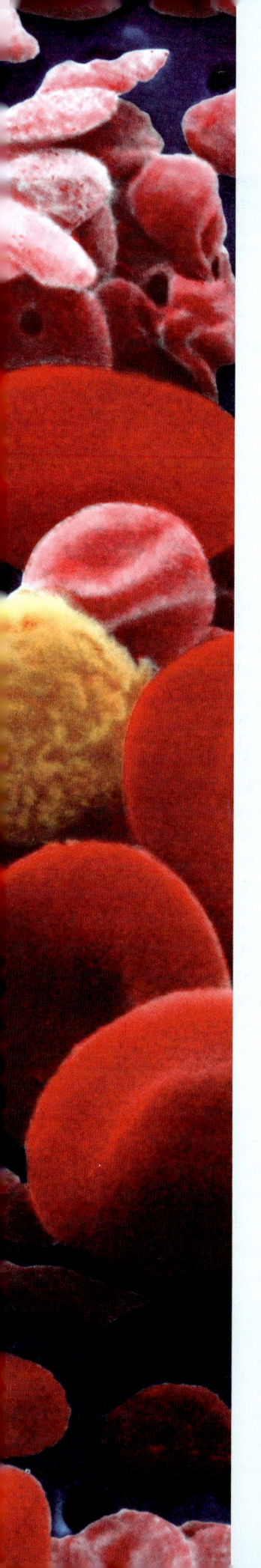

CAPÍTULO 15
Distúrbios mieloproliferativos

Tópicos-chave

- Poliglobulia — 168
- Poliglobulia primária — 168
- Policitemia vera (PV) — 168
- Poliglobulia secundária — 172
- Poliglobulia relativa (ou aparente) — 172
- Diagnóstico diferencial da poliglobulia — 172
- Trombocitemia essencial — 172
- Mielofibrose primária — 174
- Mastocitose — 175

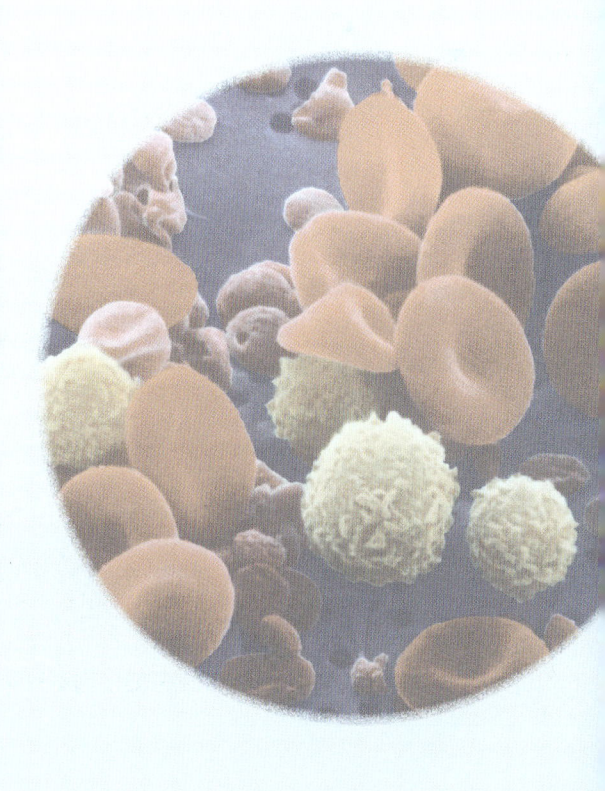

O termo neoplasias mieloproliferativas (ver Apêndice) descreve um grupo de condições que surgem das células-tronco da medula óssea e caracteriza-se por proliferação clonal de um ou mais componentes hematopoéticos na medula óssea e, em muitos casos, também no fígado e no baço. São, também, designadas doenças ou distúrbios mieloproliferativos. Os três principais distúrbios *não leucêmicos* desse grupo são:

1 **Policitemia vera (PV)**;
2 **Trombocitemia essencial (TE)**; e
3 **Mielofibrose primária (MFP)**.

A mastocitose também é discutida neste capítulo. As leucemias mieloides crônicas *BCR-ABL1 positivas* são descritas no Capítulo 14, e os distúrbios mielodisplásicos e mistos e mielodisplásicos/mieloproliferativos, no Capítulo 16.

Os distúrbios mieloproliferativos são estreitamente relacionados e ocorrem formas transicionais com evolução de uma entidade para outra durante o curso da doença (Figura 15.1). Eles estão associados com anormalidades clonais envolvendo genes que codificam as proteínas tirosinoquinases, Janus quinase 2 (**JAK2**) associada, **MPL** (o receptor para trombocitopenia) ou calreticulina (**CALR**) (Tabela 15.1). A mutação de JAK2 (*JAK2V617F*) ocorre de modo heterozigótico ou homozigótico na medula óssea e no sangue de quase todos os pacientes com PV e em cerca de 60% dos pacientes com TE ou MFP, mostrando haver uma etiologia comum a essas três doenças. (Figura 15.2) A mutação ocorre em uma região altamente conservada do domínio da pseudoquinase, que se supõe regular negativamente a sinalização de JAK2. A JAK2 desempenha um papel fundamental no desenvolvimento mieloide por transduzir sinais de citoquinas e de fatores de crescimento, incluindo eritropoetina e trombopoetina (ver Figura 1.7). Não está claro por que a mesma mutação se associa com três distúrbios mieloproliferativos, mas isso depende parcialmente da dosagem* do alelo mutante; esta é, em geral, mais alta na PV do que na TE. Uma minoria de pacientes com PV mostra uma mutação *JAK2* variante no éxon 12. Na maioria dos pacientes que não mostram mutação em *JAK2*, observa-se mutação na calreticulina (*CALR*). A CARL é uma proteína multifuncional envolvida na transdução de sinal e na transcrição gênica. As mutações no gene *MPL* são observadas em 5 a 10% dos casos de TE e MFP. A mutação em um desses três genes está presente em 99% dos casos de PV e 85 a 90% dos casos de TE e MFP (Figura 15.3).

Tabela 15.1 Mutações genéticas em distúrbios mieloproliferativos e em outras neoplasias mieloides

Doença	Mutações genéticas
Leucemia mieloide crônica	ABL1
Policitemia vera	JAK2
Mielofibrose primária	JAK2, CARL, MPL
Trombocitemia essencial	JAK2, CARL, MPL
Mastocitose	KIT
Neoplasia mieloide com eosinofilia	PDGFRA, PDGFRB, FGFR1

*N. de T. "Dosagem" no sentido usado em *Genética*, isto é, número de cópias do gene mutante.

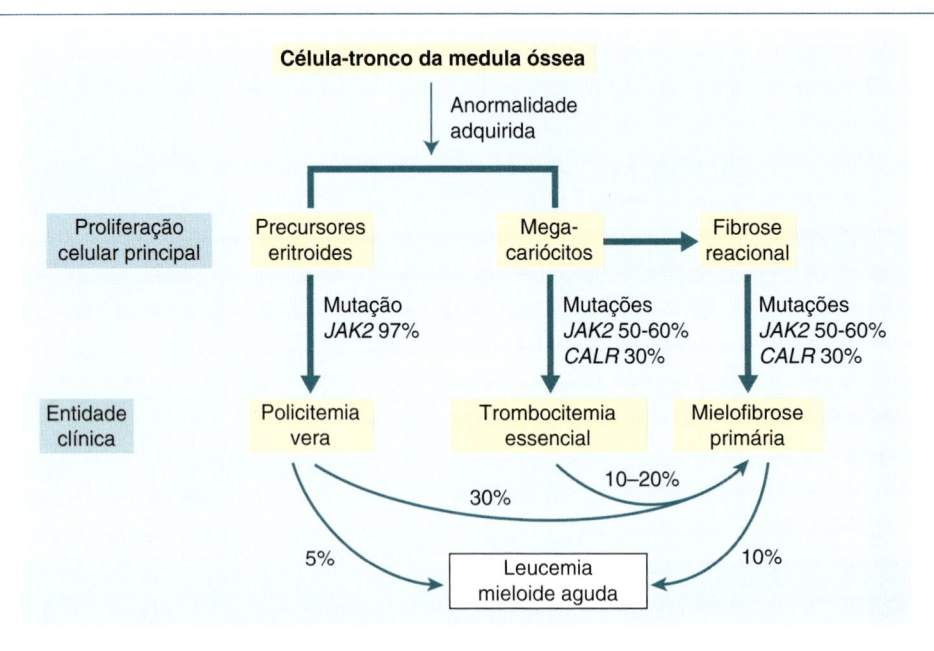

Figura 15.1 Relação entre as três doenças mieloproliferativas. Todas derivam de mutação em célula-tronco ou em célula progenitora pluripotente. Há muitos casos transicionais, mostrando aspectos de duas condições, e, em outros casos, a doença transforma-se, durante o curso, de uma a outra ou em leucemia mieloide aguda. As três doenças são caracterizadas pelas mutações *JAK2* ou *CALR* em proporção variável de casos.

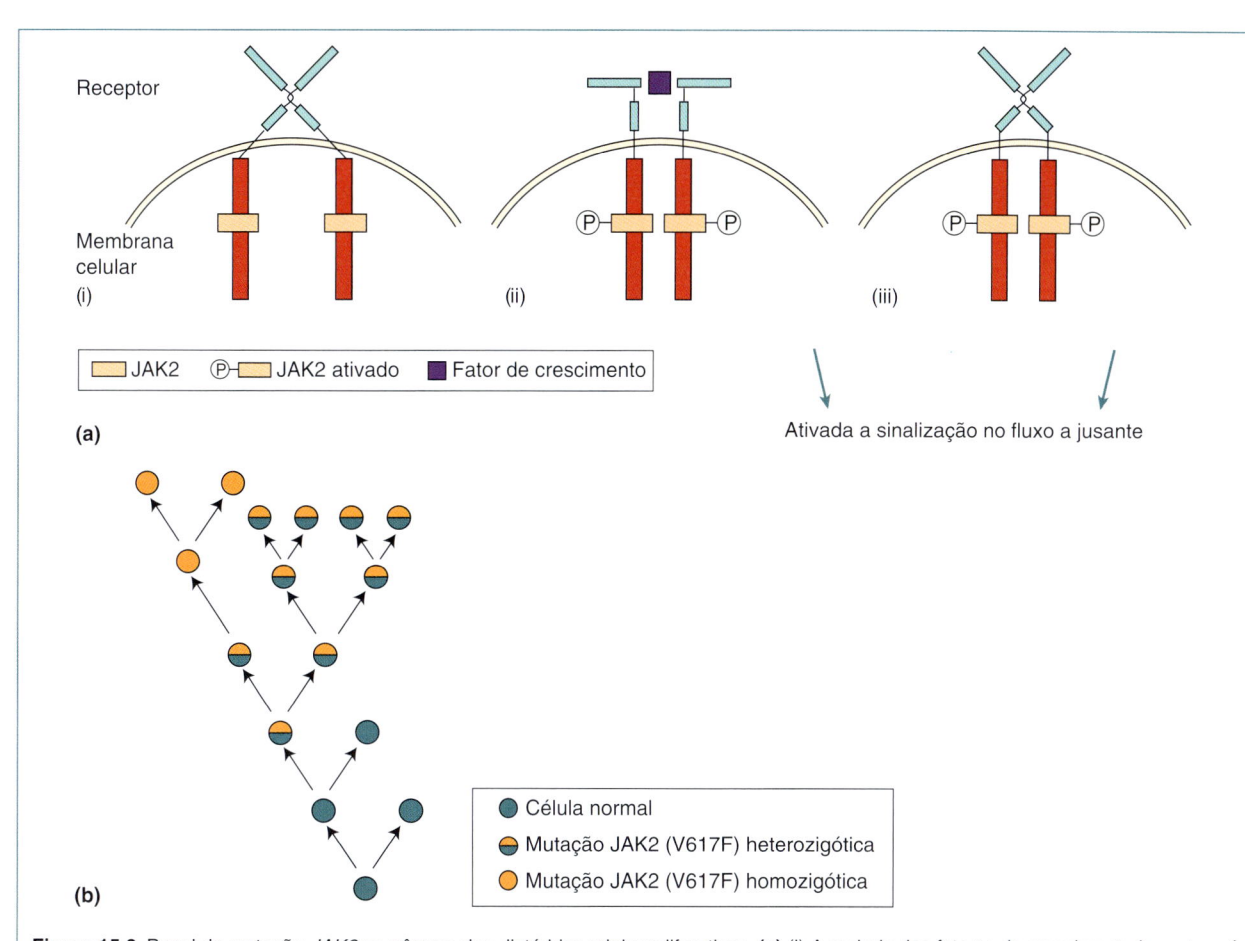

Figura 15.2 Papel da mutação *JAK2* na gênese dos distúrbios mieloproliferativos. **(a)** (i) A maioria dos fatores de crescimento hematopoético não tem atividade quinase intrínseca, apenas associada a uma proteína-quinase citoplasmática, como JAK2. (ii) Quando o receptor conecta um fator de crescimento (p. ex., eritropoetina), os domínios citoplasmáticos aproximam-se, e as moléculas JAK2 podem ativar-se mutuamente por fosforilação e fosforilar as proteínas no fluxo a jusante (p. ex., STATS) (Figura 1.7). (iii) A mutação *JAK2* V617F permite que a proteína JAK seja ativada mesmo sem ligação a fator de crescimento. **(b)** Um modelo para o desenvolvimento de distúrbio mieloproliferativo decorrente de mutação *JAK2*. O evento primário parece predispor a uma mutação heterozigótica adquirida de *JAK2* (V617F). Isso leva a uma vantagem de sobrevida. Em alguns pacientes, uma recombinação mitótica leva a um estado de mutação *JAK2* homozigótica.

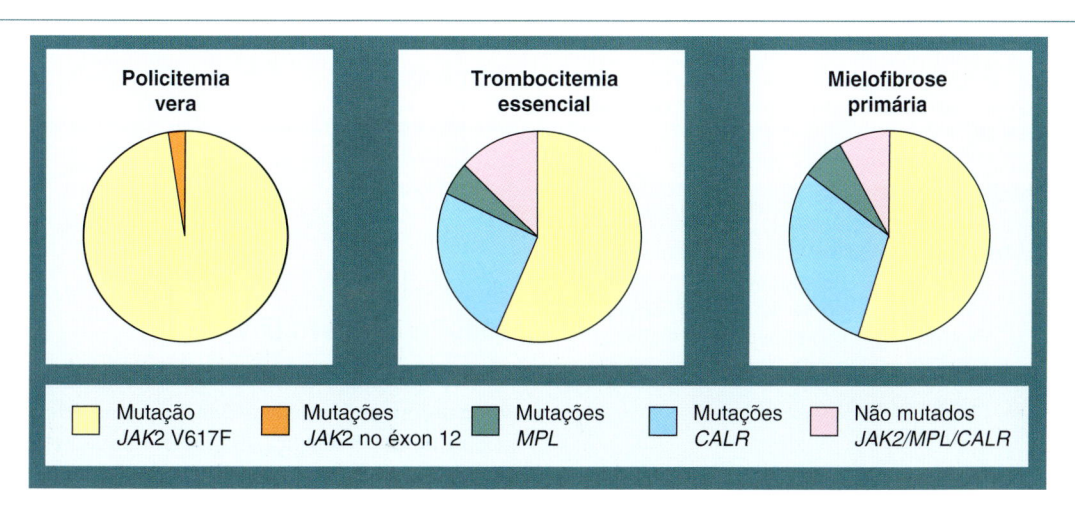

Figura 15.3 Frequência das mutações *JAK2*, *CALR* e *MPL* nos três subtipos de neoplasias mieloproliferativas. Fonte: adaptada de Nangalia J & Green TR (2014) *Hematology*. Programa Educacional da American Society of Hematology, 287-296.

Alguns pacientes também apresentam mutações de genes encontradas em mielodisplasias (p. ex., *TET2*) e em LMA (ver Figura 16.1), mas sua significação diagnóstica ainda não está estabelecida. Há um aumento de cinco vezes na incidência de distúrbios mieloproliferativos em parentes próximos de pacientes, o que implica na existência de predisposição genética a esse grupo de doenças.

Poliglobulia

Poliglobulia* (policitemia) é definida como um aumento da concentração de hemoglobina acima do limite superior do intervalo de referência para a idade e o sexo do paciente. Para conter esse excesso de hemoglobina, o hematócrito necessariamente também estará aumentado.

Classificação de poliglobulia

A poliglobulia é classificada conforme sua fisiopatologia, mas a principal subdivisão é em **poliglobulia absoluta** ou **real**, na qual há aumento da massa eritroide *in vivo* (volemia eritroide) acima de 125% do valor previsto para a massa corporal e o sexo, e a muito mais frequente **poliglobulia relativa** ou **pseudopoliglobulia**, na qual a massa eritroide é normal, mas o volume plasmático é reduzido. Se o hematócrito (Hct) for > 60%, sempre haverá um aumento da massa eritroide *in vivo*. Hemoglobina (Hb) > 18,5 g/dL ou Hct > 52% em homens, e Hb > 16,5 g/dL ou Hct > 48% em mulheres, indicam que é provável tratar-se de uma poliglobulia absoluta, mas pode haver necessidade de exames radioisotópicos para confirmá-la (Tabela 15.2).

Estabelecida a presença de poliglobulia absoluta, esta deve ser subclassificada em **poliglobulia primária**, na qual há uma hiperatividade intrínseca da medula óssea, ou em **poliglobulia secundária**, na qual a medula óssea está estimulada por um aumento de eritropoetina, como resultado de fatores como tabagismo ou altitude (Tabela 15.3).

---

*N. de T. O termo em inglês, nesta definição, é "*polycythaemia*". No Brasil, é preferível usar "poliglobulia", reservando-se o sinônimo "policitemia" para a neoplasia mieloproliferativa, "policitemia vera". "Eritrocitose" significa *aumento da contagem de eritrócitos*; não é sinônimo de poliglobulia, pois pode ocorrer sem aumento concomitante da hemoglobina e do hematócrito.

Tabela 15.2 Métodos de radiodiluição para medida das volemias eritroide e plasmática

	Normal	Poliglobulia primária ou secundária	Poliglobulia relativa
Volemia eritroide (^{51}Cr)	Homens 25-35 mL/kg Mulheres 22-32 mL/kg	Aumentada	Normal
Volemia plasmática (albumina-^{125}I)	40-50 mL/kg	Normal	Diminuída

Tabela 15.3 Causas de poliglobulia absoluta

Poliglobulia primária
Congênita
Mutações do receptor de eritropoetina

Adquirida
Policitemia vera

Poliglobulia secundária
Congênita
Defeitos no mecanismo de sensibilidade ao oxigênio
   Mutação do gene *VHL* (poliglobulia de Chuvash)
   Mutações *PHD2*
   Mutações *HIF-2α*
Outros defeitos genéticos
   Hemoglobina de alta afinidade

Adquirida
Mediada por eritropoetina
   Hipoxia central
   Doença pulmonar crônica
   Shunt vascular cardiopulmonar direita → esquerda
   Intoxicação por monóxido de carbono
   Tabagismo
   Apneia obstrutiva do sono
   Altitudes elevadas
Hipoxia local
   Estenose da artéria renal
   Doença renal terminal
   Hidronefrose
   Cistos renais (rim policístico)
   Após transplante renal
Produção patológica de eritropoetina
   Tumores – angioblastoma cerebelar, meningioma, tumores da paratireoide, carcinoma hepatocelular, câncer de células renais, feocromocitoma, leiomioma uterino
Associada a fármacos
   Administração de eritropoetina
   Administração de androgênios

Poliglobulia primária

Congênita

(Ver adiante.)

Adquirida

Origina-se em quase todos os casos da aquisição de mutações no gene *JAK2*.

Policitemia vera (PV)

Na PV, o aumento da massa eritroide circulante é causado por transformação maligna clonal de uma célula-tronco da medula óssea. A doença resulta de mutação somática de uma única célula-tronco hematopoética, que dá à sua progênie uma vantagem proliferativa. A mutação *JAK2V617F* está presente nas células hematopoéticas em mais de 97% dos pacientes, e uma mutação no éxon 12 é vista em alguns

Tabela 15.4 Critérios para diagnóstico de policitemia vera. Fonte: McMullin M. F. et al., (2007) *B J Haemat* 138: 821. Reproduzida, com permissão, de John Wiley & Sons.	
Policitemia vera JAK2-positiva	
A1	Hematócrito (> 52% em homens e > 48% em mulheres) ou aumento da massa eritroide (> 25% acima da prevista)*
A2	Mutação em *JAK2*
O diagnóstico exige ambos os critérios acima	
Policitemia vera JAK2-negativa	
A1	Aumento da massa eritroide (> 25% acima da prevista) ou hematócrito (> 60% em homens e > 56% em mulheres)
A2	Ausência de mutação em *JAK2*
A3	Nenhuma causa de eritrocitose secundária
A4	Esplenomegalia palpável
A5	Presença de uma anormalidade genética adquirida nas células hematopoéticas (excluindo *BCR-ABL1*)
B1	Trombocitose (contagem de plaquetas > 450 × 10^3/μL)
B2	Neutrofilia (> 10 × 10^3/μL em não fumantes e > 12,5 × 10^3/μL em fumantes)
B3	Evidência de esplenomegalia em exame de imagem
B4	Colônias eritroides endógenas ou baixa eritropoetina sérica
O diagnóstico requer A1 + A2 + A3 + outro critério A ou dois critérios B	

*A Organização Mundial da Saúde (OMS) usa hemoglobina > 18,5 g/dL em homens e > 16,5 g/dL em mulheres como um critério maior nos casos JAK2+ e medula hipercelular como critério menor, além dos critérios A2 e B4 citados acima.

1 Cefaleia, dispneia, visão turva e sudorese noturna. Prurido, caracteristicamente depois de banho quente, pode ser um problema sério.
2 Aparência pletórica: cianose rubra (Figura 15.4), sufusões conjuntivais e ingurgitamento venoso da retina.
3 Esplenomegalia em 75% dos pacientes (Figura 15.5).
4 Hemorragia ou trombose arterial ou venosa podem ocorrer.
5 Gota, como resultado de aumento de produção de ácido úrico (Figura 15.6a).

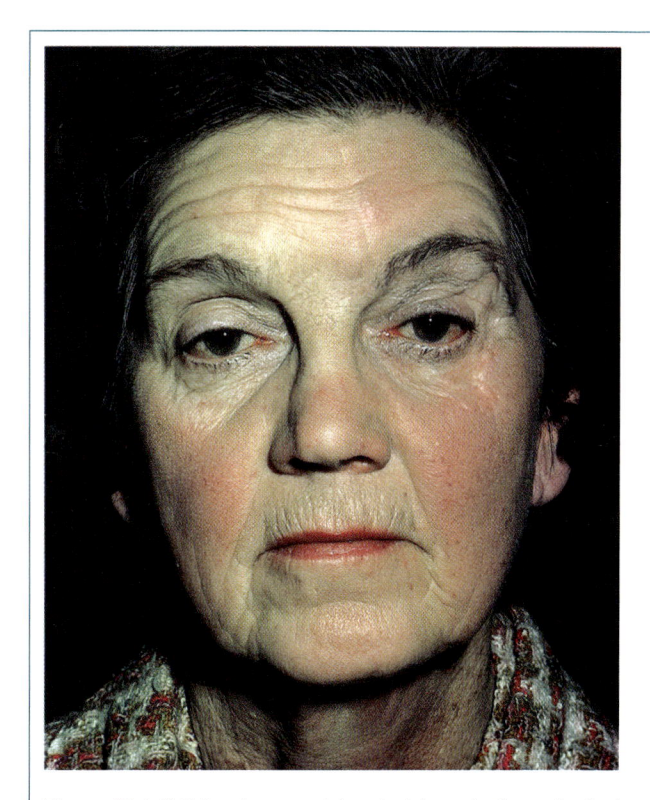

Figura 15.4 Policitemia vera: pletora facial e sufusão conjuntival em mulher de 63 anos. Hemoglobina 18 g/dL; volemia eritroide 45 mL/kg.

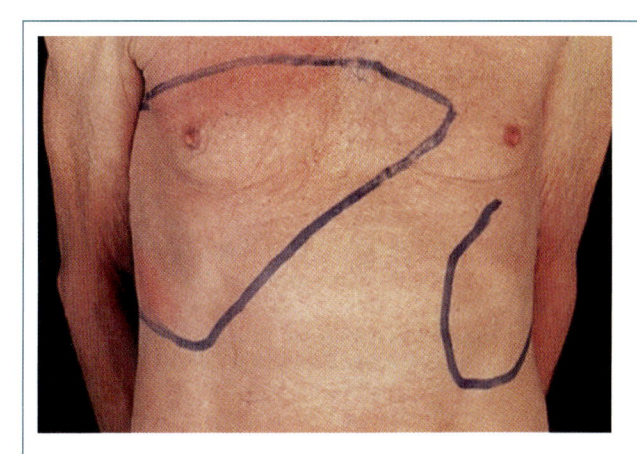

Figura 15.5 Hepatoesplenomegalia em paciente com policitemia vera.

dos remanescentes. Embora o aumento dos valores do eritrograma seja o achado diagnóstico, em muitos pacientes também há superprodução de granulócitos e plaquetas. Algumas famílias têm uma predisposição genética a desenvolver neoplasias mieloproliferativas, porém as mutações *JAK2* ou *CALR* não estão presentes na linha germinativa.

Diagnóstico

Estabelecer o diagnóstico de PV em um paciente que se apresenta com poliglobulia pode ser difícil (Tabela 15.4).

Aspectos clínicos

A PV é uma doença de idosos com incidência igual em ambos os sexos. Os aspectos clínicos resultam de hiperviscosidade sanguínea, hipervolemia, hipermetabolismo ou trombose.

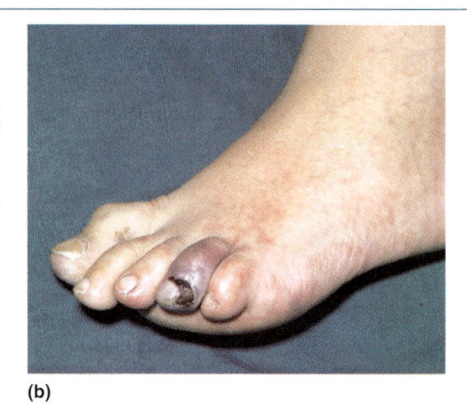

Figura 15.6 (a) Pés de homem de 72 anos com policitemia vera. Há inflamação da articulação metatarsofalangeana direita e de outras articulações, causada por depósitos de ácido úrico (gota). **(b)** Gangrena do quarto artelho esquerdo em caso de trombocitemia essencial.

Achados laboratoriais

1. Há aumento dos valores do eritrograma: contagem de eritrócitos, hemoglobina e hematócrito. A volemia eritroide total está aumentada (Tabela 15.2).
2. O leucograma mostra neutrofilia em mais da metade dos pacientes e basofilia em alguns.
3. Cerca de metade dos pacientes têm trombocitose.
4. A mutação *JAK2* está presente nos granulócitos da medula óssea e do sangue periférico em cerca de 97% dos pacientes.
5. A medula óssea é hipercelular, com hiperplasia das três linhagens à histopatologia de material de biópsia (Figura 15.7a).
6. A eritropoetina sérica é baixa.
7. O ácido úrico plasmático quase sempre está aumentado; a desidrogenase láctica é normal ou um pouco aumentada.
8. O número de células progenitoras eritroides circulantes (unidades formadoras de colônias eritroides [do inglês, *colony-forming unit*, CFU_E], e unidades de formação explosiva eritroide [do inglês, *burst-forming units*, BFU_E]; ver p. 13) está aumentado em comparação com o pequeno número normalmente presente; as células crescem *in vitro*, independentemente da adição de eritropoetina (colônias eritroides endógenas).
9. Anormalidades cromossômicas (p. ex., deleções de 9p ou 20q) são encontradas em uma minoria de casos, e as mutações em *TET-2* ou em outros genes epigenéticos (ver Figura 16.1) ocorrem em 10 a 20%.

Tratamento

O tratamento visa a manutenção de um hemograma próximo ao normal. O hematócrito deve ser mantido em torno de 45%, e a contagem de plaquetas, abaixo de $400 \times 10^3/\mu L$.

Sangrias terapêuticas (venessecção)

Sangrias terapêuticas para reduzir o hematócrito a 45% são particularmente úteis quando há necessidade de diminuição rápida da volemia eritroide (p. ex., no início do tratamento). É, sobretudo, indicada para pacientes mais jovens e para aqueles com doença leve. A deficiência de ferro resultante pode limitar a eritropoese. Infelizmente, as sangrias não controlam a contagem de plaquetas.

Hidroxicarbamida (hidroxiureia)

É indicada se houver baixa tolerância a sangrias repetidas, esplenomegalia sintomática ou progressiva, trombocitose elevada, perda de peso ou suores noturnos. O uso diário de hidroxicarbamida é eficaz no controle dos valores hematimétricos e pode ser necessário mantê-lo durante muitos anos (Figura 15.8). A mutação *JAK2* afeta a função plaquetária, causando suscetibilidade a hemorragia e trombose, daí a necessidade de controlar tanto o hematócrito como a contagem de plaquetas com o tratamento para a diminuição dos riscos. Efeitos colaterais da hidroxicarbamida incluem mielossupressão, náusea e toxicidade à pele em áreas expostas à luz ultravioleta.

Figura 15.7 Biópsias da medula da crista ilíaca. **(a)** Policitemia vera: espaços gordurosos quase completamente substituídos por tecido hematopoético hiperplástico. Todas as linhagens hematopoéticas estão aumentadas, com particular proeminência dos megacariócitos. **(b)** Mielofibrose: perda da arquitetura normal da medula, com as células hematopoéticas cercadas por aumento de tecido fibroso e substância intercelular.

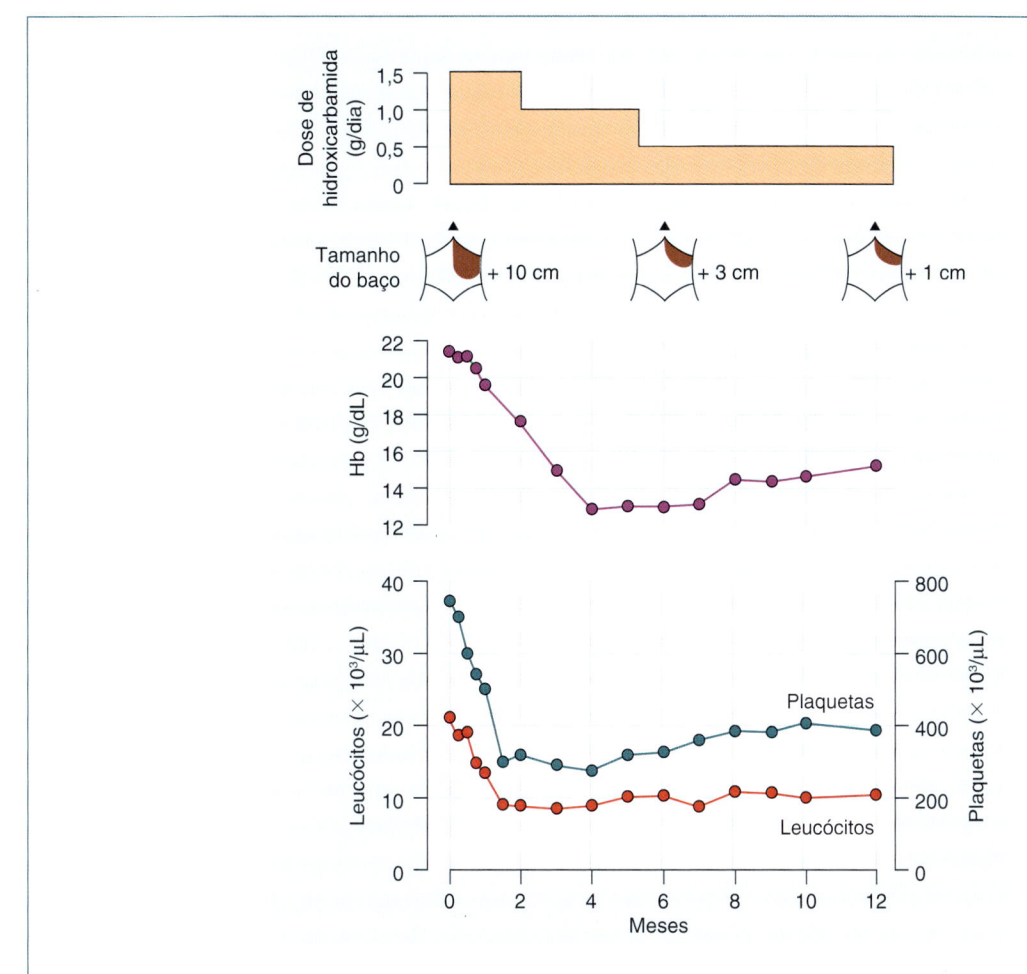

Figura 15.8 Resposta hematológica de policitemia vera tratada com hidroxicarbamida. Hb, hemoglobina.

Inibidores de JAK2

Fármacos como ruxolitinibe (lestaurtinibe, pacritinibe e momelotinibe estão sendo testados) inibem a atividade de JAK2 e são eficazes em muitos pacientes. Atualmente, o ruxolitinibe é usado em pacientes que não conseguem ser controlados adequadamente, ou têm efeitos colaterais com hidroxicarbamida e acredita-se que, em breve, será considerado como tratamento de primeira linha.

Interferon

O interferon-α suprime a proliferação excessiva na medula óssea e produz boas respostas hematológicas. É menos conveniente do que o tratamento com agentes orais, e efeitos colaterais são frequentes. Pode ser particularmente valioso no controle do prurido. É algumas vezes usado em pacientes com idade inferior a 40 anos para evitar exposição precoce a fármacos citotóxicos.

Ácido acetilsalicílico

Ácido acetilsalicílico diário, em baixa dose, reduz as complicações trombóticas sem aumento significativo do risco de hemorragias sérias. É usado em quase todos os pacientes.

Evolução e prognóstico

Em geral, o prognóstico é bom, com sobrevida mediana acima de 10 anos. Trombose e hemorragia são os principais problemas clínicos. Aumento da viscosidade sanguínea, estase vascular e trombocitose com alteração de função plaquetária podem contribuir para trombose, ao passo que a função plaquetária defeituosa pode favorecer hemorragia. Transição de PV para mielofibrose ocorre em cerca de 30% dos pacientes e em aproximadamente 5% há progressão para leucemia mieloide aguda.

Causas congênitas de poliglobulia primária

As causas genéticas de poliglobulia primária são relativamente raras. Há casos decorrentes de mutações em genes que regulam a sensibilidade ao oxigênio (*VHL*, *PHD2* ou *HIF2A*) (ver Capítulo 2) e casos decorrentes de mutações do receptor da eritropoetina. As mutações da hemoglobina, com variantes de alta afinidade, causam hipoxia tecidual e poliglobulia. Esses pacientes, com frequência, têm história familiar de poliglobulia já notada na infância.

Poliglobulia secundária

As causas de poliglobulia secundária estão relacionadas na Tabela 15.3.

As causas adquiridas são as várias condições que produzem aumento do nível de eritropoetina. Hipoxia causada por tabagismo ou por doença pulmonar obstrutiva crônica é a causa mais comum, e a medida da saturação de oxigênio no sangue arterial (gasometria arterial) é o exame básico. A secreção inapropriada de eritropoetina por nefropatias e tumores renais é uma causa mais rara.

Não há evidências conclusivas de como traçar um plano de tratamento. Alguns recomendam que sejam feitas sangrias se o Hct estiver acima de 54%, tendo como objetivo diminuí-lo a um alvo em torno de 50%. Um alvo mais baixo deve ser tentado se houve hipertensão, diabetes, dispneia, angina ou episódio prévio de trombose. O uso contínuo de ácido acetilsalicílico em baixa dose é recomendável para diminuir o risco de tromboembolismo arterial.

Poliglobulia relativa (ou aparente)

A poliglobulia relativa, também designada pseudopoliglobulia, é o resultado de uma contração do volume plasmático, mantendo-se normal a volemia eritroide total (massa eritroide). É muito mais comum do que a policitemia vera, embora, na maioria das vezes, a causa seja incerta. É vista particularmente em homens jovens ou de meia-idade e pode associar-se a problemas cardiovasculares, como hipertensão e ataques isquêmicos cerebrais transitórios. O tratamento com diuréticos, tabagismo pesado, obesidade e consumo exagerado de álcool são associações frequentes. Há indicação de sangrias para manter um hematócrito entre 45 e 47% em casos com história recente de trombose ou com fatores adicionais de risco cardíaco.

Diagnóstico diferencial da poliglobulia

A identificação da mutação *JAK2* racionalizou a avaliação diagnóstica. Foi sugerida uma aproximação em três etapas:

Etapa 1 História e exame
  Hemograma completo
  Pesquisa da mutação *JAK2*
  Dosagem de ferritina sérica
  Testes de função hepática e renal
  Se JAK2 for negativa e não houver causa secundária óbvia, prosseguir com a etapa 2.

Etapa 2 Medida da volemia eritroide
  Gasometria arterial (para saturação de O_2)
  Ultrassonografia abdominal
  Dosagem de eritropoetina sérica
  Aspiração e biópsia da medula óssea
  Análise citogenética
  Cultura para BFU_E*
  Testes especializados podem, então, ser necessários.

*N. de T. Testes difíceis de serem obtidos no Brasil.

Etapa 3 Curva de dissociação de oxigênio
  Avaliação do sono
  Avaliação de função pulmonar
  Mutações genéticas* *EPOR, VHL, PHD2, HIFs*

Trombocitemia essencial

Neste distúrbio, há aumento sustentado da contagem de plaquetas por excessiva proliferação megacariocítica e superprodução de plaquetas. A série eritroide é normal, e o cromossomo Filadélfia está ausente, bem como o rearranjo *BCRABL1*. A biópsia da medula óssea não mostra fibrose colágena. A contagem persistente de plaquetas > $450 \times 10^3/\mu L$ é a característica principal do diagnóstico, mas outras causas de trombocitose, sobretudo carência de ferro, doença inflamatória ou neoplásica e mielodisplasia devem ser excluídas antes de se concluir esse diagnóstico.

A mutação *JAK2* (*V617F*) está presente em 50 a 60% dos casos; os casos *JAK2* positivos assemelham-se mais à policitemia vera, com cifras do eritrograma mais altas e certa leucocitose, do que os casos *JAK2* negativos (Tabela 15.5). A presença da mutação também afeta a função plaquetária, desencadeando um estado pré-trombótico. As mutações no gene *CALR* são vistas em cerca de 75% dos casos de TE *JAK2* negativos, o que representa cerca de um terço do número total de pacientes. Estes pacientes costumam ser mais jovens e ter uma contagem mais elevada de plaquetas, porém menor incidência de tromboses (Tabela 15.5). São notadas mutações no gene *MPL* em 4% dos casos. Em crianças, casos raros de trombocitose familiar têm sido associados com mutações do gene para trombopoetina ou seu receptor MPL.

Tabela 15.5 Achados clínicos e laboratoriais de trombocitemia essencial associada com mutações *JAK2* ou *CALR*

	JAK2 mutado	*CALR* mutado
Idade	Mais velho	Mais jovem
Hemoglobina	Mais alta	Mais baixa
Contagem de leucócitos	Mais alta	Mais baixa
Contagem de plaquetas	Mais baixa	Mais alta
Eritropoetina sérica	Mais baixa	Mais alta
Risco de trombose	Mais alto	Mais baixo
Transformação em policitemia vera	Sim	Não
Risco de transformação em mielofibrose	Igual	Igual
Sobrevida média aproximada	9 anos	17 anos

Diagnóstico

Costumava ser feito com base na exclusão de outras causas de trombocitose crônica, porém, atualmente, com a identificação de alterações genéticas específicas, um diagnóstico positivo pode ser feito na maioria dos casos.

Os critérios diagnósticos sugeridos para trombocitemia essencial são:

A1 Trombocitose persistente > $450 \times 10^3/\mu L$.
A2 Presença de uma mutação adquirida patogenética (p. ex., em *JAK2* ou *CALR*).
A3 Ausência de outra neoplasia mieloide maligna: PV, MFP, LMC ou síndrome mielodisplásica.
A4 Ausência de causa de trombocitose reacional e reservas normais de ferro.
A5 Histologia de biópsia da medula óssea, mostrando número aumentado de megacariócitos com proeminência de formas grandes e hiperlobuladas. Em geral, a reticulina não está aumentada.

Achados clínicos e laboratoriais

Os aspectos clínicos dominantes são trombose e hemorragia, mas a maioria dos casos é assintomática e diagnosticada em hemograma de rotina. Pode ocorrer trombose nos sistemas arterial ou venoso (Figura 15.6b) e sangramento, tanto crônico como agudo, como resultado de função plaquetária anormal. Alguns pacientes, principalmente com a mutação *JAK2*, apresentam-se com síndrome de Budd-Chiari; nesses casos, a contagem de plaquetas pode estar normal por retenção de plaquetas no baço aumentado. Um sintoma característico é a eritromelalgia, uma sensação de queimação nas mãos e nos pés, prontamente aliviada com ácido acetilsalicílico. Até 40% dos pacientes têm esplenomegalia palpável, ao passo que em outros pode haver atrofia esplênica em decorrência de infarto.

Plaquetas grandes anormais e fragmentos de megacariócitos podem ser vistos à microscopia da distensão sanguínea (Figura 15.9). A medula óssea é semelhante à encontrada na PV, mas é comum haver um excesso de megacariócitos anormais. Deve ser feita citogenética e análise molecular para excluir LMC *BCR-ABL1+*. A doença deve ser diferenciada de outras causas de trombocitose (Tabela 15.6). Provas de função plaquetária não costumam ser necessárias, mas são consistentemente anormais, sendo característica a falta de agregação com adrenalina.

Tabela 15.6 Causas de aumento da contagem de plaquetas

Reacionais
Hemorragia, traumatismo, pós-operatório
Deficiência crônica de ferro
Tumores malignos
Infecções crônicas
Doenças do tecido conectivo (p. ex., artrite reumatoide)
Após esplenectomia

Endógenas
Trombocitemia essencial (mutação *JAK2* + ou −)
Alguns casos de policitemia vera, mielofibrose primária, leucemia mieloide crônica *BCR-ABL1+* e mielodisplasia (5q− ou anemia refratária com sideroblastos em anel)

Prognóstico e tratamento

A finalidade é a redução do risco de trombose e hemorragia, que são os maiores problemas clínicos. Fatores usuais de risco cardiovascular, como colesterol, tabagismo, diabetes, obesidade e hipertensão, devem ser identificados e tratados. Dose diária de 75 mg de ácido acetilsalicílico é recomendada em todos os casos.

São considerados pacientes de **alto risco** os que têm mais de 60 anos, com trombose prévia ou com contagens de plaquetas acima de $1.500 \times 10^3/\mu L$; estes devem ser tratados com hidroxicarbamida ou anagrelide para reduzir a contagem de plaquetas. São de **baixo risco** os pacientes com menos de 40 anos; para estes, o ácido acetilsalicílico é um tratamento suficiente. O controle ótimo para pacientes de **médio risco** (40-60 anos) é incerto.

A hidroxicarbamida provavelmente é o fármaco mais usado no tratamento; é bem tolerado, embora alguns pacientes desenvolvam ulcerações cutâneas ou pigmentação. O anagrelide é um bom fármaco para segunda escolha, mas tem mais efeitos colaterais que a hidroxicarbamida, sobretudo sobre o sistema cardiovascular, além de ser caro. Causa preocupação, também, a suspeita de que ele possa aumentar o risco de evolução para mielofibrose. Pode ser feita uma combinação de hidroxicarbamida com anagrelide, com uma dose menor de cada, para diminuir os efeitos colaterais. O interferon-α também é eficaz e tem sido usado em pacientes jovens ou durante a gravidez; é preferida a forma peguilada, de longa ação. Os inibidores de JAK2 estão sendo testados.

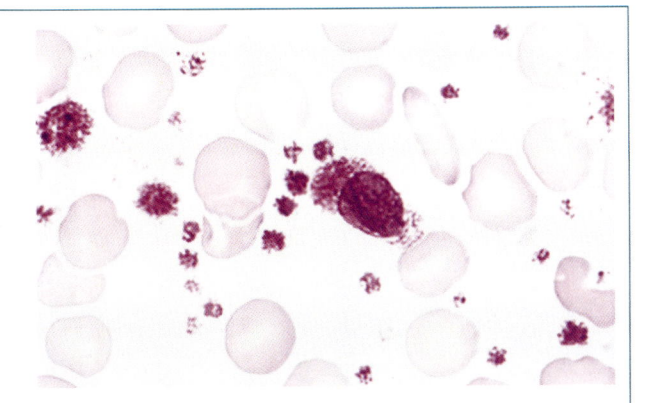

Figura 15.9 Distensão de sangue periférico em trombocitemia essencial, mostrando grande número de plaquetas e um fragmento nucleado de megacariócito.

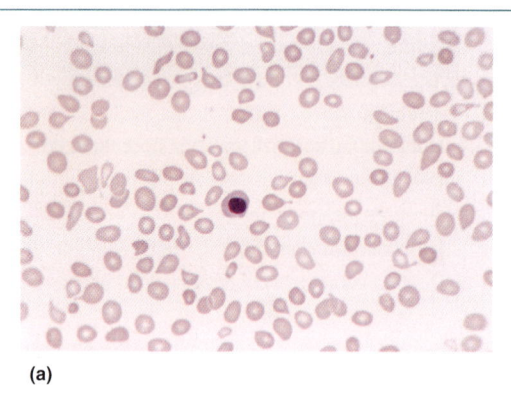

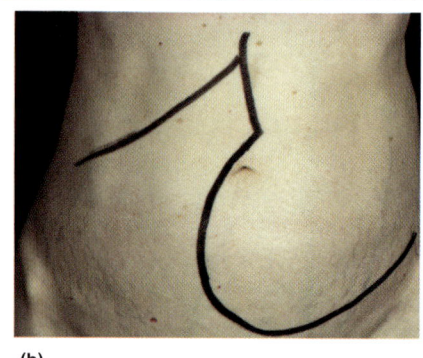

Figura 15.10 (a) Distensão de sangue periférico em mielofibrose primária. Quadro leucoeritroblástico com pecilócitos em lágrima e um eritroblasto. **(b)** Enorme esplenomegalia em paciente com mielofibrose primária.

Evolução

A doença, muitas vezes, é estacionária por 10 a 20 anos ou mais, mas pode, após certo tempo, evoluir para mielofibrose. Há risco de transformação em leucemia aguda, mas é baixo (< 5%).

Mielofibrose primária

Tem como característica predominante uma fibrose generalizada e progressiva da medula óssea, associada a desenvolvimento de hematopoese no baço e no fígado (conhecida como metaplasia mieloide). Clinicamente, esse conjunto causa anemia e considerável esplenomegalia (Figura 15.10b). Alguns pacientes desenvolvem osteosclerose. A fibrose da medula óssea é secundária à hiperplasia de megacariócitos anormais. Supõe-se que os fibroblastos sejam estimulados por um fator de crescimento derivado de plaquetas e por outras citocinas secretadas por megacariócitos e plaquetas.

As mutações *JAK2*, *CALR* e *MPL* ocorrem em cerca de 55%, 25% e 10% dos pacientes, respectivamente (Figura 15.2). Um terço dos pacientes, com os mesmos aspectos, têm uma história prévia de policitemia vera ou trombocitemia essencial e alguns apresentam aspectos clínicos e laboratoriais de ambos os distúrbios.

Características clínicas

1 Começo insidioso com sintomas de anemia é comum em idosos.
2 Sintomas resultantes de grande esplenomegalia, como desconforto abdominal, dor e indigestão, são frequentes. Esplenomegalia é o principal achado clínico (Figura 15.10b).
3 Sintomas de hipermetabolismo, como perda de peso, anorexia, febre e suores noturnos, são comuns.
4 Problemas de sangramento, dor óssea e gota ocorrem em uma minoria dos pacientes.

Achados laboratoriais

1 Anemia é comum, porém um nível de hemoglobina normal ou alto pode ser encontrado em alguns pacientes.
2 As contagens de leucócitos e plaquetas quase sempre são altas na ocasião do aparecimento da doença. Posteriormente, leucopenia e trombocitopenia são comuns.

Tabela 15.7 Um sistema internacional de escore dinâmico de prognóstico (DIPSS) para pacientes com mielofibrose primária. As sobrevidas medianas são de 185, 78, 35 e 16 meses para categorias de riscos *baixo* (0 pontos), *intermediário 1* (1 ponto), *intermediário 2* (2-3 pontos) e *alto* (4-6 pontos), respectivamente.
Fonte: Gangat et al. (2011) *J Clin Oncol* 29(4): 392-397.

Variável	IPSS*	DIPSS	DIPSS plus
Idade > 65 anos	√	√	√
Sintomas sistêmicos	√	√	√
Hb < 10 g/dL	√	√	√
Leucócitos > 25 × 10³/μL	√	√	√
Blastos circulantes ≥ 1%	√	√	√
Plaquetas < 100 × 10³/μL			√
Necessidade transfusional			√
Cariótipo desfavorável			√
	1 ponto cada	1 ponto cada, mas Hb = 2	1 ponto cada

*Cariótipo desfavorável inclui +8, + −7/7q, −5/5q, complexo e outros

3 O hemograma caracteriza-se por quadro leucoeritroblástico. Os eritrócitos mostram pecilócitos característicos em forma de "gota" ou "lágrima" (dacriócitos) (Figura 15.10).
4 À aspiração da medula óssea raramente se obtém material celular (punção branca). A histologia de biópsia com trefina (Figura 15.7b) mostra uma medula hipercelular, fibrótica; com frequência, há aumento de megacariócitos. Em 10% dos casos há um excesso de formação óssea, com aumento da densidade óssea à radiografia.
5 A *JAK2* está mutada em cerca de 55% dos casos, e a *CALR*, em 25%. Os pacientes com mutação *CALR* têm menor contagem de leucócitos, maior contagem de plaquetas e sobrevida mais longa.
6 Níveis altos de ácido úrico e desidrogenase láctica (LDH) refletem o aumento da hematopoese, embora ineficaz.
7 A transformação terminal em leucemia mieloide aguda ocorre em 10 a 20% dos pacientes.

Tratamento

O tratamento é paliativo e dirigido para a redução dos efeitos da anemia e da esplenomegalia. Informação prognóstica útil pode ser obtida pela análise do escore IPSS (Tabela 15.7). Transfusões de glóbulos filtrados e tratamento regular com ácido fólico são usados em pacientes intensamente anêmicos. O ruxolitinibe é um inibidor oral de JAK2 que reduz as dimensões do baço, melhora os sintomas sistêmicos e a qualidade de vida e prolonga a sobrevida. A hidroxicarbamida também é útil para diminuir a esplenomegalia e os sintomas de hipermetabolismo. Estão sendo experimentados tratamentos com talidomida, lenalidomida, azacitidina e inibidores da histona-desacetilase. A eritropoetina também pode ser tentada, mas intensifica a esplenomegalia em alguns casos.

A esplenectomia deve ser considerada em pacientes com sintomas decorrentes de grande esplenomegalia – desconforto mecânico, trombocitopenia, hipertensão portal e necessidade excessiva de transfusões. Alopurinol é indicado para evitar gota e nefropatia por urato, devidas à hiperuricemia. O transplante de células-tronco alogênicas pode ser curativo em pacientes jovens.

A sobrevida mediana é de cerca de 5 anos, e as causas de morte incluem insuficiência cardíaca, infecção e transformação leucêmica.

Mastocitose

É uma proliferação neoplásica clonal de mastócitos que se acumulam em um ou mais sistemas de órgãos. Os mastócitos são similares a basófilos e sobrevivem por meses ou anos nos tecidos vasculares e na maioria dos órgãos. A mastocitose sistêmica é um distúrbio mieloproliferativo clonal, envolvendo, em geral, a medula óssea, o coração, o baço, os linfonodos e a pele.

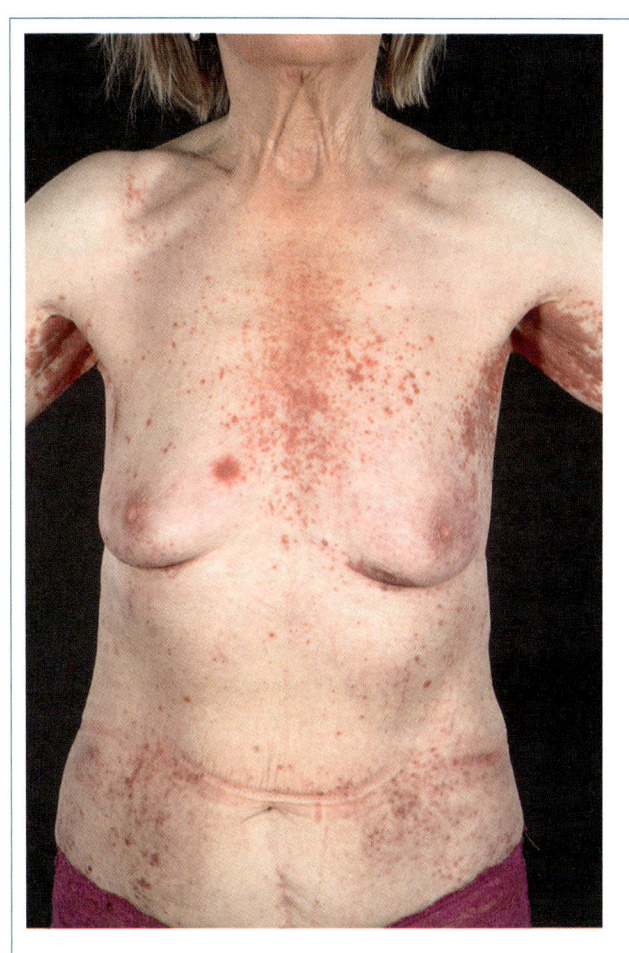

Figura 15.11 Mastocitose sistêmica: mulher de 72 anos; placas confluentes eritematosas de urticária pigmentosa no tórax, no abdome e nos braços. Fonte: cortesia do Dr. M. Rustin.

A mutação somática *KIT* Asp816Val é detectada na maioria dos pacientes e pode ser parcialmente responsável pelo crescimento autônomo e pelo aumento da sobrevida dos mastócitos neoplásicos. Em muitos pacientes, essa mutação também é detectada em outras células hematopoéticas.

Os sintomas são relacionados com liberação de histamina e prostaglandinas pelas células tumorais e incluem rubor, prurido, dor abdominal e broncospasmo. A pele costuma mostrar urticária pigmentosa (Figura 15.11). A triptase sérica está aumentada e pode ser usada para monitorar o tratamento. Anti-histamínicos são paliativos úteis, e interferon, clorodesoxiadenosina e inibidores de tirosinoquinase podem ter algum resultado terapêutico. Em muitos pacientes, a doença evolui de modo crônico e indolente. Em outros, um curso agressivo pode associar-se a leucemia mieloide aguda, leucemia mastocítica ou outras condições hematopoéticas (ver Apêndice).

RESUMO

- As neoplasias mieloproliferativas são um grupo de condições originadas de células-tronco da medula óssea e caracterizadas por proliferação clonal de um ou mais componentes hematopoéticos. Os três principais subtipos são:
policitemia vera (PV);
trombocitemia essencial (TE); e
mielofibrose primária (MFP).
- Esses subtipos estão intimamente correlacionados. A mutação do gene *JAK2* é detectada em quase todos os pacientes com PV e em cerca de 50% dos pacientes com TE e MFP. As mutações em *CALR* ou *MPL* estão presentes na maioria dos casos sem mutação *JAK2*.
- Poliglobulia (ou policitemia) é definida como um aumento da concentração de hemoglobina sanguínea; pode ser subdividida em *poliglobulia absoluta* ou *real* – quando há aumento da massa eritroide circulante – e *relativa* ou *pseudopoliglobulia* – quando a massa eritroide é normal e a alta hemoglobina deve-se à diminuição do volume plasmático.
- A poliglobulia absoluta subdivide-se em primária – denominada *policitemia vera* – e poliglobulia secundária.
- Faz-se diagnóstico de policitemia vera pelo achado de poliglobulia junto com uma mutação de *JAK2*. Ocorre em pessoas idosas, e o aumento da viscosidade sanguínea pela alta contagem de eritrócitos causa cefaleia e aparência pletórica; desenvolve-se esplenomegalia.
- O tratamento objetiva manter o Hct em torno de 45%. São métodos eficazes: sangrias periódicas, hidroxicarbamida e inibidores de *JAK2*. Ácido acetilsalicílico é sempre indicado. A sobrevida, em geral, ultrapassa 10 anos, mas pode haver progressão para leucemia ou mielofibrose.
- A poliglobulia secundária deve-se a defeitos genéticos muito raros ou a distúrbios adquiridos, mais frequentes, como doença pulmonar crônica ou tumores que secretam eritropoetina. Sangrias podem ser necessárias.
- Trombocitemia essencial é diagnosticada quando há persistente aumento da contagem de plaquetas sem uma causa detectável. *JAK2*, *CALR* ou *MPL* estão mutados na maioria dos casos.
- O aspecto predominante da mielofibrose primária é uma fibrose reacional, progressiva e generalizada da medula óssea, associada com desenvolvimento de hematopoese no baço e no fígado. Os sintomas decorrem principalmente da anemia e da grande esplenomegalia.
- Faz-se o diagnóstico pelo hemograma, que mostra aspecto leucoeritroblástico, com presença de eritrócitos em lágrima (dacriócitos), junto com o aspecto histológico da medula óssea e a pesquisa das mutações *JAK2*, *CALR* e *MPL*. Trata-se com hemoterapia e inibidores de *JAK2*.
- Mastocitose sistêmica é uma proliferação clonal de mastócitos com envolvimento da medula óssea, pele (urticária pigmentosa) e outros órgãos.

Visite **www.wileyessential.com/haematology**
para testar seus conhecimentos neste capítulo.

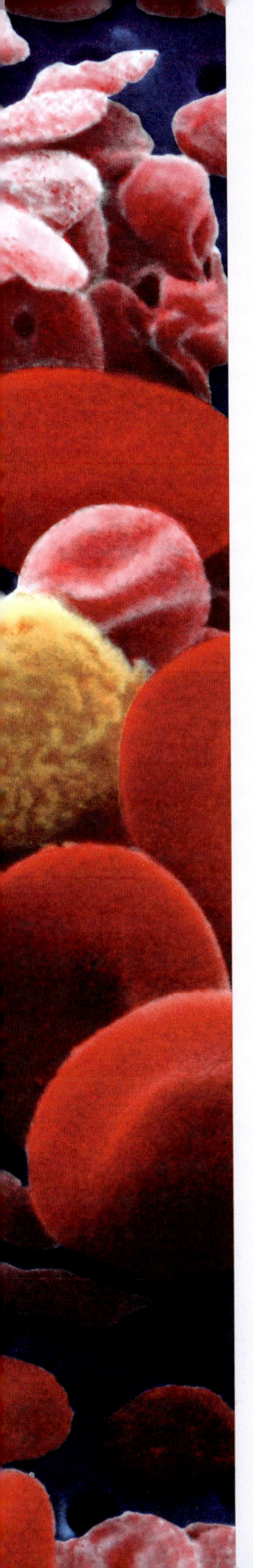

CAPÍTULO 16
Mielodisplasia

Tópicos-chave

- Mielodisplasia (síndromes mielodisplásicas, SMD) 178
- Classificação 179
- Achados laboratoriais 180
- Tratamento 182
- Neoplasias mielodisplásicas/mieloproliferativas 184

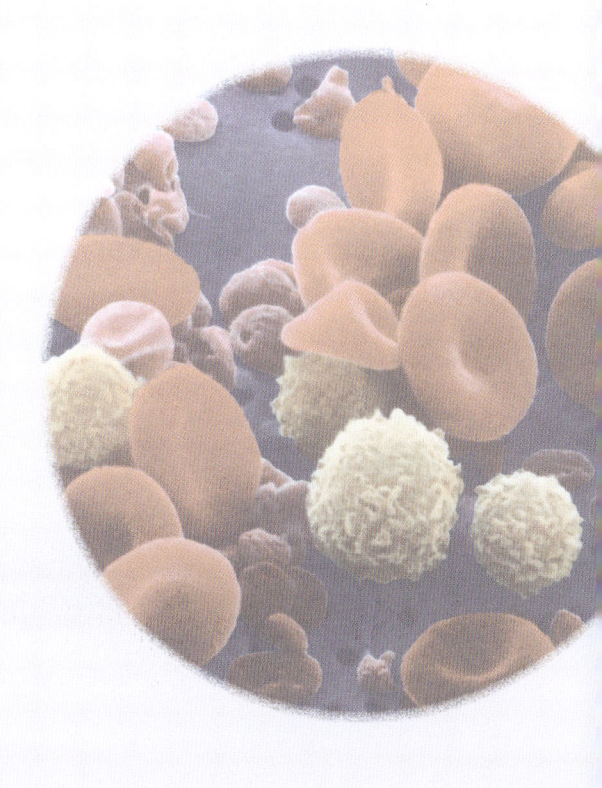

Mielodisplasia (síndromes mielodisplásicas, SMD)

É um grupo de distúrbios clonais das células-tronco hematopoéticas, caracterizados por insuficiência progressiva da medula óssea com alterações displásicas em uma ou mais linhagens celulares (Tabela 16.1). Um aspecto fundamental dessas doenças é a proliferação e a apoptose simultâneas de células hematopoéticas (*hematopoese ineficaz*), provocando o paradoxo de medula hipercelular com pancitopenia no sangue periférico. Há uma tendência à progressão para leucemia mieloide aguda (LMA), embora a morte ocorra com frequência antes que ela se desenvolva.

Na maioria dos casos, a doença é **primária**, porém, em uma significativa proporção de pacientes, é **secundária** à quimioterapia e/ou à radioterapia utilizadas previamente como tratamento de outra doença maligna. Este último tipo é denominado **SMD relacionada à terapia** (**SMD-t**) e, atualmente, é classificado com a LMA relacionada à terapia.

Patogênese

A patogênese das SMD não está esclarecida, mas presume-se que se inicie com uma alteração genética em uma célula progenitora hematopoética multipotente. O sistema imune pode ter um papel menor na supressão da função da medula óssea, e a imunossupressão, às vezes, é usada no tratamento (ver adiante).

Anormalidades cromossômicas são frequentes (Tabela 16.2). Além disso, a análise molecular mostra que as SMD normalmente carreiam duas ou três mutações pontuais. Essas mutações condutoras (*driver*), em geral, acometem genes envolvidos em processos epigenéticos, metilação de DNA (*TET2*, *DNMT3A* e *IDH1/2*) e modificação de cromatina (*ASXL1* e *EZH2*), bem como emenda (*splicing*) de RNA (Figura 16.1). Algumas dessas mutações gênicas (p. ex., *TET2*) podem ser vistas em outras neoplasias mieloides, incluindo leucemia mieloide aguda (LMA) e distúrbios mieloproliferativos (DMP), ao passo que outras (p. ex., *ASXL1*, *SF3B1*) são relativamente específicas para SMD. Um exemplo chamativo é a mutação

Tabela 16.1 Classificação da Organização Mundial da Saúde (2008) de mielodisplasia (modificada; ver também Apêndice).

Subtipo	Sangue periférico	Medula óssea	Blastos (%)	Proporção relativa (%)
Citopenia refratária com displasia de uma linhagem (CRDU)				
Anemia refratária (AR)	Anemia	Displasia só da linhagem eritroide (em > 10% das células), < 5% blastos	< 5	10-20
Neutropenia refratária (NR)	Neutropenia	Displasia só da linhagem granulocítica, < 5% blastos	< 5	< 1
Trombocitopenia refratária (TR)	Trombocitopenia	Displasia só da linhagem megacariocítica, < 5% blastos	< 5	< 1
Anemia refratária com sideroblastos em anel (ARSA)	Anemia	Displasia só da linhagem eritroide, > 15% dos eritroblastos são sideroblastos em anel, < 5% blastos	< 5	3-10
Citopenia refratária com displasia de múltiplas linhagens (CRDM)	Citopenia(s)	Displasia de múltiplas linhagens, +/− sideroblastos em anel, < 5% blastos. Ausência de bastões de Auer	< 5	30
Anemia refratária com excesso de blastos, tipo 1 (AREB-1)	Citopenia(s)	Displasia de uma ou múltiplas linhagens	5-9	20
Anemia refratária com excesso de blastos, tipo 2 (AREB-2)	Citopenia(s)	Displasia de uma ou múltiplas linhagens	10-19	20
Síndrome mielodisplásica associada com deleção del(5q) isolada	Anemia, contagem de plaquetas normal ou aumentada	Deleção 5q31, anemia, megacariócitos hipolobulados	< 5	< 5
Síndrome mielodisplásica da infância	Pancitopenia	Displasia de múltiplas linhagens	< 5	< 1

Tabela 16.2 Exemplos de anormalidades citogenéticas em mielodisplasia	
Prognóstico	**Anormalidade citogenética**
Muito bom	–Y ou del(11q)
Bom	Normal ou del(5q)
Intermediário	del(7q) ou dois clones independentes
Ruim	inv(3) ou dupla, incluindo –7 ou 1 del(7q)
Muito ruim	Complexas: > 3 anormalidades

no gene *SF3B1*, envolvido na emenda de RNA, que é evidenciado em quase todos os casos do subtipo ARSA de SMD, mas não em LMA *de novo* ou em DMP. Algumas das mutações epigenéticas também podem ser detectadas em medulas aparentemente normais, em até 20% de idosos (ver Tabela 11.2). Por outro lado, as mutações em *FLT3* e *NPM1* são relativamente específicas para LMA *de novo* e, quando um caso de SMD transforma-se em LMA, as mutações LMA-específicas surgem.

Outros genes frequentemente mutados em SMD (e LMA) estão envolvidos na regulação de transcrição (*RUNX1*), no reparo de DNA (*TP53*), na transdução de sinal (*NRAS* e *KRAS*) e no *cohesin complex** envolvido na mitose (*STAG2*).

Classificação

As mielodisplasias são classificadas com base no hemograma, incluindo os aspectos morfológicos à microscopia, o número de blastos no sangue e na medula óssea e a análise citogenética (Tabela 16.1). A classificação pode gerar confusão, de modo que algoritmos são úteis na avaliação diagnóstica (Figura 16.2). Embora a classificação pareça complexa, os princípios são os seguintes:

- Displasia pode estar presente só em uma linhagem – eritrócitos (**anemia refratária**, **AR**), neutrofílica ou plaquetária – ou em duas ou mais linhagens mieloides (**citopenia refratária com displasia de múltiplas linhagens, CRDM**).

*N. de T. *Cohesin complex* é um complexo proteico que regula a separação das cromátides na mitose. Não há palavra equivalente em português para *cohesin*.

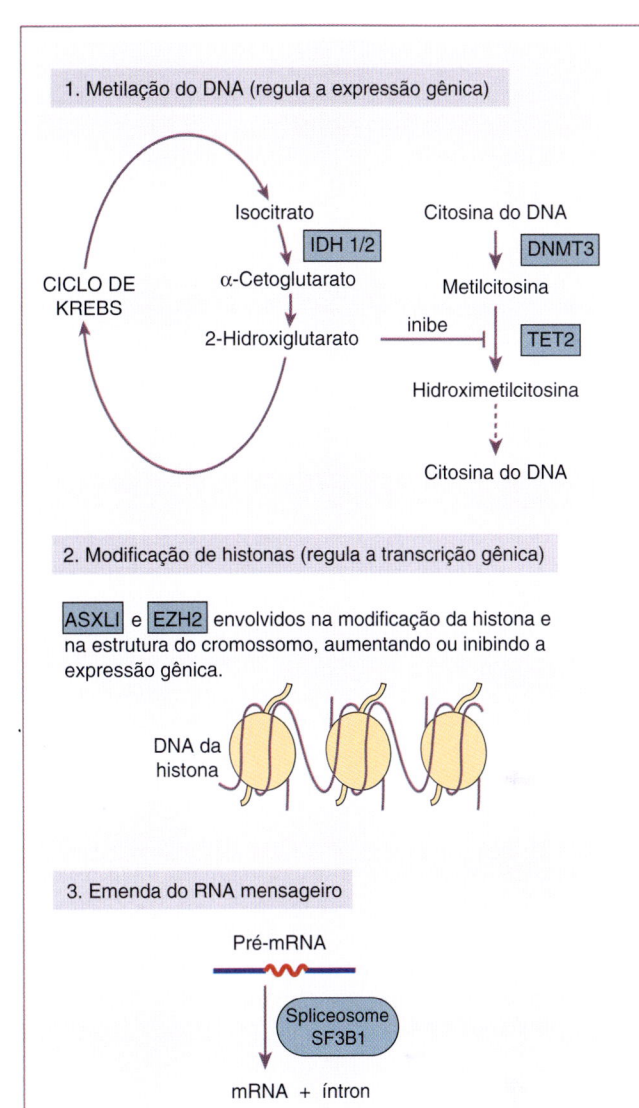

Figura 16.1 Genes envolvidos na metilação do DNA, na modificação da histona e na emenda (*splicing*) do mRNA que são frequentemente mutados (perda ou ganho de função) em mielodisplasia, leucemia mieloide aguda ou distúrbios mieloproliferativos.

Tabela 16.3 Escore prognóstico IPSS-R. Fonte: baseada em Greenberg PL, Tuechler H., Schwanz J. et al. (2012) *Blood* 120: 2454-65.							
Variável prognóstica	0	0,5	1	1,5	2	3	4
Citogenética (ver Tabela 16.2)	Muito bom		Bom		Intermediário	Ruim	Muito ruim
Blastos na medula óssea (%)	≤ 2		> 2–<5		5-10	>10	
Hemoglobina (g/dL)	≥ 10		8–<10	< 8			
Plaquetas (×10³/µL)	≥ 100	50–<100	< 50				
Neutrófilos (×10³/µL)	≥ 0,8	< 0,8					

Tabela 16.4 IPSS-R categorias/escores de risco prognóstico e evolução clínica. Tempo de evolução para LMA de 25% dos casos. Fonte: baseada em Greenberg PL., Tuechler H., Schwanz J et al. (2012) *Blood* 120: 2454-65.

Categoria de risco	Escore de risco	Sobrevida mediana (anos)	Tempo mediano de evolução para LMA em 25% dos casos (anos)
Muito baixo	≤ 1,5	8,8	Não alcançado
Baixo	> 1,5-3	5,3	10,8
Intermediário	> 3-4,5	3,0	3,2
Alto	> 4,5-6	1,6	1,4
Muito alto	> 6	0,8	0,73

- A displasia eritroide pode estar associada com presença de **sideroblastos em anel**, o que caracteriza um subtipo único. Define-se sideroblasto em anel como um precursor eritroide patológico, com cinco ou mais grânulos de ferro circundando ao menos um terço do núcleo.
- Se a porcentagem de blastos estiver aumentada na medula óssea, faz-se o diagnóstico de **anemia refratária com excesso de blastos** (**AREB**); esses subtipos têm mau prognóstico, principalmente se o número de blastos* estiver entre 10 e 19%, e não entre 5 e 9% (Tabela 16.1).
- A **síndrome 5q–** merece classificação própria. O gene deletado é o *RPS14*, que codifica uma proteína ribossomal (ver Figura 22.3). É mais comum em mulheres e há anemia com trombocitose em 50% dos casos; tem um prognóstico particularmente bom (Tabelas 16.3 e 16.4).
- Quando a contagem de monócitos no hemograma ultrapassa $1 \times 10^3/\mu L$, o diagnóstico torna-se **leucemia mielomonocítica crônica**.

Aspectos clínicos

A doença tem uma incidência de 4 em 100 mil pessoas por ano, com leve predominância masculina. Mais da metade dos pacientes está acima de 70 anos de idade e, menos de 25%, abaixo de 50 anos. A evolução quase sempre é lenta, e a doença pode ser descoberta por acaso, quando o paciente faz um hemograma por motivo não relacionado. Os sintomas, se presentes, são anemia, infecções ou sangramento fácil (Figura 16.3). Em alguns pacientes, uma anemia dependente de transfusões domina a evolução do quadro, ao passo que em outros, infecções recidivantes ou equimoses e sangramentos espontâneos são os principais problemas clínicos. Neutrófilos, monócitos e plaquetas estão quase sempre hipofuncionais, de modo que infecções espontâneas e manifestações hemorrágicas podem ocorrer desproporcionalmente à gravidade das citopenias. Em geral, não há esplenomegalia.

Observa-se que aspectos displásicos na medula óssea podem ser vistos em uma ampla variedade de condições, como abuso de álcool, anemia megaloblástica, infecções por parvovírus e HIV, recuperação após quimioterapia citotóxica e resposta a tratamento com fator estimulador de colônias granulocíticas (G-CSF). Todas essas condições devem ser excluídas antes de ser feito um diagnóstico de SMD, e os exames podem precisar ser repetidos após algum tempo, para que a interpretação seja feita pela evolução.

Achados laboratoriais

Sangue periférico

Pancitopenia é um achado frequente. Os eritrócitos geralmente são macrocíticos, mas, às vezes, são hipocrômicos; eritroblastos podem estar presentes. A contagem de reticulócitos é baixa. Com frequência, há granulocitopenia e diminuição das funções quimiotática, fagocítica e de adesividade dos granulócitos (Figura 16.4). Os granulócitos podem ser agranulados e, várias vezes, apresentam-se somente com núcleos único ou bilobado, semelhantes aos da anomalia de Pelger-Huët. As plaquetas podem ser anormalmente grandes ou pequenas, e a contagem, em geral, é baixa, mas, em 10% dos casos, está aumentada. Nos casos de mau prognóstico, há número variável de mieloblastos no sangue.

Medula óssea

Em geral, é hipercelular. Um pequeno número de células displásicas pode ser visto na medula de pessoas idosas sadias, de modo que se exige ao menos 10% de células displásicas em uma linhagem para considerar o diagnóstico de SMD. Aspectos displásicos comuns são os seguintes:
- *Série eritroide*: eritroblastos multinucleados e com outras características diseritropoéticas, como pontes internucleares e brotamentos nucleares (Figura 16.4). Sideroblastos em anel são vistos em um subtipo específico de SMD e originam-se da deposição de ferro nas mitocôndrias dos eritroblastos.
- *Série mieloide*: os precursores granulocíticos mostram granulação defeituosa e podem ser difíceis de se diferenciar de monócitos.

---

*N. de T. Número de blastos ≥ 20% configura diagnóstico de LMA, não mais de SMD.

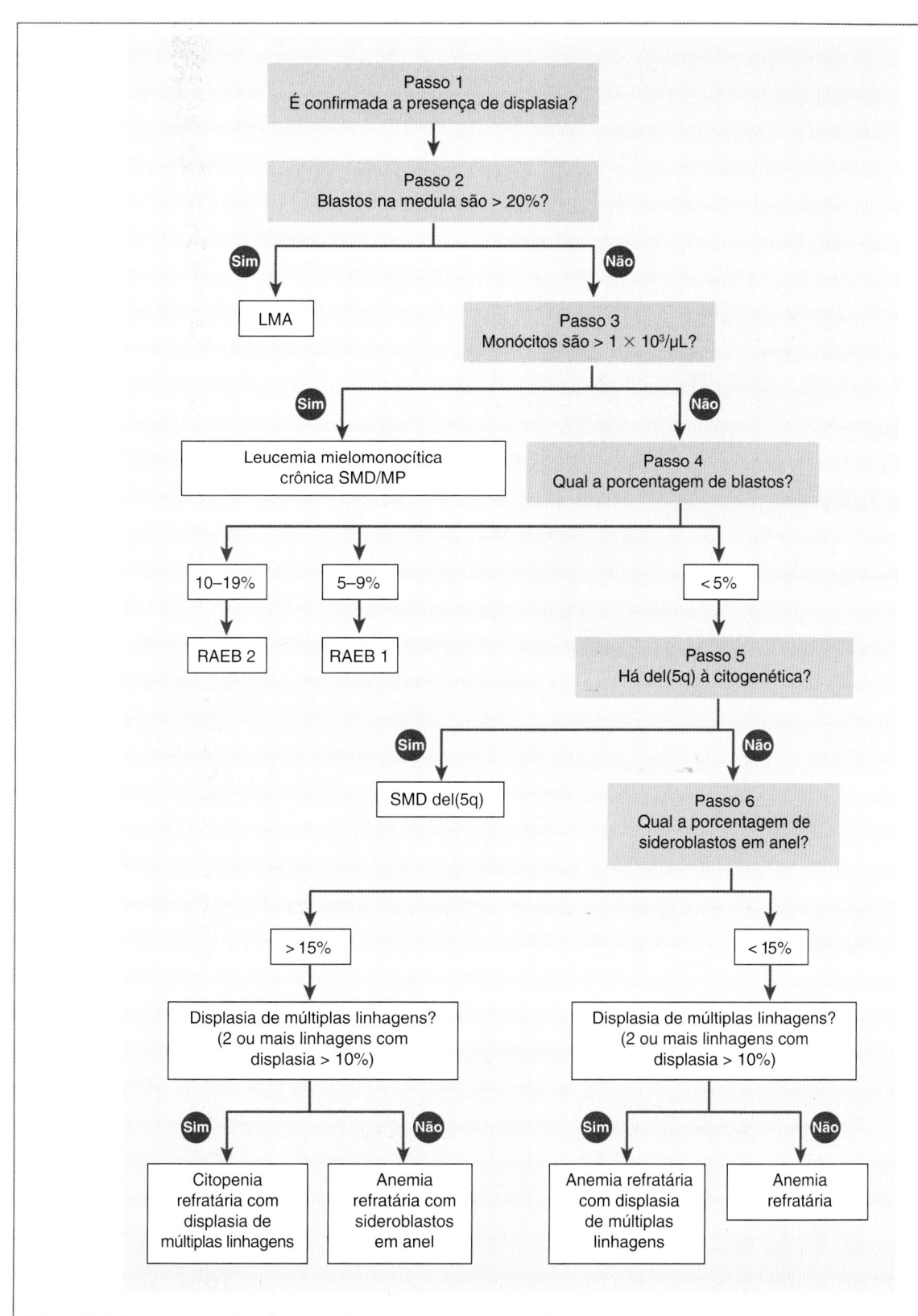

Figura 16.2 Abordagem ao diagnóstico de mielodisplasia. MP, mieloproliferativas. Fonte: baseada em Bennett J. M. e Komrokji R. S. (2006) *Haematology* 10: Supl. 1:258-69.

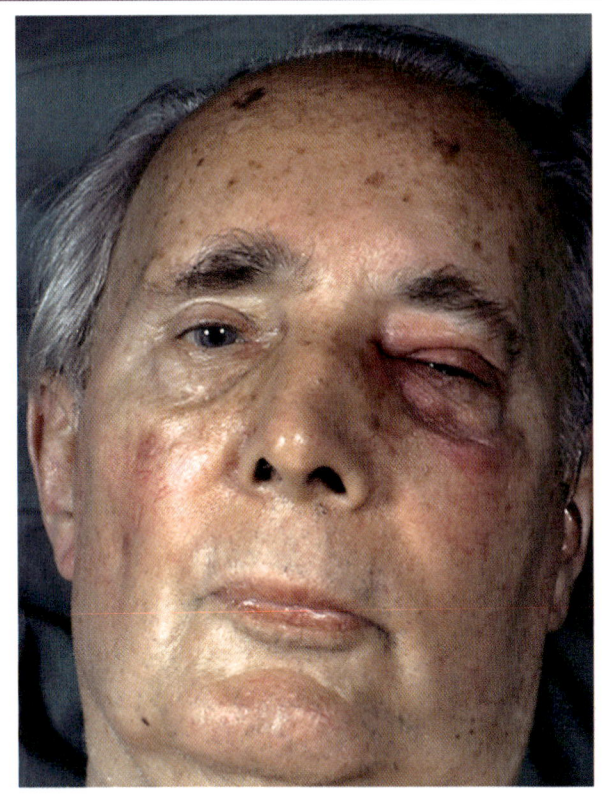

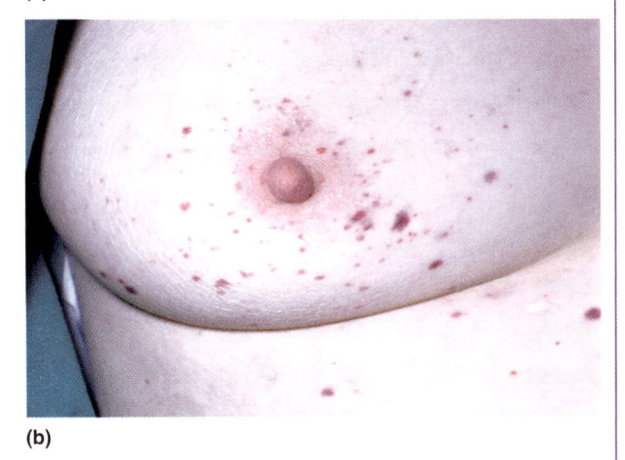

Figura 16.3 Mielodisplasia. **(a)** Homem de 78 anos com anemia refratária. Ele teve infecções recidivantes na face e nos seios maxilares associadas à neutropenia (hemoglobina 9,8 g/dL; leucócitos 1,3 × 10³/µL; neutrófilos 0,3 × 10³/µL; plaquetas 38 ×10³/µL). **(b)** Púrpura em mulher de 58 anos com anemia refratária (hemoglobina 10,5 g/dL; leucócitos 2,3 × 10³/µL; plaquetas 8 × 10³/µL).

- *Série megacariocítica*: megacariócitos displásicos, com formas micronucleares, binucleares pequenas e polinucleares (Figura 16.4).

Em cerca de 20% dos casos, a medula óssea é hipocelular e assemelha-se à da anemia aplástica; em alguns casos, há fibrose. Uma amostra de medula aspirada deve ser enviada para análise citogenética.

Anormalidades citogenéticas

A análise citogenética é indispensável, e as anormalidades comuns incluem 5q−, perda parcial ou total dos cromossomos 5 ou 7 ou trissomia 8 (Tabela 16.2). Várias alterações citogenéticas são consideradas tão comuns de SMD que permitem o diagnóstico inclusive na ausência de alterações morfológicas celulares.

As mutações que podem ser evidenciadas com testes moleculares foram descritas na página 178, e a Figura 16.1 ilustra as que estão envolvidas em processos epigenéticos

Tratamento

O tratamento das SMD foi aprimorado significativamente nos últimos anos. Uma subdivisão-chave é a distinção entre pacientes de baixo e de alto risco. O Sistema Internacional de Escore Prognóstico Revisado (IPSS-R, do inglês, *International Prognostic Scoring System*) classifica os pacientes de acordo com a porcentagem de blastos na medula óssea, o tipo de anormalidade cromossômica e o número e gravidade das citopenias (Tabela 16.3). Para facilitar, "calculadores clínicos" *on line* são agora disponíveis, por exemplo, em *www.ukmdsforum.org*. A esta altura, não é claro se os pacientes com prognóstico de "risco intermediário" devem ser tratados com regimes para baixo risco ou para alto risco.

Síndromes mielodisplásicas de baixo risco

Os pacientes com menos de 5% de blastos na medula óssea, com somente uma citopenia e com citogenética favorável são definidos como portadores de síndrome mielodisplásica de baixo grau. Quimioterapia intensiva quase nunca é usada nesses pacientes; pelo contrário, eles geralmente não recebem tratamento. Se necessário, pelas citopenias, pode ser tentada a melhoria da função da medula óssea pela administração de fatores de crescimento hematopoético, isolados ou em combinação. A eritropoetina, às vezes, melhora a anemia, embora a hemoglobina não deva ser aumentada a > 12 g/dL. O G-CSF mostra sinergia com a eritropoetina e pode aumentar a perspectiva de resposta. Ciclosporina ou globulina antilinfocítica às vezes são úteis, sobretudo em pacientes com medula óssea hipocelular.

O suporte hemoterápico, com concentrados de eritrócitos filtrados ou plaquetas, e o uso adequado de antibióticos são geralmente necessários. Trombomiméticos, como eltrombopag ou romiplostim, podem ser usados se houver sangramento, mas trabalhos visando a definir se eles aumentam o risco de LMA estão em progresso. Antibióticos podem ser necessários. A longo prazo, surge o problema da sobrecarga de ferro pelas transfusões múltiplas; a quelação de ferro deve ser considerada após transfusão de 30 a 50 unidades ou se a ferritina elevar-se acima de 1.000 µg/mL. A medida do ferro hepático e cardíaco por IRM é útil para decidir sobre a necessidade de tratamento quelante. A lenalidomida é sobretudo eficaz na SMD associada a del(5q), pois pode diminuir as dimensões do clone e, com isso, a necessidade transfusional.

Em pacientes selecionados, o transplante de células-tronco alogênicas, convencional ou de baixa intensidade, oferece uma perspectiva de cura permanente.

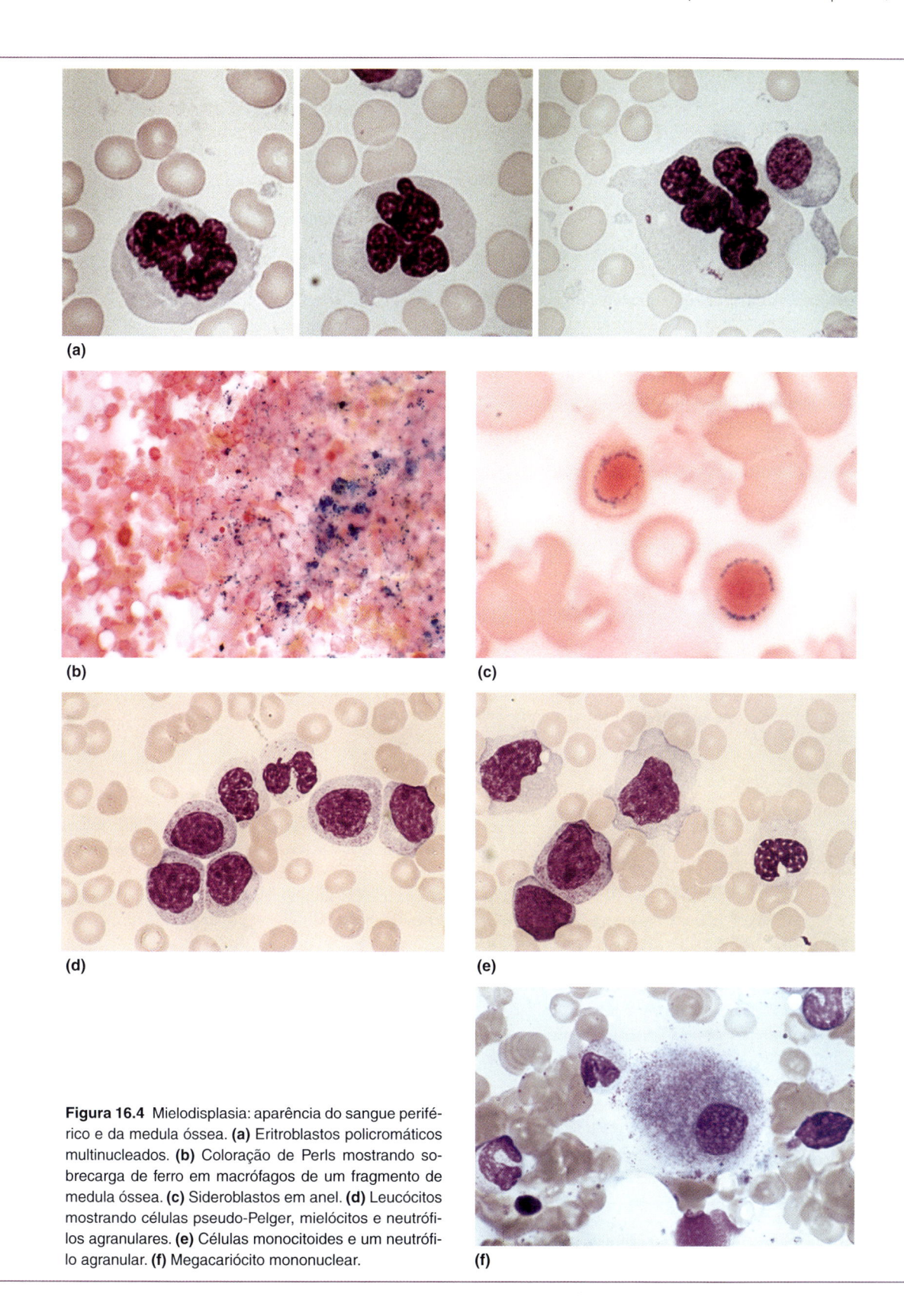

Figura 16.4 Mielodisplasia: aparência do sangue periférico e da medula óssea. **(a)** Eritroblastos policromáticos multinucleados. **(b)** Coloração de Perls mostrando sobrecarga de ferro em macrófagos de um fragmento de medula óssea. **(c)** Sideroblastos em anel. **(d)** Leucócitos mostrando células pseudo-Pelger, mielócitos e neutrófilos agranulares. **(e)** Células monocitoides e um neutrófilo agranular. **(f)** Megacariócito mononuclear.

Síndromes mielodisplásicas de alto risco

Nestes pacientes, têm sido tentados vários tratamentos para melhorar o prognóstico global com grau variado de sucesso.

Transplante de células-tronco (TCT)

O TCT oferece um prospecto de cura para a SMD, e a introdução de regimes com condicionamento não mieloablativo está aumentando a faixa de idade dos pacientes aos quais esse tratamento pode ser oferecido. Pacientes com > 10% blastos na medula óssea devem receber quimioterapia prévia.

Quimioterapia intensiva

A quimioterapia, como a administrada na LMA (ver p. 149), é muitas vezes tentada em pacientes de alto risco. Embora a maioria dos pacientes possa esperar uma remissão, a recidiva é inevitável e frequentemente surge em poucos meses. Os riscos da quimioterapia intensiva são grandes, pois a pancitopenia decorrente costuma ser prolongada, sem regeneração hematopoética, possivelmente por falta de células-tronco normais.

Agentes hipometilantes

Azacitidina e decitabina são inibidores de metiltransferases de DNA, que inibem a metilação de DNA recém-formado. Eles melhoram as contagens sanguíneas em uma minoria de pacientes com SMD de alto risco. Azacitidina é dada durante 7 dias por mês e mantida enquanto durar o efeito; estudos têm demonstrado que o seu uso pode aumentar a sobrevida em até cerca de 9 meses.

Apenas suporte geral

É o mais adequado para pacientes idosos com outros problemas médicos importantes. Transfusão de eritrócitos e plaquetas, além de tratamento com antibióticos e antifúngicos, são oferecidos conforme a necessidade (ver Capítulo 12).

Neoplasias mielodisplásicas/mieloproliferativas

Esses distúrbios são classificados entre as mielodisplasias e as neoplasias mieloproliferativas pela presença de aspectos displásicos, acompanhados de aumento periférico de células de uma ou mais linhagens (Tabela 16.5). Há aspectos clínicos e genéticos comuns entre esses distúrbios, como mutações do gene supressor de tumor *TET2*, em cerca de 20% dos casos, e mutações de *JAK2*, com menor frequência.

Leucemia mielomonocítica crônica

É definida por uma monocitose persistente de > 1 × 10³/μL, com menos de 20% de blastos na medula, com displasia de outras linhagens e negativa para a translocação *BCR-ABL1*. Costuma apresentar-se com leucocitose que pode ultrapassar 100 × 10³/μL. Vários pacientes desenvolvem exantema, e a metade tem esplenomegalia. Equimoses fáceis, hipertrofia gengival e linfonodopatias, às vezes, estão presentes. *TET-2, ASXL1* e outras mutações (Figura 16.1) são frequentes. O tratamento é difícil, embora hidroxicarbamida e etoposido possam ser paliativos úteis. O TCT é indicado em pacientes jovens. A sobrevida mediana é de cerca de 2 anos, e um aumento progressivo de blastos na medula é preditivo de mau prognóstico.

Leucemia mieloide crônica atípica

Os pacientes têm leucocitose com predomínio de neutrófilos e de seus precursores. A medula mostra hiperplasia granulocítica, mas não há presença do cromossomo Filadélfia e do gene de fusão *BCR-ABL1*. Há discretos aspectos morfológicos de mielodisplasia, tanto no hemograma como na medula. O tratamento é difícil e o prognóstico é ruim.

Leucemia mielomonocítica infantil

Apresenta-se nos 4 primeiros anos de vida e tem aspectos tanto de mielodisplasia como de neoplasia mieloproliferativa. Em geral, há exantema, hepatoesplenomegalia e linfonodopatias. Há uma monocitose de > 1 × 10³/μL e alterações citogenéticas clonais. O único tratamento curativo é o TCT alogênico. Se não for tratada, a morte ocorre dentro de 4 anos, geralmente por transformação aguda, com infiltração leucêmica de órgãos, como os pulmões. Comutações nos genes *TET2* e *SRSF2* geralmente estão presentes.

Crianças com dois distúrbios genéticos, síndrome de Noonan e neurofibromatose, têm um risco aumentado de desenvolvimento de leucemia mielomonocítica infantil. As mutações dos genes *PTPN11* e *NF1* que, quando ocorrem na linha germinal, dão origem a esses distúrbios, são frequentes em células mieloides na leucemia mielomonocítica infantil, mesmo em casos não associados aos distúrbios genéticos.

Tabela 16.5 Classificação das neoplasias mielodisplásicas/mieloproliferativas.

	Aspectos diagnósticos
Leucemia mielomonocítica crônica	Monocitose > 1 × 10³/μL
Leucemia mieloide crônica atípica *BCR-ABL1* negativa	Leucócitos > 13 × 10³/μL *BCR-ABL1* ausente
Leucemia mielomonocítica infantil	
Neoplasia mielodisplásica/mieloproliferativa, inclassificável	
Anemia refratária com sideroblastos em anel associada com trombocitose acentuada	Plaquetas > 450 × 10³/μL Megacariócitos grandes e atípicos

RESUMO

- A mielodisplasia inclui um grupo de distúrbios clonais de células-tronco hematopoéticas em que há insuficiência da medula óssea e citopenias no hemograma. Uma característica dessas doenças é a proliferação e a apoptose simultâneas das células hematopoéticas, ocasionando o aspecto paradoxal de medula hipercelular com pancitopenia periférica. Há uma tendência de evoluírem para leucemia mieloide aguda.
- Na maioria dos casos, a doença é *primária*, mas pode ser *secundária* à quimioterapia ou à radioterapia recebidas no tratamento de outra neoplasia maligna.
- Os principais aspectos clínicos, sinais de anemia, infecção e sangramento decorrem das citopenias sanguíneas. A maioria dos pacientes tem mais de 70 anos de idade.
- O diagnóstico é feito pelo hemograma e pelo exame da medula óssea, associados a estudos citogenéticos e moleculares das células neoplásicas.
- As mielodisplasias são classificadas em oito grandes subtipos.
- Um sistema de escores distingue casos de alto grau (ou risco) e de baixo grau (ou risco).
- Pacientes com doença de baixo grau podem não ter indicação de tratamento. Fatores de crescimento hematopoético, lenalidomida e suporte hemoterápico são úteis e indicados quando forem necessários.
- As mielodisplasias de alto grau podem ser tratadas com quimioterapia intensiva, fármacos desmetilantes ou transplante de células-tronco. O transplante alogênico é o único tratamento que pode ser curativo.
- As neoplasias mielodisplásicas/mieloproliferativas constituem um grupo de distúrbios classificados entre mielodisplasias e neoplasias mieloproliferativas, com presença de aspectos displásicos e aumento de leucócitos e/ou plaquetas no sangue periférico.

Visite **www.wileyessential.com/haematology** para testar seus conhecimentos neste capítulo.

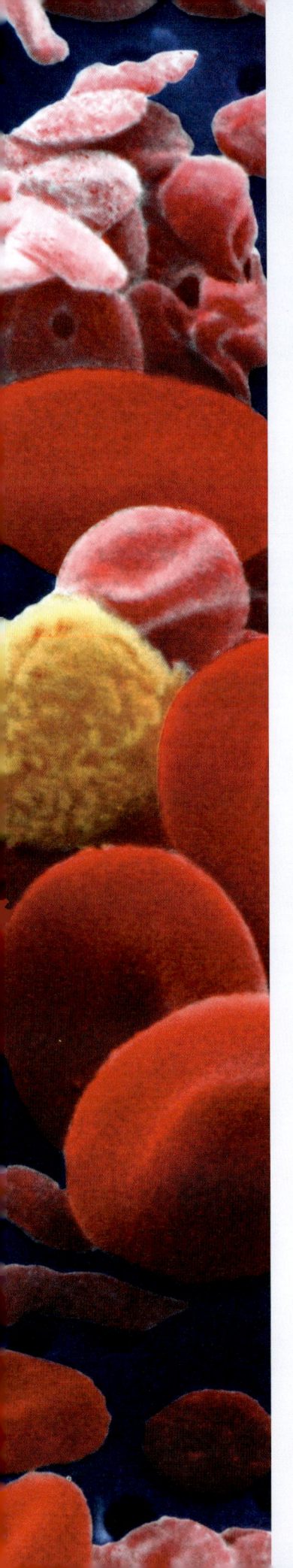

CAPÍTULO 17
Leucemia linfoblástica aguda

Tópicos-chave

- Incidência e patogênese 187
- Classificação 188
- Achados laboratoriais 188
- Tratamento 192
- Doença residual mínima 192
- Tratamento específico para adultos 194

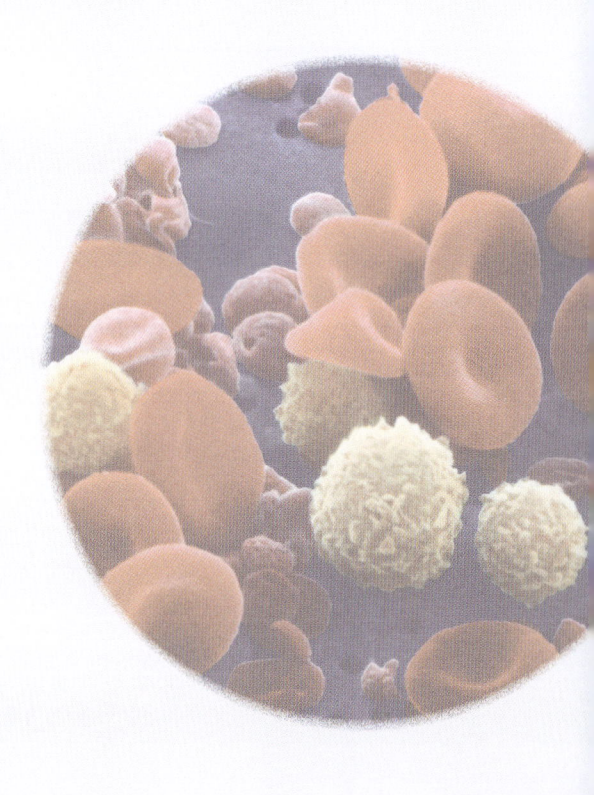

A leucemia linfoblástica aguda (LLA) é causada pelo acúmulo de linfoblastos na medula óssea e é a doença maligna mais comum na infância. A definição de leucemia aguda e a diferenciação entre LLA e leucemia mieloide aguda (LMA) estão descritas no Capítulo 13.

Incidência e patogênese

A incidência é máxima entre 3 e 7 anos, com 75% dos casos ocorrendo antes dos 6 anos; há uma elevação secundária de incidência após os 40 anos. Predominam os casos de linhagem de células B (LLA-B), 85%, com incidência igual em ambos os sexos; nos 15% de casos de linhagem de células T (LLA-T) há predominância masculina.

A patogênese é variada. **Uma proporção de casos de LLA da primeira infância inicia-se de mutações genéticas ocorridas durante o desenvolvimento *in utero* (Figura 17.1).** Estudos em gêmeos idênticos mostram que ambos podem nascer com a mesma anormalidade cromossômica (p. ex., t(12;21) translocação *ETV6-RUNX1*). Presume-se que a anormalidade teria surgido espontaneamente em uma célula progenitora, que passou de um gêmeo a outro pela circulação placentária compartilhada. É possível que a exposição a algum fator ambiental durante a gestação seja importante para o primeiro evento. Um dos gêmeos pode desenvolver LLA precocemente (p. ex., aos 4 anos) devido a um segundo evento transformador, afetando o número de cópias de diversos genes, incluindo os de desenvolvimento de células B (ver adiante). O outro gêmeo permanece bem ou desenvolve LLA mais tardiamente. A translocação *ETV6--RUNX1* está presente no sangue de 10% dos recém-nascidos, mas só em 1% destes progride para o desenvolvimento de LLA em data ulterior. O mecanismo do "segundo golpe genético" dentro da célula tumoral não está claro, porém estudos epidemiológicos sugerem que possa decorrer de uma resposta anormal do sistema imune à infecção. Em outros casos, a LLA parece surgir de mutação pós-natal em uma célula progenitora linfoide primitiva.

As crianças com alto nível de atividade social, principalmente as que são precocemente mantidas em creches durante o dia, têm uma incidência reduzida de LLA, ao passo que as crianças que vivem em comunidades mais isoladas e têm pouca exposição às infecções comuns nos primeiros anos de vida têm risco mais alto.

Certos polimorfismos da linha germinal em um grupo de genes envolvidos no desenvolvimento de células B (p. ex., *IKZF1*) parecem predispor a LLA, pois são mais comuns em pacientes com LLA-B do que em controles. De modo curioso, *IKZF1* também é deletado nas células leucêmicas em 30% dos casos de LLA-B de alto risco e em 95% dos casos de LLA-B BCR-ABL1 positivos. Em geral, o aspecto genômico na LLA é caracterizado por anormalidades cromossômicas primárias e por um amplo leque de deleções secundárias e mutações, envolvendo vias-chave implicadas na leucemogênese. Nas LLAs da infância, estão presentes, em média, 11 variações estruturais somaticamente adquiridas.

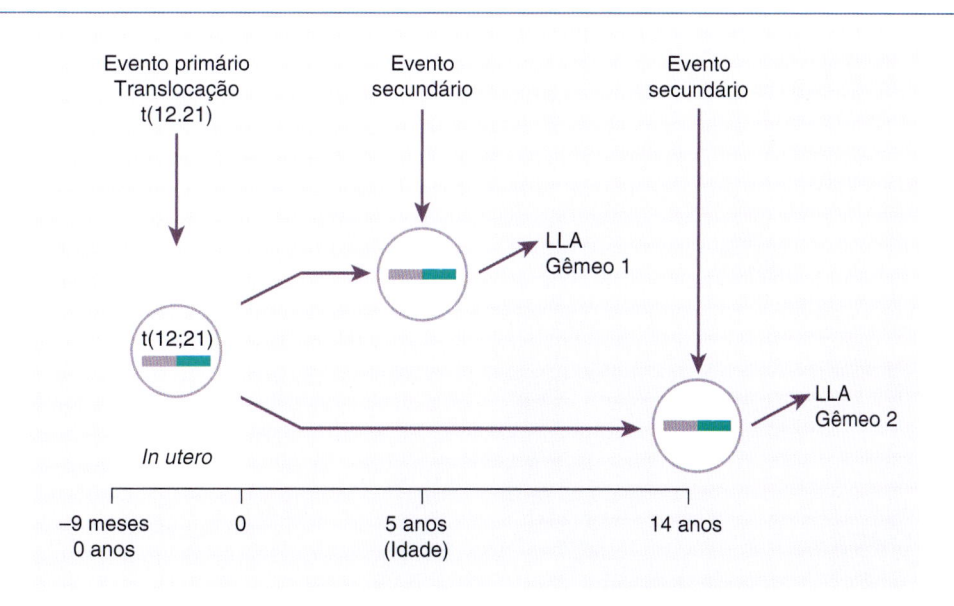

Figura 17.1 Origem pré-natal de leucemia linfoblástica aguda (LLA) em gêmeos idênticos. Ambos os tumores têm idêntica translocação t(12;121). No gêmeo 1, foi diagnosticada LLA aos 5 anos, e no gêmeo 2, aos 14 anos, indicando provável origem do clone leucêmico *in utero* e disseminação para ambos por meio da circulação sanguínea placentária compartilhada. Dada a longa latência da LLA, presume-se que seja requerido um evento secundário para a desencadear. Por ocasião do diagnóstico de LLA no gêmeo 1, foi pesquisada e evidenciada a translocação t(12;21) na medula do gêmeo 2. É provável que similar "origem fetal" ocorra, também, em número significativo de casos esporádicos de LLA. Fonte: adaptada de Wiemels JL et al. (1999) *Blood*, 94(3): 1057-62.

> **Tabela 17.1** Classificação da leucemia linfoblástica aguda (LLA) segundo a Organização Mundial da Saúde, (modificada de OMS, 2008; ver também Apêndice)
>
> Leucemia linfoblástica aguda B com anormalidades genéticas recorrentes
>
> LLA com t(12;21)
>
> LLA com t(9;22)
>
> LLA com t(11q23; variável)
>
> Hiperdiploidia (> 50 cromossomos)
>
> Hipodiploidia (< 45 cromossomos)
>
> Leucemia linfoblástica aguda T
>
> Nota: uma minoria de pacientes que apresentam massas nodais e extranodais e < 20% blastos na medula óssea são chamados de portadores de *linfoma linfoblástico* se as células se assemelharem às de LLA.

Classificação

A leucemia linfoblástica aguda, de células B ou T, é subclassificada pela Organização Mundial da Saúde (2008) de acordo com os defeitos genéticos subjacentes (Tabela 17.1). Na classificação da LLA-B há vários subtipos geneticamente caracterizados, como os casos com as translocações t(9;22) ou t(12;21), rearranjos no gene *MLL* ou alterações no número de cromossomos (aneuploidia) (Tabela 17.1). O subtipo é um guia importante para a escolha do melhor protocolo de tratamento e para o prognóstico. Na LLA-T, um cariótipo anormal é encontrado em 50 a 70% dos casos, e a via sinalizadora NOTCH está ativada na maioria dos casos (ver adiante).

Aspectos clínicos

Os aspectos clínicos decorrem das duas consequências principais da proliferação leucêmica, descritas a seguir.

Insuficiência da medula óssea

- Anemia (palidez, letargia e dispneia);
- Neutropenia (febre, mal-estar, infecções da boca, da garganta, da pele, das vias aéreas, da região perianal, ou outras);
- Trombocitopenia (equimoses espontâneas, púrpura, sangramento gengival e menorragia).

Infiltração de órgãos

A infiltração de órgãos causa dor óssea, linfonodopatia (Figura 17.2a), esplenomegalia moderada, hepatomegalia, síndrome meníngea (cefaleia, náuseas e vômitos, visão turva, diplopia). Há febre na maioria dos pacientes; em geral, melhora após o começo da quimioterapia. O exame do fundo de olho pode mostrar edema de papila e, algumas vezes, hemorragia. Vários pacientes têm febre, que cessa com o começo da quimioterapia. Manifestações menos comuns incluem tumefação testicular ou sinais de compressão do mediastino na LLA-T (Figura 17.3).

Se houver predomínio de massas sólidas linfonodais ou extranodais com < 20% de blastos na medula óssea, a doença é denominada linfoma linfoblástico, mas tratada como LLA.

Achados laboratoriais

O hemograma, na maioria dos casos, mostra anemia normocítica normocrômica e trombocitopenia. A contagem de leucócitos pode estar diminuída, normal ou aumentada, devido ao número de blastos, e pode atingir até 200 × 10³/µL ou mais. A microscopia de distensão sanguínea costuma mostrar blastos em número variável. A medula óssea é hipercelular,

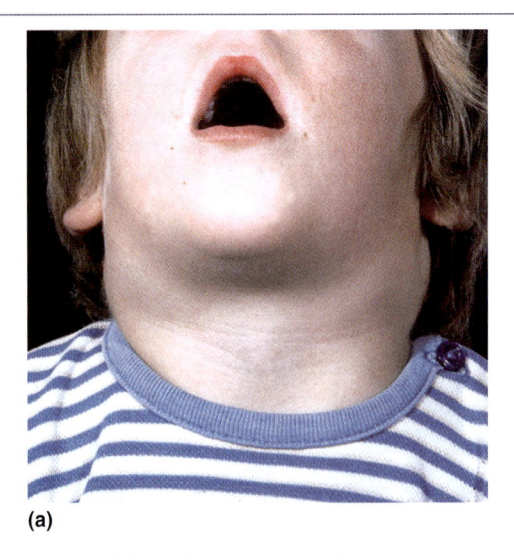

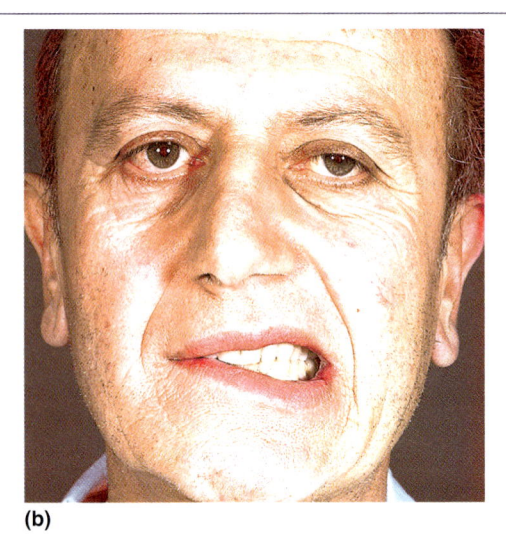

Figura 17.2 Leucemia linfoblástica aguda. **(a)** Linfonodopatia acentuada em um menino. **(b)** Assimetria facial em homem de 59 anos, devida à paralisia motora direita de neurônio do 7º nervo, por infiltração leucêmica meníngea. Fonte: Hoffbrand A. V., Pettit J. E. e Vyas P. (2010) *Color Atlas of Clinical Haematology,* 4ª edição. Reproduzida, com permissão, de John Wiley e Sons.

Tabela 17.2 Testes especializados para leucemia linfoblástica aguda (LLA)	
Marcadores imunológicos (citometria em fluxo)	Ver Tabela 17.3; Figura 11.14
Genes de imunoglobulina e TCR	LLA-B: rearranjo clonal dos genes de imunoglobulina LLA-T: rearranjo clonal dos genes do TCR
Análises cromossômica e genética	Ver Tabela 17.1

LLA-B, leucemia linfoblástica aguda de células B; LLA-T, leucemia linfoblástica aguda de células T; TCR, receptor de células T.

com > 20% de blastos leucêmicos. Os blastos são caracterizados pela morfologia (Figura 17.4), por exames imunológicos (Tabela 17.3) e por análise citogenética (Tabela 17.1). A identificação de rearranjo dos genes de imunoglobulina ou do receptor de células T (TCR) (Tabela 17.2), do imunofenótipo (aberrante) e da genética molecular das células leucêmicas é importante para a escolha do tratamento e para a detecção, na evolução ulterior, de doença residual mínima (DRM).

Punção lombar para exame do líquido cerebrospinal (LCS) não é mais feita rotineiramente, pois foi constatado que pode causar transferência de células leucêmicas para o SNC. A avaliação inicial do LCS deve ser combinada com a administração simultânea de quimioterapia intratecal. A bioquímica do sangue costuma mostrar aumento de ácido úrico, de desidrogenase láctica e, às vezes, hipercalcemia. São feitas provas de funções hepática e renal antes do início do tratamento para comparação posterior. Exames radiológicos podem mostrar lesões ósseas líticas e massa mediastinal causada por aumento do timo e/ou de linfonodos mediastinais, característica da LLA-T (Figura 17.3).

Tabela 17.3 Marcadores imunológicos para a classificação da leucemia linfoblástica aguda (LLA) (ver também Figura 11.14)		
Marcador	LLA-B	LLA-T
Linhagem B		
CD19	+	−
cCD22	+	−
cCD79a	+	−
CD10	+ ou −	−
cIg	+ (pré-B)	−
sIg	−	−
TdT	+	+
Linhagem T		
CD7	−	+
cCD3	−	+
CD2	−	+
TdT	+	+

c, citoplasmático; s, superfície.

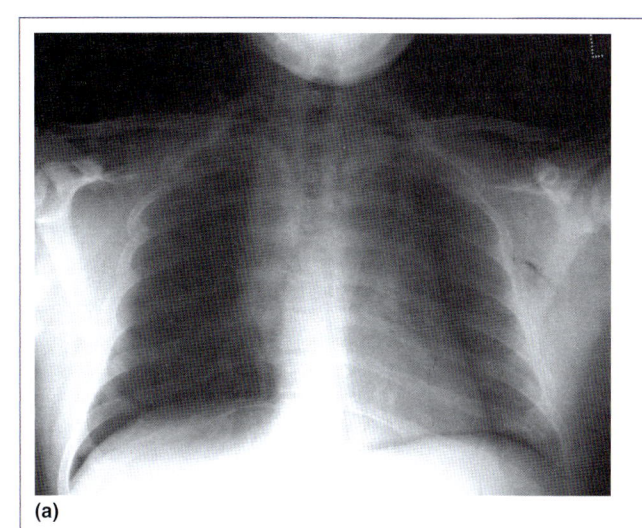

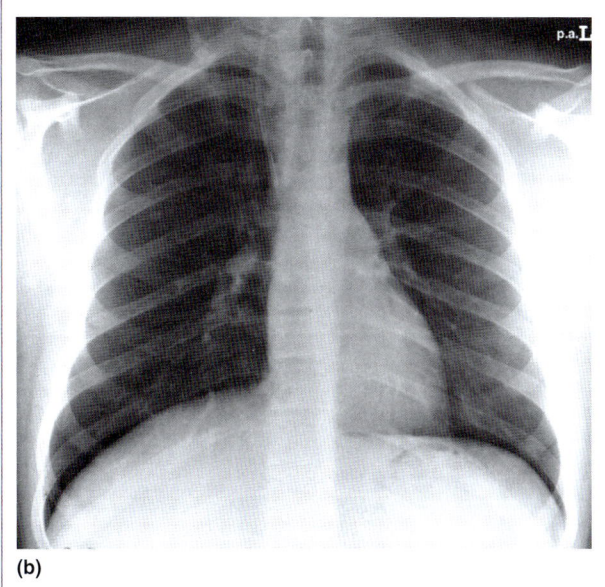

Figura 17.3 Radiografia de tórax de menino de 16 anos de idade com leucemia linfoblástica aguda T. **(a)** Grande massa mediastinal, causada por aumento do timo, ao diagnóstico. **(b)** Resolução da massa após uma semana de tratamento com prednisolona, vincristina e daunorrubicina.

O diagnóstico diferencial inclui LMA, anemia aplástica (a LLA às vezes é precedida de curto período de aplasia), infiltração da medula óssea por outras células malignas (p. ex., rabdomiossarcoma, neuroblastoma e sarcoma de Ewing), infecções, como mononucleose infecciosa e coqueluche, artrite reumatoide infantil e púrpura trombocitopênica imunológica.

Citogenética e genética molecular

A análise citogenética mostra uma frequência diferente de anormalidades em lactentes, crianças e adultos, o que explica parcialmente as diferenças de prognóstico entre esses grupos (Figura 17.5). Os casos são estratificados pelo número de

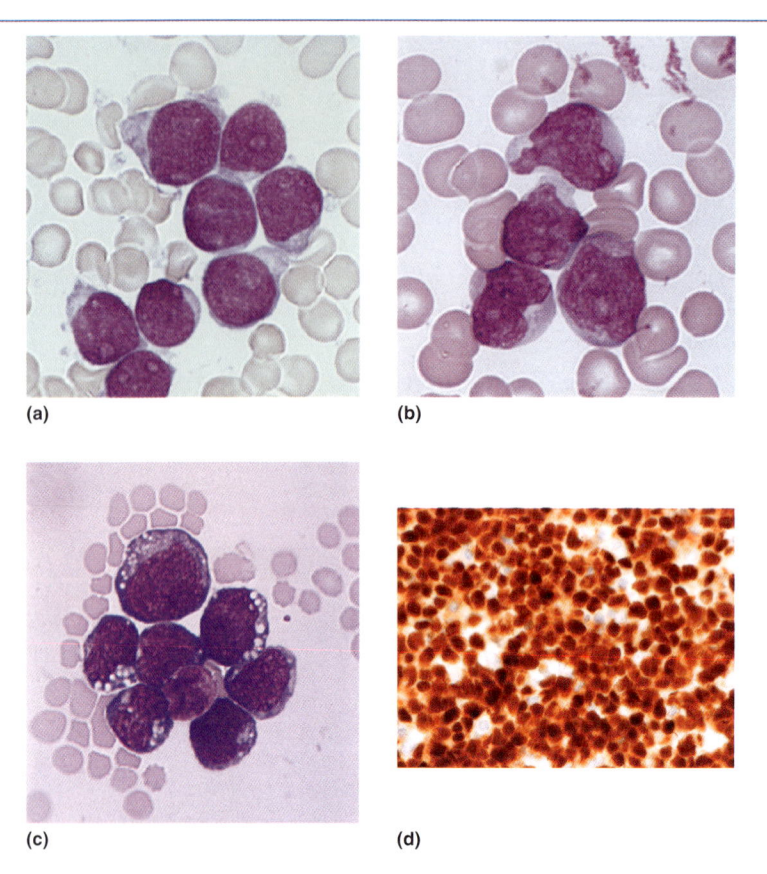

Figura 17.4 Morfologia e imunofenotipagem de leucemia linfoblástica aguda (LLA). **(a)** Os linfoblastos mostram citoplasma escasso sem grânulos. **(b)** Os linfoblastos são grandes e heterogêneos com citoplasma abundante. **(c)** Os linfoblastos são intensamente basófilos com vacuolização citoplasmática. **(d)** LLA: as células da medula óssea coram-se positivamente para TdT com imunoperoxidase. Fonte: Hoffbrand A. V., Pettit J. E. e Vyas P. (2010) *Color Atlas of Clinical Haematology*, 4ª edição. Reproduzida, com permissão, de John Wiley e Sons.

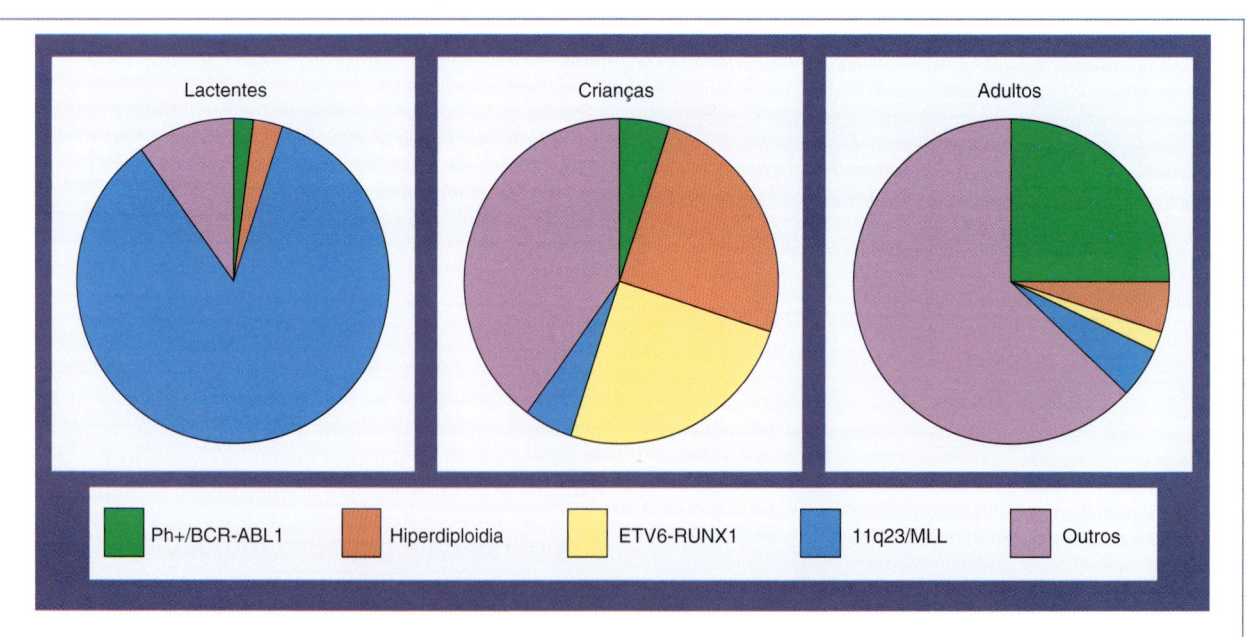

Figura 17.5 Subgrupos citogenéticos de leucemia linfoblástica aguda (LLA). Incidência de diferentes anomalias citogenéticas em lactentes, crianças e adultos.

cromossomos nas células tumorais (*ploidia*) ou por anormalidades genéticas moleculares específicas. Os dois parâmetros definem doença de bom e mau prognóstico.

As células **hiperdiploides** têm > 50 cromossomos e geralmente implicam bom prognóstico, ao passo que os casos com **hipodiploidia** (< 44 cromossomos) têm mau prognóstico. A anormalidade específica mais comum na LLA da infância é a translocação t(12;21)(p13;q22) *ETV6-RUNX1*. A proteína RUNX1 desempenha um papel importante no controle transcricional da hematopoese e é reprimida pela proteína de fusão ETV6-RUNX1.

A frequência da translocação Ph t(9;22) aumenta com a idade e leva consigo um mau prognóstico, embora esteja melhorando com a adição de inibidores de tirosinoquinase BCR-ABL1 à terapia. As translocações do cromossomo 11q23 envolvem o gene *MLL* e são vistas, sobretudo, em casos de leucemia nos dois primeiros anos de vida. Utilizando testes de genética molecular mais sensíveis, como FISH (do inglês, *fluorescence in situ hybridization*), alguns casos com citogenética convencional normal mostram genes de fusão – por exemplo, *BCR-ABL1* –, ou um padrão de expressão de quinase e citoquina semelhante à Ph, embora sem o gene de fusão *BCR-ABL1* ou outra anormalidade genética. Essas alterações moleculares têm implicação prognóstica independentemente da presença ou da ausência da alteração cromossômica respectiva à citogenética.

A **LLA-T** corresponde a 15% dos casos de LLA na infância e 25% em adultos, e o quadro clínico comum é o de leucocitose considerável a expensas de blastos, massa mediastinal ou derrame pleural. Há rearranjo clonal de TCR e em 20% do gene *IGH*. As alterações citogenéticas muitas vezes envolvem os *loci* TCR com diferentes genes participantes. A maioria dos casos tem anormalidades genéticas adquiridas que provocam ativação constitucional da via de sinalização *NOTCH*, e estão sendo desenvolvidos fármacos que visam a essas anormalidades (Figura 17.6).

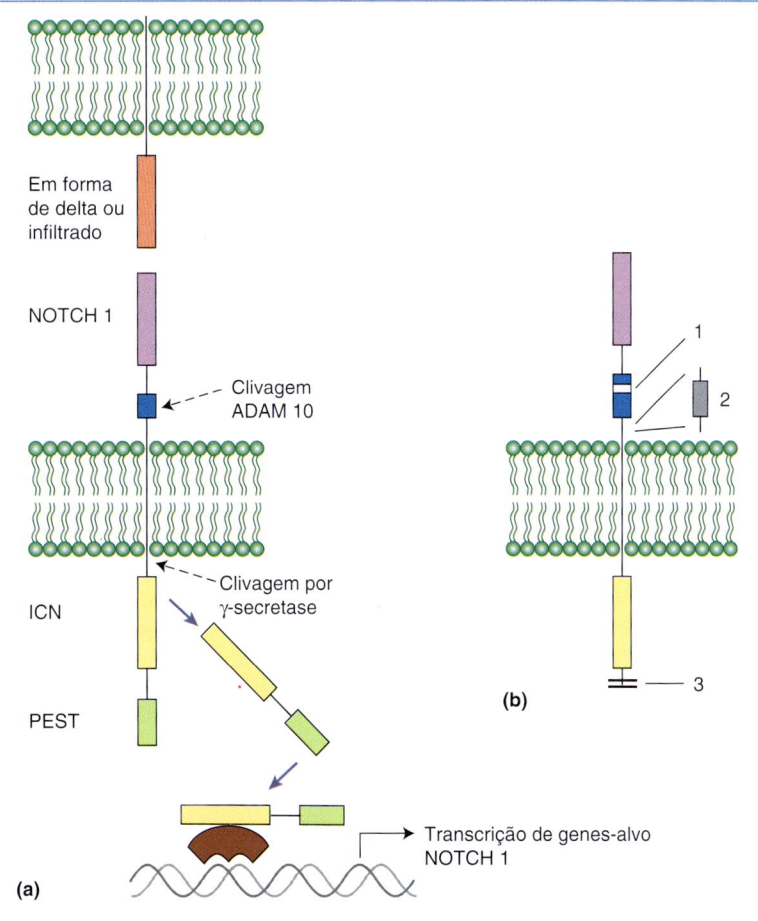

Figura 17.6 Ativação da sinalização NOTCH normal e na LLA-T. **(a)** Base molecular da sinalização NOTCH. NOTCH expressa-se na membrana celular e, após conectar-se a um ligante (em forma de delta ou infiltrado) em uma célula adjacente, a proteína é clivada em dois pontos – primeiro por ADAM 10 extracelular, depois por um complexo γ-secretase intracelular. A porção intracelular de NOTCH liberada transloca-se para o núcleo, onde provoca a ativação dos genes-alvo NOTCH 1. **(b)** Vários tipos de anormalidades genéticas são vistos na via de sinalização NOTCH em pacientes com LLA-T: (1) mutações no local de clivagem extracelular, (2) inserção de duplicações internas em *tandem* na região anexa à membrana ou (3) deleção do domínio intracelular PEST. O resultado final de todas essas mutações é um aumento da velocidade de clivagem e de translocação nuclear do domínio NOTCH.

Tratamento

Pode ser convenientemente dividido em tratamentos de *suporte* e *específico*.

Tratamento de suporte

O tratamento geral de suporte na insuficiência da medula óssea está descrito no Capítulo 12 e inclui a inserção de uma cânula intravenosa central, suporte hemoterápico e prevenção da síndrome de lise tumoral. O risco desta é mais alto em crianças com grande leucocitose, LLA-T ou insuficiência renal à apresentação. Qualquer episódio febril deve ser imediatamente tratado.

Tratamento específico de LLA em crianças

O tratamento específico da LLA faz-se com quimioterapia, às vezes radioterapia, e os protocolos são extremamente complexos. Há várias fases em um ciclo de tratamento que, em geral, tem quatro componentes (Figura 17.7). Os protocolos são *ajustados ao risco* para reduzir a intensidade do tratamento dado a pacientes de melhor prognóstico. Os fatores que guiam o tratamento incluem idade, sexo e contagem de leucócitos (blastos) à apresentação. A resposta inicial ao tratamento também é importante, pois a eliminação lenta dos blastos do sangue e da medula após uma ou duas semanas de tratamento de indução, ou persistência de doença residual mínima (DRM) (ver adiante), associam-se a risco relativamente alto de recidiva. A LLA em lactentes (< 1 ano) tem prognóstico pior, com curabilidade de apenas 20 a 50%. A doença está associada com translocação envolvendo o gene *MLL* em 80% dos casos e é tratada com protocolos específicos.

Doença residual mínima

Mesmo quando a medula e o sangue parecem estar livres de leucemia, citometria em fluxo (FACS) ou métodos moleculares podem detectar pequenos números de células leucêmicas (Figura 17.8). Um resultado positivo indica *doença residual mínima* (DRM), e a pesquisa no 29º dia de tratamento em crianças e aos 3 meses em adultos tem significação prognóstica; o resultado está sendo usado no planejamento da terapia ulterior (ver adiante) (Figura 17.9). O valor do teste para DRM ao fim da indução ou durante a consolidação continua a ser explorado em trabalhos comparativos, nos quais a intensidade dos tratamentos de consolidação e manutenção é reduzida nos que se tornam rapidamente DRM negativos, enquanto tratamento mais intenso, ou mesmo transplante alogênico de células-tronco, é dado aos pacientes que persistem com DRM. Crianças com LLA de bom prognóstico tornam-se DRM negativas tão cedo quanto o 29º dia de tratamento, ao passo que, em adultos, o achado aos 3 meses tem maior significação prognóstica (Tabela 17.4). Um exemplo de resultado dessa diversificação de tratamento foi a redução randomizada do número de blocos de consolidação (intensificação) em crianças sem evidência de DRM aos 29 dias, feita no protocolo corrente de tratamento do UK 2003 ALL trial. A redução não piorou o excelente prognóstico dessas crianças de baixo risco, tornando-se, agora, tratamento-padrão.

Indução
p. ex., vincristina, asparaginase, dexametasona (ou prednisolona), ± daunorrubicina

↓

Consolidação
p. ex., daunorrubicina, citarabina, vincristina, etoposide, tioguanina ou mercaptopurina, ciclofosfamida em um a quatro cursos

→ Possível transplante de células-tronco

↓

Profilaxia craniana
metotrexato intratecal múltiplo

↓

Tratamento de manutenção
por exemplo, mercaptopurina, metotrexato, vincristina, dexametasona

↓

Intensificação tardia (como a consolidação)

↓

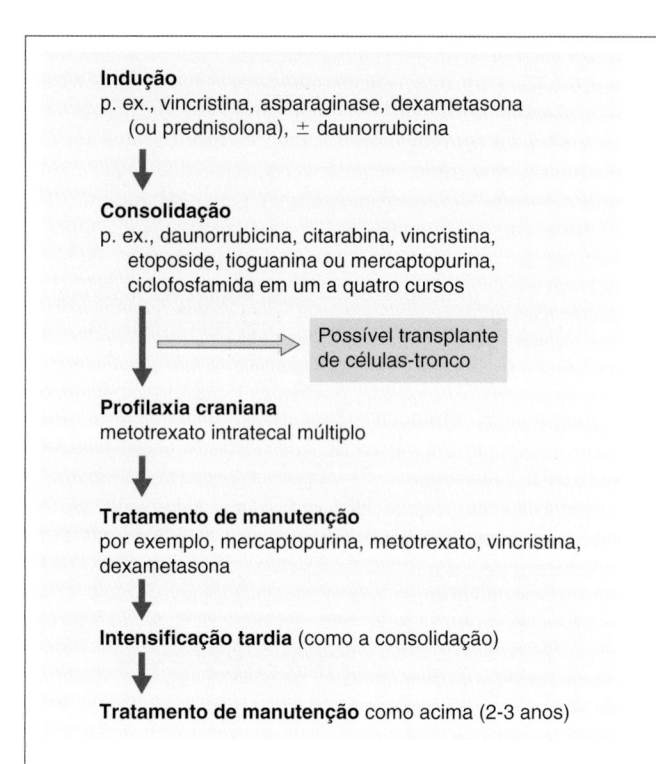

Tratamento de manutenção como acima (2-3 anos)

Figura 17.7 Fluxograma ilustrando um protocolo típico de tratamento de leucemia linfoblástica aguda.

Indução de remissão

Os pacientes de leucemia aguda, à apresentação, têm alta carga tumoral e estão sob alto risco de complicações da insuficiência da medula óssea e da infiltração leucêmica (Figura 17.1). O objetivo da *indução de remissão* é destruir rapidamente a maioria das células tumorais e levar o paciente ao estado de remissão, em que há menos de 5% de blastos na medula óssea, contagens normais no hemograma e nenhum sinal ou sintoma da doença. Esteroides (dexametasona ou prednisolona), vincristina e asparaginase são os fármacos habitualmente usados e os mais eficazes, induzindo remissão em mais de 90% das crianças e em 80 a 90% dos adultos (aos quais geralmente se acrescenta daunorrubicina). Em remissão, entretanto, o paciente ainda pode ter número significativo de células tumorais e, sem quimioterapia adicional, quase todos os pacientes terão recidiva (ver Figura 13.8). Todavia, a remissão é um valioso passo inicial no ciclo de tratamento. Os pacientes que não entram em remissão têm de trocar seu protocolo de tratamento para outro mais intensivo.

Intensificação (consolidação)

Estes ciclos usam altas doses de quimioterapia com múltiplos fármacos para diminuir a carga tumoral a níveis muito baixos, ou eliminá-la. As doses de quimioterápicos são próximas ao limite de tolerância, daí a necessidade de suporte intensivo durante os blocos de intensificação. Protocolos gerais incluem vincristina, ciclofosfamida, citarabina, daunorrubicina, etoposido

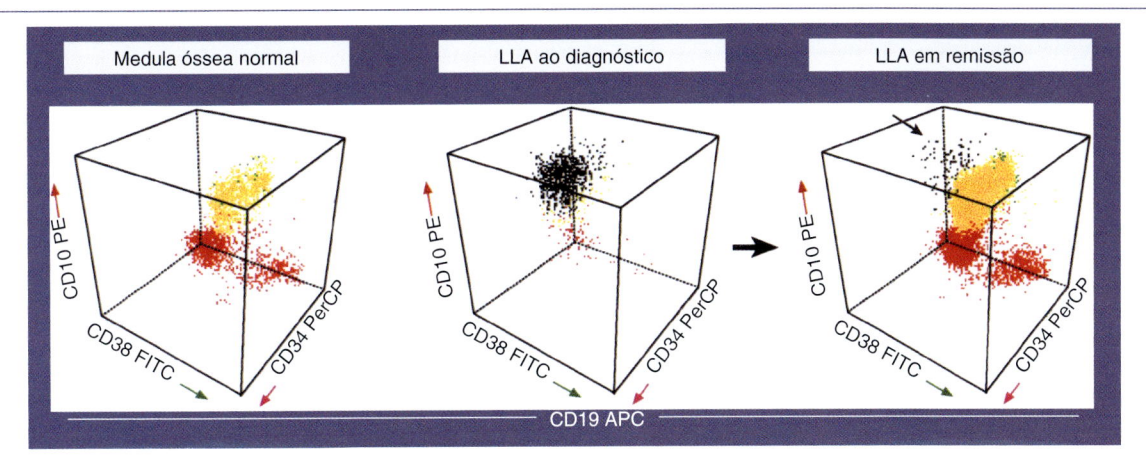

Figura 17.8 Detecção de doença residual mínima (DRM) por citometria em fluxo com fluorescência em quatro cores em células mononucleares de medula normal, de paciente com LLA-B ao diagnóstico e do mesmo paciente em remissão, 6 semanas após o diagnóstico. As células foram detectadas com quatro anticorpos (anti-CD10, anti-CD19, anti-CD34, anti-CD38) ligados a marcadores fluorescentes abreviados como PE, APC, PerCP, FITC, respectivamente. O pontilhado tridimensional fornecido pelo instrumento mostra o imunofenótipo de linfócitos CD19+ nas três amostras. A DRM de 0,03% de células, expressando o fenótipo associado à leucemia (CD10+, CD34+, CD38−), ainda é detectada no exame após 6 semanas; a positividade foi confirmada por reação em cadeia da polimerase (PCR). Fonte: Campana D. e Coustan-Smith E. (1999) Citometria. *Commun Clin Cytometry* 38: 139-52. Reproduzida, com permissão, de John Wiley e Sons.

ou mercaptopurina, administradas como blocos em diferentes combinações. O número de blocos em crianças depende da categoria de risco e varia de um a três.

Tratamento dirigido para o sistema nervoso central (SNC)

Poucos fármacos administrados por via sistêmica atingem o líquido cerebrospinal (LCS), por isso a necessidade de tratamento específico para prevenção e tratamento da doença no SNC. Em geral, usa-se metotrexato intratecal. Recidivas no SNC ainda assim ocorrem, apresentando-se com cefaleia, vômitos, edema de papila e blastos no LCS. O tratamento da recidiva é feito com metotrexato, citarabina e hidrocortisona intratecais, com ou sem irradiação craniana, e renovação da quimioterapia sistêmica, uma vez que normalmente doença na medula óssea também está presente.

Manutenção

É feita com mercaptopurina oral diária e metotrexato oral uma vez por semana. Acrescenta-se vincristina intravenosa com

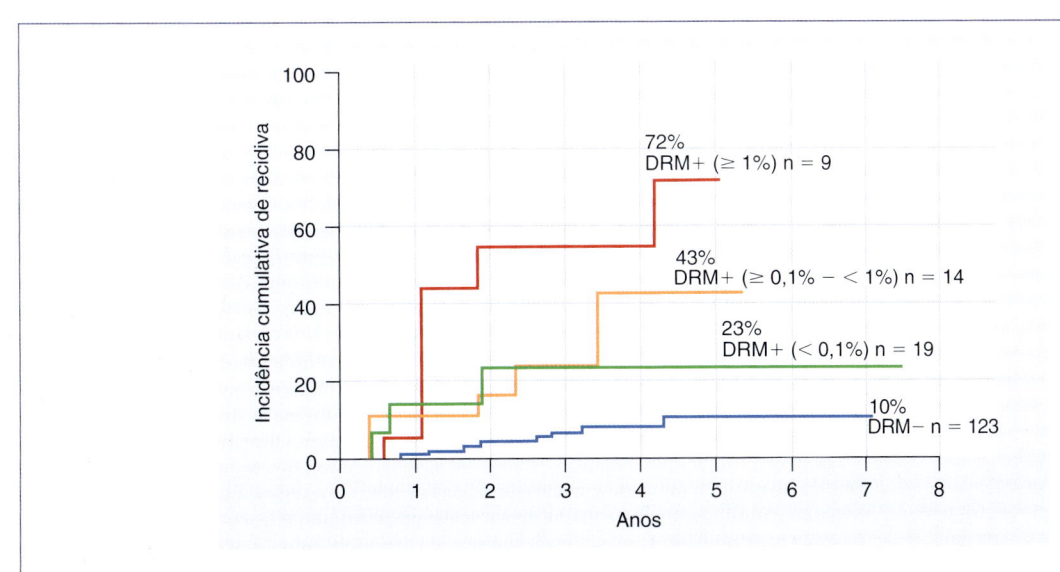

Figura 17.9 Incidência cumulativa de recidiva de acordo com os níveis de doença residual mínima (DRM) ao fim da indução de remissão em crianças com leucemia linfoblástica aguda (LLA), tratadas no St. Jude Children's Research Hospital. Fonte: cortesia do Dr. D. Campana.

Tabela 17.4 Prognóstico na leucemia linfoblástica aguda (LLA).

	Bom	Mau
Contagem de leucócitos	Baixa	Alta (p. ex., > 30 × 10^3/μL em LLA-B, > 100 × 10^3/μL em LLA-T)
Sexo	Meninas	Meninos
Imunofenótipo	LLA-B	LLA-T (em crianças)
Idade	Crianças	Adultos (ou lactente < 1 ano)
Citogenética	Normal ou hiperdiploidia (> 50 cromossomos); rearranjo EVT6	Rearranjos t(9;22), 11q23 (MLL) Hipodiploidia (< 44 cromossomos)
Tempo para eliminar os blastos do sangue	< 1 semana	> 1 semana
Tempo até remissão	< 4 semanas	> 4 semanas
Acometimento do SNC à apresentação	Ausente	Presente
Doença residual mínima	Negativa em 1 mês (crianças) ou em 3 meses (adultos)	Ainda positiva aos 3 a 6 meses

um curso curto (5 dias) de dexametasona oral, a cada mês em crianças e a cada 3 meses em adultos. Há alto risco de varicela ou sarampo durante o tratamento de manutenção em crianças sem imunidade contra esses vírus. Se houver exposição a essas infecções, deve ser feita imunoglobulina profilática. Além disso, administra-se cotrimoxazol por via oral para diminuir o risco de infecção por *Pneumocystis jiroveci*. Em alguns regimes, a manutenção começa logo após a indução de remissão e é interrompida pelos períodos de quimioterapia de intensificação. Nos regimes comuns, a quimioterapia intensiva cessa em cerca de 38 semanas e, então, começa outra vez a manutenção, que dura 112 semanas em meninas e 164 em meninos.

Tratamento da recidiva

Se houver recidiva detectada por testes de DRM ou reaparição de blastos leucêmicos no sangue ou na medula óssea, durante ou logo após o término do tratamento de manutenção, o prognóstico é reservado. Reindução com quimioterapia combinada, incluindo novos fármacos, como clofarabina, pode ser útil. Outra maneira de alvejar as células B é desenvolver um anticorpo contra uma proteína associada à célula B, como CD19, clonar os genes de imunoglobulina desse anticorpo e, então, combinar estes com uma molécula sinalizadora e transferir o gene quimérico para células T coletadas do paciente. Essas células T se programam para matar as células B, e este método inovador, o uso de "receptores de antígenos quiméricos", está se mostrando valioso para pacientes com LLA e LLC refratárias. Os anticorpos monoclonais anti-CD22, epratuzumabe ou inatuzumabe também podem ajudar. A quimioterapia deve ser seguida, sempre que possível, de transplante de células-tronco alogênico. Se a recidiva ocorrer anos depois do fim de todo o tratamento, o prognóstico é melhor. Faz-se nova sequência de indução, consolidação e manutenção. O TCT alogênico persiste indicado. Os níveis de DRM também estão se mostrando de valor na definição do risco e no direcionamento da terapia neste grupo.

Toxicidade

A toxicidade a longo prazo do tratamento tem sido sempre algo sério a se considerar nas crianças assim tratadas. O aumento do sucesso em termos de cura da doença indica que a mortalidade e a morbidade assumem uma porcentagem maior de fracassos de tratamento. Uma preocupação específica é o alto risco de necrose avascular de ossos, associada à dexametasona, vista em adolescentes e em adultos jovens, o risco cardíaco potencial, a longo prazo, de antraciclinas, mesmo em doses baixas, o impacto de agentes alquilantes na fertilidade e o risco, embora pequeno, de tumores secundários. O enfoque das novas gerações de protocolos comparativos de tratamento em crianças é orientado na redução do risco da toxicidade com preservação do efeito antileucêmico.

Tratamento específico para adultos

O tratamento de LLA em adultos continua problemático em comparação com o significativo sucesso do tratamento em crianças. A resposta inicial, com remissão completa à indução, é comparável com a obtida em crianças, porém a frequência de recidiva é muito mais alta. A profilaxia craniana em adultos, em geral, envolve metotrexato intratecal, com ou sem citarabina e esteroides, e alta dose de metotrexato e citarabina sistêmicos. Embora a curabilidade em crianças aproxime-se de 90%, não mais de 40% dos adultos permanecem livres de leucemia após 5 anos; a estatística é ainda pior em pacientes mais velhos. Um fator significativo é a diferença de subtipos genéticos de LLA de acordo com a idade. Hiperdiploidia e t(12; 21), de bom prognóstico, e que, juntos, correspondem a 50% dos casos da infância, são subtipos raros em adultos. Em contrapartida, a presença do cromossomo Filadélfia (LLA Ph+) aumenta com a idade (Figura 17.5).

Um fator adicional que contribuiu para os maus resultados obtidos em adultos com LLA foram as doses menores de quimioterapia que foram tradicionalmente usadas para adultos. Isso está sendo corrigido com a introdução de regimes de quimioterapia de alta intensidade, "regimes para LLA infantil", ao menos em adultos jovens. A presença de DRM após três meses ou mais de tratamento é sinal de mau prognóstico. Muitos pacientes são tratados com TCT alogênico se houver doador compatível na família ou não relacionado.

Tratamento da LLA BCR-ABL1 positiva

A introdução do inibidor específico de tirosinoquinase, imatinibe, transformou o tratamento de pacientes com LLA BCR-ABL1+ (Ph+). O imatinibe é usado em combinação com quimioterapia e é capaz de induzir remissão em uma maioria de pacientes. No entanto, recidivas são comuns pela aparição de subclones resistentes, contendo mutações no gene *BCR-ABL1*. Nessas circunstâncias, o TCT alogênico, sempre que possível, é indicado logo após a remissão. As tirosinoquinases de segunda geração já estão em uso, mas ainda são desconhecidos os resultados a longo prazo.

Prognóstico

Há grande variação na chance de pacientes individuais obterem cura a longo prazo com base em uma estimativa prognóstica aproximada de diversas variáveis biológicas (Tabela 17.4). Cerca de 25% das crianças têm recidiva após o tratamento

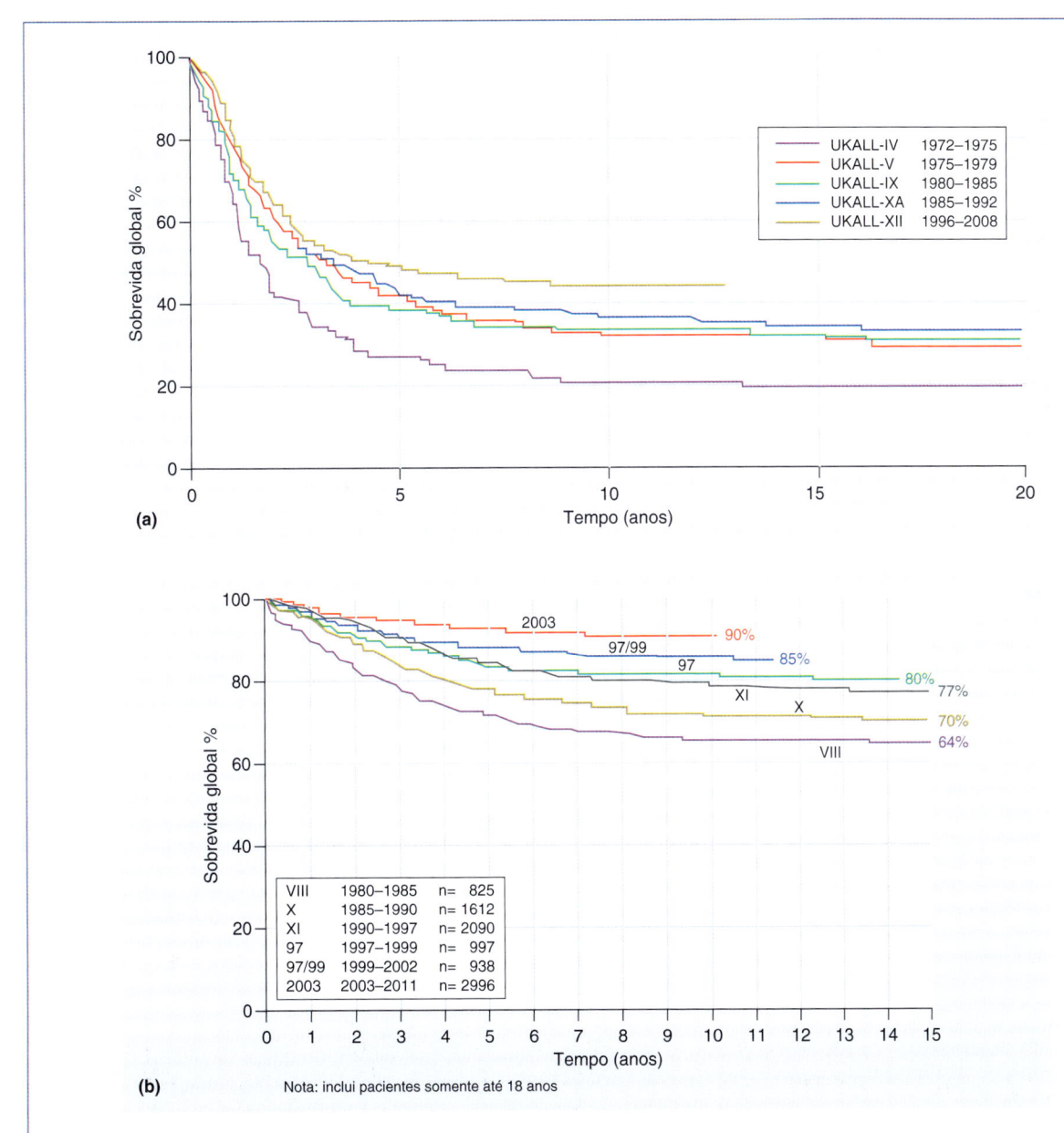

Figura 17.10 Sobrevida global de LLA em adultos (a) e crianças (b). Fonte: cortesia da Dra. Adele Fielding, Prof. Ajay Vora e do UK NCRI Childhood Leukaemia Sub-group.

de primeira linha e necessitam de tratamento ulterior, mas pode-se esperar uma curabilidade global de cerca de 90% (Figura 17.10). Já a curabilidade em adultos cai significativamente com a idade, chegando a menos de 5% após os 70 anos. O desafio, tanto em adultos como em crianças, para os próximos anos é definir melhor os grupos de risco e individualizar o tratamento. Isso poderá ser conseguido usando tanto a tecnologia existente para DRM como expandindo a tecnologia para avaliação dos padrões moleculares. Esses padrões poderão, por exemplo, definir subgrupos de LLA com sensibilidade específica para certos fármacos, ou crianças com risco particular à toxicidade de fármacos específicos.

RESUMO

- A leucemia linfoblástica aguda (LLA) é uma neoplasia na qual linfoblastos leucêmicos se acumulam na medula óssea. É a neoplasia maligna mais comum na infância, com 75% dos casos ocorrendo antes dos 6 anos. Predominam os casos de linhagem de células B (85% dos casos) e os demais são de células de linhagem T.
- A primeira mutação genética em muitos casos ocorre *in utero*, com um evento genético secundário ocorrendo mais tarde, na infância, possivelmente como reação a uma infecção.
- Na apresentação clínica, predominam aspectos decorrentes de insuficiência da medula hematopoética (anemia, infecção, hemorragias), com sinais de infiltração leucêmica tecidual, como dor óssea ou linfonodomegalias, infiltração meníngea e testicular em alguns casos.
- O diagnóstico é feito por hemograma e exame da medula óssea, considerando-se aspectos morfológicos à microscopia das células, imunofenotipagem e análise genética.
- A LLA subclassifica-se de acordo com o defeito genético subjacente, dos quais há ampla variedade. O número de cromossomos nas células leucêmicas tem importância prognóstica: as células *hiperdiploides* (> 50 cromossomos) têm melhor prognóstico, ao passo que as células *hipodiploides* (< 44 cromossomos) são acompanhadas de mau prognóstico. Outras anormalidades citogenéticas também têm significação prognóstica, como, por exemplo, t(9;22), cuja frequência aumenta com a idade, o que é desfavorável.
- Os complexos protocolos de tratamento de LLA geralmente têm quatro componentes: indução de remissão, intensificação, tratamento direcionado ao SNC e manutenção.
- O tratamento é *ajustado ao risco*, de modo a ser reduzido em pacientes de melhor prognóstico. O ajuste é feito com base em idade, sexo, contagem de leucócitos e citogenética na ocasião do diagnóstico.
- As células leucêmicas em pequeno número podem, às vezes, ser detectadas por citometria em fluxo (FACS) ou por análise molecular, inclusive quando o hemograma e a medula parecem estar livres de leucemia. Essa *doença residual mínima* tem significação prognóstica e é usada no planejamento do tratamento ulterior.
- Se ocorrer recaída durante a quimioterapia, o prognóstico é reservado, mas, se a recaída for tardia – anos após cessação do tratamento –, o prognóstico é melhor. Há indicação de nova quimioterapia e o transplante de células-tronco alogênico deve ser considerado.
- A expectativa global de cura na infância é de 90%. A curabilidade em adultos diminui significativamente com a idade, chegando a < 5% após os 70 anos.

Visite **www.wileyessential.com/haematology** para testar seus conhecimentos neste capítulo.

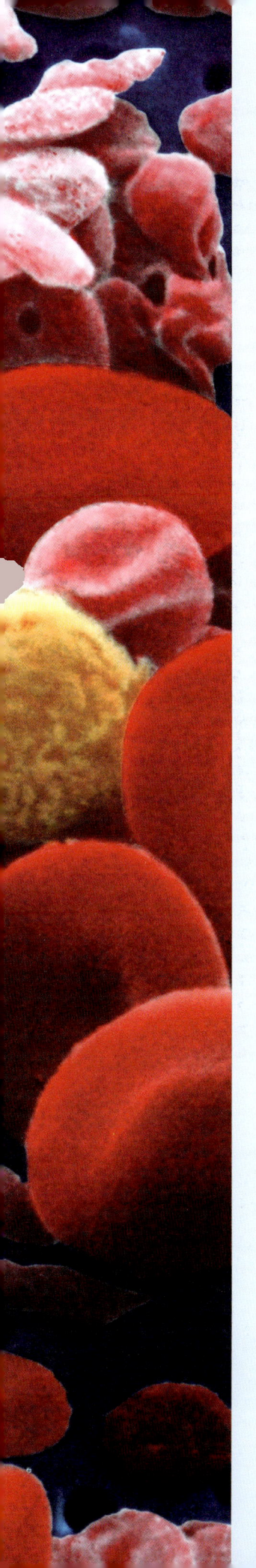

CAPÍTULO 18
Leucemia linfoide crônica

Tópicos-chave

- Doenças de células B — 198
- Leucemia linfocítica crônica — 198
- Patogênese — 198
- Aspectos clínicos — 198
- Achados laboratoriais — 199
- Tratamento — 200
- Leucemia de células pilosas — 202
- Doenças de células T — 203

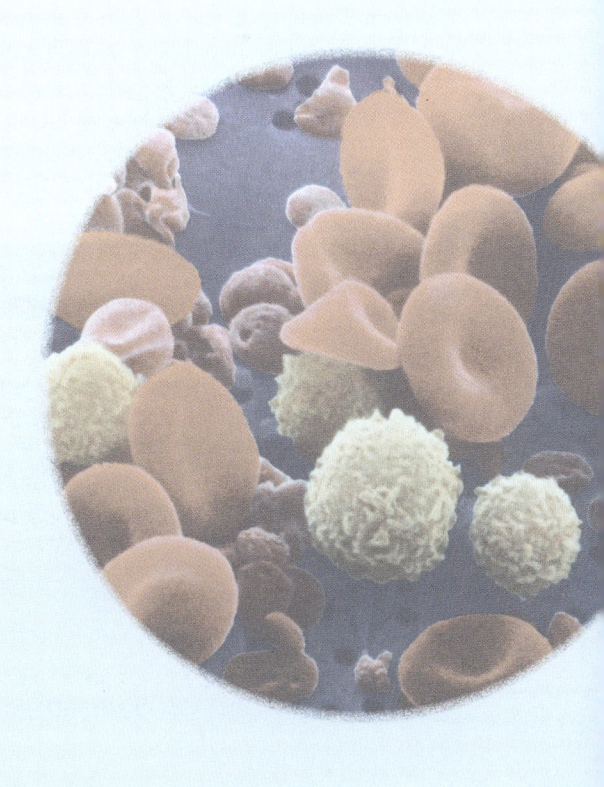

Várias doenças são incluídas neste grupo e caracterizadas por acúmulo de linfócitos maduros no sangue de tipo celular B ou T (Tabela 18.1). Em geral, essas doenças são incuráveis, porém costumam ter uma evolução crônica e flutuante.

Diagnóstico

Este grupo é caracterizado por linfocitose crônica persistente. Os subtipos são distintos pela morfologia celular, pelo imunofenótipo e pela análise citogenética. Há alguma sobreposição com os linfomas, pois as células linfomatosas podem circular no sangue e a distinção entre leucemia crônica e linfoma é algo arbitrária, dependendo da proporção relativa da doença em massas em tecidos moles, em comparação com o sangue e a medula óssea.

Doenças de células B

Leucemia linfocítica crônica

Patogênese

A leucemia linfocítica crônica (LLC) é a mais comum das leucemias linfoides crônicas e tem um pico de incidência entre 60 e 80 anos de idade. A etiologia é desconhecida, mas há variações geográficas na incidência. É a leucemia mais comum na Europa e nos Estados Unidos da América,* mas é menos frequente no resto do mundo. O risco de apresentá-la é sete vezes maior em familiares próximos de pacientes com a doença, o que indica uma predisposição genética, embora os genes que carreiam esse risco sejam desconhecidos.

A célula tumoral é um linfócito B maduro com fraca expressão de imunoglobulina de superfície (IgM ou IgD). As células de LLC, em geral, exibem diminuição da apoptose e sobrevida prolongada, o que se reflete em acúmulo no sangue, na medula óssea, no fígado, no baço e nos linfonodos. O linfoma linfocítico de células pequenas (ver Capítulo 20) é o equivalente tecidual da LLC, e as células têm fenótipo e citogenética idênticos. A diferença está no acúmulo de células do linfoma quase exclusivamente nos linfonodos, com presença no sangue circulante de células B monoclonais em número inferior a $5 \times 10^3/\mu L$.

As anormalidades citogenéticas e moleculares que podem estar presentes ao diagnóstico estão listadas adiante. Múltiplos clones de evolução linear ou ramificada podem ser evidenciados inicialmente e, em estágios ulteriores após a quimioterapia, podem ser dominados por subclones de células resistentes (ver Capítulo 11).

Linfocitose B monoclonal Células B clonais com o mesmo fenótipo de LLC são encontradas em pequeno número no sangue de muitas pessoas idosas. De fato, a linfocitose B monoclonal tem sido encontrada em cerca de 3% dos pacientes com idade superior a 50 anos, e acredita-se que a LLC clínica se desenvolva a partir desse estágio. Os linfócitos monoclonais têm alterações genéticas similares às de LLC. Faz-se o diagnóstico de LLC, por convenção, se o número desses linfócitos clonais ultrapassar $5 \times 10^3/\mu L$ ou se houver envolvimento tecidual extramedular.

Aspectos clínicos

1. A idade média ao diagnóstico é 72 anos, com apenas 15% dos casos antes dos 50 anos de idade. Predomina no sexo masculino na proporção aproximada de 2:1.
2. Mais de 80% dos casos são diagnosticados em hemograma de rotina, feito por outro motivo.
3. O aumento simétrico de linfonodos cervicais, axilares ou inguinais é o sinal clínico mais frequente (Figura 18.1). Os linfonodos, em geral, não se fundem e são insensíveis.
4. Podem estar presentes sinais e sintomas de anemia, e os pacientes com trombocitopenia podem ter manifestações purpúricas.
5. Esplenomegalia e, menos vezes, hepatomegalia são comuns em estágios tardios.

---

*N. de T. Também no Brasil.

Tabela 18.1 Classificação das leucemias linfoides crônicas

Células B	Células T
Leucemia linfocítica crônica (LLC)	Leucemia de linfócitos grandes e granulares
Leucemia prolinfocítica (LPL)	Leucemia prolinfocítica de células T (LPL-T)
Leucemia de células pilosas (HCL, do inglês, *hairy cell leukaemia*)	Leucemia/linfoma de células T do adulto
Leucemia plasmocítica	
	Síndrome de Sézary (ver Capítulo 20)

Fonte: classificação da OMS (2008) (ver Apêndice).

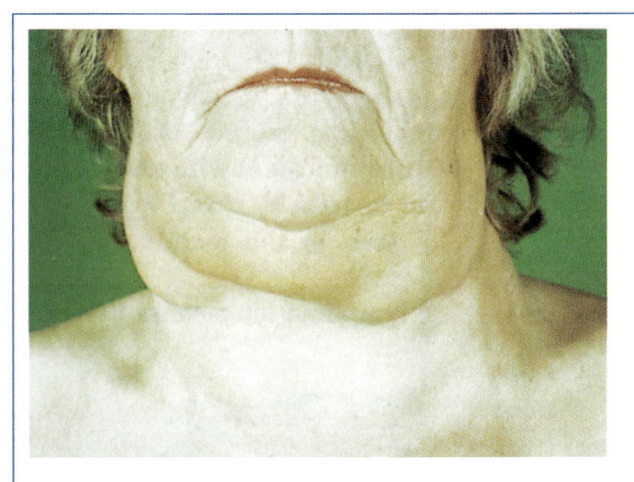

Figura 18.1 Leucemia linfocítica crônica: linfonodopatia cervical bilateral em mulher com 67 anos de idade. Hemoglobina 12,5 g/dL; leucócitos $150 \times 10^3/\mu L$ (linfócitos $146 \times 10^3/\mu L$); plaquetas $120 \times 10^3/\mu L$.

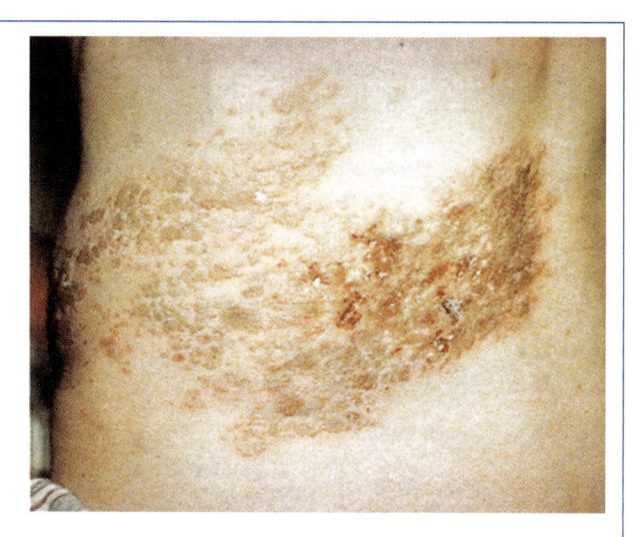

Figura 18.2 Leucemia linfocítica crônica: infecção por herpes-zóster em mulher com 68 anos de idade.

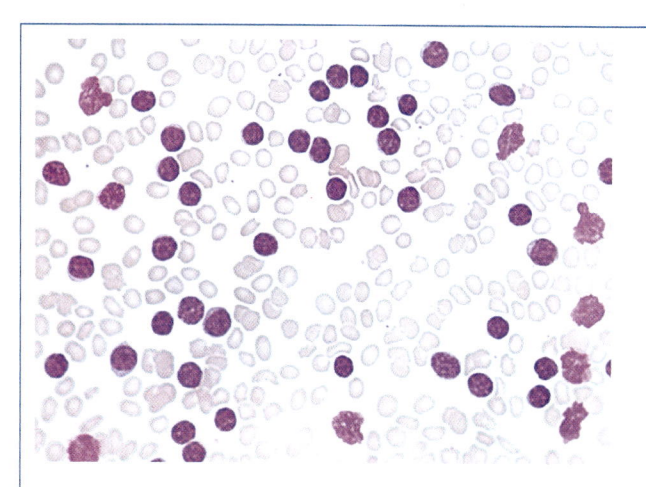

Figura 18.3 Leucemia linfocítica crônica: distensão de sangue periférico, mostrando linfócitos com bordo delgado de citoplasma, cromatina nuclear grosseira condensada e raros nucléolos. Células esmagadas típicas estão presentes.

6 Imunossupressão é um problema significativo que resulta de hipogamaglobulinemia e disfunção da imunidade celular. No início do curso da doença predominam infecções bacterianas, como sinusite e infecções pulmonares; na doença avançada, predominam infecções fúngicas e virais, sobretudo herpes-zóster (Figura 18.2). Os pacientes devem receber vacina pneumocócica conjugada.

Achados laboratoriais

1 Linfocitose. A contagem absoluta de linfócitos clonais B, por definição, é > $5 \times 10^3/\mu L$, mas pode ultrapassar $300 \times 10^3/\mu L$. De 70 a 99% dos leucócitos do sangue têm aspecto de pequenos linfócitos. As células esmagadas na distensão (células em cesto ou restos nucleares) também costumam estar presentes (Figura 18.3).

2 A imunofenotipagem dos linfócitos mostra que são células B (CD19$^+$ de superfície) com níveis baixos de imunoglobulina de superfície e expressão de apenas uma cadeia leve (o que se designa "restrição de cadeia leve"). De modo característico, as células também são CD5$^+$ e CD23$^+$, mas são CD79b$^-$ e FMC7$^-$.

3 Duas proteínas de superfície detectáveis por citometria em fluxo, com significação prognóstica, são CD38, um marcador de diferenciação, e ZAP70, uma proteína-quinase envolvida na sinalização (Tabela 18.2).

4 Anemia normocítica e normocrômica está presente nas fases tardias como resultado de infiltração medular ou de hiperesplenismo. Hemólise autoimune pode ser uma complicação (ver a seguir). Trombocitopenia ocorre em muitos pacientes e também pode ter patogênese autoimune.

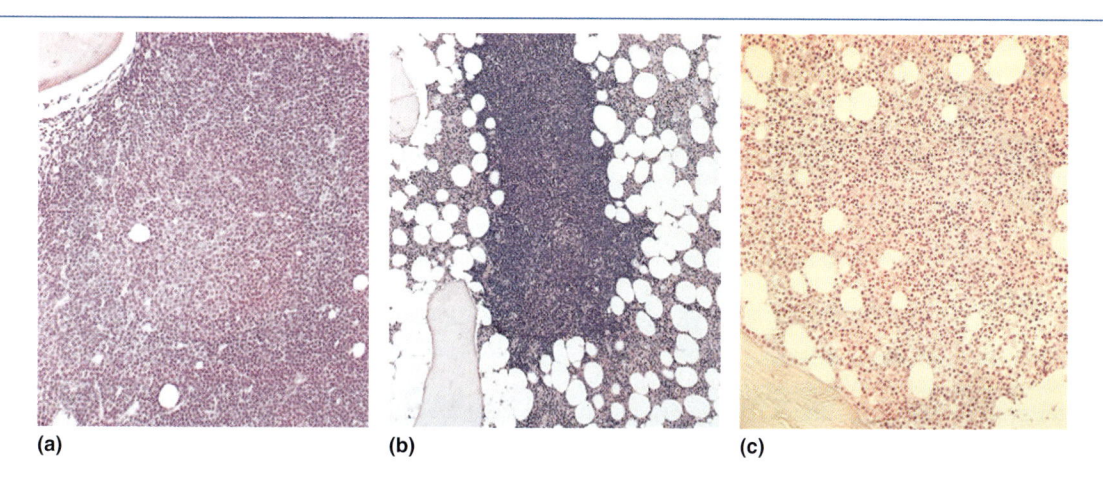

Figura 18.4 Biópsias da medula óssea em três pacientes com leucemia linfocítica crônica, mostrando: **(a)** considerável aumento difuso de linfócitos (células com núcleos pequenos e escuros, densamente agrupadas); **(b)** aspecto nodular do acúmulo de linfócitos; e **(c)** infiltração intersticial.

Tabela 18.2 Imunofenótipo de leucemias crônicas/linfomas de células B (todos os casos CD19+).

	LLC	HCL	LF	LCM
SIg	Fraca	++	++	+
CD5	+	−	−	+
CD22/FMC7	−	+	+	++
CD23	+	−	−	−
CD79b	−	−/+	++	++
CD103*	−/+	+	−	−

LLC, leucemia linfocítica crônica; HCL (do inglês, *hairy cell leukemia*), leucemia de células pilosas; LF, linfoma folicular; LCM, linfoma de células do manto.
*CD103 é positivo somente na HCL.

5 A aspiração da medula óssea mostra infiltração linfocítica que pode chegar à substituição de 95% dos componentes mieloides normais. A biópsia de medula óssea mostra uma infiltração linfocítica que pode ser nodular, difusa ou intersticial (Figura 18.4).

6 Há diminuição da concentração de imunoglobulinas séricas, mais intensa na doença avançada. Raramente, há um pico de paraproteína monoclonal no proteinograma.

7 É comum o desenvolvimento de autoimunidade contra células do sistema hematopoético. Anemia hemolítica autoimune é a mais frequente, porém trombocitopenia, neutropenia e aplasia eritroblástica pura também podem ocorrer.

Testes moleculares

Citogenética e genética molecular

As anomalias cromossômicas mais comuns são deleção de 13q14, trissomia 12, deleções em 11q23 e 17p. Essas anormalidades têm significado prognóstico para alguns regimes de tratamento, mas estão se tornando menos importantes com o desenvolvimento de tratamentos mais potentes (Tabela 18.4). A deleção 13q14 provoca perda de microRNAs (ver p. 131), que, em geral, controlam a expressão de proteínas que regulam a sobrevida das células B. As mutações genéticas pontuais mais comuns à apresentação, e com valor prognóstico, são encontradas em *ATM*, *NOTCH1* e *SF3B1* (todas com cerca de 10% de prevalência), *BIRC3* (4%) e *p53* (< 5%) (ver Tabela 18.4).

Hipermutação somática dos genes de imunoglobulina

Quando as células B reconhecem o antígeno no centro germinal de tecidos linfoides secundários, elas sofrem um processo chamado de **hipermutação somática**, no qual ocorrem mutações aleatórias no gene da cadeia pesada da imunoglobulina (ver Capítulo 9). Na LLC, o gene *IGVH* mostra evidência dessa hipermutação em cerca de 50% dos casos, ao passo que, nos demais casos, os genes *VH* não são mutados. Os casos de LLC com falta de mutação dos genes de imunoglobulina têm prognóstico desfavorável (ver Tabela 18.4).

Estadiamento

É útil estadiar os pacientes por ocasião do diagnóstico, tanto para a estimativa prognóstica como para a escolha do tratamento. Os **sistemas de estadiamento de Rai e Binet** são mostrados na Tabela 18.3. A sobrevida típica variava de 12 anos para o estágio 0 de Rai a menos de 4 anos para o estágio IV, mas há grande variação entre os pacientes e, com os tratamentos atuais, a sobrevida está aumentando. Muitos pacientes em estágio 0 têm uma expectativa de vida normal.

Tratamento

A curabilidade da LLC é diminuta, portanto, é preferível um tratamento conservador com o objetivo de controlar os sintomas, e não de normalizar o hemograma. De fato, quimioterapia muito precoce pode diminuir a expectativa de vida, em vez de aumentá-la. Outro fato importante é que muitos pacientes nunca requerem tratamento; este é indicado no caso de linfonodopatias ou esplenomegalia incomodativas, sintomas sistêmicos, como emagrecimento ou supressão da medula óssea pela infiltração linfoide. A contagem de linfócitos isoladamente não é um bom guia para o tratamento, mas a duplicação em < 6 meses é indicativa de necessidade próxima de iniciá-lo. Em geral, os pacientes no estágio C de Binet necessitarão de tratamento, assim como alguns no estágio B.

Quimioterapia

Por muitos anos, o tratamento da LLC baseou-se em uma combinação de fármacos citotóxicos (como fludarabina, clorambucil e ciclofosfamida ou bendamustina) junto com um anticorpo monoclonal anti-CD20, como o rituximabe. Atualmente, há vários fármacos novos e eficazes que podem substituir esse regime, os quais serão discutidos adiante, na seção *Novos agentes no tratamento de LLC-B*.

Em 2015, o mais usado *tratamento de primeira linha para pacientes jovens* foi o regime R-FC, que combina o anticorpo rituximabe (anti-CD20; ver p. 221) com fludarabina e ciclofosfamida. Os agentes, administrados juntos a cada 4 semanas, na maioria dos casos, controlam a contagem de leucócitos e reduzem as organomegalias. Em geral, são feitos 4 a 6 cursos, e o tratamento é suspenso uma vez que seja obtida

Tabela 18.3 Estadiamento da leucemia linfocítica crônica (LLC)

(a) Classificação de Rai

Estágio	
0	Linfocitose absoluta > 5 × 10³/μL
I	Como estágio 0 + aumento de linfonodos (linfonodopatia)
II	Como estágio 0 + aumento de fígado e/ou baço ± linfonodopatia
III	Como estágio 0 + anemia (Hb < 10 g/dL)* ± linfonodopatia ± organomegalia
IV	Como estágio 0 + trombocitopenia (plaquetas < 100 × 10³/μL* ± linfonodopatia ± organomegalia

(b) Classificação do Grupo de Trabalho Internacional (Binet)

Estágio	Organomegalia*	Hemoglobina† (g/dL)	Plaquetas† (× 10³/μL)
A (50-60%)	0, 1 ou 2 áreas	≥ 10	≥ 100
B (30%)	3, 4 ou 5 áreas		
C (< 20%)	Não considerado	< 10	e/ou < 100

*Uma área = linfonodos > 1 cm no pescoço, nas axilas, nas regiões inguinais, ou aumento do baço, ou aumento do fígado.
†Causas secundárias de anemia (p. ex., deficiência de ferro), ou anemia hemolítica autoimune ou trombocitopenia autoimune devem ser tratadas antes do estadiamento.
Fonte: (b) adaptada de J. L. Binet et al., (1981) *Cancer* 48: 198.

---

uma resposta satisfatória. O tempo médio para progressão da doença é de cerca de 4,5 anos. Há resultados colaterais indesejáveis, como mielossupressão e imunossupressão. R-B (rituximabe e bendamustina) é um regime alternativo, menos imunossupressor.

Em pacientes mais velhos ou menos sadios, prefere-se um plano de tratamento menos agressivo, mas que ainda assim envolve quimioterapia e anticorpo anti-CD20. O clorambucil, vantajoso por ser um agente alquilante oral, geralmente é empregado, mas bendamustina é outra escolha possível.

O alentuzumabe é um anticorpo monoclonal anti-CD52, eficaz para matar linfócitos B e T por fixação de complemento, mas costuma causar complicações infecciosas graves. É usado em casos resistentes e recidivados, mas está sendo substituído por agentes mais novos.

Novos agentes no tratamento de LLC-B

Nos últimos anos surgiram agentes terapêuticos novos e eficazes no tratamento de distúrbios linfoides. Eles são usados para tratar pacientes resistentes, em recaída, mas estão em andamento trabalhos comparativos usando-os como tratamento inicial.

1 **Fármacos que suprimem a sinalização por meio do receptor de células B** (ver Capítulo 9). A imunoglobulina de superfície na célula B age como um receptor (BCR) de antígeno, e as células tumorais precisam receber sinais estimulantes por meio do BCR para se manterem vivas. Foram sintetizados dois fármacos que bloqueiam duas diferentes proteínas de sinalização que agem no sentido da corrente do BCR.
   - *Inativação da proteína BTK* Deficiência de BTK é um raro distúrbio genético da infância caracterizado por infecções torácicas, devidas à linfopenia de células B decorrente de mutações inativadoras no gene *BTK*. Isso revela a importância do gene para a sobrevivência das células B. **Ibrutinibe** é um fármaco oral que inativa BTK e causa apoptose de células B. Ele é altamente eficaz no tratamento de LLC, tanto como agente único como em combinação com anticorpos monoclonais. É significativamente eficaz para casos em que as células leucêmicas mostram deleção 17p ou mutação p53, ambas de mau prognóstico. Suscetibilidade a sangramento é um efeito colateral potencial.
   - *Inativação da proteína PI3KΔ* Fosfoinositídio-3-quinase (PI3K) também é uma enzima critica na sinalização em BCR (ver Figura 9.4), e a expressão da subunidade delta é relativamente específica para células linfoides. **Idelalisibe** é um fármaco oral que bloqueia a atividade de PI3KΔ, também muito eficaz em LLC. É bem tolerado, embora possa ocasionar colite. Um aspecto desses dois fármacos é causarem um aumento inicial (como os corticosteroides) da contagem de linfócitos no sangue periférico. Isso se deve a uma redistribuição de linfócitos a partir dos linfonodos e da medula óssea. Por esse motivo, esses fármacos costumam ser usados inicialmente em combinação com anticorpo monoclonal anti-CD20.
2 **Fármacos que suprimem a atividade de BCL-2**. BCL-2 é expresso em nível alto na maioria das células de LLC e tem importante efeito antiapoptótico. ABT-199 é um inibidor direto de BCL-2 e, na fase inicial de trabalhos comparativos, tem mostrado uma potente atividade.
3 **Novos anticorpos monoclonais eficazes**. Incluem ofatumumabe e obinutuzumabe, que são específicos para CD20.

Outras formas de tratamento

- *Corticosteroides* Prednisolona é usada em anemia hemolítica e trombocitopenia autoimunes e na aplasia eritroide pura. Altas doses de corticosteroides, apenas com alentuzumabe, foram tentadas em pacientes com deleção 17q, resistente à quimioterapia. O benefício foi temporário e a custa de frequentes infecções sérias.
- *Radioterapia* É valiosa na diminuição do volume de grupos de linfonodos que não responderam à quimioterapia. A radioterapia sobre o baço pode ser útil nas últimas etapas da doença.

- *Lenalidomida* É um derivado da talidomida com atividade terapêutica na LLC. O tratamento inicial é, algumas vezes, associado a uma recrudescência em tecidos afetados, e o mecanismo de ação é incerto.
- *Ciclosporina* A aplasia eritroide pura pode responder à ciclosporina.
- *Reposição de imunoglobulina* Imunoglobulina intravenosa (p. ex., 400 mg/kg/mês) é útil para pacientes com hipogamaglobulinemia e infecções recorrentes, sobretudo nos meses de inverno.
- *Transplante de células-tronco alogênico* Ainda é um tratamento experimental; pode ser curativo, mas tem alto índice de mortalidade.

Evolução da doença

Muitos pacientes no estágio Binet A e no estágio Rai 0 ou I nunca precisam de tratamento; isso é particularmente provável em pacientes com marcadores prognósticos favoráveis (Tabela 18.4). Nos pacientes que realmente necessitam de tratamento, o padrão típico é o de doença que responde a vários ciclos de quimioterapia antes do estabelecimento gradual de infiltração extensa da medula óssea, de massas linfoides volumosas e de infecções recidivantes. Testes moleculares e citogenéticos mostram que subclones inicialmente pequenos, como, por exemplo, deleção 17p ou mutação p53, selecionados pela resistência à quimioterapia, agora formam a massa de uma doença resistente. Os novos fármacos orais estão se mostrando eficazes nesses estágios tardios. A doença pode, também, transformar-se em linfoma de alto grau (transformação de Richter) que requer tratamento como é feito para linfomas B similares.

Leucemia prolinfocítica de células B

Embora a leucemia prolinfocítica (LPL) possa, inicialmente, parecer-se com a LLC, o diagnóstico é feito pela presença de uma maioria de prolinfócitos no sangue. O prolinfócito é cerca de duas vezes maior do que o linfócito da LLC e tem um grande nucléolo central (Figura 18.5). A LPL apresenta-se com esplenomegalia, sem linfonodopatias, e com contagem de linfócitos alta e rapidamente crescente. Anemia é sinal de mau prognóstico. O tratamento da LPL é difícil, porém esplenectomia, quimioterapia e anti-CD20 podem ser úteis.

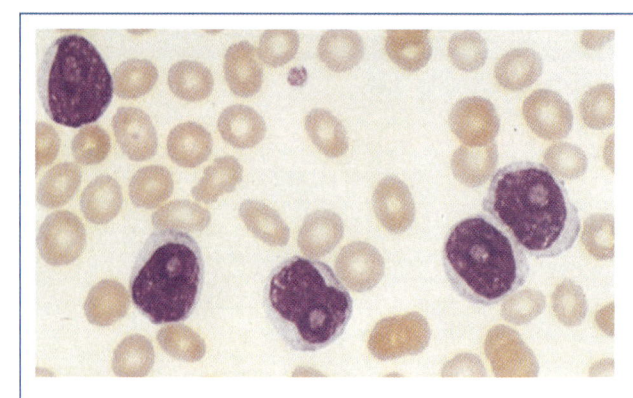

Figura 18.5 Leucemia prolinfocítica: distensão sanguínea mostrando prolinfócitos com nucléolo central proeminente e citoplasma abundante e pálido.

Leucemia de células pilosas

A leucemia de células pilosas (HCL, do inglês, *hairy cell leukaemia*)* é uma doença linfoproliferativa incomum de células B, com predomínio masculino de 4:1 e pico de incidência aos 40 a 60 anos. Os pacientes apresentam-se, em geral, com infecções, anemia ou esplenomegalia. Linfonodopatias são incomuns. Pancitopenia é comum à apresentação, e a contagem de linfócitos raramente é maior que $20 \times 10^3/\mu L$. Monocitopenia é um aspecto quase único. A microscopia da distensão sanguínea mostra número variável de linfócitos grandes com projeções citoplasmáticas pilosas (Figura 18.6). A imunotipagem é característica, com positividade CD11c,

---

*N. de T. O termo inglês *hairy cell leukaemia* (HCL) é internacionalmente utilizado e preferido, inclusive no Brasil.

Tabela 18.4 Fatores prognósticos na leucemia linfocítica crônica

	Bom	Mau
Estágio	Binet A (Rai 0-I)	Binet B, C (Rai II-IV)
Tempo de duplicação dos linfócitos	Lento	Rápido
Aspecto da biópsia da medula óssea	Nodular	Difuso
Cromossomos	Deleção 13q14	Deleção 17p
Mutações genéticas		*NOTCH, SF3B1, p53*
Genes VH de imunoglobulina	Hipermutados	Não mutados Uso de VH3.21
Expressão de ZAP-70	Baixa	Alta
Expressão de CD38	Negativa	Positiva
Desidrogenase láctica sérica (LDH)	Normal	Aumentada

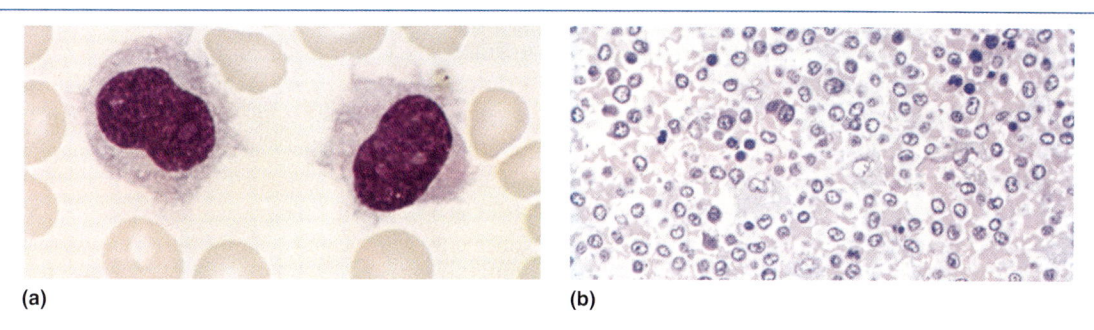

Figura 18.6 (a) Leucemia de células pilosas: sanguínea mostrando células pilosas típicas com núcleo oval e citoplasma cinza pálido/azul finamente pontilhado com borda irregular; (b) biópsia de medula óssea.

CD19, CD25, CD103 e CD123 na maioria dos casos (ver Tabela 20.3a). **Uma mutação no éxon 15 do gene para a proteína-quinase *BRAF* é a base molecular da doença.** A biópsia de medula óssea mostra aspecto característico de fibrose leve e infiltrado celular difuso (Figura 18.6).

Há vários tratamentos eficazes para a HCL, e a sobrevida mediana livre de doença é de 16 anos. O tratamento de escolha divide-se entre 2-clorodesoxiadenosina (CDA) ou desoxicoformicina (DFC), e com ambos os agentes se obtém remissão completa em mais de 80% dos casos. Em dois terços dos casos, a remissão é de longa duração. O interferon-α também é eficaz e, às vezes, é preferido inicialmente para pacientes com citopenias graves, a fim de melhorá-las antes do uso dos fármacos mais potentes que, ao começar o tratamento, pioram a leucopenia e a trombocitopenia. Rituximabe pode ser combinado com CDA ou DCF em casos recidivados. Os inibidores de BRAF são potencialmente úteis nos raros casos de doença refratária.

Linfocitose em linfomas

Alguns casos de linfoma esplênico da zona marginal mostram no hemograma células linfomatosas B monoclonais, com um contorno viloso, e costumavam ser denominados "linfoma esplênico com linfócitos vilosos" (ver p. 222). Linfocitose a expensas de linfócitos linfomatosos é vista em outros linfomas (p. ex., linfoma folicular, linfoma de células do manto, linfoma difuso de células B grandes). Esses linfomas serão discutidos no Capítulo 20.

Doenças de células T

Leucemia prolinfocítica de células T

Apresenta-se como a LPL-B com alta contagem de leucócitos, mas as linfonodopatias são mais acentuadas e são comuns lesões cutâneas e efusões nas serosas. As células são geralmente CD4⁺. O tratamento é feito com alentuzumabe e TCT se houver doador compatível.

Leucemia de linfócitos grandes e granulares

A leucemia de linfócitos grandes e granulares (L-LGG) é caracterizada por linfocitose no hemograma a expensas de linfócitos com citoplasma abundante e grânulos azurófilos conspícuos (Figura 18.7a). Esses linfócitos podem ser tanto células T

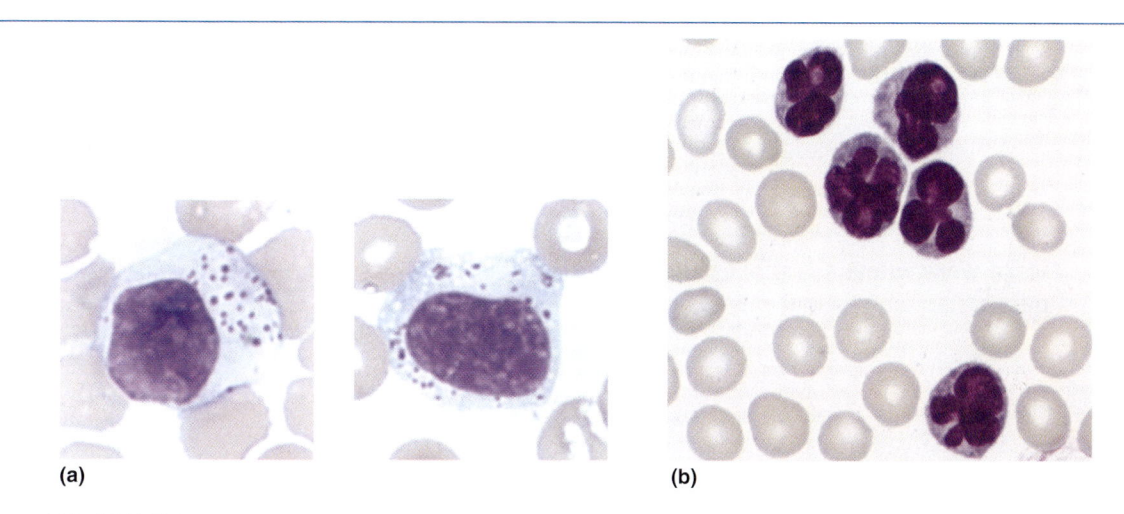

Figura 18.7 (a) Linfócitos grandes e granulares no sangue periférico. (b) Leucemia/linfoma de células T do adulto; células linfoides típicas, com núcleo convoluto, no sangue periférico.

como células *natural killer* (NK) e mostram expressão variável de CD16, CD56 e CD57. Mutações *STAT3* estão presentes em 50% dos casos. Citopenias, sobretudo neutropenia, são o principal problema clínico, embora anemia, esplenomegalia e artropatia com sorologia positiva para artrite reumatoide também possam fazer parte do quadro. Os pacientes têm idade média de 50 anos. O tratamento pode não ser necessário. Quando indicado, usam-se esteroides, ciclofosfamida, ciclosporina e metotrexato, que podem melhorar a citopenia. O G-CSF (fator estimulador de colônias granulocíticas) tem sido usado em casos com neutropenia clinicamente significativa.

Leucemia/linfoma de células T do adulto

A leucemia/linfoma de células T do adulto (LLTA) foi a primeira doença maligna associada a um retrovírus humano, o vírus de leucemia/linfoma de células T humana tipo 1 (HTLV-1). O vírus é endêmico em algumas áreas do Japão e do Caribe, e a doença é muito rara em pessoas que não viveram nessas regiões. Os linfócitos da LLTA têm morfologia bizarra, com núcleo convoluto em "folha de trevo" e fenótipo CD4+ consistente (Figura 18.7b).

A grande maioria das pessoas infectadas com o vírus não desenvolve a doença. O quadro clínico quase sempre é agudo e dominado por hipercalcemia, lesões de pele, hepatoesplenomegalia e linfonodopatias. O diagnóstico é feito pela morfologia e pela sorologia. Zidovudina, um fármaco antiviral, e interferon-α constituem o tratamento de primeira linha se predominar o aspecto leucêmico, mas quimioterapia combinada é utilizada nos casos de apresentação mais similar a linfoma. O prognóstico é mau.

RESUMO

- As leucemias linfocíticas crônicas são caracterizadas pelo acúmulo de linfócitos B ou T maduros no sangue.
- Os subtipos são distinguidos com base na morfologia celular, na imunofenotipagem e na citogenética.
- A leucemia linfocítica crônica B (LLC-B) representa 90% dos casos e tem um pico de incidência entre 60 e 80 anos de idade. Há uma predisposição genética ao desenvolvimento da doença.
- A maioria dos casos é identificada por hemograma fortuito. Com o progresso da doença, o paciente pode desenvolver linfonodomegalias, esplenomegalia e hepatomegalia.
- Imunossupressão, decorrente de hipogamaglobulinemia e disfunção da imunidade celular, é um problema relevante.
- Pode surgir anemia por hemólise autoimune ou por infiltração linfocítica da medula.
- O diagnóstico é confirmado pela imunofenotipagem dos linfócitos do sangue que denota uma população clonal de linfócitos B CD5+, CD23+.
- O melhor guia para o prognóstico é o estágio da doença. A LLC com mutações somáticas nos genes de imunoglobulina tem um prognóstico relativamente bom em comparação com casos não mutados. A citogenética também fornece informações prognósticas.
- Só é indicado tratamento quando começam a se desenvolver sinais clínicos que o exijam. Quimioterapia e anticorpo monoclonal anti-CD20 costumam causar remissão, mas não são curativos.
- Os fármacos orais que bloqueiam a atividade de BTK (ibrutinibe) ou de PI3KΔ (idelalisibe) são tratamentos novos e altamente eficazes, mesmo em casos resistentes a outros tratamentos.
- Os subtipos menos comuns de leucemias linfoides crônicas incluem leucemia prolinfocítica, leucemia de células pilosas (do inglês, *hairy cell leukaemia*) e distúrbios de células T.

Visite **www.wileyessential.com/haematology** para testar seus conhecimentos neste capítulo.

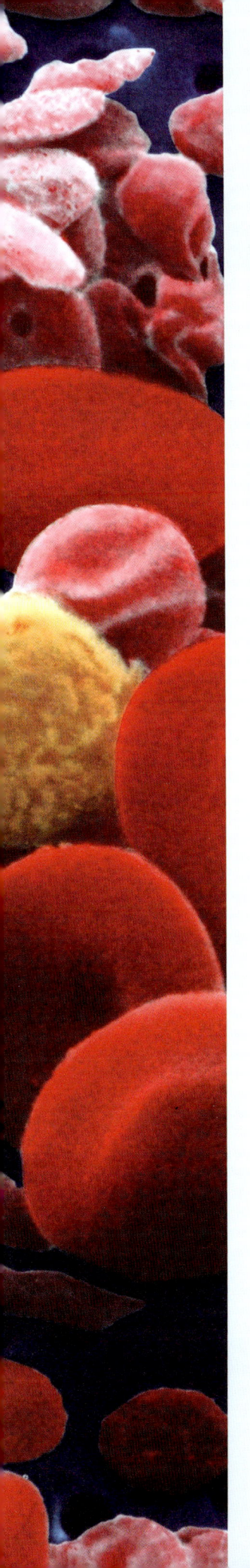

CAPÍTULO 19
Linfoma de Hodgkin

Tópicos-chave

- História e patogênese — 206
- Aspectos clínicos — 206
- Achados hematológicos e bioquímicos — 206
- Diagnóstico e classificação histológica — 207
- Estadiamento clínico — 208
- Tratamento — 210
- Prognóstico — 212
- Efeitos tardios do linfoma de Hodgkin e do tratamento — 212

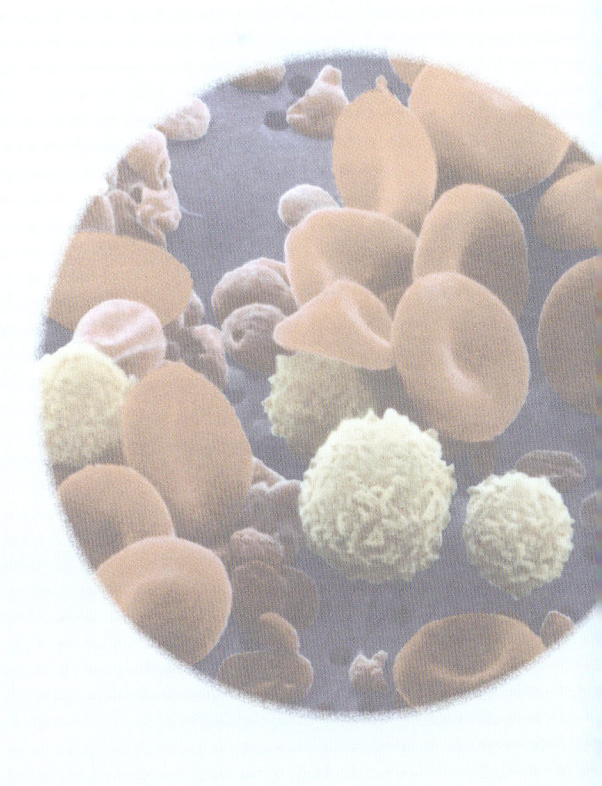

Os linfomas são um grupo de neoplasias causadas por linfócitos malignos que se acumulam nos linfonodos e produzem o quadro clínico característico de linfonodopatias. Às vezes, eles podem invadir o sangue ("fase leucêmica") ou infiltrar órgãos fora do tecido linfoide.

Os linfomas são subdivididos em **linfoma de Hodgkin e linfomas não Hodgkin**,* com base na presença histológica de **células de Reed-Sternberg (RS) no linfoma de Hodgkin**.

História e patogênese

Em 1832, Thomas Hodgkin, curador do Museu de Anatomia do Guy's Hospital, em Londres, descreveu a doença. Dorothy Reed e Carl Sternberg foram os patologistas que, em 1898, descreveram as células anormais que passaram a definir este subtipo de linfoma. As células RS características e as células mononucleares anormais associadas são neoplásicas, ao passo que as células inflamatórias infiltrantes são reacionais. Estudos do rearranjo do gene de imunoglobulina sugerem que a célula de RS é de linhagem linfoide B e derivada de uma célula B com um gene de imunoglobulina "aleijado", ocasionado pela aquisição de mutações que impedem a síntese de uma imunoglobulina completa. As células do tumor costumam perder a expressão de HLA classe I, e mutações do gene de β2-microglobulina são frequentes. O genoma do vírus de Epstein-Barr (EBV) é detectado em mais de 50% dos casos no tecido Hodgkin, porém seu papel na patogênese é incerto.

Aspectos clínicos

A doença pode surgir em qualquer idade, mas é rara em crianças e tem um pico de incidência em adultos jovens. Há predominância no sexo masculino de quase 2:1. Os seguintes sinais e sintomas são comuns:

1 **A maioria dos pacientes apresenta-se com um aumento assimétrico de linfonodos superficiais; são firmes, indolores e separados (Figura19.1)**. Os linfonodos cervicais estão envolvidos em 60 a 70% dos casos, axilares em cerca de 10 a 15% e inguinais em 6 a 12%. Em alguns casos, o tamanho dos linfonodos diminui e aumenta de modo espontâneo; os gânglios podem fundir-se. No início, a doença localiza-se, em geral, em uma única região de linfonodos periféricos e sua progressão posterior faz-se por contiguidade dentro do sistema linfático. Os linfonodos retroperitoneais, com frequência, também estão envolvidos, mas, via de regra, são diagnosticados apenas por tomografia computadorizada (TC).

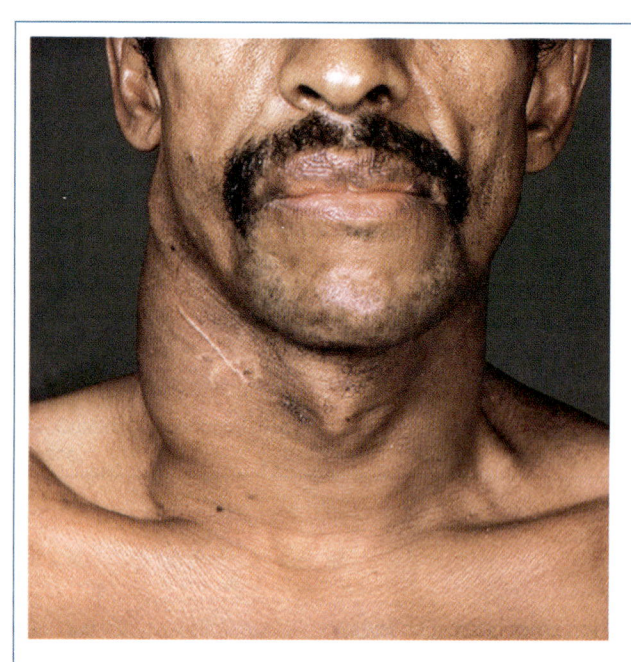

Figura 19.1 Linfonodopatia cervical em paciente com linfoma de Hodgkin.

2 Ocorre discreta esplenomegalia durante a evolução da doença em 50% dos casos. Pode haver envolvimento hepático com hepatomegalia.
3 Há envolvimento mediastinal inicial em até 10% dos casos. Essa é uma característica do tipo esclerose nodular, particularmente em mulheres jovens. Pode haver derrame pleural e obstrução da veia cava superior (Figura 19.2).
4 Linfoma de Hodgkin cutâneo é uma complicação tardia em cerca de 10% dos casos. Outros órgãos também podem estar envolvidos, inclusive à apresentação, mas isso é incomum.
5 Os sintomas sistêmicos são proeminentes em pacientes com doença disseminada. Os seguintes podem ser observados:
   a) febre, contínua ou cíclica, em cerca de 30% dos casos;
   b) prurido, quase sempre intenso, em cerca de 25% dos casos;
   c) em alguns pacientes, a ingestão de álcool induz dor nas regiões acometidas pela doença;
   d) outros sintomas sistêmicos incluem perda de peso, sudorese profusa (principalmente à noite), fraqueza, fadiga, anorexia e caquexia. As complicações hematológicas e infecciosas são discutidas a seguir.

Achados hematológicos e bioquímicos

1 Anemia normocítica e normocrômica é comum. Infiltração da medula óssea é incomum na doença incipiente, porém, se ocorrer, pode desenvolver-se insuficiência hematopoética com anemia leucoeritroblástica.
2 Um terço dos pacientes tem neutrofilia; eosinofilia é frequente.
3 Na doença avançada há linfopenia e perda da imunidade celular.

---

*N. de T. Como a "doença de Hodgkin" foi comprovada como um subtipo particular de linfoma (neoplasia de células B) – Linfoma de Hodgkin –, designar os inúmeros outros linfomas como "não Hodgkin" ou "não de Hodgkin" tornou-se uma dicotomia desparelha e inútil. Cabe, atualmente, designar **todos** (inclusive o linfoma de Hodgkin) como "*linfomas*" e especificar a designação de cada um na mesma hierarquia do linfoma de Hodgkin. Da mesma forma, como todos os linfomas são "malignos", o termo "linfoma maligno" é redundante.

6 A desidrognease láctica é alta inicialmente em 30 a 40% dos casos.
7 Deve ser feita pesquisa de anti-HIV ao diagnóstico.

Diagnóstico e classificação histológica

O diagnóstico é feito por exame histológico de linfonodo exciso. A célula de Reed-Sternberg (RS) distintiva, multinucleada e poliploide é fundamental para o diagnóstico dos quatro tipos clássicos (Figuras 19.3 e 19.4), e as células mononucleares de Hodgkin também são parte do clone maligno. Essas células se coram com CD30 e CD15, porém, em geral, são negativas para a expressão de antígenos B. Os componentes inflamatórios consistem em linfócitos, histiócitos, neutrófilos, eosinófilos, plasmócitos e fibrose variável. CD68 detecta macrócitos infiltrantes; quando fortemente positivo, é um aspecto desfavorável.

A classificação histológica divide o linfoma de Hodgkin em quatro tipos clássicos e um tipo de predominância linfocítica nodular (Tabela 19.1). Não há diferença no prognóstico ou no tratamento dos quatro subtipos clássicos. Esclerose nodular é o mais frequente na Europa e nos Estados Unidos da América, ao passo que depleção linfocitária é mais comum em países em desenvolvimento e tem uma associação particularmente forte com a infecção por EBV. A histologia de predominância linfocítica nodular não mostra células RS, tem muitos aspectos dos linfomas não Hodgkin e o tratamento pode ser o mesmo destes.

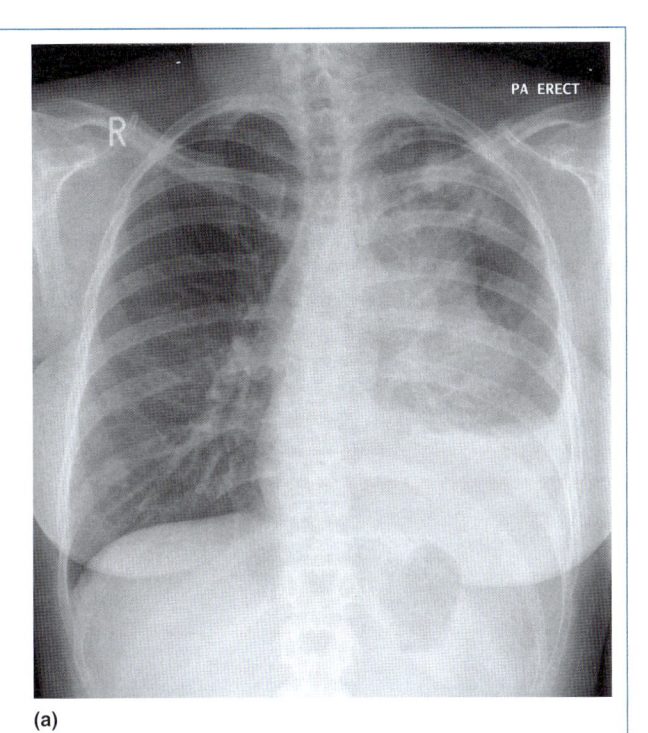

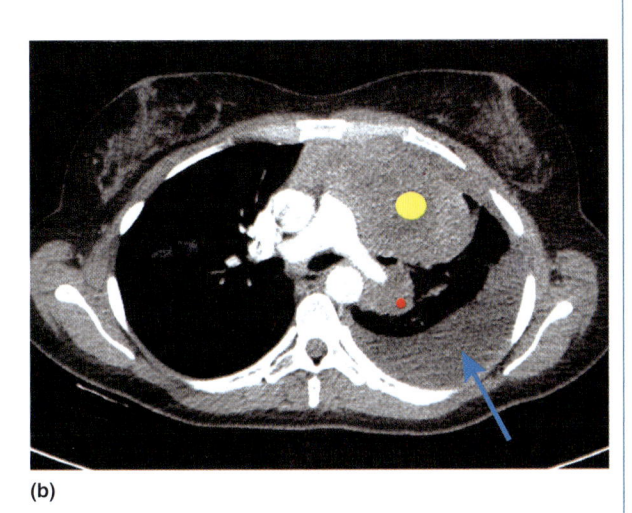

Figura 19.2 (a) Radiografia de tórax de linfoma de Hodgkin em mulher de 35 anos, revelando aumento dos linfonodos hilares esquerdos, tecido mole anormal projetado sobre o ápice do pulmão esquerdo e amplo derrame pleural esquerdo. **(b)** TC axial com contraste intravenoso na mesma paciente: grande massa mediastinal (círculo amarelo) com linfonodos hilares esquerdos aumentados (círculo vermelho) e derrame pleural esquerdo (seta azul). Fonte: cortesia do Dr. Peter Wylie e do Dr. N. Nir.

4 A contagem de plaquetas é normal ou aumentada durante a fase inicial e diminuída nas fases tardias.
5 A velocidade de sedimentação globular (VSG) e a proteína C reativa, em geral, estão aumentadas; a VSG é útil na monitoração do progresso da doença.

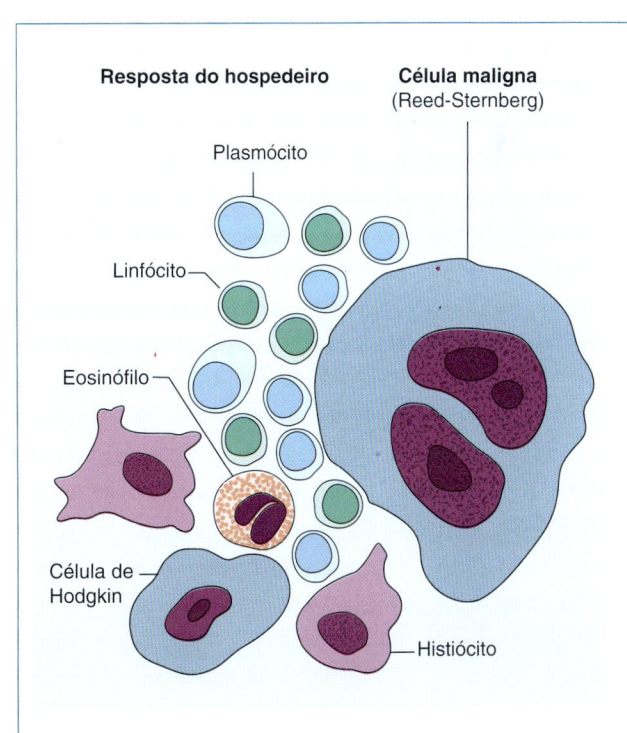

Figura 19.3 Representação diagramática das diferentes células observadas na histologia do linfoma de Hodgkin.

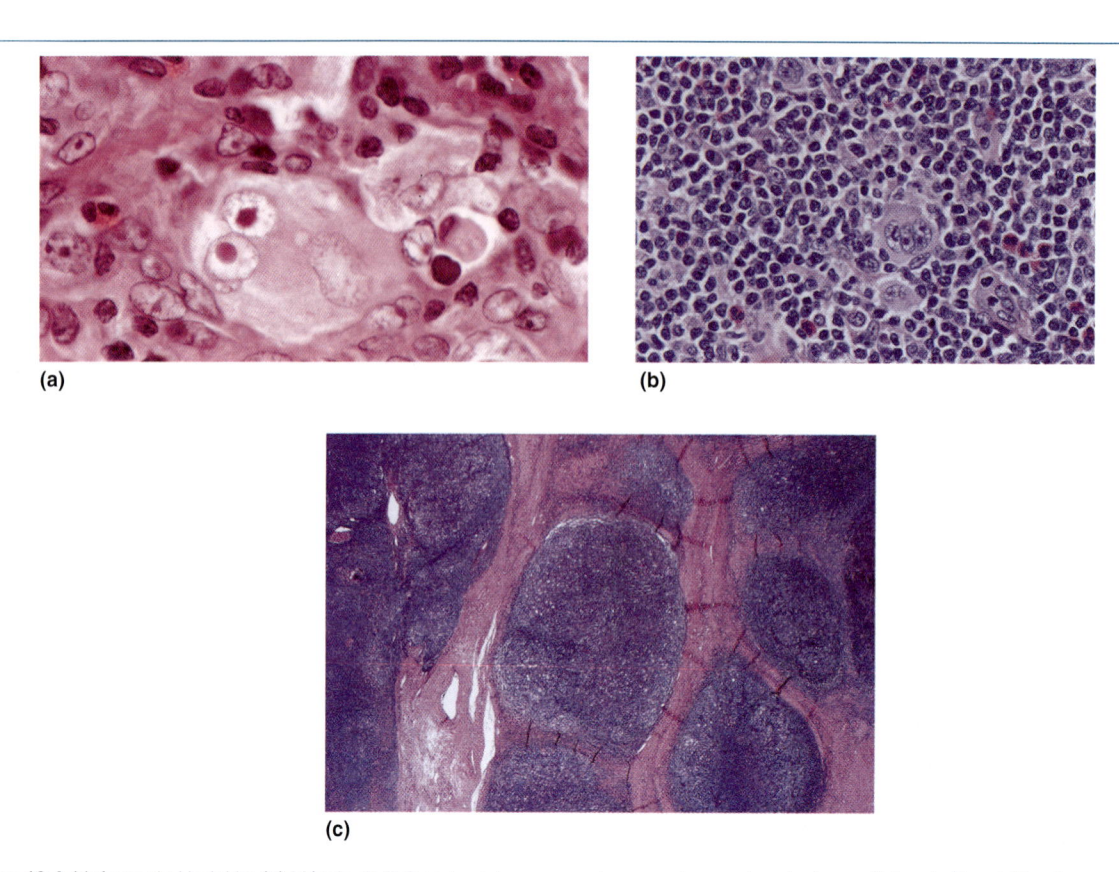

Figura 19.4 Linfoma de Hodgkin: **(a)** biópsia de linfonodo vista em grande aumento, mostrando duas células de Reed-Sternberg multinucleadas típicas, uma com aspecto característico de olhos de coruja, rodeada por linfócitos, histiócitos e um eosinófilo; **(b)** celularidade mista; **(c)** linfoma de Hodgkin do tipo esclerose nodular.

Estadiamento clínico

A seleção do tratamento apropriado depende de estadiamento preciso da extensão da doença (Tabela 19.2).

A Figura 19.5 mostra o esquema usado. O estadiamento é feito mediante exame clínico, exame laboratorial e exames de imagem juntamente com **TEP/TC, combinação de tomografia por emissão de pósitrons (TEP) com tomografia computadorizada (TC)**. Se TEP não estiver disponível, usar TC apenas (Figuras 19.5 e 19.6). Imagem por ressonância magnética (MRI) pode ser necessária para sítios particulares (Tabela 19.2). Biópsia de medula óssea é feita em alguns

Tabela 19.1 Classificação da Organização Mundial da Saúde (2008) do Linfoma de Hodgkin.	
Linfoma de Hodgkin clássico (95% dos casos)	
Esclerose nodular	Bandas de colágeno estendem-se a partir da cápsula do linfonodo para envolver nódulos de tecido anormal. Com frequência, é encontrada uma célula lacunar característica, variante da célula de Reed-Sternberg. O infiltrado celular pode ser do tipo linfocitário predominante, celularidade mista ou depleção linfocitária; eosinofilia é frequente
Riqueza linfocítica	Poucas células de Reed-Sternberg; numerosos linfócitos pequenos com poucos eosinófilos e plasmócitos; tipos nodular e difuso
Celularidade mista	As células de Reed-Sternberg são numerosas, e o número de linfócitos é intermediário
Depleção linfocitária	Há padrão reticular com dominância de células de Reed-Sternberg e número esparso de linfócitos ou um padrão de fibrose difusa, sendo o linfonodo substituído por tecido conectivo desordenado com poucos linfócitos; as células de Reed-Sternberg podem também ser pouco frequentes nesse subtipo tardio
Predominância linfocítica nodular (5% dos casos)	
Células de Reed-Sternberg ausentes; predominância linfocítica; presença de células B tumorais	

Tabela 19.2	Técnicas para estadiamento de linfoma
Laboratório	Hemograma completo Velocidade de sedimentação globular Mielograma e biópsia de medula óssea (não é rotina) Provas de função hepática Desidrogenase láctica Proteína C reativa
Radiologia (imagem)	Radiografia de tórax TEP/TC de tórax, abdome e pelve Ressonância magnética (MRI) Scanning ósseo (raro)

TC, tomografia computadorizada; TEP, tomografia por emissão de pósitrons.

casos, e biópsia de fígado em casos difíceis. TEP/TC é útil na monitoração da resposta ao tratamento e para a detecção de pequenos focos de doença residual (Figura 19.7).

Os pacientes são classificados em A ou B, de acordo com presença ou ausência de sintomas constitucionais (febre ou perda de peso) (Figura 19.5).

Tomografia por emissão de pósitrons (TEP)

A tomografia por emissão de pósitrons ^{18}F-fluorodesoxiglicose (FDG-TEP) agora é amplamente usada na avaliação e no tratamento de linfoma e de outras hemopatias malignas, a qual utiliza o fato de as células malignas, pela rápida divisão, tomarem avidamente glicose do seu ambiente. A glicose marcada com flúor radioativo é infundida no paciente, e os tecidos que a tomam podem, então, ser visualizados no TEP *scanner*.

Além de detectar a presença de doença ativa por ocasião do diagnóstico, TEP/TC também pode ser usada para avaliar a resposta ao tratamento e potencialmente guiar seu curso. Esses "TEP/TC *scans* interinos" são reportados de acordo com o **critério de 5 pontos de Deauville**, o qual usa a tomada (*uptake*) do radiofármaco no mediastino e no fígado como um controle interno para julgar, por comparação, a atividade do tumor. Escores 1 e 2 são geralmente considerados "negativos", enquanto 4 e 5, "positivos"; um escore 3 deve ser interpretado no contexto clínico.

- Escore 1 nenhum *uptake*
- Escore 2 *uptake* ≤ mediastino
- Escore 3 *uptake* > mediastino, mas ≤ fígado
- Escore 4 *uptake* moderadamente aumentado > fígado
- Escore 5 *uptake* marcadamente aumentado > fígado

Estágio I · Estágio II · Estágio III · Estágio IV

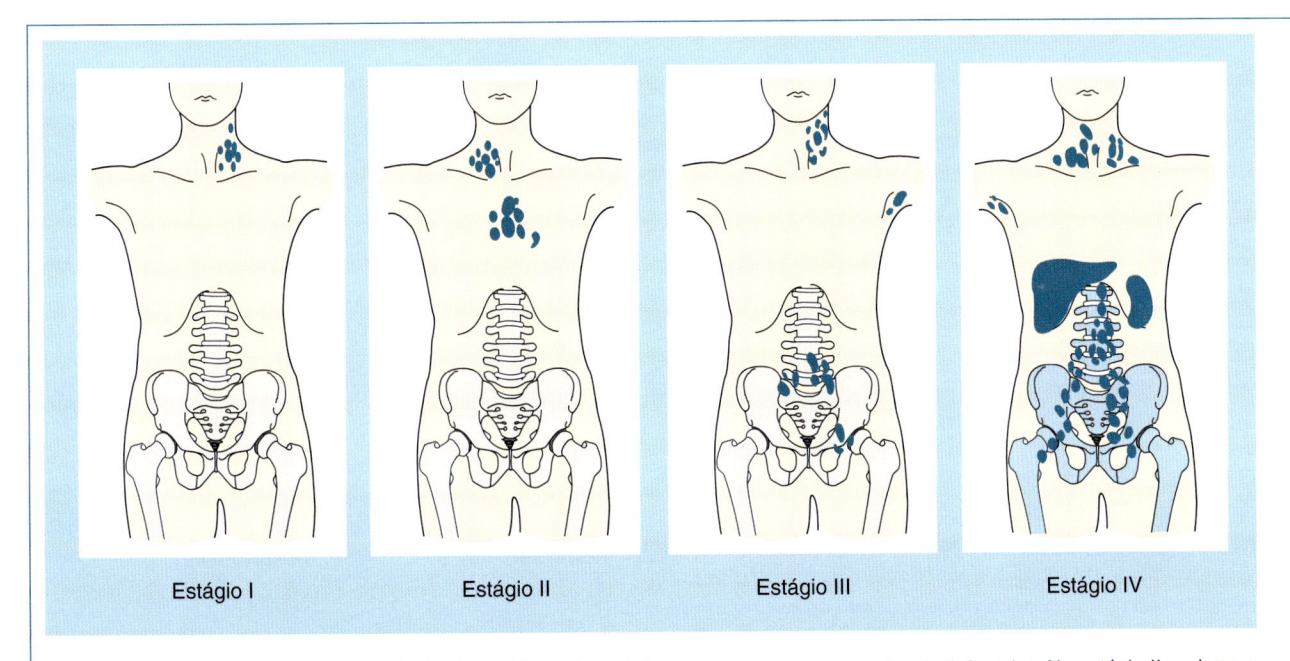

Figura 19.5 Estadiamento da doença de Hodgkin. No estágio I há envolvimento de uma região de linfonodos. No estágio II, a doença envolve duas ou mais regiões de linfonodos confinadas em um lado do diafragma. No estágio III, a doença envolve linfonodos acima e abaixo do diafragma. A doença esplênica é incluída no estágio III, mas tem significado especial (ver a seguir). No estágio IV, ocorre envolvimento fora das regiões de linfonodos e doença difusa ou disseminada na medula óssea, no fígado e em outros locais extranodais. Obs.: o número de todos os estágios é seguido das letras A ou B indicando ausência (A) ou presença (B) de um ou mais dos seguintes sinais: febre inexplicável acima de 38°C; sudorese noturna; perda de mais de 10% de peso em seis meses. A extensão extranodal a partir de uma massa de linfonodos não avança o estágio, mas indica o subscrito E. Assim, doença mediastinal com invasão contígua do pulmão ou da meninge seria classificada como I$_E$. Sendo o envolvimento do baço quase sempre prelúdio de disseminação hematogênica da doença, os pacientes com envolvimento de linfonodos e baço são estadiados como III$_S$ (*spleen*). Doença volumosa (alargamento do mediastino em mais de um terço ou presença de massa nodal > 10 cm de diâmetro) é relevante no tratamento em qualquer estágio.

(a) (b)

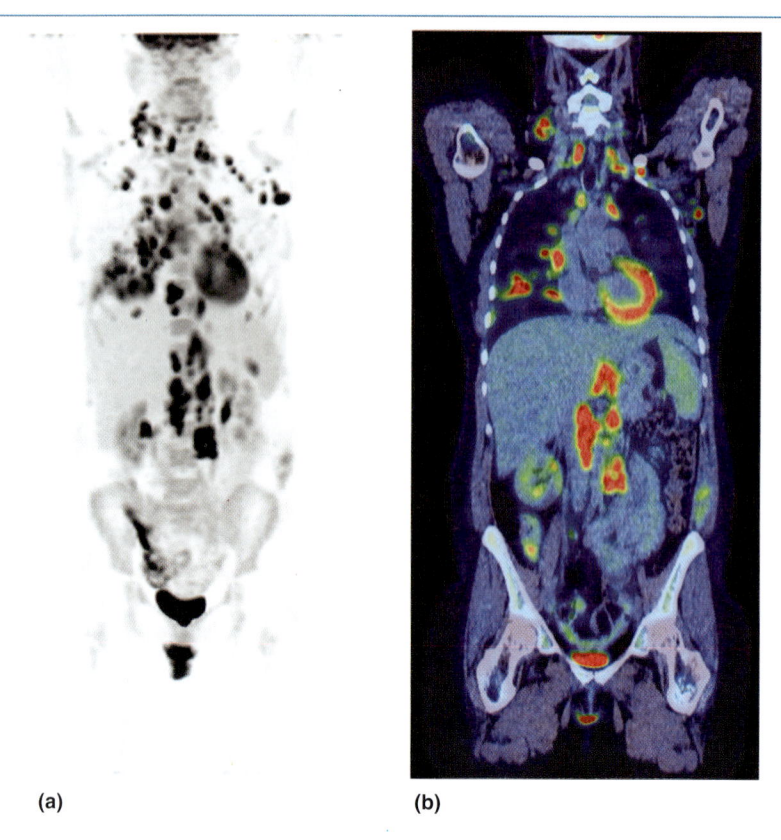

Figura 19.6 Linfoma de Hodgkin. TEP/TC para estadiamento: mulher de 35 anos com doença acima e abaixo do diafragma ao diagnóstico. **(a)** A imagem por TEP frontal mostra múltiplos focos de tomada do contraste acima e abaixo do diafragma. **(b)** Imagem frontal combinada de TEP/TC mostra múltiplos focos de tomada de contraste acima e abaixo do diafragma, correspondentes a linfonodos, baço e nódulos pulmonares. TEP, estadio IV. Fonte: cortesia do Dr. Thomas Wagner e do Departamento de Medicina Nuclear, Royal Free Hospital, Londres.

Tratamento

O tratamento é feito apenas com quimioterapia ou pela combinação de quimioterapia com radioterapia. A escolha depende primariamente do estágio, da divisão clínica em A e B (Figura 19.5) e dos fatores prognósticos (Tabela 19.3). O armazenamento de sêmen, se apropriado, deve ser feito antes do começo do tratamento. Para mulheres é recomendável que haja aconselhamento por especialista em fertilidade. Se houver necessidade de transfusão de componentes sanguíneos, é preciso irradiá-los para evitar doença enxerto *versus* hospedeiro devida à transfusão de linfócitos vivos, que podem se enxertar devido à diminuição da imunidade celular do paciente de LH.

Doença em estágios iniciais

O prognóstico para a doença em estágios iniciais (I-A e II-A) é excelente e um importante cuidado é evitar um tratamento excessivo com risco de complicações futuras. Duas opções amplas são: somente quimioterapia ou combinação de quimioterapia com radioterapia. A combinação alcança melhor controle da doença a curto prazo, porém, a longo prazo, não leva a aumento significativo da sobrevida.

Decisões individuais de tratamento dependem de escolhas locais e da preferência do paciente. Como exemplos, casos de prognóstico favorável podem ser tratados com 2 cursos de quimioterapia ABVD (Adriamicina – doxorrubicina –,

Tabela 19.3 Prognóstico da doença em estágios I-II (critérios EORTC)

Favorável	Desfavorável
(todos, abaixo)	(qualquer um, abaixo)
Sem linfonodopatia mediastinal grande*	Linfonodopatia mediastinal grande
VSG < 50, sem sintomas B	VSG ≥ 50, sem sintomas B
VSG < 30, com sintomas B	VSG ≥ 30, com sintomas B
Idade ≤ 50 anos	Idade ≥ 50 anos
1-3 sítios de linfonodos envolvidos	4 ou mais sítios de linfonodos envolvidos

*Grande define-se como relação mediastino-torácica > 0,35 ao nível T5/6; EORTC, European Organization for Research and Treatment of Cancer; VSG, velocidade de sedimentação globular.

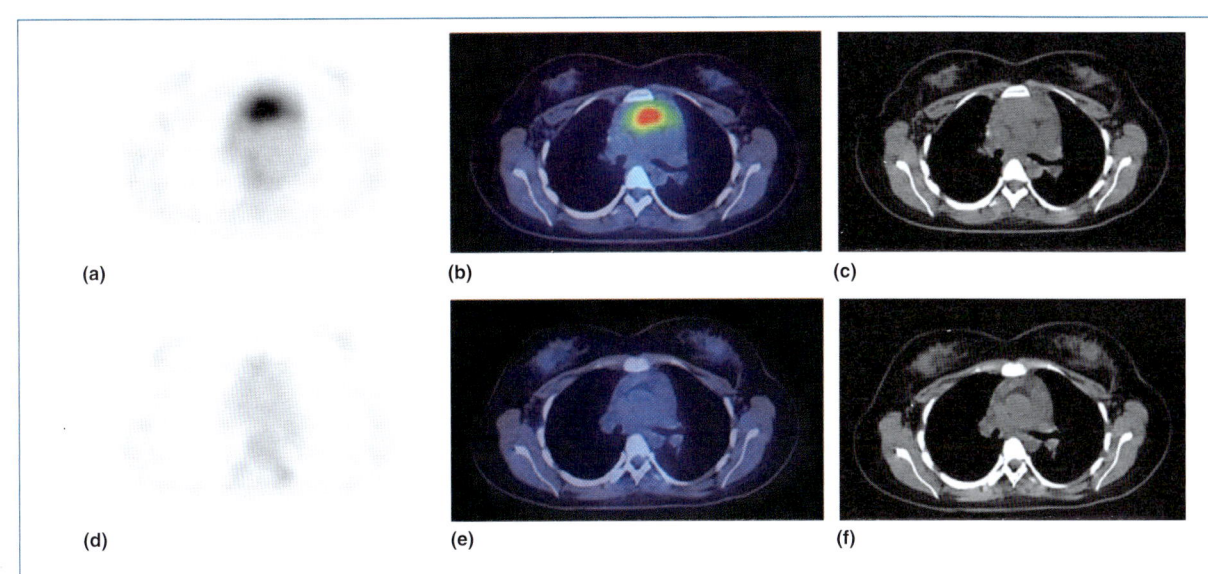

Figura 19.7 Exemplo do valor dos métodos de imagem no tratamento do linfoma de Hodgkin. **(a)** TEP axial, **(b)** TEP/TC combinadas e **(c)** imagens de TC ao diagnóstico mostram intensa tomada de [¹⁸]fluordesoxiglicose marcada (FDG) em uma massa mediastinal anterior. Após dois ciclos de quimioterapia ABVD, **(d)** TEP axial, **(e)** TEP/TC combinadas e **(f)** imagens de TC demonstram ausência de tomada significativa de [¹⁸]FDG na massa mediastinal residual, em concordância com uma resposta metabólica completa. Fonte: cortesia do Dr. V. S. Warbey e do Prof. G. J. R. Cook.

Bleomicina, Vimblastina, Dacarbazina) seguidos de 20 Gy de radioterapia. Se as linfonodopatias não forem volumosas, a radioterapia pode ser omitida, porém, nesse caso, deverão ser feitos 3 cursos de ABVD.

Em contrapartida, a doença mais desfavorável (I-B ou II-B) pode ser tratada com 4 a 6 cursos de ABVD seguidos de 30 Gy de radioterapia para massas volumosas. De modo alternativo, os 2 primeiros cursos de ADVB podem ser substituídos por quimioterapia mais intensiva, como BEACOPP progressivo (Bleomicina, Etoposide, Adriamicina, Ciclofosfamida, Vincristina – Oncovin – Procarbazina e Prednisolona).

Doença em estágio avançado

Usa-se quimioterapia cíclica para estágios III e IV. A mais usada consiste em 6 a 8 cursos de ADVB. Seis cursos de BEACOPP podem ser feitos para atingir proporções mais altas de remissão completa, mas a expensas de maior toxicidade. Se persistirem linfonodos residuais > 1,5 cm de diâmetro, ou menores, mas se mantiverem TEP positivos, faz-se radioterapia subsequente ou são irradiados sítios originalmente de doença volumosa.

Avaliação da resposta ao tratamento

Exame clínico e de imagem (TEP/TC *scans*) são usados para avaliar a resposta ao tratamento. Uma avaliação regular da função pulmonar é necessária em pacientes idosos e nos que receberam bleomicina. Os pacientes com linfoma de Hodgkin, com frequência, mostram massas residuais após o tratamento, mas estas podem ser devidas a um elevado grau de fibrose dentro dos linfonodos. TEP/TC revela as áreas de doença ativa (Figura 19.7). Trabalhos clínicos comparativos estão avaliando se TEP/TC pode ser usado para definir o tratamento de pacientes individuais. Por exemplo, ele pode ser feito após os primeiros 2 ciclos de ABVD e, se houver doença ativa residual, indicar mudança de tratamento para uma quimioterapia mais intensiva. De modo alternativo, se o TEP *scan* for negativo, pode ser omitida a bleomicina da quimioterapia subsequente e torna-se desnecessário repetição do TEP/TC *scan* ao fim do tratamento. Para pacientes TEP/TC positivos no fim do tratamento há necessidade de repetição de biópsia e avaliação clínica e de imagem repetidas. Tecido inflamatório pode causar um TEP *scan* falsamente positivo.

Casos recidivados

Aproximadamente 25% dos pacientes sofrem recaída da doença ou são refratários ao tratamento inicial. São geralmente tratados com quimioterapia combinada alternativa à usada antes e, se necessário, com radioterapia sobre os sítios de doença volumosa. Brentuximabe-vedotina, um anticorpo anti-CD30 ligado a um agente que desarranja os microtúbulos, pode ocasionar respostas favoráveis. Se a doença permanecer sensível à quimioterapia, uma quimioterapia em alta dose, seguida de transplante de células-tronco autólogas, melhora a perspectiva de cura em alguns casos. O procedimento é recomendado para a maioria dos pacientes com idade inferior a 65 anos. O transplante alogênico também pode ser curativo na minoria de pacientes em que falham os demais métodos de tratamento. Uma nova terapia é o emprego de um anticorpo

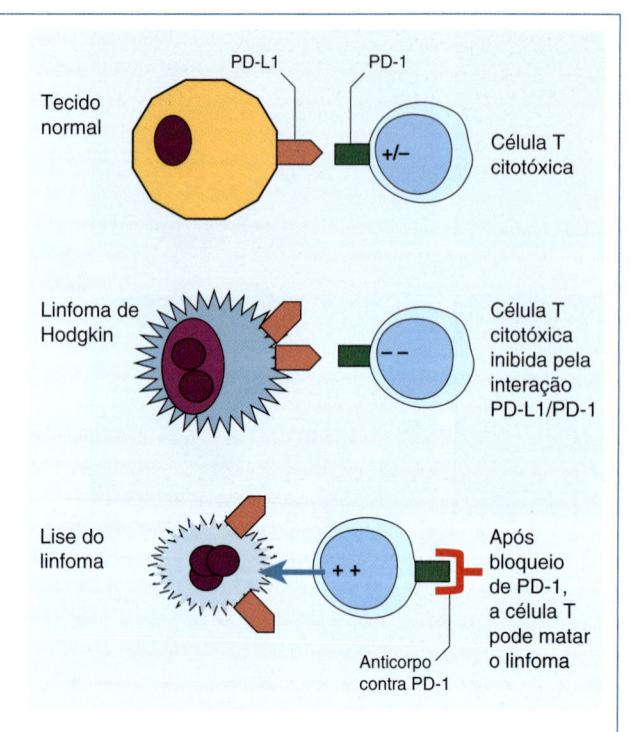

Figura 19.8 Mecanismo potencial pelo qual o linfoma de Hodgkin é controlado após tratamento com anticorpos que bloqueiam PD-1. PD-1 e PD-L1 são moléculas naturais que limitam o ataque dos tecidos normais por células T citotóxicas. O linfoma de Hodgkin superexpressa PD-L1 devido a uma amplificação de gene ou por efeito de infecção EBV. Isso fornece um forte sinal negativo às células T ao redor do tumor. Se houver um bloqueio de PD-1 mediado pelo uso de anticorpo, as células T passam a reconhecer e matar o tumor.

que bloqueia a molécula inibidora PD-1 nas células T (Figura 19.8). O linfoma de Hodgkin, muitas vezes, expressa altos níveis do ligante PD-1, PD-L1, e isso age como um mecanismo para esquivar-se da resposta imune das células T. O bloqueio de PD-1 está se mostrando altamente eficaz no tratamento de recaídas no LH e atualmente está sendo experimentado mais cedo na evolução do tratamento.

Prognóstico

O prognóstico depende da idade, do estágio e da histologia. A curabilidade global é de cerca de 85%.

Efeitos tardios do linfoma de Hodgkin e do tratamento

O acompanhamento a longo prazo de pacientes mostrou, nos anos que sucedem o tratamento, uma carga considerável de doença tardia. Tumores malignos secundários, como câncer de pulmão e de mama, parecem ser relacionados à radioterapia, ao passo que mielodisplasia e leucemia mieloide aguda estão mais associadas ao uso de agentes alquilantes. Outros linfomas e diversos tumores também ocorrem com maior frequência do que em controles. Complicações não malignas incluem esterilidade, problemas intestinais, doença arterial coronária e outras complicações cardíacas e pulmonares da radiação mediastinal e da quimioterapia com bleomicina. Vimblastina pode causar neuropatia permanente. Essas consequências são a principal razão para a atual pesquisa em busca de regimes de tratamento menos agressivos para a doença.

RESUMO

- Os linfomas são um grupo de neoplasias linfoides em que um acúmulo de linfócitos malignos nos linfonodos causa linfonodopatias.
- A subdivisão em linfoma de Hodgkin e em linfomas não Hodgkin é feita com base na presença de células de Reed-Sternberg no linfoma de Hodgkin.
- As células de Reed-Sternberg são células B neoplásicas, porém as células do linfonodo são, em sua maioria, células inflamatórias reacionais.
- Linfonodopatias assimétricas indolores, mais comuns no pescoço, constituem a apresentação clínica comum.
- Os sintomas sistêmicos (febre, perda de peso, sudorese) são chamativos em pacientes com doença disseminada.
- Os exames laboratoriais podem mostrar anemia, neutrofilia e aumento da velocidade de sedimentação globular e da desidrogenase láctica.
- O diagnóstico é feito por exame anatomopatológico de linfonodo exciso; há quatro subtipos histológicos da doença.
- O estadiamento da doença é importante para a escolha do tratamento e para o prognóstico. Para esse fim são usados: história, exame físico, exames de sangue, TC e TEP *scan*.
- O tratamento é feito com radioterapia, quimioterapia ou uma combinação de ambas. A escolha depende do estágio e do grau histológico.
- A resposta ao tratamento é monitorada por TC e TEP. Recidivas são tratadas com nova quimioterapia, às vezes com transplante de células-tronco.
- O prognóstico é favorável, com curabilidade ultrapassando os 85%. Os efeitos tardios do tratamento, entretanto, são preocupantes.

Visite **www.wileyessential.com/haematology** para testar seus conhecimentos neste capítulo.

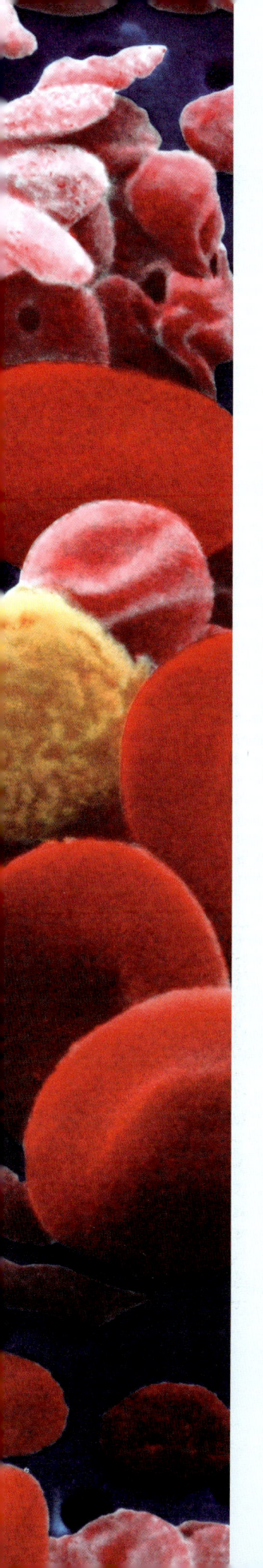

CAPÍTULO 20
Linfomas não Hodgkin

Tópicos-chave

- Introdução aos linfomas não Hodgkin — 214
- Aspectos clínicos dos linfomas não Hodgkin — 216
- Achados laboratoriais — 216
- Subtipos específicos de linfomas não Hodgkin — 220
- Linfoma linfoplasmocítico — 221
- Linfoma da zona marginal — 221
- Linfoma folicular — 222
- Linfoma de células do manto — 223
- Linfoma difuso de células B grandes — 223
- Linfoma de Burkitt — 225
- Linfomas de células T — 225

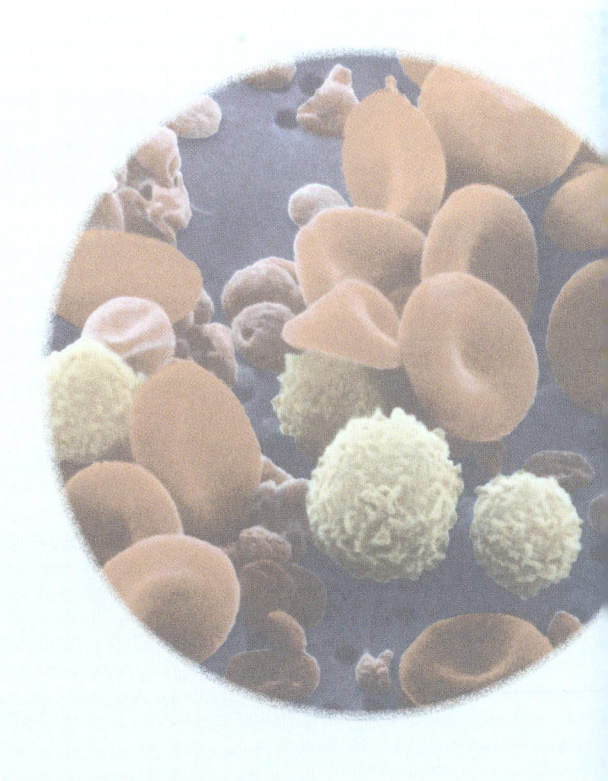

Introdução aos linfomas não Hodgkin*

Este é um grande grupo de tumores linfoides clonais, cerca de 85% originados de células B e 15% de células T ou NK (*natural killer*) (Tabela 20.1). A sua apresentação clínica e história natural são mais variáveis do que as do linfoma de Hodgkin. Caracterizam-se por um padrão de disseminação irregular, com significativa proporção de pacientes desenvolvendo doença extranodal. A sua frequência tem aumentado de forma acentuada nos últimos 50 anos, com uma incidência de cerca de 17 por 100 mil casos por ano, e, atualmente, eles representam a quinta neoplasia mais comum em vários países desenvolvidos (ver Figura 11.2).

Classificação

Os linfomas são classificados dentro de um grupo de **neoplasias de células B e de células T maduras**, que também incluem algumas leucemias crônicas e o mieloma, descritos nos Capítulos 18 e 21, respectivamente (Tabela 20.1). A classificação da Organização Mundial da Saúde (OMS) também reconhece a idade (pediátricos ou de idosos) e o local de envolvimento (p. ex., pele, sistema nervoso central, intestino, baço, mediastino), bem como a histologia, o imunofenótipo e o genótipo como itens importantes para a classificação.

Neste capítulo, os subtipos de linfoma mais comuns incluídos nessa classificação serão considerados (Figura 20.1).

---

*N. de T. Desde que a "doença de Hodgkin" foi reconhecida como um linfoma – "linfoma de Hodgkin" –, tornou-se desnecessário usar a dicotomia "*não Hodgkin*" ou "*não de Hodgkin*" para os inúmeros outros linfomas. Cabe, atualmente, designar **todos** (inclusive o linfoma de Hodgkin) como "*linfomas*", e especificar a designação de cada um em uma hierarquia linear. Este livro, contudo, mantém o termo *linfoma não Hodgkin*.

Célula de origem

Os estágios normais de desenvolvimento das células B estão ilustrados na Figura 9.11. Os linfomas B tendem a mimetizar as células B em diferentes estágios de desenvolvimento (Figura 20.2). Isso se nota no padrão dos fenótipos em imuno-histologia ou em citometria em fluxo (Figura 20.3a). Eles podem ser divididos entre os que se assemelham a precursores de células B encontrados na medula óssea, e os que se assemelham a células dos centros germinativos (CG) e a células pós-CG nos linfonodos. As células dos linfomas T assemelham-se a precursores de células T da medula óssea ou do timo, ou a células T periféricas maduras.

Linfomas não Hodgkin de baixo e alto graus

Os linfomas não Hodgkin (LNH) constituem um grupo diverso de doenças, variando de tumores altamente proliferativos e rapidamente fatais até alguns dos tumores malignos mais indolentes e bem-tolerados. Durante muitos anos, os clínicos subdividiram os linfomas em doenças de "baixo grau" e de "alto grau". Essa abordagem é apropriada, pois, em termos gerais, os linfomas de baixo grau são indolentes, respondem bem à quimioterapia, porém são muito difíceis de curar. Em contrapartida, os linfomas de alto grau são agressivos e necessitam de tratamento imediato, mas muitas vezes são potencialmente curáveis.

Leucemias e linfomas

A diferença entre *linfomas*, nos quais os linfonodos, o baço ou outros órgãos sólidos estão envolvidos, e *leucemias*, com predominância de células tumorais na medula óssea e no sangue circulante, pode ser imprecisa. Leucemia linfocítica crônica e linfoma linfocítico de células pequenas são distúrbios linfoproliferativos idênticos, porém mostram distribuição leucêmica

---

Tabela 20.1 Classificação da Organização Mundial da Saúde (OMS) das neoplasias de células B e T maduras (modificada), que inclui os linfomas não Hodgkin. Os distúrbios de células B correspondem a 85% dos casos; os demais 15%, a distúrbios de células T e NK. Alguns subtipos raros foram omitidos (ver Apêndice)

Neoplasias de células B maduras	Neoplasias de células T e NK maduras
Leucemia linfocítica crônica/linfoma linfocítico de células pequenas	Leucemia prolinfocítica de células T
Leucemia prolinfocítica de células B	Leucemia de linfócitos T grandes e granulados
Linfoma esplênico da zona marginal	Leucemia/linfoma de células T do adulto
Leucemia de células pilosas	Linfoma extranodal de células NK/T, tipo nasal
Linfoma linfoplasmocítico (macroglobulinemia de Waldenström)	Linfoma de células T associado à enteropatia
Doenças de cadeias pesadas	Micose fungoide
Mieloma plasmocítico (mieloma múltiplo)	Síndrome de Sézary
Plasmocitoma	Linfoma de células T periféricas
Linfoma extranodal da zona marginal de tecido linfoide associado à mucosa (MALT)	Linfoma angioimunoblástico de células T
Linfoma folicular	Linfoma anaplástico de células grandes, *ALK* positivo
Linfoma de células do manto	
Linfoma difuso de células B grandes	
Linfoma de Burkitt	

ALK, quinase do linfoma anaplástico, o gene no cromossomo 2 que é excessivamente expresso; NK, *natural killer*.

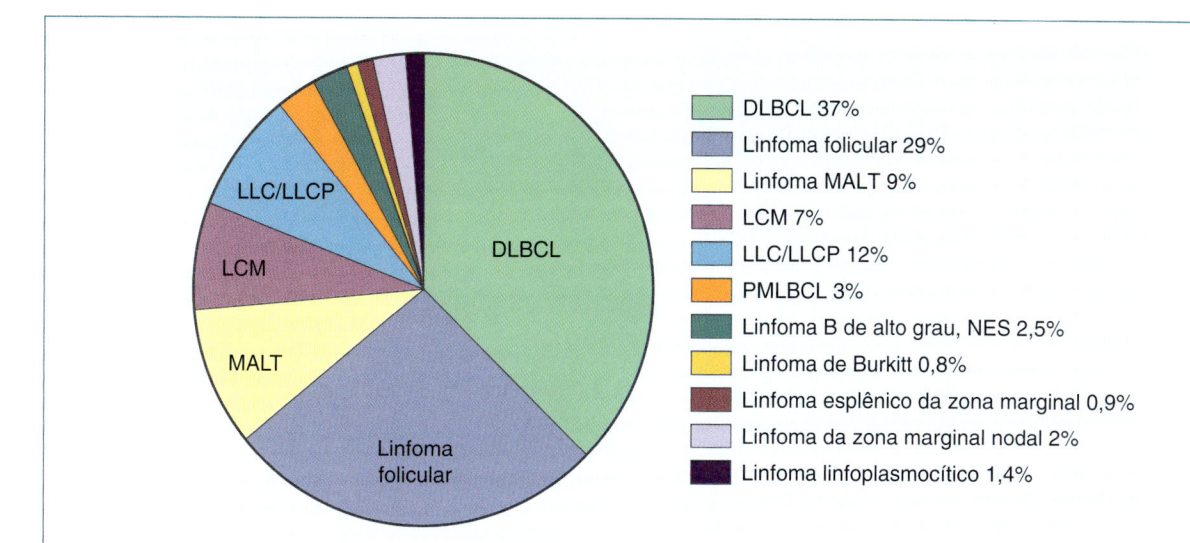

Figura 20.1 Frequência relativa de linfomas não Hodgkin de células B nos países do Ocidente. LLC, leucemia linfocítica crônica; DLBCL, linfoma difuso de células B grandes; MALT, tecido linfoide associado à mucosa; LCM, linfoma de células do manto; NES, não especificado separadamente; PMLBCL, linfoma primário mediastinal de células B grandes; LLCP, linfoma linfocítico de células pequenas.

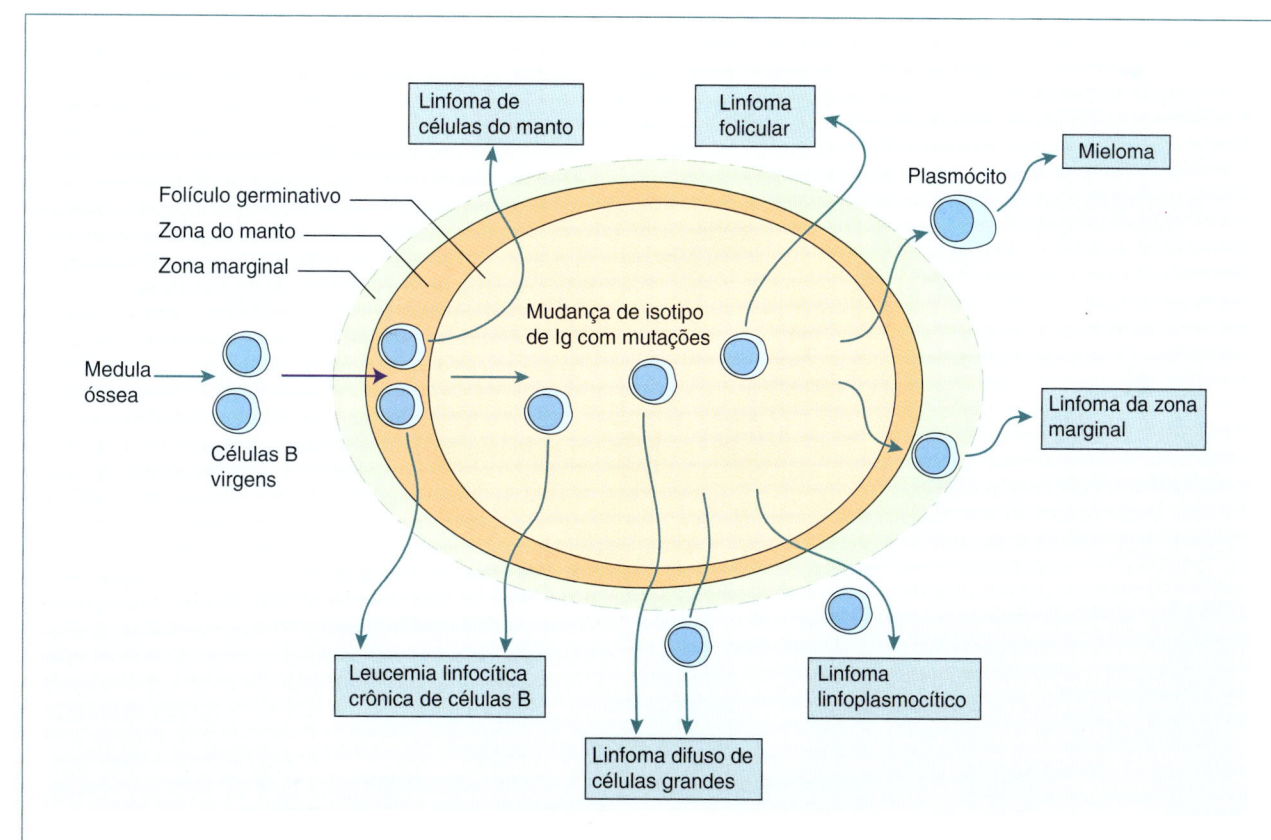

- DLBCL 37%
- Linfoma folicular 29%
- Linfoma MALT 9%
- LCM 7%
- LLC/LLCP 12%
- PMLBCL 3%
- Linfoma B de alto grau, NES 2,5%
- Linfoma de Burkitt 0,8%
- Linfoma esplênico da zona marginal 0,9%
- Linfoma da zona marginal nodal 2%
- Linfoma linfoplasmocítico 1,4%

Figura 20.2 Origem celular proposta das doenças malignas de linfócitos B. As células B normais emigram da medula óssea e entram no tecido linfoide secundário. Quando elas encontram um antígeno, é formado um centro germinativo, e as células B sofrem hipermutação somática dos genes de imunoglobulina. Por fim, elas saem dos linfonodos como células B de memória ou como plasmócitos. A origem celular das diferentes doenças linfoides malignas pode ser inferida a partir do estado do rearranjo dos genes de imunoglobulina e do fenótipo da membrana. O linfoma de células do manto e uma parte dos linfomas classe LLC-B não têm mutações de genes de imunoglobulinas, ao passo que os linfomas de zona marginal, difuso de células grandes, de células foliculares, plasmocitoide e alguns casos de LLC-B têm mutações nos genes de imunoglobulina.

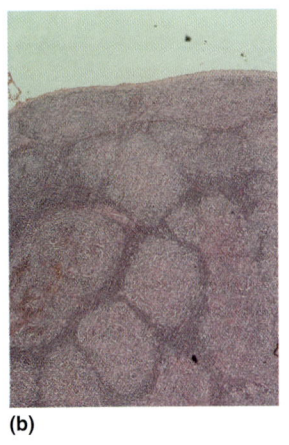

Figura 20.3 Linfoma não Hodgkin: cortes histológicos de linfonodos, mostrando: **(a)** padrão difuso de acometimento em linfoma linfocítico com a arquitetura normal totalmente substituída por células linfocíticas neoplásicas; **(b)** padrão folicular ou nodular no linfoma folicular – os "folículos" ou "nódulos" de células neoplásicas comprimem o tecido adjacente sem o manto de linfócitos pequenos.

ou linfonodal, respectivamente. Leucemia linfoblástica aguda e linfoma linfoblástico também são similares e têm regimes de tratamento similares. Células linfomatosas em pequeno número podem circular no sangue em vários tipos de linfoma.

Patogênese

A etiologia persiste desconhecida na maioria dos casos de linfoma, embora agentes infecciosos sejam importantes como causa de alguns subtipos (Tabela 20.2). Há, também, considerável variação geográfica (Tabela 20.2). Anormalidades citogenéticas são frequentes, muitas vezes envolvendo os genes de imunoglobulina nas neoplasias de origem B. As translocações de oncogenes para esses *loci* nos cromossomos 2, 14 e 22 podem resultar em superexpressão do gene, ocasionando alteração no ciclo celular, falha na apoptose ou expressão aberrante (ver Capítulo 11). Vias específicas de sinalização podem ser afetadas, e o sequenciamento da geração subsequente tem mostrado mutações pontuais em genes envolvidos, por exemplo, em modelação da cromatina, na via NSkappa B ou na ativação e emenda de células B. Até 80 mutações somáticas podem estar presentes em linfomas ao diagnóstico (ver Figura 11.3) e novas mutações podem surgir com a evolução da doença.

Aspectos clínicos dos linfomas não Hodgkin

1. **Linfonodopatia superficial** A maioria dos pacientes apresenta aumento assimétrico e indolor de linfonodos em uma ou mais regiões de linfonodos periféricos.
2. **Sintomas sistêmicos** Febre, sudorese noturna e perda de peso são menos frequentes do que no linfoma de Hodgkin. Sua presença, em geral, está associada com doença disseminada.
3. **Envolvimento orofaríngeo** Em 5 a 10% dos pacientes há envolvimento das estruturas linfoides da orofaringe (anel de Waldeyer), o que pode causar queixas de dor de garganta ou de respiração ruidosa ou obstruída.
4. **Manifestações das citopenias** Sinais e sintomas de anemia, infecções devidas a neutropenia ou púrpura com trombocitopenia podem estar presentes à apresentação em pacientes com acometimento difuso da medula óssea. As citopenias também podem ser autoimunes ou decorrentes de sequestração esplênica.
5. **Doença abdominal** O fígado e o baço estão frequentemente aumentados, e o envolvimento de linfonodos retroperitoneais e mesentéricos é comum. O trato gastrintestinal é o sítio extranodal mais envolvido depois da medula óssea, e os pacientes podem apresentar-se com sintomas abdominais agudos.
6. **Outros órgãos** Acometimento da pele, do cérebro, dos testículos e da tireoide não são incomuns. A pele está primariamente envolvida em dois linfomas de células T com relação estreita: micose fungoide e síndrome de Sézary.

Investigações

Histologia

Exame histopatológico de biópsia excisional ou *trucut* de linfonodo ou de outro tecido afetado (p. ex., medula óssea ou tecido extranodal) é a investigação definitiva (Figura 20.3). A aspiração com agulha fina de linfonodo ou de tecido envolvido quase nunca é suficiente para estabelecer um diagnóstico definitivo de linfoma; o método não é seguro, e a biópsia é indispensável.

O exame morfológico é complementado por análise imunofenotípica e, em alguns casos, por análise genética (Tabela 20.3). No caso de linfomas de células B, a expressão de cadeias κ ou λ confirma a clonalidade e distingue a doença de uma linfonodopatia reacional (Figura 20.4).

Achados laboratoriais

1. Na doença avançada com envolvimento da medula óssea pode haver anemia, neutropenia ou trombocitopenia.

Tabela 20.2 Infecções associadas a hemopatias malignas

Infecção	Tumor
Vírus	
HTLV-1	Leucemia/linfoma de células T do adulto
Vírus Epstein-Barr	Linfomas de Burkitt e de Hodgkin; PTLD
HHV-8	Linfoma primário de efusão; doença de Castleman multicêntrica
HIV-1	Linfoma de células B de alto grau; linfoma primário do SNC; linfoma de Hodgkin
Hepatite C	Linfoma da zona marginal
Bactérias	
Helicobacter pylori	Linfoma gástrico (MALT)
Protozoários	
Malária	Linfoma de Burkitt

HHV-8, herpes-vírus humano 8; HIV, vírus da imunodeficiência humana; HTLV-1, vírus linfotrópico T tipo 1; MALT, tecido linfoide associado à mucosa; PTLD, doença linfoproliferativa pós-transplante; SNC, sistema nervoso central.

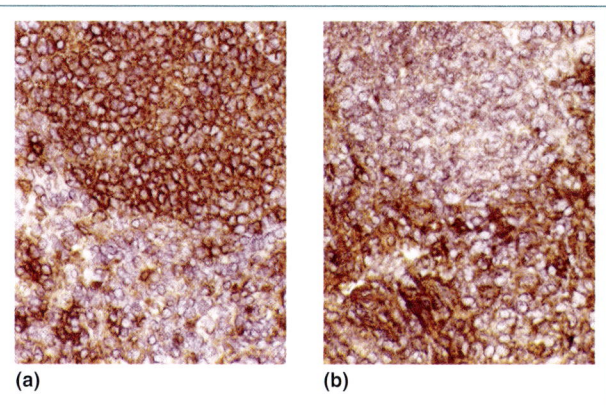

Figura 20.4 Linfoma não Hodgkin: linfonodos corados com imunoperoxidase mostram **(a)** anel marrom corando κ no nódulo de linfoma e **(b)** nenhuma coloração de λ, confirmando a origem monoclonal do linfoma.

2 Células linfomatosas (p. ex., células da zona do manto, de "linfoma folicular clivado" ou "blastos") podem ser encontradas no sangue periférico de alguns pacientes (Figura 20.5).
3 A biópsia da medula óssea é valiosa (Figura 20.6).
4 A desidrogenase láctica (LDH) sérica eleva-se em doença extensa e de proliferação rápida e é usada como marcador prognóstico (Tabela 20.4). Pode haver hiperuricemia.
5 O proteinograma sérico pode mostrar pico de paraproteína.
6 Deve ser feita pesquisa de anticorpos anti-HIV.

Citogenética e análise genética

Os vários subtipos de LNH são associados a translocações cromossômicas e a mutações genéticas características que têm valor diagnóstico e prognóstico (Tabela 20.3). Translocações particularmente características são t(14;18) no linfoma folicular, t(11;14) no linfoma de células do manto, t(8;14) no

Tabela 20.3 (a) Características imunofenotípicas dos linfomas de células B mais comuns

	SIg	CD20	CD5	CD10	CD23	BCL6	MUM1
Linfoma linfocítico de células pequenas/LLC	Fraca	+	+	–	+	–	–
Leucemia de células pilosas (HCL)	+	+	–	–	–	–	–
Linfoma linfoplasmocítico	+	+	–	–	–	–	+
Linfoma MALT	+	+	–	–	+/–	–	+/–
Linfoma folicular	+	+	–	+	+/–	+	–
Linfoma de células do manto	+	+	+	–	–	–	–
Linfoma difuso de células B grandes GCB	+/–	+	–	–	–	+	–
ABC	+/–	+	–	–	–	–	+
Linfoma de Burkitt	+	+	–	+	–	+	–

LLC, leucemia linfocítica crônica; MALT, tecido linfoide associado à mucosa; GCB, célula B tipo centro germinal; ABC, célula B tipo ativada; MUM1 é um fator de transcrição linfocítico-específico; SIg, imunoglobulina de superfície.

Tabela 20.3 (b) Exemplos de anormalidades citogenéticas e mutações de genes em neoplasias linfoides

	Citogenética	Mutações de genes
Leucemia linfocítica crônica	Deleções 13p, 11q e 17p. Trissomia 12	TP53, ATM, NOTCH, SF3B1
Leucemia de células pilosas (HCL)	Não específica	BRAF (> 99%)
Linfoma linfoplasmocítico	Não específica	MYD88 (> 90%)
Linfoma MALT	t(11;18), t(1;14)	Ativação da via NFκB
Linfoma folicular	t(14;18)	Mutações em CREBBP e MLL2 que influenciam a remodelação da cromatina
Linfoma de células do manto	t(11;14)	ATM, TP53 e genes que influenciam a modificação da cromatina
Linfoma difuso de células B grandes (subtipo centro germinal)	t(14;18)	CREBBP (remodelação da cromatina), EZH2 e MYC
Linfoma difuso de células B grandes (subtipo células B ativadas)	t(3;14)	CREBBP (remodelação da cromatina) e genes envolvidos na ativação de NFκB
Linfoma de Burkitt	t(8;14), t(2;8), t(8;22)	Vários

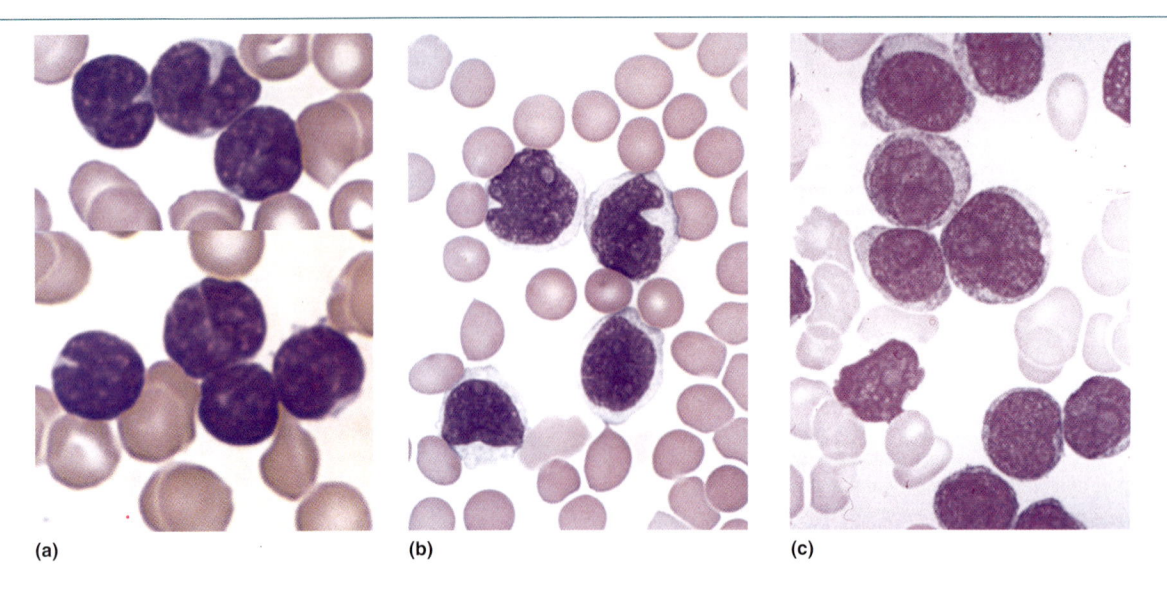

Figura 20.5 Envolvimento do sangue periférico por linfoma: **(a)** células linfoides pequenas clivadas em caso de linfoma de células centrofoliculares; **(b)** linfoma de células do manto; **(c)** linfoma de células B grandes.

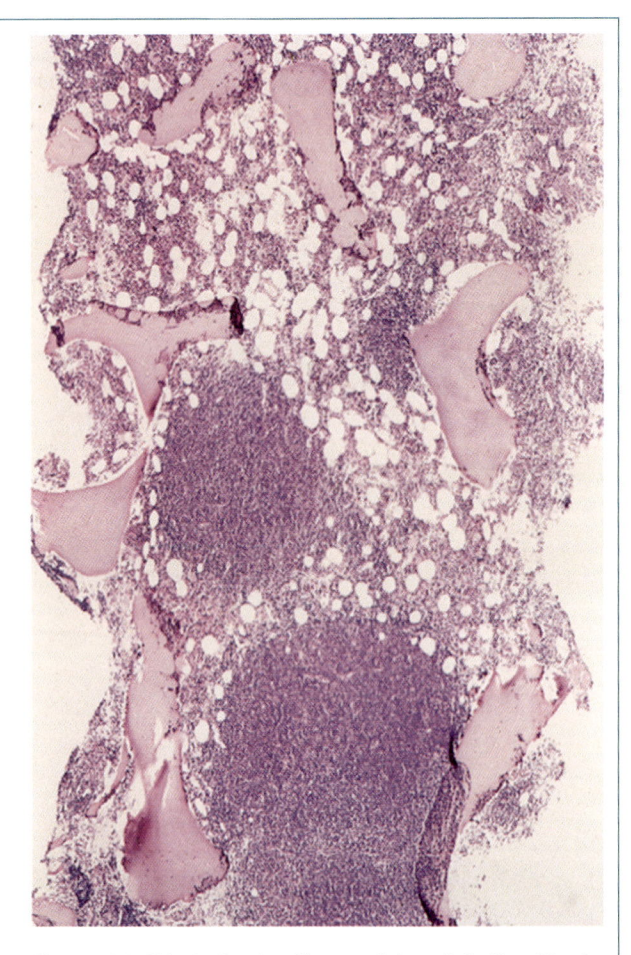

Figura 20.6 Biópsia de crista ilíaca em linfoma linfocítico. São vistos nódulos proeminentes de tecido linfoide no espaço intertrabecular e nas regiões paratrabeculares.

Tabela 20.4 Índice prognóstico internacional da National Comprehensive Cancer Network (NCCN-IPI) para pacientes com linfoma de alto grau

	Escore
Idade (anos)	
> 40 a ≤ 60	1
> 60 a ≤ 75	2
> 75	3
LDH, normalizada	
> 1 a ≤ 3	1
> 3	2
Estádio Ann Arbor III-IV	1
Doença extranodal*	1
Performance status ≥ 2	1

*Doença na medula óssea, no SNC, no fígado, no trato gastrintestinal ou no pulmão.

linfoma de Burkitt e t(2;5) no linfoma anaplástico de células grandes. A análise genética revela mutação de *MYD88* em praticamente todos os casos de linfoma linfoplasmocítico.

Nos linfomas de células B há rearranjo clonal dos genes de imunoglobulina, ao passo que nos linfomas de células T há rearranjo clonal dos genes do receptor de células T (ver Capítulo 11).

Estadiamento

O sistema de estadiamento é o mesmo descrito para o linfoma de Hodgkin (ver Capítulo 19), porém não se relaciona tão claramente com o prognóstico como o tipo histológico. Os procedimentos usados no estadiamento, em geral, incluem radiografia de tórax e TEP/TC (Figura 20.7). TEP/TC

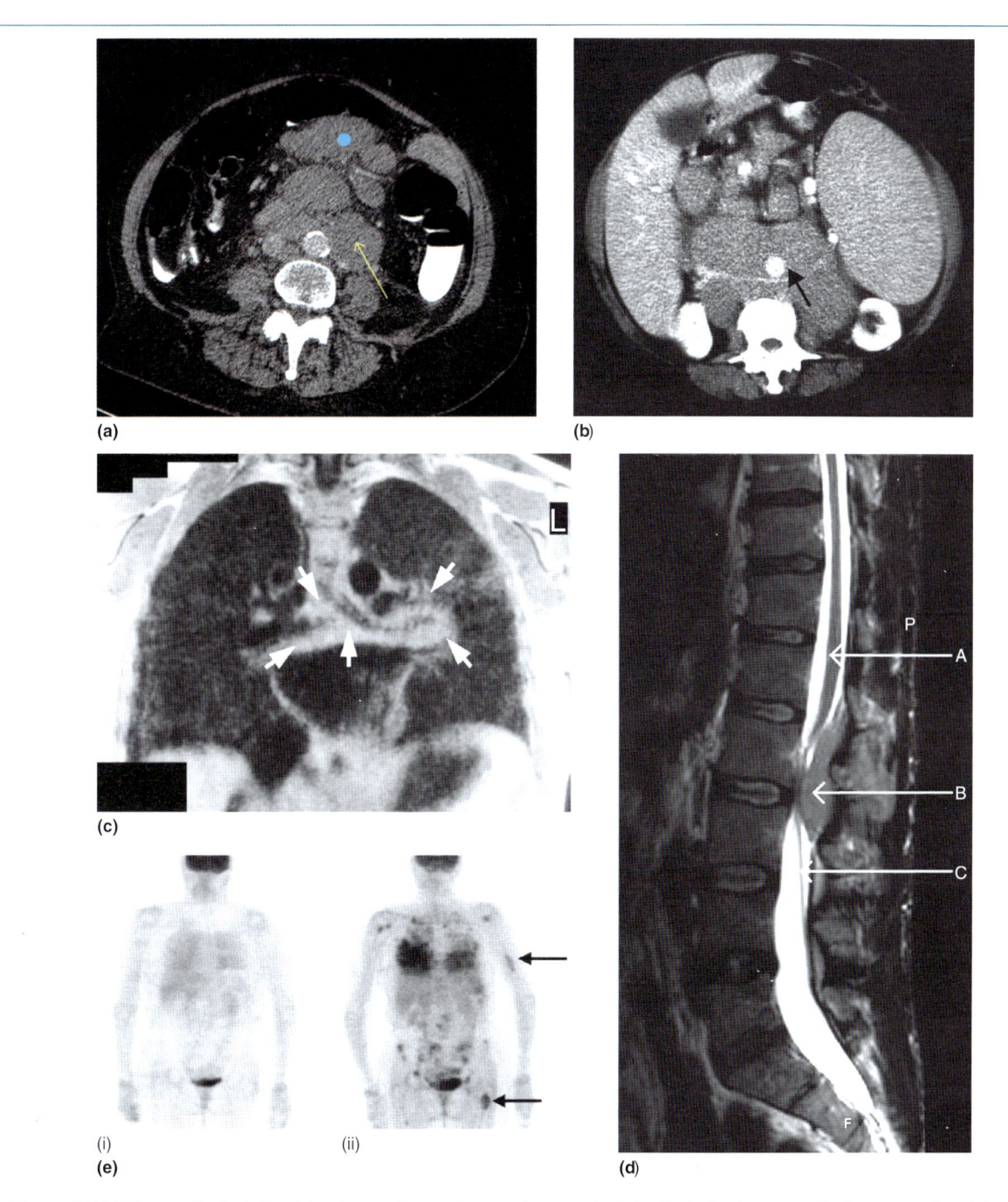

Figura 20.7 Linfoma não Hodgkin: **(a)** colonografia por tomografia computadorizada, indicada por perda de peso e dor abdominal em mulher de 86 anos, mostrando linfonodos para-aórticos (seta amarela) e mesentéricos (círculo azul) aumentados. A histologia revelou linfoma de células B grandes. Fonte: cortesia do Dr. P. Wylie. **(b)** TC de abdome: linfonodos retroperitoneais e mesentéricos aumentados em paciente masculino, criando o aspecto de "aorta flutuante" (seta). Fonte: cortesia do Prof. A. Dixon e do Dr. R. E. Marcus. **(c)** Imagem por ressonância magnética (MRI) de tórax, mostrando grandes linfonodos mediastinais (brancos, com setas) adjacentes aos grandes vasos (em preto). **(d)** MRI ponderada em T_2, imagem sagital na linha média da coluna lombossacra, mostrando compressão do saco dural por massa extradural. A, medula espinal; B, massa extradural; C, raízes da cauda equina. Fonte: cortesia do Dr. A. Valentine. **(e)** Tomografia por emissão de pósitrons (TEP) de mulher de 59 anos com linfoma não Hodgkin de alto grau. A primeira imagem (i) não mostra evidência de doença antes do transplante alogênico. Observa-se captação fisiológica normal no cérebro e na bexiga. Dois meses após o transplante, a paciente recaiu clinicamente com uma massa na parede anterior do tórax. A TEP (ii) mostrou recidiva disseminada em sítios nodais (para-aórticos e ilíacos) e extranodais, incluindo pulmões e ossos. A captação óssea está claramente demonstrada no úmero esquerdo e no fêmur (setas). Esta imagem ilustra como a TEP pode detectar, com perfeição, tanto a doença nodal como a extranodal e permite uma avaliação de corpo inteiro em apenas uma sessão de escaneamento. Fonte: cortesia do Dr. S. F. Barrington.

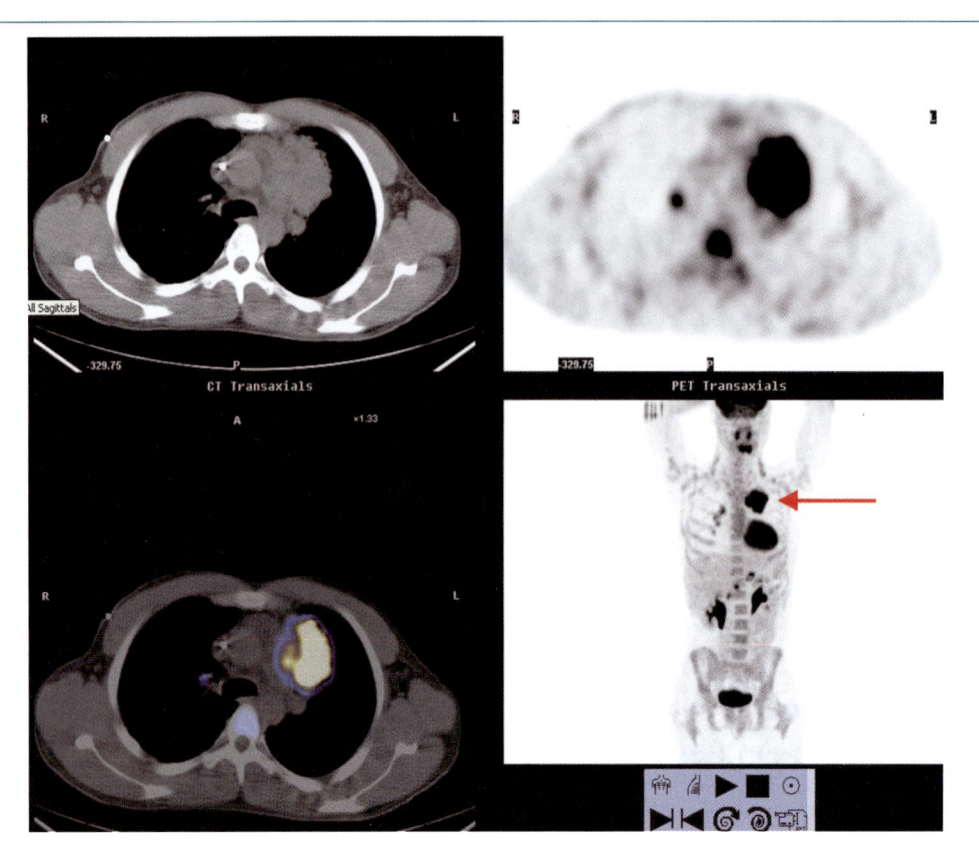

Figura 20.8 Linfoma não Hodgkin. TEP/TC de paciente masculino de 26 anos. A seta vermelha mostra o nível em que foi feita a secção transaxial. O painel superior direito mostra a tomada de fluordesoxiglicose marcada (FDG) na massa mediastinal anterior e no linfonodo hilar direito. O painel superior esquerdo mostra a secção da TC correspondente; o inferior esquerdo mostra as imagens de TC e TEP combinadas na secção correspondente. No painel inferior direito, a secção coronal mostra tomada de FDG na massa mediastinal e no linfonodo hilar direito. Também há tomada de FDG na tireoide, no coração, no intestino, nos rins e na bexiga. Fonte: cortesia do Departamento de Medicina Nuclear, University College London, Londres.

também é usada para acompanhar a resposta ao tratamento (Figura 20.8). Exames da medula óssea por aspiração e por biópsia também devem ser feitos.

Princípios gerais de tratamento dos linfomas não Hodgkin

O tratamento é começado, em geral, com um programa de quimioterapia combinada com um anticorpo monoclonal dirigido contra a célula tumoral. Há, entretanto, uma série de novos fármacos em desenvolvimento que podem mudar o tratamento nos próximos anos; alguns são listados a seguir.
- Agentes orais que bloqueiam a atividade das proteínas BTK ou PI3KD, já utilizados na LLC-B (ver p. 201).
- Fármacos que inibem a atividade BCL-2.
- Fármacos que bloqueiam a atividade de quinases, como ALK, que está aumentada em pacientes com linfoma anaplástico de células grandes.

Tratamento com anticorpos monoclonais

Os anticorpos monoclonais anti-CD20 comprovaram-se de grande valor no tratamento dos linfomas de células B, que constituem cerca de 85% dos LNH. O rituximabe foi o primeiro desses agentes e pode ser usado por via intravenosa ou subcutânea. Ofatumumabe e obinutuzumabe também são anticorpos com especificidade anti-CD20. Os anticorpos anti-CD30 são frequentemente usados no linfoma anaplástico de células grandes, como também no linfoma de Hodgkin (ver Capítulo 19).

Subtipos específicos de linfomas não Hodgkin

Linfomas de baixo grau

Linfoma linfocítico de células pequenas

Este termo é usado para casos com morfologia e imunofenótipo idênticos aos da leucemia linfocítica crônica de células B (LLC-B), quando a contagem de linfócitos B no sangue periférico é < $5 \times 10^3/\mu L$ e não há citopenias por envolvimento da medula óssea. O tratamento é o mesmo da LLC-B.

Linfoma linfoplasmocítico (macroglobulinemia de Waldenström)

Essa é uma condição incomum, vista com mais frequência em homens com idade superior a 50 anos. Em geral, há uma paraproteína monoclonal IgM, e o linfoma linfoplasmocítico (LPL) pode, então, ser denominado macroglobulinemia de Waldenström. A célula de origem é uma célula B do centro pós-germinal com as características de célula B de memória para IgM. Em mais de 90% dos casos há uma mutação do gene *MYD88*.

A LPL pode ser diagnosticada fortuitamente em pacientes assintomáticos (ver Figura 21.3). O início da doença normalmente é insidioso, com fatigabilidade e perda de peso. A complicação comum é a síndrome de hiperviscosidade (ver Figura 21.15), pois a paraproteína IgM aumenta a viscosidade sanguínea mais do que concentrações equivalentes de IgG ou IgA. Distúrbios visuais são frequentes, e a retina pode mostrar uma variedade de alterações, como veias ingurgitadas, hemorragias, exsudatos e borramento da papila (ver Figura 21.15). Se a macroglobulina for uma crioglobulina, podem surgir aspectos de crioprecipitação, como o fenômeno de Raynaud.

Anemia é um problema significativo, e suscetibilidade a hemorragias pode resultar de interferência da macroglobulina na função plaquetária. Sintomas neurológicos, dispneia e insuficiência cardíaca podem ser os sintomas iniciais. Linfonodomegalia, esplenomegalia e hepatomegalia são frequentes.

O diagnóstico é feito pelo achado do pico sérico de IgM monoclonal com infiltração da medula ou dos linfonodos por células linfoplasmocíticas (Figura 20.9). **A mutação do gene *MYD88* está presente em quase todos os casos**. A velocidade de sedimentação globular mostra-se muito aumentada e pode haver linfocitose, às vezes com células linfoplasmocíticas identificáveis.

Tratamento

Os pacientes assintomáticos não precisam de tratamento, porém este deve ser indicado quando houver organomegalias significativas, anemia significativa ou hiperviscosidade. Em geral, é feito um tratamento com quimioterapia associada a um anticorpo anti-CD20, como rituximabe (Figura 20.10). Opções de quimioterapia incluem ciclofosfamida, fludarabina, bendamustina ou bortezomibe. O ibrutinibe é eficaz em casos refratários a outros fármacos e pode ser escolhido como terapia inicial. O transplante de células-tronco autólogas ou alogênicas deve ser considerado para doença avançada. Eritropoetina ou transfusões regulares podem ser necessárias para anemia crônica.

Síndrome de hiperviscosidade aguda requer tratamento imediato com plasmaférese repetida. Como quase toda a IgM está no compartimento intravascular, a plasmaférese é mais eficaz do que com as paraproteínas IgG e IgA, que se distribuem mais no compartimento extravascular, de onde voltam rapidamente e repõem o nível plasmático.

Linfoma da zona marginal

São linfomas de baixo grau que se originam de células B da zona marginal dos folículos germinais. Acredita-se que, no início, haja hiperplasia linfoide em resposta a antígeno ou inflamação e que as células, então, adquiram dano genético secundário e evoluam para linfoma. A análise citogenética pode revelar translocações envolvendo os *locus* de imunoglobulina, e os testes moleculares mostram mutações pontuais, principalmente envolvendo a via NF-κB. São classificados de acordo com o sítio anatômico onde se originam, como o **baço**, as **mucosas** (**MALT**, do inglês, *mucosa associated lymphoid tissue*) ou os **linfonodos** (**nodais**). Linfomas MALT, em geral, surgem no estômago (Figura 20.11), no trato respiratório, na

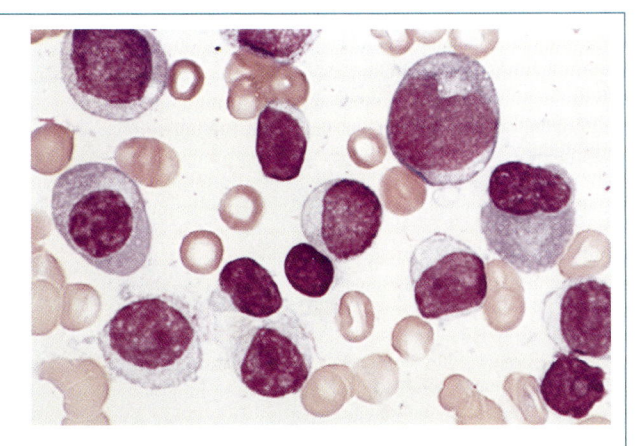

Figura 20.9 Linfoma linfoplasmocítico associado com macroglobulinemia de Waldenström. Aspiração da medula óssea, mostrando células com aspecto intermediário entre linfócitos e plasmócitos.

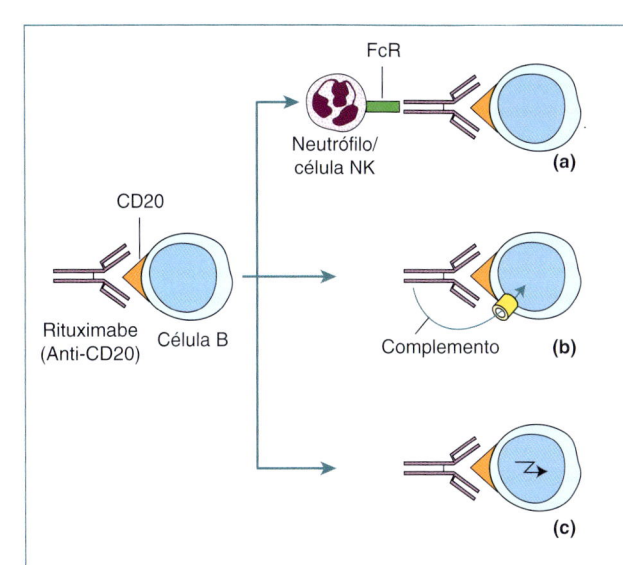

Figura 20.10 Mecanismos potenciais de ação do rituximabe. O rituximabe liga-se ao CD20 na superfície das células B. Isso desencadeia vários mecanismos efetores, incluindo: **(a)** citotoxicidade dependente de anticorpo mediada por células; **(b)** lise de células do tumor mediada por complemento; e **(c)** apoptose direta da célula-alvo. FcR, receptor Fc.

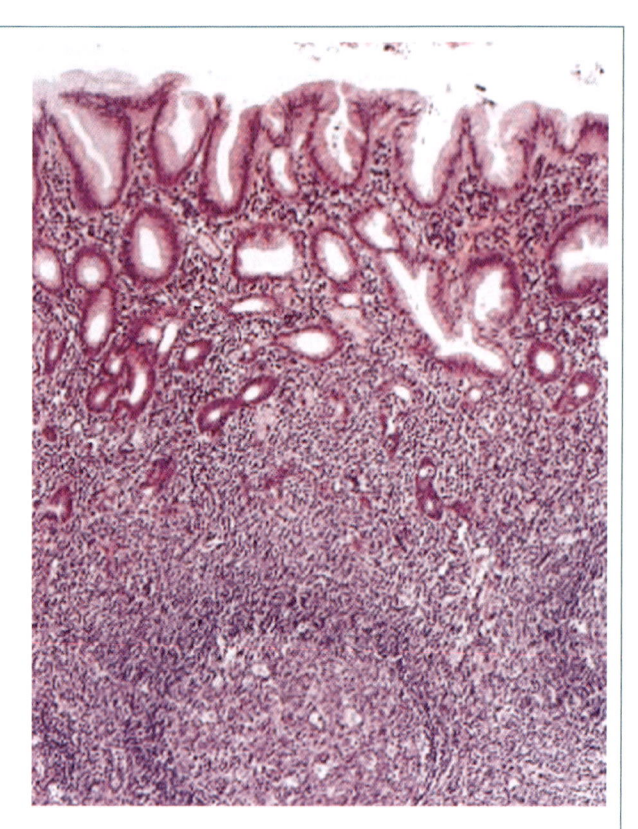

Figura 20.11 Linfoma de tecido linfoide associado à mucosa (MALT) gástrica: as células tumorais circundam os folículos reativos e infiltram a mucosa. O folículo tem um aspecto de "céu estrelado". Fonte: cortesia do Prof. P. Isaacson.

pele e nas glândulas salivares. O linfoma MALT gástrico é a forma mais comum e é precedido de infecção por *Helicobacter pylori*. Nos estágios iniciais, ele pode responder à antibioticoterapia que vise a eliminação do *H. pylori*.

Os linfomas esplênicos da zona marginal, em geral, apresentam-se como esplenomegalia e podem causar a presença de linfócitos "vilosos" no sangue periférico. Doença localizada, estágio Ia, pode ser curada com radioterapia local. Se for necessária quimioterapia, devem ser preferidos regimes usados nos demais linfomas de baixo grau, como o linfoma folicular. A esplenectomia pode ser útil para pacientes sintomáticos.

Linfoma folicular

Corresponde a 25% dos LNH, com uma média de idade de 60 anos à apresentação. Na grande maioria dos casos, está associado à translocação t(14;18) (Figura 20.12). A translocação provoca a expressão constitutiva do gene *BCL-2* com redução da apoptose e sobrevida aumentada das células. Alterações moleculares adicionais costumam estar presentes (Tabela 20.3b). As células são, sobretudo, positivas para CD10, CD19, CD20, BCL2 e BCL6 (Tabela 20.3a).

Os pacientes costumam ser de meia-idade ou idosos e o linfoma é geralmente caracterizado a partir do diagnóstico, com a média de sobrevivência subsequente de 10 anos. A aparência histológica é graduada de I a III de acordo com a proporção relativa de centrócitos e centroblastos. O pior prognóstico é o dos casos de grau IIIb. Esses pacientes são tratados com as diretrizes usadas para o linfoma difuso de células B grandes (ver adiante). O envolvimento da medula óssea é comum.

Os pacientes vêm à consulta inicial por linfonodopatias indolores, em geral disseminadas, a maioria com a doença em estágio III ou IV. Pode ocorrer, entretanto, uma transformação súbita, com incidência de cerca de 3% ao ano, em tumores difusos agressivos.

Cerca de 10% dos pacientes iniciais têm doença localizada (estágio I) e podem ser curados apenas com radioterapia. Os pacientes que se apresentam com doença disseminada (estágios III e IV) geralmente não são tratados se forem assintomáticos (*watch and wait*)*, e o tratamento é iniciado ao

---

*N. de T. "*Watch and wait*" ("observe e espere") é uma expressão muito usada em *inglês* médico para se referir à escolha de só *tratar* doenças indolentes incuráveis se *surgirem* sintomas indesejáveis.

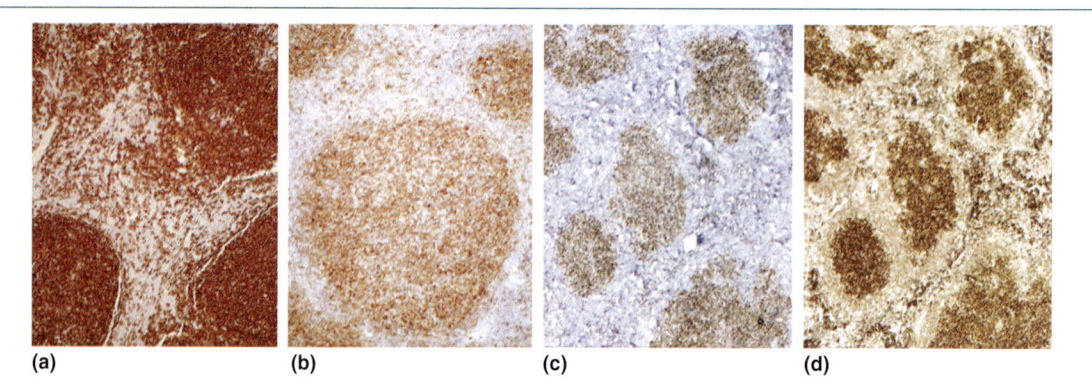

(a) (b) (c) (d)

Figura 20.12 Linfoma folicular: imuno-histoquímica. **(a)** As células neoplásicas são positivas de forma difusa para marcadores de células B (CD20). **(b)** Imuno-histoquímica: as células neoplásicas são difusamente positivas para CD10, um marcador do centro germinal, e estão localizadas nas áreas folicular e interfolicular. **(c)** As células neoplásicas são positivas para BCL-6, um marcador do centro germinal. **(d)** Imuno-histoquímica: as células neoplásicas são positivas para BCL-2.

surgirem complicações. Há um escore internacional de prognóstico baseado em idade, presença ou ausência de anemia, LDH e massa tumoral medido pelo tamanho e pela extensão dos linfonodos e pelo envolvimento da medula óssea. Ainda não há opção de cura com a terapia atualmente disponível. O tratamento, em geral, baseia-se em cursos mensais de rituximabe com ciclofosfamida, vincristina e prednisolona (R-CVP), com adição de uma antraciclina em casos mais agressivos, ou rituximabe com bendamustina ou clorambucil. Com esses regimes, há resposta clínica em quase 90% dos pacientes, que persistem em remissão por alguns anos. São feitas infusões de rituximabe a cada 2 a 3 meses, como tratamento de manutenção.

A recidiva da doença em pacientes em estágio II a IV é quase inevitável e é tratada com regimes de quimioterapia similares e com manutenção com rituximabe. Com o passar do tempo, a doença vai se tornando difícil de controlar, por exemplo, pelo desenvolvimeto de mutações P53, e há necessidade de quimioterapia mais intensiva ou terapia com anticorpo anti-CD20 marcado com radioatividade. O transplante de células-tronco autólogas é uma opção útil em pacientes com história de ao menos uma recidiva, e o transplante alogênico com protocolos de intensidade reduzida oferece perspectiva de cura em raros pacientes. Idelalisibe, um inibidor de PI3K, e ibrutinibe são agentes orais novos e promissores (ver Figura 9.4).

Linfoma de células do manto

O linfoma de células do manto é derivado de células centrofoliculares pré-germinativas localizadas nos folículos primários ou na região do manto de folículos secundários. As células, em geral, mostram núcleos angulares em secções histológicas (Figura 20.13) e, muitas vezes, circulam no sangue (Figura 20.5). Esse linfoma tem fenótipo característico CD19+ e CD5+ (como a LLC), mas, em contrapartida, é CD22+e CD23-. Uma translocação específica, t(11;14), justapõe o gene da ciclina D1 ao gene da cadeia pesada da imunoglobulina, o que causa **expressão aumentada de ciclina D1** (Figura 20.13b). A presença dessa translocação é necessária para o diagnóstico. Em geral, outras mutações estão presentes (Tabela 20.3b). Linfonodopatias predominam no quadro clínico à apresentação e, na maioria das vezes, há infiltração da medula óssea.

Os regimes de tratamento atuais incluem:

1. Quimioterapia, como R-CHOP (do inglês, Rituximabe com o regime CHOP: Ciclofosfamida, Hidroxidaunorrubicina, vincristina – Oncovin – Prednisolona), combinações com bendamustina ou terapia ainda mais intensiva, que podem incluir bortezomibe e lenalidomida.
2. O ibrutinibe é muito eficaz em doença recente ou recidivada.
3. Transplante de células-tronco autólogas ou alogênicas.

O prognóstico geralmente é sombrio, mas há expectativas de melhora com os novos agentes. Cerca de 15% dos pacientes mostram um curso indolente similar ao da LLC.

Linfomas de alto grau

Linfoma difuso de células B grandes (DLBCL)

O DLBCL constitui um grupo heterogêneo de distúrbios, representando os clássicos linfomas de "alto grau". A histologia da biópsia mostra células tumorais grandes, com nucléolos proeminentes. Dividem-se em subtipos: linfomas B do "centro germinal" (GCB) e linfomas de "células B ativadas" (ABC), que se coram com anticorpos anti-BCL6 e anti-MUM1, respectivamente (Tabela 20.3a, Figura 20.14).

Eles apresentam-se, em geral, como linfonodopatias de rápida progressão, que pode também envolver a medula óssea, o trato gastrintestinal, o cérebro (Figura 20.15), a medula espinal, os rins e outros órgãos.

Vários achados clínicos e laboratoriais são relevantes para o resultado do tratamento. De acordo com o **Índice Internacional de Prognóstico**, eles incluem idade, *status* de desempenho, estágio, número de sítios extranodais e LDH sérica (Tabela 20.4). Doença volumosa (massa principal > 5 cm de diâmetro), história prévia de doença de baixo grau ou infecção por HIV e subtipo ABC em comparação com

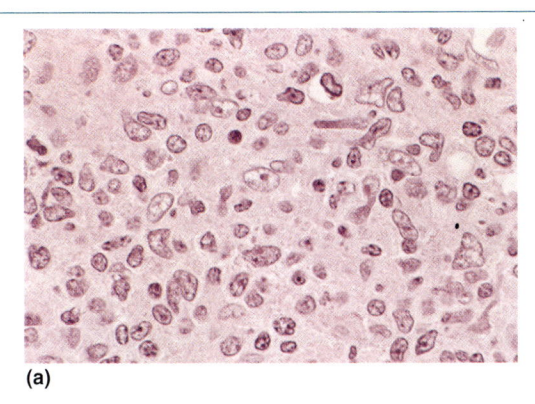

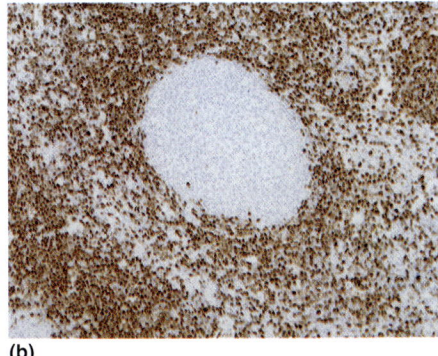

Figura 20.13 Linfoma de células do manto mostrando: **(a)** aspecto deformado característico de linfócitos pequenos com núcleos angulares ("centrócitos"); **(b)** expressão de ciclina D1 por imuno-histoquímica. Fonte: Campo E. e Pileri S. A. em Hoffbrand A. V. et al. (2016) *Postgraduate Haematology* 7e. Reproduzida, com permissão, de John Wiley e Sons.

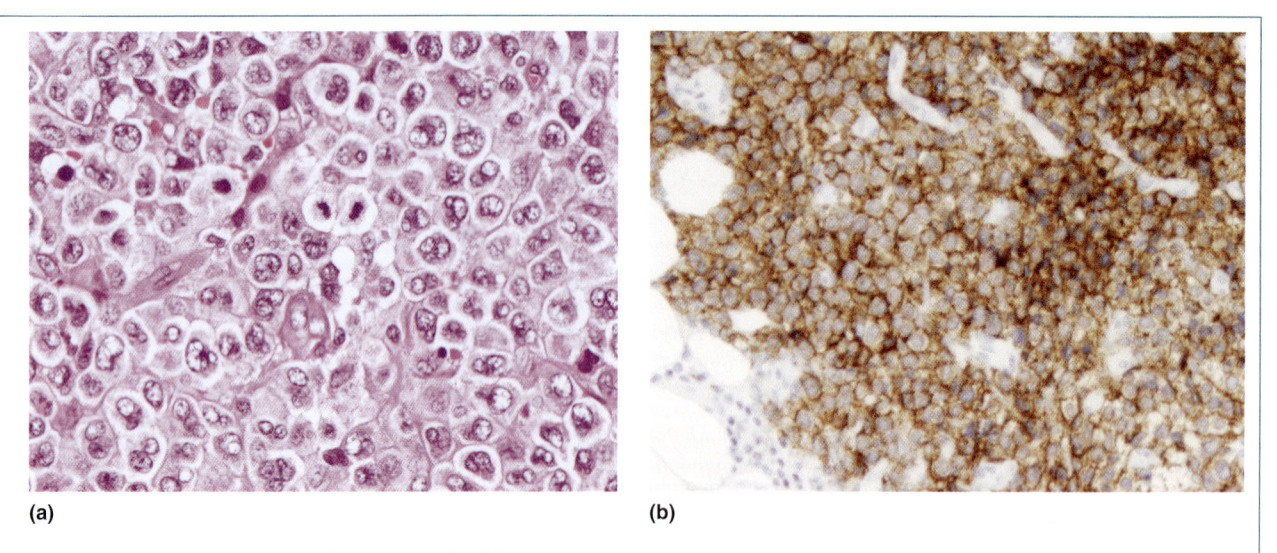

Figura 20.14 Linfoma difuso de células B grandes **(a)**, que se coram positivamente para CD10 **(b)** e, assim, sugerem uma origem a partir do centro germinal. Fonte: Campo E. e Pileri S. A. em Hoffbrand A. V. et al. (2016) *Postgraduate Haematology* 7e. Reproduzida, com permissão, de John Wiley e Sons.

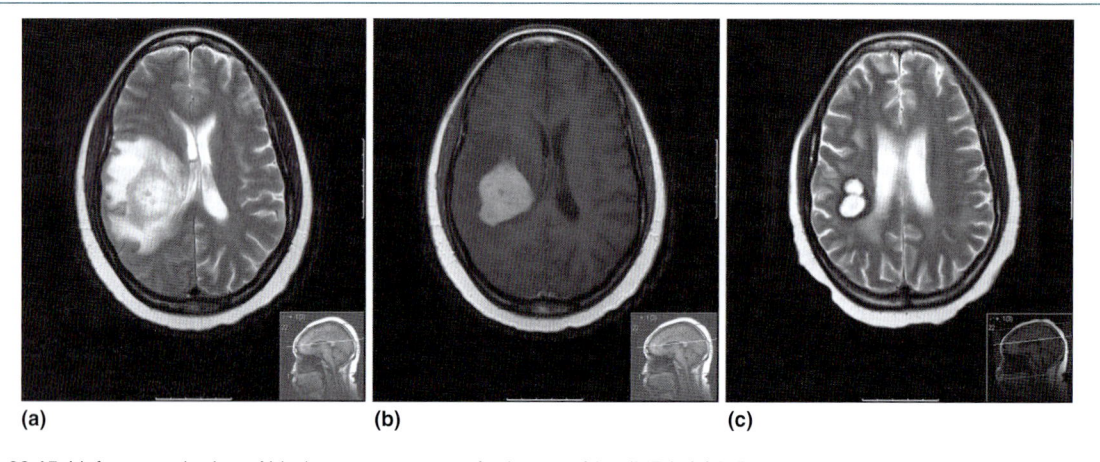

Figura 20.15 Linfoma cerebral em Aids; imagem por ressonância magnética (MRI). **(a)** MRI cerebral ponderada em T2, mostrando massa heterogênea e edema adjacente na região frontoparietal inferior direita. Há compressão do ventrículo lateral direito e deslocamento das estruturas da linha média. Biópsia mostrou tratar-se de linfoma difuso de células B grandes. **(b)** A massa aumenta após injeção intravenosa de gadolínio. **(c)** Regressão da massa após quimioterapia. Fonte: cortesia do Departamento de Radiologia, Royal Free Hospital, Londres.

GCB também se associam a um mau prognóstico. Há uma variedade de padrões histológicos, incluindo centroblástico, imunoblástico, anaplásico. As alterações citogenéticas mais comuns envolvem o *locus* IGH no cromossomo 14 e o gene *BCL-6* no cromossomo 3q27, e a translocação do gene *BCL-2* ocorre em 20% dos casos.

A base do tratamento é R-CHOP, rituximabe em combinação com o regime CHOP de quimioterapia, dado em ciclos a cada 3 semanas, geralmente 6 a 8 cursos. Injeções de fator estimulador de colônias granulocíticas (G-CSF) são usadas para suporte da contagem de neutrófilos. Nos casos de doença localizada, faz-se radioterapia e quimioterapia (p. ex., três cursos de CHOP parece ser a dose ótima). O tratamento profilático para o envolvimento do SNC, como metotrexato intratecal ou em alta dose sistêmica, deve ser considerado para pacientes de alto risco, como aqueles que têm envolvimento da medula óssea. A monitoração do tratamento é feita com repetidas TC ou TEP-TC no meio e ao fim da quimioterapia.

Para os pacientes em que há recidiva, quimioterapia em alta dose com regimes como RICE (rituximabe, ifosfamida, carboplatina e etoposide) pode se mostrar eficaz. A esses pacientes, quando responderem, deve ser indicado TCT autólogo. O TCT alogênico com dose moderada também pode ser eficaz. Para pacientes com doença primária refratária ou resistente à quimioterapia, o prognóstico é reservado. A sobrevida global a longo prazo é da ordem de 65%.

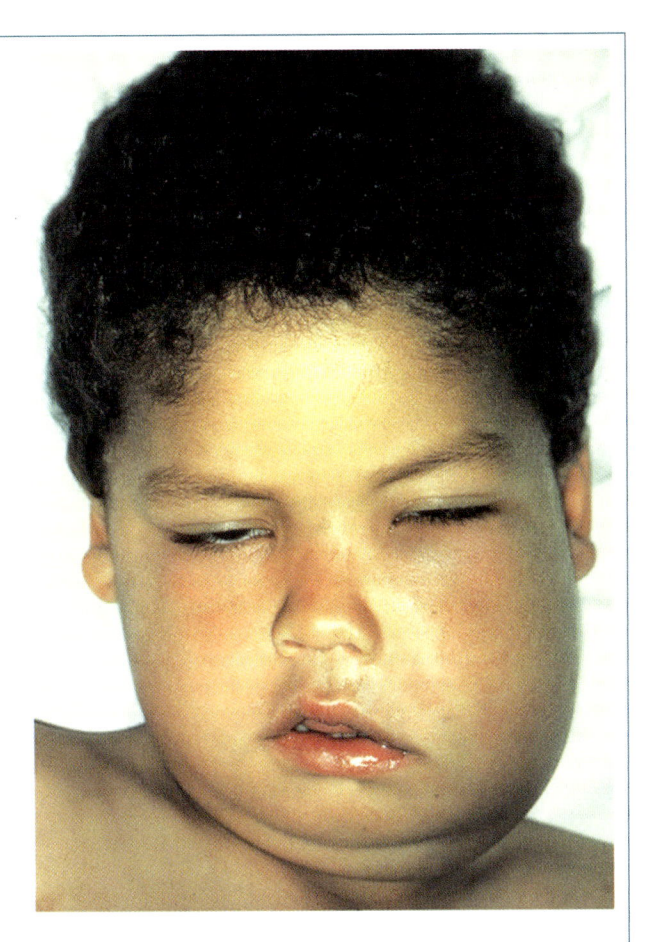

Figura 20.16 Linfoma de Burkitt: tumefação facial característica causada por envolvimento tumoral extenso da mandíbula e dos tecidos moles vizinhos.

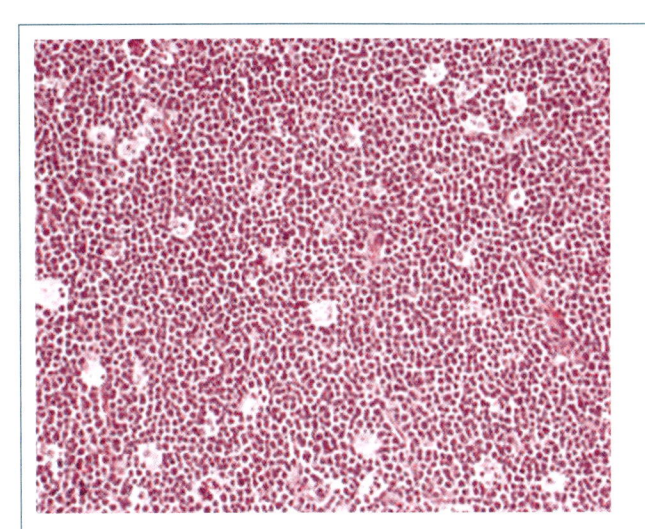

Figura 20.17 Linfoma de Burkitt: secção histológica de linfonodo, mostrando camadas de linfoblastos e macrófagos dispersos com aspecto de "céu estrelado".

Linfoma de Burkitt

O linfoma de Burkitt ocorre de forma endêmica ou esporádica. O linfoma endêmico (africano) é visto em regiões de exposição crônica à malária e associa-se à infecção pelo vírus Epstein-Barr (EBV). Em quase todos os casos, o oncogene *MYC* é superexpresso, uma vez que está translocado para um gene de imunoglobulina, geralmente no *locus* de cadeia pesada t(8;14) (ver Figura 11.11). Como resultado, a expressão do gene *MYC* é desregulada, e o gene é expresso em partes do ciclo celular durante as quais deveria estar desligado.

Em geral, o paciente, quase sempre uma criança, apresenta linfonodopatia volumosa, na maioria das vezes da mandíbula (Figura 20.16), que responde muito bem à quimioterapia inicial, embora a cura a longo prazo seja incomum. O linfoma de Burkitt esporádico pode ocorrer em qualquer área geográfica, e a infecção por EBV está associada em apenas 20% dos casos. Há um aumento de incidência havendo infecção por HIV. O quadro histológico é característico, com índice de proliferação muito alto, acima de 95% (Figura 20.17). O prognóstico desses pacientes é muito bom, usando-se regimes de quimioterapia que incluem metotrexato em altas doses, citarabina e ciclofosfamida – por exemplo, CODOX-M/IVAC (que também inclui doxorrubicina, ifosfamida e etoposido). É sempre feita quimioterapia intratecal.

Linfoma primário do sistema nervoso central

São tumores raros, mais comuns em idosos e em pacientes com Aids. Os pacientes são tratados com metotrexato e citarabina, ambos em altas doses. Também é utilizada radioterapia craniana completa. Disfunção cognitiva a longo prazo é uma complicação.

Linfomas linfoblásticos

Linfoma linfoblástico, B ou T, ocorre sobretudo em crianças e em adultos jovens. Essa condição é confundida clínica e morfologicamente com a leucemia linfoblástica aguda (LLA). As células, como as da LLA, são transferase terminal positivas (ver Capítulo 17), ao contrário de todos os demais linfomas B ou T. Eles são tratados com os mesmos protocolos para LLA.

Linfomas de células T

O linfoma de células T periféricas que se apresenta como linfonodopatia, em vez de doença extranodal, constitui um grupo heterogêneo de tumores raros que, em geral, têm fenótipo CD4+. São reconhecidas algumas variantes.

Linfomas de células T periféricas, não especificados

Derivam de células T em vários graus de diferenciação. São tratados com quimioterapia combinada, como CHOP; têm mau prognóstico. O TCT autólogo é indicado em pacientes com doença sensível à quimioterapia.

Linfonodopatia angioimunoblástica

Em geral, ocorre em pacientes idosos, com linfonodopatias, hepatoesplenomegalia, exantema e aumento policlonal de IgG sérica. O tratamento é feito com quimioterapia ou inibidores da histona desacetilase.

Micose fungoide

Micose fungoide é um linfoma cutâneo crônico de células T, que se apresenta com prurido grave e lesões semelhantes à psoríase (Figura 20.18). Na fase tardia, são afetados órgãos profundos, sobretudo linfonodos, baço, fígado e medula óssea. O tratamento é feito com fototerapia ou quimioterapia.

Síndrome de Sézary

Na síndrome de Sézary ocorre dermatite, eritroderma, linfonodopatias generalizadas e células linfomatosas T circulantes. As células são geralmente CD4⁺ e têm uma cromatina nuclear dobrada ou com aspecto cerebriforme. O tratamento inicial é feito com irradiação local, quimioterapia tópica ou fotoquimioterapia com psoraleno e luz ultravioleta (PUVA). A quimioterapia (p. ex., com CHOP) pode ser necessária na evolução, mas raramente tem efeito durável.

Leucemia/linfoma de células T do adulto

É uma condição relacionada à infecção com o vírus humano de leucemia/linfoma de células T tipo 1 (HTLV-1) (ver Capítulo 18).

Linfoma de células T associado à enteropatia

É um linfoma associado à doença celíaca e tem resposta muito pobre ao tratamento. Está sendo testado tratamento com metotrexato em altas doses, seguido de TCT autólogo.

Linfoma anaplástico de células grandes

É particularmente comum em crianças e, em geral, tem fenótipo T. A doença é CD30⁺ e é associada à translocação t(2;5) (p23;q35). A translocação causa superexpressão da quinase do linfoma anaplástico (ALK). Tem curso agressivo caracterizado por sintomas sistêmicos e envolvimento extranodal. Há casos ALK negativos com prognóstico ainda pior. Crizotinibe, um inibidor específico da atividade ALK, é um tratamento de valor.

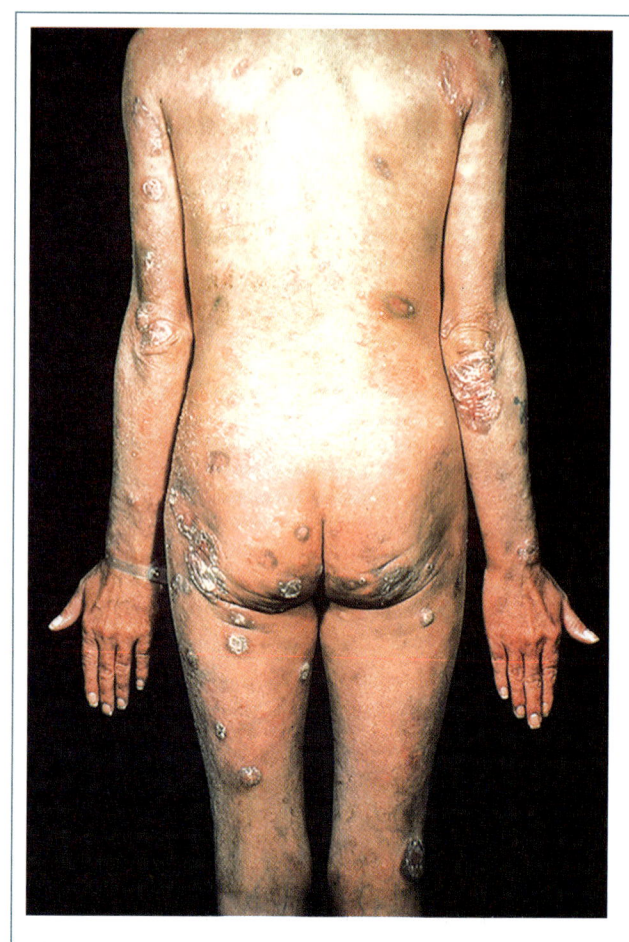

Figura 20.18 Micose fungoide.

Neoplasias histiocíticas e dendríticas

São tumores raros, incluindo sarcomas dendríticos e sarcomas derivados de macrófagos, que podem ser localizados ou disseminados. Apresentam-se como tumores em sítios extranodais, principalmente no tubo digestório, na pele e nos tecidos moles. Manifesta-se com sintomas sistêmicos. O prognóstico é muito reservado, salvo em casos de tumores pequenos e localizados. A histiocitose de células de Langerhans, doença clonal de histiócitos, foi discutida na página 98.

RESUMO

- Os linfomas não Hodgkin são um amplo grupo de tumores clonais linfoides. Cerca de 85% são de linhagem de células B, e 15% derivam de células T ou NK.
- A apresentação clínica e a história natural são mais variáveis do que as do linfoma de Hodgkin, variando de doença muito indolente até subtipos rapidamente progressivos que necessitam de tratamento imediato.
- Os linfomas não Hodgkin são divididos em doenças de baixo e alto grau. Os linfomas de baixo grau têm uma progressão geralmente lenta, respondem bem à quimioterapia, mas são muito difíceis de curar. Os linfomas de alto grau, por outro lado, são agressivos, necessitam de tratamento imediato, mas são curáveis com mais frequência.
- O diagnóstico é feito por biópsia de linfonodo, exames hematológicos e exames de imagem, geralmente TEP/TC. Imuno-histoquímica do linfonodo é essencial e análise citogenética ou análise de mutações genéticas são úteis em muitos casos.
- O estadiamento clínico é feito da mesma maneira que no linfoma de Hodgkin.
- Alguns dos subtipos mais comuns são:
  O *linfoma linfocítico de células pequenas* é o linfoma equivalente à leucemia linfocítica crônica.
  O *linfoma linfoplasmocítico* produz geralmente uma paraproteína IgM e, nesse caso, também se denomina macroglobulinemia de Waldenström. Causa anemia e hiperviscosidade.
  Os *linfomas da zona marginal* originam-se de células B da zona marginal dos folículos e costumam ocorrer como linfomas associados à mucosa (linfomas MALT); o mais comum é do estômago.
  O *linfoma folicular* representa 25% dos LNH e está associado à translocação t(14;18). O tratamento geralmente causa remissão, porém a única opção de cura é o transplante de células-tronco alogênicas.
  O *linfoma de células do manto* está associado à superexpressão do gene de ciclina D1 e tem aspecto clínico de um linfoma de "grau intermediário".
  O *linfoma difuso de células B grandes* é um subtipo comum. É uma doença agressiva em que há necessidade de tratamento imediato. Há uma variedade de subtipos; mais de 50% dos casos são curados.
  O *linfoma de Burkitt* é um dos subtipos de tumor de mais alta proliferação entre os tumores em geral. Casos endêmicos na África estão associados à infecção por EBV. O tratamento é feito com regimes agressivos de quimioterapia.
  Os *linfomas de células T* são mais raros. Eles incluem *micose fungoide*, *linfoma de células T periféricas* e *linfoma anaplástico de células grandes*.
- O tratamento dos LNH baseia-se em uma variedade de regimes de quimioterapia. Os anticorpos anti-CD20 são usados em muitos casos de linfomas de células B e melhoraram significativamente o prognóstico.

Visite **www.wileyessential.com/haematology** para testar seus conhecimentos neste capítulo.

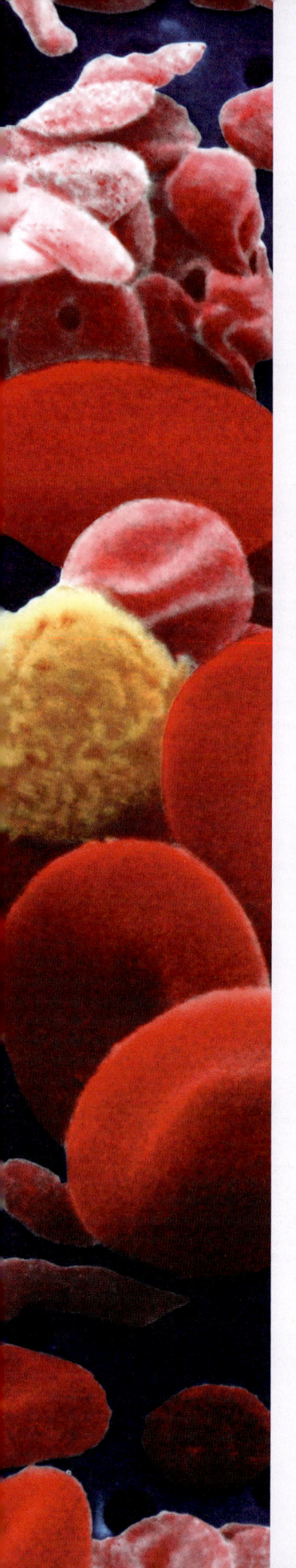

CAPÍTULO 21
Mieloma múltiplo* e distúrbios relacionados

Tópicos-chave

- Paraproteinemia — 229
- Mieloma múltiplo — 229
- Outros tumores de plasmócitos — 237
- Gamopatia monoclonal de significação indeterminada — 237
- Amiloidose — 237
- Síndrome de hiperviscosidade — 240

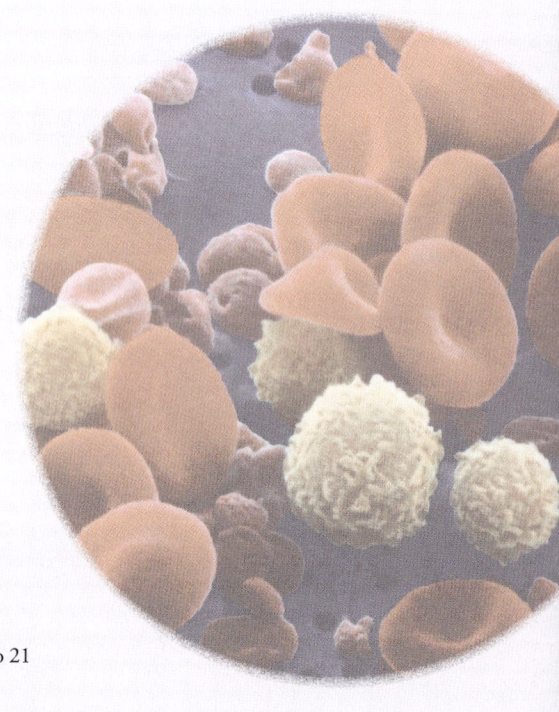

* N. de E. A senha é a segunda palavra do título do Capítulo 21 da edição em inglês, **myeloma**.

Paraproteinemia

É a presença de uma banda de imunoglobulina monoclonal no soro (Figura 21.1). Em geral, as imunoglobulinas séricas são policlonais e representam a produção combinada de milhões de plasmócitos diferentes. Uma banda monoclonal, proteína M ou **paraproteína**, reflete a síntese de imunoglobulina de um único clone de plasmócitos. Isso pode ocorrer como uma doença neoplásica primária ou como um evento secundário a uma doença benigna ou neoplásica afetando o sistema imune (Tabela 21.1).

Mieloma múltiplo

Mieloma múltiplo é uma doença neoplásica caracterizada por acúmulo de plasmócitos clonais na medula óssea (Figura 21.2), presença de proteína monoclonal no soro e/ou na urina e, em pacientes com sinais ou sintomas, dano tecidual relacionado (Tabela 21.3, Figura 21.3). Outras neoplasias plasmocíticas estão listadas na Tabela 21.2.

Há um pico de incidência entre 65 e 70 anos de idade, e 95% dos casos ocorrem em indivíduos acima dos 40 anos. A doença é duas vezes mais frequente em negros em comparação com populações brancas ou asiáticas.

Patogênese

A célula mielomatosa é um plasmócito do centro pós-germinal que sofreu mudança da classe de imunoglobulina e hipermutação somática e que secreta a paraproteína presente no soro. A célula tumoral contém uma média de 35 mutações somáticas por ocasião do diagnóstico. As cadeias leve e pesada da imunoglobulina mostram rearranjo clonal, e as translocações envolvendo a cadeia pesada no cromossomo 14q são o achado mais frequente. As células tumorais mantêm a tendência natural dos plasmócitos de se sediarem na medula óssea. As células tumorais acumulam alterações genéticas complexas, com aneuploidia em quase todos os casos. A expressão desregulada ou aumentada dos genes de ciclina D1, D2 ou D3, seja diretamente, por meio de translocação, ou indiretamente, via outra mutação, é um evento unificador precoce. Os eventos tardios incluem translocações secundárias (p. ex., *MYC*), mutações pontuais (p. ex., *RAS*), deleções (p. ex., *TP53*) ou anormalidades epigenéticas.

A análise retrospectiva de amostras de soros armazenados mostrou que quase todos os casos de mieloma se desenvolvem de uma gamopatia monoclonal de significação indeterminada preexistente (MGUS, do inglês, *monoclonal gammopathy of undetermined* – ou *unknown – significance*) (Tabela 21.3, Figura 21.3). Muitas das alterações genéticas já estão presentes no estágio de MGUS, porém o tamanho do clone é consideravelmente menor (Figura 21.3).

As células mielomatosas aderem a células do estroma da medula óssea e à matriz extracelular por meio de uma variedade de moléculas de adesão, o que as faz terem a apoptose inibida e que haja um estímulo à liberação em cascata de citoquinas. As lesões osteolíticas são causadas pela ativação de osteoclastos, resultante de níveis séricos elevados de RANKL, o ligante receptor ativador do fator nuclear κB (NF-κB), produzido pelos plasmócitos e o estroma, que se ligam a receptores ativadores na superfície dos osteoclastos.

Mieloma assintomático (*smouldering* * *myeloma*)

O termo **mieloma múltiplo assintomático (*smouldering*)** é utilizado para casos com achados laboratoriais similares, porém sem dano a órgãos ou tecidos que causem sinais clínicos (Tabela 21.3). Há uma chance de cerca de 10% por ano de

Tabela 21.1 Doenças associadas a imunoglobulinas monoclonais (paraproteínas)

Neoplásicas
Mieloma múltiplo
Plasmocitoma solitário
Gamopatia monoclonal de significação indeterminada (MGUS)
Macroglobulinemia de Waldenström
Linfoma não Hodgkin
Leucemia linfocítica crônica
Amiloidose primária
Doença de cadeias pesadas

Benignas
Doença crônica de crioaglutininas
Transitória (p. ex., em infecções)
Infecção por HIV
Doença de Gaucher

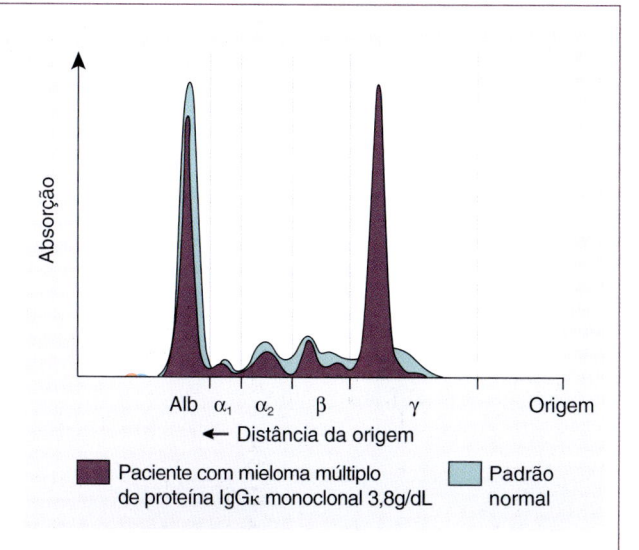

Figura 21.1 Proteinograma sérico no mieloma múltiplo, mostrando uma paraproteína monoclonal na região de globulina γ com redução do nível das globulinas β e γ normais.

---

*N. de T. O termo *"smouldering"* – *em estado latente* – é internacionalmente usado, inclusive no Brasil.

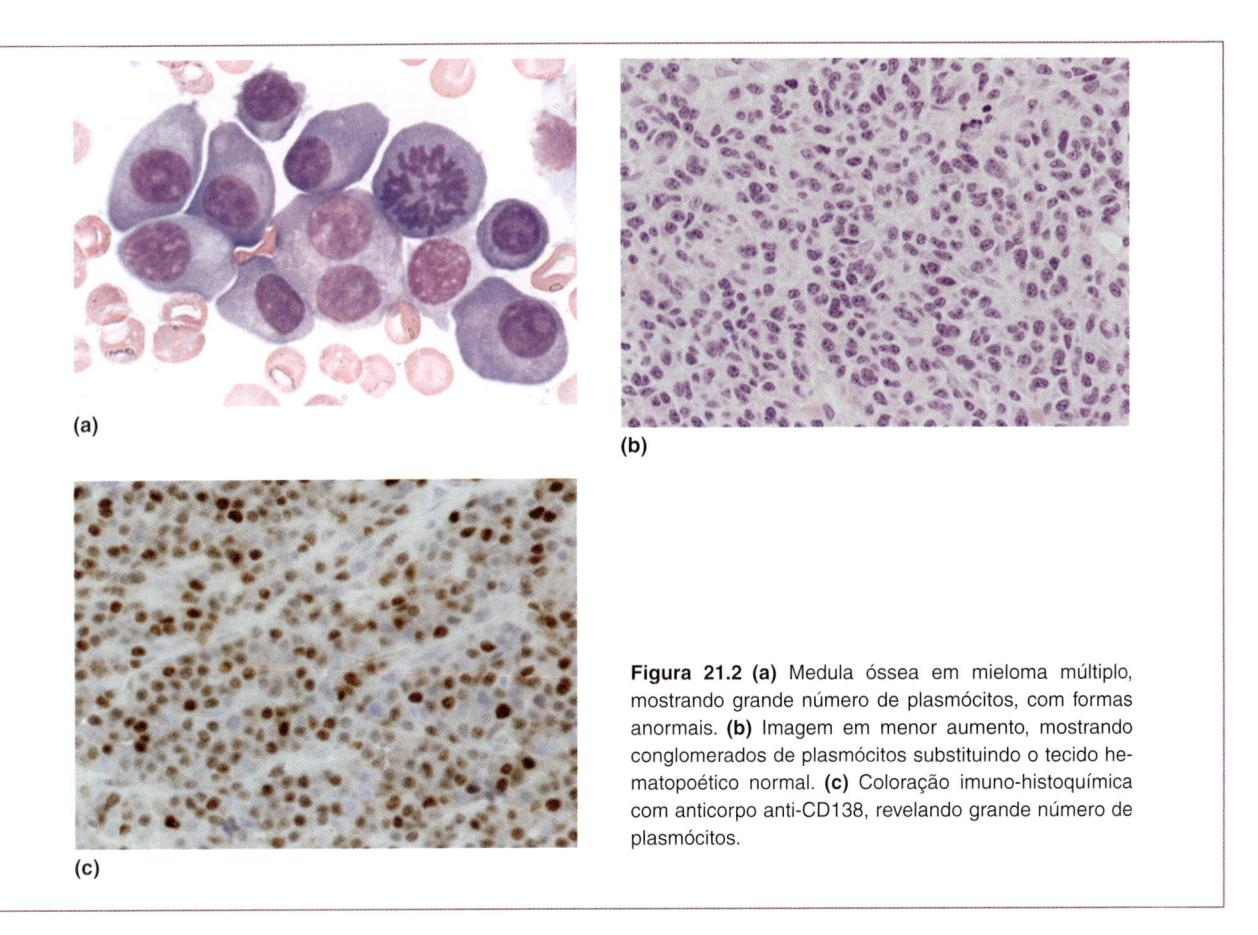

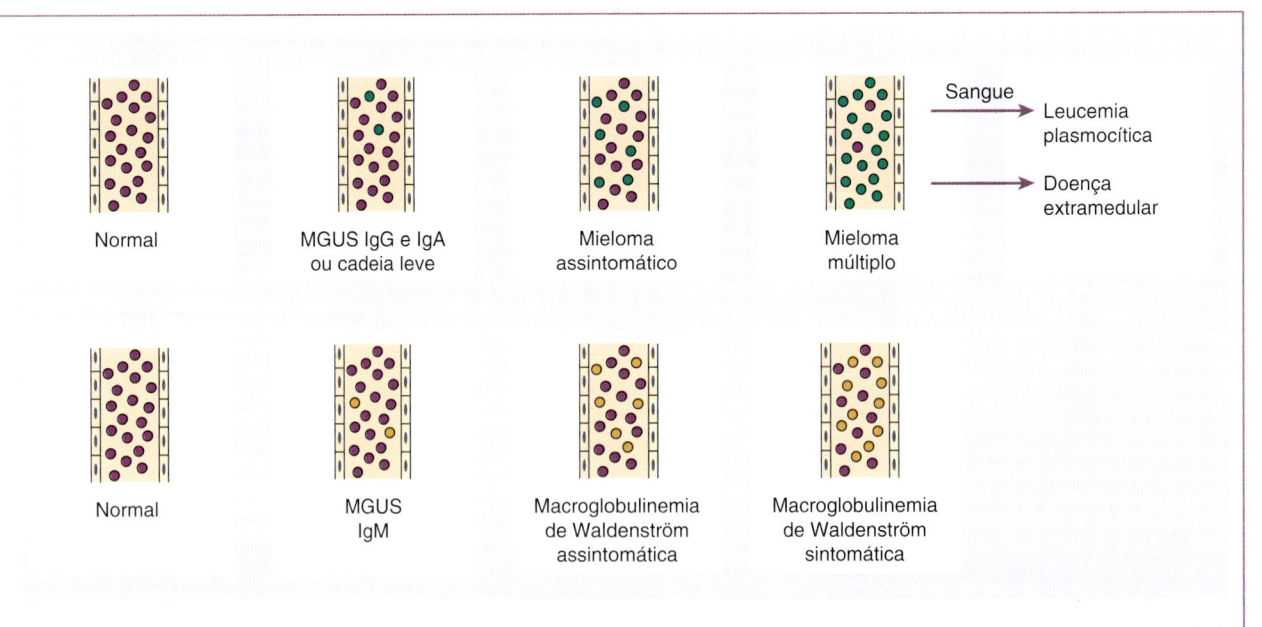

Figura 21.2 (a) Medula óssea em mieloma múltiplo, mostrando grande número de plasmócitos, com formas anormais. **(b)** Imagem em menor aumento, mostrando conglomerados de plasmócitos substituindo o tecido hematopoético normal. **(c)** Coloração imuno-histoquímica com anticorpo anti-CD138, revelando grande número de plasmócitos.

Figura 21.3 Grau de envolvimento da medula óssea pelas células tumorais clonais em: **(a)** MGUS, mieloma assintomático (*smouldering*), mieloma múltiplo (sintomático) e leucemia plasmocítica associados com paraproteínas IgG ou IgA; **(b)** MGUS e macroglobulinemia de Waldenström (linfoma linfoplasmocítico) associados com paraproteína IgM.

Tabela 21.2 Neoplasias de plasmócitos (OMS, 2008)

Gamopatia monoclonal de significação indeterminada (MGUS)

Mieloma múltiplo (ou plasmocítico)
Variantes:
 Mieloma assintomático (*smouldering*)
 Mieloma não secretor
 Leucemia plasmocítica

Plasmocitoma
Plasmocitoma solitário de osso
Plasmocitoma extraósseo (extramedular)

Doenças de deposição de imunoglobulina
Amiloidose primária
Doenças de deposição sistêmica de cadeias leves e pesadas

Mieloma osteosclerótico (síndrome POEMS)

---

esses casos se tornarem clinicamente ativos e necessitarem de tratamento. O risco é maior se houver > 60% plasmócitos na medula óssea, plasmócitos circulantes, uma relação de cadeias leves livres muito desequilibrada (ver adiante) ou certas anormalidades citogenéticas desfavoráveis. O tratamento, da mesma forma que nos casos de mieloma com sintomas, costuma ser iniciado se a ressonância magnética mostrar lesões na coluna vertebral ou se houver > 60% plasmócitos na medula óssea.

Diagnóstico

O diagnóstico de mieloma múltiplo é feito na presença de:
1 Proteína monoclonal no soro e/ou na urina (Figura 21.1);
2 Aumento clonal de plasmócitos na medula óssea (Figura 21.2);
3 Dano decorrente a tecidos ou a órgãos.

Um acrônimo útil para o dano tecidual é CRAB (hiper**c**alcemia, insuficiência **r**enal, **a**nemia, lesões ósseas [**b**one]) Tabela 21.3). Amiloidose, hiperviscosidade, infecções recorrentes, neuropatia periférica e trombose venosa profunda são outras complicações clínicas, porém menos comuns como aspectos à apresentação (Figura 21.4).

Aspectos clínicos

1 **Dor óssea** (sobretudo nas costas), resultando de colapso vertebral e fraturas patológicas (Figura 21.5a, b).
2 Sinais e sintomas de **anemia**, como letargia ou fraqueza.
3 **Infecções recorrentes:** relacionadas com produção insuficiente de anticorpos, imunidade celular alterada e neutropenia.
4 Sinais e sintomas de **insuficiência renal** e/ou hipercalcemia: polidipsia, poliúria, anorexia, vômitos, constipação e transtornos mentais.
5 Tendência anormal a **sangramento**: a proteína do mieloma pode interferir na função das plaquetas e dos fatores de coagulação. Na doença avançada há trombocitopenia.
6 **Amiloidose** ocorre em 5% dos casos, com macroglossia, síndrome do túnel do carpo e diarreia.
7 Em cerca de 2% dos casos há **síndrome de hiperviscosidade** com púrpura, hemorragias, perda de visão, sintomas neurológicos centrais, neuropatias periféricas e insuficiência cardíaca.

Achados laboratoriais

1 *Presença de uma paraproteína* Soro e urina devem ser testados por eletroforese de proteínas (proteinograma). A banda de paraproteína é identificada, a seguir, por eletroforese com imunofixação: é IgG em 60% dos casos, IgA em 20% e apenas cadeias leves na quase totalidade dos demais casos. Menos de 1% têm paraproteína IgD ou IgE e há número similar de casos não secretores.

Tabela 21.3 Aspectos clínicos e laboratoriais de gamopatia monoclonal de significação indeterminada (MGUS), mieloma assintomático (*smouldering*) e mieloma múltiplo (sintomático)

	MGUS	Mieloma assintomático	Mieloma múltiplo	
Plasmócitos na medula	< 10%	≥ 10%	≥ 10%	
Paraproteína	< 3 g/dL	≥ 3 g/dL	≥ 3 g/dL	
Imunoglobulinas normais	Normais	Diminuídas	Diminuídas	
Relação entre cadeias leves	Normal ou anormal	Anormal	Anormal	
Aspectos clínicos	Nenhum	Nenhum	Hipercalcemia Insuficiência renal Anemia Lesões ósseas*	C R A B
Progressão para mieloma múltiplo	1%/ano	10%/ano		

*RM ou PET *scan* necessárias para excluir lesões ósseas, sobretudo na coluna vertebral. Outros aspectos clínicos incluem amiloidose, infecções recorrentes, neuropatia periférica e tromboses venosas profundas.

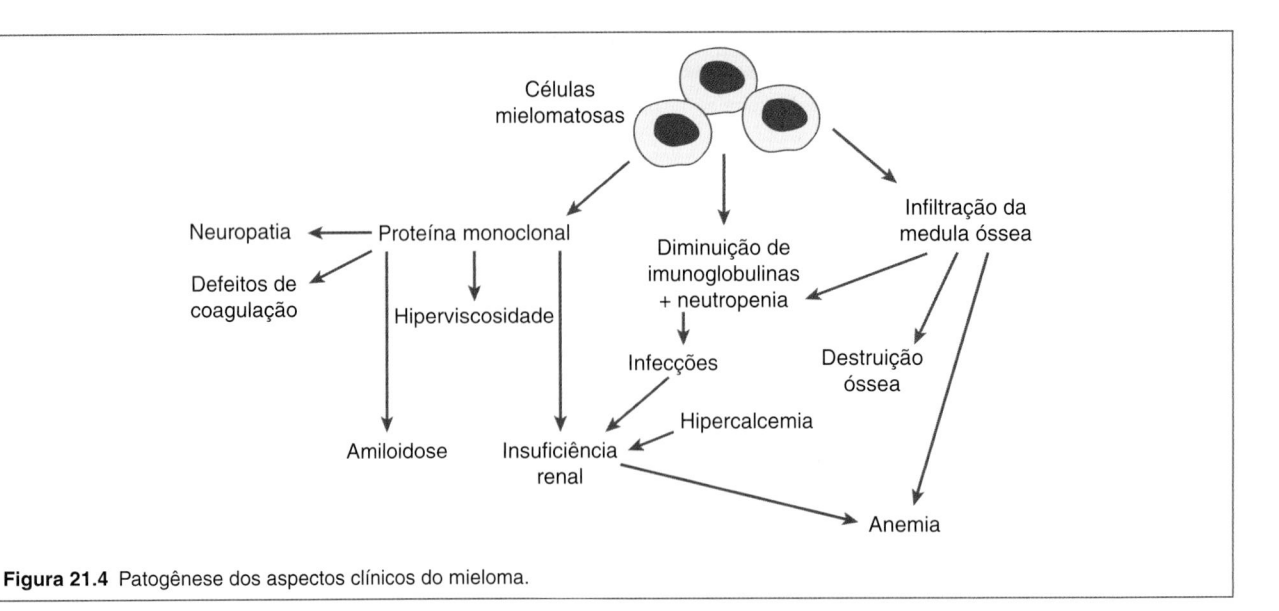

Figura 21.4 Patogênese dos aspectos clínicos do mieloma.

2 ***Aumento de cadeias leves de imunoglobulina livres no soro*** Cadeias leves de imunoglobulina livres no soro são cadeias proteicas κ ou λ, sintetizadas por plasmócitos, que não foram acopladas a cadeias pesadas (Figura 21.6). Normalmente, elas são sintetizadas em pequena quantidade e filtradas do plasma para a urina, porém podem ser dosadas no soro. Cadeias leves livres são sintetizadas por quase todos os plasmócitos malignos, de modo que se elevam, e a dosagem no soro torna-se útil ao diagnóstico e à monitoração do mieloma e de outras paraproteinemias malignas. No mieloma há uma elevação típica em uma ou outra das cadeias leves (κ ou λ) livres no soro. A relação κ:λ no soro, normalmente de 0,6 (limites: 0,26 a 1,65), desvia-se do comum devido ao excesso de apenas uma dessas cadeias. A *dosagem de cadeias leves livres séricas* substituiu a análise especializada de paraproteínas urinárias.

3 Os níveis de imunoglobulinas séricas normais (IgG, IgA e IgM) estão reduzidos, um aspecto denominado **imunoparesia**. Em dois terços dos casos, a urina contém cadeias leves livres, denominadas **proteína de Bence-Jones**. Raros casos de mieloma são não secretores e, assim, não se associam a uma paraproteinemia ou proteinúria de Bence-Jones. Ainda assim, alguns desses casos mostram relação alterada entre as cadeias leves livres no soro.

4 O hemograma mostra, geralmente, anemia normocrômica, normocítica ou levemente macrocítica. A formação de *rouleaux* é intensa na grande maioria dos casos (Figura 21.7). Na doença avançada, surgem neutropenia e trombocitopenia. Plasmócitos anormais podem ser vistos à microscopia da distensão sanguínea em 15% dos pacientes, mas são detectados à citometria em fluxo em mais de 50% dos casos.

5 Velocidade de sedimentação globular (VSG) muito acelerada.

6 Aumento de plasmócitos na medula óssea (geralmente > 20%), com presença de formas anormais (Figura 21.2).

O **imunofenótipo** característico do plasmócito maligno é $CD38^{alto}$, $CD138^{alto}$ e $CD54^{baixo}$. O anti-CD138 é usado para a contagem de plasmócitos à imuno-histoquímica da medula óssea (Figura 21.2).

7 A investigação radiológica do esqueleto mostra lesões osteolíticas, sem evidência de reação osteoblástica ao redor e sem esclerose, em 60% dos pacientes (Figura 21.8), ou osteoporose generalizada em 20% (Figura 21.5). Além disso, são comuns fraturas patológicas e colapso de vértebras (Figura 21.5b). A radiologia convencional não detecta lesões pequenas. A **ressonância magnética da coluna vertebral** é necessária em casos considerados como mieloma assintomático (*smouldering*) para excluir lesões ósseas precoces. PET *scan* também é um método de imagem sensível para detectar dano ósseo (Figura 21.5).

8 Há aumento de cálcio sérico em 45% dos pacientes. A fosfatase alcalina sérica é normal, exceto após fraturas patológicas.

9 A creatinina sérica eleva-se em 20% dos casos. A insuficiência renal pode decorrer de depósitos proteináceos da proteinúria de cadeias leves (quando intensa), hipercalcemia, hiperuricemia, deposição amiloide e pielonefrite (Figura 21.9).

10 Na doença avançada há hipoalbuminemia.

11 A β_2-microglobulina sérica está frequentemente aumentada e é um indicador útil de prognóstico.

12 As alterações moleculares e citogenéticas já foram descritas. A análise citogenética mostra que aneuploidia (número de cromossomos acima ou abaixo de 46) é quase universal. Há, também, alta incidência de translocações envolvendo o gene da cadeia pesada de imunoglobulina (*IGH*) no cromossomo 14. Os genes de ciclina D, D_1, D_2 ou D_3, estão geralmente envolvidos nas translocações. Casos avançados desenvolvem achados citogenéticos complexos, bem como mais mutações pontuais relevantes para a progressão.

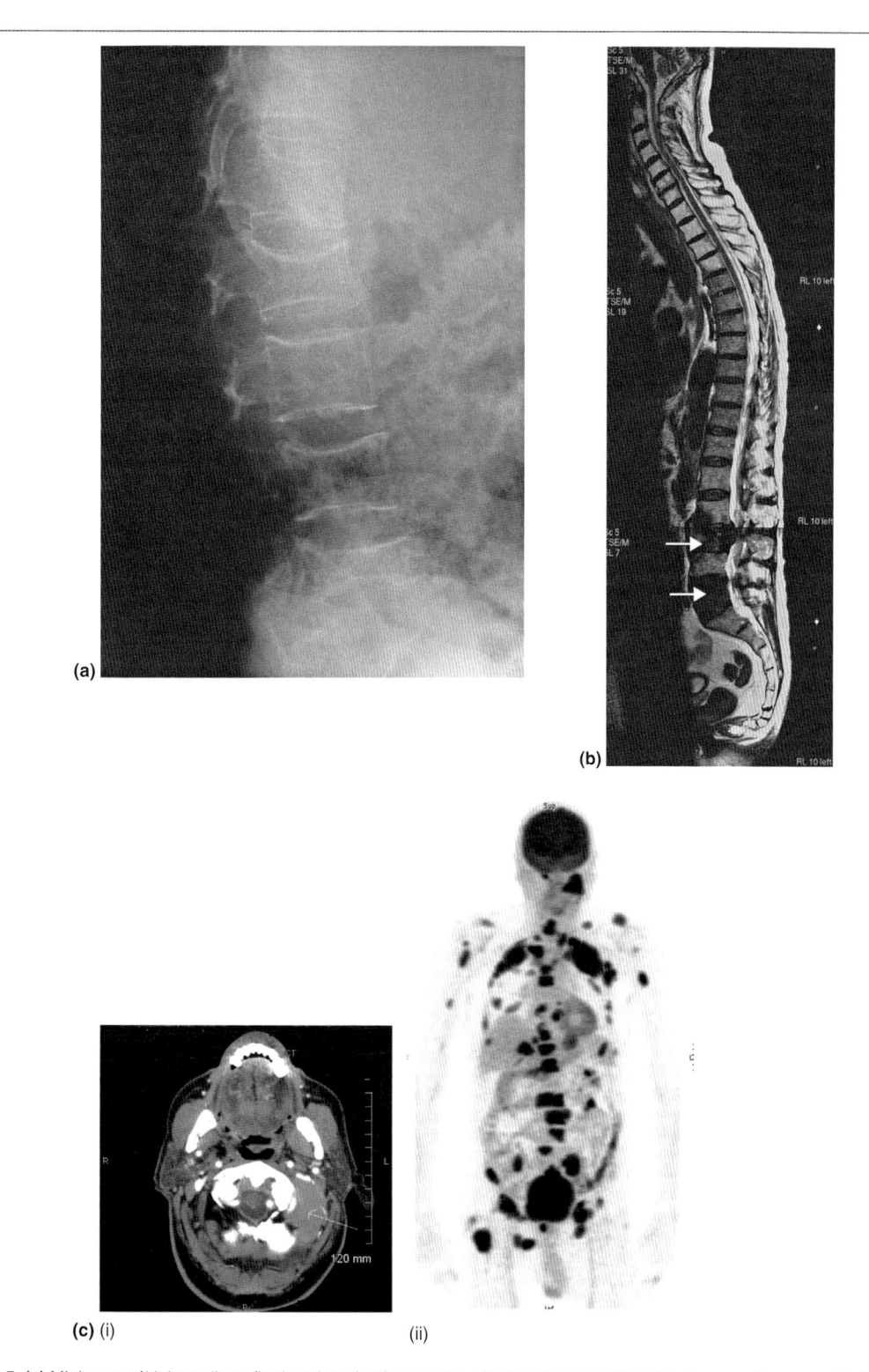

Capítulo 21: Mieloma múltiplo e distúrbios relacionados / **233**

Figura 21.5 (a) Mieloma múltiplo: radiografia da coluna lombar mostrando desmineralização intensa com colapso parcial de L_3. **(b)** Imagem por ressonância magnética (IRM) da coluna ponderada em T_2. Há infiltração e destruição de L_3 e L_5, com saliência da parte posterior do corpo de L_3 no canal medular comprimindo a cauda equina (setas). A radioterapia causou mudança de sinal na medula óssea das vértebras C_2 a D_4 devido à substituição de medula óssea vermelha normal por gordura (sinal branco brilhante). Fonte: cortesia do Dr. A. Platts. **(c)** (i) Tomografia computadorizada da base do crânio, mostrando plasmocitoma extramedular no tecido mole paravertebral (seta branca). (ii) Tomografia por emissão de pósitrons (TEP *scan*) do mesmo paciente, mostrando extenso envolvimento medular e extramedular. Fonte: Sher T. et al. (2010) *Br J Haemat* 150(4): 418-27. Reproduzida, com permissão, de John Wiley e Sons.

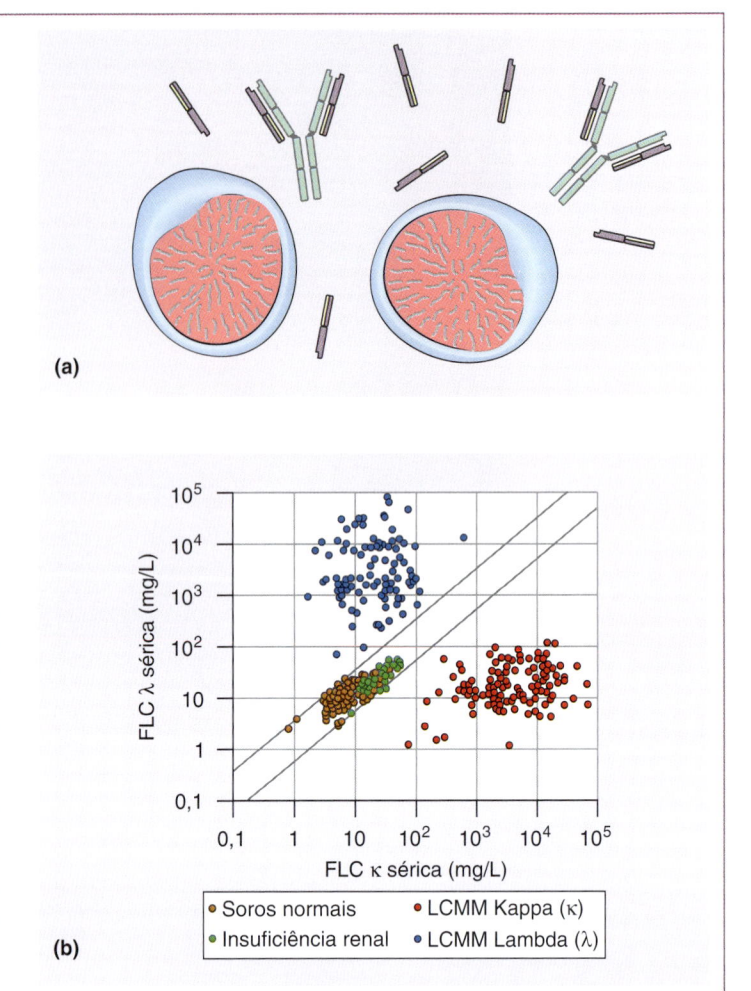

Figura 21.6 O valor da dosagem de cadeias leves de imunoglobulina livres (FLC) no soro em mieloma múltiplo. **(a)** Cadeias leves sintetizadas por plasmócitos, mas não acopladas a cadeias pesadas antes de passarem ao sangue, são dosadas no soro. Pequenas quantidades são encontradas em indivíduos sadios, mas estão muito aumentadas em pacientes com mieloma múltiplo. **(b)** Perfil de cadeias leves livres no soro em controles normais, em pacientes com insuficiência renal e em pacientes com mieloma múltiplo com cadeias leves (LCMM) κ ou λ. Como as cadeias leves são filtradas no rim, elas aumentam no soro de pacientes com insuficiência renal, porém a relação κ:λ permanece normal. Fonte: adaptada de Hutchison C. (2008) *BMC Nephrology* 9, 11-19 e Bradwell A. R. (2003) *Lancet* **361**, 489-91.

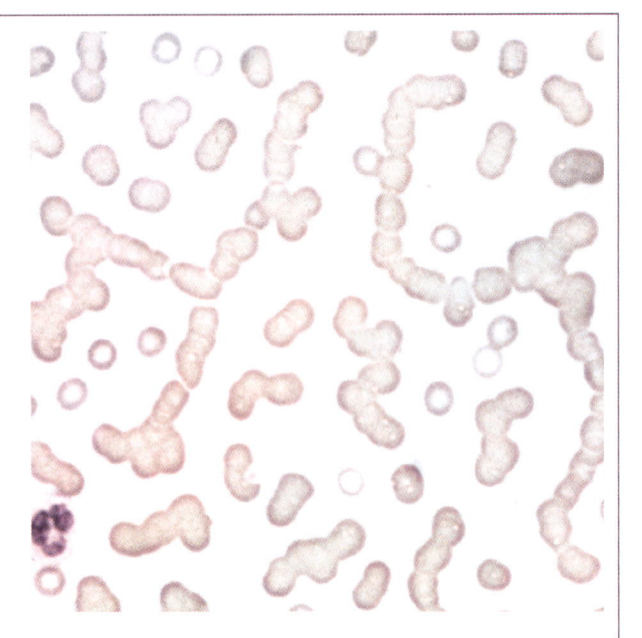

Figura 21.7 Distensão sanguínea, mostrando formação de *rouleaux* em mieloma múltiplo.

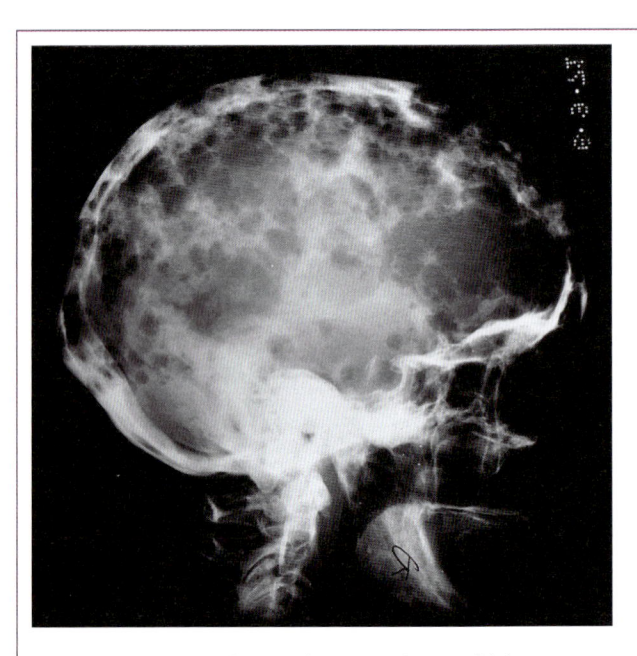

Figura 21.8 Radiografia de crânio no mieloma múltiplo, apresentando muitas lesões em "saca-bocados".

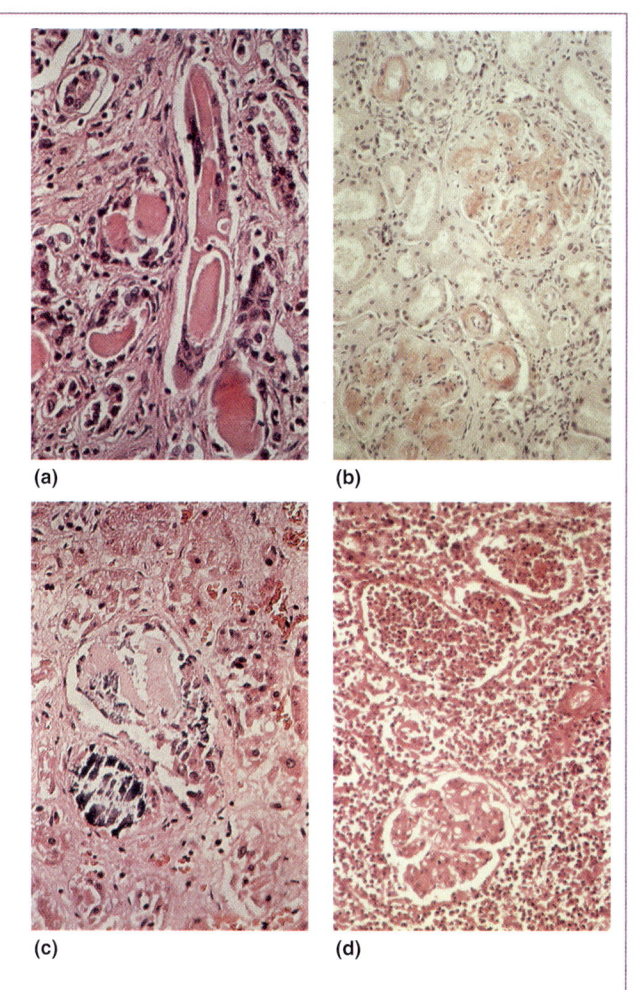

Figura 21.9 Rim no mieloma múltiplo. **(a)** Rim no mieloma: os túbulos renais estão distendidos com proteína hialina (cadeias leves ou proteína de Bence-Jones precipitada). Células gigantes são proeminentes na reação celular ao redor. **(b)** Depósito de amiloide: os glomérulos e vários vasos sanguíneos pequenos contêm um depósito amorfo corado em cor-de-rosa, característico do amiloide (coloração com vermelho Congo). **(c)** Nefrocalcinose: depósito de cálcio (material escuro "fraturado") no parênquima renal. **(d)** Pielonefrite: destruição do parênquima renal e infiltração por células de inflamação aguda.

Tratamento

Pode ser dividido em específico e de suporte (Figura 21.10).

Específico

A expectativa de vida de pacientes com mieloma melhorou significativamente nos últimos anos com a introdução de novos fármacos, como os inibidores de proteossomos e os agentes imunomoduladores. A maior decisão quanto ao tratamento inicial está entre o uso de **quimioterapia combinada intensiva** (principalmente para pacientes com idade < 70 anos) ou **terapia não intensiva**, para pacientes mais velhos.

Terapia intensiva

Envolve 4 a 6 cursos de quimioterapia para reduzir a massa tumoral, seguida da coleta de células-tronco e transplante autólogo após quimioterapia em alta dose. A quimioterapia inicial é dada em ciclos repetidos de combinações de dois ou três fármacos, orais ou intravenosos: bortezomibe, dexametasona, talidomida, lenalidomida ou ciclofosfamida.

Algumas combinações comuns são as seguintes:
- VDT – bortezomibe (velcade), talidomida e dexametasona.
- VCD – velcade, ciclofosfamida e dexametasona.
- VRD – velcade, lenalidomida (revlimide) e dexametasona.
- CDT – ciclofosfamida, dexametasona e talidomida.
- RD – revlimide e dexametasona.

Estão em andamento programas experimentais de tratamento inicial com novos fármacos – pomalidomida e carfilzomibe – com eficácia já demonstrada no tratamento de pacientes em recaída.

Depois de vários cursos, quando o número de células mielomatosas já está muito reduzido, o paciente é submetido a TCT autólogo. São coletadas células-tronco periféricas após mobilização com uma combinação de quimioterapia e fator estimulador de colônias granulocíticas (G-CSF). Alta dose de melfalan, com ou sem radioterapia, é o regime condicionador comum para o TCT autólogo. Dois procedimentos consecutivos (*tandem* TCT) são feitos em alguns centros em pacientes selecionados. Estão em andamento programas experimentais com consolidação pós-transplante, com dois ou três cursos adicionais de quimioterapia. Os tratamentos de manutenção pós-TCT autólogo, com talidomida, lenalidomida, bortezomibe e outros fármacos, também estão sendo avaliados quanto ao aumento da sobrevida global e à gravidade dos efeitos colaterais. Cerca de 10% dos pacientes submetidos a esse protocolo de quimioterapia intensiva e TCT autólogo persistem em remissão longa e podem estar curados, e a expectativa mediana de sobrevida elevou-se de 2 a 3 para 8 anos ou mais. A medida que melhora a eficácia da quimioterapia, pode tornar-se preferível omitir o TCT de protocolos futuros ou fazê-lo apenas após a primeira recidiva.

Embora o *TCT alogênico* possa curar a doença, é um procedimento associado à alta mortalidade. Além disso, recidivas são frequentes após o procedimento. Assim, ele só é indicado em pacientes cuidadosamente selecionados.

Terapia não intensiva

Opções comuns são cursos do agente alquilante oral melfalan, em combinação com prednisolona e talidomida (MPT) ou bortezomibe (VMP). De modo alternativo, podem ser usados programas similares aos dos regimes intensivos, como VCD ou RD (lenalidomida e dexametasona). Esses protocolos *são* normalmente feitos mensalmente, dependendo da resposta, no total de 12 a 18 meses. Em geral, o *nível de paraproteína diminui* após o tratamento, as lesões ósseas melhoram e as cifras do hemograma também podem melhorar. Quando o tratamento é encerrado, o paciente passa a ser visto periodicamente em ambulatório.

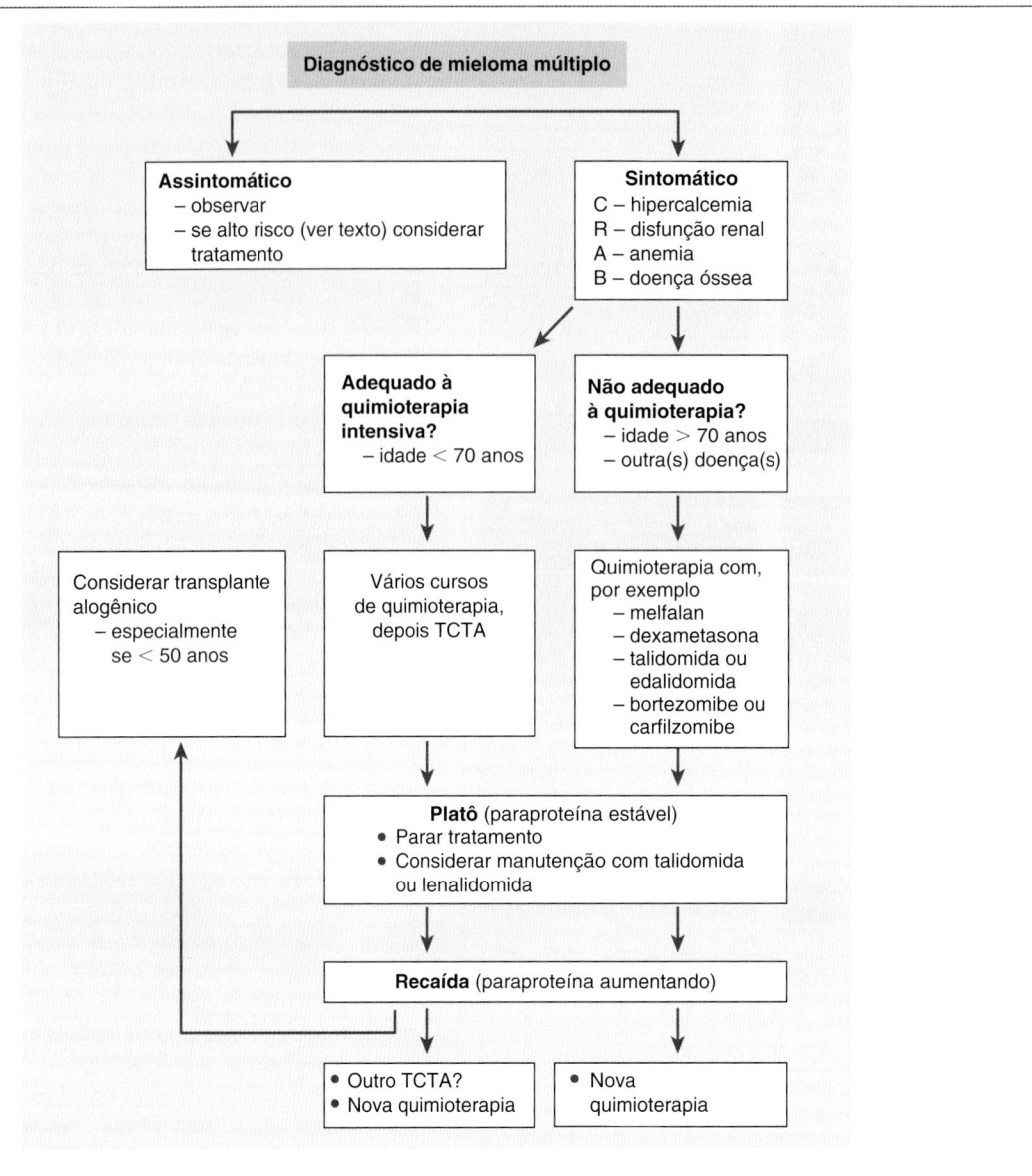

Figura 21.10 Um algoritmo de tratamento do mieloma múltiplo. TCTA, transplante de célulastronco autólogas.

Pacientes em recidiva

Após um período variável, a doença costuma se reativar, com aumento da paraproteína e volta dos sintomas.

Pode ser feita nova quimioterapia com os fármacos citados anteriormente, mas a doença se torna cada vez mais difícil de controlar. Radioterapia sobre locais de lesões ósseas dolorosas é utilizada quando necessário. Bendamustina mostra-se útil em alguns casos recidivados, e estão sendo experimentados novos fármacos e anticorpos monoclonais.

Notas sobre fármacos específicos usados em mieloma

A ***talidomida*** foi o primeiro fármaco imunomodulador usado em mieloma. Ela tem vários efeitos colaterais, como sedação, constipação, neuropatia e trombose venosa. O acréscimo de dexametasona aumenta a resposta, mas o risco de trombose venosa torna-se um problema sério, levando à necessidade de anticoagulação profilática com heparina de baixo peso molecular ou varfarina e de ácido acetilsalicílico.

A ***lenalidomida*** é um análogo da talidomida muito ativo no tratamento do mieloma. É amplamente utilizada no tratamento de primeira linha e para doença recidivada. Ela causa mielossupressão e aumenta o risco de trombose, porém causa menos neuropatia que a talidomida.

A ***pomalidomida*** é o acréscimo mais recente a essa classe de fármacos imunomoduladores e mostra alto nível de atividade contra a doença recidivada. Também causa menos neuropatia que a talidomida.

O ***bortezomibe*** inibe o proteossomo celular e a ativação de NF-κB e é valioso no tratamento do mieloma. É altamente ativo como tratamento de primeira linha e na doença recidivada. O efeito colateral principal é a neuropatia. O ***carfilzomibe*** é um inibidor do proteossomo recém-introduzido, com probabilidade mais baixa de causar neuropatia.

A ***radioterapia*** é útil no tratamento da doença óssea no mieloma. É usada para dor óssea e para locais de compressão da medula espinal.

Tratamento de suporte

Insuficiência renal É recomendável que os pacientes bebam ao menos 3 litros de líquidos por dia, durante todo o curso da doença, a fim de limitar o acúmulo de paraproteína nos rins. Alguns pacientes já se apresentam com insuficiência renal, e o tratamento deve incluir reidratação e atenção aos fatores contribuintes, como hipercalcemia ou hiperuricemia. A diálise, se necessária, geralmente é bem tolerada.

Lesões ósseas e hipercalcemia Bifosfonatos, como pamidronato ou ácido zoledrônico, são eficazes na diminuição da progressão das lesões ósseas e podem, inclusive, melhorar a sobrevida global. A hipercalcemia aguda é tratada com reidratação com solução salina isotônica, diurético e corticosteroides, seguidos de um bifosfonato.

Paraplegia por compressão Descompressão cirúrgica por laminectomia ou irradiação são os tratamentos de escolha. Também costuma ser feita quimioterapia ou tratamento com corticosteroides.

Anemia É tratada com transfusões e/ou eritropoetina.

Sangramento O sangramento causado por interferência da paraproteína na coagulação ou por síndrome de hiperviscosidade pode ser tratado com plasmaférese repetida.

Infecções É essencial o tratamento imediato de qualquer infecção. A combinação de infusão intravenosa profilática de imunoglobulina com antibióticos de largo espectro por via oral e agentes antifúngicos pode ser necessária em infecções recidivantes.

Prognóstico

A expectativa de vida para pacientes com mieloma está melhorando significativamente. A sobrevida global mediana atual é de 7 a 10 anos, e em pacientes com idade inferior a 50 anos pode ultrapassar 10 anos.

Outros tumores plasmocíticos

Plasmocitoma solitário

É um tumor plasmocítico isolado, geralmente envolvendo osso ou tecidos moles, como a mucosa das vias aéreas superiores, o trato gastrintestinal ou a pele. A paraproteína associada, se houver, desaparece após radioterapia da lesão primária.

Leucemia plasmocítica

É uma doença rara caracterizada por número elevado de plasmócitos malignos no sangue periférico (Figura 21.3). Os aspectos clínicos são uma combinação dos que são vistos em leucemia aguda (pancitopenia e organomegalia) com os de mieloma múltiplo (hipercalcemia, insuficiência renal e doença óssea). O tratamento é feito com quimioterapia sistêmica e de suporte, mas os resultados são insatisfatórios e o prognóstico é reservado.

Mieloma osteoesclerótico (síndrome POEMS*)

É uma condição rara em que polineuropatia se associa com distúrbio plasmocítico monoclonal e lesões osteoescleróticas. Níveis elevados do fator de crescimento do endotélio vascular (VEGF) costumam estar presentes e há sinais clínicos, como esplenomegalia, hepatomegalia ou linfonodopatias, sobrecarga de líquido extracelular, anormalidades endócrinas, alterações cutâneas ou doença de Castleman.

Gamopatia monoclonal de significação indeterminada

Paraproteínas transitórias ou persistentes podem ocorrer em várias outras condições além do mieloma múltiplo (Tabela 21.1). Uma paraproteína sérica é frequentemente detectada sem nenhuma outra evidência de mieloma ou de doença subjacente. Nesses casos, é denominada ***gamopatia monoclonal de significação indeterminada*** (***MGUS***). Torna-se mais comum com o aumento da idade, estando presente em 3 a 4% das pessoas com idade superior a 50 anos. Em comparação com controles, nessas pessoas há aumento de incidência de tromboses venosas e arteriais, de infecções, de osteoporose e de fraturas ósseas. A proporção de plasmócitos na medula óssea é normal (< 4%) ou apenas levemente elevada (< 10%) (Tabela 21.3, Figura 21.3). A concentração de imunoglobulina monoclonal no soro é ≤ 3 g/dL, e as demais imunoglobulinas séricas não estão diminuídas. Há desproporção entre as cadeias leves κ ou κ livres no soro em um terço dos pacientes, com aumento de uma delas; quanto maior a desproporção, maior o risco de transformação em mieloma. Não há indicação de tratamento, porém pacientes com MGUS IgG ou IgA desenvolvem mieloma franco com frequência de 1% ao ano, por isso a necessidade de acompanhamento regular em ambulatório. A sobrevida de pacientes com MGUS é inferior à da população controle; a diferença aumenta com a extensão do acompanhamento e com a idade (Figura 21.11).

Amiloidose

As amiloidoses constituem um grupo heterogêneo de doenças caracterizadas por depósito extracelular de proteína em uma forma fibrilar anormal (Tabela 21.4). A amiloidose pode ser hereditária ou adquirida, e os depósitos podem ter distribuição focal, localizada ou sistêmica. A substância amiloide é constituída de diferentes proteínas precursoras da fibrila

---

*N. de T. POEMS é acrônimo para ***P****olyneuropathy,* ***O****rganomegaly,* ***E****ndocrinopathy,* ***M****onoclonal paraprotein and* ***S****kin changes.*

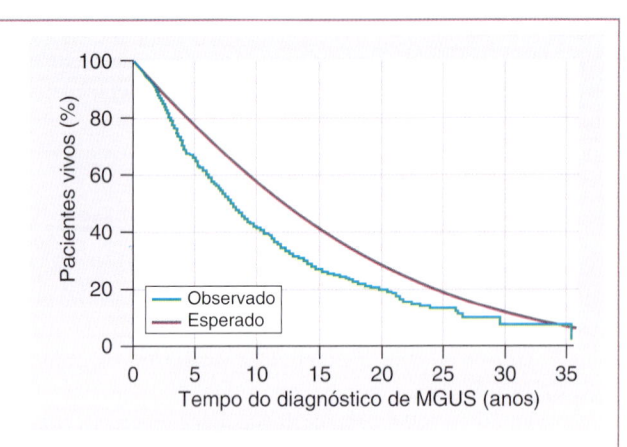

Figura 21.11 A sobrevida de pacientes com gamopatia monoclonal de significação indeterminada (MGUS) (n = 1.384) está diminuída em relação à população controle: mediana 8,1 vs. 11,8 anos, respectivamente ($p < 0,001$). Fonte: adaptada de Kyle R. A. et al. (2009) *Haematologica* 94: 1714.

amiloide, conforme o tipo da doença. Com exceção das placas amiloides intracerebrais, todos os depósitos de amiloide contêm amiloide P, uma glicoproteína não fibrilar derivada de um precursor plasmático normal, estruturalmente relacionado à proteína C reativa. O diagnóstico histológico clássico é feito pesquisando-se a birrefringência azul-verde, vista sob luz polarizada, depois da coloração do tecido submetido à biópsia com vermelho Congo (Figura 21.12).

Amiloidose sistêmica AL

Doença amiloide sistêmica de cadeias leves (AL, do inglês, *amyloid light chains*) é causada por deposição de cadeias leves monoclonais, produzidas por uma proliferação clonal de plasmócitos. O nível de paraproteína pode ser muito baixo, nem sempre detectável no soro ou na urina, mas a relação entre as cadeias leves livres no soro é, em geral, anormal (Figura 21.6). É responsável por 1 a cada 1.500 mortes no Reino Unido. Os aspectos clínicos são consequência do envolvimento do coração em mais de 50% dos pacientes, geralmente com cardiopatia restritiva, rins em 30% (Figura 21.9), língua (Figura 21.13), trato gastrintestinal, nervos periféricos e sistema nervoso autônomo. O paciente pode apresentar-se com sintomas sistêmicos inespecíficos, como fatigabilidade, anorexia, perda de peso, ou com insuficiência cardíaca, insuficiência renal, inclusive síndrome nefrótica, macroglossia, neuropatia periférica ou síndrome do túnel do carpo. A cintilografia com marcação do componente amiloide P (SAP *scan*) (Figura 21.14) é usada para determinar a extensão e a gravidade da doença. O tratamento é feito com quimioterapia semelhante à usada no mieloma, possivelmente com transplante de células-tronco autólogas, que pode melhorar o prognóstico. No entanto, os pacientes submetem-se a um risco de efeitos colaterais mais sérios do que ocorre no mieloma.

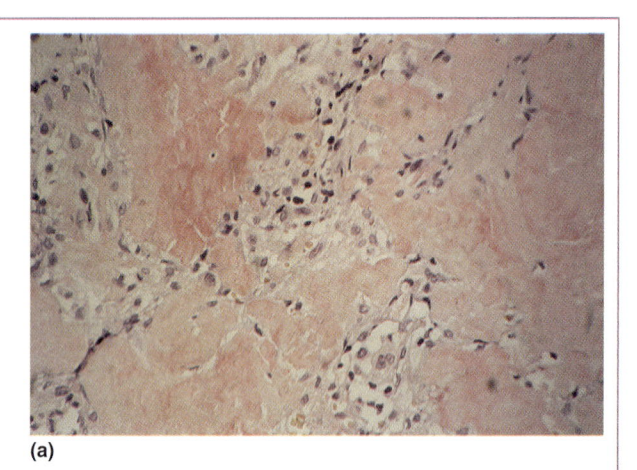

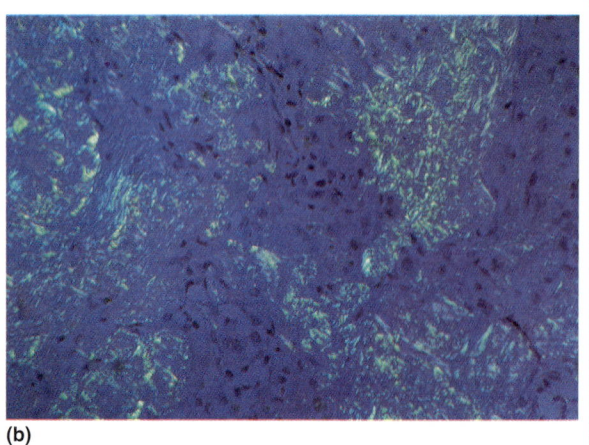

Figura 21.12 Amiloidose: **(a)** coloração com vermelho Congo e **(b)** birrefringência azul-verde sob luz polarizada.

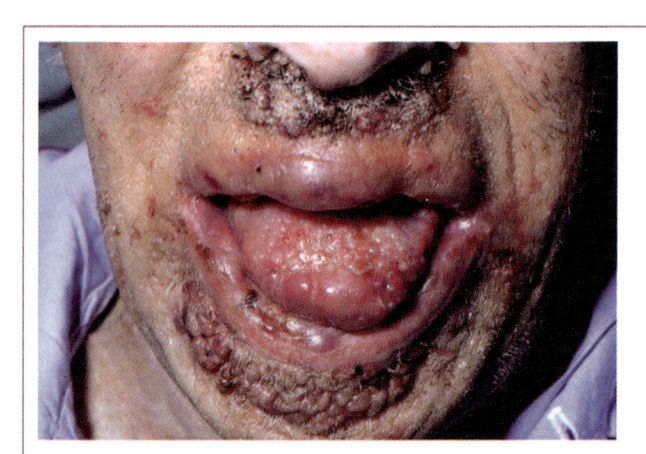

Figura 21.13 Mieloma múltiplo: aumento de volume da língua e dos lábios causado por depósitos nodulares e céreos de amiloide.

Tabela 21.4 Classificação de amiloidose: tipos, estrutura e órgãos envolvidos

Tipo	Natureza química	Órgãos envolvidos
Amiloidose sistêmica AL Associada a mieloma, macroglobulinemia de Waldenström ou MGUS Também pode ocorrer como amiloidose primária (associada a uma proliferação oculta de plasmócitos) Também pode ocorrer de maneira localizada com proliferação local de "imunócitos".	Cadeias leves de imunoglobulina (AL)	Língua Pele Coração Nervos Tecido conectivo Rins Fígado Baço
Amiloidose sistêmica AA, reacional Artrite reumatoide, tuberculose, bronquiectasia, osteomielite crônica, doença inflamatória intestinal, linfoma de Hodgkin, carcinomas, febre mediterrânea familiar	Proteína amiloide A (AA)	Fígado Baço Rins Medula óssea
Amiloidose familiar	Por exemplo, anormalidades da transtiretina	Nervos Coração Olhos
Amiloidose localizada Sistema nervoso central Endócrina Senil	Proteína β-amiloide Hormônios pépticos Vários	Doença de Alzheimer Tumores endócrinos Coração, cérebro, articulações, próstata, etc.

AA, AL, definidas pela natureza química da proteína precursora das fibrilas (coluna do meio da tabela).

Figura 21.14 Cintilografia serial de corpo inteiro com componente amiloide P (SAP) sérico marcado com ^{123}I em mulher com 52 anos de idade com insuficiência renal causada por amiloidose AL sistêmica. **(a)** Cintilografia inicial, mostrando grande carga de amiloide com depósitos no fígado, no baço, nos rins e na medula óssea. A discrasia plasmocitária subjacente respondeu a melfalan em altas doses, seguido de resgate com células-tronco autólogas. **(b)** A cintilografia de seguimento com SAP, três anos depois da quimioterapia, mostrou grande diminuição da captação do traçador, indicando regressão substancial dos depósitos amiloides. Fonte: cortesia do Prof. P. N. Hawkins, National Amyloidosis Centre, Royal Free Hospital, Londres.

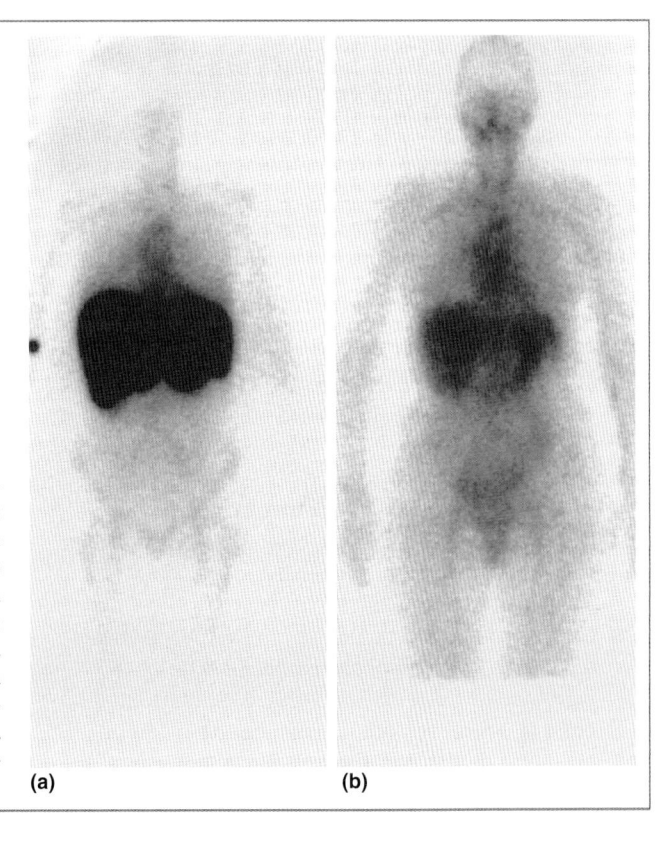

(a)   (b)

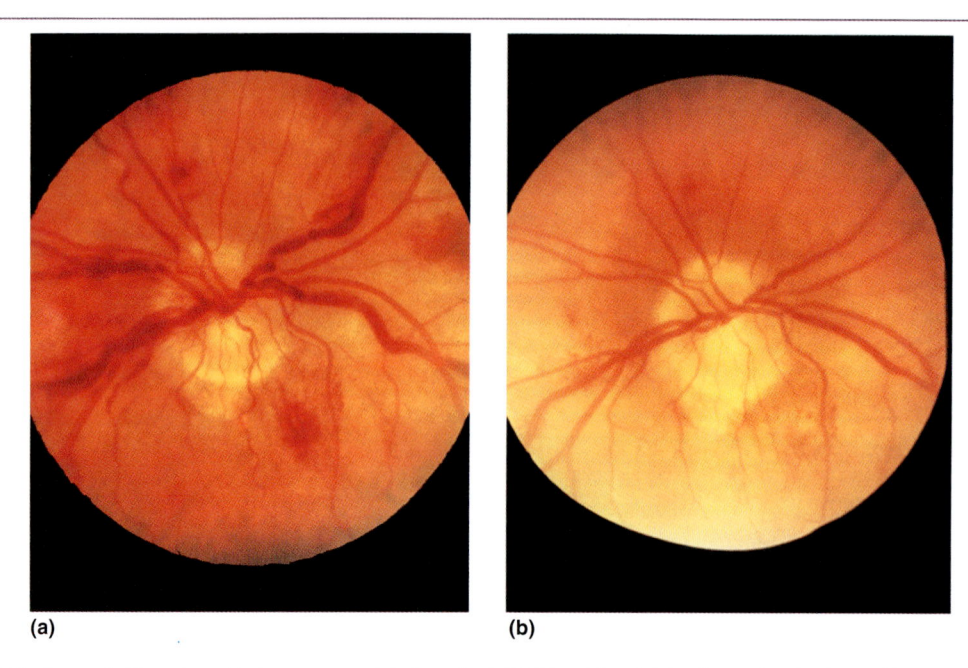

Figura 21.15 Síndrome de hiperviscosidade em macroglobulinemia de Waldenström. **(a)** A retina antes da plasmaférese mostrou dilatação de vasos, particularmente veias que exibem abaulamento e constrição (aspecto de "salsichas ligadas") e áreas hemorrágicas; **(b)** depois da plasmaférese, os vasos voltaram ao normal e as áreas hemorrágicas desapareceram.

Síndrome de hiperviscosidade

A causa mais comum é a policitemia (ver p. 169). Também pode ocorrer hiperviscosidade em pacientes com mieloma e macroglobulinemia de Waldenström com alta concentração de proteína M e em pacientes com leucemia mieloide crônica ou leucemia aguda com leucocitose muito elevada.

Os aspectos clínicos da síndrome de hiperviscosidade incluem distúrbios visuais, letargia, confusão, fraqueza muscular, sinais e sintomas do sistema nervoso central, além de insuficiência cardíaca congestiva. A retina pode mostrar várias alterações: veias ingurgitadas, hemorragia, exsudatos e borramento da papila (Figura 21.15). O tratamento de emergência varia de acordo com a causa:

1. corrigir a hidratação em todos os pacientes;
2. venessecção (sangrias) ou troca isovolêmica de eritrócitos com um substituto plasmático em pacientes com policitemia;
3. plasmaférese em mieloma, doença de Waldenström ou hiperfibrinogenemia;
4. leucoférese ou quimioterapia em leucemia associada com alta contagem de leucócitos.

O tratamento a longo prazo depende do controle da doença primária com tratamento específico.

RESUMO

- O termo *paraproteinemia* refere-se à presença de uma banda de imunoglobulina monoclonal no soro e decorre da síntese dessa imunoglobulina por um clone único de plasmócitos.
- Mieloma múltiplo é um tumor de plasmócitos que se acumula na medula óssea, secreta uma paraproteína e causa dano tecidual. A doença tem seu pico de incidência na sétima década de vida.
- Quase todos os casos de mieloma se desenvolvem a partir de uma *gamopatia monoclonal de significação indeterminada* (*MGUS*) preexistente, em que o nível de paraproteína é baixo e não há evidência de dano tecidual. Os pacientes com MGUS progridem para mieloma em cerca de 1% de casos/ano.
- Um acrônimo útil para o espectro de dano tecidual no mieloma é *CRAB* (hiper**c**al**c**emia, insuficiência **R**enal, **A**nemia, lesões ósseas [***B**one disease*]).
- Em pacientes com idade inferior a 70 anos, o mieloma é tratado com quimioterapia intensiva com combinação de três fármacos, seguida de transplante de células-tronco autólogas.
- Em pacientes mais idosos, é indicada somente quimioterapia. Fármacos imunomoduladores (talidomida, lenalidomida, pomalidomida) e inibidores de proteossomos (bortezomibe, carfilzomibe),

- geralmente utilizados em combinação com dexametasona, estão melhorando o prognóstico, e a sobrevida mediana atualmente é de 7 a 10 anos.
- *Plasmocitoma* é um tumor localizado de plasmócitos malignos; é, em geral, tratado com radioterapia. Alguns casos evoluem para mieloma.
- *Amiloidoses* são um grupo de doenças causadas pela deposição extracelular de proteína em uma forma fibrilar anormal. Na amiloidose AL sistêmica, os depósitos são de cadeias leves monoclonais, produzidas por proliferações clonais de plasmócitos. Elas podem causar insuficiência cardíaca, macroglossia, neuropatia periférica e insuficiência renal.
- A *síndrome de hiperviscosidade* pode decorrer da presença de uma paraproteína em alta concentração ou de contagens muito altas de eritrócitos (policitemia) ou de leucócitos (leucemia). Os aspectos clínicos incluem distúrbios visuais, confusão mental e insuficiência cardíaca. Para cada uma das causas são indicadas, respectivamente, plasmaférese, venessecção (sangrias) e leucoférese ou quimioterapia.

Visite **www.wileyessential.com/haematology** para testar seus conhecimentos neste capítulo.

CAPÍTULO 22
Anemia aplástica e insuficiência da medula óssea

Tópicos-chave

- Pancitopenia — 243
- Anemia aplástica — 243
- Hemoglobinúria paroxística noturna (PNH) — 247
- Aplasia eritroide pura — 248
- Síndrome de Schwachman-Diamond — 249
- Anemia diseritropoética congênita — 249
- Osteopetrose — 249

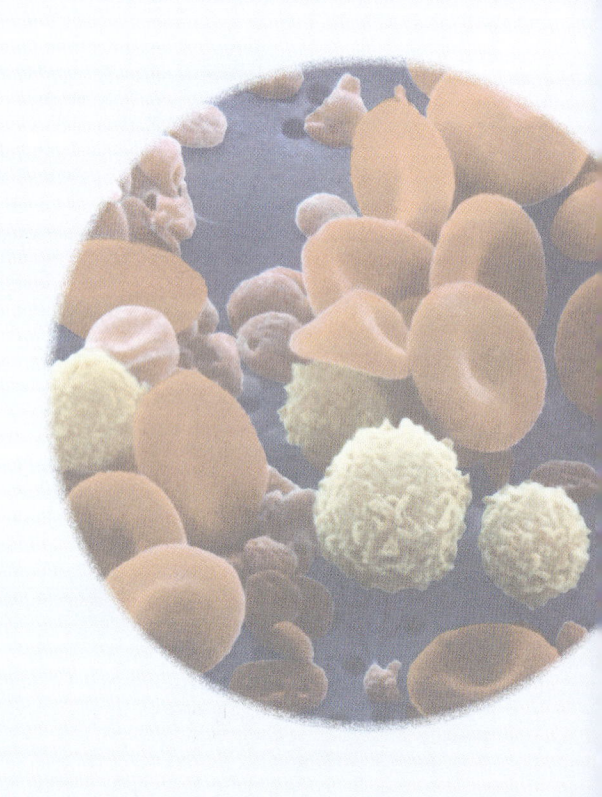

Pancitopenia

Pancitopenia é a diminuição no hemograma das três linhagens celulares – eritrócitos, leucócitos e plaquetas – em decorrência de causas diversas (Tabela 22.1), que podem ser amplamente divididas em diminuição de produção da medula óssea ou aumento da destruição periférica.

Anemia aplástica

A anemia aplástica é definida como pancitopenia resultante de hipoplasia da medula óssea (Figura 22.1). É classificada em primária (congênita ou adquirida) e secundária (Tabela 22.2).

Patogênese

O defeito subjacente em todos os casos parece ser uma diminuição substancial do número de células-tronco hematopoéticas

Tabela 22.1 Causas de pancitopenia

Diminuição da função da medula óssea
Aplasia (redução das células-tronco hematopoéticas)
Leucemia aguda, mielodisplasia, mieloma
Infiltração por linfoma, tumores sólidos, tuberculose
Anemia megaloblástica
Hemoglobinúria paroxística noturna
Mielofibrose
Síndrome hemofagocítica

Aumento de destruição periférica
Esplenomegalia

Tabela 22.2 Causas de anemia aplástica

Primárias	Secundárias
Congênitas tipos Fanconi e não Fanconi)	***Radiação ionizante***: exposição acidental (radioterapia, isótopos radioativos)
Adquirida idiopática	***Agentes químicos***: benzeno, organofosfatos e outros solventes orgânicos, DDT e outros pesticidas, drogas recreacionais (*ecstasy*)
	Fármacos: fármacos que regularmente causam depressão medular (p. ex., bussulfano, melfalan, ciclofosfamida, antraciclinas, nitrosoureias)
	Fármacos que ocasional ou raramente causam depressão medular (p. ex., cloranfenicol, sulfonamidas, ouro, anti-inflamatórios, antitireóidios, psicotrópicos, anticonvulsivantes, antidepressivos)
	Vírus: hepatite viral (na maioria dos casos não A, não B, não C, não G), vírus Epstein-Barr
	Doença autoimune: lúpus eritematoso sistêmico
	Doença enxerto versus ***hospedeiro associada à transfusão*** (ver p. 342)
	Timoma: (geralmente causa aplasia eritroide pura; Tabela 22.3)

(a) (b)

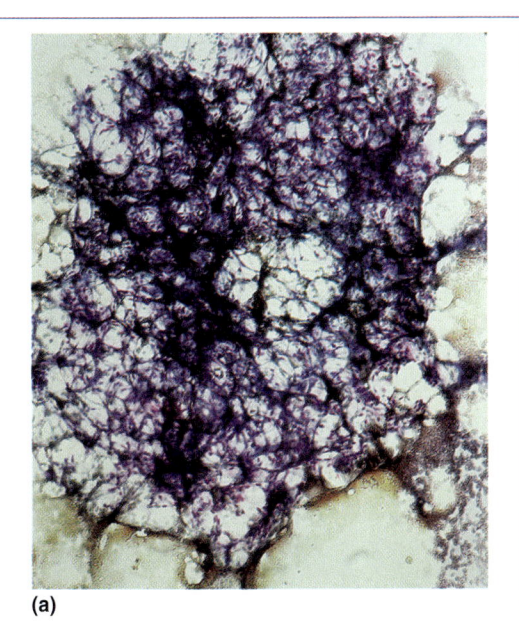

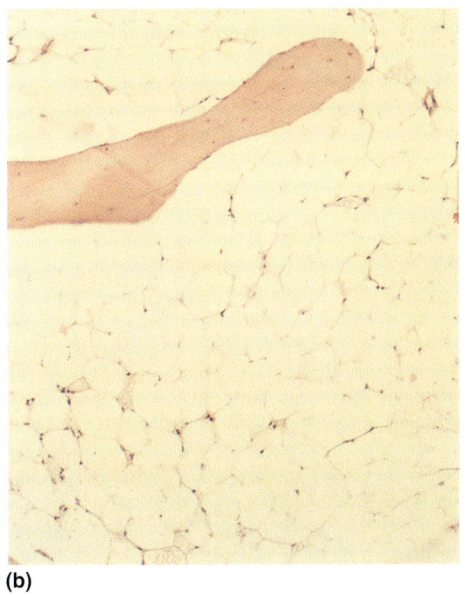

Figura 22.1 Anemia aplástica: imagens à microscopia da medula óssea, em pequeno aumento, mostrando acentuada redução das células hematopoéticas e aumento dos espaços gordurosos. **(a)** Fragmento aspirado. **(b)** Biópsia com trefina.

pluripotentes e uma falha das remanescentes, ou uma reação imunológica contra elas, tornando-as incapazes de divisão e diferenciação suficientes para povoar a medula óssea.

Anemia aplástica congênita: anemia do tipo Fanconi

A anemia do tipo Fanconi é uma síndrome com herança autossômica recessiva, a qual quase sempre se associam **retardo de crescimento** e **defeitos congênitos do esqueleto** (p. ex., microcefalia, ausência do rádio ou de polegares), **do trato renal** (p. ex., rim pélvico ou em ferradura) (Figura 22.2) e **da pele** (áreas de hiper e hipopigmentação); às vezes, ocorre dificuldade de aprendizado. A síndrome é geneticamente heterogênea, com 16 diferentes genes envolvidos: *FANC A–Q*. *FANCD1* é idêntico a *BRCA2*, o gene de suscetibilidade ao câncer de mama. As proteínas codificadas cooperam em uma via celular comum, que resulta em ubiquidade de FANCD2, que protege as células contra dano genético. As células de pacientes com anemia de Fanconi mostram uma frequência anormalmente elevada de quebras cromossômicas espontâneas, e o teste diagnóstico demonstra essa quebra excessiva *in vitro*, após incubação de linfócitos sanguíneos com diepoxibutano, um agente que ocasiona ligações cruzadas no DNA (teste DEB).

Disceratose congênita é um raro distúrbio com herança ligada ao sexo; há atrofia das unhas e da pele, anemia aplástica e alto risco de desenvolvimento de câncer. É associada a mutações nos genes *DKC1* (discerina) ou *TERC* (transcriptase reversa da telomerase do molde de RNA), ambos envolvidos na manutenção do comprimento do telômero.

A idade comum de aparecimento de **anemia** é dos 3 aos 14 anos. Cerca de 10% dos pacientes desenvolvem leucemia mieloide aguda. Em geral, o tratamento é feito com androgênios e/ou TCT. Na maioria dos casos, o hemograma melhora com androgênios, porém os efeitos colaterais, sobretudo em crianças, são incômodos (virilização e alterações hepáticas). A remissão raramente dura mais de dois anos. O TCT alogênico pode curar o paciente. Em decorrência da sensibilidade ao dano ao DNA das células do paciente, os protocolos de condicionamento são leves e a irradiação é evitada.

Outras síndromes genéticas de insuficiência da medula óssea incluem anemia de Blackfan-Diamond (p. 247), síndrome de Shwachman-Diamond (p. 249), neutropenia congênita grave (p. 95), trombocitopenia amegacariocítica (p. 281) e trombocitopenia com ausência dos rádios (p. 281). Na disceratose congênita, como também na anemia de Blackfan-Diamond e na síndrome de Shwachman-Diamond, há defeitos genéticos na biossíntese e na função dos ribossomos (Figura 22.3).

Anemia aplástica adquirida

É o tipo mais comum de anemia aplástica, correspondendo a pelo menos dois terços do número global de casos adquiridos. Na maioria dos casos, o tecido hematopoético é alvo de um processo autoimune, dominado pela expressão oligoclonal de linfócitos T citotóxicos CD8$^+$. Em cerca de um terço dos casos, são encontrados telômeros curtos nos leucócitos, especialmente em casos de longa evolução. Foram descritas mutações no complexo de reparação do telômero, mas seu significado não é claro. As respostas favoráveis à globulina antilinfocítica (ALG) e à ciclosporina sugerem que dano autoimune a células-tronco, funcional ou estruturalmente alteradas, mediado por células T, seja importante na patogênese.

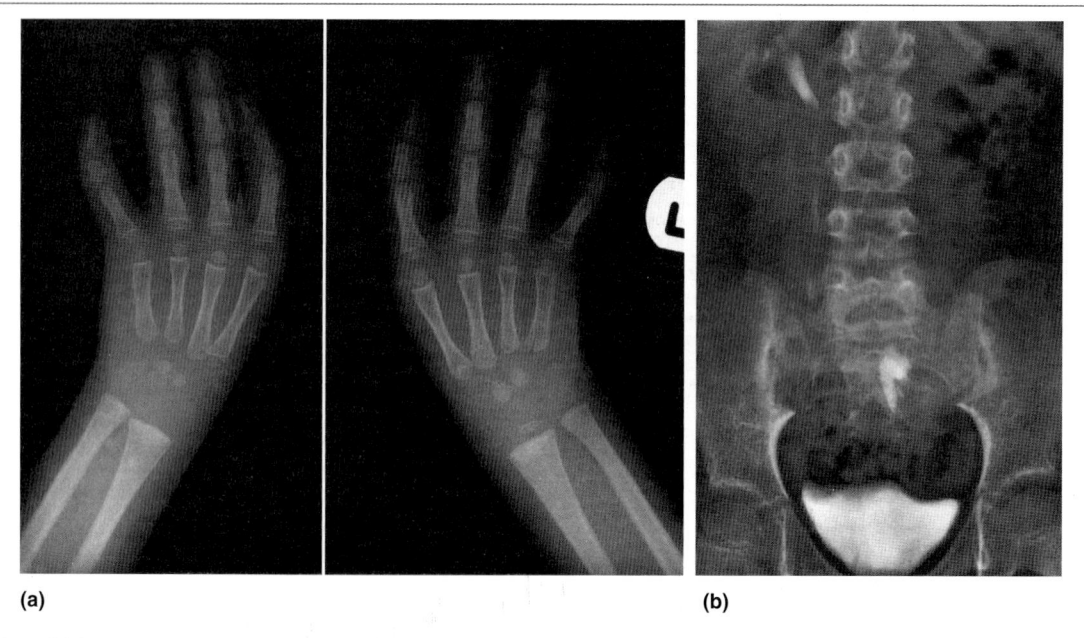

Figura 22.2 (a) Radiografia mostrando ausência de polegares em um paciente com anemia de Fanconi. **(b)** Pielografia intravenosa em um paciente com anemia de Fanconi, exibindo rim direito normal e rim esquerdo situado anormalmente na bacia.

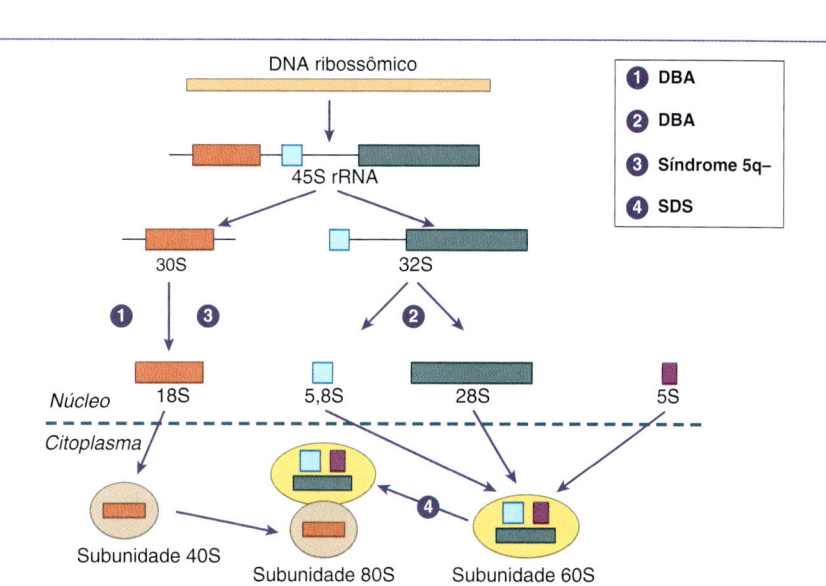

Figura 22.3 Processamento do RNA e os sítios de disrupção nas síndromes de insuficiência da medula óssea. As diferentes espécies de RNA desenvolvem papéis na resposta celular ao estresse, na proliferação e na apoptose. Fonte: cortesia do Prof. I. Dokal. DBA, anemia de Diamond-Blackfan, SDS, síndrome de Schwachman-Diamond.

Anemia aplástica secundária

Pode ser causada por lesão direta à medula hematopoética por radiação ou fármacos citotóxicos. Os antimetabólitos (p. ex., metotrexato) e os inibidores mitóticos (p. ex., daunorrubicina) causam apenas aplasia temporária, mas os agentes alquilantes, em particular o bussulfano, podem causar aplasia crônica, muito semelhante à doença idiopática crônica. Alguns indivíduos desenvolvem anemia aplástica como raro efeito colateral idiossincrásico a fármacos, como cloranfenicol ou ouro (Tabela 22.2). A doença também pode aparecer alguns meses depois de hepatite viral (geralmente negativa para todos os vírus de hepatite conhecidos). Como a incidência de toxicidade à medula óssea por cloranfenicol é alta, esse fármaco deve ser reservado para o tratamento de infecções que ponham a vida em risco e para as quais ele seja o antibiótico de escolha (p. ex., febre tifoide). Produtos químicos, como benzeno, também podem ser implicados, e, raramente, a anemia aplástica é o quadro clínico de apresentação da leucemia aguda linfoblástica ou mieloide, particularmente na infância. Mielodisplasias (ver Capítulo 16) também podem se apresentar com medula hipoplástica.

Aspectos clínicos

A anemia aplástica pode surgir em qualquer idade, mas há picos de incidência aos 10 a 25 anos e após os 60 anos. É mais frequente na Ásia, por exemplo, na China, do que na Europa. Pode ser insidiosa ou aguda, com sintomas e sinais resultantes de anemia, neutropenia ou trombocitopenia. Equimoses fáceis, sangramento gengival, epistaxe e menorragia são as manifestações hemorrágicas mais frequentes e fazem parte do quadro clínico à apresentação (Figura 22.4), quase sempre também com sintomas de anemia. Infecções, particularmente da boca e da garganta, são comuns, e infecções generalizadas colocam a vida em risco. Os linfonodos, o fígado e o baço não estão

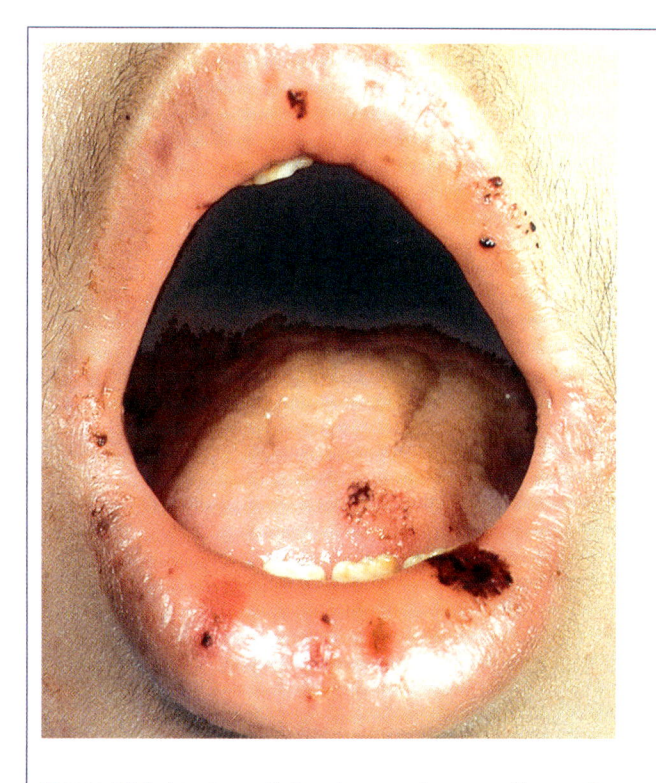

Figura 22.4 Anemia aplástica: hemorragias espontâneas das mucosas em menino de 10 anos, com anemia de Fanconi grave. Plaquetas < 5 × 10³/μL. Fonte: Hoffbrand A. V. e Vyas P. (2010) *Color Atlas of Clinical Haematology*, 4ª edição. Reproduzida, com permissão, de John Wiley e Sons.

aumentados. Uma história clínica cuidadosa e um exame acurado para evidenciar, por exemplo, deformidades ósseas, são indispensáveis em todas as idades para excluir formas herdadas.

Achados laboratoriais

Para o diagnóstico de anemia aplástica, devem coexistir no hemograma ao menos dois dos dados abaixo.

1 Anemia (hemoglobina < 10 g/dL). É normocrômica, normocítica ou macrocítica (volume corpuscular médio em geral de 95-110 fL). A contagem de reticulócitos costuma ser extremamente baixa em relação ao grau de anemia.
2 Neutropenia < $1,5 \times 10^3/\mu L$.
3 Trombocitopenia < $50 \times 10^3/\mu L$.
4 Casos graves mostram neutrófilos < $0,5 \times 10^3/\mu L$, plaquetas < $20 \times 10^3/\mu L$, reticulócitos < $20 \times 10^3/\mu L$ e celularidade da medula óssea < 25%. Casos muito graves têm neutrófilos < $0,2 \times 10^3/\mu L$.
5 Não há células anormais no sangue periférico.
6 A medula óssea mostra hipoplasia, com perda de tecido hematopoético substituído por gordura, que compreende mais de 75% dos espaços medulares. A biópsia com trefina pode mostrar pequenos aglomerados celulares em um fundo hipocelular. As principais células presentes são linfócitos e plasmócitos; os megacariócitos, em particular, estão muito diminuídos ou ausentes.
7 Citogenética e, recentemente, análise molecular, devem ser feitas para excluir formas genéticas e mielodisplasia com medula hipocelular.

Diagnóstico

A doença deve ser diferenciada de outras causas de pancitopenia (Tabela 22.1). A avaliação da gravidade da doença é importante para decisões de tratamento e para o prognóstico.

O diagnóstico alternativo de hemoglobinúria paroxística noturna (PNH) deve ser excluído por citometria em fluxo, testando-se os eritrócitos para CD55 e CD59. Em pacientes idosos, a mielodisplasia hipoplástica pode mostrar aspectos semelhantes; anomalias celulares qualitativas e alterações clonais citogenéticas ou moleculares sugerem mielodisplasia. Alguns pacientes com diagnóstico de anemia aplástica desenvolvem PNH, mielodisplasia ou leucemia mieloide aguda nos anos subsequentes, o que pode ocorrer até em pacientes que responderam bem ao tratamento imunossupressor. Leucemia de linfócitos grandes e granulares (Capítulo 18) também pode estar associada com pancitopenia e medula hipocelular.

Tratamento

É recomendável fazê-lo em um centro especializado.

Geral

Se for identificada uma causa provavelmente desencadeante, como, por exemplo, um fármaco, deve ser imediatamente removida. O tratamento inicial é de suporte, com transfusões de sangue, concentrado de plaquetas e tratamento e prevenção de infecções. Todos os derivados de sangue devem ser depletados de leucócitos, geralmente por filtração, para diminuir o risco de aloimunização, e irradiados, para evitar enxerto de linfócitos vivos do doador. Um agente antifibrinolítico, como ácido tranexâmico, pode ser útil para reduzir o sangramento em pacientes com trombocitopenia grave prolongada. Transfusões de granulócitos são usadas raramente, e só em pacientes com infecções bacterianas ou fúngicas graves e não responsivas a antibióticos. Fármacos antibacterianos e antifúngicos orais podem ser indicados profilaticamente para reduzir infecções.

Específico

O tratamento específico deve ser estabelecido conforme a gravidade da doença, a idade do paciente e a disponibilidade de potenciais doadores de células-tronco. Os casos graves têm alta mortalidade nos primeiros 6 a 12 meses se não responderem ao tratamento específico. Os casos menos graves podem ter evolução transitória aguda ou um curso crônico e ulterior recuperação, embora a contagem de plaquetas quase sempre fique abaixo do normal durante muitos anos. Podem ocorrer recidivas, algumas vezes graves, inclusive fatais; raramente a doença pode se transformar em mielodisplasia, leucemia aguda ou PNH (ver adiante).

Os tratamentos "específicos" a seguir são usados com sucesso variável.

1 ***Globulina antitimocítica*** (ATG) É preparada pela imunização de animais (cavalo ou coelho) com timócitos humanos e, como único tratamento, mostra-se benéfica em cerca de 50 a 60% dos casos de anemia aplástica adquirida. Costuma ser administrada com ciclosporina para aumentar a chance de resposta. Corticosteroides são dados por prazo muito limitado, apenas para aliviar os efeitos alérgicos colaterais imediatos, inclusive a doença do soro (febre, exantema e artralgia), que pode ocorrer cerca de 7 dias após a administração de ATG. A contagem de plaquetas deve ser mantida acima de $10 \times 10^3/\mu L$, se possível até acima de 20 a $30 \times 10^3/\mu L$. Se não houver resposta à ATG depois de quatro meses, costuma-se tentar um segundo ciclo, preparado a partir da mesma espécie ou, de preferência, de outra espécie animal. Em conjunto, até 80% dos pacientes respondem ao tratamento combinado de ALG com ciclosporina.
2 ***Ciclosporina*** É um agente eficaz que se mostra particularmente valioso em combinação com ATG. Em idosos, às vezes é usada como fármaco único.
3 ***Alentuzumabe*** (anti-CD52) Mostrou-se eficaz em cerca de 50% dos pacientes em avaliações clínicas de pequeno porte. Em geral, é usado em casos que não responderam à ALG.
4 ***Eltrombopag*** É um agonista do receptor de trombopoetina (ver Capítulo 25) que estimula a produção de plaquetas, mas que pode também ocasionar melhora na contagem de eritrócitos e neutrófilos.
5 ***Androgênios*** São benéficos em alguns pacientes com anemia de Fanconi. Também parecem ser úteis em anemia aplástica adquirida, mas ainda não há comprovação de que causem aumento significativo de sobrevida. Os efeitos colaterais são intensos, incluindo virilização, retenção de sal e dano hepático com icterícia colestática e, raramente, carcinoma hepatocelular. Se não houver resposta em 4 a 6 meses, o androgênio deve ser suspenso. Se houver resposta, deve ser retirado de forma gradual.

6 *Transplante de células-tronco* (TCT) O transplante alogênico oferece uma chance de cura permanente. O condicionamento é feito com ciclofosfamida, sem irradiação, e a ciclosporina é utilizada para reduzir os riscos de não pegar o enxerto e de doença do enxerto *versus* hospedeiro. O papel relativo do TCT *versus* tratamento imunossupressor em pacientes individuais com anemia aplástica tem sido revisto com frequência. Em geral, o TCT é preferido em pacientes mais jovens com anemia aplástica grave e com um irmão doador HLA compatível. São obtidos índices de cura de até 80%. Transplantes com condicionamento não mieloablativo (p. 253), entretanto, são usados em pacientes selecionados, com idade superior a 40 anos. TCT, usando sangue de cordão umbilical, doadores voluntários sem parentesco e membros da família com compatibilidade incompleta são utilizados em pacientes cuidadosamente selecionados. Em indivíduos mais velhos e em pacientes com anemia menos grave, a imunossupressão deve ser tentada em primeiro lugar.
7 *Fatores de crescimento hematopoéticos* O fator estimulador de colônias granulocíticas (G-CSF) pode ocasionar respostas mínimas, mas não melhora durável. Outros fatores têm se mostrado inúteis.
8 *Quelação de ferro* Pode ser necessária em pacientes mantidos em programa de transfusões regulares.

Hemoglobinúria paroxística noturna (PNH)

PNH é uma rara doença clonal adquirida das células-tronco da medula óssea, nas quais se desenvolve uma **síntese deficiente da âncora de glicosilfosfatidilinositol** (**GPI**), uma estrutura que liga várias proteínas de superfície na membrana celular. Há uma tríade clínica de hemólise intravascular crônica, tromboses venosas e insuficiência da medula óssea. Ela resulta de mutações no gene do cromossomo X que codifica a fosfatidilinositol glicano proteína A (PIG-A), essencial na formação da âncora GPI. Como resultado, faltam as proteínas ligadas a GPI (como CD55 e CD59) na superfície celular de todas as células derivadas da célula-tronco anormal (Figura 22.5). CD55 e CD59 também estão normalmente presentes nos leucócitos e nas plaquetas. A falta na superfície de moléculas de fator ativador de declínio (DAF, CD55) e do inibidor de membrana de lise reativa (MIRL, CD59) torna os eritrócitos sensíveis à lise por complemento, resultando em hemólise intravascular crônica.

Hemossiderinúria é uma característica constante e pode causar deficiência de ferro, passível de exacerbar a anemia. Haptoglobinas estão ausentes; hemoglobina livre pode causar dano ao rim e, pela remoção de óxido nítrico da musculatura lisa, causa disfagia e hipertensão pulmonar. Outro problema sério observado na PNH é a trombofilia. Os pacientes podem ter tromboses recidivantes de grandes veias, incluindo a veia porta e as veias hepáticas, bem como dor abdominal intermitente, decorrente de trombose de veias mesentéricas. Tromboses arteriais, como acidente vascular encefálico e infarto do miocárdio, também são complicações comuns.

A PNH é quase invariavelmente associada a alguma forma de hipoplasia da medula óssea, e, às vezes, pode haver anemia aplástica franca. Parece que o clone de PNH pode se expandir, como resultado de pressão seletiva, imunologicamente mediada, contra células que têm proteínas de membrana ligadas ao GPI normais.

A PNH pode ser diagnosticada por citometria em fluxo, que demonstra perda da expressão das proteínas ligadas a GPI, CD55 e CD59. O procedimento substituiu a demonstração de lise dos eritrócitos em soro acidificado – o teste de Ham.

Eculizumabe, um anticorpo humanizado contra o complemento C5, inibe a ativação dos componentes terminais do complemento e reduz a hemólise, a necessidade transfusional decorrente e a incidência de trombose. O ferro é reposto em caso de deficiência; pode ser necessária anticoagulação, a longo prazo, com varfarina. Imunossupressão pode ser útil, porém o transplante alogênico de medula óssea é um tratamento definitivo. A doença, ocasionalmente, faz remissão espontânea. A sobrevida mediana excede 10 anos. Além de evolução para anemia aplástica, pode haver transformação em SMD ou LMA.

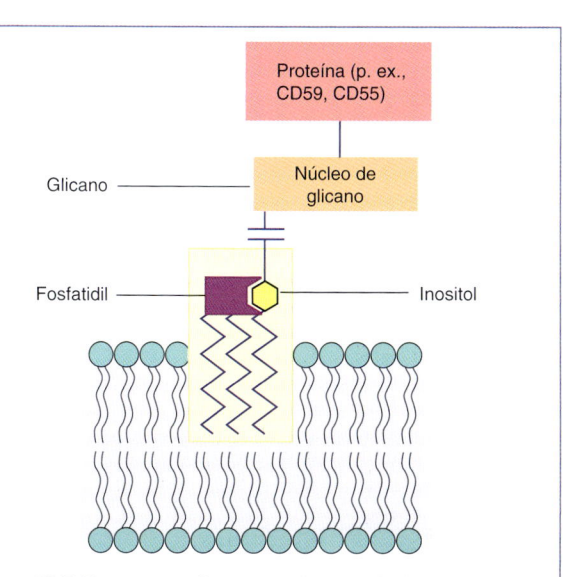

Figura 22.5 Representação esquemática do fosfatidilinositol glicano que ancora várias diferentes proteínas da membrana do eritrócito, como, por exemplo, CD59 (MIRL, inibidor da membrana de lise reacional).

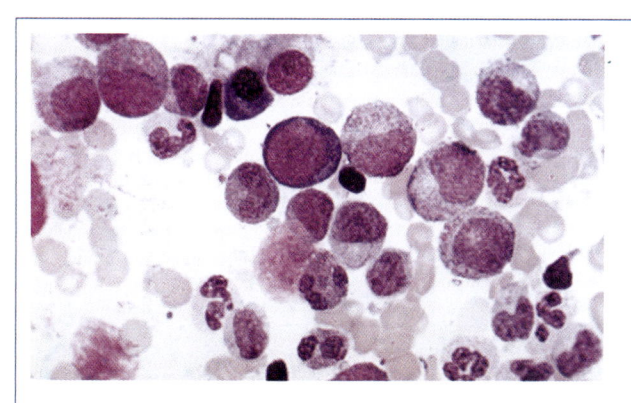

Figura 22.6 Medula óssea em aplasia eritroide pura idiopática. Há perda seletiva da eritropoese.

Tabela 22.3 Classificação da aplasia eritroide pura

Aguda, transitória	Congênita crônica	Adquirida crônica
Infecção por parvovírus Lactentes e crianças Fármacos (p. ex., azatioprina, cotrimoxazol)	Síndrome de Diamond-Blackfan	Idiopática Associada a timoma, lúpus eritematoso sistêmico, artrite reumatoide, linfoma, leucemia linfocítica crônica, linfocitose T de linfócitos grandes e granulares, mielodisplasia, infecção viral, fármacos

Aplasia eritroide pura

Forma crônica

Trata-se de uma síndrome rara, caracterizada por anemia, com leucócitos e plaquetas normais e eritroblastos muito escassos ou ausentes na medula óssea (Figura 22.6). A forma congênita, autossômica recessiva, é conhecida como **síndrome de Diamond-Blackfan** (Tabela 22.3) e é herdada como uma condição recessiva. Está associada a vários defeitos somáticos (p. ex., faciais e cardíacos). A maioria dos casos decorre de mutação de um gene no cromossomo 19 ou de outros genes que codificam proteínas ribossômicas (Figura 22.3). Os corticosteroides constituem a primeira linha de tratamento, e o TCT pode ser curativo. Os androgênios também causam melhora, porém os efeitos colaterais no crescimento são sérios. Quelação de ferro pode ser necessária se o paciente precisar ser mantido com transfusões.

A forma adquirida crônica pode ocorrer sem doença óbvia associada ou fator precipitante (idiopática) ou pode estar associada a doenças autoimunes (sobretudo lúpus eritematoso sistêmico), timoma, linfoma ou leucemia linfocítica crônica. Em alguns casos, o tratamento imunossupressor com corticosteroides, rituximabe, ciclosporina, azatioprina ou ATG mostra-se eficaz. Os anticorpos monoclonais, como rituximabe (anti-CD20), estão sendo cada vez mais usados como tratamento de aplasia eritroide pura e de outras citopenias autoimunes.

Se houver necessidade de transfusões regulares, o tratamento de quelação de ferro será igualmente necessário. Há descrição de casos graves e refratários tratados com TCT.

Forma transitória

O **parvovírus B19** infecta precursores de eritrócitos via antígeno P e causa uma aplasia eritroblástica transitória (5-10 dias), com rápido estabelecimento de anemia grave em pacientes com sobrevida eritroide mais curta preexistente, como na anemia de células falciformes ou na esferocitose hereditária (Figura 22.7). A aplasia eritroide pura transitória com anemia também pode ocorrer associada a fármacos (Tabela 22.3) e

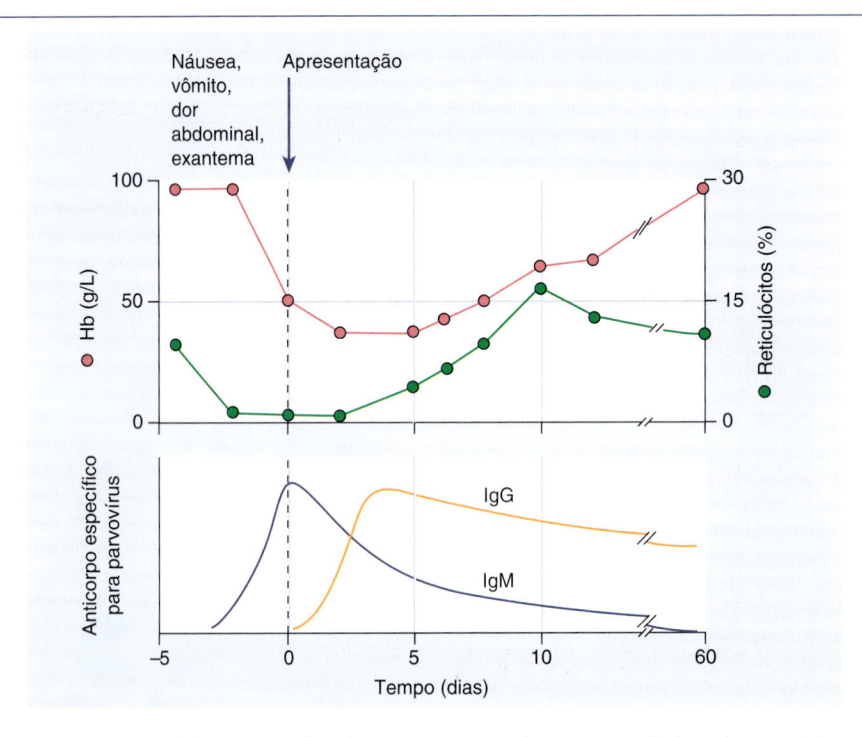

Figura 22.7 Infecção por parvovírus: gráfico da evolução laboratorial, mostrando queda transitória da hemoglobina e dos reticulócitos em paciente com esferocitose hereditária.

em lactentes e crianças normais, quase sempre com história de infecção viral nos três meses precedentes.

Síndrome de Schwachman-Diamond

É uma síndrome autossômica recessiva rara, caracterizada por grau variável de citopenias, sobretudo neutropenia, com propensão a evoluir para mielodisplasia ou leucemia mieloide aguda. Um aspecto associado constante é a disfunção exócrina do pâncreas, porém anomalias esqueléticas, doença hepática e baixa estatura são frequentes. O distúrbio resulta de mutações do gene SD, envolvido na síntese ribossômica (Figura 22.3).

Anemia diseritropoética congênita

As anemias diseritropoéticas congênitas (CDAs) consistem em um grupo de anemias hereditárias refratárias, caracterizadas por eritropoese ineficaz e multinuclearidade dos eritroblastos. O paciente pode ter icterícia e expansão da medula óssea hematopoética. As contagens de leucócitos e plaquetas são normais. A contagem de reticulócitos é baixa para o grau de anemia, apesar do aumento de celularidade da medula. A gravidade da anemia é variável, mas é quase sempre notada na infância. Pode desenvolver-se sobrecarga de ferro e esplenomegalia é comum. As anemias diseritropoéticas são classificadas em quatro tipos, com base no grau de alterações megaloblásticas, eritroblastos gigantes e demais alterações diseritropoéticas presentes. A CDA tipo I está associada a anormalidades somáticas. É devida à mutação do gene *CDAN1*, ativo durante a fase S do ciclo celular. O tipo II é conhecido como HEMPAS (do inglês, *hereditary erythroblast multinuclearity with a positive acidified serum lysis test*). A hemólise em soro acidificado ocorre só com alguns soros, nunca com o do paciente. A lesão básica na HEMPAS é uma mutação no gene *SEC23B*, codificando uma proteína envolvida na síntese das vesículas derivadas do retículo endoplasmático, destinadas ao aparelho de Golgi. Em alguns casos, foram induzidas remissões com interferon-α.

Osteopetrose

É um raro grupo heterogêneo de distúrbios devidos à incapacidade de rebsorção óssea pelos osteoclastos. A herança pode ser recessiva ou dominante. Os ossos são densos, porém rachaduras e fraturas são comuns. O espaço medular é reduzido e desenvolve-se uma anemia leucoeritroblástica; há hepatoesplenomgalia. Morte prematura é comum devida à insuficiência hematopoética. O TCT pode ser curativo.

RESUMO

- A anemia aplástica apresenta-se como pancitopenia (diminuição de hemoglobina, neutrófilos e plaquetas) associada a uma medula óssea hipoplástica.
- Pode ser congênita (Fanconi) ou adquirida (idiopática ou secundária a fármacos, viroses ou tóxicos).
- A anemia de Fanconi é autossômica recessiva, associada a anormalidades esqueléticas, renais e da pele. É causada por mutações herdadas de genes envolvidos na reparação do DNA.
- A anemia aplástica adquirida é tratada com fármacos imunossupressores (p. ex., globulina antitimocítica, ciclosporina) ou com TCT alogênico.
- A hemoglobinúria paroxística noturna é uma anemia hemolítica clonal adquirida, associada com pancitopenia decorrente de uma medula óssea hiporregenerativa. Há síntese deficiente da âncora de glicosilfosfatidilinositol de várias proteínas da membrana.
- Na aplasia eritroide pura há anemia com leucócitos e plaquetas normais. Pode ser transitória, geralmente decorrente de infecção por parvovírus, ou crônica. Os casos crônicos podem ser congênitos (Blackfan-Diamond), ou adquiridos, associados a timoma, lúpus eritematoso sistêmico, linfoma ou leucemia linfocítica crônica.
- As anemias diseritropoéticas congênitas são um grupo de distúrbios hereditários raros da eritropoese.

Visite www.wileyessential.com/haematology para testar seus conhecimentos neste capítulo.

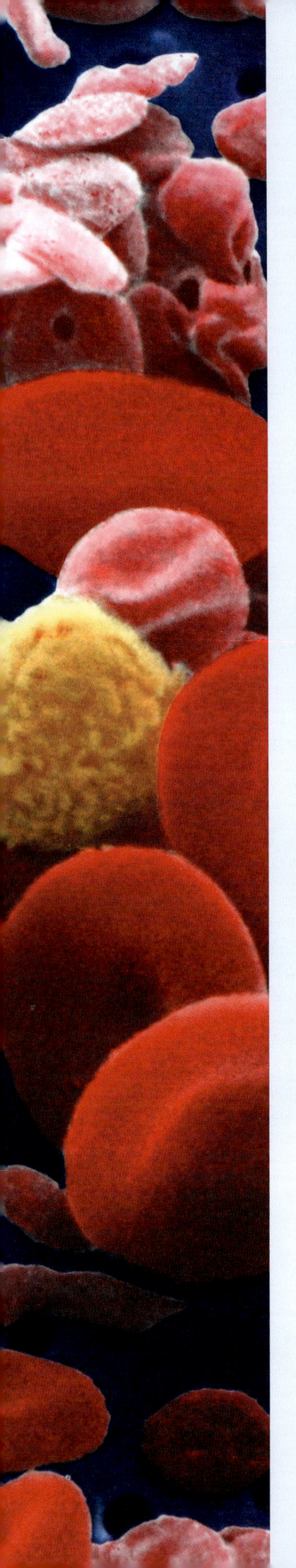

CAPÍTULO 23
Transplante de células-tronco

Tópicos-chave

- Princípios do transplante de células-tronco — 251
- Coleta de células-tronco do sangue periférico — 251
- Coleta de medula óssea — 251
- Condicionamento mieloablativo e não mieloablativo — 253
- Transplante de células-tronco autólogas — 254
- Transplante de células-tronco alogênicas — 255
- Sistema de antígenos leucocitários humanos (HLA) — 255
- Complicações — 256
- Efeito enxerto *versus* leucemia e infusões de leucócitos do doador — 261

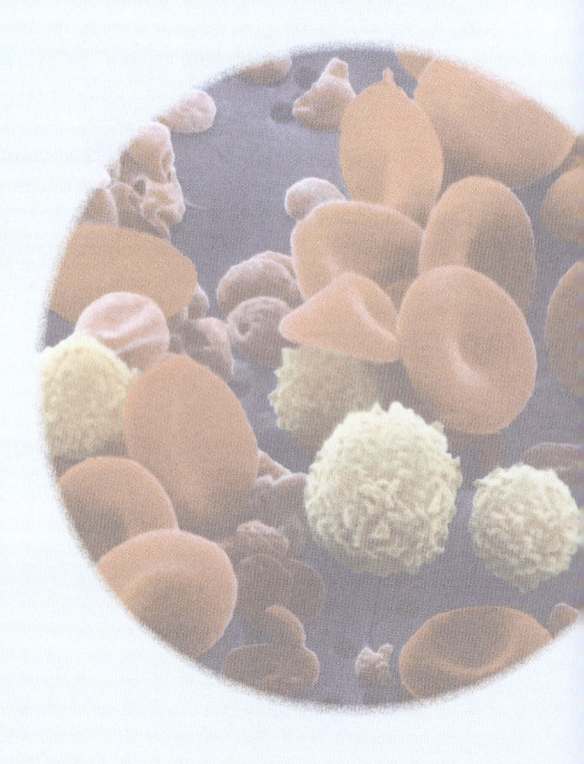

Princípios do transplante de células-tronco

O transplante de células-tronco (TCT) é um procedimento que envolve a eliminação dos sistemas hematopoético e imune de um paciente por quimioterapia e/ou irradiação e a substituição por células-tronco de outro indivíduo ou por uma porção previamente colhida de células-tronco hematopoéticas do próprio paciente (Figura 23.1). O termo engloba *transplante de medula óssea* (TMO), *transplante de células-tronco do sangue periférico* (CTSP) e transplante de células-tronco de cordão umbilical. Dependendo do tipo de doador, o TCT pode ser *singênico* (de gêmeo idêntico), *alogênico* (de outra pessoa) ou *autólogo* (de células-tronco do próprio paciente) (Tabela 23.1).

As principais doenças para as quais há indicação de TCT estão listadas na Tabela 23.2. No entanto, o papel exato do TCT no tratamento de cada doença é complexo e depende de fatores como gravidade e subtipo da doença, estado de remissão, idade e, no transplante alogênico, disponibilidade de doador compatível.

Coleta de células-tronco

As células-tronco podem ser coletadas do sangue periférico, da medula óssea ou do sangue de cordão umbilical.

Coleta de células-tronco do sangue periférico

Atualmente, esta é a fonte preferida de células-tronco para os transplantes autólogo e alogênico. As CTSPs são coletadas utilizando-se uma máquina separadora de células conectada ao paciente ou ao doador via cânulas periféricas (Figura 23.2). O sangue flui por uma das cânulas, é bombeado ao redor da máquina em que as células mononucleares são separadas por centrifugação, e os eritrócitos voltam ao paciente pela cânula de retorno. Esse processo contínuo pode levar algumas horas até que sejam coletadas células mononucleares em número suficiente.

O sangue periférico normalmente contém muito poucas células-tronco hematopoéticas para permitir uma coleta em número suficiente para transplante. Fatores de crescimento podem aumentar cerca de 10 a 100 vezes esse número. Administra-se fator estimulador de colônias granulocíticas (G-CSF) ao paciente ou ao doador em uma série de injeções (dose comum: 10 mg/kg/dia por 4-6 dias), até que a contagem de leucócitos comece a aumentar. Também é administrado plerixafor, um inibidor da adesão de células-tronco na medula óssea, para favorecer ainda mais a mobilização. Então, é feita a coleta e, dependendo da eficácia de mobilização de células-tronco, pode ser necessário repeti-la durante até 3 dias. Um protocolo comum, usado em pacientes ambulatoriais, consiste em G-CSF nos dias 1 a 4 e coleta nos dias 5 e 6. A adequação da coleta é avaliada pela contagem de células CD34$^+$. Em geral, são necessárias > 2,0 × 10^6/kg de células CD34$^+$ para transplante.

Coleta de medula óssea

O doador recebe anestesia geral e são coletados de 500 a 1.200 mL de medula óssea da bacia. A medula é anticoagulada, e é feita contagem de células mononucleares para avaliar o rendimento, que deve ser de 2 a 4 × 10^8 células nucleadas/kg de peso do receptor.

Sangue do cordão umbilical

O sangue fetal é uma fonte rica de células-tronco hematopoéticas que podem ser coletadas do cordão umbilical. Devido ao pequeno número de células obtidas de um único cordão, elas são particularmente úteis para crianças que não tenham um irmão ou um doador não relacionado completamente compatível. Com células do cordão, a compatibilidade HLA pode ser menos rigorosa. O material de dois cordões pode ser necessário para obter um número suficiente de células-tronco para receptores adultos. A reconstituição imunológica do receptor é mais lenta após transplante de células do cordão.

Processamento das células-tronco

Após a coleta, as células-tronco podem ser processadas, com remoção de eritrócitos e concentração das células mononucleares. Em alguns protocolos são usados anticorpos para remoção de células T, a fim de reduzir o risco de doença do enxerto *versus*

Tabela 23.1 Transplante de células-tronco: doadores potenciais

Irmão HLA idêntico	Alogênico
Voluntário não relacionado HLA idêntico	
Sangue de cordão umbilical	
Gêmeo idêntico	Singênico
Próprio	Autólogo

HLA, antígenos leucocitários humanos.

Tabela 23.2 Transplante de células-tronco: indicações

Alogênico (ou singênico)	Autólogo
Leucemia aguda linfoblástica ou mieloide e outros distúrbios malignos da medula óssea (p. ex., leucemia mieloide crônica, mielodisplasia, mieloma múltiplo, linfomas, anemia aplástica grave)	Linfomas de Hodgkin e não Hodgkin, mieloma múltiplo, amiloidose primária
Distúrbios hereditários: talassemia maior, anemia de células falciformes, imunodeficiências, erros inatos do metabolismo no sistema hematopoético e mesenquimal (p. ex., osteopetrose)	Amiloidose Para "gene-terapia" de doença genética (p. ex., deficiência de adenosina deaminase)
Outras doenças graves adquiridas da medula óssea (p. ex., hemoglobinúria paroxística noturna, aplasia eritroide pura, mielofibrose)	

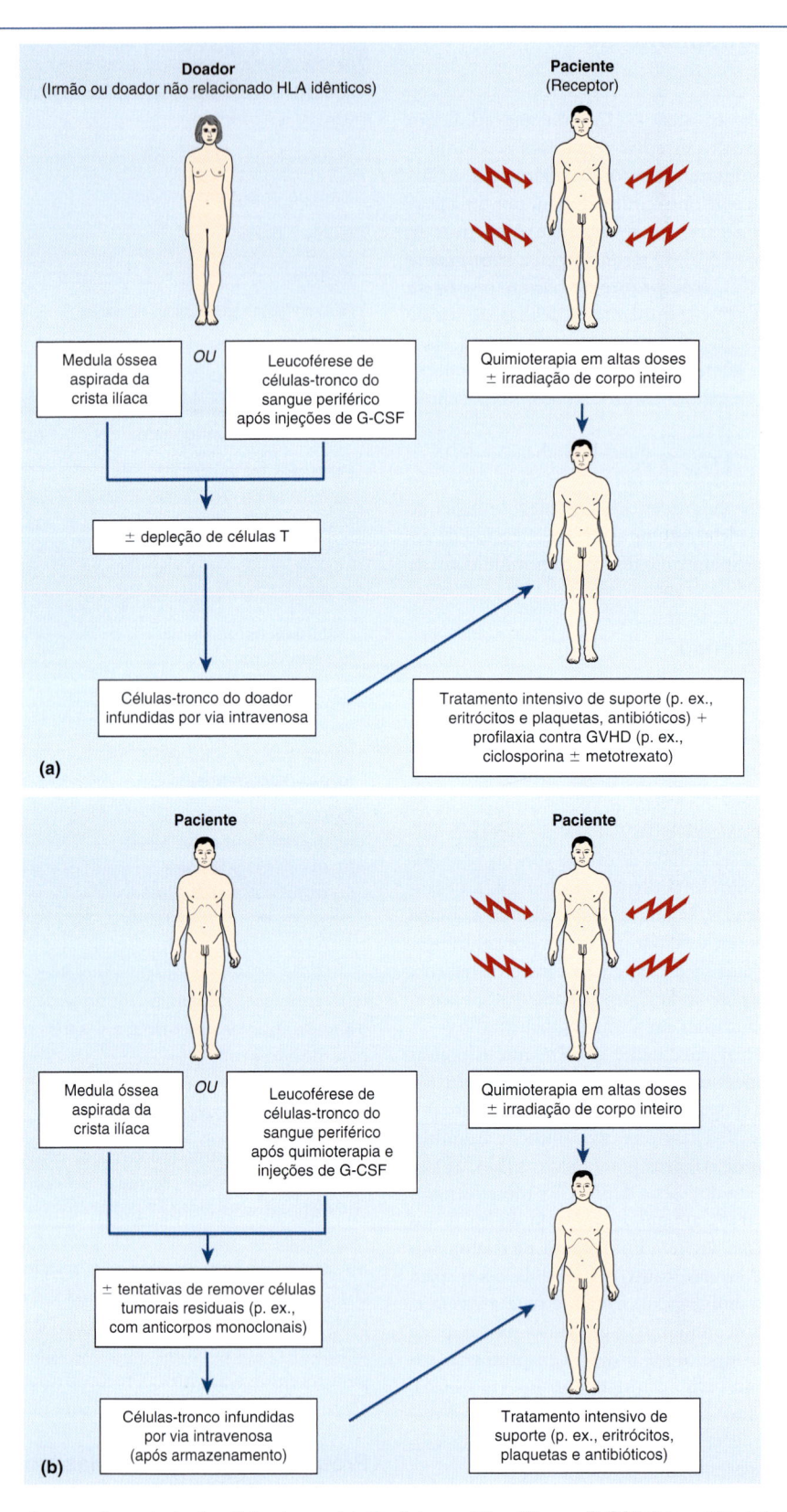

Figura 23.1 Procedimentos para transplante de células-tronco **(a)** alogênicas e **(b)** autólogas. G-CSF, fator estimulador de colônias granulocíticas; GVHD,* doença do enxerto *versus* hospedeiro.

*N. de T. A doença do enxerto *versus* hospedeiro é internacionalmente conhecida como GVHD, da denominação em inglês *graft*-versus-*host disease*.

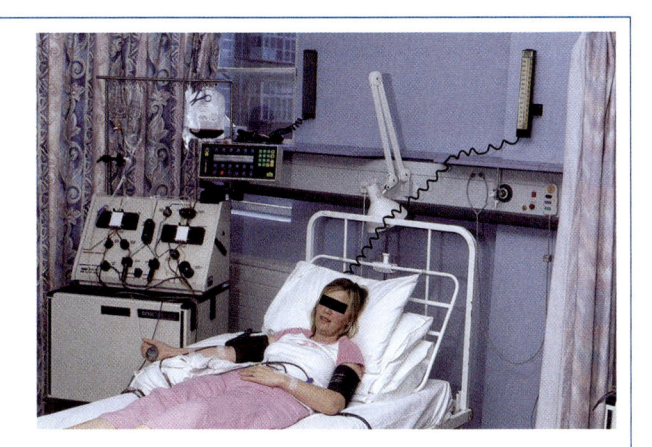

Figura 23.2 Coleta de células-tronco do sangue periférico (CTSP): doador submetido à coleta de CTSPs em um separador de células.

hospedeiro (GVHD). Coletas autólogas podem ser "purgadas" por quimioterapia ou anticorpos, na tentativa de retirar células malignas residuais. As células-tronco CD34$^+$ podem ser selecionadas em ambos os tipos de coleta (Figura 23.3).

Condicionamento

Antes da infusão de células-tronco hematopoéticas, os pacientes recebem altas doses de quimioterapia, algumas vezes combinada com irradiação de corpo inteiro (TBI, do inglês, *total body irradiation*; Figura 23.1), procedimento denominado **condicionamento**, o qual se destina a erradicar os sistemas hematopoético e imune do receptor, além de células malignas, se for o caso. Ademais, no caso de TCT alogênico, ele auxilia na supressão da resposta do sistema imune do receptor, evitando rejeição de células-tronco "estranhas". Um progresso importante que ocorreu no TCT foi a mudança dos regimes de condicionamento **mieloablativos** para regimes **não mieloablativos**.

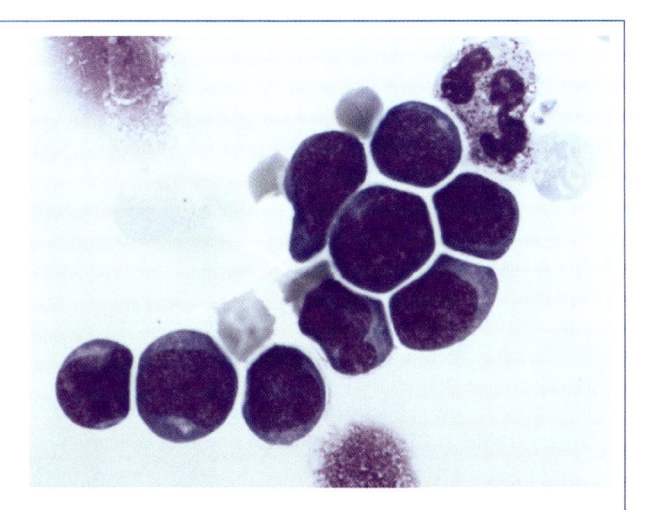

Figura 23.3 Células-tronco do sangue periférico: material enriquecido de células CD34$^+$ coradas com May-Grünwald-Giemsa. As células têm aspecto de linfócitos de tamanhos pequeno e médio.

Os *regimes de condicionamento mieloablativos* destroem irreversivelmente a função da medula óssea com altas doses de quimioterapia ou radioterapia. A TBI, em geral, é usada em pacientes com doenças malignas e costuma ser *fracionada* em pequenas doses ao longo de vários dias. O fármaco quimioterápico de uso mais comum é a ciclofosfamida, mas bussulfano (preferencialmente intravenoso), melfalan ou outros são usados em alguns protocolos. Treossulfano é um novo agente alquilante que está sendo testado. Antes de transplante autólogo, usa-se melfalan em alta dose para mieloma, e um regime combinado, por exemplo BEAM (carmustina, etoposídio, citarabina e melfalan) para linfoma. Para distúrbios benignos, evita-se TBI e emprega-se ciclofosfamida, bussulfano e fludarabina, com alentuzumabe ou globulina antitimocítica (ATG) *in vivo* em diferentes protocolos.

Depois da última dose de quimioterapia, devem decorrer pelo menos 36 horas para que os quimioterápicos sejam eliminados do organismo antes da infusão das células-tronco do doador. A terapia de condicionamento é muitas vezes complicada por mucosite, e alguns pacientes necessitam de nutrição parenteral. A depleção de células T entre as células-tronco do doador, no material coletado *in vitro,* reduz o risco de GVHD, mas aumenta o risco de falta de pega do enxerto, de infecções e de recidiva. De modo alternativo, a depleção *in vivo* de células T do receptor por ATG ou alentuzumabe (anti-CD52) pode ser usada para diminuir o risco de GVHD, mas também aumenta o risco de infecção e recidiva.

Os *regimes de condicionamento não mieloablativos*, isto é, sem destruição completa da medula óssea do hospedeiro, foram desenvolvidos para reduzir a morbidade e a mortalidade dos transplantes alogênicos. Eles não destroem completamente a medula óssea do hospedeiro. Esses regimes incluem fludarabina, doses baixas de bussulfano ou ciclofosfamida, irradiação em baixa dose, ATG ou outros anticorpos que deletam células T. O objetivo desses "minor-transplantes", ou "transplantes de intensidade reduzida", é o uso de imunossupressão o suficiente para permitir que as células do doador proliferem no receptor (haja "pega") sem erradicação completa das células-tronco da medula óssea deste. Infusões de leucócitos do doador são geralmente usadas em estágios posteriores, a fim de "encorajar" uma pega completa das células do doador e para estimular o efeito enxerto *versus* leucemia ou linfoma. Esses regimes estendem os limites de idade e as indicações de tratamento com transplantes alogênicos.

Pega do enxerto e imunidade após o transplante

Depois de um período geralmente de 1 a 3 semanas de pancitopenia intensa, os primeiros sinais de enxerto bem-sucedido são a aparição de monócitos e neutrófilos no sangue, com aumento subsequente da contagem de plaquetas (Figura 23.4). Também surge reticulocitose. O G-CSF pode ser usado para diminuir o período de neutropenia. A pega do transplante é mais rápida após transplante de CTSP do que após TMO.

A celularidade da medula gradualmente retorna ao normal, porém a reserva medular persiste deficiente por 1 a 2 anos. Há imunodeficiência profunda durante 3 a 12 meses,

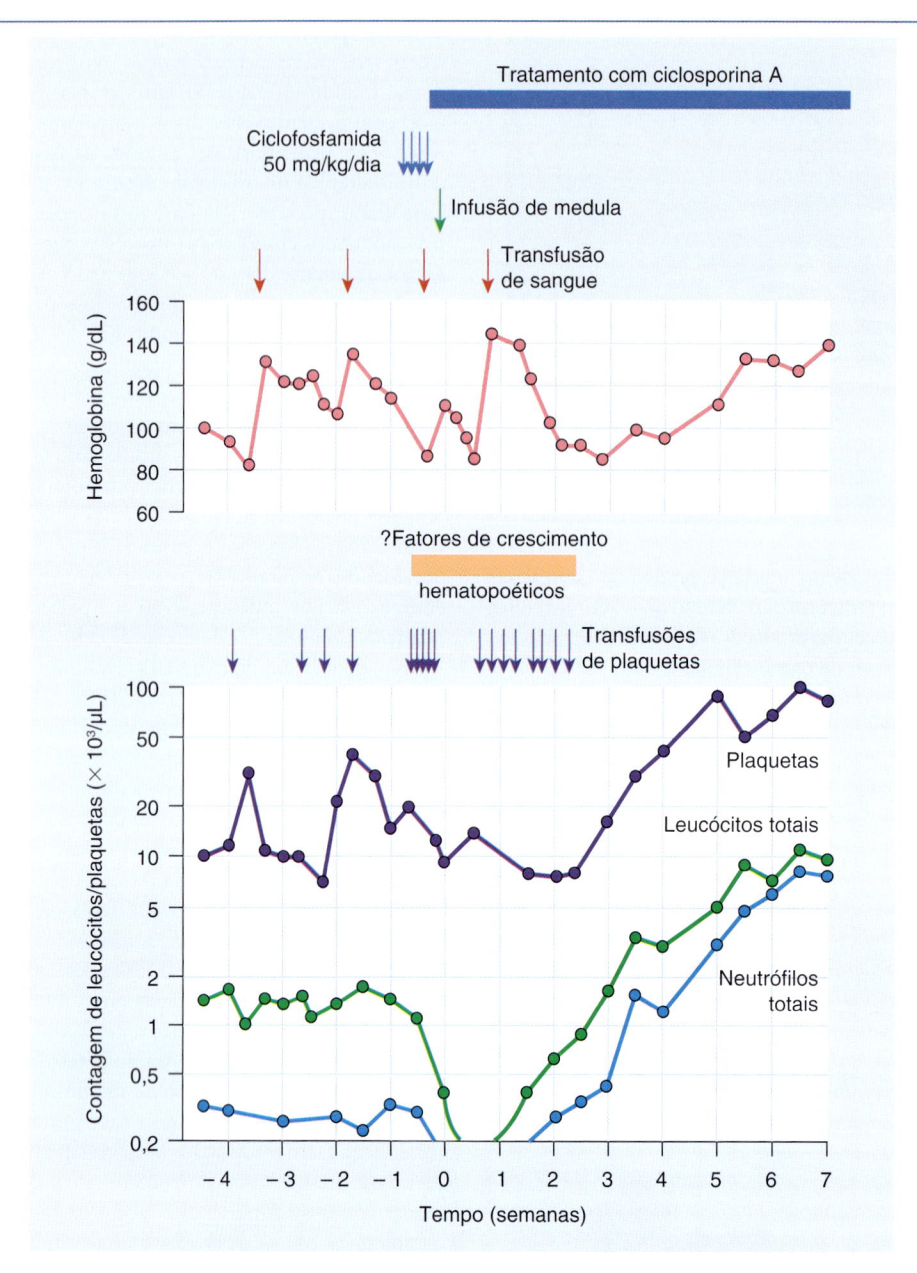

Figura 23.4 Gráfico hematológico comum de paciente submetido a transplante alogênico de medula óssea para tratamento de anemia aplástica.

com baixo nível de linfócitos auxiliares (*helper*). A recuperação imunológica é mais rápida após TCT autólogas e singênicas do que após TCT alogênicas. O grupo sanguíneo e a imunidade específica a antígeno do paciente convertem-se para os do doador após cerca de 60 dias.

Transplante de células-tronco autólogas

O transplante de células-tronco autólogas permite a administração de altas doses de quimioterapia, com ou sem radioterapia, que, de outro modo, resultaria em aplasia prolongada da medula óssea. As células-tronco são colhidas e armazenadas antes do tratamento e, depois, são reinfundidas para "resgatar" o paciente dos efeitos mieloablativos do tratamento (Figura 23.1). Uma limitação do procedimento é a perspectiva de reintroduzir no paciente células tumorais, contaminantes das células-tronco colhidas. O autoenxerto, no entanto, desempenha um papel importante no tratamento de doenças hematológicas, como linfoma e mieloma. O principal problema associado ao autoenxerto é a recidiva da doença original (Figura 23.5). Não ocorre GVHD. A mortalidade relacionada ao procedimento é significativamente inferior a 5%.

Transplante de células-tronco alogênicas

Neste procedimento, as células-tronco coletadas de outra pessoa são infundidas no paciente. O procedimento tem morbidade e mortalidade significativas e um dos motivos principais é a incompatibilidade imunológica, apesar da identidade HLA entre doador e receptor. O distúrbio imunológico pode apresentar-se como imunodeficiência, GVHD ou falha na pega do enxerto (Figura 23.5). De modo paradoxo, há, também, um efeito enxerto *versus* leucemia (GVL, do inglês, *graft versus leukaemia*) que parece ser parte relevante do sucesso do procedimento.

Sistema de antígenos leucocitários humanos (HLA)

Os transplantes alogênicos seriam impossíveis sem a tecnologia de tipificação HLA. O braço curto do cromossomo 6 contém um aglomerado (*cluster*) de genes, conhecido como complexo principal de histocompatibilidade (MHC, do inglês,

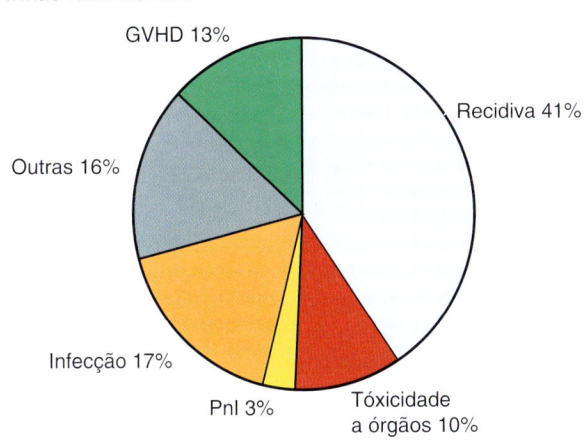

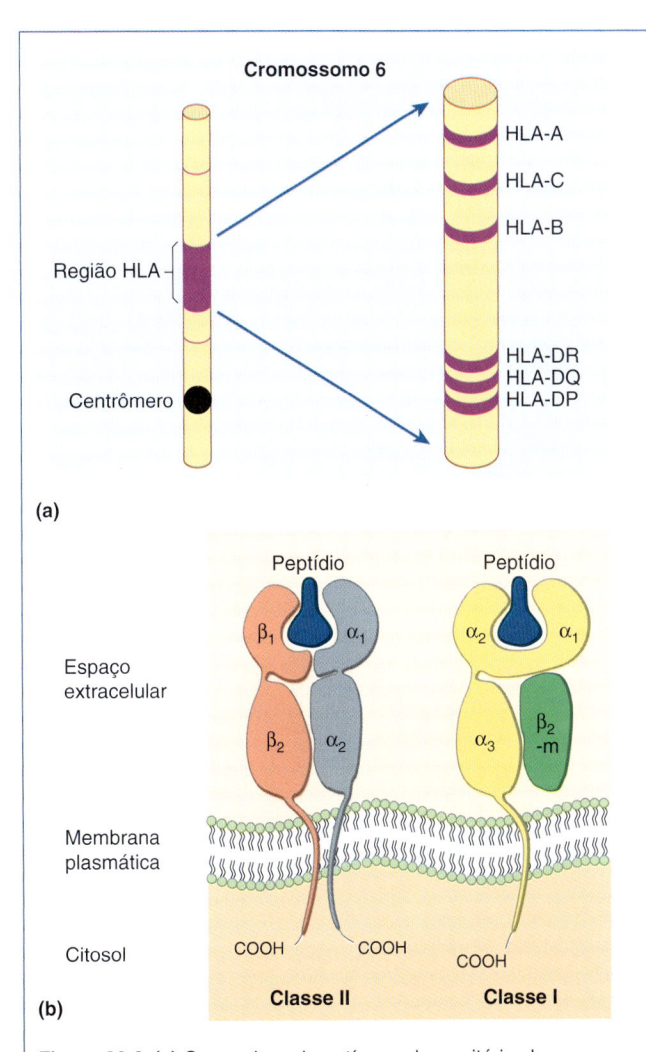

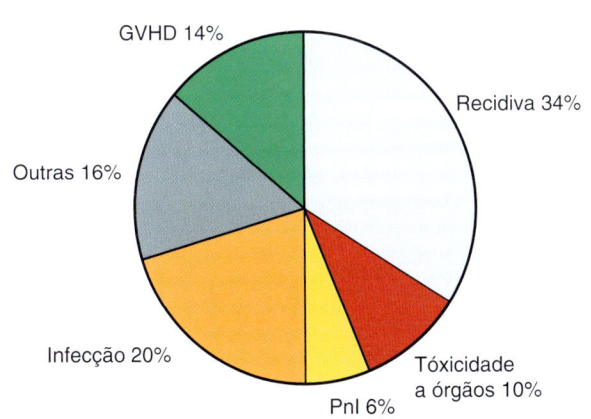

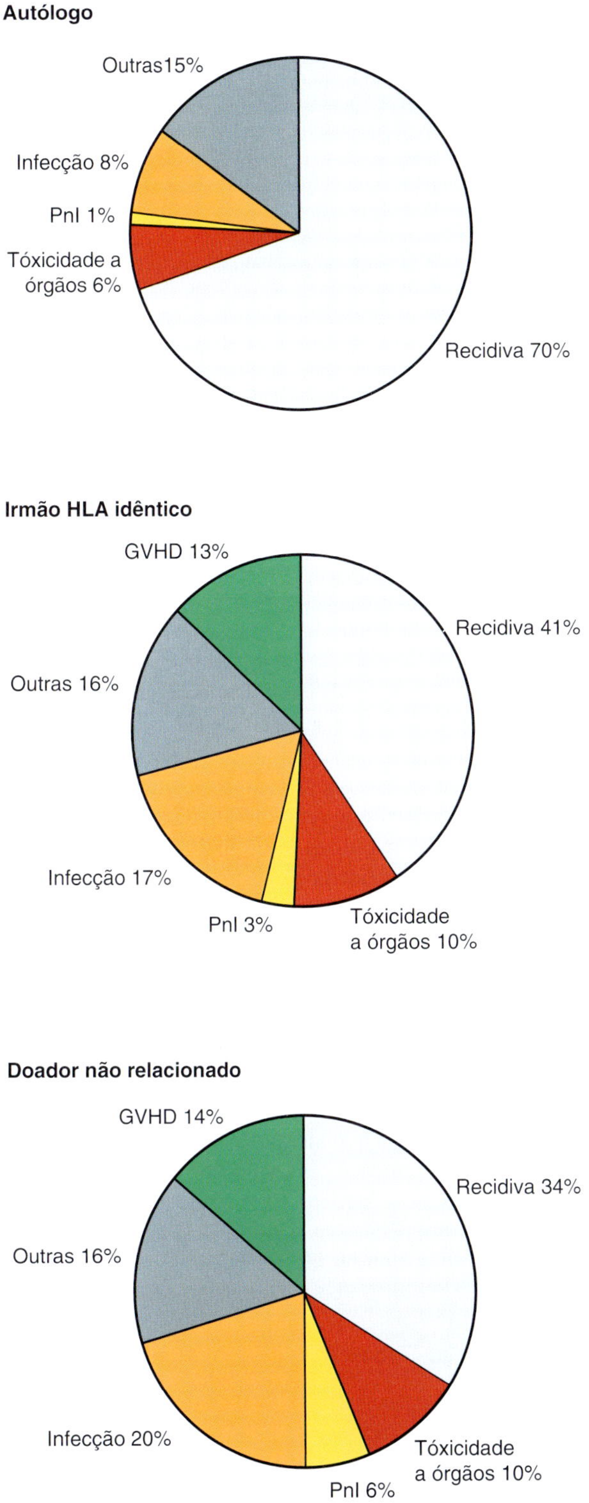

Figura 23.5 Causas de morte após transplantes autólogo, alogênico de irmão HLA idêntico e de doador não relacionado. PnI, pneumonite intersticial. Fonte: Craddock C. e Chakraverty R. Em Hoffbrand A. V. et al. (editores) (2016) *Postgraduate Haematology* 7ª ed. Reproduzida, com permissão, de John Wiley e Sons.

Figura 23.6 (a) O complexo de antígenos leucocitários humanos (HLA). **(b)** Moléculas HLA classes I e II, mostrando os domínios proteicos e os peptídios ligados.

Tabela 23.3 Antígenos leucocitários humanos (HLA)		
	Classe I	**Classe II**
Antígenos	HLA-A, -B, -C	HLA-DR, -DP, -DQ
Distribuição	Todas as células nucleadas, plaquetas	Linfócitos B Monócitos Macrófagos Células T ativadas
Estrutura	Grande cadeia polipeptídica e uma β_2-microglobulina	Duas cadeias polipeptídicas (α e β)
Interação com	Linfócitos CD8	Linfócitos CD4

major histocompatibility complex) ou região HLA (Figura 23.6a). Os genes dessa região codificam antígenos HLA e muitas outras moléculas, incluindo componentes do complemento, fator de necrose tumoral (TNF) e proteínas associadas a processamento de antígenos. As proteínas HLA são divididas em classes I e II (Tabela 23.3). O seu papel é ligar peptídios intracelulares e "apresentá-los" aos linfócitos T para reconhecimento de antígeno (ver Capítulo 9). As moléculas classe I (HLA-A, -B e -C) apresentam antígeno às células T CD8$^+$, e as moléculas classe II (HLA-DR, -DQ e -DP) apresentam às células T CD4$^+$ (Figura 23.6b).

Os **antígenos classe I** estão presentes na maioria das células nucleadas e, na superfície celular, são associados à b$_2$-microglobulina. Os **antígenos classe II** têm distribuição tecidual mais restrita e compreendem as cadeias α e β, ambas codificadas pelos genes na região HLA. A herança dos quatro *locus* (HLA-A, -B, -C e -DR) é estreitamente ligada; um conjunto de *locus* é herdado do pai e outro da mãe, de modo que há probabilidade de um em quatro de dois irmãos terem antígenos HLA idênticos (Figura 23.7a). O cruzamento de genes durante a meiose (*crossing-over*) é responsável por disparidades ocasionais inesperadas. A herança independe de sexo e de grupo sanguíneo.

Antígenos leucocitários humanos e transplante

O papel natural das moléculas HLA é o de direcionar as respostas dos linfócitos T e, quanto maior for a diferença HLA, maior será a resposta imune entre as células transplantadas e as do receptor. Por conseguinte, a tipagem HLA é crítica na seleção de doadores para TCT alogênicas.

Os antígenos de histocompatibilidade menor são peptídios apresentados por moléculas HLA capazes de agir como antígenos no TCT por serem polimórficos na população (p. ex., HA-1, HA-2, Hy) ou por serem codificados no cromossomo Y e, portanto, representarem antígenos novos quando um sistema imune feminino é enxertado em um homem. Provavelmente, eles são antígenos importantes nas reações GVH e GVL (ver a seguir).

A tipagem HLA pode ser feita por técnicas sorológica ou molecular.

A nomenclatura dos alelos *HLA* é padronizada. Uma especificidade antigênica única (gene) definida por tipificação sorológica (p. ex., HLA-A2) pode ser dividida em diferentes alelos por sequenciamento do DNA. Cada alelo recebe uma designação numérica. O nome do gene é seguido por um asterisco. O primeiro campo de dígitos indica o grupo do alelo, o segundo lista subtipos que diferem na sequência de proteínas. Os dígitos subsequentes indicam diferenças mínimas em regiões não codificantes. Como exemplo, os alelos nos *locus HLA-A* são escritos como *HLA-A*01:01* a *HLA-A*80:01*. A nomenclatura para os genes da classe II é similar, porém complicada, pelo fato de poder haver mais de um gene *HLA-DRB* em cada cromossomo (Figura 23.7b).

Ao procurar-se um doador não relacionado, a finalidade é combinar HLA-A, -B e -DR entre receptor e doador, o que é denominado compatibilidade 10/10 baseada na compatibilidade de A, B, C, DRB1 e DQB1. Abre-se uma exceção quando um doador com um só haplótipo HLA combinante, geralmente pai, mãe ou irmão do receptor, é usado em um ***TCT haploidêntico***. Esses transplantes, em geral, requerem um enxerto de células-tronco acentuadamente depletado de linfócitos T, de modo a limitar o desenvolvimento de GVHD. Há muitos milhões de doadores voluntários nos registros internacionais, e a chance de identificar um doador não relacionado, que combine com um paciente sem irmão HLA-compatível (dependendo do grupo étnico), em geral ultrapassa 50%.

Análise de quimerismo

Após um TCT alogênico, o sangue do receptor mostra a presença de células próprias e células do doador (quimerismo). A demonstração pode ser feita por análise por hibridização fluorescente *in situ* (FISH, ver Capítulo 11) da proporção de células contendo o cromossomo Y, no caso de doador e receptor de sexos diferentes, ou por técnicas de análise de DNA.

Complicações (Tabela 23.4)

As causas de morte decorrentes de TCT foram mostradas na Figura 23.5. A estatística global é a mais baixa (< 5%) para TCT autólogas, e a mais alta para TCT entre doador e receptor não relacionados e haploidênticos.

Doença do enxerto versus *hospedeiro (GVHD)*

É causada por reação de células imunes derivadas do doador, particularmente linfócitos T, contra tecidos do receptor. A incidência aumenta com o aumento da idade do doador e do receptor e com o grau de diferença HLA entre ambos.

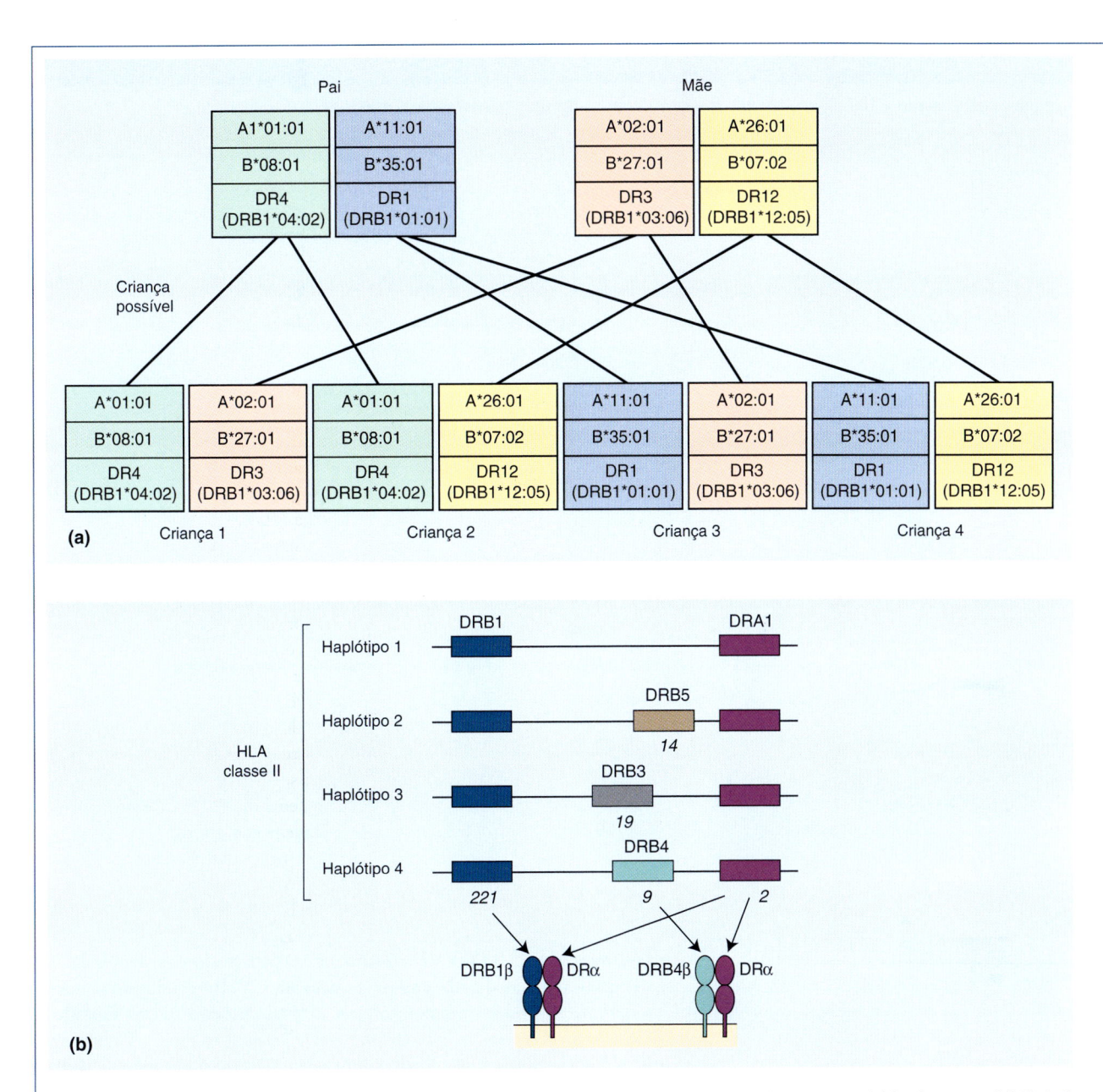

Figura 23.7 **(a)** Exemplo de padrão possível de herança de série de alelos do complexo de antígenos leucocitários humanos (HLA) A, B e DR (*DRB1*). **(b)** Genética molecular dos genes do complexo HLA classe II. Há quatro haplótipos principais dos genes classe II do MHC na população, podendo cada indivíduo ter até dois (um em cada cromossomo). O gene *DRA1* codifica para a proteína DRα, e os genes *DRB1*, *DRB3* e *DRB5* codificam cadeias DRβ. A expressão do gene *DRB1* é maior que a dos outros genes. O número de alelos em cada gene é mostrado sob o gene em itálico. Os alelos de cada *locus* têm nomenclatura padrão; por exemplo, os alelos dos genes em *DRB1* são chamados de *DRB1*01:01* a *DRB1*16:08*. Sabe-se, hoje, que os antígenos *DR51*, *DR52* e *DR53*, definidos por testes sorológicos, são codificados pelos genes *DRB5*, *DRB4* e *DRB3*, respectivamente.

A aloimunização do doador, por exemplo, mulher que teve múltiplas gestações, ou, no receptor, infecção viral (p. ex., por CMV), doenças hepáticas, doenças inflamatórias do trato digestório ou reumáticas, também aumentam o risco de GVHD aguda. A profilaxia de GVHD, em geral, é feita com ciclosporina (ou tacrolimus) com metotrexato (ou sirolimus, ou micofenolato de mofetil).

Na **GVHD aguda**, que ocorre nos primeiros 100 dias pós-transplante, a pele, o trato gastrintestinal e o fígado são afetados; o estadiamento clínico da GVHD aguda está na Tabela 23.5. O exantema normalmente afeta a face, as palmas das mãos, as plantas dos pés e as orelhas, porém, em casos graves, pode afetar todo o tegumento (Figura 23.8). Diarreia pode provocar depleção de fluidos e eletrólitos. Em geral, há

Tabela 23.4 Complicações do transplante de células-tronco

Iniciais (geralmente < 100 dias)	Tardias (geralmente > 100 dias)
Infecções, principalmente bacterianas, fúngicas, herpes-simples, CMV	Infecções, principalmente varicela-zóster, bactérias encapsuladas
Hemorragia	GVHD crônica (artrite, má absorção, hepatite, esclerodermia, síndrome sicca, líquen plano, doença pulmonar, derrames nas serosas)
GVHD aguda (pele, fígado, intestino)	Doença pulmonar crônica
Falha no enxerto	Doenças autoimunes
Cistite hemorrágica	Catarata
Pneumonite intersticial	Infertilidade
Outras: doença venoclusiva, insuficiência cardíaca	Tumores malignos secundários

CMV, citomegalovírus; GVHD, doença do enxerto versus hospedeiro.

Tabela 23.5 Doença do enxerto versus hospedeiro aguda: estadiamento clínico (sistema Seattle)

Estágio	Pele	Fígado: bilirrubina (µmol/L)	(mg/dL)	Intestino: diarreia (L/dia)
I	Exantema < 25%	20-35	1,2-2,0	0,5-1
II	Exantema 25-50%	35-80	2,0-4,7	1-1,5
III	Eritrodermia	80-150	4,7-8,8	1,5-2,5
IV	Bolhas, descamação	> 150	> 8,8	> 2,5; dor intensa, íleo

aumento de bilirrubinas e fosfatase alcalina, porém as demais enzimas hepáticas são quase normais. A GVHD aguda geralmente é tratada com altas doses de corticosteroides, que, na maioria dos casos, mostram-se eficazes.

Na **GVHD crônica**, que ocorre geralmente depois de 100 dias e pode evoluir a partir da GVHD aguda, são envolvidos os mesmos tecidos, as articulações e outras superfícies serosas, a mucosa oral e as glândulas lacrimais. Podem aparecer características de esclerodermia, síndrome de Sjögren e líquen plano. O sistema imune é prejudicado (incluindo hipoesplenismo), com risco de infecção. Má absorção e lesões pulmonares são frequentes. Corticosteroides são tentados, associados a fármacos de segunda linha, incluindo ciclosporina, rituximabe, sirolimus, micofenolato de mofetil, e com fotoférese extracorpórea. Os resultados, entretanto, são pobres.

Infecções

Infecções bacterianas e fúngicas são frequentes no início do período pós-transplante (Figura 23.9). A incidência pode ser diminuída por isolamento reverso, tratamento em unidades com fluxo de ar laminar ou com pressão positiva e uso de antissépticos cutâneos e bucais. Costuma-se adicionar tratamento profilático com aciclovir, antifúngicos e antibióticos orais. Se houver febre ou outra evidência de infecção, iniciam-se antibióticos de largo espectro por via intravenosa

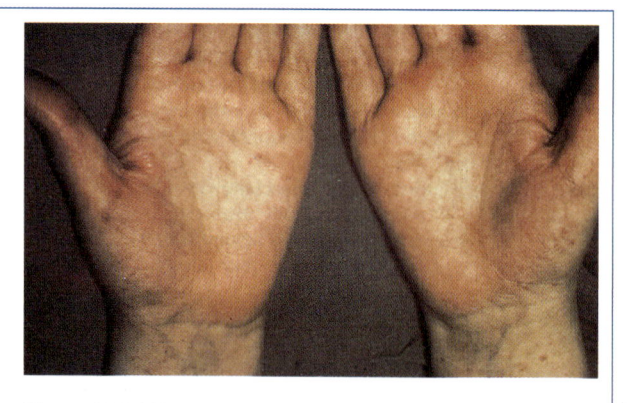

Figura 23.8 Eritema disseminado na doença do enxerto versus hospedeiro aguda, após transplante de células-tronco alogênicas.

logo após a coleta de sangue para hemocultura e de outros espécimes para exame microbiológico. A falta de resposta aos agentes antibacterianos é indicação para início de tratamento antifúngico sistêmico com anfotericina B, caspofungina ou voriconazol. Infecções fúngicas, sobretudo por *Candida* e *Aspergillus* (ver Capítulo 12), constituem um problema particular devido à neutropenia prolongada.

Infecções virais também são frequentes, particularmente por vírus do grupo herpes, herpes-simples, citomegalovírus (CMV) e vírus varicela-zóster (VZV), mas ocorrem com picos de incidência em diferentes intervalos (Figura 23.9). CMV é uma ameaça particular e associa-se a pneumonite intersticial potencialmente fatal, hepatite e queda nas contagens do hemograma. A infecção pode ser causada por reativação do CMV no receptor ou por nova infecção transmitida pelo doador. Em pacientes soronegativos para CMV, com doadores do transplante também soronegativos, devem ser usados derivados de sangue CMV negativos e sangue depletado de leucócitos. Aciclovir pode ser útil na profilaxia. A maioria dos centros faz triagem regular dos pacientes para evidências de reativação do CMV após o transplante alogênico. Se os testes se tornarem positivos, ganciclovir pode suprimir o vírus antes que a doença ocorra. Ganciclovir, foscarnet, cidofovir (um novo agente poderoso, porém nefrotóxico) e imunoglobulina anti-CMV podem ser usados na infecção estabelecida. Infecção por VZV também é frequente após TCT, porém ocorre mais tarde, com prazo médio de aparecimento de 4 a 5 meses. Raramente, a infecção é disseminada; é indicado aciclovir por via intravenosa. Infecções pelo vírus Epstein-Barr (EBV) e doença linfoproliferativa (ver Figura 23.13) associada ao EBV são menos frequentes depois de TCT do que após transplantes de órgãos sólidos.

Pneumocystis jirovecii (Figura 23.10) é outra causa de pneumonite, mas pode ser evitada com cotrimoxazol profilático.

Pneumonite intersticial

É uma das causas mais frequentes de morte após TCT (Figura 23.10). O CMV é um agente frequente, mas outros herpes-vírus e *P. carinii* são também implicados. Na maioria dos casos, nenhuma causa é evidenciada, além da radiação e da quimioterapia prévias. Lavado broncoalveolar ou biópsia de pulmão a céu aberto podem ser necessários para estabelecer o diagnóstico.

Suporte hemoterápico

Concentrados de plaquetas são administrados para manter a contagem acima de $10 \times 10^3/\mu L$. Bolsas de plaquetas ou de sangue administradas no período pós-transplante devem ser irradiadas para inativar linfócitos que possam causar GVHD.

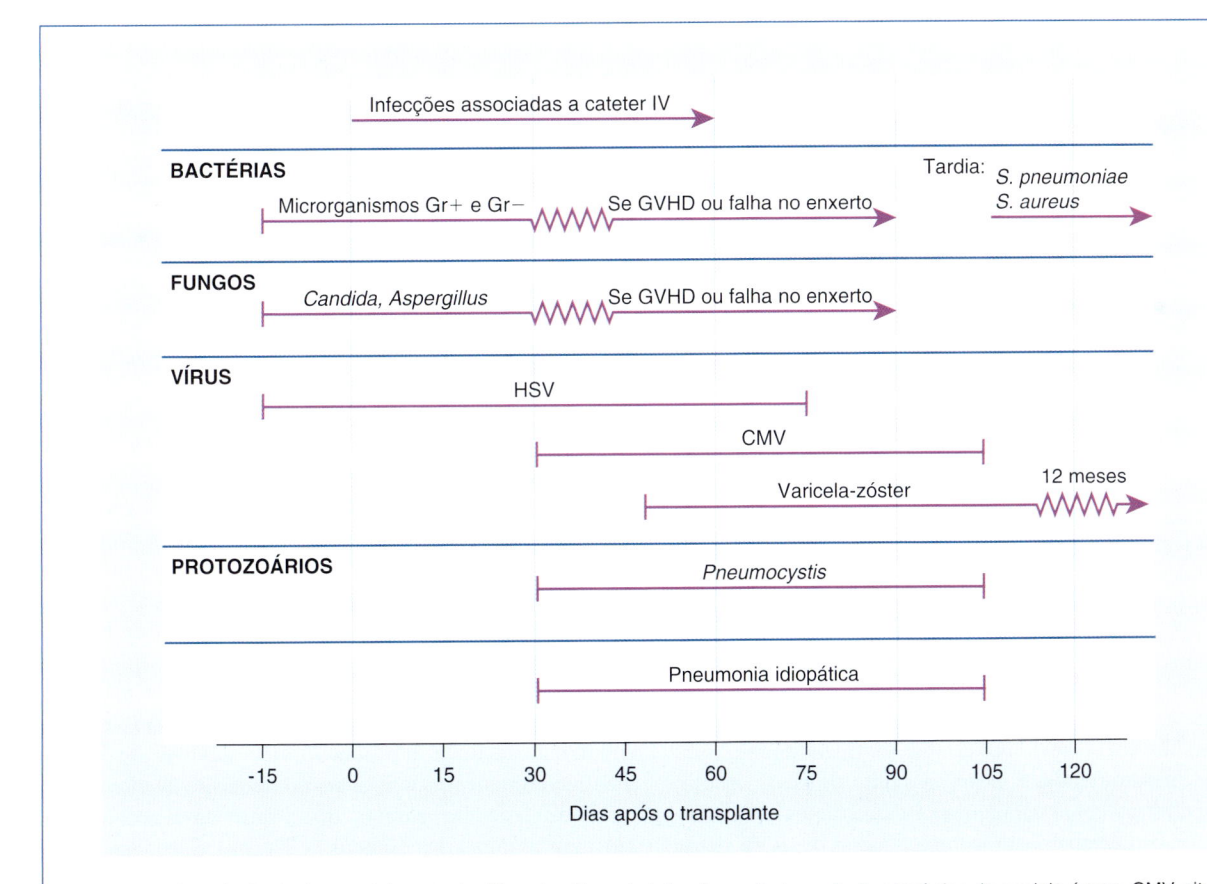

Figura 23.9 Sequência de desenvolvimento de diferentes tipos de infecção, após transplante alogênico de medula óssea. CMV, citomegalovírus; Gr+, gram-positivo, Gr–, gram-negativo; GVHD, doença do enxerto *versus* hospedeiro; HSV, herpes-vírus simples.

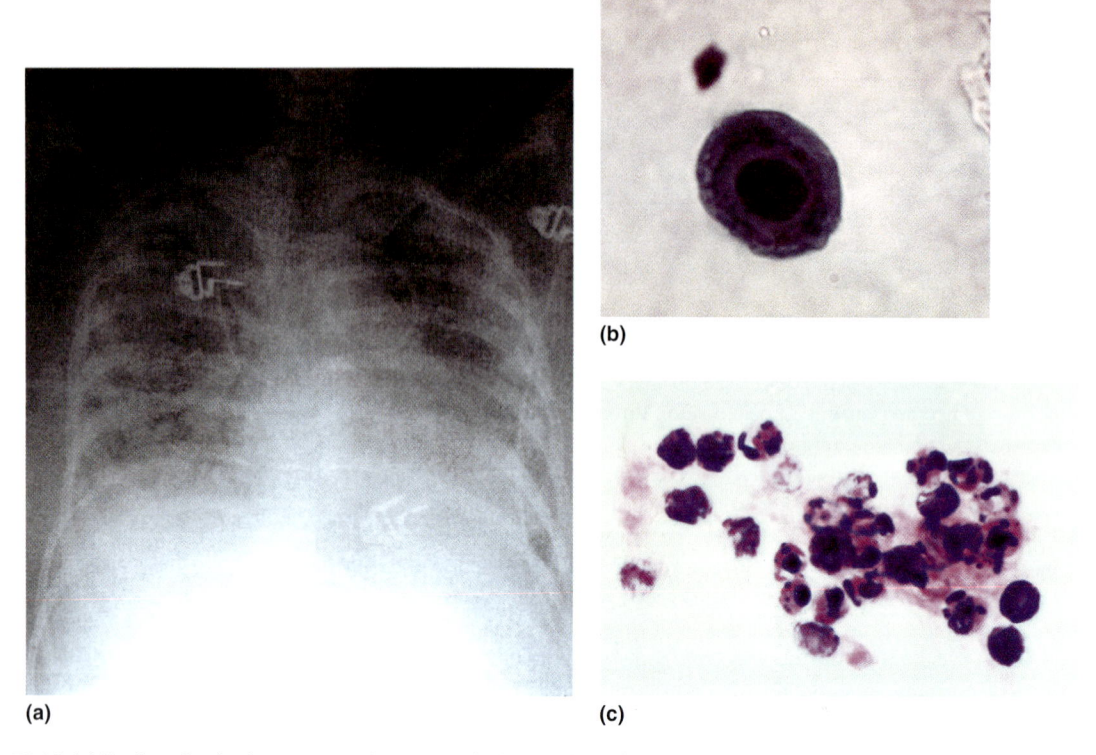

Figura 23.10 (a) Radiografia de tórax, mostrando pneumonite intersticial após transplante de medula óssea. Observa-se infiltrado micronodular difuso. O paciente tinha sido submetido à irradiação de corpo inteiro e tinha doença do enxerto *versus* hospedeiro grau III. Não foi identificada nenhuma causa infecciosa da pneumonia. Causas possíveis incluem *Pneumocystis*, citomegalovírus, herpes, fungos ou combinações destes. **(b)** Citologia do escarro: corpúsculo de inclusão intranuclear de CMV em uma célula pulmonar. Coloração de Papanicolaou. **(c)** *Pneumocystis jirovecii* em lavado brônquico, coloração de Gram-Weigert.

Outras complicações do transplante alogênico

Falha no enxerto

O risco de falha no enxerto é maior em pacientes com anemia aplástica e em casos em que é feita depleção de células T na medula óssea do doador para profilaxia de GVHD, sugerindo que as células T do doador são necessárias para superar a resistência do hospedeiro ao enxerto de células-tronco.

Cistite hemorrágica

Em geral, é causada pelo metabólito acroleína da ciclofosfamida. Administra-se Mesna® na tentativa de prevenção. Certos vírus, como adenovírus ou poliomavírus, também podem provocar essa complicação.

Outras complicações

Incluem doença venoclusiva do fígado (manifesta-se com icterícia, hepatomegalia e ascite ou ganho de peso), insuficiência cardíaca como consequência da cardiotoxicidade do regime de condicionamento (sobretudo altas doses de ciclofosfamida) e de quimioterapia prévia. Hemólise devida à incompatibilidade ABO entre doador e receptor pode causar problemas nas primeiras semanas. Também pode ocorrer anemia hemolítica microangiopática.

Complicações tardias

Pode ocorrer recidiva da doença original, como leucemia aguda ou crônica (Figura 23.5). Infecções bacterianas são frequentes, principalmente por microrganismos encapsulados que acometem o trato respiratório; usa-se profilaxia com penicilina oral para diminuir o risco. Infecções por VZV e fungos também são frequentes. O uso profilático de cotrimoxazol e aciclovir por via oral durante 3 a 6 meses diminui o risco de infecção por *Pneumocystis* e herpes, respectivamente.

As complicações pulmonares tardias incluem pneumonite restritiva e bronquiolite obliterante. As complicações endócrinas incluem hipotireoidismo, ausência de crescimento em crianças, diminuição do desenvolvimento sexual e infertilidade em adultos. Esses problemas endócrinos são mais significativos quando feita TBI. Doenças autoimunes clinicamente aparentes são infrequentes e incluem miastenia, artrite reumatoide, anemia, trombocitopenia e neutropenia. Autoanticorpos são frequentemente detectados na ausência de sintomas. Tumores malignos secundários (sobretudo linfoma não Hodgkin), em comparação com controles, ocorrem com incidência seis ou sete vezes maior. Complicações no sistema nervoso central incluem neuropatias e problemas oculares decorrentes da GVHD crônica (síndrome *sicca*) ou catarata. Pode desenvolver-se sobrecarga de ferro pelo volume transfusional recebido antes e depois do transplante. Pode ser feito tratamento com quelação de ferro ou com sangrias após a restauração da eritropoese. Não há necessidade de remover o excesso de ferro antes do procedimento de transplante.

Efeito enxerto *versus* leucemia e infusões de leucócitos do doador

Após transplante alogênico, o sistema imune do doador ajuda na erradicação da leucemia do paciente, fenômeno conhecido como efeito **enxerto versus leucemia** (GVL). As evidências incluem diminuição na frequência de recidiva em pacientes com GVHD, aumento da frequência de recidiva em TCT entre gêmeos idênticos e, mais convincente, a capacidade da ***infusão de leucócitos do doador*** (ILD) de curar leucemia recidivada em alguns pacientes. Também existem efeitos enxerto *versus* linfoma e enxerto *versus* mieloma. O princípio da ILD é que as células mononucleares do sangue periférico são coletadas do doador original e diretamente infundidas no paciente por ocasião da recidiva da leucemia (Figura 23.11).

Há grande diferença no resultado do tratamento de várias doenças com ILD. A leucemia mieloide crônica (LMC) é muito sensível, ao passo que a leucemia linfoblástica aguda raramente responde. Na LMC, a resposta à ILD é mais positiva em casos de recidiva precoce. Usa-se PCR para monitorar amostras seriadas de sangue para evidência de ocorrência de transcritos *BCR-ABL1* antes que ocorra recidiva cariotípica ou clínica (Figura 23.11). A ILD pode, então, ser usada em casos de recidiva ainda apenas molecular. A resposta à ILD pode levar várias semanas, porém, em geral, resulta em cura permanente. O mecanismo é incerto, mas é provável que uma reação imune alorreativa mediada por célula T seja o componente principal.

A tomografia por emissão de pósitrons (TEP *scan*) é usada para detectar a presença de doença residual mínima em casos de linfoma e indicar a necessidade de ILD, bem como para monitorar a resposta ao tratamento (Figura 23.12).

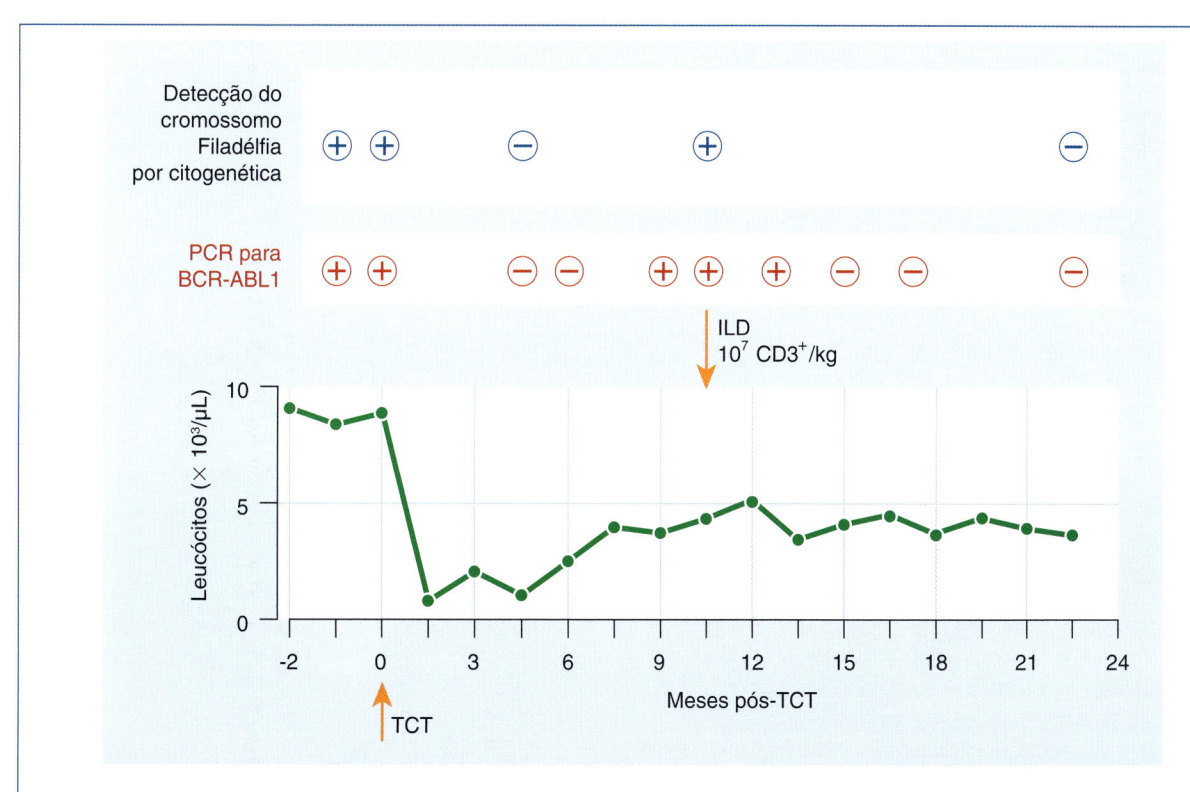

Figura 23.11 Exemplo de infusão de leucócitos do doador (ILD) no tratamento de leucemia mieloide crônica recidivada após transplante de células-tronco (TCT) alogênicas. A análise PCR do sangue para transcritos *BCR-ABL1* mostra que houve perda transitória dos transcritos, mas que houve recidiva citogenética e molecular aos 10 meses. Uma infusão de leucócitos do doador permitiu o restabelecimento de uma remissão completa duradoura.

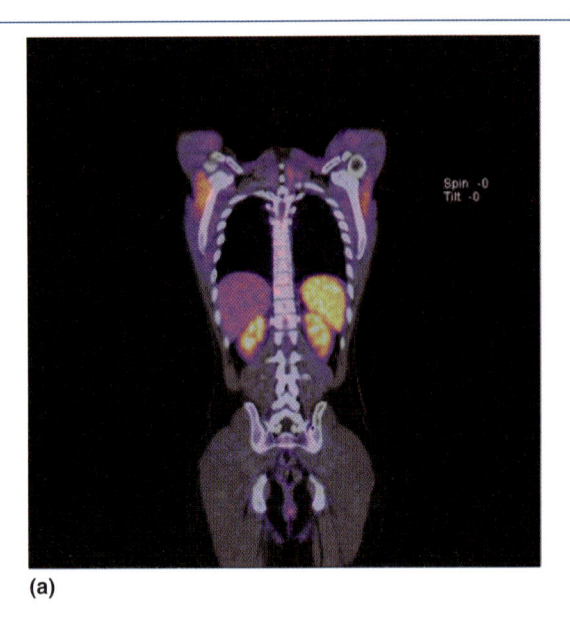

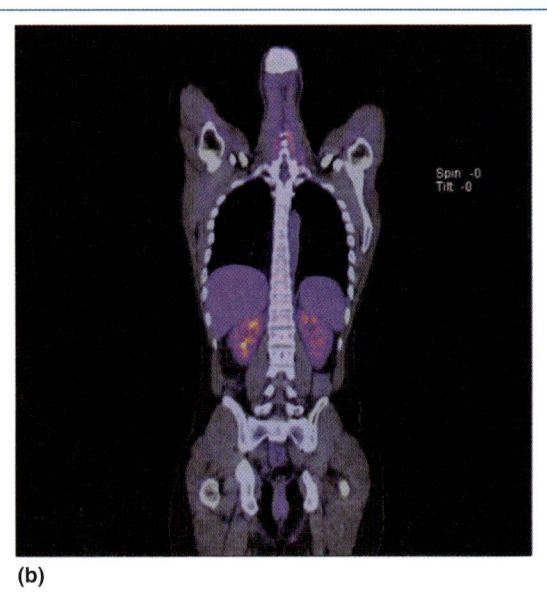

Figura 23.12 Exemplo de controle da doença após uma infusão de leucócitos do doador depois de transplante de células-tronco (TCT). **(a)** TEP *scan* revelou doença residual após 6 meses de TCT alogênico em paciente com linfoma não Hodgkin. O sinal luminoso reflete a atividade metabólica das células malignas no baço e nos linfonodos axilares. Foi feita infusão de leucócitos do doador e o TEP *scan*, repetido após 3 meses, **(b)** não revelou mais evidências de doença residual. Fonte: cortesia do Prof. Nigel Russell.

Doenças linfoproliferativas pós-transplante

São proliferações linfoides policlonais ou monoclonais que ocorrem em receptores de células-tronco ou, mais frequentemente, de transplantes alogênicos de órgãos sólidos, como decorrência da imunossupressão intensiva. Pode ocorrer linfocitose ou linfoma, geralmente de células B, estimulados pelo vírus Epstein-Barr. Costuma haver envolvimento do intestino, do pulmão ou da medula óssea (Figura 23.13). O tratamento é feito com redução da imunossupressão (se possível), anti-CD20 (rituximabe) e, se apropriado e disponível, quimioterapia ou células T citotóxicas elaboradas para destruir células tumorais EBV[+].

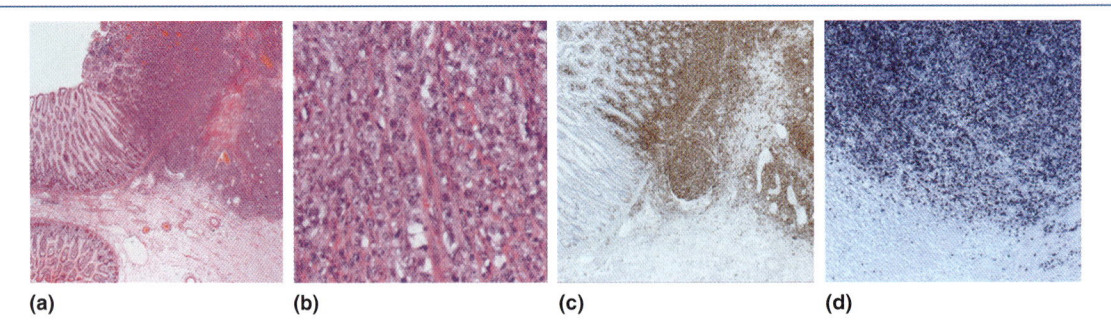

Figura 23.13 Doença linfoproliferativa pós-transplante: homem de 17 anos, cinco meses após transplante de rim, teve perfuração do intestino delgado causado por linfoma difuso de células B grandes. **(a)** Vista em pequeno aumento da massa linfoide invadindo o intestino. **(b)** Massa linfoide em grande aumento. **(c)** Positividade à imuno-histoquímica para CD20. **(d)** EBV-ISH (hibridização *in situ*), mostrando positividade das células para o vírus Epstein-Barr. Fonte: cortesia do Prof. P. Amrolia e do Dr. N. Sebire.

RESUMO

- O transplante de células-tronco (TCT) envolve a substituição dos sistemas hematopoético e imune por células-tronco do mesmo paciente (autólogas) ou de outra pessoa (alogênicas). As células do doador podem ser coletadas da medula óssea, do sangue periférico ou do cordão umbilical.
- O TCT autólogas é mais comumente feito no tratamento de linfomas e mieloma.
- Para o TCT alogênicas há necessidade de eliminar os sistemas hematopoético e imune do receptor com quimioterapia, radioterapia e anticorpos monoclonais.
- O TCT alogênicas necessita de um doador HLA compatível, irmão do paciente ou não relacionado. Os antígenos leucocitários humanos (HLA) são codificados por genes no cromossomo 6. São muito polimórficos e estão envolvidos na apresentação de antígenos aos linfócitos T.
- O TCT alogênicas é indicado em casos selecionados de leucemia aguda, outras neoplasias malignas da medula óssea e doenças graves da medula, genéticas ou adquiridas (p. ex., talassemia maior e anemia aplástica). Em pacientes mais velhos é preferível um regime de condicionamento de intensidade reduzida.
- As infusões de leucócitos do doador podem ser usadas para curar a recidiva de leucemia pós-TCT alogênicas por um mecanismo de enxerto *versus* leucemia.
- Complicações precoces de TCT alogênicas incluem doença do enxerto *versus* hospedeiro aguda, infecções, falha de enxerto e doença venoclusiva. Complicações a longo prazo incluem doença do enxerto *versus* hospedeiro crônica, dano a vários órgãos (p. ex., pele, coração, pulmões e fígado) e doença linfoproliferativa póstransplante.

Visite **www.wileyessential.com/haematology** para testar seus conhecimentos neste capítulo.

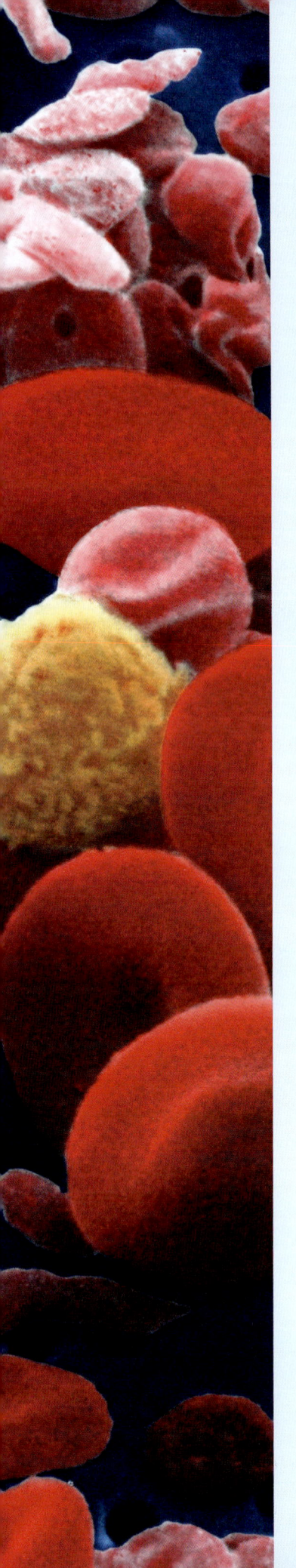

CAPÍTULO 24
Plaquetas, coagulação do sangue e hemostasia

Tópicos-chave
- Plaquetas 265
- Coagulação do sangue 270
- Células endoteliais 273
- Resposta hemostática 273
- Fibrinólise 275
- Testes de função hemostática 276

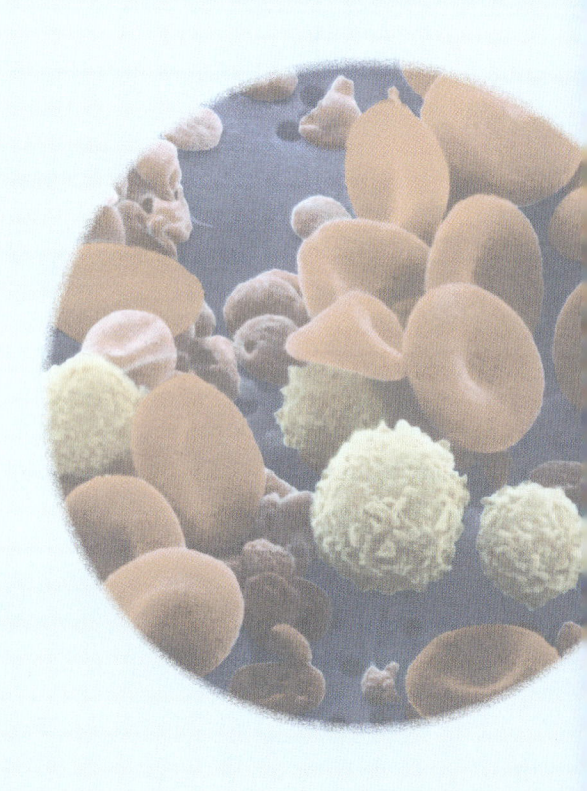

A resposta hemostática normal ao dano vascular depende da interação íntima entre a parede vascular, as plaquetas circulantes e os fatores de coagulação do sangue (Figura 24.1).

Um mecanismo eficiente e rápido para estancar o sangramento em locais de lesão vascular é essencial à sobrevivência. No entanto, essa resposta precisa ser estritamente controlada para evitar o desenvolvimento de coágulos extensos e os desfazer após a reparação do dano. Desse modo, o sistema hemostático é um equilíbrio entre mecanismos pró-coagulantes e anticoagulantes, aliado a um processo de fibrinólise. Os cinco principais componentes envolvidos são plaquetas, fatores de coagulação, inibidores da coagulação, fatores fibrinolíticos e vasos sanguíneos.

Plaquetas

Produção de plaquetas

As plaquetas são produzidas na medula óssea por fragmentação do citoplasma dos megacariócitos, uma das maiores células do organismo. O precursor do megacariócito – o megacarioblasto – surge por um processo de diferenciação da célula-tronco hematopoética (ver Figura 1.2). O megacariócito amadurece por replicação endomitótica sincrônica (i.e., replicação do DNA sem haver divisão nuclear ou citoplasmática), aumentando o volume do citoplasma à medida que o número de lobos nucleares aumenta em múltiplos de dois (Figura 24.2). Já nas formas precoces, são vistas invaginações da membrana plasmática, chamada de membrana de demarcação, que evoluem durante o desenvolvimento do megacariócito, constituindo uma rede altamente ramificada. Em um estágio variável do desenvolvimento, o citoplasma torna-se granular. Os megacariócitos maduros são enormes, com um único núcleo lobulado excêntrico e baixa relação núcleo-citoplasmática (Figura 24.3). As plaquetas formam-se pela fragmentação das extremidades das extensões do citoplasma do megacariócito, cada megacariócito dando origem a 1.000 a 5.000 plaquetas (Figura 24.3c). As plaquetas são libertadas através do endotélio dos nichos vasculares da medula onde os megacariócitos residem. O intervalo entre a diferenciação da célula-tronco humana e a produção de plaquetas é de 10 dias, em média.

A **trombopoetina** (**TPO**) é o principal regulador da produção de plaquetas e 95% é produzida pelo fígado, aproximadamente 50% dela constitutivamente, de modo que o nível plasmático depende de sua remoção por ligação a receptores c-MPL nas plaquetas e nos magacariócitos (Figura 24.4a). Assim, os níveis são altos na trombocitopenia resultante de aplasia da medula, mas baixos em pacientes com trombocitose. Os outros 50% são regulados em resposta à destruição plaquetária. À medida que as plaquetas envelhecem, perdem

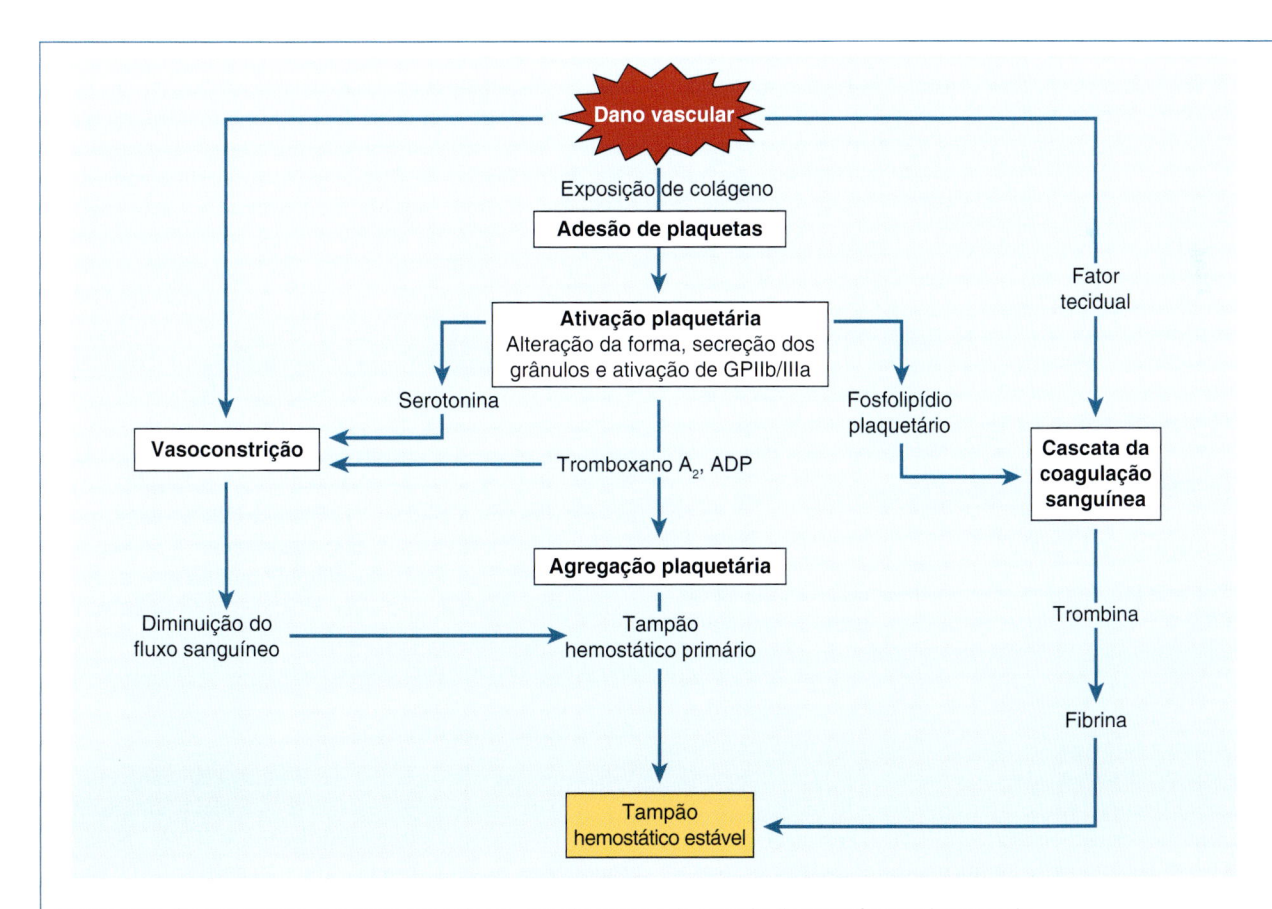

Figura 24.1 O envolvimento dos vasos sanguíneos, das plaquetas e da coagulação sanguínea na hemostasia.

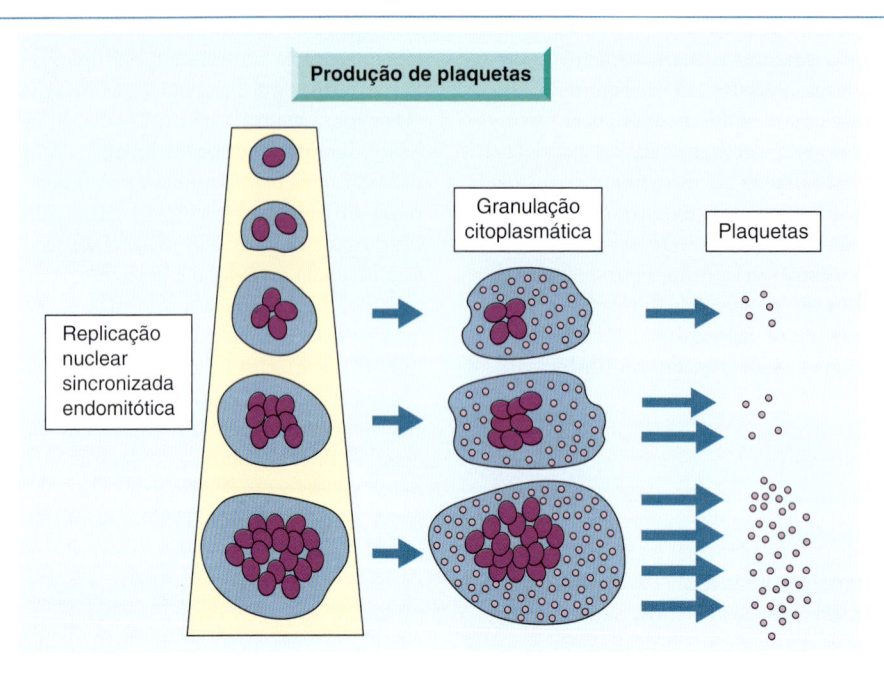

Figura 24.2 Diagrama simplificado para ilustrar a produção de plaquetas pelos megacariócitos.

ácido siálico. Isso expõe resíduos de galactose que se acolam ao receptor de Ashwell-Morell no fígado. Essa ligação sinaliza no sentido de nova produção de TPO (Figura 24.4b). A TPO aumenta o número e o ritmo de maturação dos megacariócitos via receptor c-MPL. A contagem de plaquetas começa a subir 6 dias depois do início do tratamento. Embora a própria trombopoetina não esteja ainda disponível para uso clínico, há agentes trombomiméticos que se ligam à c-MLP e que são usados clinicamente para aumentar a contagem de plaquetas (ver p. 283).

O valor de referência para a contagem de plaquetas é de $250 \times 10^3/\mu L$ (limites $150\text{-}400 \times 10^3/\mu L$) e a sobrevida plaquetária normal é de 9 a 10 dias. A sobrevida é determinada pela relação das proteínas apoptótica BAX e antiapoptótica BCL-2 na célula. Até um terço das plaquetas liberadas da medula podem ser retidas em qualquer momento no baço normal, mas a retenção pode chegar a 90% em casos de grande esplenomegalia (ver Figura 25.9).

Estrutura da plaqueta

As plaquetas são muito pequenas e discoides, com diâmetros de $3,0 \times 0,5$ mm. A ultraestrutura das plaquetas está representada na Figura 24.5. As glicoproteínas do revestimento da superfície são particularmente importantes nas reações de adesão e agregação de plaquetas, que são os eventos iniciais que levam à formação do tampão plaquetário durante a hemostasia. A adesão ao colágeno é facilitada pela glicoproteína Ia (GPIa) (Figura 24.6). As glicoproteínas Ib (defeituosas na síndrome de Bernard-Soulier) e IIb/IIIa – também designadas αIIb e b3 (defeituosas na trombastenia de Glanzmann) – são importantes na ligação de plaquetas ao fator von Willebrand (VWF) e, em seguida, ao subendotélio vascular (Figura 24.6).

O sítio de ligação de IIb/IIIa também é o receptor de fibrinogênio, importante na agregação plaqueta-plaqueta.

A membrana plasmática invagina-se na plaqueta para formar um sistema de membrana aberto (canalicular) que constitui uma grande superfície reativa, na qual podem ser seletivamente absorvidas as proteínas plasmáticas da coagulação. Os fosfolipídios na membrana (antes conhecidos como fator plaquetário 3) têm importância particular na conversão do fator X da coagulação em Xa (X *ativado*) e da protrombina (fator II) em trombina (fator IIa) (ver Figura 24.8).

As plaquetas contêm três tipos de grânulos de armazenamento: densos, α e lisossomos (Figura 24.5). Os grânulos específicos α, mais numerosos, contêm fatores de coagulação, VWF, fator de crescimento derivado das plaquetas (PDGF), β-tromboglobulina, fibrinogênio e outras proteínas. Os grânulos densos, menos numerosos, contêm difosfato de adenosina (ADP), trifosfato de adenosina (ATP), serotonina e cálcio. Os lisossomos contêm enzimas hidrolíticas. As plaquetas também são ricas em proteínas sinalizadoras e proteínas do citoesqueleto, que suportam a rápida modificação de quiescentes para ativadas, que segue qualquer dano vascular. Durante a reação de liberação, descrita a seguir, o conteúdo dos grânulos é liberado para dentro do sistema canalicular aberto.

Antígenos plaquetários

Várias proteínas da superfície das plaquetas são antígenos importantes na autoimunidade plaqueta-específica – costumam ser designados antígenos plaquetários humanos (HPA). Na maioria dos casos, há dois alelos diferentes, chamados a ou b (p. ex., HPA-1a). As plaquetas também expressam antígenos ABO e antígenos leucocitários humanos (HLA) classe I, mas não classe II.

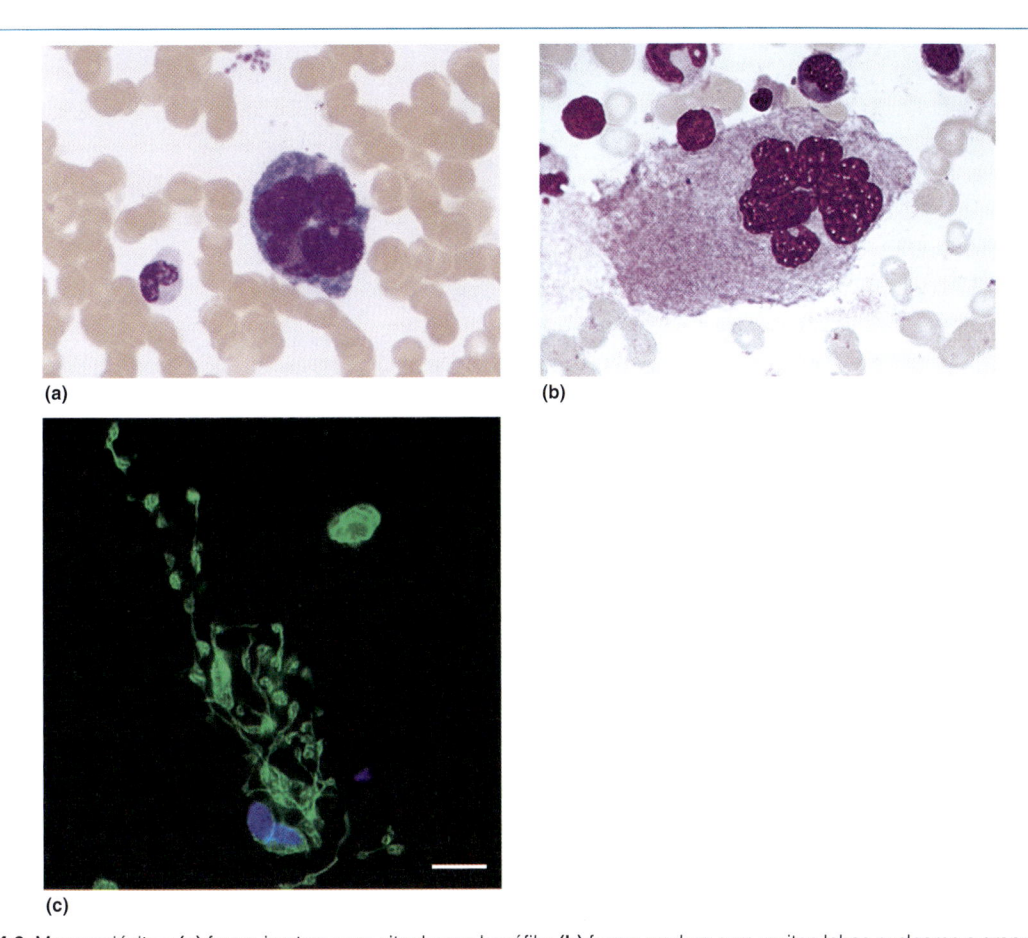

Figura 24.3 Megacariócitos: **(a)** forma imatura com citoplasma basófilo; **(b)** forma madura com muitos lobos nucleares e granulação intensa. **(c)** Megacariócito em cultura, corado para α-tubulina (em verde); podem ser vistas pró-plaquetas fazendo protrusão de extremidades do citoplasma do megacariócito. Fonte: de Pecci A. et al. (2009) *Thrombosis and Haemosthasis* 109: 90-96.

Função das plaquetas

A principal função das plaquetas é a formação do tampão mecânico durante a resposta hemostática normal à lesão vascular. Na ausência de plaquetas, costuma ocorrer vazamento espontâneo de sangue de pequenos vasos. A função plaquetária pode dividir-se em reações de **adesão**, **agregação**, **liberação** e **amplificação**. A imobilização das plaquetas nos sítios de lesão vascular requer interações específicas plaqueta-parede vascular (adesão) e plaqueta-plaqueta (agregação), ambas parcialmente mediadas pelo VWF (Figura 24.6).

Fator von Willebrand (VWF)

O VWF está envolvido na *adesão* dependente das condições de fluxo das plaquetas à parede vascular e na adesão a outras plaquetas (agregação) (Figura 24.6). Ele também transporta o fator VIII da coagulação. É uma glicoproteína grande, rica em cisteína, com estrutura multimérica composta de 2 a 50 subunidades diméricas. O VWF é sintetizado por células endoteliais e megacariócitos e armazenado nos corpúsculos de Weibel-Palade das células endoteliais e nos grânulos específicos α das plaquetas, respectivamente.

O VWF livre no plasma é quase inteiramente derivado das células endoteliais, com duas vias diferentes de secreção. A maioria é continuamente secretada, e uma minoria é armazenada nos corpúsculos de Weibel-Palade. O VWF armazenado pode aumentar o nível plasmático e ser liberado sob a influência de vários secretagogos, como estresse, exercício, adrenalina e infusão de desmopressina (1-diamino-8-D-arginina vasopressina; DDAVP). O VWF liberado dos corpúsculos de Weibel-Palade está em forma de multímeros grandes e ultragrandes, sua forma mais adesiva e reacional. Os multímeros são, em seguida, clivados no plasma para multímeros menores e monoméricos pela metaloprotease específica plasmática ADAMTS-13 (ver Figura 25.7).

Agregação plaquetária

Caracteriza-se por ligação cruzada das plaquetas por meio de receptores ativos de GPIIb/IIIa com pontes de fibrinogênio. Uma plaqueta em repouso tem receptores de GPIIb/IIIa que não ligam fibrinogênio, VWF nem outros ligantes. A estimulação de uma plaqueta leva a um aumento de moléculas de GPIIb/IIIa, permitindo, assim, a ligação cruzada da plaqueta via VWF e pontes de fibrinogênio (Figura 24.6).

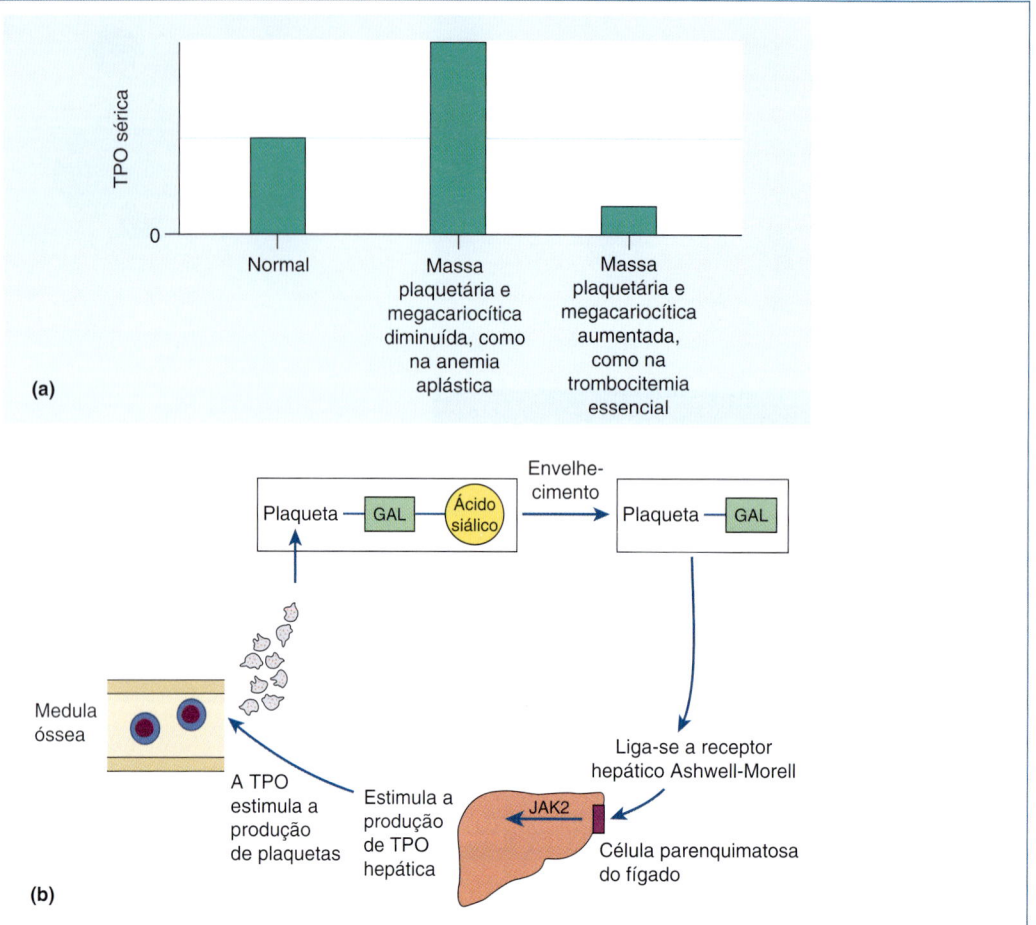

Figura 24.4 **(a)** A trombopoetina (TPO) liga-se ao receptor MPL na superfície dos megacariócitos e das plaquetas e não é reciclada. Por esse motivo, os níveis plasmáticos de TPO, produzida constitutivamente no fígado, são afetados pela massa de MPL plaquetário e megacariocítico: são altos se a massa for baixa, como na anemia aplástica, e baixos se a massa for alta, como na trombocitemia essencial. **(b)** Regulação da produção de plaquetas pela depuração hepática das plaquetas ao fim da sobrevida, que, pela perda de ácido siálico, ligam-se ao receptor hepático de Ashwell-Morell. Isso dá origem a um sinal, via JAK2, para a produção de mais TPO e consequente produção de plaquetas. GAL, galactose.

Reação de liberação e amplificação das plaquetas

A ativação primária por vários agonistas induz sinalização intracelular, levando à liberação do conteúdo dos grânulos α. Este desempenha um papel importante na formação e na estabilização de agregados plaquetários e, além disso, o ADP liberado dos grânulos densos desenvolve significativa retroalimentação (*feedback*) do estímulo à ativação plaquetária.

O tromboxano A_2 (TXA2) é importante na amplificação secundária da ativação plaquetária, para formar um agregado plaquetário estável. É formado *de novo* pela ativação da fosfolipase citosólica A_2 (PL_{A2}) (Figura 24.7). O TXA2 diminui os níveis plaquetários de monofosfato de adenosina cíclico (cAMP) e inicia a reação de liberação (Figura 24.7). Além de potencializar a reação de agregação, o TXA2 tem intensa atividade vasoconstritora. A reação de liberação é inibida por substâncias que aumentam o nível de cAMP nas plaquetas. Uma dessas substâncias é a prostaciclina (PGI_2), sintetizada pelas células endoteliais vasculares. Trata-se de um inibidor potente da agregação de plaquetas e evita sua deposição no endotélio vascular normal.

Atividade pró-coagulante das plaquetas

Depois da agregação e da liberação das plaquetas, o fosfolipídio da membrana exposto (fator plaquetário 3) fica disponível para duas reações na cascata da coagulação. Ambas as reações mediadas por fosfolipídio são dependentes do íon cálcio. A primeira (Xase)* envolve os fatores IXa, VIIIa e X na formação do fator Xa (Figura 24.8). A segunda (protrombinase) resulta na formação de trombina a partir da interação dos fatores Xa, Va e protrombina (II). A superfície do fosfolipídio forma um molde ideal para a concentração e a orientação cruciais dessas proteínas.

---

*N. de T. *Xase* é **X** (= Dez, número romano do fator) + **ase** (enzima). Em português seria "Dezase". Em inglês, *Tenase*.

Figura 24.5 Ultraestrutura das plaquetas. PF, fator plaquetário; PDGF, fator de crescimento derivado das plaquetas; VWF, fator von Willebrand.

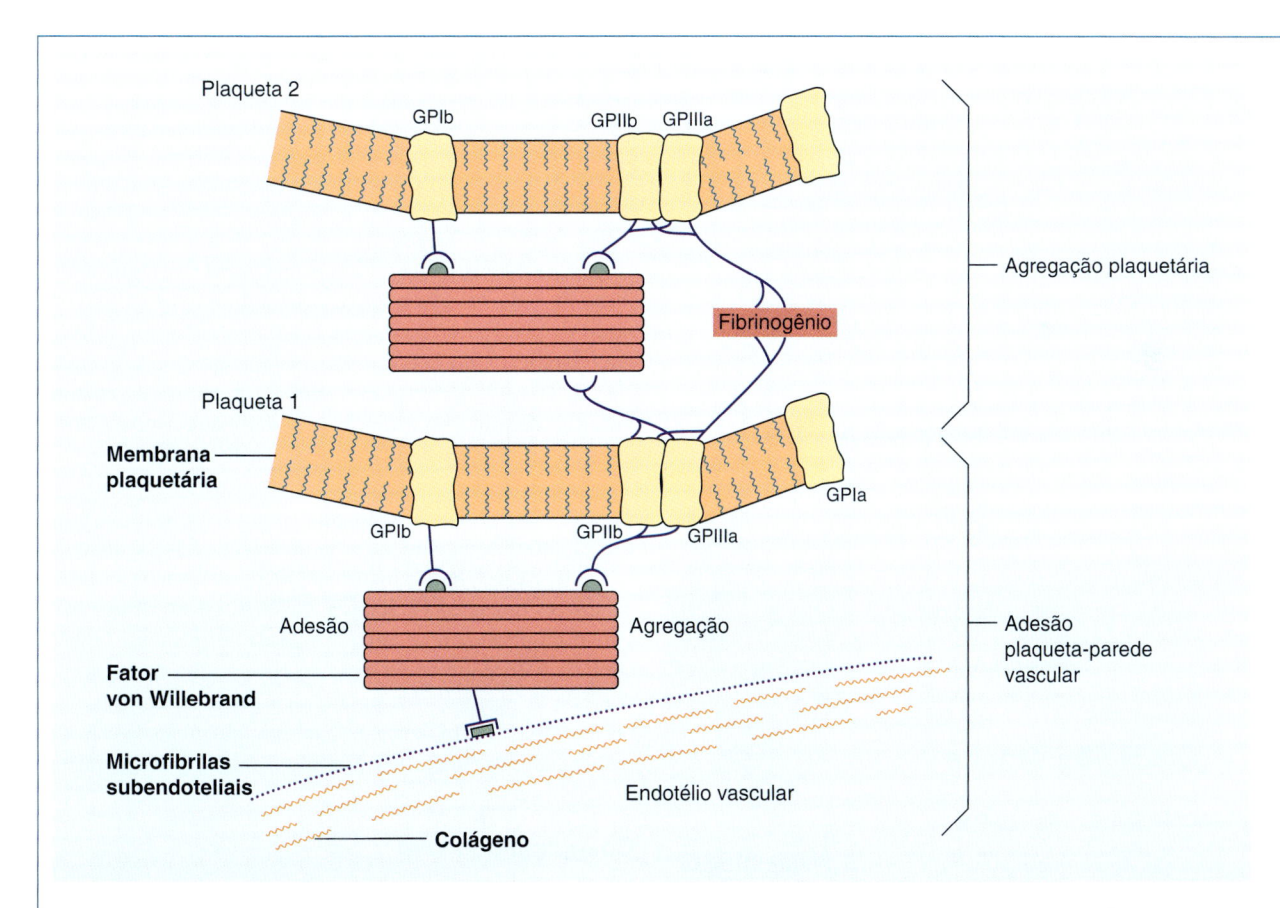

Figura 24.6 Adesão de plaquetas à parede vascular e às demais plaquetas (agregação). A ligação de glicoproteína (GP)Ib ao fator von Willebrand (VWF) causa adesão plaquetária ao subendotélio. Expõe, também, os sítios de ligação GPIIb/IIIa. Isso leva à ligação de plaquetas ao VWF e, consequente, à adesão ao subendotélio. As plaquetas também se aderem umas às outras – agregação plaquetária. GPIb e IIb/IIIa estão envolvidas via VWF; já o fibrinogênio está diretamente envolvido via receptores próprios em GPIIb/IIIa.

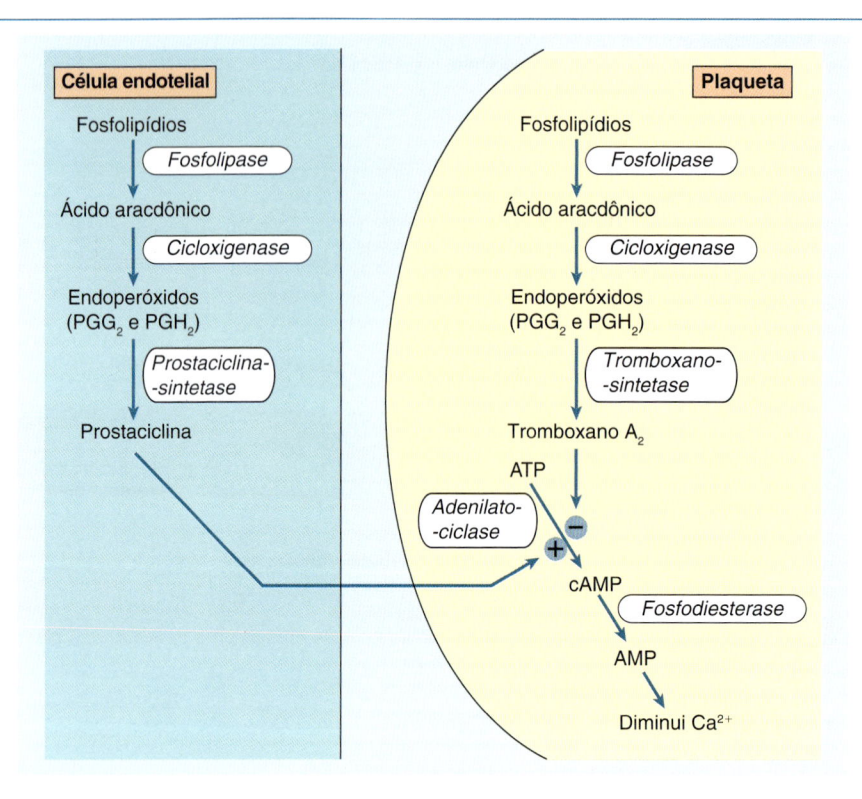

Figura 24.7 Síntese de prostaciclina e tromboxano A_2. Os efeitos opostos desses agentes são mediados por mudanças na concentração de monofosfato de adenosina cíclico (cAMP) nas plaquetas via estímulo ou inibição da enzima adenilato-ciclase. O cAMP controla a concentração de íons cálcio livres na plaqueta, que são importantes no processo que causa adesão e agregação. Altos níveis de cAMP levam a baixas concentrações de íon cálcio livre e evitam a agregação e a adesão. ATP, trifosfato de adenosina; Ca, cálcio; PG, prostaglandina (G_2 e H_2).

Fator de crescimento

O PDGF encontrado nos grânulos α das plaquetas estimula a multiplicação das células musculares lisas dos vasos, o que acelera a cicatrização da lesão vascular.

Inibidores naturais da função plaquetária

O óxido nítrico (NO) é liberado constitutivamente das células endoteliais, dos macrófagos e das plaquetas. Ele inibe a ativação plaquetária e promove vasodilatação. A prostaciclina, sintetizada pelas células endoteliais, também inibe a função plaquetária (Figura 24.7) e causa vasodilatação por aumentar os níveis de monofosfato de guanosina (GMP) cíclico. Uma ectonucleotidase (CD39) age como uma ADPase e ajuda a prevenir a agregação plaquetária nas paredes vasculares íntegras.

Coagulação do sangue

A cascata da coagulação

A coagulação do sangue envolve um sistema de **amplificação biológica**, no qual relativamente poucas substâncias de iniciação ativam em sequência, por proteólise, uma **cascata de proteínas precursoras circulantes** (os fatores enzimáticos da coagulação), culminando na **geração de trombina**. Esta, por sua vez, converte o fibrinogênio solúvel do plasma em fibrina (Figura 24.8). A **fibrina** infiltra os agregados de plaquetas nos locais de lesão vascular e converte os tampões primários e instáveis de plaquetas em tampões hemostáticos firmes, definitivos e estáveis. Uma lista dos fatores de coagulação é mostrada na Tabela 24.1. O funcionamento dessa cascata de enzimas necessita de uma concentração localizada dos fatores de coagulação circulantes nos sítios de lesão.

As reações mediadas por superfície ocorrem no colágeno exposto, no fosfolipídio plaquetário e no fator tecidual. Com exceção do fibrinogênio, que é a subunidade do coágulo de fibrina, os fatores de coagulação são precursores de enzimas ou cofatores (Tabela 24.1). Todas as enzimas, exceto o fator XIII, são serina-proteases (i.e., sua capacidade de hidrolisar ligações peptídicas depende do aminoácido serina como centro ativo). A escala de ampliação atingida nesse sistema é considerável; por exemplo, 1 mol de fator XI ativado por meio de ativação sequencial dos fatores IX, X e protrombina pode gerar até 2×10^8 moles de fibrina.

Coagulação *in vivo*

A geração de trombina *in vivo* é uma complexa rede de alças de amplificação e retroalimentação negativas que assegura uma produção localizada e limitada. A geração de trombina é dependente de três complexos enzimáticos, cada um constituído de protease, cofator, fosfolipídios (PL) e cálcio. Os complexos

Tabela 24.1 Fatores de coagulação		
Número do fator	Nome descritivo	Forma ativa
I	Fibrinogênio	Subunidade de fibrina
II	Protrombina	Serina-protease
III	Fator tecidual	Receptor/cofator*
V	Fator lábil**	Cofator
VII	Proconvertina**	Serina-protease
VIII	Fator anti-hemofílico**	Cofator
IX	Fator Christmas***	Serina-protease
X	Fator Stuart-Prower***	Serina-protease
XI	Antecedente de tromboplastina plasmática**	Serina-protease
XII	Fator Hageman*** (contato)	Serina-protease
XIII	Fator estabilizador da fibrina	Transglutaminase
	Pré-calicreína (fator Fletcher)***	Serina-protease
	HMWK (fator Fitzgerald)***	Cofator*

HMWK, quininogênio de alto peso molecular.
*Ativo sem modificação proteolítica.
**N. de T. Estes nomes descritivos estão em desuso; usam-se os números romanos, pronunciados como numerais (p. ex., fator VIII = "fator oito").
***N. de T. Os sobrenomes são os de pacientes (ou famílias) em que as deficiências respectivas foram descritas pela primeira vez.

são: (i) Xase extrínseca (VIIa, TF, PL, Ca^{2+}), gerando fator Xa; (ii) Xase intrínseca (IXa, VIIIa, PL, Ca^{2+}), também gerando fator Xa; e (iii) complexo protrombinase (Xa, Va, PL e Ca^{2+}), gerando trombina. A geração de trombina que segue lesão vascular ocorre em duas ondas de diferente magnitude. Durante a fase inicial, são geradas pequenas quantidades (concentrações picomolares). Esta trombina dá origem a uma segunda produção de trombina, explosivamente amplificada, milhões de vezes maior (Figuras 24.8 e 24.9).

Iniciação

A coagulação inicia-se após lesão vascular, pela interação do fator tecidual (TF) ligado à membrana, exposto e ativado pela lesão, com fator VII plasmático. O TF está expresso em fibroblastos da adventícia e nos pequenos músculos da parede vascular, em micropartículas na corrente sanguínea e em outras células não vasculares. O complexo fator VIIa-TF (Xase extrínseca) ativa tanto o fator IX quanto o fator X. O fator Xa, na ausência de seu cofator, transforma pequenas quantidades de protrombina em trombina. Isso é insuficiente para iniciar uma significativa polimerização de fibrina. Há necessidade de amplificação.

Amplificação

A via inicial, ou Xase extrínseca, é rapidamente inativada pelo inibidor da via do fator tecidual (TFPI), que forma um complexo quaternário com VIIa, TF e Xa. A geração ulterior de trombina passa agora a ser dependente da tradicional

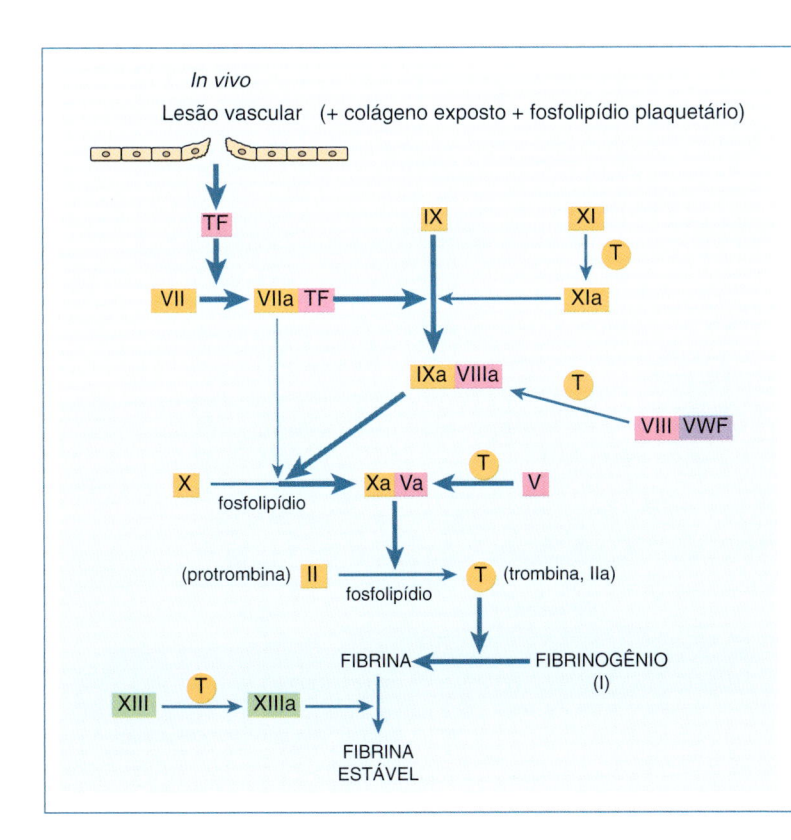

Figura 24.8 Via da coagulação do sangue iniciada pelo fator tecidual (TF) na superfície da célula. Quando o plasma entra em contato com o TF, o fator VII liga-se ao TF. O complexo TF e VII ativado (VIIa) ativa X e IX. A geração de trombina a partir da protrombina pela ação do complexo Xa-Va conduz à formação de fibrina. A pequena quantidade de trombina gerada serve para amplificar significativamente a coagulação. A trombina ativa os fatores IX, VIII, V e XIII, e também cliva VIII de seu carreador, o fator von Willebrand (VWF), aumentado maciçamente a formação de VIIIa-IXa e, consequentemente, de Xa-Va. O número de fator seguido de "**a**" significa estar "**a**tivado" (p. ex., **VIIa** = fator VII ativado).

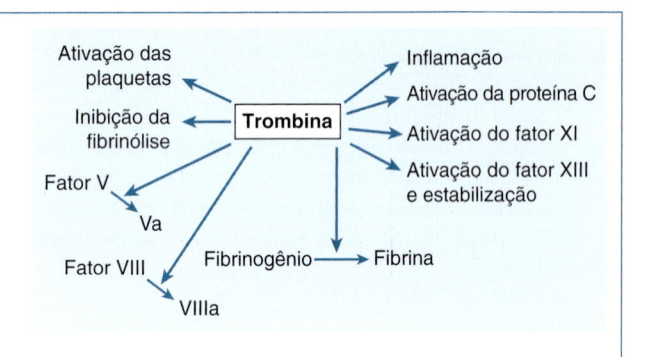

Figura 24.9 Ações da trombina na via da coagulação. A trombina também ativa plaquetas e inflamação.

via intrínseca (Figuras 24.8 e 24.10). Os fatores VIII e V são convertidos em VIIIa e Va pelas pequenas quantidades de trombina geradas durante a iniciação. Nesta fase de amplificação, a Xase intrínseca, formada por IXa e VIIIa na superfície de fosfolipídio e na presença de Ca^{2+}, ativa Xa o suficiente, que, em combinação com Va, PL e Ca^{2+}, forma o complexo protrombinase, resultando na geração explosiva de trombina, que atua no fibrinogênio para formar o coágulo de fibrina.

Aparentemente, o fator XI não tem papel na iniciação fisiológica da coagulação. Ele tem um papel suplementar na ativação do fator IX que pode ser importante em locais de traumatismo relevante e no campo cirúrgico, pois, nessas situações, os pacientes deficientes em fator XI sangram excessivamente. Também está envolvido na via de contato (Figura 24.10).

A trombina hidrolisa o fibrinogênio, liberando fibrinopeptídios A e B para formar monômeros de fibrina (Figura 24.11). Os monômeros de fibrina unem-se espontaneamente por meio de ligações de hidrogênio para formar um polímero frouxo e insolúvel de fibrina. O fator XIII também é ativado por trombina e, uma vez ativado, estabiliza os polímeros de fibrina com a formação de ligações covalentes cruzadas.

O fibrinogênio consiste em duas subunidades idênticas, cada uma contendo três cadeias polipeptídicas dissimilares (α, β e γ), ligadas por ligações dissulfeto. Depois da clivagem pela trombina de pequenos fibrinopeptídios A e B das cadeias α e β, o monômero de fibrina constitui-se de três cadeias pareadas α, β e γ que rapidamente polimerizam.

Algumas das propriedades dos fatores da coagulação estão relacionadas na Tabela 24.2. A atividade dos fatores II, VII, IX e X depende da vitamina K, responsável pela carboxilação de vários resíduos terminais de ácido glutâmico em cada uma de suas moléculas (ver Figura 26.7).

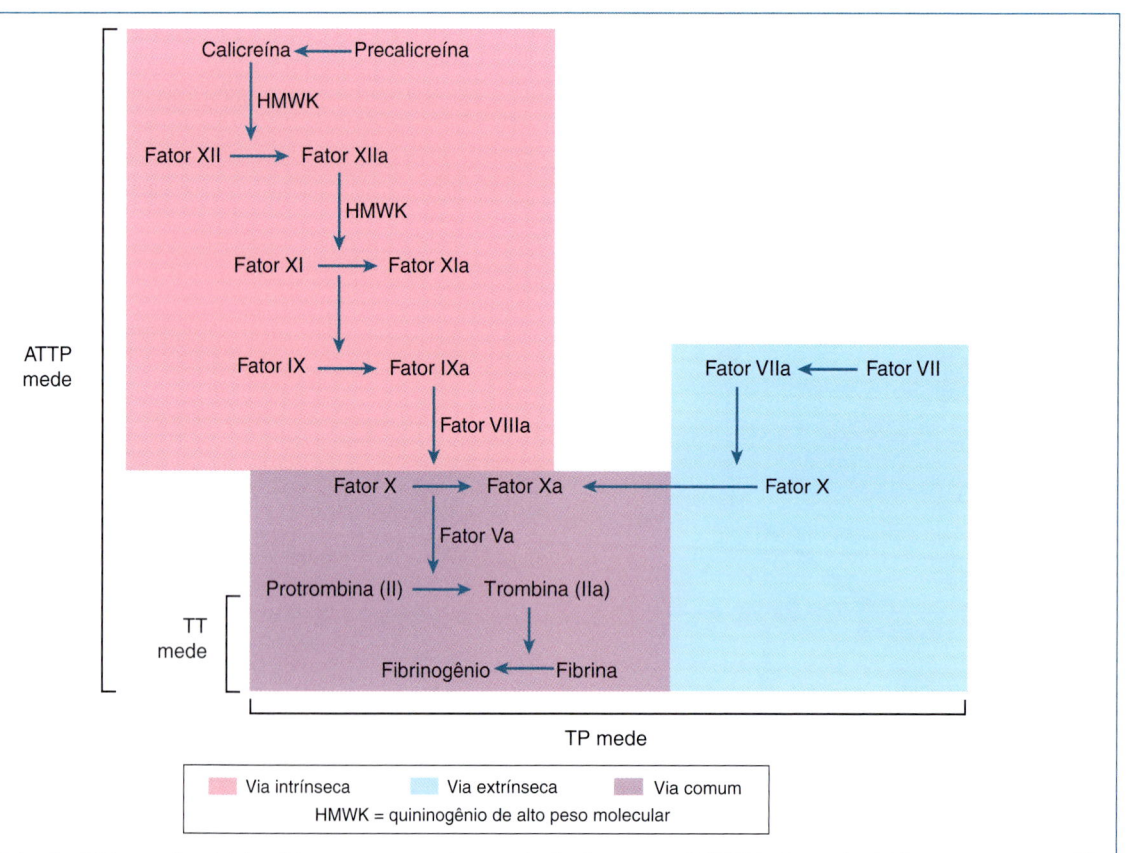

Figura 24.10 As vias intrínseca (contato), extrínseca e comum da coagulação do sangue. O ATTP testa as vias intrínseca e comum, o TP, as vias extrínseca e comum, e o TT testa inibidores da trombina e deficiência ou anormalidade do fibrinogênio. HMWK, quininogênio de alto peso molecular; ATTP, TP e TT, ver Tabela 24.3.

Figura 24.11 Formação e estabilização de fibrina.

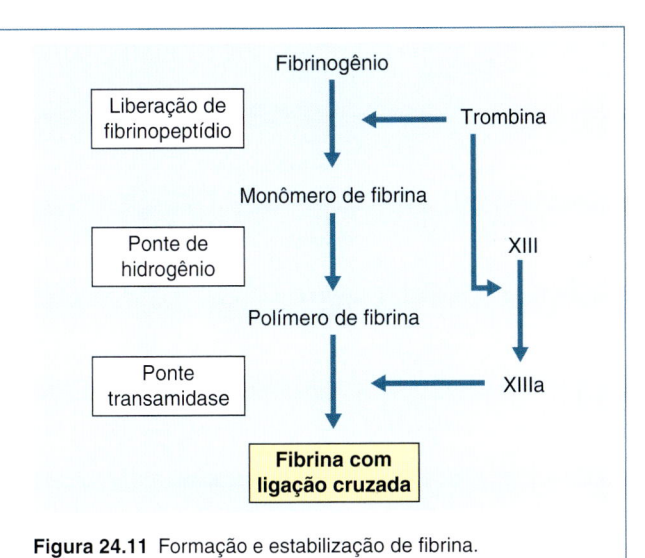

Embora não sejam enzimas proteases, os cofatores VIII e V circulam na forma de precursores que necessitam de clivagem limitada pela trombina para expressão total da sua atividade de cofatores (Figura 24.9).

Células endoteliais

As células endoteliais têm um papel ativo na manutenção da integridade vascular. Elas fornecem a membrana basal, que normalmente separa o colágeno, a elastina e a fibronectina do tecido conectivo subendotelial do sangue circulante (Figura 24.12). Perda ou dano ao endotélio resulta em hemorragia e ativação do mecanismo hemostático. A célula endotelial também tem uma influência inibidora potente na resposta hemostática, principalmente pela síntese de prostaglandina, óxido nitroso e ectonucleotidase CD39, que tem propriedades vasodilatadoras e inibe a agregação plaquetária.

A síntese do fator tecidual que inicia a hemostasia só ocorre nas células endoteliais se houver ativação, quando, também, é sintetizado seu inibidor natural, TFPI. A síntese endotelial de prostaciclina, VWF, fator VIII, ativador do plasminogênio, antitrombina e trombomodulina – a superfície proteica responsável pela ativação da proteína C – supre agentes vitais tanto para as reações plaquetárias como para a coagulação do sangue (Figura 24.12).

Resposta hemostática (Figura 24.1)

Vasoconstrição

Uma constrição imediata do vaso lesado e a constrição reflexa das artérias e das arteríolas adjacentes são responsáveis por uma diminuição inicial do fluxo sanguíneo na região da lesão. Quando há lesão extensa, essa reação vascular evita a exsanguinação. A diminuição do fluxo sanguíneo permite ativação de contato de plaquetas e de fatores de coagulação. As aminas vasoativas e o tromboxano A_2 (TXA2) liberados das plaquetas (Figura 24.6), além dos fibrinopeptídios liberados durante a formação de fibrina (Figura 24.11), também têm atividade vasoconstritora.

Reações plaquetárias e formação do tampão hemostático primário

Após a ruptura do revestimento endotelial, há aderência inicial de plaquetas (via receptores GP1a e GP1b) ao tecido conectivo exposto, no caso de GP1b, mediada pelo VWF. Em condições de fluxo sob pressão (p. ex., nas arteríolas), a matriz subendotelial exposta reveste-se inicialmente de VWF. A exposição de colágeno e a geração de trombina pela ativação do fator tecidual produzida no sítio da lesão fazem as plaquetas aderentes liberarem o conteúdo dos grânulos e ativarem a síntese de prostaglandina, levando à formação de

Fator	Meia-vida plasmática (h)	Concentração plasmática (mg/dL)	Comentários
II	65	10	Grupo protrombínico: necessitam de vitamina K para a síntese e de Ca^{2+} para a ativação.
VII	5	0,05	
IX	25	0,5	
X	40	1	
I	90	300	A trombina interage com estes fatores; aumentam em inflamações, durante a gravidez, no uso contraceptivos orais
V	15	1	
VIII	10	0,01	
XI	45	0,5	
XIII	200	3	

Tabela 24.2 Algumas propriedades dos fatores de coagulação

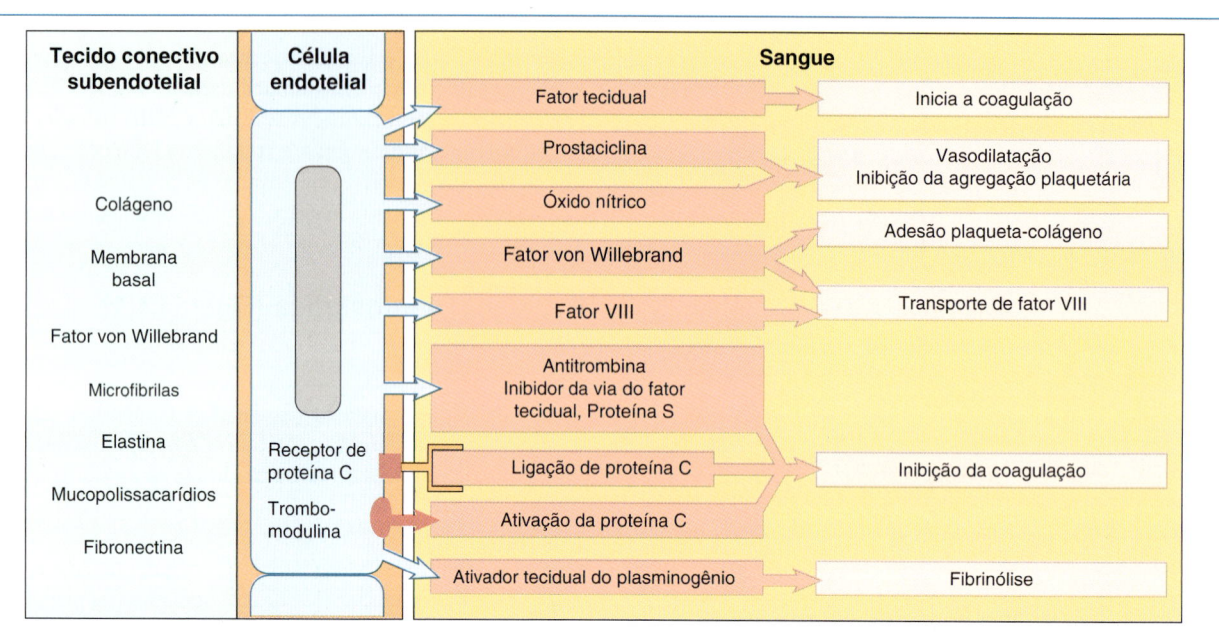

Figura 24.12 A célula endotelial forma uma barreira entre plaquetas e fatores de coagulação plasmáticos e os tecidos conectivos subendoteliais. As células endoteliais produzem substâncias que podem iniciar a coagulação, causar vasodilatação, inibir a agregação plaquetária e a hemostasia ou ativar a fibrinólise.

TXA2. O ADP liberado provoca ingurgitamento e agregação das plaquetas.

As plaquetas rolando no sentido do fluxo sobre o VWF exposto, com ativação dos receptores de GPIIb/IIIa, aderem de modo ainda mais firme. As plaquetas adicionais do sangue circulante são atraídas para a região da lesão. Essa agregação contínua de plaquetas promove crescimento do tampão hemostático, o qual logo cobre o tecido conectivo exposto. O tampão hemostático primário instável, produzido por essas reações das plaquetas já ao fim do primeiro minuto depois da lesão, costuma ser suficiente para controle temporário do sangramento. O aumento estreitamente localizado da atividade plaquetária por ADP e TXA2 resulta em uma massa plaquetária suficiente para cobrir a área de lesão endotelial.

Estabilização do tampão plaquetário pela fibrina

A hemostasia definitiva é obtida quando a fibrina, formada pela coagulação do sangue, é acrescentada à massa de plaquetas e pela retração/compactação do coágulo induzida pelas plaquetas.

Depois da lesão vascular, a formação de Xase (VIIa, TF, PL e Ca^{2+}) inicia a cascata da coagulação. A agregação de plaquetas e as reações de liberação aceleram o processo de coagulação pelo fornecimento abundante de fosfolipídio de membrana. A quantidade muito maior de trombina gerada pela Xase secundária no sítio da lesão converte o fibrinogênio solúvel do plasma em fibrina, potencializa a agregação e as secreções das plaquetas e também ativa os fatores XI e XIII e os cofatores V e VIII. A fibrina, como componente do tampão hemostático, aumenta à medida que as plaquetas fundidas se desgranulam e se lisam. Depois de algumas horas, todo o tampão hemostático é transformado em uma massa sólida de fibrina com ligações cruzadas (Figura 24.11). Há retração do coágulo, mediada por receptores de GPIIb/IIIa, que ligam filamentos de actina citoplasmática com polímeros de fibrina ligados à superfície. No entanto, devido à incorporação de plasminogênio e TPA (ver p. 275), o tampão já inicia, nesse momento, a autodigestão.

Limitação fisiológica da coagulação do sangue

A coagulação descontrolada do sangue causaria oclusão perigosa de vasos sanguíneos (trombose) se mecanismos protetores, inibição dos fatores de coagulação, diluição pelo fluxo sanguíneo e fibrinólise não estivessem operantes.

Inibidores dos fatores da coagulação

É importante que o efeito da trombina seja limitado ao local da lesão. O primeiro inibidor a agir é o da via do fator tecidual (TFPI), sintetizado nas células endoteliais e presente no plasma e nas plaquetas, acumulando-se no sítio da lesão pela ativação local das plaquetas. Ele inibe os fatores Xa, VIIa e o fator tecidual, para limitar a principal via *in vivo*. Há inativação direta da trombina e de outros fatores serina-proteases por outros inibidores circulantes, dos quais a antitrombina é o mais potente; ela inativa serina-proteases (ver Figura 28.3). A heparina potencializa muito sua ação. Outra proteína, o cofator II da heparina, também inibe a trombina. α_2-Macroglobulinas, α_2-antiplasmina, inibidor de C_1-esterase e α_1-antitripsina também exercem efeitos inibidores nas serina-proteases circulantes.

Proteína C e proteína S

São inibidores dos cofatores de coagulação V e VIII. A trombina liga-se ao receptor trombomodulina da superfície da célula endotelial. O complexo formado ativa a proteína C, uma serina-protease dependente de vitamina K, capaz de destruir os fatores V e VIII ativados, evitando, assim, mais geração de trombina. A ação da proteína C é amplificada por outra proteína dependente de vitamina K, a proteína S, que liga a proteína C à superfície da plaqueta (Figura 24.13). Um receptor endotelial de proteína C localiza-a na superfície endotelial e promove sua ativação pelo complexo trombina-trombomodulina. Além disso, a proteína C ativada estimula a fibrinólise. Ativação e ações da proteína C são mostradas na Figura 24.13.

Como as demais serina-proteases, a proteína C ativada está sujeita à inativação pelos inativadores de serina-proteases ("serpinas", de *serine-protease inhibitors*), como a antitrombina.

Fluxo sanguíneo

Em torno da região lesada do tecido, o fluxo sanguíneo rapidamente causa diluição e dispersão dos fatores ativados antes que se forme mais fibrina. Os fatores ativados são destruídos pelas células parenquimatosas do fígado, e o material particulado é removido pelas células de Kupffer, assim como por outras células reticuloendoteliais.

Fibrinólise

A fibrinólise (assim como a coagulação) é uma resposta hemostática normal à lesão vascular. O plasminogênio, uma pró-enzima β-globulina no sangue e no fluido tecidual, é convertido na serina-protease plasmina por ativadores da parede vascular (ativação intrínseca) ou dos tecidos (ativação extrínseca) (Figura 24.14). A via mais importante é desencadeada pela liberação de **ativador tecidual do plasminogênio (TPA)** das células endoteliais. O TPA é uma serina-protease que se liga à fibrina, aumentando sua capacidade de converter o plasminogênio ligado ao trombo em plasmina. Essa dependência de fibrina da ação do TPA localiza e restringe a geração de plasmina por TPA à fibrina do coágulo. A liberação de TPA ocorre depois de estímulos, como traumatismo, exercício e estresse emocional. A proteína C ativada estimula a fibrinólise por destruir os inibidores plasmáticos de TPA (Figura 24.13).

A geração de plasmina nos sítios de lesão limita a extensão do trombo em formação. Os produtos de degradação oriundos da fibrinólise também são inibidores competitivos da trombina e da polimerização da fibrina. Em geral, qualquer plasmina livre é inibida localmente pela α_2-antiplasmina.

Agentes fibrinolíticos são amplamente usados na prática clínica (ver p. 318). O TPA recombinante, o agente bacteriano estreptoquinase e a uroquinase, isolada de urina humana, estão disponíveis.

A plasmina é capaz de digerir fibrinogênio, fibrina, fatores V e VIII e muitas outras proteínas. A clivagem de ligações peptídicas na fibrina e no fibrinogênio gera vários produtos de degradação (clivagem) (Figura 24.11). Grandes quantidades dos fragmentos menores podem ser detectadas no plasma de pacientes com coagulação intravascular disseminada (ver p. 297).

Inativação da plasmina

O ativador tecidual do plasminogênio é inativado pelo inibidor do ativador de plasminogênio (PAI). A plasmina circulante é inativada pelos potentes inibidores α_2-antiplasmina e α_2-macroglobulina.

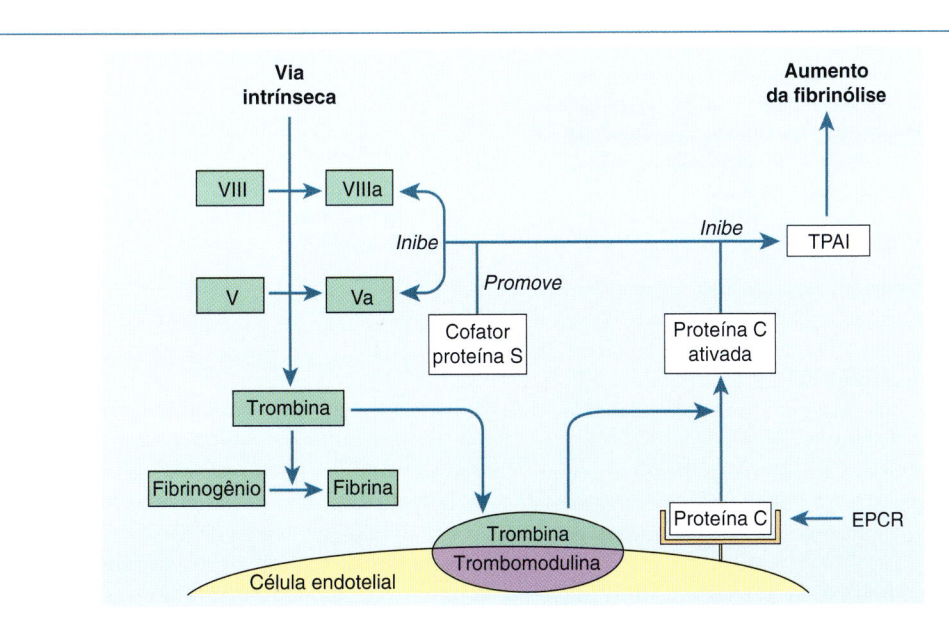

Figura 24.13 Ativação e ação da proteína C pela trombina ligada à trombomodulina na superfície da célula endotelial. A proteína S é um cofator que facilita a ligação da proteína C ativada na superfície da plaqueta. A inativação dos fatores Va e VIIIa resulta na inibição da coagulação do sangue. A inativação do inibidor tecidual do ativador do plasminogênio (TPAI) favorece a fibrinólise. EPCR, receptor endotelial da proteína C.

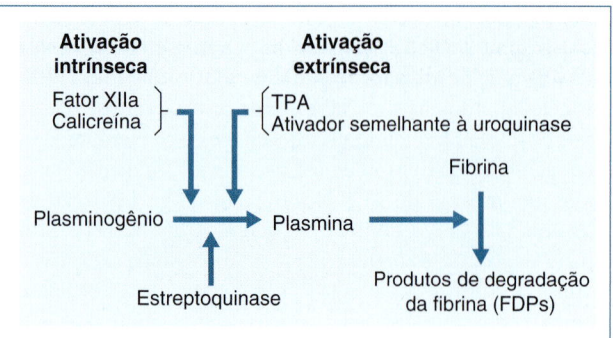

Figura 24.14 O sistema fibrinolítico. A trombina ativa um inibidor da fibrinólise. TPA, ativador tecidual do plasminogênio.

Testes de função hemostática

Hemostasia defeituosa com sangramento anormal pode resultar de:
1. Distúrbio vascular;
2. Trombocitopenia ou distúrbio de função plaquetária; ou
3. Defeito da coagulação do sangue.

Vários testes simples são usados para avaliar os componentes da hemostasia: plaquetas, parede vascular e coagulação.

Hemograma completo

Como trombocitopenia é uma causa comum de sangramento anormal, os pacientes com suspeita de doença hemorrágica inicialmente devem fazer hemograma, incluindo contagem de plaquetas e exame microscópico da distensão sanguínea. Além de estabelecer a presença de trombocitopenia, a causa pode ser óbvia (p. ex., leucemia aguda). Contadores modernos medem sistematicamente, sem pedido especial, o volume plaquetário médio (VPM), mas esse parâmetro não costuma ser rotineiramente fornecido* e usado no diagnóstico de distúrbios plaquetários. A contagem absoluta de plaquetas imaturas (que ainda contêm RNA) correlaciona-se com aumento da produção de plaquetas, por exemplo, após hemorragia; esse parâmetro só é fornecido por alguns contadores eletrônicos *top of line,* mediante comando, e também não é rotineiramente usado na clínica.

Testes de triagem da coagulação do sangue

Os testes de triagem fornecem avaliação dos sistemas "extrínseco" e "intrínseco" da coagulação do sangue e da conversão central de fibrinogênio em fibrina (Figura 24.10, Tabela 24.3).

O **tempo de protrombina** (**TP**) avalia os fatores VII, X, V, protrombina (II) e fibrinogênio. Tromboplastina tecidual (um extrato cerebral) ou fator tecidual (sintético) com lipídios e cálcio são adicionados ao plasma citratado. O tempo normal para coagulação é de 10 a 14 segundos. Ele costuma ser expresso, também, como *International Normalized Ratio* (INR) (ver p. 315).

O **tempo de tromboplastina parcial ativada** (**TTPA**) avalia os fatores VIII, IX, XI e XII, além dos fatores X, V,

* N. de T. O que é uma opção indefensável, já que é fornecido automaticamente, sem custo extra, em todos os hemogramas.

Tabela 24.3 Testes de triagem usados no diagnóstico de distúrbios da coagulação (ver também Figura 24.10)

Testes de triagem	Anormalidades indicadas pelo alongamento	Causa mais comum do distúrbio de coagulação
Tempo de trombina (TT)	Deficiência ou anormalidade do fibrinogênio ou inibição da trombina por heparina ou FDPs	CIVD Tratamento com heparina
Tempo de protrombina (TP)	Deficiência ou inibição de um ou mais dos seguintes fatores de coagulação: VII, X, V, II, fibrinogênio	Doença hepática Tratamento com varfarina CIVD
Tempo de tromboplastina parcial ativada (TTPA ou K-TTP)	Deficiência ou inibição de um ou mais dos seguintes fatores de coagulação: XII, XI, IX (doença de Christmas), VIII (hemofilia), X, V, II, fibrinogênio	Hemofilia, doença de Christmas (+ condições acima)
Dosagem de fibrinogênio	Deficiência de fibrinogênio	CIVD Doença hepática

CIVD, coagulação intravascular disseminada; FDPs, produtos de degradação da fibrina.
Nota: a contagem de plaquetas e os testes de função plaquetária também são usados como testes de triagem em pacientes com síndromes hemorrágicas.

protrombina e fibrinogênio. Três substâncias – o fosfolipídio, um ativador de superfície (p. ex., caulim, por isso também é denominado **K-TTP**, de *kaolin*) e o cálcio – são acrescentadas ao plasma citratado. O tempo normal para coagulação é de 30 a 40 segundos.

O prolongamento no tempo de coagulação no TP e no TTPA, quando causado por deficiência de fator, é corrigido pela adição de plasma normal ao plasma em exame (mistura 50:50). Se não houver correção, ou se a correção com plasma normal for incompleta, suspeita-se da presença de um inibidor da coagulação.

O **tempo de trombina** (**TT**) é sensível à deficiência de fibrinogênio ou à inibição da trombina. É acrescentada trombina bovina diluída ao plasma citratado, em concentração que produza tempo de coagulação de 14 a 16 segundos em plasmas normais.

Dosagens específicas de fatores da coagulação

A maioria das dosagens de fatores baseia-se no TTPA ou no TP, nos quais todos os fatores a serem medidos, exceto um, estão presentes no plasma substrato. Isso, em geral, exige um suprimento de plasma de pacientes com deficiência hereditária do fator em questão ou de plasma com deficiência de um fator produzido artificialmente. O efeito corretivo do plasma desconhecido no alongamento do tempo de coagulação do plasma substrato deficiente é, então, comparado ao efeito corretivo do plasma normal sobre o mesmo substrato. Os resultados são expressos como porcentagem (ou fração decimal) da atividade normal.

Vários métodos químicos, cromogênicos e imunológicos estão disponíveis para a quantificação de outras proteínas, como fibrinogênio, VWF, fator Xa e fator VIII.

Tempo de sangramento

O tempo de sangramento (ou de sangria) não é um exame confiável para detectar função anormal de plaquetas, tem baixa sensibilidade e muito baixa reprodutibilidade. Ele foi usado para avaliar defeitos de função plaquetária, incluindo a deficiência de VWF, mas não é mais usado na rotina clínica.

O exame era feito com aplicação de pressão no antebraço com um manguito de aparelho de tensão arterial, seguida de uma ou duas pequenas incisões na pele da superfície flexora do antebraço com uma lanceta apropriada. Normalmente, o sangramento cessa em 3 a 8 minutos. O tempo de sangria foi substituído por testes de agregação plaquetária, testes de adesão plaquetária e pelo teste "PFA-100", descrito a seguir. O tempo de sangramento está prolongado na trombocitopenia, mas é normal nas causas vasculares de sangramento anormal.

Testes de função plaquetária

A **agregometria das plaquetas** mede a queda na absorção da luz no plasma rico em plaquetas à medida que as plaquetas se agregam. A agregação inicial (primária) é desencadeada por um agente externo, adicionado ao tubo-reação; a resposta secundária é produzida por agentes agregantes liberados pelas próprias plaquetas. Os cinco agentes agregantes externos mais usados são ADP, colágeno, ristocetina, ácido araquidônico e adrenalina. O padrão de resposta a cada agente auxilia no diagnóstico (ver Figura 25.10). Hoje, a citometria em fluxo tem uso crescente na rotina para identificação de defeitos das glicoproteínas plaquetárias.

No teste **PFA-100**, o sangue citratado aspirado por meio de um tubo capilar é depositado sobre uma membrana recoberta com colágeno/ADP ou colágeno/adrenalina. O instrumento mantém o fluxo sanguíneo. As plaquetas começam a aderir e agregar-se, primariamente via interações de VWF com GPIb e GPIIb/IIIa, resultando em oclusão da abertura. O tempo de oclusão é cronometrado. O PFA-100 é prolongado na doença de von Willebrand e em defeitos de função plaquetária. O teste não é seguro: pode dar resultado falso-negativo com alguns defeitos plaquetários comuns. Testes completos de função plaquetária e teste para VWF podem ser necessários para excluir função plaquetária anormal, mesmo com resultado normal do teste PFA-100.

Teste de fibrinólise

Os testes tradicionais para hiperfibrinólise, como o tempo de lise das euglobulinas, estão em desuso. Um estado hiperfibrinolítico signficativo, como o que ocorre durante trasnplante de fígado, pode ser evidenciado pela medida "viscoelástica" da estabilidade do coágulo, usando **trombelastografia** (**TEG**) ou **trombelastometria** (**ROTEM**) (ver Figura 26.10). O tratamento com ácido tranexâmico reduz a hiperfibrinólise e o sangramento decorrente.

A dosagem de D-dímeros avalia a presença de produtos de degradação de fibrina; quando aumentados, indicam uma atividade sequencial de trombina e plasmina. O teste pode ser feito em plasma citratado na mesma amostra da qual são feitos os testes de coagulabildade rotineiros. Há muitas causas de aumento de D-dímeros, incluindo infecção, câncer, gravidez e, principalmente, tromboembolismo venoso. Os níveis plasmáticos são muito elevados em pacientes com coagulação intravascular disseminada.

RESUMO

- A hemostasia normal requer vasoconstrição, agregação plaquetária e coagulação do sangue. A célula endotelial intacta separa o colágeno e outros tecidos conectivos subendoteliais que estimulariam agregação plaquetária do sangue circulante. As células endoteliais também produzem prostaciclina, óxido nítrico e uma ectonucleotidase, que inibe a agregação plaquetária.
- As plaquetas são produzidas de megacariócitos na medula óssea estimulada por trombopoetina. Elas têm glicoproteínas de superfície que facilitam a aderência direta aos tecidos subendoteliais e, também, via fator von Willebrand, a colágeno, a outras plaquetas (agregação) e ao fibrinogênio. As plaquetas contêm diversos tipos de grânulos de armazenamento, os quais são liberados após ativação plaquetária.
- A coagulação do sangue in vivo começa com a ligação do fator tecidual ao fator VII da coagulação, o que desencadeia uma cascata que resulta na geração de trombina. A trombina ativa os fatores VIII e V, o que amplifica marcadamente a via da coagulação, resultando em um coágulo de fibrina.
- Os inibidores dos fatores de coagulação incluem antitrombina, proteína C e proteína S.
- Ocorre dissolução de coágulos de fibrina (fibrinólise) pela ativação do plasminogênio em plasmina.
- Os testes de função hemostática incluem tempo de trombina (TT), tempo de protrombina (TP), tempo de tromboplastina parcial ativada (TTPA ou K-TTP) e dosagens específicas de fatores da coagulação e do fator von Willebrand. Os testes de função plaquetária incluem o PFA-100 e os testes de agregação.

Visite **www.wileyessential.com/haematology** para testar seus conhecimentos neste capítulo.

CAPÍTULO 25
Distúrbios hemorrágicos causados por alterações vasculares e plaquetárias

Tópicos-chave

- Distúrbios hemorrágicos vasculares — 279
- Trombocitopenia — 281
- Púrpura trombocitopênica autoimune (idiopática) — 282
- Púrpura trombocitopênica trombótica — 285
- Distúrbios de função plaquetária — 287
- Diagnóstico de distúrbios plaquetários — 288
- Transfusão de plaquetas — 289

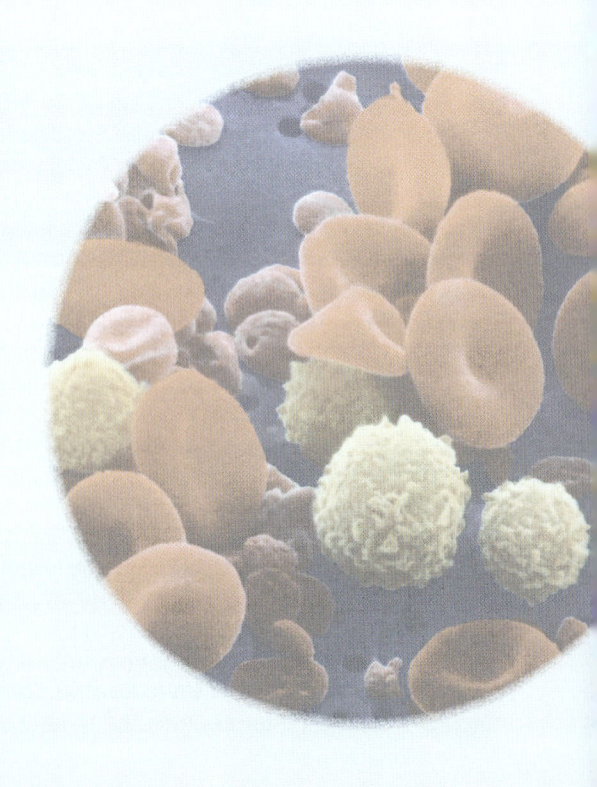

Sangramento anormal

Pode decorrer de:
1 Distúrbios vasculares;
2 Trombocitopenia;
3 Função plaquetária defeituosa; ou
4 Defeito da coagulação

O padrão do sangramento corresponde à etiologia de modo relativamente previsível. Os distúrbios vasculares e plaquetários tendem a associar-se a sangramento das mucosas e na pele, ao passo que, em distúrbios da coagulação, o sangramento ocorre com frequência em articulações ou em tecidos moles (Tabela 25.1). A Tabela 25.2 mostra a graduação do sangramento, segundo a OMS.

As primeiras três categorias são discutidas neste capítulo, e os distúrbios da coagulação do sangue, no Capítulo 26.

Distúrbios hemorrágicos vasculares

Os distúrbios vasculares formam um grupo heterogêneo, caracterizado por equimoses fáceis e sangramento espontâneo de pequenos vasos. A anormalidade de base está nos próprios vasos ou nos tecidos conectivos perivasculares. A maioria dos sangramentos causados por defeitos vasculares isolados não é grave. Em geral, o sangramento ocorre principalmente na pele, provocando petéquias, equimoses ou ambos. Em algumas doenças também há sangramento das mucosas. Nessas condições de origem vascular, os exames de triagem são normais. O tempo de sangramento (em desuso) geralmente é normal, e os demais testes de hemostasia também são normais. Os defeitos vasculares podem ser hereditários ou adquiridos.

Distúrbios vasculares hereditários

Teleangiectasia hemorrágica hereditária

Esta doença incomum é transmitida como traço autossômico dominante. Há vários defeitos genéticos subjacentes, na maioria das ocorrências, da proteína endotelial endoglina. Há ingurgitamentos microvasculares dilatados que aparecem na infância e se tornam mais numerosos na vida adulta. Estas teleangiectasias se desenvolvem na pele, nas mucosas (Figura 25.1a) e nos órgãos internos. Em uma minoria de casos há malformações, causando pertuitos arteriovenosos (*shunts*) pulmonares, hepáticos, esplênicos e cerebrais. Epistaxes recorrentes são frequentes e hemorragias recidivantes do trato gastrintestinal podem causar anemia ferropênica crônica. O tratamento é feito com embolização, aplicação de *laser*, estrogênios, ácido tranexâmico e suplementação de ferro que, às vezes, exige via intravenosa. Talidomida, lenalidomida e bevcizumabe (anticorpo antifator de crescimento endotelial vascular) têm sido tentados para reduzir o sangramento gastrintestinal em casos graves.

Doenças do tecido conectivo

Nas síndromes de Ehlers-Danlos há anormalidades hereditárias do colágeno com púrpura, causada por agregação defeituosa das plaquetas, hiperextensibilidade das articulações e pele friável e hiperelástica. O pseudoxantoma elástico associa-se a hemorragia e trombose. Os pacientes podem apresentar apenas equimoses superficiais e púrpura depois de pequenos traumatismos ou de aplicação de torniquete. Sangramento e dificuldade de cicatrização podem constituir-se em problema pós-operatório.

Hemangioma cavernoso gigante

Essas malformações congênitas ocasionalmente causam ativação crônica da coagulação e aspectos laboratoriais de coagulação intravascular disseminada. Em alguns casos, causam apenas trombocitopenia.

Defeitos vasculares adquiridos

1 A **púrpura simples é um distúrbio** benigno comum, caracterizado por suscetibilidade a equimoses, que ocorre em mulheres jovens e sadias, principalmente em idade fértil.
2 A **púrpura da senilidade**, causada por atrofia dos tecidos de suporte dos vasos sanguíneos cutâneos, é caracteristicamente observada na face dorsal dos antebraços e das mãos (Figura 25.1b).

Tabela 25.1 Diferenças clínicas entre doenças plaquetárias/vasculares e dos fatores de coagulação

	Doenças plaquetárias/vasculares	Doenças da coagulação
Sangramento das mucosas	Comum	Raro
Petéquias	Comum	Raro
Hematomas profundos	Raro	Característico
Sangramento de cortes na pele	Persistente	Mínimo
Sexo do paciente	Igual	> 80% masculino

Tabela 25.2 Graus de sangramento, segundo a OMS

Grau 0	Nenhum
Grau 1	Petéquias, equimoses, perda oculta de sangue, discretas manchas
Grau 2	Sangramento óbvio, como epistaxe, hematúria, hematêmese não requerendo transfusão
Grau 3	Hemorragia requerendo transfusão
Grau 4	Hemorragia com comprometimento hemodinâmico, hemorragia retinal com perda visual, hemorragia em qualquer local do sistema nervoso central

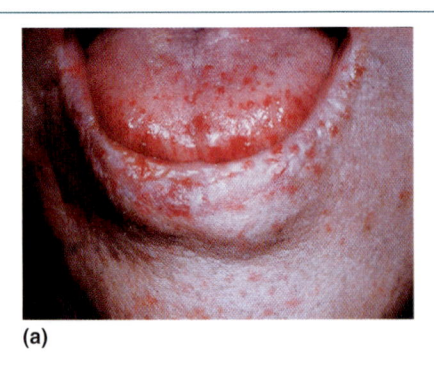

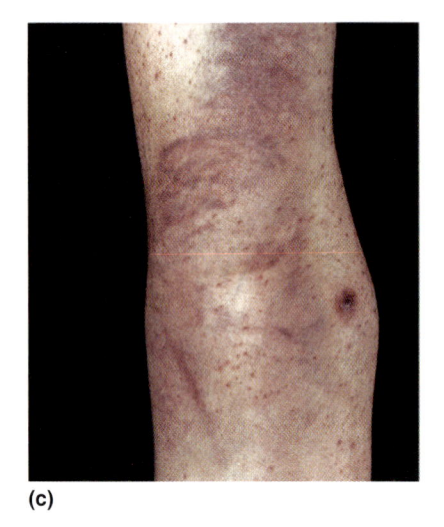

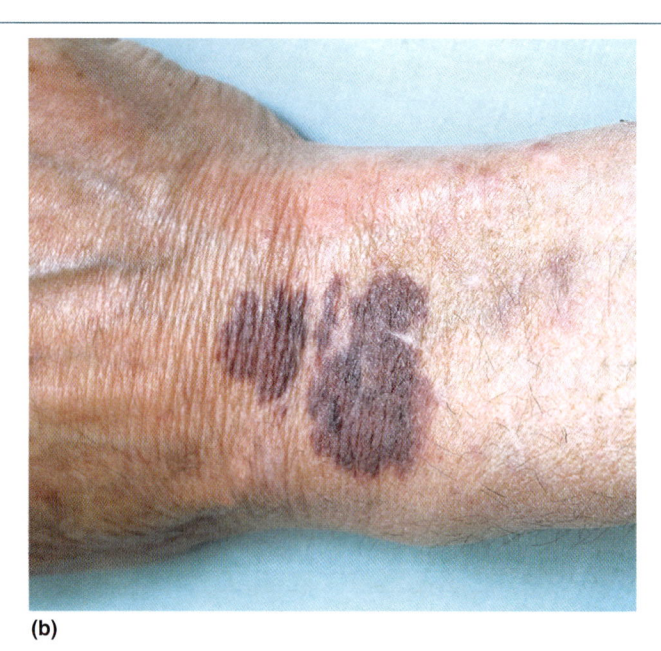

Figura 25.1 (a) Teleangiectasia hemorrágica hereditária: as pequenas lesões vasculares características são óbvias na língua e nos lábios. **(b)** Púrpura da senilidade. **(c)** Petéquias perifoliculares características na deficiência de vitamina C (escorbuto).

3. A **púrpura associada a infecções**, principalmente bacterianas, virais ou rickettsiais, decorre de dano vascular pelo agente etiológico, com CIVD ou como resultado da formação de imunocomplexos (p. ex., sarampo, dengue e septicemia por meningococo).
4. A **síndrome de Henoch-Schönlein** é um distúrbio geralmente observado em crianças, às vezes após infecção aguda do trato respiratório superior. É uma vasculite mediada por imunoglobulina A (IgA). A erupção purpúrica característica, acompanhada de edema localizado e prurido, é, em geral, mais proeminente nas nádegas e nas superfícies extensoras dos membros inferiores e dos cotovelos (Figura 25.2). Também podem ocorrer edema articular doloroso, hematúria e dor abdominal. Em geral, é uma doença autolimitada, porém pacientes ocasionais desenvolvem insuficiência renal.
5. **Escorbuto**. Na deficiência de vitamina C, o colágeno defeituoso pode causar petéquias perifoliculares, equimoses e hemorragia das mucosas (Figura 25.1c).
6. **Púrpura do uso de esteroides.** A púrpura associada a tratamento a longo prazo com esteroides ou com síndrome de Cushing é causada por defeito no tecido de suporte vascular.

Os ácidos tranexâmico e aminocaproico são fármacos antifibrinolíticos úteis que podem diminuir o sangramento causado por doenças vasculares ou trombocitopenia, mas são contraindicados na presença de hematúria, uma vez que podem levar à formação de coágulos que obstruem as vias urinárias.

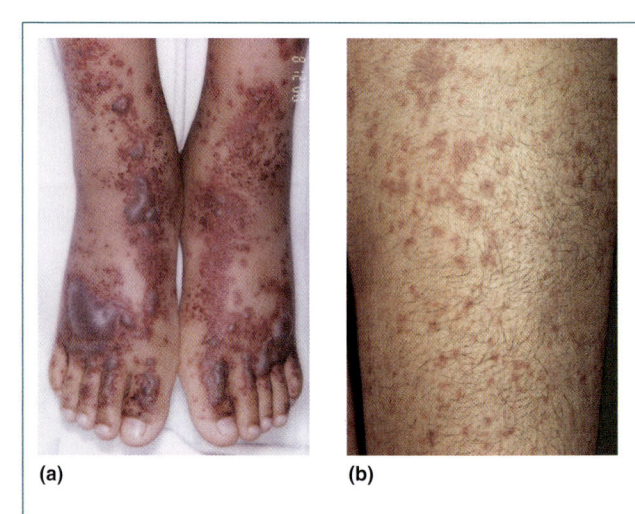

Figura 25.2 Púrpura de Henoch-Schönlein. **(a)** Púrpura incomumente intensa nas pernas, com formação de bolhas, em uma criança com 6 anos de idade; **(b)** lesões iniciais urticariformes.

Trombocitopenia

O sangramento anormal associado a trombocitopenia ou função anormal das plaquetas é caracterizado por púrpura cutânea espontânea (Figura 25.3), hemorragia das mucosas e sangramento prolongado após traumatismo (Tabela 25.1). As principais causas de trombocitopenia estão relacionadas nas Tabelas 25.3 e 25.4.

Insuficiência na produção de plaquetas

Essa é uma causa comum de trombocitopenia, geralmente como parte de insuficiência global da medula óssea (Tabela 25.3). Uma depressão seletiva de megacariócitos pode resultar de toxicidade a fármaco ou de infecção viral.

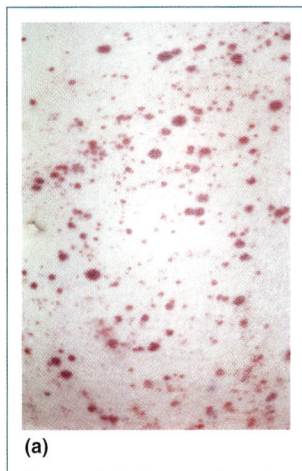

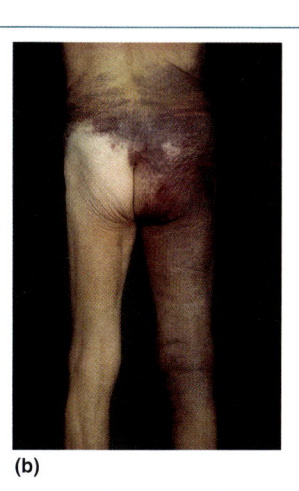

Figura 25.3 Trombocitopenia causada por fármaco. **(a)** Púrpura típica e **(b)** hemorragia subcutânea maciça.

Em raros casos é congênita, por mutação do receptor *c-MPL* de trombopoetina ou do gene *RBM8A*, associada à ausência dos rádios. Também é vista na anomalia de May-Hegglin, com grandes inclusões nos granulócitos e na síndrome de Wiskott-Aldrich (WAS), associada a eczema e deficiência imunológica (ver Capítulo 8). A WAS é causada por mutação no gene *WASP*, a proteína reguladora de sinalização das células hematopoéticas. O diagnóstico dessas causas de trombocitopenia é feito pela história clínica, pelo hemograma e pelo exame da medula óssea.

Tabela 25.3 Causas de trombocitopenia

Insuficiência de produção de plaquetas
Depressão seletiva de megacariócitos
    raros defeitos congênitos (ver texto)
    fármacos, agentes químicos, infecções virais
Parte de insuficiência global da medula óssea
    fármacos citotóxicos
    radioterapia
    anemia aplástica
    leucemia
    síndromes mielodisplásicas
    mielofibrose
    infiltração da medula óssea (p. ex., carcinoma, linfoma, doença de Gaucher)
    mieloma múltiplo
    anemia megaloblástica
    infecção por HIV

Aumento do consumo de plaquetas
Imunológico
    autoimune
    idiopático
    associado a lúpus eritematoso sistêmico, leucemia linfocítica crônica ou linfoma
    infecções: *Helicobacter pylori*, HIV, HCV, outros vírus, malária
    induzido por fármaco (p. ex., heparina)
    púrpura pós-transfusional
    trombocitopenia aloimune materno-fetal
Coagulação intravascular disseminada
Púrpura trombocitopênica trombótica

Distribuição anormal de plaquetas
Esplenomegalia (p. ex., em doença hepática)

Perda dilucional
Transfusão maciça de sangue conservado em pacientes com hemorragia

HIV, vírus da imunodeficiência humana.

Tabela 25.4 Trombocitopenia como consequência de fármacos ou agentes químicos

Supressão da medula óssea
Previsível (relacionada à dose)
    radiação ionizante, fármacos citotóxicos, etanol
Ocasional
    cloranfenicol, cotrimoxazol, idoxuridina, penicilamina, arsenicais orgânicos, benzeno, etc.

Mecanismo imunológico (provado ou provável)
Analgésicos, anti-inflamatórios, sais de ouro
Antimicrobianos
    penicilinas, rifamicina, sulfonamidas, trimetoprim, paraminossalicilato
Sedativos, anticonvulsivantes
    diazepam, valproato de sódio, carbamazepina
Diuréticos
    acetazolamida, clorotiazidas, furosemida
Antidiabéticos
    clorpropramida, tolbutamida
Outros
    digitoxina, heparina, metildopa, oxiprenolol, quinina, quinidina

Aumento de destruição de plaquetas

Púrpura trombocitopênica autoimune (idiopática)

A púrpura trombocitopênica autoimune (idiopática, PTI) pode apresentar-se sob forma crônica ou aguda.

Púrpura trombocitopênica crônica

É uma doença relativamente comum. A maior incidência parecia ser em mulheres com idade entre 15 e 50 anos, porém alguns relatos recentes sugerem haver aumento da incidência com o passar dos anos. É a causa mais comum de trombocitopenia sem anemia ou neutropenia. Em geral, é idiopática,* mas pode ser vista associada a outras doenças, como lúpus eritematoso sistêmico, infecções por vírus (HIV, HCV) ou *Helicobacter pylori*, leucemia linfocítica crônica, linfoma de Hodgkin e anemia hemolítica autoimune (síndrome de Evans) (Tabela 25.3).

---

*N. de T. Por isso a sigla **PTI**, que também serviria para **p**úrpura **t**rombocitopênica **i**munológica.

Patogênese

Os autoanticorpos antiplaquetas (em geral, IgG) causam remoção prematura das plaquetas da circulação pelos macrófagos do sistema reticuloendotelial, sobretudo no baço (Figura 25.4). Em muitos casos, o anticorpo é dirigido contra sítios antigênicos nos complexos glicoproteína (GP) IIb-IIIa ou Ib. A sobrevida normal das plaquetas é de 9 a 10 dias, mas na PTI diminui para poucas horas. A massa total de megacariócitos e a reciclagem de plaquetas aumentam paralelamente em cerca de cinco vezes acima do valor normal.

Aspectos clínicos

O início quase sempre é insidioso, com petéquias, equimoses fáceis e, em mulheres, menorragia. Sangramento das mucosas, como epistaxe ou sangramento gengival, ocorre em casos graves, porém, felizmente, a hemorragia intracraniana é rara. A gravidade do sangramento na PTI, em geral, é menor do que a observada em pacientes com graus comparáveis de trombocitopenia decorrente de insuficiência da medula óssea. Isso é

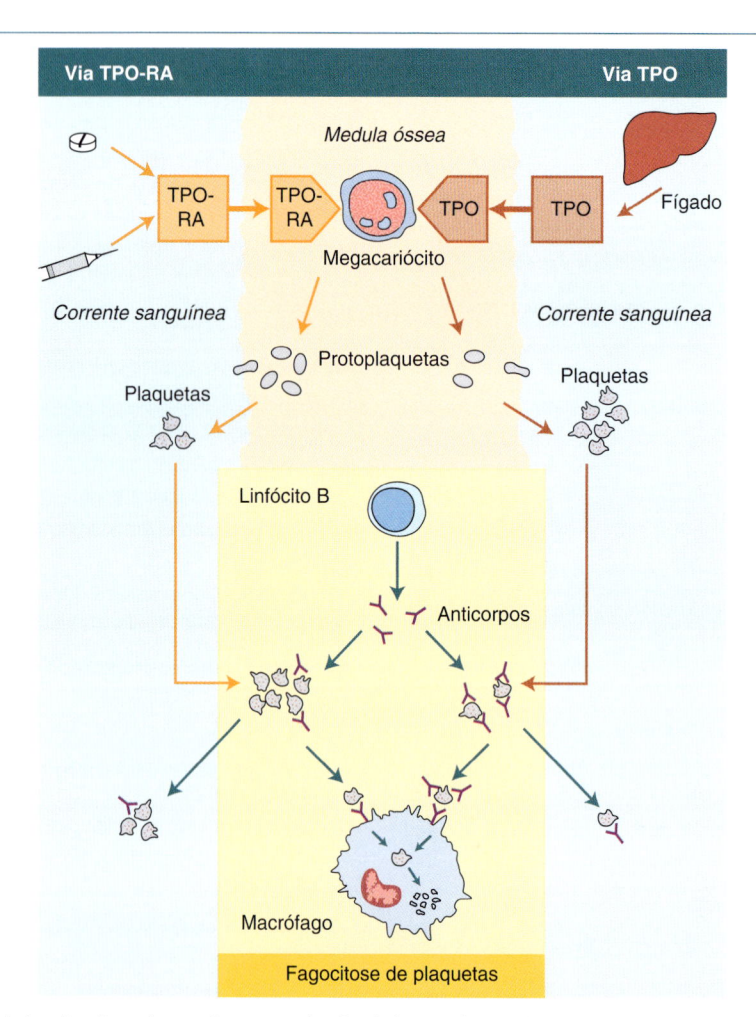

Figura 25.4 Patogênese da trombocitopenia na púrpura trombocitopênica autoimune. As plaquetas cobertas de anticorpos são fagocitadas por macrófagos. São mostradas as ações da trombopoetina (TPO) e dos agonistas do receptor de trombopoetina (TPO-RA) (trombomiméticos). Eles são ativos por via oral ou injetáveis e aumentam a produção de plaquetas.

atribuído à circulação de plaquetas predominantemente jovens e funcionalmente superiores na PTI. A PTI crônica tende a recidivar e a regredir de forma espontânea, dificultando a previsão da evolução. Muitos casos assintomáticos são descobertos em hemogramas de rotina. O baço não é palpável, salvo se houver doença associada que cause esplenomegalia.

Diagnóstico

1 A contagem de plaquetas geralmente está em 10 a 100 × $10^3/\mu L$, e o volume plaquetário médio (VPM), um pouco aumentado. A hemoglobina e o leucograma são normais, salvo se houver anemia ferropênica causada por perdas repetidas de sangue.
2 A distensão sanguínea mostra a diminuição do número de plaquetas e a presença de plaquetas grandes. Não há alterações nas demais séries.
3 A medula óssea mostra número normal ou aumentado de megacariócitos.
4 Testes sensíveis são capazes de demonstrar a presença de anticorpos específicos antiglicoproteínas GPIIb/IIIa ou GPIb na superfície das plaquetas, ou no soro, da maioria dos pacientes. A dosagem de IgG associada às plaquetas é menos específica. As pesquisas de anticorpos não são difundidas na prática clínica.

Tratamento

Como é uma doença crônica, o objetivo do tratamento deve ser a manutenção da contagem de plaquetas acima do nível no qual ocorrem equimoses ou sangramento espontâneo, com um mínimo de intervenção. Em geral, com uma contagem de plaquetas acima de 20 × $10^3/\mu L$, um paciente assintomático não requer tratamento.

1 **Corticosteroides** Oitenta por cento dos pacientes entram em remissão com tratamento com corticosteroides em doses terapêuticas. Prednisolona, 1 mg/kg/dia, é o tratamento inicial em adultos, diminuindo-se a dose de modo gradual depois de 10 a 14 dias. Em indivíduos que respondem mal, a dose é diminuída mais lentamente, e tratamentos alternativos, como imunossupressão ou esplenectomia, passam a ser considerados.
2 **Altas doses de imunoglobulina por via intravenosa** causam aumento rápido na contagem de plaquetas na maioria dos pacientes. É frequente um regime de 400 mg/kg/dia durante 5 dias ou 1 g/kg/dia durante 2 dias. É particularmente útil em pacientes com hemorragias que colocam a vida em risco, na PTI refratária a corticosteroides, durante a gravidez e antes de cirurgia. O mecanismo de ação pode ser um bloqueio dos receptores Fc dos macrófagos ou uma mudança na produção de autoanticorpos.
3 **Anticorpos monoclonais** O rituximabe (anti-CD20) produz respostas, em geral duradouras, em cerca de 50% dos casos, e atualmente é tentado antes de indicar-se esplenectomia.
4 **Fármacos imunossupressores**, como vincristina, ciclofosfamida, azatioprina, micofenolato de mofetil ou ciclosporina, isoladamente ou em combinação, em geral são reservados para pacientes que não respondem de maneira satisfatória ao tratamento com corticosteroides e rituximabe.
5 **Agonistas da trombopoetina** Romiplostim (subcutâneo) e eltrombopag (oral) são agonistas não peptídicos do receptor de trombopoetina (trombomiméticos) (Figura 25.4). Eles estimulam a trombopoese (Figura 25.5) e são indicados para pacientes com contraindicação ou refratários a corticoides. Estão em andamento trabalhos prospectivos em que são usados como tratamento inicial em combinação com corticosteroides. Pode desenvolver-se aumento de reticulina e fibrose na medula após tratamento prolongado, mas são reversíveis com a cessação do tratamento.
6 **Esplenectomia** Com as novas opções de tratamento, a esplenectomia tem sido feita com menor frequência do que anteriormente. Bons resultados ocorrem na maioria dos pacientes, porém, naqueles com PTI refratária a esteroides, imunoglobulina ou rituximabe, o benefício pode ser pequeno. Baços acessórios (esplenúnculos) devem ser removidos, caso contrário, ocorre recidiva da PTI.
7 **Outros tratamentos** que podem promover remissão incluem danazol (um androgênio que causa virilização em mulheres) e imunoglobulina anti-D intravenosa (em pacientes Rh positivos). Muitas vezes, é necessário combinar dois fármacos, como danazol e um agente imunossupressor. Infecção por *Helicobacter pylori* deve ser pesquisada, pois há relatos de melhora da contagem de plaquetas com o tratamento; isso é especialmente relevante em países onde a infecção é comum. A hepatite C, se presente, também deve ser tratada.
8 **Transfusão de plaquetas** Concentrados de plaquetas são indicados para pacientes com sangramento agudo que coloque a vida em risco, mas o efeito benéfico dura apenas algumas horas.
9 O **transplante de células-tronco** pode curar alguns casos graves.

Púrpura trombocitopênica aguda

É mais comum em crianças. Em cerca de 75% dos pacientes, o episódio ocorre após vacinação ou infecção, como varicela ou mononucleose infecciosa. A maioria dos casos deve-se à ligação de imunocomplexos inespecíficos às plaquetas. Remissões espontâneas são usuais, porém, em 5 a 10% dos casos, a doença torna-se crônica (duração superior a 6 meses). A morbidade e a mortalidade na PTI aguda são muito baixas; o grande risco é a hemorragia cerebral, mas felizmente é rara. Muitos pacientes não sangram, apesar de contagens de plaquetas < 10 × $10^3/\mu L$, mas devem evitar trauma, como ocorre em esportes de contato.

O diagnóstico é de exclusão. Se a contagem de plaquetas for > 30 × $10^3/\mu L$, não há necessidade de tratamento, salvo se houver sangramento relevante. Na verdade, alguns médicos optam por não tratar casos sem sangramento, mesmo com plaquetas < 10 × $10^3/\mu L$. Os pacientes com sangramento significativo e baixas contagens são tratados com esteroides e/ou imunoglobulina intravenosa.

Infecções

Parece provável que a trombocitopenia associada a muitas infecções por vírus e protozoários seja imunomediada. Na infecção por HIV, também está envolvida uma diminuição na produção de plaquetas (ver p. 328).

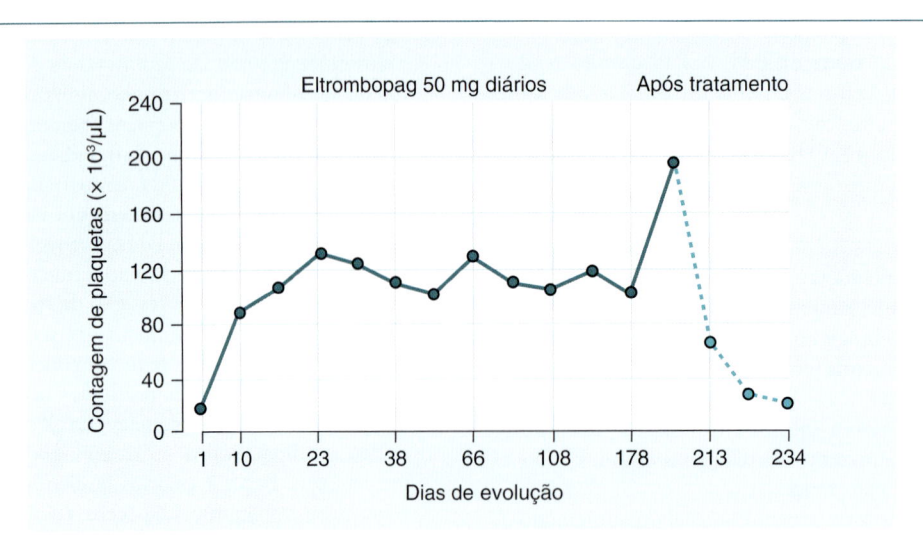

Figura 25.5 Resposta a eltrombopag em púrpura trombocitopênica imunológica crônica em mulher com 75 anos, após falta de resposta à prednisolona. Fonte: cortesia do Prof. A. Newland.

Trombocitopenia induzida por fármacos

Um mecanismo imunológico foi demonstrado como causa de muitas trombocitopenias induzidas por fármacos (Figura 25.6). A quinina (incluindo a da água tônica), a quinidina e a heparina são causas particularmente comuns (Tabela 25.4).

A contagem de plaquetas quase sempre é $< 10 \times 10^3/\mu L$, e a medula óssea mostra número normal ou alto de megacariócitos. Os anticorpos antiplaquetas dependentes de fármaco podem ser demonstrados no soro de alguns pacientes.

O tratamento imediato é a suspensão do fármaco suspeito, mas deve ser administrado concentrado de plaquetas em pacientes com sangramento perigoso.

Púrpura pós-transfusional

A trombocitopenia súbita e grave que ocorre 10 dias após transfusão de sangue é atribuída a anticorpos do receptor contra o antígeno plaquetário humano 1a (HPA-1a), ausente nas plaquetas do paciente e presente nas plaquetas transfundidas (ver p. 342).

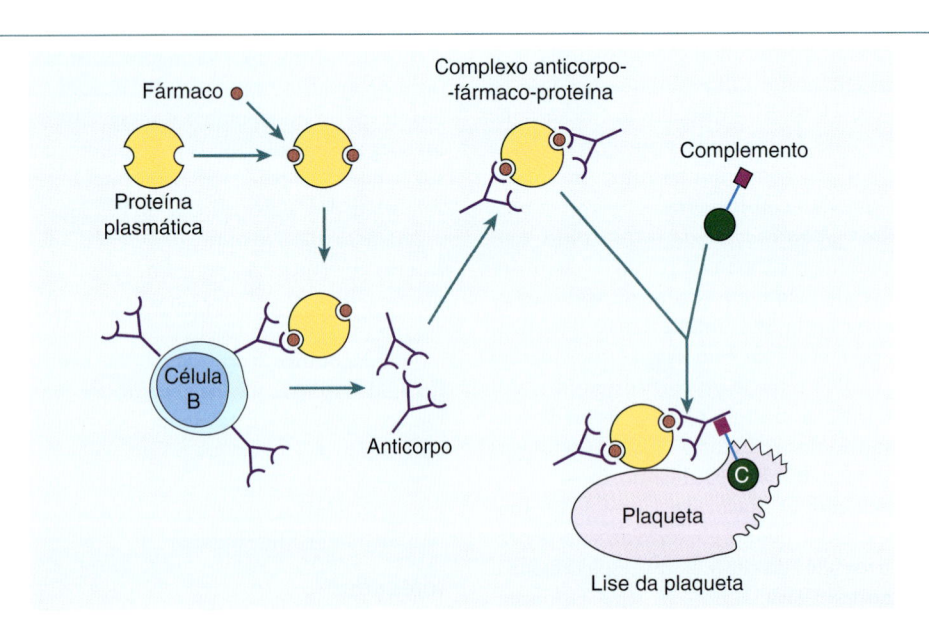

Figura 25.6 Tipo de dano na plaqueta causado por fármacos, no qual um complexo anticorpo-fármaco-proteína é depositado na superfície da plaqueta. Se houver ligação de complemento e a sequência se estender até o fim, a plaqueta pode ser lisada diretamente. Caso contrário, ela é removida pelas células reticuloendoteliais devido à opsonização com imunoglobulina e/ou ao componente C3 do complemento.

Púrpura trombocitopênica trombótica (PTT) e síndrome hemolítico-urêmica (SHU)

A púrpura trombocitopênica trombótica (PTT) ocorre nas formas hereditária e adquirida. Há **deficiência da metaloprotease ADAMTS13,** que cliva multímeros de peso molecular "ultragrande" do fator von Willebrand (ULVWF) (Figura 25.7). Já foram identificadas mais de 50 mutações ADMTS13 causadoras da PTT hereditária (familiar). As formas adquiridas decorrem do desenvolvimento de um autoanticorpo IgG inibidor, cuja presença pode ser estimulada por infecções, doenças autoimunes e do tecido conectivo, certos fármacos, transplante de células-tronco ou cirurgia cardíaca. Cadeias multiméricas de ULVWF, secretadas pelos corpos de Weibel-Palade, fixam-se nas células endoteliais, e as plaquetas em fluxo aderem por meio de seus receptores GPIb. O aumento progressivo da agregação plaquetária sobre essas correntes multiméricas de ULVWF tem potencial para formar trombos plaquetários grandes, oclusivos, capazes de embolizar para a microcirculação a jusante, causando isquemia em órgãos (Figura 25.8a). Na síndrome hemolítico-urêmica (SHU), estreitamente relacionada, os níveis de ADAMTS13 são normais.

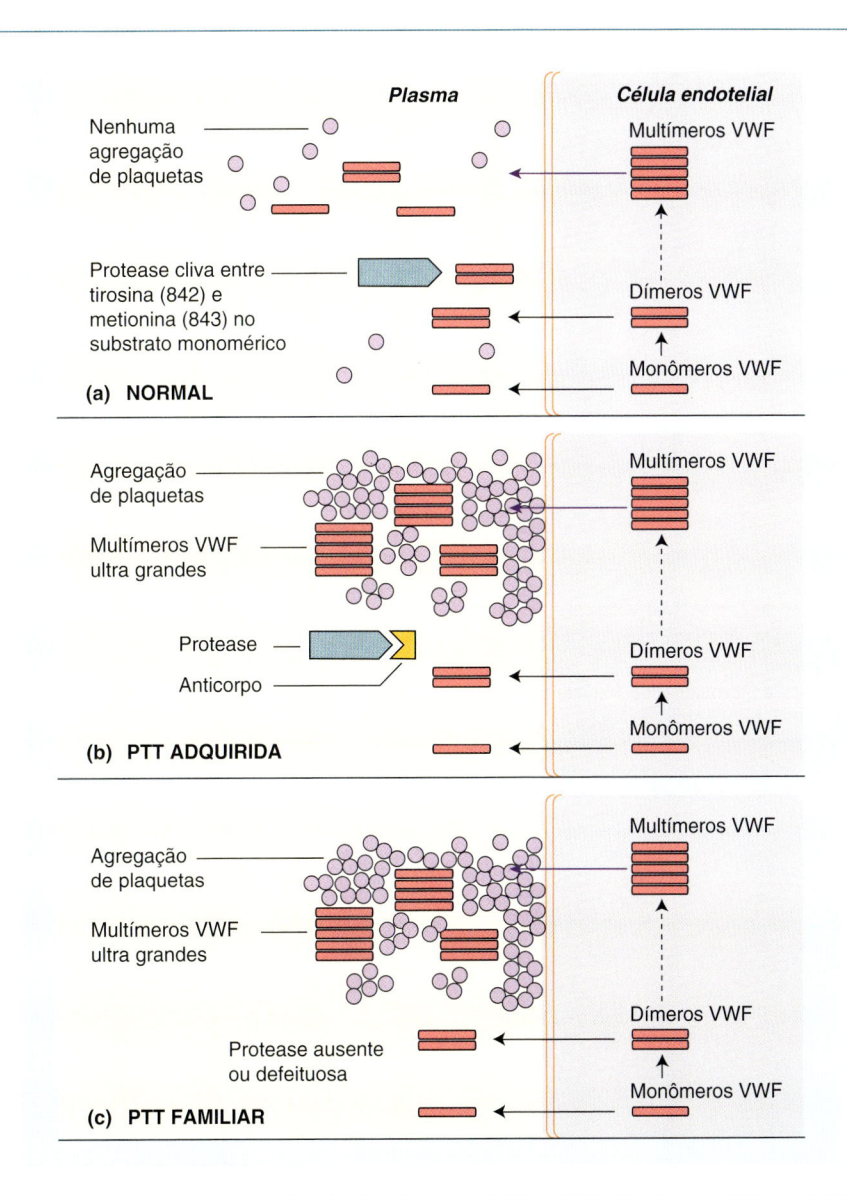

Figura 25.7 Patogênese proposta para a púrpura trombocitopênica trombótica (PTT). O fator von Willebrand (VWF) consiste em uma série de multímeros, cada um com peso molecular (PM) de 250 kDa, ligados por ligação covalente. **(a)** Em circunstâncias fisiológicas, a metaloprotease ADAMTS13 cliva multímeros de alto peso molecular em uma ligação Tir-842–Met-843, e o VWF resultante tem um PM de 500 a 20.000 kDa. **(b)** Na PTT adquirida, desenvolve-se um anticorpo à metaloprotease que bloqueia a clivagem dos multímeros VWF. **(c)** Nas formas congênitas de PTT, a protease parece estar ausente. Em ambos os casos, os multímeros VWF ultragrandes podem ligar-se a plaquetas sob condições de intenso atrito e causar agregação plaquetária.

A PTT tem sido tradicionalmente descrita como um quinteto composto de **trombocitopenia**, **anemia hemolítica microangiopática**, **alterações neurológicas, insuficiência renal e febre**. As tromboses microvasculares causam grau variável de isquemia tecidual e infarto e são responsáveis pela hemólise (fragmentação traumática dos eritrócitos) e pela trombocitopenia (Figura 25.8b). Na prática clínica corrente, trombocitopenia e esquizócitos no hemograma e uma elevação expressiva da desidrogenase láctica (LDH) são suficientes para sugerir o diagnóstico. A LDH origina-se tanto das células teciduais isquêmicas ou necróticas como nas da hemólise. Os testes de coagulabilidade são normais, ao contrário do que ocorre na CIVD (ver Figura 26.9). A ADAMTS13 está ausente ou significativamente reduzida no plasma.

O tratamento eficaz é a troca de plasma, usando-se plasma fresco congelado ou criossobrenadante. Isso remove os multímeros de alto peso molecular e o anticorpo e supre ADAMTS13. A contagem de plaquetas e a LDH são úteis para monitoração da resposta ao tratamento. Rituximabe (anti-CD20) também é eficaz; é usado em conjunção com infusões ou troca de plasma e, subsequentemente, para reduzir o risco de recaída. Em casos refratários e em casos crônicos recidivantes são usados corticosteroides em altas doses, vincristina, imunoglobulina intravenosa, rituximabe e tratamento imunossupressor com azatioprina ou ciclofosfamida. Nos casos não tratados, a mortalidade aproxima-se de 90%. Recidivas são frequentes.

A síndrome hemolítico-urêmica em crianças tem muitas características comuns, porém o dano aos órgãos é limitado aos rins. A sintomatologia geralmente inclui diarreia; podem ocorrer convulsões epileptiformes. Muitos casos são associados à infecção por *Escherichia coli* com verotoxina 0157 ou a outros microrganismos, sobretudo *Shigella*. Hemodiálise e o controle da hipertensão constituem a base do tratamento. Transfusões de plaquetas são contraindicadas na SHU e na PTT. A SHU atípica é tratada como insuficiência renal crônica, mas com acréscimo de eculizumabe (ver p. 247), a fim de inibir ativação de complemento.

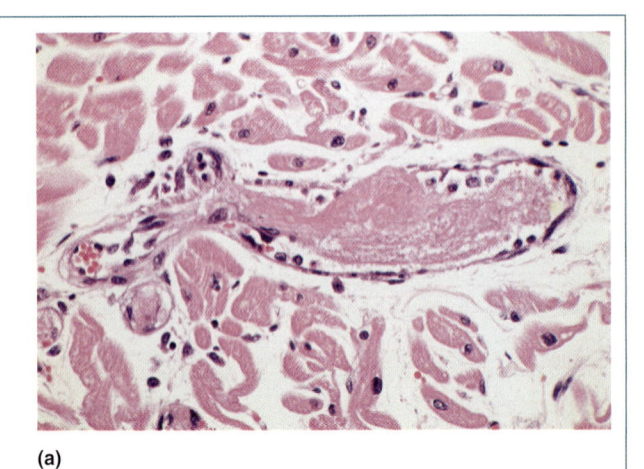

Figura 25.8 Púrpura trombocitopênica trombótica. **(a)** Trombo de plaquetas em pequeno vaso cardíaco com mínima reação endotelial e inflamatória. Fonte: cortesia do Dr. J. E. McLaughlin. **(b)** Distensão de sangue periférico mostrando fragmentação de eritrócitos, macrócitos policromáticos e trombocitopenia.

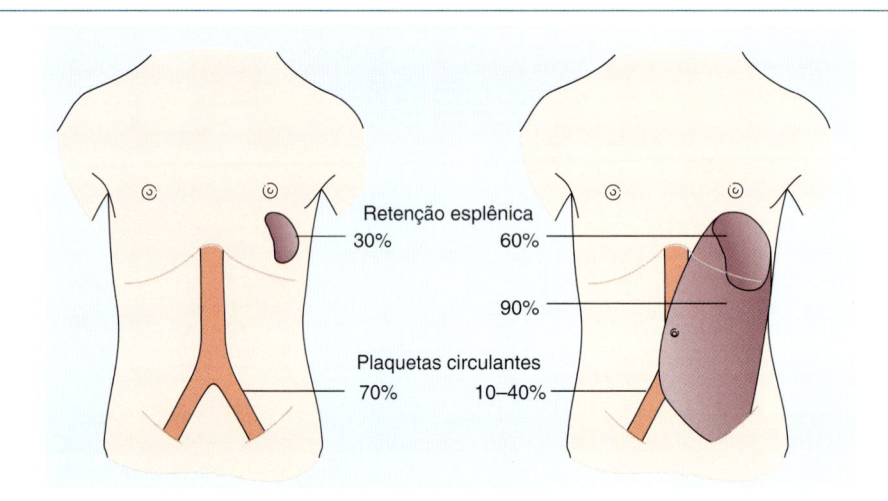

Figura 25.9 Distribuição de plaquetas entre a circulação e o baço em indivíduos normais (à esquerda), e em pacientes com esplenomegalia moderada ou maciça (à direita).

Coagulação intravascular disseminada

Esse distúrbio pode causar trombocitopenia pelo aumento do ritmo de destruição de plaquetas pelo nível elevado de consumo.

Aumento da retenção esplênica

O principal fator responsável pela trombocitopenia na esplenomegalia é a retenção, ou "represamento" (*pooling*), de plaquetas no baço. Em grandes esplenomegalias, até 90% das plaquetas podem estar sequestradas no baço, que normalmente contém cerca de um terço da massa total de plaquetas (Figura 25.9). A sobrevida das plaquetas é normal e, na ausência de defeitos hemostáticos adicionais, a trombocitopenia da esplenomegalia não costuma estar associada a sangramento.

Síndrome da transfusão maciça

As plaquetas são instáveis no sangue armazenado a 4°C, e a contagem de plaquetas cai rapidamente no sangue armazenado por mais de 24 horas. Os pacientes transfundidos com quantidades maciças de sangue armazenado (mais de 10 unidades em um período de 24 horas) apresentam, com frequência, coagulação anormal e trombocitopenia, as quais podem ser corrigidas com uso de transfusão de plaquetas e plasma fresco congelado.

Distúrbios de função plaquetária

Deve-se suspeitar de distúrbios de função plaquetária em pacientes que apresentam sangramento de pele e das mucosas, apesar de terem contagem normal de plaquetas e nível normal de VWF. Podem ser hereditários ou adquiridos.

Distúrbios hereditários

Doenças hereditárias raras podem produzir defeitos em cada uma das diferentes fases das reações plaquetárias que levam à formação do tampão hemostático.

Trombastenia (doença de Glanzmann)

Nessa doença autossômica recessiva há falta de agregação primárias das plaquetas. É causada por uma variedade de mutações nos genes que codificam as glicoproteínas da membrana, GPIIb ou GPIIIa (Figura 24.6). Em geral, é notada já no período neonatal, e, caracteristicamente, as plaquetas não se agregam *in vitro* com nenhum agonista, exceto a ristocetina.

Síndrome de Bernard-Soulier

Nessa doença autossômica recessiva, devida a mutações no gene GPIb, as plaquetas são maiores do que o normal. Há ligação defeituosa com o VWF, aderência também defeituosa aos tecidos conectivos subendoteliais, e as plaquetas não se agregam com ristocetina.* Há um grau variável de trombocitopenia.

---

*N. de T. Uma fácil confirmação diagnóstica faz-se por imunofenotipagem das plaquetas, que se mostram negativas para CD42b e CD42a.

Doenças de armazenamento

Uma mutação em um gene de fator de crescimento independente causa a rara síndrome das plaquetas cinzentas. As plaquetas são maiores que o normal e há virtual ausência de grânulos α. Na doença mais comum de armazenamento δ, há deficiência de grânulos densos. Na doença de von Willebrand, muito mais comum, o defeito hemostático plaquetário decorre de defeito genético do VWF (ver p. 295).

Distúrbios adquiridos

Fármacos antiplaquetários

O tratamento com ácido acetilsalicílico (**AAS**, **aspirina**) é a causa mais comum de defeito funcional das plaquetas. Ele alonga o tempo de obliteração no teste PFA100 e, embora a púrpura possa não ser evidente, o defeito pode contribuir para a suscetibilidade à hemorragia gastrintestinal associada. O mecanismo do efeito do ácido acetilsalicílico é a inibição da cicloxigenase com diminuição de síntese de tromboxano A_2 (ver Figura 28.5). Há consequente diminuição da reação de liberação e da agregação (Figura 25.10). Depois de uma única dose, o efeito dura 9 a 10 dias (i.e., a sobrevida plaquetária).

O **dipiridamol** inibe a agregação plaquetária, bloqueando a recaptação de adenosina; comumente é usado como adjuvante do ácido acetilsalicílico. **Clopidogrel** e **prasugrel** inibem a ligação de ADP com seu receptor na plaqueta (Figura 28.5), o que se nota pela virtual ausência de agregação com ADP (Figura 25.10). São usados principalmente para prevenção de eventos trombóticos (p. ex., depois de colocação de *stent* coronário ou de angioplastia) em pacientes com história de doença aterosclerótica sintomática. Os fármacos de uso intravenoso, abciximabe, eptifibatide e tirofiban, são inibidores dos sítios de receptor de GPIIb/IIIa e podem ser usadas em pacientes sendo submetidos à intervenção coronariana percutânea, com angina instável e síndromes coronárias agudas. Há um risco de trombocitopenia transitória com o uso desses agentes.

Ver também Capítulo 28.

Hiperglobulinemia

A hiperglobulinemia monoclonal associada a mieloma múltiplo ou à doença de Waldenström pode causar interferência na aderência, na liberação e na agregação plaquetárias.

Distúrbios mieloproliferativos e mielodisplásicos

Ocorrem anormalidades funcionais intrínsecas das plaquetas em muitos pacientes com trombocitemia essencial, outras doenças mieloproliferativas e mielodisplásicas, além de hemoglobinúria paroxística noturna.

Uremia

A insuficiência renal associa-se a várias alterações da função plaquetária.

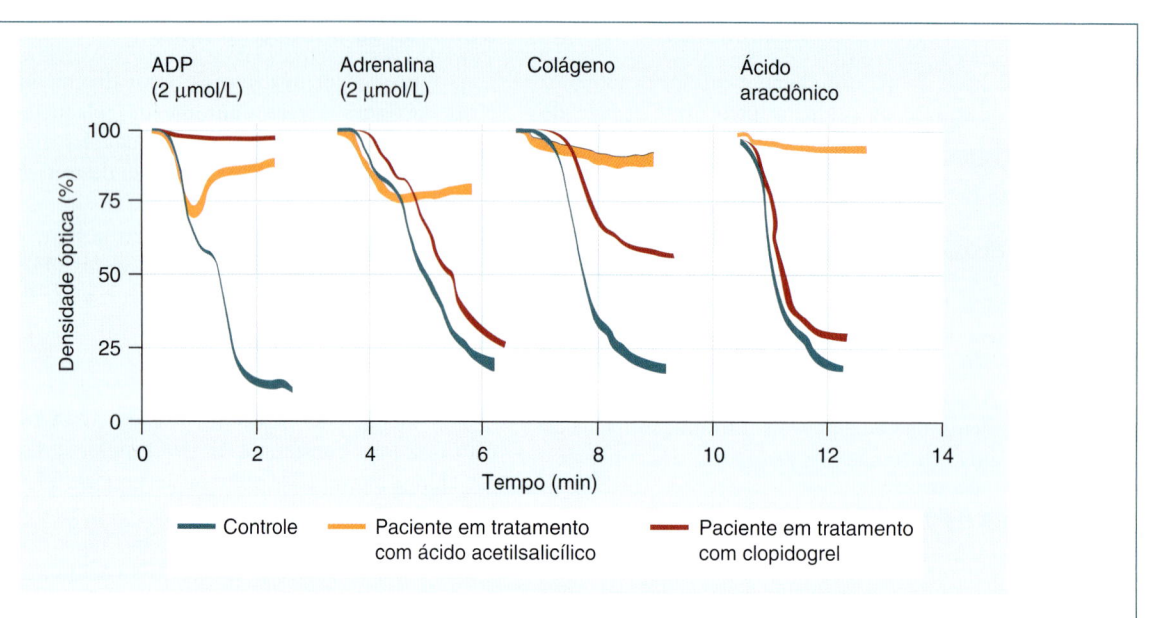

Figura 25.10 Agregação defeituosa de plaquetas em paciente tratado com ácido acetilsalicílico ou clopidogrel. Com ácido acetilsalicílico não há fase secundária de agregação com difosfato de adenosina (ADP), e as respostas ao ácido aracdônico, à adrenalina e ao colágeno estão diminuídas. Com clopidogrel o defeito principal é na agregação induzida por ADP.

Diagnóstico de distúrbios plaquetários

Em pacientes com suspeita de alterações de plaquetas ou de vasos sanguíneos deve-se inicialmente solicitar hemograma completo, com cuidadosa microscopia da distensão sanguínea (Figura 25.11). O exame da medula óssea é, muitas vezes, necessário em pacientes trombocitopênicos para determinar, pela presença e pelo número de megacariócitos, se há ou não falta de produção de plaquetas. A medula também pode revelar uma das condições associadas à produção defeituosa (Tabela 25.3). Em crianças e adultos jovens com trombocitopenia isolada, o exame da medula costuma ser dispensado. Em idosos, é necessário, principalmente para excluir mielodisplasia. Em pacientes com trombocitopenia, história negativa de drogas, número normal ou excessivo de megacariócitos na medula e nenhuma outra alteração medular ou esplenomegalia, o diagnóstico geralmente é PTI. Testes de triagem para CIVD também são úteis, assim como exames

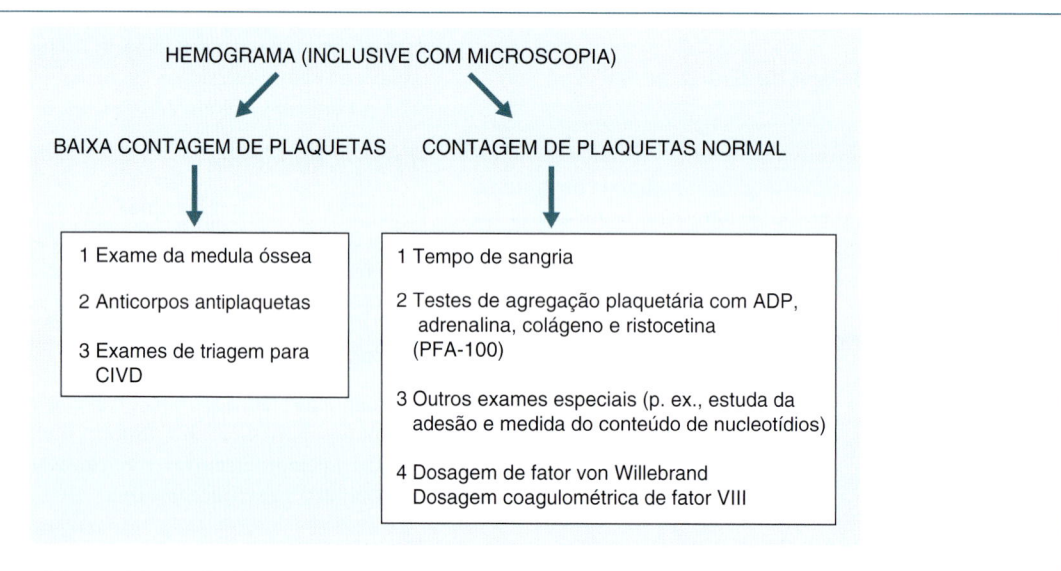

Figura 25.11 Exames laboratoriais nos distúrbios das plaquetas. Obs.: algumas doenças intrínsecas funcionais plaquetárias são associadas à trombocitopenia, como síndrome de Bernard-Soulier. CIVD, coagulação intravascular disseminada.

para doenças subjacentes, como lúpus eritematoso sistêmico (LES) e infecção por HIV ou HCV.

Quando o hemograma, incluindo contagem de plaquetas e hemograma, é normal, é feito o teste PFA-100* para detecção de disfunção plaquetária. Na maioria dos pacientes com defeitos funcionais de plaquetas demonstrados pelo PFA-100, o defeito é adquirido e associado à doença sistêmica (p. ex., uremia) ou ao uso de ácido acetilsalicílico. Os defeitos funcionais hereditários, todos raros, exigem exames *in vitro* mais elaborados para definir a anormalidade específica, incluindo testes de agregação plaquetária (Figura 25.10) e determinações de nucleotídios plaquetários. Se houver suspeita de doença de von Willebrand, são necessárias dosagens de VWF e fator VIII da coagulação (ver p. 295).

Trombomiméticos

São fármacos que aumentam a produção de plaquetas por ativação do receptor de trombopoetina nos megacariócitos. Dois deles são **romiplostim** (uso subcutâneo, uma vez por semana) e **eltrombopag** (uso oral, diário). Eles são utilizados no tratamento de PTI (Figura 25.5) e estão sendo testados em outras condições (p. ex., após quimioterapia, mielodisplasia, anemia aplástica). Podem causar disfunção hepática e aumentar a reticulina da medula óssea. O uso a longo prazo pode causar fibrose medular, reversível com a parada do tratamento.

Transfusão de plaquetas

Transfusões de concentrados de plaquetas são indicadas nas seguintes circunstâncias:

1 Trombocitopenia ou função anormal de plaquetas, quando houver sangramento ou antes de procedimentos invasivos, sem disponibilidade de tratamento alternativo (p. ex., corticosteroides e imunoglobulina em altas doses). A contagem de plaquetas deve estar acima de $50 \times 10^3/\mu L$ antes de, por exemplo, biópsia hepática ou punção lombar.
2 Profilaticamente, em pacientes com contagem de plaquetas < 5 a $10 \times 10^3/\mu L$. Se houver infecção, sítios potenciais de sangramento ou coagulopatia, a contagem deve ser mantida acima de $20 \times 10^3/\mu L$.

As indicações para transfusão de concentrado de plaquetas serão discutidas mais amplamente na página 344. Essas indicações poderão ser modificadas com o uso mais amplo de fármacos trombomiméticos.

---

*N. de T. O teste PFA-100 só é obtido no Brasil, em raros laboratórios de grandes capitais. Na falta deste, o médico-hematologista (não o técnico de laboratório) pode fazer pessoalmente o tempo de sangria, se dispuser de lanceta retrátil apropriada.

RESUMO

- Os distúrbios hemorrágicos vasculares podem ser congênitos, incluindo teleangiectasias hemorrágicas e síndrome de Ehlers-Danlos.
- Os distúrbios vasculares adquiridos incluem fragilidade capilar, frequente em mulheres sadias, púrpura da senilidade, púrpura associada a infecções, púrpura de Henoch-Schönlein, escorbuto e tratamento com corticoides.
- A trombocitopenia, quando grave, também causa sangramento da pele e das mucosas. Tem amplo espectro de causas, incluindo: (i) insuficiência de produção de plaquetas, de causa congênita ou decorrente de infecção viral, fármacos ou insuficiência global da medula óssea; (ii) aumento de destruição de plaquetas. Pode ser de origem autoimune (aguda ou crônica), induzida por fármacos, causada por coagulação intravascular disseminada ou por púrpura trombocitopênica trombótica.
- A trombocitopenia crônica autoimune é tratada por imunossupressão com corticosteroides, rituximabe, azatioprina, ciclosporina ou esplenectomia.
- A contagem de plaquetas pode ser aumentada com transfusão de plaquetas ou com o uso dos fármacos trombomiméticas eltrombopag ou romiplostim.
- Os distúrbios de função plaquetária podem ser hereditários, como na doença de von Willebrand, trombastenia de Glanzmann ou síndrome de Bernard-Soulier, ou adquiridos, frequentemente causados pelo uso de fármacos (p. ex., ácido acetilsalicílico, clopidogrel e dipiridamol), mas também por anti-inflamatórios não esteroides.
- Análise da função plaquetária (PFA-100), testes de agregação plaquetária e dosagem do fator von Willebrand podem ser necessários para o diagnóstico de defeitos funcionais plaquetários.

Visite www.wileyessential.com/haematology
para testar seus conhecimentos neste capítulo.

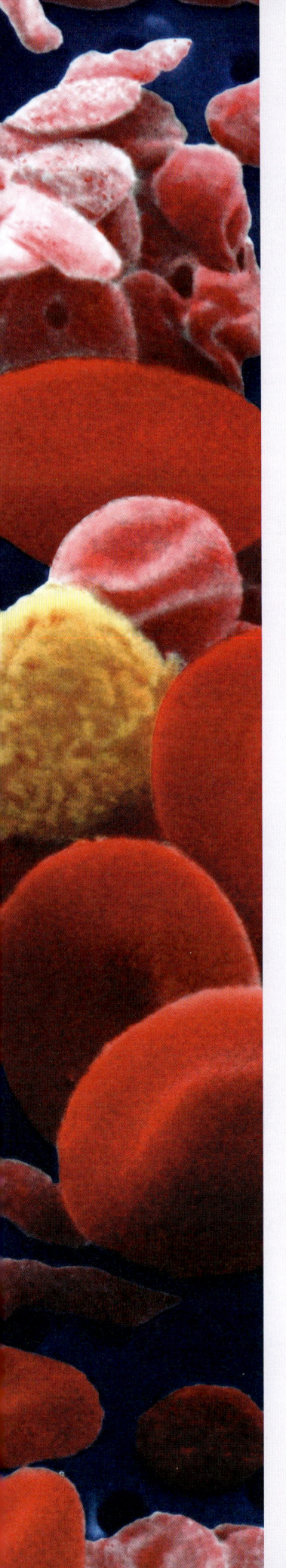

CAPÍTULO 26
Distúrbios da coagulação

Tópicos-chave

- Distúrbios hereditários da coagulação — 291
- Hemofilia A — 291
- Deficiências de fator IX — 295
- Doença de von Willebrand — 295
- Deficiência hereditária de outros fatores de coagulação — 296
- Distúrbios adquiridos da coagulação — 296
- Coagulação intravascular disseminada — 297
- Síndrome da transfusão maciça — 301
- Tromboelastografia: exame junto ao paciente — 301

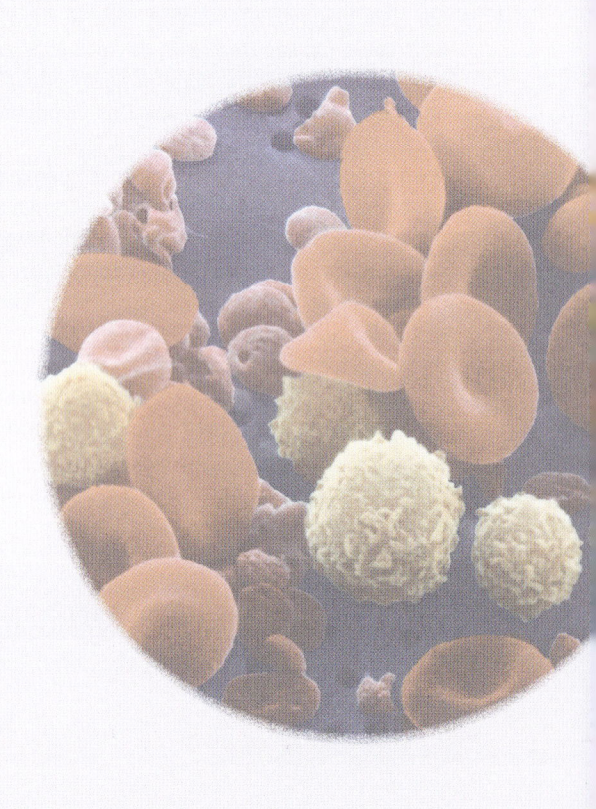

Distúrbios hereditários da coagulação

Foram descritas deficiências hereditárias de cada um dos fatores de coagulação. Hemofilia A (deficiência de fator VIII), hemofilia B (doença de Christmas, deficiência de fator IX) e doença de von Willebrand (VWD) são as mais frequentes; as demais são raras.

Hemofilia A

A hemofilia A é a mais comum das deficiências hereditárias de fatores de coagulação. A prevalência na população é de 30 a 100 por 1 milhão. A herança é ligada ao sexo (Figura 26.1), mas até um terço dos pacientes não tem história familiar, e a doença resulta de mutação recente.

Genética molecular

O gene do fator VIII está situado próximo à ponta do braço longo do cromossomo X. O gene é extremamente grande, consistindo de 26 éxons. A proteína fator VIII, codificada pelo gene, inclui uma região triplicada $A_1A_2A_3$, uma região duplicada C_1C_2 e um domínio altamente glicosilado B, removido quando o fator VIII é ativado por trombina. A proteína é sintetizada nas células endoteliais.

O defeito é a ausência ou um baixo nível plasmático de fator VIII. Cerca de metade dos pacientes tem mutações *missence* ou de mudança de moldura ou, ainda, deleções no gene do fator VIII. Em outros, observa-se uma inversão característica *flip-tip*, na qual o gene do fator VIII é quebrado por inversão na extremidade do cromossomo X (Figura 26.2). Essa mutação provoca uma forma clínica grave de hemofilia A.

Características clínicas

Lactentes podem ter hemorragia profusa depois de circuncisão, hemorragia em articulações e tecidos moles e suscetibilidade a equimoses quando começam a ficar ativos. **Hemartroses dolorosas recidivantes e hematomas musculares dominam a evolução clínica de pacientes gravemente afetados e, se forem tratados inadequadamente, causam deformidades articulares progressivas e invalidez (Figuras 26.3 a 26.6)**. Pressão local do hematoma em torno de nervo pode causar neuropatia ou necrose isquêmica. Há sangramento prolongado após extrações dentárias. Hematúria e sangramento gastrintestinal espontâneos também podem acontecer, às vezes com obstrução resultante de sangramento dentro da mucosa parietal. A gravidade clínica da doença correlaciona-se inversamente com o nível de fator VIII (Tabela 26.1). Hemorragias cirúrgica ou por traumatismo levam a risco de morte em pacientes com doença grave e, inclusive, leve. Embora incomum, a hemorragia intracerebral espontânea ocorre com maior frequência do que na população em geral, sendo uma causa importante de morte em pacientes com hemofilia grave.

Pseudotumores hemofílicos são grandes hematomas encapsulados com dilatação progressiva do cisto pela repetição das hemorragias. São mais bem delimitados por imagens por ressonância magnética (IRM) (Figura 26.5b). Eles podem ocorrer em superfícies fasciais e musculares, em grupos de grandes músculos, nos ossos longos e em ossos da pelve e do crânio. Os últimos resultam de hemorragias subperiosteais repetidas, com destruição e neoformação óssea.

Devido à presença do vírus da imunodeficiência humana (HIV) nos concentrados de plasma humano preparados durante o início dos anos 1980, mais de 50% dos hemofílicos tratados nos Estados Unidos e na Europa Ocidental foram infectados com HIV. A Aids foi causa significativa de morte até a introdução da terapêutica antiviral eficaz.

Antes da disponibilidade dos exames específicos para doadores e derivados de sangue, muitos pacientes foram infectados com o vírus da hepatite C. Isso resultou em hepatite crônica, cirrose e hepatoma. A transmissão da hepatite B também pode ser um risco. O transplante de fígado, recomendado nessas hepatopatias, cura simultaneamente a hemofilia.

Achados laboratoriais

Ver Tabela 26.2.

Os seguintes exames são anormais:
1 Tempo de tromboplastina parcial ativada (TTPA ou K-TTP).
2 Dosagem coagulométrica do fator VIII.

O teste PFA-100 e o tempo de protrombina (TP) são normais.

Detecção de portadoras e diagnóstico pré-natal

A detecção nas portadoras é feita com sondas de DNA. Uma mutação específica já conhecida pode ser identificada, ou polimorfismos do fragmento com restrição de extensão dentro ou próximo ao gene do fator VIII permitem que um alelo mutante a ser identificado seja rastreado. Biópsia coriônica a 8 a 10 semanas de gestação fornece DNA fetal suficiente para análise. O diagnóstico pré-natal também é possível pela demonstração de baixos níveis de fator VIII no sangue fetal da veia do cordão umbilical, coletado até 16 a 20 semanas de gestação por aspiração com agulha. O método só é utilizado atualmente se o teste de DNA for inconclusivo, o que acontece em menos de 1% das portadoras.

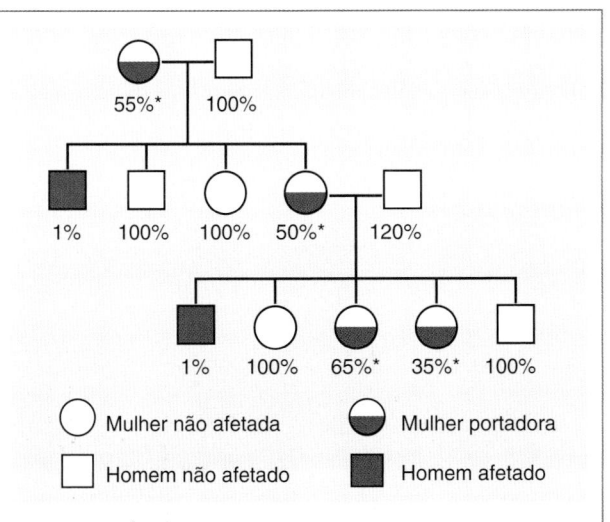

Figura 26.1 Árvore familiar típica em uma família com hemofilia. Observe os níveis variáveis de atividade do fator VIII nos portadores (*) em decorrência da inativação aleatória do cromossomo X (lionização). O grau de atividade de fator VIII é mostrado como porcentagem do normal.

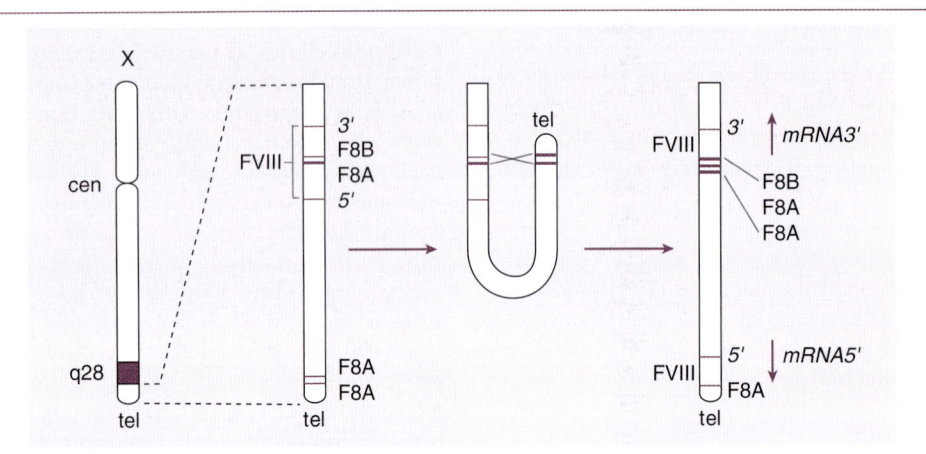

Figura 26.2 Mecanismo da inversão da ponta (*flip-tip*), que causa ruptura de gene de fator VIII. (**À esquerda**) A orientação do gene do fator VIII é mostrada com as três cópias do gene A (F8A) nessa região (uma no íntron 22 e duas perto do telômero). (**Centro**) Durante a espermatogênese, na meiose, o X único forma par com o cromossomo Y nas regiões homólogas. O cromossomo X é mais longo do que o Y; não há como fazer par com a maior parte do braço longo do X. O cromossomo passa por recombinação homóloga entre os genes A. (**À direita**) O resultado final é o rompimento do gene do fator VIII. cen, extremidade centromérica; tel, telômero; as setas indicam o sentido da transcrição a partir do gene A.

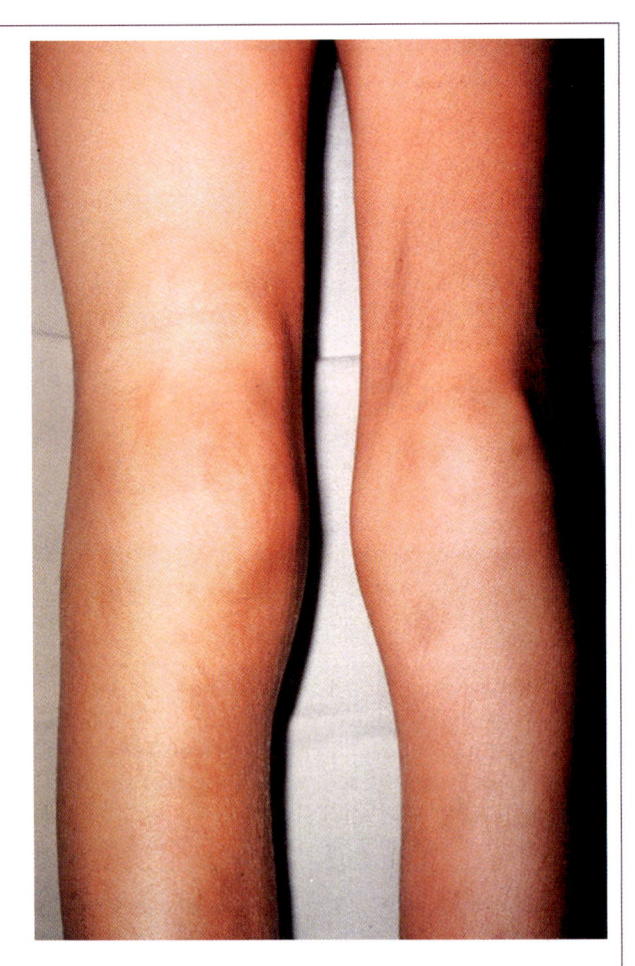

Figura 26.3 Hemofilia A: hemartrose aguda no joelho direito com tumefação da região suprapatelar. Há atrofia dos quadríceps, principalmente à esquerda.

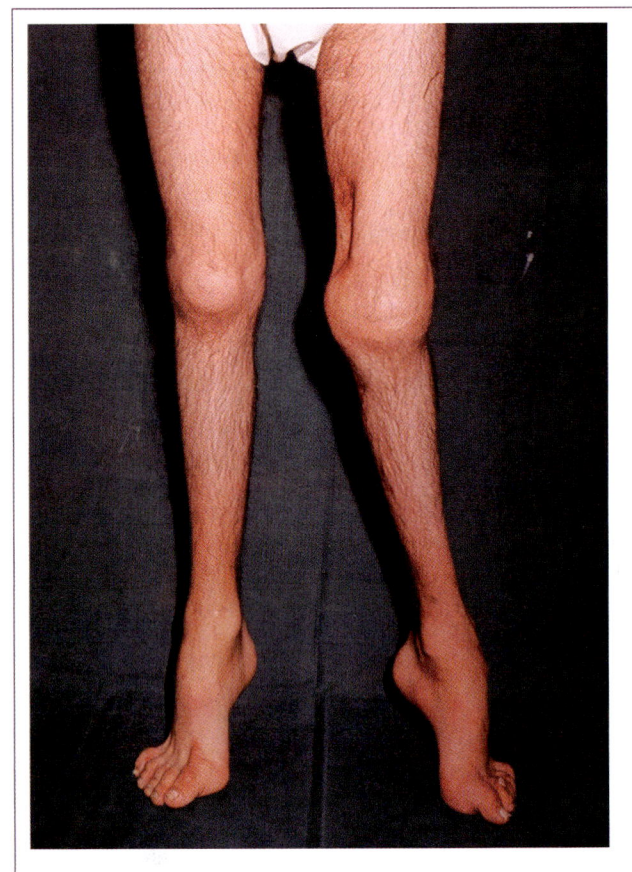

Figura 26.4 Hemofilia A mostrando incapacidade grave. O joelho esquerdo está inchado com subluxação posterior da tíbia sobre o fêmur. Os tornozelos e os pés mostram deformidades residuais de talipe equino, parcialmente cavos e artelhos em garra. Há atrofia muscular generalizada. A cicatriz na região medial da extremidade da coxa esquerda é o local de excisão de um pseudotumor.

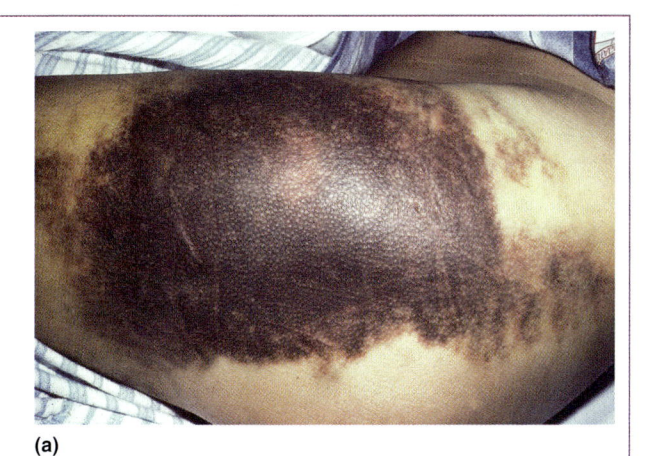

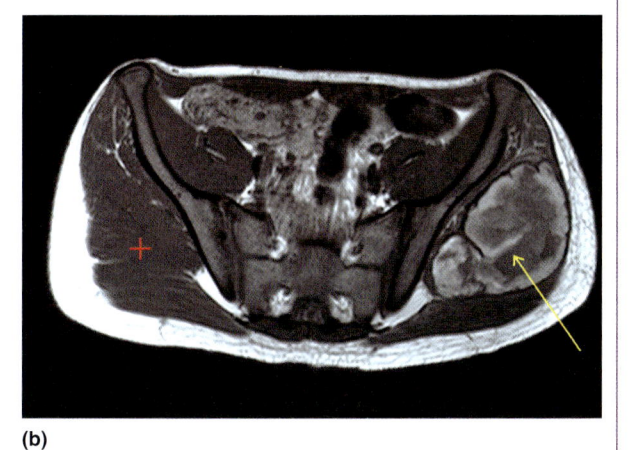

Figura 26.5 (a) Hemofilia A: hemorragia maciça na nádega esquerda. **(b)** Hemofílico A de 15 anos, com dor súbita no quadril esquerdo. Imagem axial por ressonância magnética, ponderada em T2, revela grande hematoma espontâneo no músculo grande glúteo (seta amarela) – comparar com o lado direito, normal (cruz vermelha). Fonte: cortesia do Dr. P. Wylie.

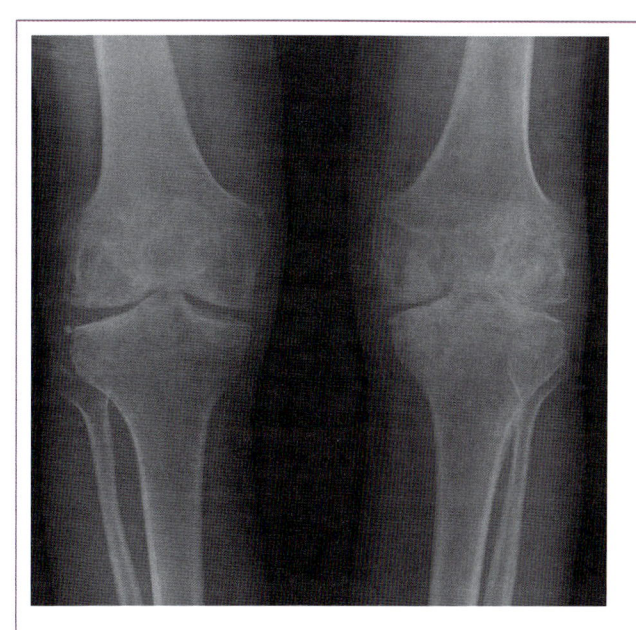

Figura 26.6 Hemofilia A: a radiografia das articulações dos joelhos mostra destruição e estreitamento do espaço articular esquerdo.

Tratamento

Nos países desenvolvidos, a maioria dos pacientes é atendida em centros especializados de hemofilia, nos quais há uma equipe multidisciplinar dedicada a esse tipo de tratamento. Episódios de sangramento são tratados com reposição do fator VIII. O sangramento espontâneo, em geral, é controlado se o nível de fator VIII do paciente for aumentado até 30 a 50% do valor normal. Há diretrizes para o nível plasmático a ser atingido para diferentes tipos de hemorragia. Para grande cirurgia, sangramento pós-traumático sério ou quando a hemorragia ocorre em local perigoso, o fator VIII deve ser elevado a 100% e, quando cessar o sangramento, mantido acima de 50% até a cicatrização. A infusão de fator VIII produz um aumento plasmático de 2 U/dL por unidade infundida por kg de peso.

Fator VIII recombinante* e preparações de fator VIII derivadas de plasma* e purificadas, tratadas por calor e solvente-detergente, estão atualmente disponíveis para uso clínico e eliminam o risco de transmissão viral.

A desmopressina (DDAVP) é um meio alternativo de aumentar o nível plasmático de fator VIII em hemofílicos menos graves. Depois da administração intravenosa desse fármaco, há aumento máximo após 30 a 60 minutos de 2 a 4 vezes do fator VIII do próprio paciente, por sua liberação das células endoteliais. A DDAVP também pode ser administrada por via subcutânea ou nasal, e esta tem sido usada para o tratamento imediato da hemofilia leve depois de traumatismo acidental ou hemorragia. A DDAVP tem ação antidiurética e deve ser evitada em idosos; é recomendada restrição de fluidos depois do seu uso.

Tabela 26.1 Correlação da atividade do fator de coagulação com a gravidade das hemofilias A ou B

Atividade do fator (% do normal)	Manifestações clínicas
< 1	Hemofilia grave Episódios frequentes de sangramento espontâneo em articulações, músculos e órgãos internos, já no início da vida Deformidades articulares e invalidez, se não for prevenida ou tratada de forma adequada
1-5	Hemofilia moderada Sangramento após traumatismos Episódios ocasionais de sangramento espontâneo
> 5	Hemofilia leve Sangramento somente após traumatismo significativo e cirurgia

---

*N. de T. No Brasil há vários, todos importados. Recombinante: Alfaoctocogue®, Baxter; liofilizado de plasma: Beriate P®, CSL Behring (usados nesta data em dois Hemocentros Estaduais).

Tabela 26.2 Principais achados clínicos e laboratoriais na hemofilia A, na deficiência de fator IX (hemofilia B, doença de Christmas) e na doença de von Willebrand

	Hemofilia A	Deficiência de fator IX	Doença de von Willebrand
Herança	Ligada ao sexo	Ligada ao sexo	Dominante (incompleta)
Principais locais de hemorragia	Músculos, articulações, pós-traumatismo ou pós-operatório	Músculos, articulações, pós-traumatismo ou pós-operatório	Mucosas, cortes da pele, pós-traumatismo ou pós-operatório
Contagem de plaquetas	Normal	Normal	Normal
PFA-100	Normal	Normal	Prolongado
Tempo de protrombina	Normal	Normal	Normal
Tempo de tromboplastina parcial	Prolongado	Prolongado	Prolongado ou normal
Fator VIII	Baixo	Normal	Pode ser moderadamente diminuído
Fator IX	Normal	Baixo	Normal
Fator de von Willebrand	Normal	Normal	Baixo ou função anormal (Tabela 26.3)
Agregação de plaquetas induzida por ristocetina	Normal	Normal	Diminuída

As medidas de suporte local no tratamento de hemartroses e hematomas incluem repouso da parte afetada e prevenção de novos traumatismos.

Tratamento profilático

A disponibilidade crescente de concentrados de fator VIII passíveis de armazenamento em refrigeradores domésticos alterou significativamente o tratamento da hemofilia. À menor suspeita de sangramento, a criança hemofílica pode ser tratada em casa. Esse avanço diminuiu a ocorrência de hemartrose incapacitante e a necessidade de internação. Os pacientes gravemente afetados hoje atingem a vida adulta com nenhuma ou pouca artropatia. Após o primeiro episódio de hemartrose espontânea, a maioria dos meninos com hemofilia grave começa o tratamento profilático com fator VIII três vezes por semana, para manter o fator VIII sempre acima de 1%. Isso pode exigir um acesso venoso profundo, como um Port-a-Cath, se a punção venosa for difícil. Trabalhos controlados demonstraram que a profilaxia regular é muito superior ao tratamento por demanda. A meia-vida do fator VIII é de apenas 8 a 12 horas. Estão em andamento estudos de fase 3, de derivados de fator VIII e de fator IX de longa ação, como proteínas de fusão-Fc e Peguiladas com a finalidade de reduzir a frequência do tratamento profilático de reposição, ainda assim mantendo níveis hemostáticos do(s) fator(es) por períodos mais longos.

Hemofílicos são aconselhados a manter um tratamento dentário conservador regular. As crianças hemofílicas e seus pais necessitam de grande auxílio psicossocial. Com o tratamento moderno, o estilo de vida da criança hemofílica pode ser quase normal, embora algumas atividades, como esportes de contato corporal, devam ser evitadas ou feitas apenas com uma profilaxia extra.

Tratamento gênico

Uma vez que, para evitar grande parte da morbidade e da mortalidade da deficiência de fatores VIII e IX, é necessário apenas manter os níveis dos fatores acima de 1%, há grande interesse no tratamento feito com base em genes. Vários vetores virais (retroviral, adenoassociado) e não virais estão sendo explorados. Níveis aumentados duráveis (> 2 anos) de fator IX foram obtidos após uma única injeção de um vetor adenoviral carreando o gene para o fígado, e esse tratamento eliminou a necessidade de terapia de reposição profilática, exceto em caso de traumatismo ou cirurgia. Também estão planejadas terapias gênicas similares para fator VIII.

Inibidores

Uma das complicações mais sérias da hemofilia é o desenvolvimento de anticorpos (inibidores) contra o fator VIII transfundido, o que ocorre em 30 a 40% dos pacientes de hemofilia grave, geralmente dentro de 50 dias da primeira exposição. Isso os torna refratários a ulterior tratamento de reposição. Imunossupressão e regimes de imunotolerância têm sido utilizados na tentativa de erradicar os anticorpos, com sucesso (a grande custo) em cerca de dois terços dos casos. Fator VII ativado recombinante (VIIa) e concentrados de complexo protrombínico ativado (FEIBA, do inglês, *factor eight inhibitor bypassing activity*) podem ser úteis no tratamento de episódios de sangramento.

O fator VIIa forma um complexo com o fator tecidual exposto nos locais de lesão e produz hemostasia local. O processo independe dos fatores VIII e IX, e não é afetado por seus inibidores. O fator VIIa tem meia-vida curta *in vivo*, por isso a necessidade de doses frequentes. A longo prazo, imunossupressão com ciclofosfamida, rituximabe, imunoglobulina intravenosa e alta dose de fator VIII também tem se mostrado eficaz.

Deficiência de fator IX (hemofilia B, doença de Christmas)

A herança e os aspectos clínicos da deficiência de fator IX são idênticos aos da hemofilia A. De fato, as duas doenças somente podem ser diferenciadas pela dosagem específica dos fatores. A incidência da deficiência de fator IX é igual a um quinto da incidência da hemofilia A. O fator IX é codificado por um gene junto ao do fator VIII, próximo à ponta do braço longo do cromossomo X. A síntese é dependente de vitamina K. A detecção de portadoras e o diagnóstico pré-natal são feitos como na hemofilia A. Os princípios do tratamento de reposição são semelhantes aos da hemofilia A; episódios de sangramento são tratados com concentrado de fator IX altamente purificados.* Devido à meia-vida biológica mais longa, as infusões não necessitam ser tão frequentes quanto as de concentrado de fator VIII na hemofilia A. Atualmente, prefere-se um fator IX recombinante, porém, para obter as mesmas respostas, as doses devem ser mais altas em comparação ao fator IX derivado de plasma. Fator IX de longa ação, peguilado ou fundido a Fc, certamente alongará ainda mais a frequência das infusões. O tratamento gênico foi discutido anteriormente.

Achados laboratoriais

Ver Tabela 26.2.
Os seguintes exames são anormais:
1 TTPA (ou K-TTP);
2 Dosagem coagulométrica de fator IX.
Como na hemofilia A, o PFA-100 e o TP são normais.

Doença de von Willebrand (VWD)

Nessa doença há diminuição do nível plasmático ou função anormal do fator de von Willebrand (VWF) resultante de ampla variedade de mutações *missence*** em várias partes do gene. O VWF é produzido em células endoteliais e megacariócitos. É uma proteína com dois papéis (ver Capítulo 24): promove adesão de plaquetas ao subendotélio em condições de fluxo tumultuado e é a molécula portadora do fator VIII, protegendo-o de destruição prematura. Esta última propriedade explica a diminuição ocasional de fator VIII encontrada na VWD. O VWF tem meia-vida plasmática de 16 horas.

Elevação durável do VWF é parte da resposta de fase aguda a lesões, inflamação, neoplasia ou gravidez. O VWF é sintetizado como uma proteína grande de 600 kDa, que forma multímeros de alto peso molecular que são as maiores moléculas do plasma. Foram descritos três tipos de doença de von Willebrand (Tabela 26.3). O tipo 2 é dividido em quatro subtipos, dependendo do defeito funcional. O tipo 1 corresponde a 65 a 75% dos casos, e o tipo 2, à maioria dos demais.

A VWD é o distúrbio hemorrágico hereditário mais comum. Em geral, a herança é autossômica dominante. A gravidade do sangramento é muito variável, dependendo do tipo de mutação e de efeitos genéticos epistáticos,*** como o grupo sanguíneo ABO. Para um mesmo nível de VWF, as mulheres são mais afetadas quanto a sangramento do que os homens. Em geral, há sangramento de mucosas (p. ex., epistaxe, menorragia), perda sanguínea excessiva depois de cortes e escoriações superficiais, e hemorragia operatória, pós-operatória e pós-traumática. A gravidade é variável nos diferentes tipos. Hemartrose e hematomas musculares são raros, exceto na doença tipo 3.

Tabela 26.3 Classificação da doença de von Willebrand (VWD)

Tipo 1	Deficiência quantitativa parcial
Tipo 2	Anormalidade funcional
Tipo 3	Deficiência completa

Classificação secundária da VWD tipo 2

Subtipo	Função associada à plaqueta	Capacidade de ligação ao fator VIII	Multímeros de VWF de alto peso molecular
2A	Diminuída	Normal	Ausentes
2B	Aumento da afinidade para glicoproteína Ib	Normal	Em geral, reduzidos/ausentes
2M	Diminuída	Normal	Normal
2N	Normal	Reduzida	Normal

VWF, fator de von Willebrand.

Achados laboratoriais

Ver Tabela 26.2.
1 O teste PFA-100 (ver p. 277) é anormal. Esse teste substituiu o teste de tempo de sangramento.
2 Os níveis de fator VIII muitas vezes estão baixos. Se isso ocorrer, é necessário fazer a dosagem da ligação VIII/VWF.
3 O TTPA (ou K-TTP) pode estar prolongado.
4 Os níveis de VWF geralmente são baixos.
5 A agregação de plaquetas pelo plasma do paciente na presença de ristocetina (VWF: Rco) é defeituosa. A agregação com outros agentes (difosfato de adenosina [ADP], trombina e adrenalina) geralmente é normal.
6 A função de ligação ao colágeno (VWF:CB) geralmente está reduzida (mas raramente é medida).
7 A análise dos multímeros é útil para o diagnóstico dos diferentes subtipos (Tabela 26.3).
8 A contagem de plaquetas é normal, exceto na doença tipo 2B (na qual é baixa).

Tratamento

As opções de tratamento são as seguintes:
1 Medidas locais e agentes antifibrinolíticos (p. ex., ácido tranexâmico para sangramento leve).

---

*N. de T. No Brasil: Immunine®, Baxter; Octanine F®, Octapharma, importados (usados em dois Hemocentros Estaduais)
**N. de T. *Missence* (*mutation*) é a troca de um aminoácido em uma proteína devido à mutação pontual em um único nucleotídio do DNA. O termo inglês já é usado na literatura médica brasileira, embora ainda não conste em dicionários.

***N. de T. "Epistático" diz-se de um gene que sofre influência de outro(s) gene(s) em sua expressão fenotípica.

2 Infusão de DDAVP para pacientes com VWD tipo 1. Isso faz liberar VWF de células endoteliais 30 minutos após a infusão.
3 Concentrados de VWF de alta pureza para pacientes com níveis muito baixos de VWF. São usados concentrados de fator VIII/VWF derivados de plasma. VWF recombinante já está em estudos clínicos.

Deficiência hereditária de outros fatores de coagulação

Todas as demais deficiências genéticas de fatores de coagulação (deficiências de fibrinogênio, protrombina, fatores V, VII, combinação V e VIII, fatores X, XI, XIII ou mutações da trombomodulina) são raras. A herança é autossômica recessiva em todas, menos na deficiência de fator XI, onde há penetrância variável. O fator VII recombinante está disponível para tratamento da deficiência. A deficiência de fator XI é vista principalmente em judeus asquenaze e ocorre em ambos os sexos. O risco de hemorragia correlaciona-se incompletamente com a gravidade da deficiência, isto é, com a dosagem plasmática do fator XI; só há sangramento exagerado após traumatismo, como cirurgia. O tratamento é feito com antifibrinolíticos e concentrado de fator XI ou plasma fresco congelado. A deficiência de fator XIII produz tendência hemorrágica grave, caracteristicamente com sangramento do coto umbilical ao nascimento. Concentrados específicos (Fibrogammin®, CSL Behring, importado) e preparações recombinantes de fator XIII estão disponíveis.

Distúrbios adquiridos da coagulação

Os distúrbios adquiridos da coagulação (Tabela 26.4) são mais comuns do que os distúrbios hereditários. Ao contrário destes, deficiências múltiplas de fatores são comuns.

Deficiência de vitamina K

A vitamina K lipossolúvel é obtida de vegetais verdes e da síntese bacteriana no intestino. A deficiência pode apresentar-se ao nascimento (doença hemorrágica do recém-nascido) ou na vida ulterior.

A deficiência de vitamina K pode ser causada por dieta inadequada, má absorção, ou inibição de vitamina K por fármacos que agem como antagonistas da vitamina K, como varfarina.* A varfarina está relacionada com diminuição na atividade funcional dos fatores II, VII, IX e X e das proteínas C e S, pois métodos imunológicos mostram níveis normais desses fatores. As proteínas presentes, não funcionais, são chamadas de PIVKA (do inglês, *proteins formed in vitamin K absence*). A conversão de fatores PIVKA em suas formas biologicamente ativas é um evento pós-translacional, envolvendo carboxilação de resíduos de ácido glutâmico na região N-terminal (Figura 26.7). O ácido glutâmico gama-carboxilado liga íons cálcio, induzindo uma alteração reversível de forma nos N-terminais das proteínas dependentes de vitamina K. Isso expõe resíduos hidrofóbicos que se ligam a fosfolipídio. No processo de carboxilação,

---

*N. de T. No Brasil, também se usa femprocumona (Marcoumar®).

Tabela 26.4 Distúrbios adquiridos da coagulação

Deficiência de fatores dependentes de vitamina K
Doença hemorrágica do recém-nascido
Obstrução biliar
Má absorção de vitamina K (p. ex., espru tropical, enteropatia induzida por glúten)
Tratamento com antagonistas da vitamina K (p. ex., varfarina, femprocumona)
Doença hepática – desregulação complexa, com falta de síntese de fatores coagulantes e anticoagulantes
Coagulação intravascular disseminada – consumo de todos os fatores de coagulação e de plaquetas

Inibição da coagulação
Inibidores específicos (p. ex., anticorpos antifator VIII)
Inibidores não específicos (p. ex., anticorpos encontrados no lúpus eritematoso sistêmico, na artrite reumatoide – que, paradoxalmente, causam trombose)

Diversos
Doenças com produção de proteínas M que interferem com a hemostasia
Uso de L-asparaginase
Tratamento com heparina, agentes desfibrinantes ou trombolíticos
Síndrome da transfusão maciça

a vitamina K é convertida em epóxido de vitamina K, o qual é reciclado à forma reduzida por uma redutase (VKORC-1). A varfarina interfere na ação da redutase do epóxido de vitamina K, levando à sua deficiência funcional.

Doença hemorrágica do recém-nascido

Os fatores dependentes de vitamina K são escassos no plasma ao nascimento e diminuem ainda mais nas crianças com aleitamento materno nos primeiros dias de vida. Imaturidade das células hepáticas, falta de bactérias intestinais para a síntese de vitamina K e baixa quantidade no leite materno contribuem para uma deficiência que pode causar hemorragia, em geral entre o segundo e o quarto dias de vida, mas ocasionalmente durante os primeiros dois meses.

Diagnóstico
Os testes de coagulabilidade de rotina mostram-se prolongados – o TP mais significativamente que o TTPA (ou K-TTP). A contagem de plaquetas e o fibrinogênio são normais, com ausência de produtos de degradação da fibrina.

Tratamento
1 Profilaxia. Durante muitos anos, a vitamina K foi administrada para todos os recém-nascidos na forma de injeção intramuscular única de 1 mg. Este ainda é o tratamento mais adequado e seguro. Depois de evidências epidemiológicas sugestivas de uma possível ligação entre vitamina K por via intramuscular e aumento do risco de tumores na infância (o que nunca foi comprovado), alguns centros passaram a recomendar tratamento por via oral, mas nunca houve trabalhos clínicos randomizados para comprovar a eficácia.
2 Em lactentes com sangramento: 1 mg de vitamina K por via intramuscular a cada seis horas. Em hemorragias

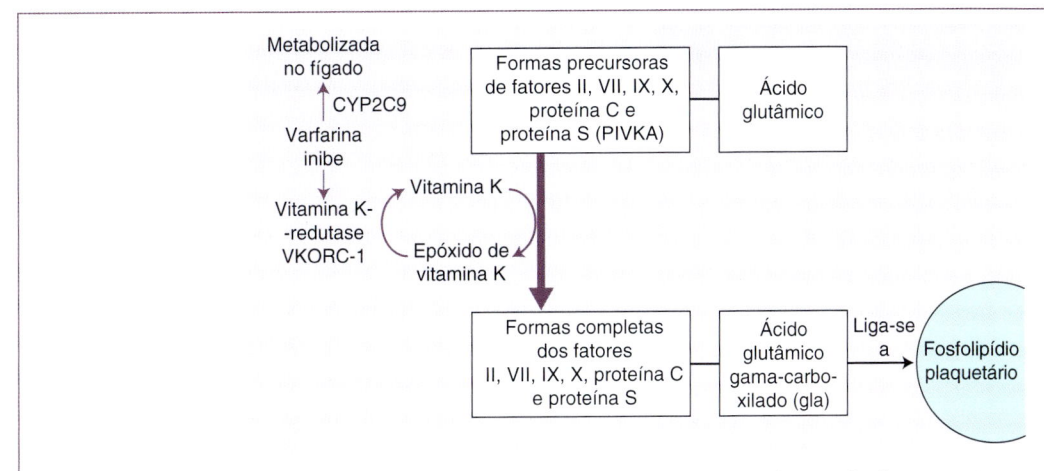

Figura 26.7 Ação da vitamina K na γ-carboxilação do ácido glutâmico nos fatores de coagulação, que se tornam capazes de ligar Ca^{2+} e aderir ao fosfolipídio plaquetário. Varfarina inibe a vitamina K-redutase. Esta é metabolizada no fígado, e variações genéticas na enzima redutase VKORC-1 e na CYP2C9 no citocromo explicam a ampla variação na sensibilidade dos indivíduos à varfarina.

graves também administrar, inicialmente, concentrado de complexo protrombínico.

Deficiência de vitamina K em crianças e adultos

Deficiência resultante de icterícia obstrutiva, de doença pancreática ou do intestino delgado ocasionalmente causa manifestações hemorrágicas em crianças e adultos.

Diagnóstico

O PT e o TTPA (K-TTP) são prolongados – o PT mais que o TTPA. Os níveis plasmáticos dos fatores II, VII, IX e X são baixos, porém as dosagens específicas não são rotineiramente feitas.

Tratamento

1 Profilaxia: 5 mg diários de vitamina K oral.
2 Sangramento ativo ou antes de biópsia de fígado: 10 mg de vitamina K, lentamente, por via intravenosa. Já se pode observar alguma correção do TP em seis horas. A dose deve ser repetida nos dois dias seguintes, e, após esse período, a correção é completa.
3 A correção rápida pode ser obtida por infusão de concentrado de complexo protrombínico.*

Hepatopatia

Anormalidades hemostáticas múltiplas contribuem para a tendência hemorrágica das hepatopatias graves e podem exacerbar hemorragias de varizes esofágicas.

1 A obstrução das vias biliares resulta em diminuição da absorção de vitamina K, diminuindo a síntese dos fatores II, VII, IX e X pelas células parenquimatosas do fígado.
2 Em doença hepatocelular grave, além da deficiência desses fatores, quase sempre há diminuição dos níveis de fator V e fibrinogênio e aumento dos níveis de ativador do plasminogênio.

3 Em muitos pacientes desenvolve-se anormalidade funcional do fibrinogênio (disfibrinogenemia).
4 A diminuição da produção de trombopoetina pelo fígado contribui para a trombocitopenia.
5 Hiperesplenismo associado à hipertensão portal frequentemente causa trombocitopenia.
6 Coagulação intravascular disseminada (CIVD, ver a seguir) pode ser relacionada à liberação de tromboplastina das células hepáticas lesadas e a concentrações baixas de antitrombina, proteína C e α_2-antiplasmina. Além disso, há diminuição da remoção de fatores de coagulação ativados e aumento da atividade fibrinolítica.
7 O balanço hemostático final nas hepatopatias avançadas pode ser protrombótico, em vez de hemorrágico.

Coagulação intravascular disseminada

Deposição intravascular inapropriada e disseminada de fibrina, com consumo de fatores de coagulação e plaquetas, ocorre como consequência de muitas doenças que liberam materiais coagulantes na circulação ou causam lesão endotelial disseminada ou agregação de plaquetas (Tabela 26.5). Pode associar-se a síndrome hemorrágica ou trombótica fulminante, com disfunção de órgãos, ou ter evolução menos grave e mais crônica. A apresentação clínica principal é hemorrágica, mas 5 a 10% dos casos manifestam lesões trombóticas (p. ex., gangrena das extremidades).

Patogênese

O evento-chave da CIVD é uma atividade aumentada de trombina na circulação, que ultrapassa a capacidade de remoção pelos anticoagulantes naturais (Figura 26.8). Isso pode surgir por liberação de fator tecidual (TF) na circulação a partir de tecidos lesados, de células tumorais ou da regulação para cima de fator tecidual em monócitos circulantes ou em células endoteliais, como resposta a citoquinas pró-inflamatórias (p. ex., interleuquina 1, fator de necrose tumoral e endotoxina).

---

*N. de T. "Prothromplex-T" no Brasil (importado pela Baxter).

Tabela 26.5 Causas de coagulação intravascular disseminada

Infecções
Septicemia por bacilos gram-negativos e meningococo
Septicemia por *Clostridium welchii*
Malária grave por *P. falciparum*
Infecção viral – varicela, HIV, hepatite, citomegalovírus

Neoplasias malignas
Adenocarcinoma secretor de mucina generalizado
Leucemia promielocítica aguda

Complicações obstétricas
Embolia por líquido amniótico
Descolamento prematuro da placenta
Eclâmpsia; retenção de placenta
Abortamento séptico

Reações de hipersensibilidade
Anafilaxia
Transfusão de sangue incompatível

Lesão tecidual generalizada
Após cirurgia ou traumatismo
Após queimaduras graves

Anormalidades vasculares
Síndrome de Kasabach-Merritt
Vazamento em próteses valvulares
Cirurgia cardíaca com *bypass*
Aneurismas vasculares

Diversas
Insuficiência hepática
Pancreatite
Venenos de serpentes e invertebrados
Hipotermia
Choque térmico
Hipoxia aguda
Perda sanguínea maciça

1 A CIVD pode ser desencadeada pela entrada de material coagulante na circulação nas seguintes situações: embolia por líquido amniótico, descolamento prematuro de placenta, adenocarcinomas secretores de mucina disseminados, leucemia promielocítica aguda, hepatopatia, malária por *P. falciparum*, reação hemolítica à transfusão e picadas de algumas serpentes.

2 A CIVD também pode ser iniciada por lesão endotelial disseminada e exposição de colágeno (p. ex., endotoxemia, septicemia por bacilos gram-negativos e meningococo, aborto séptico), certas infecções virais, queimaduras graves e hipotermia. Citoquinas pró-inflamatórias e ativação de monócitos por bactérias regulam para cima o TF e, também, fazem ser liberadas na circulação micropartículas que expressam atividade de TF.

Além do seu papel na deposição de fibrina na microcirculação, a formação de trombina intravascular produz grande quantidade de monômeros de fibrina circulantes, os quais formam complexos com o fibrinogênio e interferem com a polimerização da fibrina, contribuindo, dessa forma, para o defeito de coagulação. A fibrinólise intensa é estimulada por trombos na parede vascular, e a liberação de produtos de degradação interfere na polimerização da fibrina, também contribuindo para o defeito de coagulação. A ação combinada de trombina e plasmina causa depleção do fibrinogênio e dos demais fatores de coagulação. A trombina intravascular também causa agregação disseminada de plaquetas nos vasos. Os problemas de sangramento, característicos de CIVD, são agravados pela trombocitopenia causada por consumo de plaquetas.

Aspectos clínicos

Em geral, predominam manifestações hemorrágicas, sobretudo em locais de punção venosa ou de ferimentos (Figura 26.9a). Pode haver sangramento generalizado no trato gastrintestinal, na orofaringe, nos pulmões, no trato urogenital; em casos obstétricos, o sangramento vaginal pode ser particularmente grave. Com menor frequência, microtrombos podem causar lesões cutâneas, insuficiência renal, gangrena de dedos e artelhos (Figura 26.10b) ou isquemia cerebral.

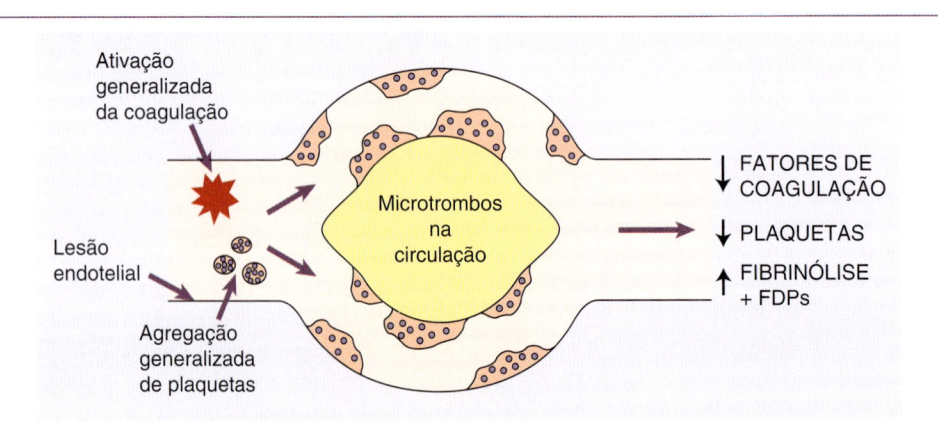

Figura 26.8 Patogênese da coagulação intravascular disseminada e alterações nos fatores da coagulação e nas plaquetas, além de produtos de degradação da fibrina (FDPs) que ocorrem nessa síndrome.

Alguns pacientes podem desenvolver CIVD subaguda ou crônica, principalmente com adenocarcinomas secretores de mucina.

Achados laboratoriais

Ver Tabela 26.6. Em muitas síndromes agudas, o sangue pode não coagular por deficiência extrema de fibrinogênio.

Testes de hemostasia

1 A contagem de plaquetas é baixa.
2 A dosagem de fibrinogênio é baixa.
3 O tempo de trombina está prolongado.
4 São encontrados altos níveis de produtos de degradação de fibrinogênio (e fibrina), como D-dímeros, no soro e na urina.
5 O TP e o TTPA (K-TTP) estão prolongados nas síndromes agudas.

A compensação hepática reacional pode normalizar alguns dos testes de coagulabilidade.

Hemograma

Além da trombocitopenia, em muitos pacientes o hemograma evidencia anemia hemolítica, dita "microangiopática", porque decorre de fragmentação proeminente dos eritrócitos lesionados ao passarem por meio de filamentos de fibrina nos pequenos vasos (ver p.70).

Tratamento

O mais importante é o tratamento da causa subjacente. O tratamento dos pacientes que apresentam sangramento difere do tratamento dos pacientes com problemas trombóticos.

Sangramento

O tratamento de suporte com plasma fresco congelado (Tabela 26.7) e concentrados de plaquetas é indicado em pacientes com sangramento extensivo ou perigoso. Crioprecipitado ou concentrados de fibrinogênio fornecem fibrinogênio em doses maiores; transfusões de concentrados de eritrócitos podem ser necessárias.

Trombose

O uso de heparina ou de fármacos antiplaquetários para inibir o processo de coagulação deve ser considerado em pacientes

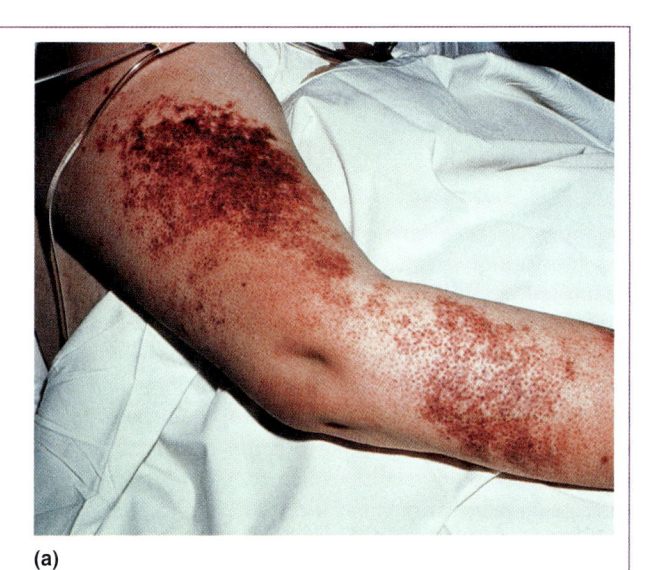

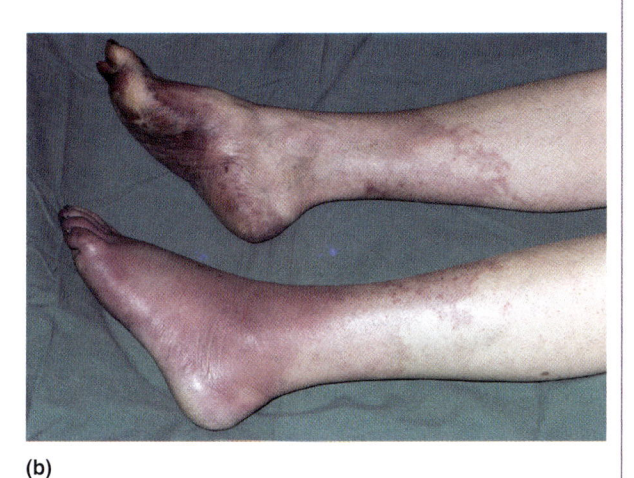

Figura 26.9 Aspectos clínicos da coagulação intravascular disseminada: **(a)** púrpura endurecida e confluente no braço; **(b)** gangrena periférica com edema e cianose da pele do pé na doença fulminante.

Tabela 26.6 Testes de hemostasia: resultados típicos nas doenças hemorrágicas adquiridas

	Contagem de plaquetas	Tempo de protrombina	Tempo de tromboplastina parcial ativada	Tempo de trombina
Hepatopatia	Baixa	Prolongado	Prolongado	Normal (raramente prolongado)
Coagulação intravascular disseminada	Baixa	Prolongado	Prolongado	Muito prolongado
Transfusão maciça	Baixa	Prolongado	Prolongado	Normal
Anticoagulantes dicumarínicos	Normal	Muito prolongado	Prolongado	Normal
Heparina	Normal (raramente baixa)	Ligeiramente prolongado	Prolongado	Prolongado
Anticoagulante circulante	Normal	Normal ou prolongado	Prolongado	Normal

Tabela 26.7 Indicações do uso de plasma fresco congelado (Diretrizes do National Institutes of Health Consensus)

Deficiência de fatores de coagulação (PCC nas situações em que concentrados de fatores específicos ou combinados não estiverem disponíveis)

Reversão de efeito de varfarina ou de femprocumona (PCC, se disponível, é altamente eficaz em comparação com o plasma, cujo efeito é diminuto)

Defeitos múltiplos de coagulação, como em pacientes com hepatopatia, CIVD (PCC é muito mais eficaz; plasma é de eficácia diminuta)

Transfusão maciça de sangue com coagulopatia e sangramento clínico

Púrpura trombocitopênica trombótica

Alguns pacientes com síndromes de imunodeficiência

CIVD, coagulação intravascular disseminada; PCC, concentrado de complexo protrombínico.

com problemas trombóticos, como isquemia da pele. Os inibidores da fibrinólise são contraindicados, pois isso ocasionaria falta de lise de trombos em alguns órgãos, como os rins.

Deficiência de coagulação causada por anticorpos

Os anticorpos circulantes contra fatores de coagulação são raros, mas ocasionalmente vistos, com incidência aproximada de um por um milhão por ano, aumentando marcadamente com a idade. Os aloanticorpos contra fator VIII desenvolvem-se em 5 a 10% dos hemofílicos. Os autoanticorpos contra fator VIII, independentes de hemofilia, também podem causar síndrome hemorrágica. Essas imunoglobulinas G (IgG) ocorrem muito raramente após o parto, em certas doenças imunológicas (p. ex., artrite reumatoide), em pacientes com câncer e na velhice. O tratamento consiste em uma combinação de imunossupressão e reposição de fator VIII, em geral humano, VIIa recombinante ou concentrado de complexo protrombínico ativado (FEIBA).

Outra imunoglobulina, conhecida como **anticoagulante lúpico**, interfere nos estágios de coagulação dependentes de

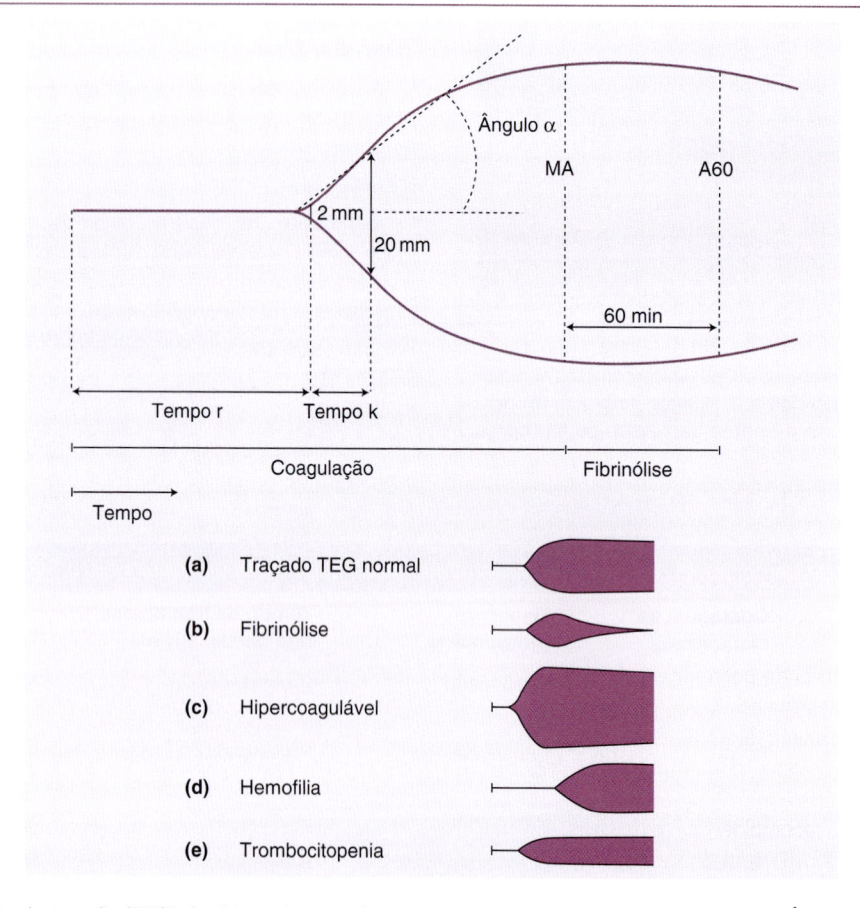

Figura 26.10 Tromboelastografia (TEG): **(a-e)** traçado normal e aspectos em diferentes estados patológicos. Ângulo α, velocidade de formação de coágulo sólido; A_{60}, medida da lise ou retração do coágulo em 60 minutos; k, tempo de formação do coágulo; r, ritmo de formação inicial de fibrina; MA, força absoluta do coágulo de fibrina. Fonte: de S. V. Mallett e Cox D. J. A. (1992) *Br J Anaesth* 69: 307-13. Reproduzida, com permissão, de OUP.

lipoproteína e, em geral, é detectada pelo prolongamento do TTPA (Tabela 26.6). Esse inibidor é detectado em 10% dos pacientes com lúpus eritematoso sistêmico (LES) e em pacientes com outras doenças autoimunes que frequentemente têm anticorpos contra outros antígenos que contêm lipídios, como a cardiolipina. O anticorpo não se associa à tendência a sangramento, mas há aumento de risco de trombose arterial ou venosa e, como em outras formas de trombofilia, associação com abortamento recidivante (ver Capítulo 27).

Síndrome da transfusão maciça

Muitos fatores podem contribuir para um distúrbio hemorrágico após transfusão maciça. A perda de sangue resulta em trombocitopenia e diminuição dos níveis de fatores de coagulação e de inibidores. A reposição com concentrado de eritrócitos dilui ainda mais esses fatores.

Tratamento

São indicados concentrados de plaquetas para manter a contagem > $75 \times 10^3/\mu L$, ou > $100 \times 10^3/\mu L$ em pacientes com dano cerebral ou após trauma. O TTPA e o TP devem ser mantidos abaixo de 1,5 vezes o valor normal, com plasma fresco congelado (PFC), administrado inicialmente na dose de 15 mL/kg. Com frequência, é necessária dose de 4 a 6 unidades de PFC para cada 6 unidades de concentrado de eritrócitos; a administração deve ser iniciada precocemente com as transfusões de eritrócitos. Alguns protocolos incluem 1:1:1 para unidades de eritrócitos, plaquetas e PFC. Crioprecipitado ou concentrado de fibrinogênio são usados para manter o fibrinogênio acima de 150 mg/dL. Tratamentos experimentais com concentrados de fibrinogênio estão em andamento em emergências obstétricas e sangramento perioperatório em cirurgia cardíaca. Monitoração com tromboelastografia ou ROTEM (ver adiante) também é usada.

Tromboelastografia: exame junto ao paciente

Tromboelastografia (TEG) é uma técnica para avaliação global da função hemostática em uma única amostra de sangue, na qual a relação das plaquetas com as proteínas da cascata da coagulação é estabelecida a partir do tempo da interação inicial entre fibrina e plaquetas por meio da agregação de plaquetas, do fortalecimento do coágulo e da ligação cruzada de fibrina até que ocorra eventual lise do coágulo. É adequada para monitoração da hemostasia em cirurgias do fígado e do coração associadas a defeito hemostático. Sangue fresco é colocado em uma cuba oscilante, sendo o movimento transferido para um estilete, o qual transmite a deflexão para um detector fotoelétrico com captura computadorizada de dados. À medida que se forma, o coágulo de fibrina afeta o movimento do estilete. O traçado normal mostra a velocidade da formação inicial de fibrina (tempo de coagulação), o fortalecimento do coágulo de fibrina e o índice de lise ou de retração do coágulo. A Figura 26.10 mostra os padrões típicos de resultados na fibrinólise, na hipercoagulabilidade, na hemofilia e na trombocitopenia.

RESUMO

- Os distúrbios da coagulação podem ser herdados ou adquiridos.
- A hemofilia A é a deficiência mais comum de um fator de coagulação. É grave se a atividade do fator VIII no plasma for < 1% da atividade normal. Apresenta-se com equimoses excessivas, sangramento prolongado após trauma, ou sangramento espontâneo, geralmente nos músculos e nas articulações, causando deformidades articulares.
- Muitos pacientes mais velhos foram contaminados com hepatite C ou Aids pela infusão de frações hemoterápicas contaminadas.
- O TTPA (K-TTP) é prolongado e o PT é normal.
- O diagnóstico pré-natal, em geral, é feito por técnicas de reação em cadeia da polimerase (PCR); o gene é carreado no cromossomo X.
- O tratamento é feito com fator VIII, recombinante ou em concentrados plasmáticos, coadjuvado por fármacos, como a desmopressina (DDAVP). Estão sendo introduzidas preparações recombinantes de longa ação.
- A deficiência de fator IX tem padrão de herança e manifestações clínicas similares.
- Estão sendo testadas terapias genômicas para deficiências dos fatores VIII e IX.
- A doença de von Willebrand (VWD) é a doença hemorrágica hereditária mais frequente, com um padrão de herança geralmente dominante. Há hemorragias das mucosas em ferimentos cutâneos e após trauma. A função plaquetária é anormal, e o nível de fator von Willebrand, geralmente baixo.
- Os distúrbios adquiridos da coagulação incluem a deficiência de vitamina K (p. ex., no recém-nascido ou em casos de má absorção) e o uso de antagonistas de vitamina K (p. ex., varfarina).
- Outras anormalidades de coagulação comuns são as de hepatopatias, decorrentes da síntese reduzida de fatores da coagulação, e as de coagulação intravascular disseminada, que causam consumo dos fatores de coagulação e de plaquetas.
- Plasma fresco é usado no tratamento de defeitos múltiplos da coagulação ou de defeitos específicos – se concentrados específicos apropriados não estiverem disponíveis – e no tratamento da púrpura trombocitopênica trombótica.

Visite www.wileyessential.com/haematology
para testar seus conhecimentos neste capítulo.

CAPÍTULO 27

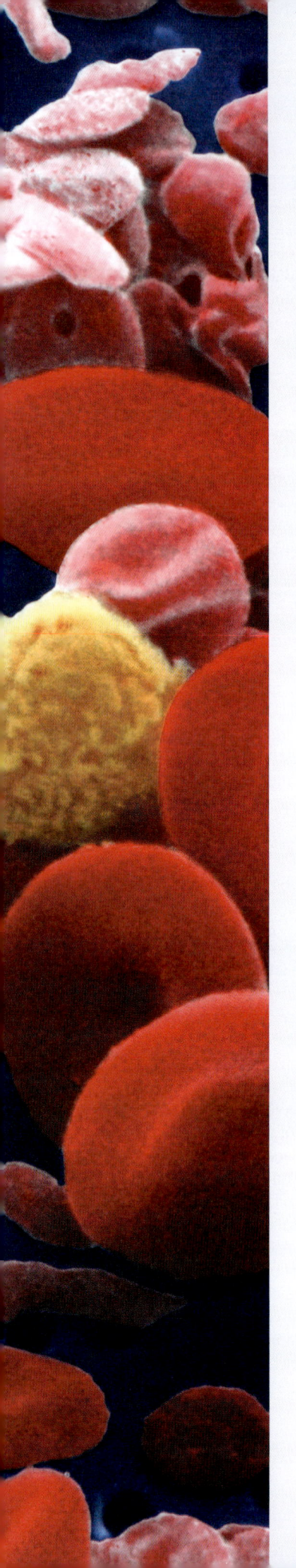

Trombose 1: patogênese e diagnóstico

Tópicos-chave

- Trombose arterial — 303
- Trombose venosa — 303
- Investigação de trombofilia — 307
- Diagnóstico de trombose venosa — 308

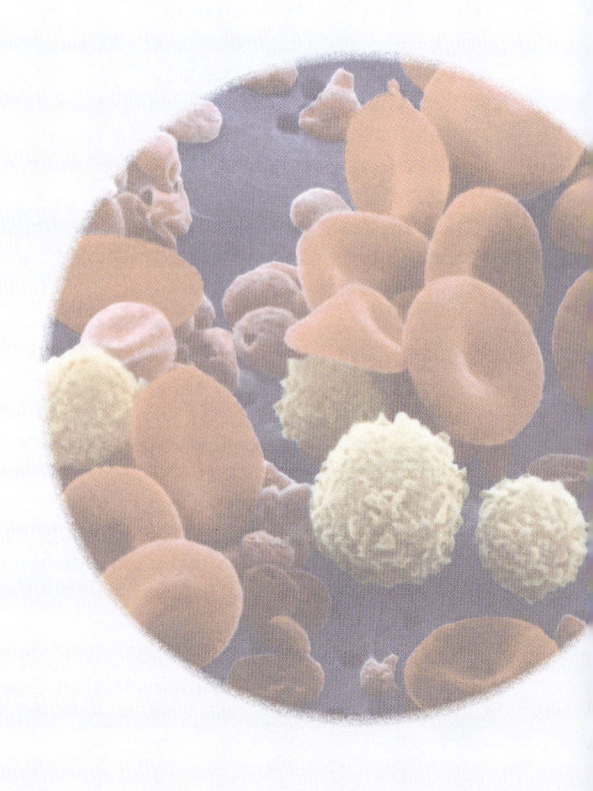

Trombos são massas sólidas ou tampões formados na circulação por constituintes do sangue – plaquetas e fibrina formam a estrutura básica. Sua significância clínica resulta da isquemia por obstrução vascular local ou embolia à distância. Os trombos estão envolvidos na patogenia do infarto do miocárdio, da doença cerebrovascular, da doença arterial periférica, da trombose venosa profunda (DVT) e da embolia pulmonar (PE).

A trombose, tanto arterial como venosa, é mais comum à medida que aumenta a idade e quase sempre é associada a fatores de risco, como cirurgias ou gravidez. O termo ***trombofilia*** é utilizado para descrever distúrbios hereditários ou adquiridos do mecanismo hemostático que predispõem a trombose.

Trombose arterial

Patogênese

Aterosclerose da parede arterial, ruptura de placa e lesão endotelial expõem o sangue ao colágeno subendotelial e ao fator tecidual. Isso inicia a formação de um nicho de plaquetas ao qual elas se aderem e se agregam.

A deposição de plaquetas e a formação do trombo são importantes na patogênese da aterosclerose. O fator de crescimento derivado de plaquetas estimula a migração e a proliferação de células musculares lisas e de fibroblastos na íntima arterial. O crescimento do endotélio e o reparo no local da lesão arterial, assim como o trombo incorporado, resultam no espessamento da parede do vaso. A via intrínseca de formação de fibrina (ver Figura 24.10) está envolvida em trombose patológica *in vivo* por ativação do contacto nos vasos sanguíneos lesionados.

Além de bloquear as artérias localmente, êmbolos de plaquetas e fibrina podem soltar-se do trombo primário e ocluir artérias distais. Exemplos são trombos da artéria carótida que causam trombose cerebral e ataques isquêmicos transitórios e trombos de válvulas e câmaras cardíacas que levam a embolias e a infartos sistêmicos (Figura 27.1).

Fatores clínicos de risco

Os fatores clínicos de risco de trombose arterial são relacionados com o desenvolvimento de aterosclerose e estão relacionados na Tabela 27.1. A identificação de pacientes em risco é feita principalmente com base na avaliação clínica. Vários estudos epidemiológicos resultaram no estabelecimento de perfis de risco de trombose de artéria coronária, baseados em sexo, idade, hipertensão, níveis altos de colesterol e glicose, tabagismo e alterações no eletrocardiograma. Esses perfis permitem a avaliação pré-sintomática de indivíduos jovens e, aparentemente, em boa forma e são valiosos no aconselhamento de mudança de estilo de vida ou na recomendação de tratamento médico em indivíduos em risco.

Trombose venosa

Patogênese e fatores de risco

A **tríade de Virchow** sugere que há três componentes importantes na formação de trombo:

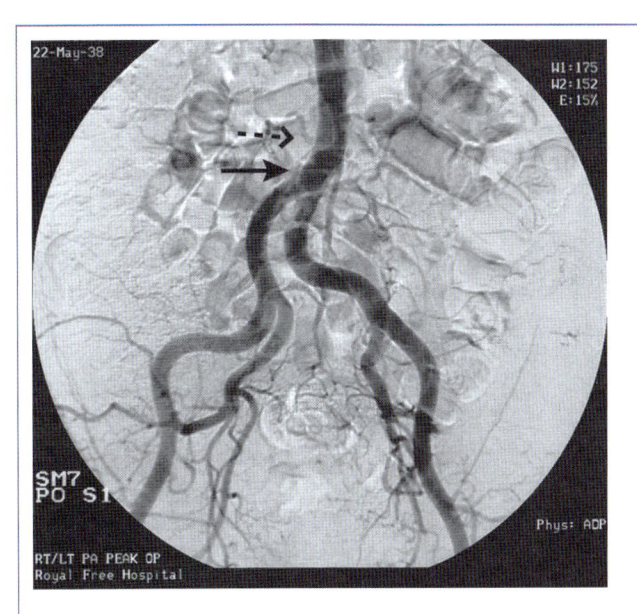

Figura 27.1 Arteriografia mostrando êmbolo em sela na bifurcação da aorta (seta pontilhada) e êmbolo na artéria ilíaca comum esquerda (seta sólida).

1 Lentidão do fluxo sanguíneo;
2 Hipercoagulabilidade sanguínea;
3 Dano à parede vascular.

Na trombose venosa, aumento de coagulabilidade do sangue e estase são mais importantes. A lesão à parede vascular é menos relevante do que na trombose arterial, embora possa ser significativa em pacientes com sepse, cateteres venosos e

Tabela 27.1 Fatores de risco de trombose arterial (aterosclerose)

História familiar positiva
Sexo masculino
Hiperlipidemia
Hipertensão
Diabetes melito
Gota
Poliglobulia
Hiper-homocisteinemia
Tabagismo
Alterações eletrocardiográficas
Níveis altos de proteína C reativa, interleuquina 6, fibrinogênio, fosfolipase A_2 associada à lipoproteína
Anticoagulante lúpico
Doenças vasculares do colágeno
Doença de Behçet

> **Tabela 27.2** Fatores de risco hereditários e adquiridos de trombose venosa
>
> *Distúrbios hemostáticos hereditários*
> Fator V Leiden
> Variante G20210A da protrombina
> Deficiência de proteína C
> Deficiência de antitrombina
> Deficiência de proteína S
> Disfibrinogenemia
> Tipo sanguíneo não O
> DVT em parente próximo (principalmente se não provocada)
>
> *Distúrbios hemostáticos hereditários ou adquiridos*
> Nível plasmático aumentado de fator VIII
> Nível plasmático aumentado de fibrinogênio
> Nível plasmático aumentado de homocisteína
>
> *Distúrbios adquiridos*
> Anticoagulante lúpico
> Tratamento com estrogênios (anticoncepcional oral ou reposição hormonal)
> Trombocitopenia induzida por heparina
> Gravidez e puerpério
> Cirurgia, principalmente abdominal, do quadril e do joelho
> Traumatismo extenso
> Neoplasias malignas
> Pacientes internados por doença aguda, incluindo insuficiências cardíaca e respiratória, infecção, doenças inflamatórias intestinais
> Neoplasias mieloproliferativas
> Hiperviscosidade, poliglobulia
> Acidente vascular encefálico
> Obstrução pélvica
> Síndrome nefrótica
> Desidratação
> Veias varicosas
> Trombose venosa superficial prévia
> Idade
> Obesidade
> Hemoglobinúria paroxística noturna
> Doença de Behçet

em locais onde há dano venoso por tromboses prévias. A estase permite que a coagulação do sangue seja completada no local de início do trombo (p. ex., atrás de bolsas valvulares das veias da perna em pacientes imobilizados). A Tabela 27.2 relaciona vários fatores de risco reconhecidos.

Distúrbios hereditários da hemostasia

A prevalência de distúrbios hereditários associados a aumento do risco de trombose é mais alta do que a de distúrbios hemorrágicos hereditários. Cerca de um terço dos pacientes que sofrem de trombose venosa profunda (DVT) ou embolia pulmonar (PE) têm um fator de risco hereditário identificável: deficiências raras de antitrombina, proteína C ou proteína S ou mutações mais comuns que afetam o fator V (fator V Leiden) ou a protrombina (Tabela 27.2). Tromboembolismo venoso geralmente resulta de interação genética-ambiental, de modo que fatores de risco adicionais (cirurgia, imobilidade, exposição a estrogênios) costumam estar também presentes em pacientes com trombofilia genética quando estes desenvolvem trombose. Embora a trombofilia hereditária explique parcialmente a interação gene-ambiente, causando expressão clínica de doença, realizar testes para defeitos trombofílicos hereditários tem utilidade clínica limitada, pois um teste positivo raramente prediz um alto risco de recorrência em comparação com pacientes sem anormalidades identificáveis. A história de DVT espontânea em parente próximo aumenta o risco individual de DVT mesmo que não se consiga identificar uma predisposição genética reconhecida. Entretanto, os testes para trombofilia hereditária podem ajudar em decisões clínicas em famílias predispostas à trombose.

Mutação Leiden do fator V

É a causa hereditária mais comum de aumento de risco de trombose venosa. Ocorre em 3 a 7% dos alelos do fator V em indivíduos brancos (Figura 27.2). No plasma de pacientes com o defeito não há alongamento no tempo de tromboplastina parcial ativada (TTPA) pela adição de proteína C ativada (APC); por esse efeito o fenótipo também é designado como "resistência à proteína C ativada". A proteína C, quando ativada, cliva o fator V ativado, o que deveria tornar mais lenta a reação de coagulação e alongar o TTPA. A resistência à APC é devida a um polimorfismo genético no gene do fator V, que torna o fator V menos suscetível à clivagem pela APC (Figura 27.3). A frequência do fator V Leiden* na população geral nos países ocidentais significa que esta não pode ser considerada uma mutação rara, mas sim um polimorfismo genético mantido na população (Figura 27.2). Presume-se que indivíduos com esse alelo foram "selecionados", provavelmente devido a uma diminuição da tendência a sangramento (p. ex., após o parto). O fator Leiden não aumenta o risco de trombose arterial. Uma pequena minoria de pacientes com resistência à APC não têm a mutação Leiden, mas possuem outra mutação do fator V.

As pessoas heterozigóticas para o fator V Leiden têm risco 5 a 8 vezes maior de trombose venosa em comparação com a população geral, mas apenas 10% desses portadores desenvolvem trombose durante a vida. Em indivíduos homozigóticos o risco é 30 a 140 vezes maior em relação à população que não tem a mutação. Tendo tido trombose venosa, esses pacientes têm risco mais alto de nova trombose em comparação com indivíduos com DVT e fator V normal.

A incidência do fator V Leiden em pacientes com trombose venosa é de 20 a 40%. A triagem da mutação genética é relativamente simples, e o exame é amplamente realizado. No entanto, mesmo que um paciente se mostre positivo para fator V Leiden, a perspectiva em números absolutos de ter DVT, na ausência de outros fatores de risco, persiste muito baixa. Atualmente, não é recomendado iniciar tratamento anticoagulante em indivíduos com a mutação Leiden, mesmo se forem homozigotos, se não tiverem história de trombose.

---

*N. de T. Assim denominado por ter sido identificado em *Leiden*, Holanda, em 1994.

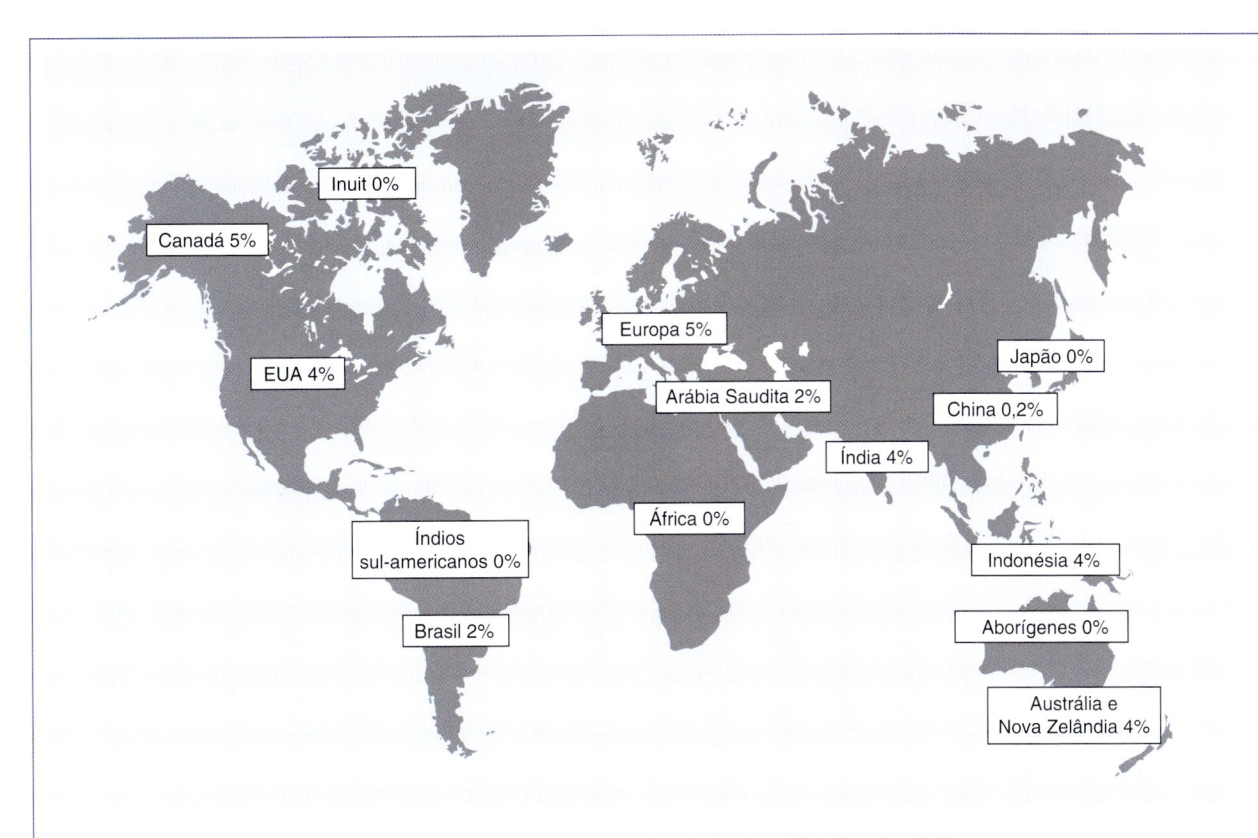

Figura 27.2 Distribuição geográfica da incidência de portadores de fator V Leiden. EUA, Estados Unidos.

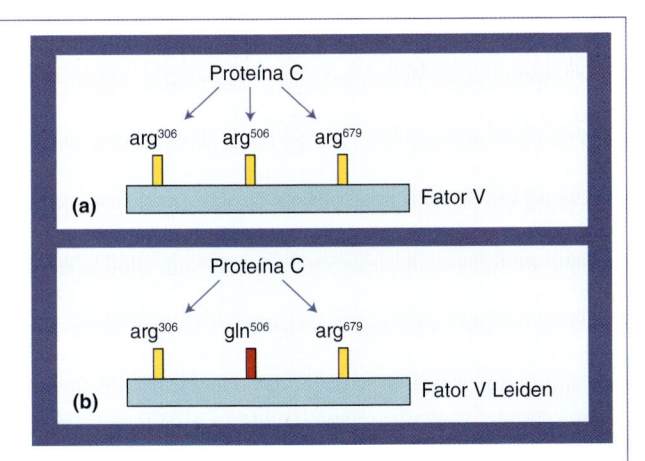

Figura 27.3 Base genética do fator V Leiden. **(a)** A proteína C ativada inativa o fator Va por clivagem proteolítica na cadeia pesada em três sítios. **(b)** Na mutação V Leiden, o polimorfismo Arg506Gln coloca uma glutamina, em vez da arginina, na posição 506, o que torna menos eficiente a inativação do fator Va e aumenta o risco de trombose.

Deficiência de antitrombina

A herança é autossômica dominante. Há trombose venosa recidivante que, em geral, começa no início da vida adulta, e podem ocorrer trombos arteriais. Concentrados de antitrombina estão disponíveis e são usados para evitar trombose durante cirurgia ou parto. Muitas variantes moleculares de antitrombina foram identificadas e são associadas a grau variável de risco de trombose. O tratamento com heparina, inclusive de baixo peso molecular, é eficaz na grande maioria dos pacientes, e o tratamento de DVT e PE não difere do indicado para pacientes sem essa deficiência.

Deficiência de proteína C

A herança é autossômica dominante, com penetrância variável. Os níveis de proteína C nos heterozigotos estão em torno de 50% do normal. De modo característico, muitos pacientes têm necrose de pele resultante de oclusão de vasos dérmicos quando tratados com varfarina, supostamente causada por diminuição ainda maior dos níveis de proteína C no primeiro dia ou nos dois primeiros dias de tratamento com varfarina, antes da diminuição dos demais fatores dependentes de vitamina K, em especial os fatores II e X. Os recém-nascidos com a rara deficiência homozigótica podem apresentar uma síndrome característica de coagulação intravascular disseminada (CIVD), ou podem ter púrpura fulminante na primeira infância. Acreditava-se que a administração de proteína C fosse benéfica para pacientes com sepse, mas os resultados não foram convincentes e esta deixou de ser usada.

Deficiência de proteína S

A deficiência de proteína S foi encontrada em algumas famílias com trombofilia. A proteína S é um cofator da proteína

C, e os aspectos clínicos dessa deficiência são semelhantes aos da deficiência de proteína C, incluindo tendência à necrose de pele no tratamento com varfarina. A herança é autossômica dominante.

Alelo G20210A da protrombina

O alelo G20210A da protrombina é uma variante (prevalência de 2-3% na população) que produz elevação dos níveis plasmáticos de protrombina e um aumento de 5 vezes no risco de trombose. É provável que a causa da trombose venosa com essa mutação seja o fato de uma geração contínua de trombina resultar em regulação prolongada da fibrinólise para baixo, pela ativação do inibidor da fibrinólise ativado por trombina (ver p. 275).

Hiper-homocisteinemia

Altos níveis plasmáticos de homocisteína podem ser genéticos ou adquiridos e são associados a aumento do risco de tromboses arterial e venosa. No entanto, amplas pesquisas recentes não mostraram evidências significativas de que a baixa desses níveis elevados diminua o risco. A homocisteína é derivada da metionina da dieta, sendo removida por remetilação em metionina ou por conversão em cisteína por uma via de transulfuração (ver Figura 5.3). A homocistinúria clássica é uma doença autossômica recessiva rara, causada por deficiência de cistationa-β-sintase, a enzima responsável pela transulfuração. Doença vascular e trombose são as principais características da doença. A enzima metileno-tetra-hidrofolato-redutase está envolvida na via de remetilação de tetra-hidrofolato (THF), e metil-THF é responsável pela metilação de homocisteína para metionina (ver Figura 5.5). Uma variante termolábil comum dessa enzima pode ser responsável por hiper-homocisteinemia leve (pouco acima de 15 µmol/L). As pessoas homozigóticas para essa mutação que tiveram DVT devem ser tratadas com ácido fólico a longo prazo. Outros fatores de risco adquiridos para hiper-homocisteinemia incluem deficiência de vitamina B_6, fármacos (p. ex., ciclosporina), doença renal e tabagismo. Os níveis também aumentam com a idade e são mais altos em homens e em mulheres pós-menopausa.

Defeitos do fibrinogênio

Defeitos qualitativos do fibrinogênio – "disfibrinogenemia" –, em geral, são clinicamente silenciosos ou causam excesso de sangramento. Trombose é uma associação rara.

Tipo sanguíneo ABO

As pessoas não portadoras de O (genótipos AA, BB, AB) têm risco maior de trombose e embolia do que as portadoras de O (AO, BO, OO). Isso se deve ao fato de terem níveis plasmáticos mais altos de fator von Willebrand e fator VIII.

Distúrbios hereditários e adquiridos da hemostasia

Níveis altos de fator VIII e de fibrinogênio também se associam à trombose venosa. A combinação de múltiplos fatores de risco aumenta o risco de trombose. Se forem persistentes, podem ser motivo de indicação de anticoagulação prolongada.

Fatores de risco adquiridos

Podem causar trombose em pacientes sem outras anormalidades identificáveis, mas há maior probabilidade se houver também uma anormalidade hereditária predisponente, como fator V Leiden.

Trombose decorrente de hospitalização

A hospitalização é responsável por até 50% dos casos de DVT e PE. Tromboses podem ocorrer várias semanas após a alta do hospital, e, atualmente, define-se "trombose decorrente de hospitalização" como tromboembolismo venoso dentro de 90 dias da internação. Em muitos países há estratégias nacionais para reduzir a incidência dessas tromboses, como avaliação universal de risco dos pacientes na admissão e administração de profilaxia antitrombótica para pacientes de alto risco. A profilaxia antitrombótica é, em geral, administrada durante toda a internação e estendida, após a alta, em pacientes de risco muito elevado, como os que se submetem à cirurgia de prótese de quadril ou de joelho.

Trombose venosa pós-operatória

Há maior probabilidade de ocorrência em idosos, obesos, indivíduos com história familiar de trombose venosa e em pacientes submetidos à cirurgia abdominal de grande porte e à cirurgia de quadril. Meias elásticas e métodos mecânicos (ver p. 318) são usados para reduzir o risco de DVT.

Estase venosa e imobilização

Esses fatores provavelmente são responsáveis pela alta incidência de trombose venosa pós-operatória e por tromboses associadas a insuficiência cardíaca congestiva, infarto do miocárdio e veias varicosas. Na fibrilação auricular, a geração de trombina a partir do acúmulo de fatores de coagulação ativados é causa de alto risco de formação de coágulos atriais e de embolia sistêmica subsequente. O uso de relaxantes musculares durante a anestesia também pode contribuir para a estase venosa. Trombose venosa também é uma complicação frequente de viagens aéreas longas.

Tumores malignos

Os pacientes com carcinoma de ovário, cérebro e pâncreas têm risco particularmente elevado de trombose venosa, mas há aumento de risco em todos os cânceres e nas neoplasias mieloproliferativas. Os tumores produzem fator tecidual e um pró-coagulante que ativa o fator X de maneira direta. Adenocarcinomas secretores de mucina podem associar-se à CIVD.

Inflamação

O estado inflamatório regula para cima o nível de fatores pró-coagulantes e para baixo as vias anticoagulantes, sobretudo a proteína C. Trombose é uma complicação particularmente comum em doença inflamatória do intestino delgado, na doença de Behçet, na tuberculose disseminada, no lúpus eritematoso sistêmico (LES) e no diabetes.

Trombose de veias superficiais

O risco de DVT está aumentado em pacientes que tiveram episódio prévio de trombose venosa superficial, principalmente se houver algum fator de risco adicional.

Doenças hematológicas

Aumento da viscosidade sanguínea, trombocitose e aumento da resposta funcional das plaquetas são fatores possivelmente responsáveis pela alta incidência de trombose em pacientes com policitemia vera e trombocitemia essencial. O teste para a mutação *JAK2* V617F pode indicar uma neoplasia mieloproferativa antes não suspeitada em pacientes com trombose de veia hepática ou portal. A mutação *CALR* não costuma ser associada a risco de DVT (ver p. 172). Há alta incidência de trombose venosa, incluindo trombos em grandes veias – como veia hepática –, em pacientes com hemoglobinúria paroxística noturna. Um aumento de incidência de trombose venosa é notado em pacientes com anemia de células falciformes, com trombocitose pós-esplenectomia e com paraproteinemia.

Tratamento com estrogênios

O tratamento com estrogênios, particularmente em dose alta, associa-se a aumento dos níveis plasmáticos de fatores II, VII, VIII, IX e X e a níveis diminuídos de antitrombina e ativador tecidual do plasminogênio na parede vascular. Há alta incidência de trombose venosa pós-operatória em mulheres tratadas com estrogênios em alta dose e com anticoncepcionais orais contendo estrogênios em dose completa. O risco é muito inferior com anticoncepcionais com baixa dose de estrogênios. O tratamento de reposição hormonal também aumenta o risco de trombose – evitado de maneira eficaz pelo uso de preparações de estrogênios em baixa dose.

Síndrome antifosfolipídio

Pode ser definida como ocorrência de tromboses venosa e arterial e/ou abortamento recidivante em associação com evidência laboratorial de anticorpo antifosfolipídio persistente. Um anticorpo antifosfolipídio é o "anticoagulante lúpico" (AL), inicialmente detectado em pacientes com LES e identificado por um alongamento do TTPA que não é corrigido com mistura plasma paciente (50%) + plasma normal (50%). De modo paradoxo, quanto à denominação, associa-se a tromboses venosa e arterial. Um segundo teste dependente de quantidades limitantes de fosfolipídio (p. ex., o teste com veneno diluído de víbora de Russell) também é usado no diagnóstico. Enquanto os anticoagulantes lúpicos são reativos na fase fluida, outros anticorpos antifosfolipídios, como os anticorpos anticardiolipina (AAC) e anti-β_2-GP-1, são identificados em imunoensaio em fase sólida. Tanto imunoensaios em fase sólida como testes de coagulação para AL devem ser usados no diagnóstico da síndrome antifosfolipídio.

Além de serem encontrados em pacientes com LES, os anticorpos antifosfolipídios também são encontrados em outros distúrbios autoimunes, particularmente do tecido conectivo, em doenças linfoproliferativas, após infecções virais, com o uso de certos fármacos (incluindo fenotiazinas) e como fenômeno "idiopático" em indivíduos saudáveis. A trombose arterial pode causar isquemia periférica, acidente vascular encefálico e infarto do miocárdio. A trombose venosa inclui DVT, PE e trombose em veias dos órgãos abdominais. Assim como em outras causas de trombofilia, também há associação com abortamento recidivante causado por infartos da placenta (Tabela 27.3). Trombocitopenia também pode estar presente, e livedo reticular é uma manifestação cutânea frequente.

O tratamento, quando indicado, é feito com anticoagulante. É comum a manutenção do International Normalized Ratio (INR) entre 2 e 3 com varfarina ou femprocumona, porém níveis mais altos podem ser necessários se houver história de trombose arterial ou DVT prévias, ou se houver recidivas de trombose durante o tratamento com o dicumarínico. Heparina em baixas doses e ácido acetilsalicílico são úteis no tratamento de abortamento recidivante.

As doenças do colágeno vascular e a síndrome de Behçet também se associam a tromboses arterial e venosa, estando ou não presente o anticoagulante lúpico.

Investigação de trombofilia

Decisões relativas à duração da anticoagulação, se por toda a vida ou por um período definido, devem ser feitas considerando-se (i) se foi o primeiro episódio de trombose venosa; (ii) se foi ou não provocado; (iii) se há ou não outros fatores de risco; e (iv) se o risco de sangramento relacionado ao anticoagulante é justificável, independentemente de haver ou não uma trombofilia genética. Os testes para trombofilia genética podem influenciar a duração da anticoagulação e servir para aconselhamento familiar. Todavia, testar rotineiramente todos os pacientes com tromboembolismo venoso geralmente não tem utilidade.

Tabela 27.3 Associações clínicas do anticoagulante lúpico e de anticorpos anticardiolipina

Trombose venosa: trombose venosa profunda/embolia pulmonar, trombose das veias renais, hepáticas e da retina
Trombose arterial
Perda fetal recorrente
Trombocitopenia
Livedo reticular

Obs.: perda fetal recorrente também pode ocorrer em outros tipos de trombofilia.

Os testes que podem ser anormais em pacientes com tendência à trombose venosa incluem:

1. Hemograma, incluindo microscopia – para detectar poliglobulia (hematócrito muito alto), leucocitose, trombocitose, sinais sugestivos de distúrbio mieloproliferativo ou aspectos leucoeritoblásticos indicativos de doença maligna.
2. Velocidade de sedimentação globular (VSG) – para evidenciar elevação inflamatória de fibrinogênio e globulinas.
3. Tempo de protrombina (TP) e TTPA – um TTPA encurtado frequentemente é visto em estados de trombose e pode indicar a presença de fatores de coagulação ativados. Alongamento do TTPA, não corrigido pela adição de plasma normal, sugere anticoagulante lúpico ou inibidor adquirido de um fator de coagulação.
4. Anticorpos anticardiolipina e anti-β_2-GP-1.
5. Tempo de trombina (ou de reptilase) – prolongamento sugere um fibrinogênio anormal.
6. Dosagem de fibrinogênio.
7. Análise de DNA para fator V Leiden.
8. Antitrombina – dosagens imunológica e funcional.
9. Proteína C e proteína S – dosagens imunológica e funcional.
10. Análise do gene da protrombina para variante G20210A.
11. Dosagem de homocisteína sérica.
12. Testes para expressão de CD59 e CD55 nos eritrócitos se houver suspeita de hemoglobinúria paroxística noturna.
13. Teste para mutação *JAK2* (V617F) se houver trombose portal ou hepática.
14. Proteinograma sérico para evidenciar paraproteína.

Diagnóstico de trombose venosa

Trombose venosa profunda

Suspeita clínica Deve-se suspeitar de DVT em pacientes com um membro inchado e doloroso. É mais comum em pacientes com DVT prévia, com câncer ou confinados ao leito (Tabela 27.2). No membro inferior, tumefação ou dor unilateral, na coxa ou na panturrilha, edema notado por fóvea à pressão digital e presença de veias colaterais superficiais não varicosas na perna são sinais importantes. O sinal de Homan (dor na panturrilha à flexão do quadril) não é confiável.

Dosagem de D-dímeros no plasma A concentração desses produtos de degradação da fibrina aumenta quando há trombose recente. É um teste útil na suspeita de trombose venosa, principalmente quando auxiliado pelo escore de probabilidade clínica de Wells (Tabela 27.4). Um resultado negativo é útil em setores de emergência de hospitais para excluir o diagnóstico de DVT e PE e dispensar exame radiológico. O teste é útil quando houver suspeita de um novo trombo em localização já trombosada, onde o *scanning* mostra resultado duvidoso. A elevação de D-dímeros em câncer, inflamação, após cirurgia ou trauma limita sua utilidade. É muito útil quando não houver disponibilidade de ultrassonografia.

Ultrassonografia com compressão seriada É um método confiável e prático para pacientes com suspeita de DVT

Tabela 27.4 Trombose venosa profunda: escore de Wells de avaliação clínica

Dado clínico	Pontos
Câncer em atividade (durante ou até seis meses após tratamento, ou sob tratamento paliativo)	1
Paralisia, imobilização local	1
Repouso no leito > 3 dias, cirurgia nas últimas 4 semanas	1
Sensibilidade ao longo de veias	1
Perna inteira inchada (circunferência da panturrilha > 3 cm em comparação com a outra perna)	1
Edema com fóvea à compressão	1
Veias colaterais	1
Diagnóstico alternativo possível	– 2
Baixa probabilidade 0-1	
Alta probabilidade 2 ou mais	

nas pernas e em outros locais (Figura 27.4a). Se for combinada com Doppler espectral, em cores (Figura 27.4a) ou potencializado (duplex), melhora a precisão, pois pode focalizar em veias individuais. Não faz distinção entre trombos agudos e crônicos. Persistência de obstrução venosa, detectada por ultrassonografia, ao fim do tratamento com varfarina, não se associa, em geral, a risco aumentado de recorrência de trombose, e *scanning* para evidenciar oclusão venosa residual não é prática de rotina.

Venografia com contraste Essa técnica atualmente está em desuso. Uma injeção de contraste iodado em veia periférica à veia suspeita de DVT permite demonstração direta, pela radiografia, do local, do tamanho e da extensão do trombo (Figura 27.4b). No entanto, trata-se de uma técnica dolorosa e invasiva, com risco de reação ao contraste e de DVT induzida pelo procedimento.

Imagem por ressonância magnética (IRM) Também pode ser útil, porém é cara. É indicada quando houver dificuldade à ultrassonografia por obesidade do paciente ou por imobilidade do membro com gesso ou plástico.

A pletismografia com impedância, menos sensível e menos precisa, está em desuso.

Embolia pulmonar

Em geral, apresenta-se com dispneia e dor torácica pleurítica. PE deve ser suspeitada se houver sinais ou história prévia de DVT, imobilização por mais de dois dias ou cirurgia recente (< 4 semanas), hemoptise ou se se tratar de paciente com câncer. Embolismo pulmonar recorrente pode causar hipertensão pulmonar.

Radiografia de tórax Em geral, é inexpressiva, porém pode mostrar evidência de infarto pulmonar ou derrame pleural.

Eletrocardiograma É feito para determinar se há sobrecarga do ventrículo direito, o que só ocorre em casos relativamente graves.

Dosagem de D-dímeros no plasma Se a dosagem for feita por método apropriado, ela tem o mesmo valor preditivo negativo em pacientes com PE e com DVT, quando usada em conjunto com uma regra de probabilidade clínica. Avaliada assim, uma dosagem normal de D-dímeros exclui PE em paciente com um baixo escore de probabilidade pré-teste.

Cintilografia de ventilação-perfusão (VQ) Detecta regiões do pulmão ventiladas, mas não perfundidas.

Angiografia pulmonar com tomografia computadorizada (TC) Cortes finos do pulmão são varridos por TC espiral, permitindo a visualização de defeitos de enchimento nas artérias pulmonares (Figura 27.4c).

Angiografia pulmonar com IRM A IRM amplificada com gadolínio é uma técnica relativamente nova e cara, mas precisa.

Angiografia pulmonar É o método tradicional de referência, porém é invasivo e tem complicações, embora incomuns, como arritmia e reação ao contraste.

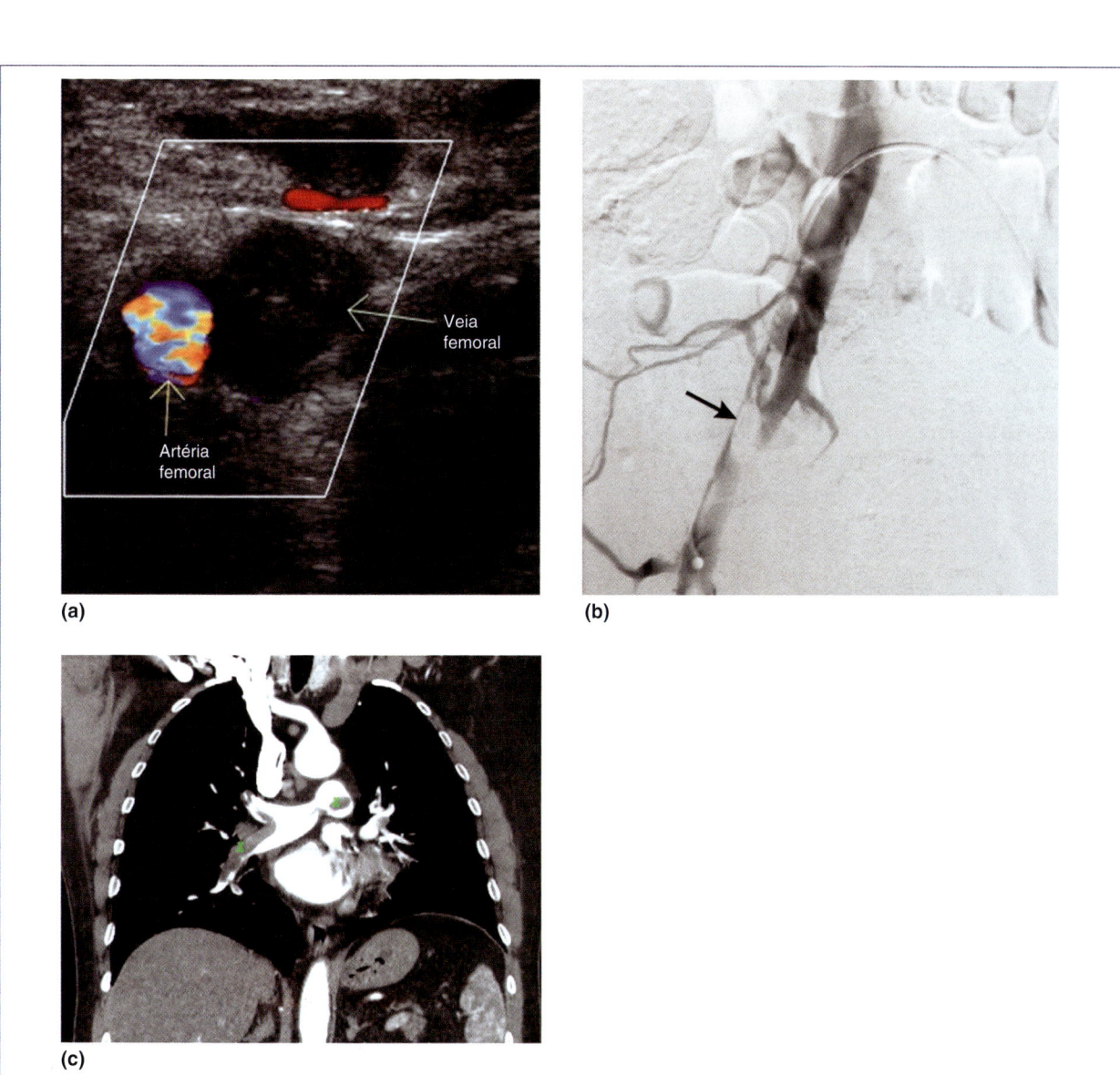

Figura 27.4 Imagens diagnósticas de trombose venosa profunda (DVT) e êmbolo pulmonar. **(a)** Ultrassonografia Doppler a cores dos vasos femorais direitos, com compressão, mostrando fluxo normal na artéria, mas fluxo ausente na veia, por causa de um trombo. Uma veia normal teria colapsado com a compressão da sonda. Fonte: cortesia do Dr. Tony Young. **(b)** Venograma femoral demonstrando extenso trombo na veia ilíaca externa direita. Fonte: cortesia dos Drs. I. S. Francis e A. F. Watkinson. **(c)** Angiografia pulmonar por tomografia computadorizada: uma imagem coronal mostra defeitos bilaterais de enchimento (pequenas cruzes verdes) nas artérias pulmonares centrais, indicando êmbolos pulmonares. Fonte: cortesia do Dr. Tony Young.

RESUMO

- Trombose é a formação de massas sólidas de plaquetas e fibrina na circulação. Pode ser arterial ou venosa.
- A trombose arterial relaciona-se principalmente à aterosclerose da parede vascular com fatores de risco, como hipertensão, hiperlipidemia, tabagismo e diabetes.
- A trombose venosa relaciona-se a anormalidades genéticas de fatores da coagulação (p. ex., fator V Leiden), estase da circulação ou a um aumento adquirido dos fatores de coagulação (p. ex., no tratamento com estrogênios, no pós-operatório, na gestação), ou a fatores não esclarecidos (p. ex., na velhice e na obesidade).
- O diagnóstico de trombose venosa profunda é feito por ultrassonografia com compressão seriada combinada com Doppler (duplex), venografia contrastada ou ressonância magnética. A dosagem de D-dímeros no plasma é útil.
- A embolia pulmonar (PE) é diagnosticada por radiografia, eletrocardiograma, cintilografia de ventilação-perfusão ou angiografia pulmonar com tomografia computadorizada.

Visite **www.wileyessential.com/haematology** para testar seus conhecimentos neste capítulo.

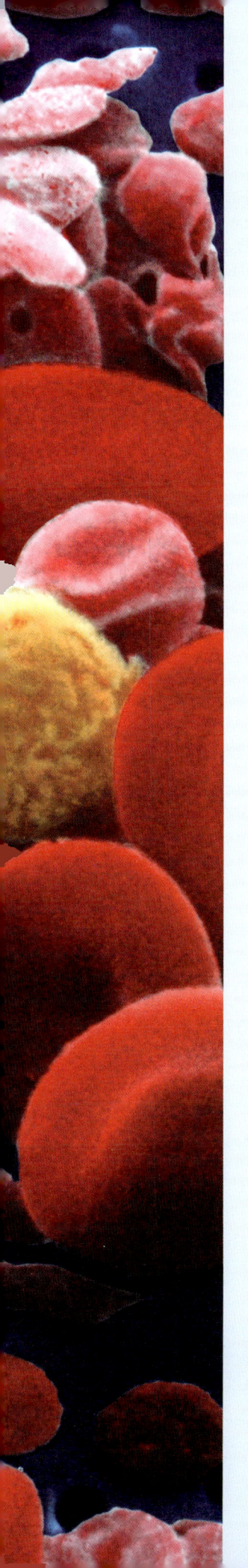

CAPÍTULO 28
Trombose 2: tratamento

Tópicos-chave

- Fármacos anticoagulantes — 312
- Heparina — 312
- Heparina de baixo peso molecular (LMWH) — 314
- Anticoagulantes parenterais de ação direta — 315
- Anticoagulantes orais — 315
- Anticoagulantes orais de ação direta — 317
- Síndrome pós-trombótica — 318
- Métodos mecânicos de profilaxia de DVT e PE — 318
- Agentes fibrinolíticos — 318
- Fármacos antiplaquetários — 318

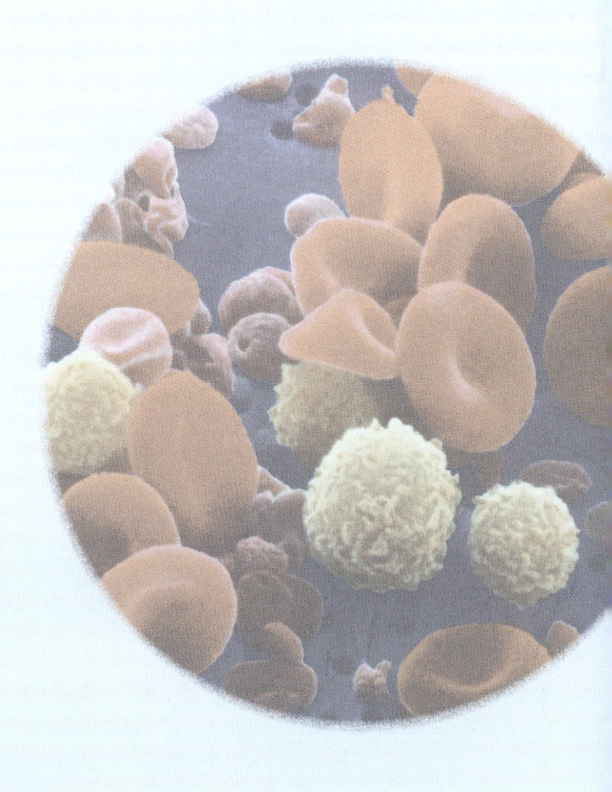

Fármacos anticoagulantes

Os fármacos anticoagulantes são amplamente utilizados no tratamento de doenças tromboembólicas venosas. O seu valor no tratamento de trombose arterial não está tão bem confirmado. Há ampla variedade de fármacos ativos pelas vias oral e parenteral (Figura 28.1), agindo, direta ou indiretamente, em um ponto específico ou em múltiplos pontos da cascata de coagulação (Figura 28.2).

Heparina

É um mucopolissacarídio não fracionado, ácido, com peso molecular entre 15.000 e 18.000. É inibidor da coagulação do sangue, pois potencializa a atividade da antitrombina (ver a seguir). Como a heparina não é absorvida pelo trato gastrintestinal, ela deve ser administrada por injeção. É inativada no fígado e excretada na urina. A meia-vida biológica eficaz é de cerca de uma hora (Tabela 28.1).

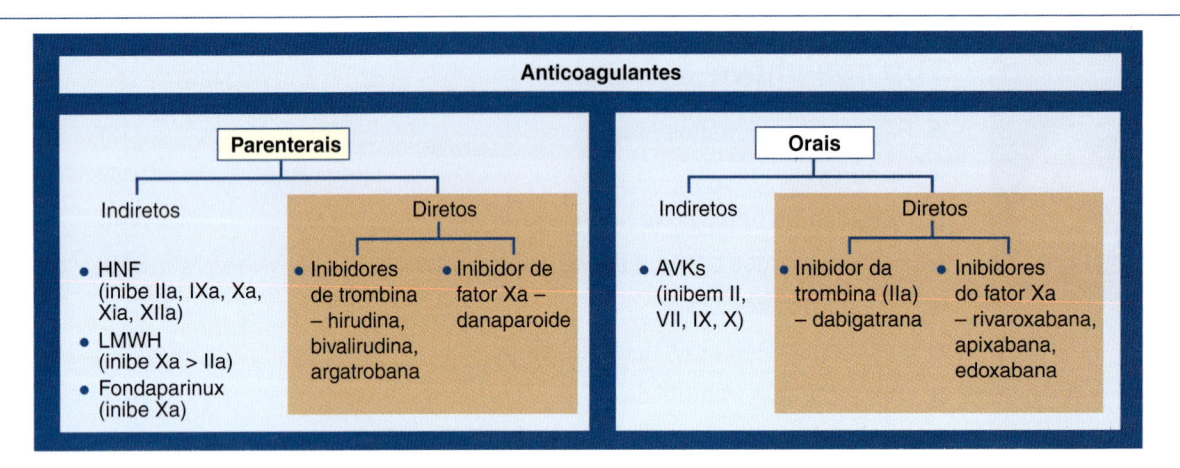

Figura 28.1 Classificação dos anticoaglantes baseada na via de administração e no modo de ação. Fonte: adaptada de DeCatarina R. et al. (2013) *Thrombosis and Haemostasis* 109: 4. AVK, antagonistas da vitamina K; HNF, heparina não fracionada; LMWH, heparina de baixo peso molecular.

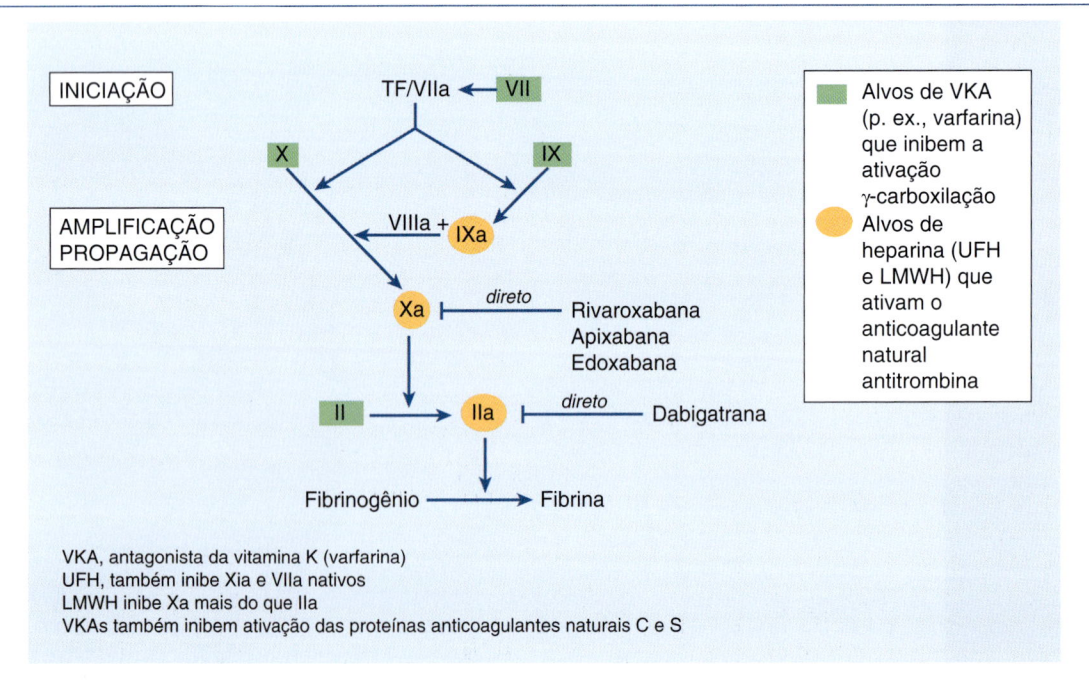

Figura 28.2 Sítios de ação dos anticoagulantes mais usados. Fonte: adaptada de DeCatarina R. et al. (2013) *Thrombosis and Haemostasis* 109: 4.

Tabela 28.1 Comparação entre heparina não fracionada e heparina de baixo peso molecular

	Heparina não fracionada	Heparina de baixo peso molecular
Peso molecular médio em kDa (intervalo)	15 (4-30)	4,5 (2-10)
Relação anti-Xa : anti-IIa	1 : 1	2 : 1 a 4 : 1
Inibe função plaquetária	Sim	Não
Biodisponibilidade	50%	100%
Meia-vida intravenosa subcutânea	1 h 2 h	2 h 4 h
Eliminação	Renal e hepática	Renal
Monitoração	Tempo de tromboplastina parcial ativada (TTPA)	Dosagem de Xa (geralmente desnecessária)
Frequência de trombocitopenia induzida por heparina	Alta	Baixa
Osteoporose	Sim	Menos frequente

Modo de ação

A heparina potencializa drasticamente a formação de complexos entre antitrombina e os fatores de coagulação serina-protease ativados, trombina (IIa) e fatores IXa, Xa e XIa (Figura 28.3). A formação de complexos inativa irreversivelmente esses fatores. Além disso, a heparina interfere na função plaquetária.

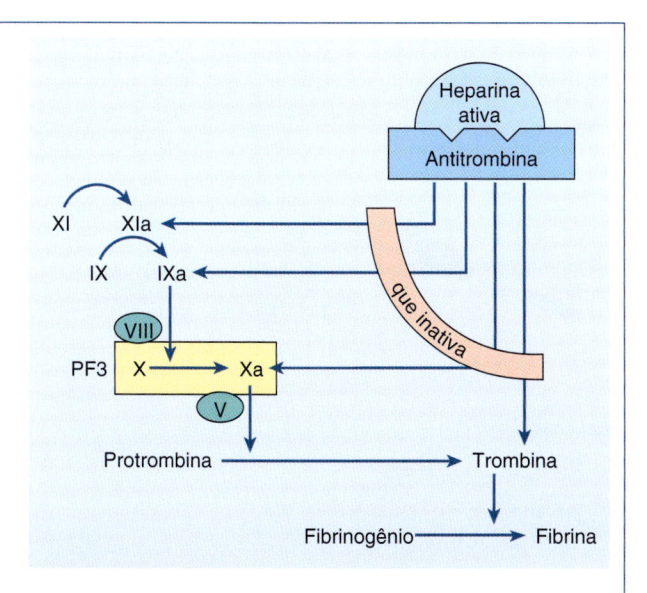

Figura 28.3 Ação da heparina. A heparina ativa a antitrombina, que forma complexos com os fatores de coagulação serina-protease ativados (trombina, Xa, IXa e XIa), inativando-os.

Preparações de heparinas de baixo peso molecular (**LMWH**, peso molecular 2.000 a 10.000) têm maior capacidade de inibir fator Xa do que de inibir trombina e interagem menos com as plaquetas em comparação com a heparina-padrão, de modo que têm tendência menor de causar sangramento. Elas também têm biodisponibilidade maior e meia-vida mais longa no plasma, o que torna possível a sua administração uma vez por dia (Tabela 28.1). Fondaparinux é um pentassacarídio sintético que atua como inibidor específico indireto do fator Xa.

Indicações

A LMWH é usada rotineiramente no tratamento de trombose venosa profunda (DVT), de embolismo pulmonar (PE) e de angina do peito instável. O tratamento de PE, em casos graves, também envolve trombólise. A LMWH é amplamente usada na profilaxia de trombose venosa, e é o fármaco de escolha em mulheres que necessitam de anticoagulação na gravidez, pois não atravessa a placenta. A heparina não fracionada é usada durante cirurgia com derivação cardiopulmonar, para manutenção da permeabilidade de linhas venosas e em alguns casos de CIVD, se as manifestações forem predominantemente vasoclusivas.

Administração e controle laboratorial

Heparina (padrão) não fracionada

A infusão intravenosa contínua de heparina não fracionada permite controle mais fino do tratamento e é o tratamento de escolha sempre que possa haver ulterior necessidade de rápida reversão da anticoagulação com sulfato de protamina, como é o caso em pacientes cirúrgicos e em gestação a termo. Ainda é usada como tratamento para PE aguda, mas está sendo substituída, tanto nessa indicação como em DVT, por LMWH. No adulto, é satisfatória a dose de 1.000 a 2.000 unidades/hora, com dose inicial de 5.000 unidades.

O tratamento é controlado pela manutenção do TTPA em 1,5 a 2,5 vezes o limite superior do valor de referência. Heparina seria mais bem monitorizada pela dosagem de anti-Xa, mais segura para esse fim, mas a técnica não é amplamente disponível. É comum iniciar o tratamento com varfarina dois dias depois do início de administração da heparina e suspender a heparina quando o INR já estiver acima de 2 em dois dias consecutivos. Nas síndromes coronárias agudas, a heparina não fracionada e a LMWH, em combinação com ácido acetilsalicílico, são significativamente eficazes na prevenção de trombose mural, embolia sistêmica e trombose venosa. A heparina não fracionada é amplamente usada para manter a patência de linhas intravenosas.

Heparina de baixo peso molecular (LMWH)

A LMWH (há várias preparações comerciais) é administrada por injeção subcutânea e tem meia-vida mais longa do que a heparina-padrão, podendo ser administrada uma vez por dia em profilaxia, ou uma ou duas vezes por dia para tratamento (Tabela 28.1). Comparada com a heparina não fracionada, tem uma relação dose/resposta mais previsível, o que dispensa a monitoração laboratorial. É, atualmente, o anticoagulante de escolha para tratamento de DVT, de PE e de angina instável. Os pacientes com DVT não complicada são agora tratados geralmente em casa com injeções subcutâneas regulares de LMWH, uma ou duas vezes por dia, de acordo com a preparação escolhida. É, também, o anticoagulante preferido no tratamento de DVT em câncer e na gestação, uma vez que não atravessa a placenta. Embora não haja necessidade de monitoração, a dosagem do nível de pico de anti-Xa quatro horas após a injeção permite melhor ajuste de doses em pacientes selecionados, como na gestação, na insuficiência renal, na obesidade mórbida e na infância.

A LMWH é usada para a prevenção de DVT tanto em pacientes clínicos como cirúrgicos. Hoje, é mandatória uma política de prevenção de DVT e PE em hospitais para todos os pacientes internados. As LMWHs são os agentes farmacológicos padrão-ouro, porém novos anticoagulantes orais (ver Tabela 28.5) podem as superar.

Sangramento durante tratamento com heparina

Pode haver sangramento por anticoagulação excessiva e prolongada ou por efeito funcional antiplaquetas da heparina. Como a heparina intravenosa tem meia-vida inferior a 1 hora, geralmente basta suspender a infusão para cessar o efeito. A protamina é capaz de inativar a heparina imediatamente, e, em sangramento grave, a dose de 1 mg/100 unidades de heparina produz neutralização eficaz. No entanto, a própria protamina age como anticoagulante quando administrada em excesso.

Trombocitopenia induzida por heparina

Pode ocorrer pequena baixa na contagem de plaquetas nas primeiras 24 horas do tratamento com heparina, como resultado de agregação de plaquetas. Isso não tem consequência clínica (trombocitopenia induzida por heparina [HIT] tipo 1). A HIT relevante é a tipo 2, que ocorre em até 5% dos pacientes tratados com heparina não fracionada e, paradoxalmente, é causa de trombose. Ela resulta da ligação da heparina com o fator 4 (PF4) das plaquetas, seguida pela geração de uma imunoglobulina G (IgG) contra o complexo heparina-PF4, que leva à ativação plaquetária (Figura 28.4). Em geral, apresenta-se com queda de mais de 50% da contagem de plaquetas, cinco ou mais dias depois do início do tratamento

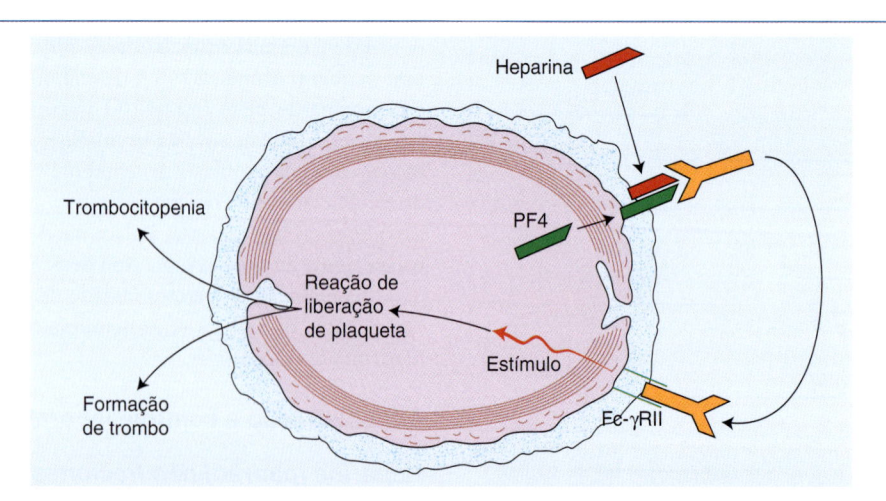

Figura 28.4 Mecanismo da trombocitopenia induzida por heparina (HIT). O fator plaquetário 4 (PF4) é liberado dos grânulos α e forma complexo com heparina na superfície da plaqueta. Anticorpos imunoglobulinas G (geralmente IgG$_2$) desenvolvem-se contra esse complexo e, uma vez ligados, podem ativar a plaqueta por meio do seu receptor Fc de imunoglobulina (Fc-γRII). Isso leva ao estímulo da plaqueta, mais liberação de PF4 e reação de liberação da plaqueta, com consequentes trombocitopenia e desenvolvimento de trombo.

com heparina, ou antes, se o paciente já houver recebido heparina no passado. A confirmação diagnóstica laboratorial é difícil, porém, recentemente, foram desenvolvidos testes que permitem a detecção de anticorpos contra complexos imobilizados de heparina-PF4; na falta, aceitar o diagnóstico apenas pela súbita trombocitopenia. Em caso de HIT, o tratamento com heparina deve ser imediatamente suspenso e substituído por argatrobana ou fondaparinux; a LMWH tem probabilidade muito mais baixa de causar HIT do que a heparina não fracionada. O tratamento com varfarina deve ser adiado até a normalização da contagem de plaquetas.

Osteoporose

Ocorre em tratamentos a longo prazo (mais de dois meses) com heparina, sobretudo na gravidez. O fármaco forma complexos com minerais do osso, porém a patogênese exata é desconhecida. É mais rara com LMWH.

Anticoagulantes parenterais de ação direta

Fondaparinux*, um análogo sintético do pentassacarídio da heparina, que se liga à antitrombina, é um inibidor indireto do fator Xa. É administrado por via subcutânea, tem meia-vida plasmática de 17 horas e, como os inibidores orais do fator Xa, não requer monitoração laboratorial (pela dosagem do fator Xa), exceto em pacientes excepcionalmente obesos, em pacientes com insuficiência renal e em crianças.

A ***bivalirudina*** é usada como alternativa à heparina em pacientes no transoperatório de intervenções coronárias percutâneas.

A ***argatrobana*** é uma pequena molécula inibidora direta da trombina, usada por infusão intravenosa contínua; é usada no tratamento de pacientes com HIT.

Anticoagulantes orais

Até pouco tempo, só havia derivados da cumarina ou da fenindiona. **Varfarina**,** um cumarínico, é o mais usado. Cumarínicos são antagonistas da vitamina K (ver p. 296), de modo que o tratamento resulta em diminuição da atividade biológica dos fatores dependentes de vitamina K II, VII, IX e X (ver Figura 26.7). Depois da administração de dicumarínicos, os níveis de fator VII caem consideravelmente em 24 horas, mas a protrombina (fator II), que tem meia-vida plasmática mais longa, baixa somente até 50% do normal em 3 dias; o paciente estará completamente anticoagulado somente após esse período.

Princípios da anticoagulação oral com antagonistas da vitamina K

Um esquema típico de início de tratamento com a varfarina é 5 mg nos dias 1, 2 e 3. Depois disso, a dose deve ser ajustada conforme o TP e o INR; há algoritmos publicados para

---

*N. de T. No Brasil, fondaparinux (Arixtra®) está liberada. Bivaluridina e argatrobana não estão liberadas.

**N. de T. Varfarina no Brasil: Varfarina®, Cumadin®, Marevan®. Também é utilizada outra antagonista da vitamina K: femprocumona (Marcoumar®).

Tabela 28.2 Testes de controle de anticoagulantes orais. Níveis-alvo recomendados pela British Society for Haematology

INR-alvo	Situação clínica
2,5 (2-3)	Tratamento de DVT, PE, fibrilação atrial, DVT recidivante sem varfarina; trombofilia hereditária sintomática, miocardiopatia, trombo mural, cardioversão
3 (2,5-3,5)	DVT recidivante sob varfarina, próteses mecânicas de válvulas cardíacas, síndrome antifosfolipídio (alguns casos)

DVT, trombose venosa profunda. INR, International Normalized Ratio.

esse fim. A dose inicial pode ser individualmente ajustada, de acordo com um algoritmo baseado em variáveis clínicas e em informação genética sobre dois genes envolvidos no metabolismo ou na ação da varfarina, citocromo p450 (CYP2CP) e vitamina K epóxido-redutase (ver Figura 26.7). Poucos serviços fazem e usam essa pesquisa. A dose de manutenção de varfarina é de 3 a 9 mg diários, mas as respostas individuais variam muito. Doses iniciais mais baixas são recomendadas para pacientes muito idosos e para pacientes com hepatopatia.

International Normalized Ratio (INR)

O efeito dos anticoagulantes dicumarínicos é monitorado pelo TP. O INR é calculado a partir dele, baseando-se na relação entre o TP do paciente e um TP médio normal corrigido para a "sensibilidade" da tromboplastina em uso. Essa relação é calibrada contra uma tromboplastina-padrão primária suprida pela Organização Mundial da Saúde (OMS). As indicações e recomendações quanto aos limites desejados para o INR com o tratamento com varfarina estão resumidas na Tabela 28.2. A varfarina atravessa a placenta e é teratogênica, de modo que não pode ser usada em gestantes.

Duração da anticoagulação

É comum manter a varfarina por 3 a 6 meses em casos de DVT estabelecida e de xenoenxertos valvulares cardíacos. Se for o primeiro episódio de DVT, provocada por um evento desencadeante sério, como cirurgia, e não for extensa, indica-se tratamento por apenas 3 meses. Se o episódio de DVT não foi provocado, ou associou-se a um fator de risco menor, como viagem aérea, gravidez ou contraceptivo oral, é preferível tratar por 6 meses; essa duração também é preferida em caso de DVT extensa ou de persistência de elevação de D-dímeros aos 3 meses.

Tratamento a longo prazo é administrado em casos de tromboses venosas recidivantes, complicações embólicas de cardiopatia reumática, fibrilação auricular, próteses valvulares e enxertos arteriais e em pacientes selecionados de síndrome antifosfolipídio. Também é preferido se a DVT não provocada ocorreu em sítio inusitado, como veia mesentérica, ou se foi de grande extensão. O tratamento a longo prazo é igualmente recomendado para deficiências graves de proteína C,

Tabela 28.3 Fármacos e outros fatores que interferem no controle de tratamento com cumarínicos (p. ex., varfarina)	
Potencialização de anticoagulantes cumarínicos	**Inibição de anticoagulantes cumarínicos**
Fármacos que aumentam o efeito de cumarínicos	**Fármacos que inibem a ação de cumarínicos**
Diminuição da ligação entre cumarínico e albumina sérica Sulfonamidas	*Aceleração da degradação microssômica hepática do cumarínico* Barbitúricos Rifampicina Ribavirina
Inibição da degradação microssômica hepática do cumarínico Amiodarona Diltiazem Propranolol Antibióticos – ciprofloxacina, eritromicina, fluconazol Álcool Fenitoína Quinidina Alopurinol Antidepressivos tricíclicos Metronidazol Sulfonamidas	*Aumento da síntese de fatores de coagulação* Anticoncepcionais orais **Resistência hereditária aos anticoagulantes orais** **Gestação**
Alteração do receptor hepático do fármaco Tiroxina Quinidina	
Diminuição da síntese de fatores dependentes de vitamina K Altas doses de salicilatos Algumas cefalosporinas, outros antibióticos	
Hepatopatia Diminuição de síntese de fatores dependentes de vitamina K	
Diminuição de absorção de vitamina K Por exemplo, má absorção, tratamento com antibióticos, laxantes	

Obs.: os pacientes também têm maior probabilidade de sangramento se estiverem recebendo antiplaquetários (p. ex., antiinflamatórios não esteroides, dipiridamol ou ácido acetilsalicílico). Álcool em grandes quantidades aumenta a ação da varfarina.

Tabela 28.4 Recomendações para o tratamento de sangramento e anticoagulação excessiva com varfarina	
INR 3-6 (INR-alvo 2,5)	Diminuir dose ou suspender a varfarina
INR 4-6 (INR-alvo 3,5)	Reiniciar a varfarina quando INR < 5
INR 6-8	Suspender a varfarina*
Sem sangramento ou com sangramento leve	Reiniciar a varfarina quando INR < 5
INR > 8	Suspender a varfarina*
Sem sangramento ou com sangramento leve	Reiniciar a varfarina quando INR < 5 Se houver outros fatores de risco de sangramento, dar 0,5 a 2,5 mg de vitamina K via oral
Sangramento grave	Suspender a varfarina Administrar, de preferência, concentrado de complexo protrombínico, 50 unidades/kg Plasma fresco congelado 15 mL/kg (se concentrado for indisponível) Administrar 5 mg de vitamina K (oral ou IV)

INR, Internacional Normalized Ratio.
*1 mg de vitamina K pode ser administrado via oral para diminuir rapidamente o INR para o limite terapêutico, em 24 horas, em todos os pacientes com INR acima do limite terapêutico e sem sangramento.

proteína S e antitrombina, para deficiência homozigótica de fator V Leiden ou de mutação genética da protrombina, ou quando forem detectados heterozigotos para ambos os defeitos simultaneamente.

Interações de fármacos

Cerca de 97% da varfarina circula ligada à albumina, e somente uma pequena fração fica livre e pode entrar nas células parenquimatosas do fígado; é essa fração livre que é ativa. Nos hepatócitos, a varfarina é degradada nos microssomos a metabólito inativo solúvel em água, que é conjugado e excretado na bile, sendo parcialmente reabsorvido para ser também excretado na urina. Os fármacos que afetam a ligação com albumina ou a excreção de varfarina (ou dos demais anticoagulantes orais) e os que diminuem a absorção de vitamina K interferem no controle do tratamento (Tabela 28.3).

Controle de superdosagem de varfarina

Se o INR estiver em excesso de 4,5, mas não houver sangramento, a varfarina deve ser suspensa por 1 ou 2 dias, e a dose ajustada conforme o INR. A meia-vida longa (40 horas) da varfarina retarda o impacto total das mudanças de dose para 4 ou 5 dias. Se o INR estiver muito alto (p. ex., > 8), mas sem sangramento, deve ser dada uma dose oral de 0,5 a 2,5 mg de vitamina K.* Sangramento leve geralmente precisa apenas de avaliação do INR, suspensão do fármaco e ajuste da dose (Tabela 28.4). Sangramento mais grave pode exigir suspensão do tratamento, administração de vitamina K ou concentrado de complexo protrombínico. Plasma fresco congelado raramente reverte o efeito anticoagulante de antagonistas da vitamina K, pois não é possível o administrar em dose suficiente. A vitamina K é o antídoto específico; uma dose oral ou intravenosa de 2,5 mg geralmente é eficaz. Doses maiores resultam em resistência ao novo tratamento com varfarina durante 2 a 3 semanas. Doses ainda maiores, entretanto, e

---

*N. de T. Utilizar vitamina K₁ (vitamina K natural, sinônimos, filoquinona e fitonadiona). No Brasil: Kanakion®, Kavit®, Vikatron®.

por prolongados períodos (semanas ou meses), são necessárias para o tratamento da ingestão acidental de raticidas de efeito cumarínico, que são 2 logs mais potentes do que a varfarina ("supervarfarinas") e cuja ação dura semanas.

Controle em cirurgia: ponte de anticoagulação

Para cirurgias menores, como extrações dentárias, a anticoagulação pode ser mantida e podem ser feitos bochechos com ácido tranexâmico. Para cirurgia maior, que requeira hemostasia normal, parar a varfarina por 5 dias (para ter INR < 1,5) e recomeçá-la precocemente após a cirurgia, assim que a hemostasia estiver completa. Como há demora de vários dias até que a anticoagulação seja restabelecida, deve-se fazer tromboprofilaxia pós-operatória com baixa dose de LMWH em pacientes sob risco de trombose de origem hospitalar, até que a anticoagulação com varfarina volte ao nível apropriado.

Em pacientes de exceção, como os que têm próteses valvulares cardíacas metálicas, deve ser instituído o tratamento com heparina em doses terapêuticas (conhecido como "ponte de terapia anticoagulante"), até o restabelecimento de anticoagulação eficaz com varfarina. A ponte pode ser feita tanto com heparina não fracionada como com LMWH.

Anticoagulantes orais de ação direta

Novos inibidores diretos de proteínas da coagulação, ativos por via oral, oferecem qualidades potencialmente superiores às dos antagonistas da vitamina K (Tabelas 28.5 e 28.6):
- Relações dose-respostas previsíveis;
- Monitoração rotineira desnecessária;
- Diminuição da necessidade de reajuste de dose;
- Falta de interações com alimentos;
- Menor interação com outros fármacos.

Tabela 28.5 Anticoagulantes orais de ação direta comparados com varfarina

	Inibidor de Xa	Inibidor de Xa	Inibidor de Xa	Inibidor de IIa (trombina)	Antagonista da vitamina K
	Rivaroxabana	Apixabana	Edoxabana	Dabigatrana	Varfarina
Diariamente	2×	2×	1×	2×	1×
Meia-vida (h)	7-11	8-14	5-11	14-17	40
Excreção renal (%)	33	27	50	80	0
Pico do efeito	2-4 h	1-2 h	1-2 h	1-3 h	4-5 dias
Teste laboratorial	Tempo de protrombina (TP) ou anti-Xa*			Tempo de trombina (TT)* Anti-IIa*	TP
Antídoto	Nenhum antídoto específico (o complexo protrombínico pode ser tentado, se necessário)			Vitamina K, complexo protrombínico Plasma fresco congelado	

*Raramente necessários.
Fonte: adaptada de Yeh C. H. et al. (2014) *Blood* 124. 1020-28.

Tabela 28.6 Vantagens e desvantagens dos novos anticoagulantes orais comparados com varfarina

	Inibidores orais diretos	Varfarina
Vantagens	Dose fixa	Longa experiência
	Dispensam monitoração	Reversibilidade
	Sem interação com alimentos	Segura na insuficiência renal
	Poucas interações com fármacos	INR bem validado
	Menos sangramento grave	Monitoração favorece adesão
	Não requerem heparina parenteral	Menos sangramento no trato digestório
Desvantagens	A curta ação torna a adesão mais importante	Interações com alimentos e fármacos
	Afetados pela função renal	Intervalo terapêutico estreito
	Não usados com disfunção hepática	Exigem monitoração e dose variável
	Não há antídotos (vários fármacos em experiência)	Começo lento (precisam de heparina no início e como ponte na troca de anticoagulante)
	Menor experiência quanto a risco de sangramento	Risco de sangramento
	Não recomendados para pacientes com INR alvo > 3, na gravidez, em crianças < 18 anos, na síndrome antifosfolipídio	

No entanto, devido à sua ação curta, a adesão rigorosa ao tratamento diário por parte do paciente torna-se mais importante. Insuficiência renal afeta a dosagem, sobretudo com dabigatrana. Antídotos eficazes não estão disponíveis, mas vários compostos estão sendo estudados quanto a esse efeito.

Os fármacos licenciados* (no Reino Unido) incluem dabigatrana (inibidor de IIa) e rivaroxabana, apixabana e edoxabana (todas inibidoras de Xa) (Tabela 28.5). A monitoração da dosagem não é necessária, mas testes para o grau de anticoagulação são indicados se ocorrerem hemorragia ou trombose, e são também necessários antes de procedimentos invasivos, se houver insuficiência renal, em pacientes de peso excepcional, em crianças, para avaliar a adesão rigorosa ao tratamento e se estiverem sendo usados outros fármacos que interagem.

Dabigatrana

Dabigatrana é um inibidor oral da trombina (IIa) com meia-vida curta. É usada para a prevenção de embolismo cerebral e sistêmico em pacientes com fibrilação atrial não valvular. É administrada em dose fixa oral, sem monitoração nem reajuste de dose: em pacientes < 75 anos com fibrilação atrial, 150 mg duas vezes ao dia. Alimentos não interferem na absorção; ácido acetilsalicílico e anti-inflamatórios não esteroides devem ser evitados, se possível.

Cerca de 10% dos pacientes sentem indigestão, que pode ser tratada com um inibidor da bomba de prótons. A dabigatrana é contraindicada em pacientes com depuração de creatinina < 30 mL/minuto.

Rivaroxabana e apixabana

São inibidores de fator Xa (Tabela 28.5). São usados na prevenção de embolismo cerebral e sistêmico em pacientes com fibrilação atrial não valvular e na prevenção e no tratamento de DVT e PE. São administrados em dose fixa oral, sem monitoração e sem reajuste de dose. No tratamento de DVT e na prevenção de acidente vascular encefálico e embolismo na fibrilação auricular, rivaroxabana é dada uma vez ao dia, na dose de 20 mg, e apixabana duas vezes ao dia, na dose de 5 mg. As doses iniciais devem ser mais altas durante uma semana e, então, reduzidas para a manutenção a longo prazo. Não há interação com alimentos. Elas não podem ser indicadas para pacientes com filtração glomerular estimada em < 15 a 30 mL/minuto. Em raros casos, o TP pode ser útil para controlar o efeito anticoagulante. A reversão do efeito, se necessária, pode ser obtida com infusão de concentrado de complexo protrombínico, mas, dada a meia-vida curta, geralmente basta controlar o sítio da hemorragia até que o efeito se esvaia. Edoxabana é outro inibidor direto de Xa que está sendo testado.

Síndrome pós-trombótica

Trombos que persistem, destroem as valvas venosas e prejudicam o retorno venoso. Há hipertensão venosa responsável por acúmulo de líquido no espaço extravascular, com edema e, a longo prazo, atrofia da pele e pigmentação melânica. Em casos graves, há ulceração cutânea. Há prurido e o paciente sente a perna pesada e dolorosa, principalmente quando em pé.

Métodos mecânicos de profilaxia de DVT e PE

Meias de compressão graduada

São usadas no pós-operatório, no pós-parto e durante longas viagens aéreas, a fim reduzir o risco de DVT. Após uma DVT, o uso costuma ser recomendado por 1 a 2 anos para reduzir o risco de síndrome pós-trombótica. Meias até o joelho são preferidas na grande maioria dos casos, compressão classe II, e são usadas de modo permanente, salvo quando o paciente estiver deitado. Evidências recentes, entretanto, têm questionado o benefício do uso.

Dispositivos de compressão intermitente

Compressão pneumática intermitente e bombas podais mecânicas são usadas em alguns pacientes de alto risco e que também tenham risco de sangramento se utilizarem LMWH. O uso diminui o risco de trombose tanto em pacientes clínicos como cirúrgicos.

Filtro da veia cava inferior

Pode prover proteção contra PE quando se diagnostica uma DVT nas pernas e há contraindicação de anticoagulantes (p. ex., sangramento cerebral ou gastrintestinal atual ou recente), ou quando há embolismo pulmonar recorrente, inclusive com anticoagulação adequada.

Agentes fibrinolíticos

Dois agentes fibrinolíticos, estreptoquinase e ativador de plasminogênio tecidual recombinante (alteplase®), são os mais frequentemente usados para lisar trombos recentes. Podem ser administrados por via sistêmica em pacientes com infarto agudo do miocárdio, PE sério com descompensação hemodinâmica e trombose ileofemoral, ou como administração local, em pacientes com oclusão arterial periférica aguda.

A administração de agentes trombolíticos foi simplificada pela introdução de regimes padronizados de dosagem. A terapia tem máxima eficácia se for iniciada nas primeiras 6 horas do início dos sintomas, mas mantém certa eficácia se iniciada em até 24 horas. O uso simultâneo de ácido acetilsalicílico é recomendado, e o valor de tratamento adicional com heparina está em estudo. O uso de exames laboratoriais para monitoração e controle de tratamento trombolítico a curto prazo é desnecessário. No entanto, certas condições clínicas excluem o uso de agentes trombolíticos (Tabela 28.7).

O ativador de plasminogênio tecidual recombinante tem afinidade particularmente alta por fibrina, o que permite lise do trombo com menos ativação sistêmica de fibrinólise.

Fármacos antiplaquetários

Os agentes antiplaquetários têm papel crescente na medicina clínica. Atualmente, está demonstrado que o ácido

---

*N. de T. No Brasil, estão licenciadas dabigatrana (Pradaxa®), rivaroxabana (Xarelto®) e apixabana (Eliquis®).

Tabela 28.7 Contraindicações de tratamento trombolítico

Contraindicações absolutas	Contraindicações relativas
Sangramento gastrintestinal ativo	Ressuscitação cardiopulmonar traumática
Dissecção da aorta	Cirurgia de grande porte nos últimos 10 dias
Traumatismo craniano ou acidente vascular encefálico nos últimos dois meses	História de sangramento gastrintestinal no passado
Neurocirurgia nos últimos dois meses	Manobra obstétrica recente
Aneurisma ou neoplasia intracranianas	Antes de punção arterial
Retinopatia proliferativa diabética	Antes de biópsia
	Traumatismo grave
	Hipertensão arterial grave (pressão sistólica > 200 mmHg, pressão diastólica > 110 mmHg)
	Síndrome hemorrágica

Tabela 28.8 Tratamento antiplaquetário em pacientes com síndrome coronária aguda e durante intervenção coronária percutânea (PCI)

Fármaco	Pacientes/alvo	Duração
Síndrome coronária aguda		
Ácido acetilsalicílico	Todos	Toda a vida
Clopidogrel	Todos	9-12 meses
Inibidores da glicoproteína IIb/IIIa		
Abciximabe	Nenhum	–
Eptifibatide	Alto risco	48-72 h
Tirofiban	Alto risco	48-72 h
Pacientes submetidos à PCI		
Ácido acetilsalicílico	Todos	Toda a vida
Clopidogrel	Todos	9-12 meses
Abciximabe	Alto risco	12 h após PCI
Eptifibatide	Alto risco	18-24 h após PCI
Tirofiban	Nenhum	–

acetilsalicílico é valioso na prevenção secundária de doença vascular. Vários outros agentes estão sendo estudados para indicações diversas (Tabela 28.8). Os pontos de ação dos fármacos antiplaquetários são mostrados na Figura 28.5.

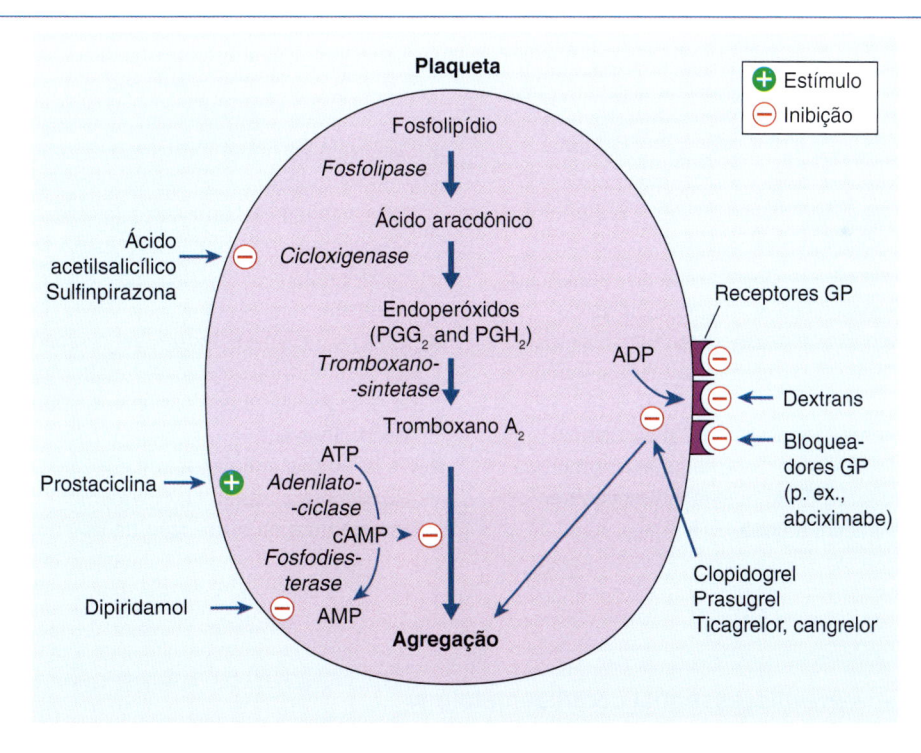

Figura 28.5 Locais de ação dos fármacos antiplaquetários. O ácido acetilsalicílico acetila a enzima cicloxigenase irreversivelmente. A sulfinpirazona inibe a cicloxigenase reversivelmente. O dipiridamol inibe a fosfodiesterase, aumenta os níveis de monofosfato cíclico de adenosina (cAMP) e inibe a agregação. O clopidogrel e os bloqueaqdores de GP causam inibição de tomada de adenosina pelos eritrócitos, o que permite acúmulo de adesina no plasma e, assim, estimula a adenilato-ciclase plaquetária. A prostaciclina (epoprostenol) estimula a adenilato-ciclase. Os β-bloqueadores lipossolúveis inibem a fosfolipase. Os antagonistas do canal de cálcio bloqueiam o influxo de íons cálcio livres por meio da membrana da plaqueta. Os dextranos revestem a superfície, interferindo na adesão e na agregação. GP, glicoproteína.

Ácido acetilsalicílico (AAS) O AAS inibe irreversivelmente a cicloxigenase da plaqueta, diminuindo a produção de tromboxano A_2. A ação persiste por toda a sobrevida da plaqueta.

O tratamento com baixa dose (p. ex., 75 mg/dia) tem menor risco de causar sangramento gastrintestinal. É indicado em pacientes com história de doença arterial coronariana ou cerebrovascular. É usado combinado com clopidogrel durante um ano após *stent* coronário ou angioplastia. Também pode ser útil na prevenção de DVT em pacientes com trombocitose e tem ação provável na diminuição desse risco em pacientes com plaquetas em número normal. O ácido acetilsalicílico é contraindicado em pacientes com sangramento gastrintestinal ou urogenital, sangramento na retina, úlcera péptica, hemofilia e demais coagulopatias genéticas e hipertensão incontrolável.

Clopidogrel (*vários nomes comerciais*) Esse antagonista do receptor plaquetário de difosfato de adenosina (ADP) inibe a agregação plaquetária dependente de ADP (Figura 28.5). É ativado por citocromo p450 no fígado e, em algumas pessoas, essa ativação é reduzida, de modo a tornar o fármaco ineficaz. É usado em dose oral de 75 mg/dia para prevenção de eventos isquêmicos em pacientes com acidente vascular encefálico isquêmico, infarto do miocárdio e doença vascular periférica. É usado, também, após *stent* coronário e angioplastia e em pacientes que necessitam de fármacos antiplaquetários a longo prazo e sejam intolerantes ou alérgicos ao ácido acetilsalicílico. ***Prasugrel* (*Effient*®)** tem a mesma ação e é mais ativo, porém têm maior risco de causar sangramento.

***Ticagrelor* (*Brilinta*®)** inibe a agregação plaquetária em um sítio diferente; não requer ativação hepática e é um inibidor alostérico *reversível*, o que é uma vantagem no caso de haver sangramento ou se houver necessidade de cirurgia urgente. Como deve ser usado duas vezes ao dia, há diminuição da adesão ao tratamento.

***Dipiridamol* (*Persantin*®)** é um inibidor da fosfodiesterase que supostamente aumenta os níveis de monofosfato cíclico de adenosina nas plaquetas circulantes, diminuindo sua sensibilidade aos estímulos de ativação. Comprovou-se que o dipiridamol diminui as complicações tromboembólicas em pacientes com próteses de válvulas cardíacas e melhora os resultados da cirurgia de derivação coronária.

Inibidores das glicoproteínas IIb/IIIa:* *abciximabe, eptifibatide, tirofibana* Esses fármacos são anticorpos monoclonais que inibem o receptor GPIIb/IIIa das plaquetas. São usados com heparina, ácido acetilsalicílico e clopidogrel na prevenção de complicações isquêmicas em pacientes de alto risco, durante o ato cirúrgico de angioplastia coronária percutânea transluminal. Por serem antigênicos, só podem ser usados uma vez.

---

*N. de T. No Brasil, estão liberados abciximabe (Reopro®) e tirofibana (Agrastat®).

RESUMO

- Para a prevenção e o tratamento de trombose venosa são usados fármacos anticoagulantes. Também são usados profilaticamente e para manter a patência de linhas intravasculares.
- A heparina pode ser usada em forma não fracionada. Atualmente, é mais difundido o uso de heparina fracionada, de baixo peso molecular, administrada por via subcutânea. É o anticoagulante de escolha na gestação.
- A varfarina é o anticoagulante oral mais usado. A dose visa a aumentar o International Normalized Ratio (INR) para 2 a 3. Há muitas interações de fármacos que afetam a dose.
- Os anticoagulantes recentes incluem inibidores de Xa, rivaroxabana e apixabana e o inibidor de fator IIa (trombina), dabigatrana. Eles têm a vantagem de dosagem fixa, sem necessidade comum de monitoração e com pouca interação com outros fármacos.
- Trombos recentes podem ser dissolvidos com agentes fibrinolíticos (p. ex., estreptoquinase) ou ativador de plasminogênio tecidual recombinante.
- Os fármacos antiplaquetários – ácido acetilsalicílico, clopidogrel, prasugrel e dipiridamol – são usados no tratamento e na prevenção de tromboses arteriais.

Visite **www.wileyessential.com/haematology** para testar seus conhecimentos neste capítulo.

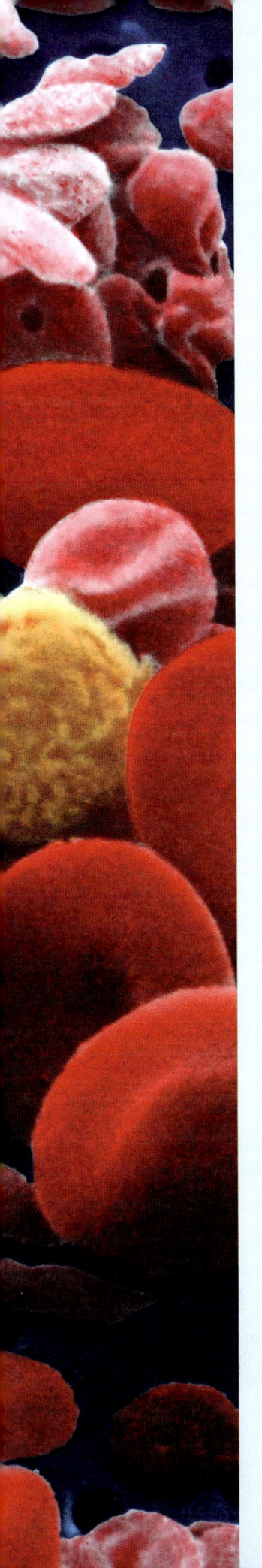

CAPÍTULO 29
Alterações hematológicas em doenças sistêmicas

Tópicos-chave

- Anemia de doença crônica (ADC) — 322
- Problemas hematológicos no idoso — 322
- Doenças malignas — 322
- Artrite reumatoide — 323
- Insuficiência renal — 325
- Insuficiência cardíaca congestiva — 326
- Hepatopatia — 326
- Hipotireoidismo — 327
- Infecções — 327
- Monitoração inespecífica de doença sistêmica — 330

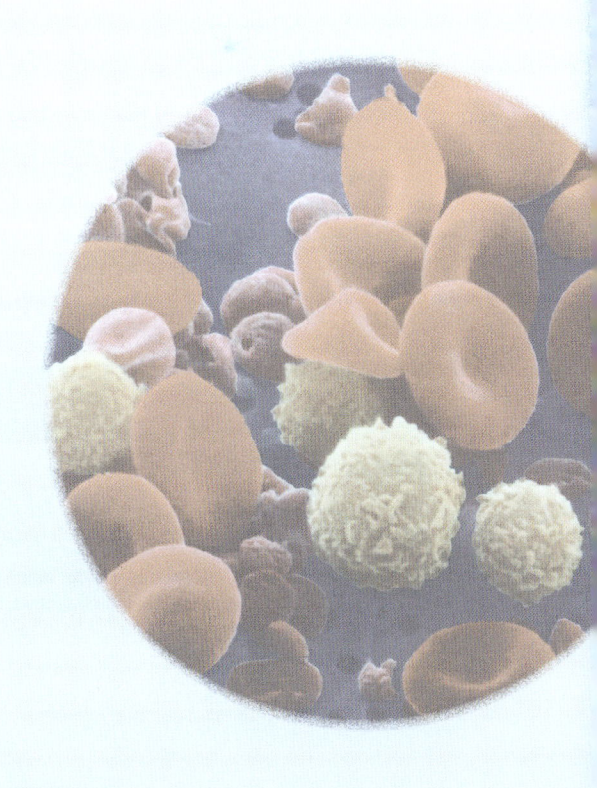

Anemia de doença crônica (ADC)

Muitas das anemias vistas na prática clínica ocorrem em pacientes com doenças sistêmicas e são resultado de vários fatores contributivos. A anemia de doença crônica (também discutida na p. 37) é de fundamental importância e ocorre em pacientes com várias doenças crônicas inflamatórias e malignas (Tabela 29.1). Em geral, a velocidade de sedimentação globular (VSG) e a proteína C reativa estão elevadas. A anemia pode ser complicada por alterações hematológicas adicionais causadas pela doença. Tanto o ferro sérico como a capacidade ferropéxica estão diminuídos; a ferritina sérica está normal ou aumentada. Os aspectos característicos e a patogênese estão descritos no Capítulo 3.

A anemia é corrigida pelo tratamento bem-sucedido da doença basal. Ela não responde a tratamento com ferro, apesar dos baixos níveis de ferro sérico. Pode haver resposta ao tratamento com eritropoetina recombinante (p. ex., na artrite reumatoide e no câncer). Em muitas doenças, a anemia complica-se por outras causas, como deficiência de ferro ou folato, insuficiência renal, infiltração da medula óssea, hiperesplenismo ou anormalidade endócrina.

Problemas hematológicos no idoso

Anemia

A OMS define anemia como hemoglobina < 13 g/dL em homens e < 12 g/dL em mulheres. Seguindo esse critério, a prevalência de anemia em idosos acima de 85 anos é considerável: > 25% em homens e > 20% em mulheres. A incidência é maior em negros, aumenta com a idade e correlaciona-se com menor sobrevida. Nos Estados Unidos cerca de 10% das pessoas com mais de 65 anos são anêmicas, e a anemia correlaciona-se com mais tempo de hospitalização, invalidez e mortalidade.

As causas principais são ADC, deficiência de ferro e insuficiência renal, porém cerca de um terço dos casos não têm explicação, possivelmente alguns são de mielodisplasia incipiente. Clones com mutações moleculares características de mielodisplasia mostram-se progressivamente mais frequentes com o avançar da idade, sem mostrar alterações morfológicas na citologia da medula óssea (ver Capítulo 16). Os idosos têm reserva medular reduzida e desenvolvem anemia mais grave e prolongada após quimioterapia, com neutropenia e trombocitopenia, do que pessoas mais jovens.

Trombose

Há, também, maior incidência de tromboses arteriais e venosas com o aumento da idade. Isso se deve, em parte, à elevação do nível plasmático de alguns dos fatores de coagulação e à diminuição da fibrinólise, bem como a tromboses arteriais que se correlacionam mais com a formação de placas ateromatosas. Os idosos são mais sensíveis a anticoagulantes e necessitam de cuidadosa monitoração para prevenir complicações hemorrágicas.

Doenças malignas (outras que não as primárias da medula óssea)

Anemia

Os fatores contribuintes incluem ADC, perda de sangue e deficiência de ferro, infiltração tumoral da medula óssea (Figura 29.1), que é muitas vezes associada a aspecto leucoeritroblástico no hemograma (ver p. 94), deficiência de folato, hemólise e supressão da medula óssea por radioterapia ou quimioterapia (Tabela 29.2).

A anemia hemolítica microangiopática (p. 70) ocorre com adenocarcinoma secretor de mucina (Figura 29.2), particularmente de estômago, pulmão e mama. Formas menos comuns de anemia associada à doença maligna incluem anemia hemolítica autoimune em linfomas e, raramente, em outros tumores, aplasia eritroblástica pura em timoma ou linfoma e síndromes mielodisplásicas secundárias à quimioterapia. Também há uma associação de anemia perniciosa com carcinoma do estômago.

A anemia de doença maligna pode responder parcialmente à eritropoetina, mas esse tratamento pode acelerar o crescimento do tumor (ver Capítulo 2). Ácido fólico deve ser administrado somente se houver anemia definidamente megaloblástica, causada por sua deficiência; o excesso poderia "alimentar" o tumor.

Poliglobulia

A poliglobulia secundária ocasionalmente se associa a tumores renais, hepáticos, cerebelares e uterinos (ver p. 172).

Alterações dos leucócitos

Os tumores com necrose e inflamação extensas podem desencadear reações leucemoides (p. 94). O linfoma de Hodgkin associa-se a várias alterações no leucograma, incluindo eosinofilia, monocitose e linfopenia. Nos demais linfomas, células malignas podem circular no sangue (ver p. 274).

Anormalidades das plaquetas e da coagulação sanguínea

Os pacientes com doença maligna podem ter tanto trombocitose como trombocitopenia. Em tumores disseminados,

---

Tabela 29.1 Causas de anemia de doença crônica (ADC)

Doenças inflamatórias crônicas

Infecciosas (p. ex., abscesso pulmonar, tuberculose, osteomielite, pneumonia, endocardite bacteriana)

Não infecciosas (p. ex., artrite reumatoide, lúpus eritematoso sistêmico e outras doenças do tecido conectivo, sarcoidose, doença de Crohn, cirrose)

Doenças malignas

(p. ex., carcinoma, linfoma, sarcoma, mieloma)

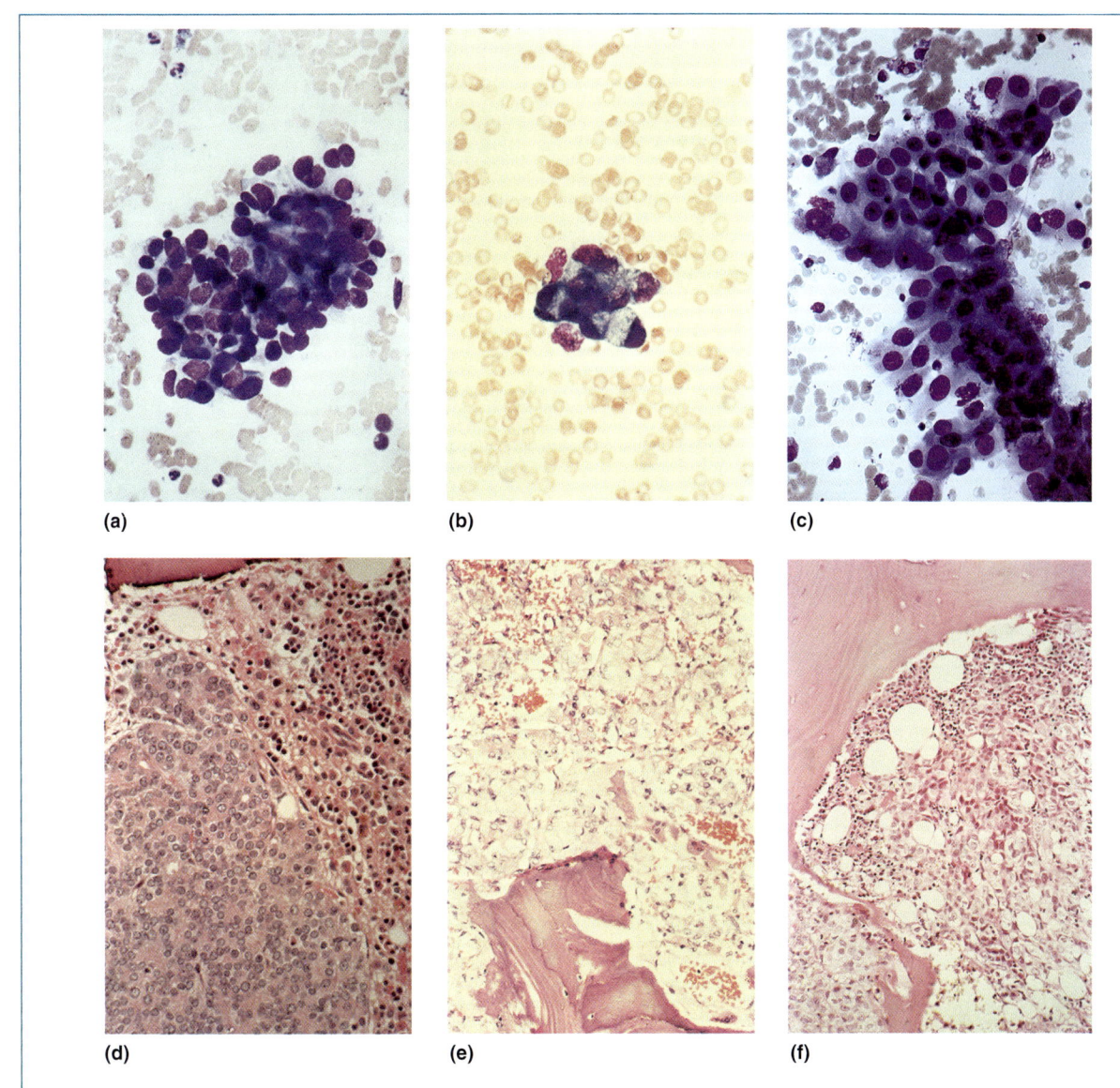

Figura 29.1 Carcinoma metastático no aspirado de medula óssea: **(a)** mama; **(b)** estômago; **(c)** colo. Biópsias de medula: **(d)** próstata; **(e)** estômago; **(f)** rim.

particularmente carcinomas secretores de mucina, há coagulação intravascular disseminada (CIVD; ver p. 297) e insuficiência hemostática generalizada. Ocorre ativação da fibrinólise em alguns pacientes com carcinoma da próstata. Pacientes ocasionais com doença maligna têm equimoses ou sangramento espontâneos causados por um inibidor adquirido de fatores da coagulação, quase sempre fator VIII, ou por uma paraproteína que interfira na função plaquetária.

Os pacientes com câncer têm alta incidência de tromboembolismo venoso (estimada em 15%). A incidência aumenta se houver cirurgia ou uso de certos fármacos, como talidomida. A frequência é maior com tumores de ovário, cérebro, pâncreas e colo. A trombofilia é difícil de tratar com anticoagulantes orais por causa de sangramento, interrupções por quimioterapia e trombocitopenia e por anorexia e vômitos. Doença hepática e interações com fármacos podem adicionar mais complicações, de modo que injeções diárias de heparina de baixo peso molecular são preferíveis a anticoagulantes orais.

Artrite reumatoide (e outras doenças do tecido conectivo)

Em pacientes com artrite reumatoide, a anemia de doença crônica é proporcional à gravidade da doença. Em alguns indivíduos, ela é complicada por deficiência de ferro causada por sangramento gastrintestinal relacionado com salicilatos, outros anti-inflamatórios não hormonais e corticosteroides.

Tabela 29.2 Alterações hematológicas nas doenças malignas

Anormalidade hematológica	Associada a tumor ou tratamento
Pancitopenia	
Hipoplasia de medula óssea	Quimioterapia, radioterapia
Mielodisplasia	Quimioterapia, radioterapia
Leucoeritroblástica	Metástases na medula óssea
Megaloblástica	Deficiência de folato
	Deficiência de B_{12} (carcinoma do estômago)
Eritrócitos	
Anemia de doença crônica	Maioria das neoplasias
Anemia ferropênica	Pricipalmente gastrintestinal, uterino
Aplasia eritroblástica pura	Timoma
Anemia hemolítica autoimune	Linfoma, ovário, outros tumores
Anemia hemolítica microangiopática	Carcinoma secretor de mucina
Poliglobulia	Rim, fígado, cerebelo, útero
Leucócitos	
Neutrofilia	Maioria das neoplasias
Reação leucemoide	Tumores disseminados, tumores com necrose
Eosinofilia	Linfoma de Hodgkin, outros
Monocitose	Vários tumores
Plaquetas e coagulação	
Trombocitose	Tumores gastrintestinais com sangramento, outros
Coagulação intravascular disseminada	Carcinoma secretor de mucina, próstata
Ativação de fibrinólise	Próstata
Inibidores adquiridos da coagulação	Maioria das neoplasias (raramente)
Paraproteína interferindo na função das plaquetas	Linfomas, mieloma
Células tumorais pró-coagulantes – fator tecidual e pró-coagulante do câncer (ativa o fator X)	Principalmente de ovário, pâncreas, cérebro e colo

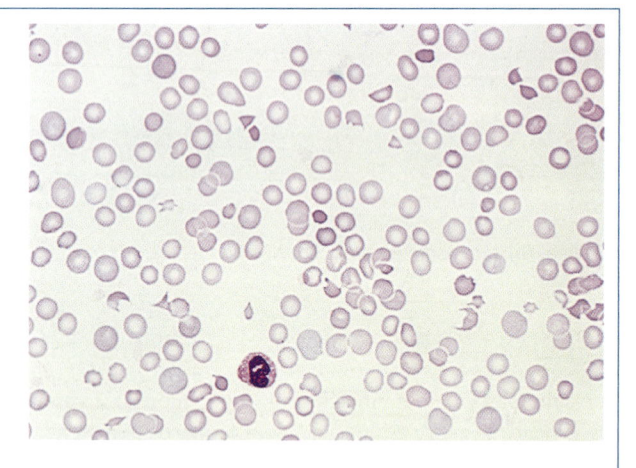

Figura 29.2 Distensão de sangue periférico em paciente com adenocarcinoma gástrico secretor de mucina, mostrando policromatocitose, fragmentação eritrocitária e trombocitopenia. O paciente tinha coagulação intravascular disseminada.

Sangramento nas articulações inflamadas também pode ser um fator contributivo. Hipoplasia da medula óssea pode seguir-se ao tratamento com ouro. Na síndrome de Felty, a esplenomegalia (Figura 29.3) associa-se à neutropenia, às vezes também com anemia e trombocitopenia.

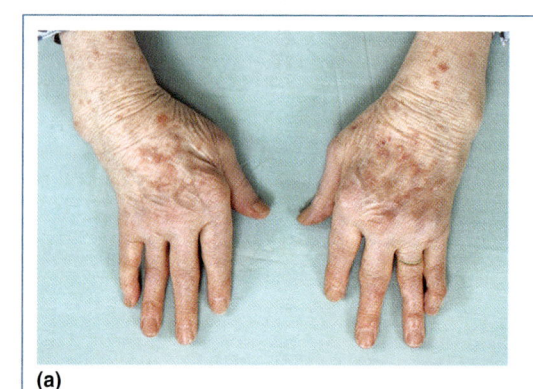

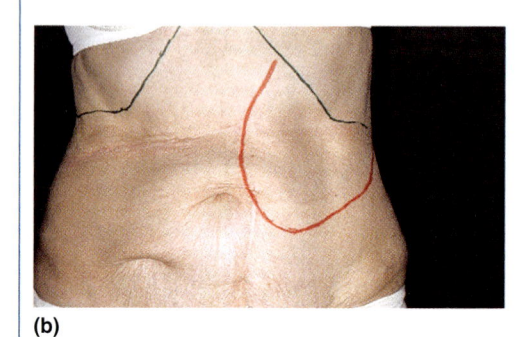

Figura 29.3 Síndrome de Felty: **(a)** deformidades típicas de artrite reumatoide na mão e **(b)** esplenomegalia.

No lúpus eritematoso sistêmico (LES), 50% dos pacientes são leucopênicos, com diminuição da contagem de neutrófilos e linfócitos, quase sempre associada a imunocomplexos circulantes. Insuficiência renal e perda de sangue gastrintestinal causadas por fármacos também contribuem para a anemia. Anemia hemolítica autoimune (geralmente com IgG e componente C3 do complemento na superfície dos eritrócitos) ocorre em 5% dos pacientes e pode ser o aspecto de apresentação da síndrome. Em 5% dos pacientes também pode haver trombocitopenia autoimune. O anticoagulante lúpico é descrito na página 307. Esta anticardiolipina circulante interfere na coagulação do sangue, alterando a ligação de fatores de coagulação ao fosfolipídio plaquetário, predispondo a tromboembolismos arterial e venoso e a abortamentos recidivantes. Os testes para fator antinúcleo (FAN) e anticorpos anti-DNA geralmente são positivos.

Os pacientes com arterite temporal e polimialgia reumática têm hipergamaglobulinemia policlonal, o que causa VSG muito alta e grande exagero na formação de *rouleaux* na distensão sanguínea. Essas e outras doenças do tecido conectivo são associadas à anemia de doença crônica.

Insuficiência renal

Anemia

Uma anemia normocrômica ocorre na maioria dos pacientes com insuficiência renal crônica. Em geral, há queda de 2 g/dL no nível de hemoglobina para cada aumento de 60 mg/dL (10 mmol/dL) na ureia sanguínea. Há diminuição da produção de eritrócitos devido à secreção defeituosa de eritropoetina (ver Figura 29.5). O plasma urêmico também contém fatores que inibem a proliferação de progenitores eritroides, mas, em vista da excelente resposta à eritropoetina na maioria dos pacientes, a relevância clínica desses fatores é duvidosa. Ocorre encurtamento variável na sobrevida dos eritrócitos e, na uremia grave, os eritrócitos apresentam anomalias, incluindo células com espículas irregulares (acantócitos) e *burr cells* (equinócitos) (Figura 29.4).

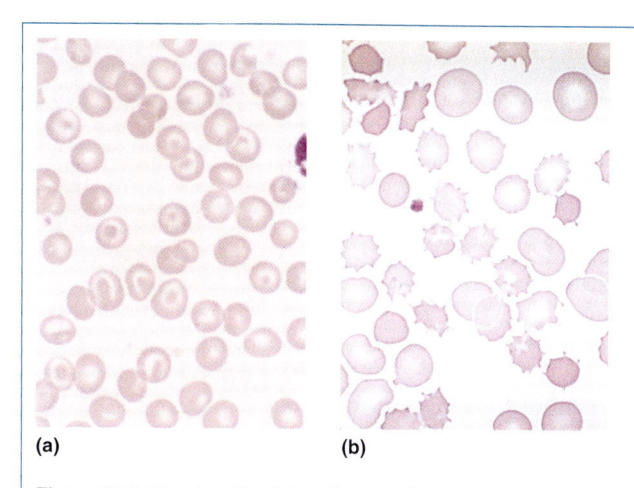

Figura 29.5 Hepatopatia: distensão sanguínea mostrando **(a)** macrocitose e células-alvo e **(b)** acentuada acantocitose e equinocitose na síndrome de Zieve.

O aumento dos níveis intracelulares de 2,3-difosfoglicerato (2,3-DPG) em resposta à anemia e à hiperfosfatemia resulta em diminuição da afinidade pelo oxigênio e desvio da curva de dissociação da hemoglobina para a direita (ver p. 17), que ainda aumenta com a acidose urêmica. Essa maior facilidade na liberação de oxigênio torna mais amena a sintomatologia dos pacientes em relação ao grau de anemia.

Outros fatores podem complicar a anemia da insuficiência renal crônica (Tabela 29.3): ADC, deficiência de ferro por perda de sangue durante a diálise ou causada por sangramento por defeito funcional plaquetário e deficiência de

Tabela 29.3 Alterações hematológicas na insuficiência renal

Anemia
Diminuição da produção de eritropoetina
Anemia de doença crônica
Deficiência de ferro: perda de sangue por diálise, coletas de sangue, defeito de função plaquetária
Deficiência de folato: hemodiálise crônica sem tratamento de reposição

Função plaquetária anormal

Trombocitopenia mediada por imunocomplexos (p. ex., lúpus eritematoso sistêmico, poliarterite nodosa)
Alguns casos de nefrite aguda e depois de aloenxerto
Síndrome hemolítico-urêmica e púrpura trombocitopênica trombótica

Trombose
Alguns casos de síndrome nefrótica

Poliglobulia
Em receptores de alotransplantes de rim
Raramente em carcinoma, cistos e doença arterial renal

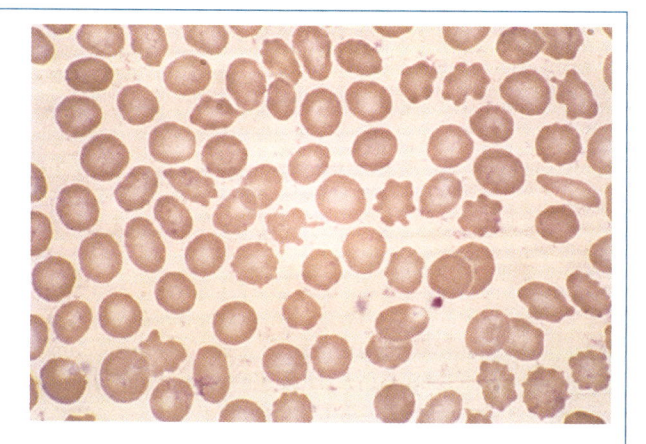

Figura 29.4 Distensão de sangue periférico na insuficiência renal crônica, mostrando acantocitose e várias *burr cells*.

folato em alguns pacientes em diálise crônica. Os pacientes com rins policísticos geralmente mantêm a produção de eritropoetina e podem ter anemia menos grave para o grau de insuficiência renal.

Tratamento

O tratamento com eritropoetina corrige a anemia em pacientes em diálise ou com insuficiência renal crônica, desde que tenham sido corrigidas as deficiências de ferro e folato e as infecções. A dose de eritropoetina subcutânea é de 50 a 150 unidades/kg, três vezes por semana, com uma hemoglobina-alvo de 12 g/dL. Preparações de eritropoetina de longa ação são cada vez mais usadas. A dose de manutenção típica é de 75 unidades/kg/semana. Complicações do tratamento incluem sintomas iniciais transitórios semelhantes aos da gripe, hipertensão, coagulação nas linhas de diálise e, raramente, convulsões. Uma resposta pobre à eritropoetina sugere deficiência de ferro ou de folato, infecção ou hiperparatireoidismo. Ferro intravenoso pode ser necessário para corrigir deficiência notada por baixa da ferritina sérica e da saturação da transferrina ou por aumento da porcentagem de eritrócitos hipocrômicos, fornecida no hemograma de alguns modelos de contadores eletrônicos.

Alterações das plaquetas e da coagulação

Manifestações hemorrágicas, como púrpura e sangramentos gastrintestinal e uterino, ocorrem em 30 a 50% dos pacientes com insuficiência renal crônica e são intensas em pacientes com insuficiência renal aguda. O sangramento é desproporcional ao grau de trombocitopenia e tem sido associado a anormalidades de função plaquetária ou das paredes vasculares, que podem ser revertidas pela diálise. A correção da anemia com eritropoetina também melhora a tendência a sangramento. Em alguns indivíduos com nefrite aguda, LES e poliarterite nodosa, seguidos de transplante alogênico de rim, ocorre trombocitopenia mediada por imunocomplexos. Os transplantes renais alogênicos causam poliglobulia em 10 a 15% dos pacientes.

A síndrome hemolítico-urêmica e a púrpura trombocitopênica trombótica são discutidas na página 285. Os pacientes com síndrome nefrótica têm um aumento de risco de trombose venosa.

Insuficiência cardíaca congestiva

Anemia está presente em 30 a 50% de casos de insuficiência cardíaca congestiva devida a doença renal crônica, hemodiluição (pseudoanemia), diabetes e liberação de citoquinas que aumentem a síntese de hepcidina (reduzindo a absorção de ferro e a reciclagem do ferro dos macrócitos) e reduzam a secreção de eritropoetina. O tratamento com ferro oral ou intravenoso pode melhorar a fração de ejeção do ventrículo esquerdo, diminuir a proteína C reativa e o peptídio natriurético cerebral (BNP), aliviar a fatigabilidade e melhorar a capacidade física e a qualidade de vida, mesmo em pacientes sem deficiência de ferro.

Tabela 29.4 Alterações hematológicas em hepatopatias

Insuficiência hepática ± icterícia obstrutiva ± hipertensão portal
Anemia refratária – em geral, levemente macrocítica, quase sempre com células-alvo; pode associar-se com:
Perda de sangue e deficiência de ferro
Álcool (± sideroblastos em anel)
Deficiência de folato
Hemólise (p. ex., síndrome de Zieve, doença de Wilson, imunológica, hiperesplenismo por hipertensão portal)
Tendência a sangramento
Deficiência de fatores dependentes de vitamina K; também de fator V e fibrinogênio
Trombocitopenia, defeitos imunológicos de função plaquetária
Anormalidades funcionais do fibrinogênio
Aumento de fibrinólise
Hipertensão portal – hemorragia de varizes
Hepatite viral
Anemia aplástica
Tumores
Poliglobulia
Neutrofilia e reações leucemoides

Hepatopatia

As alterações hematológicas das hepatopatias estão relacionadas na Tabela 29.4. A hepatopatia crônica é acompanhada de anemia levemente macrocítica, com presença de células-alvo decorrentes de aumento de colesterol na membrana (Figura 29.5a). Os fatores contribuintes para a anemia podem incluir perda de sangue (p. ex., sangramento de varizes esofágicas) com deficiência de ferro, deficiência de folato na dieta e supressão direta da hematopoese por álcool.

Pode ocorrer anemia hemolítica em pacientes com intoxicação alcoólica (síndrome de Zieve) (Figura 29.5b) e na doença de Wilson (causada por oxidação cúprica da membrana do eritrócito). Anemia hemolítica autoimune é encontrada em raros pacientes com hepatite imunológica crônica. Em doença hepática terminal, também pode ocorrer anemia hemolítica por anormalidades da membrana, decorrentes de alterações lipídicas. A hepatite viral associa-se, raramente, com anemia aplástica (ver Capítulo 22).

As anomalias da coagulação relacionadas à doença hepática são descritas na página 297. Há deficiência de fatores dependentes de vitamina K (II, VII, IX e X) e, na doença grave, de fator V e fibrinogênio. Pode ocorrer trombocitopenia por hiperesplenismo ou por destruição de plaquetas mediada por imunocomplexos. Anomalias da função plaquetária também podem estar presentes. Disfibrinogenemia com polimerização anormal de fibrina pode ocorrer como resultado de excesso de ácido siálico nas moléculas de fibrinogênio; pode sobrepor-se uma coagulopatia de consumo. Esses defeitos hemostáticos contribuem para a gravidade do sangramento de varizes esofágicas decorrentes da hipertensão portal.

Hipotireoidismo

Uma anemia moderada, causada por falta de tiroxina, é comum. T_3 e T_4 potencializam a ação da eritropoetina. Também há diminuição da necessidade de oxigênio pela baixo do metabolismo, com decorrente redução da secreção de eritropoetina. A anemia frequentemente é macrocítica, e o volume corpuscular médio (VCM) diminui com o tratamento com tiroxina. As doenças autoimunes da tireoide, principalmente mixedema ou doença de Hashimoto, associam-se à anemia perniciosa. No hipotireoidismo, geralmente há hipermenorreia, que pode causar anemia ferropênica.

Infecções

Alterações hematológicas são comuns em pacientes com infecção de todos os tipos (Tabela 29.5). O efeito trombofílico da inflamação é discutido na página 298.

Infecções bacterianas

Infecções bacterianas agudas são a causa mais comum de neutrofilia. Os neutrófilos podem ter granulações tóxicas e corpos de Döhle, e pode haver desvio à esquerda até metamielócitos (ver Capítulo 8). Reações leucemoides – com contagem de leucócitos > $50 \times 10^3/\mu L$ – e precursores granulocíticos no sangue, podem ocorrer em infecções graves, particularmente em lactentes e em crianças jovens. Anemia leve é comum se a infecção for prolongada. Anemia hemolítica grave pode

Tabela 29.5 Alterações hematológicas associadas a infecções

Alteração hematológica	Infecção associada
Anemia	
Anemia de doença crônica	Infecções crônicas, sobretudo tuberculose
Anemia aplástica	Hepatite viral
Aplasia eritroblástica pura transitória	Parvovírus humano
Fibrose da medula óssea	Tuberculose
Anemia hemolítica autoimune	Mononucleose infecciosa, *Mycoplasma pneumoniae*
Dano direto aos eritrócitos ou microangiopatia	Septicemia bacteriana (associada com CIVD), *Clostridium perfringens*, malária, bartonelose
	Vírus – síndrome hemolítico-urêmica e púrpura trombocitopênica trombótica
Hiperesplenismo	Malária crônica, síndrome de esplenomegalia tropical, leishmaniose, esquistossomose
Alterações leucocitárias	
Neutrofilia	Infecções bacterianas agudas
Reações leucemoides	Infecções bacterianas graves, particularmente em lactentes
	Tuberculose
Eosinofilia	Parasitoses (p. ex., ancilostomose, filariose, esquistossomose, triquinose)
	Convalescença de infecção aguda
Monocitose	Infecções bacterianas crônicas: tuberculose, brucelose, endocardite bacteriana, febre tifoide
Neutropenia	Infecções virais – HIV, hepatite, *influenza*
	Infecções bacterianas fulminantes (p. ex., febre tifoide, tuberculose miliar)
Linfocitose	Mononucleose infecciosa, toxoplasmose, citomegalovirose, rubéola, hepatite viral, coqueluche, tuberculose, brucelose
Linfopenia	Infecção por HIV
	Legionella pneumophila
Trombocitopenia	
Depressão dos megacariócitos, mediada por imunocomplexos e interação direta com plaquetas	Infecções virais agudas, particularmente em crianças (p. ex., sarampo, varicela, rubéola, malária, infecções bacterianas graves)
Trombofilia	Todas com inflamação prolongada

ocorrer em septicemia bacteriana, sobretudo por microrganismos gram-negativos, em geral associada à CIVD (ver p. 297). A CIVD domina o quadro clínico em certas infecções, como a meningite bacteriana. A resposta de fase aguda a infecções é acompanhada por um aumento dos fatores de coagulação e uma queda dos anticoagulantes naturais.

Clostridium perfringens produz uma toxina α, uma lecitinase, que age diretamente nos eritrócitos circulantes (Figura 29.6). A hemólise na bartonelose (febre de Oroya) é causada por infecção direta dos eritrócitos. Na infecção por *Mycoplasma pneumoniae* há anemia hemolítica autoimune do tipo anticorpos frios (ver p. 69). Em infecções bacterianas graves também pode haver trombocitopenia. Nas infecções bacterianas crônicas há anemia de doença crônica. Na tuberculose, os fatores adicionais na patogênese da anemia incluem substituição da medula óssea e fibrose, associadas a lesões miliares, e reações ao tratamento antituberculoso (p. ex., a isoniazida é antagonista da piridoxina e pode causar anemia sideroblástica). A tuberculose disseminada está associada a reações leucemoides, e os pacientes com envolvimento da medula óssea podem desenvolver reação leucoeritroblástica no hemograma (ver Figura 8.9).

Infecções virais

As doenças virais agudas frequentemente são acompanhadas de anemia leve. Anemia hemolítica autoimune com anticorpo anti-i é associada à mononucleose infecciosa (ver p. 69). Infecções virais e sífilis associam-se à rara hemoglobinúria paroxística ao frio (ver p. 69). Vírus também têm sido relacionados com a patogênese da síndrome hemolítico-urêmica, da púrpura trombocitopênica trombótica (ver Capítulo 24) e da síndrome hemofagocítica (ver p. 69). Anemia aplástica pode ocorrer em infecção com o vírus A ou, com mais frequência, com o vírus não A, não B, não C da hepatite. A aplasia eritroblástica pura transitória associa-se à infecção por parvovírus humano, e a anemia pode ser grave (ver Capítulo 6).

A trombocitopenia leve acompanha o período de estado da maioria das viroses, e púrpura trombocitopênica aguda não é rara uma a duas semanas após rubéola, sarampo e varicela. Rubéola, citomegalovirose e outras viroses podem causar linfocitose reacional, semelhante à da mononucleose infecciosa. As infecções por CMV em lactentes são associadas a considerável hepatoesplenomegalia. Nos receptores de transplante de medula óssea e em outros pacientes imunodeprimidos, uma infecção por CMV pode causar pancitopenia e outras doenças graves (ver Capítulo 23).

Infecção por HIV

Associa-se a grande número de alterações hematológicas. O HIV causa diretamente disfunção da medula óssea e citopenias imunológicas. Outras alterações são consequência de infecções oportunísticas, de linfoma e de efeitos colaterais dos fármacos usados no combate ao HIV, no tratamento das complicações infecciosas ou do linfoma.

Anemia é comum e piora com o progresso da doença. É multifatorial: ADC, displasia da medula óssea, efeitos dos fármacos, sobretudo da zidovudina. A vitamina B_{12} sérica costuma estar baixa, provavelmente por má absorção intestinal, porém a anemia não responde à vitamina B_{12}. Pode responder à eritropoetina recombinante, e transfusões são eventualmente necessárias.

Trombocitopenia e neutropenia podem ser imunológicas ou secundárias à disfunção medular. A medula óssea mostra-se hipercelular, com número exuberante de plasmócitos e linfócitos, normocelular ou fibrótica. Aspectos displásicos são comuns, com trombocitopoese e granulocitopoese ineficazes como responsáveis, ao menos em parte, pelas citopenias. A mielodisplasia provocada pelo HIV não é acompanhada das anormalidades cromossômicas encontradas nas síndromes mielodisplásicas e não é pré-leucêmica. A trombocitopenia, se necessário, pode ser tratada com corticosteroides e gamaglobulina humana em alta dose ou com os demais tratamentos para trombocitopenia imunológica (ver p. 283), ou responder ao próprio tratamento antirretroviral.

Costuma haver plasmocitose na medula óssea, e hipergamaglobulinemia policlonal é comum. Em 5 a 10% dos casos, há uma paraproteína, mas esta parece ser benigna. Pessoas infectadas pelo HIV têm uma incidência de linfomas disseminados e do sistema nervoso central (SNC), 90% de alto grau, da ordem de 100 vezes a frequência esperada na população geral. Linfomas difusos de células grandes B são os mais comuns, 20% confinados ao SNC. O linfoma de Burkitt constitui uma minoria significativa. Também há aumento de incidência de tipos histológicos de mau prognóstico do linfoma de Hodgkin. Infecção por vírus Epstein-Barr (EBV) parece ser uma causa coadjuvante no surgimento tanto do linfoma de Hodgkin como do linfoma de Burkitt.

O tratamento desses linfomas é o mesmo utilizado para pacientes HIV-negativos. A continuação do tratamento antirretroviral exagera a citopenia causada pela quimioterapia, por isso a necessidade de profilaxia contra infecções oportunísticas, muitas vezes evidenciadas por biópsia de medula óssea (Figura 29.7).

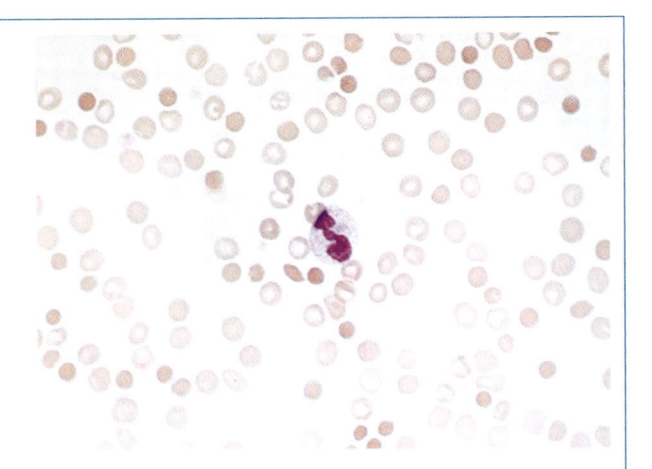

Figura 29.6 Distensão sanguínea em paciente com anemia hemolítica associada à septicemia por *Clostridium,* mostrando eritrócitos irregularmente contraídos e esferócitos.

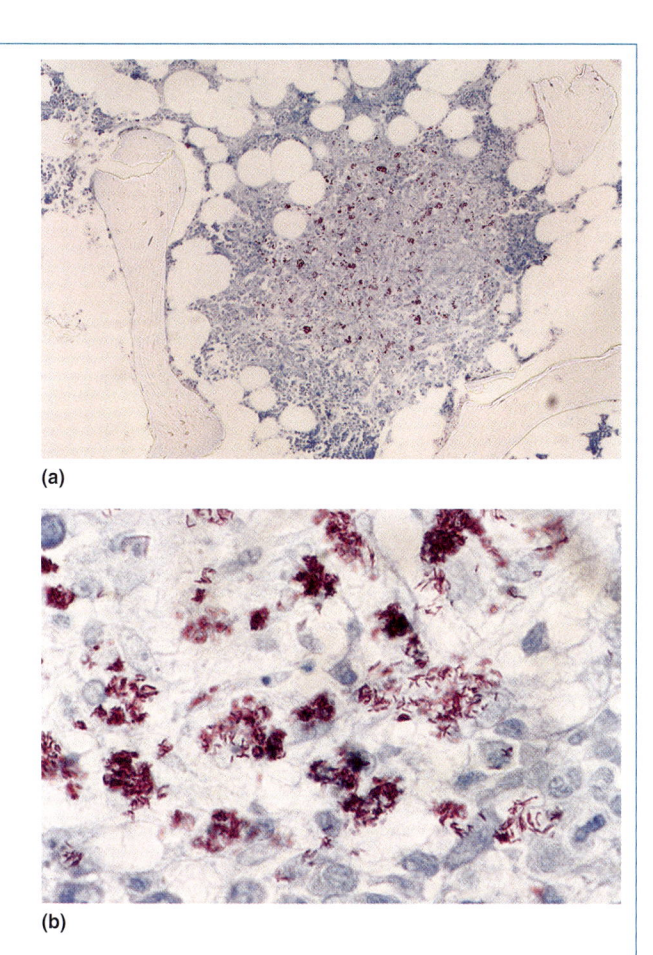

Figura 29.7 Infecção por vírus da imunodeficiência humana (HIV): biópsia da medula óssea mostra granuloma com considerável número de bacilos ácido-álcool-resistentes (positivos à coloração de Ziehl-Nielsen). **(a)** Pequeno aumento e **(b)** grande aumento.

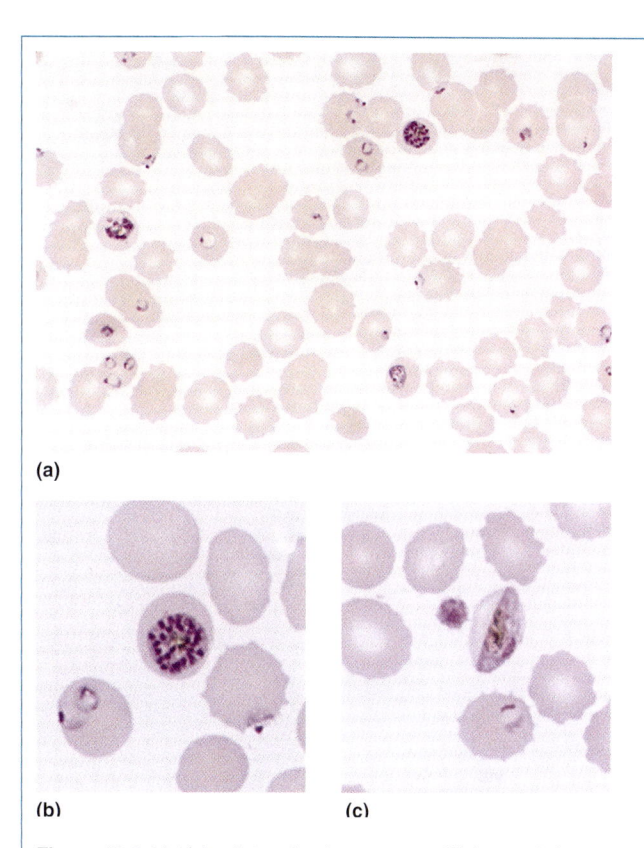

Figura 29.8 Malária: distensão de sangue periférico em infecção grave por *Plasmodium falciparum*, mostrando: **(a)** muitas formas em anel e um merozoíta; e em aumento maior: **(b)** um merozoíta e **(c)** um gametócito.

Malária

Algum grau de hemólise é visto em todos os tipos de malária (ver Capítulo 6). As anormalidades mais graves são encontradas nas infecções por *Plasmodium falciparum* (Figura 29.8). Nos piores casos ocorre CIVD, e a hemólise intravascular é marcante, com hemoglobinúria. Isso pode se associar a tratamento com quinina ("*blackwater fever*"). Trombocitopenia é encontrada, com frequência, na malária aguda. Os pacientes com malária crônica têm anemia de doença crônica; o hiperesplenismo pode contribuir para a anemia e resultar em trombocitopenia e neutropenia moderadas. Esplenomegalia tropical provavelmente é uma reação imune crônica contra a malária (ver Capítulo 10). Diseritropoese na medula óssea, deficiência de folato e desnutrição proteica e calórica podem contribuir para a anemia.

Toxoplasmose

A toxoplasmose em adultos e crianças associa-se a linfonodopatias e à presença de linfócitos atípicos no sangue. A doença congênita pode causar uma síndrome semelhante à hidropisia fetal com anemia grave; uma criança hidrópica, com grande hepatoesplenomegalia e trombocitopenia.

Calazar (leishmaniose visceral)

A forma visceral de leishmaniose associa-se a pancitopenia, hepatoesplenomegalia e linfonodopatias. Aspirados da medula óssea e do baço podem mostrar grande número de macrófagos parasitados (Figura 29.9).

Outras doenças parasitárias

A esquistossomose crônica (bilharziose) afeta mais de 200 milhões de pessoas no mundo. É uma das causas mais frequentes de anemia ferropênica devida à perda sanguínea no intestino ou na bexiga. Hiperesplenismo decorre de aumento do baço associado à hipertensão portal causada por infestação hepática. Na fase aguda da tripanossomose africana e da sul-americana, os parasitos são encontrados no sangue periférico (Figura 29.10). Microfilárias de filariose bancroftiana e loíase também podem ser detectadas na distensão sanguínea (Figura 29.11). Em muitas doenças parasitárias há eosinofilia.

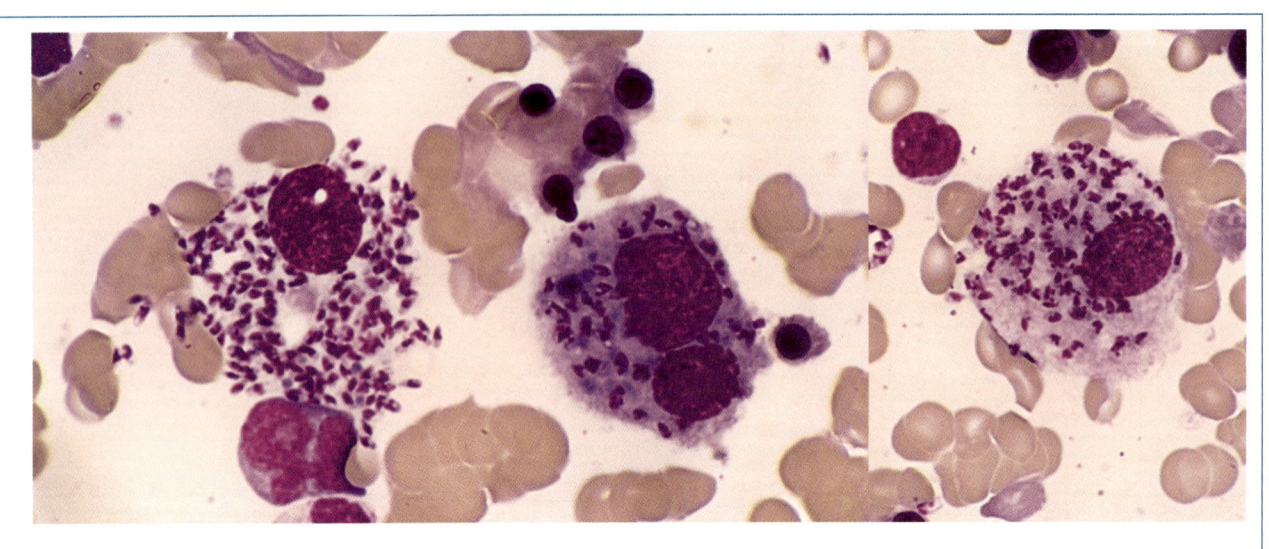

Figura 29.9 Calazar: aspirado de medula óssea, mostrando macrófagos contendo corpúsculos de Leishman-Donovan.

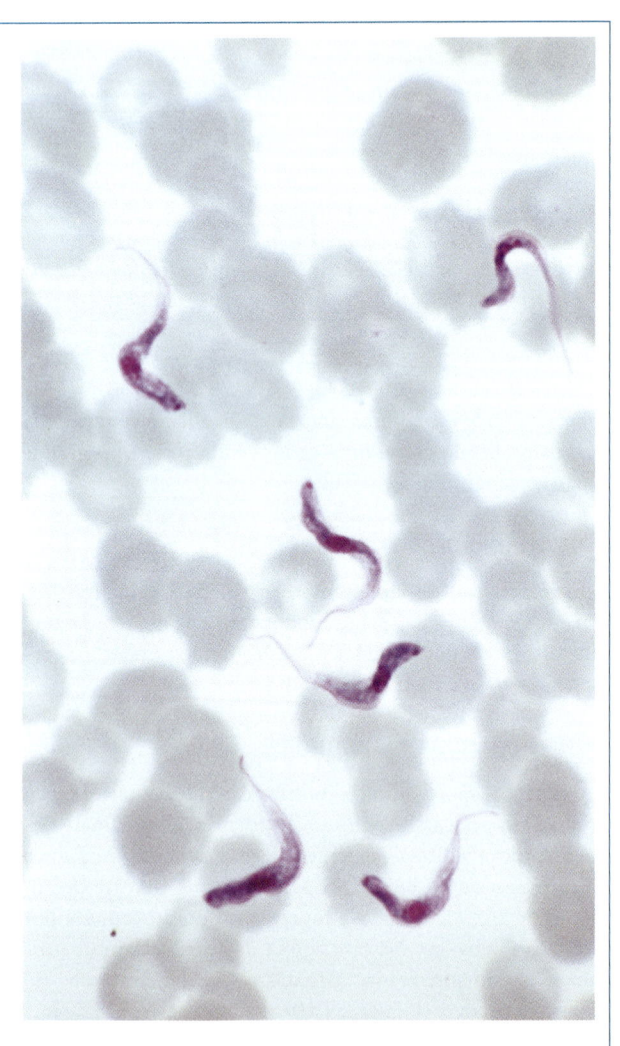

Figura 29.10 Tripanossomose africana: distensão sanguínea mostrando *Trypanosoma brucei*.

Osteopetrose

É um distúrbio genético raro em que há um aumento da massa óssea com anormalidades esqueléticas e insuficiência da medula óssea. É causada por defeitos em uma variedade de genes, afetando a função osteoclástica. Os ossos são frágeis, há hematopoese extramedular com aumento do baço e do fígado. Só é curável pelo transplante de células-tronco alogênicas.

Monitoração inespecífica de doença sistêmica

A resposta inflamatória à lesão tecidual inclui mudanças nas concentrações plasmáticas de proteínas, conhecidas como proteínas de fase aguda. Estas incluem fibrinogênio e outros fatores de coagulação, componentes do complemento, proteína C reativa (p. 352), haptoglobina, proteína amiloide A sérica, ferritina e outras. O aumento dessas proteínas, sintetizadas no fígado, é parte de uma resposta mais ampla, que inclui febre, leucocitose e aumento da reatividade imunológica. A resposta de fase aguda é mediada por citoquinas (p. ex., IL-1 e TNF; ver Figura 8.4) liberadas pelos macrófagos e, possivelmente, por outras células. Os pacientes com doença crônica podem mostrar evidência periódica ou contínua de resposta de fase aguda, dependendo da extensão da inflamação. As dosagens das proteínas de fase aguda são indicadores valiosos da presença e da extensão da inflamação e da resposta ao tratamento. Quando são esperadas respostas inflamatórias a curto prazo (menos de 24 horas), a proteína C reativa é o exame de escolha (Tabela 29.6). Alterações a longo prazo nas proteínas de fase aguda são monitoradas pela VSG ou pela viscosidade plasmática. Esses exames são também influenciados por proteínas plasmáticas reagentes de fase aguda que respondem lentamente, como fibrinogênio, ou que não são proteínas de fase aguda, como as imunoglobulinas.

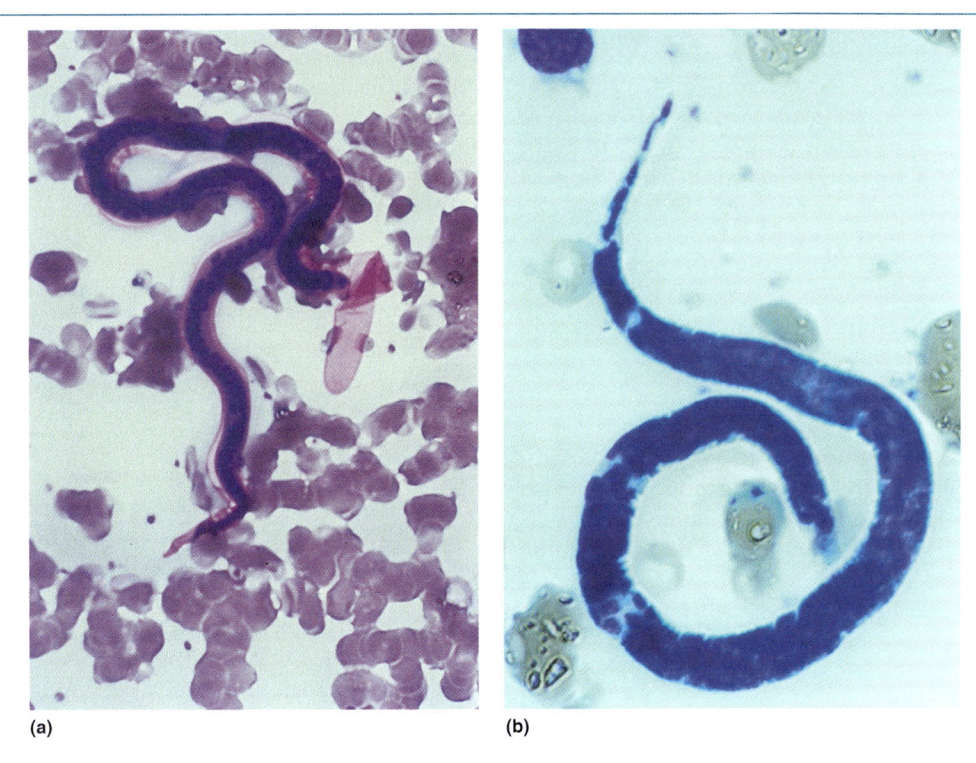

Figura 29.11 Distensões de sangue periférico, mostrando microfilárias de **(a)** *Wuchereria bancrofti* e **(b)** *Loa loa*.

Velocidade de sedimentação globular

Esse exame de uso comum, mas inespecífico, mede a velocidade de sedimentação dos eritrócitos no plasma durante um período de uma hora.* A velocidade depende principalmente da concentração plasmática de moléculas proteicas grandes (p. ex., fibrinogênio e imunoglobulinas). Os limites de referência são, em homens, 1 a 5 mm na 1ª hora e, em mulheres, 5 a 15 mm na 1ª hora. Há aumento progressivo da VSG na velhice. A VSG aumenta em um grande número de doenças inflamatórias sistêmicas e neoplásicas e na gravidez. É útil no diagnóstico e no controle do tratamento da arterite temporal, da polimialgia reumática e do linfoma de Hodgkin. Valores

---

*N. de T. A VSG atualmente é feita em instrumentos que centrifugam o sangue em pequenos tubos inclinados. A leitura é automatizada, e o término da medição ocorre após 20 minutos, em vez de uma hora.

Tabela 29.6 Vantagens e desvantagens dos exames utilizados para monitoração de resposta de fase aguda

Vantagens	Desvantagens
Proteína C reativa* (PCR)	
Exame específico para uma proteína de fase aguda	Necessidade de teste para mais de uma proteína para avaliar inflamação aguda (PCR) e crônica
Resposta rápida (6 h) à mudança na atividade da doença	Alto custo quando feita em pequeno número
Alta sensibilidade – devida à amplitude do aumento	Necessidade de equipamento sofisticado e antissoro
Pode ser medida em soro armazenado	
Pequeno volume das amostras	
Análise automatizada	
Velocidade de sedimentação globular (VSG) e viscosidade plasmática**	
Úteis em doenças crônicas	Insensíveis a mudanças agudas (< 24 h)
VSG de baixo custo, fácil	Inespecífica para resposta de fase aguda
Viscosidade do plasma – resultado rápido (15 min)	Lenta para variar com alteração na atividade da doença e insensível a pequenas mudanças na atividade
A viscosidade plasmática não é afetada por anemia	Necessidade de amostra recente (< 2 h) para VSG

*A proteína C reativa normalmente está presente no plasma em baixas concentrações (< 0,5 mg/dL). Os níveis não são influenciados por anemia, gravidez e insuficiência cardíaca. Em infecção aguda severa, a concentração plasmática pode aumentar 100 vezes.
**Pouco usada no Brasil.

altos (> 100 mm na 1ª hora) têm valor preditivo de 90% para doenças graves, incluindo infecções, doenças do tecido conectivo e doenças malignas (sobretudo mieloma). O aumento da VSG associa-se à marcante formação de *rouleaux* de eritrócitos na distensão de sangue periférico (ver Figura 21.7). Variações na VSG podem ser utilizadas para monitoração da resposta ao tratamento do processo causal.

Ocorrem leituras mais baixas do que o esperado na policitemia vera devido à alta concentração de eritrócitos. Valores mais altos que o esperado ocorrem em anemia grave devido à baixa concentração de eritrócitos, porém microcitose, quando acentuada, retarda a eritrossedimentação.

Viscosidade plasmática

A viscosidade plasmática* depende da concentração de proteínas plasmáticas de alto peso molecular, principalmente das que têm assimetria axial pronunciada – fibrinogênio e algumas imunoglobulinas. Valores de referência, à temperatura ambiente, em geral estão na faixa de 1,5 a 1,7 mPa/s (milipascal/segundo, unidade internacional de viscosidade). Níveis mais baixos são encontrados em recém-nascidos, devido aos níveis mais baixos de proteínas, em particular o fibrinogênio.

---

*N. de T. A medida da viscosidade plasmática nunca foi adotada na rotina laboratorial no Brasil.

A viscosidade aumenta apenas levemente nos idosos, à medida que o fibrinogênio aumenta. Não há diferença nos valores entre homens e mulheres. Outras vantagens sobre a VSG incluem independência dos efeitos de anemia e o fato de que os resultados estão disponíveis em 15 minutos.

Proteína C reativa

Filogeneticamente, a proteína C reativa é uma imunoglobulina crua "primitiva" que inicia a reação inflamatória. Complexos antígeno-proteína C reativa podem substituir os anticorpos na fixação de C1q (uma das proteínas da via clássica do complemento) e desencadear a cascata do complemento, iniciando a resposta inflamatória a antígenos ou a dano tecidual. A ligação subsequente de C3b na superfície dos microrganismos opsoniza-os para a fagocitose.

Após a lesão tecidual, um aumento da proteína C reativa, da proteína amiloide A e de outros reagentes de fase aguda pode ser detectado em 6 a 10 horas. O aumento do fibrinogênio pode não ocorrer até 24 a 48 horas depois da lesão. Imunoensaios de proteína C reativa são amplamente usados para detecção precoce de inflamação aguda e lesão tecidual e na monitoração de remissão (p. ex., resposta de infecção a antibiótico).

A Tabela 29.6 relaciona as vantagens e desvantagens dos exames utilizados para avaliar a resposta de fase aguda.

RESUMO

- Inflamação crônica ou distúrbios malignos causam anemia com ferro sérico e capacidade ferropéxica baixas, ferritina normal ou elevada, uma resposta inadequada à eritropoetina e diminuição da sobrevida eritrocitária. O grau de anemia relaciona-se à gravidade da doença causal. A anemia não responde ao tratamento com ferro.
- Este tipo de anemia pode se complicar com outras causas de anemia (p. ex., falta de ferro ou folato, insuficiência renal, infiltração tumoral da medula óssea, hemólise, hiperesplenismo).
- Poliglobulia é uma complicação rara de doenças sistêmicas (p. ex., doenças renais).
- Alterações do leucograma são comuns nas doenças sistêmicas: neutrofilia, principalmente em infecções bacteriana, reações leucoeritroblásticas ou leucemoides, neutropenia em viroses e doenças do colágeno.
- Há eosinofilia em algumas infecções, nas parasitoses e nas doenças alérgicas.
- A monocitose associa-se com infecções bacterianas crônicas (p. ex., tuberculose, brucelose).
- Linfocitose é um aspecto das infecções virais e de algumas bacterianas (p. ex., coqueluche).
- Nas doenças sistêmicas, sejam malignas, infecciosas ou outras, tanto pode haver trombocitose reacional como trombocitopenia. A coagulação intravascular disseminada é uma causa importante de trombocitopenia e de consumo de fatores da coagulação.
- A dosagem de proteína C reativa pode ser utilizada para monitoração inespecífica a curto prazo (horas ou dias) das doenças sistêmicas e para velocidade de sedimentação globular (ou a viscosidade plasmática), em semanas ou meses.

Visite **www.wileyessential.com/haematology** para testar seus conhecimentos neste capítulo.

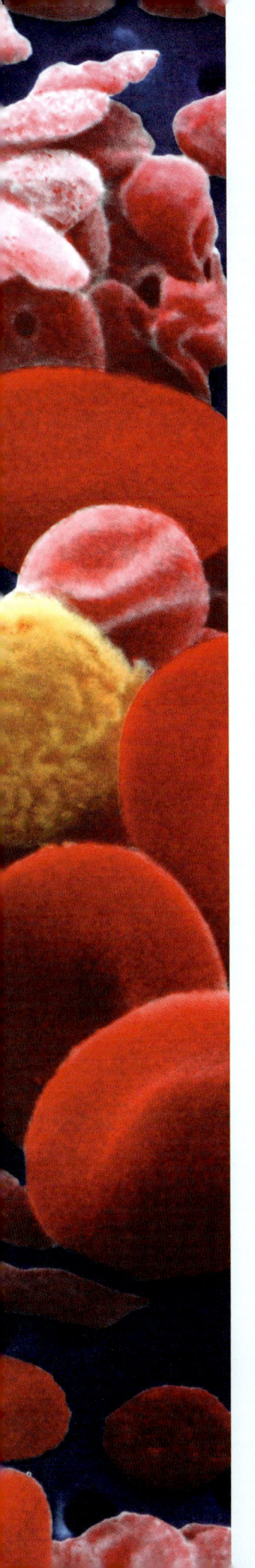

CAPÍTULO 30
Transfusão de sangue

Tópicos-chave

- Doadores de sangue 334
- Antígenos eritrocitários e anticorpos de grupos sanguíneos 334
- Riscos da transfusão de sangue alogênico 338
- Técnicas de sorologia de grupos sanguíneos 339
- Prova cruzada e testes pré-transfusionais 340
- Complicações da transfusão de sangue 340
- Redução do uso de componentes hemoterápicos 343
- Componentes hemoterápicos 343
- Preparações de plasma humano 344
- Perda aguda de sangue e hemorragia maciça 345

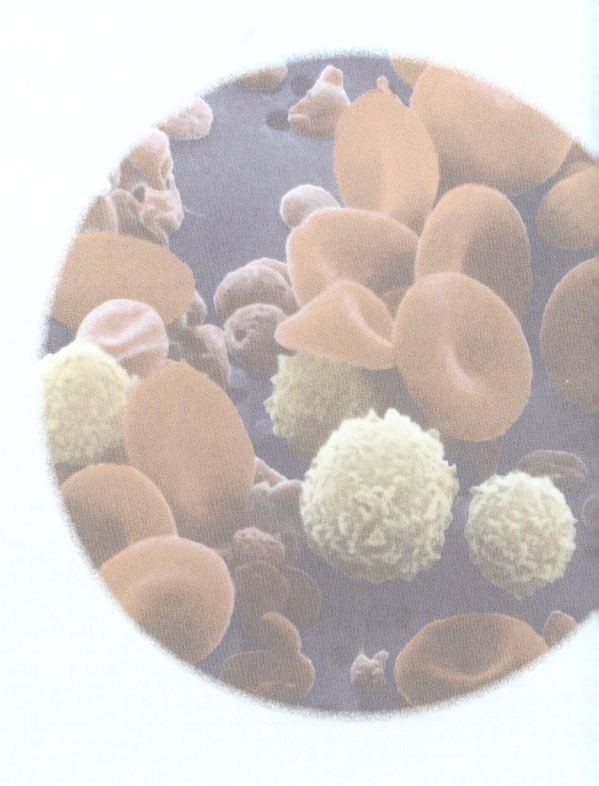

A transfusão de sangue consiste na transferência "segura" de componentes sanguíneos (Figura 30.1) de um doador para um receptor. No Reino Unido,* os Bancos de Sangue são inspecionados pela Medicines and Healthcare Regulatory Agency (MHRA). Todos os eventos adversos que envolvam produtos hemoterápicos devem ser comunicados ao programa Serious Adverse Blood Reactions and Events (SABRE). Erros em qualquer processo transfusional, incluindo os já comunicados ao SABRE, devem ser reportados ao programa Serious Hazards of Transfusion (SHOT).

Doadores de sangue

A doação de sangue deve ser voluntária, como é na maioria dos países, pois isso aumenta a segurança do produto. As medidas para selecionar e proteger o doador estão listadas na Tabela 30.1, e os exames feitos antes do uso no sangue doado, na Tabela 30.2.

Antígenos eritrocitários e anticorpos de grupos sanguíneos

Os grupos sanguíneos são importantes na transfusão de sangue, uma vez que os indivíduos com falta de um antígeno de grupo sanguíneo podem produzir anticorpos contra esse antígeno, com possibilidade de causar reação transfusional. Aproximadamente 400 antígenos de grupos sanguíneos foram

*N. de T. No Brasil, a normatização da Hemoterapia é feita pela Agência Nacional de Vigilância Sanitária (Anvisa), e a fiscalização, pelas Secretarias Estaduais de Saúde.

descritos. Os antígenos dos diversos grupos sanguíneos têm significado clínico variável, com os grupos ABO e Rh (anteriormente Rhesus) sendo os de maior importância. Alguns outros sistemas estão relacionados na Tabela 30.3.

Anticorpos aos grupos sanguíneos

Os antígenos dos grupos sanguíneos ABO são diferentes dos demais, porque há anticorpos, de ocorrência natural, no plasma das pessoas que não possuem o antígeno correspondente e que nunca tiveram contato com ele por meio de transfusão ou gestação prévias (Tabela 30.3). Os mais importantes são anti-A e anti-B. Em geral, são imunoglobulinas M (IgM), e a reação com os antígenos correspondentes é ótima em temperaturas baixas (4°C), sendo, por isso, chamados de anticorpos frios, apesar de serem reativos também a 37°C.

Os anticorpos imunes são formados em resposta à introdução – por transfusão ou passagem através da placenta durante a gravidez – de eritrócitos que possuem antígenos que faltam ao indivíduo. Esses anticorpos geralmente são IgG, embora anticorpos IgM também possam se formar – em geral, na fase inicial da resposta imune. Os anticorpos imunes IgG reagem otimamente a 37°C (anticorpos quentes). Apenas os anticorpos IgG atravessam a placenta da mãe ao feto, e o anticorpo imune mais importante é o anticorpo Rh, anti-D.

Sistema ABO

A proteína que define os antígenos ABO é uma glicosil-transferase codificada por um único gene, para o qual há três alelos maiores, A, B e O. Os alelos A e B catalisam a adição de diferentes resíduos de carboidratos (*N*-acetil-galactosamina no

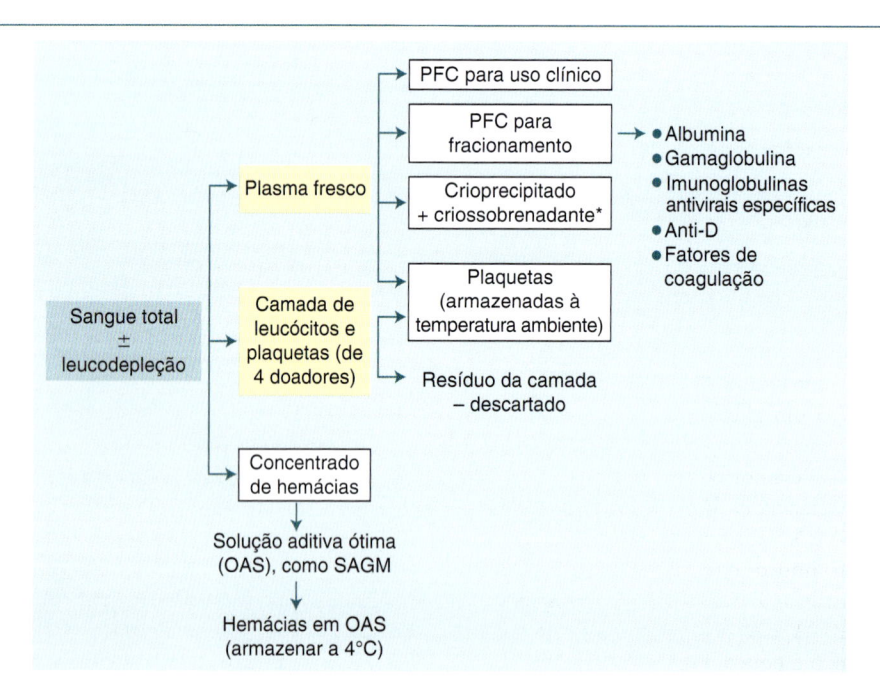

Figura 30.1 Preparação de componentes a partir de sangue total. PFC, plasma fresco congelado; SAGM, salina-adenina-glicose-manitol. O crioprecipitado é usado como fonte de fibrinogênio; criossobrenadante, para troca de plasma na púrpura trombocitopênica trombótica.

Tabela 30.1 Medidas para selecionar e proteger o doador de sangue
Seleção do doador
Idade 17-70 anos (máximo 60 na primeira doação)
Peso acima de 50 kg
Hemoglobina > 13,4 g/dL para homens e > 12,0 g/dL para mulheres
Intervalo mínimo de doação de 12 semanas (recomendado: 16 semanas), e máximo de 3 doações por ano
Aférese para plaquetas ou plasma no máximo 24 vezes em 12 meses
Mulheres grávidas ou em lactação: excluídas pela alta necessidade de ferro; adiar doações para 9 meses após o parto

Exclusão de pessoas com:
  doença cardíaca conhecida, inclusive hipertensão
  doença respiratória significativa
  epilepsia e outros distúrbios do sistema nervoso central
  distúrbios gastrintestinais com má absorção
  recepção anterior de transfusão(ões) no Reino Unido*
  usuários de drogas ilegais
  diabetes dependente de insulina
  doença renal crônica
  câncer
  sob investigação médica ou participando de trabalhos clínicos de pesquisa

Exclusão de doadores que devam retornar a ocupações como direção de transportes coletivos, manejo de máquinas pesadas ou guindastes, mineração, mergulho, etc., pois um desmaio tardio seria perigoso
Adiamento por 6 meses após *piercing*, tatuagem, sexo pago ou homossexual e acupuntura
Adiamento por 2 meses após vacinações com vírus vivos, como sarampo, caxumba
Adiar se houver história de viagem com risco de infecção

*N. de T. Pelo risco de doença de Creutzfeldt-Jakob (ver p. 339)

Tabela 30.2 Testes no sangue doado na Inglaterra e no País de Gales
1 Tipo sanguíneo (ABO), Rh (D, C, E, c, e), K
2 Testes de triagem para aloanticorpos
3 *Testes microbiológicos* Vírus da imunodeficiência humana (HIV) 1 e 2 – anticorpos e RNA Vírus da hepatite B (HBV) – anticorpos e RNA Vírus da hepatite C (HCV) – anticorpos e RNA Vírus da leucemia humana de células T (HTLV) – anticorpos Citomegalovírus (CMV) – anticorpos, para receptores imunossuprimidos Malária – triagem de anticorpos em doadores potencialmente expostos Doença de Chagas – triagem de anticorpos em doadores* potencialmente expostos Sífilis – anticorpos

Obs.: atualmente, não há testes confiáveis para detectar príons em produtos sanguíneos.
*N. de T. No Brasil, todos os doadores.

grupo A e D-galactose no grupo B) em uma glicoproteína básica antigênica ou em um glicolipídio com terminal açúcar de L-fucose no eritrócito, conhecida como substância H (Figura 30.2). O gene O é amorfo, não funcional, de modo que não modifica a substância H. Embora existam seis genótipos possíveis (combinações dos três, dois a dois), a ausência de um anti-H específico impede o reconhecimento sorológico de mais de quatro fenótipos (Tabela 30.4). O alelo A, por sua vez, tem duas variantes – A_1 e A_2 –, o que complica a questão, mas o significado clínico é pouco importante. Os eritrócitos A_2 reagem com anti-A de maneira mais fraca que os eritrócitos A_1, e os indivíduos que são A_2B podem ser classificados incorretamente como B.

Antígenos A, B e H estão presentes na maioria das células do organismo, incluindo leucócitos e plaquetas. Genes secretores ocorrem em 80% da população. Nesses indivíduos, os antígenos também são encontrados em forma solúvel nas secreções e fluidos corporais (p. ex., plasma, saliva, sêmen e suor).

Os anticorpos naturais contra antígenos A e/ou B (geralmente IgM, ocasionalmente IgG) são encontrados no plasma de indivíduos cujos eritrócitos não possuem o antígeno correspondente (Tabela 30.4; Figura 30.3).

Sistema Rh

O *locus* do grupo sanguíneo Rh é composto de dois genes estruturais relacionados, *RhD* e *RhCE*, os quais codificam proteínas de membrana que têm os antígenos D, Cc e Ee. O gene *RhD* pode estar presente ou ausente, resultando nos fenótipos Rh D+ e Rh D–, respectivamente. Emendas alternativas do RNA do gene *RhCE* geram duas proteínas que codificam os antígenos C, c, E ou e (Figura 30.4). É comum o uso de uma nomenclatura simplificada para o fenótipo Rh (Tabela 30.5).

Os anticorpos Rh raramente ocorrem de forma natural, de modo que são anticorpos imunes, isto é, resultam de sensibilização por transfusão ou gravidez anterior. Anti-D é responsável pela maior parte dos problemas clínicos associados ao sistema, e uma subdivisão simples dos indivíduos em Rh D+ e Rh D–, usando soro anti-D, é suficiente para fins clínicos. Anti-C, anti-c, Anti-E e anti-e são vistos ocasionalmente e podem causar tanto reações transfusionais como doença hemolítica do recém-nascido. Um anticorpo anti-d não existe. A doença hemolítica Rh do recém-nascido é descrita no Capítulo 31.

Tabela 30.3 Sistemas de grupo sanguíneo clinicamente importantes

Sistemas	Frequência de anticorpos	Causa de reação hemolítica transfusional	Causa de doença hemolítica do recém-nascido
ABO	Quase universal	Sim (comum)	Sim (geralmente leve)
Rh	Comum	Sim (comum)	Sim
Kell	Ocasional	Sim (ocasional)	Anemia, não hemólise
Duffy	Ocasional	Sim (ocasional)	Sim (ocasional)
Kidd	Ocasional	Sim (ocasional)	Sim (ocasional)
Lutheran	Raro	Sim (rara)	Não
Lewis	Ocasional	Sim (rara)	Não
P	Ocasional	Sim (rara)	Sim (rara)
MN	Raro	Sim (rara)	Sim (rara)
Li	Raro	Improvável	Não

Tabela 30.4 Sistema ABO de grupos sanguíneos

Fenótipo	Genótipo	Antígenos	Anticorpos de ocorrência natural	Frequência (%) (no Reino Unido)
O	OO	O	Anti-A, anti-B	46
A	AA ou AO	A	Anti-B	42
B	BB ou BO	B	Anti-A	9
AB	AB	AB	Nenhum	3

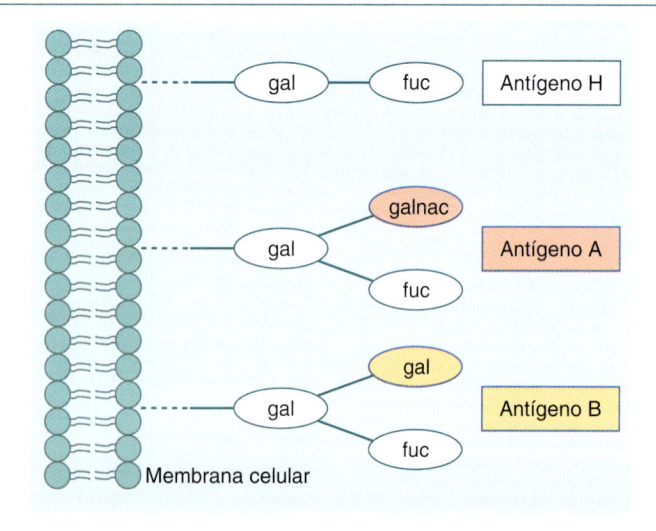

Figura 30.2 Estrutura dos antígenos do sistema ABO. Cada um consiste em uma cadeia de açúcares, ligada a lipídios ou proteínas que fazem parte integral da membrana celular. O antígeno H do grupo O tem uma fucose terminal (fuc). O antígeno A tem uma N-acetil-galactosamina terminal (galnac), e o antígeno B, uma galactose adicional (gal). glu, glicose.

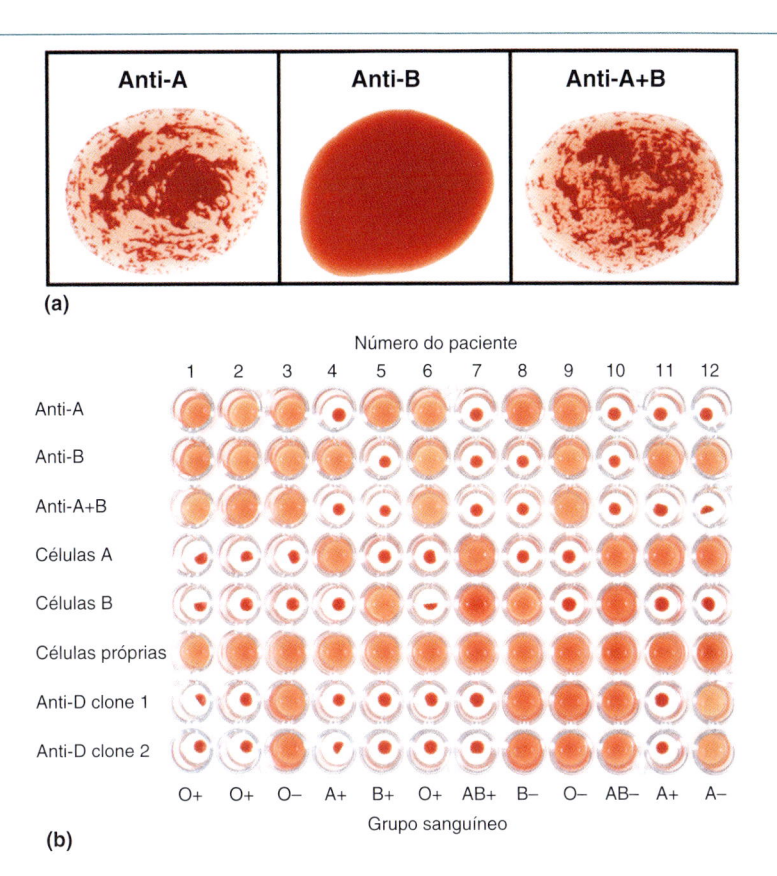

Figura 30.3 (a) Tipificação ABO em lâmina em paciente do grupo A. Os eritrócitos suspensos em salina aglutinam na presença de anti-A e anti-A + B (soro de paciente do grupo O). (b) Tipificação rotineira de 12 pacientes em microplaca de 96 poços. As reações positivas mostram aglutinados nítidos; em reações negativas, os eritrócitos persistem dispersos. Colunas 1 a 3, eritrócitos dos pacientes contra antissoros; 4 a 6, soro dos pacientes contra eritrócitos conhecidos; 7 a 8, anti-D contra eritrócitos dos pacientes.

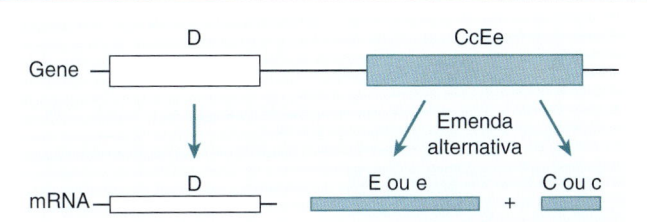

Figura 30.4 Genética molecular do grupo sanguíneo Rhesus. O *locus* consiste em dois genes estreitamente ligados, *RhD* e *RhCcEe*. O gene *RhD* codifica uma proteína simples que contém o antígeno RhD, ao passo que o mRNA dos antígenos *RhCcEe* produz emendas alternativas, originando três transcritos. Um deles codifica o antígeno E ou e, enquanto os outros dois (somente um é mostrado) contêm o epítopo C ou c. Um polimorfismo na posição 226 do gene *RhCcEe* determina o estado do antígeno Ee, enquanto os antígenos C e c são determinados por uma diferença de quatro aminoácidos no alelo. Alguns indivíduos não têm o gene *RhD* e são, portanto, Rh D–.

Outros sistemas de grupos sanguíneos

Outros sistemas de grupos sanguíneos têm importância clínica com frequência muito menor. Embora a ocorrência natural de anticorpos dos sistemas P, Lewis e MN não seja incomum, eles geralmente reagem apenas em baixas temperaturas e, por isso, não produzem consequências clínicas. A frequência de detecção de anticorpos imunes contra antígenos desses sistemas é pequena. Muitos antígenos têm baixa antigenicidade, e outros (p. ex., Kell), embora comparativamente imunogênicos, têm frequência relativamente baixa e, portanto, fornecem poucas oportunidades para isoimunização, exceto em pacientes submetidos a transfusões múltiplas.

Técnicas moleculares, agora disponíveis, para testar grupos sanguíneos e fazer genotipagem extensa de eritrócitos, provavelmente serão automatizadas e usadas com frequência crescente.

Tabela 30.5 Os genótipos Rh mais comuns na população do Reino Unido			
Nomenclatura CDE	Símbolo curto	Frequência em brancos (%)	*Status* Rh D
cde/cde	Rr	15	Negativo
CDe/cde	R₁r	31	Positivo
CDe/CDe	R₁R₁	16	Positivo
cDE/cde	R₂r	13	Positivo
CDe/cDE	R₁R₂	13	Positivo
cDE/cDE	R₂R₂	3	Positivo
Outros genótipos		9	Positivo (quase todos)

Riscos da transfusão de sangue alogênico

Um número considerável de medidas é tomado para proteger o receptor (Tabela 30.6).

Infecção

Em todas as doações, é feita uma seleção dos doadores, e os sangues passam por uma série de testes para prevenir a transmissão de doenças infecciosas (Tabelas 30.1 e 30.2). O risco principal é o da transmissão de vírus com longo tempo de incubação, sobretudo quando esse período é assintomático. Infecções virais recentes podem ser transmissíveis no período de viremia pré-sintomática, se o sangue for doado durante esse curto período (Tabela 30.7).

Hepatite

Os doadores com história de hepatite são rejeitados por 12 meses. Se houver história de icterícia, eles podem ser aceitos se os marcadores para hepatite B (HBV) e hepatite C (HCV) forem negativos.

Tabela 30.6 Medidas para proteger o receptor
Seleção de doadores (ver Tabela 30.1)
Suspensão/exclusão de doadores (ver Tabela 30.1)
Rigidez na desinfecção do braço
Testes microbiológicos das doações (ver Tabela 30.2)
Testes imuno-hematológicos das doações
Descarte dos 20-30 mL iniciais do sangue coletado
Leucodepleção de produtos celulares
Inativação viral pós-coleta de plasma fresco congelado
Monitoração e testes para contaminação bacteriana
Inativação de patógenos de componentes celulares
Máxima segurança quanto à origem de doadores para derivados plasmáticos

Vírus da imunodeficiência humana (HIV)

O HIV pode ser transmitido por células ou plasma. Homens homossexuais, bissexuais, usuários de drogas ilícitas intravenosas e prostitutas são excluídos, como também seus parceiros sexuais e os parceiros de hemofílicos. Os habitantes de grandes áreas da África subsaariana e do sudeste asiático, onde o HIV é particularmente comum, também são excluídos. Um raro evento de transmissão ocorre quando o doador já está infectado, na incubação, e ainda não é positivo para o teste de pesquisa de anticorpos anti-HIV usado na triagem (doação feita na "janela imunológica").

Vírus da leucemia humana de células T

O vírus tipo I (HTLV-I) está associado à leucemia de células T do adulto ou paraparesia espástica tropical. Do vírus tipo II (HTLV-II) não se conhece associação com qualquer condição clínica. O teste de triagem para ambos é obrigatório no Reino Unido, apesar da baixa prevalência – da ordem de 1 em 50 mil doadores – em primeiro exame.

Citomegalovírus (CMV)

A infecção pós-infusão pelo CMV geralmente é subclínica, mas pode se apresentar como uma síndrome mononucleose. Em indivíduos imunossuprimidos, a infecção pode causar pneumonite potencialmente fatal. Sob esse risco estão bebês prematuros (< 1.500 g), recipientes de transplante de células-tronco e de outros órgãos, pacientes que receberam alentuzumabe (anti-CD52) e gestantes (risco para o feto). Para esses receptores, se forem CMV-negativos, devem ser usados sangue e derivados também CMV-negativos.

Outras infecções

A sífilis é transmitida mais facilmente por concentrados de plaquetas (armazenados à temperatura ambiente) do que por sangue (armazenado a 4°C). Todas as doações, entretanto, são testadas. Os parasitos da malária são viáveis em sangue armazenado a 4°C, de modo que, em áreas endêmicas, todos os receptores recebem fármacos antimaláricos. Em áreas não endêmicas, as pessoas que viajaram por áreas endêmicas são

Tabela 30.7 Agentes infecciosos de que há relato de transmissão por transfusão sanguínea

Vírus

Vírus da hepatite		Vírus da hepatite A (HAV)
		Vírus da hepatite B (HBV)
		Vírus da hepatite C (HCV)
		Vírus da hepatite D (HDV) (requer coinfecção com HBV)
Retrovírus		Vírus da imunodeficiência humana (HIV) 1 + 2 (e outros subtipos)
		Vírus da leucemia humana de células T (HTLV) I + II
Herpes-vírus		Citomegalovírus humano (CMV)
		Vírus Epstein-Barr (EBV)
		Herpes-vírus humano 8 (HHV-8)
Parvovírus		Parvovírus B19
Diversos		GBV-C – anteriormente denominada vírus da hepatite G (HGV)
		Vírus transmissível por transfusão (TTV)
		Vírus do Oeste do Nilo

Bactérias

Endógenas		*Treponema pallidum* (sífilis)
		Borrelia burgdorferi (doença de Lyme)
		Brucella melitensis (brucelose)
		Yersinia enterocolitical/Salmonella spp.
Exógenas		Espécies ambientais – *Staphylococcus* spp./*Pseudomonas*/*Serratia* spp.
Rickettsiae		*Rickettsia rickettsii* (febre maculosa das Montanhas Rochosas)
		Coxiella burnettii (febre Q)

Protozoários

		Plasmodium spp. (malária)
		Trypanosoma cruzi (doença de Chagas)
		Toxoplasma gondii (toxoplasmose)
		Babesia microti/divergens (babesiose)
		Leishmania spp. (leishmaniose)

Príons

		Nova variante da doença de Creutzfeldt-Jakob (nvCJD)

excluídas como doadores. Em alguns centros, é feita pesquisa de anticorpos para malária. A doença de Chagas é um problema transfusional na América Latina. Infecções bacterianas por comensais da pele são transmissíveis com maior frequência por infusões de plaquetas que ficaram armazenadas por três ou mais dias.

Príons

O risco para a nova variante da doença de Creutzfeldt-Jakob (nvCJD) é considerado uma ameaça à segurança do sangue apenas no Reino Unido. O plasma para fracionamento e o plasma fresco congelado para crianças são importados dos Estados Unidos. Não se sabe quantas pessoas podem ter sido infectadas com nvCJD. Há três relatos de possível transmissão por transfusão de sangue, de modo que receptores de sangue e componentes agora não são aceitos como doadores de sangue no Reino Unido. Ainda não se dispõe de testes de triagem para príons.

Técnicas de sorologia de grupos sanguíneos

A técnica mais importante baseia-se na aglutinação de eritrócitos. A aglutinação em salina é importante na detecção de anticorpos IgM, geralmente à temperatura ambiente e a 4°C (p. ex., anti-A e anti-B; Figura 30.3). A adição de coloide na incubação ou o tratamento dos eritrócitos com enzima proteolítica aumentam a sensibilidade do teste indireto de antiglobulina (ver adiante), bem como o emprego de solução salina de baixa força iônica (LISS). Estes últimos métodos podem detectar uma grande amplitude de anticorpos IgG.

O teste de antiglobulina (teste de Coombs) é fundamental e amplamente usado, tanto em sorologia de grupos sanguíneos quanto em imunologia geral. A antiglobulina humana (AGH) é produzida em animais pela injeção de globulina humana, complemento purificado ou imunoglobulina específica (p. ex., IgG, IgA ou IgM). Atualmente, também estão disponíveis preparações monoclonais. Quando a adição de AGH aglutina eritrócitos humanos, por estarem revestidos por imunoglobulina ou componentes do complemento, o teste é positivo (Figura 30.5).

O teste de antiglobulina pode ser direto ou indireto. O **teste direto de antiglobulina (DAT)** é usado para detecção de anticorpo ou complemento já na superfície do eritrócito por ter havido sensibilização *in vivo*. O reagente AGH é acrescentado aos eritrócitos lavados, e aglutinação indica teste positivo. O teste é positivo na doença hemolítica do recém-nascido, nas anemias hemolíticas imunológicas autoimunes ou induzidas por fármacos e nas reações transfusionais hemolíticas.

O **teste indireto de antiglobulina (IAT)** é utilizado para a detecção de anticorpos livres em soro. É um procedimento em dois estágios: no primeiro, é feita incubação de eritrócitos compatíveis, obtidos e lavados no laboratório, com o soro a testar; no segundo, os eritrócitos são lavados e é acrescentada a AGH. A aglutinação indica que o soro em teste continha anticorpo, o qual revestiu os eritrócitos durante a incubação *in vitro*. Esse teste é usado como parte da rotina de triagem de anticorpos no soro do receptor antes de transfusão e na detecção de anticorpos de grupos sanguíneos em mulheres grávidas.

A maioria dos métodos mencionados foi originalmente desenvolvida para técnicas em tubos. Estes foram substituídos por microplacas com 96 cavidades, porém, hoje, a maioria dos laboratórios utiliza a tecnologia de gel-sedimentação (Figura 30.6).

Prova cruzada e testes pré-transfusionais

Uma sequência de passos deve ser seguida para assegurar que o paciente (receptor) receba sangue compatível na ocasião da transfusão.

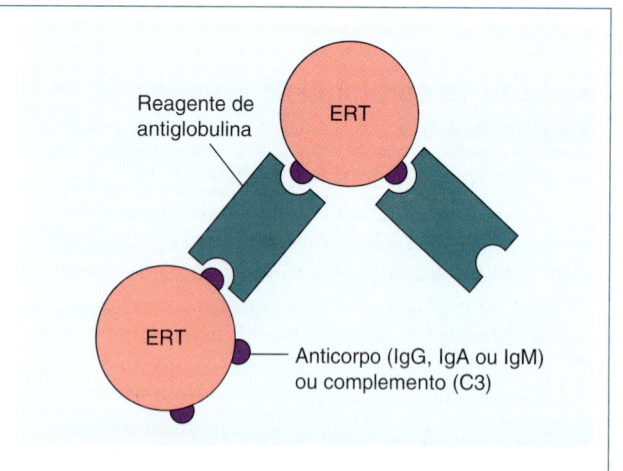

Figura 30.5 Teste de antiglobulina para anticorpo ou complemento na superfície dos eritrócitos (RBC). O soro antiglobulina humana (de Coombs) pode ser de amplo espectro ou específico para IgG, IgM, IgA ou complemento (C3).

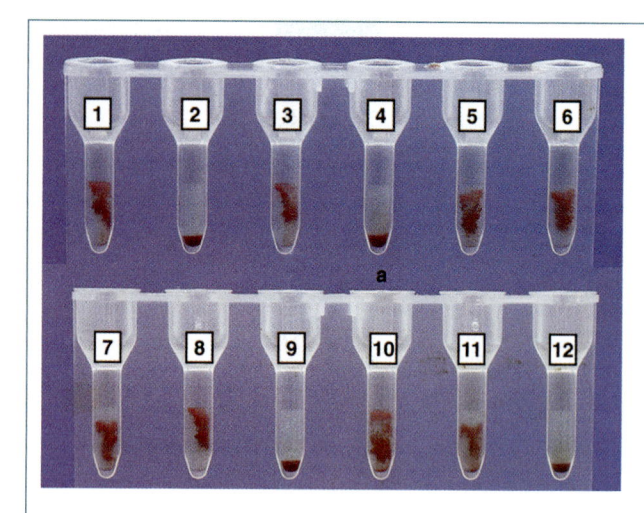

Figura 30.6 Triagem de anticorpos de um paciente usando o sistema de microcolunas de gel (gel-centrifugação): são vistos 10 testes e dois tubos controles (11 é o controle positivo, e 12, o negativo). O soro do paciente é testado contra um painel de eritrócitos de fenótipos conhecidos. Os tubos 1, 3, 5, 6, 7, 8 e 10 mostram resultado positivo; os tubos 2, 4 e 9 mostram resultado negativo. O soro do paciente continha anticorpo anti-Fy[a]. Fonte: cortesia do Sr. G. Hazlehurst.

No sangue do paciente (receptor)

1. Determinação dos grupos sanguíneos ABO e Rh.
2. Triagem do soro para anticorpos importantes, por teste indireto de antiglobulina, com um amplo painel de eritrócitos grupo O, antigenicamente tipados.

Se for evidenciado um aloanticorpo irregular, é selecionado o sangue de doador que não possua o antígeno em questão. Os mais comuns são Rh D, C, c, E, e K.

Em relação ao doador

É realizada uma seleção de unidade de sangue apropriado quanto a ABO e Rh. Os testes laboratoriais do sangue dos doadores estão listados na página 335.

Prova cruzada

As técnicas costumeiramente utilizadas para testar a compatibilidade estão listadas na Tabela 30.8.

Prova cruzada eletrônica

Nessa técnica, são feitas, no paciente, tipificação e pesquisa de anticorpos em duas ocasiões separadas. Se ambas as pesquisas de anticorpos forem negativas e não houver sido feita transfusão entre os testes, é fornecido sangue ABO e Rh compatível sem outro teste laboratorial.

Complicações da transfusão de sangue

Reações transfusionais hemolíticas

Reações transfusionais hemolíticas podem ser **imediatas** ou **tardias**. As reações imediatas, com risco de morte, associadas

Tabela 30.8 Técnicas utilizadas no teste de compatibilidade. Eritrócitos do doador, testados contra soro do receptor, e aglutinação detectada visual ou microscopicamente depois de mistura e incubação à temperatura adequada
Para detecção de anticorpos IgM clinicamente significativos
Salina a 37°C
Para detecção de anticorpos imunes (principalmente IgG)
Teste indireto de antiglobulina a 37°C Salina com baixa força iônica a 37°C Eritrócitos tratados com enzima a 37°C

à hemólise intravascular maciça resultam da ação de anticorpos ativadores de complemento das classes IgM ou IgG, geralmente com especificidade ABO. As reações associadas à hemólise extravascular (p. ex., anticorpos imunes do sistema Rh, incapazes de ativar complemento) são, em geral, menos graves, mas ainda assim podem oferecer risco de morte. As células são revestidas com IgG e removidas pelo sistema reticuloendotelial. Em casos leves, os únicos sinais de reação à transfusão podem ser os de anemia progressiva inexplicável,

Tabela 30.9 Complicações das transfusões de sangue	
Precoces	**Tardias**
Reações hemolíticas imediata (IgM) ou tardia (IgG)	Transmissão de infecção (Tabela 30.7)
Reações causadas por sangue infectado	Sobrecarga de ferro em politransfundidos (ver Capítulo 4)
Reações alérgicas a leucócitos, plaquetas ou proteínas	Sensibilização imunológica (p. ex., a eritrócitos, plaquetas ou antígeno Rh D)
Reações pirogênicas (a proteínas plasmáticas ou causadas por anticorpos HLA)	Doença do enxerto *versus* hospedeiro associada à transfusão
Sobrecarga circulatória	
Contaminação bacteriana	
Embolismo aéreo	
Tromboflebite	
Toxicidade do citrato	
Hiperpotassemia	
Hipocalcemia (lactentes, transfusões maciças)	
Alterações de coagulação (após transfusões maciças)	
Dano pulmonar agudo relacionado à transfusão (TRALI)	
Púrpura trombocitopênica pós-transfusional	
Anafilaxia (em pacientes com deficiência de IgA)	

com ou sem icterícia. Em alguns casos, nos quais o nível de anticorpo antes da transfusão era muito baixo para ser detectado na prova cruzada, o paciente pode ter sido reimunizado pela transfusão de eritrócitos incompatíveis e ter reação transfusional tardia, com destruição acelerada desses eritrócitos. Pode haver uma anemização mais tardia, mas rápida e com leve icterícia.

Aspectos clínicos de uma reação hemolítica transfusional grave

Fase de choque hemolítico Pode ocorrer já com a transfusão de apenas alguns mililitros de sangue ou até 1 a 2 horas depois do final da transfusão. Os aspectos clínicos incluem urticária, lombalgia, rubor, cefaleia, dor precordial, dispneia, vômitos, calafrios, febre e queda da pressão arterial. Se o paciente estiver anestesiado, essa fase de choque é mascarada. Há evidência crescente de destruição de eritrócitos e podem ocorrer hemoglobinúria, icterícia e coagulação intravascular disseminada (CIVD). Leucocitose da ordem de 15 a $20 \times 10^3/\mu L$ é comum.

Fase oligúrica Em alguns pacientes com reação transfusional hemolítica, há necrose tubular aguda com insuficiência renal.

Fase diurética Pode ocorrer desequilíbrio hidreletrolítico durante a fase de recuperação da insuficiência renal aguda.

Investigação de uma reação transfusional imediata

Se o paciente apresentar características sugestivas de reação transfusional grave, a transfusão deve ser suspensa, iniciando-se imediatamente exames para incompatibilidade de grupo sanguíneo e contaminação bacteriana do sangue infundido.

1. As reações mais graves ocorrem em decorrência de erro humano na manipulação das amostras do doador ou do receptor. Por conseguinte, deve ser verificado se a identidade do receptor (geralmente pela pulseira de identificação) é a mesma que consta no rótulo de compatibilidade e se esta corresponde à unidade que está sendo transfundida.
2. A unidade de sangue do doador e uma amostra de sangue pós-transfusional do paciente devem ser imediatamente enviadas ao laboratório, que:
   (a) repetirá a tipagem de grupo sanguíneo nas amostras pré pós-transfusional do paciente, da bolsa de sangue do doador e a prova cruzada;
   (b) fará teste direto de antiglobulina na amostra pós--transfusional do paciente;
   (c) verificará o plasma quanto à hemoglobinemia livre;
   (d) fará testes para CIVD;
   (e) examinará diretamente a amostra do doador quanto a evidências de contaminação bacteriana grosseira e fará culturas a 20 e a 37°C. Se o quadro clínico for sugestivo de infecção bacteriana, devem ser coletadas hemoculturas e o tratamento intravenoso com antibióticos de largo espectro deve ser iniciado.

3 Uma amostra de urina pós-transfusional deve ser testada para hemoglobinúria.
4 Novas amostras de sangue são coletadas 6 horas e/ou 24 horas após a transfusão para hemograma e dosagens de bilirrubina, hemoglobina livre no plasma e metemalbumina.
5 Na ausência de achados positivos, o soro do paciente é examinado 5 a 10 dias depois para pesquisa de anticorpos contra eritrócitos ou leucócitos.

Tratamento de pacientes com hemólise intensa

O principal objetivo do tratamento inicial é a manutenção da pressão arterial e da perfusão renal. Algumas vezes, há necessidade de dextran, plasma e salina por via intravenosa, além de furosemida. Hidrocortisona, 100 mg por via intravenosa, e um anti-histamínico podem ajudar no alívio do choque. No caso de choque grave, pode haver necessidade de adrenalina 1:10.000 por via intravenosa, em pequenas doses crescentes. Novas transfusões compatíveis podem ser necessárias em pacientes graves. Se ocorrer insuficiência renal aguda, esta é tratada normal, se necessário com diálise, até a recuperação.

Outras reações transfusionais

Síndrome de hiper-hemólise Alguns pacientes, particularmente os com anemia de células falciformes, hemolisam o sangue recebido, mesmo não havendo anticorpos irregulares detectáveis. A hemólise parece dever-se à hiperatividade dos macrófagos do receptor. Ela é prevenida pela infusão de gamaglobulina e pelo uso de corticoides.

Reações febris devido a anticorpos antileucocitários Os anticorpos contra antígenos leucocitários humanos (HLA) (ver a seguir e Capítulo 23), em geral, são resultado de sensibilização por gravidez ou transfusão prévia. Eles produzem calafrios, febre e, em casos graves, infiltrados pulmonares. Podem ser minimizados pela administração de concentrados de hemácias* depletados de leucócitos (filtrados) (ver a seguir).

Reações alérgicas não hemolíticas febris e afebris Em geral, são causadas por hipersensibilidade a proteínas do plasma do doador. Se forem graves, podem resultar em choque anafilático. Os aspectos clínicos são urticária e febre. Em casos graves, podem ocorrer dispneia, edema facial e calafrios. No tratamento imediato, usam-se anti-histamínicos e hidrocortisona; adrenalina também é útil. Se a maioria dos sangues sem plasma (p. ex., com salina, adenina, glicose, manitol [SAG-M]) causar reações em determinado paciente, em transfusões ulteriores podem ser necessárias hemácias lavadas ou congeladas.

Sobrecarga circulatória pós-transfusional O tratamento é o mesmo da insuficiência cardíaca. Esse tipo de reação é evitado fazendo-se lentamente a transfusão do concentrado de hemácias s ou do componente sanguíneo necessário, acompanhado de diurético de ação rápida.

Transfusão de sangue contaminado com bactérias É muito rara, mas pode ser grave e apresentar-se como colapso circulatório. É um problema particular com concentrados de plaquetas que são conservados a 20 a 24°C.

---

*N. de T. Ver nota na página 409.

Tabela 30.10 Indicações para produtos sanguíneos irradiados

Receptores de transplante de células-tronco alogênicas
Receptores de transplante de células-tronco autólogas
Doador de medula óssea ou células-tronco, ou autólogo: por 7 dias antes da coleta e durante a coleta
Receptor de transplante de órgãos sólidos quando recebendo terapia imunossupressora
Pacientes com linfoma de Hodgkin
Pacientes com leucemia aguda
Pacientes tratados com fludarabina, bendamustina e outros antagonistas da purina
Pacientes tratados com anti-CD52
Imunodeficiência hereditária
Transfusões intrauterinas e neonatais

Doença do enxerto versus hospedeiro (GVHD) Pode ocorrer quando são transfundidos linfócitos viáveis em paciente imunossuprimido. Previne-se pela irradiação prévia do produto sanguíneo a ser transfundido em receptores suscetíveis (Tabela 30.10). É uniformemente fatal.

Dano pulmonar agudo relacionado à transfusão (*TRALI*, do inglês, *transfusion-related acute lung injury*) Apresenta-se dentro das seis primeiras horas da infusão como infiltrados pulmonares. A sintomatologia torácica é dependente da extensão do infiltrado. É causado pela transferência de anticorpos HLA no plasma do doador, causando danos endotelial e epitelial. Os doadores causais são, em sua maioria, mulheres multíparas. O tratamento é de suporte.

Púrpura trombocitopênica pós-transfusional É um problema raro. Surge extrema trombocitopenia 7 a 10 dias após transfusão de fração hemoterápica que contenha plaquetas, geralmente concentrado de hemácias. É causada por um anticorpo anti-HPA-Ia no receptor (originado de transfusão prévia ou gravidez) contra um antígeno plaqueta-específico HPA-Ia (PI^{AI}). Tanto as plaquetas recebidas como as do receptor são destruídas por imunocomplexos. É um processo autolimitado, mas pode haver necessidade de tratamento com troca de plasma ou imunoglobulina humana intravenosa.

Transmissão viral A hepatite pós-transfusional pode ser causada por um dos vírus da hepatite, embora o citomegalovírus (CVM) e o vírus Epstein-Barr também tenham sido implicados. A hepatite pós-transfusional e a transmissão do vírus da imunodeficiência humana (HIV) atualmente são eventos raríssimos, devido à triagem universal das doações de sangue.

Outras infecções Toxoplasmose, malária e sífilis podem ser transmitidas por transfusão de sangue. No Reino Unido, provavelmente ocorreram três casos de transmissão por transfusão da nova variante da doença de Creutzfeldt-Jakob (nvCJD).

Sobrecarga pós-transfusional de ferro As transfusões repetidas de eritrócitos, ao longo de muitos anos e na ausência de perda de sangue, provocam depósito de ferro inicialmente no tecido reticuloendotelial, ao ritmo de 200 a 250 mg/unidade de concentrado de eritrócitos. Depois de 50 unidades em adultos e de quantidades menores em crianças, o fígado, o miocárdio e os órgãos endócrinos são lesados com consequências clínicas. Esse é um sério problema na talassemia maior e em outras anemias crônicas refratárias graves (ver Capítulo 4).

Redução do uso de componentes hemoterápicos

Dados os riscos das transfusões e a limitação de recursos, o uso apropriado de componentes hemoterápicos mostra-se de importância crescente.

Correção pré-operatória de anemia, sobretudo a ferropênica, cessação de tratamento antiplaquetário (p. ex., ácido acetilsalicílico) sempre que possível, junto com diminuição do nível de hemoglobina arbitrado como gatilho para necessidade transfusional (para 7-8 g/dL na maioria dos pacientes cirúrgicos) auxiliam na economia do uso de sangue.

Em cirurgia, o uso de reposição alternativa de fluidos, o rescaldo e a reinfusão de sangue perdido no campo operatório e alternativas biológicas (p. ex., eritropoetina, fatores de coagulação recombinantes, fator VII ativado recombinante [VIIa] ou gel de fibrina de uso local) também ajudam nesse contexto.

Componentes hemoterápicos

A coleta de sangue à doação é feita com técnica asséptica em sacos plásticos contendo quantidade adequada de anticoagulante – geralmente citrato, fosfato, dextrose (CPD). O citrato impede a coagulação, combinando-se com o cálcio do sangue. Três componentes são preparados pela centrifugação inicial do sangue total: eritrócitos, camada de leucócitos/plaquetas e plasma (Figura 30.1).

Os eritrócitos são armazenadas entre 4 e 6°C por até 35 dias, dependendo do conservante. Depois das primeiras 48 horas, há perda lenta e progressiva de K⁺ dos eritrócitos para o plasma. Em casos em que a infusão de K⁺ possa ser perigosa, deve-se usar sangue fresco (p. ex., para exsanguíneotransfusão na doença hemolítica do recém-nascido). Durante o armazenamento de hemácias, há queda no 2,3-difosfoglicerato (2,3-DPG), porém, após a transfusão, já na circulação do receptor, os níveis retornam ao normal em 24 horas. Soluções aditivas ótimas foram desenvolvidas para aumentar a vida de hemácias depletados do plasma, armazenados com manutenção dos níveis de trifosfato de adenosina (ATP) e de 2,3-DPG.

Plasma e plaquetas também podem ser coletados por aférese (e centrifugação).

Leucodepleção

Em muitos países, incluindo a Grã-Bretanha, os derivados de sangue são rotineiramente filtrados para remoção da maioria dos leucócitos, processo conhecido como leucodepleção. O processo é feito logo depois da coleta e antes do processamento, sendo mais eficaz do que a filtragem do sangue à beira

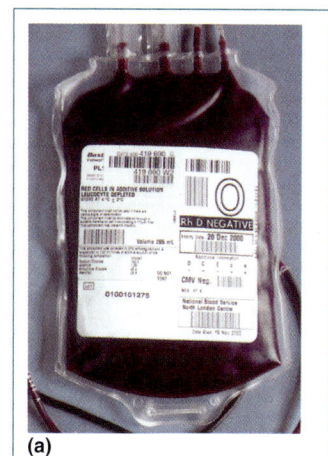

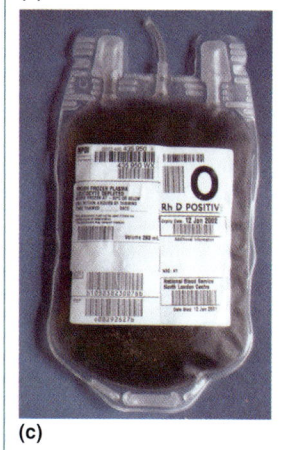

Figura 30.7 Componentes hemoterápicos: **(a)** concentrado de hemácias, depletadas de plasma; **(b)** plaquetas; e **(c)** plasma fresco congelado.

do leito. O derivado de sangue é considerado depletado se contiver leucócitos < 5/μL.

A leucodepleção diminui a incidência de reações transfusionais febris e a aloimunização HLA. É eficaz na prevenção de transmissão de CMV e, além disso, diminui a possibilidade teórica de transmissão de nvCJD nos países em que foi relatada.

Concentrados de hemácias

Concentrados de hemácias (depletados de plasma) são o produto de escolha na maioria das transfusões (Figura 30.7a). Em geral, em idosos administra-se simultaneamente um diurético e faz-se a infusão suficientemente lenta para evitar sobrecarga circulatória. O tratamento de quelação deve ser considerado em pessoas com programa de transfusão regular para evitar sobrecarga de ferro (ver Capítulo 4).

A eritropoetina recombinante é amplamente usada para reduzir a necessidade transfusional em pacientes com insuficiência renal, em diálise, com câncer ou com mielodisplasia. O fator VIIa pode reduzir a necessidade em pacientes com grande hemorragia por cirurgia ou trauma.

Substitutos de hemácias estão em desenvolvimento, mas ainda não se mostraram clinicamente utilizáveis. Esses substitutos sintéticos carreadores de oxigênio quase sempre são hidrocarbonetos fluorados e soluções de hemoglobina piridoxilada e polimerizada, livres de estroma.

Doação autóloga e transfusão

A ansiedade relativa à Aids e a outras infecções aumentou a demanda por autotransfusão. Há três maneiras de se fazer transfusão autóloga.
1 *Armazenamento prévio* O sangue é coletado do receptor potencial nas semanas imediatamente anteriores à cirurgia eletiva.
2 *Hemodiluição* O sangue é coletado imediatamente antes da cirurgia, depois que o paciente for anestesiado, e depois reinfundido no final da operação.
3 *Rescaldo* Quando há grande perda de sangue durante a cirurgia, o sangue perdido é coletado e reinfundido com uso de filtro.

Autotransfusão é o modo mais seguro de transfusão em relação à transmissão de infecções virais, porém tem um risco mais alto de contaminação bacteriana e de erro humano na manipulação. Para armazenamento prévio, o indivíduo deve estar em forma suficientemente boa para doar sangue, e a quantidade da transfusão prevista de reposição deve ser de 2 a 4 unidades. Transfusões de reposição maiores precisariam de coleta de sangue em um período mais longo e armazenamento de hemácias congeladas, o que tem um alto custo e é trabalhoso. O custo elevado e a restrição inicial do uso somente a pacientes de cirurgia eletiva indicam que a autotransfusão poderá beneficiar apenas uma pequena fração do número total de receptores de sangue. A autotransfusão pré-operatória está sendo reservada para pacientes com múltiplos anticorpos irregulares, dada a dificuldade de encontrar doadores compatíveis.

Concentrados de granulócitos

São preparados com a camada leucocitária ou em separadores de células do sangue de doadores sadios ou de pacientes com leucemia mieloide crônica. Têm sido usados em pacientes com neutropenia intensa (< 0,5 × 10^3/μL) que não estejam respondendo ao tratamento antibiótico, mas, em geral, não é possível fornecer quantidades suficientes para uma eficácia indiscutível. Podem transmitir CMV e devem ser irradiados para eliminar o risco de doença do enxerto *versus* hospedeiro.

Concentrados de plaquetas

São coletados em separadores de células ou de unidades individuais de doadores de sangue (Figura 30.7b) e são conservados à temperatura ambiente. Transfusões de plaquetas são usadas em pacientes com trombocitopenia ou distúrbio de função plaquetária com sangramento atual relevante (uso terapêutico), ou com sério risco de sangramento (uso profilático).

Na profilaxia, a contagem de plaquetas deve ser mantida acima de 10 × 10^3/μL, exceto se houver fatores adicionais de risco, como sepse, uso de fármacos ou doenças da coagulação, nos quais o limiar deve ser mais alto. Para procedimentos invasivos de pequeno porte, como biópsia de fígado ou punção lombar, a contagem deve ser aumentada acima de 50 × 10^3/μL. Para cirurgia cerebral ou ocular, a contagem deve estar acima de 100 × 10^3/μL.

O uso terapêutico é indicado no sangramento associado a distúrbios plaquetários. Em hemorragia maciça, a contagem deve ser mantida acima de 50 × 10^3/μL (ver Capítulo 26).

A transfusão de plaquetas deve ser evitada na púrpura trombocitopênica autoimune, salvo se houver hemorragia grave (p. ex., hemorragia cerebral). É contraindicada na trombocitopenia induzida por heparina, na púrpura trombocitopênica trombótica e na síndrome hemolítico-urêmica (ver p. 285).

A refratariedade à transfusão de plaquetas é definida por um aumento insatisfatório da contagem pós-transfusional (< 7,5 × 10^3/μL em 1 hora ou < 4,5 × 10^3/μL em 24 horas). As causas são imunológicas (principalmente aloimunização HLA) ou não imunológicas (sepse, hiperesplenismo, CIVD, fármacos). As plaquetas expressam antígenos HLA classe I (mas não classe II), havendo necessidade de identidade HLA, ou de compatibilidade plaquetária à prova cruzada, para pacientes com anticorpos HLA.

É provável que o uso de transfusões de plaquetas diminua com a introdução dos estimulantes diretos da trombopoese na rotina clínica, como romiplostim e eltrombopag.

Preparações de plasma humano

Plasma fresco congelado (PFC)

O plasma rapidamente separado de sangue fresco é mantido congelado abaixo de – 30°C. Em geral, é preparado de unidades de um único doador, embora estejam disponíveis também produtos originados de plasma reunido (*pool*) de muitas doações. É principalmente usado na reposição de fatores de coagulação (p. ex., quando concentrados específicos não estão disponíveis), ou depois de transfusão maciça, em hepatopatias, CIVD, depois de cirurgia com derivação cardiopulmonar, para reverter efeito de varfarina, e na púrpura trombocitopênica trombótica (ver p. 285). O PFC com inativação viral está atualmente disponível. Doadores masculinos são preferidos para diminuir o risco de TRALI (ver p. 342).

Solução de albumina humana (4,5%)

É um expansor plasmático útil quando se necessita de um efeito osmótico durável antes da administração de sangue, mas não deve ser administrada em excesso. Também é útil para reposição de fluidos em pacientes em plasmaférese e, às vezes, em pacientes com hipoalbuminemia.

Solução de albumina humana (20%) (albumina pobre em sal)

Pode ser usada em hipoalbuminemia grave quando for necessário um produto com conteúdo eletrolítico mínimo. É indicada principalmente para pacientes com síndrome nefrótica ou insuficiência hepática.

Crioprecipitado

É obtido pelo aquecimento de PFC até 4°C. O precipitado contém fibrinogênio e fator VIII concentrados. É separado e armazenado abaixo de – 30°C, ou liofilizado e conservado a 4 a 6°C. Foi amplamente utilizado no tratamento da hemofilia A e da doença de von Willebrand antes do advento das preparações purificadas de fator VIII. Hoje, é utilizado principalmente como reposição de fibrinogênio na CIVD, após transfusões maciças ou na insuficiência hepática.

Concentrados liofilizados de fator VIII

Também são usados no tratamento da hemofilia A e da doença de von Willebrand. O pequeno volume torna-os um preparado ideal para crianças, em casos cirúrgicos, para pacientes em risco de sobrecarga circulatória e para pacientes em tratamento domiciliar. O uso está diminuindo com a disponibilidade crescente de formas recombinantes de fator VIII.

Concentrados liofilizados de fator IX-complexo protrombínico

Várias preparações estão disponíveis, contendo quantidades variáveis de fatores II, VII, IX e X. São usadas, sobretudo, no tratamento da deficiência de fator IX (doença de Christmas), mas também em pacientes com hepatopatia ou em hemorragia séria, provocada por superdose de anticoagulantes antagonistas da vitamina K. Também é usada em hemorragias de pacientes com inibidores de fator VIII. O uso implica risco de trombose.

Concentrado de proteína C

É usado em sepse grave com CIVD (p. ex., septicemia meningocócica), a fim de diminuir o risco de trombose resultante de depleção de proteína C.

Imunoglobulina

A imunoglobulina de um *pool* de plasmas é uma fonte valiosa de anticorpos contra vírus comuns. É usada na hipogamaglobulinemia para proteção contra infecções viral e bacteriana. São necessárias doses repetidas, como, por exemplo, nos meses de inverno, com intervalo de 3 a 4 semanas. Também pode ser usada na trombocitopenia autoimune e em outras doenças imunes adquiridas (p. ex., púrpura pós-transfusional e trombocitopenia aloimune neonatal).

Imunoglobulina específica

Pode ser obtida de doadores com altos títulos de anticorpos (p. ex., anti-RhD, anti-hepatite B, anti-herpes-zóster e anti-rubéola).

Perda aguda de sangue e hemorragia maciça

Após um episódio único de perda de sangue, há uma vasoconstrição inicial, com redução da volemia total. O volume plasmático rapidamente se expande e há diminuição progressiva de hemoglobina e hematócrito e leucocitose e trombocitose reacionais. A resposta reticulocítica inicia no terceiro dia e dura 8 a 10 dias. A hemoglobina começa a subir em torno do sétimo dia, mas, se houve depleção dos depósitos de ferro, pode não subir até o valor normal do paciente. Uma avaliação clínica é essencial para julgar a necessidade de transfusão de sangue. Em geral, é desnecessária em adultos com perda de até 500 mL de sangue, salvo se a hemorragia ainda persistir. Pode ser desnecessária, inclusive em perdas próximas a 1,5 L. A transfusão de sangue não é livre de riscos e não deve ser feita sem indicação categórica.

RESUMO

- A transfusão de sangue envolve a transferência segura de componentes hemoterápicos de um doador para um receptor. A mais comum é a de eritrócitos, cuja compatibilidade deve ser testada entre doador e receptor.
- Uma cuidadosa seleção de doadores e testes microbiológicos e sorológicos ajudam a proteger tanto o doador como o receptor.
- Os eritrócitos contêm mais de 400 antígenos, mas os mais importantes para transfusão são os dos sistemas ABO e Rh. No sistema ABO, as pessoas que não tenham antígeno A ou B regularmente desenvolvem contra ele um anticorpo natural, geralmente IgM. Esses anticorpos naturais, em um receptor, causam hemólise ou opsonização dos eritrócitos do doador se contiverem o antígeno.
- Anticorpos imunes também podem se desenvolver pela exposição ao antígeno por vias transfusional ou transplacentária. A prova cruzada dos eritrócitos do doador com o plasma do receptor deve, então, sempre ser feita para garantir a compatibilidade da transfusão.
- As complicações transfusionais incluem reações hemolíticas, reações febris a leucócitos ou proteínas, sobrecarga circulatória, transmissão de infecções – principalmente virais – e, a longo prazo, sobrecarga de ferro.
- Os componentes hemoterápicos, além de hemácias, também são preparados e transfundidos. Eles incluem plaquetas e produtos proteicos, como plasma fresco congelado, soluções de albumina, concentrados de fatores de coagulação e imunoglobulinas.

Visite **www.wileyessential.com/haematology** para testar seus conhecimentos neste capítulo.

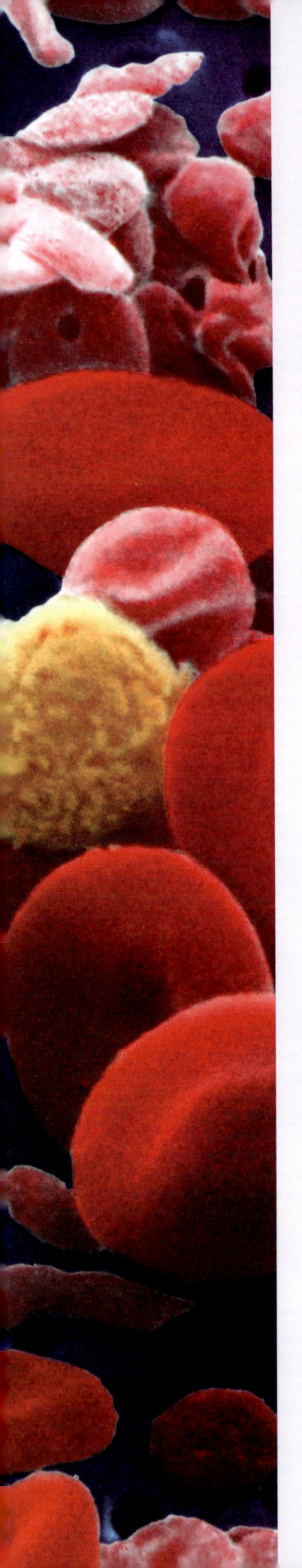

CAPÍTULO 31
Hematologia na gestação e no recém-nascido

Tópicos-chave

- Hematologia na gestação — 347
- Hematologia neonatal — 349
- Doença hemolítica do recém-nascido — 350

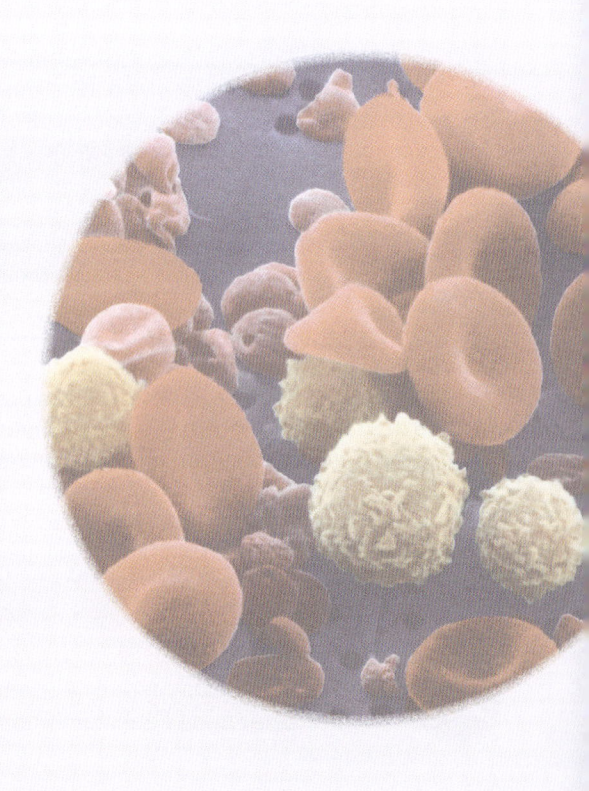

Hematologia na gestação

A gestação provoca tensões extremas no sistema hematológico, e a compreensão das alterações fisiológicas resultantes é obrigatória para a interpretação da necessidade de qualquer intervenção terapêutica.

Anemia fisiológica

Anemia fisiológica* é o termo usado frequentemente para descrever a queda na concentração de hemoglobina (Hb) durante a gestação normal (Figura 31.1). O volume plasmático aumenta em torno de 1.250 mL até o final da gestação (45% acima do normal) e, embora a massa eritroide aumente em torno de 25%, a desproporção provoca diminuição da concentração de Hb por efeito diluicional. Valores abaixo de 10 g/dL no primeiro trimestre, 10,5 g/dL no segundo e, novamente, 10 g/dL no terceiro trimestre e no pós-parto, entretanto, provavelmente são anormais e requerem investigação.

Anemia por deficiência de ferro

Até 600 mg de ferro são necessários para o aumento na massa eritroide, e mais 300 mg para o feto. Apesar de haver um aumento na absorção de ferro, poucas mulheres deixam de ter depleção das reservas ao final da gestação.

Em uma gestação sem complicações, o volume corpuscular médio (VCM) costuma elevar-se em torno de 4 fL. Queda no VCM é o primeiro sinal de deficiência de ferro. Depois, a hemoglobina corpuscular média (HCM) também diminui e, finalmente, há anemia. Uma deficiência incipiente de ferro é provável se a ferritina sérica estiver < 30 ng/mL, com ferro sérico < 56 mg/dL (< 10 mmol/L), e deve ser tratada com suplementação de ferro por via oral. A suplementação rotineira de ferro na gestação não é feita no Reino Unido.**

Deficiências de folato e vitamina B$_{12}$

As necessidades de folato aumentam 2 a 3 vezes na gestação, e os níveis séricos de folato baixam até cerca de metade do valor normal, com queda menos acentuada do folato eritrocitário. Em algumas áreas geográficas, a anemia megaloblástica é comum durante a gestação devido à combinação de dieta carente com a necessidade exagerada de folato. Dado o efeito protetor do folato contra defeitos do tubo neural (DTN), deve-se administrar 400 mg de ácido fólico por dia (5 mg se houver história de DTN em gestação anterior) em torno da concepção e ao longo da gestação. O enriquecimento da dieta com folato atualmente é praticado em vários países*** e é acompanhado de diminuição de incidência de DTN. A deficiência de vitamina B$_{12}$ é rara na gestação, embora os níveis séricos caiam abaixo do normal em 20 a 30% das mulheres, e esses valores baixos às vezes causem confusão diagnóstica.

Trombocitopenia na gestação

A contagem de plaquetas normalmente diminui cerca de 10% na gestação não complicada. Em cerca de 7% das mulheres, a queda é mais acentuada e pode resultar em trombocitopenia (contagem de plaquetas < 140 × 10^3/μL). Em mais de 75% dos casos, a trombocitopenia é leve e sem outra causa aparente, sendo referida como *trombocitopenia incidental da gestação*. Em cerca de 21% dos casos em que há trombocitopenia significativa, esta é secundária a distúrbios hipertensivos e, em 4%, decorre de púrpura trombocitopênica autoimune (PTI; Figura 31.2).

---

*N. de T. "Pseudoanemia" e "hemodiluição" da gravidez são termos mais lógicos e igualmente utilizados no Brasil.

**N. de T. Costuma ser feita no Brasil.

***N. de T. No Brasil, é feita fortificação com folato de farinhas alimentícias e leite em pó para lactentes.

1. **Anemia fisiológica**
   - 45% de aumento na volemia plasmática
   - 25% de aumento na volemia eritroide

2. **Trombocitopenia**
   - 10% de diminuição na contagem de plaquetas

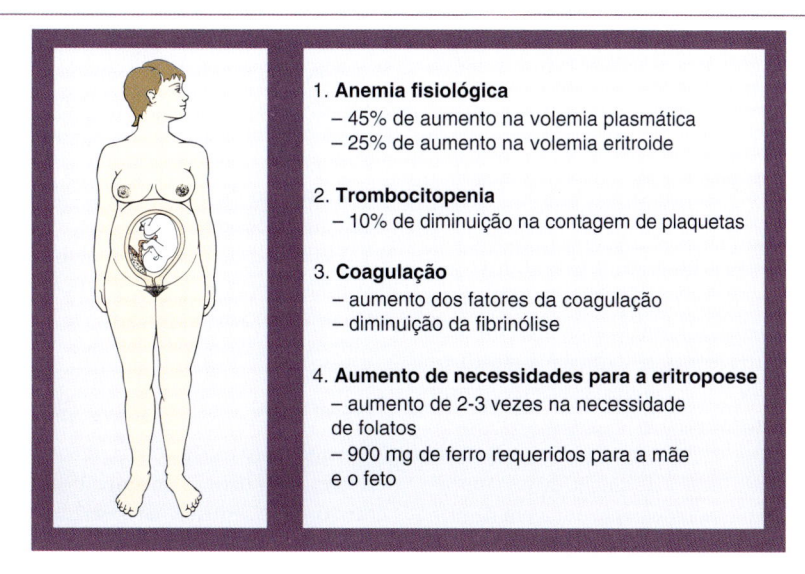

3. **Coagulação**
   - aumento dos fatores da coagulação
   - diminuição da fibrinólise

4. **Aumento de necessidades para a eritropoese**
   - aumento de 2-3 vezes na necessidade de folatos
   - 900 mg de ferro requeridos para a mãe e o feto

Figura 31.1 Alterações hematológicas na gestação.

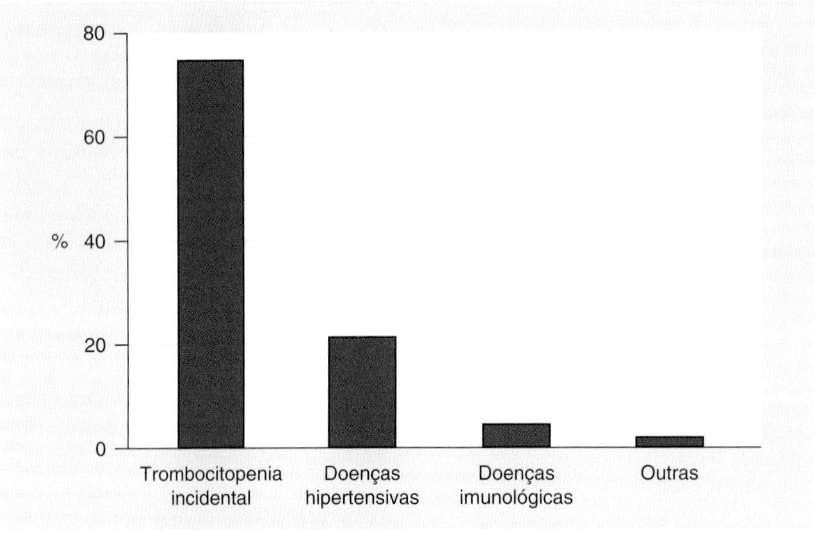

Figura 31.2 Causas de trombocitopenia durante a gestação.

Trombocitopenia incidental da gestação É um diagnóstico de exclusão, geralmente detectado na ocasião do parto. A contagem de plaquetas é sempre > $70 \times 10^3/\mu L$ e volta ao normal em seis semanas. Não há necessidade de tratamento e o nascituro não é afetado.

Trombocitopenia de distúrbios hipertensivos A gravidade é variável, mas a contagem de plaquetas raramente cai a < $40 \times 10^3/\mu L$. É mais grave quando associada à pré-eclâmpsia; nesse caso, o tratamento primário é a indução do parto o mais rapidamente possível. A síndrome HELLP (do inglês, *haemolysis, elevated liver enzymes, low platelets* [hemólise, aumento das enzimas hepáticas e trombocitopenia]) é um subtipo da categoria. Associa-se a prolongamento do tempo de protrombina (TP) e do tempo de tromboplastina parcial ativada (TTPA).

Púrpura trombocitopênica autoimune (idiopática, PTI) (ver p. 282) A PTI na gestação é um problema significativo para a mãe e para o feto, uma vez que o anticorpo atravessa a placenta e o feto pode tornar-se gravemente trombocitopênico. Como todos os adultos, as mulheres grávidas com PTI e contagem de plaquetas > $50 \times 10^3/L$ geralmente não necessitam de tratamento. O tratamento é necessário em mulheres com contagem de plaquetas < $10 \times 10^3/\mu L$ e em mulheres com contagem de plaquetas de 10 a $30 \times 10^3/\mu L$ que estejam no 2º ou 3º trimestre de gestação ou que tenham sangramento. O tratamento é feito com corticosteroides, imunoglobulina humana (IgG) intravenosa, rituximabe e esplenectomia – o que for apropriado. Os antagonistas dos receptores de trombopoetina são evitados devido a potenciais efeitos secundários teratogênicos.

No parto, pode-se coletar amostra de sangue da veia umbilical ou de uma veia do couro cabeludo para contagem de plaquetas do recém-nascido, embora a necessidade do exame não esteja comprovada. Em geral, não há indicação de cesariana quando a contagem de plaquetas da mãe for > $50 \times 10^3/\mu L$, salvo se a contagem de plaquetas do feto for < $20 \times 10^3/\mu L$. Pode-se fazer transfusão de plaquetas na mãe durante o trabalho de parto se a contagem de plaquetas for muito baixa ou se ela estiver com sangramento ativo.

Os recém-nascidos de mães com PTI devem fazer hemograma com contagem de plaquetas diariamente nos primeiros quatro dias de vida, pois a contagem pode cair progressivamente. Uma contagem acima de $50 \times 10^3/\mu L$ é tranquilizadora. Ultrassonografia cerebral é indicada para excluir hemorragia intracraniana (HIC). Em recém-nascidos sem evidências de HIC, o tratamento com IgG só deve ser feito se a contagem de plaquetas for < $20 \times 10^3/\mu L$. Os recém-nascidos com trombocitopenia e HIC devem ser tratados com corticosteroides e IgG intravenosa.

Hemostasia e trombose

A gestação leva a um estado de hipercoagulabilidade com consequente aumento dos riscos de tromboembolismo e coagulação intravascular disseminada (CIVD; ver p. 297). Há aumento dos fatores VII, VIII, X e fibrinogênio, com encurtamento de TP e TTPA, e há supressão da fibrinólise. Essas alterações duram até dois meses no período puerperal, e a incidência de trombose persiste aumentada nesse prazo. Há uma associação entre condições trombofílicas na mãe e perda fetal recorrente (ver p. 307); presume-se ser devida a trombose e infarto placentários.

Tratamento de trombose na gestação

Varfarina não é usada no tratamento, visto que atravessa a placenta e, além disso, associa-se à embriopatia, principalmente entre 6 e 12 semanas de gestação. Heparina de baixo peso molecular atualmente é o tratamento de escolha, porque pode ser administrada uma vez por dia e tem menor probabilidade de causar osteoporose do que a heparina não fracionada.

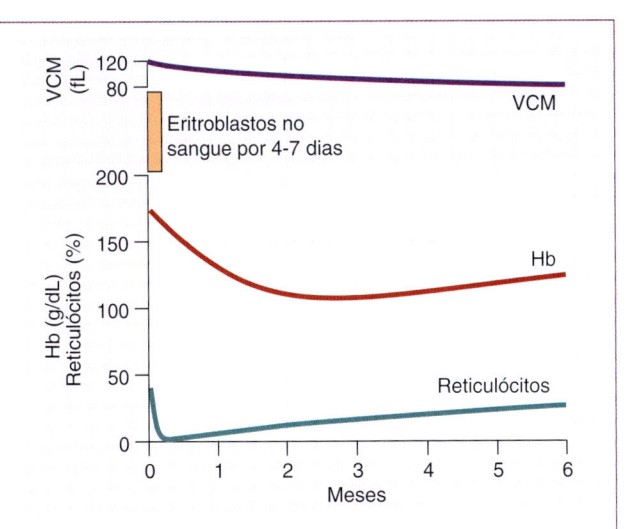

Figura 31.3 Evolução típica do eritrograma do período neonatal até o 6º mês. Hb, hemoglobina; VCM, volume corpuscular médio.

cordão (Figura 31.3). A contagem de reticulócitos inicialmente é alta (2-6%), mas cai a menos de 0,5% na primeira semana, pela supressão da eritropoese em resposta ao aumento acentuado da oxigenação tecidual após o nascimento. Isso se associa à diminuição progressiva da Hb até cerca de 10 a 11 g/dL na 8ª semana; a partir daí, os níveis aumentam até 12,5 g/dL em torno dos seis meses (Figura 31.3). O limite de referência inferior na infância é de 11 g/dL. Prematuros sofrem uma anemização maior, com Hb de 7 a 9 g/dL na 8ª semana e são muito mais sujeitos a deficiências de ferro e folato nos primeiros meses de vida.

Em recém-nascidos a termo, o hemograma dos primeiros 4 dias e até uma semana em prematuros pode mostrar eritroblastos. O número aumenta em caso de hipoxia, hemorragia e doença hemolítica do recém-nascido (DHRN). O VCM ao nascimento é da ordem de 119 fL, depois diminui progressivamente, cruza os níveis do adulto em torno das 9 semanas e chega a um nadir de cerca de 70 fL entre 6 e 12 meses. Eleva-se lentamente durante a infância, até alcançar os níveis do adulto na puberdade. Ao nascimento, há alta contagem de neutrófilos, que diminui até um platô em torno do 4º dia; desse ponto em diante, os linfócitos predominam no leucograma sobre os neutrófilos durante toda a infância.

Hematologia neonatal

Hemograma normal

A Hb do sangue do cordão umbilical costuma estar entre 16,5 e 17,0 g/dL e é influenciada pelo tempo até o clampeamento do

Anemia no recém-nascido

Considera-se anemia uma Hb < 14 g/dL no sangue do cordão ao nascimento. A anemia no neonato torna-se clinicamente

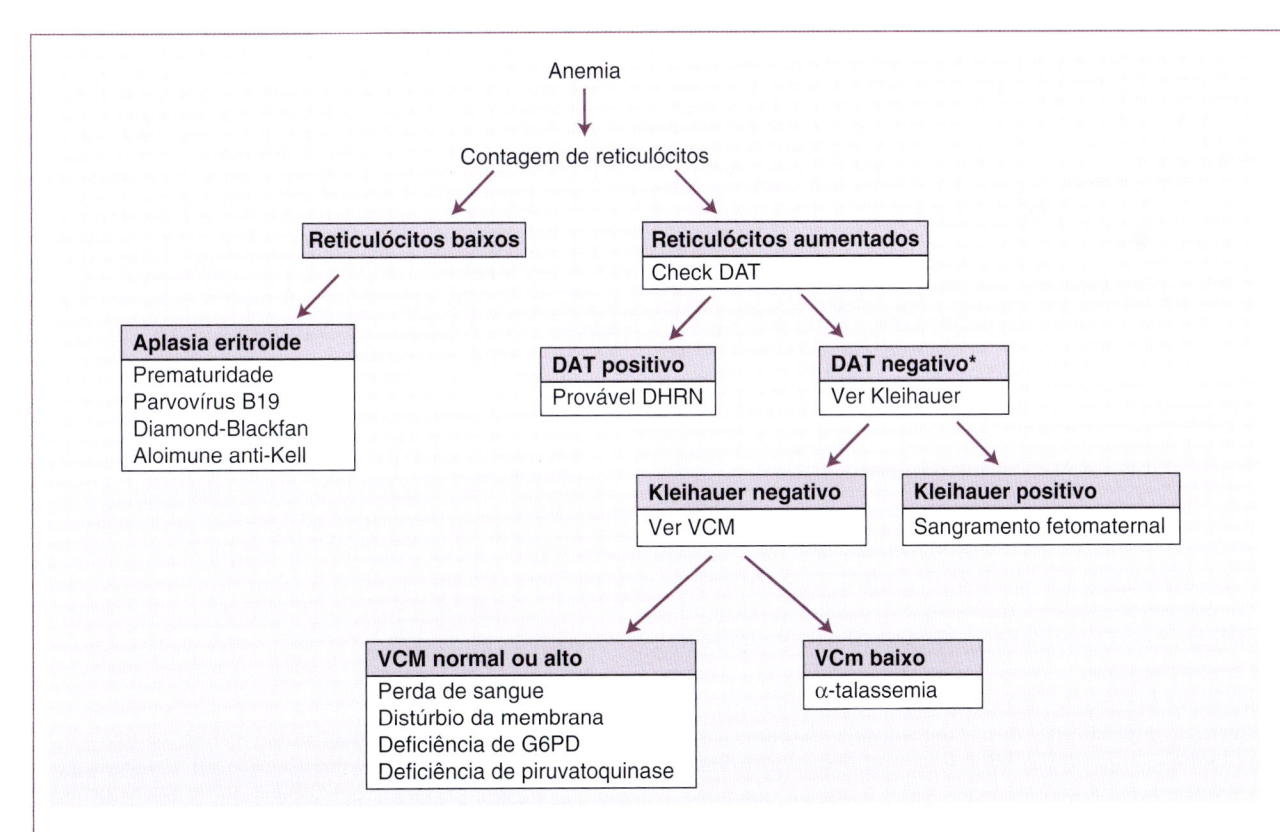

Figura 31.4 Investigação de anemia neonatal. *O DAT (teste direto de antiglobulina, ou de Coombs) pode ser negativo na DHRN (doença hemolítica do recém-nascido) por incompatibilidade ABO. G6PD, glicose-6-fosfato-desidrogenase; VCM, volume corpuscular médio.

mais significativa, uma vez que a Hb F, que é menos eficaz na liberação de oxigênio aos tecidos do que a Hb A (ver p. 17), constitui 70 a 80% da hemoglobina total. As causas a serem consideradas incluem as seguintes (Figura 31.4):

1 **Hemorragia** Fetomaternal, gêmeo-gêmeo, cordão umbilical, interna, placentária.
2 **Aumento de destruição** Hemólise (imunológica ou não) ou infecção.
3 **Diminuição de produção** Aplasia eritroblástica pura congênita, infecção (p. ex., parvovirose). Anemia aloimune anti-Kell do feto e recém-nascido com diminuição da eritropoese.

Em geral, a anemia no nascimento é secundária a hemólise autoimune ou hemorragia. As causas não imunológicas de hemólise aparecem em 24 horas. O distúrbio da produção de eritrócitos, em geral, não é aparente durante pelo menos 3 semanas. A hemólise quase sempre se associa à icterícia intensa, e as causas incluem DHRN, anemia hemolítica autoimune na mãe e doenças genéticas da membrana ou do metabolismo dos eritrócitos.

Pode ser necessária transfusão de eritrócitos em casos de anemia com sintomas óbvios e com Hb < 10,5 g/dL. O limiar é mais alto se houver doença cardíaca ou pulmonar graves.

Anemia da prematuridade

Os prematuros têm uma queda mais acentuada da hemoglobina após o nascimento, o que é denominado **anemia fisiológica da prematuridade**. Há diminuição lenta, mas progressiva, da hemoglobina, sem aspectos esclarecedores no eritrograma, salvo reticulocitopenia. O quadro pode ser minimizado se houver complementação adequada de ferro e folato e restrição de coletas de sangue. A eritropoetina é usada em alguns serviços.

Poliglobulia neonatal

É definida por hematócrito > 65% em sangue venoso. Pode decorrer de transfusão gêmeo-gêmeo, restrição do crescimento intrauterino e hipertensão ou diabetes maternos. Se houver sintomatologia, a poliglobulia deve ser tratada com exsanguíneotransfusão parcial, utilizando soluções cristaloides.

Trombocitopenia aloimune fetomaternal

A trombocitopenia aloimune fetomaternal resulta de processo imunológico similar ao da DHRN. As plaquetas fetais que possuem um antígeno herdado do pai (HPA-1a em 80% dos casos) que não esteja presente nas plaquetas maternas podem sensibilizar a mãe. Os anticorpos produzidos atravessam a placenta e revestem as plaquetas fetais, que são destruídas no sistema reticuloendotelial, causando sangramento sério, incluindo hemorragia intracraniana. A trombocitopenia aloimune difere da DHRN, uma vez que 50% dos casos ocorrem na primeira gestação. A incidência é de 1 em 1.000 a 5.000 nascimentos.

A trombocitopenia pode causar sangramento grave, algumas vezes fatal, in utero ou depois do nascimento. O tratamento é insatisfatório. Os casos graves após o nascimento podem ser tratados com transfusão de plaquetas negativas para o antígeno relevante. O tratamento antenatal pode ser da mãe, com imunoglobulina intravenosa, ou do feto, com transfusão de plaquetas HPA-compatíveis.

Outras causas de trombocitopenia neonatal incluem infecção perinatal, insuficiência placentária e trombocitopenias genéticas.

Coagulação

No recém-nascido, os testes de rotina devem ser interpretados com cuidado. O TPPA e o TP são, em geral, prolongados devido aos níveis baixos dos fatores dependentes de vitamina K II, VII, IX e X ao nascimento e chegam ao normal do adulto aproximadamente aos 6 meses. Os recém-nascidos têm risco mais alto de trombose devido ao nível fisiologicamente baixo de inibidores da coagulação e ao uso frequente de cateteres venosos. Os níveis de antitrombina e de proteína C são em torno de 60% do normal do adulto durante os três primeiros meses. A deficiência homozigótica de proteína C associa-se à púrpura fulminante no início da vida. Atualmente, estão disponíveis concentrados de proteína C para o tratamento. A deficiência homozigótica de antitrombina, em geral, apresenta-se mais tarde na infância, mas também podem ocorrer eventos trombóticos arteriais e venosos no recém-nascido.

A doença hemorrágica do recém-nascido é discutida no Capítulo 26.

Doença hemolítica do recém-nascido

A DHRN é decorrente de **aloimunização a antígenos eritrocitários**, na qual há passagem de anticorpos IgG da circulação materna através da placenta para a circulação do feto, onde estes reagem com os eritrócitos fetais, levando-os à destruição. O anticorpo anti-D é o responsável pela maioria dos casos graves de DHRN, embora anti-c, anti-E, anti-K e um amplo espectro de anticorpos sejam encontrados em casos ocasionais (ver Tabela 30.3). Anticorpos relacionados ao sistema ABO são a causa mais frequente de DHRN, mas a doença costuma ser leve.

Doença hemolítica Rh do recém-nascido

Quando uma mulher Rh D-negativa (ver Tabela 30.5) fica grávida com um feto Rh D-positivo, eritrócitos fetais Rh D-positivos entram na circulação materna (geralmente durante o parto ou no 3º trimestre) e sensibilizam a mãe, que forma anticorpo anti-D. A mãe também pode ser sensibilizada por um abortamento anterior, amniocentese ou outro traumatismo placentar e por transfusão de sangue. Os anticorpos anti-D atravessam a placenta durante a gestação seguinte e, se o feto for Rh D-positivo, revestem os eritrócitos de IgG, o que leva à destruição destes no sistema reticuloendotelial, causando anemia e icterícia. Se o pai for heterozigoto para o antígeno D (D/d), há 50% de probabilidade de o feto ser D-positivo. O genótipo Rh D fetal pode ser determinado em amostra de sangue materno por reação em cadeia da polimerase (PCR) para antígeno Rh D.

A principal forma de manejo é prevenir a formação de anticorpo anti-D em mulheres Rh D-negativas. Isso pode ser obtido pela administração de uma pequena quantidade de anticorpo anti-D, que causa remoção rápida dos eritrócitos fetais Rh D-positivos da circulação, antes que eles possam sensibilizar o sistema imune da mãe para produzir anti-D.

Prevenção da imunização anti-Rh D

Na primeira consulta, todas as gestantes devem fazer tipificação ABO e Rh. A pesquisa de anticorpos irregulares deve ser feita ao menos duas vezes durante todas as gestações. As gestantes Rh D-negativas não sensibilizadas devem receber ao menos 500 unidades (100 mg) de anti-D na 28^a e na 34ª semanas, para reduzir o risco de sensibilização oriunda de hemorragias fetomaternais. A tipificação Rh fetal pelo DNA na circulação materna pode ser feita antes da 28ª semana. Se o feto for Rh D-negativo, nenhuma outra profilaxia anti-D será necessária. Além disso, o sangue do cordão dos recém-nascidos de mães Rh D-negativas não sensibilizadas serão tipificados para ABO e Rh. Em casos Rh D-negativos, a mãe não receberá tratamento ulterior. Em casos de recém-nascidos Rh D-positivos, a mãe deverá receber por via intramuscular um mínimo de 500 unidades de anti-D nas primeiras 72 horas após o parto. Também deverá ser feito *teste de Kleihauer*, que estima, por coloração diferencial da Hb F (Figura 31.5a), o número de eritrócitos fetais na circulação materna, oriundos de hemorragia fetomaternal durante o parto. Quando o teste de Kleihauer é positivo, alguns serviços o complementam com teste de citometria em fluxo, mais exato para avaliar o volume da hemorragia fetomaternal (Figura 31.5b). A chance de sensibilização relaciona-se ao número de eritrócitos fetais evidenciados. A dose de anti-D deve ser aumentada se o número corresponder a uma passagem transplacentária > 4 mL de sangue fetal, na proporção de 125 unidades de IgG anti-D para cada mL excedente.

Eventos sensibilizantes durante a gestação

Deve ser administrada IgG anti-D a gestantes Rh D-negativas que tenham eventos capazes de provocar sensibilização: até a 20ª semana, 250 unidades, após, 500 unidades, sempre seguidas de teste de Kleihauer. Eventos potencialmente sensibilizantes incluem terminação terapêutica da gestação, aborto espontâneo após a 12ª semana, gestação ectópica e procedimentos diagnósticos invasivos antenatais.

Tratamento de sensibilização anti-D estabelecida

Se forem detectados anticorpos anti-D durante a gestação, deve ser feita titulação em intervalos regulares. A gravidade clínica da DHRN relaciona-se com a potência do anti-D presente no soro materno, mas há outros fatores influentes, como a subclasse de IgG, o ritmo de elevação do título e a história pregressa. O desenvolvimento de doença hemolítica no feto pode ser avaliado pela velocimetria do fluxo sanguíneo na artéria cerebral média, feita por ultrassonografia com Doppler, pois a velocidade correlaciona-se com a baixa viscosidade sanguínea causada pela anemia (Figura 31.6). Se for detectada anemia pelo método, deve ser coletado sangue fetal para exame, que indicará a necessidade de transfusão intrauterina, com hemácias Rh D-negativas concentradas e irradiadas.

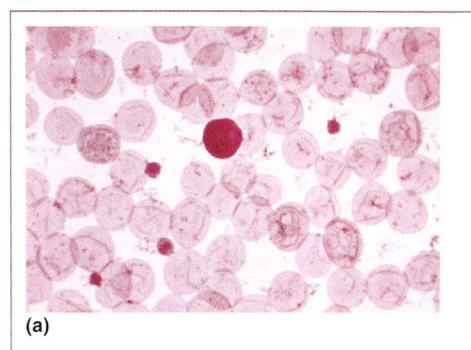

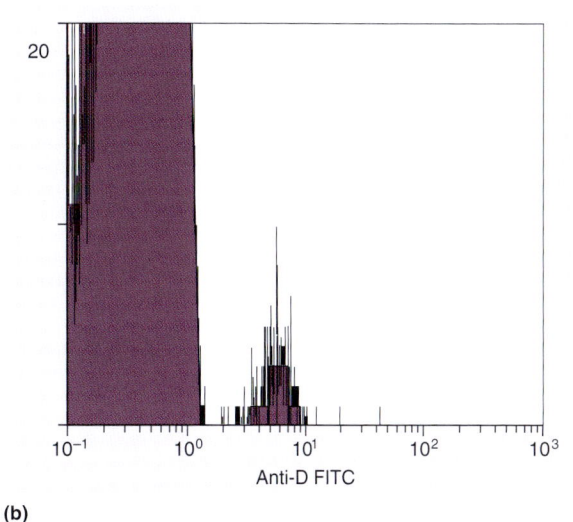

Figura 31.5 (a) Teste de Kleihauer para eritrócitos fetais: vê-se, ao centro, um eritrócito intensamente corado com eosina por conter Hb F. A hemoglobina foi eluída dos demais eritrócitos por incubação em pH ácido, de modo que estes são vistos como estromas descorados. **(b)** Determinação por citometria em fluxo do número de células fetais no sangue materno usando anticorpo fluorescente para RhD, sendo a mão Rhdd. Fonte: cortesia do Dr. W. Erber.

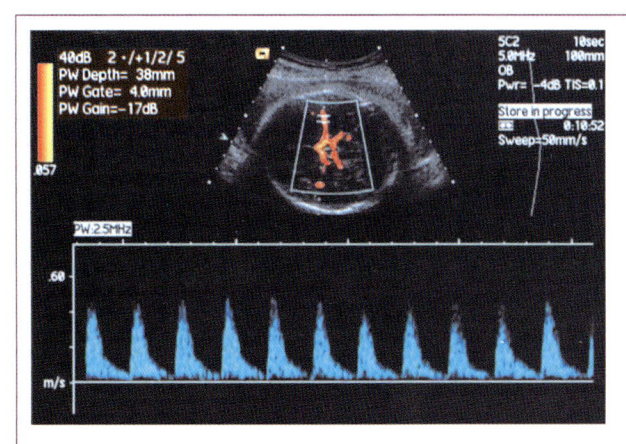

Figura 31.6 Ultrassonografia com Doppler do polígono de Willis no feto. O cursor é colocado sobre a artéria cerebral média e um aumento da velocidade sanguínea correlaciona-se com anemia. Fonte: de Kumar S. e Regan F. (2005) *BMJ* 330: 1255-8. Reproduzida, com permissão, do BMJ.

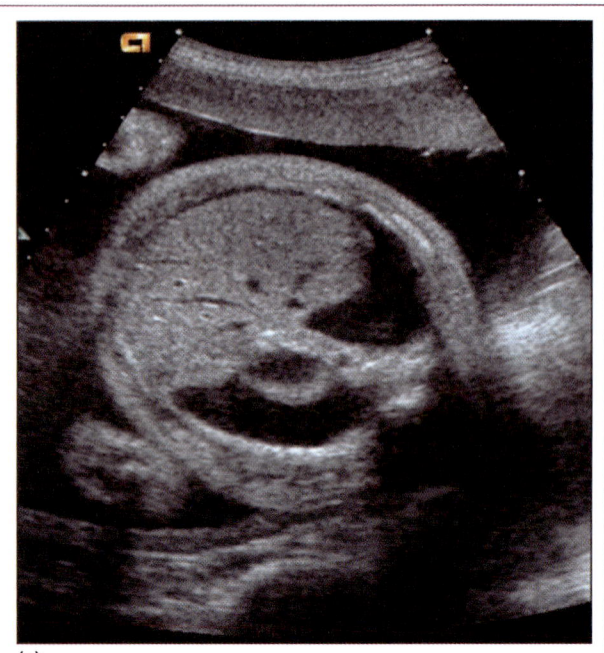

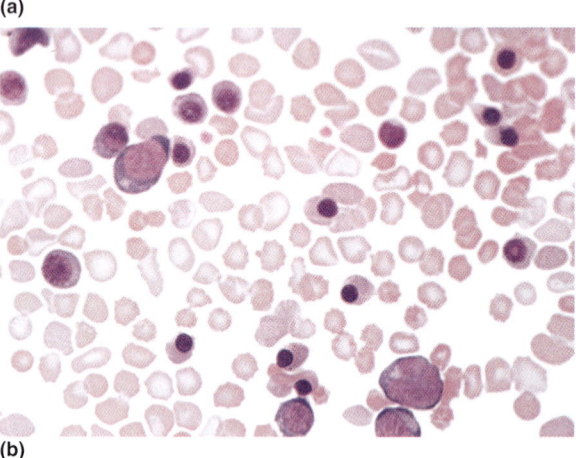

Figura 31.7 (a) Aspecto de hidropsia fetal à ultrassonografia, mostrando edema cutâneo, hepatomegalia e ascite. Fonte: de Kumar S. e Regan F. (2005) *BMJ* 330: 1255-8. Reproduzida, com permissão, do BMJ. **(b)** Doença hemolítica do recém-nascido (eritroblastose fetal): distensão sanguínea mostrando numerosos eritroblastos, policromatocitose e eritrócitos crenados.

Aspectos clínicos da DHRN

1 **Doença grave** Morte intrauterina por hidropsia fetal (Figura 31.7a).
2 **Doença moderada** A criança nasce com anemia e icterícia, podendo apresentar palidez, edema e hepatoesplenomegalia. Se o nível de bilirrubina não conjugada (indireta) não for controlado e exceder 20 mg/dL (250 mmol/L), a deposição de pigmento biliar nos gânglios da base cerebral pode causar **quernícterus** – dano ao sistema nervoso central com espasticidade generalizada e possibilidade subsequente de deficiência intelectual, surdez e epilepsia. Esse problema se torna agudo depois do nascimento, quando cessa a depuração materna da bilirrubina fetal e a conjugação da bilirrubina no fígado neonatal ainda não está totalmente ativa.
3 **Doença leve** Anemia leve com ou sem icterícia.

A investigação laboratorial mostrará anemia variável com alta contagem de reticulócitos; o bebê é Rh D-positivo, o teste direto de antiglobulina (Coombs direto) é positivo e a bilirrubina está elevada. Em casos moderados e graves, são vistos numerosos eritroblastos no hemograma (Figura 31.7b), por isso a denominação alternativa da doença: *eritroblastose fetal*.

Tratamento

Pode ser necessária exsanguíneotransfusão. As indicações incluem anemia ao nascimento, com Hb < 10 g/dL, e hiperbilirrubinemia grave ou rapidamente crescente. Podem ser necessárias mais de uma exsanguíneotransfusão; 500 mL são suficientes para cada troca. O sangue usado deve ter sido coletado há menos de cinco dias, ser CMV-negativo e irradiado e ser Rh D-negativo e ABO compatível com os soros fetal e materno. Fototerapia (exposição do nascituro à luz de comprimento de onda adequado) é útil por degradar a bilirrubina e diminuir o risco de quernícterus.

Doença hemolítica ABO do recém-nascido

Em 20% dos nascimentos, a mãe é ABO incompatível com o feto. As mães do grupo A e B, em geral, têm somente anticorpos ABO IgM (ver p. 334). A maioria dos casos de DHRN ABO são causados por anticorpos "imunes" IgG de mães do tipo O. Embora em 15% das gestações em mulheres de raça branca envolvam mãe do grupo O e feto dos grupos A ou B, a maioria das mães não produz IgG anti-A ou anti-B, e poucas crianças têm anemia hemolítica suficientemente grave para necessitar de tratamento. Exsanguíneotransfusões são necessárias somente em 1 a cada 3 mil nascituros. A gravidade menor da DHRN ABO é parcialmente explicada pela falta de desenvolvimento total dos antígenos A e B na ocasião do nascimento e pela neutralização parcial dos anticorpos IgG maternos pelos antígenos A e B em outras células, no plasma e nos fluidos teciduais.

Ao contrário da DHRN Rh, a doença ABO pode surgir na primeira gestação e pode ou não afetar as subsequentes. O teste direto de antiglobulina nos eritrócitos do recém-nascido pode ser negativo ou fracamente positivo. O exame da distensão sanguínea mostra autoaglutinação, esferocitose, policromasia e eritroblastose.

RESUMO

- A gestação desencadeia alterações nos sistemas hematológicos.
- Há diminuição da concentração de hemoglobina devido ao aumento do volume plasmático, proporcionalmente 25% maior que o aumento da volemia eritroide.
- É frequente instalar-se deficiência de ferro; a deficiência de folato correlaciona-se com anemia materna e com defeitos do tubo neural no feto.
- O nível sérico de B_{12} diminui na gestação, mas se recupera após o parto. A contagem de plaquetas cai 10% em média, porém essa diminuição fisiológica em algumas gestantes é mais grave. Também pode haver trombocitopenia autoimune.
- Na gestação, há um estado de hipercoagulabilidade, com níveis aumentados de fatores de coagulação e risco de trombose e coagulação intravascular disseminada.
- Os recém-nascidos têm nível mais alto de hemoglobina do que adultos. Anemia ao nascimento, em geral, deve-se a hemorragia ou hemólise aloimune.
- A doença hemolítica do recém-nascido costuma ser causada pela travessia placentária de anticorpos anti-Rh D formados na mãe Rh D-negativa. Os anticorpos podem causar morte fetal (hidropsia fetal) ou anemia hemolítica. Atualmente, é rara devido à administração de soro anti-Rh D às mães Rh D-negativas no momento da exposição a células fetais ou produtos sanguíneos Rh D-positivos.
- A doença hemolítica ABO do recém-nascido é mais frequente, mas é geralmente leve e pode ocorrer na primeira gestação. Em geral, ocorre em mães do tipo O que formam anticorpos imunes IgG (anti-A ou anti-B) capazes de atravessar a placenta e agredir eritrócitos fetais A ou B.

Visite **www.wileyessential.com/haematology** para testar seus conhecimentos neste capítulo.

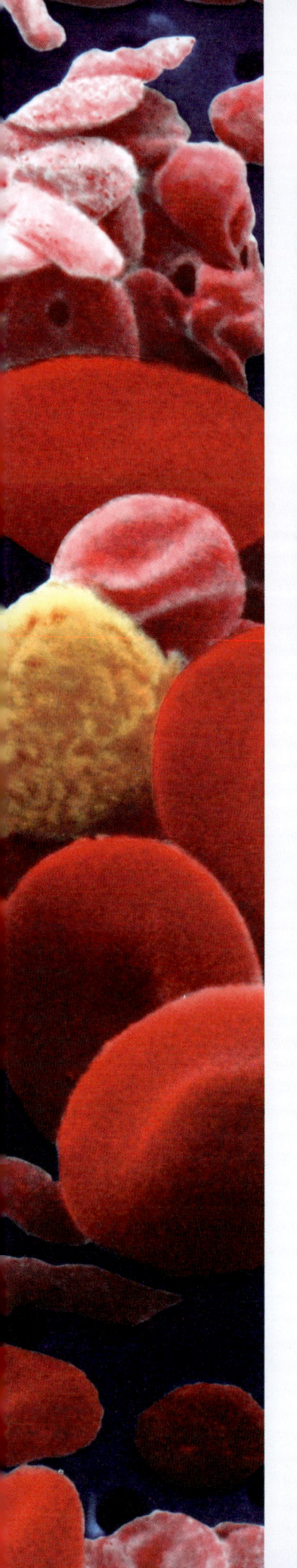

APÊNDICE

Classificação da Organização Mundial da Saúde dos Tumores dos Tecidos Hematopoético e Linfoide (2008)

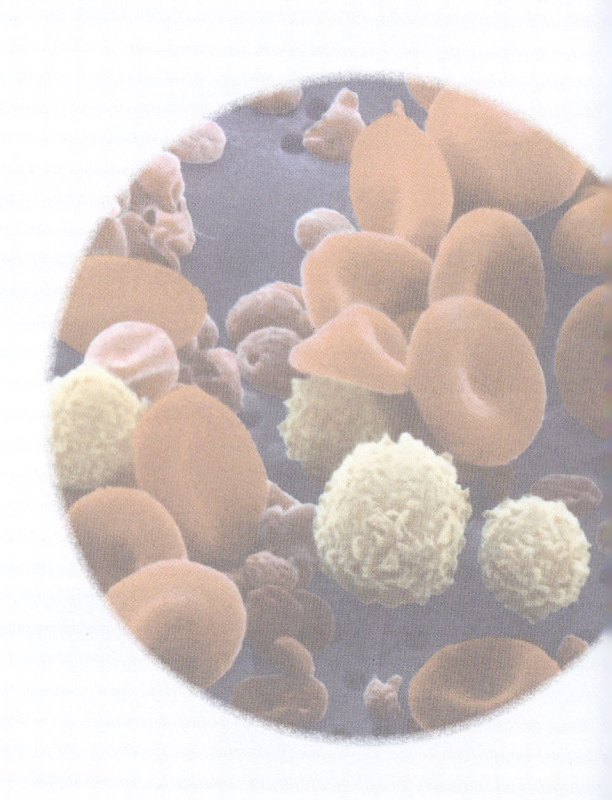

Neoplasias mieloproliferativas

Leucemia mieloide crônica BCRABL1 positiva
Leucemia neutrofílica crônica
Policitemia vera
Mielofibrose primária
Trombocitemia essencial
Leucemia eosinofílica crônica, não especificada separadamente
Mastocitose
  Mastocitose cutânea
  Mastocitose sistêmica
  Leucemia mastocítica
  Sarcoma mastocítico
  Mastocitoma extracutâneo
Neoplasia mieloproliferativa, inclassificável
Neoplasias mieloides e linfoides com eosinofilia e anormalidades de *PDGFRA*, *PDGFRB* ou *FGFR1*
Neoplasias mieloides e linfoides com rearranjo *PDGFRA*
Neoplasias mieloides com rearranjo *PDGFRB*
Neoplasias mieloides e linfoides com anormalidades *FGFR1*

Neoplasias mielodisplásicas/mieloproliferativas

Leucemia mielomonocítica crônica
Leucemia mieloide crônica atípica BCRABL1 negativa
Leucemia mielomonocítica infantil
Neoplasia mielodisplásica/mieloproliferativa, inclassificável
Anemia refratária com sideroblastos em anel associada com acentuada trombocitose*

Síndromes mielodisplásicas

Citopenia refratária com displasia de uma linhagem
  Anemia refratária
  Neutropenia refratária
  Trombocitopenia refratária
Anemia refratária com sideroblastos em anel
Anemia refratária com displasia de múltiplas linhagens
Anemia refratária com excesso de blastos
Síndrome mielodisplásica associada com del(5q) isolada
Síndrome mielodisplásica, inclassificável
Síndrome mielodisplásica da infância

Leucemia mieloide aguda

Leucemia mieloide aguda (LMA) com anormalidades genéticas recorrentes
  LMA com t(8;21)(q22;q22), *RUNX1RUNX1T1*
  LMA com inv(16)(p13;1q22) ou t(16;16)(p13.1;q22), *CBFBMYH11*
  Leucemia promielocítica aguda com t(15;17)(q22;q11-12), *PMLRARA*
  LMA com t(9;11)(p22;q23), *MLLT3MLL*
  LMA com t(6;9)(p23;q34), *DEKNUP214*
  LMA com inv(3)(q21;q26.2) ou t(3;3)(q21;q26.2), *RPN1EVI1*
  LMA (megacarioblástica) com t(1;22)(p13;q13), *RBM15MKL1*
  LMA com *NPM1* mutado*
  LMA com *CEBPA* mutado*
LMA com alterações relacionadas com mielodisplasia
Neoplasias mieloides relacionadas com terapia
Leucemias mieloides agudas, não especificadas separadamente
  LMA com diferenciação mínima
  LMA sem maturação
  LMA com maturação
Leucemia mielomonocítica aguda
Leucemia monoblástica e monocítica aguda
Leucemia eritroide aguda
  Leucemia eritroide aguda, eritroide/mieloide
  Leucemia eritroide aguda pura
Leucemia megacarioblástica aguda
Leucemia basofílica aguda
Panmielose com mielofibrose aguda
Sarcoma mieloide
Proliferações mieloides relacionadas à síndrome de Down
  Mielopoese anormal transitória
  Leucemia mieloide associada à síndrome de Down
Neoplasias de células blásticas dendríticas plasmocitoides
Leucemias agudas de linhagem ambígua
  Leucemia aguda indiferenciada
  Leucemia aguda bifenotípica

Neoplasias de precursores linfoides

Leucemia/linfoma linfoblástico B
Leucemia/linfoma linfoblástico B, não especificado separadamente
Leucemia/linfoma linfoblástico B com anormalidades genéticas recorrentes
  Leucemia/linfoma linfoblástico B com t(9;22)(q34;q11.2), *BCRABL1*
  Leucemia/linfoma linfoblástico B com t(11;23), *MLL* rearranjado
  Leucemia/linfoma linfoblástico B com t(12;21)(p13;q22), *TELAML1 (ETV6RUNX1)*
  Leucemia/linfoma linfoblástico B com hiperdiploidia
  Leucemia/linfoma linfoblástico B com hipodiploidia (LLA hipodiploide)
  Leucemia/linfoma linfoblástico B com t(5;14)(q31;q32), *IL3IGH*
  Leucemia/linfoma linfoblástico B com t(1;19)(q23;p13.3), *E2APBX1 (TCF3PBX1)*
Leucemia/linfoma linfoblástico T

Neoplasias de células B maduras

Leucemia linfocítica crônica/linfoma linfocítico de células pequenas
Leucemia prolinfocítica de células B
Linfoma esplênico de células B da zona marginal

Leucemia de células pilosas (do inglês, *hairy cell leukaemia*)
Leucemia/linfoma de células B, inclassificável
    Linfoma difuso de células B pequenas da polpa vermelha*
    Leucemiavariante de células pilosas*
Linfoma linfoplasmocítico
    Macroglobulinemia de Waldenström
Doenças de cadeias pesadas
    Doença de cadeias pesadas α
    Doença de cadeias pesadas γ
    Doenças de cadeias pesadas μ
Mieloma plasmocítico (mieloma múltiplo)
Plasmocitoma solitário de osso
Plasmocitoma extraósseo
Linfoma extranodal da zona marginal de tecido linfoide associado à mucosa (MALT)
Linfoma nodal da zona marginal
    Linfoma nodal da zonal marginal pediátrico
Linfoma folicular
    Linfoma folicular pediátrico
Linfoma centrofolicular primário cutâneo
Linfoma de células do manto
Linfoma difuso de células B grandes (DLBCL), não especificado separadamente
    Linfoma de células B grandes rico em células T/histiócitos
    DLBCL associado com inflamação crônica
    DLBCL EBV positivo do idoso
Granulomatose linfomatoide
Linfoma de células B grandes primário mediastinal (tímico)
Linfoma de células B grandes intravascular
DLBCL primário cutâneo, tipo da perna
Linfoma anaplásico de células B grandes ALK positivo
Linfoma plasmoblástico
Linfoma primário de efusão
Linfoma de células B grandes originado de doença de Castleman multicêntrica associada a HHV8
Linfoma de Burkitt
Linfoma de células B, inclassificável, com aspectos intermediários entre DLBCL e linfoma de Burkitt
Linfoma de células B, inclassificável, com aspectos intermediários entre DLBCL e linfoma de Hodgkin clássico

Neoplasias de células T e NK maduras

Leucemia prolinfocítica de células T
Leucemia de linfócitos T grandes e granulares
Leucemia agressiva de células NK
Doença linfoproliferativa sistêmica EBVpositiva de células T da infância (associada com infecção EBV ativa crônica)
Linfoma cutâneo vaciniforme (hidroa)
Leucemia/linfoma de células T do adulto
Linfoma extranodal de células NK/T, tipo nasal
Linfoma de células T associado à enteropatia
Linfoma de células T hepatoesplênico
Linfoma de células T subcutâneo paniculitiforme
Micose fungoide
Síndrome de Sézary
Linfoma anaplástico primário cutâneo de células grandes
Linfoma primário cutâneo de células T CD8 positivas citotóxicas epidermotrópico*
Linfoma primário cutâneo de células T γδ
Linfoma cutâneo primário de células T pequenas/médias CD4 positivas*
Linfoma de células T periféricas, não especificado separadamente
Linfoma angioimunoblástico de células T
Linfoma anaplástico de células grandes, ALK positivo
Linfoma anaplástico de células grandes, ALK negativo*

Linfoma de Hodgkin

Linfoma de Hodgkin nodular com predomínio linfocítico
Linfoma de Hodgkin clássico
    Linfoma de Hodgkin clássico com esclerose nodular
    Linfoma de Hodgkin clássico com riqueza linfocítica
    Linfoma de Hodgkin clássico com celularidade mista
    Linfoma de Hodgkin clássico com depleção linfocítica

Neoplasias histiocíticas e dendríticas

Sarcoma histiocítico
Histiocitose de células de Langerhans
Sarcoma de células de Langerhans
Sarcoma de células dendríticas interdigitantes
Sarcoma folicular de células dendríticas
Tumor de células dendríticas, não especificado separadamente
Tumor de células dendríticas indeterminadas
Tumor de células reticulares fibroblásticas

Distúrbios linfoproliferativos pós-transplante (PTLD)

Lesões precoces
    Hiperplasia plasmocítica reacional
    Semelhantes à mononucleose infecciosa
PTLD polimórfica
PTLD monomórfica (tipos celulares B e T/NK)*
PTLD do tipo linfoma de Hodgkin clássico*

*Estas representam entidades provisórias ou subtipos provisórios de outras neoplasias. São provisórias porque não há dados suficientes para suportá-las como entidade definida, por controvérsias sobre os aspectos e/ou incerteza sobre se são distintas ou intimamente relacionadas a outras entidades já definidas.

Índice

Os números de página em *itálico* referem-se a figuras, os números em **negrito**, a tabelas.

A

A, grupo sanguíneo **336**
AB, grupo sanguíneo **336**
Abciximabe **319**, 320
ABVD regime 211
Acantócitos *23*
Acantocitose *325*
Aciclovir 259
Ácido acetilsalicílico (AAS) **319**, **319**
    distúrbio funcional plaquetário 287, *288*
    na policitemia vera 171
Ácido *all-trans*-retinoico (ATRA) *141*, 144, 152
    síndrome ATRA 153
Ácido aminocaproico 280
Ácido tranexâmico 280
Ácido *trans*-retinoico *142*
Ácido γ-aminolevulínico 16, 29
Actina 19
ADAMTS13 267, 285, *285*, 286
Adesão leucocitária, moléculas de 92
Adriamicina **142**
    BEACOPP, regime 211
Agentes alquilantes 140, *141*, **142**
    Ver também fármacos individuais
Agentes desmetilantes *141*, **142**, 144
Aglutininas frias, doença de 69-70
Aids. *Ver* HIV/Aids
Alder, anomalia de 93
Alentuzumabe **143**
    em anemia aplástica 246
    em LLC 201
Amiloide sistêmica AL de cadeias leves 238-239, *238*, **239**, *238*
Amiloidose 23-29, **239**, *239*
Amiloidose AA sistêmica reacional **238**
Amiloidose familiar **238**
Amplificação, sistema enzimático de 109
Amplificações 130
Androgênios na anemia aplástica 246
Anemia 19-25, **20**
    achados laboratoriais na 33, **38**
    aplástica 91, 243-247
    aspectos clínicos 20-21, *21*
    classificação **22**
    contagem de leucócitos e plaquetas 22
    da gestação 347, *347*
    da insuficiência renal 325, *325*
    da prematuridade 350
    de doença crônica 37, **37**, **38**, 322, **322**
    deficiência de ferro 32-37
    diseritropoética congênita 249
    do recém-nascido 349-350, *349*
    em idosos 322
    envenenamento por chumbo 39
    eritropoese ineficaz 24-25, *25*
    hemograma na 22-23, *23*
    hemolítica microangiopática 70, 322
    hemolítica. *Ver* Anemias hemolíticas
    hipocrômica 27-40, *28*
    HIV/Aids 328
    incidência global 19-20
    índices eritrocitários 21
    macrocítica 49, 58-59, **58**
    medula óssea na 23-24, *24*
    megaloblástica. *Ver* Anemia megaloblástica
    nas doenças malignas 322, *323*
    perniciosa 52-53, **53**
    refratária **178**
    Ver também tipos específicos
Anemia aplástica 91, 243-247, **243**
    achados laboratoriais 246
    adquirida idiopática 244
    aspectos clínicos 245-246, *245*
    causas **243**
    congênita (anemia de Fanconi) 244, *244*
    diagnóstico 246
    patogênese 244
    tratamento 246-247
Anemia de células falciformes (drepanocitose) *80*, 81-85
    achados laboratoriais 84
    aspectos clínicos 81-84, *82-84*
    crises aplásticas 83
    crises hemolíticas 83
    crises vasoclusivas 82, *83*
    dano aos órgãos 83-84, *83*, *84*
    diagnóstico pré-natal 86
    patologia molecular *81*
    tratamento 84-85
Anemia de doença crônica 37, **37**, **38**, 322, **322**
Anemia diseritropoética congênita 249
Anemia ferropênica. *Ver* Ferro, deficiência de
Anemia ferropênica refratária ao ferro (IRIDA) 37
Anemia hemolítica autoimune com anticorpos quentes 68-69, **69**
Anemia hemolítica microangiopática 70, 322
Anemia macrocítica 49, 58-59, **58**
    Ver também Anemia megaloblástica
Anemia megaloblástica 49, *49*, **93**
    achados laboratoriais 55-56, *55*, **56**
    aspectos clínicos 53-56, *54-56*, **54**
    base bioquímica 51, *52*
    tratamento 57-58, *57*, **58**
    Ver também Folato; Vitamina B_{12}
Anemia perniciosa 52-53
    associações **53**
Anemia refratária **178**
    com excesso de blastos **178**, 180
    com sideroblastos em anel (RARS) **178**
Anemia sideroblástica 38-39, **38**, *39*
    achados laboratoriais **38**
Anemias hemolíticas 60-71
    achados laboratoriais 63
    adquiridas 68-71
    aspectos clínicos 62, *63*
    classificação 62, **62**
    hemólise intravascular/extravascular 63, **63**, *64*
    hereditárias 64-68
Anemias hemolíticas adquiridas 68-71
    hemoglobinúria da marcha 70
    imunológicas 68-70, **68**, **69**, *70*
    infecciosas 71
    por agentes químicos e físicos 71
    síndromes de fragmentação eritrocitária 70, *70*, **70**
Anemias hemolíticas aloimunes 70

Anemias hemolíticas autoimunes 68-70, *69*
  anticorpos frios 69-70
  anticorpos quentes 68-69, *69*
  classificação **68**
Anemias hemolíticas autoimunes com anticorpos frios 69-70
Anemias hemolíticas hereditárias 64-68
  deficiência de glicose-6-fosfato-desidrogenase (G6PD) 66-67, *66*, *67*
  eliptocitose **64**, 65, *65*
  esferocitose 64-65, **64**, *65*
  ovalocitose do Sudeste da Ásia 65
Anemias hemolíticas imunológicas
  aloimunes 70
  autoimunes 68-70
  induzidas por fármacos 70, *70*
Anemias hipocrômicas 27-40, *28*
  anemia de doença crônica 37, *37*, **38**
  anemia sideroblástica 38-39, *38*, **39**
  diagnóstico diferencial **38**, 39
  intoxicação por chumbo 39
  por deficiência de ferro. *Ver* Ferro, deficiência de
Angiografia pulmonar 309
Anormalidades clonais **128**
Anquirina 19
Antibióticos 139
  citotóxicos **142**, 143
Anticoagulante lúpico 300-301
  e trombose venosa **307**
Anticoagulantes 312-318, *312*
  antagonistas da vitamina K 315-318, **315-317**
  heparina **299**, 312-315, **313**
  orais 315-318, **315-317**
  parenterais, de ação direta 315
  Ver também fármacos específicos
Anticoagulantes orais, interações com outros fármacos 315, **316**, 317
Anticorpos anticardiolipina **307**
Anticorpos heterofilos 112-113
Anticorpos monoclonais *141*, **143**
  Ver também anticorpos específicos
Antieméticos em quimioterapia 137
Antifosfolipídio, síndrome 307
Antígenos leucocitários humanos. *Ver* HLA
Antígenos menores de histocompatibilidade 256
Antimetabólitos 141, *141*, **142**, 143
Antitimócito, globulina 246
Antitrombina, deficiência de 305

Antraciclinas *141*, **142**
Apixabana **317**, 318
Aplasia eritroide pura 247-249, *247*, **248**
Apoptose 9-10, *9*
Argatrobana 315
Arsênico **143**, 144
Artérias trabeculares esplênicas 117, *117*
Artrite reumatoide, alterações hematológicas na 323-325, *324*
Ashwell-Morell, receptor de 266
Asparaginase *141*, **143**, 144
Aspergilose 139-140, *139*, *140*
Aterosclerose. *Ver* Trombose arterial
ATRA, síndrome 153
Auer, bastões de *150*
Autorrenovação (de células-tronco hematopoéticas) 2, *3*, *4*
Autotransfusão 343-344
Azacitidina **142**
  em mielodisplasia 184
Azatioprina *141*

B

B, grupo sanguíneo **336**
Baço 116-121
  anatomia e circulação 117, *117*
  atrofia *711*
  cordões esplênicos 117, *117*
  exames de imagem 118, *118*, *119*
  funções 117
  hematopoese extramedular 118
  hiperesplenismo 119-120
  hipoesplenismo 120, **120**, 121, **121**
  polpa vermelha e branca 117, *117*
  retenção (*pooling*) de plaquetas 287
  Ver também Esplenomegalia
Bainha linfática periarteriolar 117, *117*
Basofilia (leucocitose basófila) 97
Basófilos **12**, 88, *88*, 90
  contagem de **20**, **88**
BCL-2 9
BCR-ABL, inibidores de *142*, **143**
BCR-ABL1, mutação 161, 187, 194-195
BEACOPP, regime 211
Bence-Jones, proteína de 232
Bendamustina **142**
Bifosfonatos 237
Bilirrubina 61
Biópsia da medula óssea 24, *24*, **25**

Bivalirudina 315
Bleomicina *141*, **142**, 143
  regime BEACOPP 211
Bolas de golfe, eritrócitos 77
Borrelia burgdorferi **339**
Bortezomibe 141, 143, **143**
  em linfoma de células do manto 223
  em mieloma múltiplo 237
  no regime VMP 235
Bosutinibe **142**, **160**
Brucella melitensis **339**

C

Cadeias leves livres, dosagem no soro 232, *233*
Calazar (leishmaniose visceral) 329, *330*
Candida, infecção em pacientes com câncer 140
Capacidade ferropéxica total **20**, 34-35, *36*
CAR (receptores de antígeno quiméricos) 194
Carcinoma colorretal *36*
Carfilzomibe 143
  em mieloma múltiplo 235, 237
Cariótipo 127, *128*
  análise do 131
Cascata da coagulação 270, *271*
Caspases 9
Cateteres venosos centrais 136, *136*
CD10 **189**
CD117 **147**
CD11c **147**
CD13 **147**
CD14 **147**
CD19 **189**, 194
CD2 **189**
CD20, anticorpos 201
CD22 **189**
CD3 **189**
CD33 **147**
CD39 270
CD41 **147**
CD42 **147**
CD52, anticorpos 201
CD61 **147**
CD64 **147**
CD7 **189**
CD79a **189**
Cdks (proteínas-quinase dependentes de ciclina) 8

Células aneuploides 127
Células apresentadoras de antígenos 109
Células auxiliares (*helper*) 110
Células B 103-104
  aspectos funcionais **105**
  imunodeficiência **113**
Células de Burr 325
Células dendríticas 97, 98, 109
  neoplasias de 226
Células diploides 127
Células em cesto 23
Células em lápis 23
Células endoteliais 273, *274*
Células falciformes (drepanócitos) 23
Células haploides 127
Células hiperdiploides 127
  em LLA *190*, 191
Células hipodiploides 127
  Na LLA *190*, 191
Células *natural killer* (NK) 104, 106
Células progenitoras 2-4, *3*, 12-13
Células pseudodiploides 127
Células sanguíneas 12, *12*, **12**, 13
  contagem de. *Ver* Leucograma
  Ver também Eritrócitos; Leucócitos
Células T 103-104
  aspectos funcionais **105**
  HLA-restritas 109
  imunodeficiência **113**
Células-alvo 23
Células-tronco mesenquimais 4
Células-tronco pluripotentes 2-4, *3*
Células-tronco
  mesenquimais 4
  mobilização 4
  pluripotentes 2-4, *3*
  "volta ao lar" (*homing*) 4
Centro germinal *111*
Centroblastos 111
Centrômero 128, *129*
Checkpoints 8
Chédiak-Higashi, síndrome de *93*, 94, 95
CHOP, regime 223
Christmas, doença de. *Ver* Hemofilia B (doença de Christmas)
Chumbo, intoxicação por 39
Ciclo celular 8
Ciclofosfamida **142**
  BEACOPP regime 211
  CHOP regime 223
  LLC 200
  R-CVP regime 222

Ciclosporina
  em anemia aplástica 246
  em LLC 201
Cidofovir 259
cIg (imunoglobulina citoplasmática) **189**
Cintilografia de ventilação/perfusão 309
Cisplatin 144
Cistite hemorrágica 260
Citarabina (citosina arabinosídio) *141*, **142**
Citogenética
  leucemia de células pilosas (do inglês, *hairy cell leukaemia*) **217**
  linfoma de Burkitt **217**
  linfoma de células do manto **217**
  linfoma difuso de grandes células B **217**
  linfoma folicular **217**
  linfoma linfoplasmocítico **217**
  linfoma MALT **217**
  LLA 189-191, *190*, *191*
  LLC **217**
  LMA **146**, 149, *151*, **151**, *152*
  mielodisplasia **179**
Citomegalovirose
  alterações hematológicas 328
  pós-transplante de células-tronco 259
  relacionada à transfusão 338
Citometria em fluxo 131, *132*, 133
  função plaquetária 277
  LLA **189**
Citopenia refratária
  com displasia de múltiplas linhagens (RCMD) **178**
  com displasia de uma linhagem (RCUD) **178**
Citoquinese 8
Citosina arabinosídio (citarabina) *141*, **142**
Clofarabina **142**
Clopidogrel 287, **288**, **319**, 320
Clorambucil **142**
2-Clorodesoxiadenosina **142**
Clostridium perfringens 328, *328*
Coagulação, distúrbios da 290-301
  adquiridos 296-301, **296**
  anticoagulantes circulantes 300-301
  coagulação intravascular disseminada 287, 297-300, *298*
  doença de von Willebrand **294**, 295-296, **295**

doenças malignas 322-323, **324**
  hemofilia A 291-295
  hemofilia B (doença de Christmas) **293**, **294**, 295
  hepatopatias 297
  hereditários 291-296, *291*
  insuficiência renal 326
  síndrome de transfusão maciça 287, **299**, 301
Coagulação do sangue 270-273
  amplificação 272-273, *272*
  in vivo 270-271
  iniciação 271
  limitação fisiológica 274
  Ver também Hemostasia
Coagulação intravascular disseminada (CIVD) 287, 297-300, *298*
  achados laboratoriais 299, **299**
  aspectos clínicos 298-299, *299*
  patogênese 297-298, **298**
  tratamento 299-300, **300**
Coagulação sanguínea. *Ver* Coagulação do sangue
Cobalamina 4
Coiloníquia 21, 32, *34*
Complemento, via alternativa do 109, *109*
Complemento, via clássica do 109, *109*
Complexo maior de histocompatibilidade (MHC) **256**, *256*
  Ver também Sistema HLA
Componentes do sangue 343-345, *343*
Componentes hemoterápicos
  após transplante de células-tronco 259
  hemopatias malignas 136-137
  irradiados 342
  redução do uso 342-343
  Ver também Transfusão de sangue
Condicionamento de células-tronco 253
Condicionamento mieloablativo e não mieloablativo 253
Contadores automatizados de células 12
Cordões esplênicos 117, *117*
Corpúsculos de Barr 94
Corticosteroides **142**, 143
Coxiella burnettii **339**
CRAB, acrônimo 231
Creutzfeldt-Jacob, doença de 339, **339**

Crianças
  leucemia mielomonocítica infantil 184
  leucograma em **88**
  linfoma de Burkitt em 224-225, *225*
  mielodisplasia em **178**
  necessidades de ferro **33**
  síndrome hemolítico-urêmica 286
  sítios de hematopoese **2**
  Ver também Recém-nascidos
Crioprecipitado 344
Cromossomo Filadélfia (Ph) *157-158*, 191
Cromossomos 127-129, *128, 129*
Cumarínicos. *Ver* Varfarina

D

Dabigatrana **317**, 318
Dano pulmonar agudo relacionado à transfusão (TRALI) 342
Dasatinibe *142*, **160**
Daunorrubicina *142*
DDAVP (desmopressina) 267, 293-294, 296
D-dímeros 277
  em embolismo pulmonar 309
  em trombose venosa profunda 309
Decitabina *142*, 184
Deferasirox 45, *46*
Deferiprona 45-46, *46*
Deferoxamina 46
Degeneração subaguda combinada da medula espinal 53, *54*, 55
Deleções *129*, 130
Desidrogenase láctica (LDH) 286
Desmopressina (DDAVP) 267, 293-294, 296
Desoxiemoglobina 17
Desoxiformicina *142*
Desvio da hexose-fosfato 18
Diagnóstico genético pré-implantação 85
Diagnóstico pré-natal em distúrbios genéticos da hemoglobina 85, *86*
Diamond-Blackfan, anemia de 244, 247, 248
Di-hidrofolato redutase *51*, 52
Dipiridamol 287, 320
Disceratose congênita 244
Distensão sanguínea (*microfotografias*)
  anemia 23
    anemia de células falciformes *84*
    anemia hemolítica autoimune *69*

anemia hemolítica em septicemia por *Clostridium* 328
anemia hemolítica microangiopática *70*
anemia megaloblástica *55*
anormalidades dos leucócitos *93*
atrofia esplênica *117*
células-tronco concentradas *253*
deficiência de ferro *34, 35*
deficiência de G6PD *67*
doença hemolítica Rh do recém-nascido *352*
eosinofilia *97*
esferocitose hereditária *65*
fragmentação em adenocarcinoma secretor de mucina *324*
hepatopatia *325*
insuficiência renal crônica *325*
Kleihauer, teste de *351*
leucemia de células pilosas (do inglês, *hairy cell leukaemia*) *203*
leucemia de linfócitos grandes e granulares *203*
leucemia linfoblástica aguda (LLA) *190*
leucemia linfocítica crônica (LLC) *199*
leucemia mieloide aguda *150*
leucemia mieloide crônica (LMC) *159, 163*
leucemia prolinfocítica de células B *202*
leucemia/linfoma de células T do adulto *203*
leucócitos normais *88*
linfócitos *103*
linfoma difuso de grandes células B *224*
linfomas *218*
microfilárias *331*
mielodisplasia *183*
mielofibrose primária *174*
mieloma múltiplo, *rouleaux 234*
mononucleose infecciosa *112*
Plasmodium falciparum 329
púrpura trombocitopênica trombótica *286*
reação leucoeritroblástica *94*
α-talassemia *77*
β-talassemia maior *79*
trombocitemia essencial *173*
Trypanosoma brucei 330
Distúrbios do sangue e trombose venosa 307
Distúrbios do tecido conectivo 279

alterações hematológicas 324
Ver também condições específicas
Distúrbios hemorrágicos 278-289
  por trombocitopenia. *Ver* Trombocitopenia
  sangramento anormal 279, **279**
  vasculares 279-280, **279**
DMT-1 29, 30
DNA
  domínio de ligação do 8
  metilação *179*
  microarranjos 131, *132*
Doadores de sangue 334, **335**
  Ver também Transfusão de sangue
Doença hemolítica do recém-nascido 350-352, *351, 352*
  incompatibilidade ABO 352
  incompatibilidade Rh 350-352, *351, 352*
Doença hemorrágica do recém-nascido 296
Doença linfoproliferativa pós-transplante 261-262, *262*
Doenças de armazenamento plaquetário 287
Doenças sistêmicas, alterações hematológicas nas 321-332
  anemia de doença crônica 322, **322**
  artrite reumatoide 323-325, *324*
  em idosos 322
  hepatopatia 326-327, **326**
  hipotireoidismo 327
  infecções 327-330, **327**, *328-330*
  insuficiência cardíaca congestiva 326
  insuficiência renal 325-326, *325*, **325**
  monitoração não específica 330-332, **331**
  neoplasias 322-323, *323*
  osteopetrose 330
Döhle, corpos de *93*
Domínio de ativação 8
Domínio de ligação do DNA 8
Donath-Landsteiner, anticorpo de 69-70
Dor em hemopatias malignas 138
Duffy, sistema de grupos sanguíneos **336**
Duplicações cromossômicas *129*, 130

E

Eculizumabe 247
Edoxabana **317**

Efeitos de idade. *Ver* Pacientes idosos
Ehlers-Danlos, síndrome de 279
Eliptócitos *23*
Eliptocitose 19
 hereditária **64**, 65, *65*
Eltrombopag 246, 283, *284*
Embden-Meyerhof, via de 18, *18*
 defeitos na 67-68
Embolia pulmonar 308-309, *309*
 profilaxia 318
Endotélio vascular, fator de
 crescimento do (VEGF) **6**
Enxerto *versus* hospedeiro, doença do
 256, 258
 aguda 257, 258, **258**
 crônica 258
 pós-transfusão 342
Enxerto *versus* hospedeiro, efeito 261,
 261
Eosina-5-maleimida 65
Eosinofilia
 causas 96-97, *97*, **97**
 neoplasias mieloides **166**
Eosinófilos **12**, 88, *88*, 90
 contagem **20**, **88**
Epigenética(s) 8-9, **8**, 130, 178
 alterações *129*, 130-131
Epstein-Barr, vírus de (EBV) 11-112
 anticorpos 113
 pós-transplante de células-tronco 259
Eptifibatide **319**, 329
Equinócitos *23*
Eritroblastos *13*
Eritrócitos **12**, 17-19
 amplificação e maturação *14*
 anemia 21, **22**
 anormalidades *23*
 antígenos 334, **335**
 contagem no sangue **20**
 controle esplênico da integridade
 117
 destruição 61, *61*
 DNA, conteúdo de *14*
 em doenças malignas **324**
 folato **20**, **57**
 hematócrito 343, *343*
 inclusões *24*
 membrana 18-19, *19*
 metabolismo 18, *18*
 metabolismo, defeitos do 66-68,
 66, *67*
 velocidade de sedimentação 330, 332
 volume **168**
Eritrócitos em lágrima (ou gota) *23*

Eritrócitos em lápis *23*
Eritrócitos-alvo *23*
Eritrocitose 168
Eritropoese 11-26
 avaliação da 25
 ineficaz 24-25, **25**
Eritropoetina 5, **6**, 13-16, *15*, 326
 e produção de hemoglobina 15
 indicações e uso clínico 16, **16**
 na trombocitemia essencial 172
Escorbuto 280, *280*
Esferocitose 19, 328
 hereditária 64-65, **64**, *65*
Especificidade antigênica 103
Espectrina 19
Esplenectomia 79, 120, **120**
 em mielofibrose 175
 em púrpura trombocitopênica
 autoimune 283
Esplenomegalia 118-119, **120**
 distribuição de plaquetas *286*
 em leucemia de células pilosas 202
 em linfoma da zona marginal 222
 em LLC 198
 em LMC 159
 em mielofibrose *174*
 em policitemia vera *169*
 em síndrome de Felty *324*
Esplenomegalia tropical, síndrome de 119
Esquistossomose 329
Estase venosa 306
Estercobilina e estercobilinogênio 61
Estomatócitos *23*
Estreptoquinase 318
Estrogênios, risco de trombose venosa
 307
Evans, síndrome de 68
Exposição química a
 anemias hemolíticas adquiridas 71
 hemopatias malignas 124

F

Fagócitos **12**, *88*
Fagocitose 92-93, *92*
 defeitos da 93
Fanconi, anemia de 244, *244*, *245*
Fármacos antiplaquetários 287,
 318-320, *319*, **319**
Fármacos antivirais 139
Fármacos citotóxicos 140-143, *141*,
 142-143
Fator anti-hemofílico. *Ver* Fator VIII

Fator Christmas. *Ver* Fator IX
Fator de crescimento derivado de
 plaquetas 270, 303
Fator de crescimento mieloide 90-91, *91*
Fator de crescimento transformador-β 5
Fator de necrose tumoral (TNF) 5, **6**,
 90, 256
Fator estabilizador da fibrina. *Ver* Fator
 XIII
Fator estimulador de colônias (CSF) *90*
Fator estimulador de colônias
 granulocíticas (G-CSF) 5, **6**, 90
 efeitos *91*
 uso clínico 91
Fator estimulador de colônias
 granulocíticas e macrofágicas
 (GM-CSF) 90
Fator estimulador de colônias
 macrofágicas (M-CSF) 5, **6**
Fator estimulador de colônias
 monocíticas (M-CSF) 90
Fator I. *Ver* Fibrinogênio (fator I)
Fator II (protrombina) **271**, **273**
Fator IIa (trombina), inibidores do **317**
Fator III (fator tecidual, TF) **271**, 272,
 273, 275
Fator IX **271**, **273**
 deficiência. *Ver* Hemofilia B (doença
 de Christmas)
Fator IX-concentrados de complexo
 protrombínico 344-345
Fator tecidual (TF, fator III) **271**, 272,
 273, 275
 via inibidora do (TFPI) 272
Fator V **271**, **273**
 deficiência de 296
Fator V Leiden 304-305, *305*
Fator VII **271**, **273**
 concentrados liofilizados 344
 deficiência de 296
 recombinante ativado 294
Fator VIII **271**, **273**, 293
 aumentado em trombose venosa 306
 deficiência. *Ver* Hemofilia A
 inibidores 294
 recombinante 293
Fator X **271**, **273**
 deficiência de 296
Fator Xa, inibidores de **317**
Fator XI **271**, **273**
 deficiência de 296
Fator XII 271
Fator XIII **271**, *273*, **273**
 deficiência de 296

Fatores de coagulação **271, 273**
  anticorpos circulantes 300-301
  deficiência de vitamina K 296-297, *297*
  dosagens 277
  inibidores 275
  Ver também fatores específicos
Fatores de crescimento 4-6, *5,* **5, 6**
  receptores de 6-8, *7*
Fatores de crescimento hematopoéticos 4-6, *5-7,* **5, 6**
  na anemia aplástica 247
Fatores de transcrição 8
FDG-PET em linfoma de Hodgkin 209-210, *210*
Febre da água negra 329
FEIBA 300
Felty, síndrome de *324*
Ferri-redutase 31
Ferritina
  ferro em **28**
  hiperferritinemia **42**
  níveis séricos **20**, 35, *36*
Ferro, deficiência de 32-37
  achados laboratoriais 33-35, *34, 35*, **38**
  aspectos clínicos 32, *34*
  causas de 32-33, *33,* **33**, 35, *36*
  hemograma na 34, *34, 35*
  na gestação 347
  tratamento 36-37, **37**
Ferro, sobrecarga de 41-47
  africana 43
  avaliação **42**, *42, 43*
  causas **42**
  hemocromatose hereditária **42**, 43-44, *43*
  transfusional 44, *44, 45*, 342
  tratamento quelante 45-47, *46*
Ferro
  absorção 30-31, **30**, *31, 32*
  ciclo diário *29*
  dietário 30
  distribuição/transporte 28-30, **28**
  necessidades 31-32, **33**
  níveis séricos **20**, 34-35, *36*
  oral 36-37, **37**
  parenteral 37
  proteínas reguladoras 29
Ferroportina 31, *32*
Fertilidade em pacientes com câncer 137
Fetal, sítios de hematopoese **2**
  Ver também Recém-nascidos

Fibrina 270, *273*, **273**
Fibrinogênio (fator I) **271**, 272-273
  aumento em trombose venosa 306
  defeitos do 306
  dosagem **276**
Fibrinólise 275-276, *276*
  testes de 277
Fibrinolíticos, agentes 318
  contraindicações **319**
Filtro da veia cava inferior 318
Fitzgerald, fator (quininogênio de alto peso molecular) **271**
Fletcher, fator (pré-calicreína) **271**
Fludarabina *141,* **142**
FOG-1, fator de transcrição 14
Folato, deficiência de 53
  aspectos clínicos 53-56, *54-56,* **54**
  causas **53**
  diagnóstico 56-57, **57**
  na gestação 347
  testes para a causa 57, **57**
  tratamento 57-58, **57**, *58*
Folato **50**, 51-52
  absorção, transporte e função 51
  eritrocitário **20, 57**
  estrutura *51*
  redutase 52
  sérico **20, 57**
Fondaparinux 315
Foscarnet 259
Fosfatidilinositol-quinase (PI3) 6, 8
Fragmentação eritrocitária, síndromes de 70, *70,* **70**
Fragmentação eritrocitária, síndromes de 70, *70,* **70**

G

G1 e G2, fases do ciclo celular 8
Gamopatia monoclonal de significação indeterminada. *Ver* MGUS
Ganciclovir 259
Gastrite atrófica 33, 35, 37, 53
Gastrite autoimune 35, 52
GATA-2 4, 14
Gaucher, doença de 99, *99,* **100**
Gene, segmentos 107, *107*
  sequenciamento 131
Genética
  hemopatias malignas *124-127,* 125-127, **126**
  LLA 189-191, *190, 191*
  LMA **146**, 149, *151,* **151**, *152*

LMC **166**
Genética molecular
  LLA 189-191, *190, 191*
  LLC 200
  LMA **146**, 149, *151,* **151**, *152*
Genético(s), marcadores 1323-134, *133, 134*
  diagnóstico pré-implantação 85
Gestação. *Ver* Gravidez
Gilbert, doença de 64
Glanzmann, trombastenia de 266, 287
Glicoforina **147**
Glicoproteínas IIb/IIIa, inibidores das 319, 320
Glicose-6-fosfato-desidrogenase (G6PD), deficiência de 66-67, *66, 67*
Globulina anti-humana 340
Glossite 32, *54*
Glutationa, deficiência de 67
Granulocitopoese 90-91, *90, 91*
Granulócitos 88, 89-90, *89*
  concentrados 344
  Ver também tipos específicos
Granuloma eosinofílico 98
Gravidez 347-348, *347, 348*
  anemia na 347, *347*
  deficiência de folato e vitamina B_{12} 347
  hemostasia e trombose 348
  trombocitopenia na 347-348, *348*
Grupos sanguíneos
  anticorpos de 334, **336**
  determinação dos 340, *340*
  sorologia 339-340
  Ver também grupos individualmente

H

Hageman, fator. *Ver* Fator XII
Hairy cell leukaemia. Ver Leucemia de células pilosas
Hand-Schüller-Christian, doença de 98
Haptoglobina 61
Heinz, corpos de 24, *67, 71*
Helicobacter pylori 33
  anemia perniciosa 52
  e hemopatias malignas 125
  e púrpura trombocitopênica autoimune crônica 282
  linfoma MALT 221-222
Helper cells 110
Hemácias. *Ver* Eritrócitos

Hemácias. *Ver* Eritrócitos
hemangioblastos 2
Hemangioma cavernoso gigante 279
hematínicos, valores de referência **20**
hematócrito **20**
Hematócrito **20**
Hematopoese 1-10
  extramedular 118
  regulação da 4, *7*, *91*
  sítios de 2, *2*, **2**
  células-tronco e progenitoras 2-4, *3*
heme *16*, 30, *32*
  enzimas heme **28**
hemocromatose **42**, 43-44, *43*
Hemofilia A 291-295
  achados laboratoriais 291, **294**
  aspectos clínicos 291, 292, *293*
  detecção de portadoras 291
  diagnóstico pré-natal 291
  genética molecular 291, *291*, *292*
  gravidade da doença **293**
  profilaxia 294
  tratamento 293-294
  tratamento gênico 294
Hemofilia B (doença de Christmas) 295
  achados laboratoriais **294**, 295
  gravidade da doença **293**
hemoglobina 2, 13, 16-17, **16**, 73
  aspectos moleculares 73-74, *73*, *74*
  curva de dissociação de oxigênio *17*, 20
  diagnóstico pré-natal dos distúrbios genéticos 85, *86*
  distúrbios genéticos da 74-86, **75**
  distúrbios hereditários da síntese 68
  e produção de eritropoetina 15
  ferro na hemoglobina **28**
  função *17*, *17*
  mudança de fetal para adulta 74
  síntese da 16-17, *16*, *17*, 73
  valores de referência *20*, **20**
  Ver também Anemia
Hemoglobina A **16**, 73
Hemoglobina A2 **16**, 73
Hemoglobina C *80*, **84**, 85
Hemoglobina Constant Spring 76
Hemoglobina corpuscular média (HCM) **20**
Hemoglobina D 81, 85
Hemoglobina de Bart **75**, 76, *76*
Hemoglobina E 81, 85
Hemoglobina F (fetal) **16**, 73, 81, 85
Hemoglobina H *77*, **80**
Hemoglobina Lepore *77*, 81

Hemoglobina S 17, *80*, 85
  Ver também Anemia de células falciformes (drepanocitose)
Hemoglobinemia livre 63
Hemoglobinúria 63, *64*
  da marcha 70
  paroxística ao frio 69-70
  paroxística noturna 62, 246, 247, *247*
Hemoglobinúria da marcha 70
Hemoglobinúria paroxística ao frio 69-70
Hemoglobinúria paroxística noturna 62, 246, 247, *247*
Hemojuvelina 30, 43
Hemólise **75**
  extravascular 63
  intravascular 63, **63**, *64*
hemopatias malignas 122-134, *123*, 135-144
  anomalias genéticas associadas com 129-131, *129*, *130*
  ECOG *status* 136, **136**
  etiologia 124-125, *124*
  fármacos utilizados **142-143**
  genética *124-127*, 125-127, **126**
  incidência 123, *123*
  marcadores genéticos 133-134, *133*, *134*
  métodos diagnósticos 131-133, *131-133*
  tratamento de suporte 136-140
  tratamento específico 140-144, *141*,
  Ver também tratamentos específicos
Hemopatias malignas 122-134, *123*
  alterações hematológicas 322-323, *323*, *324*, **324**
  e trombose venosa 306
  mielodisplásicas/mieloproliferativas 184, *184*
  mieloides **166**
  plasmocíticas **231**
  tratamento 135-144
  Ver também hemopatias malignas específicas
Hemorragia
  maciça 345
  retinal *21*
Hemorragia retinal *21*
Hemossiderina 28
Hemossiderinúria 63, 247
Hemostasia *265*, 273-275
  distúrbios da 306
  hemopatias malignas 137

  na gestação 348
  tampão plaquetário 274-275
  testes da 276-277, **276**
  vasoconstrição 273-274
  Ver também Coagulação do sangue
HEMPAS 249
Henoch-Schönlein, púrpura de 280, *280*
Heparina 312-313, **313**
  administração e controle laboratorial 313-314
  de baixo peso molecular (fracionada) **313**, 314
  indicações 313
  modo de ação 313, *133*
  não fracionada 313-314, **313**
  osteoporose 315
  sangramento durante tratamento 314
  testes de hemostasia **299**
  trombocitopenia induzida por 314-315, *314*
Heparina de baixo peso molecular (fracionada) **313**, 314
Hepatite relacionada à transfusão 338-339, **339**
Hepatopatia 326-327, **326**
  defeitos da coagulação em 297
  testes da hemostasia em **299**
Hepcidina 29-30, *31*, 43
Hérpes, vírus 139
  após transplante de células-tronco 259
  relacionado à transfusão **339**
HFE, gene 43
Hidropisia fetal **75**, 76, *76*, 352, *352*
Hidroxicarbamida 85, *141*, **142**
  na policitemia vera 170, *171*
  na trombocitemia essencial 173
Hidroxicobalamina **57**
Hidroxidaunorrubicina, regime CHOP 223
Hidroxiureia. *Ver* Hidroxicarbamida
Hipercalcemia 237
Hiperesplenismo 119-120, **120**
Hiperferritinemia **42**
Hiperglobulinemia 287
Hiper-hemólise, síndrome de 342
Hiper-homocisteinemia 306
Hipermutação somática 200
Hiperviscosidade, síndrome de 240, *240*
Hiperviscosidade aguda, síndrome de 221

Hipoesplenismo 120, **120**
   prevenção de infecções no 121, **121**
Hipometilantes, fármacos 184
Hipotireoidismo 327
Histiocíticas, neoplasias 226
Histiócitos 97, **98**
Histiocitose sinusal com linfonodopatia maciça 99
HIV/Aids
   alterações hematológicas 328, *329*
   linfoma cerebral e *224*, 225
   relacionada á transfusão 338, **339**
Hodgkin, linfoma de 205-212
   achados hematológicos e bioquímicos 206-207
   aspectos clínicos 206, *206, 207*
   classificação da OMS **208**
   diagnóstico e classificação 207, *207, 208*, **208**
   efeitos tardios 212
   estadiamento 208-209, *209*, **209**
   estádio avançado 211
   estádio inicial 211
   FDG-PET 209-210, *210*
   história e patogênese 206
   recidiva 211-212
   resposta ao tratamento 211
   tratamento 210-212, *210, 211, 212*
Howell-Jolly, corpos de *24, 117*, 120
Hurler, síndrome de 94

I

Ibritumomabe **143**
Ibrutinibe **106**, *141, 142*
   na LLC 201
   no linfoma de células do manto 223
Idarrubicina **142**
Idelasibe **106, 142**, 201
Idosos, alterações hematológicas em 322
Ig(s). *Ver* Imunoglobulina(s)
Imatinibe *141*, **142**, 143, **160**
Imunidade
   adaptativa 88
   função esplênica de controle 117
   inata 88
   resposta imune 109-111, *110, 111*
Imunodeficiência 113-114, **113**
   Ver também HIV/Aids
Imunoglobulina(s) 106-107, *106*, **106**
   isótipos 106
   rearranjo do gene das 107, *107*, **108**
   reposição 202
   subclasses, IgA, IgG, IgM 106, **106**
Imunoglobulinas monoclonais, doenças associadas com **229**
Imuno-histologia (imunocitoquímica) 133, *133*
Imunológico(a)s,
   marcadores **147**
   memória 103
Imunoparesia 232
Índices hematimétricos
   valores de referência **20**
   deficiência de ferro 34
   anemia 21, 34
Infecções 327-330, *327, 328-330*
   após transplante de células-tronco 258-260, *259, 260*
   bacterianas 327-328
   calazar (leishmaniose visceral) 329, *330*
   e hemólise 71
   e trombocitopenia 283
   em pacientes com câncer 138-139, *138*
   em pacientes hipoesplênicos 121, **121**
   malária 329, *329*
   parasitárias 329, *330, 331*
   relacionada à transfusão 338-339, **338, 339**
   toxoplasmose 329
   Ver também HIV/Aids
   viral 328
Infecções bacterianas
   alterações hematológicas 327-328
   e hemopatias malignas 125
   em pacientes com câncer 138-139
   relacionadas à transfusão **339**, 342
Infecções fúngicas em pacientes com câncer 139-140, *139, 140*
Infecções virais
   alterações hematológicas 328
   após transplante de células-tronco 259, *259, 260*
   e hemopatias malignas 124-125
   em pacientes com câncer 139
   hepatite pós-transfusional 338, **339**
   relacionadas à transfusão 342
   Ver também HIV/Aids
Inflamação e trombose venosa 306
Insuficiência cardíaca congestiva 326
Insuficiência renal 325-326, *325*, **325**
Interfase 8
Interferon-α **143**, 144
   em leucemia mieloide crônica 162
   em policitemia vera 171
Interferon-γ 6
Interleuquinas 5, **6**, 90
International Normalized Ratio (INR) 315
IRIDA 37
IRM
   em hemofilia A *292*
   em linfoma cerebral *224*
   em linfomas *219*
   em trombose venosa profunda 308
Isocromossomo 129

J

JAK, inibidores 171
JAK, proteínas 6, 8
JAK2, mutação 166, *167*, **169**, 172
Janus-associada, proteínas-quinase 6, 8

K

Kell, sistema de grupos sanguíneos **336**, 337
Kernicterus 351
Kidd, sistema de grupos sanguíneos **336**
Kleihauer, teste de 351, *351*
Kupffer, células de 275

L

Langerhans, histiocitose de células de 98, *98*, 226
Lenalidomida **143**
   em linfoma de células do manto 223
   em LLC 201
   em mielodisplasia 182
   em mieloma múltiplo 236, 237
Lepore, síndrome 77, 81
Lestaurtinibe 171
Letterer-Siwe, doença de 98
Leucemia aguda de fenótipo misto 148
Leucemia de células pilosas 202-203, 203
   citogenética **217**
   imunofenótipo **200**, **217**
Leucemia de linfócitos grandes e granulares 203-204, *203*
Leucemia eosinofílica crônica 164
Leucemia linfoblástica aguda (LLA) 186-196

achados laboratoriais 188-189, *189*, **189**
aspectos clínicos 188, *188*, *189*
BCR-ABL1 positiva 194-195
citogenética/genética molecular 189-191, *190*, *191*
classificação 188, **188**, *189*
doença residual mínima 192, *193*
incidência e patogênese 187, *187*
marcadores imunológicos **189**
origem pré-natal *187*
prognóstico **194**, *195*, 196
recidiva *193*, 194
toxicidade do tratamento 194
tratamento ao SNC 193
tratamento de intensificação (consolidação) 192-123
tratamento de manutenção 193-194
tratamento de suporte 192
tratamento específico 192, *192*, 194
Leucemia linfocítica crônica (LLC) 198-202
  achados laboratoriais 199-200, *199*
  aspectos clínicos 198-199, *198*, *199*
  citogenética **217**
  classificação **198**
  estadiamento 200, **201**
  evolução 202
  imunofenótipo **200**, **217**
  patogênese 198
  prognóstico **202**
  testes moleculares 200, **200**
  tratamento 200-202
Leucemia linfocítica crônica de células B 198-203
Leucemia linfocítica crônica de células T 203-204
Leucemia mieloide aguda (LMA) 145-155
  achados laboratoriais 148-149, **149**
  aspectos clínicos 148, *148*, *149*
  citogenética, genética molecular **146**, *149*, *151*, **151**, *152*
  classificação **146**, 147-148
  incidência 147
  microscopia da distensão sanguínea *150*
  pacientes idosos 153
  patogênese 147, *147*
  prognóstico **151**, 153
  recidiva 154
  resultado 154, *155*
  tratamento 149, 151-153, *152-154*
  tratamento com células-tronco 153

Leucemia mieloide crônica (LMC) 156-164, **157**
  achados laboratoriais 159, *159*
  aspectos clínicos 159
  atípica 184
  cromossomo Filadélfia (Ph) *157-158*
  escore prognóstico 159
  fase acelerada da doença 162-163
  mutações genéticas **166**
  tratamento 160-162, *160-163*, **160**, **162**
  tratamento com células-tronco 162, *163*
Leucemia mieloide crônica infantil 184
Leucemia mielomonocítica crônica 180, 184
Leucemia mielomonocítica crônica 180, 184
  infantil 184
Leucemia neutrofílica crônica 164
Leucemia plasmocítica 237
Leucemia prolinfocítica de células B 202, *202*
Leucemia prolinfocítica de células T 203
Leucemia prolinfocítica
  de células B 202, *202*
  de células T 203
Leucemia promielocítica aguda 149
  tratamento 152-153
Leucemia
  aguda, diagnóstico 146-147, *146*, **147**
  classificação 146, **146**
  etiologia 124-125
  genética 125-126, *126*, **126**
  incidência 123, *123*
  Ver também leucemias específicas
  versus linfoma 214
Leucemia/linfoma de células T do adulto *203*, 204, 226
Leucemias linfoides crônicas 197-204
  de células B 198-203
  de células T 203-204
  diagnóstico 198
  Ver também tipos específicos
Leucemoide, reação 94, 322
Leucócitos 87-101, 102-115
  anormais *93*
  anticorpos contra 342
  contagem no sangue **20**, **88**
  e anemia 22
  em doenças malignas 94, 322, **324**
  Ver também tipos específicos

Leucócitos do doador, infusões de 162, 253, 261, *262*
Leucócitos preguiçosos, síndrome de 93
Leucodepleção 343
Leucoeritroblástica, reação 94-95, *94*, **95**
Leucograma **20**, **88**, 276
  Ver também tipos específicos de células
Lewis, sistema de grupos sanguíneos **336**, 337
Li, sistema de grupos sanguíneos **336**
Linfadenopatia angioimunoblástica 226
Linfócitos **12**, 88, *88*, 102-105, *103*
  B (células B) 103-104, *105*, **105**
  circulação dos 106
  contagem no sangue **20**, **88**
  NK (*natural killer cells*) 104, 106
  receptores de antígenos dos *105*
  T (células T) 103-104, *105*, **105**
Linfocitose 111, **111**
  em linfomas 203
  pleomórfica atípica 112, *112*
Linfocitose B monoclonal 198
Linfo-histiocitose hemofagocítica 98, *98*
Linfoides, órgãos 103, *104*
  secundários 110
Linfoma anaplástico de células grandes 226
Linfoma cerebral *224*, 225
Linfoma da zona marginal 221-222, *222*
Linfoma de Burkitt 224-225, *225*
  citogenética **217**
  imunofenótipo **217**
Linfoma de células do manto 223, *223*
  citogenética **217**
  imunofenótipo **200**, **217**
Linfoma de células T associado à enteropatia 226
Linfoma de células T periféricas 225
Linfoma de linfócitos pequenos 220
  imunofenótipo **217**
Linfoma difuso de grandes células B 223-224, *224*
  citogenética e imunofenótipo **217**
Linfoma do sistema nervoso central *224*, 225
Linfoma folicular 222-223, *222*
  citogenética **217**
  imunofenótipo **200**, **217**
Linfoma linfoblástico 225

Linfoma linfoplasmocítico 221, *221*
   citogenética e imunofenótipo **217**
Linfoma MALT 221-222, *222*
   citogenética **217**
   imunofenótipo **217**
Linfoma
   de Hodgkin. *Ver* Hodgkin, linfoma de
   e HIV/Aids *224*, 225
   não Hodgkin. *Ver* Linfomas não Hodgkin
   Ver também linfomas específicos
   versus leucemia 214
Linfomas de células T 225-226
Linfomas não Hodgkin 213-227
   análise citogenética/genética 217-218, **217**, *218*
   aspectos clínicos 216
   célula de origem 214, *215*, *216*
   classificação 214, **214**, *215*
   de alto grau 214, 223-225
   de baixo grau 214, 220-223
   de células T 225-226
   estadiamento 218
   exames de imagem *219*, *220*
   histologia 216, 217
   HIV/Aids, relacionados a 328
   índice prognóstico **218**
   investigações laboratoriais 216-217
   linfocitose em 203
   patogênese 216, **216**
   tratamento 220
   Ver também subtipos específicos
Linfonodopatia, diagnóstico diferencial 114, *114*
Linfonodos *110*
Linfopenia (ou linfocitopenia) 113
Linfoproliferativa, doença, pós-transplante 261-262, *262*
Lise tumoral, síndrome de 137
Lisossomal, doenças de armazenamento 99-101
LLA. *Ver* Leucemia linfoblástica aguda (LLA)
LLC. *Ver* Leucemia linfocítica crônica (LLC)
LMA. *Ver* Leucemia mieloide aguda (LMA)
Loa loa 331
Lúpus eritematoso sistêmico (LES) 325
Lúpus eritematoso sistêmico 325
Lutheran, sistema de grupos sanguíneos **336**

M

M, fase 8
Macrócitos *23*
Macroesferócitos *23*
Macrófagos 92
Macroglobulinemia de Waldenström 221, *221*
Malária 329, *329*
   relacionada à transfusão 338-339, **339**
MAP, quinase 6
Marcadores genéticos 133-134, *133*, *134*
Mastocitose 175, *175*
   mutações genéticas **166**
Matriptase 2, 30
May-Hegglin, síndrome de *93*, *94*, 281
Medula óssea, biópsia e aspiração de (*microfotografias*)
   amiloidose *238*
   anemia aplástica *243*
   anemia megaloblástica *56*
   aplasia eritroide pura *247*
   bacilos ácido-álcool resistentes em paciente com Aids *329*
   calazar *330*
   doença de Gaucher *100*
   eritroblastos *13*
   ferro pela coloração de Perls *35*
   histiocitose hemofagocítica *98*
   leucemia de células pilosas (do inglês, *hairy cell leukaemia*) *203*
   leucemia linfoblástica aguda (LLA) *190*
   leucemia linfocítica crônica (LLC) *199*
   leucemia mieloide aguda (LMA) *150*, *151*
   linfoma linfoplasmocítico (macroglobulinemia de Waldenström) *221*
   medula normal *2*
   megacariócitos *267*
   metástases de carcinoma *323*
   mielofibrose primária *170*
   mieloma múltiplo *230*
   policitemia vera *170*
   sideroblastos em anel *38*
Medula óssea 2, *2*
   aspiração e biópsia com trefina 23, 24, *24*
   estroma da 4, *4*
   indicações para aspiração/biópsia 25

microfotografias. *Ver* Medula óssea, biópsia e aspiração de (*microfotografias*)
   progênies celulares na *3*
   reservas de ferro 34, *35*
   transplante de 251
Megacariócitos 182, 265-266, *266*, *267*
Meias de compressão graduada 318
Melfalan **142**
   mieloma múltiplo 235
   MTP, regime 235
Menorragia 33
6-Mercaptopurina *141*, **142**
Metemalbuminemia 63
Metemoglobinemia 17, **75**
Metilação do DNA *179*
Metileno tetra-hidrofolato redutase 306
Metotrexato *141*, **142**
MGUS 229, *231*, 232, 237-238, *238*
Micose fungoide 226, *226*
Microarranjos de DNA 131, *132*
Micrócitos *23*
Microfotografias
   de medula óssea *Ver* medula óssea, biópsia e aspiração
   de sangue periférico *Ver distensão sanguínea*
MicroRNAs 131
Mieloblastos 89, *89*
Mielodisplasia 91, 177-186
   achados laboratoriais 180, *183*
   anormalidades citogenéticas **179**, 182
   aspectos clínicos 180, *182*
   classificação **178**, 179-180
   diagnóstico *181*
   escore prognóstico **179**, **180**
   síndromes de alto risco 184
   síndromes de baixo risco 182
   tratamento 182, 184
Mielodisplásicas, síndromes. *Ver* Mielodisplasia
   classificação da OMS 355
Mielodisplásicas/mieloproliferativas, neoplasias 184, **184**
   classificação da OMS 355
Mielofibrose primária 173-175
   achados laboratoriais 174, *174*
   aspectos clínicos 174
   escore de sobrevida **174**
   mutações genéticas **166**, *167*
   tratamento 174-175
Mieloma assintomático (*smouldering*) 229, 231, **231**

Mieloma múltiplo 229-237
  aspectos clínicos 231-232, *232-235*, *239*
  assintomático (*smouldering*) 229, 231, **231**
  diagnóstico 231
  patogênese 229, *230*, **231**
  prognóstico 237
  tratamento 235-237, *236*
Mieloma osteoesclerótico (síndrome POEMS) 237
Mioglobina, ferro na **28**
Mitose 8
Mitoxantrona **142**
MN, sistema de grupos sanguíneos **336**, 337
Moléculas de adesão 8
Momelotinibe 171
Monócitos **12**, 88, *88*, 89, *89*, 92
  contagem no sangue **20**, **88**
  distúrbios funcionais 92-94, *92*, *93*
Monocitose 96, *97*
Mononucleose infecciosa 111-112
  anticorpos heterofilos 112-113
  aspectos clínicos 112
  diagnóstico 112-113, *112*
Monospot (monoteste) 112
Mutação C282Y 43
Mutação CALR (calreticulina) 166, *167*, **172**
Mutação somática 107
Mutação *SRSF2* 184
Mutações *driver* (condutoras) 125, 147
Mutações *passenger* 125
Mutações pontuais 129, *129*
Mycoplasma pneumoniae 328
Mylotarg® (anti-CD33) **143**

N

Neoplasias (tumores) do tecido hematopoético
  classificação da OMS 354-356
  de células B maduras 214, **214**
  de células T maduras 214, **214**
  histiocíticas 226
  plasmocíticas **231**
  Ver também tipos específicos
Neoplasias mieloproliferativas 165-176, *166*, **166**, 287
  mastocitose **166**, 175, *175*
  mielofibrose primária 166, 173-175
  mutação JAK2 166, *167*
  policitemia vera 168-172
  trombocitemia essencial **166**, *167*, 172-173, **172**, *173*, **173**
Neutrofilia (neutrocitose) 93, 94-95, *94*, **95**
  causas **94**
Neutrófilos **12**, 88, *88*, 89, *89*
  contagem no sangue **20**, **88**
  distúrbios funcionais 92-94, *92*, *93*
  precursores 89, *89*
Neutrófilos bastonados 89, *89*
Neutrófilos pelgeroides (*pelger-like*) 180, *183*
Neutropenia 91, 95-96
  aspectos clínicos 96, *96*
  autoimune 96
  benigna idiopática 96
  causas **95**
  cíclica 95
  congênita 95
  diagnóstico 96
  étnica benigna 95
  induzida por fármacos 95
  no HIV/Aids 328
  refratária **178**
  tratamento 96
Neutropenia étnica benigna 95
Neutropenia refratária **178**
Niemann-Pick, doença de 99, 101
Nilotinibe **142**, 143, **160**
NOTCH, via de sinalização 188
  em LLA 191
NOTCH 1 4

O

O, grupo sanguíneo **336**
Obinutuzumabe **143**, 201
Ofatumumabe **143**, 201
OMS, classificação da **208**, 354-356
Oncogenes 125, *125*
Osteopetrose 249
  alterações hematológicas 330
Osteoporose induzida por heparina 315
Ovalocitose do Sudeste da Ásia 65
Óxido nítrico (NO) 270
Oxiemoglobina *17*

P

P, sistema de grupos sanguíneos **336**, 337

Pacritinibe 171
Palidez conjuntival *21*
Palidez ungueal *21*
Pancitopenia 243, **243**
  em doenças malignas **324**
Pappenheimer, corpos de *24*, *117*, 120
Paraplegia por compressão 237
Paraproteinemia 107, 229, *229*
Parasitoses 329, *330*, *331*
  relacionadas à transfusão **339**
Parvovírus B19 248
  relacionado à transfusão **339**
PCR (reação em cadeia da polimerase) 134, *134*
PD-1 212
Pearson, síndrome de 38
Pecilócitos em lágrima (ou gota) *23*
Pelger-Huët, anomalia de *93*, 94
Pelgeroides, neutrófilos 180, *183*
Pentose-fosfato, via 18
Perda de sangue. *Ver* Hemorragia
Performance status do Eastern Cooperative Oncology Group (ECOG) 136, **136**
PET
  em linfoma de Hodgkin 209-210, *210*
  em linfomas não Hodgkin 219, 220
  em mieloma múltiplo *233*
Petéquias 279
PFA-100, teste 277
  em distúrbios da coagulação **294**
PI3-quinase 6, 8
Piruvatoquinase, deficiência de 67-68
PIVKA, fatores 296
Plaquetas, distúrbios funcionais 287-289
  diagnóstico 288-289, *288*
  doenças plaquetárias de armazenamento 287
  em hiperglobulinemia 287
  induzidos por fármacos 287, *288*
  na insuficiência renal 326
  síndrome de Bernard-Soulier 266, 287
  trombastenia de Glanzmann 266, 287
  uremia 287
  Ver também Neoplasias mieloproliferativas
Plaquetas **12**, 265-270
  adesão 269
  agregação 267-268, **294**
  amplificação 268

anormalidades em doenças malignas 322-323, **324**
antígenos **147**, 266
atividade coagulante 268
concentrados 344
contagem em coagulopatias adquiridas **294**, **299**
contagem no sangue **20**, 266
destruição aumentada 282-287
estrutura 266, *269*
falta de produção 281, **281**
função 267-270, *269*, *270*
inibidores da função 270
produção 265-266, *266*, *267*
reação de liberação 268
tampão 274-275
testes de função 277
transfusão de 283, 289
Plasma fresco congelado (PFC) 344
Plasmina 275
　inativação da 276
Plasminogênio 275
Plasminogênio tecidual, ativador do (TPA) 275, *276*, 318
　inibidor do ativador do (TPAI) *275*
Plasmocitoma solitário 237
Plasmócitos *103*
　neoplasias de **231**
Platinum, derivados 144
Pletixafor 251
Pneumocystis jiroveci (*carinii*) 259, *260*
Pneumonite intersticial 259, 260
POEMS, síndrome (mieloma osteoesclerótico) 237
Policitemia vera 166-171
　achados laboratoriais 170, *170*
　aspectos clínicos 169-170, *169*, *170*
　evolução e prognóstico 171
　mutações genéticas **166**
　tratamento 170-171, *171*
Poliglobulia 168, **168**
Poliglobulia 168, **168**, 171-172
　aparente 172
　classificação 168, **168**
　congênita 171
　diagnóstico diferencial 172
　do recém-nascido 350
　secundária **168**, 172
Poliglobulia familiar **75**
Polpa vermelha do baço 117, *117*
Pomalidomida 143
　em mieloma múltiplo 235, 237
Pomatinibe **160**
Ponte de anticoagulação 316-317

Pós-trombótica, síndrome 318
Poteína C reativa 332
Prasugrel 287, 320
Precalicreína (fator Fletcher) **271**
Pré-implantação, diagnóstico genético 85
Príons, doenças relacionadas à transfusão 339, **339**
Procarbazina, regime BEACOPP 211
Proconvertina. *Ver* Fator VII
Progressão clonal 125, 127, *127*
Promielócitos 89, *89*
Prostaciclina 268, 270, *270*
Proteína 4.1 19
Proteína C 275, *275*
　concentrado de 345
　deficiência de 305-306
Proteína C ativada (APC) 275, *275*, 304
Proteína morfogenética óssea (BMP) 30
Proteínas-quinase dependentes de ciclina (Cdks) 8
Proto-oncogenes 125, *125*
Protozoários, infecções por
　e hemopatias malignas 125
　relacionadas à transfusão **339**
　Ver também doenças específicas
Protrombina (fator II) **271**, *273*
Protrombina, alelo G20210A 306
Protrombina, tempo de (TP) 276, *276*
　em distúrbios da coagulação **294**, **299**
Prova cruzada em transfusão 340, *340*
Pseudopoliglobulia 168
PTI. *Ver* Púrpura trombocitopênica autoimune
Púrpura 280, *280*, 281
　pós-transfusional 284, 342
Púrpura da senilidade *280*
Púrpura por corticosteroides 280
Púrpura pós-transfusional 284, 342
Púrpura trombocitopênica autoimune (idiopática) 282-283, *282*
　Ver também Púrpura trombocitopênica idiopática (PTI)
Púrpura trombocitopênica autoimune 282-283, *282*
Púrpura trombocitopênica trombótica (PTT) 285, *285*, *286*

Q

5q-, síndrome 180
Queilite angular *34*, *54*

Quelação, tratamento por 45-47, *46*
Quimerismo 256
Quimiocinas 92-93
Quimiotaxia 92
　defeitos 93
Quininogênio de alto peso molecular (fator Fitzgerald) **271**

R

Radiação, distúrbios induzidos por 124
Radiografia
　embolia pulmonar 308
　hemofilia A *292*
　LLA *189*
　mieloma múltiplo *237*
　pneumonite intersticial *260*
Radionuclídio, *scanning* 239
Radioterapia
　linfoma de Hodgkin 210
　LLC 201
　mieloma múltiplo 237
Rasburicase 137
R-CHOP, regime 223
R-CVP, regime 222, 223
RD, regime 235
Reação em cadeia da polimerase (PCR) 134, *134*
Reações alérgicas a transfusões 342
Reações transfusionais 340-342, **341**
Reações transfusionais hemolíticas 340-342, **341**
Rearranjos do gene do receptor de antígenos 107, *107*, *108*
Recém-nascidos 348-352
　anemia em 349-350, *349*
　coagulação em 350
　contagens no sangue de **88**, 348-349, *349*
　doença hemolítica de 350-352, *351*, *352*
　doença hemorrágica de 296
　hidropisia fetal **75**, 76, *76*, 352, *352*
　poliglobulia no 350
　trombocitopenia aloimune de 350
Receptor de células B 104, *105*
Receptor de células T, rearranjos do gene 107, *108*
Receptores de antígeno quiméricos (CAR) 194
Recombinases 107
Reed-Sternberg, células de *133*, 206, *207*

Renal, insuficiência 325-326, *325*, **325**
  no mieloma múltiplo *235*
Rescaldo em cirurgia 344
Ressonância magnética. *Ver* IRM
Reticulócitos *24*
  contagem de **20**
  em anemia 22, **22**
R-FC, regime 200
Rh, sistema de grupos sanguíneos 355, **356**
  doença hemolítica do recém-nascido 350-352, *351*, *352*
  genética molecular *337*
  genótipos 338
R-ICE, regime 224
Rickettssia rickettssii **339**
Rituximabe **143**
  em linfomas 220
  em LLC 200
  em púrpura trombocitopênica autoimune
Rivaroxabana **317**, 318
RM-angiografia pulmonar 309
Romiplostina 283
Rosai-Dorfmann, doença de 99
ROTEM (trombelastometria) 277, 301
Rouleaux 234
Ruxolitinibe *141*, **142**
  em policitemia vera 171

S

Sangramento de mucosas **279**
Schwachman-Diamond, síndrome de 95, 244, *249*
Sézary, síndrome de 226
Sica, síndrome 261
Sideroblastos em anel 38, *38*, **178**, 180, *183*
sIg (imunoglobulina de superfície) **189**
Síndrome de Bernard-Soulier 266, 287
Síndrome de diferenciação (ATRA) 153
Síndrome hemolítico-urêmica 285, *285*, *286*
Síndrome pós-trombótica 318
Sistema ABO de grupos sanguíneos 334-335, *336*, **336**, *337*
  anticorpos 334, 336
  doença hemolítica do recém-nascido 352
  trombose venosa 306
Sistema HLA 255-256, *255*, **256**

e transplante de células-tronco 256
  herança *257*
Sistema imune adaptativo 88
Sistema reticuloendotelial 61, *92*
SLC 4
SNC. *Ver* Linfoma do sistema nervoso central
Sobrecarga circulatória pós-transfusão 342
Sobrecarga de ferro africana 43
Sobrecarga de ferro pós-transfusional 44, *44*, *45*, 342
Sobrecarga transfusional de ferro 44, *44*, **44**, *45*
Solução de albumina humana (4,5 e 20%) 344
Sondas específicas a alelo 85
STAT 6
Stuart-Prower, fator. *Ver* Fator X
superfamília de receptores de hematopoetina 6

T

Talasssemia 75
  achados laboratoriais **38**
  classificação *75*
  distribuição geográfica *75*
  hemoglobina em 73, *74*
  talassemia intermédia 43-44, **75**, 79-81, **79**, *80*, *81*
  α-talassemia, síndromes **75**, 76, *76*, *77*
  β-talassemia maior 76-79, *77*, *78*
  β-tasssemia menor 79, 81
  δβ-talassemia 81
  talassemia maior *43*, *44*, **75**
  traço **75**, 79, 81
Talidomida **143**
  MTP, regime 235
  no mieloma múltiplo 236, 237
TC
  em linfomas *219*, *220*
  em mieloma múltiplo *233*
TC de angiografia pulmonar 309, *309*
TdT **189**
Telangiectasias hemorrágicas hereditárias 279, *280*
Telomerase 129
Telômero 128, 129, *129*
Tempo de sangramento 277
Tempo de trombina 276, **276**
  em distúrbios de coagulação **299**

Tempo de tromboplastina parcial ativada (TTPA) 276, **276**
  em distúrbios da coagulação **294**, **299**
Terapia gênica em hemofilias 294
Teste de antiglobulina (Coombs) 65, 340, *340*
TET2, mutação 127, 184
Tetra-hidrofolato 306
Ticagrelor 320
Tirofibana **319**, 320
Tirosinoquinases, inbidores de 141, *142*
  em leucemia mieloide crônica 160-161, *160*, **160**, *161*
  resposta ao tratamento 160-162, *160-162*, **162**
  Ver também fármacos específicos
Tirosinoquinases 125
Tomografia computadorizada. *Ver* TC
Tomografia por emissão de pósitrons. *Ver* PET
Toxoplasmose 329
Traço falciforme (drepanocítico) 80, *85*
TRALI (dano pulmonar agudo relacionado à transfusão) 342
Transcobalamina 49
Transdução de sinal 6-8, *7*
  inibidores da **142**, 143
Transdutor de sinais e ativador de transcrição (STAT) 6
Transferrina 28, **28**
  receptor 1, regulação do 29, *30*
  regulação da 29
Transfusão de sangue 333-345, *334*
  autóloga 343-344
  complicações 340-342, **341**
  contaminação bacteriana 342
  proteção do receptor **338**
  prova cruzada e testes pré-transfusionais 340, *340*, **341**
  púrpura pós-transfusional 284, 342
  riscos das 338-339, **338**, **339**
  sobrecarga de ferro 44, *44*, *45*, 342
  sorologia dos grupos sanguíneos 339-340
  transfusão maciça, síndrome da 287
Transfusão de sangue autóloga 343-344
Transfusão maciça, síndrome da 287, 301
  testes da hemostasia na **299**
Translocações cromossômicas 129-130, *129*, *130*

Transplante de células-tronco 250-263
  autólogo 254, 255
  condicionamento 253
  da medula óssea 251
  do sangue periférico 251
  doadores potenciais 251
  em anemia aplástica 246-247
  em LLC 202
  em LMA 153
  em LMC 262
  em mielodisplasia 184
  em púrpura trombocitopênica autoimune 283
  haploidênticas 256
  indicações **251**
  pega e imunidade pós-transplante 253-254, *254*
  princípios 251, **251**
  procedimento 252
  processamento de células-tronco 251, 253, *253*
  sangue de cordão umbilical 251
Transplante de células-tronco alogênicas 236, 255-262
  análise do quimerismo 256
  complicações 256-261, **258**
  doença linfoproliferativa pós-transplante 261-262, *262*
  efeito enxerto *versus* leucemia 261, *261*
  falha no enxerto 260
  infusão de leucócitos do doador 261, *262*
  sistema HLA 255-256, *255*, **256**
Transplante de células-tronco autólogas 254, *255*
Transplante de células-tronco do sangue periférico 251
Transplante de células-tronco haploidênticas 256
Transportador 1 de metais divalentes (DMT-1) 29, 30
Treossulfan 253
Treponema palidum 339
Trombastenia 266, 287
Trombelastografia *277*, *300*, 301
Trombelastometria 277, 301
Trombina 270-271, *272*
  tempo de 276, **276**
Trombocitemia essencial 172-173
  achados laboratoriais **172**, 173, *173*, **173**
  aspectos clínicos **172**, 173
  diagnóstico 172-173

  evolução 173
  mutações genéticas **166**, *167*
  prognóstico e tratamento 173
  sobrevida **172**
Trombocitopenia 281-287
  aloimune feto-materna 350
  amegacariocítica 244
  causas **281**
  com ausência dos rádios 244
  dos distúrbios hipertensivos da gravidez 348
  e distúrbios funcionais 287-289
  em hepatopatias 297
  em viroses 328
  induzida por fármacos *281*, **281**, 284, *284*
  induzida por heparina (HIT) 314-315, *314*
  na gravidez 347-348, *348*
  na malária 329, *329*
  na púrpura pós-transfusional 284, 342
  na síndrome antifosfolipídio 307
  na síndrome de transfusão maciça 287, 301
  na síndrome hemolítico-urêmica 285, *285*, *286*
  por destruição 282-287
  por falta de produção 281, *281*, **281**
  por retenção esplênica 287
  refratária **178**
  relacionada a infecções 283
Trombocitopenia aloimune feto-materna 350
Trombocitopenia amegacariocítica 244
Trombocitopenia induzida por heparina (HIT) 314-315, *314*
Trombocitopenia refratária **178**
Trombocitose **173**
Trombofilia 307-308
Trombolítica, terapêutica 287, 318-320, *319*, **319**
Trombomiméticos, fármacos 289
Trombopoetina (TPO) 5, **6**, 265, **268**
  agonistas do receptor 283
Trombose 302-310, 311-320
  agentes fibrinolíticos em 318
  anticoagulantes em 312-318
  arterial 303, *303*, **303**
  e gravidez 348
  em idosos 322
  fármacos antiplaquetários em 318-320, *319*, **319**
  profilaxia 318
  síndrome pós-trombótica 318

Trombose arterial 303, *303*, **303**
Trombose venosa 303-307
  embolia pulmonar 308-309, *309*
  fatores de risco adquiridos 306-307, **307**
  fatores de risco hereditários 304-306, **304**
  patogênese 303-304
  pós-operatória 306
  profunda (TVP) 308, **308**
  superficial 307
Trombose venosa pós-operatória 306
Trombose venosa profunda (DVT) 308, **308**
  profilaxia 318
  Ver também Trombose
Trombose venosa superficial 307
Tromboxane A2 268, *270*
Tuberculose 328
Tubo neural, defeitos do 55, *55*
Tumor-supressores, genes 125
Ultrassonografia com compressão 308

V

Vacinação em pacientes hipoesplênicos 121, **121**
Varfarina 317
  dose excessiva 316, **316**
  e deficiência de vitamina K 296
  interações com outros fármacos 315, **316**
  testes da hemostasia **299**, 315
Vascular(es), distúrbios hemorrágicos 279-280, 279
  adquiridos 279-280
  distúrbios do tecido conetivo 279
  hemagioma cavernoso gigante 279
  telangiectasias hemorrágicas hereditárias 279, *280*
Vasoconstrição na hemostasia 273-274
VCD, regime 235
VDT, regime 235
Velocidade de sedimentação globular (VSG) 330, 332
Venografia contrastada 308
Vênulas pós-capilares 106
Vimblastina **142**
Vinca, alcaloides da *141*, **142**, 143
Vincristina **142**
  BEACOPP, regime 211

CHOP, regime 223
R-CVP, regime 222
Vírus humano de leucemia de células T, relacionado à transfusão 338
Viscosidade plasmática 332
Vitamina B$_{12}$, deficiência de 52-53
   anemia 52
   causas **52**, 53
   diagnóstico 56-57, **57**
   na gravidez 347
   neuropatia 53, *54*, 55
   testes para a causa 57, **57**
   tratamento 57-58, **57**, *58*
Vitamina B$_{12}$ 49-51, *49*
   absorção 49, *50*, **50**
   dosagem sérica **20**, 57
   função bioquímica 51, *51*
   profilática 58
   transporte 49
Vitamina C, deficiência de (escorbuto) 280, *280*
Vitamina K
   antagonistas da 315-318, **315-317**
   deficiência de 296, 297, *297*
Volume corpuscular médio (VCM) **20**, 21
Volume plasmático **168**
von Willebrand, doença de 295, 296
   achados laboratoriais **294**, 295
   classificação **295**
   tratamento 295-296
von Willebrand, fator 266, 267, *269*, 295
   ultragrande 285, *285*
VRD, regime 235

W

Waldenström, macroglobulinemia de 221, *221*
Weibel-Palade, corpos de 267, 285
Wilson, doença de 71, 326
Wiskott-Aldrich, síndrome de 95, 281
Wuchereria bancrofti 331

Y

Yersinia enterocolitica **339**

Z

Zieve, síndrome de *325*, 326